動力學

第十版

Vector Mechanics for Engineers: Dynamics, 10E

Ferdinand P. Beer
E. Russell Johnston, Jr.
Phillip J. Cornwell
著

徐茂濱　呂森林　曾垂拱
譯

國家圖書館出版品預行編目(CIP)資料

動力學 / Ferdinand P. Beer, E. Russell Johnston, Jr., Phillip J. Cornwell 著；徐茂濱, 呂森林, 曾垂拱譯. -- 二版. -- 臺北市：麥格羅希爾, 臺灣東華, 2017.07

　面；　公分

譯自：Vector mechanics for engineers: dynamics, 10th ed.

ISBN 978-986-341-357-8 (平裝)

1. 應用動力學

440.133　　　　　　　　　　　　106010225

動力學第十版

繁體中文版 © 2017 年，美商麥格羅希爾國際股份有限公司台灣分公司版權所有。本書所有內容，未經本公司事前書面授權，不得以任何方式（包括儲存於資料庫或任何存取系統內）作全部或局部之翻印、仿製或轉載。

Traditional Chinese Adaptation copyright © 2017 by McGraw-Hill International Enterprises, LLC., Taiwan Branch
Original title: Vector Mechanics for Engineers: Dynamics, 10E (ISBN: 978-0-07-740232-7)
Original title copyright © 2012 by McGraw-Hill Education.
All rights reserved.

作　　　者	Ferdinand P. Beer, E. Russell Johnston, Jr., Phillip J. Cornwell
譯　　　者	徐茂濱　呂森林　曾垂拱
合 作 出 版	美商麥格羅希爾國際股份有限公司台灣分公司
暨 發 行 所	台北市 10044 中正區博愛路 53 號 7 樓 TEL: (02) 2383-6000　　FAX: (02) 2388-8822

臺灣東華書局股份有限公司

10045 台北市重慶南路一段 147 號 3 樓

TEL: (02) 2311-4027　　FAX: (02) 2311-6615

郵撥帳號：00064813

門市：10045 台北市重慶南路一段 147 號 1 樓

TEL: (02) 2371-9320

總 經 銷	臺灣東華書局股份有限公司
出 版 日 期	西元 2017 年 7 月 二版一刷

ISBN：978-986-341-357-8

原文序

本書目標

　　力學第一門課的主要目標在於，如何培養一位工程學科的學生能夠以簡單又合乎邏輯的方式去分析任何問題，並同時應用一些已充分了解的基本原理求得答案。作者希望透過本書(以及它的前身《靜力學》)幫助老師達成此一目標。

整體性的方法

　　在學習靜力學之初，我們就曾經以向量代數法來詮釋靜力學中的一些基本原理，並以之求解許多問題，這種向量法對於處理三維(立體空間)的問題尤其有效。同理，在動力學的部分，我們也會從一開始就引進向量微分的觀念，並將這種向量分析法擴及全書的範圍。使用向量法的優點之一是，可以令許多力學之基本原理的推導變得極為簡潔。另一方面，向量法還可以讓許多在運動學與運動力學上無法以純量法解出的問題迎刃而解。然而，在此必須再次強調，本書的重點仍然著重於對力學原理的正確了解，以及如何活用這些原理去解決工程問題，全面使用向量分析法僅是因為它是一個極其便利的工具而已。

初期即導入實務的應用

　　本書編排的特點之一是，將質點力學與剛體力學明確區分開來。這種教學法可以讓學生在早期能以基本原理來處理簡單的實務問題，而在後期再介紹一些較困難的概念。舉例來說：

- 在**靜力學**中，先教質點的靜力學，如此，一個質點的靜力平衡可以馬上應用於僅發生多力共點的實務問題上。剛體的靜力學則稍後再講授，屆時才會介紹兩個向量的內積與外積，並將其應用於一個力繞一固定點或特定軸所產生的力矩上。
- 在**動力學**中，也是做同樣的規劃。先介紹力、質量與加速度，功能法，及衝量與動量等基本觀念，並僅將之用於與質點相關的問題上。學生可以先熟習這三種處理動力學的基本方法及其各自的優點，接著再面對較困難的剛體運動問題。

以簡單的方式介紹新的概念

　　由於本書之設計原意是用來作為動力學的第一本用書，所以各項新的概念會先以簡單的方式介紹，並詳細解說每一個步驟。

另一方面,藉由討論廣泛的各種問題及強調解題法的通用性,我們所發展出來的這套解題思維與方式也已臻成熟。舉例來說,有關位能的觀念,已在討論保守力之一般狀況下提及。另外,在討論剛體的平面運動時,也是預先將其設計成稍後可以很自然地導入剛體作三維運動的狀況。事實上,這種方式同時適用於運動學與動力學兩部分,在平面運動的分析上,我們一開始就已經直接使用外力與有效力的等效原理,如此可使得後續在學習三維運動時,其間的轉換會更為平順容易。

基本原理會先用於簡單的應用中

事實上,力學的特性本質上是屬於演繹性的,是由一些基本原理所推演出來。然而,由於大部分的學習過程是屬於歸納性的,所以我們會先介紹一些簡單的應用。舉例來說:

- 先講授質點的運動學(第十一章),再講授剛體的運動學(第十五章)。
- 一般而言,由於學生較易直觀地看出二維(或平面)的問題,所以先將剛體動力學的一些基本原理應用於求解其在平面運動的問題上(第十六和第十七章),然後在第十八章中再處理三維(立體)運動的問題。

動力學原理的呈現方式與前版一致

本書在呈現運動力學的原理時,與第九版仍然保有其一致性。線動量與角動量於第十二章中導入,如此,牛頓第二運動定律不僅可以用傳統的 $\mathbf{F} = m\mathbf{a}$ 的方式表現,也還可以用另一種方式呈現,也就是說,作用在一個質點上的所有的力(或其所產生的力矩)之總和會與該質點的線動量(或角動量)的改變率有關。這使得在早期就引進角動量守恆的觀念,以及對於一個質點受到中心力的運動做更有意義的討論(第 12.9 節)。更重要的是,這種方式可以立即延伸到對質點系統之運動的學習上(第十四章),並且對於剛體在平面與三維的運動力學,可以用一種更為簡明與一致的方式來處理(第十六到十八章)。

自由體圖可用以求解平衡的問題及呈現多力系統的等效性

自由體圖在靜力學的部分就已介紹,且其重要性也在全書中一再強調。自由體圖不僅是用於求解平衡問題,同時也用來表明兩個多力系統的等效性。以更廣義的方式來說,自由體圖可表明兩個向量系統的等效性。

使用這個方法的優點,在學習剛體的動力學問題(不論是二維或是三維運動)上更顯而易見。當我們將注意力聚焦在「自由體圖方程式」,而非在一般標準的代數運動方程式時,此時對於動力學的基本原理,就會有更為直觀與完整的了解。這種教學方式首次發表於1962年的《給工程師們的向量力學》(*Vector Mechanics for Engineers*) 第一版書中,

迄今已普遍被全美教授力學的教師所採納。因此，這種方法優先使用於求解動態平衡的問題上，也用於本書的各個範例中。

選讀章節能提供進階或特殊的主題

　　本書還包含許多的選讀章節，以符合授課教師的個別需求。這些章節以星號 (*) 標示，以便與本課程之核心部分有所區別。這些章節可以略過不講授，也不會影響對於本書其他章節的了解。

　　這些選讀章節所涵蓋的主題包括：求解直線運動問題的圖解法、質點受到中心力的軌跡、流體噴流的轉向、與噴射和火箭推動相關的問題、剛體之三維運動學與運動力學、具阻尼的機械振動，以及其電路的類比。若學生是在大三才修習動力學，他們對於這些主題會感到更有趣。

　　除了代數、三角幾何、基本微積分、與向量幾何 (屬於靜力學部分的第二和三章) 之外，使用本書與各習題之習作毋須預先具備其他的數學知識。但是，仍有一些特殊的問題需要使用到較進階的微積分，例如，第 19.8 和 19.9 節中所談到的阻尼振動，應該在學生具有相當的數學背景後，再予以講授。

　　本書在使用到基本微積分的部分中，是在強調對於微分與積分觀念的了解與應用，而非汲汲於對數學式的靈活運算上。基於此，對於求取複合面積之形心，應放在以積分法求取形心之前，這樣才能在介紹積分的使用前，即可先建立扎實的求解面積矩的觀念。

目錄

原文序 iv
目錄 vi
符號表 xii

11 質點運動學 — 1

11.1 動力學簡介 2
11.2 位置、速度，及加速度 3
11.3 求解質點的運動 6
11.4 等速度直線運動 15
11.5 等加速度直線運動 16
11.6 多質點運動 17
*11.7 直線運動問題的圖解法 25
*11.8 其他圖解法 27
11.9 位置向量、速度，及加速度 32
11.10 向量函數的導數 35
11.11 速度與加速度的直角座標分量 37
11.12 相對於平移座標的運動 39
11.13 切向與法向分量 48
11.14 徑向與橫向分量 52
複習與摘要 61
複習題 66

12 質點運動力學：牛頓第二定律 — 69

12.1 簡介 70
12.2 牛頓第二運動定律 71
12.3 質點的線動量與線動量的改變率 72
12.4 單位系統 73

12.5	運動方程式	76
12.6	動態平衡	77
12.7	質點的角動量與角動量的改變率	90
12.8	運動方程式表為徑向與橫向分量	92
12.9	承受中心力的運動與角動量守恆	92
12.10	牛頓萬有引力定律	94
*12.11	質點受中心力作用時的軌跡	100
*12.12	太空力學的應用	101
*12.13	行星運動的克普勒定律	105
	複習與摘要	111
	複習題	115

13 質點運動力學：能量法與動量法　　117

13.1	簡介	118
13.2	力所作的功	118
13.3	質點的動能與功能原理	122
13.4	功能原理的應用	124
13.5	功率與效率	125
13.6	位能	138
*13.7	保守力	140
13.8	能量守恆	141
13.9	保守中心力的運動與太空力學的應用	143
13.10	衝量與動量原理	153
13.11	衝擊運動	156
13.12	衝擊	165
13.13	正向中心衝擊	165
13.14	斜向中心衝擊	168
13.15	能量與動量相關的題目	171
	複習與摘要	182
	複習題	187

14 質點系統 — 189

- 14.1 簡介 190
- 14.2 牛頓定律用於質點系統的運動與等效力 191
- 14.3 質點系統的線動量與角動量 193
- 14.4 質點系統之質量中心的運動 194
- 14.5 質點系統相對於質心的角動量 196
- 14.6 質點系統的動量守恆 198
- 14.7 質點系統的動能 203
- 14.8 功能原理與質點系統的能量守恆 205
- 14.9 質點系統的衝量動量原理 205
- *14.10 變動的質點系統 213
- *14.11 質點穩定流 214
- *14.12 量變系統 217
- 複習與摘要 226
- 複習題 230

15 剛體運動學 — 233

- 15.1 簡介 234
- 15.2 平移 236
- 15.3 繞一固定軸的轉動 237
- 15.4 定義剛體繞一固定旋轉軸的方程式 239
- 15.5 一般平面運動 245
- 15.6 平面運動中之絕對與相對速度 246
- 15.7 平面運動中的瞬時旋轉中心 255
- 15.8 平面運動中的絕對與相對加速度 261
- *15.9 使用參數的平面運動分析 263
- 15.10 向量對轉動座標系的改變率 272
- 15.11 相對於轉動座標系之質點的平面運動/科氏加速度 273
- *15.12 繞一固定點的運動 281
- *15.13 一般運動 284

- *15.14 質點相對於轉動座標系的三維運動/科氏加速度 291
- *15.15 一般運動的參考座標系 293
- 複習與摘要 302
- 複習題 308

16 剛體的平面運動：力與加速度　　311

- 16.1 簡介 312
- 16.2 剛體運動方程式 313
- 16.3 剛體在平面運動中的角動量 314
- 16.4 剛體的平面運動/達朗伯特原理 315
- *16.5 剛體力學公理的評論 317
- 16.6 涉及剛體運動問題的解答 317
- 16.7 剛體系統 318
- 16.8 受拘束的平面運動 330
- 複習與摘要 346
- 複習題 348

17 剛體的平面運動：能量與動量法　　351

- 17.1 前言 352
- 17.2 一個剛體的功與能原理 352
- 17.3 作用在一個剛體上之所有的力所作的功 353
- 17.4 一個做平面運動之剛體的動能 355
- 17.5 剛體系統 356
- 17.6 能量守恆 356
- 17.7 功率 358
- 17.8 剛體在平面運動中的衝量與動量原理 370
- 17.9 一組剛體所形成的系統 373
- 17.10 角動量守恆 373
- 17.11 衝擊運動 382
- 17.12 偏心碰撞 382

複習與摘要 393
複習題 397

18 剛體之三維動力學　　399

*18.1 簡介 400
*18.2 剛體於三維運動的角動量 401
*18.3 應用衝量與動量原理於剛體的三維運動 404
*18.4 剛體於三維運動的動能 405
*18.5 剛體於三維空間的運動 416
*18.6 尤拉運動方程式——將達朗伯特原理延伸到剛體的三維運動 417
*18.7 剛體繞一固定點旋轉之運動 419
*18.8 剛體繞一固定軸之旋轉 420
*18.9 陀螺儀的運動與尤拉角 431
*18.10 陀螺儀的穩定進動 433
*18.11 軸對稱剛體在不受力時之運動 434
複習與摘要 445
複習題 452

19 機械振動　　453

19.1 簡介 454
19.2 質點的自由振動與簡諧運動 454
19.3 單擺（近似解）.. 458
*19.4 單擺（正確解）.. 459
19.5 剛體的自由振動 465
19.6 能量守恆原理的應用 471
19.7 強迫振動 477
*19.8 阻尼自由振動 484
*19.9 阻尼強迫振動 487
*19.10 電類比 489

複習與摘要 497
　　複習題 501

圖片來源 503
習題答案 504
索引 512

符號表

符號	意義	符號	意義
$\mathbf{a}, a$	加速度	L	長度；電感
a	常數；半徑；距離；橢圓半長軸	m	質量
$\bar{\mathbf{a}}, \bar{a}$	質心加速度	m'	每單位長度的質量
$\mathbf{a}_{B/A}$	B 相對於隨 A 平移之座標系的加速度	$\mathbf{M}$	力偶；力矩
$\mathbf{a}_{B/\mathcal{F}}$	P 相對於旋轉座標系 $\mathcal{F}$ 的加速度	$\mathbf{M}_O$	對點 O 的力矩
$\mathbf{a}_c$	科氏加速度	$\mathbf{M}_O^R$	對點 O 的合力矩
$\mathbf{A}, \mathbf{B}, \mathbf{C}, \ldots$	在支承及接頭的反力	M	力偶或力矩的大小；地球的質量
$A, B, C, \ldots$	點	M_{OL}	對軸 OL 的力矩
A	面積	n	法向
b	寬；距離；橢圓的半短軸	$\mathbf{N}$	反力的法向分量
c	常數；黏滯阻尼係數	O	座標原點
C	形心；瞬時旋轉中心；電容	$\mathbf{P}$	力；向量
d	距離	$\dot{\mathbf{P}}$	向量 $\mathbf{P}$ 對固定方位之座標系的改變率
$\mathbf{e}_n, \mathbf{e}_t$	沿法向與切向的單位向量	q	質量的流率；電荷
$\mathbf{e}_r, \mathbf{e}_s$	在徑向與橫向的單位向量	$\mathbf{Q}$	力；向量
e	恢復係數；自然對數的基底	$\dot{\mathbf{Q}}$	向量 $\mathbf{Q}$ 對固定方位之座標系的改變率
E	總機械能；電壓	$(\dot{\mathbf{Q}})_{Oxyz}$	向量 $\mathbf{Q}$ 對座標系 $Oxyz$ 的改變率
f	純量函數	$\mathbf{r}$	位置向量
f_f	強迫振動的頻率	$\mathbf{r}_{B/A}$	B 相對於 A 的位置向量
f_n	自然頻率	r	半徑；距離；極座標
$\mathbf{F}$	力；摩擦力	$\mathbf{R}$	合力；合向量；反力
g	重力加速度	R	地球半徑；電阻
G	重心；質心；重力常數	$\mathbf{s}$	位置向量
h	每單位質量的角動量	s	弧長
$\mathbf{H}_O$	對點 O 的角動量	t	時間；厚度；切線方向
$\dot{\mathbf{H}}_G$	角動量 $\mathbf{H}_G$ 對固定方位座標系的改變率	$\mathbf{T}$	力
$(\dot{\mathbf{H}}_G)_{Gxyz}$	角動量 $\mathbf{H}_G$ 對轉動座標系 $Gxyz$ 的改變率	T	張力；動能
$\mathbf{i}, \mathbf{j}, \mathbf{k}$	沿座標軸的單位向量	$\mathbf{u}$	速度
i	電流	u	變數
$I, I_x, \ldots$	慣性矩	U	功
$\bar{I}$	形心慣性矩	$\mathbf{v}, v$	速度
$I_{xy}, \ldots$	慣性積	v	速率
J	極慣性矩	$\bar{\mathbf{v}}, \bar{v}$	質心的速度
k	彈簧常數	$\mathbf{v}_{B/A}$	B 相對於隨 A 平移之座標系的速度
k_x, k_y, k_O	迴轉半徑	$\mathbf{v}_{P/\mathcal{F}}$	P 相對於旋轉座標系 的速度
$\bar{k}$	形心迴轉半徑	$\mathbf{V}$	向量積
l	長度	V	體積；位能
$\mathbf{L}$	線動量	w	每單位長度的負載

符號	意義	符號	意義
$\mathbf{W}, W$	重量；負載	μ	摩擦係數
x, y, z	直角座標；距離	ρ	密度；曲率半徑
$\dot{x}, \dot{y}, \dot{z}$	座標 x、y、z 的時間導數	τ	週期
$\bar{x}, \bar{y}, \bar{z}$	形心，重心，或質心的直角座標	τ_n	自由振動的週期
$\boldsymbol{\alpha}, \alpha$	角加速度	ϕ	摩擦角；歐拉角；相位角；角
α, β, γ	角度	φ	相位差
γ	比重	ψ	歐拉角
δ	伸長量	$\boldsymbol{\omega}, \omega$	角速度
ε	二次曲線或軌道的偏心率	ω_f	強迫振動的圓頻率
$\boldsymbol{\lambda}$	沿一直線的單位向量	ω_n	自然圓頻率
η	效率	$\boldsymbol{\Omega}$	參考座標系的角速度
θ	角座標；歐拉角；角；極座標		

11

CHAPTER

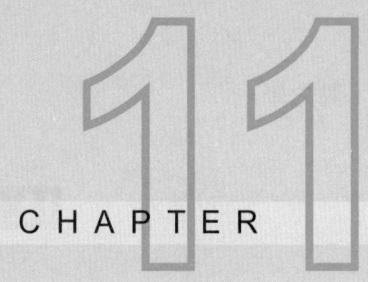

質點運動學

太空梭的運動可以用它的位置、速度，及加速度來描述。當太空梭要降落時，駕駛必須考慮環境的風速對太空梭的影響，對這種運動的探討即稱為運動學，正是本章的主題。

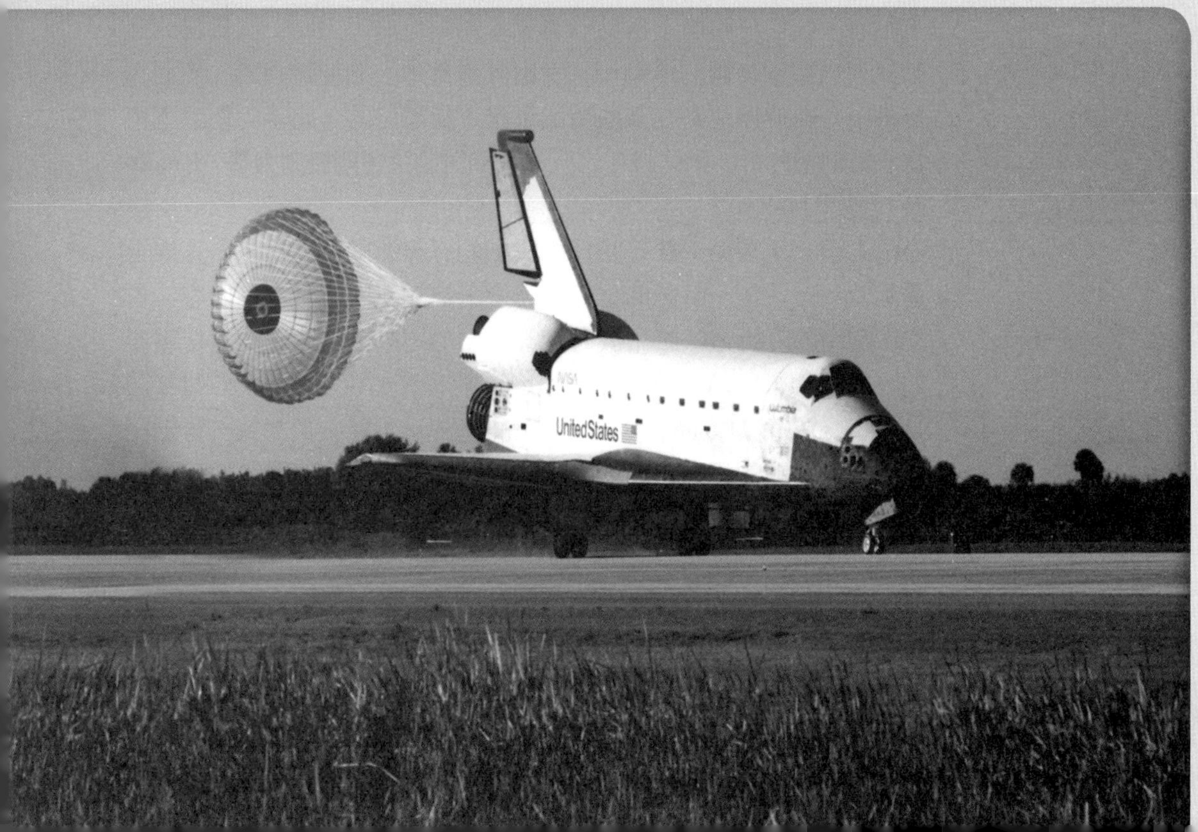

11.1 動力學簡介 (Introduction to Dynamics)

本書第一章到第十章討論的是**靜力學** (statics)，主要內容是分析物體靜止時的情形。現在開始我們要研究**動力學** (dynamics)，這也是力學 (mechanics) 的一部分，專門討論分析物體的運動。

靜力學的研究歷史可以往前追溯到希臘哲學發展的時代，而第一個在動力學上有特殊貢獻的是加利略 (Galileo, 1564~1642)。加利略在等加速運動上的實驗，啟發了牛頓 (1642~1727) 發展出著名的動力學運動定律。

動力學包括兩部分：

1. **運動學** (kinematics)，研究物體運動時的幾何關係。運動學中建立了位移、速度、加速度，及時間的關係，但是不討論造成運動的原因。
2. **運動力學** (kinetics)，研究物體質量與受力及運動之間的關係。運動力學可用於評估物體受力後的運動，或是決定產生運動所需的力量。

第十一到十四章討論的是**質點動力學** (dynamics of particles)。第十一章闡述質點運動學。此處所謂的**質點** (particle) 並不是指討論的物體非常小，而是我們在此忽略其形體的大小，所討論的物體也可以很大，例如：汽車、火箭、飛機等。當我們將分析的物體視為一質點時，我們將物體上各點的運動視為同步的，因此一個質點的運動就代表整個物體的運動。不考慮其質量中心的旋轉運動。然而，質量中心的旋轉運動在某些情況下是不能忽略的，此時的物體不再當成質點來分析。我們將在之後的章節討論這種**剛體動力學** (dynamics of rigid bodies)。

第十一章的第一部分將分析質點的直線運動。質點在一直線上運動時，其在任一時刻的位置、速度、及加速度將是討論內容。首先，常用的分析方法將用於研究一質點的運動，然後介紹兩種重要的運動型態，分別是質點的等速度運動與等加速度運動 (第 11.4 和 11.5 節)。在第 11.6 節將討論多質點的運動，重點在於討論一質點相對於其他質點的相對運動。本章的第一部分還包含圖解法的分析與討論，以及介紹各種應用例子，包括質點直線運動等 (第 11.7 和 11.8 節)。

本章第二部分將分析質點沿曲線運動的情形。此時的位置、速度、及加速度都將以向量的方式表示。我們將介紹向量微分的觀念

CHAPTER 11　質點運動學

(第 11.10 節) 及應用，接著以直角座標來表示質點運動，並討論質點的速度及加速度，同時也介紹拋射體的運動分析 (第 11.11 節)。在第 11.12 節將討論質點相對於平移座標的相對運動。本章最後將討論質點在曲線上運動時以非直角座標分量來表示的情形。第 11.13 節將介紹質點的速度與加速度以切向與法向分量來表示的方法，而在第 11.14 節則介紹速度與加速度以徑向與側向分量來表示的方法。

質點之直線運動 (Rectilinear Motion of Particles)

11.2　位置、速度，及加速度 (Position, Velocity, and Acceleration)

一質點沿著一條直線運動時稱為**質點直線運動** (rectilinear motion)。在時間 t 時，質點位於直線上的某一位置。為了定義這個質點位置 P，我們選擇這條直線上的一固定點，稱之為原點 O，並選一個方向為正向。由原點 O 量到質點位置 P 的距離以 x 表示，同時並賦予 x 為正值或負值。如此 x 即可用於定義質點的位置，因而稱 x 為質點的**位置座標** (position coordinate)。例如，在圖 11.1a 中，質點 P 的位置為 $x = +5$ m，而在圖 11.1b 中質點 P' 的位置為 $x' = -2$ m。

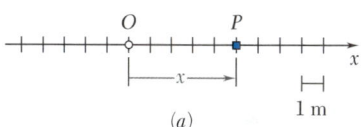

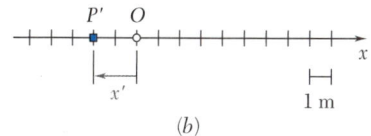

圖 11.1

當在任何時間 t 的質點位置 x 都為已知，我們即稱該質點的運動為已知。運動時位置 x 的時間表可以用方程式來表達，例如寫成 $x = 6t^2 - t^3$，或是如圖 11.6 中用圖形方式來表達。國際單位制 (SI) 中常用公尺 (m) 當作位置的單位，而美國慣用單位則是使用英尺 (ft) 當作位置的單位。時間 t 的常用單位為秒 (s)。

如圖 11.2 中，在時間 t 時，質點位於點 P，而位置座標為 x。下一瞬間時間 $t + \Delta t$ 時，質點位於點 P'，而位置座標比 x 多了一個小增量 Δx。當 P' 位於 P 的右方時，此小增量 Δx 為正；反之，P' 位於 P 的左方時，Δx 為負。質點於此 Δt 時間區間內的**平均速度** (average velocity) 定義為 Δx 除以 Δt：

$$\text{平均速度} = \frac{\Delta x}{\Delta t}$$

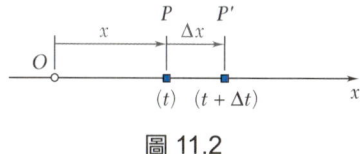

圖 11.2

若使用 SI 制，Δx 的單位為公尺，Δt 的單位為秒，則平均速度的單位為公尺每秒 (m/s)。若使用美國慣用單位，Δx 的單位為英尺，Δt 的單位為秒，則平均速度的單位為英尺每秒 (ft/s)。

照片 11.1　太陽能車的運動可以用位移、速度，及加速度來描述。

當我們把平均速度公式中的 Δt 縮小到接近 0 時，即可得質點在時間 t 時的**瞬時速度** (instantaneous velocity)：

$$瞬時速度 = v = \lim_{\Delta t \to 0} \frac{\Delta x}{\Delta t}$$

瞬時速度的單位與平均速度一樣是公尺每秒 (m/s)，或英尺每秒 (ft/s)。上式中的極限也是微分的定義，因此公式又可寫為：

$$v = \frac{dx}{dt} \tag{11.1}$$

速度 v 常用有正、負號的數值表示，正號表示質點往正的方向運動，此時位置 x 增加 (如圖 11.3a)。而圖 11.3b 則表示質點往負的方向運動。速度 v 的大小稱為質點的**速率** (speed)。

如在時間 t 時質點的速度為 v，下一瞬間時間 $t + \Delta t$ 時質點的速度為 $v + \Delta v$ (如圖 11.4)，在此 Δt 時間區間內的**平均加速度** (average acceleration) 定義為 Δv 除以 Δt：

$$平均加速度 = \frac{\Delta v}{\Delta t}$$

若使用 SI 制，Δv 的單位為 m/s，Δt 的單位為秒，則平均加速度的單位為 m/s^2。若使用美國慣用單位，Δv 的單位為 ft/s，Δt 的單位為秒，則平均加速度的單位為 ft/s^2。

當我們把平均加速度公式中的 Δt 與 Δv 縮小到接近 0 時，即可得質點在時間 t 時的**瞬時加速度** (instantaneous acceleration) a：

$$瞬時加速度 = a = \lim_{\Delta t \to 0} \frac{\Delta v}{\Delta t}$$

瞬時加速度的單位與平均加速度一樣是 m/s^2 或 ft/s^2。上式中的極限也代表速度 v 對時間 t 的微分，即速度的改變率，因此公式又可寫為

$$a = \frac{dv}{dt} \tag{11.2}$$

或將 v 用式 (11.1) 代替而得：

$$a = \frac{d^2x}{dt^2} \tag{11.3}$$

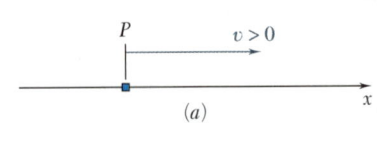
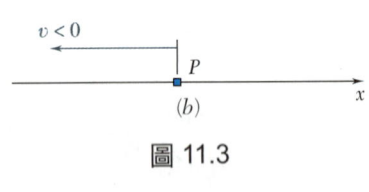

圖 11.3

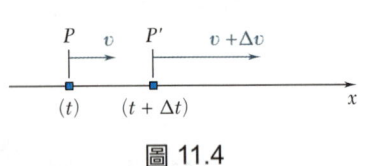

圖 11.4

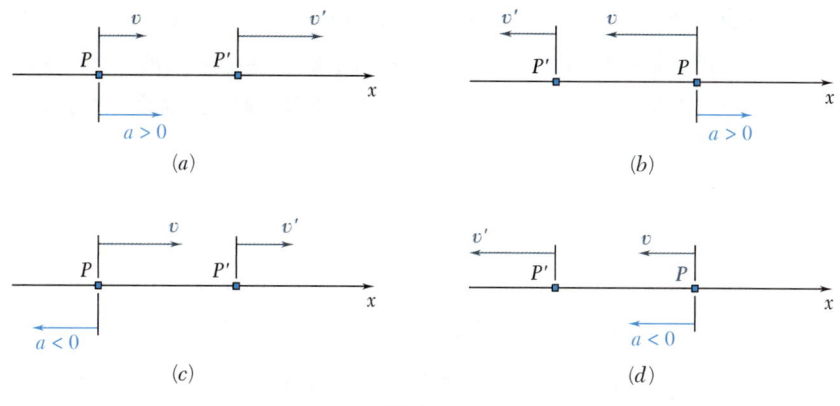

圖 11.5

加速度 a 常用有正、負號的數值表示，正號表示速度增加，如圖 11.5a 質點往正向運動時加快，或如圖 11.5b 質點往負向運動時變慢，兩種情形的 Δv 都是正值。相反地，加速度 a 負值時表示速度減少，如圖 11.5c 質點往正向運動時變慢，或如圖 11.5d 質點往負向運動時加快，兩種情形的 Δv 都是負值。

有時也會用**減速度** (deceleration) 來表示質點速率減少 (運動變慢) 的情形，例如圖 11.5b 與圖 11.5c 中的質點運動。相反地，圖 11.5a 與圖 11.5d 中的質點則是速率加快。

另一個加速度的公式可由式 (11.1) 中的 dt 代入式 (11.2) 中而得：

$$a = v\frac{dv}{dx} \tag{11.4}$$

例題

有一質點沿一直線運動，其位置可以表示為：

$$x = 6t^2 - t^3$$

其中 t 單位為秒，x 單位為公尺。質點的速度 v 在任何時間 t 時可由位置的方程式對 t 微分而得：

$$v = \frac{dx}{dt} = 12t - 3t^2$$

而加速度 a 則是將方程式再對 t 微分一次而得：

$$a = \frac{dv}{dt} = 12 - 6t$$

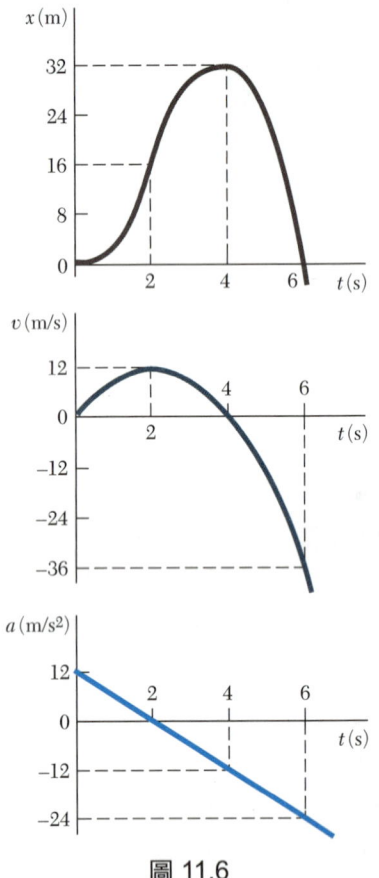

圖 11.6

在圖 11.6 中，位置座標、速度，及加速度都相對於時間 t 作圖。這些曲線即稱為**運動曲線** (motion curve)。因為我們目前所談的是質點直線運動，因此要注意質點並不是沿著圖中的曲線運動。數學教我們曲線在某點的微分即是曲線在該點的斜率，所以可知：在 x–t 曲線上任一點的斜率即是該時間的速度 v 值。相同地，在 v–t 曲線上任一點的斜率即是該時間的加速度 a 值。此例中，在 $t = 2\,\text{s}$ 時 $a = 0$，故知此時 v–t 曲線上斜率必為零；速度在此時達到最大值。同時我們也可注意到，在 $t = 0$ 及 $t = 4\,\text{s}$ 時 $v = 0$，所以在此兩時刻 x–t 曲線必為水平。

根據圖 11.6 的三條運動曲線，我們可將質點的運動 $t = 0$ 到 $t = \infty$ 分成四個階段：

1. 質點由原點開始運動，開始時速度為零，但是有正加速度。因為有正加速度，所以質點漸漸產生正的速度，往正的方向運動。從 $t = 0$ 到 $t = 2\,\text{s}$ 之間，所有的 x、v，及 a 都是正值。

2. 在 $t = 2\,\text{s}$ 時加速度為 0，速度達到最大值。由 $t = 2\,\text{s}$ 到 $t = 4\,\text{s}$，速度 v 為正值，但是加速度 a 為負值。質點仍然朝正方向運動，不過愈來愈慢，即質點在減速。

3. 在 $t = 4\,\text{s}$ 時速度為 0，位置座標 x 達到最大值。從此後 v 與 a 都是負值，質點在加速，且往負的方向運動。

4. 在 $t = 6\,\text{s}$ 時質點通過原點，它的位置座標 x 變成零，總共行經的距離為 64 m。當 t 超過 6 s 後，x、v，及 a 都是負值。質點繼續朝負的方向運動，遠離原點 O，且愈來愈快。

11.3 求解質點的運動 (Determination of the Motion of a Particle)

前面提到當在任何時間 t 時的質點位置 x 都為已知，我們即稱該質點的運動為已知。然而，實際上，質點的運動很少是以位置 x 對時間 t 的關係來定義的。更常見的是，運動的狀況由質點加速度的型態所決定。例如：一個自由落體將會以固定加速度 (值為 9.81 m/s² 或 32.2 ft/s²) 向下運動；連結到一彈簧的質量會有與彈簧伸長量成比例的加速度等。通常加速度可以表示成由 x、v，及 t 所形成的函數。為了決定位置 x 相對時間 t 的關係，我們必須將加速度的式子連續積分兩次才能得到。

以下為三種常見的運動型態：

1. $a = f(t)$。已知加速度為時間 t 的函數。由式 (11.2) 中解出 dv，然後以 $f(t)$ 代替 a，亦即：

$$dv = a\,dt$$
$$dv = f(t)\,dt$$

兩邊各自積分：

$$\int dv = \int f(t)\,dt$$

即可得到 v 相對 t 的關係式。此處請注意：積分時將會有個常數項產生。事實上，這是因為與 $a = f(t)$ 相關的運動有許多種。若要確定質點會進行何種運動，就必須知道該運動的**初始條件** (initial condition)。換句話說，在時間 $t = 0$ 時的位置 x_0 及速度 v_0 必須是已知的。上述的不定積分如果用**定積分** (definite integral) 代替，下限是初始狀況 $t = 0$ 及 $v = v_0$，上限是 $t = t$ 及 $v = v$，則上式可改寫為：

$$\int_{v_0}^{v} dv = \int_{0}^{t} f(t)\,dt$$

$$v - v_0 = \int_{0}^{t} f(t)\,dt$$

由此式得到速度 v 是時間 t 的函數。上式可改寫為：

$$v = v_0 + \int_{0}^{t} f(t)\,dt$$

由式 (11.1) 可得 dx 如下：

$$dx = v\,dt$$

將 v 用前述 t 函數代入後，等號兩邊各自積分。左邊積分上、下限分別為：$x = x_0$ 及 $x = x$；而右邊積分上、下限分別為：$t = 0$ 及 $t = t$，積分後即得到位置 x 為 t 的函數，到此運動即可完全解得。

在第 11.4 和 11.5 節，將更詳細討論兩個重要的特例。其中一個是加速度 $a = 0$，即**等速度運動** (uniform motion)；另一個是加速度 $a =$ 常數，即**等加速度運動** (uniformly accelerated motion)。

2. $a = f(x)$。加速度是位置的函數。重新安排式 (11.4)，把 a 用 $f(x)$ 代替，即：

$$v\,dv = a\,dx$$
$$v\,dv = f(x)\,dx$$

此時等式兩邊都各只有一個變數，我們將兩邊各自積分，積分下限分別是初始位置 x_0 與初始速度 v_0：

$$\int_{v_0}^{v} v\, dv = \int_{x_0}^{x} f(x)\, dx$$

$$\tfrac{1}{2}v^2 - \tfrac{1}{2}v_0^2 = \int_{x_0}^{x} f(x)\, dx$$

得到速度 v 為位置 x 的函數。接著由式 (11.1) 我們可將 dt 寫為：

$$dt = \frac{dx}{v}$$

然後將剛才求得的 v 代入，再兩邊積分即可得到 x 與 t 之關係式。有時候這個積分步驟不容易完成，必須以數值解法來求解。

3. $a = f(v)$。加速度是速度的函數。我們可以將式 (11.2) 或式 (11.4) 中的 a 以 $f(v)$ 代入，而得到下列式子：

$$f(v) = \frac{dv}{dt} \qquad f(v) = v\frac{dv}{dx}$$

$$dt = \frac{dv}{f(v)} \qquad dx = \frac{v\, dv}{f(v)}$$

將第一個方程式兩邊各自積分，我們即可得到 v 與 t 的關係式；將第二個方程式兩邊各自積分，則得到 v 與 x 的關係式。這兩個關係式都可拿來與式 (11.1) 配合，而求出 x 與 t 的關係式。

範例 11.1

有一質點沿一直線運動，其位置可表為 $x = t^3 - 6t^2 - 15t + 40$，其中 x 的單位為公尺 (m)，t 的單位為秒 (s)。試求 (a) 何時速度等於零；(b) 此時質點的位置及移動距離；(c) 此時質點加速度；(d) 從 $t = 4\,\text{s}$ 到 $t = 6\,\text{s}$ 之間質點的移動距離。

解

運動方程式為

$$x = t^3 - 6t^2 - 15t + 40 \tag{1}$$

微分以求得速度：

$$v = \frac{dx}{dt} = 3t^2 - 12t - 15 \tag{2}$$

再微分以求得加速度：

$$a = \frac{dv}{dt} = 6t - 12 \qquad (3)$$

a. **求速度 $v = 0$ 之時間**。我們把 $v = 0$ 代入式 (2)：

$$3t^2 - 12t - 15 = 0 \qquad t = +5 \text{ s} \blacktriangleleft$$

解得兩個根 $t = -1$ s 及 $t = +5$ s。因為時間 t 由 0 開始計算，因此 t 不能為負值，只有 $t = +5$ s 可以作為 $v = 0$ 之時間。當 $t < 5$ s，$v < 0$，質點往負的方向運動；當 $t > 5$ s，$v > 0$，質點往正的方向運動。

b. **求 $v = 0$ 時質點的位置及移動距離**。把 $t = +5$ s 代入式 (1)：

$$x_5 = (5)^3 - 6(5)^2 - 15(5) + 40 \qquad x_5 = -60 \text{ m} \blacktriangleleft$$

將 $t = 0$ 代入式 (1) 即得到初始位置 $x_0 = +40$ m，因為 $v \neq 0$，故由 $t = 0$ 到 $t = 5$ s 間質點移動距離為：

$$\text{移動距離} = x_5 - x_0 = -60 \text{ m} - 40 \text{ m} = -100 \text{ m}$$

即質點移動距離為往負的方向移動 100 m ◀

c. **求 $v = 0$ 時的加速度**。將 $t = +5$ s 代入式 (3)：

$$a_5 = 6(5) - 12 \qquad a_5 = +18 \text{ m/s}^2 \blacktriangleleft$$

d. **求從 $t = 4$ s 到 $t = 6$ s 之間質點的移動距離**。質點在 $t = 4$ s 到 $t = 5$ s 之間是往負向運動，而在 $t = 5$ s 到 $t = 6$ s 之間是往正向運動；因此，這兩區間的移動距離要分別計算。

將 $t = 4$ s 代入式 (1) 以得到 x_4：

$$x_4 = (4)^3 - 6(4)^2 - 15(4) + 40 = -52 \text{ m}$$

$$\text{移動距離} = x_5 - x_4 = -60 \text{ m} - (-52 \text{ m}) = -8 \text{ m}$$
$$= \text{往負方向 } 8 \text{ m}$$

將 $t = 6$ s 代入式 (1) 以得到 x_6：

$$x_6 = (6)^3 - 6(6)^2 - 15(6) + 40 = -50 \text{ m}$$

$$\text{移動距離} = x_6 - x_5 = -50 \text{ m} - (-60 \text{ m}) = +10 \text{ m}$$
$$= \text{往正方向 } 10 \text{ m}$$

故從 $t = 4$ s 到 $t = 6$ s 移動距離共為 8 m + 10 m = 18 m ◀

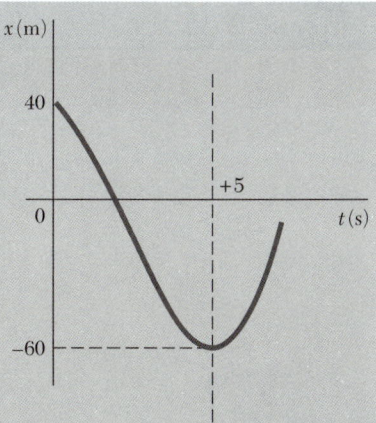

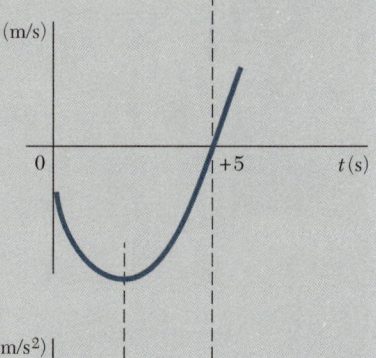

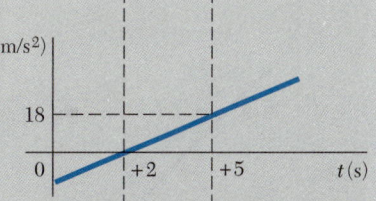

範例 11.2

由離地面 20 m 處將球以速度 10 m/s 垂直上拋，若球的加速度為朝下定值的 9.81 m/s²，試求 (a) 任何時間 t 時的速度 v 與高度 y；(b) 球能到達的最高點與時間 t；(c) 球落地的時間與速度。繪出 v–t 曲線與 y–t 曲線。

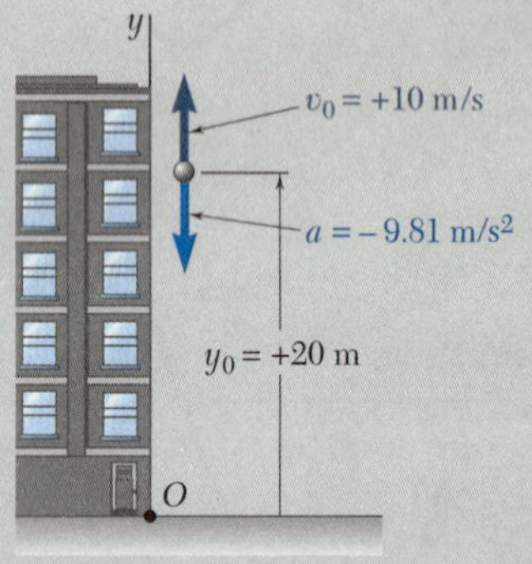

解

a. 求速度與高度。以 y 軸作為位置座標，原點 O 訂於地面，朝上為正向。於圖中標示加速度，與初始 v 及 y 之值。利用公式 $a = dv/dt$ 及初始條件 $t = 0$ 時 $v_0 = +10$ m/s，積分公式即可求得速度：

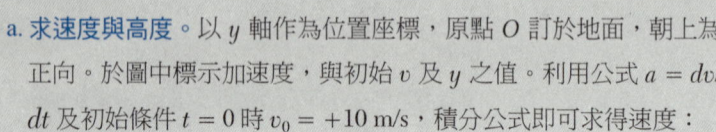

$$\frac{dv}{dt} = a = -9.81 \text{ m/s}^2$$

$$\int_{v_0=10}^{v} dv = -\int_{0}^{t} 9.81\, dt$$

$$[v]_{10}^{v} = -[9.81t]_{0}^{t}$$

$$v - 10 = -9.81t$$

$$v = 10 - 9.81t \quad (1)$$

利用公式 $v = dy/dt$ 及初始條件 $t = 0$ 時 $y_0 = 20$ m，積分公式即可求得速度 v：

$$\frac{dy}{dt} = v = 10 - 9.81t$$

$$\int_{y_0=20}^{y} dy = \int_{0}^{t} (10 - 9.81t)\, dt$$

$$[y]_{20}^{y} = [10t - 4.905t^2]_{0}^{t}$$

$$y - 20 = 10t - 4.905t^2$$

$$y = 20 + 10t - 4.905t^2 \quad (2)$$

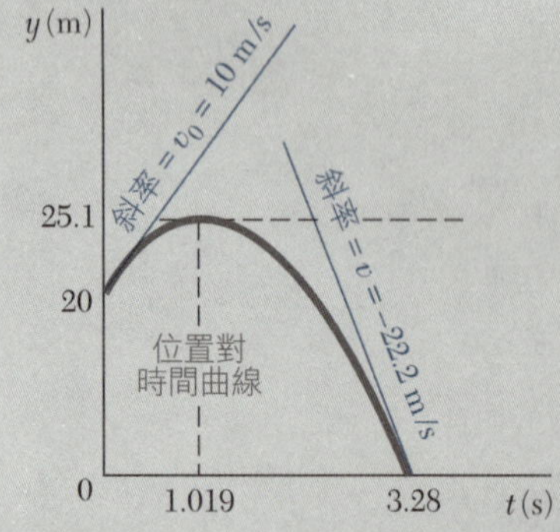

b. 求最高點。速度 v 等於零時，即是球到達最高點的時刻。故將 0 代入式 (1) 來求解

$$10 - 9.81t = 0 \qquad t = 1.019 \text{ s}$$

將 $t = 1.019$ s 代入式 (2)，

$$y = 20 + 10(1.019) - 4.905(1.019)^2 \qquad y = 25.1 \text{ m}$$

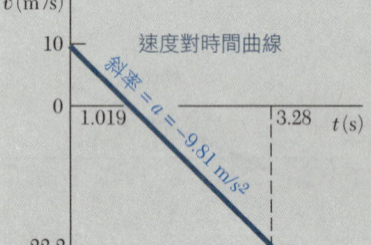

c. 求撞地面的時刻。當球撞地面時其位置 y 等於零。故將 $y = 0$ 代入式 (2)，

$$20 + 10t - 4.905t^2 = 0$$

解得 $t = -1.243$ s 與 $t = +3.28$ s。因為時間由 0 開始計算，故只有正的值可為解答。

$$t = +3.28 \text{ s} \blacktriangleleft$$

將 $t = +3.28$ s 代入式 (1)，計算此時的速度

$$v = 10 - 9.81(3.28) = -22.2 \text{ m/s} \qquad v = 22.2 \text{ m/s} \downarrow \blacktriangleleft$$

範例 11.3

為了降低槍的反衝力，有些槍管中裝有一活塞當作緩衝機構，活塞可在注滿油的圓柱腔內移動。當槍管以初速度 v_0 反衝時，迫使活塞跟著移動。此時油必須流經活塞的小孔，使得活塞與圓柱腔都減速下來，此減速度會與它們的速度成正比，亦即 $a = -kv$。試求 (a) 將 v 表為 t 的函數；(b) 將 x 表為 t 的函數；(c) 將 v 表為 x 的函數，並繪出相關的運動曲線。

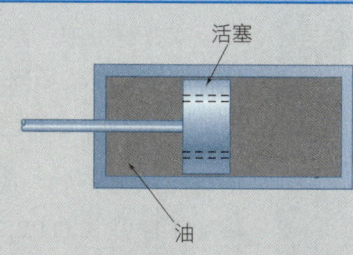

解

a. 求 v 為 t 的函數。 將 $a = -kv$ 代入加速度的基本公式 $a = dv/dt$ 中

$$-kv = \frac{dv}{dt} \qquad \frac{dv}{v} = -k\,dt \qquad \int_{v_0}^{v} \frac{dv}{v} = -k \int_{0}^{t} dt$$

$$\ln \frac{v}{v_0} = -kt \qquad\qquad v = v_0 e^{-kt} \blacktriangleleft$$

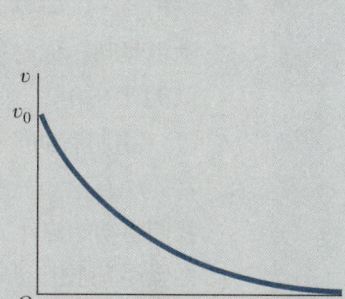

b. 求 x 為 t 的函數。 將前面 v 的解代入速度的基本公式 $v = dx/dt$ 中

$$v_0 e^{-kt} = \frac{dx}{dt}$$

$$\int_{0}^{x} dx = v_0 \int_{0}^{t} e^{-kt}\,dt$$

$$x = -\frac{v_0}{k}[e^{-kt}]_{0}^{t} = -\frac{v_0}{k}(e^{-kt} - 1)$$

$$x = \frac{v_0}{k}(1 - e^{-kt}) \blacktriangleleft$$

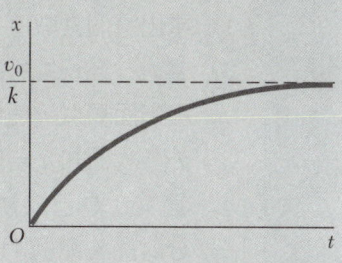

c. 求 v 為 x 的函數。 將 $a = -kv$ 代入公式 $a = v\,dv/dx$ 中

$$-kv = v\frac{dv}{dx}$$

$$dv = -k\,dx$$

$$\int_{v_0}^{v} dv = -k \int_{0}^{x} dx$$

$$v - v_0 = -kx \qquad v = v_0 - kx \blacktriangleleft$$

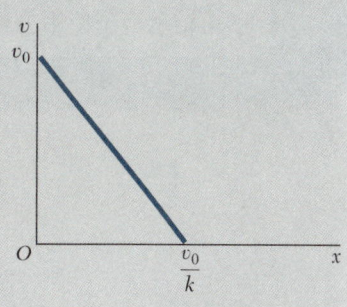

驗證。以不同方式求解，即可驗證解答的正確性。(c) 的解也可由 (a) 與 (b) 的解中消除 t 而得到。由 (a) 我們有 $e^{-kt} = v/v_0$，將此代入 (b) 的解中，即得

$$x = \frac{v_0}{k}(1 - e^{-kt}) = \frac{v_0}{k}\left(1 - \frac{v}{v_0}\right) \qquad v = v_0 - kx \text{ (得證)}$$

重點提示

本課題目中，你需要求解質點在**直線運動時的位置、速度，及加速度**。當你讀題目時，首先要辨識何者為本題的獨立變數 (t 或是 x)？什麼是題目要問的 (例如，將 v 表為 x 的函數)？將已知的資料及題目所求的簡單寫下來，這將有助於我們解題。

1. **當 $x(t)$ 為已知，求解 $v(t)$ 與 $a(t)$。** 在第 11.2 節我們看到 $x(t)$ 的式子微分及再微分 [式 (11.1) 及式 (11.2)]，即可得到速度 $v(t)$ 及加速度 $a(t)$。如果速度與加速度的正、負號相反，則質點將會停止，然後往反方向運動 [範例 11.1]。因此，當要計算總運動距離時，你必須先想想質點在過程中會不會停止，然後往反方向運動，如同範例 11.1。繪製一個簡圖來標示每個關鍵時刻時質點的位置及速度 ($v = v_{\max}$，$v = 0$ 等)，這將有助於更加清楚運動的情形。

2. **當 $a(t)$ 為已知，求解 $v(t)$ 與 $x(t)$。** 這類題目的解法已在第 11.3 節的第一部分討論。我們將初始條件 $t = 0$ 及 $v = v_0$ 當作 t 及 v 積分時的下限。然而，有時候其他的已知條件 (例如，$t = t_1$，$v = v_1$) 也可以作為積分時的下限。如果題目給的函數 $a(t)$ 中含有未知的常數 (例如，$a = kt$ 中的 k)，這時我們要利用一些已知條件的 t 與 a 來求出這個常數值。

3. **當 $a(x)$ 為已知，求解 $v(x)$ 與 $x(t)$。** 這類題目的解法已在第 11.3 節的第二部分討論。與上面類似，任何的已知條件 (例如，$x = x_1$ 及 $v = v_1$) 都能當作積分時的下限。另外，我們知 $a = 0$ 時 $v = v_{\max}$，解 $a(x) = 0$，即可得到速度最大時的位置 x。

4. **當 $a(v)$ 為已知，求解 $v(x)$、$v(t)$，及 $x(t)$。** 這類題目的解法已在第 11.3 節的最後部分討論。範例 11.3 中使用的解題技巧可廣泛地運用在類似的題目裡。範例 11.3 總結示範了使用方程式 $v = dx/dt$、$a = dv/dt$，及 $a = v\, dv/dx$ 的時機。

習 題

觀念題

11.CQ1 有一輛巴士以速度 50 km/h 由點 A 到 100 km 遠的點 B，再以速度 70 km/h 由點 B 到 100 km 遠的點 C。此巴士行駛這 200 km 間的平均速度為：
a. 大於 60 km/h；
b. 等於 60 km/h；
c. 小於 60 km/h。

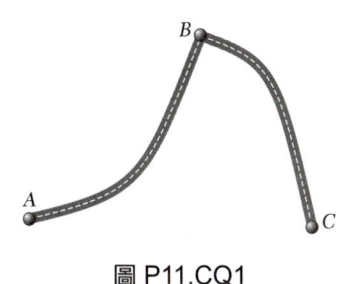

圖 P11.CQ1

11.CQ2 有 A 與 B 兩輛車在一直線道上互相追逐，兩車位置對時間的函數如圖所示。下列敘述哪些正確？
a. 在時間 t_2 時兩車走的距離一樣。
b. 在時間 t_1 時兩車的速度一樣。
c. 在 $t < t_1$ 間的某時刻兩車的速度一樣。
d. 在 $t < t_1$ 間的某時刻兩車的加速度一樣。
e. 在 $t_1 < t < t_2$ 間的某時刻兩車的加速度一樣。

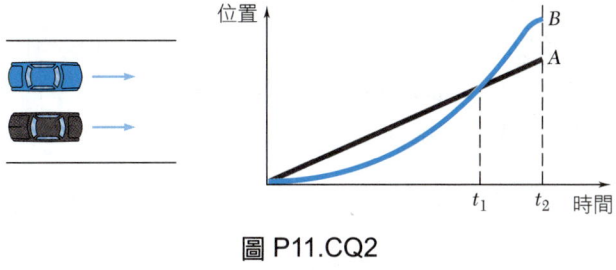

圖 P11.CQ2

課後習題

11.1 已知一質點的位置函數為 $x = t^4 - 10t^2 + 8t + 12$，其中 x 單位為 m，t 單位為 s。試求當 $t = 1$ s 時，質點的位置、速度，及加速度。

11.2 已知一質點的位置函數為 $x = 2t^3 - 9t^2 + 12t + 10$，其中 x 單位為 m，t 單位為 s。試求 $v = 0$ 時，發生的時間、質點的位置，及加速度。

11.3 一質量 A 作垂直運動時，其位置可表為 $x = 10 \sin 2t + 15 \cos 2t + 100$，其中 x 單位為 mm，t 單位為 s。試求 (a) 當 $t = 1$ s 時，

圖 P11.3

A 的位置、速度,及加速度;(b) A 的最大速度及加速度。

11.4 一軌道車以定速 v_0 駛向一具有彈簧及緩衝筒的緩衝器。與緩衝器連結後該車的運動可以位置函數表示 $x = 60e^{-4.8t} \sin 16t$,其中 x 單位為 mm,t 單位為 s。試求當 (a) $t = 0$ 時;(b) $t = 0.3$ s 時,該車的位置、速度,及加速度。

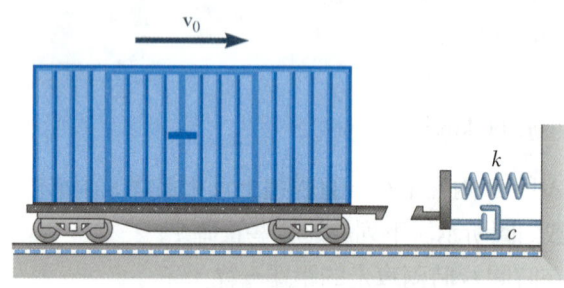

圖 P11.4

11.5 已知一質點的位置函數為 $x = 6t^4 - 2t^3 - 12t^2 + 3t + 3$,其中 x 單位為 m,t 單位為 s。試求 $a = 0$ 時,發生的時間、質點的位置,及速度。

11.6 已知一質點的位置函數為 $x = t^3 - 9t^2 + 24t - 8$,其中 x 單位為 m,t 單位為 s。試求 (a) 何時速度為零;(b) $a = 0$ 時發生質點的位置及質點行進的距離。

11.7 已知一質點的位置函數為 $x = 2t^3 - 15t^2 + 24t + 4$,其中 x 單位為 m,t 單位為 s。試求 (a) 何時速度為零;(b) $a = 0$ 時發生質點的位置及質點行進的距離。

11.8 已知一質點的位置函數為 $x = t^3 - 6t^2 - 36t - 40$,其中 x 單位為 m,t 單位為 s。試求 (a) 何時速度為零;(b) 當質點又回到 $x = 0$ 時質點的速度、加速度,及質點行進的距離。

11.9 當一輛車子的煞車器啟動時,車子產生一減速度 3 m/s²。若已知車子 100 m 後停下來,試求 (a) 在煞車前一刻車子的速度;(b) 煞車後經過多少時間車子完全停止?

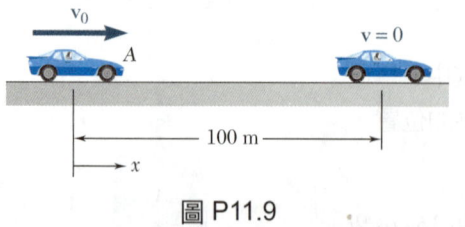

圖 P11.9

11.10 已知一質點的加速度與時間 t 成正比,在時間 $t = 0$ 時的速度為 $v = 400$ mm/s,而且在 $t = 1$ s 時位

置 $x = 500$ mm，速度 $v = 375$ mm/s。試求：當 $t = 7$ s 時質點的速度、位置，及質點行進的距離。

11.11 已知點 A 的加速度可表為 $a = -1.08 \sin kt - 1.44 \cos kt$，其中 a 與 t 的單位分別為 m/s^2 與秒，且知 $k = 3$ rad/s。當 $t = 0$ 時，$x = 0.16$ m，$v = 0.36$ m/s。試求當 $t = 0.5$ s 時，點 A 的速度與位置。

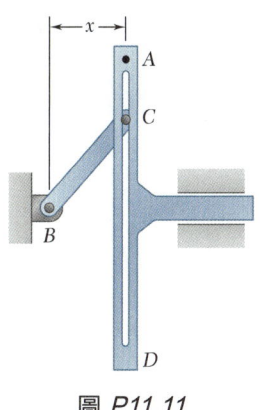

圖 P11.11

11.12 有一質點的加速度可表為 $a = -k/x$。由實驗中得知，當 $x = 0.2$ m 時 $v = 5$ m/s，且當 $x = 0.4$ m 時 $v = 3$ m/s。試求 (a) 當 $x = 0.5$ m 時質點的速度；(b) 在什麼位置時質點的速度為零。

11.13 有一質點的加速度可表為 $a = -0.8\,v$，其中 a 的單位為 m/s^2，v 的單位為 m/s。已知當 $t = 0$ 時速度為 1 m/s。試求 (a) 質點運動多少距離時會停下來；(b) 在何時質點的速度會剩下原來的一半。

11.14 有一質點位於 $x = 0$ 處，以初速 9 m/s 被拋向右邊。如果該質點的加速度可表為 $a = -0.6\,v^{3/2}$，其中 a 的單位為 m/s^2，v 的單位為 m/s，試求 (a) 當 $v = 4$ m/s 時質點運動了多少距離；(b) 何時 $v = 1$ m/s；(c) 何時質點運動距離等於 6 m。

11.15 經由觀察得知一跑者的速度可表為 $v = 12\,(1-0.06\,x)^{0.3}$，其中 v 與 x 的單位分別為 km/h 與 km。已知當 $t = 0$ 時 $x = 0$，試求 (a) 當 $t = 1$ h 時，跑者跑了多少距離；(b) 當 $t = 0$ 時，跑者的加速度為多少 m/s^2；(c) 要多少時間才能跑完 9 km。

圖 P11.15

11.16 有一質點的速度可表為 $v = v_0\,[1 - \sin(\pi t/T)]$。已知質點由原點出發初速為 v_0，試求 (a) 當 $t = 3\,T$ 時質點的位置及加速度；(b) 在 $t = 0$ 到 $t = T$ 之間，質點的平均速度。

11.4 等速度直線運動 (Uniform Rectilinear Motion)

等速度直線運動是經常用到的一種直線運動，在這種運動情形時，其加速度 a 在任何時刻 t 都為 0。因此其速度 v 為一常數，式 (11.1) 可寫為

$$\frac{dx}{dt} = v = 常數$$

位置座標 x 可由上式的積分得到

$$\int_{x_0}^{x} dv = v \int_{0}^{t} dt$$
$$x - x_0 = vt$$

$$\boxed{x = x_0 + vt} \tag{11.5}$$

此式子只能用於當質點速度 v 為一常數的時候。

11.5 等加速度直線運動 (Uniformly Accelerated Rectilinear Motion)

等加速度直線運動是另一種常見的直線運動。在這種運動情形時，其加速度 a 為一常數，式 (11.2) 變成

$$\frac{dv}{dt} = a = 常數$$

速度 v 可由上式的積分得到：

$$\int_{v_0}^{v} dv = a \int_{0}^{t} dt$$
$$v - v_0 = at$$

$$\boxed{v = v_0 + at} \tag{11.6}$$

其中 v_0 為初始速度。將此 v 代入式 (11.1) 中

$$\frac{dx}{dt} = v_0 + at$$

將此式積分，並用 x_0 代表初始位置

$$\int_{x_0}^{x} dx = \int_{0}^{t} (v_0 + at)\, dt$$
$$x - x_0 = v_0 t + \tfrac{1}{2} a t^2$$

$$\boxed{x = x_0 + v_0 t + \tfrac{1}{2} a t^2} \tag{11.7}$$

另外，我們也可將式(11.4)改寫為

$$v\frac{dv}{dx} = a = 常數$$

$$v\,dv = a\,dx$$

將兩邊各自積分，

$$\int_{v_0}^{v} v\,dv = a\int_{x_0}^{x} dx$$
$$\tfrac{1}{2}(v^2 - v_0^2) = a(x - x_0)$$

$$v^2 = v_0^2 + 2a(x - x_0) \qquad (11.8)$$

在等加速度運動時，如能把適當的已知數據 a、v_0，及 x_0 代入剛才所得的三條方程式，我們即可得到位置座標、速度，及時間的關係式。位置座標 x 的原點 O 及正負的方向要先定義好，此正負方向也用於決定 a、v_0，及 x_0 的正負值。當 t 為已知時，式 (11.6) 可用於求 v，而式 (11.7) 可用於求 x。式 (11.8) 則用於解 v 與 x 之間的關係。等加速度運動中的一個很重要的例子是**自由落體運動** (freely falling body)，自由落體運動時的加速度 (常用 g 表示) 等於 9.81 m/s² 或 32.2 ft/s²。

上面求得的三條方程式只能用於當加速度為常數的情況。如果加速度是變數時，則必須如第 11.3 節介紹的，使用式 (11.1) 到式 (11.4) 來求解。

11.6 多質點運動 (Motion of Several Particles)

當多個質點各自沿同條線運動時，每一質點的運動方程式可先分別建立。如果可能，應該以相同的時刻開始計時，位置系統 (原點及正負方向) 也應該一樣。也就是說，每個質點使用相同的時間與位置系統。

▶ 兩質點的相對運動

如圖 11.7 中，質點 A 與質點 B 沿同一直線運動。它們的位置 x_A 與 x_B 由相同的原點量起，兩者的差 $x_B - x_A$ 即代表 B 相對於 A 的相對位置 (relative position coordinate)，並以符號 $x_{B/A}$ 表示：

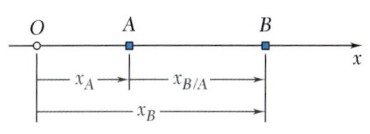

圖 11.7　兩質點的相對運動

照片 11.2 碼頭的天車使用到許多纜繩及滑輪。

$$x_{B/A} = x_B - x_A \quad \text{或} \quad x_B = x_A + x_{B/A} \tag{11.9}$$

無論 A 與 B 是在原點的左邊或右邊，一個正值的 $x_{B/A}$ 代表 B 是在 A 的右邊，而負值的 $x_{B/A}$ 代表 B 是在 A 的左邊。

$x_{B/A}$ 的改變率即是 B 相對於 A 的**相對速度** (relative velocity)，以符號 $v_{B/A}$ 表示，將式 (11.9) 微分即得：

$$v_{B/A} = v_B - v_A \quad \text{或} \quad v_B = v_A + v_{B/A} \tag{11.10}$$

正值的 $v_{B/A}$ 代表 A 看 B 時，覺得 B 是往正的方向移動；而負值的 $v_{B/A}$ 代表 A 看 B 時，覺得 B 是往負的方向移動。

$v_{B/A}$ 的改變率即是 B 相對於 A 的**相對加速度** (relative acceleration)，以符號 $a_{B/A}$ 表示，將式 (11.10) 微分即得：

$$a_{B/A} = a_B - a_A \quad \text{或} \quad a_B = a_A + a_{B/A} \tag{11.11}$$

▶ 相依運動

有時一質點的位置是由其他質點的位置所決定，這種運動即稱為**相依** (dependent) 運動。例如，在圖 11.8 中，塊狀物 B 的位置與塊狀物 A 的位置是相依的。圖中繞過 $ACDEFG$ 的繩子長度是固定不變的，繞過滑輪的部分 CD 與 EF 也是固定長度，因此，我們能發現線段 AC、線段 DE、及線段 FG 的長度總和是一固定的常數。圖中可看出 x_A 與線段 AC 長度的差別只是一常數。相同地，線段 DE 及線段 FG 的長度與 x_B 的差別也都只是常數。因此我們可以寫：

$$x_A + 2x_B = 常數$$

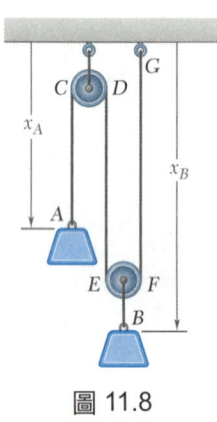

圖 11.8

此式中有兩個變數 x_A 與 x_B，當其中一個的值已決定時，另一個的值即可算出。也就是說，只有一個自由的選擇，另一個是依關係式計算出的，此種情形稱為一個自由度 (one degree of freedom)。由剛才 x_A 與 x_B 的關係式，如果讓 x_A 增加一個小增量 Δx_A（塊狀物 A 向下移動一點點），則位置 x_B 將會有一增量 $\Delta x_B = -\frac{1}{2}\Delta x_A$。換句話說，塊狀物 B 將往上移動一半的距離，這結果很容易由圖 11.8 查證到。

圖 11.9 是另一個相依運動的例子，繞過四個滑輪的繩子總長是固定不變的。利用與上面例子相同的觀察法，我們可得到三個塊

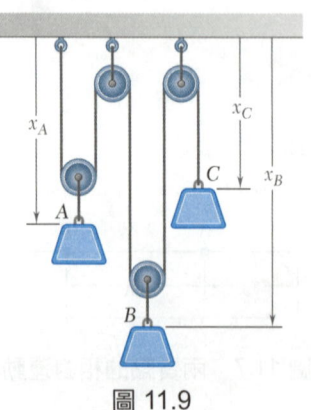

圖 11.9

狀物位置間的關係式：

$$2x_A + 2x_B + x_C = 常數$$

此例中，有兩個變數是可以自由選擇的，即圖 11.9 的系統有**兩個自由度**。

如果多質點運動的位置關係式是**線性的** (linear)，那麼質點間的速度關係式及加速度關係式也會是線性的。例如，在圖 11.9 中，我們將位置關係式微分兩次即得

$$2\frac{dx_A}{dt} + 2\frac{dx_B}{dt} + \frac{dx_C}{dt} = 0 \quad 或 \quad 2v_A + 2v_B + v_C = 0$$

$$2\frac{dv_A}{dt} + 2\frac{dv_B}{dt} + \frac{dv_C}{dt} = 0 \quad 或 \quad 2a_A + 2a_B + a_C = 0$$

範例 11.4

一球在電梯井內於高度 12 m 處以初速度 18 m/s 垂直上拋。同一時間開敞的電梯平台以速度 2 m/s 上升，且剛通過高度 5 m。試求 (a) 何時與何處球會撞到電梯；(b) 兩者接觸時，球與電梯的相對速度。

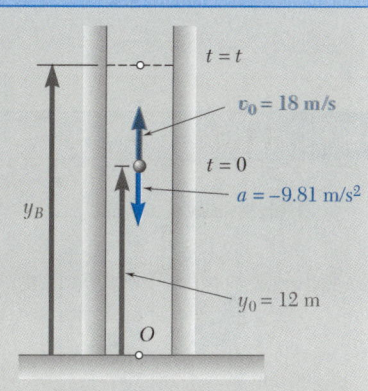

解

球的運動。已知球是以等加速度運動。我們選位置座標 y 的原點 O 於地面，以向上為正，則初位置為 $y_0 = +12$ m，初速度為 $v_0 = +18$ m/s，加速度為 $a = -9.81$ m/s^2。將這些數值代入等加速度運動方程式，即得

$$\begin{array}{lll} v_B = v_0 + at & v_B = 18 - 9.81t & (1) \\ y_B = y_0 + v_0 t + \frac{1}{2}at^2 & y_B = 12 + 18t - 4.905t^2 & (2) \end{array}$$

電梯的運動。電梯為等速運動。與前面相同，我們選原點 O 於地面，以向上為正，則初位置為 $y_0 = +5$ m，電梯的位置可寫為

$$v_E = +2 \text{ m/s} \tag{3}$$
$$y_E = y_0 + v_E t \quad y_E = 5 + 2t \tag{4}$$

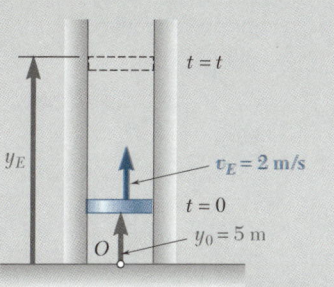

球撞擊電梯。前面無論是球或電梯，我們都用相同的時間 t，與相同的原點 O。由圖中我們可觀察到當球撞擊到電梯時，

$$y_E = y_B \tag{5}$$

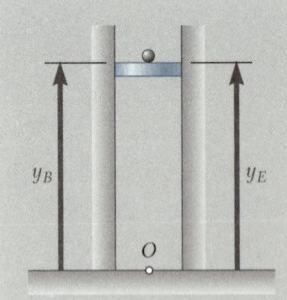

將式 (2) 的 y_B 與式 (4) 的 y_E 代入式 (5) 中，

$$5 + 2t = 12 + 18t - 4.905t^2$$

$$t = -0.39 \text{ s} \quad \text{和} \quad t = 3.65 \text{ s} \blacktriangleleft$$

只有正值 $t = 3.65$ s 才是運動開始後可能的答案。將此值代入式 (4)

$$y_E = 5 + 2(3.65) = 12.30 \text{ m}$$

$$電梯離地面 = 12.30 \text{ m} \blacktriangleleft$$

球相對電梯的相對速度為

$$v_{B/E} = v_B - v_E = (18 - 9.81t) - 2 = 16 - 9.81t$$

當時間 $t = 3.65$ s 時球撞擊電梯，故

$$v_{B/E} = 16 - 9.81(3.65) \quad v_{B/E} = -19.81 \text{ m/s} \blacktriangleleft$$

其中的負值表示由電梯觀察球時，其運動方向是負的 (向下)。

範例 11.5

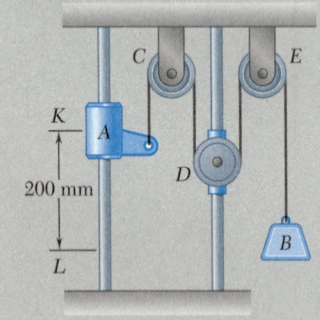

圖中繩子繞過滑輪 C、D，及 E，前後連結著軸環 A 與塊狀物 B。滑輪 C 與 E 為固定式滑輪，滑輪 D 連結到一軸環上，而軸環正以固定速度 75 mm/s 往下移動。在時間 $t = 0$ 時，軸環 A 於點 K 從靜止開始以等加速度往下運動。已知軸環 A 通過點 L 時的速度為 300 mm/s，試求當軸環 A 到達 L 時塊狀物 B 的速度與加速度。

解

軸環 A 的運動。我們選原點 O 於上水平面，以向下為正向。觀察得知：當 $t = 0$ 時，軸環 A 位於點 K 且 $(v_A)_0 = 0$。已知條件中軸環 A 通過點 L 時的速度為 300 mm/s，且 $x_A - (x_A)_0 = 200$ mm，故我們可以推導如下：

$$v_A^2 = (v_A)_0^2 + 2a_A[x_A - (x_A)_0] \quad (300)^2 = 0 + 2a_A(200)$$

$$a_A = 225 \text{ mm/s}^2$$

軸環 A 通過點 L 的時間則由以下推導

$$v_A = (v_A)_0 + a_A t \quad 300 = 0 + 225t \quad t = 1.333 \text{ s}$$

滑輪 D 的運動。前面我們以向下為正向，D 的運動資料可寫為：

$$a_D = 0 \quad v_D = 75 \text{ mm/s} \quad x_D = (x_D)_0 + v_D t = (x_D)_0 + 75t$$

軸環 A 通過點 L 的時間 $t = 1.333$ s 代入

$$x_D = (x_D)_0 + 75(1.333) = (x_D)_0 + 100$$

因此得到， $\quad x_D - (x_D)_0 = 100$ mm

塊狀物 B 的運動。 由圖中我們觀察到繩子的總長度 $ACDEB$ 與長度 $(x_A + 2x_D + x_B)$ 之差是固定值，在運動中繩子的總長度是不變的，因此長度 $(x_A + 2x_D + x_B)$ 也是不隨時間 t 而變的。考慮時間 $t = 0$ 與 $t = 1.333$ s 時，我們可以寫

$$x_A + 2x_D + x_B = (x_A)_0 + 2(x_D)_0 + (x_B)_0 \tag{1}$$
$$[x_A - (x_A)_0] + 2[x_D - (x_D)_0] + [x_B - (x_B)_0] = 0 \tag{2}$$

但我們已知 $x_A - (x_A)_0 = 200$ mm 及 $x_D - (x_D)_0 = 100$ mm，代入式 (2) 中

$$200 + 2(100) + [x_B - (x_B)_0] = 0 \quad x_B - (x_B)_0 = -400 \text{ mm}$$

故得   塊狀物 B 的高度改變為 400 mm ↑ ◀

將式 (1) 微分兩次即可得 A、B，及 D 之間速度與加速度的關係式，再將時間 $t = 1.333$ s 時，A 與 D 的速度與加速度代入，

$$v_A + 2v_D + v_B = 0: \quad 300 + 2(75) + v_B = 0$$
$$v_B = -450 \text{ mm/s} \quad v_B = 450 \text{ mm/s} ↑ ◀$$
$$a_A + 2a_D + a_B = 0: \quad 225 + 2(0) + a_B = 0$$
$$a_B = -225 \text{ mm/s}^2 \quad a_B = 225 \text{ mm/s}^2 ↑ ◀$$

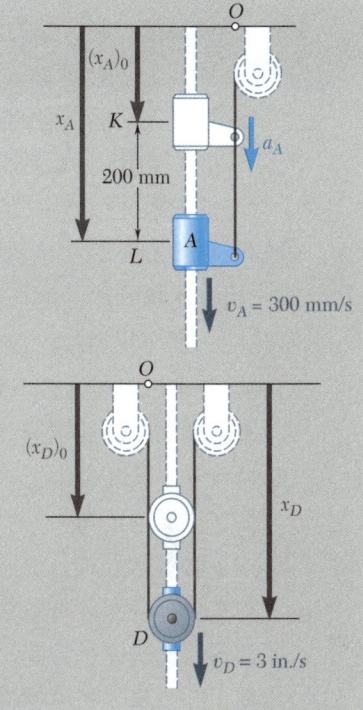

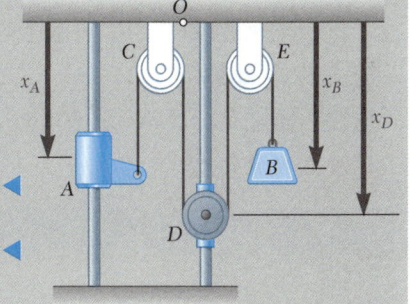

本課推導等速度直線運動與等加速度直線運動的方程式。同時也介紹相對運動的概念。相對運動的方程式 [式 (11.9) 到式 (11.11)] 可用於兩質點沿著相同直線運動時。

A. 單一或多質點的獨立運動。 此類題目解題方式整理如下：
1. **解題開始時**，條列出已知條件，簡繪出系統，並選擇座標原點與正向 [範例 11.4]。將這類題目視覺化，對解題是有幫助的。
2. **寫出相關方程式**，包含各質點的運動方程式與描述這些方程式間的關聯性 [範例 11.4]。
3. **定義初始條件**，例如，在 $t = 0$ 時系統的狀態。這點在各質點以不同時間開始運動時尤其重要。此時可採取以下兩種方法之一求解。

重點提示

a. 以最後一個質點的運動起始點為 $t = 0$，然後決定其他質點在此時的初始位置 x_0 及初始速度 v_0。
b. 以最先一個質點的運動起始點為 $t = 0$，然後其他質點的運動方程式中的時間 t 需用 $t - t_0$ 代替，其中 t_0 就是最先運動的質點的起始時間。要注意這時的方程式只能用於 $t \geq t_0$ 時。

B. **兩個或更多質點的相依運動**。這種狀態時，系統中的各個質點以繩子或鋼索牽連在一起。此類問題的解法與之前的問題類似，不同之處在於需建立各質點運動的連結性。下列問題中，連結性是由一條或是多條鋼索提供。針對每一條鋼索，我們都必須建立如同第 11.6 節最後的三條方程式。以下是建議的解題程序：

1. **畫系統簡圖**，並選擇一座標系統，標示清楚每個座標軸的正向。例如，在範例 11.5 中，長度是由上水平面往下量起，連帶的所有的位置、速度，及加速度也都是往下為正向。
2. **寫下限制方程式**，每一條鋼索連結各質點運動的情形都需建立。將方程式微分兩次，以得到各質點間速度與加速度的關係式。
3. **如各質點的運動方向不同時**，每個可能的運動方向都要選擇一適當的座標軸及其正向，試著將座標軸的原點定義在使限制方程式盡可能簡單的地方。例如，在範例 11.5 中，各個不同座標都由上水平面往下量起，會比由底下往上面量來得簡單。

最後，謹記在心，本節所講的分析方法跟相關方程式，只適用於質點的等速度或等加速度直線運動。

習 題

11.17 一顆石頭由水面上高度 40 m 之橋上垂直往上拋出，已知在拋出 4 s 後石頭落水，試求 (a) 石頭剛往上拋時的速度；(b) 石頭落水瞬間的速度。

11.18 有一車以時速 54 km/h 前進，在離交叉路口 240 m 時，駕駛察覺到紅綠燈號剛轉為紅燈，已知紅燈將持續 24 s。如果駕駛不想在紅綠燈前停車，希望到達交叉路口時剛好轉成綠燈，試求 (a) 車子的等減速度；

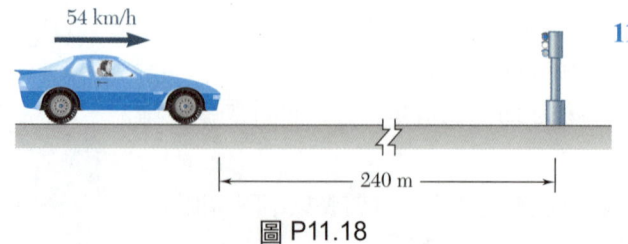

圖 P11.18

(b) 車子抵達路口時速度。

11.19 有一車以時速 45 km/h 進入高速公路，並以等加速度加速到 99 km/h。駕駛由車上的里程表知道此加速過程車子走了 0.2 km。試求 (a) 車子加速度；(b) 加速到 99 km/h 經過多少時間？

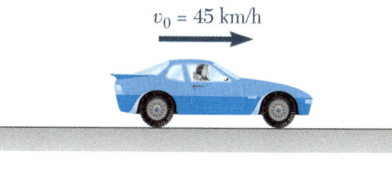

圖 P11.19

11.20 一群學生垂直發射了一模型火箭，利用追蹤到的資料，他們算出當燃料耗盡時火箭的高度為 27 m，再歷經 16 s 秒火箭落地。已知火箭到達最高點後落下時，其配備的降落傘並未打開，使得火箭以自由落體方式落下，且假設 $g = 9.81$ m/s^2，試求 (a) 燃料耗盡時火箭的速度 v_1；(b) 火箭到達的最高點。

圖 P11.20

11.21 一小包裹輕放上滑輪輸送帶 ABCD 的點 A。已知小包裹在 AB 與 CD 區間的等加速度為 4.8 m/s^2，而在 BC 區間則是等速度。如果在點 D 時小包裹速度為 7.2 m/s，試求 (a) 點 C 到點 D 距離；(b) 到達點 D 所需時間。

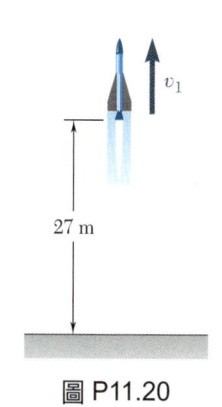

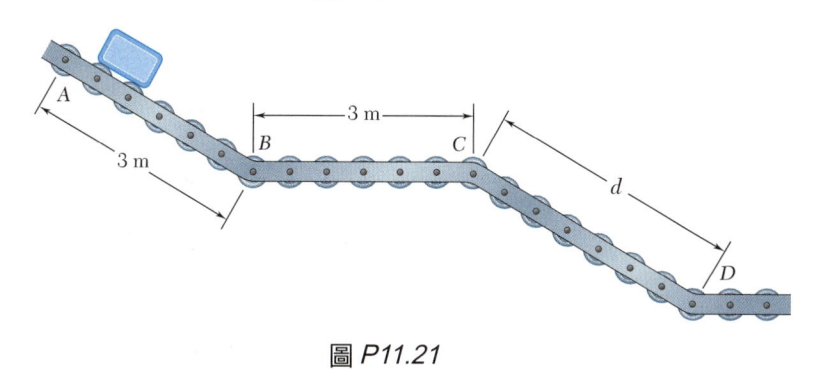

圖 P11.21

11.22 一短跑選手在跑百米時，前 35 m 是以等加速度前進，然後再以等速度跑完全程。如果加速過程歷時 5.4 s，試求 (a) 他的加速度；(b) 他的末速度；(c) 共花多少時間跑完全程？

圖 P11.22

11.23 一接力選手 A 以速度 12.9 m/s 進入 20 m 長的交棒區時開始慢下來，經 1.82 s 時，選手 A 將棒子交給選手 B，此時兩人以相同速度離開交棒區。試求 (a) 兩人各自的等加速度；(b) 選手 B 何時要開始跑？

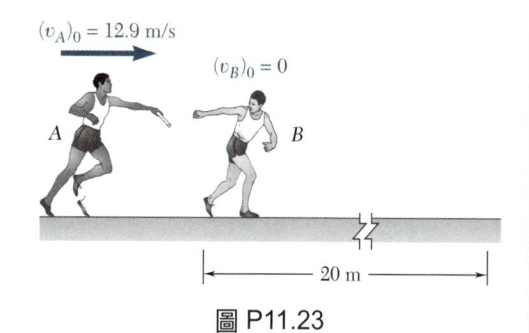

圖 P11.23

11.24 兩船 A 與 B 競速，開始時兩船都以等速 180 km/h 前進，而船 A 在船 B 前面 50 m 處。在時間 $t = 0$ 時兩船都等加速，已知在 $t = 8$ s 時船 B 越過船 A，此時船 A 的速度為 $v_A = 225$ km/h，試求 (a) 船 A 的加速度；(b) 船 B 的加速度。

11.25 一電梯以固定速度 4 m/s 上升，有一人位於電梯頂上方 10 m 處往上速度 3 m/s 拋出一顆球，試求 (a) 何時球會撞到電梯；(b) 當球撞到電梯時距離該人有多遠？

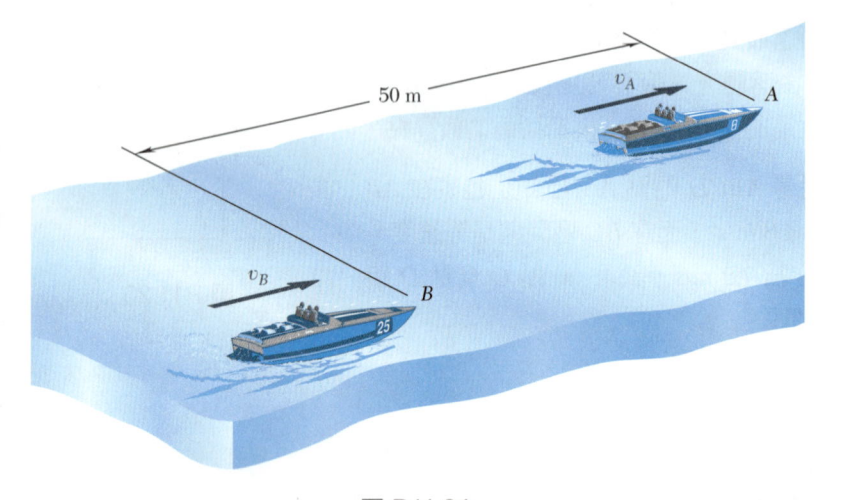

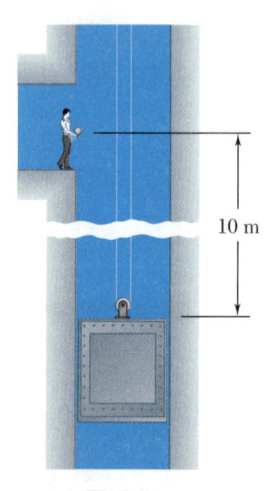

圖 P11.24

圖 P11.25

11.26 圖中電梯 E 由靜止開始以固定加速度上升，如果配重 (counterweight) W 在 5 s 內移動了 10 m，試求 (a) 電梯 E 與鋼索 C 的加速度；(b) 5 s 後電梯 E 的速度。

11.27 如圖所示的瞬間，滑塊 B 正以固定加速度運動，其速度為 150 mm/s。已知當滑塊 A 向右移動 240 mm 時速度為 60 mm/s，試求 (a) 滑塊 A 與 B 的加速度；(b) 繩子 D 的加速度；(c) 在 4 s 後滑塊 B 的速度與移動距離。

圖 P11.27

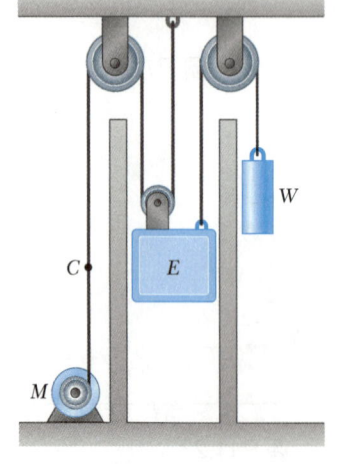

圖 P11.26

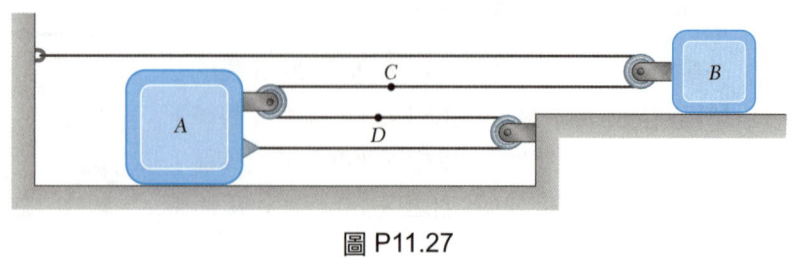

11.28 塊狀物 A 在 $t = 0$ 時，由靜止開始以固定加速度 150 mm/s^2 向下運動。已知塊狀物 B 以固定速度 75 mm/s 向上運動，試求 (a) 何時塊狀物 C 的速度等於零；(b) 此時塊狀物 C 的位置。

11.29 圖中系統由靜止開始，每個移動單元都以固定加速度運動。已知塊狀物 C 相對滑套 B 的加速度為向上 60 mm/s^2，而塊狀物 D 相對塊狀物 A 的加速度為向下 110 mm/s^2，試求 (a) 3 s 後塊狀物 C 的速度；(b) 5 s 後塊狀物 D 位置改變了多少？

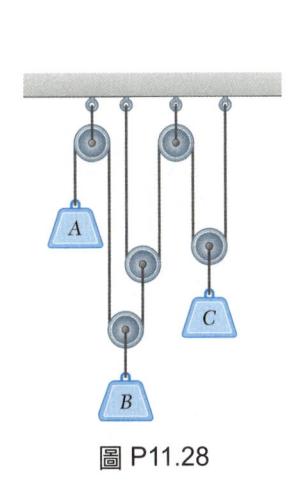

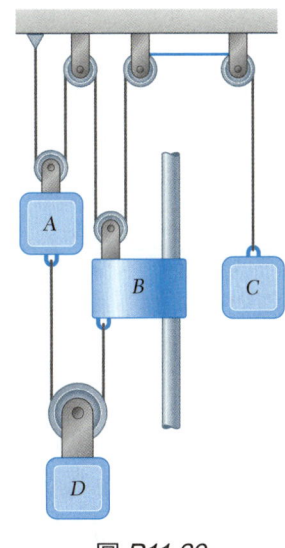

圖 P11.28　　　　圖 *P11.29*

*11.7　直線運動問題的圖解法 (Graphical Solution of Rectilinear-Motion Problems)

在第 11.2 節中，我們看到基本關係式

$$v = \frac{dx}{dt} \quad \text{與} \quad a = \frac{dv}{dt}$$

有著幾何學的特性。第一個式子表示：在任一時刻，速度是 x–t 曲線的斜率（圖 11.10）。第二個式子表示：在任一時刻，加速度是 v–t 曲線的斜率。利用這兩個性質，當 x–t 曲線已知時，我們可以用幾何圖形的方法決定出 v–t 與 a–t 的曲線。

圖 11.10

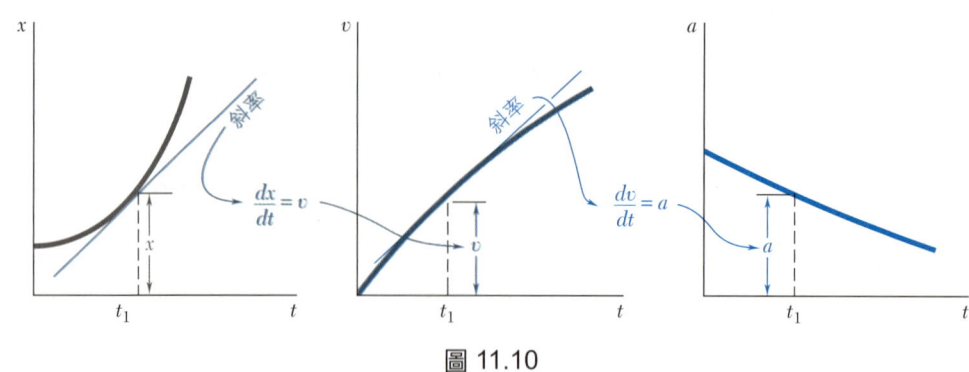

將兩個基本關係式由時間 t_1 積分到時間 t_2 即得到：

$$x_2 - x_1 = \int_{t_1}^{t_2} v\, dt \quad \text{與} \quad v_2 - v_1 = \int_{t_1}^{t_2} a\, dt \tag{11.12}$$

第一個式子告訴我們：在 v–t 曲線圖中，t_1 到 t_2 之間的面積等於在此時間內 x 值的變化 (圖 11.11)。相似地，第二個式子告訴我們：在 a–t 曲線圖中，t_1 到 t_2 之間的面積等於在此時間內 v 值的變化。當我們已知 v–t 曲線或是 a–t 曲線時，即可用此兩個性質來求解 x–t 曲線 (參見範例 11.6)。

當運動的資料是實驗所得數據，或是當 x、v 與 a 不是 t 的解析函數時，圖解法特別好用。或是當問題包含兩個以上個別運動的質點，而必須寫出每一個質點不同的方程式時，使用圖解法也是很具優勢的。當使用圖解法時，須注意下列兩點：(1) 由 v–t 曲線之面積所得到的是 x 的改變值，而不是 x 值。相同地，由 a–t 曲線之面積所得到的是 v 的改變值，而不是 v 值；(2) 在 t 軸之上的面積代表 x 或 v 在此區間的**增加量**；反之，在 t 軸之下的面積代表 x 或 v 在此區間的減少量。

在畫運動曲線時須記得：如果速度是常數，則速度圖將呈現出一條水平直線，而位置圖則是一條傾斜直線。如果加速度是一非零的常數，則加速度圖將呈現出一條水平直線，而速度圖則是一條傾斜直線，位置圖將是一條 2 階多項式的拋物線形。如果加速度是 t 的線性函數，加速度圖會是一條傾斜直線，而速度圖與位置圖將分別是一條 2 階與 3 階的多項式圖形。一般而言，如果加速度是 t 的 n 階多項式，則速度是 t 的 $n+1$ 階多項式，位置是 t 的 $n+2$ 階多項式。

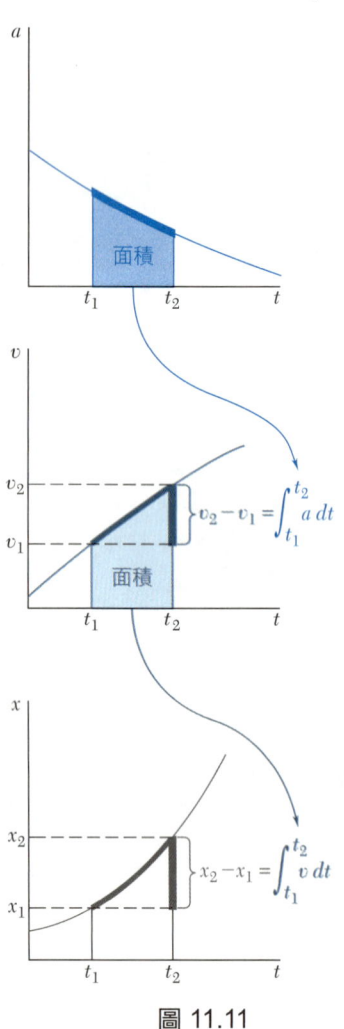

圖 11.11

*11.8 其他圖解法 (Other Graphical Methods)

已知 a–t 曲線，要求解質點某瞬間的位置時，還有另外一種圖解法。如將 x 與 v 在 $t = 0$ 時的值表為 x_0 與 v_0，而在 $t = t_1$ 時的值表為 x_1 與 v_1，我們可觀察到在 v–t 曲線下的面積可以分成兩部分：一部分是矩形 $v_0 t_1$，另一部分可由水平微分元素 $(t_1 - t)\,dv$（圖 11.12a）積分求得

$$x_1 - x_0 = v\text{–}t \text{ 曲線之下的面積} = v_0 t_1 + \int_{v_0}^{v_1} (t_1 - t)\,dv$$

將 $dv = a\,dt$ 代入積分式中，我們能得到：

$$x_1 - x_0 = v_0 t_1 + \int_0^{t_1} (t_1 - t)\,a\,dt$$

參考圖 11.12b，我們注意到此積分的意義，可看成是在 a–t 曲線中，面積相對於最右邊線 $t = t_1$ 的第一力矩 (first moment of the area)。這種解法因此被稱為**力矩面積法** (moment-area method)。如果面積中心點 C 的位置 $\bar{t}$ 為已知，則位置 x_1 能由下列式子求解

$$x_1 = x_0 + v_0 t_1 + (a\text{–}t \text{ 曲線之下的面積})(t_1 - \bar{t}) \qquad (11.13)$$

如果 a–t 曲線之下的面積是複合面積，式 (11.13) 的最後項，可由各個成分面積乘上形心到 $t = t_1$ 的距離，然後加總而得。在 t 軸之上的面積為正值，而在 t 軸之下的面積為負值。

另一種運動曲線 (v–x 曲線) 有時也會用到。如這種曲線為已知（圖 11.13），則在點 A 處的加速度可由下面方法求得：通過 A 畫一條曲線的法線 AC，然後量下法線 BC 長度，我們可由圖形觀察到 AC 與 AB 的夾角，等於此處切線與水平線的夾角 θ（曲線斜率等於 $\tan\theta = dv/dx$），因此我們能寫：

$$BC = AB \tan\theta = v\frac{dv}{dx}$$

由式 (11.4) 得到

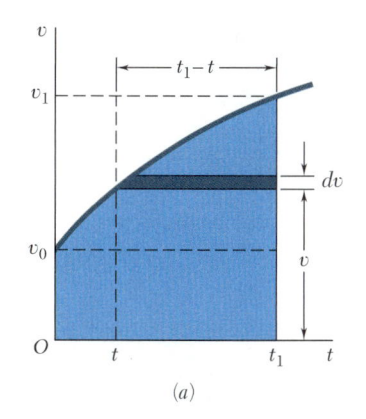

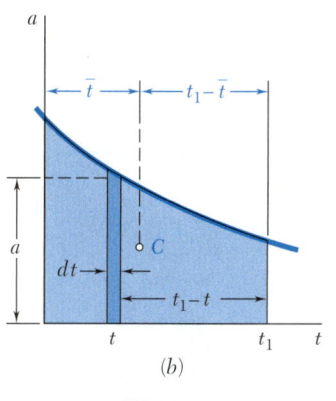

$$BC = a$$

圖 11.12

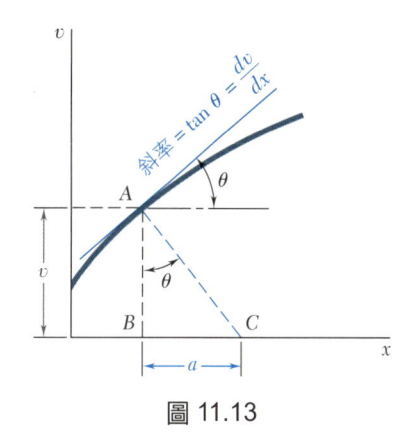

圖 11.13

範例 11.6

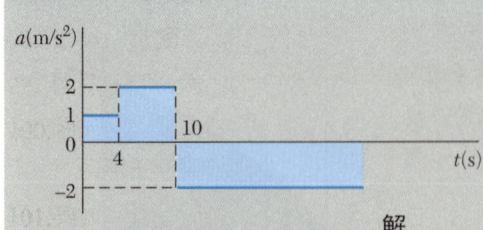

有一質點沿一直線運動,其加速度值如圖所示。已知它由原點開始且 $v_0 = -6$ m/s,試求 (a) 在 $0 < t < 20$ s 內的 $v-t$ 及 $x-t$ 曲線;(b) 當 $t = 12$ s 時,速度、其位置,及總運動距離。

解

a. 加速度對時間曲線

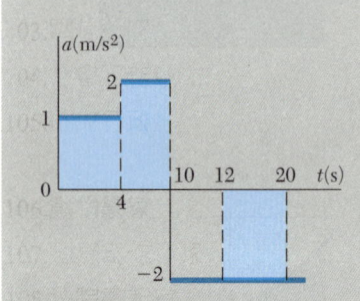

初始條件:$t = 0$,$v_0 = -6$ m/s,$x_0 = 0$

v 的改變 = $a-t$ 曲線下的面積

$v_0 = -6$ m/s

$0 < t < 4$ s: $\quad v_4 - v_0 = (1 \text{ m/s}^2)(4\text{s}) = +4$ m/s $\quad v_4 = -2$ m/s

$4 \text{ s} < t < 10 \text{ s}$: $\quad v_{10} - v_4 = (2 \text{ m/s}^2)(6\text{s}) = +12$ m/s $\quad v_{10} = +10$ m/s

$10 \text{ s} < t < 12 \text{ s}$: $\quad v_{12} - v_{10} = (-2 \text{ m/s}^2)(2\text{s}) = -4$ m/s $\quad v_{12} = +6$ m/s

$12 \text{ s} < t < 20 \text{ s}$: $\quad v_{20} - v_{12} = (-2 \text{ m/s}^2)(8\text{s}) = -16$ m/s $\quad v_{20} = -10$ m/s ◀

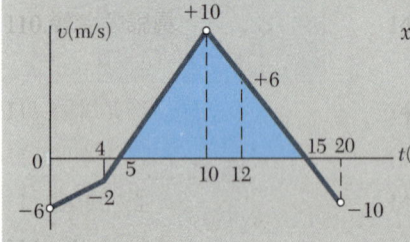

x 的改變 = $v-t$ 曲線下的面積:

$x_0 = 0$

$0 < t < 4 \text{ s}$: $\quad x_4 - x_0 = \frac{1}{2}(-6-2)(4) = -16$ m $\quad x_4 = -16$ m

$4 \text{ s} < t < 5 \text{ s}$: $\quad x_5 - x_4 = \frac{1}{2}(-2)(1) = -1$ m $\quad x_5 = -17$ m

$5 \text{ s} < t < 10 \text{ s}$: $\quad x_{10} - x_5 = \frac{1}{2}(+10)(5) = +25$ m $\quad x_{10} = 8$ m

$10 \text{ s} < t < 12 \text{ s}$: $\quad x_{12} - x_{10} = \frac{1}{2}(+10+6)(2) = +16$ m $\quad x_{12} = +24$ m

$12 \text{ s} < t < 15 \text{ s}$: $\quad x_{15} - x_{12} = \frac{1}{2}(+6)(3) = +9$ m $\quad x_{16} = +33$ m

$15 \text{ s} < t < 20 \text{ s}$: $\quad x_{20} - x_{15} = \frac{1}{2}(-10)(5) = -25$ m $\quad x_{20} = +8$ m

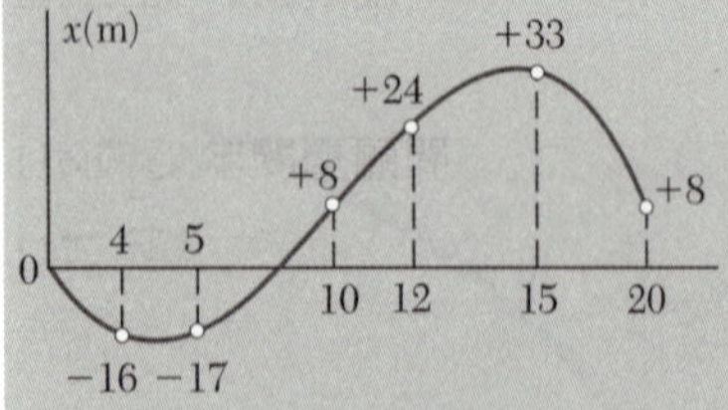

b. 由上面曲線的資料可得到

當 $t = 12$ s:$v_{12} = +6$ m/s,$x_{12} = +24$ m

運動距離由 $t = 0$ 到 $t = 12$ s

由 $t = 0$ 到 $t = 5$ s:運動距離 = 17 m

由 $t = 5$ s 到 $t = 12$ s:運動距離 = (17 + 24) = 41 m

總運動距離 = 58 m ◀

在第 11.7 和 11.8 節中，複習與發展許多圖解法用於解直線運動的問題。這些方法可直接用來解題，或是配合解析方法來解題。特點是能將解法圖形化，有助於更清楚了解質點的運動。我們建議讀者針對本課習題多去畫相關的運動曲線圖，無論該題是不是老師點選的題目，都應該嘗試。

1. 畫 x–t、v–t 與 a–t 曲線及運用圖解法。下列性質都已註明在第 11.7 節中，當你使用圖解法解題時必須謹記於心。

    a. 時間 t_1 時 x–t 與 v–t 曲線上的斜率等於時間 t_1 時的速度與加速度。

    b. 時間 t_1 到 t_2 之間 a–t 與 v–t 曲線下的面積，等於該時間內速度的改變值 Δv 與位置的改變值 Δx。

    c. 當一條運動曲線為已知時，利用前面兩項所說的性質，就能建構另外兩條運動曲線。然而，利用 b 項的性質時，必須先知道在時間 t_1 時的速度與位置值，然後才能求得在時間 t_2 時的速度與位置值。例如，在範例 11.6 中，我們先知道速度的初始值為零，才能夠求得在 $t = 6\,\text{s}$ 時：

    $$v_6 = v_0 + \Delta v = 0 + 24\ \text{ft/s} = 24\ \text{ft/s}$$

    如果你已經學過梁的剪力與彎矩圖，應該會發現此處的三條運動曲線的關係，就像是梁的分布力、剪力，及彎矩圖之間的關係。所以，你學到的有關建構這些圖形的方法，也都能用於畫運動曲線。

2. 用近似值法。當已知的 a–t 與 v–t 曲線不是解析函數，而只是實驗數據時，這時就需要用近似值法來計算曲線之下的面積。將曲線之下的面積依寬度 Δt 切成一系列的矩形，分別計算每塊矩形面積後再加總，就能得到曲線下面積的近似值。寬度 Δt 愈小時，計算所得的面積誤差就愈小。速度與位置可依下方程式計算

    $$v = v_0 + \Sigma a_{\text{ave}}\,\Delta t \qquad x = x_0 + \Sigma v_{\text{ave}}\,\Delta t$$

    其中 a_{ave} 與 v_{ave} 分別為每一塊加速度與速度矩形的平均高度。

3. 應用力矩面積法。這個圖解法用於當 a–t 曲線為已知，而要求解位置座標的改變量時。在第 11.8 節，我們發現位置座標可以表為

    $$x_1 = x_0 + v_0 t_1 + (a\text{–}t\,曲線之下的面積)(t_1 - \bar{t}) \qquad (11.13)$$

    當 a–t 曲線之下的面積是複合式面積，計算每一成分面積的力矩面積值時，須使用同一個 t_1 值。

4. 由 v–x 曲線求解加速度。在第 11.8 節，我們看到可以在 v–x 曲線上面直接量測，以求得加速度值。然而，請注意：使用這個方法時，v 與 x 軸要使用相同的比例 (例如，$1\,\text{in.} = 10\,\text{ft}$ 與 $1\,\text{in.} = 10\,\text{ft/s}$)。當這個條件不成立時，加速度仍然可依下式計算

動力學

$$a = v\frac{dv}{dx}$$

其中斜率 dv/dx 可以下列方法求得：首先，在曲線上的關切點處畫一切線；然後，在切線上選取一小段，依照適當的比例，量測該小段對應的增量 Δx 與 Δv。該點處的斜率就等於比值 $\Delta v/\Delta x$。

習 題

圖 P11.30

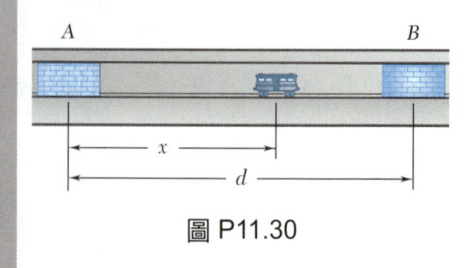

11.30 一地鐵列車，當它離開車站 A 時加速度為 4 m/s^2 並持續了 6 s，之後加速度變為 6 m/s^2，直到它速度到達 36 m/s。接著該車維持定速前進，直到接近車站 B 的某距離處，司機踩下煞車，使車子產生一固定減速度。又歷經 6 s 車子剛好停止在車站 B。兩站之間總行駛時間為 40 s。請畫出 a–t、v–t 與 x–t 曲線，並求出兩站之間的距離。

11.31 一刨床在使用時座板可向右移動 750 mm，然後向左移動 750 mm。該座板的速度限制為：向右時 150 mm/s，向左時 300 mm/s。在一個行程內，其加速度依序為：向右 150 mm/s^2，零，向左 150 mm/s^2，零。試求完成一個行程所需時間為何？並畫出 v–t 與 x–t 曲線。

11.32 一通勤列車距離車站 4.5 km 時速度為 60 km/h，列車此時開始減速以便進站。當距車站 0.75 km 時，列車速度為 30 km/h。已知列車是以固定減速度前進，且歷經 7.5 min 到站。試求 (a) 前面 3.75 km 花了多少時間；(b) 到達車站時的速度；(c) 列車的減速度。

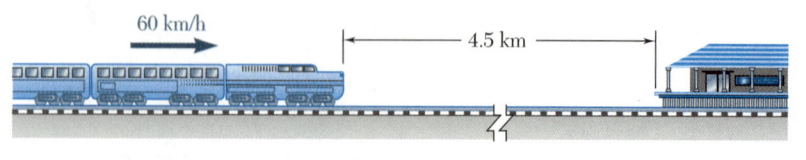

圖 P11.32

11.33 一艘水上裝甲車的測試內容中，包括讓一小模型船下水。剛開始模型船的初速為 6 m/s，而其加速度則由 $t = 0$ 時的 -12 m/s^2 到 $t = t_1$ 時的 -2 m/s^2，之後維持 -2 m/s^2 直到 $t = 1.4$ s。若知道 $t = t_1$ 時的速度為 $v = 1.8$ m/s，試求 (a) t_1 值；(b) 在 $t = 1.4$ s 時的速度與位置。

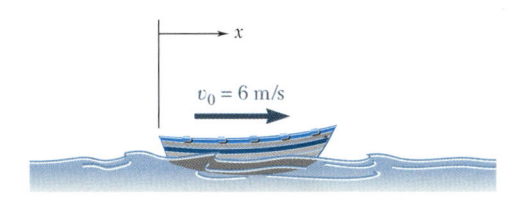

圖 P11.33

11.34 一轎車在一卡車後方 12 m 處，兩車的速度都是定速 50 km/h。轎車的司機想要超過卡車，並領先卡車 12 m，然後再回復到速度 50 km/h。轎車的最高加速度為 1.5 m/s^2，而煞車後產生的最高減速度為 6 m/s^2。請問如果在超車過程中速度不超過 75 km/h，則最少要花多少時間才能完成超車？請畫出 v–t 曲線。

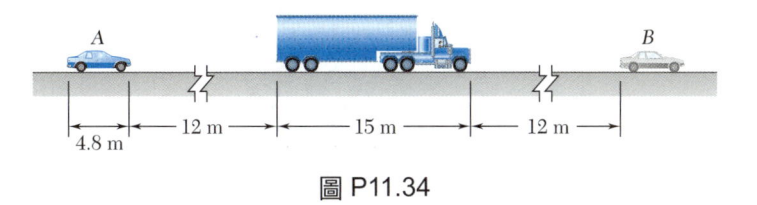

圖 P11.34

11.35 一機構元件在運動時，由加速度計測得其加速度的情形如下：前 0.2 s 間近似於一拋物曲線，而下個 0.2 s 間則是條直線。已知當 $t = 0$ 時 $v = 0$，而當 $t = 0.4$ s 時 $x = 0.4$ m。試求 (a) 畫出當 $0 \leq t \leq 0.4$ s 時的 v–t 曲線；(b) 計算當 $t = 0.3$ s 與 $t = 0.2$ s 時的位置。

圖 P11.35

11.36 一空氣引擎的活塞連桿必須在 2 s 後停止下來，在此期間內加速度的變化如圖所示。請以近似值法求 (a) 該活塞連桿的初始速度；(b) 在此期間的運行距離。

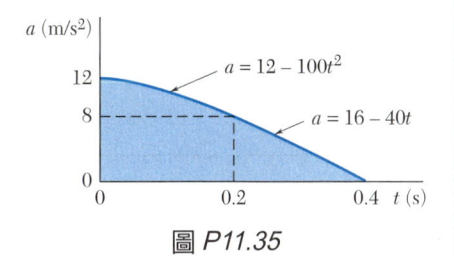

圖 P11.36

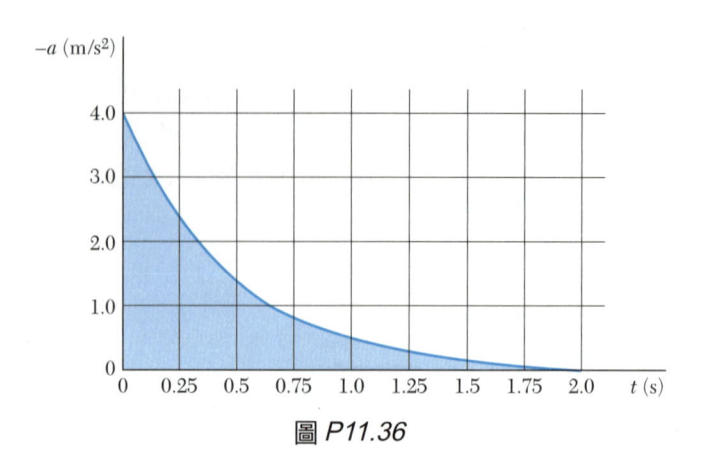

11.37 圖中所示為一搬運車 v–x 曲線，請以近似值法求 (a) 當 $x = 250$ mm；(b) 當 $v = 2000$ mm/s 時該車的加速度。

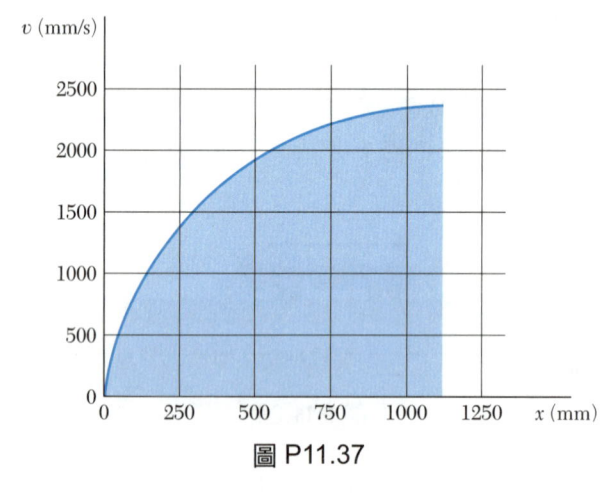

圖 P11.37

11.38 一陣爆炸的壓力波，使得一物體產生如圖的加速度曲線。該物體起初是靜止的，在時間 t_1 時也恢復靜止。請利用第 11.8 節的方法求 (a) 時間 t_1 值；(b) 這個壓力波將物體推行了多遠？

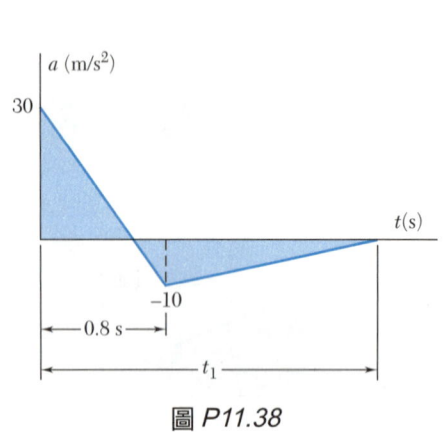

圖 P11.38

質點之曲線運動 (Curvilinear Motion of Particles)

11.9 位置向量、速度，及加速度 (Position Vector, Velocity, and Acceleration)

當一質點不沿著一直線運動，而是沿著一曲線運動時，我們稱

之為質點**曲線運動** (curvilinear motion)。為了定義質點在時間 t 時所在的位置 P，我們選擇一個固定的座標系統，例如圖 11.14a 中的 x、y、z 軸所形成的座標系統，然後由座標原點 O 畫一向量 **r** 到點 P。由於該向量具有長度與相對於座標軸的方向性，所以此向量 **r** 即稱為質點在時間 t 時的**位置向量** (position vector)。

假設經過一瞬間後，時間變成 $t + \Delta t$，質點位置移動到點 P'，這時質點的位置向量變成 **r'**。由原來的點 P 畫到後來點 P' 的向量 $\Delta\mathbf{r}$，即代表在時間區間 Δt 內質點位置向量的改變。由圖 11.14a 可清楚看到：向量 **r'** 可由向量 **r** 與向量 $\Delta\mathbf{r}$ 以三角法相加而得。向量 $\Delta\mathbf{r}$ 同時代表了位置向量 **r** 大小的改變及方向的改變。在此時間區間 (Δt) 內，質點的**平均速度** (average velocity) 可以定義為 $\Delta\mathbf{r}$ 除以 Δt 之商。因為 $\Delta\mathbf{r}$ 是向量，而 Δt 是純量，故 $\Delta\mathbf{r}/\Delta t$ 之商也是一向量，其方向與 $\Delta\mathbf{r}$ 相同，其值就是 $\Delta\mathbf{r}$ 的大小除以 Δt 之商 (參見圖 11.14b)。

如要求得質點的**瞬時速度** (instantaneous velocity)，必須將 $\Delta\mathbf{r}/\Delta t$ 中的時間區間 Δt 盡量縮小到極小；相對地，$\Delta\mathbf{r}$ 也會同時縮小。瞬時速度可用下列向量表示：

$$\mathbf{v} = \lim_{\Delta t \to 0} \frac{\Delta \mathbf{r}}{\Delta t} \tag{11.14}$$

當 Δt 與 $\Delta\mathbf{r}$ 都變小時，點 P 與點 P' 也愈來愈靠近，由極限所計算來的向量 **v**，最終就成為質點運動曲線的切線 (參見圖 11.14c)。

既然位置向量 **r** 與時間 t 相關，我們可稱 **r** 為純量 t 的**向量函數** (vector function)，並以符號 $\mathbf{r}(t)$ 表示。延伸基礎微積分中函數微分的概念，我們可將 $\Delta\mathbf{r}/\Delta t$ 之商的極限視為向量函數 $\mathbf{r}(t)$ 的**微分** (derivative)，因此可寫為

$$\mathbf{v} = \frac{d\mathbf{r}}{dt} \tag{11.15}$$

向量 **v** 的大小 v 稱為質點的**速率** (speed)，代表單位時間內質點沿曲線移動的距離。由圖 11.14a 我們可以看到，質點移動距離 Δs 與向量 $\Delta\mathbf{r}$ 的大小很相近，尤其是 Δt 變小，使點 P 與點 P' 愈來愈靠近時，故速率 v 可由式 (11.14) 修改而得

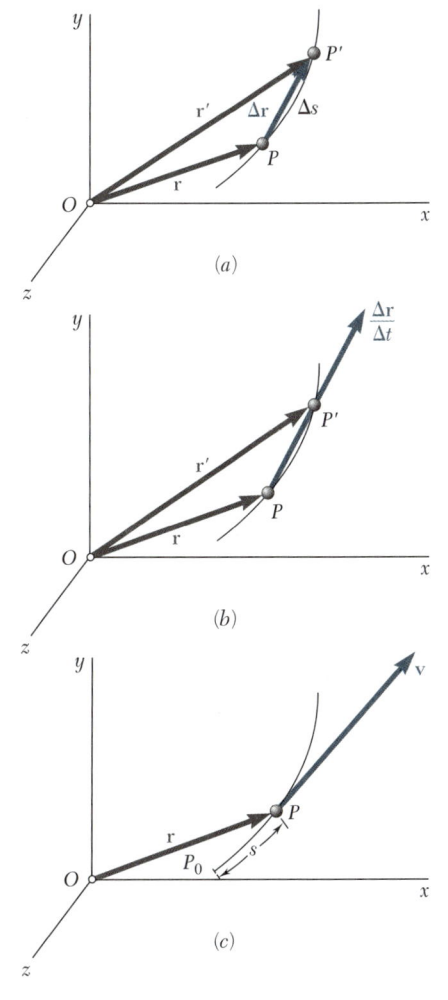

圖 11.14

$$v = \lim_{\Delta t \to 0} \frac{PP'}{\Delta t} = \lim_{\Delta t \to 0} \frac{\Delta s}{\Delta t} \qquad v = \frac{ds}{dt} \qquad (11.16)$$

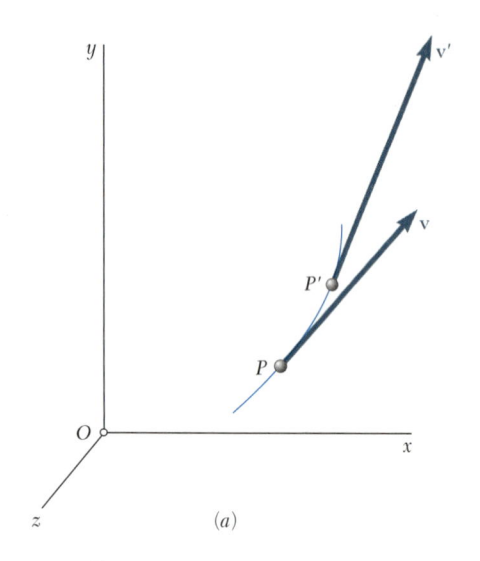

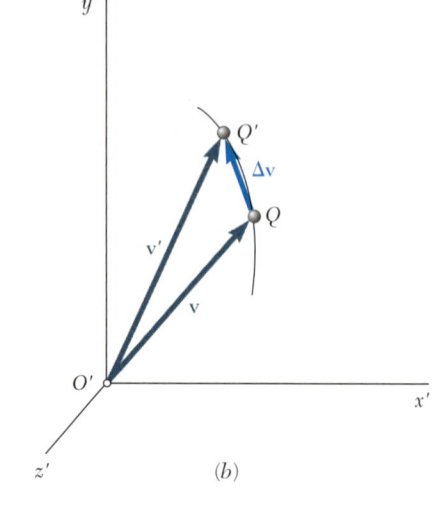

換句話說，速率 v 可以由質點運動時的曲線長度 s 對 t 微分而得。

若時間 t 時的速度為 **v**，而時間 $t + \Delta t$ 時的速度為 **v**′（圖 11.15a）。將兩向量 **v** 與 **v**′ 都平移到新的座標原點 O'（圖 11.15b），則兩向量箭頭的連線定義了另一個向量 Δ**v**，此向量 Δ**v** 代表在時間區間 (Δt) 內速度 **v** 的改變量，因為由圖中可看出向量 **v**′ 等於向量 **v** 與向量 Δ**v** 之和。請注意：Δ**v** 不只代表速度方向的改變，也同時代表了速率大小的改變。在時間區間 (Δt) 內的平均加速度等於 Δ**v** 除以 Δt 之商。因為 Δ**v** 是向量，而 Δt 為純量，所以 Δ**v**/Δt 也是一向量，且方向與 Δ**v** 相同。

如要求得質點的**瞬時加速度** (instantaneous acceleration)，必須將 Δ**v**/Δt 中的 Δ**v** 與 Δt 縮小。瞬時加速度可用下列向量表示：

$$\mathbf{a} = \lim_{\Delta t \to 0} \frac{\Delta \mathbf{v}}{\Delta t} \qquad (11.17)$$

既然速度向量 **v** 與時間 t 相關，我們可稱 **v** 為向量函數，並以符號 **v**(t) 表示。參考函數微分的概念，我們可將 Δ**v**/Δt 之商的極限視為向量函數 **v**(t) 的微分，因此可寫為

$$\mathbf{a} = \frac{d\mathbf{v}}{dt} \qquad (11.18)$$

我們可觀察到加速度 **a** 在圖 11.15c 中是由向量 **v** 的箭頭點 Q 畫起，剛好是路徑的切線。然而，通常加速度 **a** 並不是

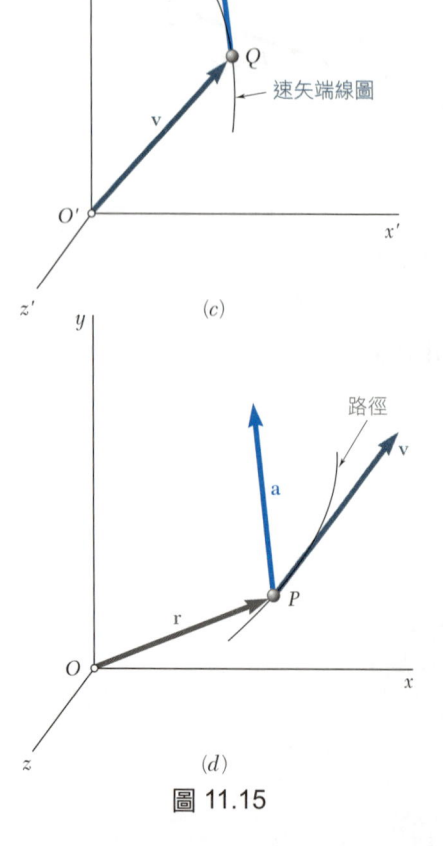

圖 11.15

質點運動曲線的切線 (圖 11.15d)。圖 11.15c 是將各個時間點的速度向量依序平移到以點 O' 為起點，而得之曲線圖，這種曲線稱為運動的**速矢端線圖** (hodograph)。

11.10 向量函數的導數 (Derivatives of Vector Functions)

在前一節中，我們看到一質點曲線運動時的速度 **v** 可以由位置向量 **r**(t) 微分求得。相似的情形，加速度 **a** 也可以由速度向量 **v**(t) 微分求得。在本節中，我們將正式定義向量函數的導數 (或稱為微分)，並討論向量函數的和及乘積的微分原則。

令 **P**(u) 為純量變數 u 的一向量函數，也就是說，純量 u 完整定義了向量 **P** 的大小與方向。如果向量 **P** 是由一固定原點 O 畫起，純量 u 為變數，則 **P** 點的箭頭將描繪出空間的一曲線。當考慮 u 及 $u + \Delta u$ 所對應的兩向量 **P**(u) 及 **P**($u + \Delta u$) 時 (圖 11.16a)，以 Δ**P** 代表兩向量箭頭連線，則我們可以寫：

$$\Delta \mathbf{P} = \mathbf{P}(u + \Delta u) - \mathbf{P}(u)$$

將此式除以 Δu，並令 Δu 趨近於零，可得向量函數 **P**(u) 的微分：

$$\frac{d\mathbf{P}}{du} = \lim_{\Delta u \to 0} \frac{\Delta \mathbf{P}}{\Delta u} = \lim_{\Delta u \to 0} \frac{\mathbf{P}(u + \Delta u) - \mathbf{P}(u)}{\Delta u} \quad (11.19)$$

當 Δu 趨近於零，向量 Δ**P** 成為曲線的切線，因此，向量函數 **P**(u) 的微分 $d\mathbf{P}/du$ 可視為由 **P**(u) 箭頭描繪出的曲線的切線 (圖 11.16b)。

我們可將純量函數和及乘積的微分原則延伸，而得到向量函數和及乘積的微分原則。首先，考慮兩向量函數 **P**(u) 與 **Q**(u) 的和，依據式 (11.19) 的定義，**P** + **Q** 的微分可寫為

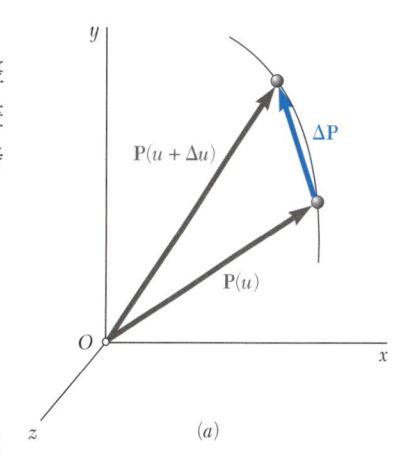

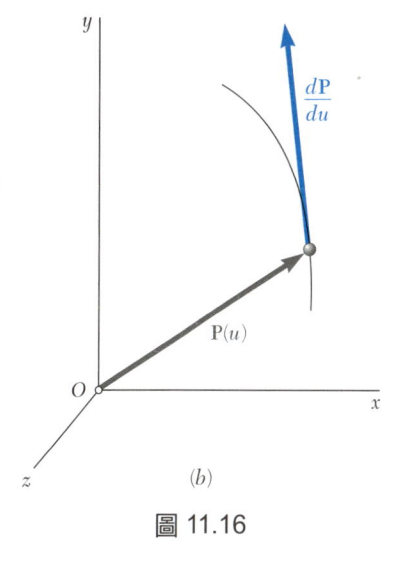

$$\frac{d(\mathbf{P} + \mathbf{Q})}{du} = \lim_{\Delta u \to 0} \frac{\Delta(\mathbf{P} + \mathbf{Q})}{\Delta u} = \lim_{\Delta u \to 0} \left(\frac{\Delta \mathbf{P}}{\Delta u} + \frac{\Delta \mathbf{Q}}{\Delta u} \right)$$

因為兩者和的極限等於個別極限的和，

$$\frac{d(\mathbf{P} + \mathbf{Q})}{du} = \lim_{\Delta u \to 0} \frac{\Delta \mathbf{P}}{\Delta u} + \lim_{\Delta u \to 0} \frac{\Delta \mathbf{Q}}{\Delta u}$$

圖 11.16

$$\frac{d(\mathbf{P} + \mathbf{Q})}{du} = \frac{d\mathbf{P}}{du} + \frac{d\mathbf{Q}}{du} \qquad (11.20)$$

接著我們要討論一純量 (scalar) 函數 $f(u)$ 與一向量函數 $\mathbf{P}(u)$ 之乘積的微分。依據微分的定義，$f\mathbf{P}$ 的微分可寫為

$$\frac{d(f\mathbf{P})}{du} = \lim_{\Delta u \to 0} \frac{(f + \Delta f)(\mathbf{P} + \Delta \mathbf{P}) - f\mathbf{P}}{\Delta u} = \lim_{\Delta u \to 0} \left(\frac{\Delta f}{\Delta u} \mathbf{P} + f \frac{\Delta \mathbf{P}}{\Delta u} \right)$$

再由極限的性質可知

$$\frac{d(f\mathbf{P})}{du} = \frac{df}{du} \mathbf{P} + f \frac{d\mathbf{P}}{du} \qquad (11.21)$$

兩向量函數 $\mathbf{P}(u)$ 及 $\mathbf{Q}(u)$ 的**純量積** (scalar product) 與**向量積** (vector product) 的微分也可用相似方法求得：

$$\frac{d(\mathbf{P} \cdot \mathbf{Q})}{du} = \frac{d\mathbf{P}}{du} \cdot \mathbf{Q} + \mathbf{P} \cdot \frac{d\mathbf{Q}}{du} \qquad (11.22)$$

$$\frac{d(\mathbf{P} \times \mathbf{Q})}{du} = \frac{d\mathbf{P}}{du} \times \mathbf{Q} + \mathbf{P} \times \frac{d\mathbf{Q}}{du} \qquad (11.23)$$

上面所建立的性質也可用來求解向量函數 $\mathbf{P}(u)$ 微分後的直角座標分量 (rectangular components)。我們先將 $\mathbf{P}(u)$ 以直角座標分量的方式分解：

$$\mathbf{P} = P_x \mathbf{i} + P_y \mathbf{j} + P_z \mathbf{k} \qquad (11.24)$$

其中，P_x、P_y 及 P_z 為向量 $\mathbf{P}$ 的三個直角座標分量，而 $\mathbf{i}$、$\mathbf{j}$ 及 $\mathbf{k}$ 分別代表座標 x、y 及 z 方向的單位向量 (參見第 2.12 節)。由式 (11.24) 可知 $\mathbf{P}$ 的微分等於右側各項微分的和，而每項都是一純量與一向量的乘積，所以各項的微分需使用式 (11.21) 來作。然而 $\mathbf{i}$、$\mathbf{j}$ 及 $\mathbf{k}$ 為單位向量，其大小 1 為固定值，且方向固定，因此它們的微分等於零，我們能寫

$$\frac{d\mathbf{P}}{du} = \frac{dP_x}{du} \mathbf{i} + \frac{dP_y}{du} \mathbf{j} + \frac{dP_z}{du} \mathbf{k} \qquad (11.25)$$

請注意：式中單位向量前的係數，就是向量 $d\mathbf{P}/du$ 的三個直角座標純量分量。換句話說，向量函數 $\mathbf{P}(u)$ 的微分 $d\mathbf{P}/du$ 的三個直角座標純量分量，就是由 $\mathbf{P}$ 的三個純量分量微分而來。

▶ 向量的改變率

若向量 $\mathbf{P}$ 為時間 t 的函數，則其微分 $d\mathbf{P}/dt$ 代表 $\mathbf{P}$ 在一座標 $Oxyz$ 中的改變率。將 $\mathbf{P}$ 分解為直角座標分量，在式 (11.25) 我們有

$$\frac{d\mathbf{P}}{dt} = \frac{dP_x}{dt}\mathbf{i} + \frac{dP_y}{dt}\mathbf{j} + \frac{dP_z}{dt}\mathbf{k}$$

或是以點符號來代表對 t 的微分，則改寫為

$$\dot{\mathbf{P}} = \dot{P}_x\mathbf{i} + \dot{P}_y\mathbf{j} + \dot{P}_z\mathbf{k} \tag{11.25'}$$

在第 15.10 節，你將看到向量的改變率，由一個移動的座標來觀察時，會不同於由一個固定的座標來觀察的結果。然而，如果座標 $O'x'y'z'$ 是作**平移運動** (translation)，即它的軸仍然與固定座標 $Oxyz$ (圖 11.17) 中對應的軸平行，這時，兩座標可使用相同的 $\mathbf{i}$、$\mathbf{j}$ 與 $\mathbf{k}$。而且無論何時，向量 $\mathbf{P}$ 在兩座標中有相同的分量 P_x、P_y 與 P_z。所以將式 (11.25') 延伸，可知改變率 $\dot{\mathbf{P}}$ 在兩座標中也是相同的。因此，我們說：一向量相對於一固定座標的改變率，等於相對於一平移座標的改變率。此結論將大幅簡化我們的工作，因為我們將遇到很多平移座標的問題。

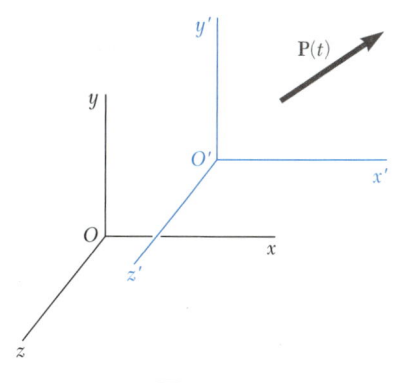

圖 11.17

11.11 速度與加速度的直角座標分量
(Rectangular Components of Velocity and Acceleration)

當質點的位置用 x、y、z 直角座標定義時，我們可以很方便地把它的速度 $\mathbf{v}$ 與加速度 $\mathbf{a}$ 分解成直角座標分量 (圖 11.18)。

我們先將位置向量 $\mathbf{r}$ 分解成直角座標分量：

$$\mathbf{r} = x\mathbf{i} + y\mathbf{j} + z\mathbf{k} \tag{11.26}$$

其中 x、y 及 z 都可表為時間 t 的函數。將此式微分兩次而得：

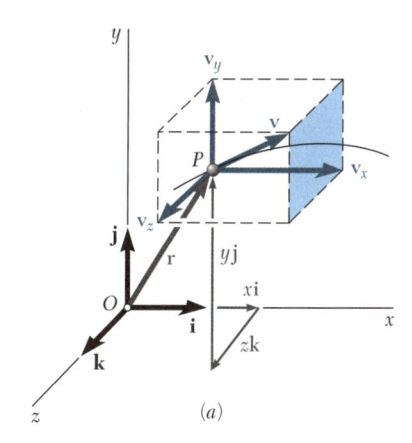

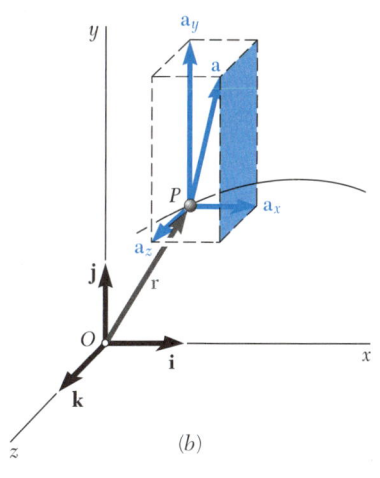

圖 11.18

照片 11.3 如果空氣阻力可以忽略，則雪橇玩家在空中的運動軌跡為一拋物線。

$$\mathbf{v} = \frac{d\mathbf{r}}{dt} = \dot{x}\mathbf{i} + \dot{y}\mathbf{j} + \dot{z}\mathbf{k} \qquad (11.27)$$

$$\mathbf{a} = \frac{d\mathbf{v}}{dt} = \ddot{x}\mathbf{i} + \ddot{y}\mathbf{j} + \ddot{z}\mathbf{k} \qquad (11.28)$$

其中 $\dot{x}$、$\dot{y}$、$\dot{z}$ 及 $\ddot{x}$、$\ddot{y}$、$\ddot{z}$ 分別是 x、y、z 的一次微分與二次微分。因此，由式 (11.27) 及式 (11.28) 可得速度與加速度的純量分量：

$$v_x = \dot{x} \qquad v_y = \dot{y} \qquad v_z = \dot{z} \qquad (11.29)$$

$$a_x = \ddot{x} \qquad a_y = \ddot{y} \qquad a_z = \ddot{z} \qquad (11.30)$$

當 v_x 為正值時表示向量分量 $\mathbf{v}_x$ 是朝向右邊，而負值時則是朝向左邊。其他向量分量的方向性也是一樣，以其對應的純量分量的正負值來決定。如果必要時，速度與加速度的大小及方向，也可以用第 2.7 和 2.12 節所教的方法，用其純量分量來求得。

當加速度分量 a_x 僅仰賴 t、x 及/或 v_x 時，使用直角座標分量來表示位置、速度，及加速度是很有效的。同樣的情形，當加速度分量 a_y 僅仰賴 t、y 及/或 v_y 時，或是加速度分量 a_z 僅仰賴 t、z 及/或 v_z 時都有相同效果。這時式 (11.30) 中的三個等式可以分別積分。同樣地，式 (11.29) 中的三個等式也可以分別積分。也就是說，質點在 x 方向、y 方向，及 z 方向的運動是分別獨立的，可以單獨求解。

例如，在**拋射體運動** (motion of a projectile) 中，如果空氣阻力可以忽略，則可證明 (參見第 12.5 節) 加速度分量為：

$$a_x = \ddot{x} = 0 \qquad a_y = \ddot{y} = -g \qquad a_z = \ddot{z} = 0$$

若以 x_0、y_0、z_0 代表一支槍的初始位置，而 $(v_x)_0$、$(v_y)_0$、$(v_z)_0$ 為子彈 (拋射體) 初始速度 $\mathbf{v}_0$ 的分量，我們可以將加速度的三個式子分別積分兩次而得到：

$$v_x = \dot{x} = (v_x)_0 \qquad v_y = \dot{y} = (v_y)_0 - gt \qquad v_z = \dot{z} = (v_z)_0$$
$$x = x_0 + (v_x)_0 t \qquad y = y_0 + (v_y)_0 t - \tfrac{1}{2}gt^2 \qquad z = z_0 + (v_z)_0 t$$

如果這個拋射體是由一 xy 平面的原點發射出，則其初始位置為 $x_0 = y_0 = z_0 = 0$ 且 $(v_z)_0 = 0$，故其運動方程式簡化為：

$$v_x = (v_x)_0 \qquad v_y = (v_y)_0 - gt \qquad v_z = 0$$
$$x = (v_x)_0 t \qquad y = (v_y)_0 t - \tfrac{1}{2}gt^2 \qquad z = 0$$

這些方程式說明，此拋射體會維持在 xy 平面運動，它在水平方向 (x 方向) 是等速度運動，而它在垂直方向 (y 方向) 則是等加速度運動。此拋射體運動可以用兩個各自獨立的直線運動來代替。如圖 11.19 所示，我們可將此拋射體運動視為：在一水平方向等速 $(\mathbf{v}_x)_0$ 移動的台車上，將拋射體以初速 $(\mathbf{v}_y)_0$ 垂直射出。所以拋射體的水平位置 x 等於台車移動的距離，而其垂直位置 y 則是相當於沿著一垂直線運動的情形。

我們可觀察到 x 與 y 位置方程式正好是拋物線的兩條參數方程式。因此，拋射體運動的軌跡是一條**拋物線** (parabolic)。然而，如果空氣阻力不能忽略，或是重力加速度 g 因為高度而改變，這時運動軌跡就不再是一條拋物線。

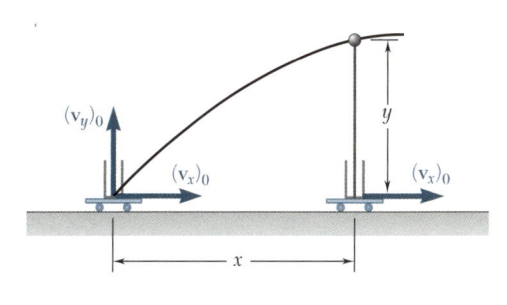

(a) 拋射體運動

(b) 等效直線運動

圖 11.19

11.12 相對於平移座標的運動 (Motion Relative to a Frame in Translation)

前面所描述的質點運動只用到一個固定的座標，質點就在此座標內運動。通常我們將此座標釘在地球上，並將之視為固定不動。但有時候更方便的作法是：同時使用多個座標作為分析時的參考座標。其中一個座標將被釘在地球上，當作固定不動的基準稱為**固定座標**，其他的座標則稱為**移動座標**。固定座標的選擇沒有一定的基準，任何一個座標都可以被選為「固定」座標，其他沒有與此固定座標連結在一起的都是「移動」座標。

如有兩質點 A 與 B 在空間中運動 (圖 11.20)，分別以向量 $\mathbf{r}_A$ 與 $\mathbf{r}_B$ 代表它們在任一瞬間相對於固定參考座標 $Oxyz$ 的位置。現在再定義另一個座標系統，以點 A 為原點，系統的三個軸 x'、y' 及 z' 分別與原座標的三軸 x、y、z 平行。新座標的原點隨著質點 A 移動時，其三個軸 x'、y' 及 z' 的方向維持不變；亦即，運動的參考座標 $Ax'y'z'$ 與原來座標 $Oxyz$ 的關係是平移的。由點 A 連到點 B 的向量 $\mathbf{r}_{B/A}$ 代表點 B 相對於運動座標 $Ax'y'z'$ 的位置，簡單說就是 B 相對 A 的位置。

由圖 11.20 可知：質點 B 的位置向量 $\mathbf{r}_B$ 等於質點 A 的位置向量 $\mathbf{r}_A$ 與 B 相對 A 的位置向量 $\mathbf{r}_{B/A}$ 之和，可寫成：

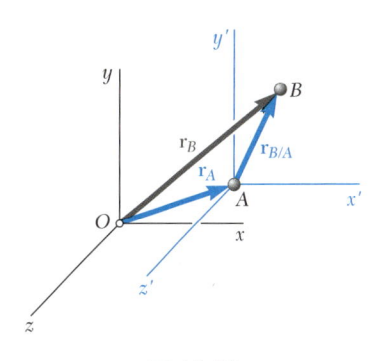

圖 11.20

$$\mathbf{r}_B = \mathbf{r}_A + \mathbf{r}_{B/A} \tag{11.31}$$

在固定參考座標內將式 (11.31) 對時間 t 微分，且用點表示對時間的微分，則寫成：

$$\dot{\mathbf{r}}_B = \dot{\mathbf{r}}_A + \dot{\mathbf{r}}_{B/A} \tag{11.32}$$

其中 $\dot{\mathbf{r}}_A$ 與 $\dot{\mathbf{r}}_B$ 分別代表質點 A 與 B 的速度 $\mathbf{v}_A$ 與 $\mathbf{v}_B$。既然座標 $Ax'y'z'$ 與固定座標是平行的，在座標 $Ax'y'z'$ 內微分項 $\dot{\mathbf{r}}_{B/A}$ 代表 $\mathbf{r}_{B/A}$ 的改變率，就如同在固定座標內微分項 $\dot{\mathbf{r}}_{B/A}$，也是代表 $\mathbf{r}_{B/A}$ 的改變率 (參見第 11.10 節)。因此，這個微分項即可定義為 B 相對於座標 $Ax'y'z'$ 的速度 $\mathbf{v}_{B/A}$ (或是簡稱 B 相對 A 的速度 $\mathbf{v}_{B/A}$)。我們改寫為：

$$\mathbf{v}_B = \mathbf{v}_A + \mathbf{v}_{B/A} \tag{11.33}$$

將式 (11.33) 對時間 t 微分，且用微分項 $\dot{\mathbf{v}}_{B/A}$ 來定義 B 相對於座標 $Ax'y'z'$ 的加速度 $\mathbf{a}_{B/A}$ (或是簡稱 B 相對 A 的加速度 $\mathbf{a}_{B/A}$)。我們可得

$$\mathbf{a}_B = \mathbf{a}_A + \mathbf{a}_{B/A} \tag{11.34}$$

B 相對於固定座標 $Oxyz$ 的運動又稱為 B 的**絕對運動** (absolute motion)。本節所推導的方程式說明 B 的絕對運動，等於 A 的運動加上 B 相對於 A 的移動座標的運動。例如，在式 (11.33) 中 B 的絕對速度 $\mathbf{v}_B$ 等於 A 的速度加上 B 相對於移動座標 $Ax'y'z'$ 的速度。而式 (11.34) 表示加速度也有類似的性質。然而，我們應注意，這些關係式只適用於移動座標 $Ax'y'z'$ 平移的情形；亦即，它的三根軸在運動中都必須維持原來的方向不能改變。到第 15.14 節，你將看到當參考座標旋轉時，則必須使用不一樣的關係方程式。

照片 11.4　駕駛要將直昇機降落到船上時，必須考慮直昇機與船的相對運動。

範例 11.7

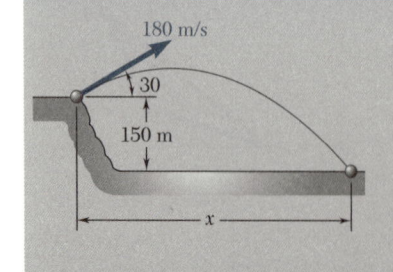

有一子彈由高 150 m 的懸崖邊射出，其初速為 180 m/s 仰角 30°。若空氣阻力可以忽略，試求 (a) 當子彈落地時與原來槍的水平距離；(b) 子彈能到達的最高點。

解

垂直與水平運動可以分別考慮。

<u>垂直運動</u>。等加速度運動。選擇槍的位置為座標原點 O，且令 y 軸向上為正。我們可寫

$$(v_y)_0 = (180 \text{ m/s}) \sin 30° = +90 \text{ m/s}$$
$$a = -9.81 \text{ m/s}^2$$

將它們代入等加速度運動的方程式中，得到

$$v_y = (v_y)_0 + at \qquad v_y = 90 - 9.81t \qquad (1)$$
$$y = (v_y)_0 t + \tfrac{1}{2}at^2 \qquad y = 90t - 4.90t^2 \qquad (2)$$
$$v_y^2 = (v_y)_0^2 + 2ay \qquad v_y^2 = 8100 - 19.62y \qquad (3)$$

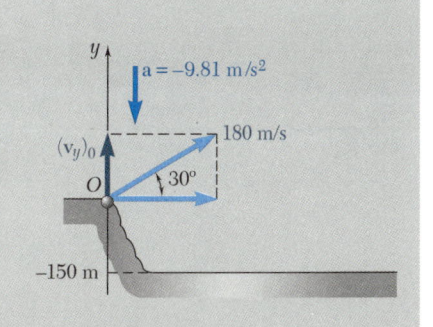

水平運動。 等速度運動。令 x 軸向右為正向，我們能寫

$$(v_x)_0 = (180 \text{ m/s}) \cos 30° = +155.9 \text{ m/s}$$

將之代入等速度運動的方程式中，得到

$$x = (v_x)_0 t \qquad x = 155.9t \qquad (4)$$

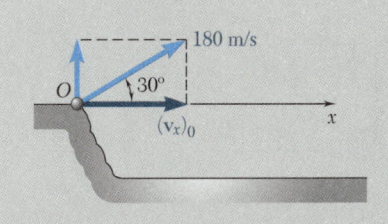

a. 水平距離。 當子彈落地時，我們知道

$$y = -150 \text{ m}$$

將此值代入垂直運動的式 (2) 中得到

$$-150 = 90t - 4.90t^2 \qquad t^2 - 18.37t - 30.6 = 0 \qquad t = 19.91 \text{ s}$$

將 $t = 19.91$ s 代入水平運動的式 (4) 中得到

$$x = 155.9(19.91) \qquad x = 3100 \text{ m} \quad \blacktriangleleft$$

b. 最高點。 當子彈到達最高點時，其速度 $v_y = 0$。將此值代入垂直運動的式 (3) 中得到

$$0 = 8100 - 19.62y \qquad y = 413 \text{ m}$$

$$\text{最高點距地面} = 150 \text{ m} + 413 \text{ m} = 563 \text{ m} \quad \blacktriangleleft$$

範例 11.8

有一子彈以初速 240 m/s 射出，正中一水平距離 3600 m 處的目標 B，此目標高度比槍 A 高 600 m。若空氣阻力可以忽略，試求子彈射出時的仰角 α。

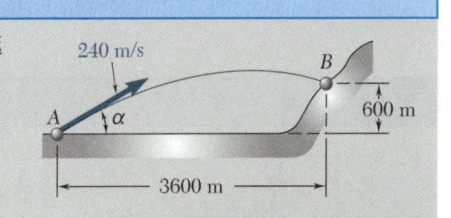

解

垂直與水平運動可以分別考慮。

水平運動。 以槍的位置當作座標原點，由已知條件可寫

$$(v_x)_0 = 240 \cos \alpha$$

將此式代入水平等速度運動的方程式中,即得到

$$x = (v_x)_0 t \qquad x = (240 \cos \alpha)t$$

為求得子彈到達水平距離 3600 m 處的時間,令 x 為 3600 m。

$$3600 = (240 \cos \alpha)t$$

$$t = \frac{3600}{240 \cos \alpha} = \frac{15}{\cos \alpha}$$

垂直運動

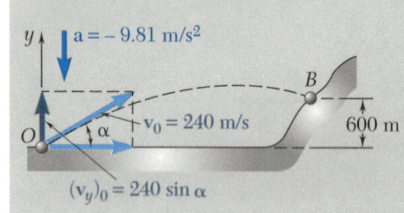

$$(v_y)_0 = 240 \sin \alpha \qquad a = -9.81 \text{ m/s}^2$$

將此式代入垂直等加速度運動的方程式中,得到

$$y = (v_y)_0 t + \tfrac{1}{2} at^2 \qquad y = (240 \sin \alpha)t - 4.905 t^2$$

子彈擊中目標。當子彈到達 $x = 3600$ m 時,其 $y = 600$ m,因此將此 y 值代入上式,即可計算擊中目標的時間 t,

$$600 = 240 \sin \alpha \frac{15}{\cos \alpha} - 4.905 \left(\frac{15}{\cos \alpha}\right)^2$$

因為 $1/\cos^2 \alpha = \sec^2 \alpha = 1 + \tan^2 \alpha$,我們可寫

$$600 = 240(15) \tan \alpha - 4.905(15^2)(1 + \tan^2 \alpha)$$
$$1104 \tan^2 \alpha - 3600 \tan \alpha + 1704 = 0$$

解這個 $\tan \alpha$ 的二次方程式,可得到

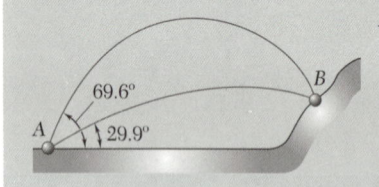

$$\tan \alpha = 0.575 \qquad 與 \qquad \tan \alpha = 2.69$$

$$\alpha = 29.9° \qquad 與 \qquad \alpha = 69.6° \blacktriangleleft$$

這兩個角度都能擊中目標(如圖所示)。

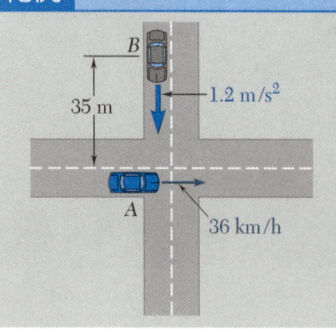

範例 11.9

汽車 A 以定速 36 km/h 向東行駛,當汽車 A 路過交叉路口時,汽車 B 正在路口北方 35 m 處由靜止啟動,以等加速度 1.2 m/s² 向南行駛。試求 5 s 後汽車 B 相對於汽車 A 的位置、速度,及加速度。

解

我們選擇座標原點位於路口處,而正向的 x 軸及 y 軸分別是向東

方及向北方。

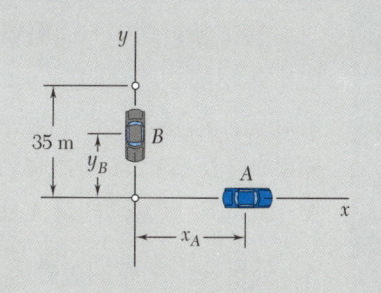

汽車 A 的運動。首先將速度改成標準單位 m/s：

$$v_A = \left(36\frac{\text{km}}{\text{h}}\right)\left(\frac{1000 \text{ m}}{1 \text{ km}}\right)\left(\frac{1 \text{ h}}{3600 \text{ s}}\right) = 10 \text{ m/s}$$

因為汽車 A 作等速度運動，因此可以寫：

$$a_A = 0$$
$$v_A = +10 \text{ m/s}$$
$$x_A = (x_A)_0 + v_A t = 0 + 10t$$

當 $t = 5$ s 時，得到

$$\begin{aligned} a_A &= 0 & \mathbf{a}_A &= 0 \\ v_A &= +10 \text{ m/s} & \mathbf{v}_A &= 10 \text{ m/s} \rightarrow \\ x_A &= +(10 \text{ m/s})(5 \text{ s}) = +50 \text{ m} & \mathbf{r}_A &= 50 \text{ m} \rightarrow \end{aligned}$$

汽車 B 的運動。因為汽車 B 作等加速度運動，因此可以寫：

$$a_B = -1.2 \text{ m/s}^2$$
$$v_B = (v_B)_0 + at = 0 - 1.2\,t$$
$$y_B = (y_B)_0 + (v_B)_0 t + \tfrac{1}{2}a_B t^2 = 35 + 0 - \tfrac{1}{2}(1.2)t^2$$

當 $t = 5$ s 時，得到

$$\begin{aligned} a_B &= -1.2 \text{ m/s}^2 & \mathbf{a}_B &= 1.2 \text{ m/s}^2 \downarrow \\ v_B &= -(1.2 \text{ m/s}^2)(5 \text{ s}) = -6 \text{ m/s} & \mathbf{v}_B &= 6 \text{ m/s} \downarrow \\ y_B &= 35 - \tfrac{1}{2}(1.2 \text{ m/s}^2)(5 \text{ s})^2 = +20 \text{ m} & \mathbf{r}_B &= 20 \text{ m} \uparrow \end{aligned}$$

B 相對於 A 的運動。我們畫一個三角形來表示向量方程式 $\mathbf{r}_B = \mathbf{r}_A + \mathbf{r}_{B/A}$，由此三角形的關係，可計算汽車 B 相對於汽車 A 的位置向量的大小及方向。

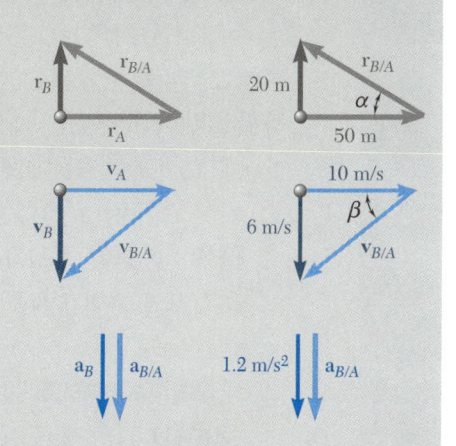

$$r_{B/A} = 53.9 \text{ m} \qquad \alpha = 21.8° \qquad \mathbf{r}_{B/A} = 53.9 \text{ m} \; \measuredangle \; 21.8° \blacktriangleleft$$

繼續以相似的方法，我們能計算汽車 B 相對於汽車 A 的速度與加速度。

$$\mathbf{v}_B = \mathbf{v}_A + \mathbf{v}_{B/A}$$
$$v_{B/A} = 11.66 \text{ m/s} \qquad \beta = 31.0° \qquad \mathbf{v}_{B/A} = 11.66 \text{ m/s} \; \measuredangle \; 31.0° \blacktriangleleft$$
$$\mathbf{a}_B = \mathbf{a}_A + \mathbf{a}_{B/A} \qquad\qquad\qquad \mathbf{a}_{B/A} = 1.2 \text{ m/s}^2 \downarrow \blacktriangleleft$$

重點提示

在本課習題中，你需要分析二維與三維的質點運動。此處速度與加速度的物理意義與本章前面所講的相同，你應該記得這些都是向量。另外，由以前學習靜力學向量的經驗，你應該已經了解將位置向量、速度，及加速度用直角座標分量來表達是很有幫助的 [式 (11.27) 和式 (11.28)]。再複習一下，當兩向量 **A** 與 **B** 互相垂直時，其內積 **A** · **B** = 0；而當兩向量 **A** 與 **B** 互相平行時，其外積 **A** × **B** = 0。

A. **分析一拋射體的運動**。在後面許多的題目中都牽涉到拋射體的二維運動，而空氣阻力都是可以忽略的。在第 11.11 節中，推導了這類運動時相關的方程式，我們觀察到水平方向是屬於等速運動 (速度的水平分量為固定值)，而垂直方向則是等加速度運動 (加速度的垂直分量為固定值)。我們可以將質點的水平運動與垂直運動分開來考慮。假如拋射體是由原點射出，可寫以下兩方程式

$$x = (v_x)_0 t \qquad y = (v_y)_0 t - \tfrac{1}{2}gt^2$$

 1. 如果初速及發射角已知，由上面任一方程式解出 t 的表達式，將此 t 的表達式代入另一個方程式中，我們即可得到 y 相對於 x 的方程式，或是 x 相對於 y 的方程式 [範例 11.7]。
 2. 如果初速及途徑中的一點位置已知，而你想求得發射角 α。先將初速的兩個分量 $(v_x)_0$ 與 $(v_y)_0$ 表示成發射角 α 的函數，然後以等速度運動公式建立水平位置 x 的方程式；再以等加速度運動公式建立垂直位置 y 的方程式。將已知點的座標 x 與 y 代入前述方程式中，最後，由水平位置 x 的方程式中求出 t 來，並將此值代入垂直位置 y 的方程式中，即會得到一包含發射角 α 的式子，由此式子即可求出發射角 α [範例 11.8]。

B. **求解二維平移相對運動的問題**。在第 11.12 節中，你看到：質點 B 的絕對運動可以等於質點 A 的運動，加上質點 B 相對於一連結質點 A 的平移座標的相對運動。因此，質點 B 的速度與加速度可以分別表示成式 (11.33) 和式 (11.34)。

 1. 看見 B 相對 A 的相對運動，想像你與 A 一起運動，而你正在觀察 B 的運動。例如：你是範例 11.9 中汽車 A 裡的乘客，看到汽車 B 是朝西南方向運動 (很明顯有往南，而往西是因為自己坐的汽車 A 是往東開)。這個結論與 $\mathbf{v}_{B/A}$ 的方向是吻合的。
 2. 求解相對運動的問題。首先寫出與質點 A 與 B 相關的式 (11.31)、式 (11.33)，及式 (11.34)，然後用下列方法之一求解：
    a. 建立相關的向量三角形，然後解出所需的位置、速度，及加速度 [範例 11.9]。
    b. 將所有向量都表示成它們的直角分量，然後解兩個互相獨立的聯立方程式。用此方法時，要確定每個質點的位移、速度，及加速度要用相同的正向。

習 題

觀念題

11.CQ3 兩相同模型火箭同時由一高台發射,軌跡如圖所示。如果忽略空氣阻力,哪一個火箭將先落地?

a. A
b. B
c. 同時落地。
d. 答案與高度 h 有關。

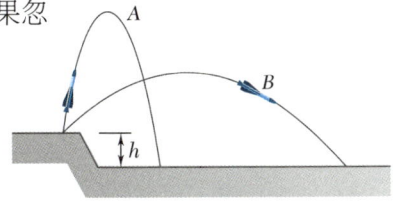

圖 P11.CQ3

11.CQ4 塊狀物 A 與 B 在圖示位置由靜止狀態釋放,如果忽略所有表面間的摩擦影響,下列哪個圖示最能表達塊狀物 B 的加速度 α 的方向?

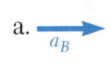

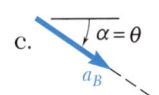

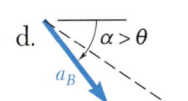

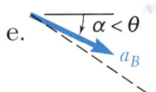

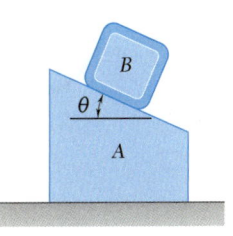

a. a_B →
b. a_B ↓
c. $\alpha = \theta$, a_B
d. $\alpha > \theta$, a_B
e. $\alpha < \theta$, a_B

圖 P11.CQ4

課後習題

11.39 一顆球被投出後,其在空中的運動軌跡可以方程式 $x = 5t$ 及 $y = 2 + 6t - 4.9t^2$ 表示,其中 x 與 y 的單位為 m,而 t 的單位為 s。試求 (a) 當 $t = 1$ s 時的速度;(b) 球落地時的水平距離。

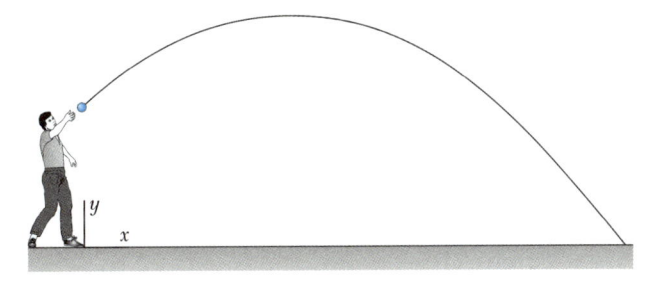

圖 P11.39

11.40 一振動質點的阻尼運動可以用位置向量 $r = x_1[1 - 1/(t + 1)]\mathbf{i} + (y_1 e^{-\pi t/2} \cos 2\pi t)\mathbf{j}$ 表示，其中 t 的單位為 s。已知當 $x_1 = 30$ mm 時 $y_1 = 20$ mm。試求當時間 (a) $t = 0$；(b) $t = 1.5$ s 時該質點的位置、速度，及加速度。

11.41 一消防飛機在高度 80 m 空中以速度 315 km/h 水平飛行。為了能準確讓水落在起火的森林處，該駕駛應在森林前多少距離 d 處將水閥開啟？

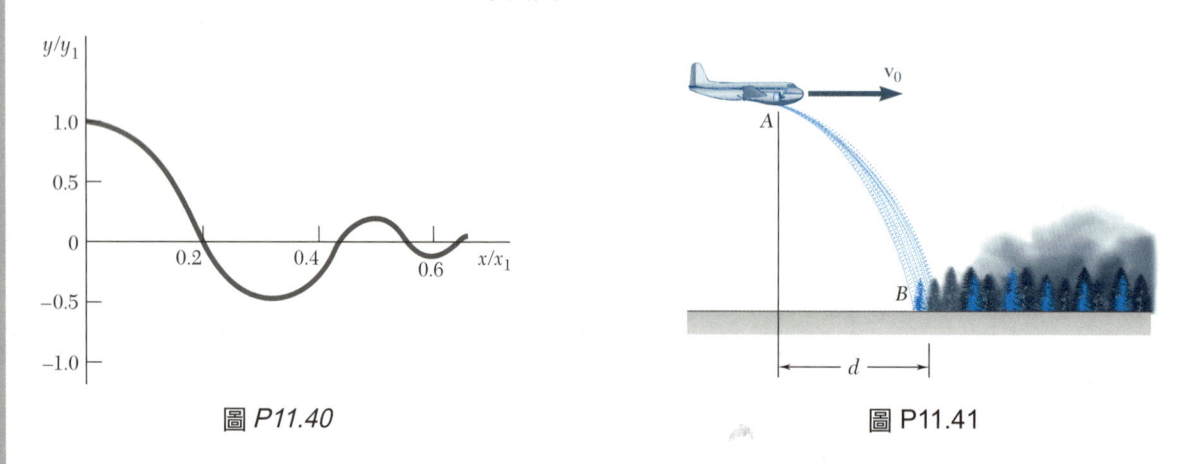

圖 P11.40

圖 P11.41

11.42 牆上的水流出管子時初速為 0.75 m/s，方向為水平向下 15°。試求水槽 BC 放置位置 d 的範圍為何，才能讓水順利落入水槽中？

11.43 一屋主使用鏟雪車以清除車道上的積雪。已知鏟雪車噴出雪時的角度為仰角 40°，試求雪噴出時的初速 v_0。

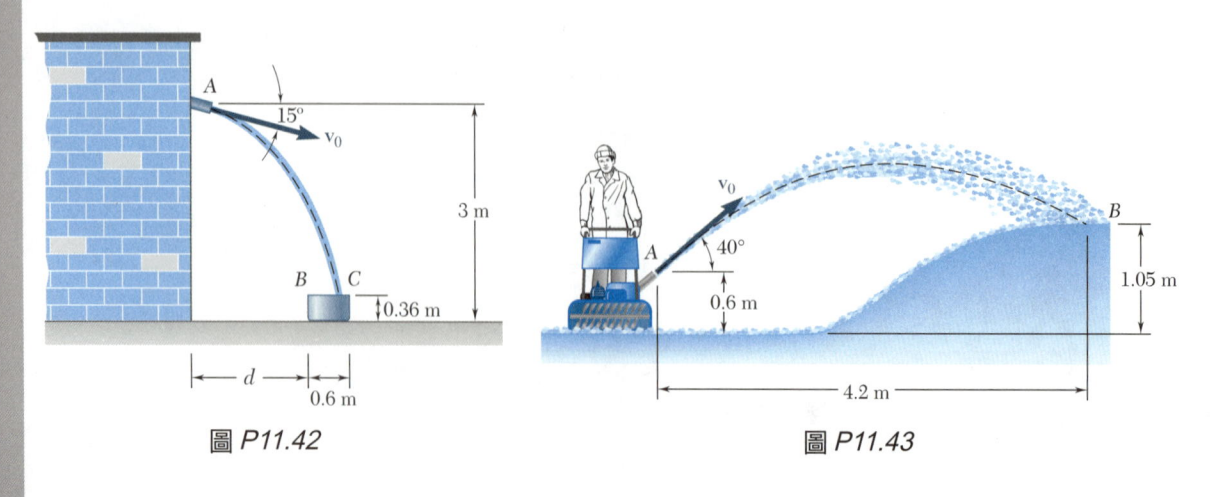

圖 P11.42

圖 P11.43

11.44 冷卻水由噴嘴噴出時初速為 v_0 方向為水平向下 6°，落在一直徑 350 mm 的砂輪上。若要水落在砂輪的 B 與 C 之間，則初速 v_0 的值應該在什麼範圍？

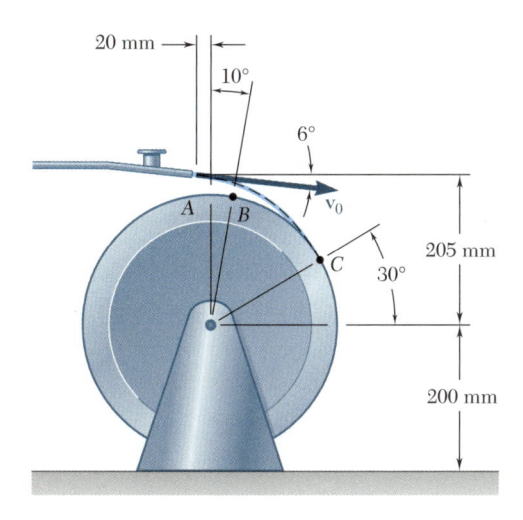

圖 P11.44

11.45 曲棍球的圓盤被射出時初速為 $v_0 = 160$ km/h。試求 (a) 若要能射入網中，射角 α 的值 (須小於 45°) 最大可為多少？(b) 此時圓盤入網的時間。

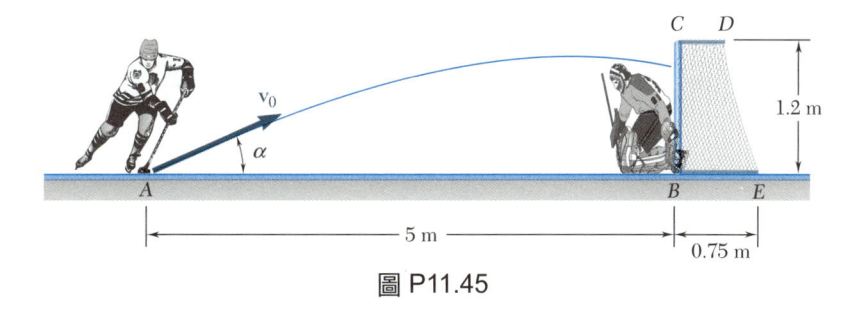

圖 P11.45

11.46 圖中有兩滑雪者 A 與 B，試求滑雪者 A 相對於 B 的速度。

圖 P11.46

11.47 有兩飛機 A 與 B，飛在相同高度偵察颶風 C 的暴風眼。已知 C 相對 A 的速度為 $\mathbf{v}_{C/A}$ = 350 km/h ↗75°，而 C 相對 B 的速度為 $\mathbf{v}_{C/B}$ = 400 km/h ↘40°。試求 (a) B 相對於 A 的速度；(b) 若根據地面雷達顯示，颶風 C 是以速度 30 km/h 朝北前進，那麼 A 的速度為何？(c) 在 15 分鐘內，C 相對於 B 的位置移動為何？

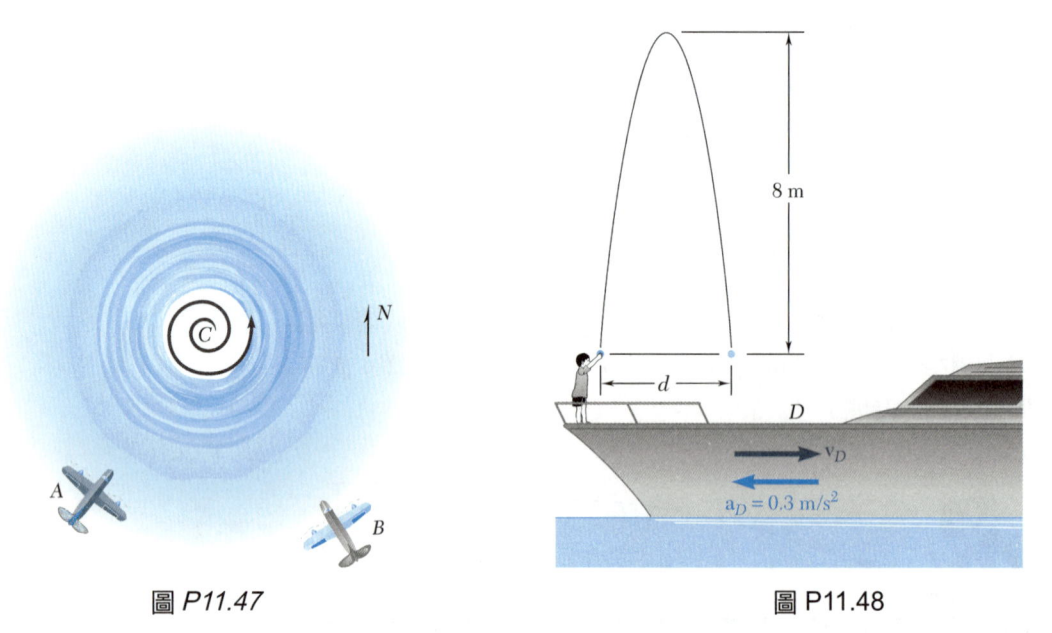

11.48 一船向右方以等減速度 0.3 m/s² 行駛，甲板上有一男孩垂直上拋一顆球，球到達最高點 8 m 後落下。其間男孩必須前進一距離 d，才能在相同高度接到落下的球。試求 (a) 距離 d；(b) 當球被接住時，球相對於船甲板的速度。

圖 P11.47

圖 P11.48

11.49 在一場暴雨中，一火車以速度 15 km/h 行駛。車內乘客由車側玻璃觀察雨滴，發現雨滴落下時是偏離垂直線 30° 向左。經過一小段時間，火車已經加速到 24 km/h，雨滴落下的偏離角增加為 45°。如果火車停止下來，所看到的雨滴速度與角度將為何？

11.13 切向與法向分量 (Tangential and Normal Components)

在第 11.9 節我們看到質點的速度為一向量，且是質點運動路徑

的切線。然而，通常加速度的方向卻不與路徑相切。有時候為了方便分析，我們會將加速度分解成與路徑相切，及與路徑垂直兩分量。

▶ 質點的平面運動

首先，我們考慮一質點在一平面上沿一曲線運動的情形。令 P 代表某一瞬間質點所在的位置。在點 P 處，我們定義一個與路徑相切的單位向量 $\mathbf{e}_t$ (圖 11.21a)，稱之為切線單位向量。再過一瞬間，假設質點運行到位置 P' 處，於 P' 處同樣可定義一個與路徑相切的單位向量 $\mathbf{e}_t'$。將這兩個單位向量平移到同一位置的原點 O' 處，我們可定義向量 $\Delta\mathbf{e}_t = \mathbf{e}_t' - \mathbf{e}_t$ (圖 11.21b)。既然 $\mathbf{e}_t$ 與 $\mathbf{e}_t'$ 都是單位向量，它們的箭頭必會在一半徑為 1 的圓上。以符號 $\Delta\theta$ 表示 $\mathbf{e}_t$ 與 $\mathbf{e}_t'$ 之間的夾角，我們可發現 $\Delta\mathbf{e}_t$ 的值為 $2\sin(\Delta\theta/2)$。現在我們看向量 $\Delta\mathbf{e}_t/\Delta\theta$，當 $\Delta\theta$ 逐漸縮小而接近 0 時，此向量變成單位圓的切線 (圖 11.21b)，且與 $\mathbf{e}_t$ 垂直，而其值變成

$$\lim_{\Delta\theta\to 0}\frac{2\sin(\Delta\theta/2)}{\Delta\theta} = \lim_{\Delta\theta\to 0}\frac{\sin(\Delta\theta/2)}{\Delta\theta/2} = 1$$

因此，我們看到此向量是一單位向量，且與質點運動路徑垂直，用符號 $\mathbf{e}_n$ 代表它，稱之為法線單位向量，且寫為

$$\mathbf{e}_n = \lim_{\Delta\theta\to 0}\frac{\Delta\mathbf{e}_t}{\Delta\theta}$$

$$\mathbf{e}_n = \frac{d\mathbf{e}_t}{d\theta} \tag{11.35}$$

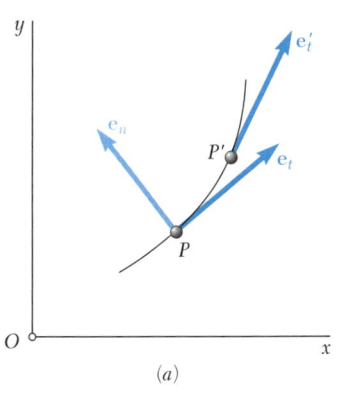

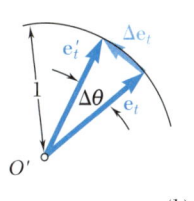

圖 11.21

法線單位向量 $\mathbf{e}_n$ 的方向指向運動路徑的曲率中心。

既然質點的速度 $\mathbf{v}$ 是與路徑相切，它可以用純量 v 與單位向量 $\mathbf{e}_t$ 的乘積表示：

$$\mathbf{v} = v\mathbf{e}_t \tag{11.36}$$

為求得加速度，我們將式 (11.36) 對 t 微分，運用純量與向量乘積微分的法則 (第 11.10 節) 可以寫

$$\mathbf{a} = \frac{d\mathbf{v}}{dt} = \frac{dv}{dt}\mathbf{e}_t + v\frac{d\mathbf{e}_t}{dt} \tag{11.37}$$

但是

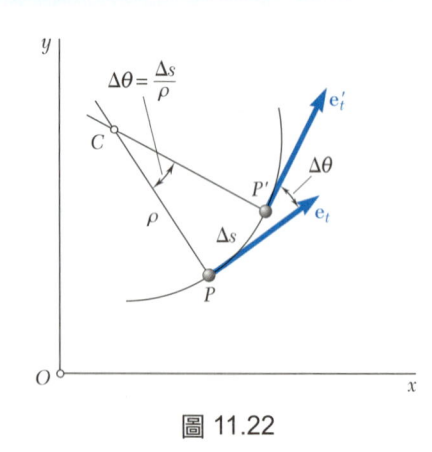

$$\frac{d\mathbf{e}_t}{dt} = \frac{d\mathbf{e}_t}{d\theta}\frac{d\theta}{ds}\frac{ds}{dt}$$

由式 (11.16) 可知 $ds/dt = v$，而由式 (11.35) 知道 $d\mathbf{e}_t/d\theta = \mathbf{e}_n$，且由基礎微積分得到 $d\theta/ds = 1/\rho$，其中 ρ 是運動路徑在 P 點處的曲率半徑 (圖 11.22)，得到

$$\frac{d\mathbf{e}_t}{dt} = \frac{v}{\rho}\mathbf{e}_n \tag{11.38}$$

將此式代入式 (11.37) 中，得到

$$\mathbf{a} = \frac{dv}{dt}\mathbf{e}_t + \frac{v^2}{\rho}\mathbf{e}_n \tag{11.39}$$

因此，加速度的純量分量即可寫為

$$a_t = \frac{dv}{dt} \qquad a_n = \frac{v^2}{\rho} \tag{11.40}$$

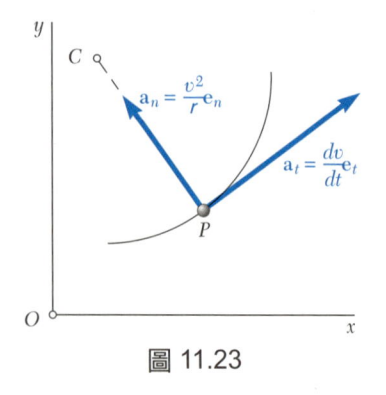

圖 11.22

以上的關係式告訴我們：加速度的**切向分量** (tangential component) a_t 等於質點速率的改變率；而**法向分量** (normal component) a_n 等於速率平方除以曲率半徑。如果質點的速率增加，a_t 為正值，向量分量 a_t 指向運動的方向；如果質點的速率減少，a_t 為負值，向量分量 a_t 與運動方向相反。另一方面，向量分量 a_n 則是永遠指向路徑的**曲率中心點** (center of curvature) C (圖 11.23)。

由上面的分析我們得到結論：加速度的切向分量即是反映質點速率的變化，而法向分量則是反映質點運動時方向的改變。質點的加速度為零的條件必須是所有分量為零。因此，當質點以定速沿一曲線運動時，除非剛好是到達反曲點處 (此處曲率半徑無限大)，否則其加速度不為零。或是該質點以定速沿一直線運動才會使加速度為零。

法線加速度與質點路徑的曲率半徑有關，這項事實在許多工程設計時會被納入考慮。例如，飛機機翼、火車鐵軌、凸輪等外型設計時。為了避免空中的粒子在流經機翼表面時，產生突然的加速度，設計師設計機翼外形時，必須避免讓機翼表面曲線有突然變化的情形。在設計鐵軌曲線時，也有相同的考慮。為了避免火車產生突然的加速度 (這會造成設備額外的負擔及乘客的不舒服)，在一段筆直的鐵軌後，並不會緊接著一圓形的軌道。通常會

圖 11.23

照片 11.5　當火車行經彎道時，乘客會感受到指向曲率中心的法線加速度。

有緩衝的設計，讓軌道由原來曲率半徑無限大（直線）逐漸的變化為有限的半徑。類似的情形，在設計高速凸輪時，採用過渡曲線可以使加速度連續性增或減，而避開加速度驟然變化的窘境。

▶ 質點在空中的運動

當質點在三度空間中沿一曲線運動時，式 (11.39) 和式 (11.40) 仍然可以使用。然而，雖然路徑曲線上位置點 P 處的切線只有一條，但是與此切線相垂直的直線卻有無限多條，因此我們必須更精確的定義單位法線向量 $\mathbf{e}_n$ 的方向。

我們重新看在位置 P 與相鄰 P' 處的切線單位向量 $\mathbf{e}_t$ 與 $\mathbf{e}_t'$（圖 11.24a），以及代表此兩單位向量差的 $\Delta\mathbf{e}_t$（圖 11.24b）。想像一平面其與 $\mathbf{e}_t$、$\mathbf{e}_t'$ 與 $\Delta\mathbf{e}_t$ 定義的平面平行且包含點 P，此平面暨包含點 P 處的切線，且與點 P' 處的切線平行。如果讓 P' 接近 P，則由極限的觀念知道：在點 P 處，此平面是空間中無限多平面裡與此曲線最為密切的平面，此平面稱為在點 P 的**密切面** (osculating plane)。接著由此密切面的定義，我們看到密切面裡包含了一與 $\mathbf{e}_t$ 垂直的單位向量 $\mathbf{e}_n$，這個向量代表向量 $\Delta\mathbf{e}_t/\Delta\theta$ 的極限。由此密切面裡的法線向量 $\mathbf{e}_n$ 所定義的直線，稱為在點 P 的**主法線** (principal normal)。我們利用 $\mathbf{e}_t$ 與 $\mathbf{e}_n$ 的外積，可再定義另一個單位向量 $\mathbf{e}_b = \mathbf{e}_t \times \mathbf{e}_n$，此向量稱為點 P 的**次法線** (binormal)，次法線與密切面垂直。$\mathbf{e}_t$、$\mathbf{e}_n$、$\mathbf{e}_b$ 三者互相垂直，因此可當成一右手定則的直角座標的三根軸。我們能將質點在點 P 處的加速度分解為兩個分量，一個沿著切線的方向，另一個沿主法線的方向，就如同式 (11.39) 所寫的。請注意：加速度在次法線方向是沒有分量的。

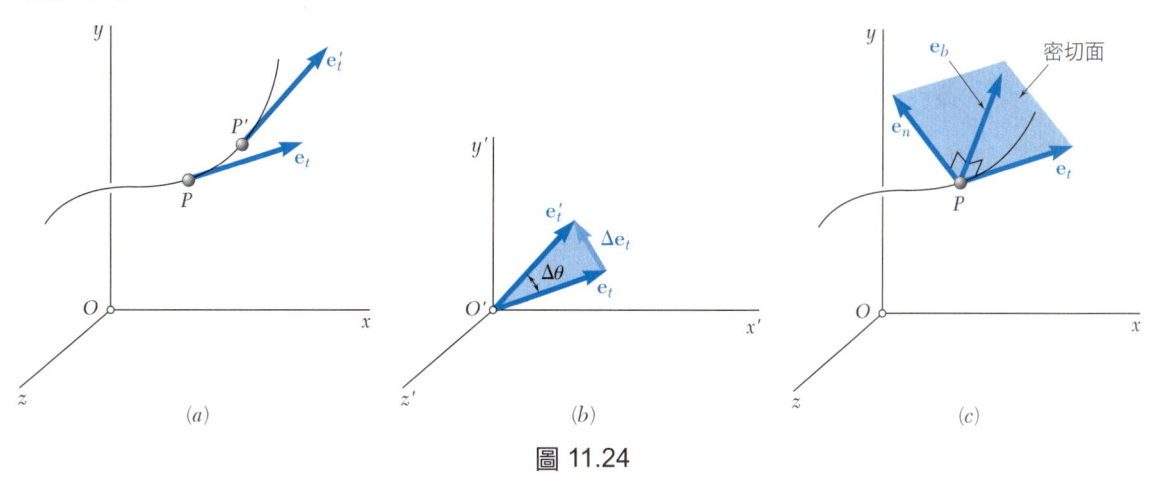

圖 11.24

11.14 徑向與橫向分量 (Radial and Transverse Components)

在有些平面運動的題目中，質點 P 的位置是以極座標 r 與 θ 來定義的 (圖 11.25a)。這時將質點的速度與加速度分解成與線段 OP 平行及垂直的分量會比較方便。這種分量稱為**徑向與橫向分量**。

我們在點 P 處連結兩單位向量 $\mathbf{e}_r$ 與 $\mathbf{e}_\theta$ (圖 11.25b)，其中向量 $\mathbf{e}_r$ 是沿著 OP 的方向，而向量 $\mathbf{e}_\theta$ 則是將 $\mathbf{e}_r$ 逆時鐘向轉 90° 而得。單位向量 $\mathbf{e}_r$ 用來定義徑向，即如果 r 增加而 θ 保持不變時，P 將移動的方向。而單位向量 $\mathbf{e}_\theta$ 則是用來定義橫向，即當 r 保持不變而 θ 增加時，P 將移動的方向。我們可以用類似第 11.13 節推導的方式，以求得此兩單位向量的微分

$$\frac{d\mathbf{e}_r}{d\theta} = \mathbf{e}_\theta \qquad \frac{d\mathbf{e}_\theta}{d\theta} = -\mathbf{e}_r \qquad (11.41)$$

其中 $-\mathbf{e}_r$ 表示一個單位向量，其方向與 $\mathbf{e}_r$ 相反 (圖 11.25c)。利用微分連鎖定理 (chain rule of differentiation)，我們可將單位向量 $\mathbf{e}_r$ 與 $\mathbf{e}_\theta$ 對時間的微分表示成：

$$\frac{d\mathbf{e}_r}{dt} = \frac{d\mathbf{e}_r}{d\theta}\frac{d\theta}{dt} = \mathbf{e}_\theta \frac{d\theta}{dt} \qquad \frac{d\mathbf{e}_\theta}{dt} = \frac{d\mathbf{e}_\theta}{d\theta}\frac{d\theta}{dt} = -\mathbf{e}_r \frac{d\theta}{dt}$$

或是以點符號來表示對時間 t 的微分，

$$\dot{\mathbf{e}}_r = \dot{\theta}\mathbf{e}_\theta \qquad \dot{\mathbf{e}}_\theta = -\dot{\theta}\mathbf{e}_r \qquad (11.42)$$

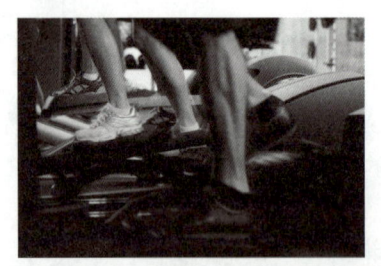

照片 11.6　滑步機的踏板運動形式為曲線運動。

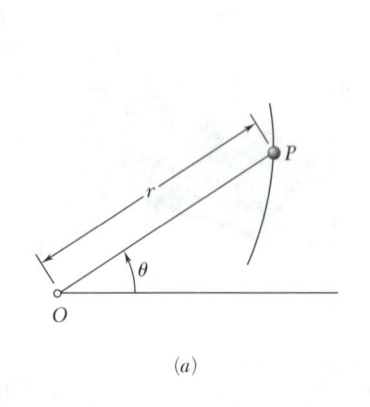

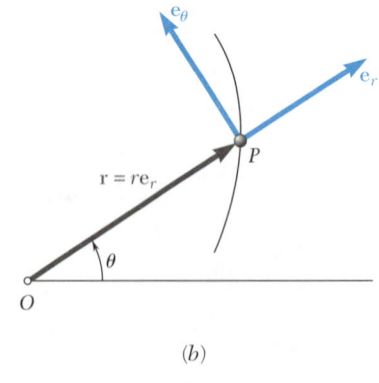

圖 11.25

為求得質點 P 的速度 $\mathbf{v}$，我們將 P 的位置向量 $\mathbf{r}$ 表示成純量 r 與單位向量 $\mathbf{e}_r$ 的乘積，然後對 t 微分：

$$\mathbf{v} = \frac{d}{dt}(r\mathbf{e}_r) = \dot{r}\mathbf{e}_r + r\dot{\mathbf{e}}_r$$

或再參考關係式 (11.42) 的第一項，而得

$$\mathbf{v} = \dot{r}\mathbf{e}_r + r\dot{\theta}\mathbf{e}_\theta \tag{11.43}$$

將上式對時間再微分一次，即得到加速度

$$\mathbf{a} = \frac{d\mathbf{v}}{dt} = \ddot{r}\mathbf{e}_r + \dot{r}\dot{\mathbf{e}}_r + \dot{r}\dot{\theta}\mathbf{e}_\theta + r\ddot{\theta}\mathbf{e}_\theta + r\dot{\theta}\dot{\mathbf{e}}_\theta$$

或將 $\dot{\mathbf{e}}_r$ 與 $\dot{\mathbf{e}}_\theta$ 用式 (11.42) 代替，並整理成 $\mathbf{e}_r$ 與 $\mathbf{e}_\theta$ 的關係式，

$$\mathbf{a} = (\ddot{r} - r\dot{\theta}^2)\mathbf{e}_r + (r\ddot{\theta} + 2\dot{r}\dot{\theta})\mathbf{e}_\theta \tag{11.44}$$

速度與加速度在徑向與橫向的純量分量分別如下，

$$v_r = \dot{r} \qquad v_\theta = r\dot{\theta} \tag{11.45}$$

$$a_r = \ddot{r} - r\dot{\theta}^2 \qquad a_\theta = r\ddot{\theta} + 2\dot{r}\dot{\theta} \tag{11.46}$$

此處一定要注意：a_r 並不是 v_r 的時間微分，且 a_θ 也不等於 v_θ 的時間微分。

如果質點是沿著以 O 為中心的圓運動，我們有 $r = $ 常數及 $\dot{r} = \ddot{r} = 0$，式 (11.43) 和式 (11.44) 可簡化成

$$\mathbf{v} = r\dot{\theta}\mathbf{e}_\theta \qquad \mathbf{a} = -r\dot{\theta}^2\mathbf{e}_r + r\ddot{\theta}\mathbf{e}_\theta \tag{11.47}$$

▶ 延伸到質點於三度空間運動：圓柱座標

質點 P 於空間的位置，有時候是以圓柱座標 R、θ、z 的方式定義的 (圖 11.26a)。這時使用如圖 11.26b 的單位向量 $\mathbf{e}_R$、$\mathbf{e}_\theta$ 與 $\mathbf{k}$ 會比較方便。將質點 P 的位置向量 $\mathbf{r}$ 分解成

$$\mathbf{r} = R\mathbf{e}_R + z\mathbf{k} \tag{11.48}$$

請注意：$\mathbf{e}_R$ 與 $\mathbf{e}_\theta$ 分別代表 xy 水平面上的徑向與橫向，而向量 $\mathbf{k}$ 則是代表**軸向** (axial direction)。單位向量 $\mathbf{k}$ 的大小與方向不會隨質點運動

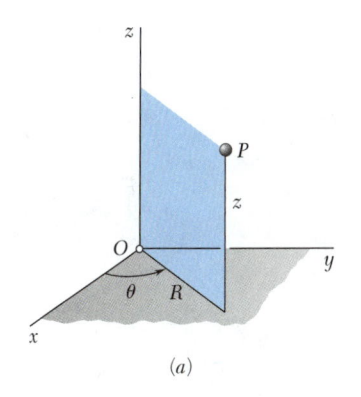

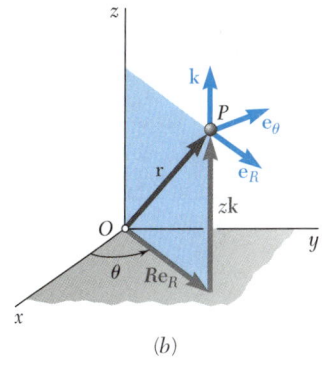

圖 11.26

而改變，我們可以很容易得到

$$\mathbf{v} = \frac{d\mathbf{r}}{dt} = \dot{R}\mathbf{e}_R + R\dot{\theta}\mathbf{e}_\theta + \dot{z}\mathbf{k} \tag{11.49}$$

$$\mathbf{a} = \frac{d\mathbf{v}}{dt} = (\ddot{R} - R\dot{\theta}^2)\mathbf{e}_R + (R\ddot{\theta} + 2\dot{R}\dot{\theta})\mathbf{e}_\theta + \ddot{z}\mathbf{k} \tag{11.50}$$

範例 11.10

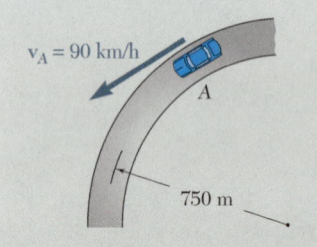

一汽車駕駛在高速公路上，以時速 90 km/h 行經半徑 750 m 彎道。駕駛突然踩煞車，使汽車產生一固定的減速度。已知 8 s 後汽車速率減為 72 km/h，試求踩煞車後瞬間的加速度。

解

加速度的切向分量。 首先將速率單位改為 m/s。

$$90\,\text{km/h} = \left(90\,\frac{\text{km}}{\text{h}}\right)\left(\frac{1000\,\text{m}}{1\,\text{km}}\right)\left(\frac{1\,\text{h}}{3600\,\text{s}}\right) = 25\,\text{m/s}$$

$$72\,\text{km/h} = 20\,\text{m/s}$$

既然汽車是以固定速率減速的，可寫

$$a_t = \text{平均}\,a_t = \frac{\Delta v}{\Delta t} = \frac{20\,\text{m/s} - 25\,\text{m/s}}{8\,\text{s}} = -0.625\,\text{m/s}^2$$

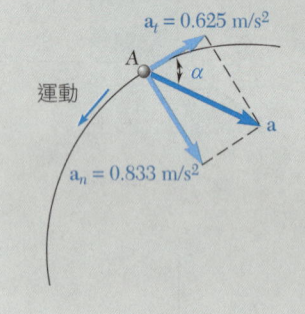

加速度的法向分量。 踩煞車後瞬間的速率仍然為 25 m/s，因此可寫

$$a_n = \frac{v^2}{\rho} = \frac{(25\,\text{m/s})^2}{750\,\text{m}} = 0.833\,\text{m/s}^2$$

加速度的大小與方向。 由兩分量 $\mathbf{a}_n$ 與 $\mathbf{a}_t$ 合成的加速度 $\mathbf{a}$ 的大小與方向為

$$\tan\alpha = \frac{a_n}{a_t} = \frac{0.833\,\text{m/s}^2}{0.625\,\text{m/s}^2} \qquad \alpha = 53.1° \blacktriangleleft$$

$$a = \frac{a_n}{\sin\alpha} = \frac{0.833\,\text{m/s}^2}{\sin 53.1°} \qquad a = 1.041\,\text{m/s}^2 \blacktriangleleft$$

範例 11.11

在範例 11.7 中，拋射體的運動軌跡上，試求最小的曲率半徑。

解

既然 $a_n = v^2/\rho$，我們可以寫 $\rho = v^2/a_n$。由此知：當 v 小，或是當 a_n 大時，半徑就會小。在軌跡最高點處 $v_y = 0$，所以速率 v 有最小值。在相同處 a_n 為最大值，因為此處法線方向剛好就是垂直向。所以知最小曲率半徑就是在軌跡最高點處，在此點，我們有

$$v = v_x = 155.9 \text{ m/s} \qquad a_n = a = 9.81 \text{ m/s}^2$$

$$\rho = \frac{v^2}{a_n} = \frac{(155.9 \text{ m/s})^2}{9.81 \text{ m/s}^2} \qquad \rho = 2480 \text{ m} \blacktriangleleft$$

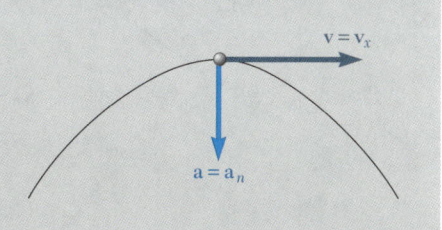

範例 11.12

長度 0.9 m 之擺臂 OA 繞著點 O 旋轉，其角位置定義為 $\theta = 0.15t^2$，其中 θ 單位為強度，而 t 的單位為 s。滑塊 B 沿著 OA 滑動，其距離 O 的位置為 $r = 0.9 - 0.12t^2$，其中 r 單位為 m，而 t 的單位為 s。試求當擺臂 OA 轉 30° 時：(a) 滑塊的速度；(b) 滑塊的加速度；(c) 滑塊相對於擺臂的加速度。

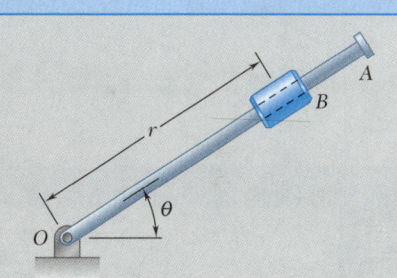

解

$\theta = 30°$ 的時間 t。將 $\theta = 30° = 0.524$ 代入 θ 的表達式中，得到

$$\theta = 0.15t^2 \qquad 0.524 = 0.15t^2 \qquad t = 1.869 \text{ s}$$

運動方程式。將 $t = 1.869$ s 代入 r 與 θ 的表達式中，以及它們的一次與二次微分式中，得到

$$r = 0.9 - 0.12t^2 = 0.481 \text{ m} \qquad \theta = 0.15t^2 = 0.524 \text{ rad}$$
$$\dot{r} = -0.24t = -0.449 \text{ m/s} \qquad \dot{\theta} = 0.30t = 0.561 \text{ rad/s}$$
$$\ddot{r} = -0.24 = -0.240 \text{ m/s}^2 \qquad \ddot{\theta} = 0.30 = 0.300 \text{ rad/s}^2$$

a. B 的速度。由式 (11.45) 得到當 $t = 1.869$ s 時，v_r 與 v_θ 的值

$$v_r = \dot{r} = -0.449 \text{ m/s}$$
$$v_\theta = r\dot{\theta} = 0.481(0.561) = 0.270 \text{ m/s}$$

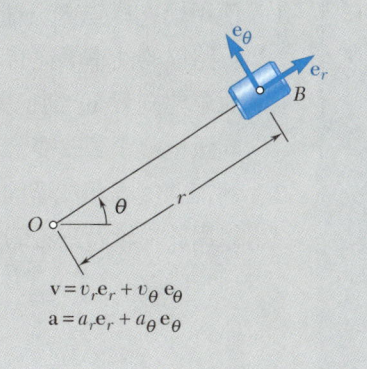

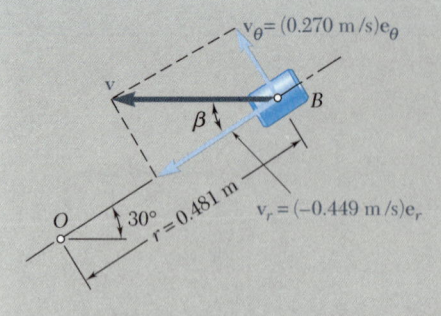

由圖中直角三角形，可得到速度的大小與方向，

$$v = 0.524 \text{ m/s} \quad \beta = 31.0°$$ ◀

b. *B* 的加速度。由式 (11.46)，得到

$$a_r = \ddot{r} - r\dot{\theta}^2$$
$$= -0.240 - 0.481(0.561)^2 = -0.391 \text{ m/s}^2$$
$$a_\theta = r\ddot{\theta} + 2\dot{r}\dot{\theta}$$
$$= 0.481(0.300) + 2(-0.449)(0.561) = -0.359 \text{ m/s}^2$$

$$a = 0.531 \text{ m/s}^2 \quad \gamma = 42.6°$$ ◀

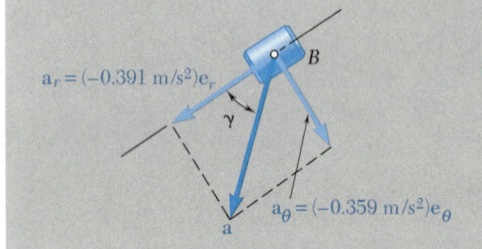

c. *B* 相對於擺臂 *OA* 的相對加速度。請注意：滑塊相對擺臂的運動是直線的，且是由座標 *r* 所定義。我們可以寫

$$a_{B/OA} = \ddot{r} = -0.240 \text{ m/s}^2$$

$$a_{B/OA} = 0.240 \text{ m/s}^2 \text{ 朝向 } O$$ ◀

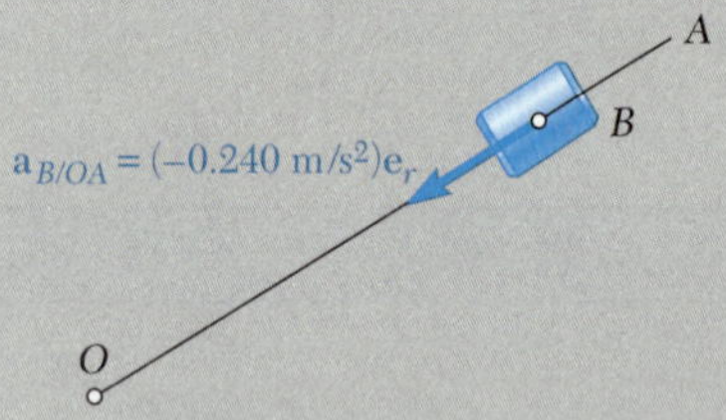

重點提示

在下列習題中，你需要將速度與加速度表示成切向與法向分量，或是徑向與橫向分量。這些分量表達法看來與以前學的直角分量很不一樣，可是使用這些分量可以簡化許多問題的解答，而且有些型態的運動以這種方式是比較容易表達的。

1. **使用切向與法向分量**。這種分量通常使用於：質點沿著一圓形軌跡運動，或是計算路徑的曲率半徑時。請記住：單位向量 $\mathbf{e}_t$ 是與路徑相切的(因此與速度同方向)，而單位向量 $\mathbf{e}_n$ 則是與路徑垂直，且指向曲率中心。所以當質點運動時，此兩單位向量也會跟著改變。

2. **將加速度表示成切向與法向分量**。在第 11.13 節中，推導了下列方程式，此式子可以用於二維及三維的運動中：

$$\mathbf{a} = \frac{dv}{dt}\mathbf{e}_t + \frac{v^2}{\rho}\mathbf{e}_n \tag{11.39}$$

下列的觀察有助於求解本章習題。
  a. 加速度切向分量。其用來度量速率的改變率：$a_t = dv/dt$，所以當 a_t 為常數時，前面學的等加速度運動方程式可以拿來用，而加速度就是 a_t。另外，當一質點以定速運動時，我們有 $a_t = 0$，且質點的加速度只剩下法向分量一項。
  b. 加速度法向分量。永遠指向路徑的曲率中心，且其值為 $a_n = v^2/\rho$。因此，如果質點的速率及曲率半徑 ρ 已知，則可計算此法向分量；反之，如果已知速率及加速度法向分量，則可以計算出路徑的曲率半徑 ρ [範例 11.11]。
  c. 三維運動時。第三個單位向量會被使用到 $\mathbf{e}_b = \mathbf{e}_t \times \mathbf{e}_n$，此向量用於標示次法線的方向。因為此法線暨垂直速度，也垂直加速度，所以它也可由下列方式求得

$$\mathbf{e}_b = \frac{\mathbf{v} \times \mathbf{a}}{|\mathbf{v} \times \mathbf{a}|}$$

3. **使用徑向與橫向分量**。這種分量用於解析質點在平面上，以極座標 r 與 θ 定義運動的情形。如圖 11.25 所示，單位向量 $\mathbf{e}_r$ 用於標示徑向，其是連結在 P 上，且方向為背離固定點 O。而單位向量 $\mathbf{e}_\theta$ 則是用於標示橫向，其是由 $\mathbf{e}_r$ 逆時鐘向轉 90° 而得的。速度與加速度在式 (11.43) 和式 (11.44) 中分別分解成徑向與橫向分量。請注意：這些式子中包含座標 r 與 θ 對時間 t 的一次微分與二次微分。

在本課習題中，你會遇到跟徑向與橫向分量相關的題目：
  a. r 與 θ 都是已知 t 的函數。在這種情形時，你需計算 r 與 θ 對時間 t 的一次微分與二次微分，然後代入式 (11.43) 和式 (11.44) 中。
  b. 已知 r 與 θ 間為某種關係。首先，你應檢視在已知的系統中，兩者的幾何關係，並將 r 表示成 θ 的函數，一旦函數 $r = f(\theta)$ 為已知，運用連鎖定理即可求出一次微分與二次微分：

$$\dot{r} = f'(\theta)\dot{\theta}$$
$$\ddot{r} = f''(\theta)\dot{\theta}^2 + f'(\theta)\ddot{\theta}$$

接著將此兩式代入式 (11.43) 和式 (11.44) 中。
  c. **質點的三維空間運動**，如同在第 11.14 節末所述，這種運動可以用圓柱座標 R、θ 與 z 有效地描述 (圖 11.26)。此時的單位向量為 $\mathbf{e}_R$、$\mathbf{e}_\theta$ 與 $\mathbf{k}$。相關的速度與加速度分量如式 (11.49) 和式 (11.50)。請注意：徑向距離 R 永遠是在與 xy 平面平行的水平面上計量，且不要把位置向量 $\mathbf{r}$ 與其徑向分量 $R\mathbf{e}_R$ 混為一談。

習題

觀念題

11.CQ5 摩天輪以固定角速度旋轉，請問在點 A 處加速度的方向為何？

a. 向右　b. 向上　c. 向下　d. 向左　e. 加速度為零。

11.CQ6 一賽車以固定速率繞跑道前進，請問在何處會有最大的加速度？

a. A　b. B　c. C　d. D

e. 在任何點的加速度都是零。

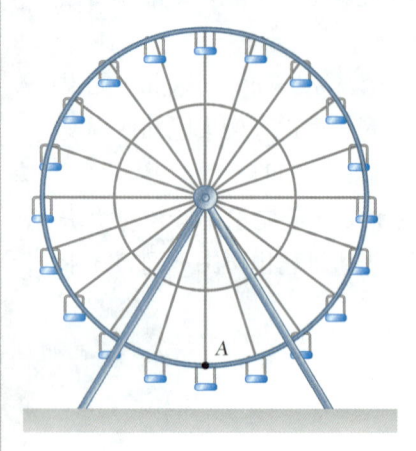

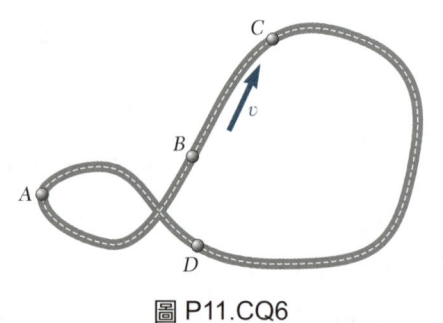

圖 P11.CQ5

圖 P11.CQ6

課後習題

11.50 高速公路交流道設計時，假設車速為 72 km/h，而加速度不超過 0.8 m/s^2，則交流道的轉彎半徑最小值為何？

11.51 一戶外跑道直徑為 125 m，有一跑者在 30 m 內以固定變化率，使速率由 4 m/s 增加到 7 m/s。試求該跑者在加速 2 s 後的總加速度。

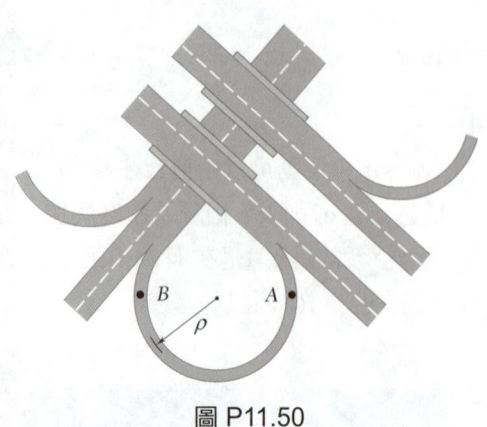

圖 P11.50

圖 P11.51

11.52 當賽車 B 開到賽道轉彎處時，賽車 A 還在賽道直線的位置。如圖中位置時，賽車 A 的加速度為 10 m/s^2，而賽車 B 則是減速度 6 m/s^2。試求在此位置 (a) B 相對於 A 的速度；(b) B 相對於 A 的加速度。

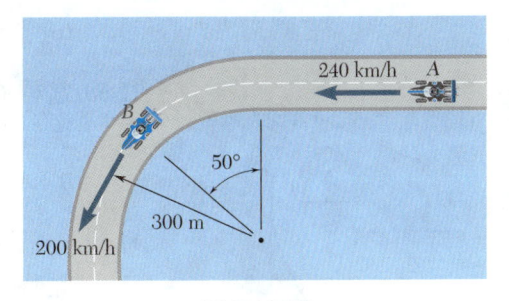

圖 P11.52

11.53 一高爾夫球員將高爾夫球於點 A 擊出，球的初速為 50 m/s，而角度為仰角 25°。試求在 (a) 點 A 處；(b) 最高點處球運動軌跡的曲率半徑。

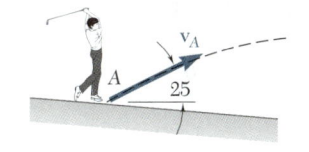

圖 P11.53

11.54 一小孩將一球於點 A 丟出，球的初速為 20 m/s，而角度為仰角 25°。在運動軌跡的某點處，其曲率半徑為點 A 處的四分之三，試求球在該點的速度。

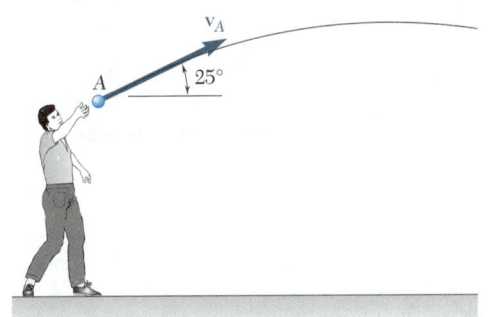

圖 P11.54

11.55 衛星可以恆久以一圓形軌道繞一星球飛行，只要它的加速度法向分量等於 $g(R/r)^2$，其中 g 是在星球表面的重力加速度，R 是星球的半徑，而 r 是衛星到星球中心點的距離。已知太陽的直徑為 1.39 Gm，在它表面的重力加速度為 274 m/s^2。若將地球視為衛星，以圓形軌道繞太陽飛行，且知地球繞行時速率 $(v_{\text{mean}})_{\text{orbit}} = 107$ Mm/h，試求該圓形軌道的半徑值。

11.56 一衛星在木星 (Jupiter) 上空 160 km 處恆久以一圓形軌道繞行，已知木星的資料 $g = 26.0$ m/s^2，$R = 69,893$ km，試求衛星相對於木星的速率。

11.57 桿 OA 繞點 O 擺盪時角度方程式為 $\theta = (2/\pi)(\sin \pi t)$，其中 θ 單位為弳度，而 t 的單位為秒。桿上有一滑套 B，其相距點 O 的距離可表為 $r = 625/(t+4)$，其中 r 單位為 mm，而 t 的單位為 s。當 $t = 1$ s 時，試求 (a) 滑套的速度；(b) 滑套的總加速度；

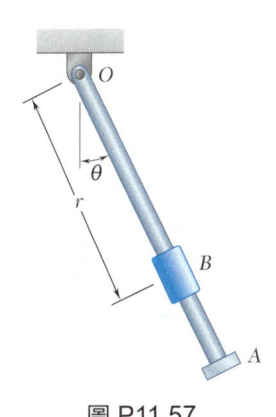

圖 P11.57

(c) 滑套相對於桿的加速度。

11.58 當桿 OA 轉動時，槽內銷子 P 沿著拋物線 BCD 移動。已知拋物線的方程式為 $r = 2b/(1 + \cos\theta)$ 與 $\theta = kt$，試求當 (a) $\theta = 0$；(b) $\theta = 90°$ 時 P 的速度與加速度。

11.59 一飛機在一垂直平面繞半徑 2000 m 圓形飛行。當它到達最低點時，速率為水平向 150 m/s，速率增加率為 25 m/s²。地面上以雷達偵測該飛機的行蹤時，此時偵測到的 $\dot{r}$、$\ddot{r}$、$\dot{\theta}$，及 $\ddot{\theta}$ 值各為何？

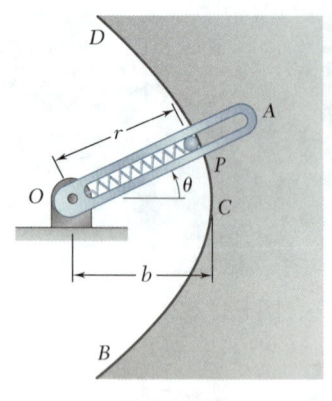

圖 P11.58

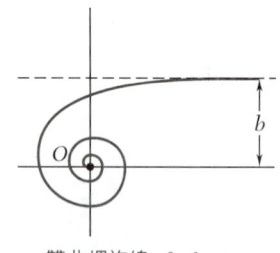

雙曲螺旋線 $r\theta = b$

圖 P11.60

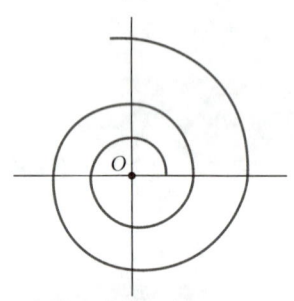

對數螺旋線 $r = e^{b\theta}$

圖 P11.61

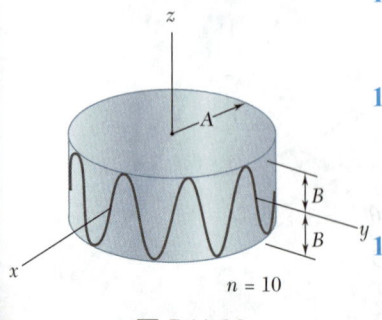

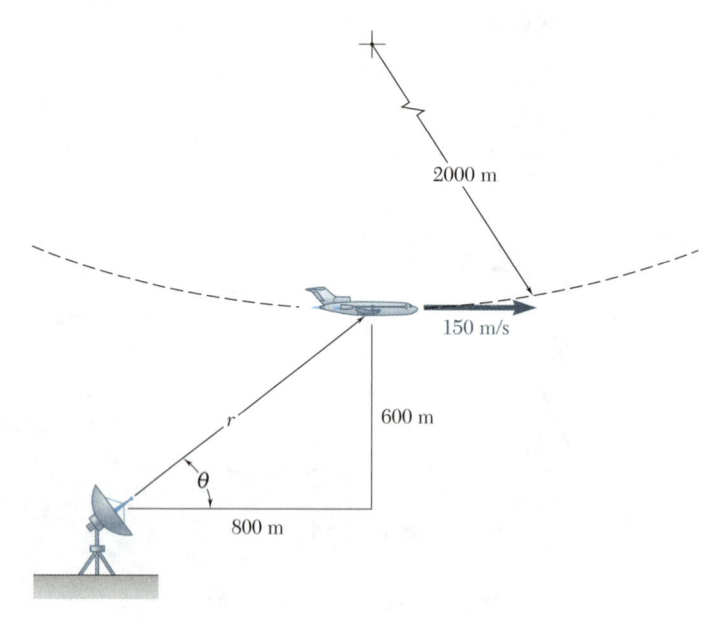

圖 P11.59

11.60 一質點繞螺旋線 $r\theta = b$ 運動。請將質點速度的大小表示成 b、θ 與 $\dot{\theta}$ 的函數。

11.61 一質點繞螺旋線 $r = e^{b\theta}$ 運動，已知 $\dot{\theta}$ 為常數且用符號 ω 代表，請將質點加速度的大小表示成 b、θ 與 ω 的函數。

11.62 一質點在一直圓柱面運動，其運動情形用圓柱座標表示為 $R = A$、$\theta = 2\pi t$ 與 $z = B \sin 2\pi nt$，其中 A 與 B 為常數，而 n 為整數。試求在任一時間 t 時，質點的速度及加速度的大小。

11.63 一質點作三維空間運動，其運動情形可表示為 $R = A(1 - e^{-t})$、$\theta = 2\pi t$ 與 $z = B(1 - e^{-t})$。試求質點的速度及加速度的大小，當 (a) $t = 0$；(b) $t = \infty$。

圖 P11.62 ($n = 10$)

複習與摘要

- **直線運動時質點的位置座標** (Position coordinate of a particle in rectilinear motion)

在本章的前半部，我們分析了*質點*的*直線運動*，也就是質點沿一條直線的運動行為。在定義該質點的位置 P 時，我們選擇一個固定的點為原點 O，並指定正值的方向（圖 11.27）。從 O 到 P 的距離以 x 表示，並賦予正負號，以此可完整定義出質點的位置來，這就是所謂的質點*位置座標* [第 11.2 節]。

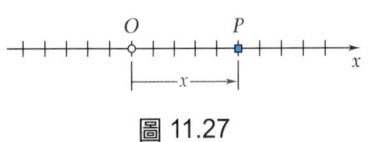

圖 11.27

- **直線運動時的速度和加速度** (Velocity and acceleration in rectilinear motion)

質點的*速度* v 等於位置座標 x 對時間 t 的微分，

$$v = \frac{dx}{dt} \tag{11.1}$$

且*加速度* a 可由速度 v 對時間 t 的微分獲得，

$$a = \frac{dv}{dt} \tag{11.2}$$

或寫成

$$a = \frac{d^2x}{dt^2} \tag{11.3}$$

我們還可以注意到，加速度 a 也可表示為

$$a = v\frac{dv}{dx} \tag{11.4}$$

我們可以觀察到速度 v 和加速度 a 可由正或負的代數值表示。如 v 為正值，表示該質點朝正向運動；反之，如為負值，表示它朝負的方向移動。加速度 a 為正值時，可能意味著該質點在正方向上加速（速度加快），或是它在負方向上減速（速度變慢）。加速度 a 為負值時，也可以用類似的方式解釋 [範例 11.1]。

- **由積分決定速度及位置** (Determination of the velocity and acceleration by integration)

在多數問題中，質點的運動情形可由其加速度的種類及初始條件來定義 [第 11.3 節]。接著，質點的速度和位置可利用從式 (11.1) 到

式 (11.4) 中方程式的積分來獲得。這些方程式中要選擇用哪兩條？取決於加速度的類型 [範例 11.2 和 11.3]。

■ **等速直線運動 (Uniform rectilinear motion)**

常見的運動類型有兩種：等速直線運動與等加速直線運動。等速直線運動是指質點的運動速度 v 為一常數值 [第 11.4 節]，且位置可表為：

$$x = x_0 + vt \tag{11.5}$$

■ **等加速直線運動 (Uniformly accelerated rectilinear motion)**

等加速直線運動時質點的加速度 a 為常數 [第 11.5 節]，我們可得到

$$v = v_0 + at \tag{11.6}$$

$$x = x_0 + v_0 t + \tfrac{1}{2} a t^2 \tag{11.7}$$

$$v^2 = v_0^2 + 2a(x - x_0) \tag{11.8}$$

■ **兩質點的相對運動 (Relative motion of two particles)**

當兩個質點 A 和 B 沿著同一直線運動時，我們可以分析質點 B 相對於質點 A 的運動情形 [第 11.6 節]。

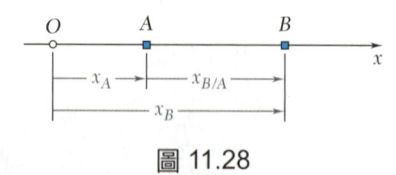

圖 11.28

質點 B 相對於質點 A 的相對位置表為 $x_{B/A}$ (圖 11.28) 時，可有以下關係：

$$x_B = x_A + x_{B/A} \tag{11.9}$$

將式 (11.9) 對 t 連續微分兩次即可得：

$$v_B = v_A + v_{B/A} \tag{11.10}$$

$$a_B = a_A + a_{B/A} \tag{11.11}$$

其中 $v_{B/A}$ 和 $a_{B/A}$ 分別代表 B 相對於 A 的相對速度和相對加速度。

- **由不可伸長的線連接的塊狀物 (Blocks connected by inextensible cords)**

　　當幾個塊狀物由不可伸長的線連接時，針對這些塊狀物的位置，我們能導出一條線性關係式。類似的關係式也適用在其速度和加速度之間，這些關係式即可用來分析它們的運動 [範例 11.5]。

- **圖解法 (Graphical solutions)**

　　有些質點直線運動問題使用圖解法解題比較方便 [第 11.7 和 11.8 節]。圖解法最常用於解 x–t、v–t 和 a–t 曲線 [第 11.7 節；範例 11.6]。在任何給定的時間 t 之下，

$$v = x\text{–}t \text{ 曲線的斜率}$$
$$a = v\text{–}t \text{ 曲線的斜率}$$

同時，在由 t_1 到 t_2 的給定時間間隔，

$$v_2 - v_1 = a\text{–}t \text{ 曲線下的面積}$$
$$x_2 - x_1 = v\text{–}t \text{ 曲線下的面積}$$

- **曲線運動的位置向量和速度 (Position vector and velocity in curvilinear motion)**

　　在本章的後半部分，我們分析了質點曲線運動，即質點沿彎曲路徑的運動行為。質點在某時刻的位置 P [第 11.9 節] 可定義為一條位置向量 $\mathbf{r}$，此位置向量 $\mathbf{r}$ 由原點 O 畫到點 P 的位置（圖 11.29）。質點的速度 $\mathbf{v}$ 可由以下關係式定義：

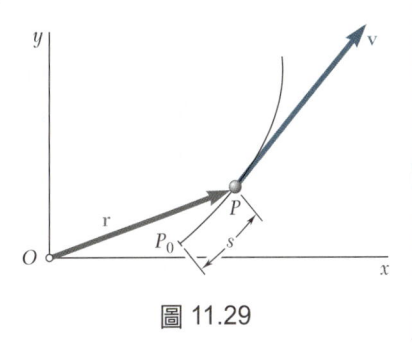

$$\mathbf{v} = \frac{d\mathbf{r}}{dt} \tag{11.15}$$

圖 11.29

速度 $\mathbf{v}$ 是一個向量，其方向與質點的路徑相切，而其絕對值 v（稱為**速率**）則等於質點的路徑長度 s 對時間 t 的微分：

$$v = \frac{ds}{dt} \tag{11.16}$$

- **曲線運動的加速度 (Acceleration in curvilinear motion)**

　　質點的加速度 $\mathbf{a}$ 可由以下關係式定義：

$$\mathbf{a} = \frac{d\mathbf{v}}{dt} \tag{11.18}$$

此時要注意，在一般情況下，加速度並不與質點的路徑相切。

■ 向量函數的微分 (Derivative of a vector function)

在討論速度與加速度的分量之前，我們先回顧了向量函數的運算，向量加減法及內積、外積的一些規則。然後我們證明向量的變化率在固定座標內與在移動座標內是相同的 [第 11.10 節]。

■ 速度和加速度的直角座標分量 (Rectangular components of velocity and acceleration)

以 x、y 及 z 來表示一個質點 P 在直角座標的位置時，我們發現速度和加速度的直角座標分量，分別等於位置對時間 t 的第一和第二次微分：

$$v_x = \dot{x} \qquad v_y = \dot{y} \qquad v_z = \dot{z} \tag{11.29}$$

$$a_x = \ddot{x} \qquad a_y = \ddot{y} \qquad a_z = \ddot{z} \tag{11.30}$$

■ 分量運動

當加速度分量 a_x 僅依賴 t、x 及 v_x 時，或是當加速度分量 a_y 僅依賴 t、y 及 v_y 時，或是當加速度分量 a_z 僅依賴 t、z 及 v_z 時，式 (11.30) 可以單獨積分。如此，三度空間的曲線運動可以簡化成三個獨立的直線運動分量來分析 [第 11.11 節]。這種分析方法尤其在拋射體的運動分析時特別有效 [範例 11.7 和 11.8]。

■ 兩個質點的相對運動 (Relative motion of two particles)

當有兩個質點 A 和 B 在空間中移動時 (圖 11.30)，我們考慮質點 B 相對於 A 的運動，或者更準確地說，相對於與 A 連接並與 A 同步移動的座標的運動 [第 11.12 節]。以 $\mathbf{r}_{B/A}$ 代表 B 相對於 A (圖 11.30) 的相對位置向量時：

$$\mathbf{r}_B = \mathbf{r}_A + \mathbf{r}_{B/A} \tag{11.31}$$

以 $\mathbf{v}_{B/A}$ 和 $\mathbf{a}_{B/A}$ 分別代表 B 相對於 A 的相對速度和相對加速度時，我們可得

$$\mathbf{v}_B = \mathbf{v}_A + \mathbf{v}_{B/A} \tag{11.33}$$

和

$$\mathbf{a}_B = \mathbf{a}_A + \mathbf{a}_{B/A} \tag{11.34}$$

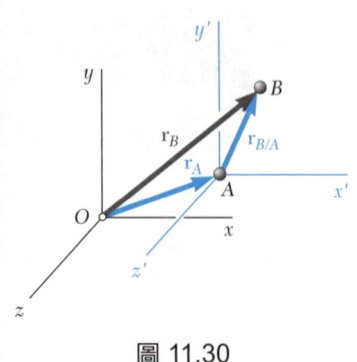

圖 11.30

■ 切向與法向分量 (Tangential and normal components)

有時候在解一個質點 P 的速度和加速度時，採用 x、y 和 z 直角分量以外的分量會比較方便。當質點 P 在一平面上沿一路徑運動，我們可使用與路徑相切的切線單位向量 $\mathbf{e}_t$，以及指向旋轉中心的法線單位向量 $\mathbf{e}_n$，此兩向量連結在 P 上且隨著 P 移動 [第 11.13 節]。我們可以將速度和加速度以此切向與法向分量來表示

$$\mathbf{v} = v\mathbf{e}_t \tag{11.36}$$

和

$$\mathbf{a} = \frac{dv}{dt}\mathbf{e}_t + \frac{v^2}{\rho}\mathbf{e}_n \tag{11.39}$$

其中 v 是質點的速率，而 ρ 是曲率半徑 [範例 11.10 和 11.11]。我們可觀察到速度 $\mathbf{v}$ 的方向與運動路徑相切，而加速度 $\mathbf{a}$ 則有兩個分量：一個是 $\mathbf{a}_t$ 與運動路徑相切，另一個 $\mathbf{a}_n$ 則指向路徑的旋轉中心 (圖 11.31)。

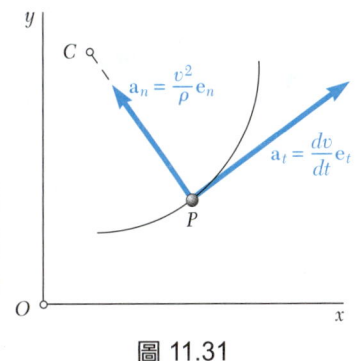

圖 11.31

■ 空間曲線運動 (Motion along a space curve)

當一個質點 P 作空間曲線運動時，我們定義一個目前與點 P 路徑最緊密配合的平面，稱之為**密切面** (osculating plane)。此平面上包含曲線的切線單位向量 $\mathbf{e}_t$，與曲線的主法線單位向量 $\mathbf{e}_n$，另一個次法線單位向量 $\mathbf{e}_b$ 則定義為與密切面垂直。

■ 徑向和橫向分量 (Radial and transverse components)

當質點 P 在一個平面內運動，其座標以極座標 r 和 θ 表示時，此時用徑向和橫向分量比較方便。所謂徑向是指沿著 $\mathbf{r}$ 的方向，而橫向 (或稱側向) 則是將徑向向量逆時鐘轉 90 度的方向 [第 11.14 節]。我們將徑向和橫向單位分量 $\mathbf{e}_r$ 與 $\mathbf{e}_\theta$ 連結在 P 點上 (圖 11.32)，然後，把質點的速度和加速度用徑向和橫向分量表示：

$$\mathbf{v} = \dot{r}\mathbf{e}_r + r\dot{\theta}\mathbf{e}_\theta \tag{11.43}$$

$$\mathbf{a} = (\ddot{r} - r\dot{\theta}^2)\mathbf{e}_r + (r\ddot{\theta} + 2\dot{r}\dot{\theta})\mathbf{e}_\theta \tag{11.44}$$

圖 11.32

其中，符號上的點用來表示對時間微分。速度和加速度在徑向和橫向的純量分量則表為：

$$v_r = \dot{r} \qquad v_\theta = r\dot{\theta} \qquad (11.45)$$

$$a_r = \ddot{r} - r\dot{\theta}^2 \qquad a_\theta = r\ddot{\theta} + 2\dot{r}\dot{\theta} \qquad (11.46)$$

此處要注意 a_r 並不是 v_r 對時間的微分，而且 a_θ 也不是 v_θ 對時間的微分 [範例 11.12]。

本章最後討論使用圓柱座標來定義質點在空間中的位置與運動的方式。

複習題

11.64 通勤列車 A 與 B 的速度如圖所示，兩車的速率都是固定的。當 B 通過交叉點後 10 分鐘，A 才到達該交叉點。試求 (a) B 相對 A 的速度；(b) A 車通過交叉點 3 分鐘時，兩車距離多遠？

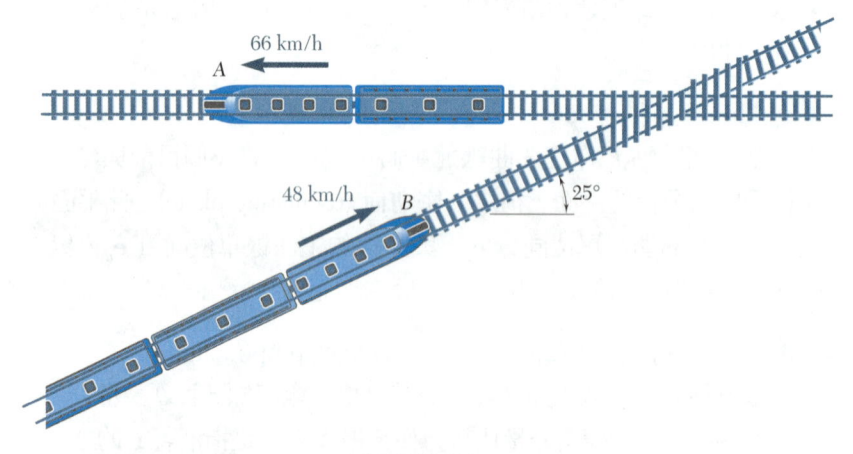

圖 P11.64

11.65 圖中卡車開始以固定加速度 1.2 m/s² 倒車，車上的吊桿末端 B 也開始以相對於卡車的固定加速度 0.48 m/s² 縮回。試求 (a) 吊桿末端 B 的總加速度；(b) 吊桿末端 B 在 $t = 2$ s 後的速度。

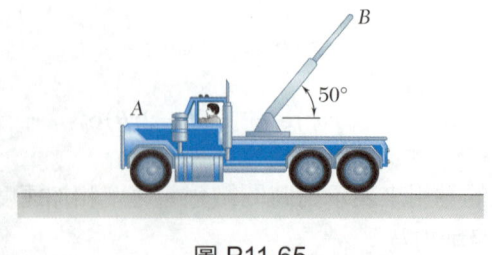

圖 P11.65

11.66 有一遙測系統用來偵測滑雪者跳出斜坡瞬間的動態數值，該系統得到下列數值：

$r = 150$ m、$\dot{r} = -31.5$ m/s、$\ddot{r} = -3$ m/s^2、$\theta = 25°$、
$\dot{\theta} = 0.07$ rad/s、$\ddot{\theta} = 0.06$ rad/s^2。

試求 (a) 滑雪者跳出斜坡瞬間的速度；(b) 在此瞬間的加速度；(c) 如忽略空氣阻力，滑雪者跳躍的距離 d 為何？

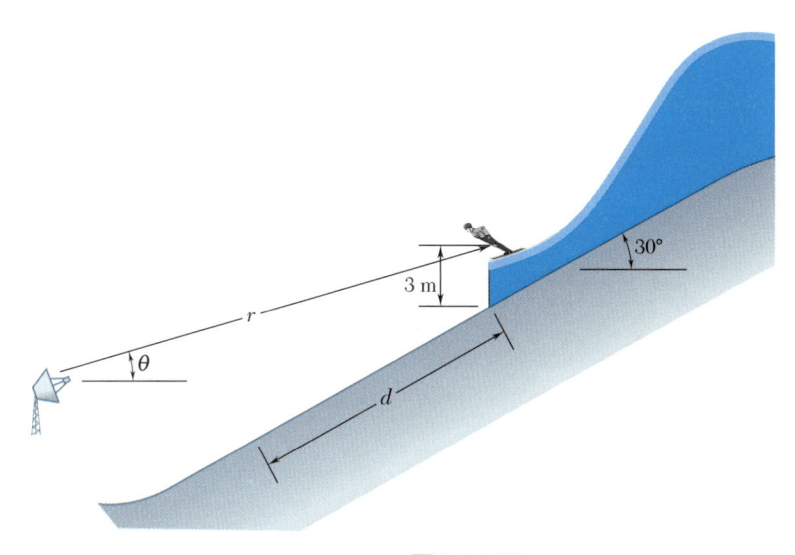

圖 *P11.66*

CHAPTER 12

質點運動力學：
牛頓第二定律

　　雲霄飛車上的乘客感受到的力量，要看雲霄飛車當時的路徑而定。是在上坡中，還是下坡中？是直線前進，還是沿著水平路徑？或是垂直路徑？所感受到的力量都會不一樣。本章將討論力量、質量，及加速度的關係。

12.1 簡介 (Introduction)

在靜力學裡經常使用牛頓的第一與第三運動定律，來研究物體的靜態平衡及所受到的力量。這兩個定律也被用於動力學的研究中。事實上，當物體沒有加速度時，這兩個定律已經足夠分析該物體的運動。然而，當物體被加速時，例如，它們的速度大小改變，或是方向改變，這時必須用到牛頓的第二運動定律，才能建立物體的運動與所受之力的關係。

本章將討論牛頓的第二運動定律，並用它來分析質點的運動。如同在第 12.2 節所述，如果一個質點所受的力量總和不等於零，該質點將會產生一加速度，而此加速度的值會與總合力成正比，且方向也與總合力同向。甚至利用總合力與加速度的比值可以定義質點的質量。

在第 12.3 節中，質點的**線動量** (linear momentum) 被定義為質量 m 與速度 $\mathbf{v}$ 的乘積 $\mathbf{L} = m\mathbf{v}$，而牛頓第二運動定律可以表為另一種型態，在該型態中可以看到線動量的改變率與總合力間的關係。

在第 12.4 節中，說明使用一致的單位來解動力學問題的必要性，同時複習了國際單位制 (SI 制) 與美國慣用單位。

在第 12.5 和 12.6 節及後面的範例中，牛頓第二運動定律被用來求解工程問題。其中的力及加速度兩項可表為直角分量，或是切向與法向分量。我們回顧一個質點的觀念，也許一個真實物體的體積很大，例如，汽車、火箭或是飛機，但是它運動時，物體對本身質量中心點的旋轉如能被忽略，該物體的運動即能被視為一質點的運動來分析。

本章的第二部分講述以徑向與橫向分量來解答問題的情形。此方法特別適用在質點受中心力作用時。在第 12.7 節中，定義了質點針對一點 O 的**角動量** (angular momentum) $\mathbf{H}_O$，其就是質點的線動量對點 O 的力矩：$\mathbf{H}_O = \mathbf{r} \times m\mathbf{v}$。接著由牛頓第二定律可得知：角動量 $\mathbf{H}_O$ 的改變率等於質點上各個力對點 O 力矩之總和。

在第 12.9 節中，討論質點受到**中心力** (central force) 作用的運動情形。或是說：質點受到一個指向點 O 或是遠離點 O 的力的情形。因為這種力對點 O 是沒有力矩的，因此可知質點對點 O 的角動量必定守恆不變。這項特點大大地簡化了質點受中心力作用時之運動分析。在第 12.10 節中，示範此方法用於求解衛星受重力牽引的運動問題。

本章第 12.11 到 12.13 節的內容是選讀性的。有關衛星運動的問題在此有更深入的探討，討論內容也包含一些太空力學上的問題。

12.2 牛頓第二運動定律 (Newton's Second Law of Motion)

牛頓第二運動定律可敘述如下：當作用在質點上各力的**總合力** (resultant force) 不為零時，該質點將會有加速度，而此加速度的值會與總合力成正比，且加速度的方向會與總合力的方向一樣。

牛頓第二運動定律可用下列實驗來理解：有一原先靜止的質點受到一固定方向與大小之力 F_1 作用。隨即該質點被觀察到沿著一條與 F_1 力同方向的直線運動 (圖 12.1a)。當量測該質點的位置變化後，我們發現質點是以一個固定的加速度 a_1 運動。該實驗陸續以 F_2、F_3、⋯ 等不同方向與不同大小之力進行 (圖 12.1b 與 c)，我們發現每次質點的運動方向都與施力方向相同，而產生的加速度 a_1、a_2、a_3⋯ 都會與施加力 F_1、F_2、F_3、⋯ 的大小成正比：

$$\frac{F_1}{a_1} = \frac{F_2}{a_2} = \frac{F_3}{a_3} = \cdots = 常數$$

這個力與加速度的比值為一常數，此常數可以視為該質點的一項特性，牛頓稱該常數為質點的**質量**，並以 m 作為質量的符號。當一質量 m 的質點承受一力 $\mathbf{F}$ 時，該力 $\mathbf{F}$ 與質點的加速度 $\mathbf{a}$ 會滿足下列方程式

$$\mathbf{F} = m\mathbf{a} \tag{12.1}$$

此關係式完整說明了牛頓第二運動定律：它不僅表示 $\mathbf{F}$ 與 $\mathbf{a}$ 的大小成正比 (因為 m 是正數)，而且也表示 $\mathbf{F}$ 與 $\mathbf{a}$ 的方向相同 (圖 12.2)。請注意：當 $\mathbf{F}$ 隨時間改變而不為常數，或是方向隨時改變時，式 (12.1) 仍然是可用的。在任何時刻，$\mathbf{F}$ 與 $\mathbf{a}$ 的大小仍然成正比，兩向量的方向仍然是一樣的。然而，它們的方向不一定與質點運動軌跡相切。

當一質點同時受到多個力作用時，式 (12.1) 應修改為

$$\Sigma \mathbf{F} = m\mathbf{a} \tag{12.2}$$

其中 $\Sigma\mathbf{F}$ 稱為總合力，代表各作用力的總和。

請注意：在求解加速度時，使用的座標軸不可任意定。例如，

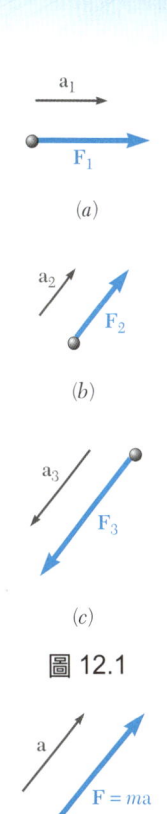

圖 12.1

圖 12.2

照片 12.1　賽車後輪與地面間的摩擦力使得賽車能朝著摩擦力的方向加速前進。

在太空力學裡，軸的方向相對於星球群要固定，而座標原點要置於太陽中心，或是相對於太陽以定速運動。這種座標軸系統稱為**牛頓參考座標** (Newtonian frame of reference)。而我們常見的座標系是將座標定在地球表面上，這種座標不能稱為牛頓參考座標，因為當座標隨著地球運動時，座標軸相對於星球群是旋轉的，且相對於太陽是有加速度的。雖然如此，在多數的工程應用上，我們常把座標軸定在地球表面上，而使用式 (12.1) 和式 (12.2) 求得的加速度，誤差通常是可以忽略的。但是，如果參考座標是具有加速度的，例如，座標軸連結在一加速度的車子上運動，或是連結在一機件上轉動，此時這兩個方程式就不能使用。

當總合力 $\Sigma \mathbf{F}$ 等於零時，由式 (12.2) 可知加速度必為零。如果起初質點相對於牛頓參考座標是靜止的 ($\mathbf{v}_0 = 0$)，那麼此質點將一直維持靜止不動 ($\mathbf{v} = 0$)。但是，如果質點是以初速 $\mathbf{v} = \mathbf{v}_0$ 運動，它將一直以此固定速度 $\mathbf{v}_0$ 沿一直線運動。這就是之前所說的牛頓第一運動定律（第 2.10 節）。也就是說，牛頓第一運動定律其實只是牛頓第二運動定律的特例，因此在力學基本原理中可以被忽略。

12.3 質點的線動量與線動量的改變率 (Linear Momentum of a Particle. Rate of Change of Linear Momentum)

將式 (12.2) 中的加速度 $\mathbf{a}$ 以 $d\mathbf{v}/dt$ 代替，而改寫為

$$\Sigma \mathbf{F} = m \frac{d\mathbf{v}}{dt}$$

因為質點的質量 m 為常數，可再改寫為

$$\Sigma \mathbf{F} = \frac{d}{dt}(m\mathbf{v}) \tag{12.3}$$

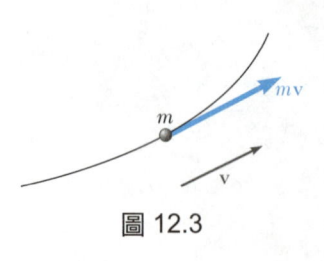

向量 $m\mathbf{v}$ 稱為**線動量** (linear momentum)，簡稱為**動量** (momentum)，其方向與 $\mathbf{v}$ 相同，而大小等於質量 m 與速率 v 的乘積（圖 12.3）。式 (12.3) 說明質點受的總合力等於質點線動量的改變率。這個式子其實才是原先牛頓所說的第二運動定律。如果用 $\mathbf{L}$ 來代表質點線動量，

$$\mathbf{L} = m\mathbf{v} \tag{12.4}$$

而其對 t 的微分為 $\dot{\mathbf{L}}$，我們可改寫式 (12.3) 為

圖 12.3

$$\Sigma \mathbf{F} = \dot{\mathbf{L}} \tag{12.5}$$

在式 (12.3) 到式 (12.5) 中，我們假設質點的質量 m 是固定不變的。因此當遇到質量會變化的題目時，便不能使用這三個方程式。例如，火箭發射後，攜帶的燃料逐漸燃燒，而使得火箭的質量漸漸減少，這類問題我們將在第 14.12 節討論。

由式 (12.3) 可知，當 $\Sigma \mathbf{F} = 0$ 時，線動量的改變率等於零。或是說，如果作用在質點上的總合力等於零，則質點的線動量會維持固定，不論是大小或是方向都不變。這就是質點的**線動量守恆原則** (conservation of linear momentum)，此原則也可當作牛頓第一運動定律的另一種說法 (第 2.10 節)。

12.4 單位系統 (Systems of Units)

當我們使用基礎方程式 $\mathbf{F} = m\mathbf{a}$ 時，力、質量、長度，及時間的單位不能任意選擇。如果任意選擇，則用來使質量 m 產生加速度 $\mathbf{a}$ 的力 $\mathbf{F}$ 將不會剛好等於 ma，而只是正比於 ma。因此，我們只能選擇其中三項單位，而第四項單位必須能讓方程式 $\mathbf{F} = m\mathbf{a}$ 成立才行。這種單位才能形成一致性動力單位系統。

目前工程師常用的一致性動力單位系統有兩種：國際單位制 (International System of Units, SI Units) 與美國慣用單位 (U.S. Customary Units)。這兩種系統已在第 1.3 節中詳細討論，此處只作簡單的回顧。

▶ 國際單位制 (SI 制)

在此系統裡，長度、質量，及時間的基本單位分別為：公尺 (m)、公斤 (kg)，及秒 (s)。這三者都是任意定義的 (第 1.3 節)。力量的單位則是推導出來的：使質量 1 kg 之物體產生 1 m/s² 加速度 (圖 12.4) 之力定義為 1 牛頓 (N)。由式 (12.1) 可以寫

$$1\ \text{N} = (1\ \text{kg})(1\ \text{m/s}^2) = 1\ \text{kg} \cdot \text{m/s}^2$$

圖 12.4

國際單位制又稱為**絕對單位系統**，因為所使用的三個基本單位不會因為測量的地點不同而有所改變。這三個單位：公尺、公斤，及秒在地球上的每個地方都能使用。它們甚至可用於其他星球上，它們的特性是永遠不變的。

物體的重量 $\mathbf{W}$，其代表作用於物體上的**重力** (force of gravity)，如同其他力一樣，應該以牛頓作為單位。當一物體只承受本身重量時

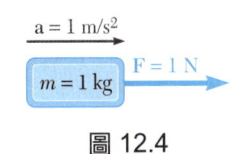

(自由落體)，物體會有重力加速度 g，所以依牛頓第二運動定律，質量 m 之物的重量 W 可表為

$$W = mg \qquad (12.6)$$

回顧重力加速度 $g = 9.81 \text{ m/s}^2$，我們可以發現質量 1 kg 之物體 (圖 12.5) 的重量會是

$$W = (1 \text{ kg})(9.81 \text{ m/s}^2) = 9.81 \text{ N}$$

在工程應用上，長度、質量，及力的單位有時會用到更大或是更小的尺度。例如：公里 (km)、毫米 (mm)、千公斤 (Mg)、克 (g)、千牛頓 (kN) 等。它們的定義為

$$\begin{array}{ll} 1 \text{ km} = 1000 \text{ m} & 1 \text{ mm} = 0.001 \text{ m} \\ 1 \text{ Mg} = 1000 \text{ kg} & 1 \text{ g} = 0.001 \text{ kg} \\ \multicolumn{2}{c}{1 \text{ kN} = 1000 \text{ N}} \end{array}$$

將這些單位轉換成公尺、公斤，及牛頓時，只要把小數點的位置往左或是往右移動三位即可。

這三個基本單位之外的單位，都能用此三個基本單位組成。例如，線動量的單位依據其定義可寫為

$$mv = (\text{kg})(\text{m/s}) = \text{kg} \cdot \text{m/s}$$

▶ 美國慣用單位

許多美國的工程師仍然使用他們以前慣用的單位系統。這個系統中長度、力，與時間的基本單位分別為呎 (ft)、磅 (lb)，及秒 (s)。時間的單位秒與國際單位制相同。呎可換算成 0.3048 m。磅則是靠一支白金製標準件的重量來定義，稱為標準磅 (standard pound)，該標準件保存在華盛頓城外的國家標準與技術局裡。一磅可換算成 0.45359243 kg。因為物體的重量是來自地球的重力吸引，而重力吸引的強弱會因地而異。因此該標準磅必須放置在海平面高度，而且緯度為 45° 的地方，才能適當的定義出 1 lb 之力來。很明顯地，美國慣用單位不是絕對單位系統，因為其中的磅會隨著不同地點的重力而易，該傳統制又稱為**重力單位系統** (gravitational system of units)。

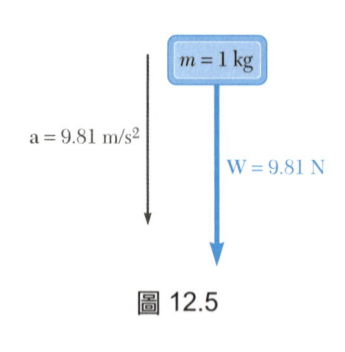

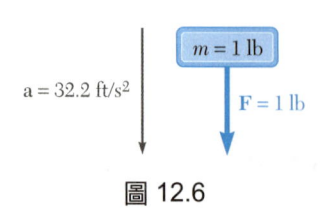

在美國商業交易中也會將磅當作質量的單位 (lbm)。然而，在工程計算中就不適合這樣用，因為這樣的單位會與前面章節所定義的基本單位不一致。確實如此，當質量為 1 標準磅之物體，受到自身的重量 1 lb 力時，會產生重力加速度 $g = 32.2 \text{ ft/s}^2$ (圖 12.6)，而不是如

式 (12.1) 計算出 1 單位的加速度。如果質量的單位能與呎、磅，及秒的單位一致，當其受到 1 lb 力作用之下 (圖 12.7) 算出來的加速度才會是 1 ft/s²。這種質量單位有時稱為**斯勒格** (slug)，其可由方程式 $F = ma$ 中將 1 lb 與 1 ft/s² 代入 F 與 a 而推導出。我們寫為

$$F = ma \qquad 1 \text{ lb} = (1 \text{ slug})(1 \text{ ft/s}^2)$$

即可得到

$$1 \text{ slug} = \frac{1 \text{ lb}}{1 \text{ ft/s}^2} = 1 \text{ lb} \cdot \text{s}^2/\text{ft}$$

比較圖 12.6 與圖 12.7，我們得到結論：1 slug 的質量是標準磅的質量的 32.2 倍。

事實上，在美國慣用單位中，用磅重量而不用斯勒格質量來表示物體特徵，純粹是為了靜力學研究時的方便性。因為在靜力學中，多數時間我們處理的都是重量和其他力相關的問題，而很少用到質量。然而，在研究動力學時，我們一再地看到必須用斯勒格來表示物體的質量 m，以及用磅來表示重量 W。回顧式 (12.6)，我們寫

$$m = \frac{W}{g} \tag{12.7}$$

其中 g 為重力加速度 ($g = 32.2 \text{ ft/s}^2$)。

力、長度，及時間三個基本單位之外的單位，都能用此三個基本單位組成。例如，線動量的單位依據其定義可寫為

$$mv = (\text{lb} \cdot \text{s}^2/\text{ft})(\text{ft/s}) = \text{lb} \cdot \text{s}$$

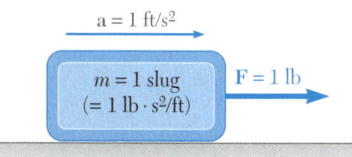

圖 12.7

▶ 不同單位系統之間的轉換

在第 1.4 節中已說明，如何將美國慣用單位的單位轉換成國際單位制的單位，或是相反過來。以下為簡單的回顧：

長度：1 ft = 0.3048 m
力量：1 lb = 4.448 N
質量：1 slug = 1 lb · s²/ft = 14.59 kg

質量的標準磅 (lbm) 雖然不是一致性的質量單位，但是由它的定義，其可換算為

$$1 \text{ lbm} = 0.4536 \text{ kg}$$

我們可以用這個比例，將一個美國慣用單位裡某重量之物體，計算出它在國際單位制裡的質量。

12.5 運動方程式 (Equations of Motion)

考慮一質量 m 之質點，受到多個力作用。回顧第 12.2 節所說的牛頓第二運動定律

$$\Sigma \mathbf{F} = m\mathbf{a} \tag{12.2}$$

此式連結了作用在質點上的力與向量 $m\mathbf{a}$（圖 12.8）。實際在解該質點的運動問題時，將會發現把式 (12.2) 轉成等效的純量方程式來解題會比較方便。

圖 12.8

▶ 直角分量

將向量的力 $\mathbf{F}$ 與加速度 $\mathbf{a}$ 分解成直角分量，我們寫為

$$\Sigma(F_x\mathbf{i} + F_y\mathbf{j} + F_z\mathbf{k}) = m(a_x\mathbf{i} + a_y\mathbf{j} + a_z\mathbf{k})$$

此式包含了三個分量關係式：

$$\Sigma F_x = ma_x \qquad \Sigma F_y = ma_y \qquad \Sigma F_z = ma_z \tag{12.8}$$

回顧第 11.11 節，我們知道加速度等於座標位置的二次微分，所以又可寫為

$$\Sigma F_x = m\ddot{x} \qquad \Sigma F_y = m\ddot{y} \qquad \Sigma F_z = m\ddot{z} \tag{12.8'}$$

如果以拋射體運動為例，若空氣阻力是可忽略的，在被拋出後，拋射體所受到的力就只有本身的重量 $\mathbf{W} = -W\mathbf{j}$，所以拋射體運動方程式可寫為

$$m\ddot{x} = 0 \qquad m\ddot{y} = -W \qquad m\ddot{z} = 0$$

而拋射體的加速度分量分別為：

$$\ddot{x} = 0 \qquad \ddot{y} = -\frac{W}{m} = -g \qquad \ddot{z} = 0$$

其中 g 為 9.81 m/s^2 或是 32.2 ft/s^2。此三個方程式可分別積分，如同第 11.11 節所示範的，積分後即可求得拋射體在任一時刻的速度與位移。

如果題目中包括兩個或更多個物體，這時要針對每一個物體分

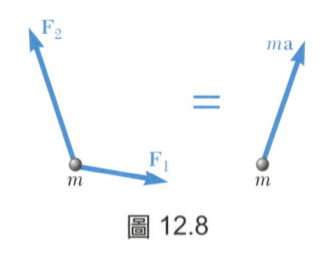

照片 12.2　戰鬥機在急轉彎時，駕駛會感受到很強烈的法線力量。

別寫出運動方程式 (見範例 12.3 和 12.4)。如同第 12.2 節所述，所有的加速度項都應該使用牛頓參考座標。在多數的工程應用範例中，加速度能以連結在地球上的軸當作參考座標來求解。但是如果要求相對於移動中的軸的相對加速度時，例如，該軸連結到一有加速度的物體上，這時的相對加速度與運動方程式中的 **a** 就不一樣了。

▶ 切向與法向分量

將力與質點的加速度分解成切向 (與運動方向相同) 與法向 (朝路徑內側) 分量 (圖 12.9)，並代入式 (12.2) 中，我們得到兩個純量方程式

$$\Sigma F_t = ma_t \quad \Sigma F_n = ma_n \tag{12.9}$$

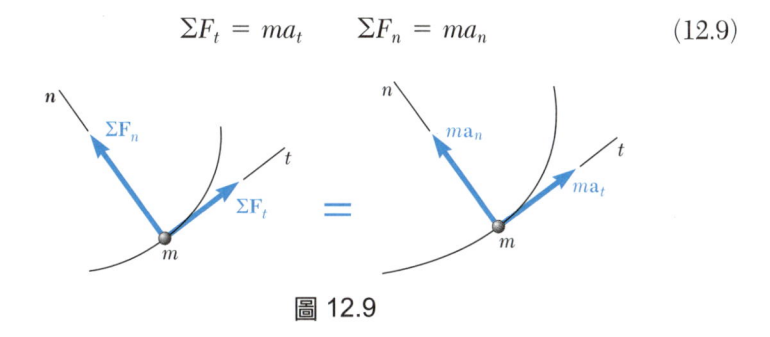

圖 12.9

將式 (11.40) 中的 a_t 與 a_n 代入，得到

$$\Sigma F_t = m\frac{dv}{dt} \quad \Sigma F_n = m\frac{v^2}{\rho} \tag{12.9'}$$

利用這兩個方程式即可求得兩個未知數。

12.6 動態平衡 (Dynamic Equilibrium)

將式 (12.2) 中的右邊項移到左邊來，牛頓第二定律就能改寫成另一種形式

$$\Sigma \mathbf{F} - m\mathbf{a} = 0 \tag{12.10}$$

在此式中，我們將 $-m\mathbf{a}$ 想像成一個力，加到質點所受的力量中，使得向量系統的總和如同等於零 (圖 12.10)。這個向量 $-m\mathbf{a}$ 的大小等於 ma，而方向與加速度 **a** 的方向相反，即稱為**慣性向量** (inertia vector)。該質點同時受到力與慣性向量作用，我們可將該質點視為處於一種平衡狀態。這時的質點稱為在**動態平衡** (dynamic equilibrium) 中，如此則題目可以用靜力學所教的方法來求解。

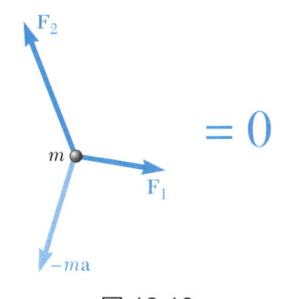

圖 12.10

動力學

在平面力系問題中，將每個力向量（包括慣性向量）一個一個首尾相接，即能成為一個封閉的多邊形（圖 12.10）。或是說，每個力向量（包括慣性向量）的總和等於零。於是我們可以依直角分量寫出此時的平衡公式

$$\Sigma F_x = 0 \quad \Sigma F_y = 0 \quad \textbf{包括慣性向量} \tag{12.11}$$

當採用切向與法向分量時，將慣性向量用分量 $-ma_t$ 與 $-ma_n$ 來表示其實是更方便的，因為它們的名稱就代表各自的意義（圖 12.11）。慣性向量的切線分量代表了質點對於改變速率的一種阻抗，而法向分量 [或稱為**離心力** (centrifugal force)] 代表質點偏離原有路徑的趨勢。請注意：在下列情況此兩分量會等於零：(1) 如果質點是由靜止開始，它的初速等於零，則在 $t = 0$ 時，慣性向量的法向分量等於零；(2) 如果質點沿著路徑以固定速率前進，則其慣性向量的切向分量等於零，只有法向分量需要考慮。

圖 12.11

當我們試圖使質點開始運動，或是改變質點運動的狀況時，質點的慣性向量就會產生，以對抗這些運動狀況改變的趨勢。因此慣性向量又被稱為**慣性力** (inertia force)。然而，此慣性力與其他在靜力學裡講的力不一樣，靜力學裡的力不是接觸力就是重力（重量）。因此，許多人反對將向量 $-ma$ 稱為「力」，甚至避免使用動態平衡這個概念。其他人指出，慣性力與真實的力（例如重力），讓我們感覺起來是一樣的，所以在物理意義上，它們應該是同類。當一個人搭電梯時，如果電梯突然加速度上升，這個人會覺得自己的體重好像頓時增加了。這時人在電梯裡，根本無法分辨是電梯在加速，或者是地心引力突然增加了。

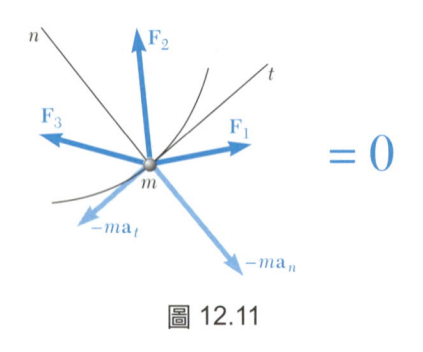

照片 12.3 每一乘客相對水平面的角度是由乘客自身體重與轉速共同決定的。

本書中有些範例直接使用牛頓第二運動定律解題，如同圖 12.8 與圖 12.9 所示，而不是使用動態平衡的方法。

範例 12.1

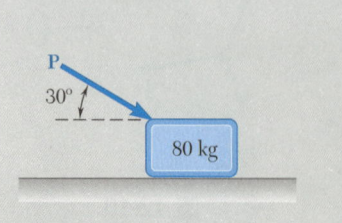

有一 80 kg 滑塊靜置於一水平平面上。試求使滑塊產生向右 2.5 m/s^2 加速度的力 **P**。已知滑塊與平面之間的動摩擦係數為 $\mu_k = 0.25$。

解

滑塊重量為

$$W = mg = (80 \text{ kg})(9.81 \text{ m/s}^2) = 785 \text{ N}$$

已知 $F = \mu_k N = 0.25N$ 而且 $a = 2.5 \text{ m/s}^2$。作用在滑塊上力等於向量 $m\mathbf{a}$，所以我們可以寫為

$\xrightarrow{+} \Sigma F_x = ma$: $P\cos 30° - 0.25N = (80 \text{ kg})(2.5 \text{ m/s}^2)$
$\qquad\qquad\qquad P\cos 30° - 0.25N = 200 \text{ N}$ (1)
$+\uparrow \Sigma F_y = 0$: $N - P\sin 30° - 785 \text{ N} = 0$ (2)

由式 (2) 中解出 N，然後代入式 (1)，得到

$$N = P\sin 30° + 785 \text{ N}$$

$P\cos 30° - 0.25(P\sin 30° + 785 \text{ N}) = 200 \text{ N}$ $\quad P = 535 \text{ N}$ ◀

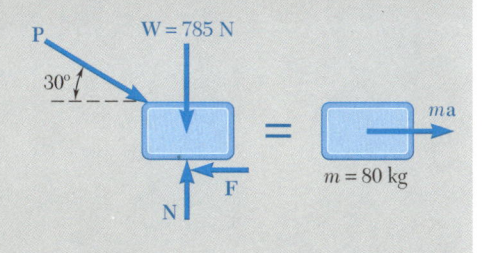

範例 12.2

一 20 kg 包裹放在一斜坡上，有一力 **P** 作用在此包裹上。試求在 10 s 內，使包裹沿斜坡上移 5 m 的力 **P**。已知包裹與斜坡之間的靜摩擦與動摩擦係數分別為 0.4 與 0.3。

解

運動學。等加速度運動。($x_0 = 0$、$v_0 = 0$)

$$x = x_0 + v_0 t + \frac{1}{2}at^2,$$

或是 $\quad a = \dfrac{2x}{t^2} = \dfrac{(2)(5)}{(10)^2} = 0.100 \text{ m/s}^2$

$+\nwarrow \Sigma F_y = 0$: $N - P\sin 50° - mg\cos 20° = 0$
$\qquad\qquad\qquad N = P\sin 50° + mg\cos 20°$
$+\nearrow \Sigma F_x = ma$: $P\cos 50° - mg\sin 20° - \mu N = ma$

或是 $P\cos 50° - mg\sin 20° - \mu(P\sin 50° + mg\cos 20°) = ma$

$$P = \frac{ma + mg(\sin 20° + \mu\cos 20°)}{\cos 50° - \mu\sin 50°}$$

在運動即將發生時，令 $a = 0$ 且 $\mu = \mu_s = 0.4$

$$P = \frac{(20)(0) + (20)(9.81)(\sin 20° + 0.4\cos 20°)}{\cos 50° - 0.4\sin 50°}$$
$\quad = 419 \text{ N}$ ◀

當以 $a = 0.100 \text{ m/s}^2$ 運動時，用 $\mu = \mu_k = 0.3$

$$P = \frac{(20)(0.100) + (20)(9.81)(\sin 20° + 0.3\cos 20°)}{\cos 50° - 0.3\sin 50°}$$
$\qquad\qquad\qquad\qquad\qquad\qquad P = 301 \text{ N}$ ◀

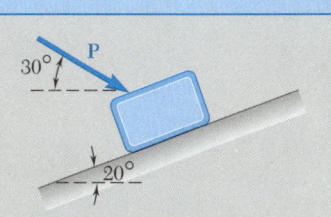

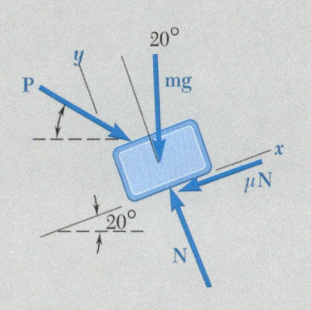

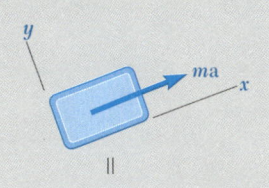

範例 12.3

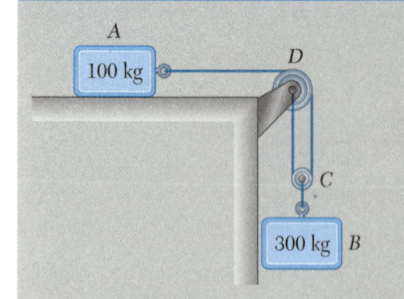

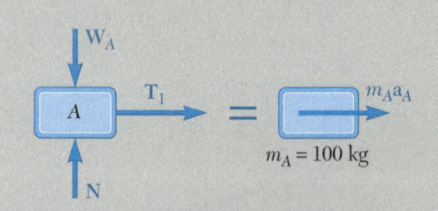

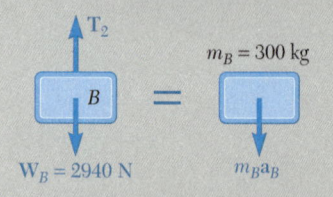

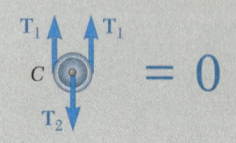

圖中兩滑塊原先為靜止。假設水平平面與滑輪都是無摩擦，且滑輪的質量可忽略。試求每個滑塊的加速度及繩子的張力。

解

運動學。我們注意到：當滑塊 A 往右移動 x_A 時，滑塊 B 會向下移動

$$x_B = \tfrac{1}{2}x_A$$

對 t 微分兩次，即得到

$$a_B = \tfrac{1}{2}a_A \tag{1}$$

運動力學。陸續將牛頓第二定律應用在滑塊 A、滑塊 B 與滑輪 C。

滑塊 A。以符號 T_1 代表繩子 ACD 中的張力，可寫為

$$\xrightarrow{+} \Sigma F_x = m_A a_A: \qquad T_1 = 100 a_A \tag{2}$$

滑塊 B。我們可觀察到滑塊 B 的重量為

$$W_B = m_B g = (300 \text{ kg})(9.81 \text{ m/s}^2) = 2940 \text{ N}$$

以符號 T_2 代表繩子 BC 中的張力，可寫為

$$+\downarrow \Sigma F_y = m_B a_B: \qquad 2940 - T_2 = 300 a_B$$

或是將式 (1) 中的 a_B 代入

$$2940 - T_2 = 300(\tfrac{1}{2}a_A)$$
$$T_2 = 2940 - 150 a_A \tag{3}$$

滑輪 C。因為 m_C 已假設為零，我們可有

$$+\downarrow \Sigma F_y = m_C a_C = 0: \qquad T_2 - 2T_1 = 0 \tag{4}$$

將式 (2) 和式 (3) 中的 T_1 與 T_2 代入式 (4)，即得到

$$2940 - 150 a_A - 2(100 a_A) = 0$$
$$2940 - 350 a_A = 0 \qquad a_A = 8.40 \text{ m/s}^2 \blacktriangleleft$$

將 a_A 的值代入式 (1) 和式 (2)，得到

$$a_B = \tfrac{1}{2}a_A = \tfrac{1}{2}(8.40 \text{ m/s}^2) \qquad a_B = 4.20 \text{ m/s}^2 \blacktriangleleft$$
$$T_1 = 100 a_A = (100 \text{ kg})(8.40 \text{ m/s}^2) \qquad T_1 = 840 \text{ N} \blacktriangleleft$$

回顧式(4)，可寫為

$$T_2 = 2T_1 \quad T_2 = 2(840 \text{ N}) \quad T_2 = 1680 \text{ N} \blacktriangleleft$$

請注意：求出的 T_2 值並不等於滑塊 B 的重量。

範例 12.4

有一 6 kg 滑塊 B 在一 15 kg 楔形物 A 的斜坡上，由靜止開始滑動，楔形物 A 是在一水平平面上。假設所有摩擦都是可忽略的，試求 (a) 楔形物的加速度；(b) 滑塊 B 相對於楔形物 A 的加速度。

解

運動學。首先我們檢查楔形物與滑塊的加速度。

楔形物 A。因為楔形物只能沿著水平面運動，所以它的加速度 $\mathbf{a}_A$ 一定是水平方向，我們假設此加速度方向是朝右的。

滑塊 B。滑塊 B 的加速度可以表示為 A 的加速度與 B 相對於 A 的加速度之和。寫成

$$\mathbf{a}_B = \mathbf{a}_A + \mathbf{a}_{B/A}$$

其中 $\mathbf{a}_{B/A}$ 的方向是朝著楔形物的斜坡方向。

運動力學。我們畫楔形物與滑塊的自由分離圖，並運用牛頓第二定律。

楔形物 A。我們用 $\mathbf{N}_1$ 代表滑塊作用在楔形物的垂直力，用 $\mathbf{N}_2$ 代表地面作用在楔形物的垂直力。

$$\xrightarrow{+} \Sigma F_x = m_A a_A: \quad N_1 \sin 30° = m_A a_A$$
$$0.5 N_1 = m_A a_A \quad (1)$$

滑塊 B。使用圖示的座標軸，並將 $\mathbf{a}_B$ 分解成 $\mathbf{a}_A$ 與 $\mathbf{a}_{B/A}$ 分量，我們寫為

$$+\nearrow \Sigma F_x = m_B a_x: \quad -m_B g \sin 30° = m_B a_A \cos 30° - m_B a_{B/A}$$
$$-m_B g \sin 30° = m_B (a_A \cos 30° - a_{B/A})$$
$$a_{B/A} = a_A \cos 30° + g \sin 30° \quad (2)$$

$$+\nwarrow \Sigma F_y = m_B a_y: \quad N_1 - m_B g \cos 30° = -m_B a_A \sin 30°$$

a. 楔形物 A 的加速度。將式 (1) 的 N_1 代入式 (3)，並注意到 $W_A = m_A g$，

$$2 m_A a_A - m_B g \cos 30° = - m_B a_A \sin 30°$$

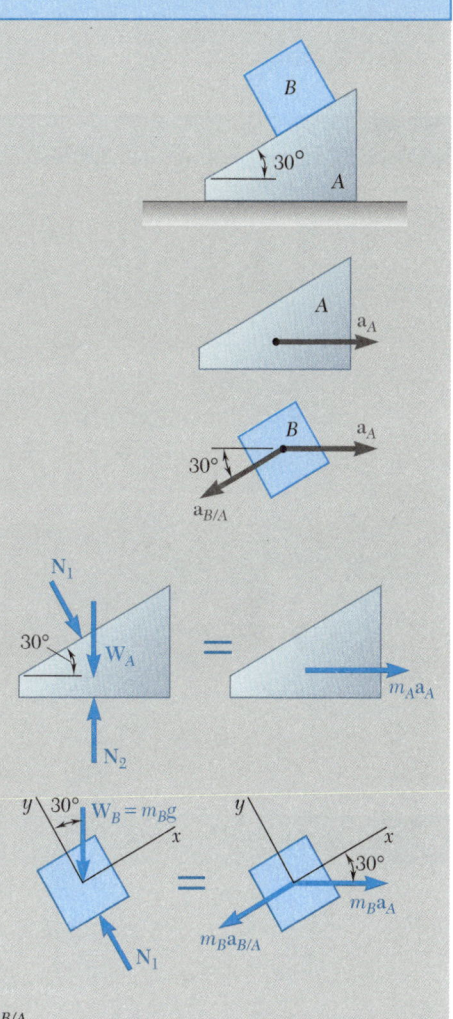

由此式子求解 a_A，並代入已知的數值，寫為

$$a_A = \frac{m_B g \cos 30°}{2m_A + m_B \sin 30°} = \frac{(6 \text{ kg})(9.81 \text{ m/s}^2)\cos 30°}{2(15 \text{ kg}) + (6 \text{ kg})\sin 30°}$$

$$a_A = +1.545 \text{ m/s}^2 \qquad \mathbf{a}_A = 1.545 \text{ m/s}^2 \rightarrow \blacktriangleleft$$

b. B 相對於 A 的加速度。將求得的 a_A 代入式 (2)，得到

$$a_{B/A} = (1.545 \text{ m/s}^2)\cos 30° + (9.81 \text{ m/s}^2)\sin 30°$$
$$a_{B/A} = +6.24 \text{ m/s}^2 \qquad \mathbf{a}_{B/A} = 6.24 \text{ m/s}^2 \searrow 30° \blacktriangleleft$$

範例 12.5

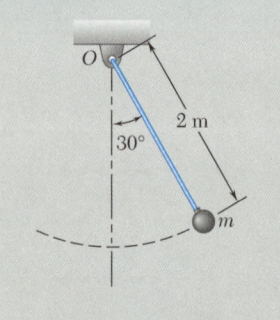

一 2 m 長鐘擺的擺錘在一垂直平面以圓弧軌跡擺動。當在如圖示的位置時，如果鐘擺繩子的張力是擺錘重量的 2.5 倍，試求此時擺錘的速度與加速度值。

解

擺錘的重量是 $W = mg$，所以繩子的張力為 2.5 mg。法線加速度 $\mathbf{a}_n$ 的方向必定指向轉動中心 O。假設切線加速度 $\mathbf{a}_t$ 的方向如圖所示，我們運用牛頓第二定律即得

$$+\swarrow \Sigma F_t = ma_t: \qquad mg \sin 30° = ma_t$$
$$a_t = g \sin 30° = +4.90 \text{ m/s}^2 \qquad \mathbf{a}_t = 4.90 \text{ m/s}^2 \swarrow \blacktriangleleft$$

$$+\nwarrow \Sigma F_n = ma_n: \qquad 2.5mg - mg\cos 30° = ma_n$$
$$a_n = 1.634g = +16.03 \text{ m/s}^2 \qquad \mathbf{a}_n = 16.03 \text{ m/s}^2 \nwarrow \blacktriangleleft$$

因為 $a_n = v^2/\rho$，可得到 $v^2 = \rho a_n = (2 \text{ m})(16.03 \text{ m/s}^2)$

$$v = \pm 5.66 \text{ m/s} \qquad \mathbf{v} = 5.66 \text{ m/s} \nearrow \text{(上或下)} \blacktriangleleft$$

範例 12.6

在高速公路設計時，必須決定轉彎處的額定速率。所謂額定速率 (rated speed) 是指在沒有橫向摩擦時，車子仍能維持沿著轉彎路面前進的速率。現有一段彎曲路面，其轉彎半徑為 $\rho = 120$ m，而傾斜角為 $\theta = 18°$。試求此轉彎處的額定速率值。

解

車子是在一水平的半徑 ρ 的圓弧行駛。法向加速度 $\mathbf{a}_n$ 會朝向路徑的曲率中心點，其大小可寫為 $a_n = v^2/\rho$，其中 v 為車子的速率，單位為 m/s。車子質量 m 為 W/g，其中 W 是車子的重量。因為沒有橫

向力作用在車子上，路面對車子的作用力 **R** 會與路面垂直（如圖所示）。運用牛頓第二定律，我們可寫

$+\uparrow \Sigma F_y = 0:$ $\quad R \cos \theta - W = 0 \quad R = \dfrac{W}{\cos \theta}$ (1)

$\overset{+}{\leftarrow} \Sigma F_n = ma_n:$ $\quad R \sin \theta = \dfrac{W}{g} a_n$ (2)

將式(1)的 R 代入式(2)中，且知 $a_n = v^2/\rho$，

$$\dfrac{W}{\cos \theta} \sin \theta = \dfrac{W}{g} \dfrac{v^2}{\rho} \quad v^2 = g\rho \tan \theta$$

把已知條件 $\rho = 120$ m 與 $\theta = 18°$ 代入方程式，可得到

$v^2 = (9.81 \text{ m/s}^2)(120 \text{ m})(\tan 18°)$
$v = 19.56$ m/s $\qquad v = 70.4$ km/h ◀

重點提示

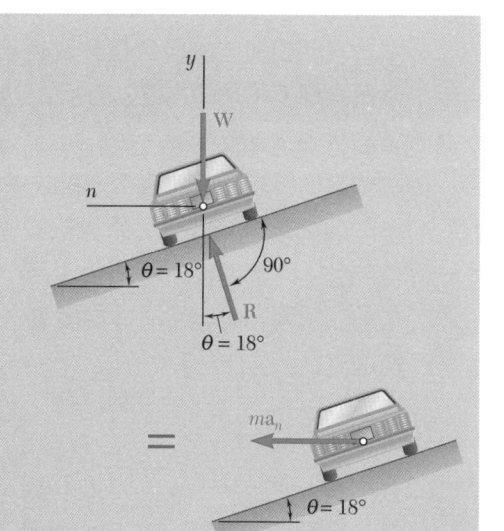

在本課的習題中，你需要運用牛頓第二定律來連結作用在質點上的力與質點的運動。

1. **寫出運動方程式**。當運用牛頓第二定律於本節所討論的運動型態時，你會發現將向量 **F** 與 **a** 表為它們的直角分量或是切向與法向分量，會更方便解題。

   a. 當使用直角分量，回顧第 11.11 節，加速度直角分量分別為 a_x、a_y 與 a_z，你應寫

   $$\Sigma F_x = m\ddot{x} \qquad \Sigma F_y = m\ddot{y} \qquad \Sigma F_z = m\ddot{z}$$

   b. 當使用切向與法向分量，回顧第 11.13 節，加速度分量分別為 a_t 與 a_n，你應寫

   $$\Sigma F_t = m\dfrac{dv}{dt} \qquad \Sigma F_n = m\dfrac{v^2}{\rho}$$

2. **繪製自由分離圖**。以呈現施加的力，以及一個等效的圖來呈現向量 ma，或是它的分量。這些圖形可以將牛頓第二定律清楚地表現在圖形上 [範例 12.1 到 12.6]。這些圖形對你寫運動方程式極有幫助。請注意：當題目中包含有兩個或以上物體時，通常最好是將每一物體分別考慮。

3. **運用牛頓第二定律**。如同在第 12.2 節所見，方程式 $\Sigma \mathbf{F} = m\mathbf{a}$ 中的加速度 **a** 應該永遠是質點的絕對加速度 (即它應該是以牛頓參考座標為基準來量測的)。當加速度的方向未知或不易分辨時，我們可任意地假設此加速度的方向 (通常是順著參考座標軸的方向)，然後解方程式來決定正確的方向。最後還要注意：在範例 12.3 和 12.4

中，我們如何將解題過程分成**運動學**與**動力學**兩部分；在範例 12.4 中，如何使用兩個座標系統來簡化運動方程式。

4. **當題目中包含乾摩擦**。在解題前，最好先複習靜力學相關的部分 [第 8.1 到 8.3 節]。特別是你要能分辨該使用方程式 $F = \mu_s N$ 或是使用 $F = \mu_k N$。你還要知道：如果系統的運動為未知時，必須先假設一個可能的運動，然後再去求證這個假設的正確性。

5. **求解相對運動的題目**。當物體 B 相對於物體 A 運動時 [範例 12.4]，這時將 B 的加速度表為

$$\mathbf{a}_B = \mathbf{a}_A + \mathbf{a}_{B/A}$$

會比較方便，其中 $\mathbf{a}_{B/A}$ 是 B 相對於 A 的加速度。或是說，由一個連結到 A 的平移參考座標來測量得到 B 的加速度。如果 B 看起來是沿一直線運動，則 $\mathbf{a}_{B/A}$ 的方向就是該直線的方向；反之，如果 B 看起來是沿一圓弧運動，相對加速度 $\mathbf{a}_{B/A}$ 則需分解成路徑的切線與法線兩分量來求解。

6. **最後，永遠要考慮清楚你所做假設的真正含義**。例如，題目中包含有兩條繩子，假設其中一條的張力已達其最大容許值，你必須檢查另一繩子的張力是否滿足條件 $0 \le T \le T_{max}$？也就是說，另一條繩子仍然維持張力，且張力小於最大容許值。

習 題

觀念題

12.CQ1 一塊 1000 N 巨石 B 置放於 200 N 平台 A 上，當卡車 C 以固定加速度向左行駛時，下列敘述哪幾項為真？

a. 連結到卡車的繩子的張力為 200 N。
b. 連結到卡車的繩子的張力為 1000 N。
c. 連結到卡車的繩子的張力大於 1200 N。
d. A 與 B 之間的正向力為 1000 N。
e. A 與 B 之間的正向力為 1200 N。
f. 以上皆非。

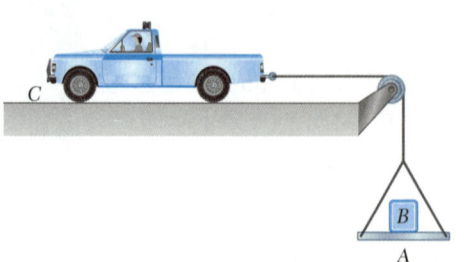

圖 P12.CQ1

CHAPTER 12　質點運動力學：牛頓第二定律

12.CQ2 有乘客坐在摩天輪 A、B、C 與 D 的位置。摩天輪以固定角速度旋轉。在如圖所示的位置時，哪位乘客會感受到椅子傳來最大的力量？假設椅子的大小是可忽略的，每位乘客距離摩天輪旋轉中心相同距離。

　　a. A
　　b. B
　　c. C
　　d. D
　　e. 每位乘客感受的力都一樣。

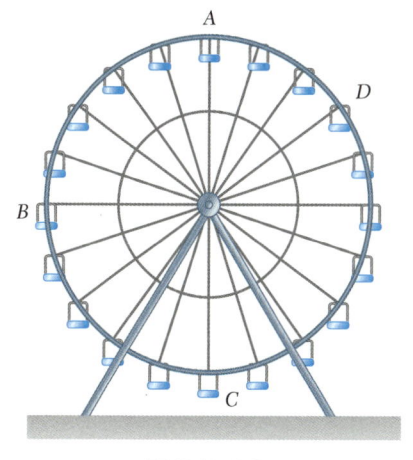

圖 P12.CQ2

自由分離圖練習題

12.F1 滑塊 A 與 B 各自的質量為 m_A 與 m_B。若各平面間的摩擦力都可忽略，畫出每個質量的自由分離圖 (FBD) 與動力圖 (KD)。

12.F2 圖中 AC 與 BC 兩條繩子連結一球 C，球 C 正以固定速率 v 在一水平面上以半徑 r 轉動。試繪出球 C 的自由分離圖 (FBD) 與動力圖 (KD)。

圖 P12.F1

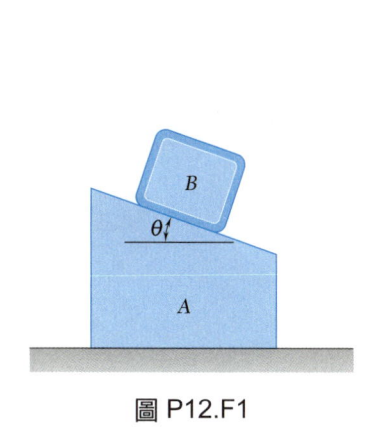

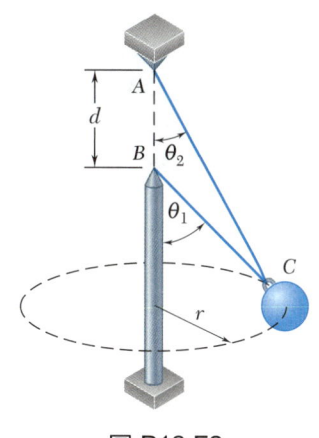

圖 P12.F2

課後習題

12.1 有一金條質量為 2 kg，若已知月球上的重力加速度為 1.62 m/s^2，試求在月球上此金條的 (a) 重量 (以牛頓為單位)；(b) 質量 (以公斤為單位)。

12.2 有一曲棍球手擊出一圓盤，該圓盤在冰上滑行 30 m，歷時 9 s

後停下來。試求 (a) 圓盤初速；(b) 圓盤與冰之間的摩擦係數。

12.3 已知一輛汽車的重量 60% 在前輪，40% 在後輪。輪胎與路面間的靜摩擦係數為 0.80。試求該汽車由靜止開始，行駛 60 m 內，理論上能達到的最大速度。假設該車為 (a) 四輪驅動；(b) 前輪驅動；(c) 後輪驅動。

12.4 若在平坦地面時速 90 km/h 之汽車的煞車距離為 45 m，相同時速 90 km/h 之下，試求下列路面時的煞車距離 (a) 向上 5° 斜坡；(b) 向下 3% 斜坡。假設煞車力與檔次無關。

12.5 圖中兩個塊狀物原先都是靜止的。若滑輪的質量及摩擦力可忽略，且塊狀物 A 與水平地面間的摩擦力也可忽略，試求 (a) 每個塊狀物的加速度；(b) 繩子的張力。

12.6 有一 2500 kg 卡車用來拉起一 500 kg 石塊 B，支撐石塊的是一 100 kg 的平板 A。已知卡車的加速度為 0.3 m/s²，試求 (a) 卡車輪胎與地面間的水平力；(b) 石塊與平板間的力。

圖 P12.5

圖 P12.6

12.7 圖中的行李輸送帶用於下載飛機上的行李。有一 10 kg 雜物袋 A 剛好壓在一 20 kg 行李箱 B 上面。輸送帶正在將行李以固定速率 0.5 m/s 往下移動，突然間輸送帶停下來。已知輸送帶與 B 之間的摩擦係數為 0.3，而雜物袋 A 在行李箱 B 上面沒有滑動，試求雜物袋與行李箱之間的靜摩擦係數。

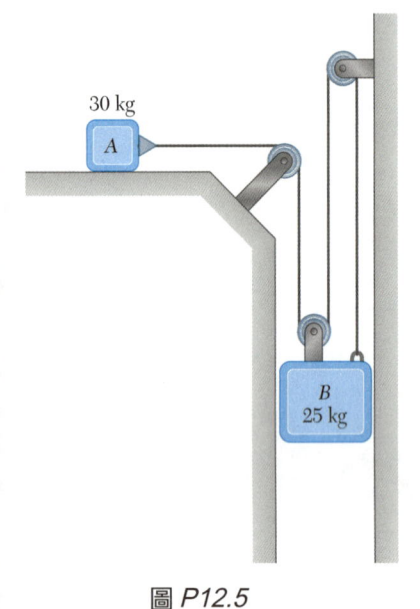

圖 P12.7

12.8 一重量 W 之船的螺旋槳可以產生推動力 $\mathbf{F}_0$；當引擎反轉時，能產生反方向相同大小的力量。當船以最高速率 v_0 前進時，突然引擎反轉。假設水的阻力與速率平方成正比，試求經過多少距離船會停止。

12.9 已知滑塊 A 及滑塊 C 與水平地面間的摩擦係數為 $\mu_s = 0.24$ 與 $\mu_k = 0.20$。滑塊質量分別為 $m_A = 5$ kg、$m_B = 10$ kg，及 $m_C = 10$ kg，試求 (a) 繩子的張力；(b) 每一滑塊的加速度。

12.10 塊狀物 A、B、C 與 D 的質量分別為 9 kg、9 kg、6 kg 與 7 kg。原先系統為靜止狀態，現有一向下力 50 N 作用在塊狀物 B，使得系統開始運動，試求當 $t = 3$ s 時 (a) D 相對 A 的速度；(b) C 相對 D 的速度。滑輪的重量與摩擦效應假設為可忽略。

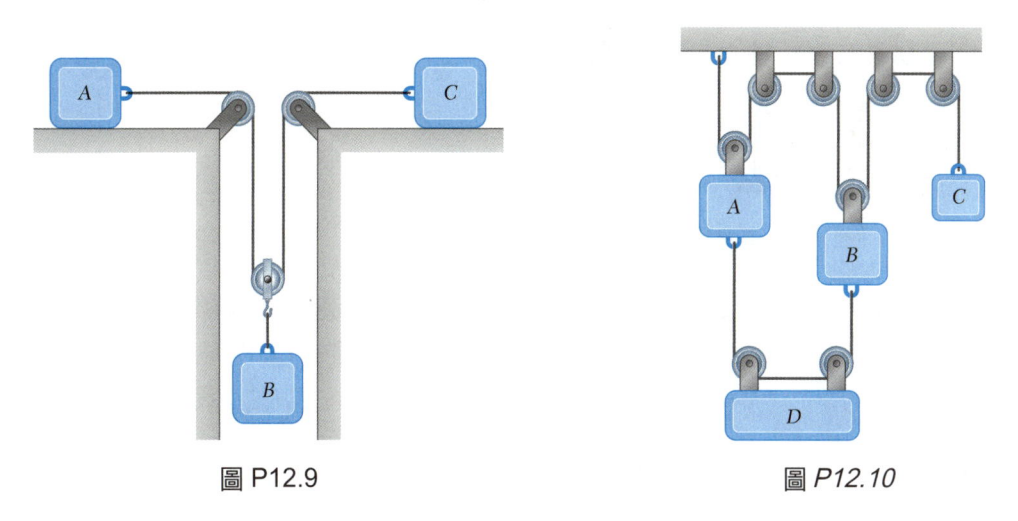

圖 P12.9

圖 *P12.10*

12.11 圖中，15 kg 滑塊 B 置於 25 kg 楔形物 A 的斜坡上，一繩子正以水平力 225 N 拉動滑塊 B。假設摩擦力是可忽略的，試求 (a) 楔形物 A 的加速度；(b) 滑塊 B 相對於 A 的加速度。

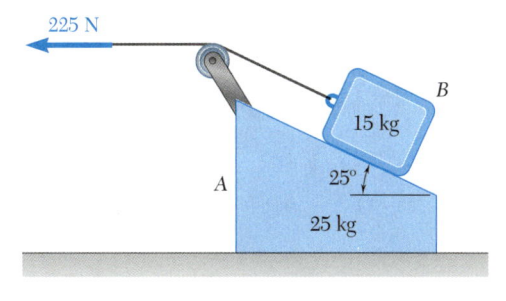

圖 P12.11

12.12 一 450 g 繩球 A，以速度 4 m/s 繞著一水平圓形軌跡運動，試求 (a) 繩子與豎桿 BC 間的角度 θ；(b) 繩子的張力。

12.13 一條繩子 ACB 繞過球 C 上的勾環，球正在一水平面以等速率 **v** 作圓周旋轉。已知繩子上各部位的張力是一樣的，試求此速率 **v**。

圖 P12.12

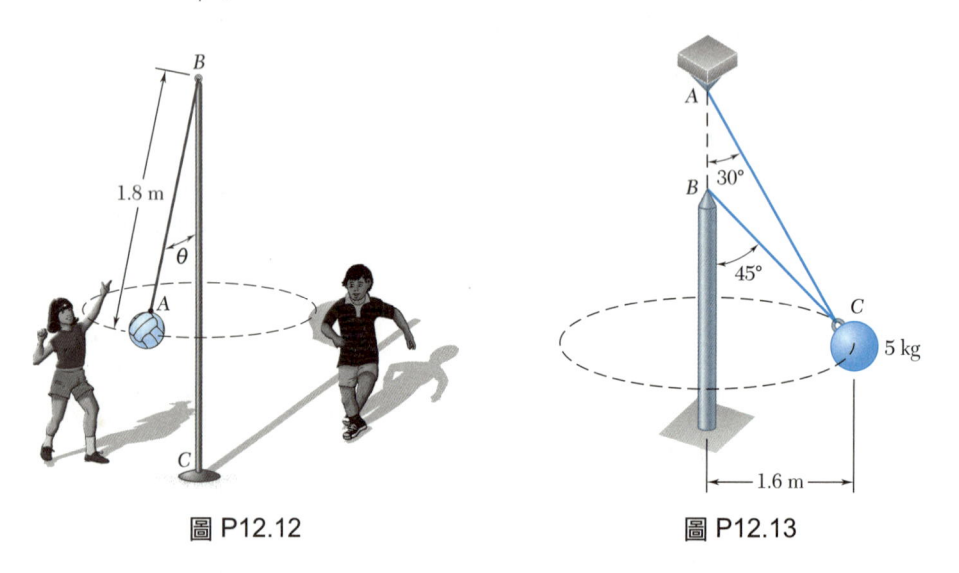

圖 P12.13

12.14 一旋轉盤 ABC 以定速旋轉，就在盤邊緣中段轉角處有一 100 g 圓球 D 靜置著。假設摩擦力是可忽略的，如果球壓在盤緣任一面的正向力都不可超過 1.1 N，則球的容許速度範圍為何？

12.15 在一次高速追逐賽中，一輛 1000 kg 跑車以速度 160 km/h 行駛。當它越過一小山頂 A 時，車子剛好飛離路面。試求 (a) 小山頂 A 的曲率半徑 ρ 值；(b) 如果改以速度 75 km/h 駛過該小山頂，則 80 kg 的駕駛會感覺車子座墊給他多少作用力？

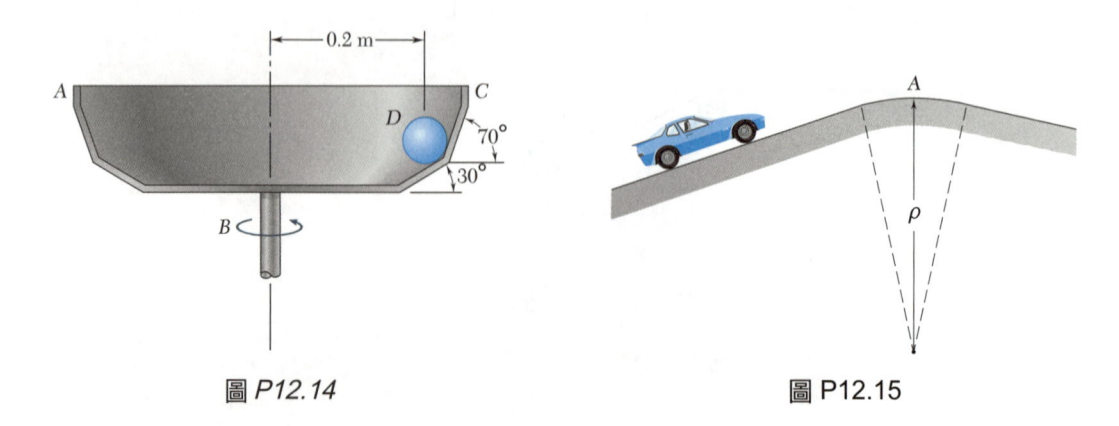

圖 P12.14

圖 P12.15

12.16 一 250 g 滑塊剛好可在擺臂 OA 的凹槽內滑動。擺臂以定速在一垂直面轉動，使得滑塊速率 $v = 3$ m/s。已知彈簧作用在滑塊的力量大小 $P = 1.5$ N，且摩擦力可忽略。若要滑塊維持在凹槽內最靠近轉軸中心 O 的位置，試求角度 θ 值的範圍。

12.17 有一段賽車跑道，轉彎半徑為 300 m，額定速率為 190 km/h。（範例 12.5 有額定速率的定義。）若一輛車以速率 290 km/h 以上行駛，則會發生側滑現象，試求 (a) 該斜坡路面的傾斜角 θ；(b) 車子輪胎與路面間的靜摩擦係數；(c) 為避免側滑，車子最低的速率。

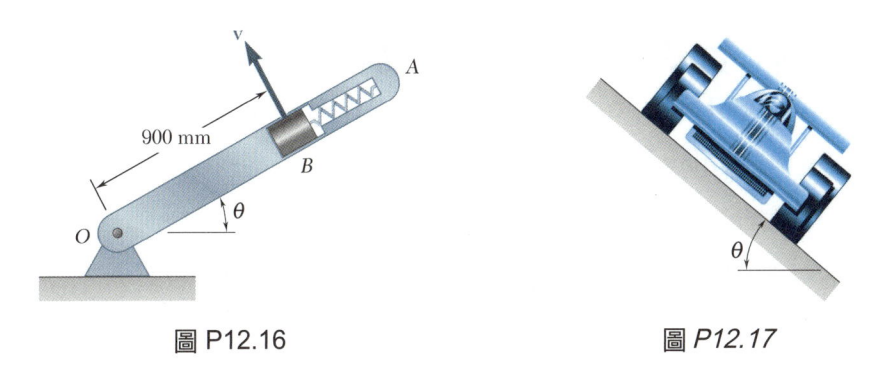

圖 P12.16

圖 P12.17

12.18 一劇院地板上有一轉盤 A 在有一次預演時，當轉盤開始轉動 10 s 後，發現轉盤上的皮箱 B 開始滑動。已知皮箱的切線加速度為定值 0.24 m/s^2，試求皮箱與轉盤之間的靜摩擦係數。

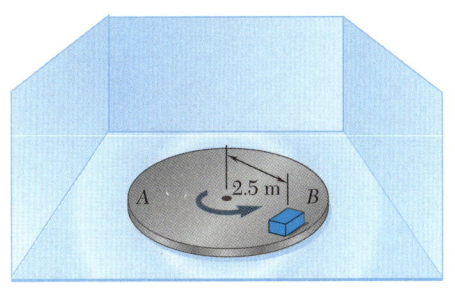

圖 P12.18

12.19 擺臂 OA 在一垂直平面內以定速轉動，其凹槽內恰可容入一滑子 B，當角度 $0 \leq \theta \leq 150°$ 時，滑子的速率為 1.4 m/s，且在凹槽靠近 A 的末端。已知當 $\theta = 150°$ 時，滑子開始要滑離該末端，試求滑子與凹槽之間的靜摩擦係數。

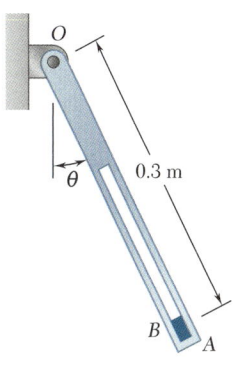

圖 P12.19

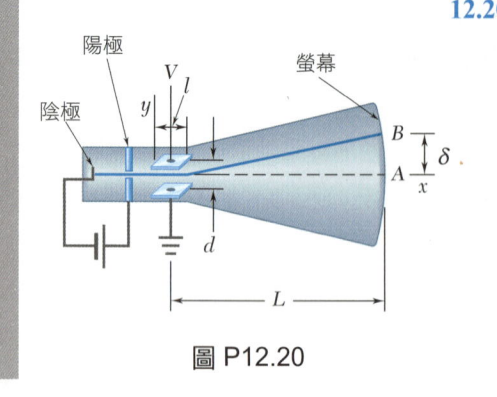

12.20 圖中為一陰極射線管，電子由陰極 (cathode) 射出後被陽極 (anode) 吸引，而通過陽極的小孔，然後以定速 v_0 直射到螢幕 (screen) 中央點 A 處。在陽極的後方，有一對平行金屬板。當兩金屬板間有相對電位差 V 時，將產生一垂直金屬板的力 $\mathbf{F}$ 來改變電子的路徑，使得電子打到螢幕上的點 B，該點 B 到點 A 的偏移量以 δ 表示。力 $\mathbf{F}$ 的大小可寫為 $F = eV/d$，其中 $-e$ 為電子電荷，d 為金屬板之間距。請將偏移量 δ 表示為 V、v_0、$-e$、電子質量 m、d、l 與 L 之函數。

圖 P12.20

12.7 質點的角動量與角動量的改變率 (Angular Momentum of a Particle. Rate of Change of Angular Momentum)

考慮一質量 m 之質點 P 在牛頓參考座標 O_{xyz} 下運動。如同在第 12.3 節所述，質點在某時刻的線動量等於 $m\mathbf{v}$，也就是質量 m 與速度向量 $\mathbf{v}$ 的乘積。該向量 $m\mathbf{v}$ 對點 O 的力矩即稱為**動量的力矩**，或稱為**質點對於點 O 的角動量** (angular momentum)，以符號 $\mathbf{H}_O$ 表示之。回顧向量力矩的定義 (第 3.6 節)，並以 $\mathbf{r}$ 代表 P 的位置向量，寫為

$$\mathbf{H}_O = \mathbf{r} \times m\mathbf{v} \tag{12.12}$$

請注意：$\mathbf{H}_O$ 是一個向量，其方向垂直於包含 $\mathbf{r}$ 與 $m\mathbf{v}$ 的平面，而 $\mathbf{H}_O$ 的大小為

$$H_O = rmv \sin \phi \tag{12.13}$$

其中 ϕ 是 $\mathbf{r}$ 與 $m\mathbf{v}$ 的夾角 (圖 12.12)。$\mathbf{H}_O$ 的方向可以依 $m\mathbf{v}$ 的方向用右手定則來決定。角動量的單位等於長度的單位乘上線動量的單位 (第 12.4 節)。在 SI 制中，我們寫為

$$(m)(kg \cdot m/s) = kg \cdot m^2/s$$

在美國慣用單位中，則寫為

$$(ft)(lb \cdot s) = ft \cdot lb \cdot s$$

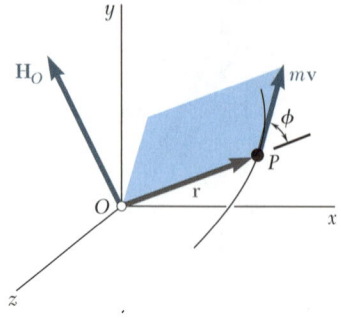

圖 12.12

將向量 **r** 與 $m\mathbf{v}$ 分解成分量，然後用式 (3.10)，寫為

$$\mathbf{H}_O = \begin{vmatrix} \mathbf{i} & \mathbf{j} & \mathbf{k} \\ x & y & z \\ mv_x & mv_y & mv_z \end{vmatrix} \quad (12.14)$$

$\mathbf{H}_O$ 的三個分量分別代表線動量 $m\mathbf{v}$ 對三根軸的力矩，其可由式 (12.14) 的行列式分解開來而得到

$$\begin{aligned} H_x &= m(yv_z - zv_y) \\ H_y &= m(zv_x - xv_z) \\ H_z &= m(xv_y - yv_x) \end{aligned} \quad (12.15)$$

如果質點是在 xy 平面上運動，因為 $z = v_z = 0$，所以 H_x 與 H_y 化簡為零。此時的角動量會垂直 xy 平面；且可以用簡單的純量來定義它

$$H_O = H_z = m(xv_y - yv_x) \quad (12.16)$$

而它的正、負號可由點 O 觀察質點的運動方向來決定。如果使用極座標，我們將質點的線動量分解成徑向與橫向分量 (圖 12.13)，得到

$$H_O = rmv \sin \phi = rmv_\theta \quad (12.17)$$

或是，回顧式 (11.45) $v_\theta = r\dot{\theta}$，

$$H_O = mr^2\dot{\theta} \quad (12.18)$$

接下來，我們要計算質點在空間的角動量 $\mathbf{H}_O$ 對時間 t 的微分。將式 (12.12) 的兩成員分別微分，回顧向量乘積的微分原則 (第 11.10 節)，寫為

$$\dot{\mathbf{H}}_O = \dot{\mathbf{r}} \times m\mathbf{v} + \mathbf{r} \times m\dot{\mathbf{v}} = \mathbf{v} \times m\mathbf{v} + \mathbf{r} \times m\mathbf{a}$$

因為向量 **v** 與 $m\mathbf{v}$ 同方向，所以第一項必等於零；由牛頓第二定律知道 $m\mathbf{a}$ 等於外力的總和 $\Sigma\mathbf{F}$。請注意：$\mathbf{r} \times \Sigma\mathbf{F}$ 可代表各作用力對點 O 的力矩的總和 $\Sigma\mathbf{M}_O$，寫為

$$\Sigma\mathbf{M}_O = \dot{\mathbf{H}}_O \quad (12.19)$$

式 (12.19) 是由牛頓第二定律直接推導出來的，它說明作用在質點上各作用力對點 O 的力矩的總和，等於線動量力矩的改變率，或是說，等於質點對點 O 的角動量的改變率。

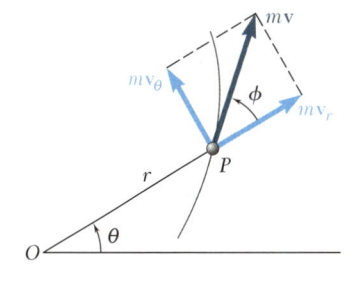

圖 12.13

12.8 運動方程式表為徑向與橫向分量 (Equations of Motion in Terms of Radial and Transverse Components)

照片 12.4 高速離心旋轉的物件，其所受之力，可以分成徑向與橫向分量來探討。

一個質點 P 在一平面上運動，同時承受多個力作用。當使用極座標時，我們將各力與加速度都分解為徑向與橫向分量 (圖 12.14)，然後代入式 (12.2)，我們會得到兩個純量方程式

$$\Sigma F_r = ma_r \qquad \Sigma F_\theta = ma_\theta \qquad (12.20)$$

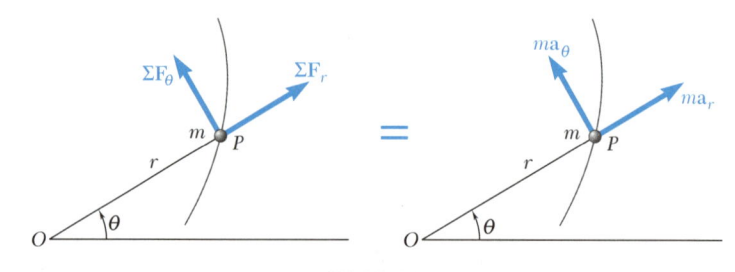

圖 12.14

把式 (11.46) 裡的 a_r 與 a_θ 代入，可得

$$\Sigma F_r = m(\ddot{r} - r\dot{\theta}^2) \qquad (12.21)$$

$$\Sigma F_\theta = m(r\ddot{\theta} + 2\dot{r}\dot{\theta}) \qquad (12.22)$$

我們由這兩個方程式可解出兩個未知數。

式 (12.22) 也可以由式 (12.19) 推導出來。回顧式 (12.18) 且注意到 $\Sigma M_O = r\Sigma F_\theta$，式 (12.19) 可改為

$$r\Sigma F_\theta = \frac{d}{dt}(mr^2\dot{\theta})$$
$$= m(r^2\ddot{\theta} + 2r\dot{r}\dot{\theta})$$

然後兩邊都除以 r，

$$\Sigma F_\theta = m(r\ddot{\theta} + 2\dot{r}\dot{\theta}) \qquad (12.22)$$

12.9 承受中心力的運動與角動量守恆 (Motion Under a Central Force. Conservation of Angular Momentum)

當作用在質點 P 上只有一個力 $\mathbf{F}$，此力的方向指向或遠離一固定點 O，此時此質點稱作**中心力** (central force) 運動，而點 O 稱為力

量中心 (圖 12.15)。因為力 **F** 的作用線通過點 O，因此在任何時刻 $\Sigma \mathbf{M}_O = 0$。代入式 (12.19)，得到

$$\dot{\mathbf{H}}_O = 0$$

對時間 t 積分則得到

$$\mathbf{H}_O = 常數 \qquad (12.23)$$

我們因而得到這個結論：當一質點作中心力運動時，其角動量會維持一常數，不論是大小或是方向都不會變化。

回顧一質點的角動量的定義 (第 12.7 節)，可寫為

$$\mathbf{r} \times m\mathbf{v} = \mathbf{H}_O = 常數 \qquad (12.24)$$

由此方程式可知，位置向量 **r** 必定垂直這個固定向量 $\mathbf{H}_O$。也就是說，此質點運動時會一直維持在一個垂直 $\mathbf{H}_O$ 的固定平面上。此 $\mathbf{H}_O$ 與固定平面可由初始位置向量 $\mathbf{r}_0$ 與初始速度 $\mathbf{v}_0$ 來定義。為了方便起見，我們假設圖面 (圖 12.16) 就是這個運動時的固定平面。

既然質點的角動量 H_O 的大小是常數，式 (12.13) 中右邊的項也必定是常數。因此我們可以寫

$$rmv \sin \phi = r_0 m v_0 \sin \phi_0 \qquad (12.25)$$

任何質點作中心力運動時，這個關係式都能使用。當討論行星繞太陽的運動時，太陽對行星的吸引力就是一種中心力，此力永遠指向太陽的中心，可以說式 (12.25) 是研究行星運動時的基礎方程式。相同的原因，這也是研究衛星繞地球運動時的基礎方程式。

由另一個方式來看，回顧式 (12.18)，我們也可以將角動量大小 H_O 為常數這件事實表示成

$$mr^2 \dot{\theta} = H_O = 常數 \qquad (12.26)$$

再將此式子除以 m，並以 h 代表單位質量的角動量 H_O/m

$$r^2 \dot{\theta} = h \qquad (12.27)$$

式 (12.27) 能提供一個幾何上有趣的解說。觀看圖 12.17，質點 P 受指向點 O 的中心力 F 作用。質點原先在位置向量 r 處，經過一 dt 的瞬間，質點移動到下一位置，想像位置向量掃描出一面積 $dA = \frac{1}{2} r^2 \, d\theta$ 其中 $d\theta$ 為位置向量角度的變化量。將此面積 dA 除以 dt 即得到單位

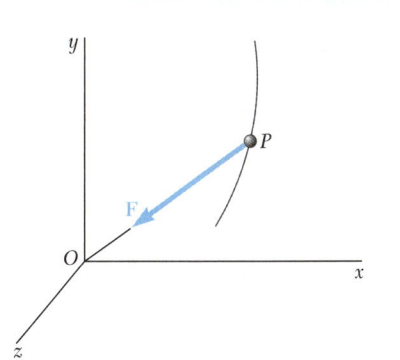

圖 12.15

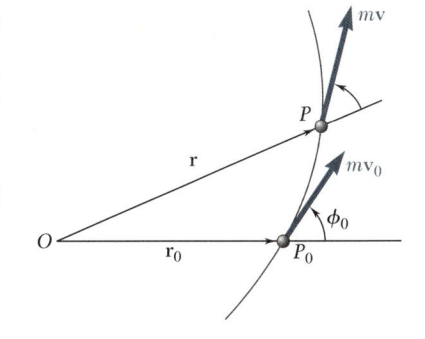

圖 12.16

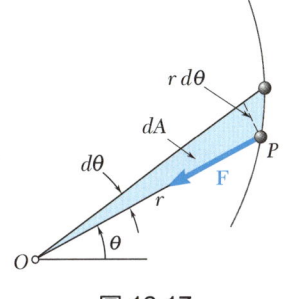

圖 12.17

時間掃過的面積 dA/dt，稱為**面積速度** (areal velocity)，請注意：式 (12.27) 的左邊項剛好是面積速度的兩倍。所以我們得到一個結論：當質點作中心力運動時，其面積速度為一常數，不隨時間變化。

12.10 牛頓萬有引力定律 (Newton's Law of Gravitation)

在前一節我們看到太陽對行星的重力吸引力、地球對衛星的吸引力，都是中心力運動的重要例子。本節要討論的是如何決定重力的大小。

在牛頓**萬有引力定律** (law of universal gravitation) 中，牛頓表示：兩質點質量為 M 與 m 相距 r 時，互相會有吸引力 $\mathbf{F}$ 與 $-\mathbf{F}$ 作用在對方身上 (圖 12.18)。此吸引力 F 可表為

$$F = G\frac{Mm}{r^2} \tag{12.28}$$

其中 G 是一常數，稱為**萬有引力常數** (constant of gravitation)，從實驗中量得 G 值用 SI 制為 $(66.73 \pm 0.03) \times 10^{-12}$ m³/kg·s²，或是用美國慣用單位為 34.4×10^{-9} ft⁴/lb·s⁴。萬有引力存在於任何兩物體之間，但是只有在當其中一物體的質量很大時，萬有引力的效果才會很明顯。萬有引力效果特別明顯的例子如：行星繞著太陽轉動、衛星繞著地球轉動，或是物體掉落到地面等。

在地球表面上，地球對於質量 m 的物體的吸引力就是物體重量 $\mathbf{W}$ 的定義。我們把重量大小 $W = mg$ 當作 F，把地球半徑 R 當作 r，代入式 (12.28) 中，得到

$$W = mg = \frac{GM}{R^2}m \quad \text{或} \quad g = \frac{GM}{R^2} \tag{12.29}$$

其中 M 為地球的質量。因為地球的形狀不是真的圓球形，所以由地球中心點往外量到地表的半徑 R，會因所在地的不同而改變，導致 W 與 g 都會因所在地的經緯度而異。另一個使 W 與 g 值隨緯度變化的原因，是因為地球上的座標軸並不屬於牛頓絕對座標 (參見第 12.2 節)。若要更精準地定義物體的重量，應該也要考慮地球轉動所帶來的離心力。重力加速度 g 值在赤道海平面為 9.781 m/s² 或是 32.09 ft/s²，在南北極海平面則變為 9.833 m/s² 或是 32.26 ft/s²。

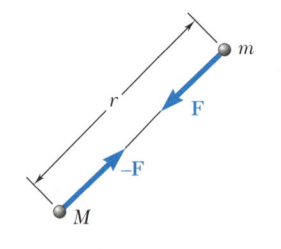

圖 12.18

一質量 m 的物體位於離地球中心距離 r 的太空，則地球對該物體的吸引力可由式 (12.28) 求得。在計算時，我們可利用式 (12.29)，將萬有引力常數 G 與地球質量 M 的乘積表示為

$$GM = gR^2 \qquad (12.30)$$

其中 g 與地球半徑 R 可用它們的平均值：在 SI 制時 $g = 9.81$ m/s^2，$R = 6.37 \times 10^6$ m；在美國慣用單位時，$g = 32.2$ ft/s^2，$R = (3960$ mi$)$ $(5280$ ft/mi$)$。

牛頓發表萬有引力定律，據說與他觀察到蘋果從樹上掉下來有關。他認為地球一定對蘋果有吸引力，同樣地，地球也對月球有吸引力。有人懷疑當初看到蘋果落地那一瞬間，牛頓也許還不能推導出萬有引力公式，除非他能想通造成蘋果的加速度，與維持月球繞軌道運行的加速度有相同的成因。如今這個連續的萬有引力的基本概念已經比較能被人們所接受，藉由人造衛星，這個介於蘋果與月亮之間的鴻溝已能填平。

範例 12.7

有一質量 m 的滑塊 B 能在一擺臂 OA 上自由滑動，OA 是在一水平面上以固定角速度轉動。已知 B 是在距離 r_0 的點 O 處釋放，試求 (a) 將 B 沿著 OA 滑動時的速度分量 v_r 表為 r 的函數；(b) 將 B 與 OA 間的水平力 $\mathbf{F}$ 表為 r 的函數。

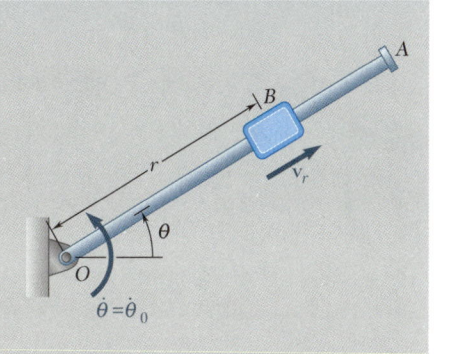

解

本題中水平面上的力只有一個，即作用在 B 上與 OA 垂直的力 $\mathbf{F}$，其他的力都與水平面垂直。

運動方程式。使用徑向與橫向分量，

$$+\nearrow \Sigma F_r = ma_r: \qquad 0 = m(\ddot{r} - r\dot{\theta}^2) \qquad (1)$$
$$+\nwarrow \Sigma F_\theta = ma_\theta: \qquad F = m(r\ddot{\theta} + 2\dot{r}\dot{\theta}) \qquad (2)$$

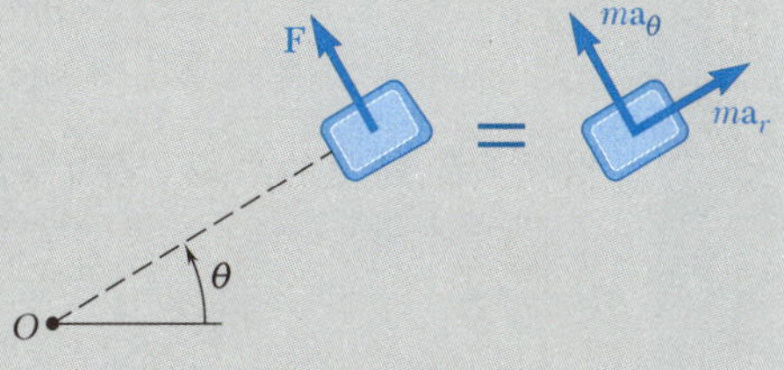

a. 速度分量 $\mathbf{v}_r$。因為 $v_r = \dot{r}$ 我們可以寫為

$$\ddot{r} = \dot{v}_r = \frac{dv_r}{dt} = \frac{dv_r}{dr}\frac{dr}{dt} = v_r\frac{dv_r}{dr}$$

將式 (1) 的 $\ddot{r}$ 代入，並回顧 $\dot{\theta} = \dot{\theta}_0$ 且分離變數，

$$v_r dv_r = \dot{\theta}_0^2 r\, dr$$

將此式乘上 2，兩邊各自積分由 0 到 v_r 與由 r_0 到 r，

$$v_r^2 = \dot{\theta}_0^2(r^2 - r_0^2) \qquad v_r = \dot{\theta}_0(r^2 - r_0^2)^{1/2} \quad \blacktriangleleft$$

b. 水平力 **F**。於式 (2) 中令 $\dot{\theta} = \dot{\theta}_0$，$\ddot{\theta} = 0$，$\dot{r} = v_r$，並將前面求得的 v_r 代入，

$$F = 2m\dot{\theta}_0(r^2 - r_0^2)^{1/2}\dot{\theta}_0 \qquad F = 2m\dot{\theta}_0^2(r^2 - r_0^2)^{1/2} \blacktriangleleft$$

範例 12.8

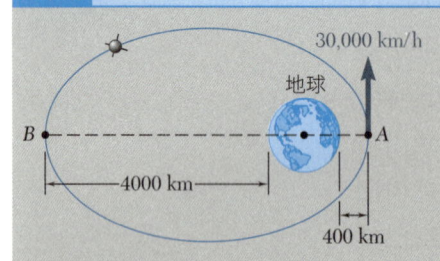

圖中一人造衛星在最接近地球時高度為 400 km。已知此時衛星的速度為平行地球表面 30,000 km/h，試求當衛星到達最遠處離地球 4000 km 時速度為何？已知地球半徑為 6370 km。

解

因為衛星是作承受中心力指向地球中心點 O 的運動，它的角動量 $\mathbf{H}_O$ 必為常數。由式 (12.13) 得到

$$rmv \sin\phi = H_O = 常數$$

此式說明當在點 B 時，r 與 $\sin\phi$ 都是最大值，於是 v 會是最小值。在點 A 與點 B 兩處的角動量相等，

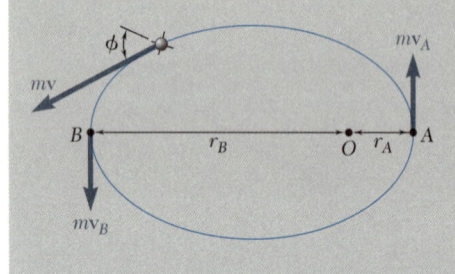

$$r_A m v_A = r_B m v_B$$

$$v_B = v_A \frac{r_A}{r_B} = (30{,}000 \text{ km/h}) \left(\frac{6370 \text{ km} + 400 \text{ km}}{6370 \text{ km} + 4000 \text{ km}} \right)$$

$$v_B = 19{,}590 \text{ km/h} \blacktriangleleft$$

備註：由觀察可知，r 是由地球中心量起的距離，可表為 $r = R_{地球} + 高度$。

重點提示

在本課中，我們繼續討論牛頓第二定律，而將力與加速度表為徑向與橫向分量，相關的運動方程式為

$\Sigma F_r = ma_r$: $\qquad \Sigma F_r = m(\ddot{r} - r\dot{\theta}^2)$
$\Sigma F_\theta = ma_\theta$: $\qquad \Sigma F_\theta = m(r\ddot{\theta} + 2\dot{r}\dot{\theta})$

接著介紹動量的力矩（又稱為角動量），一質點對點 O 的 $\mathbf{H}_O$ 為：

$$\mathbf{H}_O = \mathbf{r} \times m\mathbf{v} \qquad (12.12)$$

我們發現：當質點承受一指向中心點 O 的中心力而運動時，其 $\mathbf{H}_O$ 會維持一常數而不會改變。

1. **使用徑向與橫向分量**。在第 11.14 節已經介紹過徑向與橫向分量。你應該回顧這些資料，以便能求解下面的問題。而且在前面談到有關牛頓第二定律使用的技巧 (畫自由體圖、畫 $m\mathbf{a}$ 圖等等)，在本節仍用得到 [範例 12.7]。最後，請注意：範例解題時所用的技巧，都已在第十一章發展出來，你將需要使用類似的技巧求解本節後面的習題。

2. **求解質點承受中心力的運動**。在此類問題中，質點相對於力量中心點 O 的角動量 $\mathbf{H}_O$ 會守恆。你將發現使用另一個常數項 $h = H_O/m$ (單位質量的角動量) 會比較方便。質點對於 O 的角動量守恆可以改寫為

$$rv \sin \phi = h \quad \text{或} \quad r^2 \dot{\theta} = h$$

其中 r 與 θ 為 P 的極座標，而 ϕ 為質點速度 $\mathbf{v}$ 與線段 OP 間的夾角 (圖 12.16)。常數 h 可以由初始條件代入上述任一個方程式來求得。

3. **太空力學問題包括行星繞太陽運行，或是衛星繞地球運行**。此時月亮或其他行星都是承受一中心力 $\mathbf{F}$，此力來自萬有引力，其方向是指向力的中心點 O，而力的大小為

$$F = G\frac{Mm}{r^2} \quad (12.28)$$

請注意：在某些由地球產生的重力特例中，這個乘積 GM 可以用 gR^2 代替，此處 R 為地球的平均半徑 [式 (12.30)]。

下面兩個衛星運動的例子是經常會遇到的：

a. **衛星軌跡為圓形**，此時力 $\mathbf{F}$ 的方向與軌道垂直，你可寫 $F = ma_n$；將此 F 代入式 (12.28)，並觀察到 $a_n = v^2/\rho = v^2/r$，得到

$$G\frac{Mm}{r^2} = m\frac{v^2}{r} \quad \text{或} \quad v^2 = \frac{GM}{r}$$

b. **衛星軌跡為橢圓形**，在離力量中心點 O 最近處 A 與最遠處 B，其徑向向量 $\mathbf{r}$ 與衛星速度 $\mathbf{v}$ 的方向互相垂直 [範例 12.8]。因此，衛星的角動量守恆在此兩處可以寫為

$$r_A m v_A = r_B m v_B$$

習 題

自由體圖練習

12.F3 一水平圓盤挖有四條凹槽，凹槽內裝有可滑動的銷子，每支銷子質量都是 m。當圓盤靜止時，每支銷子都以相同速率 u 沿著圖示方向運動。當圓盤以點 O 為中心，逆時鐘向固定角速度 w 轉動時，銷子相對圓盤仍維持相同的速度運動。畫出自由體圖 (FBD) 與動力圖 (KD)，以便於求解作用在銷子上的力 P_1 與 P_2。

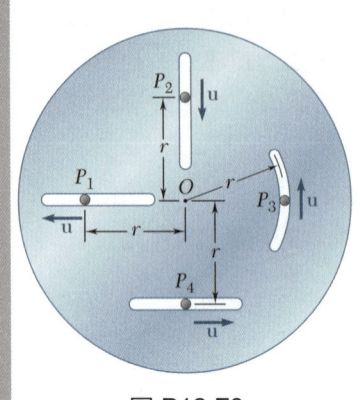

圖 P12.F3

12.F4 一銷子 B 質量 m 可在轉動的擺臂 OC 的凹槽內滑動，同時銷子 B 也在一靜止水平凹槽 DE 內滑動。假設摩擦阻力可忽略，擺臂 OC 有固定轉速 $\dot{\theta}_0$。為求得擺臂 OC 作用在銷子 B 的力 **P**，與凹槽 DE 作用在銷子 B 的力 **Q**，畫出所需的自由體圖 (FBD) 與動力圖 (KD)。

圖 P12.F4

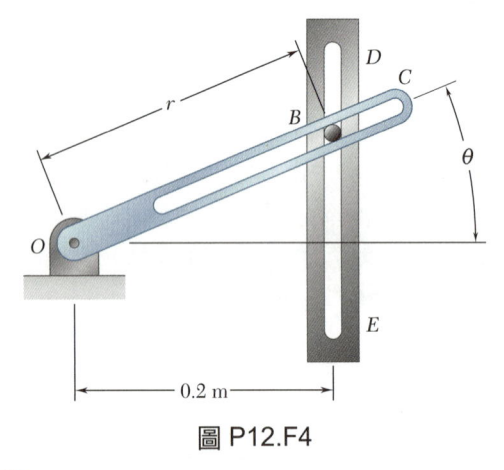

課後習題

12.21 擺臂 OA 在水平面內繞點 O 轉動。套環 B 質量 300 g 的運動可定義為 $r = 300 + 100\cos(0.5\pi t)$ 與 $\theta = \pi(t^2 - 3t)$，其中 r 的單位為 mm，θ 的單位為弧度，t 的單位為秒。試求作用在套環上的徑向力與橫向力，當 (a) $t = 0$；(b) $t = 0.5\ s$。

12.22 圖中滑塊於 $r = 0.8$ m 及 $\theta = 30°$ 時由靜止被釋放。假設滑輪的質量及摩擦阻力可忽略，且滑塊 A 與水平面間的摩擦阻力可忽略，試求 (a) 繩子起初的張力；(b) 滑塊 A 起初的加速度；(c) 滑塊 B 起初的加速度。

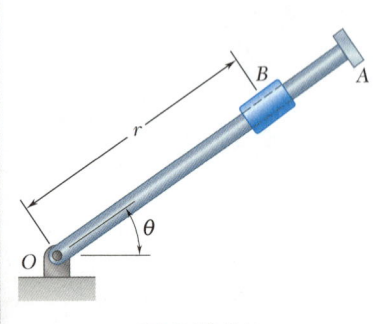

圖 P12.21

12.23 當 $r = 0.8$ m 及 $\theta = 30°$ 時，滑塊 A 的速度為 2 m/s。假設滑輪的質量及摩擦阻力可忽略，且滑塊 A 與水平面間的摩擦阻力可忽略，試求 (a) 繩子的張力；(b) 滑塊 A 的加速度；(c) 滑塊 B 的加速度。

12.24 一質量 m 的拋射體由點 A 以初速 $\mathbf{v}_0$ 垂直線段 OA 拋出，之後受到一指向點 O 的中心力 $\mathbf{F}$ 作用。已知該質點沿著以線段 OA 為直徑的半圓軌跡運動，由觀察可知，$r = r_0 \cos\theta$ 且式 (12.27) 可以運用，證明該質點的速率可表為 $v = v_0/\cos^2\theta$。

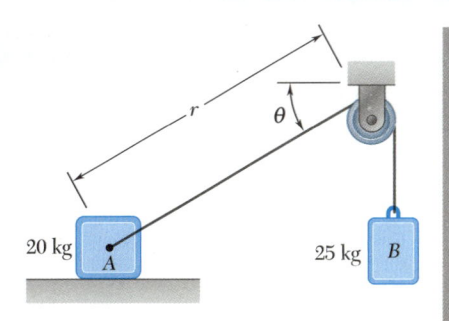

圖 P12.22 與 P12.23

12.25 通訊衛星被置於同步軌道 (geosynchronous orbit) 上，這是一個圓形的軌道，衛星繞地球一圈的時間為一個恆星日 (sidereal day)，即 23.934 小時，由地面觀看時，會以為該衛星是靜止的。試求 (a) 這些衛星離地球表面的高度；(b) 衛星繞軌道運行時的速度。

12.26 一衛星被放在土星上空 3400 km 高的圓形軌道上，衛星繞軌道運行時的速度為 87,500 km/h。已知土星的月亮亞特拉施 (Atlas) 繞行土星時的半徑為 136.9×10^3 km，繞行一周的時間為 0.6017 天，試求 (a) 土星的半徑；(b) 土星的質量。

圖 P12.24

12.27 一艘太空梭以半徑 2200 km 圓形軌道繞行月球。為了將太空梭移位到較小半徑 2080 km 的圓形軌道，太空梭於點 A 先減速 26.3 m/s，使太空梭進入一橢圓形路徑 AB。已知月球的質量為 73.49×10^{21} kg，試求 (a) 當太空梭接近橢圓形路徑點 B 時速度；(b) 當接近點 B 時，太空梭應該要減速多少才能順利轉入較小的圓形軌道？

12.28 一個 1 kg 的套環能在一水平轉動的桿子上滑動。剛開始時，套環在點 A 以一條繩子連結到中心軸，另有一常數 30 N/m 之彈簧也連結著套環與中心軸。套環在點 A 時，彈簧剛好是無變形狀態。當水平桿子以角速度 $\dot\theta = 16$ rad/s 轉動時，繩子被剪斷，使得套環往外側滑動。假設摩擦力都可忽略，桿子的質量也忽略，試求 (a) 在點 A 套環的加速度徑向與橫向分量；(b) 在點 A 套環相對於桿子的加速度；(c) 在點 B 時套環速度的橫向分量。

圖 P12.27

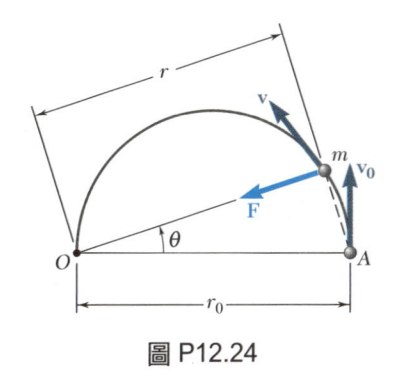

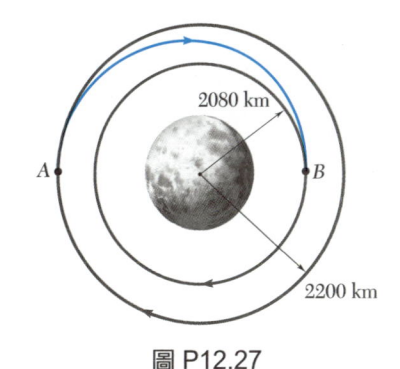

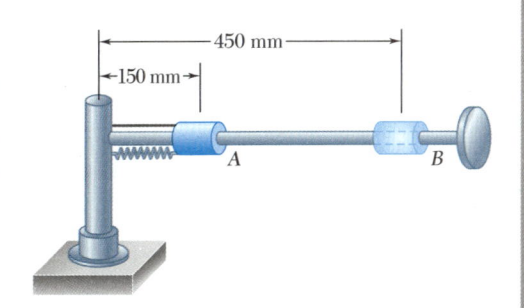

圖 P12.28

*12.11 質點受中心力作用時的軌跡 (Trajectory of a Particle Under a Central Force)

考慮一質點 P 受中心力 **F** 作用，我們要求出相關的微分方程式，並用此來定義質點的運動軌跡。

假設力 **F** 指向力量中心點 O，請注意：此時式 (12.21) 中的 ΣF_r 會等於 $-F$，而式 (12.22) 中的 ΣF_θ 會等於 0，因此我們可寫為

$$m(\ddot{r} - r\dot{\theta}^2) = -F \tag{12.31}$$

$$m(r\ddot{\theta} + 2\dot{r}\dot{\theta}) = 0 \tag{12.32}$$

此兩個方程式定義了 P 的運動型態。接著，我們用式 (12.27) 來代替式 (12.32)，因為只要把式 (12.27) 對 t 微分，就可查證此兩方程式是等效的，而且式 (12.27) 更方便使用。我們寫

$$r^2\dot{\theta} = h \quad \text{或} \quad r^2\frac{d\theta}{dt} = h \tag{12.33}$$

式 (12.33) 可用來消除式 (12.31) 中的獨立變數 t。由式 (12.33) 求解 $\dot{\theta}$ 或 $d\theta/dt$，得到

$$\dot{\theta} = \frac{d\theta}{dt} = \frac{h}{r^2} \tag{12.34}$$

接著可以寫

$$\dot{r} = \frac{dr}{dt} = \frac{dr}{d\theta}\frac{d\theta}{dt} = \frac{h}{r^2}\frac{dr}{d\theta} = -h\frac{d}{d\theta}\left(\frac{1}{r}\right) \tag{12.35}$$

$$\ddot{r} = \frac{d\dot{r}}{dt} = \frac{d\dot{r}}{d\theta}\frac{d\theta}{dt} = \frac{h}{r^2}\frac{d\dot{r}}{d\theta}$$

或是將式 (12.35) 中的 $\dot{r}$ 代入，

$$\ddot{r} = \frac{h}{r^2}\frac{d}{d\theta}\left[-h\frac{d}{d\theta}\left(\frac{1}{r}\right)\right] \tag{12.36}$$

$$\ddot{r} = -\frac{h^2}{r^2}\frac{d^2}{d\theta^2}\left(\frac{1}{r}\right)$$

將式 (12.34) 中的 $\dot{\theta}$ 與式 (12.36) 中的 $\ddot{r}$ 代入式 (12.31) 中，並且用新的函數 $u = 1/r$，在化簡後可得到

$$\frac{d^2u}{d\theta^2} + u = \frac{F}{mh^2u^2} \tag{12.37}$$

在推導式 (12.37) 時，力 **F** 是假設指向 O 的。如果 F 是真的指向 O (吸引力)，則 **F** 的大小為正數；反之，如果 **F** 是背對 O (排斥力)，則 **F** 的大小為負數。如果 F 為 r 的函數為已知，當然 F 為 u 的函數就是已知。式 (12.37) 就是一個以 u 與 θ 為參數的微分方程式。這個微分方程式定義了質點受中心力作用時的軌跡。以角度 θ 為參數，求解 u 對 θ 的函數，並用初始條件來決定積分常數項，所求得的 u 函數就是質點的軌跡。

*12.12 太空力學的應用 (Application to Space Mechanics)

在附掛的火箭燃料燒盡後，人造衛星就只剩下受到地球引力牽絆。它們的運動就像是質點受到中心力作用一樣，可以由式 (12.33) 與式 (12.37) 來決定，其中的 F 可由萬有引力公式計算：

$$F = \frac{GMm}{r^2} = GMmu^2$$

其中 M = 地球質量
m = 衛星質量
r = 衛星到地球中心距離
$u = 1/r$

將此 F 代入式 (12.37) 即得到微分方程式

$$\frac{d^2u}{d\theta^2} + u = \frac{GM}{h^2} \tag{12.38}$$

照片 12.5 哈伯太空望遠鏡於 1990 年由太空梭帶到軌道上 (這是美國太空總署的第一個同步軌道)。

其中右邊項可視為一常數。

此微分方程式的協合方程式 (homogeneous equation) (即方程式右邊項設為 0 的方程式) 之解為 $u = C \cos(\theta - \theta_0)$，而特殊解為 $u = GM/h^2$，將兩解相加即得到式 (12.38) 的通解。選擇使用極座標，並令 $\theta_0 = 0$，我們得到

$$\frac{1}{r} = u = \frac{GM}{h^2} + C \cos\theta \tag{12.39}$$

此方程式是極座標裡的**圓錐曲線** (conic section)，橢圓、拋物線或雙曲線] 方程式。極座標原點 O 位於地球中心，就是圓錐曲線的一個**焦點** (focus)，而極軸是圓錐曲線的一根對稱軸 (圖 12.19)。

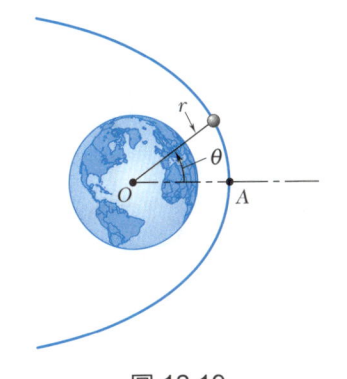

圖 12.19

常數項 C 與 GM/h^2 的比值決定了圓錐曲線的**偏心值** (eccentricity) ε，令之為

$$\varepsilon = \frac{C}{GM/h^2} = \frac{Ch^2}{GM} \tag{12.40}$$

我們可改寫式 (12.39) 為

$$\frac{1}{r} = \frac{GM}{h^2}(1 + \varepsilon \cos \theta) \tag{12.39'}$$

此方程式代表三種可能的軌跡。

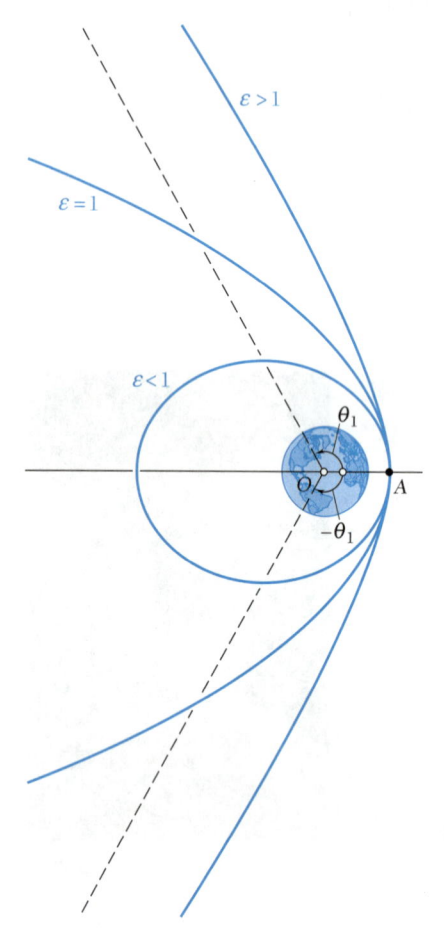

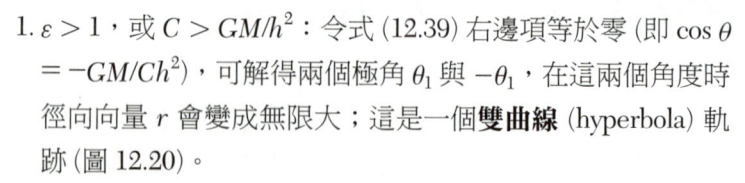

1. $\varepsilon > 1$，或 $C > GM/h^2$：令式 (12.39) 右邊項等於零 (即 $\cos \theta = -GM/Ch^2$)，可解得兩個極角 θ_1 與 $-\theta_1$，在這兩個角度時徑向向量 r 會變成無限大；這是一個**雙曲線** (hyperbola) 軌跡 (圖 12.20)。

2. $\varepsilon = 1$，或 $C = GM/h^2$：當 $\theta = 180°$ 時徑向向量 r 會變成無限大；這是一個**拋物線** (parabola) 軌跡。

3. $\varepsilon < 1$，或 $C < GM/h^2$：此時無論 θ 值為何，徑向向量 r 都是有限值，這是一個**橢圓** (ellipse) 軌跡。其中一個特例是當 $\varepsilon = C = 0$ 時，徑向向量 r 的大小是固定值，這時衛星繞一圓形 (circle) 軌道運行。

既然常數 C 與 GM/h^2 的相對大小決定了衛星軌跡，我們要看看如何由衛星開始自由飛行時的位置與速度來決定這兩個常數。依照一般的設定程序假設，當附掛的推進火箭燃燒完時，衛星的速度剛好是平行地球表面的 (圖 12.21)。換句話說，假設衛星由軌道頂點 (vertex) A 開始自由飛行。

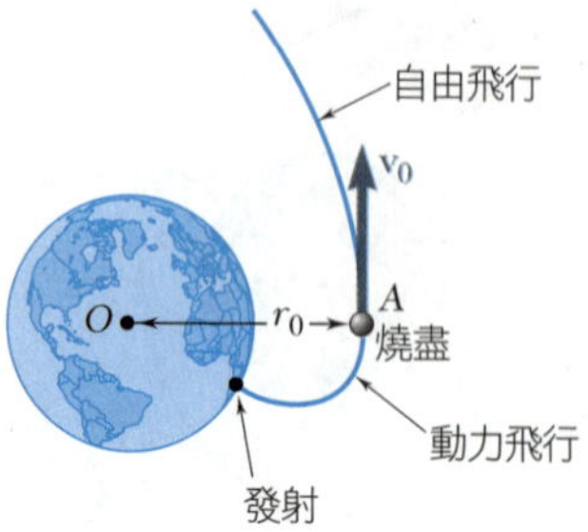

用符號 r_0 與 v_0 代表衛星開始自由飛行時的徑向向量與速率，我們可觀察到速度只有橫向分量，因此，$v_0 = r_0 \dot{\theta}_0$。回顧式 (12.27)，將單位質量的角動量 h 表示為

$$h = r_0^2 \dot{\theta}_0 = r_0 v_0 \tag{12.41}$$

此 h 值可以用來計算常數項 GM/h^2 的值。為了方便計算，可以用第 12.10 節得到的關係式

$$GM = gR^2 \tag{12.30}$$

其中 R 為地球半徑 ($= 6.37 \times 10^6$ m 或 3960 英哩)，g 是地球表面的重力加速度。

圖 12.20

圖 12.21

計算常數 C 值時，可將式 (12.39) 設定 $\theta = 0$，$r = r_0$：

$$C = \frac{1}{r_0} - \frac{GM}{h^2} \qquad (12.42)$$

將式 (12.41) 裡的 h 帶進來，就可將 C 表為 r_0 與 v_0 的關係式。

接下來求解前面提到的三種基本軌道的初始條件。首先我們來看拋物線的情形，在式 (12.42) 中，令 C 等於 GM/h^2，再消除式 (12.41) 和式 (12.42) 裡的 h，求解 v_0 可得到

$$v_0 = \sqrt{\frac{2GM}{r_0}}$$

很容易可查證，初速很大時會對應到拋物線軌跡，而初速很小時會對應到橢圓軌跡。因為由拋物線軌跡所求得的初速 v_0 是衛星不返回起點的最小值，所以稱之為**逃脫速度** (escape velocity)。用式 (12.30) 可得到

$$v_{\text{esc}} = \sqrt{\frac{2GM}{r_0}} \quad \text{或} \quad v_{\text{esc}} = \sqrt{\frac{2gR^2}{r_0}} \qquad (12.43)$$

我們注意到，衛星的軌道可能是：(1) 如 $v_0 > v_{\text{esc}}$ 為雙曲線；(2) 如 $v_0 = v_{\text{esc}}$ 為拋物線；(3) 如 $v_0 < v_{\text{esc}}$ 為橢圓。

在許多可能的不同橢圓軌道中，其中一條由 $C = 0$ 所決定的軌道為**圓形軌道** (circular orbit)，這是特別受到重視的軌道。此時相對應的初始速度可由式 (12.30) 求得：

$$v_{\text{circ}} = \sqrt{\frac{GM}{r_0}} \quad \text{或} \quad v_{\text{circ}} = \sqrt{\frac{gR^2}{r_0}} \qquad (12.44)$$

由圖 12.22 可知，如果 v_0 的值比 v_{circ} 大，但比 v_{esc} 小，自由飛行的起點 A 是軌道中最接近地球的位置，稱為**近地點** (perigee)，而離地球最遠的點 A' 稱為**遠地點** (apogee)。相反地，如果 v_0 的值比 v_{circ} 小時，點 A 是遠地點，而軌道另一側的點 A'' 是近地點。如果 v_0 的值遠比 v_{circ} 小時，衛星的軌跡將觸及地球表面，而無法繼續飛行。

彈道飛彈 (Ballistic missile) 是設計來擊中地表目標的，它的運動軌跡就是橢圓形。事實上，任何在真空中拋射出的物體，如果初速 v_0 比 v_{esc} 小，就都會有橢圓形軌跡。只有在軌道距離變化很小時，我們可將地球的引力場視為常數，這時橢圓形軌跡就會近似一拋物線軌跡，如同在第 11.11 節所討論的一般拋射體。

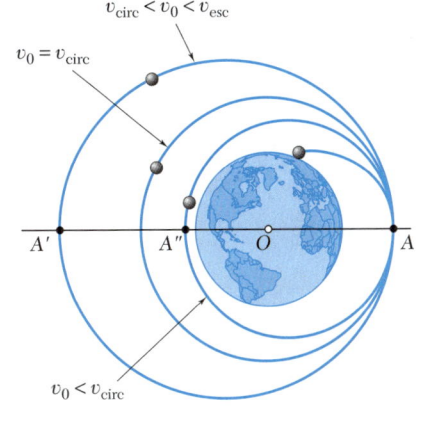

圖 12.22

▶ 週期 (Periodic Time)

衛星繞地球轉時，一項重要的特性是，多久時間衛星會完成繞軌道一圈。這個時間就稱為衛星的**週期**，常用符號 τ 代表。我們在第 12.9 節看到面積速度 (areal velocity) 的定義，觀察得知 τ 可以由軌跡包圍的面積除上面積速度而得。因為橢圓形的面積等於 πab，其中 a、b 分別是長軸之半與短軸之半，而面積速度等於 $h/2$，我們寫

$$\tau = \frac{2\pi ab}{h} \tag{12.45}$$

當衛星是在平行地表的方向發射時，這裡的 h 可以由 r_0 與 v_0 計算出，但是半軸長 a 與 b 卻不能直接由初始條件計算出。從另一方面來看，我們可以由式 (12.39) 輕易計算出近地點與遠地點的 r 值，分別以符號 r_0 與 r_1 代表，然後將 a 與 b 表為 r_0 與 r_1 的關係式。

討論如圖 12.23 所示的橢圓形軌道，地球的中心位於點 O，與橢圓形兩個焦點之一重合，而 A 與 A' 分別代表軌道的近地點與遠地點。我們可容易察覺

$$r_0 + r_1 = 2a$$

因此寫為

$$a = \tfrac{1}{2}(r_0 + r_1) \tag{12.46}$$

回顧橢圓的性質，軌跡上任一點到兩焦點的距離和為一常數，所以可以寫為

$$O'B + BO = O'A + OA = 2a \quad \text{或} \quad BO = a$$

另一方面，我們有 $CO = a - r_0$，因此寫為

$$b^2 = (BC)^2 = (BO)^2 - (CO)^2 = a^2 - (a - r_0)^2$$
$$b^2 = r_0(2a - r_0) = r_0 r_1$$

於是得到

$$b = \sqrt{r_0 r_1} \tag{12.47}$$

圖 12.23

式 (12.46) 和式 (12.47) 說明半長軸與半短軸等於 r_0 與 r_1 的算術平均值，或是幾何平均值。一旦已經求出 r_0 與 r_1，半長軸 a 與半短軸 b 就能算出來，然後代到式 (12.45) 中即可求得週期 τ。

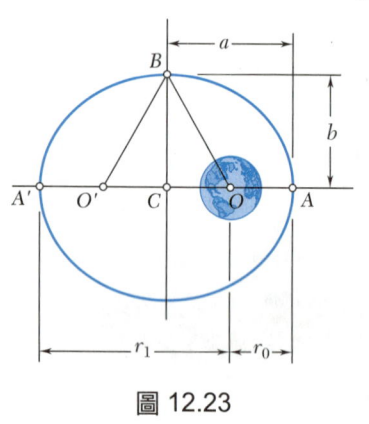

*12.13 行星運動的克普勒定律 (Kepler's Laws of Planetary Motion)

人造衛星繞地球運行的方程式也可以用來描述月球繞地球轉動的情形。然而，此時月亮的質量相對於地球是不可忽略的，因此由這些方程式所求出的結果就不完全準確了。

本節所要討論的內容，也可用於研究行星繞太陽運行的情形。雖然行星與其他行星之間也會有吸引力，忽略這些引力當然會造成我們解題時的誤差，但是這誤差並不會太大。也就是說，所求得的答案仍然是很好的。確實如此，早在牛頓推導他的基礎理論之前，德國天文學家克普勒 (Johann Kepler, 1571~1630) 就根據天文觀測行星運行而發表式 (12.33) 和式 (12.39)，其中的 M 就是太陽的質量。

克普勒的三個**行星運動定律** (laws of planetary motion) 可表述如下：

1. 每個行星的運行軌跡都是橢圓形，而太陽位於橢圓的一個焦點上。
2. 由太陽畫到行星的徑向向量在相同時間內會掃過相同面積。
3. 行星運轉的週期平方會與軌道半長軸的三次方成正比。

第一定律討論的就是在第 12.12 節內容的其中一個特例；第二定律表示每個行星的面積速度都是常數 (參見第 12.9 節)；克普勒的第三定律也可以由第 12.12 節的結論推導出來。

範例 12.9

一衛星在 500 km 高空以平行地表速度 36,900 km/h 發射，試求 (a) 衛星運行時最大高度；(b) 衛星運行時的週期。

解

a. 最大高度。在衛星發射後，它就只受到來自地球的地心引力；它的運動必須符合式 (12.39)

$$\frac{1}{r} = \frac{GM}{h^2} + C\cos\theta \qquad (1)$$

在發射點 A 處，其速度的徑向分量為零，我們有 $h = r_0 v_0$。
回顧地球半徑 $R = 6370$ km，我們計算

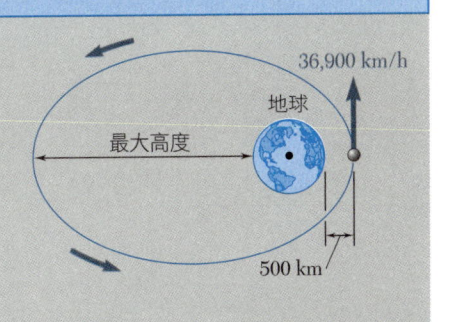

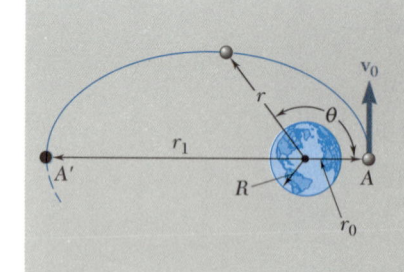

$r_0 = 6370 \text{ km} + 500 \text{ km} = 6870 \text{ km} = 6.87 \times 10^6 \text{ m}$

$v_0 = 36\,900 \text{ km/h} = \dfrac{36.9 \times 10^6 \text{ m}}{3.6 \times 10^3 \text{ s}} = 10.25 \times 10^3 \text{ m/s}$

$h = r_0 v_0 = (6.87 \times 10^6 \text{ m})(10.25 \times 10^3 \text{ m/s}) = 70.4 \times 10^9 \text{ m}^2/\text{s}$

$h^2 = 4.96 \times 10^{21} \text{ m}^4/\text{s}^2$

因為 $GM = gR^2$，其中 R 是地球半徑，可寫為

$GM = gR^2 = (9.81 \text{ m/s}^2)(6.37 \times 10^6 \text{ m})^2 = 398 \times 10^{12} \text{ m}^3/\text{s}^2$

$\dfrac{GM}{h^2} = \dfrac{398 \times 10^{12} \text{ m}^3/\text{s}^2}{4.96 \times 10^{21} \text{ m}^4/\text{s}^2} = 80.3 \times 10^{-9} \text{ m}^{-1}$

將這個值代入式 (1)，得到

$$\dfrac{1}{r} = 80.3 \times 10^{-9} \text{ m}^{-1} + C \cos\theta \qquad (2)$$

請注意：在點 A 時，$\theta = 0$ 且 $r = r_0 = 6.87 \times 10^6$ m，我們可計算 C 值：

$\dfrac{1}{6.87 \times 10^6 \text{ m}} = 80.3 \times 10^{-9} \text{ m}^{-1} + C \cos 0° \qquad C = 65.3 \times 10^{-9} \text{ m}^{-1}$

在軌道另一端離地球最遠的點 A'，此處 $\theta = 180°$，利用式 (2) 可以計算相關的距離 r_1：

$\dfrac{1}{r_1} = 80.3 \times 10^{-9} \text{ m}^{-1} + (65.3 \times 10^{-9} \text{ m}^{-1}) \cos 180°$

$r_1 = 66.7 \times 10^6 \text{ m} = 66\,700 \text{ km}$

最大高度 $= 66\,700 \text{ km} - 6370 \text{ km} = 60\,300 \text{ km}$ ◂

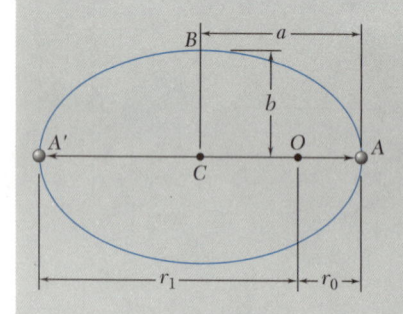

b. 週期。既然 A 與 A' 分別是橢圓形軌道的近地點與遠地點，我們用式 (12.46) 和式 (12.47) 來計算軌道的半長軸與半短軸：

$a = \tfrac{1}{2}(r_0 + r_1) = \tfrac{1}{2}(6.87 + 66.7)(10^6) \text{ m} = 36.8 \times 10^6 \text{ m}$

$b = \sqrt{r_0 r_1} = \sqrt{(6.87)(66.7)} \times 10^6 \text{ m} = 21.4 \times 10^6 \text{ m}$

$\tau = \dfrac{2\pi ab}{h} = \dfrac{2\pi(36.8 \times 10^6 \text{ m})(21.4 \times 10^6 \text{ m})}{70.4 \times 10^9 \text{ m}^2/\text{s}}$

$\tau = 70.3 \times 10^3 \text{ s} = 1171 \text{ min} = $ 19 h 31 min ◂

重點提示

在本課中,我們繼續討論質點承受中心力的運動,並將所得結論用於太空力學。我們發現質點承受中心力時,其運動軌跡會符合微分方程式

$$\frac{d^2u}{d\theta^2} + u = \frac{F}{mh^2u^2} \tag{12.37}$$

其中 u 是距離 r 的倒數 $(u = 1/r)$,F 是中心力 $\mathbf{F}$ 的大小,而 h 是個常數,其等於質點的單位質量的角動量。在太空力學的問題中,$\mathbf{F}$ 是衛星承受到來自地球的萬有引力,或是太陽對行星的吸引力。將 $F = GMm/r^2 = GMmu^2$ 代入式 (12.37),得到

$$\frac{d^2u}{d\theta^2} + u = \frac{GM}{h^2} \tag{12.38}$$

而右邊項是個常數項。

1. **分析衛星與太空船的運動。** 式 (12.38) 的解定義了一個衛星或太空船的軌道。在第 12.12 節中,我們看到解的形式為

$$\frac{1}{r} = \frac{GM}{h^2} + C\cos\theta \quad \text{或} \quad \frac{1}{r} = \frac{GM}{h^2}(1 + \varepsilon\cos\theta) \tag{12.39, 12.39'}$$

要記得 $\theta = 0$ 表示在軌道附近地點 (圖 12.19),且就一軌道而言 h 是個常數。軌道的形式是雙曲線、拋物線或橢圓,可由偏心值 ε 來決定。

   a. $\varepsilon > 1$:軌道為一雙曲線,因此太空船將永遠回不了出發點。
   b. $\varepsilon = 1$:軌道為一拋物線,這是介於開放軌道 (雙曲線) 與封閉軌道 (橢圓) 之間的臨界情況。我們觀察到此時在近地點的速率 v_0 剛好等於脫離速度 v_{esc},

$$v_0 = v_{\text{esc}} = \sqrt{\frac{2GM}{r_0}} \tag{12.43}$$

   請注意:此脫離速度就是使太空船回不了出發點的最小速度。
   c. $\varepsilon < 1$:軌道為一橢圓形。遇到橢圓形軌道的問題,你可以使用下列關係式

$$\frac{1}{r_0} + \frac{1}{r_1} = \frac{2GM}{h^2}$$

來解相關的問題。當你使用此方程式時,要注意 r_0 與 r_1 分別是力量中心到近地點 ($\theta = 0$) 與遠地點 ($\theta = 180°$) 的距離;且 $h = r_0v_0 = r_1v_1$;同時衛星繞地球時 $GM_{\text{earth}} = gR^2$,其中 R 是地球半徑。還要記住當 $\varepsilon = 0$ 時軌道為一圓形。

2. 求解太空船降落時撞擊地面的點。對此類的問題，你可假設軌跡為橢圓形，而降落的初始點是路徑的遠地點 (圖 12.22)。請注意：在撞擊地面時，式 (12.39) 和式 (12.39′) 裡的距離 r 等於地球半徑 R，太空船在那裡不是降落就是撞毀。另外，我們知道 $h = Rv_1 \sin \phi_1$，其中 v_1 是太空船撞擊時的速度，而 ϕ_1 是撞擊前路徑與撞擊地垂直線的夾角。

3. 計算在軌跡的兩點間運行所需的時間。在中心力運動情形下，質點行經軌道的一部分所需的時間 t，計算的方法如第 12.9 節所描述的。首先回顧位置向量 **r** 在單位時間掃過的面積，等於單位質量的角動量之半：$dA/dt = h/2$。因為對一軌跡而言 h 是個常數，所以

$$t = \frac{2A}{h}$$

其中 A 是時間 t 裡掃過的面積。

a. 若是一個橢圓形軌跡，完成軌道一整圈所需時間稱為**週期**

$$\tau = \frac{2(\pi ab)}{h} \qquad (12.45)$$

其中 a 與 b 分別為橢圓的半長軸與半短軸，此兩半軸能用距離 r_0 與 r_1 計算

$$a = \tfrac{1}{2}(r_0 + r_1) \quad 且 \quad b = \sqrt{r_0 r_1} \qquad (12.46, 12.47)$$

b. 克普勒第三定律提供了一個方便的方法，來求解兩衛星以橢圓形軌道繞相同星球時，兩衛星週期的關係 [第 12.13 節]。如以 a_1 與 a_2 代表兩軌道的半長軸，以 τ_1 與 τ_2 代表兩衛星的週期，我們得到

$$\frac{\tau_1^2}{\tau_2^2} = \frac{a_1^3}{a_2^3}$$

c. 如為拋物線軌跡，你可以在書末，找到拋物線或半拋物線面積的公式，並用來計算運行軌跡兩點間所需的時間。

習 題

觀念題

12.CQ3 有一均勻的木箱 C 質量為 m_C，現在用一台堆高機將它鏟起後，以定速 v_1 往左邊運送。試求該木箱對其左上角點 D 的角動量。

a. 0
b. $mv_1 a$
c. $mv_1 b$
d. $mv\sqrt{a^2 + b^2}$

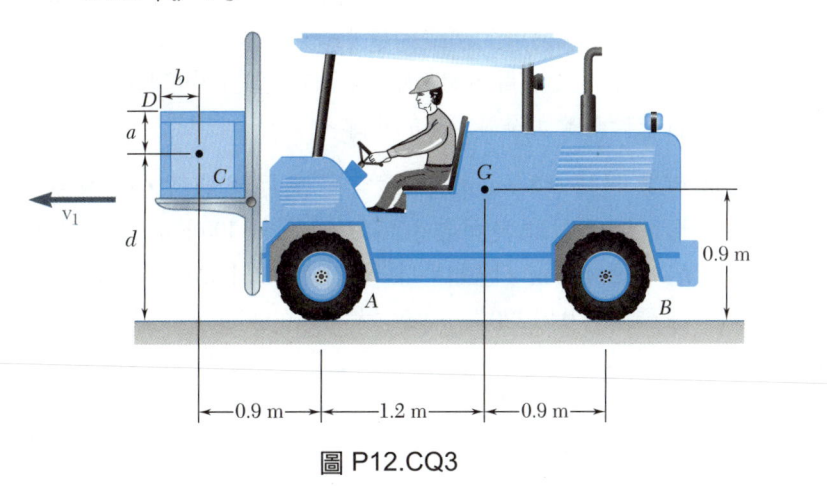

圖 P12.CQ3

課後習題

12.29 有一質量 m 的質點，其受到一中心力 $\mathbf{F}$ 吸引，如將該質點由點 A 以初速 $\mathbf{v}_0$ 垂直 OA 射出，運動軌跡為橢圓方程式 $r = r_0/(2 - \cos\theta)$。請利用式 (12.37) 證明力 $\mathbf{F}$，與質點到力中心點 O 距離 r 的平方成反比。

12.30 加利略太空船第二次繞地球飛行時，被觀察到當太空船位於近地點時高度 303 km，而速度為 14.1 km/s。試求在此部分飛行軌道的偏心值。

12.31 航海家一號太空船 (Voyager I) 繞土星 (Saturn) 飛行，當太空船位於軌道中最接近土星時，距離土星中心為 185×10^3 km 速度為 21.0 km/s。已知土星的月亮土衛三

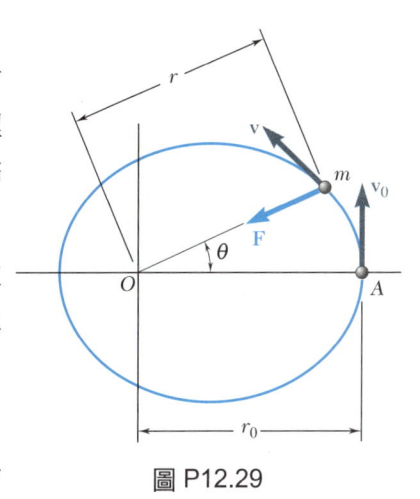

圖 P12.29

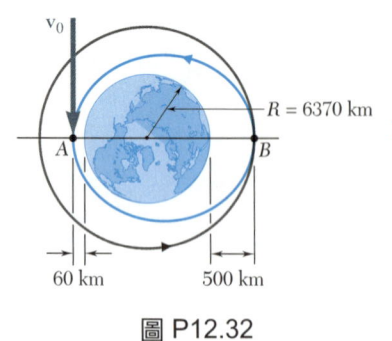

(Tethys) 的軌道為半徑 295×10^3 km 的圓形，而繞行速度為 11.35 km/s。試求航海家一號繞土星軌道的偏心值。

12.32 探險家太空梭 (space shuttle Discovery) 第十三次繞地球飛行時，太空船的軌道是橢圓形，離地最近時為地表之上高度 60 km，而離地最遠時為地表之上高度 500 km。已知在近地點 A 時，太空梭的速度 v_0 方向正好平行地球表面，而到達遠地點 B 時，太空梭要換到圓形軌道。試求 (a) 太空梭在點 A 的速度；(b) 當接近點 B 時，速度要增加多少才能順利換成圓形軌道。

圖 P12.32

12.33 哈雷彗星 (Halley's comet) 的軌道可視為一加長的橢圓形，其距離太陽最近的距離約是 $\frac{1}{2}r_E$，其中 $r_E = 150 \times 10^6$ km，是地球與太陽間平均距離。已知哈雷彗星的週期為 76 年，試求哈雷離太陽最遠時的距離。

12.34 克萊門特 (Clementine) 太空船繞月球飛行，軌道為橢圓形，距離月球表面最小高度為 $h_A = 400$ km，最大高度為 $h_B = 2940$ km。已知月球半徑為 1737 km，而月球質量是地球質量的 0.01230 倍，試求太空船的週期。

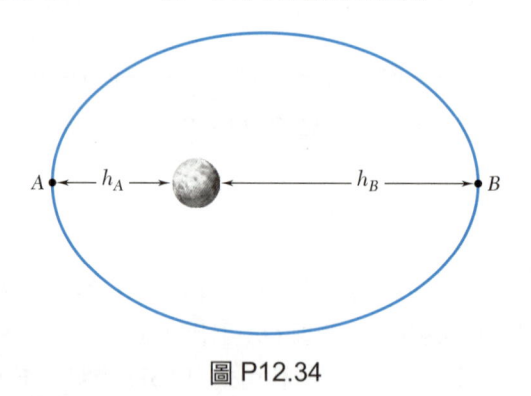

圖 P12.34

12.35 太空船繞地球飛行，軌道為圓形，高度為地表之上 563 km。當太空船通過點 A 時，啟動反向引擎使速度減少 152 m/s，而開始朝地球降落。若要太空船到達點 B 時高度為 121 km，試求角 AOB。(提示：點 A 是橢圓下降軌道的遠地點。)

12.36 請由式 (12.39) 和式 (12.45) 推導出克普勒行星運動第三定律。

圖 P12.35

複習與摘要

本章介紹牛頓第二定律,並且用它來分析質點的運動。

■ **牛頓第二定律** (Newton's second law)

以 m 代表一質點的質量,以 $\Sigma\mathbf{F}$ 代表作用在該質點上各力的總和,以 $\mathbf{a}$ 代表該質點在牛頓參考座標 [第 12.2 節] 的加速度,我們寫為

$$\Sigma\mathbf{F} = m\mathbf{a} \tag{12.2}$$

■ **線動量** (Linear momentum)

質點的線動量定義為 $\mathbf{L} = m\mathbf{v}$ [第 12.3 節],我們看到牛頓第二定律可改寫為

$$\Sigma\mathbf{F} = \dot{\mathbf{L}} \tag{12.5}$$

此式說明作用在質點上的合力等於線動量的改變率。

■ **單位系統的一致性** (Consistent systems of units)

式 (12.2) 必須在單位系統有一致性時才能成立。在 SI 制中,力量必須以牛頓 (N) 為單位,質量的單位必須為 kg,而加速度的單位為 m/s^2;在美國慣用單位中,力量必須以磅 (lb) 為單位,質量的單位必須為 lb·s^2/ft [或稱為斯勒格 (slugs)],而加速度的單位為 ft/s^2 [第 12.4 節]。

■ **一質點的運動方程式** (Equations of motion for a particle)

在求解一質點運動的問題時,向量的式 (12.2) 必須先改寫成純量方程式 [第 12.5 節]。把 $\mathbf{F}$ 與 $\mathbf{a}$ 分解成直角分量時,可寫為

$$\Sigma F_x = ma_x \qquad \Sigma F_y = ma_y \qquad \Sigma F_z = ma_z \tag{12.8}$$

如果是使用切向與法向分量則寫成

$$\Sigma F_t = m\frac{dv}{dt} \qquad \Sigma F_n = m\frac{v^2}{\rho} \tag{12.9'}$$

■ **動態平衡** (Dynamic equilibrium)

[第 12.6 節] 一個質點的運動方程式可以改寫成另一種形式,把 $-m\mathbf{a}$ 這個向量 (大小為 ma,方向與 $\mathbf{a}$ 相反) 看成一個力量,加入到作用在質點的力量中,然後就能使用靜力學平衡方程式來解題,此時

的質點稱為處於動態平衡狀態。然而，為了統一起見，本節所有的範例都是使用運動方程式來解題，前幾個例子是使用直角座標分量 [範例 12.1 到 12.4]，後面幾個例子則是使用切向與法向分量 [範例 12.5 與 12.6]。

■ **角動量** (Angular momentum)

在本章第二部分，我們定義了質點的線動量 $m\mathbf{v}$ 對點 O 的力矩為質點對點 O 的角動量 $\mathbf{H}_O$ [第 12.7 節]。寫為

$$\mathbf{H}_O = \mathbf{r} \times m\mathbf{v} \tag{12.12}$$

並注意到 $\mathbf{H}_O$ 是一向量，其與包含 $\mathbf{r}$ 與 $m\mathbf{v}$ 的平面互相垂直 (圖 12.24)，且大小為

$$H_O = rmv \sin \phi \tag{12.13}$$

將向量 $\mathbf{r}$ 與 $m\mathbf{v}$ 分解成直角分量後，我們可把角動量 $\mathbf{H}_O$ 寫為行列式型態

$$\mathbf{H}_O = \begin{vmatrix} \mathbf{i} & \mathbf{j} & \mathbf{k} \\ x & y & z \\ mv_x & mv_y & mv_z \end{vmatrix} \tag{12.14}$$

如果質點只作 xy 平面的運動，則 $Z = v_z = 0$。角動量方向會與 xy 平面垂直，只剩下大小需要計算。寫為

$$H_O = H_z = m(xv_y - yv_x) \tag{12.16}$$

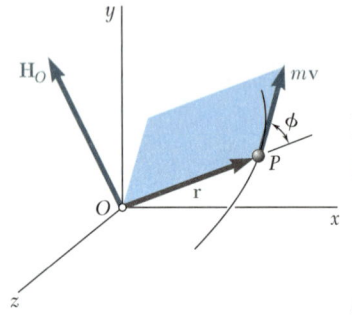

圖 12.24

■ **角動量的改變率** (Rate of change of angular momentum)

計算角動量 $\mathbf{H}_O$ 改變率 $\dot{\mathbf{H}}_O$，然後使用牛頓第二定律，可得到

$$\Sigma \mathbf{M}_O = \dot{\mathbf{H}}_O \tag{12.19}$$

此式告訴我們：作用在一質點上各力對 O 的力矩總和，會等於質點對 O 的角動量的改變率。

■ **徑向與橫向分量** (Radial and transverse components)

在許多平面運動的例子中，我們發現使用徑向與橫向分量是比較方便解題的 [範例 12.7]，此時運動方程式寫為

$$\Sigma F_r = m(\ddot{r} - r\dot{\theta}^2) \qquad (12.21)$$

$$\Sigma F_\theta = m(r\ddot{\theta} + 2\dot{r}\dot{\theta}) \qquad (12.22)$$

■ 質點作中心力運動 (Motion under a central force)

當作用在一質點上的力只是一個指向一固定點 O 的力 **F** 時，我們稱此時該質點是作中心力運動 [第 12.9 節]。因為在任何時刻 $\Sigma \mathbf{M}_O = 0$，由式 (12.19) 我們得到無論 t 值為何 $\dot{\mathbf{H}}_O = 0$，所以

$$\mathbf{H}_O = 常數 \qquad (12.23)$$

我們可下一個結論：質點作中心力運動時，角動量等於一常數（方向與大小都固定），而且向量 $\mathbf{H}_O$ 的方向與質點運動的平面垂直。

回顧式 (12.13) 我們可把質點的中心力運動（圖 12.25）寫成關係式

$$rmv \sin \phi = r_0 m v_0 \sin \phi_0 \qquad (12.25)$$

使用極座標並回顧式 (12.18)，我們又得到

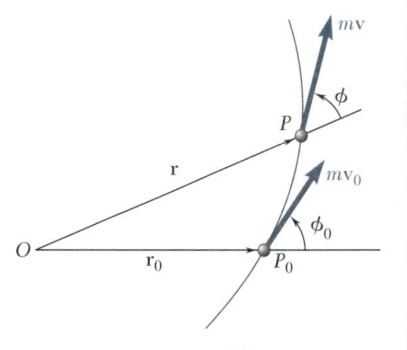

$$r^2 \dot{\theta} = h \qquad (12.27)$$

圖 12.25

其中 h 是一個常數，其代表該質點單位質量的角動量 H_O/m。由圖 12.26 我們觀察到，由半徑向量 OP 掃描角度 $d\theta$ 所得到的微小面積 dA 等於 $\frac{1}{2} r^2 d\theta$，因此式 (12.27) 中的左邊項代表兩倍的面積速度 dA/dt。由此可知，質點作中心力運動時，其面積速度必為一常數。

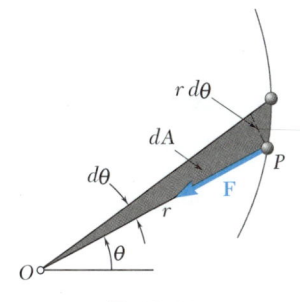

圖 12.26

■ 牛頓的萬有引力定律 (Newton's law of universal gravitation)

衛星受重力吸引的運動 [第 12.10 節] 是質點中心力運動的一項重要應用。根據牛頓的萬有引力定律，質量 M 與 m 的兩質點距離 r 時，兩者會互相產生吸引力 **F** 與 $-$**F**，力的方向會沿著兩質點的連線方向（圖 12.27），此吸引力 F 可表為

$$F = G \frac{Mm}{r^2} \qquad (12.28)$$

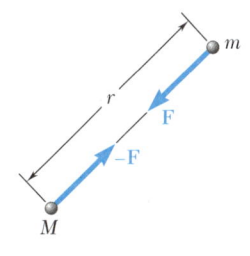

圖 12.27

其中 G 為萬有引力常數。如果一物體質量 m 在地球表面，受到地球的引力作用，則乘積 GM 可表為

$$GM = gR^2 \qquad (12.30)$$

其中 M 為地球質量，$g = 9.81 \text{ m/s}^2 = 32.2 \text{ ft/s}^2$，$R$ 為地球半徑。

■ **軌道運動 (Orbital motion)**

在第 12.11 節證明一質點受中心力運動時的軌跡，可由下列微分方程式決定

$$\frac{d^2u}{d\theta^2} + u = \frac{F}{mh^2u^2} \qquad (12.37)$$

其中 $F > 0$ 代表吸引力，而 $u = 1/r$。在一質點受到重力吸引的運動中 [第 12.12 節]，我們以式 (12.28) 來代替此 F。在軌跡圖上，軸 OA 是連結力中心點 O，與軌道上最接近點 O 的點 A 而成，角度 θ 則從軸 OA 量起 (圖 12.28)，我們發現式 (12.37) 的解答為

$$\frac{1}{r} = u = \frac{GM}{h^2} + C\cos\theta \qquad (12.39)$$

這是圓錐曲線方程式，偏心值 $\varepsilon = Ch^2/GM$。當 $\varepsilon < 1$ 時曲線為**橢圓**；當 $\varepsilon = 1$ 時曲線為**拋物線**；當 $\varepsilon > 1$ 時曲線為**雙曲線**。式中的 C 與 h 可由初始條件求得；如果質點由點 A ($\theta = 0$，$r = r_0$) 拋出，初始速度 $\mathbf{v}_0$ 垂直 OA，我們可寫 $h = r_0v_0$ [範例 12.9]。

圖 12.28

■ **逃脫速度 (Escape velocity)**

同時本章也證明造成拋物線軌跡及圓形軌跡的初速分別為

$$v_{\text{esc}} = \sqrt{\frac{2GM}{r_0}} \qquad (12.43)$$

$$v_{\text{circ}} = \sqrt{\frac{GM}{r_0}} \qquad (12.44)$$

前面第一個數值稱為**逃脫速度**，是質點拋出後不會回到出發點的最小初始速度 v_0。

■ **週期 (Periodic time)**

一行星或衛星繞完軌道一圈所需的時間稱為**週期** τ。本章已證明週期的方程式為

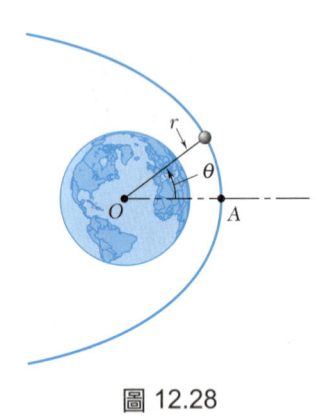

$$\tau = \frac{2\pi ab}{h} \qquad (12.45)$$

其中 $h = r_0 v_0$，a 與 b 分別是橢圓軌道的半長軸與半短軸。同時也證明此兩半軸的值等於橢圓最大半徑與最小半徑的算數平均數與幾何平均數。

■ 克普勒定律 (Kepler's laws)

本章最後部分 [第 12.13 節] 討論克普勒行星運動，由先前天文觀測的資料中，整理出行星運動的定律，並驗證了牛頓運動定律及他的萬有引力定律。

複習題

12.37 圖中的系統由靜止狀態開始，試求在 $t = 1.2$ s 時 (a) 套環 A 的速度；(b) 套環 B 的速度。已知滑輪的質量及摩擦的影響都可忽略。

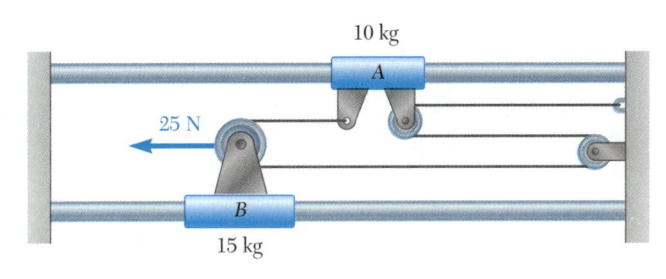

圖 P12.37

12.38 一 250 kg 木箱 B，以繩子懸吊在一 20 kg 滑車 A 之下，滑車可在一工字梁上滑行。已知此時滑車加速度為 0.4 m/s^2 朝右上方，試求 (a) B 相對於 A 的加速度；(b) 繩子 CD 的張力。

圖 P12.38

12.39 一星球的月亮軌道半徑為該星球半徑的兩倍。如以 ρ 代表該星球平均密度，請證明該月亮繞此星球的週期為 $(24\pi/G\rho)^{1/2}$，其中 G 是萬有引力常數。

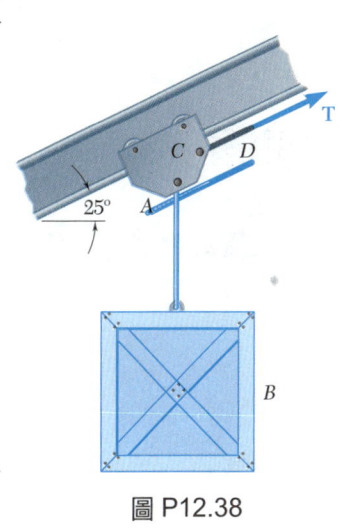

CHAPTER 13

質點運動力學：
能量法與動量法

在高速攝影之下，我們可看到高爾夫球被打中時變形的情況。最大的變形將發生在球桿頭與球有相同速度時。在本章中，我們將使用恢復係數與線動量守恆來分析碰撞的過程。本章的主題是使用能量法與動量法來討論質點的運動力學。

13.1 簡介 (Introduction)

在前一章中，大多數質點運動的題目都是使用運動的基礎方程式 $\mathbf{F} = m\mathbf{a}$ 來求解。當作用在質點上的力 $\mathbf{F}$ 為已知時，我們用這個方程式能求出加速度 $\mathbf{a}$，然後再用運動學的原理，即可求得任一時刻質點的速度及位置。

使用方程式 $\mathbf{F} = m\mathbf{a}$ 再配合運動學原理，可以發展出另外兩個解析的方法，它們是**功能法** (method of work and energy) 及**衝量動量法** (method of impulse and momentum)。使用這兩個方法的好處是，不必先求得加速度。確實如此，在功能法中，我們直接看到力、質量、速度、及位移間的關係；而衝量動量法直接說明力、質量、速度、及時間的關係。

本章會先討論功能法。在第 13.2 到 13.4 節裡，將討論**力量作功** (work of a force) 與質點的**動能** (kinetic energy)，也會討論應用功能原理來求解工程問題的方法。機器的**功率** (power) 與**效率** (efficiency) 的觀念會在第 13.5 節中介紹。

在第 13.6 到 13.8 節將介紹**保守力位能** (potential energy) 的觀念，以及以能量守恆原理來求解各種不同的問題。在第 13.9 節中，討論以結合能量守恆原理及角動量守恆原理來求解太空力學的問題。

本章的第二部分討論**衝量與動量原理** (principle of impulse and momentum)，並應用該原理來研究質點的運動。在第 13.11 節將看到此原理在研究質點的**衝擊運動** (impulsive motion) 時是特別有效率的。所謂衝擊是指在極小的時間內施以極大的作用力。

在第 13.12 到 13.14 節將討論兩物體間的**中心衝擊** (central impact) 運動。在撞擊前後兩碰撞物體的相對速度是有關聯性的，利用此關聯性再配合兩物體的總動量守恆，我們就能解許多此類的問題。

最後在第 13.15 節，你將學到如何從第十二與第十三章所教的三個基礎方法中，挑出最適合的方法來解答特定的問題。同時也將看到，能量守恆原理與衝量動量方法如何結合來求解保守力的問題。只有在分析衝擊剎那間的運動時，衝擊力的影響才必須要列入考慮。

13.2 力所作的功 (Work of a Force)

首先我們對力學裡使用的**位移** (displacement) 與**功** (work) 下定義。若有一質點由點 A 移動到鄰近的點 A' (圖 13.1)。如以 $\mathbf{r}$ 來代表在點 A 時的位置向量，A 與 A' 之間的微小向量可表為微分的 $d\mathbf{r}$，此

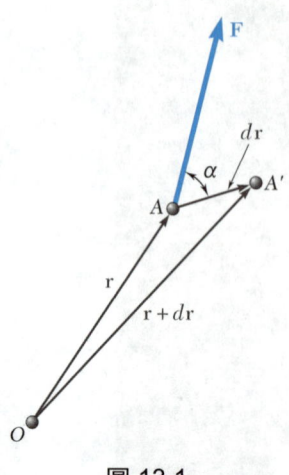

圖 13.1

向量 $d\mathbf{r}$ 即稱為質點的位移。現在假設有一力 $\mathbf{F}$ 作用在質點上，**此力 $\mathbf{F}$ 在位移 $d\mathbf{r}$ 內所作的功定義為**

$$dU = \mathbf{F} \cdot d\mathbf{r} \tag{13.1}$$

也就是說，功等於力向量 $\mathbf{F}$ 與位移向量 $d\mathbf{r}$ 的**純量積** (scalar product)。如果用 F 與 ds 來代表力與位移的大小，而 α 為 $\mathbf{F}$ 與 $d\mathbf{r}$ 之間的夾角，則由純量積的定義 (第 3.9 節) 可以寫為

$$dU = F\,ds\,\cos\alpha \tag{13.1'}$$

用式 (3.30) 我們也可將 dU 表為力與位移的直角分量：

$$dU = F_x\,dx + F_y\,dy + F_z\,dz \tag{13.1''}$$

因為功是個純量，它只有大小與正、負號而沒有方向性。我們也可注意到，功的單位應該等於力的單位乘上位移的單位。如果是美國慣用單位，功的單位就應該寫為 ft·lb 或 in·lb。如果是 SI 制，則功的單位就應寫為 N·m。功的單位 N·m，又稱為**焦耳** (joule, J)。回顧第 12.4 節的單位換算，可以寫為

$$1\text{ ft}\cdot\text{lb} = (1\text{ ft})(1\text{ lb}) = (0.3048\text{ m})(4.448\text{ N}) = 1.356\text{ J}$$

由式 (13.1′) 得知：當 α 角是銳角時，功 dU 為正值；而 α 是鈍角時，功為負值。以下三種特例是較常被注意的。當 $\mathbf{F}$ 的方向與 $d\mathbf{r}$ 相同時，功 dU 的公式可簡化成 $F\,ds$。當 $\mathbf{F}$ 的方向與 $d\mathbf{r}$ 相反時，功 dU 的公式變成 $dU = -F\,ds$。最後當 $\mathbf{F}$ 的方向與 $d\mathbf{r}$ 垂直時，功 dU 等於零。

當質點的位移是一區間由 A_1 到 A_2 時 (圖 13.2a)，力 $\mathbf{F}$ 作的功就必須將式 (13.1) 沿著質點的路徑積分，此時的功表為 $U_{1\to 2}$

$$U_{1\to 2} = \int_{A_1}^{A_2} \mathbf{F} \cdot d\mathbf{r} \tag{13.2}$$

或是由功的另一個式 (13.1′) 來看，因為 $F\cos\alpha$ 代表了力的切向分量 F_t，所以我們可將 $U_{1\to 2}$ 表為

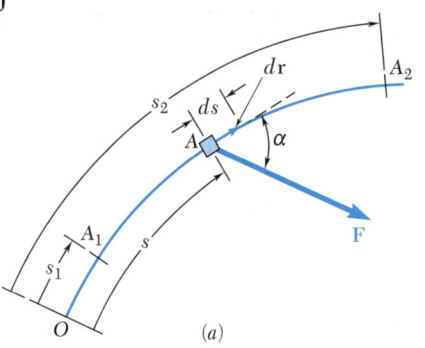

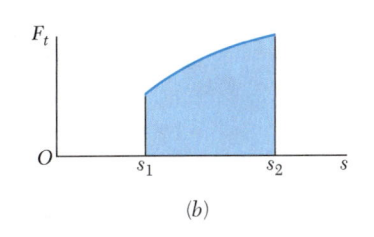

圖 13.2

$$U_{1\to 2} = \int_{s_1}^{s_2} (F\cos\alpha)\,ds = \int_{s_1}^{s_2} F_t\,ds \qquad (13.2')$$

其中積分參數 s 代表質點沿著路徑移動的距離。功 $U_{1\to 2}$ 可由 $F_t = F\cos\alpha$ 對 s 作圖的曲線之下的面積來計算 (圖 13.2b)。

當力 **F** 以直角分量定義時，式 (13.1″) 能用來求基本的功，可以寫為

$$U_{1\to 2} = \int_{A_1}^{A_2} (F_x\,dx + F_y\,dy + F_z\,dz) \qquad (13.2'')$$

其中積分是沿著質點移動的路徑來進行的。

▶ 直線運動時恆定力作的功

當一質點作直線運動時，如有一方向及大小都恆定之力 **F** (圖 13.3) 作用於質點上，則式 (13.2′) 可改寫為

$$U_{1\to 2} = (F\cos\alpha)\,\Delta x \qquad (13.3)$$

其中 α 為力與運動方向的夾角，Δx 為 A_1 到 A_2 的位移。

圖 13.3

▶ 重力作功

一物體的重量 **W** 即是重力作用在物體上的力，而此重量所作的功可由式 (13.1″) 和式 (13.2″) 代入 **W** 而得。通常我們選 y 軸為垂直向上 (圖 13.4)，所以 $F_x = 0$，$F_y = -W$，且 $F_z = 0$，可寫為

$$dU = -W\,dy$$
$$U_{1\to 2} = -\int_{y_1}^{y_2} W\,dy = Wy_1 - Wy_2 \qquad (13.4)$$

或

$$U_{1\to 2} = -W(y_2 - y_1) = -W\,\Delta y \qquad (13.4')$$

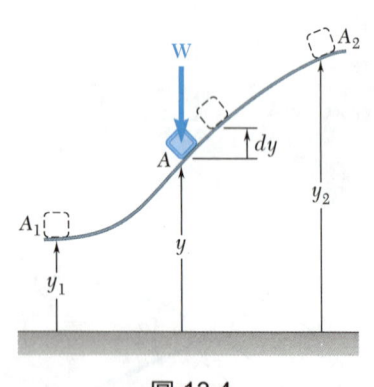

圖 13.4

其中 Δy 為由 A_1 到 A_2 的垂直位移。重量 **W** 所作的功等於 W 乘上物體重心的垂直位移。當 $\Delta y < 0$ 時此功為正，亦即，當物體往下移動時重量作正功。

▶ 彈簧力作功

考慮一物體 A 以一彈簧連結到一固定點 B；假設當物體位於 A_0 時 (圖 13.5a)，彈簧為無變形狀態。由實驗數據證實：彈簧作用在物體 A 的力量 **F** 會正比於彈簧的變形量 x。我們寫為

$$F = kx \qquad (13.5)$$

其中 k 是**彈簧常數** (spring constant)，如用 SI 制時單位為 N/m 或 kN/m；如用美國慣用單位時為 lb/ft 或 lb/in。[†]

物體由點 $A_1 (x = x_1)$ 位移到點 $A_2 (x = x_2)$ 時，彈簧的作功可寫為

$$dU = -F\,dx = -kx\,dx$$
$$U_{1 \to 2} = -\int_{x_1}^{x_2} kx\,dx = \tfrac{1}{2}kx_1^2 - \tfrac{1}{2}kx_2^2 \qquad (13.6)$$

使用此方程式時要注意 k 與 x 的單位必須有一致性。例如，使用美國慣用單位時，k 的單位為 lb/ft，x 的單位為 ft，而功的單位為 ft·lb；或是 k 的單位為 lb/in，x 的單位為 in，而功的單位為 in·lb。請注意：當 $x_2 < x_1$ 時彈簧力 **F** 對物體作正功，此時的彈簧正要回去未變形的位置。

既然式 (13.5) 是一條斜率 k 而通過原點的直線，所以 **F** 在位移由 A_1 到 A_2 間所作的功 $U_{1 \to 2}$，可由計算圖 13.5b 中的梯形面積求得。首先計算 F_1 與 F_2 的值，再求它們的平均值 $\tfrac{1}{2}(F_1 + F_2)$，將此平均值乘上梯形的底 Δx，即得到梯形的面積。因為當 Δx 為負時，彈簧力 **F** 作正功，所以我們寫

$$U_{1 \to 2} = -\tfrac{1}{2}(F_1 + F_2)\,\Delta x \qquad (13.6')$$

式 (13.6') 通常比式 (13.6) 更方便使用，因為比較不會被單位混淆。

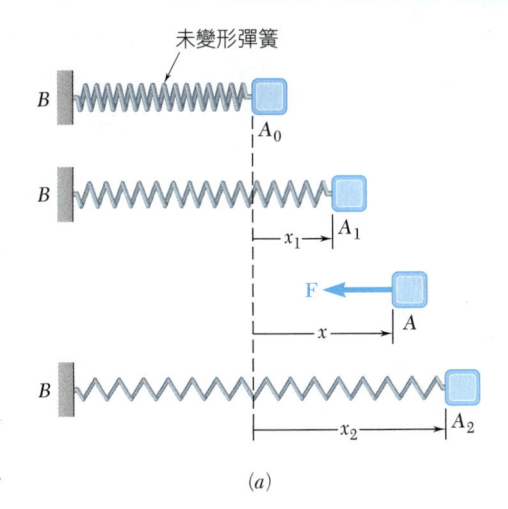

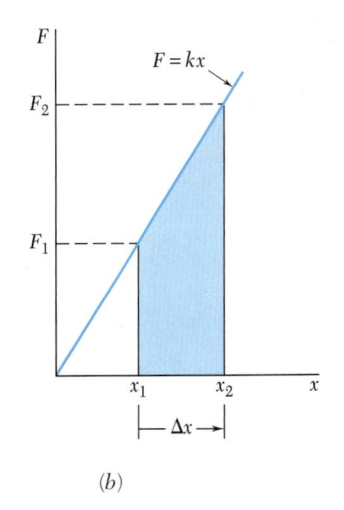

圖 13.5

▶ 引力作功

在第 12.10 節中，我們看到兩質量 M 與 m 之質點相距 r 時，彼此會產生吸引對方的力 **F** 與 $-\mathbf{F}$ 來，吸引力的方向指向質點本身，且大小為

$$F = G\frac{Mm}{r^2}$$

[†] 關係式 $F = kx$ 只在靜力條件下才正確無誤；如果在動力條件時，還必須把彈簧的慣性考慮進去。然而，如果彈簧的質量相較於運動中的其他質量是很小時，使用 $F = kx$ 來解動力問題產生的誤差通常很小是可以忽略的。

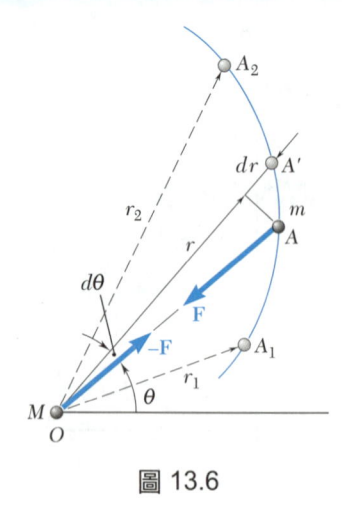

我們假設質點 M 位於固定點 O，而質點 m 沿著如圖 13.6 的路徑移動。當質點 m 由 A 移動到 A' 的一個極小位移，吸引力 $\mathbf{F}$ 所作的功等於力的大小 F，乘上位移的徑向分量 dr。因為 $\mathbf{F}$ 的方向指向 O，所以此功為負值，可寫為

$$dU = -F\,dr = -G\frac{Mm}{r^2}dr$$

如果質點 m 的移動是由 $A_1\,(r = r_1)$ 到 $A_2\,(r = r_2)$ 的有限位移時，重力 $\mathbf{F}$ 所作的功就成為

$$U_{1\to 2} = -\int_{r_1}^{r_2}\frac{GMm}{r^2}dr = \frac{GMm}{r_2} - \frac{GMm}{r_1} \tag{13.7}$$

其中 M 為地球的質量。此式子用來解地球對質量 m 物體的引力所作的功，而式中 r 大於地球半徑 R，用來代表質量 m 到地球中心的距離。回顧式 (12.29)，我們可將式 (13.7) 中的 GMm 用 WR^2 代替，R 是地球半徑 ($R = 6.37 \times 10^6$ m 或 3960 mi)，W 為物體在地表時的重量。

　　在動力學問題中有幾種常見的力是**不作功**的。例如，作用在固定點 ($ds = 0$) 的力，或是作用力的方向與位移方向垂直 ($\cos\alpha = 0$)。還有下列的力也不作功：物體由無摩擦的銷子支撐，物體可相對銷子轉動，此時銷子的反作用力不作功；物體由無摩擦的表面支撐，物體可相對該支撐表面滑動，此時支撐表面的反作用力不作功；滾子在軌道內滑行，如滾子的質量中心只是水平移動，則滾子的重量不作功。

13.3 質點的動能與功能原理 (Kinetic Energy of a Particle. Principle of Work and Energy)

考慮一質量 m 之物體，受到一力 $\mathbf{F}$ 作用，沿著一直線或曲線運動 (圖 13.7)。將牛頓第二運動定律裡的力及加速度以切向分量表示 (參見第 12.5 節)，則寫為

$$F_t = ma_t \quad 或 \quad F_t = m\frac{dv}{dt}$$

其中 v 為質點的速率。回顧第 11.9 節 $v = ds/dt$，得到

$$F_t = m\frac{dv}{ds}\frac{ds}{dt} = mv\frac{dv}{ds}$$
$$F_t\,ds = mv\,dv$$

將此式沿路徑積分，起點 A_1 處 $s = s_1$ 且 $v = v_1$，末點 A_2 處 $s = s_2$ 且 $v = v_2$，可寫為

$$\int_{s_1}^{s_2} F_t \, ds = m \int_{v_1}^{v_2} v \, dv = \tfrac{1}{2} m v_2^2 - \tfrac{1}{2} m v_1^2 \qquad (13.8)$$

式 (13.8) 左邊項代表質點由 A_1 移動到 A_2 時作用力 **F** 所作的功 $U_{1 \to 2}$；如同第 13.2 節所述，功 $U_{1 \to 2}$ 是個純量。而 $\tfrac{1}{2} m v^2$ 也是個純量，它是質點的動能，可以用符號 T 代表。寫為

$$T = \tfrac{1}{2} m v^2 \qquad (13.9)$$

將此式代入式 (13.8)，改寫成

$$U_{1 \to 2} = T_2 - T_1 \qquad (13.10)$$

此式子說明當質點受力 **F** 作用，由 A_1 點移動到 A_2 點時，**力 F 作的功等於質點動能的改變**。此關係稱為功能原理。重新安排式 (13.10) 中的各項，我們將之改寫為

$$T_1 + U_{1 \to 2} = T_2 \qquad (13.11)$$

因此，質點在 A_2 位置時的動能，會等於在 A_1 位置時的動能，加上力 **F** 於 A_1 到 A_2 間所作的功。就像牛頓第二定律推導時的情形，此功能原理的應用也僅能使用於牛頓參考座標（第 12.2 節）。因此，用於計算動能 T 的速率 v 必須是在牛頓參考座標裡測量。

既然功與動能都是純量，它們的和能用一般的代數運算。而功 $U_{1 \to 2}$ 的正、負號是由 **F** 的方向決定的。當有多個力一同作用在質點上時，$U_{1 \to 2}$ 代表所有作用在質點上的力作功的總和，它是由個別力作功加總而得。

如前所述，質點的動能是個純量。由定義來看 $T = \tfrac{1}{2} m v^2$，無論質點往何方向運動，質點的動能永遠都是正值。考慮一個特例，當 $v_1 = 0$ 且 $v_2 = v$，將 $T_1 = 0$ 與 $T_2 = T$ 代入式 (13.10) 中，我們觀察到力作用在質點上的功會等於 T。因此，當質點以速率 v 運動而具有動能 T，代表必有外力對質點作了功，才使得質點能由靜止變成有速率 v。將 $T_1 = T$ 與 $T_2 = 0$ 代入式 (13.10) 中，請注意：當質點以速率 v 運動時，必有外力對質點作了 $-T$ 的功，才使得質點靜止下來。假設

沒有能量變成熱散失掉，我們即可結論作用在物體上，使物體停止的力所作的功等於 T，因此質點的動能也代表於此速率時質點作功的能力。

動能的單位與功的單位相同，亦即，如使用 SI 制為焦耳，如使用美國慣用單位為 ft·lb。確認一下，使用 SI 制時，

$$T = \tfrac{1}{2}mv^2 = \text{kg}(\text{m/s})^2 = (\text{kg}\cdot\text{m/s}^2)\text{m} = \text{N}\cdot\text{m} = \text{J}$$

而使用美國慣用單位時，

$$T = \tfrac{1}{2}mv^2 = (\text{lb}\cdot\text{s}^2/\text{ft})(\text{ft/s})^2 = \text{ft}\cdot\text{lb}$$

13.4 功能原理的應用 (Applications of the Principle of Work and Energy)

應用功能原理大幅簡化了許多相關力、位移，及速度的問題。例如，一擺錘 OA，其是由一重量 W 的秤錘 A 連結在長度 l 的繩子上所組成（圖 13.8a）。該擺錘由一水平位置 OA_1 以初速為零釋放，之後擺錘在一垂直面擺動。我們想要決定，當秤錘到達 O 之下的點 A_2 時，秤錘的速度為多少。

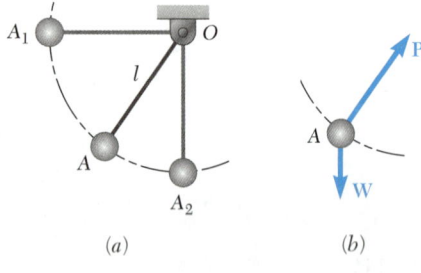

圖 13.8

首先我們決定由 A_1 到 A_2 位移之間作用在秤錘上的力作功有多少。我們畫出秤錘的自由體圖，顯示所有**真正**作用在它身上的力，亦即包括重量 **W** 與繩子的力 **P** (圖 13.8a)。(慣性向量並不是真正的力，所以**不**會包括在自由體圖上。) 請注意：力 **P** 並不作功，因為它的方向與運動路徑垂直，因此只剩重量 **W** 會作功。重量 **W** 作的功等於 W 的大小乘上垂直位移 l (第 13.2 節)；因為位移是往下的，所以作功為正值，我們因此寫 $U_{1\to 2}= Wl$。

現在考慮秤錘的動能，我們發現在點 A_1 時 $T_1 = 0$，而在點 A_2 時 $T_2 = \tfrac{1}{2}(W/g)v_2^2$。現在我們可以使用功能原理，回顧式 (13.11)，可寫為

$$T_1 + U_{1\to 2} = T_2 \qquad 0 + Wl = \frac{1}{2}\frac{W}{g}v_2^2$$

求解 v_2，得到 $v_2 = \sqrt{2gl}$。請注意：此速率就等於物體由高度 l 自由落下時的速率。

由此例子，我們可看到應用功能原理時有下列優點：

1. 在求 A_2 處的速率時，並不需要先求中間位置 A 時的加速度，也不需將加速度由 A_1 到 A_2 積分。

2. 所有相關項都是純量，可以直接加減，並不需要使用 x 與 y 分量。
3. 不作功的力在解題時都用不到。

在解某一題時的優點，也可能是解另一題時的缺點。舉例來說，很明顯地，功能法就不能直接用來求解加速度。同樣地，也不能用於求解與路徑垂直的力，因為這種力並不作功。此時功能法必須配合牛頓第二定律才能成功。例如，若要計算當秤錘位於 A_2 時，繩子作用在秤錘上的力 P (圖 13.8a)，我們畫在此位置時秤錘的自由體圖 (圖 13.9)，並將牛頓第二定律以切向與法向分量表示。整理方程式 $\Sigma F_t = ma_t$ 與 $\Sigma F_n = ma_n$，會得到 $a_t = 0$ 與

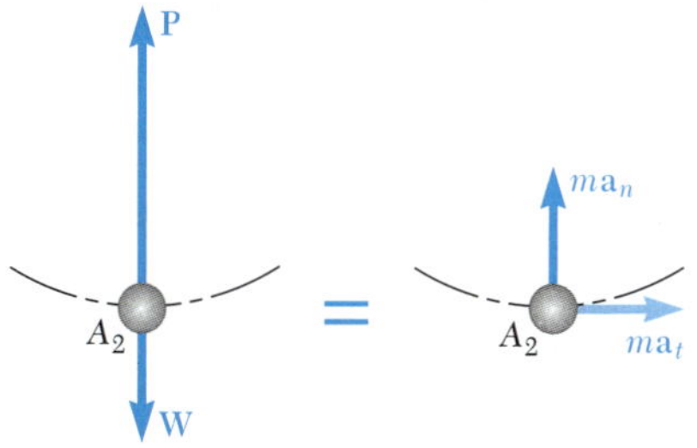

$$P - W = ma_n = \frac{W}{g}\frac{v_2^2}{l}$$

圖 13.9

但是 A_2 處的速率前面已經用功能法求得了。把 $v_2^2 = 2gl$ 代入以求取 P，可寫為

$$P = W + \frac{W}{g}\frac{2gl}{l} = 3W$$

當一個問題中包括有兩個以上的質點時，功能原理能用在每一個質點上。把各個質點的動能加總起來，並考慮所有力量所作的功，我們可以建立一個單一包含所有質點的功與能的方程式。得到

$$T_1 + U_{1 \to 2} = T_2 \tag{13.11}$$

其中 T 代表所有質點動能的總和 (每一項都是正值)，而 $U_{1 \to 2}$ 是所有的力作功的總和，**包括質點與質點之間的作用力與反作用力作的功**。遇到物體受不可伸長繩子或連桿連接的問題時，繩子兩端的連結力所作的功會互相抵消。因為兩端的位移量相同，但兩端的力大小相同方向相反 (參見範例 13.2)。

因為摩擦力的方向與物體位移方向相反，所以**摩擦力作功永遠為負值**。這個負功代表能量轉成熱而散失，導致物體整體的動能減少 (參見範例 13.3)。

13.5 功率與效率 (Power and Efficiency)

單位時間內所作的功稱為**功率** (Power)。當要選擇一個馬達或引擎時，功率比真正要執行的功總量還更重要。無論一個小馬達或是一個大馬達都能作相同的功，只是小馬達可能需要很長的時間才能完成這個功，而大馬達只需幾分鐘就可完成。如果在時間區間 Δt 內所作

的功為 ΔU，則此時間區間內平均功率為

$$\text{平均功率} = \frac{\Delta U}{\Delta t}$$

如 Δt 趨近於零，我們就得到極限

$$\text{功率} = \frac{dU}{dt} \tag{13.12}$$

用純量積 $\mathbf{F} \cdot d\mathbf{r}$ 代替 dU，我們可改寫為

$$\text{功率} = \frac{dU}{dt} = \frac{\mathbf{F} \cdot d\mathbf{r}}{dt}$$

而且 $d\mathbf{r}/dt$ 代表的就是力 $\mathbf{F}$ 作用點的速度 $\mathbf{v}$，所以

$$\text{功率} = \mathbf{F} \cdot \mathbf{v} \tag{13.13}$$

既然功率的定義是單位時間所作的功，那麼它的單位必定是功的單位除以時間的單位。如使用 SI 制時，功率單位為 J/s；這個單位又稱為瓦特 (W)。可寫為

$$1 \text{ W} = 1 \text{ J/s} = 1 \text{ N} \cdot \text{m/s}$$

如果使用美國慣用單位，功率單位為 ft · lb/s 或是馬力 (hp)，兩者間的關係為

$$1 \text{ hp} = 550 \text{ ft} \cdot \text{lb/s}$$

回顧第 13.2 節中 1 ft · lb = 1.356 J，我們可證明

$$1 \text{ ft} \cdot \text{lb/s} = 1.356 \text{ J/s} = 1.356 \text{ W}$$
$$1 \text{ hp} = 550(1.356 \text{ W}) = 746 \text{ W} = 0.746 \text{ kW}$$

在第 10.5 節定義了機器的機械效率 (mechanical efficiency) 為輸出功與輸入功的比值：

$$\eta = \frac{\text{輸出功}}{\text{輸入功}} \tag{13.14}$$

作此定義時我們假設功是等比例產出的，所以輸出功與輸入功的比值會等於輸出功率與輸入功率的比值，可寫為

$$\eta = \frac{\text{輸出功率}}{\text{輸入功率}} \tag{13.15}$$

CHAPTER 13　質點運動力學：能量法與動量法　　127

能量會因為摩擦而損失，所以輸出功永遠比輸入功還要小，連帶地，輸出功率永遠比輸入功率還要小，因此一部機器的機械效率永遠會小於 1。

當一部機器用來將機械能轉變成電能，或是將熱能轉變成機械能時，它的總效率可由式 (13.15) 獲得。一部機器的總效率永遠會小於 1；總效率是用來衡量各種能量的損耗 (電能損失或是熱能損失就如同摩擦損失)。此處要注意使用式 (13.15) 時，輸出功率與輸入功率的單位必須一樣。

範例 13.1

一質量 1000 kg 的汽車正以速率 72 km/h 開在斜坡 5° 朝下的路面，當駕駛踩煞車時產生了 5000 N 的煞車力 (路面與輪胎之間的力)。試求經過多少距離後汽車會完全停止。

解

動能

位置 1：$v_1 = \left(72 \dfrac{\text{km}}{\text{h}}\right)\left(\dfrac{1000 \text{ m}}{1 \text{ km}}\right)\left(\dfrac{1 \text{ h}}{3600 \text{ s}}\right) = 20 \text{ m/s}$

$T_1 = \frac{1}{2}mv_1^2 = \frac{1}{2}(1000 \text{ kg})(20 \text{ m/s})^2 = 20{,}000 \text{ J}$

位置 2：
$$v_2 = 0 \quad T_2 = 0$$

功 $U_{1 \to 2} = -5000x + (1000 \text{ kg})(9.81 \text{ m/s}^2)(\sin 5°)x = -4145x$

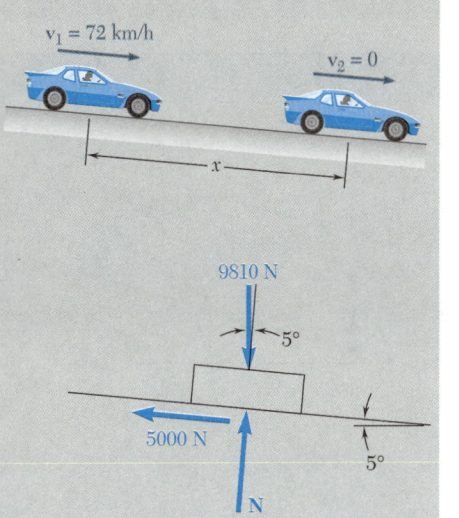

功能原理
$$T_1 + U_{1 \to 2} = T_2$$
$$200{,}000 - 4145x = 0 \qquad x = 48.25 \text{ m} \blacktriangleleft$$

範例 13.2

如圖所示，兩滑塊以不可伸長繩子連在一起。如果系統由靜止狀態釋放，試求當滑塊 A 移動 2 m 時的速度。假設滑塊 A 與平面之間的動摩擦係數為 $\mu_k = 0.25$，且滑輪的重量及摩擦都可忽略。

解

滑塊 A 的功與能。 我們以 $\mathbf{F}_A$ 代表摩擦力、$\mathbf{F}_C$ 代表繩子的張力，寫為

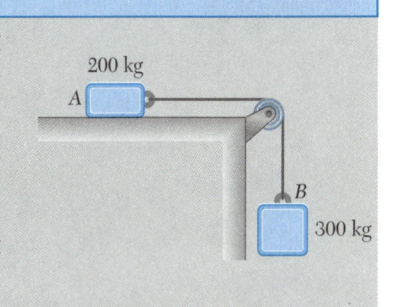

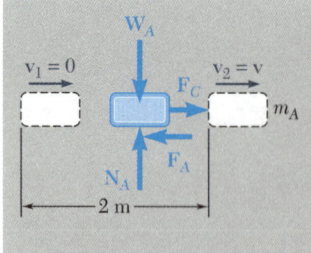

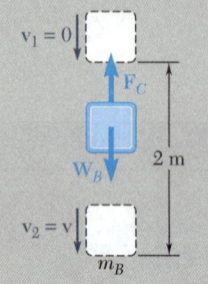

$m_A = 200$ kg　　$W_A = (200 \text{ kg})(9.81 \text{ m/s}^2) = 1962$ N
　　　　　　$F_A = \mu_k N_A = \mu_k W_A = 0.25(1962 \text{ N}) = 490$ N
$T_1 + U_{1\to 2} = T_2$:　　$0 + F_C(2 \text{ m}) - F_A(2 \text{ m}) = \frac{1}{2}m_A v^2$
　　　　　　　　$F_C(2 \text{ m}) - (490 \text{ N})(2 \text{ m}) = \frac{1}{2}(200 \text{ kg})v^2$ 　　　(1)

滑塊 B 的功與能。寫為

$m_B = 300$ kg　　$W_B = (300 \text{ kg})(9.81 \text{ m/s}^2) = 2940$ N
$T_1 + U_{1\to 2} = T_2$:　　$0 + W_B(2 \text{ m}) - F_C(2 \text{ m}) = \frac{1}{2}m_B v^2$
　　　　　　　　$(2940 \text{ N})(2 \text{ m}) - F_C(2 \text{ m}) = \frac{1}{2}(300 \text{ kg})v^2$　　　(2)

將式 (1) 和式 (2) 相加，我們注意到繩子張力 F_C 對滑塊 A 及滑塊 B 作功的項會互相抵消：

$(2940 \text{ N})(2 \text{ m}) - (490 \text{ N})(2 \text{ m}) = \frac{1}{2}(200 \text{ kg} + 300 \text{ kg})v^2$
　　　　　　　　$4900 \text{ J} = \frac{1}{2}(500 \text{ kg})v^2$　　$v = 4.43$ m/s ◀

範例 13.3

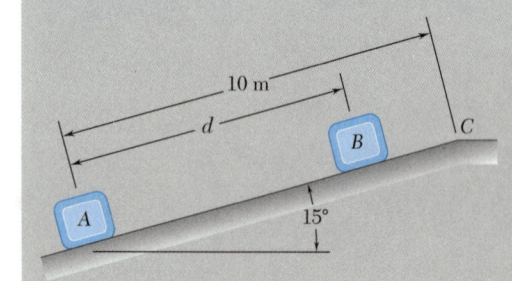

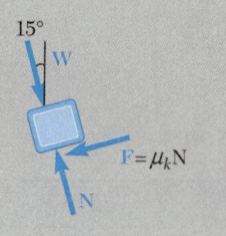

有一包裹在一 15° 斜坡被往上拋出，當包裹滑行 10 m 後到達斜坡頂端，且速度變為零。已知包裹與斜坡之間的動摩擦係數為 $\mu_k = 0.12$，試求 (a) 包裹拋出瞬間初速；(b) 包裹回到初始位置時速度。

解

(a) 往上移動時，由點 A 到點 C，$-v_C = 0$。

$$T_A = \frac{1}{2}mv_A^2, \quad T_C = 0$$
$$U_{A-C} = (-W\sin 15° - F)(10 \text{ m})$$
$$\Sigma F = 0: \quad N - W\cos 15° = 0$$
$$N = W\cos 15°$$
$$F = \mu_k N = 0.12\, W\cos 15°$$
$$U_{A-C} = -W(\sin 15° + 0.12\cos 15°)(10 \text{ m})$$
$$T_A + U_{A-C} = T_C \quad \frac{1}{2}\frac{W}{g}v_A^2 - W(\sin 15° + 0.12\cos 15°)(10 \text{ m})$$
$$v_A^2 = (2)(9.81)(\sin 15° + 0.12\cos 15°)(10 \text{ m})$$
$$v_A^2 = 73.5$$

$\mathbf{v}_A = 8.57$ m/s ↗ 15° ◀

(b) 往下移動時，由點 C 到點 A。

$$T_C = 0 \quad T_A = \frac{1}{2}mv_A^2 \quad U_{C-A} = (W\sin 15° - F)10$$

(F 的方向反轉)

$$T_C + U_{C-A} = T_A \quad 0 + W(\sin 15° - 0.12\cos 15°)(10 \text{ m}) = \frac{1}{2}mv_A^2$$

$$v_A^2 = (2)(9.81)(\sin 15° - 0.12\cos 15°)(10 \text{ m})$$

$$v_A^2 = 28.039$$

$\mathbf{v}_A = 5.30$ m/s ⦫ 15° ◀

範例 13.4

有一輛 1000 kg 汽車從位置 1 以靜止開始順軌道下滑，假設輪胎與軌道間的摩擦可忽略，試求 (a) 當汽車到達位置 2 時，軌道作用在汽車上的力為多少？已知軌道在位置 2 處的曲率半徑為 6 m；(b) 軌道在位置 3 處曲率半徑的最小安全值。

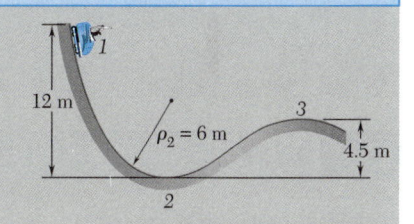

解

a. **在位置 2 軌道的作用力**。用功能原理可求得汽車到達位置 2 時的速度。

動能。$T_1 = 0 \qquad T_2 = \frac{1}{2}mv_2^2$

功。此過程中只有重量 $\mathbf{W}$ 作功，因為由位置 1 到位置 2 的垂直位移是 12 m 往下，所以重量作的功為

$$U_{1 \to 2} = +W(12 \text{ m}) = mg(12 \text{ m})$$

功能原理

$$T_1 + U_{1 \to 2} = T_2 \quad 0 + mg(12 \text{ m}) = \frac{1}{2}mv_2^2$$

$$v_2^2 = 24g = (24\text{m})\left(9.81\frac{\text{m}}{\text{s}^2}\right) \quad v_2 = 15.34 \text{ m/s}$$

在位置 2 的牛頓第二定律。在位置 2 時汽車的加速度 $\mathbf{a}_n$ 的大小為 $a_n = v_2^2/\rho$ 方向朝上。而外力作用在車子的是 $\mathbf{W}$ 與 $\mathbf{N}$，寫為

$$+\uparrow \Sigma F_n = ma_n: \quad -W + N = ma_n$$

$$= \frac{mv_2^2}{\rho}$$

$$= m\frac{24g}{6} = 4mg = 4W$$

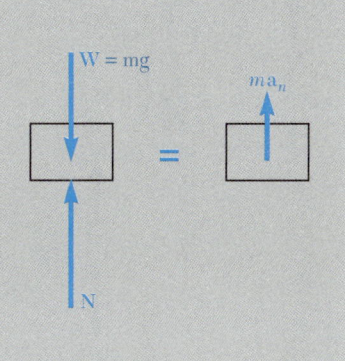

$$N = 5W = 5(1000 \text{ kg})(9.81 \text{ m/s}^2) \quad \mathbf{N} = 49.05 \text{ kN}\uparrow$$

b. 位置 3 處的最小曲率半徑 ρ。功能原理。將功能原理用於位置 1 與位置 3，得到

$$T_1 + U_{1\to 3} = T_3 \qquad 0 + mg(7.5 \text{ m}) = \frac{1}{2}mv_3^2$$

$$v_3^2 = 15g = (15\text{m})(9.81 \text{ m/s}^2) \qquad v_3 = 12.13 \text{ m/s}$$

在位置 3 的牛頓第二定律。最小安全曲率半徑 ρ 發生在 $\mathbf{N} = 0$ 時。此時加速度 $\mathbf{a}_n$ 的大小 $a_n = v_3^2/\rho$ 方向朝下，寫為

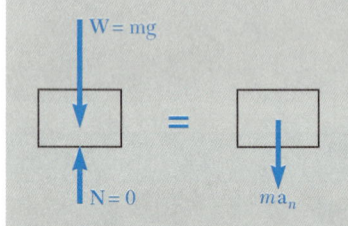

$$+\downarrow \Sigma F_n = ma_n: \qquad mg = m\frac{v_3^2}{\rho}$$

$$\rho = \frac{v_3^2}{g} = \frac{15g}{g} \qquad \rho = 15 \text{ m} \blacktriangleleft$$

範例 13.5

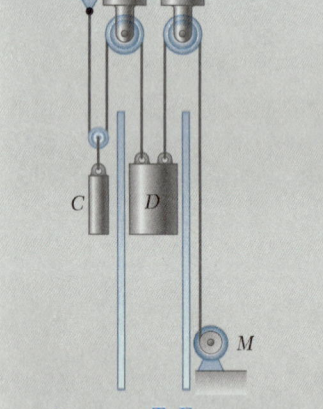

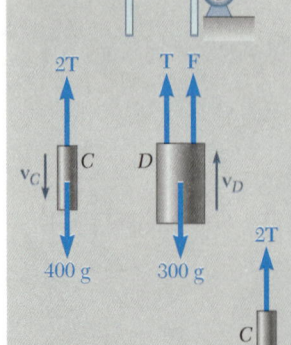

圖中升降機 D 及其載重共為質量 300 kg，而配重 C 則有質量 400 kg。試求馬達 M 所輸送的功率，當升降機 (a) 以定速 2.5 m/s 上升時；(b) 瞬時速度 2.5 m/s 上升，而加速度 1 m/s² 時。

解

因為馬達作用在纜繩的力 $\mathbf{F}$ 的方向與升降機速度 $\mathbf{v}_D$ 同方向，故馬達的功率等於 Fv_D，其中 $v_D = 2.5$ m/s。題目中兩種情形的力 $\mathbf{F}$ 必須先求得。

a. 等速運動。我們知道 $\mathbf{a}_C = \mathbf{a}_D = 0$；兩個物體都處於平衡狀態。

由 C 自由體圖：$+\uparrow \Sigma F_y = 0: \quad 2T - 400g = 0 \quad T = 200g = 1962$ N

由 D 自由體圖：$+\uparrow \Sigma F_y = 0: \qquad F + T - 300g = 0$

$$F = 300g - T = 300g - 200g = 100g = 981 \text{ N}$$
$$Fv_D = (981 \text{ N})(2.5 \text{ m/s}) = 2452 \text{ W}$$

功率 $= 2452$ W $\blacktriangleleft$

b. 加速度運動。我們有

$$\mathbf{a}_D = 1 \text{ m/s}^2 \uparrow \qquad \mathbf{a}_C = -\tfrac{1}{2}\mathbf{a}_D = 0.5 \text{ m/s}^2 \downarrow$$

用運動方程式求解

由 C 自由體圖：$+\downarrow \Sigma F_y = m_C a_C$: $400\,g - 2T = 400\,(0.5)$

$$T = \frac{(400)(9.81) - 400(0.5)}{2} = 1862\,\text{N}$$

由 D 自由體圖：$+\uparrow \Sigma F_y = m_D a_D$: $\quad F + T - 300\,g = 300\,(1)$

$$F + 1862 - 300(9.81) = 300 \quad F = 1381\,\text{N}$$

$$Fv_D = (1381\,\text{N})(2.5\,\text{m/s}) = 3452\,\text{W}$$

功率 = 3452 W ◀

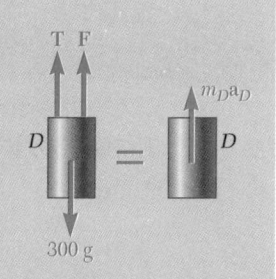

重點提示

在前面的章節中，你使用基礎方程式 $\mathbf{F} = m\mathbf{a}$ 來求質點運動時的加速度 $\mathbf{a}$。再利用運動學的原理，可以求出質點在任一時刻的速度及位置。在本課中，我們結合 $\mathbf{F} = m\mathbf{a}$ 與運動學的原理，而得到另一種解析的方法——**功能法**。使用功能法時，我們不需要求出加速度，此法直接說明速度與位置的關聯性。依照下列步驟即可使用功能法解題：

1. **計算每個力作的功。** 質點由 A_1 移動到 A_2 時，力 $\mathbf{F}$ 所作的功 $U_{1 \to 2}$ 定義為

$$U_{1 \to 2} = \int \mathbf{F} \cdot d\mathbf{r} \quad 或 \quad U_{1 \to 2} = \int (F \cos \alpha)\,ds \quad (13.2, 13.2')$$

其中 α 是力 $\mathbf{F}$ 與位移 $d\mathbf{r}$ 的夾角。功 $U_{1 \to 2}$ 是個純量，在美國慣用單位中單位為 $\text{ft} \cdot \text{lb}$，在 SI 制中單位為 $\text{N} \cdot \text{m}$ 或稱焦耳 (J)。請注意：當力與位移方向垂直時 ($\alpha = 90°$) 作功等於零。當 $90° < \alpha < 180°$ 時，作功為負值，特別在摩擦力的例子裡，因為摩擦力與位移方向相反 ($\alpha = 180°$)，故摩擦力永遠作負功。

遇到下列例子時你可以容易地計算出功 $U_{1 \to 2}$：

a. 直線運動時一固定力作的功

$$U_{1 \to 2} = (F \cos \alpha)\,\Delta x \quad (13.3)$$

其中 α 是力 $\mathbf{F}$ 與位移 $d\mathbf{r}$ 的夾角，Δx 是由 A_1 到 A_2 的位移（圖 13.3）。

b. 重量作功

$$U_{1 \to 2} = -W\,\Delta y \quad (13.4')$$

其中 Δy 是重量 W 的物體重心的垂直位移。請注意：當 Δy 為負值時此功為正，也就是說，物體往下移動時重量作正功。

c. 彈簧作功

$$U_{1\to 2} = \tfrac{1}{2}kx_1^2 - \tfrac{1}{2}kx_2^2 \tag{13.6}$$

其中 k 為彈簧常數，而 x_1 與 x_2 為彈簧在位置 A_1 與 A_2 時的伸長量 (圖 13.5)。

d. 重力作功

$$U_{1\to 2} = \frac{GMm}{r_2} - \frac{GMm}{r_1} \tag{13.7}$$

此式適用於物體由 A_1 $(r = r_1)$ 位移到 A_2 $(r = r_2)$ 的情形 (圖 13.6)。

2. 計算在位置 A_1 與 A_2 時的動能。動能 T 的定義為

$$T = \tfrac{1}{2}mv^2 \tag{13.9}$$

其中 m 是質點的質量，而 v 是速度的大小。動能的單位與功相同，在美國慣用單位中單位為 $ft \cdot lb$，在 SI 制中單位為 $N \cdot m$ 或稱焦耳 (J)。

3. 將功 $U_{1\to 2}$ 與動能 T_1 及 T_2 的值代入方程式

$$T_1 + U_{1\to 2} = T_2 \tag{13.11}$$

你會得到一個方程式，由此方程式可求出一個未知數來。請注意：此方程式中沒有用到時間區間，也沒有加速度。然而，如果你知道運動路徑某一點的曲率半徑 ρ，與質點在該點的速率 v，則此時加速度的法向分量可寫為 $a_n = v^2/\rho$，而作用在質點上的力的法向分量可寫為 $F_n = mv^2/\rho$。

4. 功率的定義是功對時間的變化率，$P = dU/dt$。功率的單位在美國慣用單位中是 $ft \cdot lb/s$，或是馬力 (hp)，在 SI 制中是 J/s 或瓦特 (W)。計算功率時可以使用等效的公式，

$$P = \mathbf{F} \cdot \mathbf{v} \tag{13.13}$$

其中 $\mathbf{F}$ 與 $\mathbf{v}$ 分別是在某一時間時的力與速度 [範例 13.5]。在某些題目中 [例如習題 13.17]，你需要求解平均功率，此時可以用總功去除以所經過的時間，來求得平均功率。

習 題

觀念題

13.CQ1 滑塊 A 以速率 v_0 在一平滑表面移動，突然間表面變成粗糙表面而帶有摩擦係數 μ，使得滑塊移動距離 d 之後停止下來。假如滑塊 A 當初的速率變成兩倍，即 $2v_0$，則它在粗糙表面移動多遠後才停止下來？

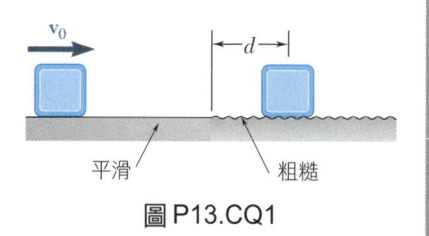

a. $d/2$
b. d
c. $\sqrt{2}d$
d. $2d$
e. $4d$

圖 P13.CQ1

課後習題

13.1 一 400 kg 的衛星被放置於離地表高 1500 km 的圓形軌道上，在此高度的重力加速度為 6.43 m/s²。試求此衛星的動能，已知它在軌道運行的速率為 25.6×10^3 km/h。

13.2 在一礦砂攪拌的程序中，一裝滿礦砂的桶子懸吊在一移動的天車下，天車則沿著一固定橋移動。當天車突然停止時，將造成桶子水平晃動，若此晃動量必須小於 4 m，試求最大可允許的天車速率 v。

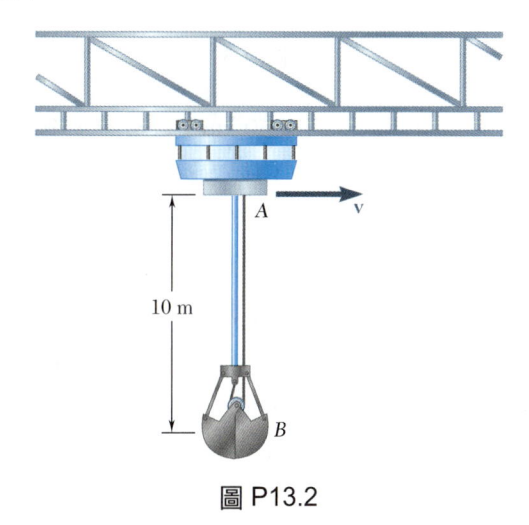

圖 P13.2

134　動力學

13.3 已知一輛汽車的重量 60% 在前輪，40% 在後輪。輪胎與路面間的靜摩擦係數為 0.75。試求該汽車由靜止開始，行駛 110 m 內，理論上能達到的最大速度。假設該車為 (a) 前輪驅動；(b) 後輪驅動。

13.4 有一 1.4 kg 模型火箭由靜止開始，以 25 N 推力使之垂直上升，直到高度 15 m 時推力才停止。如果空氣阻力可忽略，試求 (a) 當推力停止時火箭的速率；(b) 火箭可到達的最大高度；(c) 火箭回到地面時的速率。

13.5 圖中盒子在速率 $\mathbf{v}_0$ 的輸送帶上，被送往一固定斜坡的點 A，然後盒子在固定斜坡滑行，直到點 B 處掉落下來。已知 $\mu_k = 0.40$，假設到達點 B 時盒子速率為 2.5 m/s，試求輸送帶的速率。

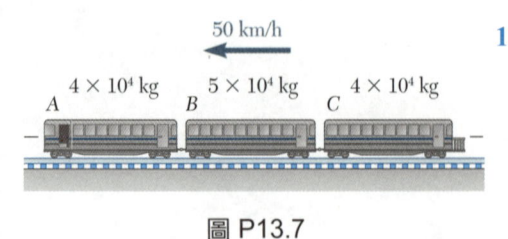

圖 P13.5

13.6 一拖車以速率 72 km/h 進入一 2% 上升斜坡，當行進 300 m 後速率變成 108 km/h。拖車頭質量為 1800 kg，而貨櫃質量為 5400 kg。試求 (a) 拖車頭的輪胎平均推力；(b) 拖車頭與貨櫃間的連結器平均力量。

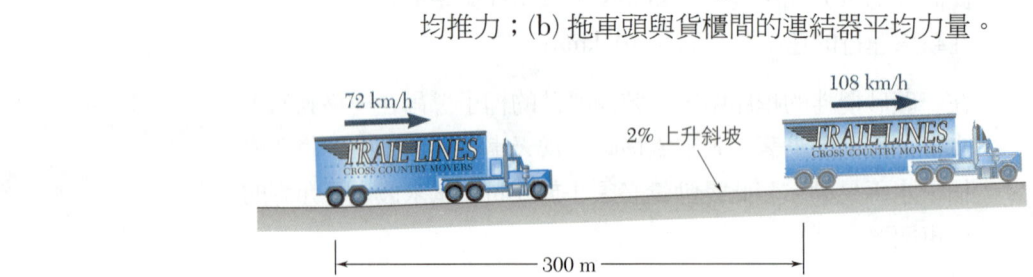

圖 P13.6

13.7 圖中列車以速度 50 km/s 行駛時，突然 B 車廂與 C 車廂全力煞車，使得車輪在軌道上滑行，但是 A 車廂並沒有煞車。已知車輪與軌道間的動摩擦係數為 0.35，試求 (a) 列車經多少距離才停止下來；(b) 各車廂間的連結器受力多少。

圖 P13.7

13.8 圖中系原先為靜止狀態，現有一固定力 150 N 作用在套筒 B 上。(a) 如果此力持續作用著，試求當套筒 B 撞到支撐環 C 時速度；(b) 如果希望套筒 B 撞到支撐環 C 時速度為零，則該 150 N 力在作用多少距離 d 時應該要移走？

13.9 圖中系統原先為靜止狀態，現有一 250 N 力作用在滑塊 A 之上，使系統動起來。假設滑輪的質量可忽略，滑塊 A 與水平地面間的摩擦也可忽略。試求 (a) 當方塊 A 移動 2 m 時滑塊 B 的速度；(b) 繩子的張力。

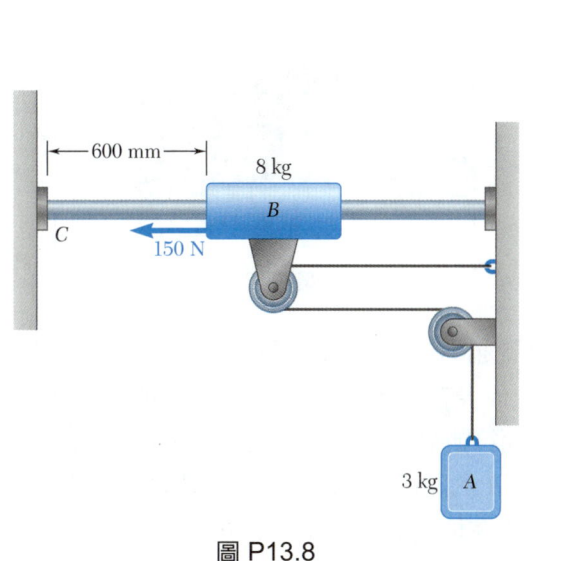

圖 P13.8

圖 P13.9

13.10 有 A 與 B 兩個塊狀物，質量各是 4 kg 與 5 kg，被繩子與滑輪連結在一起。原先系統是靜止的，現在將一套筒 C 放到塊狀物 A 上面，使得塊狀物下移。已知當塊狀物下移 0.9 m 時套筒 C 被移除，而塊狀物 A 與 B 繼續移動。試求塊狀物 A 即將撞擊地面時的速度。

13.11 圖中一 3 kg 塊狀物被連結在一繩子與彈簧之間。彈簧常數為 $k = 1600$ N/m，而繩子張力為 15 N。如果繩子突然被剪斷，試求 (a) 塊狀物最大的位移；(b) 塊狀物最大的速度。

13.12 在一個兩端都封閉截面積 A 的汽缸中央，有一質量 m 的活塞，活塞兩側的壓力都是 p，此時活塞處於平衡狀態。已知壓力的大小與體積成反比。活塞與汽缸間的摩擦可忽略。假設活塞被往左方移動 a/2 然後放開，試求活塞回到原先的中央位置時速度。將你的答案寫為 m、a、p，及 A 的關係式。

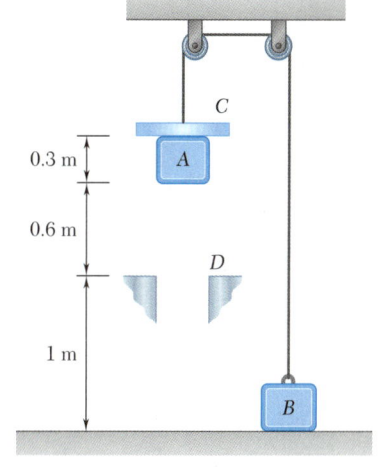

圖 P13.10

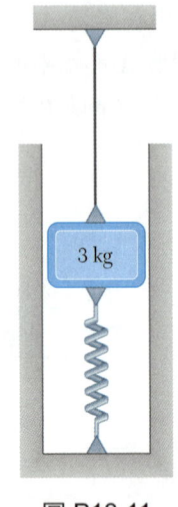

圖 P13.11

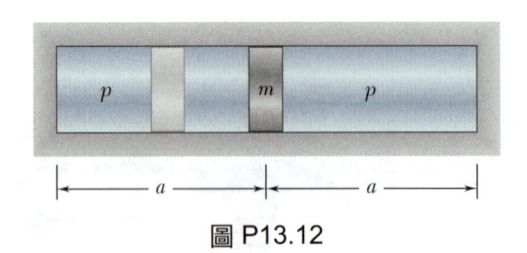

圖 P13.12

13.13 以符號 g_0 代表在地球表面時的重力加速度，符號 g_h 代表在離地球表面高度 h 時的重力加速度，而符號 R 則是地球半徑。請將 g_h 表為 g_0、h，及 R 的關係式。在計算一物體的重量時，如果使用在地表的重量來代替在高空的重量，則會有多少百分比的誤差，當高度為 (a) 1 km；(b) 1000 km。

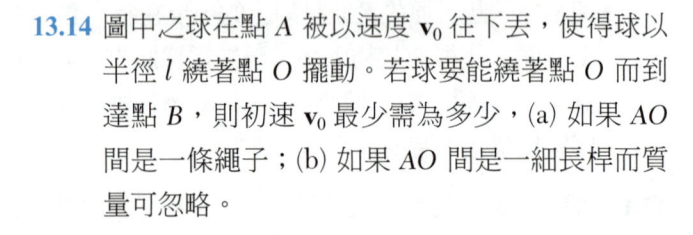

13.14 圖中之球在點 A 被以速度 $\mathbf{v}_0$ 往下丟，使得球以半徑 l 繞著點 O 擺動。若球要能繞著點 O 而到達點 B，則初速 $\mathbf{v}_0$ 最少需為多少，(a) 如果 AO 間是一條繩子；(b) 如果 AO 間是一細長桿而質量可忽略。

圖 P13.14

13.15 圖中一小球 B 質量 m 以繩子懸住由水平位置，釋放後可在垂直面內擺動。剛開始小球 B 會以點 O 為中心擺動，當繩子碰觸到點 A 後，小球改以點 A 為中心擺動。試求繩子的張力：當 (a) 繩子碰觸到點 A 之前；(b) 繩子碰觸到點 A 之後。

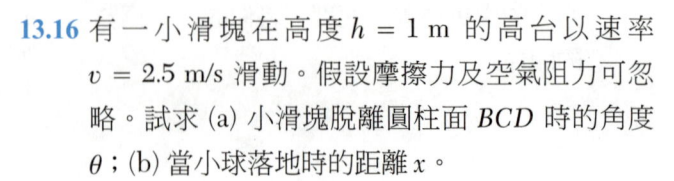

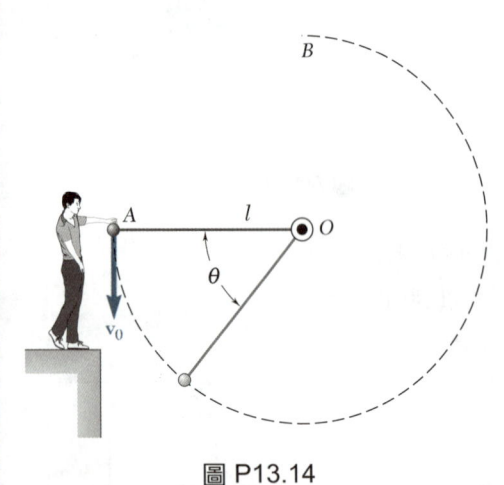

13.16 有一小滑塊在高度 $h = 1$ m 的高台以速率 $v = 2.5$ m/s 滑動。假設摩擦力及空氣阻力可忽略。試求 (a) 小滑塊脫離圓柱面 BCD 時的角度 θ；(b) 當小球落地時的距離 x。

圖 P13.15

13.17 圖中的液壓系統需時 15 s，才能將 1200 kg 汽車與 300 kg 承板上升 2.8 m。試求 (a) 液壓幫浦的平均輸出功率；(b) 如果由電能轉成機械能時的整體效率為 82%，則所需的電能功率為何？

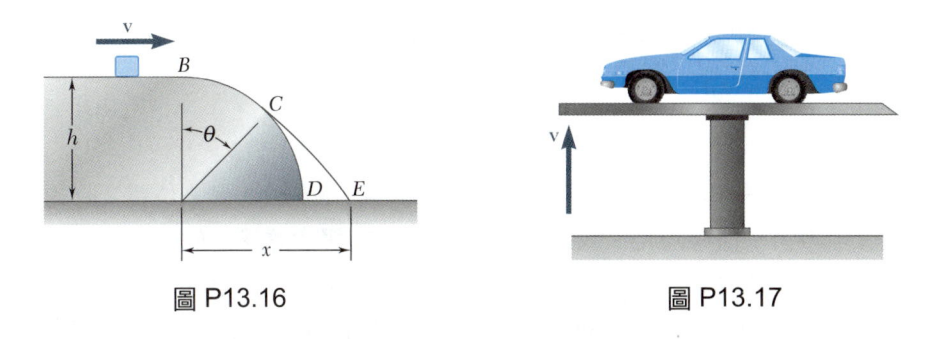

圖 P13.16

圖 P13.17

13.18 (a) 有一 50 kg 女子騎著 7.5 kg 自行車，以定速 1.5 m/s 騎在一 3% 上升斜坡，請計算該女子必須輸出多少功率？(b) 另有一 75 kg 男子騎著 9 kg 自行車，以定速 6 m/s 騎下同一斜坡，請計算自行車的煞車消耗多少功率？假設空氣阻力及滾動阻力都可忽略。

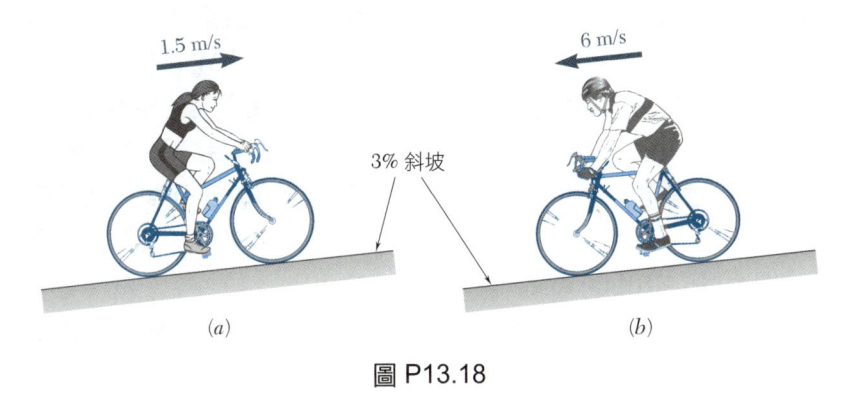

圖 P13.18

13.19 有一輛火車總質量 500 Mg，由靜止開始等加速度，於 50 s 內速度到達 90 km/h，之後即以定速行駛。已知此時是水平行駛，軸的摩擦與滾動阻力產生總阻力 15 kN，方向與行駛方向相反。請將火車輸出的功率表為時間的函數。

13.6 位能 (Potential Energy)

讓我們再次討論一重量 **W** 之物體沿著一曲線運動，由高度 y_1 的點 A_1 移動到高度 y_2 的點 A_2 (圖 13.4) 時相關的功與能問題。在第 13.2 節中提到重力 **W** 於此位移間作功等於

$$U_{1\to 2} = Wy_1 - Wy_2 \tag{13.4}$$

因此 **W** 的作功可用物體在位置 1 時的函數 Wy 值，減去位置 2 時的函數 Wy 值來求得。或是說，**W** 所作的功與實際移動的路徑無關，它純粹是由函數 Wy 的初始值與最終值來決定的。這個函數稱為物體的**位能** (potential energy)，它是與**重力 W** 相關的函數，常以 V_g 來表示此位能，可寫為

$$U_{1\to 2} = (V_g)_1 - (V_g)_2 \quad \text{其中 } V_g = Wy \tag{13.16}$$

請注意：如果 $(V_g)_2 > (V_g)_1$，或是說，如果在此位移期間位能增加 (如同此處所考慮的)，則功 $U_{1\to 2}$ 為負值。相反地，如果位能減少，則作功為正值。因此物體的位能 V_g 提供了一個計算重量 **W** 作功的方法。在式 (13.16) 中真正影響功的是位能的改變量，而不是位能本身真正的值。因此，在計算 V_g 值時，任一個常數值加進來都不會影響最終功的計算。換句話說，量測高度 y 時的基準線 (datum) 可以任意選定。請注意：位能的單位與功的單位相同，在 SI 制中用焦耳，而在美國慣用單位中用 ft·lb 或 in·lb。

剛才提到物體位能的表達式，僅能用於物體的重量 **W** 維持固定值時；亦即，物體的物移相對於地球半徑值必須很小。如果我們考慮的是太空船的運動，此時重力會隨著距離 r 而改變。用第 13.2 節中重力作功的關係式 (圖 13.6)，可寫為

$$U_{1\to 2} = \frac{GMm}{r_2} - \frac{GMm}{r_1} \tag{13.7}$$

重力作功可以由位置 1 時函數 $-GMm/r$ 值減去位置 2 時函數值來獲得。結論是當重力值的變化不能忽略時，位能要寫為

$$V_g = -\frac{GMm}{r} \tag{13.17}$$

將式 (12.29) 中的 W 代入，我們可改寫位能 V_g 公式

$$V_g = -\frac{WR^2}{r} \quad (13.17')$$

其中 R 為地球半徑，W 為物體在地球表面時的重量。無論是使用式 (13.17) 或式 (13.17')，距離 r 都是由地球中心量起的。請注意：V_g 值永遠是負的，當 r 極大時 V_g 值會趨近於零。

現在我們考慮一個物體連結到一彈簧，當物體在位置 A_1 時，彈簧變形量為 x_1；物體移動到位置 A_2 時，彈簧變形量為 x_2 (圖 13.5)。回顧第 13.2 節，彈簧力 **F** 對物體作功等於

$$U_{1 \to 2} = \tfrac{1}{2}kx_1^2 - \tfrac{1}{2}kx_2^2 \quad (13.6)$$

我們看到此方程式中，彈力作的功等於在位置 1 時的函數 $\tfrac{1}{2}kx^2$ 值，減去在位置 2 時的函數值。這個函數以 V_e 來代表，稱為**彈力** (elastic force) 對物體的位能，可寫為

$$U_{1 \to 2} = (V_e)_1 - (V_e)_2 \quad 其中 V_e = \tfrac{1}{2}kx^2 \quad (13.18)$$

並且觀察到：在此位移的情況下，彈力 **F** 對物體作的功為負值，而且位能 V_e 會增加。請注意：在計算 V_e 時，彈簧的變形量 x 必須由未變形的位置開始量起。另一方面，式 (13.18) 也可以用在彈簧繞著固定端旋轉的情形 (圖 13.10a)，因為彈力作功僅與彈簧起初與最後的變形量有關 (圖 13.10b)。

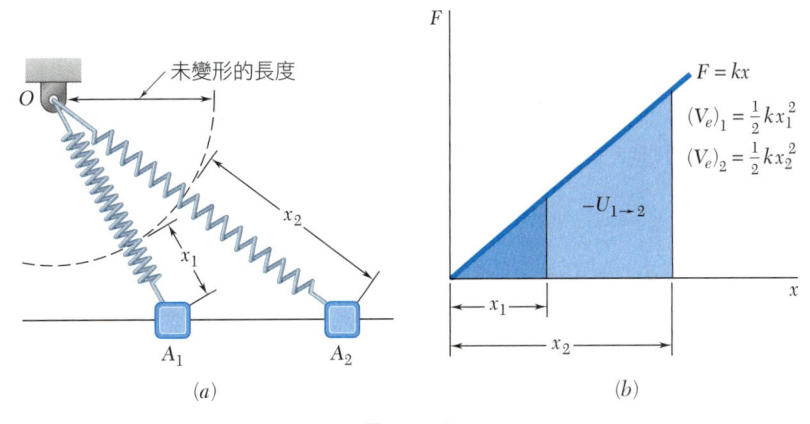

圖 13.10

除了重力與彈力之外，位能的觀念也適用於其他的力。確實，只要這種力作的功只與起初與最後的位置有關，而與路徑無關時，就能使用位能的觀念，這種力即稱為**保守力** (conservative forces)。保守力的一般性質將在下一節討論。

*13.7　保守力 (Conservative Forces)

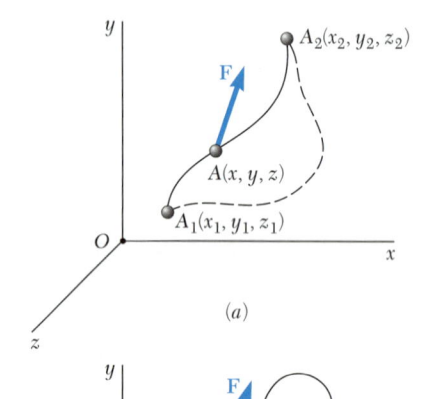

就像前一節所說的，一個力 **F** 作用在一質點 A 上，如果它的功 $U_{1 \to 2}$ 與質點 A 的運動路徑無關，只與質點位置有關 (圖 13.11a)，則力 F 稱為保守力，可以寫為

$$U_{1 \to 2} = V(x_1, y_1, z_1) - V(x_2, y_2, z_2) \tag{13.19}$$

或是簡寫為

$$U_{1 \to 2} = V_1 - V_2 \tag{13.19'}$$

其中函數 $V(x, y, z)$ 稱為位能，或是 **F** 的**位能函數** (potential function)。

請注意：如果最後位置 A_2 與起初位置 A_1 重合時，即質點路徑為封閉的 (圖 13.11b)，我們有 $V_1 = V_2$，於是作功等於零，這時可寫

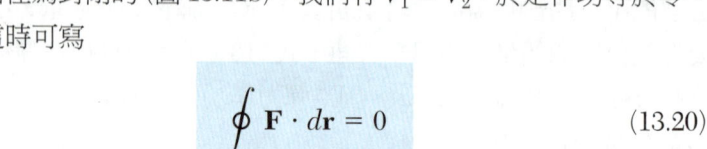

$$\oint \mathbf{F} \cdot d\mathbf{r} = 0 \tag{13.20}$$

其中積分上的圓圈符號表示路徑是封閉的。

現在我們將式 (13.19) 用在鄰近的兩個點 $A(x, y, z)$ 與 $A'(x + dx, y + dy, z + dz)$ 上。當由點 A 移動到點 A' 時，位移為 $d\mathbf{r}$，而基本作功 dU 等於

$$dU = V(x, y, z) - V(x + dx, y + dy, z + dz)$$

或

$$dU = -dV(x, y, z) \tag{13.21}$$

圖 13.11

由此可見，一保守力作的基本功是**正合微分** (exact differential)。

將式 (13.21) 中的 dU 代入式 (13.1″) 中，並回顧一多變數函數微分的定義，寫為

$$F_x\,dx + F_y\,dy + F_z\,dz = -\left(\frac{\partial V}{\partial x}dx + \frac{\partial V}{\partial y}dy + \frac{\partial V}{\partial z}dz\right)$$

於是可得到

$$F_x = -\frac{\partial V}{\partial x} \qquad F_y = -\frac{\partial V}{\partial y} \qquad F_z = -\frac{\partial V}{\partial z} \qquad (13.22)$$

我們很容易可知，**F** 的分量必定是座標 x、y 與 z 的函數，因此，一保守力的**必要條件**是它只與施力點的位置有關。式 (13.22) 還可以寫得更精確：

$$\mathbf{F} = F_x\mathbf{i} + F_y\mathbf{j} + F_z\mathbf{k} = -\left(\frac{\partial V}{\partial x}\mathbf{i} + \frac{\partial V}{\partial y}\mathbf{j} + \frac{\partial V}{\partial z}\mathbf{k}\right)$$

括號裡面的向量是純量函數 V 的梯度，以符號 **grad** V 表示。因而我們可將任何保守力表為

$$\mathbf{F} = -\mathbf{grad}\ V \qquad (13.23)$$

任何一個保守力都會滿足式 (13.19) 到式 (13.23)。另外也能證明一個力 **F** 只要能滿足任何一個上述關係式，此力就是保守力。

13.8 能量守恆 (Conservation of Energy)

前面兩節中，我們看到質點的重量或是彈簧力這類的保守力，其作功可以表示為位能的變化。因此，當一質點運動中受到保守力作用時，在第 13.3 節所說的功能原理可以改成另一種形式。將式 (13.19′) 中的 $U_{1\to 2}$ 代入式 (13.10) 中，可寫為

$$V_1 - V_2 = T_2 - T_1$$

$$T_1 + V_1 = T_2 + V_2 \qquad (13.24)$$

式 (13.24) 指出，當一質點運動中受到保守力作用時，質點動能與位能的和會維持一常數。這個 $T + V$ 的和即稱為質點的**總機械能** (total mechanical energy)，並以符號 E 來代表。

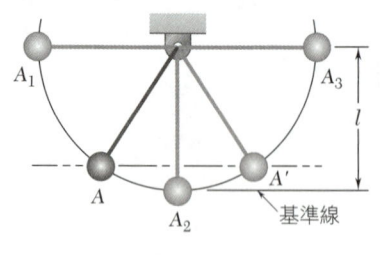

以第 13.4 節中分析的單擺為例，擺錘在點 A_1 以速度為零釋放，單擺在一垂直面擺盪 (圖 13.12)。以點 A_2 為位能的基準點，在點 A_1 時，

$$T_1 = 0 \qquad V_1 = Wl \qquad T_1 + V_1 = Wl$$

回顧在點 A_2 時單擺的速率為 $v_2 = \sqrt{2gl}$，我們可以寫

$$T_2 = \tfrac{1}{2}mv_2^2 = \frac{1}{2}\frac{W}{g}(2gl) = Wl \qquad V_2 = 0$$
$$T_2 + V_2 = Wl$$

圖 13.12

我們比較在點 A_1 與點 A_2，可發現總機械能 $E = T + V$ 在此兩位置是相同的。當在點 A_1 時能量全部是位能，而在點 A_2 時則全部是動能。單擺繼續往右邊擺過去時，動能又轉變成位能。在點 A_3 時 $T_3 = 0$ 且 $V_3 = Wl$。

既然單擺總機械能維持常數，而且它的位能僅依賴它的高度，所以，單擺的動能在兩相同高度時會有相同的值。因此可知，在點 A 與點 A' 時單擺的速率會是一樣的 (圖 13.12)。這個結果也能延伸到質點沿任意曲線運動時，動能與位能間的轉換與路徑的形狀無關。條件是作用在質點上的力，除了本身的重力外，就只有路徑的法向力作用著。例如，圖 13.13 中的質點，在一垂直面沿著一條無摩擦的軌道滑行，它在點 A、點 A' 與點 A'' 將會有相同速率。

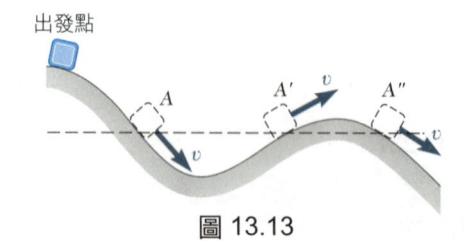

圖 13.13

雖然質點的重量與彈簧力都是保守力，但摩擦力卻是**非保守力** (nonconservative forces)。換句話說，摩擦力作的功不能表示為位能的改變量。摩擦力作的功會與它作用點的路徑有關。式 (13.19) 中定義了功 $U_{1 \to 2}$ 的正、負號與運動的意義有關。如同第 13.4 節所述，摩擦力永遠作負功。由此影響下，一個機械系統若有摩擦力發生，則其總機械能就不能維持一定值，而是會減少。然而，系統的能量並沒有丟掉，而是轉成為**熱能** (thermal energy)，把機械能與熱能加起來的系統總能量仍然會維持一定值。

一個系統中可能還包括其他形式的能量。例如，一個發電機將機械能轉為電能；一個汽油引擎將化學能轉為機械能；一個核子反應爐將質量轉為熱能。如果所有型態的能量都考慮進去，則任何系統的總能量就可以當作是個定值，無論任何狀況，能量守恆原理都能成立。

13.9 保守中心力的運動與太空力學的應用
(Motion Under a Conservative Central Force. Application to Space Mechanics)

在第 12.9 節中，我們看到當一質點作中心力運動時，對力 **F** 的中心點 O 的角動量 $\mathbf{H}_0$ 會是個常數。如果此力 **F** 是保守力，則會有相對於此 **F** 的位能 V 存在，使得總能量 $E = T + V$ 維持一定值（第 13.8 節）。如此看來，當分析一質點作中心保守力運動時，角動量守恆與能量守恆兩原理都可以運用。

舉例來說，考慮一質量 m 的太空船在地球重力吸引之下的運動。我們假設太空船在離地心距離 r_0 的位置點 P_0 開始自由飛行，初速為 $\mathbf{v}_0$，且與半徑向量 OP_0 夾角 ϕ_0（圖 13.14）。令點 P 是太空船運動軌跡上的任一點，我們以 r 代表由 O 到 P 的距離，以 **v** 代表在點 P 時的速度，而角度 ϕ 代表 **v** 與半徑向量 OP 的夾角。在點 P_0 與在點 P 對點 O 的角動量值必會相等（第 12.9 節），我們寫

$$r_0 m v_0 \sin \phi_0 = r m v \sin \phi \tag{13.25}$$

回顧式 (13.17) 重力位能的表達式，我們將能量守恆原理用在點 P_0 與點 P 之間，寫為

$$T_0 + V_0 = T + V$$
$$\tfrac{1}{2}mv_0^2 - \frac{GMm}{r_0} = \tfrac{1}{2}mv^2 - \frac{GMm}{r} \tag{13.26}$$

其中 M 為地球質量。

當我們已知由 O 到 P 的距離 r 時，由式 (13.26) 即可算出太空船在點 P 的速率 v。然後再使用式 (13.25) 可求得速度與半徑向量 OP 的夾角 ϕ。

式 (13.25) 和式 (13.26) 也可以用來決定軌道中距離 r 的最小值與最大值。如圖 13.15 中，一衛星於點 P_0 發射，初速為 v_0，且與半徑向量 OP_0 夾角 ϕ_0。為求所要的 r 值，我們讓 $\phi = 90°$ 代入式 (13.25)，且利用式 (13.25) 和式 (13.26) 來消除 v。

請注意：當我們應用能量守恆與角動量守恆原理解太空力學問題時，會得到一個比第 12.12 節的方法更基本的公式。這種優勢適用在所有的例子裡，包括傾斜發射的問題，皆可使得計算過程更為簡便。在求太空船真正的軌跡與週期時，會需要使

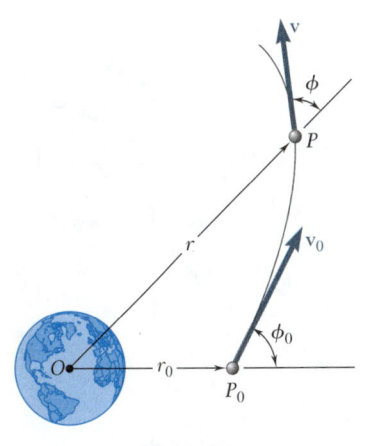

圖 13.14

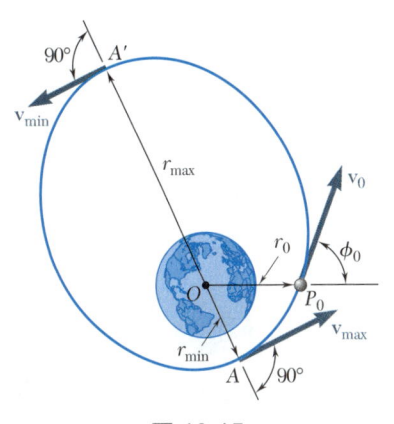

圖 13.15

用到第 12.12 節介紹的方法。然而，如果守恆原理能一開始就用來求得半徑向量 r 的最大值與最小值，就能使得整個計算過程更為簡便。

範例 13.6

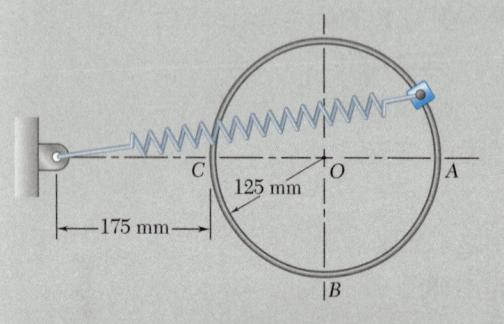

圖中為一 1.5 kg 套環連結著一彈簧，並在一水平面圓形環內無摩擦的滑行。彈簧未變形時長度為 150 mm，而彈簧常數 $k = 400$ N/m。已知原先套環在點 A 是平衡不動的，之後被輕輕推動。試求套環的速度 (a) 當它經過點 B 時；(b) 當它經過點 C 時。

解

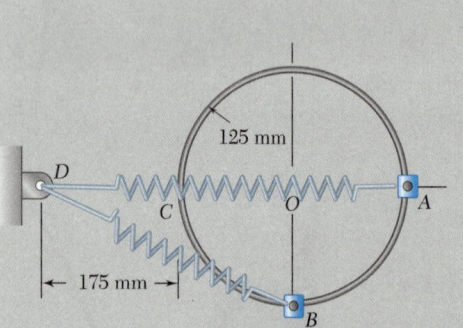

位置 A。動能： $v_A = 0 \quad T_A = 0$

位能： $\Delta L_{AD} = \Delta L_{AD} - L_O$

$\Delta L_{AD} = (175 \text{ mm} + 250 \text{ mm}) - (150 \text{ mm})$

$\qquad = 275 \text{ mm} = 0.275 \text{ m}$

$V_A = \dfrac{1}{2} k(\Delta L_{AD})^2$

$V_A = \dfrac{1}{2} (400 \text{ N/m})(0.275 \text{ m})^2$

$V_A = 15.125 \text{ J}$

位置 B。動能： $T_B = \tfrac{1}{2}mv_B^2 = \left(\dfrac{1.5}{2} \text{ kg}\right)(v_B^2) = (0.75)(v_B^2)$

位能： $L_{BD} = (300^2 \text{ mm} + 125^2 \text{ mm})^{1/2}$

$\qquad = 325 \text{ mm}$

$\Delta_{BD} = L_{BD} - L_O$

$\qquad = (325 \text{ mm} - 150 \text{ m})$

$\qquad = 175 \text{ mm} = 0.175 \text{ m}$

$V_B = \dfrac{1}{2} k(\Delta L_{BD})^2$

$\qquad = \dfrac{1}{2} (400 \text{ N/m})(0.175 \text{ m})^2$

$\qquad = 6.125 \text{ J}$

能量守恆：

$T_A + V_A = T_B + V_B \qquad\qquad 0 + 15.125 = 0.75 v_B^2 + 6.125$

$v_B^2 = \left(\dfrac{(15.125 - 6.125)}{(0.75)}\right) = 12.00 \text{ m}^2/\text{s}^2$

$v_B = 3.46 \text{ m/s}$ ◀

範例 13.7

圖中 250 g 滑子被推向彈簧，在釋放後滑子向左運動，並繞行一垂直面的圓形軌道 BCDE。若要滑子能順利繞完圓形軌道，且期間滑子都一直與軌道接觸著，試求滑子推向彈簧時至少須使彈簧變形多少。

解

在點 D 所需的速率。 當滑子經過最高點 D 時，由重力帶來的位能會是最大值，因而動能與速率會是最小值。既然滑子要一直與軌道接觸著，軌道作用在滑子的力 **N** 必定是大於、等於零。令 **N** = 0，我們可計算最小可能的速率 v_D。

$+\downarrow \Sigma F_n = ma_n:$ $W = ma_n$ $mg = ma_n$ $a_n = g$

$a_n = \dfrac{v_D^2}{r}:$ $v_D^2 = ra_n = rg = (0.5 \text{ m})(9.81 \dfrac{\text{m}}{\text{s}^2}) = 4.905 \text{ m}^2/\text{s}^2$

位置 1。位能。 以 x 表示彈簧的變形量，圖中有 $k = 600$ N/m。彈簧位能為

$V_e = \tfrac{1}{2}kx^2 = \tfrac{1}{2}(600 \text{ N/m})\,x^2 = 300x^2$，其中 x 的單位為 m

選點 A 為位能基準點，即此處重力位能 $V_g = 0$；因此總位能為

$$V_1 = V_e + V_g = 300x^2$$

動能。 因為滑子是由靜止釋放，$v_A = 0$，因此 $T_1 = 0$。

位置 2。位能。 現在彈簧沒有變形，$V_e = 0$。滑子比基準線高 1 m，重力位能為

$V_g = mgy = (0.25 \text{ kg})(9.81 \text{ m/s}^2)(1 \text{ m}) = 2.45 \text{ J}$
$V_2 = V_e + V_g = 2.45 \text{ J}$

動能。 由前面得到的 v_D^2，我們可寫

$T_2 = \tfrac{1}{2}mv_D^2 = \dfrac{1}{2} \times (0.25 \text{ kg})\left(4.905 \dfrac{\text{m}^2}{\text{s}^2}\right) = 0.613 \text{ J}$

能量守恆。 將能量守恆原理用在位置 1 與位置 2，我們寫

$T_1 + V_1 = T_2 + V_2$
$0 + 300x^2 = 2.45 \text{ J} + 0.613 \text{ J}$
$x = 0.101 \text{ m}$ $x = 101$ mm ◀

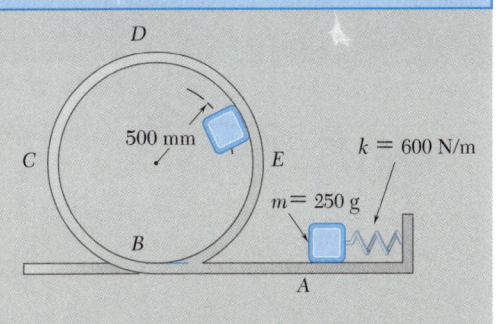

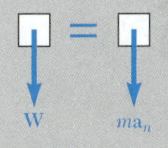

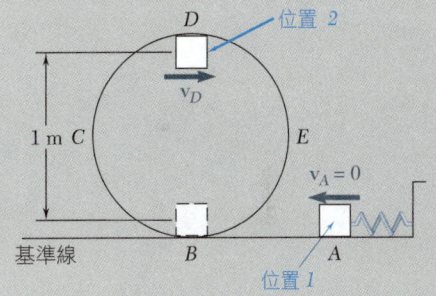

範例 13.8

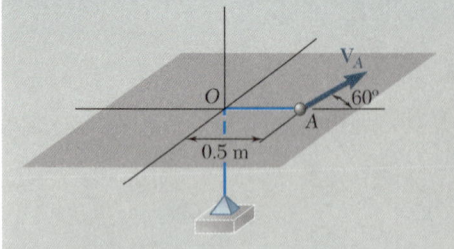

圖中一質量 $m = 0.6$ kg 圓球連結到一條彈性常數 $k = 100$ N/m 的繩子，當球位於原點 O 時，彈性繩正好是未變形狀態。已知圓球可在水平面上無摩擦的滑動，當在如圖所示位置時球速率 $\mathbf{v}_A = 20$ m/s，試求 (a) 球距原點 O 最遠與最近的距離；(b) 在最遠與最近處的速率。

解

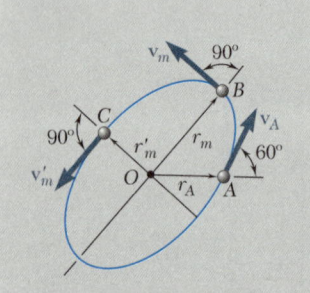

彈性繩作用在圓球上之力量的方向會指向固定點 O，且它作的功可以表為位能的變化量。這是一個保守中心力，因此球的總能量與對點 O 的角動量都會守恆。

對點 O 的角動量守恆。 當球位於點 B 時，距點 O 的距離最遠，球速度會與線段 OB 垂直，且角動量值等於 $r_m m v_m$。相似的性質，當球位於點 C 時，距點 O 的距離最近，球速度會與線段 OC 垂直。我們建立 A 與 B 之間的角動量守恆關係式

$$r_A m v_A \sin 60° = r_m m v_m$$
$$(0.5 \text{ m})(0.6 \text{ kg})(20 \text{ m/s}) \sin 60° = r_m (0.6 \text{ kg}) v_m$$
$$v_m = \frac{8.66}{r_m} \qquad (1)$$

能量守恆

在點 A：$T_A = \frac{1}{2} m v_A^2 = \frac{1}{2}(0.6 \text{ kg})(20 \text{ m/s})^2 = 120$ J
$\qquad\quad V_A = \frac{1}{2} k r_A^2 = \frac{1}{2}(100 \text{ N/m})(0.5 \text{ m})^2 = 12.5$ J

在點 B：$T_B = \frac{1}{2} m v_m^2 = \frac{1}{2}(0.6 \text{ kg}) v_m^2 = 0.3 v_m^2$
$\qquad\quad V_B = \frac{1}{2} k r_m^2 = \frac{1}{2}(100 \text{ N/m}) r_m^2 = 50 r_m^2$

我們建立點 A 與點 B 間能量守恆的關係式

$$T_A + V_A = T_B + V_B$$
$$120 + 12.5 = 0.3 v_m^2 + 50 r_m^2 \qquad (2)$$

a. 距離的最大值與最小值。 將式 (1) 的 v_m 代入式 (2) 中求解 r_m^2，得到

$$r_m^2 = 2.468 \text{ 或 } 0.1824 \qquad r_m = 1.571 \text{ m}, r_m' = 0.427 \text{ m} \blacktriangleleft$$

b. 對應的速率。 將求得的 r_m 與 r_m' 代入式 (1) 中，得到

$$v_m = \frac{8.66}{1.571} \qquad v_m = 5.51 \text{ m/s} \blacktriangleleft$$

$$v'_m = \frac{8.66}{0.427} \qquad v'_m = 20.3 \text{ m/s} \blacktriangleleft$$

備註：可以證明圓球的軌跡為以 O 為中心的橢圓形。

範例 13.9

一衛星於地球上空高度 500 km 處，以平行地球表面的方向及速度 36,900 km/h 發射。試求 (a) 衛星能到達的最大高度 (maximum altitude)；(b) 如果希望衛星進入軌道後，最接近地球時高度不低於地表之上 200 km，則發射時可容許的方向誤差為多少。

解

a. 最大高度。 以 A' 代表軌道中離地球最遠之處、r_1 代表此處由地心量起的距離。因為衛星由 A 到 A' 是自由飛行，我們可以用能量守恆原理：

$$T_A + V_A = T_{A'} + V_{A'}$$
$$\tfrac{1}{2}mv_0^2 - \frac{GMm}{r_0} = \tfrac{1}{2}mv_1^2 - \frac{GMm}{r_1} \qquad (1)$$

因為作用在衛星上的只有重力，這是一個中心力，所以衛星對點 O 的角動量必定守恆。比較點 A 與點 A' 可寫為

$$r_0 m v_0 = r_1 m v_1 \qquad v_1 = v_0 \frac{r_0}{r_1} \qquad (2)$$

將此式中的 v_1 代入式 (1)，每個項都除以 m，再重新整理，得到

$$\tfrac{1}{2}v_0^2\left(1 - \frac{r_0^2}{r_1^2}\right) = \frac{GM}{r_0}\left(1 - \frac{r_0}{r_1}\right) \qquad 1 + \frac{r_0}{r_1} = \frac{2GM}{r_0 v_0^2} \qquad (3)$$

回顧地球的半徑 $R = 6370$ km，我們計算

$r_0 = 6370 \text{ km} + 500 \text{ km} = 6870 \text{ km} = 6.87 \times 10^6 \text{ m}$
$v_0 = 36\,900 \text{ km/h} = (36.9 \times 10^6 \text{ m})/(3.6 \times 10^3 \text{ s}) = 10.25 \times 10^3 \text{ m/s}$
$GM = gR^2 = (9.81 \text{ m/s}^2)(6.37 \times 10^6 \text{ m})^2 = 398 \times 10^{12} \text{ m}^3/\text{s}^2$

將這些值代入式 (3)，得到 $r_1 = 66.8 \times 10^6$ m。

最大高度 $= 66.8 \times 10^6 \text{ m} - 6.37 \times 10^6 \text{ m} = 60.4 \times 10^6 \text{ m} = 60{,}400$ km $\blacktriangleleft$

b. 可容許的發射方向誤差。 令衛星是在點 P_0 時以與 OP_0 線夾 ϕ_0 角度的方向發射。衛星最近地球時的距離 $r_{\min} = 6370 \text{ km} + 200 \text{ km}$

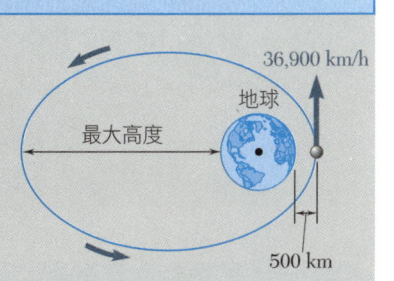

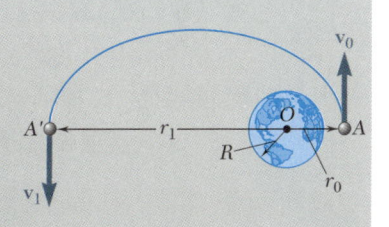

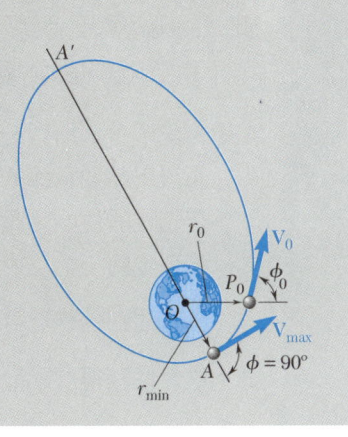

= 6570 km，比較點 P_0 與點 A 的總能量守恆與角動量守恆，即可求得角度 ϕ_0：

$$\tfrac{1}{2}mv_0^2 - \frac{GMm}{r_0} = \tfrac{1}{2}mv_{\max}^2 - \frac{GMm}{r_{\min}} \tag{4}$$

$$r_0 mv_0 \sin \phi_0 = r_{\min} mv_{\max} \tag{5}$$

解式 (5) 中的 $v_{\max}$，並將此 $v_{\max}$ 代入式 (4)，即可解出式 (4) 中的 $\sin \phi_0$。利用前面 a 部分求得的 v_0 與 GM 值，並注意到 $r_0/r_{\min}$ = 6870/6571 = 1.0457，可得

$\sin \phi_0 = 0.9801$　　　$\phi_0 = 90° \pm 11.5°$　　　容許的誤差 = $\pm 11.5°$ ◀

重點提示

在本課中，你學到保守力的定義，這是指一種作用在質點上的力 **F**，此力的作功與質點由點 A_1 移動到點 A_2 時的路徑無關 (圖 13.11a)，此時可用一位能函數 V 來定義這種力 **F**。這種保守力作的功可寫為

$$U_{1 \to 2} = V(x_1, y_1, z_1) - V(x_2, y_2, z_2) \tag{13.19}$$

或簡寫為

$$U_{1 \to 2} = V_1 - V_2 \tag{13.19'}$$

請注意：當位能的變化量為正值時 $(V_2 > V_1)$，功為負值。

將上面的關係式代入功與能的方程式時，可以寫為

$$T_1 + V_1 = T_2 + V_2 \tag{13.24}$$

此式說明當質點受到一個保守力而運動時，該質點的動能與位能的和會維持一固定值。

用上述方程式解題時，將會包括下列步驟：

1. 先決定是否所有的力都是保守力。如果有部分的力不是保守力，例如摩擦力，你就必須用前面章節的功與能方法，因為這種力作的功會與質點運動軌跡有關，此時沒有相關的位能函數。如果題目中不含摩擦力，且所有力都是保守力，你就可以繼續下列步驟。
2. 在每個路徑終點計算動能 $T = \tfrac{1}{2}mv^2$。
3. 在每個路徑終點計算出所有力的位能。你將回顧下列本課所推導的位能表達式。

a. 重量 W 的位能。在地球表面，比基準線高出 y 時，

$$V_g = Wy \qquad (13.16)$$

b. 離地心距離 r 處質量 m 的位能。由於距離夠遠，重力的改變必須要考慮，

$$V_g = -\frac{GMm}{r} \qquad (13.17)$$

其中 r 是由地心量起，在 $r = \infty$ 處 V_g 等於零。

c. 彈簧力 $F = kx$ 作用在物體上時的位能，

$$V_e = \tfrac{1}{2}kx^2 \qquad (13.18)$$

其中 x 是由彈簧未變形位置量起，而 k 是彈簧常數。請注意：V_e 只與 x 有關，而與連結的質點運動路徑無關。無論彈簧受壓縮或是拉伸，其位能 V_e 都是正值。

4. 將動能與位能的表達式代入式 (13.24)。你將可解出這方程式的一個未知數，例如可解得速度 [範例 13.6]。如果系統中的未知數不只一個，你必須找其他的條件或是方程式加入來解題。例如，質點最小的速率 [範例 13.7]，或是最小的位能。當題目是有關中心力運動時，角動量守恆可當作第二個可用的方程式 [範例 13.8]。當處理太空力學的題目時，這個方法特別有用 [第 13.9 節]。

習　題

觀念題

13.CQ2 A 與 B 兩個小球質量各是 $2m$ 與 m，從一高度 h 以靜止狀態釋放。如果空氣阻力可忽略，當兩球落地時，下列敘述何者為真？

a. A 球與 B 球的動能相同。
b. A 球的動能是 B 球的動能的一半。
c. A 球的動能是 B 球的動能的兩倍。
d. A 球的動能是 B 球的動能的 4 倍。

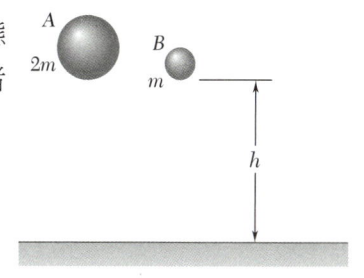

圖 P13.CQ2

課後習題

13.20 一載貨的軌道車質量為 m，它以定速 $\mathbf{v}_0$ 駛向一無質量的緩衝

器。試求緩衝器的最大變形量，當兩彈簧是 (a) 串聯 (如圖示)；(b) 並聯。

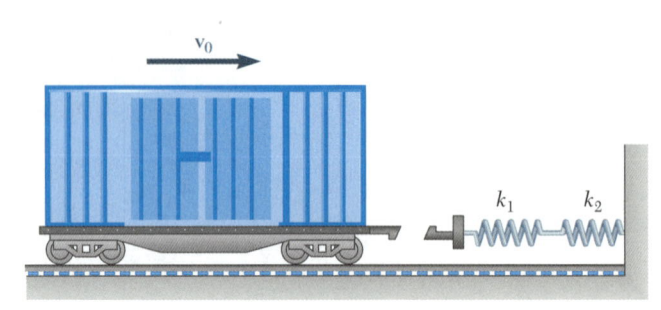

圖 P13.20

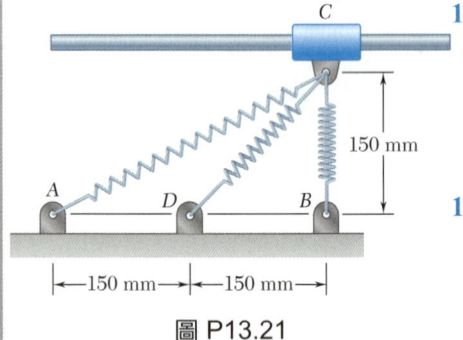

13.21 一 1.2 kg 套環 C 沿著一水平桿無摩擦的滑動。套環連結著三條彈簧，每條彈簧的常數都是 k = 400 N/m，未變形時的長度都是 150 mm。已知套環於圖示位置時以靜止釋放。試求套環在接下來的運動中最大的速率。

13.22 一 2 kg 套環連結著一彈簧，並在一垂直面沿一曲桿 ABC 無摩擦的滑動。彈簧的常數是 600 N/m，當套環位於點 C 時彈簧剛好是未變形。如果套環位於點 A 處以靜止釋放，試求套環的速度 (a) 當它通過點 B 時；(b) 當它到達點 C 時。

圖 P13.21

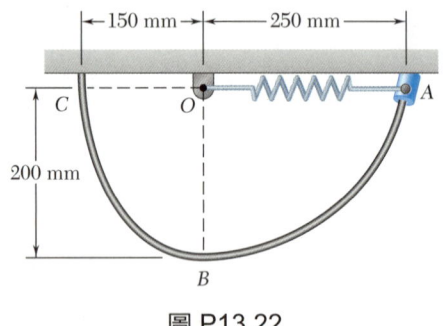

圖 P13.22

13.23 圖中細圓環經由點 A 而被固定支撐在一垂直面上。圓環上有一纏繞的彈簧，彈簧的常數 k = 50 N/m，一端固定在點 A，未變形時長度等於圓弧 AB 的長度。有一質量 250 g 套圈 C，其與彈簧間沒有連結在一起，可以無摩擦地沿著圓環滑動。假設用套圈 C 壓縮彈簧到角度 θ 再靜止釋放，試求 (a) 若要套圈 C 能經過點 D 且到達點 A，則角度 θ 最少需多少；(b) 套圈點 C 到達點 A 時的速度。

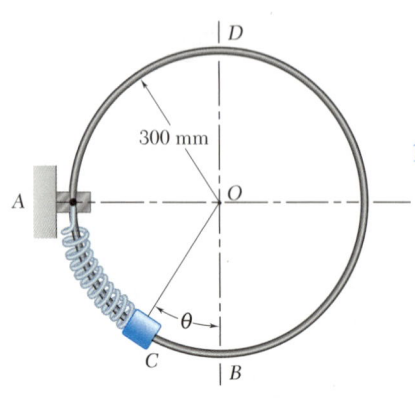

圖 P13.23

13.24 一彈簧緩衝器用來吸收一 50 kg 包裹，由 20° 斜坡下來的衝力。彈簧常數為 $k = 30$ kN/m，旁邊並以繩子綁住，使彈簧有初始壓縮量 50 mm。已知包裹在離彈簧 8 m 時的速度為 2 m/s，若摩擦可忽略，試求彈簧在使包裹完全停止時會再增加多少變形量。

圖 P13.24

13.25 一 500 g 套環連結著一彈簧，並在一**垂直面**的一圓形桿上無摩擦地滑行。彈簧的常數是 $k = 150$ N/m，未變形的長度為 125 mm。已知套環被拿到點 A 釋放。試求當套環通過點 B 時，(a) 套環的速率；(b) 套環與桿之間的法向力。

13.26 一 200 g 包裹於點 A 被以速度 $\mathbf{v}_0$ 垂直射出，包裹會在一無摩擦迴圈移動，最後落到點 C。如果希望包裹落到點 C 時的速率不大於 3.5 m/s，(a) 證明只有使用右邊的迴圈才有可能；(b) 試求使用右邊迴圈時，初速 $\mathbf{v}_0$ 的最大容許值。

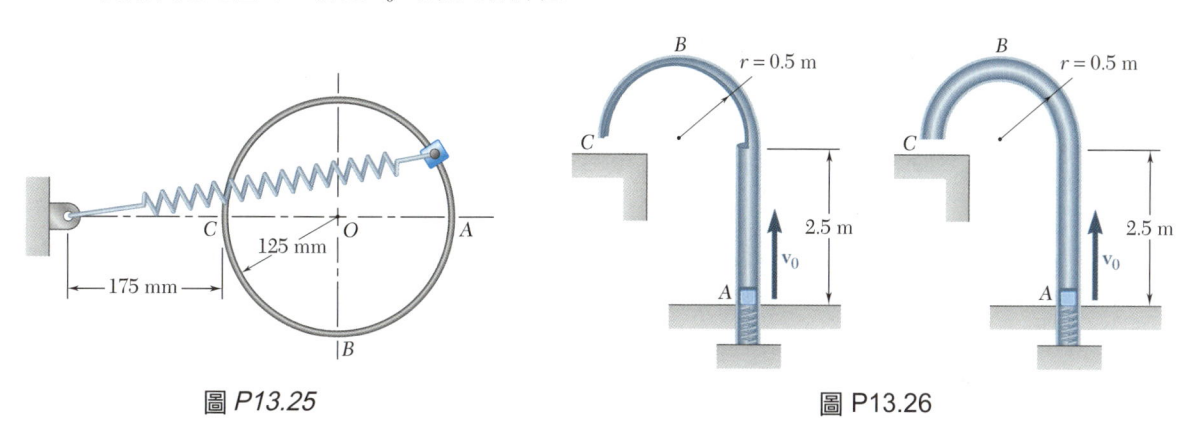

圖 P13.25

圖 P13.26

*13.27 證明 $F(x, y, z)$ 為保守力的充分且必要條件，必須滿足下列關係式：

$$\frac{\partial F_x}{\partial y} = \frac{\partial F_y}{\partial x} \quad \frac{\partial F_y}{\partial z} = \frac{\partial F_z}{\partial y} \quad \frac{\partial F_z}{\partial x} = \frac{\partial F_x}{\partial z}$$

*13.28 一力 $\mathbf{P}$ 在空間中的對應位能函數可表為 $V(x, y, z) = -(x^2 + y^2 + z^2)^{1/2}$。試求 (a) 力 $\mathbf{P}$ 的 x、y、z 分量；(b) 力 $\mathbf{P}$ 由點 O 經點 A、點 B 到點 D 所作的功，並證明此功等於位能由點 O 到點 D 的變化量的負值。

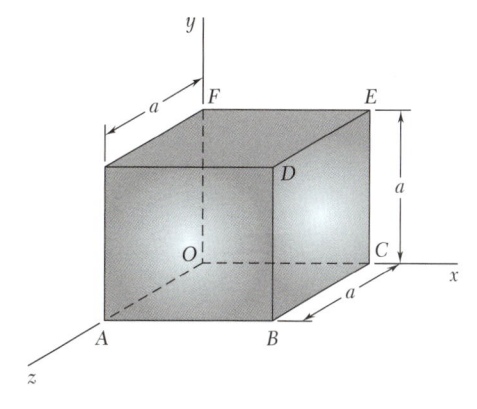

圖 P13.28

13.29 一衛星的軌道為一橢圓形，最低高度為地表之上 606 km。橢圓的半長軸及半短軸分別為 17,440 km 與 13,950 km。已知衛星在點 C 時的速率為 4.78 km/s，試求 (a) 在近地點 A 時衛星的速率；(b) 在遠地點 B 時衛星的速率。

13.30 一太空船在地表之上 1500 km 處的圓形軌道運行。當太空船經過點 A 時速率減少 40%，接著便進入一橢圓形軌道返回地面，該橢圓形軌道以點 A 為始點。忽略空氣阻力，試求太空船回到地面點 B 時的速度。

13.31 一 3 kg 套環連結著一彈簧，彈簧的常數為 1200 N/m，未變形時的長度為 0.5 m。系統剛開始運動時 $r = 0.3$ m，$v_\theta = 2$ m/s，$v_r = 0$。忽略桿子的質量與摩擦效應，試求 (a) 套環與原點 O 的最大距離；(b) 此時的速率。(提示：由試誤法求出 r 值。)

13.32 用能量守恆與角動量守恆的原則解範例 12.9 的 a 部分。

13.33 一太空船航向土星，當到達點 A 時速度 $\mathbf{v}_A$ 等於 20×10^3 m/s。太空船預計要進入一橢圓形軌道，以便能週期性偵測土星的泰西斯衛星 (Tethys)。泰西斯以速度 11.1×10^3 m/s 繞行一圓形軌道，由土星中心點量起軌道半徑為 300×10^3 km。試求 (a) 太空船必須減速多少才能進入所需的橢圓形軌道；(b) 當太空船到達泰西斯的軌道點 B 時，太空船速度為多少？

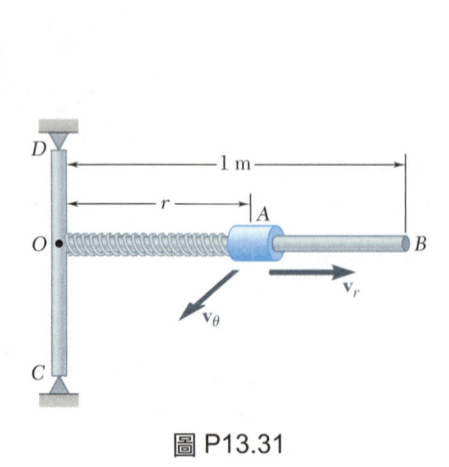

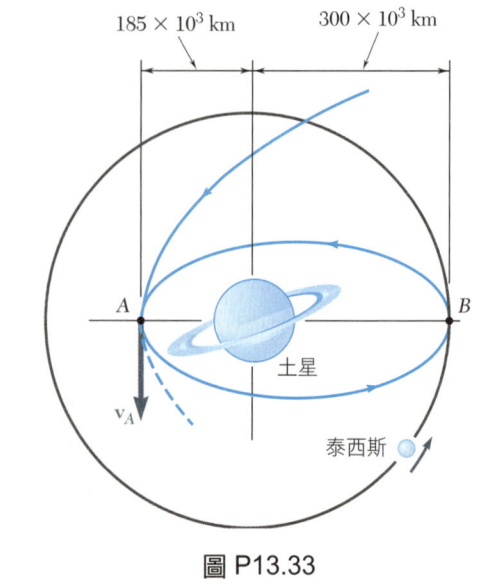

圖 P13.29

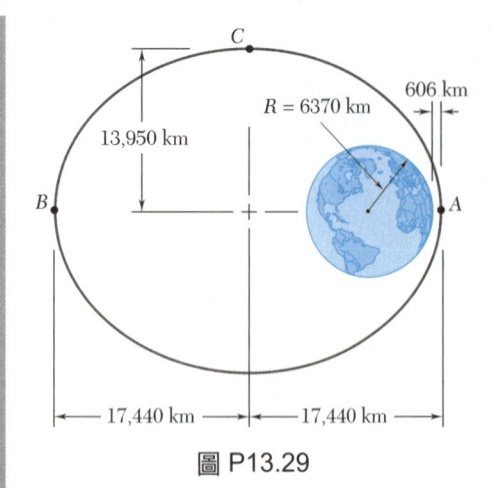

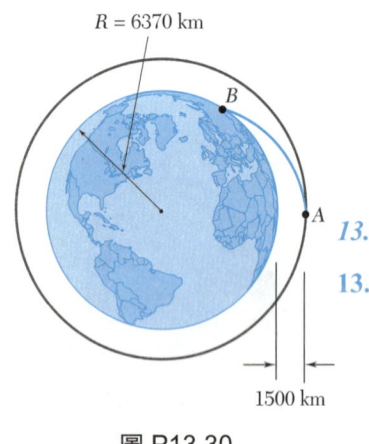

圖 P13.30

圖 P13.31

圖 P13.33

13.34 一太空船飛近地球,當太空船位於近地點 A 時速度為 10.4 km/s,而高度為地表之上 990 km。當太空船位於點 B 時,高度變成 8350 km。試求 (a) 太空船在點 B 處的速度;(b) 角度 ϕ_B。

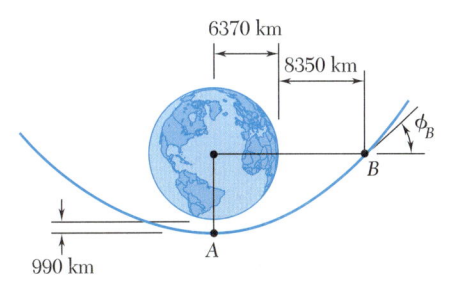

圖 P13.34

13.35 一太空船在 360 km 高空的圓形軌道上運行。為了返回地球,在太空船通過點 A 時開始減速,其作法是往運動的反方向啟動引擎一小段時間。已知當太空船到達高度為 60 km 的點 B 時,其運動方向與線段 OB 需形成角度 $\phi_B = 60°$,試求 (a) 當太空船在點 A 離開圓形軌道時的速度;(b) 到達點 B 時的速度。

13.36 有一飛彈由地面發射,初速 v_0 與垂直線夾角為 ϕ_0。如果飛彈到達的最高點等於 αR,其中 R 為地球半徑。(a) 證明所需的角度 ϕ_0 是由以下式子所定義的

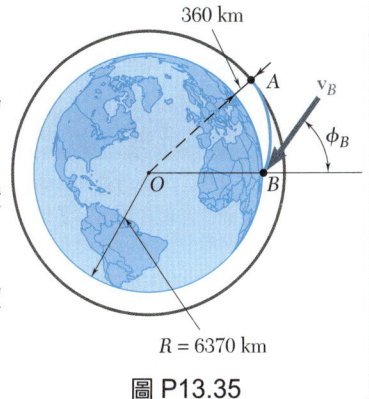

$$\sin \phi_0 = (1 + \alpha)\sqrt{1 - \frac{\alpha}{1+\alpha}\left(\frac{v_{\text{esc}}}{v_0}\right)^2}$$

其中 v_{esc} 是逃脫速度;(b) 試求初速 v_0 的容許值。

圖 P13.35

13.10 衝量與動量原理 (Principle of Impulse and Momentum)

本節將介紹質點運動問題的第三種解法,這個方法是基於衝量與動量原理。當題目中包含力、質量、速度,及時間時,這個方法就能派上用場。特別是這個方法能用於解衝擊運動與衝擊相關的題目(第 13.11 和 13.12 節)。

考慮一質量 m 的質點受到一力 **F** 作用,如同在第 12.3 節所見,牛頓第二定律可以寫為

$$\mathbf{F} = \frac{d}{dt}(m\mathbf{v}) \tag{13.27}$$

照片 13.1

照片 13.2　這架 F-4 幽靈戰鬥機衝撞鋼筋混泥土牆的撞擊實驗是為了求解撞擊力隨時間變化的情形。

其中 $m\mathbf{v}$ 是質點的線動量。將式 (13.27) 的兩端各乘上 dt，然後由 t_1 到 t_2 各自積分，可寫為

$$\mathbf{F}\,dt = d(m\mathbf{v})$$

$$\int_{t_1}^{t_2} \mathbf{F}\,dt = m\mathbf{v}_2 - m\mathbf{v}_1$$

再把最後一項搬到左邊，

$$m\mathbf{v}_1 + \int_{t_1}^{t_2} \mathbf{F}\,dt = m\mathbf{v}_2 \tag{13.28}$$

式 (13.28) 中的積分項是個向量，稱為力 $\mathbf{F}$ 在此時間區間的**線衝量** (linear impulse)，或簡稱為**衝量** (impulse)。如以直角分量來表示力 $\mathbf{F}$，則衝量可寫為

$$\begin{aligned}\mathbf{Imp}_{1\to 2} &= \int_{t_1}^{t_2} \mathbf{F}\,dt \\ &= \mathbf{i}\int_{t_1}^{t_2} F_x\,dt + \mathbf{j}\int_{t_1}^{t_2} F_y\,dt + \mathbf{k}\int_{t_1}^{t_2} F_z\,dt\end{aligned} \tag{13.29}$$

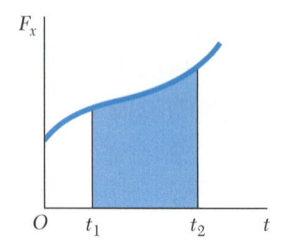

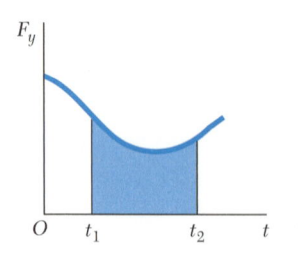

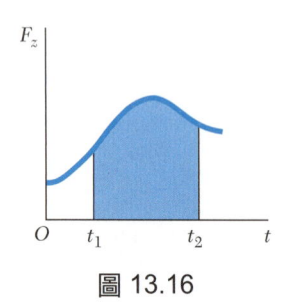

請注意：衝量的各個分量等於分量 F_x、F_y，及 F_z 對 t 作圖時曲線之下的面積 (圖 13.16)。如果力 $\mathbf{F}$ 在此時間內為一常數，則衝量可寫為 $\mathbf{F}(t_2 - t_1)$，其方向與 $\mathbf{F}$ 相同。

如果用 SI 制，力的衝量大小的單位為 N·s。由牛頓的定義我們可改寫

$$\mathrm{N\cdot s} = (\mathrm{kg\cdot m/s^2})\cdot \mathrm{s} = \mathrm{kg\cdot m/s}$$

這與第 12.4 節裡質點線動量的單位是相同的。如此我們可確認式 (13.28) 中的尺度是對的。如果是使用美國慣用單位，力的衝量大小的單位為 lb·s，這也與第 12.4 節中質點線動量的單位相同。

式 (13.28) 說明當一質點在一時間區間內受一力 $\mathbf{F}$ 作用時，質點最後的動量 $m\mathbf{v}_2$ 會等於原先的動量 $m\mathbf{v}_1$，加上此力 $\mathbf{F}$ 的衝量 (圖 13.17)。可寫為

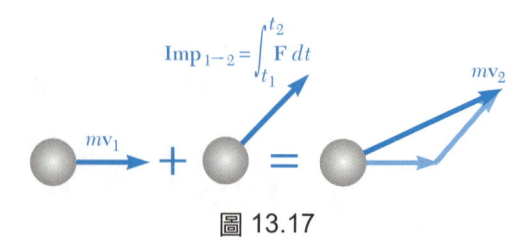

圖 13.16

圖 13.17

$$m\mathbf{v}_1 + \mathbf{Imp}_{1\to 2} = m\mathbf{v}_2 \qquad (13.30)$$

請注意：動能與功是純量，但是動量與衝量是向量。為了解析方便，我們把向量的式(13.30)改為三個純量的方程式

$$(mv_x)_1 + \int_{t_1}^{t_2} F_x\, dt = (mv_x)_2$$
$$(mv_y)_1 + \int_{t_1}^{t_2} F_y\, dt = (mv_y)_2 \qquad (13.31)$$
$$(mv_z)_1 + \int_{t_1}^{t_2} F_z\, dt = (mv_z)_2$$

當同時有多個力作用在一質點上時，必須將每一個力的衝量列入考慮。於是

$$m\mathbf{v}_1 + \Sigma\, \mathbf{Imp}_{1\to 2} = m\mathbf{v}_2 \qquad (13.32)$$

再一次提醒，此式為向量方程式，真正在解題時，必須把此式改為純量的分量方程式。

如果一個題目中包括兩個或更多個質點時，每個質點都可個別建立式(13.32)。然後將所有質點的動量與所有力的衝量以向量方式相加，我們寫為

$$\Sigma m\mathbf{v}_1 + \Sigma\, \mathbf{Imp}_{1\to 2} = \Sigma m\mathbf{v}_2 \qquad (13.33)$$

既然質點與質點之間的力為成對的作用力與反作用力，那麼它們大小相等方向相反，而作用的時間一樣是由 t_1 到 t_2，所以它們的衝量也是大小相等方向相反，相加後互相抵消。於是只有外力的衝量才是我們需要考慮的。

如果沒有外力作用在質點上，或是所有外力的衝量總和等於零，則式(13.33)的第二項消失，該方程式簡化為

$$\Sigma m\mathbf{v}_1 = \Sigma m\mathbf{v}_2 \qquad (13.34)$$

此式表示系統的總動量是守恆的。舉例來說，有兩艘船質量各是 m_A 與 m_B，剛開始是靜止的，接著被拉近距離(圖13.18)。如果水的阻力可忽略，作用在船上的外力只有它們本身的重量與水的浮力。既然這些力是平衡的，寫為

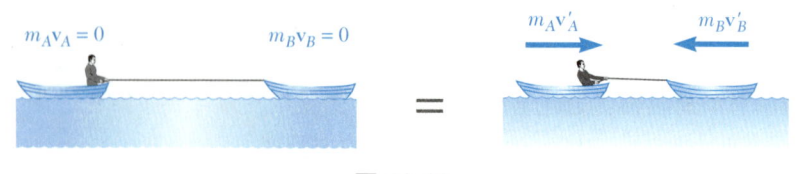

圖 13.18

$$\Sigma m\mathbf{v}_1 = \Sigma m\mathbf{v}_2$$
$$0 = m_A\mathbf{v}'_A + m_B\mathbf{v}'_B$$

其中 $\mathbf{v}'_A$ 與 $\mathbf{v}'_B$ 代表經過一段時間後，兩船各自的速度。此方程式指出兩船運動方向會相反 (向另一艘船前進)，而速度與各自的質量成反比。

13.11 衝擊運動 (Impulsive Motion)

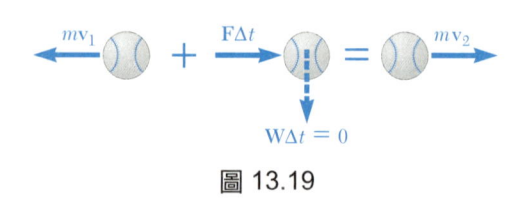

一個力作用在一質點之上，雖然只歷經一段非常短的時間，但是已經能使動量產生明顯的變化，這種力稱為**衝擊力** (impulsive force)，而產生的運動稱為**衝擊運動** (impulsive motion)。例如，用球棒打擊棒球時，球棒與球之間的接觸只有非常短暫的時間 Δt，但是球棒作用在球上面的平均力 $\mathbf{F}$ 卻是很大的，所產生的衝量 $\mathbf{F}\,\Delta t$ 已經大到足以改變球的運動方式 (圖 13.19)。

圖 13.19

當有衝擊力作用在一質點上時，式 (13.32) 變成為

$$m\mathbf{v}_1 + \Sigma\mathbf{F}\,\Delta t = m\mathbf{v}_2 \tag{13.35}$$

當分析衝擊運動時，任何的非衝擊力都可以忽略，因為伴隨的衝量 $\mathbf{F}\,\Delta t$ 會非常小。**非衝擊力** (nonimpulsive forces) 的項目包括物體的重量、彈簧力，及其他與衝擊力比起來很小的力。未知的反作用力可能是也可能不是衝擊力，因此它們的衝量應該要納入式 (13.35) 中，除非它們已經被證明可忽略。如前所述，棒球本身的重量產生的衝量是可以忽略的。如果是在分析球棒的運動，球棒的重量產生的衝量也是可以忽略的。然而，包括選手握球棒的手的反作用力產生的衝量，這些衝量在球未被正確擊中時將是不可忽略的。

請注意：在分析一質點的衝擊運動時，衝量與動量的方法是特別有效的。因為此方法只需用到質點起初與最後的速度，以及作用在質點上之力的衝量。反觀如使用牛頓第二定律來解題，需要將力表為

CHAPTER 13　質點運動力學：能量法與動量法

時間的函數，並將運動方程式對時間區間 Δt 積分。

如果系統中包括數個質點的衝擊運動，我們可使用式 (13.33)。它可以簡化為

$$\Sigma m\mathbf{v}_1 + \Sigma \mathbf{F}\, \Delta t = \Sigma m\mathbf{v}_2 \qquad (13.36)$$

其中的第二項只包括外力的衝量。如果所有作用在各質點上的力都不是衝擊力，則式 (13.36) 的第二項就消失了，方程式簡化為式 (13.34)。寫為

$$\Sigma m\mathbf{v}_1 = \Sigma m\mathbf{v}_2 \qquad (13.34)$$

此式說明所有質點的動量總和是守恆的。舉例來說，當兩個自由運動的質點互相撞擊時，這種情形就會發生。然而，請注意：當所有質點動量總和守恆時，它們的能量總和通常並不守恆。兩質點碰撞的問題，我們會在第 13.12 到 13.14 節詳細討論。

範例 13.10

一 1800 kg 的汽車，以速率 100 km/h 行駛在 5° 下坡中，當駕駛踩下煞車，使輪胎與路面間產生一煞車力 7000 N。試求經過多少時間後汽車會停下來。

解

我們使用衝量與動量原理。既然力量的大小與方向都是常數，其產生的衝量就是力與所經時間 t 的乘積。

$$m\mathbf{v}_1 + \Sigma\, \mathbf{Imp}_{1 \to 2} = m\mathbf{v}_2$$

$+\searrow$ 分量：$mv_1 + (mg\sin 5°)t - Ft = 0$

$$100 \text{ km/h} = 100 \times \frac{1000 \text{ m}}{1 \text{ km}} \times \frac{1 \text{ h}}{3600 \text{ s}} = 27.78 \text{ m/s}$$

$(1800 \text{ kg})(27.78 \text{ m/s}) + (1800 \text{ kg})(9.81 \text{ m/s}^2)\sin 5°\, t - (7000 \text{ N})t = 0$

$$t = 9.16 \text{ s} \blacktriangleleft$$

範例 13.11

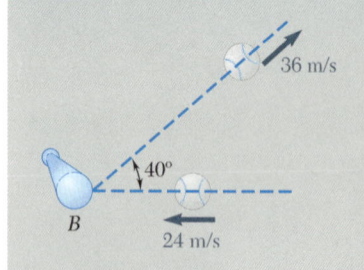

一 120 g 球以速率 24 m/s 丟向打擊者，在被球棒 B 打中後，球以如圖方向速率 36 m/s 飛出。如果球與球棒接觸時間為 0.015 s，試求在碰撞過程中，作用在球上的平均衝擊力。

解

我們將衝量與動量原理用在球上。因為球的重量為非衝擊力，可以忽略。

$$m\mathbf{v}_1 + \Sigma \mathbf{Imp}_{1\to 2} = m\mathbf{v}_2$$

$\xrightarrow{+} x$ 分量
$$-mv_1 + F_x \Delta t = mv_2 \cos 40°$$
$$-(0.12 \text{ kg})(24 \text{ m/s}) + F_x(0.015 \text{ s}) = (0.12 \text{ kg})(36 \text{ m/s})\cos 40°$$
$$F_x = +412.6 \text{ N}$$

$+\uparrow y$ 分量
$$0 + F_y \Delta t = mv_2 \sin 40°$$
$$F_y(0.015 \text{ s}) = (0.12 \text{ kg})(36 \text{ m/s})\sin 40°$$
$$F_y = +185.1 \text{ N}$$

由分量 F_x 與 F_y 可以求得力 $\mathbf{F}$ 的大小及方向：

$$\mathbf{F} = 452 \text{ N} \measuredangle 24.2° \blacktriangleleft$$

範例 13.12

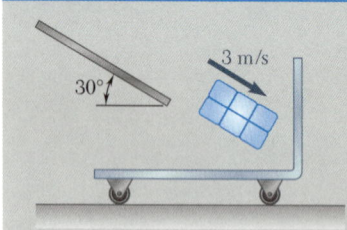

一 10 kg 包裹以速率 3 m/s，由滑坡落到一 25 kg 推車裡。已知原先推車是靜止的，且可自由滾動，試求 (a) 推車最終的速率；(b) 推車作用在包裹上的衝擊力；(c) 衝擊過程能量損失的比例。

解

首先我們應用衝量與動量原理在包裹與推車的系統上，可求出衝擊後兩者的速度 $\mathbf{v}_2$。接著，把相同的原則單獨用在包裹上，即可求得作用於其上的衝量 $\mathbf{F} \Delta t$。

a. 衝量與動量原理：包裹與推車

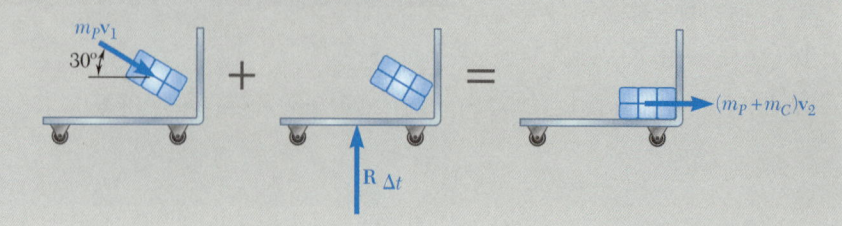

$\xrightarrow{+} x$ 分量：
$$m_P \mathbf{v}_1 + \Sigma \, \mathbf{Imp}_{1\to 2} = (m_P + m_C)\mathbf{v}_2$$
$$m_P v_1 \cos 30° + 0 = (m_P + m_C) v_2$$
$$(10 \text{ kg})(3 \text{ m/s}) \cos 30° = (10 \text{ kg} + 25 \text{ kg}) v_2$$
$$\mathbf{v}_2 = 0.742 \text{ m/s} \rightarrow \blacktriangleleft$$

要注意到此時動量守恆方程式是用在 x 方向的。

b. 衝量與動量原理：包裹

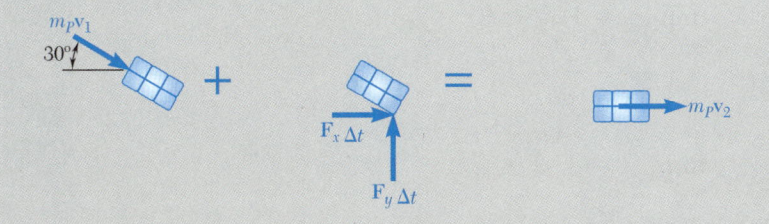

$\xrightarrow{+} x$ 分量：
$$m_P \mathbf{v}_1 + \Sigma \, \mathbf{Imp}_{1\to 2} = m_P \mathbf{v}_2$$
$$(10 \text{ kg})(3 \text{ m/s}) \cos 30° + F_x \, \Delta t = (10 \text{ kg})(0.742 \text{ m/s})$$
$$F_x \, \Delta t = -18.56 \text{ N} \cdot \text{s}$$

$+\uparrow y$ 分量：
$$-m_P v_1 \sin 30° + F_y \, \Delta t = 0$$
$$-(10 \text{ kg})(3 \text{ m/s}) \sin 30° + F_y \, \Delta t = 0$$
$$F_y \, \Delta t = +15 \text{ N} \cdot \text{s}$$

作用在包裹上的衝擊力為 $\mathbf{F} \, \Delta t = 23.9 \text{ N} \cdot \text{s} \; \measuredangle \; 38.9°$ ◀

c. 能量損失的比例。 起初與最終的能量為

$$T_1 = \tfrac{1}{2} m_P v_1^2 = \tfrac{1}{2}(10 \text{ kg})(3 \text{ m/s})^2 = 45 \text{ J}$$
$$T_2 = \tfrac{1}{2}(m_P + m_C) v_2^2 = \tfrac{1}{2}(10 \text{ kg} + 25 \text{ kg})(0.742 \text{ m/s})^2 = 9.63 \text{ J}$$

能量損失的比例 $\dfrac{T_1 - T_2}{T_1} = \dfrac{45 \text{ J} - 9.63 \text{ J}}{45 \text{ J}} = 0.786$ ◀

重點提示

在本課中，我們將牛頓第二定律積分，以推導出衝量與動量原理。回顧第 12.3 節中質點的線動量定義為質量 m 與速度 $\mathbf{v}$ 的乘積，寫為

$$m\mathbf{v}_1 + \Sigma \, \mathbf{Imp}_{1\to 2} = m\mathbf{v}_2 \tag{13.32}$$

此方程式說明在時間 t_2 時質點的線動量 $m\mathbf{v}_2$，等於在時間 t_1 時的線動量 $m\mathbf{v}_1$，加上由 t_1 到 t_2 時間內作用力的衝量。為了計算方便，我們常將動量與衝量以直角分量的方式表達，式 (13.32) 可用等效的純量方程式代替。在 SI 制中動量與衝量的單位為 N·s，在美國慣用單位中動量與衝量的單位為 lb·s。使用這個方程式解題時，你可依照下列步驟進行：

1. 畫相關的圖。把質點在 t_1 與 t_2 的動量，與 t_1 到 t_2 時間內作用力的衝量都標示在圖上。
2. 計算每個力的衝量。如果牽涉的方向不只一個時，將它用直角分量表示。你可能會遇到下列情形：

   a. 時間是有限的，力是常數。

   $$\mathbf{Imp}_{1\to 2} = \mathbf{F}(t_2 - t_1)$$

   b. 時間是有限的，力是時間 t 的函數。

   $$\mathbf{Imp}_{1\to 2} = \int_{t_1}^{t_2} \mathbf{F}(t)\, dt$$

   c. 時間非常短，力非常大。這種力稱為*衝擊力*，在時間區間 $t_2 - t_1 = \Delta t$ 內作用力的衝量為

   $$\mathbf{Imp}_{1\to 2} = \mathbf{F}\,\Delta t$$

   請注意：非衝擊力的衝量為零，例如，物體的重量、彈簧力，或是其他比衝擊力小的力。未知的反作用力則不能假設為非衝擊力，它們的衝量必須納入考量。
3. 將求得的值代入式 (13.32)，或是等效的純量方程式中。你將發現本課的習題裡所有力量與速度都在同一平面上，因此，你將由兩個純量方程式中求兩個未知數。這些未知數可能是時間 [範例 13.10]、速度與衝量 [範例 13.12]，或是衝擊力 [範例 13.11]。
4. 當包括多個質點時，每個質點都需單獨作圖。圖上標示出質點的起初與最終動量，以及作用在質點上的力的衝量。

   a. 然而，有時候畫一個包括所有質點的圖可能是更有利的。這個圖可以導引到方程式

   $$\Sigma m\mathbf{v}_1 + \Sigma\,\mathbf{Imp}_{1\to 2} = \Sigma m\mathbf{v}_2 \qquad (13.33)$$

   其中第二項只包含系統的*外力*產生的衝量。因此，在兩個等效的純量方程式中，將不包含未知內力的衝量。

   b. 如果外力的衝量合為零，式 (13.33) 簡化為

   $$\Sigma m\mathbf{v}_1 = \Sigma m\mathbf{v}_2 \qquad (13.34)$$

   此式告訴我們所有質點的總動量是守恆的。這種情形發生在外力的總和為零時，或是時間區間 Δt 非常短 (衝擊運動)，或者所有的外力都是非衝擊力時。然而，要謹記，總動量可能在某一方向是守恆的，但是在另一方向卻不守恆 [範例 13.12]。

習　題

觀念題

13.CQ3 一隻大昆蟲撞擊到一輛行駛中跑車的前擋風玻璃，在這個撞擊事件中，下列敘述何者為真？
　　a. 車子對昆蟲的作用力大過昆蟲對車子的作用力。
　　b. 昆蟲對車子的作用力大過車子對昆蟲的作用力。
　　c. 車子對昆蟲有作用力，但昆蟲對車子沒有作用力。
　　d. 車子對昆蟲的作用力等於昆蟲對車子的作用力。
　　e. 兩者都沒有作用力在對方上，昆蟲被粉碎只因它牠飛到車子的路線上。

衝量與動量練習題

13.F1 滑塊在點 A 時的初速是 10 m/s。已知滑塊與平面間的動摩擦係數為 $\mu_k = 0.30$。畫出相關的衝量與動量圖，以便能求解滑塊以速度零抵達點 B 所需的時間，假設平面角度 $\theta = 20°$。

13.F2 兩個相同的球 A 與 B 質量都是 m，以一條不能伸長、沒有彈性長度為 L 的繩子相連。兩球靜置於無摩擦的水平表面上，原先兩球相距 a。突然球 B 被賦予一個方向垂直 AB 連線的速度 $\mathbf{v}_0$，因為沒有摩擦，所以球 B 以定速一直前進到點 B'，此時繩子剛好被拉緊。畫出相關的衝量與動量圖，以便能求解繩子被拉緊之後瞬間兩球各自的速率。

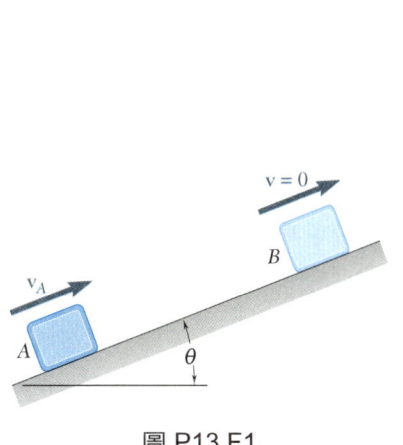

圖 P13.F1

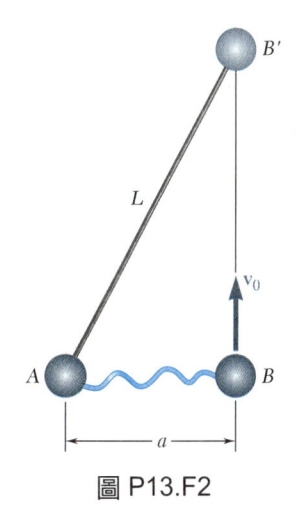

圖 P13.F2

課後習題

13.37 一艘 35,000 Mg 海船初速為 4 km/h。若忽略海水的阻力，一艘拖船以固定力 150 kN 來拖這艘海船，試求需要多少時間才能使海船停止下來。

13.38 一艘帆船與其乘客共為質量 500 kg，當以 12 km/h 順風行駛時，船的大三角帆被升起以便加速。已知 10 s 後，帆船速度改變為 18 km/h，試求大三角帆提供多少力。

圖 P13.38

13.39 一載貨卡車以速率 72 km/h 行駛在下降 3% 梯度斜坡上，駕駛踩煞車要將車子停下來。已知車上的貨物與車子床板間的摩擦係數為 $\mu_s = 0.40$ 與 $\mu_k = 0.35$，如果希望煞車過程中貨物不會滑動，試求最少需要多少時間才能使車子停下來。

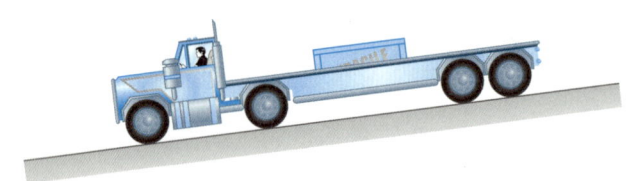

圖 P13.39

13.40 一卡車以速率 80 km/h 行駛在下降 4% 梯度斜坡上，駕駛踩煞車要將車子速率降到 30 km/h。車上的煞車防滑系統限制了煞車力，使輪胎不至於打滑。已知路面與輪胎間的靜摩擦係數為 0.60，試求此次減速所需的最短時間。

13.41 一輛兩車廂的輕軌列車以 72 km/h 行駛。車廂 A 與車廂 B 的質量分別為 18,000 kg 與 13,000 kg。當列車煞車時，會產生固定煞車力 21.5 kN 作用在每一車廂上。試求 (a) 煞車後經過多少時間列車才會停下來；(b) 在煞車過程中兩車廂間的連結器受力。

圖 P13.41

13.42 一 2000 kg 拖車頭拖著一 8000 kg 的貨櫃，以速度 90 km/h 行駛在平坦路面。拖車頭的煞車器突然故障，靠著車上的煞車防滑系統啟動提供的煞車力，使車子減速但輪胎不至於打滑。已知路面與輪胎間的靜摩擦係數為 0.65，試求 (a) 使車子停下來所需的最短

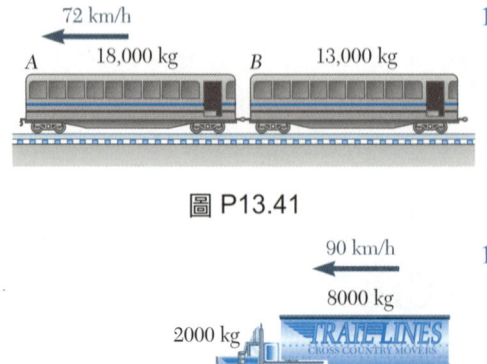

圖 P13.42

時間；(b) 在煞車過程中拖車頭與貨櫃間的連結器受力。

13.43 設計跨肩式安全帶的原型之前，必須先評估在汽車撞擊測試時，安全帶會產生的負荷。假設汽車速度為 72 km/h，而要在 110 ms 內停止，試求 (a) 質量 100 kg 的人會產生多少衝力在安全帶上；(b) 如果安全帶受力如下圖所示，則最大力量 F_m 為多少。

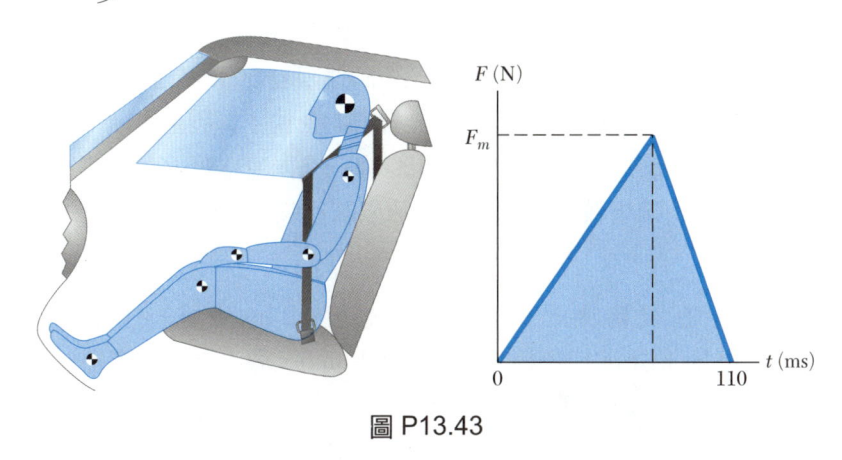

圖 *P13.43*

13.44 有一 60 g 模型火箭向上垂直發射。它的引擎產生的推力如圖所示。忽略空氣阻力與火箭質量的變化，試求 (a) 火箭上升過程中的最大速度；(b) 火箭到達最高點的時間。

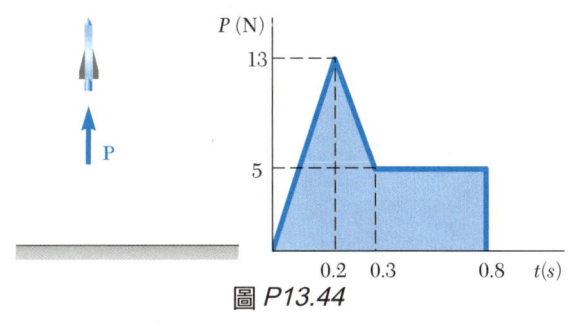

圖 *P13.44*

13.45 捕手接球時，適度地將手後移可減少接球時所受的衝擊力。假設有一顆 150 g 球以速率 140 km/h 丟過來，接球過程中捕手將手以速率 9 m/s 後移了 150 mm，使球停在球套內，試求捕手的手受到的平均衝擊力。

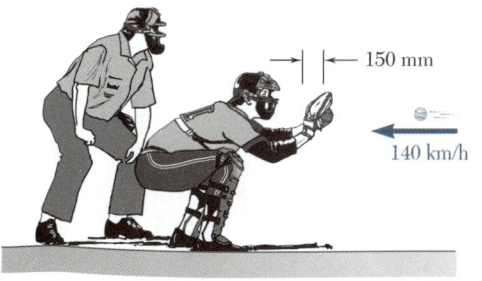

圖 *P13.45*

13.46 在一個設計人工髖關節植體的研究中,將一裝有感測器的植體插在一固定式股骨模擬物上。假設在 2 ms 內,槌子以平均力量 2 kN 作用在 200 g 的植體上,試求 (a) 衝擊後瞬間植體的速率;(b) 如果植體侵入股骨模擬物中 1 mm 後停止,則植體抵抗侵入的平均阻力為何?

13.47 當 A 與 B 兩車相撞之前,B 車正往南行駛,而 A 車則往東偏北 30° 行駛。事故鑑定時發現,兩車撞擊後黏在一起往東偏北 10° 方向滑行。兩車駕駛都說自己依時速限制 50 km/h 行駛,事故發生時曾試圖減速,但是因為對方開太快才會發生車禍。已知兩車質量分別為 1500 kg 與 1200 kg,試求 (a) 哪一輛車開比較快;(b) 如果較慢的車是以時速限制行駛,則較快的車時速為何?

13.48 一落槌打樁機的 650 kg 槌由高度 1.2 m 落下,打在一支 140 kg 樁上,使得樁釘入地基 110 mm。假設為完全塑性碰撞 ($e = 0$),試求地基對抗侵入的平均阻力。

13.49 有一 75 g 球在高度 1.6 m 處,以水平速度 2 m/s 丟出,球落在一彈簧支撐的 400 g 光滑平台。已知球再從平台彈起的高度為 0.6 m,試求 (a) 碰撞後瞬間平台的速度;(b) 因為碰撞而損失的能量。

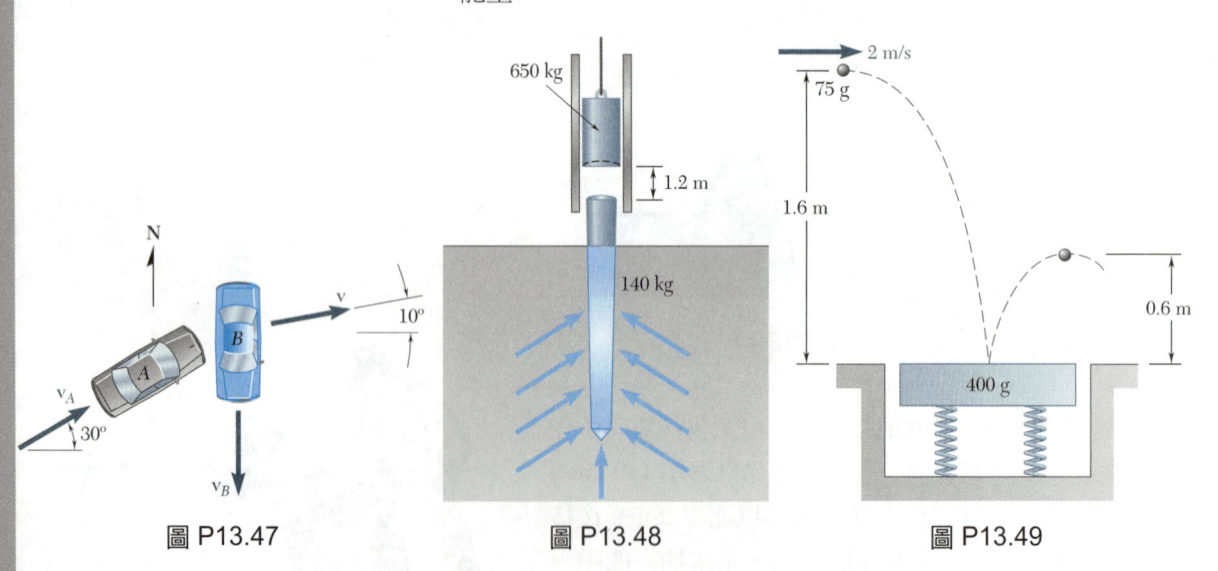

圖 P13.46

圖 P13.47

圖 P13.48

圖 P13.49

13.12 衝擊 (Impact)

兩個物體在非常短的時間內互相碰撞，彼此都產生極大的作用力在對方上，這個過程稱為**衝擊** (impact)。衝擊時與相互接觸面垂直的線稱為**衝擊線** (line of impact)。如果兩碰撞物的質量中心位於此衝擊線上，則稱此衝擊為**中心衝擊** (central impact)，否則就是**偏心** (eccentric) 衝擊。目前我們只侷限於討論兩質點的中心衝擊。至於兩剛體的偏心衝擊將在第 17.12 節討論。

如果兩質點的速度方向就在衝擊線上，此種衝擊稱為**正向衝擊** (direct impact) (圖 13.20a)。如果其中之一或是兩者的運動方向不是沿著衝擊線，則該衝擊稱為**斜向衝擊** (oblique impact) (圖 13.20b)。

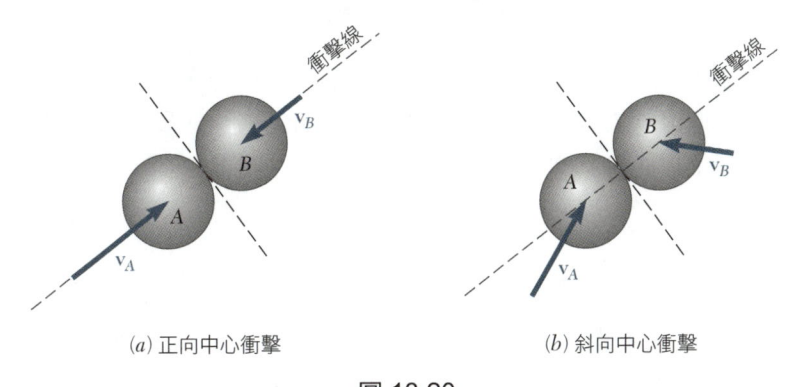

(a) 正向中心衝擊　　　(b) 斜向中心衝擊

圖 13.20

13.13 正向中心衝擊 (Direct Central Impact)

考慮質量各為 m_A 與 m_B 的兩個質點，它們各自以速度 $\mathbf{v}_A$ 與 $\mathbf{v}_B$ 在同一線上往右運動 (圖 13.21a)。如果 $\mathbf{v}_A$ 大於 $\mathbf{v}_B$，質點 A 終將撞擊到質點 B。發生衝擊時，兩質點都將因受力而變形。在**變形過程** (period of deformation) 的最後階段，兩質點會有相同的速度 $\mathbf{u}$ (圖 13.21b)。緊接著是**恢復過程** (period of restitution)，此過程與衝擊力的大小及質點材料有關。過程終了時，兩質點可能回復原先形狀，或是產生永久變形。此處我們的目標是求出恢復過程終了時兩質點的速度 $\mathbf{v}'_A$ 與 $\mathbf{v}'_B$ (圖 13.21c)。

首先我們將兩質點當成一個系統，因為沒有外力作用在此系統，所以沒有衝量。兩質點的總動量因此必會守恆，可寫為

$$m_A \mathbf{v}_A + m_B \mathbf{v}_B = m_A \mathbf{v}'_A + m_B \mathbf{v}'_B$$

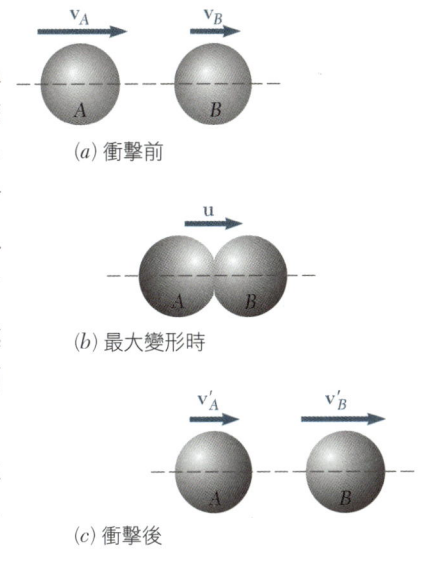

(a) 衝擊前

(b) 最大變形時

(c) 衝擊後

圖 13.21

既然所有的速度都是沿著相同的衝擊線，我們可以用純量來改寫上述方程式：

$$m_A v_A + m_B v_B = m_A v'_A + m_B v'_B \qquad (13.37)$$

其中的速率項 v_A、v_B、v'_A 或 v'_B 如果是正值，代表是向右運動；如果是負值，則代表是向左運動。

為了求得速度 $\mathbf{v}'_A$ 與 $\mathbf{v}'_B$，我們必須有第二個 v'_A 與 v'_B 的關係式。為了這個目的，我們單獨考慮質點 A 在變形過程前後的衝量動量原則。因為在此過程中，作用在質點 A 之上的衝擊力只有來自質點 B 的力 $\mathbf{P}$（圖 13.22a），可寫為

$$m_A v_A - \int P\,dt = m_A u \qquad (13.38)$$

其中的積分是針對變形過程進行的。接著，我們考慮質點 A 在恢復過程前後的衝量動量原則，並以 $\mathbf{R}$ 來代表此過程中，質點 B 作用在質點 A 上的力（圖 13.22b）。可寫為

$$m_A u - \int R\,dt = m_A v'_A \qquad (13.39)$$

其中的積分是針對恢復過程進行的。

通常在恢復過程中，作用在質點 A 的力 $\mathbf{R}$ 會比變形過程的力 $\mathbf{P}$ 小一些，所以 R 的衝量 $\int R\,dt$ 比 $\mathbf{P}$ 的衝量 $\int P\,dt$ 小。這兩個衝量的比值稱為**恢復係數** (coefficient of restitution)，並以符號 e 來代表。可寫為

$$e = \frac{\int R\,dt}{\int P\,dt} \qquad (13.40)$$

這個係數 e 的值永遠介於 0 到 1 之間。它與兩質點的材質有關，與碰撞速度有關，也與碰撞物體的大小及形狀有關。

解式 (13.38) 和式 (13.39) 中的兩個衝量，並代入式 (13.40) 中，得到

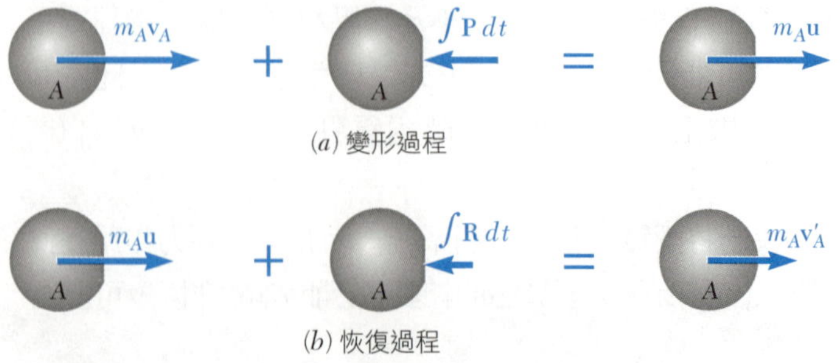

(a) 變形過程

(b) 恢復過程

圖 13.22

$$e = \frac{u - v'_A}{v_A - u} \quad (13.41)$$

將相同的分析作在質點 B 上,即可得

$$e = \frac{v'_B - u}{u - v_B} \quad (13.42)$$

既然式 (13.41) 和式 (13.42) 的分數是相等的,它們的分子和與它們的分母和的比值仍然會等於原先的分數。因此,

$$e = \frac{(u - v'_A) + (v'_B - u)}{(v_A - u) + (u - v_B)} = \frac{v'_B - v'_A}{v_A - v_B}$$

簡寫為

$$v'_B - v'_A = e(v_A - v_B) \quad (13.43)$$

左邊的 $v'_B - v'_A$ 代表碰撞後兩質點的相對速度,而右邊的 $v_A - v_B$ 則代表碰撞前的相對速度,式 (13.43) 說明碰撞後兩質點的相對速度,等於恢復係數乘上碰撞前的相對速度。利用此性質,我們可在實驗中決定兩材料間的恢復係數值。

碰撞後兩質點的速度 v'_A 與 v'_B 可由解聯立式 (13.37) 和式 (13.43) 而得。回顧前面我們推導式 (13.37) 和式 (13.43) 時,假設質點 B 是在質點 A 的右邊,且兩質點原先都是向右邊運動的。如果原先質點 B 是向左邊運動,則純量 v_B 必須當成負值。相同的情形也適用在碰撞後:如果 v'_A 是正值,代表 A 在碰撞後往右邊運動;反之,如果 v'_A 是負值,代表 A 在碰撞後往左邊運動。

下列兩種衝擊情形特別受到關注:

1. $e = 0$,**完全塑性衝擊** (perfectly plastic impact)。當 $e = 0$ 時,式 (13.43) 簡化為 $v'_B = v'_A$。這時沒有恢復過程,兩質點在碰撞後黏在一起運動。將 $v'_B = v'_A = v'$ 代入總動量守恆的式 (13.37) 中,可寫為

$$m_A v_A + m_B v_B = (m_A + m_B)v' \quad (13.44)$$

利用此式,我們可解出碰撞後兩質點共同的速度 v'。

2. $e = 1$,**完全彈性衝擊** (perfectly elastic impact)。當 $e = 1$ 時,式 (13.43) 簡化為

$$v'_B - v'_A = v_A - v_B \quad (13.45)$$

此式說明:碰撞前與碰撞後兩質點的相對速度是一樣的。每一質

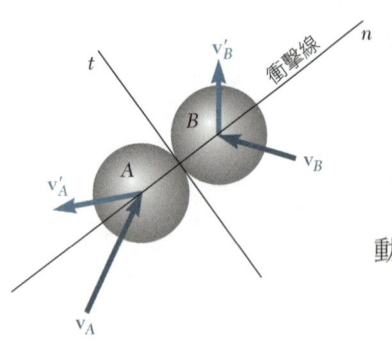

168　動力學

圖 13.23

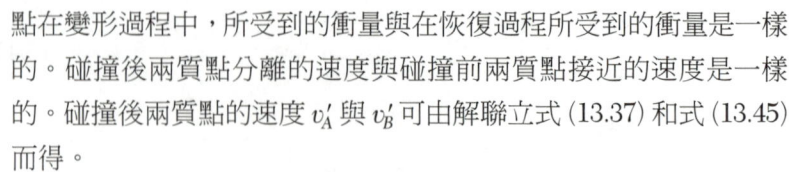

照片 13.3　當一球撞擊其他球時，動量在兩球間轉移。

圖 13.24

點在變形過程中，所受到的衝量與在恢復過程所受到的衝量是一樣的。碰撞後兩質點分離的速度與碰撞前兩質點接近的速度是一樣的。碰撞後兩質點的速度 v'_A 與 v'_B 可由解聯立式 (13.37) 和式 (13.45) 而得。

此處值得注意的是：在完全彈性衝擊時，兩質點的總動能與總動量都是守恆的。式 (13.37) 和式 (13.45) 可以改寫為：

$$m_A(v_A - v'_A) = m_B(v'_B - v_B) \qquad (13.37')$$

$$v_A + v'_A = v_B + v'_B \qquad (13.45')$$

將兩式相乘可得到

$$m_A(v_A - v'_A)(v_A + v'_A) = m_B(v'_B - v_B)(v'_B + v_B)$$
$$m_A v_A^2 - m_A(v'_A)^2 = m_B(v'_B)^2 - m_B v_B^2$$

重新整理項目，並乘上二分之一，我們可寫

$$\tfrac{1}{2}m_A v_A^2 + \tfrac{1}{2}m_B v_B^2 = \tfrac{1}{2}m_A(v'_A)^2 + \tfrac{1}{2}m_B(v'_B)^2 \qquad (13.46)$$

此式表示兩質點的動能和是守恆的。然而，請注意：在一般衝擊的情況下，e 值不等於 1，總動能並不守恆。這個性質可由比較衝擊前與衝擊後的動能和看出來。損失的動能部分轉化為熱能，部分則用在兩物體內以形成彈性波。

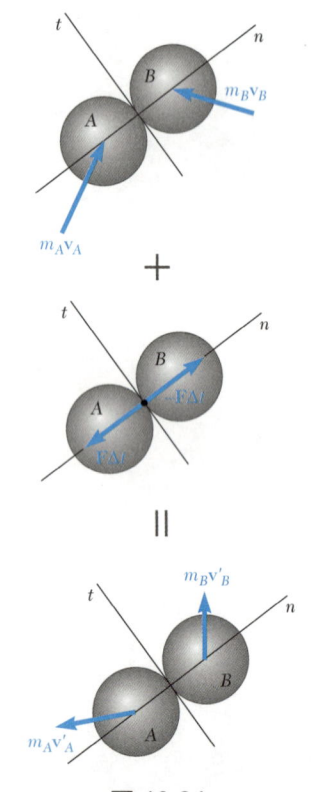

13.14　斜向中心衝擊 (Oblique Central Impact)

現在我們考慮兩碰撞質點的速度不在衝擊線上的情形 (圖 13.23)。如同第 13.12 節所述，這種衝擊稱為**斜向衝擊** (oblique impact)。既然質點碰撞後的速度 $\mathbf{v}'_A$ 與 $\mathbf{v}'_B$ 為未知，兩速度的大小與方向都是未知，因此在求解時，我們需要用到四個獨立方程式。

將衝擊線當作座標的 n 軸，而共同接觸面的切線方向當作 t 軸。假設質點是完全光滑與無摩擦，我們觀察到碰撞過程中，作用在質點上的衝量僅來自於衝擊線上的內力，也就是 n 軸上的力 (圖 13.24)。緊接著

1. 每一質點分別考慮時，動量的 t 方向分量是守恆的；因此每一質點速度的 t 分量不因碰撞而改變。可寫為

$$(v_A)_t = (v'_A)_t \qquad (v_B)_t = (v'_B)_t \qquad (13.47)$$

2. 兩質點總動量在 n 軸方向的分量是守恆的。我們寫

$$m_A(v_A)_n + m_B(v_B)_n = m_A(v'_A)_n + m_B(v'_B)_n \qquad (13.48)$$

3. 碰撞後在 n 軸方向兩質點的相對速度，等於碰撞前在 n 軸方向兩質點的相對速度乘上恢復係數。類似第 13.13 節正向中心衝擊的推導，可得到

$$(v'_B)_n - (v'_A)_n = e[(v_A)_n - (v_B)_n] \qquad (13.49)$$

至此我們有了四個獨立方程式，可用來求 A 與 B 在衝擊後的速度。解題的方法會在範例 13.15 中說明。

到目前為止，我們分析兩質點的斜向中心衝擊時，是基於假設兩物體在碰撞前後都是自由運動的。接著要探討兩質點在碰撞前後的運動受到拘束的情形。舉例來說，圖 13.25 中的台車 A 僅能作水平運動，而與之相撞的球 B 可在圖面上自由運動。假設台車與球之間為無摩擦，台車與水平面間也是無摩擦。請注意：作用在系統裡的衝量包含內力 **F** 與 −**F** 的衝量，此兩力的方向是沿著衝擊線的，或說是沿著 n 軸方向，而由水平面作用在台車的外力 $\mathbf{F}_{ext}$ 是垂直的，其產生的衝量必定是垂直的 (圖 13.26)。

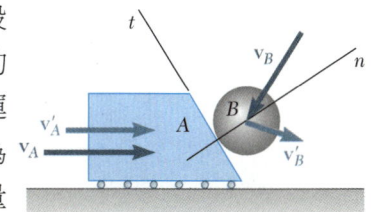

圖 13.25

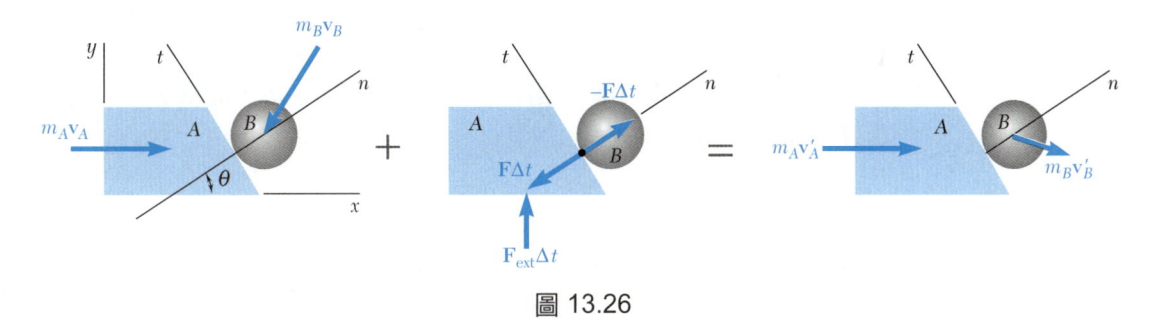

圖 13.26

在碰撞完成的瞬間，台車 A 的速度與球 B 的速度共有三個未知：台車 A 速度 $\mathbf{v}'_A$ 的大小、球 B 速度 $\mathbf{v}'_B$ 的大小與方向，因此我們需要三個獨立方程式來求解：

1. 球 B 的動量在 t 軸方向的分量是守恆的；所以球 B 的速度的 t 分量不會變化。寫為

$$(v_B)_t = (v'_B)_t \qquad (13.50)$$

2. 台車 A 與球 B 的總動量在水平 x 軸方向是守恆的，寫為

$$m_A v_A + m_B(v_B)_x = m_A v'_A + m_B(v'_B)_x \qquad (13.51)$$

3. 在碰撞後沿 n 軸方向台車 A 與球 B 的相對速度，會等於碰撞前沿 n 方向台車 A 與球 B 的相對速度乘上恢復係數，寫為

$$(v'_B)_n - (v'_A)_n = e[(v_A)_n - (v_B)_n] \tag{13.49}$$

然而，請注意：式 (13.49) 是源自第 13.13 節正向中心衝擊兩質點沿一直線運動的分析而來。是否能用在本案例呢？正向中心衝擊時確實是沒有外力產生的衝量，目前案例中的台車 A 會受到水平面來的衝量。為了證明式 (13.49) 仍然可用於本例中，我們先將衝量動量原則用在台車 A 的變形過程 (圖 13.27)。若只考慮水平分量，寫為

$$m_A v_A - (\textstyle\int P\,dt)\cos\theta = m_A u \tag{13.52}$$

其中的積分是針對變形過程進行，而 **u** 代表此過程結束時台車 A 的速度。接著，考慮恢復過程，用類似方式寫為

$$m_A u - (\textstyle\int R\,dt)\cos\theta = m_A v'_A \tag{13.53}$$

其中的積分是針對恢復過程進行。

回顧第 13.13 節中恢復係數的定義，寫為

$$e = \frac{\int R\,dt}{\int P\,dt} \tag{13.40}$$

由式 (13.52) 和式 (13.53) 解出積分 $\int P\,dt$ 與 $\int R\,dt$，並將它們代入式 (13.40)，化簡後得到

$$e = \frac{u - v'_A}{v_A - u}$$

或是每個速度項都乘上 $\cos\theta$，使變成它們沿衝擊線的分量。

$$e = \frac{u_n - (v'_A)_n}{(v_A)_n - u_n} \tag{13.54}$$

請注意：式 (13.54) 與第 13.13 節的式 (13.41) 是完全一樣的，只是這裡加了一個下標 n，用來表示我們考慮的是沿著衝擊線的速度分量。

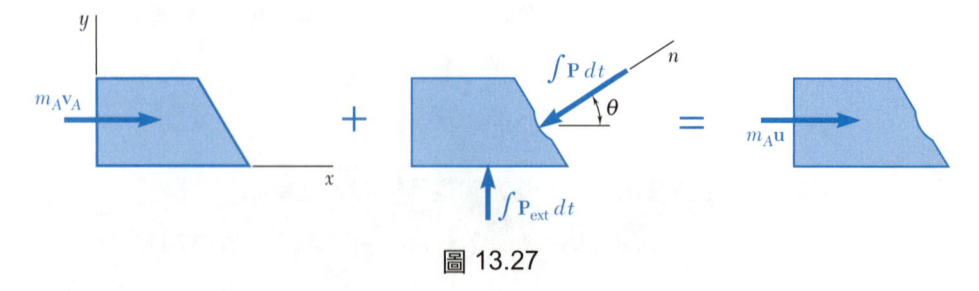

圖 13.27

既然球 B 的運動是沒有限制的，式 (13.49) 的證明可由與第 13.13 節裡證明式 (13.43) 的方法一樣進行。於是我們可下結論：兩碰撞物體其中一個的運動受限制時，它們的相對速度在衝擊線方向的分量仍然會符合式 (13.49)。這個關係式也很容易證明可用於兩個物體的運動都受限制的狀況。

13.15 能量與動量相關的題目 (Problems Involving Energy and Momentum)

現在你學了三種不同的方法可解運動力學的問題：直接運用牛頓第二定律 $\Sigma \mathbf{F} = m\mathbf{a}$、功能原理法、衝量與動量法。針對一道題目，你應該有能力選擇用哪一個方法求解最為有效。同樣一道題目裡，某些部分可能用一個方法求解，而其他部分可能用另外的方法求解比較簡單。

你已經看到在許多案例中，使用功能法比起直接用牛頓第二定律會更為迅速。但在第 13.4 節中功能法有其限制，有時必須用 $\Sigma \mathbf{F} = m\mathbf{a}$ 來輔助才能完成解題。例如，求加速度或是一個法向力時。

如果題目中不含衝擊力時，通常會發現：如果可以使用 $\Sigma \mathbf{F} = m\mathbf{a}$ 來求解，解題速度不亞於使用衝量動量法及功能法，甚至會更為簡單快速。然而，遇到衝擊的題目時，衝量動量法是唯一可行的方法。這時直接使用 $\Sigma \mathbf{F} = m\mathbf{a}$ 來求解是不智的，而功能法不能用，因為衝擊時會有能量損失的問題(除非是完全彈性)。

在許多問題中，除了在一短暫衝擊過程會有衝擊力作用，其他部分只剩保守力。這類題目的解答可分成幾個部分來作。衝擊過程的部分必須使用衝量動量法，與相對速度關係式，其他部分通常可用功能法求解。如果題目中需要求解一個法向力時，那麼使用 $\Sigma \mathbf{F} = m\mathbf{a}$ 是必要的。

舉例來說，有一個單擺 A 質量為 m_A、長度為 l，於位置 A_1 靜止狀態釋放 (圖 13.28a)。此單擺在垂直平面擺盪下來，然後撞到另一個原先靜止的單擺 B，單擺 B 質量為 m_B、長度同樣為 l。在衝擊後 (恢復係數 e)，單擺 B 最高可擺到一個角度 θ，這是我們想要求出的。

這個問題可分成三個部分來求解：

1. 單擺 A 由 A_1 擺到 A_2。能量守恆原則可以用來求出單擺到達 A_2 時的速度 $(\mathbf{v}_A)_2$ (圖 13.28b)。

172　動力學

圖 13.28

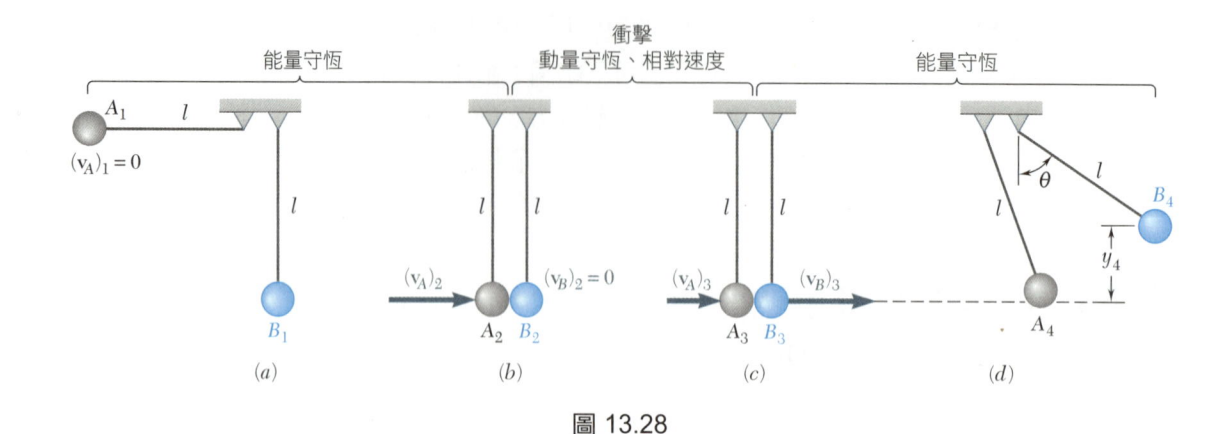

2. 單擺 A 撞擊單擺 B。兩單擺的總動量守恆與它們相對速度的關係式，可用來求解碰撞後兩單擺的速度 $(\mathbf{v}_A)_3$ 與 $(\mathbf{v}_B)_3$（圖 13.28c）。
3. 單擺 B 由 B_3 擺到 B_4。將能量守恆原則用在單擺 B，我們可求單擺能到達的最大高度 y_4（圖 13.28d）。接著，角度 θ 可用幾何法求得。

如果我們要求解綁住單擺的繩子張力，則如同前述使用 $\mathbf{\Sigma F} = m\mathbf{a}$ 輔助。

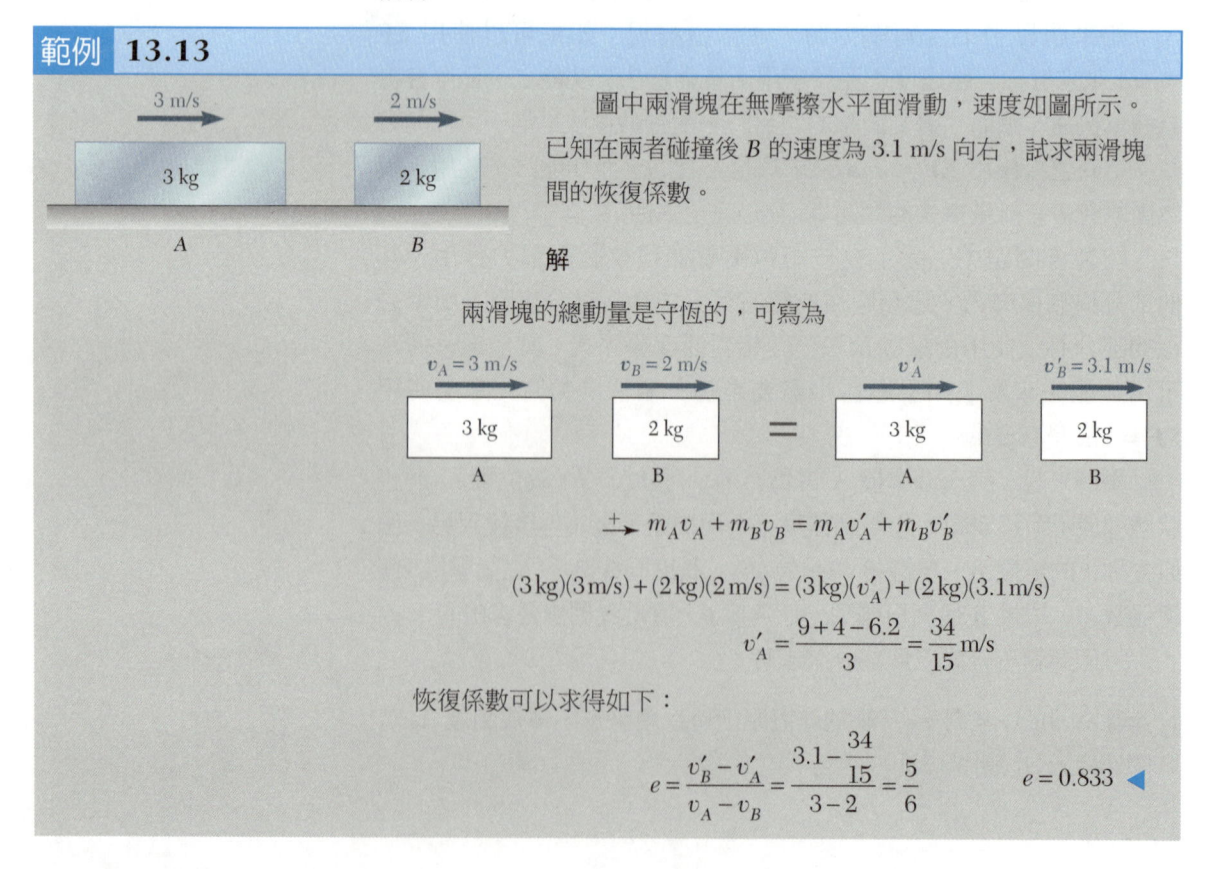

範例 13.13

圖中兩滑塊在無摩擦水平面滑動，速度如圖所示。已知在兩者碰撞後 B 的速度為 3.1 m/s 向右，試求兩滑塊間的恢復係數。

解

兩滑塊的總動量是守恆的，可寫為

$$\xrightarrow{+} m_A v_A + m_B v_B = m_A v'_A + m_B v'_B$$

$$(3\,\text{kg})(3\,\text{m/s}) + (2\,\text{kg})(2\,\text{m/s}) = (3\,\text{kg})(v'_A) + (2\,\text{kg})(3.1\,\text{m/s})$$

$$v'_A = \frac{9 + 4 - 6.2}{3} = \frac{34}{15}\,\text{m/s}$$

恢復係數可以求得如下：

$$e = \frac{v'_B - v'_A}{v_A - v_B} = \frac{3.1 - \frac{34}{15}}{3 - 2} = \frac{5}{6} \qquad e = 0.833 \blacktriangleleft$$

範例 13.14

一顆球被丟向一無摩擦垂直牆壁。球撞擊牆壁前之瞬間的速率為 v，方向與水平線夾 30°。已知 $e = 0.90$，試求由牆壁彈回時球的速度大小與方向。

解

我們先將球碰撞前的速度分成垂直與平行牆壁的兩分量：

$$v_n = v \cos 30° = 0.866v \qquad v_t = v \sin 30° = 0.500v$$

平行牆壁的運動。 既然牆壁是無摩擦的，牆壁作用在球上的衝量必定是與牆壁垂直。因此，與牆壁平行方向的動量會是守恆的，寫為

$$\mathbf{v}'_t = \mathbf{v}_t = 0.500v \uparrow$$

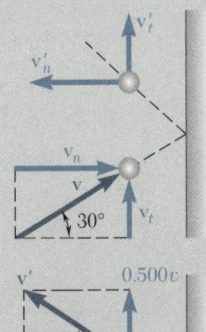

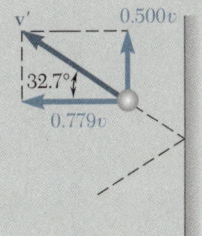

垂直牆壁的運動。 牆壁是固定不動的，它的質量就像是無限大，所以計算它的動量是無意義的。因此我們不能用總動量守恆的觀念，可以用相對速度的式 (13.49)，寫成

$$0 - v'_n = e(v_n - 0)$$
$$v'_n = -0.90(0.866v) = -0.779v \qquad \mathbf{v}'_n = 0.779v \leftarrow$$

綜合運動。 將兩分量 $\mathbf{v}'_n$ 與 $\mathbf{v}'_t$ 以向量方式相加，得到

$$\mathbf{v}' = 0.926v \;\measuredangle\; 32.7° \qquad \blacktriangleleft$$

範例 13.15

圖中為兩相同圓球在碰撞前的速度及方向。假設 $e = 0.90$，試求碰撞後兩球各自的速度及方向。

解

在碰撞期間，球作用在另一球的衝擊力是沿著球心連球心的衝擊線。將兩球的速度各自分解成 n 與 t 分量，其中 n 為衝擊線的方向，而 t 為共同切線的方向。寫為

$$(v_A)_n = v_A \cos 30° = +7.79 \text{ m/s}$$
$$(v_A)_t = v_A \sin 30° = +4.5 \text{ m/s}$$
$$(v_B)_n = -v_B \cos 60° = -6 \text{ m/s}$$
$$(v_B)_t = v_B \sin 60° = +10.39 \text{ m/s}$$

衝量動量原則。 在組合圖裡，我們標出初始的動量、衝量，與後來的

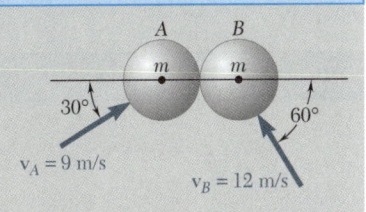

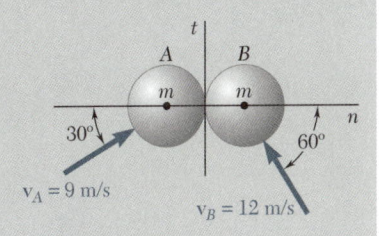

動量。

沿著共同切線的運動。只考慮 t 方向的分量時，我們將衝量動量原則分別用在每顆球上。因為衝擊力是作用在衝擊線上的，而 t 方向不受影響，所以衝量與速度的 t 分量不會變化。我們有

$$(v'_A)_t = 4.5 \text{ m/s} \uparrow \qquad (v'_B)_t = 10.39 \text{ m/s} \uparrow$$

沿著衝擊線的運動。在 n 方向，我們將兩球視為一個系統，並注意到兩球之間的作用力與反作用力互相抵消，沒有外力與衝量，所以系統的總動量守恆：

$$m_A(v_A)_n + m_B(v_B)_n = m_A(v'_A)_n + m_B(v'_B)_n$$
$$m(7.79) + m(-6) = m(v'_A)_n + m(v'_B)_n$$
$$(v'_A)_n + (v'_B)_n = 1.79 \quad (1)$$

利用相對速度的式 (13.49)，我們寫

$$(v'_B)_n - (v'_A)_n = e[(v_A)_n - (v_B)_n]$$
$$(v'_B)_n - (v'_A)_n = (0.90)[7.79 - (-6)]$$
$$(v'_B)_n - (v'_A)_n = 12.41 \quad (2)$$

式 (1) 和式 (2) 聯立解得

$$(v'_A)_n = -5.31 \qquad (v'_B)_n = +7.1$$
$$(v'_A)_n = 5.31 \text{ m/s} \leftarrow \qquad (v'_B)_n = 7.1 \text{ m/s} \rightarrow$$

綜合運動。將兩球的分量各自以向量方式相加，得到

$$\mathbf{v}'_A = 6.96 \text{ m/s} \searrow 40.3° \qquad \mathbf{v}'_B = 12.58 \text{ m/s} \nearrow 55.6° \blacktriangleleft$$

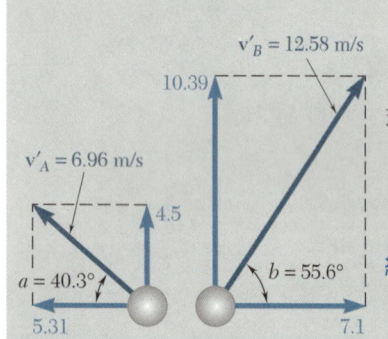

範例 13.16

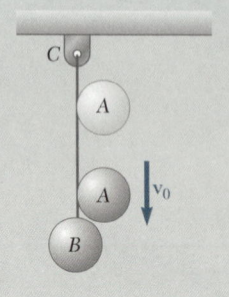

球 B 以不可伸長的繩子懸吊著。另一個相同的球 A 在剛好接觸到繩子的位置被靜止釋放，球 A 在撞到球 B 前的速度為 $\mathbf{v}_0$。假設是完全彈性碰撞 ($e = 1$)，且無摩擦，試求碰撞完成的瞬間兩球的速度各為何。

解

既然球 B 只能以點 C 為圓心作圓周運動，在碰撞後它的速度 $\mathbf{v}_B$ 一定是水平方向。因此本題包含三個未知數：碰撞後球 B 速度的大小 v'_B，球 A 速度 $\mathbf{v}'_A$ 的大小與方向。

衝量動量原則：球 A

$$m\mathbf{v}_A + \mathbf{F}\,\Delta t = m\mathbf{v}'_A$$

$+\searrow t$ 分量：$mv_0 \sin 30° + 0 = m(v'_A)_t$

$$(v'_A)_t = 0.5v_0 \qquad (1)$$

請注意：此處的動量守恆是沿著球 A 與球 B 的共同切線方向的。

衝量動量原則：球 A 與球 B

$$m\mathbf{v}_A + \mathbf{T}\,\Delta t = m\mathbf{v}'_A + m\mathbf{v}'_B$$

$\xrightarrow{+} x$ 分量：$\quad 0 = m(v'_A)_t \cos 30° - m(v'_A)_n \sin 30° - mv'_B$

我們注意到，此處總動量守恆是沿著 x 方向的。將式 (1) 的 $(v'_A)_t$ 代入，重新整理，可寫

$$0.5(v'_A)_n + v'_B = 0.433v_0 \qquad (2)$$

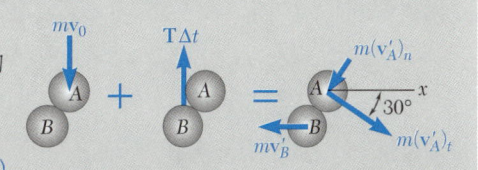

沿著衝擊線的相對速度。既然 $e = 1$，式 (13.49) 變成

$$(v'_B)_n - (v'_A)_n = (v_A)_n - (v_B)_n$$
$$v'_B \sin 30° - (v'_A)_n = v_0 \cos 30° - 0$$
$$0.5v'_B - (v'_A)_n = 0.866v_0 \qquad (3)$$

同時解式 (2) 和式 (3)，得到

$$(v'_A)_n = -0.520v_0 \qquad v'_B = 0.693v_0$$

$$\mathbf{v}'_B = 0.693v_0 \leftarrow \quad \blacktriangleleft$$

回顧式 (1)，我們將各分量畫在一起，由三角幾何可得

$$v'_A = 0.721v_0 \qquad \beta = 46.1° \qquad \alpha = 46.1° - 30° = 16.1°$$

$$\mathbf{v}'_A = 0.721v_0 \measuredangle 16.1° \quad \blacktriangleleft$$

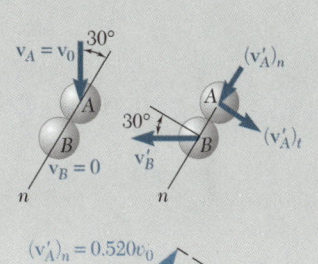

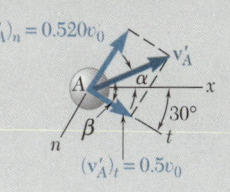

範例 13.17

一 30 kg 磚塊由高度 2 m 落到一彈簧秤的 10 kg 檯面上。假設為完全塑性碰撞，試求彈簧秤的最大變形量。已知彈簧常數為 $k = 20$ kN/m。

解

磚塊與檯面的衝擊過程必須分階段來分析；我們將分成三部分來

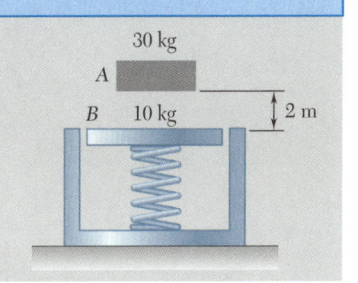

求解。

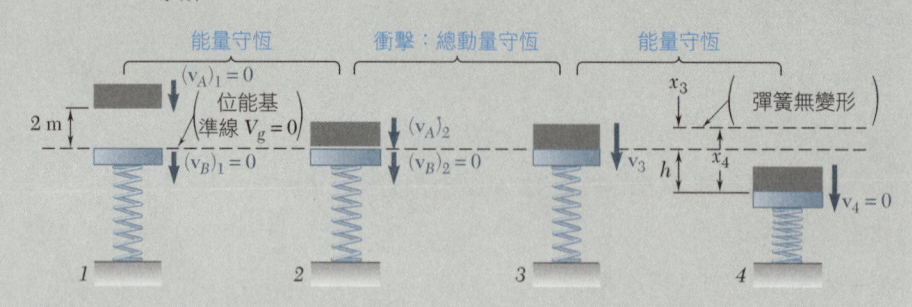

動能守恆。磚塊：$W_A = (30 \text{ kg})(9.81 \text{ m/s}^2) = 294 \text{ N}$

$T_1 = \frac{1}{2}m_A(v_A)_1^2 = 0 \qquad V_1 = W_A y = (294 \text{ N})(2 \text{ m}) = 588 \text{ J}$
$T_2 = \frac{1}{2}m_A(v_A)_2^2 = \frac{1}{2}(30 \text{ kg})(v_A)_2^2 \qquad V_2 = 0$
$T_1 + V_1 = T_2 + V_2: \quad 0 + 588 \text{ J} = \frac{1}{2}(30 \text{ kg})(v_A)_2^2 + 0$
$(v_A)_2 = +6.26 \text{ m/s} \qquad (\mathbf{v}_A)_2 = 6.26 \text{ m/s} \downarrow$

衝擊：總動量守恆。 既然碰撞為完全塑性，$e = 0$，碰撞後磚塊與檯面會一起運動。

$m_A(v_A)_2 + m_B(v_B)_2 = (m_A + m_B)v_3$
$(30 \text{ kg})(6.26 \text{ m/s}) + 0 = (30 \text{ kg} + 10 \text{ kg})v_3$
$v_3 = +4.70 \text{ m/s} \qquad \mathbf{v}_3 = 4.70 \text{ m/s} \downarrow$

動能守恆。 原先彈簧支撐著檯面的重量，所以起初彈簧的變形量為

$$x_3 = \frac{W_B}{k} = \frac{(10 \text{ kg})(9.81 \text{ m/s}^2)}{20 \times 10^3 \text{ N/m}} = \frac{98.1 \text{ N}}{20 \times 10^3 \text{ N/m}} = 4.91 \times 10^{-3} \text{ m}$$

以符號 x_4 表示彈簧的最大變形量，寫為

$T_3 = \frac{1}{2}(m_A + m_B)v_3^2 = \frac{1}{2}(30 \text{ kg} + 10 \text{ kg})(4.70 \text{ m/s})^2 = 442 \text{ J}$
$V_3 = V_g + V_e = 0 + \frac{1}{2}kx_3^2 = \frac{1}{2}(20 \times 10^3)(4.91 \times 10^{-3})^2 = 0.241 \text{ J}$
$T_4 = 0$
$V_4 = V_g + V_e = (W_A + W_B)(-h) + \frac{1}{2}kx_4^2 = -(392)h + \frac{1}{2}(20 \times 10^3)x_4^2$

請注意：到檯面的位移為 $h = x_4 - x_3$，可寫為

$T_3 + V_3 = T_4 + V_4:$
$\quad 442 + 0.241 = 0 - 392(x_4 - 4.91 \times 10^{-3}) + \frac{1}{2}(20 \times 10^3)x_4^2$
$\quad x_4 = 0.230 \text{ m} \qquad h = x_4 - x_3 = 0.230 \text{ m} - 4.91 \times 10^{-3} \text{ m}$
$\quad h = 0.225 \text{ m} \qquad\qquad\qquad\qquad h = 225 \text{ mm}$

本課介紹兩物體的衝擊，或是說在很短時間內的碰撞。許多衝擊性質的題目等著你去求解，因此需要用到兩物體總動量守恆原則，以及碰撞前後兩物體相對速度的關係式。

1. 解題的第一步驟。你應該選擇與畫出下列座標軸。t 軸：兩碰撞物體接觸面的切線，與 n 軸：垂直接觸面的線（稱為衝擊線）。本課所有題目裡，衝擊線就是兩碰撞物體的連心線，這種衝擊稱為中心衝擊。

2. 接著你要畫張圖。標示出碰撞前物體的動量，碰撞過程產生的衝量，與碰撞後物體的動量（圖 13.24）。觀察此衝擊是正向中心衝擊或是斜向中心衝擊。

3. 正向中心衝擊。此時 A 與 B 兩物體的速度在碰撞前都是沿著衝擊線方向（圖 13.20a）。

    a. 動量守恆。既然衝擊力對系統而言是內力，你可以寫 A 與 B 的總動量是守恆的，

    $$m_A v_A + m_B v_B = m_A v'_A + m_B v'_B \tag{13.37}$$

    其中 v_A 與 v_B 代表物體 A 與 B 在碰撞前的速度；而 v'_A 與 v'_B 代表在碰撞後的速度。

    b. 恢復係數。你也可以寫在碰撞前後兩物體相對速度的關係式，

    $$v'_B - v'_A = e(v_A - v_B) \tag{13.43}$$

    其中 e 是兩物體間的恢復係數。

    請注意：式 (13.37) 和式 (13.43) 是純量方程式，可用來求解兩個未知數。還要注意所有速度項要用相同的正負規則。

4. 斜向中心衝擊。此時兩物體中一個或全部的速度在碰撞前，不是沿著衝擊線的方向（圖 13.20b）。解這類題目時，你要先將衝量與動量分解成 t 軸與 n 軸的分量，並標示在你的圖中。

    a. 動量守恆。既然衝擊力是作用在衝擊線上的，也就是沿著 n 軸方向，所以在 t 軸方向的動量分量守恆。因此，你可以寫每個物體在 t 方向的速度分量碰撞前後一樣，

    $$(v_A)_t = (v'_A)_t \qquad (v_B)_t = (v'_B)_t \tag{13.47}$$

    另外，沿著 n 軸方向系統的總動量守恆，

    $$m_A(v_A)_n + m_B(v_B)_n = m_A(v'_A)_n + m_B(v'_B)_n \tag{13.48}$$

    b. 恢復係數。在 n 軸方向，兩物體碰撞前後的相對速度的關係式為

    $$(v'_B)_n - (v'_A)_n = e[(v_A)_n - (v_B)_n] \tag{13.49}$$

現在你有四個方程式,可以求四個未知數。請注意:在求得所有速度後,你可以求物體 A 作用在物體 B 上的衝量,這時你需要畫 B 單獨的衝量動量圖,並且沿著 n 方向建立衝量動量方程式。

c. 當碰撞物體之一的運動受限制時,你必須將外力的衝量也包含在圖中。你將發現有些前面的關係式不見了。然而,如圖 13.26 所示,在與外力的衝量垂直的方向,系統的總動量守恆。另外還需注意,當一物體 A 由一固定面 B 彈回時,只有式 (13.47) 的第一個動量守恆方程式是可以用的 [範例 13.14]。

5. 記住大多數的碰撞中能量是會損失的。只有在**完全彈性碰撞時** ($e = 1$) 例外,能量沒有減少。也就是說,通常碰撞發生時,$e < 1$,能量不會守恆。因此,要注意**不要將能量守恆用在碰撞的過程裡**;反之,能量守恆原則只能用在碰撞之前與碰撞之後 [範例 13.17]。

習 題

觀念題

13.CQ4 有一 5 kg 球 A 撞到一原先靜止的 1 kg 球 B。有沒有可能在碰撞後球 A 不動,而球 B 有速度 $5v$?
a. 可能
b. 不可能
解釋你的答案。

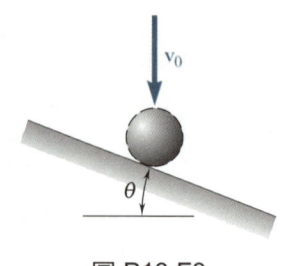

圖 P13.F3

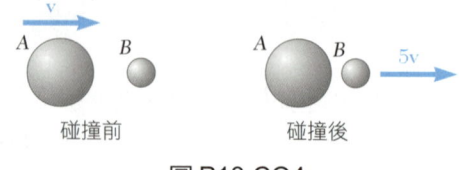

圖 P13.CQ4

衝量動量練習題

13.F3 有一圓球以速率 v_0 撞擊到一無摩擦斜面之後反彈。畫一個衝量動量圖,以便用來求解碰撞後球的速度。

13.F4 質量 m_A 的方塊 A,以速率 v_A 撞到質量 m_B 的球 B。畫衝量動

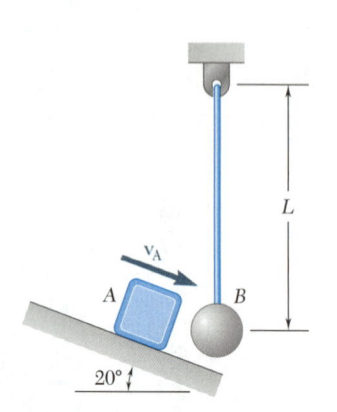

圖 P13.F4

量圖，以便用來求解碰撞後 A 與 B 的速度，以及碰撞過程的衝量。

課後習題

13.50 已知兩套環間的恢復係數為 0.70，試求 (a) 碰撞後兩者的速度；(b) 碰撞過程的能量損失。

圖 P13.50

13.51 為了將一砲殼施以衝擊加載，一 20 kg 單擺 A 由一已知高度釋放，使 A 以速率 v_0 撞擊一個衝擊器 B，然後衝擊器 B 會撞擊 1 kg 的砲殼 C。已知所有物件間的恢復係數都是 e，為了使作用在砲殼 C 上的衝量有最大值，則 B 的質量應為何？

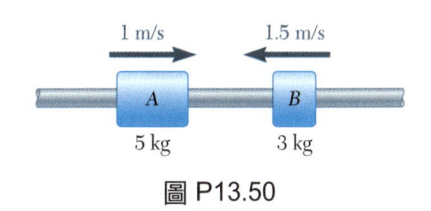

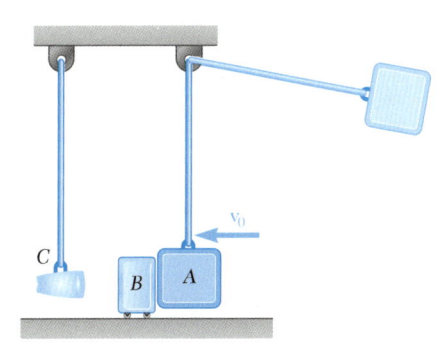

圖 P13.51

13.52 有兩輛相同的車 A 與 B 停在裝卸場，兩車完全沒煞車。第三輛 C 車的重量與前面兩車相同，但是形式稍有不同。裝卸工人不小心推了 C 車一把，使得 C 車以速度 1.5 m/s 撞到 B 車。已知 B 車與 C 車之間的恢復係數為 0.8，而 A 車與 B 車之間的恢復係數為 0.5，試求碰撞過後每一部車的車速。

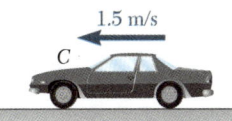

圖 P13.52

13.53 在一遊樂場裡，有三輛 200 kg 碰碰車 A、B 與 C，它們的駕駛質量分別是 40 kg、60 kg 與 35 kg。當撞到 B 車時，A 車是以速度 $v_A = 2$ m/s 向右行駛。車子間的恢復係數為 0.8，隨後 B 車與 C 車相撞。如果與 C 車相撞後，B 車速度變成零，則 C 車原先的速度 v_C 為何？

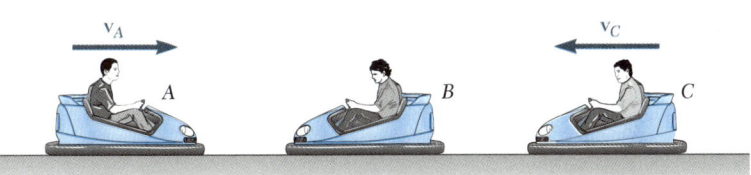

圖 P13.53

13.54 兩個一模一樣的曲棍球圓盤，在冰盤上以相同速率 3 m/s 運動，兩者以垂直方向相撞。假設恢復係數 $e = 0.9$，試求碰撞後兩圓盤的速度。

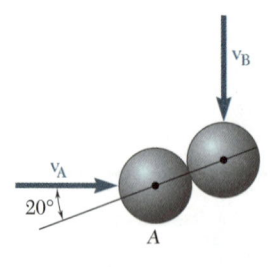

圖 P13.54

13.55 一女孩將一球以高度 1.2 m，以水平方向速率 $\mathbf{v}_0 = 15$ m/s 丟向一斜坡。已知球與斜坡間的恢復係數是 0.9，忽略摩擦，試求球反彈後，落地點 B 與斜坡轉角 C 的距離 d。

圖 P13.55

13.56 一個 1 kg 滑塊 B，以速率 $\mathbf{v}_0 = 2$ m/s 撞擊一個 0.5 kg 球 A，球 A 原先是以繩子靜止懸吊著。已知滑塊與地面間摩擦係數 $\mu_k = 0.6$，滑塊與球間的恢復係數 $e = 0.8$，試求碰撞後 (a) 球擺盪的最大高度 h；(b) 滑塊能行進的距離 x。

圖 P13.56

13.57 有一 0.5 kg 球 A，從高度 0.6 m 落到一個 1.0 kg 板子 B 上。板子 B 原先是靜止的，以密集的彈簧支撐著。已知球與板子間的恢復係數 $e = 0.8$，試求 (a) 球能彈起的高度 h；(b) 如果彈簧的最大變形量等於 3h，則密集彈簧的等效彈簧常數 k。

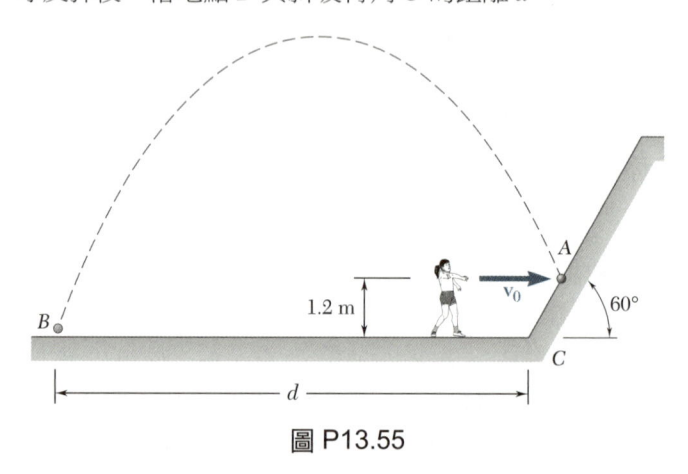

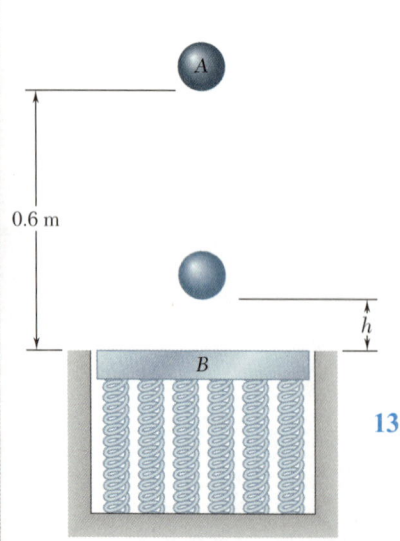

圖 P13.57

13.58 一 20 g 子彈射入一 4 kg 木塊，木塊原先是由 AC 與 BD 兩繩懸吊著。子彈射入之點 E 剛好在 C 與 D 中央，子彈沒有射到 BD 繩子。試求 (a) 撞擊後木塊含射入的子彈能擺盪的最大高度 h；(b) 碰撞過程中，兩條繩子作用在木塊的衝量。

13.59 一 700 g 圓球 A 以水平速度 $\mathbf{v}_0$ 撞擊到一 2.1 kg 楔形車 B 的斜面。楔形車可在水平向自由運動，原先為靜止狀態。由地面的觀察知道，球在撞擊後是垂直彈起的。已知球與斜面間的恢復係數為 $e = 0.6$，試求 (a) 楔形車的斜面與水平面的夾角 θ；(b) 撞擊過程能量損失。

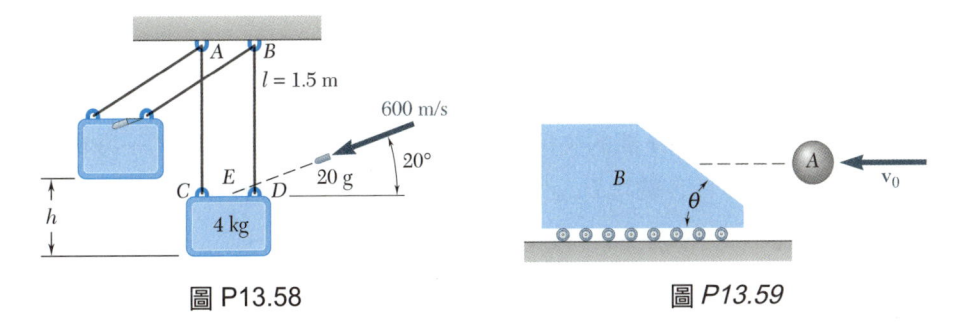

圖 P13.58

圖 P13.59

複習與摘要

本章介紹功能法與衝量動量法。在本章前半部，我們研究功能法與它運用在質點運動分析的情形。

■ **力的作功 (Work of a force)**

我們首先考慮一個力 **F** 作用在一質點 A 之上，並定義力 **F** 在微小位移 $d\mathbf{r}$ 時所作的功 [第 13.2 節] 等於

$$dU = \mathbf{F} \cdot d\mathbf{r} \tag{13.1}$$

或是，由兩向量的純量積公式，將方程式改寫為

$$dU = F\,ds\,\cos\alpha \tag{13.1'}$$

其中 α 為 **F** 與 $d\mathbf{r}$ 間的夾角 (圖 13.29)。在由 A_1 移動到 A_2 的一段有限位移內，**F** 所作的功 $U_{1\to 2}$ 可由式 (13.1) 沿著質點路徑積分而得：

$$U_{1\to 2} = \int_{A_1}^{A_2} \mathbf{F} \cdot d\mathbf{r} \tag{13.2}$$

圖 13.29

如果力量是以直角分量方式呈現時，寫為

$$U_{1\to 2} = \int_{A_1}^{A_2} (F_x\,dx + F_y\,dy + F_z\,dz) \tag{13.2''}$$

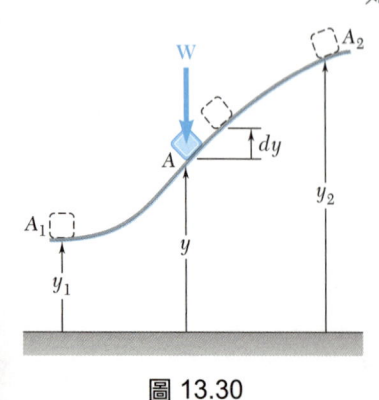

■ **重量作功 (Work of a weight)**

當一物體的重心由高度 y_1 移動到 y_2 時 (圖 13.30)，如要計算此物體的重量 **W** 所作的功，可將 $F_x = F_z = 0$ 與 $F_y = -W$ 代入式 (13.2'') 並積分而得。寫為

$$U_{1\to 2} = -\int_{y_1}^{y_2} W\,dy = Wy_1 - Wy_2 \tag{13.4}$$

圖 13.30

■ 彈簧力作功 (Work of the force exerted by a spring)

當一物體由 A_1 $(x = x_1)$ 移動到 A_2 $(x = x_2)$ 時（圖 13.31），彈簧力對此物體所作的功，可寫為

$$dU = -F\,dx = -kx\,dx$$
$$U_{1\to 2} = -\int_{x_1}^{x_2} kx\,dx = \tfrac{1}{2}kx_1^2 - \tfrac{1}{2}kx_2^2 \qquad (13.6)$$

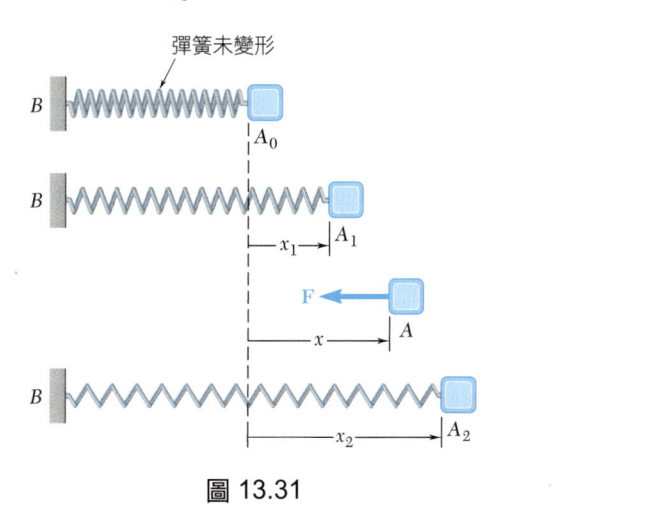

圖 13.31

當彈簧在彈未變形位置的階段，彈簧力 **F** 作的功為正值。

■ 重力作功 (Work of the gravitational force)

一位於點 O 質量 M 之質點，作用於一質量 m 之質點的重力為 **F**，F 值的大小如同第 12.10 節所述。當 m 由 A_1 移動到 A_2 時，重力 **F** 對 m 所作的功（圖 13.32）可寫為

$$U_{1\to 2} = -\int_{r_1}^{r_2} \frac{GMm}{r^2}\,dr = \frac{GMm}{r_2} - \frac{GMm}{r_1} \qquad (13.7)$$

■ 質點的動能 (Kinetic energy of a particle)

一質量 m 之質點以速度 **v** 運動時 [第 13.3 節]，其動能以純量表示為

$$T = \tfrac{1}{2}mv^2 \qquad (13.9)$$

圖 13.32

■ 功能原理 (Principle of work and energy)

由牛頓第二定律我們推導出功能原理，此原理說明一質點在點

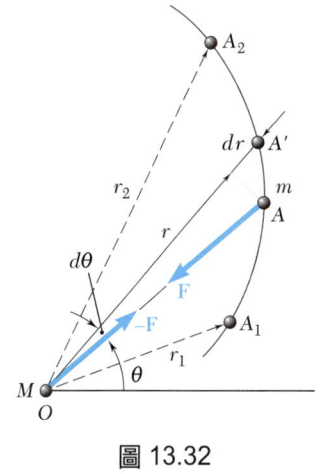

A_2 的動能等於它在點 A_1 的動能加上作用力 $\mathbf{F}$ 於 A_1 到 A_2 間所作的功：

$$T_1 + U_{1 \to 2} = T_2 \tag{13.11}$$

■ 功能法 (Method of work and energy)

如果題目中牽涉到的是力、位移，及速度時，使用功能法可以讓解答更為簡捷，因為過程中不需求解加速度 [第 13.4 節]。我們也注意到此法中只用到純量，而且不會作功的力都不必考慮 [範例 13.1 和 13.3]。然而，如果需要求與路徑方向垂直的力時，必須再借助牛頓第二定律 [範例 13.4]。

■ 功率與機械效率 (Power and mechanical efficiency)

一部機械所發出的功率與其機械效率都在第 13.5 節中討論，功率的定義是單位時間裡所作的功：

$$功率 = \frac{dU}{dt} = \mathbf{F} \cdot \mathbf{v} \tag{13.12, 13.13}$$

其中 $\mathbf{F}$ 是作用在質點上的力，$\mathbf{v}$ 為質點的速度 [範例 13.5]。機械效率以符號 η 表示，其定義為

$$\eta = \frac{輸出功率}{輸入功率} \tag{13.15}$$

■ 保守力與位能 (Conservative force. Potential energy)

如果一力 $\mathbf{F}$ 所作的功與其路徑無關時 [第 13.6 和 13.7 節]，這種力稱為保守力，它所作的功等於相關位能的改變量的負值：

$$U_{1 \to 2} = V_1 - V_2 \tag{13.19'}$$

以下是各種力相關的位能：

$$重量：V_g = Wy \tag{13.16}$$

$$重力：V_g = -\frac{GMm}{r} \tag{13.17}$$

$$彈簧力：V_e = \tfrac{1}{2}kx^2 \tag{13.18}$$

將式 (13.19′) 中的 $U_{1\to 2}$ 代入式 (13.11) 中，再重新整理 [第 13.8 節]，我們可得

$$T_1 + V_1 = T_2 + V_2 \qquad (13.24)$$

■ 能量守恆原理 (Principle of conservation of energy)

能量守恆原理說明當一物體在一保守力之下運動時，其動能與位能的總和會維持一定值。此原理的應用僅限用於題目中只有保守力時 [範例 13.6 和 13.7]。

■ 重力之下的運動 (Motion under a gravitational force)

回顧第 12.9 節，當一質點在一中心力 **F** 之下運動時，其對力中心點 O 的角動量值會守恆。我們觀察 [第 13.9 節]，如果力 **F** 也是保守力時，角動量守恆原理與能量守恆原理可以合併使用來解質點的運動 [範例 13.8]。既然地球作用在太空船的重力為中心且保守力，所以這種方法極適合用來研究太空船的運動 [範例 13.9]，而且可發現在斜向發射的題目中特別有效。考慮太空船初始位置為 P_0，而任意位置為 P（圖 13.33），可寫

$$(H_O)_0 = H_O: \qquad r_0 m v_0 \sin \phi_0 = rmv \sin \phi \qquad (13.25)$$

$$T_0 + V_0 = T + V: \qquad \tfrac{1}{2}mv_0^2 - \frac{GMm}{r_0} = \tfrac{1}{2}mv^2 - \frac{GMm}{r} \qquad (13.26)$$

其中 m 為太空船的質量，M 為地球的質量。

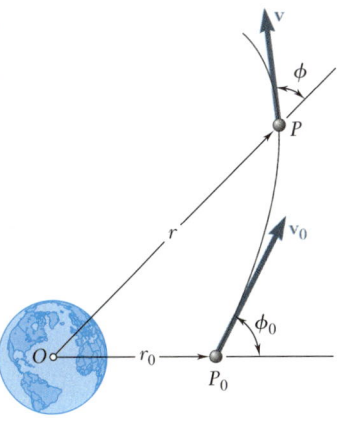

圖 13.33

■ 質點的衝量動量原理 (Principle of impulse and momentum for a particle)

本章後半部分用來討論衝量動量法，與其應用於質點運動時幾種不同型態的題目。

質點的線動量已經在 [第 13.10 節] 定義為質量 m 與其速度 **v** 的乘積 $m\mathbf{v}$。由牛頓第二定律 $\mathbf{F} = m\mathbf{a}$，我們導出這個關係式

$$m\mathbf{v}_1 + \int_{t_1}^{t_2} \mathbf{F}\, dt = m\mathbf{v}_2 \qquad (13.28)$$

其中 $m\mathbf{v}_1$ 與 $m\mathbf{v}_2$ 分別代表質點在時間 t_1 與時間 t_2 時的動量，而積分定義了力 **F** 在此時間內的線衝量。又可寫為

$$m\mathbf{v}_1 + \mathbf{Imp}_{1\to 2} = m\mathbf{v}_2 \qquad (13.30)$$

這式子就是質點的衝量動量原理。

如果質點受到的力不只一個，將每個力造成的衝量都加起來，上式改寫為

$$m\mathbf{v}_1 + \Sigma\,\mathbf{Imp}_{1\to 2} = m\mathbf{v}_2 \qquad (13.32)$$

既然式 (13.30) 和式 (13.32) 都是向量方程式，所以在解題時需要以 x 與 y 分量的方式來求解 [範例 13.10 和 13.11]。

■ **衝擊運動 (Impulsive motion)**

衝量動量法在研究質點的衝擊運動時特別有效，所謂衝擊力是指在很短暫時間 Δt 內，施加在質點上極大的力，而衝量定義為 $\mathbf{F}\,\Delta t$。衝量動量法中使用到衝量而不是力本身 [範例 13.11]。忽略任何非衝擊力，寫為

$$m\mathbf{v}_1 + \Sigma\mathbf{F}\,\Delta t = m\mathbf{v}_2 \qquad (13.35)$$

如果題目中的質點不只一個，我們將每個質點的動量加起來，寫為

$$\Sigma m\mathbf{v}_1 + \Sigma\mathbf{F}\,\Delta t = \Sigma m\mathbf{v}_2 \qquad (13.36)$$

其中第二項僅包括外力的衝量 [範例 13.12]。

如果外力造成的衝量和等於零，式 (13.36) 簡化成 $\Sigma m\mathbf{v}_1 = \Sigma m\mathbf{v}_2$，這表示所有質點的總動量守恆。

■ **正向中心衝擊 (Direct central impact)**

在第 13.12 到 13.14 節，我們討論兩碰撞物體的正向中心衝擊。在正向中心衝擊時 [第 13.13 節]，兩物體 A 與 B 是分別以速度 $\mathbf{v}_A$ 與 $\mathbf{v}_B$ 在衝擊線上運動的 (圖 13.34)。有兩個方程式可用來求碰撞後的速度 $\mathbf{v}'_A$ 與 $\mathbf{v}'_B$。第一個方程式是兩物體的總動量守恆，

$$m_A v_A + m_B v_B = m_A v'_A + m_B v'_B \qquad (13.37)$$

其中速度都是以向右為正。第二個方程式是有關碰撞前後兩物體的相對速度，

$$v'_B - v'_A = e(v_A - v_B) \qquad (13.43)$$

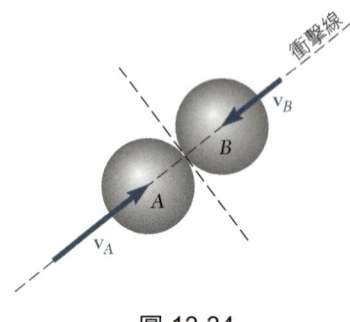

圖 13.34

此式中的常數 e 稱為恢復係數；它的值介於 0 到 1 之間，與兩物體的本質有關。當 $e = 0$，這個碰撞稱為完全塑性；當 $e = 1$，則稱為完全彈性 [範例 13.13]。

- **斜向中心衝擊** (Oblique central impact)

在處理斜向中心衝擊 的題目時 [第 13.14 節]，我們需將速度分解成沿著衝擊線的 n 分量，與沿著碰撞表面的共同切線 t 分量 (圖 13.35)。我們觀察到，每個物體碰撞前後，其速度的 t 分量是不變的，而 n 分量則會滿足式 (13.37) 和式 (13.43) [範例 13.14 和 13.15]。雖然此分法是發展來求解兩物體碰撞前後都能自由運動的情形，然而，此方法也能適用於碰撞前後物體受限制運動的情形 [範例 13.16]。

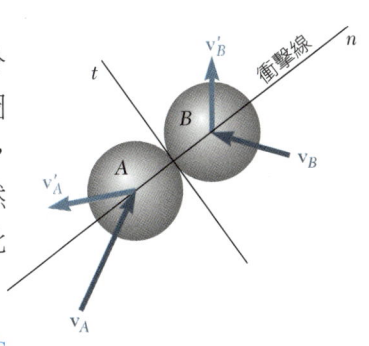

圖 13.35

- **動力分析的三種基本方法** (Using the three fundamental methods of kinetic analysis)

在第 13.15 節討論本章與以前所介紹的三種動力分析基本方法的優缺點，這三種基本方法是牛頓第二定律、功能法，及衝量動量法。請注意：功能法與衝量動量法能結合來求解衝擊過程中衝擊力必須考慮的題目 [範例 13.17]。

複習題

13.60 有一段雲霄飛車的軌道是由圓弧 AB 與圓弧 CD 及直線 BC 組合而成。AB 的半徑為 30 m，而 CD 的半徑為 80 m。車子與乘客總質量 300 kg，到達點 A 時速度等於零，然後沿軌道自由下滑。試求當車子到達點 B 時，軌道作用在車子上的法向力。忽略空氣阻力與滾動阻力。

13.61 一 300 g 滑塊在壓縮一彈簧 160 mm 後由靜止釋放，彈簧的常數 $k = 600$ N/m。假設無摩擦。試求圓形軌道作用在滑塊上的力量，當滑塊通過 (a) 點 A；(b) 點 B；(c) 點 C。

13.62 塊狀物 A 與 B 以繩子連接，繩子繞過兩個滑輪並穿過一套環 C。當 $x = 1.7$ m 時系統由靜止釋放，

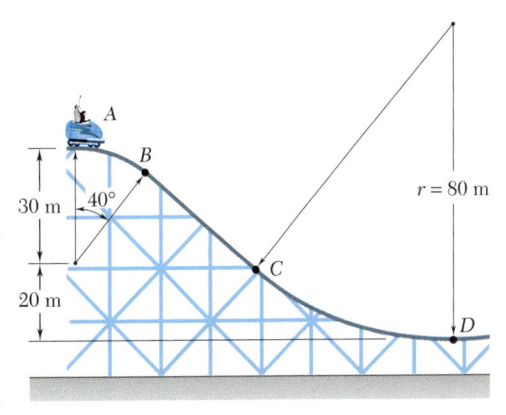

圖 P13.60

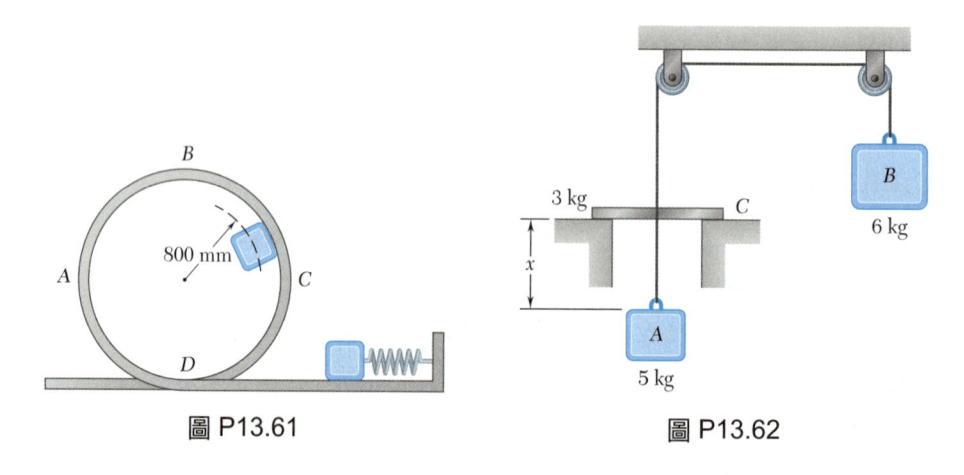

當塊狀物 A 上升時會撞擊到套環 C，假設為完全塑性撞擊 ($e = 0$)。在撞擊後，兩塊狀物與套環繼續運動，直到它們停止，接著反向運動。當 A 與 C 向下動時，C 會撞到邊緣，而 A 與 B 繼續運動，直到下一次停止。試求 (a) A 撞擊到 C 之後瞬間兩塊狀物與套環的速度；(b) A 與 C 移動多少距離後才停下來；(c) 完成一次週期時 x 的值變為多少。

圖 P13.61

圖 P13.62

CHAPTER 14

質點系統

XR-5M15 火箭引擎原型的推力是來自將氣體質點高速噴出所產生。在求解作用於測試架的力量時,必須分析氣體質點量變系統的運動;亦即,同時考慮大量氣體質點的運動,而不是單一質點的運動。

14.1 簡介 (Introduction)

本章將學習**質點系統** (systems of particles) 的運動，或是說，一群質點互相牽連在一起的運動。本章第一部分討論的是固定的質點所組成的系統；而第二部分則將討論質點變動系統的運動，這種系統隨時可以增加質點或是減少質點。

在第 14.2 節中，先將牛頓第二定律用在系統內的每個質點上。將一質點的質量 m_i 乘上其加速度 $\mathbf{a}_i$，我們定義這是一個**等效力** (effective force) $m_i\mathbf{a}_i$。此外將證明作用在每個質點上所有外力組成的系統，會相當於等效力所組成的系統。也就是說，這兩個系統有相同的合力，而且針對任何點有相同的合力矩。在第 14.3 節中，我們會進一步看到，外力系統的合力與合力矩，會分別等於質點系統總線動量的改變率，或是總角動量的改變率。

在第 14.4 節中，我們將定義質點系統的**質量中心** (簡稱質心)，且將描述該中心點的運動情形。而在第 14.5 節我們將分析個別質點相對於質量中心的運動。以質量中心來看，整個質點系統的線動量與角動量都是守恆的，這部分將在第 14.6 節有詳細討論，此結論可用來求解許多類型的問題。

第 14.7 和 14.8 節介紹功能原理運用在質點系統的情形，而第 14.9 節介紹衝量動量原理運用的情形。這幾節的內容也包含許多實際上會遇到的問題解法。

本章前部分的理論推導，雖然是針對互不相關的質點組成的系統，然而，所得到的結論也同樣適用在質點間互相連結的情形，或是說，質點連結在一起而成為一個剛體時也能適用。事實上，此處所得到的結論將是第十六到十八章裡剛體動力學的討論基礎。

本章的第二部分將討論變動的質點系統。在第 14.11 節，你將看到質點**穩定流** (steady stream)，例如，經由一個固定葉片轉向的水流，或是由噴射引擎流出的氣體。你將學習如何計算流體作用在葉片的力量，或是決定引擎產生的推力。最後，在第 14.12 節裡，將學習如何分析系統持續吸收質點而增加質量的情形，或是持續排出質點而減少質量的情形。這種分析法可用在許多實際的工程問題裡，包括如何計算一個火箭引擎產生的推力。

14.2 牛頓定律用於質點系統的運動與等效力
(Application of Newton's Laws to the Motion of A System of Particles. Effective Forces)

為了推導有 n 個質點之系統的運動方程式，我們先從系統中單一質點的牛頓第二定律寫起。以質點 P_i 為例，其中 $1 \leq i \leq n$。令 m_i 為 P_i 的質量，且 $\mathbf{a}_i$ 為相對牛頓參考座標 $Oxyz$ 的加速度。質點 P_i 受到系統內鄰近質點 P_j 的作用力 (圖 14.1) 以符號 $\mathbf{f}_{ij}$ 表示，這是一種內力。所有系統內質點作用在質點 P_i 上的內力加總起來就是 $\sum_{j=1}^{n} \mathbf{f}_{ij}$ (其中 $\mathbf{f}_{ii}$ 沒有意義，假設等於零)。另一方面，我們將作用在 P_i 上的外力用符號 $\mathbf{F}_i$ 表示，可以寫質點 P_i 的牛頓第二定律為：

$$\mathbf{F}_i + \sum_{j=1}^{n} \mathbf{f}_{ij} = m_i \mathbf{a}_i \tag{14.1}$$

以符號 $\mathbf{r}_i$ 代表 P_i 的位置向量，並將式 (14.1) 中各項對點 O 求力矩，則可寫成

$$\mathbf{r}_i \times \mathbf{F}_i + \sum_{j=1}^{n} (\mathbf{r}_i \times \mathbf{f}_{ij}) = \mathbf{r}_i \times m_i \mathbf{a}_i \tag{14.2}$$

針對系統中的每一個質點 P_i，我們都重複上述程序，就會得到 n 個如式 (14.1)，與 n 個如式 (14.2) 的方程式。其中 i 的值等於 1、2、$\cdots$、n。向量 $m_i \mathbf{a}_i$ 可視為是質點的**等效力**。[†] 如此一來，所得的方程式好像說明一個事實：作用在各質點上的外力 $\mathbf{F}_i$ 與內力 $\mathbf{f}_{ij}$ 形成一個系統，此系統會相當於各等效力 $m_i \mathbf{a}_i$ 所組成的系統 (此處說的相當是指，一個系統可以被其他系統所取代) (圖 14.2)。

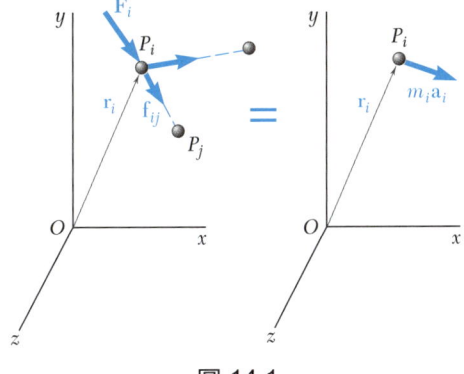

圖 14.1

[†] 既然這些向量代表作用在各質點上的合力，它們當然可被視為是力量。

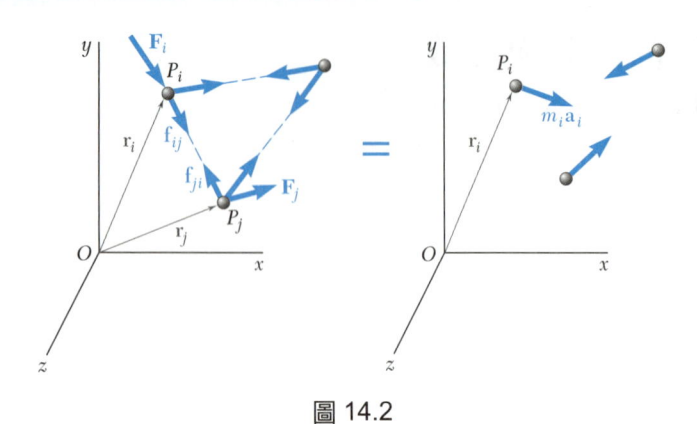

在進一步推導之前，讓我們再更進一步了解內力 $\mathbf{f}_{ij}$。我們知道內力是成對出現的 ($\mathbf{f}_{ij}$ 與 $\mathbf{f}_{ji}$)，當 $\mathbf{f}_{ij}$ 代表質點 P_j 作用在質點 P_i 上的力時，$\mathbf{f}_{ji}$ 則代表質點 P_i 作用在質點 P_j 上的力 (圖 14.2)。現在根據牛頓第三定律 (第 6.1 節)，以及第 12.10 節中牛頓萬有引力定律，兩質點間的作用力 $\mathbf{f}_{ij}$ 與 $\mathbf{f}_{ji}$ 大小相同方向相反。此兩力相加等於零 $\mathbf{f}_{ij} + \mathbf{f}_{ji} = 0$，它們對點 O 的力矩和也等於零

圖 14.2

$$\mathbf{r}_i \times \mathbf{f}_{ij} + \mathbf{r}_j \times \mathbf{f}_{ji} = \mathbf{r}_i \times (\mathbf{f}_{ij} + \mathbf{f}_{ji}) + (\mathbf{r}_j - \mathbf{r}_i) \times \mathbf{f}_{ji} = 0$$

最後一項的 $\mathbf{r}_j - \mathbf{r}_i$ 與 $\mathbf{f}_{ji}$ 是共線向量，**向量積** (cross product) 等於 0。將系統內各內力加總起來，同時也把它們對點 O 的力矩加總得到

$$\sum_{i=1}^{n} \sum_{j=1}^{n} \mathbf{f}_{ij} = 0 \qquad \sum_{i=1}^{n} \sum_{j=1}^{n} (\mathbf{r}_i \times \mathbf{f}_{ij}) = 0 \tag{14.3}$$

此式子說明系統裡所有內力的總和等於零，所有內力的力矩總和也等於零。

現在回到 n 個式 (14.1)，其中 $i = 1$、2、$\cdots$、n，我們分別加總左邊各項與右邊各項。參考式 (14.3) 的前一式，我們得到

$$\sum_{i=1}^{n} \mathbf{F}_i = \sum_{i=1}^{n} m_i \mathbf{a}_i \tag{14.4}$$

類似的步驟，在 n 個式 (14.2) 中，參考式 (14.3) 的後一式，我們得到

$$\sum_{i=1}^{n} (\mathbf{r}_i \times \mathbf{F}_i) = \sum_{i=1}^{n} (\mathbf{r}_i \times m_i \mathbf{a}_i) \tag{14.5}$$

式 (14.4) 和式 (14.5) 表達了一個事實：外力 $\mathbf{F}_i$ 組成的系統，與等效力 $m_i \mathbf{a}_i$ 組成的系統，有相同的總合力，也有相同的總合力矩。若我們參考第 3.19 節有關兩個**相當** (equipollent) 向量系統的定義，

就能說：作用在所有質點的外力系統與質點等效力的系統是相當的[†]（圖 14.3）。

式 (14.3) 表示系統裡所有內力 $\mathbf{f}_{ij}$ 的總和相當於零。然而請注意，這**不表示**內力對質點就沒有作用。確實，太陽與行星間互相作用的萬有引力在整個太陽系來看就是內力，總和相當於零。但就是因為有這種力存在，才使得行星能繞著太陽運轉。

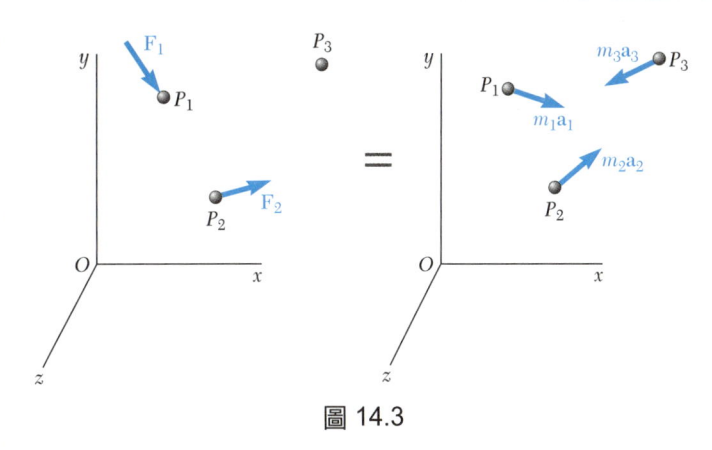

類似的情形，式 (14.4) 和式 (14.5) 並不是在說明，當兩個外力系統有相同合力與相同合力矩時，該兩系統就會對質點系統有相同的效用。可以清楚看到圖 14.4a 與圖 14.4b 中兩個系統有相同的合力與合力矩。然而，第一個系統會使質點 A 產生加速度，而質點 B 不會動；反之，第二個系統則是 B 會有加速度，而 A 沒有作用。如同在第 3.19 節所述，相當的兩力系統分別作用在剛體上時會有相同的效應，但是此性質**不能**延伸到由獨立質點組成的系統上。

為了避免混淆，我們在圖 14.3 與圖 14.4 中使用灰色的等號來表示兩向量系統相當。這個符號表示兩系統會有相同的合力與相同的合力矩。而在圖 14.2 中，我們使用藍色的等號來表示兩向量系統是**等效的** (equivalent)，也就是說，兩系統間是真的可以彼此互換的。

圖 14.3

圖 14.4

14.3 質點系統的線動量與角動量 (Linear and Angular Momentum of a System of Particles)

使用系統的線動量與角動量的觀念，前面有關質點系統運動的式 (14.4) 和式 (14.5)，就可以寫得更為簡短，我們定義質點系統的線動量 $\mathbf{L}$ 是系統裡每一質點線動量的總和，寫為

$$\mathbf{L} = \sum_{i=1}^{n} m_i \mathbf{v}_i \qquad (14.6)$$

[†] 我們剛才得到的結論通常稱之為**達朗伯特原理**，用來紀念法國數學家達朗伯特 (Jean le Rond d'Alembert, 1717~1783)。然而，當時達朗伯特的論述主題是指物體連結起來的系統，$\mathbf{f}_{ij}$ 指的是物體間彼此的拘束力，這種力不會使系統移動。但是由自由質點組成的系統裡的內力通常是不一樣的，有關達朗伯特原理將會在第十六章剛體運動時討論。

而且以類似方式定義質點系統對點 O 的角動量 $\mathbf{H}_O$（第 12.7 節），寫為

$$\mathbf{H}_O = \sum_{i=1}^{n} (\mathbf{r}_i \times m_i \mathbf{v}_i) \tag{14.7}$$

將式 (14.6) 和式 (14.7) 分別對時間 t 微分，寫為

$$\dot{\mathbf{L}} = \sum_{i=1}^{n} m_i \dot{\mathbf{v}}_i = \sum_{i=1}^{n} m_i \mathbf{a}_i \tag{14.8}$$

與

$$\dot{\mathbf{H}}_O = \sum_{i=1}^{n} (\dot{\mathbf{r}}_i \times m_i \mathbf{v}_i) + \sum_{i=1}^{n} (\mathbf{r}_i \times m_i \dot{\mathbf{v}}_i)$$
$$= \sum_{i=1}^{n} (\mathbf{v}_i \times m_i \mathbf{v}_i) + \sum_{i=1}^{n} (\mathbf{r}_i \times m_i \mathbf{a}_i)$$

因為向量 $\mathbf{v}_i$ 與 $m_i \mathbf{v}_i$ 共線，它們的向量積等於零，所以此式可再簡化為

$$\dot{\mathbf{H}}_O = \sum_{i=1}^{n} (\mathbf{r}_i \times m_i \mathbf{a}_i) \tag{14.9}$$

我們觀察到式 (14.8) 和式 (14.9) 的右邊項，分別等於式 (14.4) 和式 (14.5) 的右邊項。所以它們的左邊項必定也要相等。回顧式 (14.5) 的左邊項代表的是所有外力對點 O 的力矩 $\mathbf{M}_O$ 的總和，將加總的下標 i 省略，寫為

$$\Sigma \mathbf{F} = \dot{\mathbf{L}} \tag{14.10}$$

$$\Sigma \mathbf{M}_O = \dot{\mathbf{H}}_O \tag{14.11}$$

這兩個方程式分別表示，外力對固定點 O 的合力，與合力矩分別等於質點系統對點 O 的線動量與角動量的改變率。

14.4 質點系統之質量中心的運動 (Motion of the Mass Center of a System of Particles)

如果採用質點系統的**質量中心** (mass center，簡稱質心) 的觀念，則式 (14.10) 可以改寫成另一種形式。質心的位置 G 可以用位置向量 $\bar{\mathbf{r}}$ 來定義，此位置向量滿足下列關係式

$$m\bar{\mathbf{r}} = \sum_{i=1}^{n} m_i \mathbf{r}_i \tag{14.12}$$

其中 m 代表所有質點質量的總和 $\sum_{i=1}^{n} m_i$。將位置向量 $\bar{\mathbf{r}}$ 與 $\mathbf{r}_i$ 分解成直角分量，我們得到下列三個純量方程式，這些方程式可用來決定質心的位置 $\bar{x}$、$\bar{y}$、$\bar{z}$：

$$m\bar{x} = \sum_{i=1}^{n} m_i x_i \qquad m\bar{y} = \sum_{i=1}^{n} m_i y_i \qquad m\bar{z} = \sum_{i=1}^{n} m_i z_i \qquad (14.12')$$

既然 $m_i g$ 可代表質點 P_i 的重量，則 mg 可代表所有質點的重量，故點 G 可說是質點系統的**重心** (center of gravity)。然而，為了避免混淆，此處將 G 視為質點系統的質心，因為此處只談論質點的質量性質，之後當我們談論到質點的重量時，則會將 G 當作是重心。舉例說明質量與重量的差異：如果一質點位於地心引力作用區之外時，此質點只有質量而沒有重量。故我們可以適當地參考它們的質心，但是很明顯地不能使用它們的重心。[†]

將式 (14.12) 對 t 微分，可以寫為

$$m\dot{\bar{\mathbf{r}}} = \sum_{i=1}^{n} m_i \dot{\mathbf{r}}_i$$

或是

$$m\bar{\mathbf{v}} = \sum_{i=1}^{n} m_i \mathbf{v}_i \qquad (14.13)$$

其中 $\bar{\mathbf{v}}$ 代表質點系統之質心 G 的速度。此方程式右邊剛好就是系統之線動量 $\mathbf{L}$ 的定義(第 14.3 節)，因此可得

$$\mathbf{L} = m\bar{\mathbf{v}} \qquad (14.14)$$

接著，將式子兩端都對 t 微分

$$\dot{\mathbf{L}} = m\bar{\mathbf{a}} \qquad (14.15)$$

其中 $\bar{\mathbf{a}}$ 代表質心 G 的加速度。將式 (14.15) 中的 $\dot{\mathbf{L}}$ 代入式 (14.10)，我們可寫為

$$\Sigma \mathbf{F} = m\bar{\mathbf{a}} \qquad (14.16)$$

此式即定義了質點系統之質心 G 的運動。

[†] 此處亦可指出，質點系統的質心與重心並不是恰好重合在一起，因為各質點的重量方向必須指向地心，因此嚴格來說，各重量不能形成一個平行力的系統。

我們注意到式 (14.16) 就像是一個質量等於系統總質量 m 的質點，受到總外力作用時的運動方程式。因此可說，在分析質點系統之質心的運動時，可以看成系統的總質量與所有外力都集中在質心位置上。

砲彈的爆炸可作為這個原理的最佳示範。我們知道如果空氣阻力可忽略，砲彈的運動軌跡可視為一條拋物線。砲彈在空中爆炸後，所有碎片的質心 G 仍然會延續原來的軌跡運動。確實，點 G 的運動情形就像所有碎片的質量與重量都集中在點 G；因此它的運動跟砲彈爆炸之前是一樣的。

同時我們要注意先前在推導時，並沒有包含外力的力矩。因此，如果假設外力會等效於一個作用在質心 G 的向量 $m\bar{\mathbf{a}}$，那就錯了。通常並非如此，我們在下一節會看到，所有外力對點 G 之力矩的總和通常不等於零。

14.5 質點系統相對於質心的角動量 (Angular Momentum of a System of Particles About Its Mass Center)

在某些應用例子裡（例如分析一剛體的運動），將質點系統的運動以**形心參考座標** (centroidal frame of reference) $Gx'y'z'$ 來討論是很便利的，此參考座標可由牛頓參考座標 $Oxyz$ 平移得到（圖 14.5）。雖然一個形心參考座標通常未必是一個牛頓參考座標，但是當座標 $Oxyz$ 以 $Gx'y'z'$ 代替時，基礎關係式 (14.11) 仍然適用。

質點 P_i 相對於運動的參考座標 $Gx'y'z'$ 的位置向量與速度向量，分別用 $\mathbf{r}'_i$ 與 $\mathbf{v}'_i$ 表示，我們可定義質點系統相對於質心 G 的角動量 $\mathbf{H}'_G$ 如下：

$$\mathbf{H}'_G = \sum_{i=1}^{n} (\mathbf{r}'_i \times m_i \mathbf{v}'_i) \tag{14.17}$$

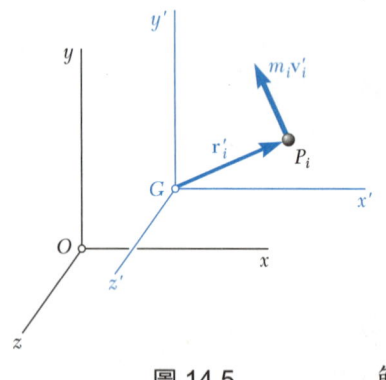

圖 14.5

接著我們將式 (14.17) 的兩邊都對 t 微分。這個作法如同在第 14.3 節中式 (14.7) 的情形，所以馬上可寫出

$$\dot{\mathbf{H}}'_G = \sum_{i=1}^{n} (\mathbf{r}'_i \times m_i \mathbf{a}'_i) \tag{14.18}$$

其中 $\mathbf{a}'_i$ 代表 P_i 相對於運動參考座標的加速度。參考第 11.12 節，可寫為

$$\mathbf{a}_i = \bar{\mathbf{a}} + \mathbf{a}'_i$$

其中 $\mathbf{a}_i$ 與 $\bar{\mathbf{a}}$ 分別代表 P_i 與 G 相對於 $Oxyz$ 座標的加速度。求解 $\mathbf{a}'_i$ 並將之代入式 (14.18) 得到

$$\dot{\mathbf{H}}'_G = \sum_{i=1}^n (\mathbf{r}'_i \times m_i \mathbf{a}_i) - \left(\sum_{i=1}^n m_i \mathbf{r}'_i \right) \times \bar{\mathbf{a}} \qquad (14.19)$$

但是，由式 (14.12) 可知式 (14.19) 裡第二個疊加項就是 $m\bar{\mathbf{r}}'$，此項等於零，因為點 G 的位置向量 $\bar{\mathbf{r}}'$ 相對於 $Gx'y'z'$ 座標很明顯就是零。另一方面，既然 $\mathbf{a}_i$ 代表 P_i 相對於牛頓座標的加速度，根據式 (14.1)，我們可以用作用在 P_i 上的總內力 $\mathbf{f}_{ij}$ 加上總外力 $\mathbf{F}_i$ 來代替 $m_i \mathbf{a}_i$。但是類似第 14.2 節中的理由，系統裡所有內力 $\mathbf{f}_{ij}$ 相對於點 G 的總力矩會等於零。因此，式 (14.19) 的第一個疊加項可簡化成作用在系統裡所有外力對點 G 的總力矩，寫為

$$\Sigma \mathbf{M}_G = \dot{\mathbf{H}}'_G \qquad (14.20)$$

此式表示外力對點 G 的總力矩等於質點系統對點 G 之角動量的改變率。

請注意：在推導式 (14.17) 時是如何定義角動量 $\mathbf{H}'_G$ 的：採用形心座標 $Gx'y'z'$ 為基準，將各質點的動量 $m_i \mathbf{v}'_i$ 相對於質心 G 的力矩加總起來就是角動量 $\mathbf{H}'_G$。有時候可能要計算在絕對運動時的角動量 $\mathbf{H}_G$，也就是以牛頓參考座標 $Oxyz$ 為基準，將各質點的絕對動量 $m_i \mathbf{v}_i$ 相對於質心 G 的力矩加總起來的角動量 (圖 14.6)：

$$\mathbf{H}_G = \sum_{i=1}^n (\mathbf{r}'_i \times m_i \mathbf{v}_i) \qquad (14.21)$$

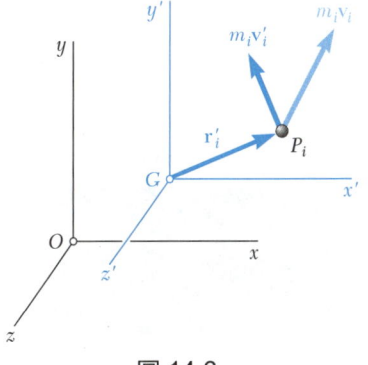

圖 14.6

顯然地，角動量 $\mathbf{H}'_G$ 與 $\mathbf{H}_G$ 是完全相等的。我們可以參考第 11.12 節來證明，將質點速度寫為

$$\mathbf{v}_i = \bar{\mathbf{v}} + \mathbf{v}'_i \qquad (14.22)$$

將式 (14.22) 中的 $\mathbf{v}_i$ 代入式 (14.21)，得到

$$\mathbf{H}_G = \left(\sum_{i=1}^n m_i \mathbf{r}'_i \right) \times \bar{\mathbf{v}} + \sum_{i=1}^n (\mathbf{r}'_i \times m_i \mathbf{v}'_i)$$

但是，如同先前觀察到的，第一個疊加項等於零。因此 $\mathbf{H}_G$ 簡化成第

二個疊加項，而此項就等於 $\mathbf{H}'_G$ 的定義。†

利用剛才所建立的性質，我們可以將式 (14.20) 裡的上標 (′) 都捨去，改寫為

$$\Sigma \mathbf{M}_G = \dot{\mathbf{H}}_G \tag{14.23}$$

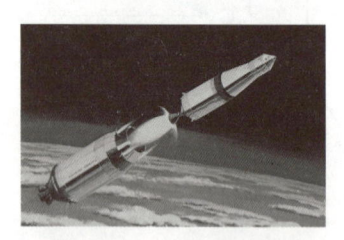

我們已經理解到角動量 $\mathbf{H}_G$ 的計算方法，採用牛頓座標 $Oxyz$ 或是形心座標 $Gx'y'z'$ 都可以，將各質點的動量相對點 G 取力矩再加總起來即是角動量：

$$\mathbf{H}_G = \sum_{i=1}^{n}(\mathbf{r}'_i \times m_i \mathbf{v}_i) = \sum_{i=1}^{n}(\mathbf{r}'_i \times m_i \mathbf{v}'_i) \tag{14.24}$$

14.6 質點系統的動量守恆 (Conservation of Momentum for a System of Particles)

如果沒有外力作用在系統的質點上時，式 (14.10) 和式 (14.11) 中的左邊項就等於零，因此簡化成 $\dot{\mathbf{L}} = 0$ 與 $\dot{\mathbf{H}}_O = 0$，於是得到結論如下：

$$\mathbf{L} = 常數 \qquad \mathbf{H}_O = 常數 \tag{14.25}$$

這兩方程式表示，此時質點系統的線動量與相對點 O 的角動量是守恆的。

在某些應用範例裡，例如包含中心力的題目，外力雖然不為零，但是其相對固定點 O 的力矩可能是零。在這些例子中，式 (14.25) 的第二部分仍然是成立的，即質點系統對點 O 的角動量是守恆的。

動量守恆的觀念也可以用於分析質點系統質心 G 的運動，以及系統相對 G 運動的情形。舉例說明，如果外力的總和為零，則式 (14.25) 的第一部分可用得上。回顧式 (14.14)，寫為

$$\bar{\mathbf{v}} = 常數 \tag{14.26}$$

此式表示系統的質心 G 是以固定速度在一直線上運動。另一方面，如果外力相對點 G 的力矩和等於零，則由式 (14.23) 知道相對系統質心的角動量必定守恆：

$$\mathbf{H}_G = 常數 \tag{14.27}$$

照片 14.1 如果沒有外力作用在此兩節火箭上，則系統的線動量與角動量將會守恆。

---

† 這項性質是形心座標 $Gx'y'z'$ 特有的，通常此性質不能適用在其他參考座標。

範例 14.1

一艘 200 kg 太空船，經觀察在 $t = 0$ 時剛好通過一牛頓參考座標 $Oxyz$ 的原點，其速度相對該座標為 $\mathbf{v}_0 = (150 \text{ m/s})\mathbf{i}$。在被引爆後，該船分成 A、B、C 三部分，質量分別為 100 kg、60 kg 與 40 kg。已知在 $t = 2.5$ s 時，A 與 B 部分的位置分別在 $A\,(555, -180, 240)$ 與 $B\,(255, 0, -120)$，其中數字的單位為 m，試求此時 C 部分的位置。

解

既然沒有外力加入，系統質心 G 會一直以定速 $\mathbf{v}_0 = (150 \text{ m/s})\mathbf{i}$ 運動，在 $t = 2.5$ s 時，它的位置為

$$\bar{\mathbf{r}} = \mathbf{v}_0 t = (150 \text{ m/s})\mathbf{i}(2.5 \text{ s}) = (375 \text{ m})\mathbf{i}$$

回顧式 (14.12)，寫為

$$m\bar{\mathbf{r}} = m_A \mathbf{r}_A + m_B \mathbf{r}_B + m_C \mathbf{r}_C$$

$(200 \text{ kg})(375 \text{ m})\mathbf{i} = (100 \text{ kg})[(555 \text{ m})\mathbf{i} - (180 \text{ m})\mathbf{j} + (240 \text{ m})\mathbf{k}]$
$\qquad\qquad + (60 \text{ kg})[(255 \text{ m})\mathbf{i} - (120 \text{ m})\mathbf{k}] + (40 \text{ kg})\mathbf{r}_C$

$$\mathbf{r}_C = (105 \text{ m})\mathbf{i} + (450 \text{ m})\mathbf{j} - (420 \text{ m})\mathbf{k} \blacktriangleleft$$

範例 14.2

一 10 kg 拋射體以速度 30 m/s 運動時，突然爆破成 A 與 B 兩碎片，質量分別為 2.5 kg 與 7.5 kg。已知爆炸後瞬間兩碎片運動的方向角分別為 $\theta_A = 45°$ 與 $\theta_B = 30°$，試求此時兩碎片的速度。

解

既然沒有外力加入，系統的線動量必定守恆，可以寫

$$m_A \mathbf{v}_A + m_B \mathbf{v}_B = m \mathbf{v}_0$$
$$2.5\, \mathbf{v}_A + 7.5\, \mathbf{v}_B = 10\, \mathbf{v}_0$$

$\xrightarrow{+} x$ 分量：$\quad 2.5 v_A \cos 45° + 7.5 v_B \cos 30° = 10(30)$
$+\uparrow y$ 分量：$\quad 2.5 v_A \sin 45° - 7.5 v_B \sin 30° = 0$

解此兩聯立方程式，即可得 v_A 與 v_B，

$$v_A = 62.2 \text{ m/s} \qquad v_B = 29.3 \text{ m/s}$$

$$\mathbf{v}_A = 62.2 \text{ m/s} \measuredangle 45° \qquad \mathbf{v}_B = 29.3 \text{ m/s} \measuredangle 30° \blacktriangleleft$$

重點提示

本章介紹質點系統的運動，也就是多個質點的運動同時被考慮的情形。在第一個部分學到如何計算質點系統的線動量與角動量。我們定義所謂質點系統的線動量 $\mathbf{L}$ 就是每一質點的線動量的總和，而系統的角動量 $\mathbf{H}_O$ 就是每一質點相對點 O 的角動量的總和：

$$\mathbf{L} = \sum_{i=1}^{n} m_i \mathbf{v}_i \qquad \mathbf{H}_O = \sum_{i=1}^{n} (\mathbf{r}_i \times m_i \mathbf{v}_i) \qquad (14.6, 14.7)$$

在本課習題中，將面臨許多工程上實際的問題，經由觀察後可能用質點系統的線動量守恆來求解，或是經由系統質心的運動來求解：

1. **質點系統的線動量守恆。**如果外力的總和等於零時，就可以使用此原則。你可能遇到下列型態的問題：

   a. 直線運動的問題，例如汽車或是軌道車相撞之類。在檢查完確定外力總和為零後，建立起始動量與最終動量相等的式子，解此式子即可求得一個相關的未知數。

   b. 二維或三維的問題，例如爆破的問題、空中飛行器相撞、汽車相撞或是撞球運動等。在檢查完確定外力總和為零後，將系統內各質點起始動量以向量方式加起來，再把各質點最終動量以向量方式加總，令此兩者相等，就得到一個系統線動量守恆的向量方程式。

   　如果是二維的問題時，該向量方程式可以拆成兩個純量方程式，可用來解兩個相關的未知數。如果是三維的問題，該向量方程式可以拆成三個純量方程式，用來解三個相關的未知數。

2. **質點系統的質心運動。**從第 14.4 節看到，分析質點系統的質心運動時，就像是系統所有的質量都集中在質心，而所有的外力也都集中在這個點。

   a. 如果運動時物體爆炸開來，系統之質心的運動在爆炸前後是相同。解這類題目時，將質心運動方程式以向量表示，且將質心的位置向量用各破片的位置向量來表達 [式 (14.12)]。可將向量方程式分解成兩個或三個純量方程式，然後求解這些方程式以得到一些相關的未知數。

   b. 如果是幾個運動物體相撞，物體組成的系統之質心運動不會受撞擊影響。解這類題目時，將質心運動方程式以向量表示，且將質心碰撞前後的位置向量用各相關物體的位置向量來表達 [式 (14.12)]。可將向量方程式分解成兩個或三個純量方程式，然後求解這些方程式以得到一些相關的未知數。

習　題

14.1 一 30 g 子彈以水平速度 450 m/s 射出之後，埋入一質量 3 kg 的滑塊 B 之內。被擊中後，滑塊 B 在 30 kg 的推車 C 上滑行，直到碰到推車的盡頭。已知 B 與 C 間的碰撞為完全塑性，而 B 在 C 上滑行時的動摩擦係數為 0.2，試求 (a) 當 B 剛被擊中後速度；(b) 最終推車的速度。

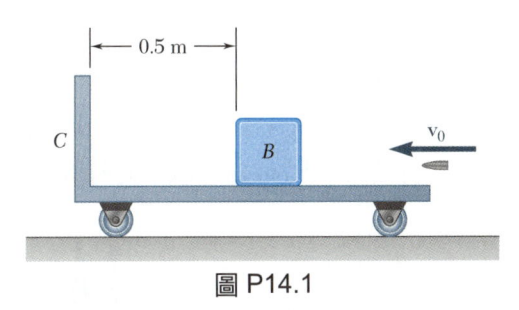

圖 P14.1

14.2 一 90 kg 男子與一 60 kg 女子分別站在一艘 150 kg 船的兩端，各自準備以相對船的速度 5 m/s 躍入水中。試求當兩人都躍入水中後船的速度，如果 (a) 女子先跳；(b) 男子先跳。

14.3 一系統包括 A、B 與 C 三個質點，質量分別為 $m_A = 3$ kg、$m_B = 2$ kg 與 $m_C = 4$ kg。三質點的速度分別為 $\mathbf{v}_A = 4\mathbf{i} + 2\mathbf{j} + 2\mathbf{k}$、$\mathbf{v}_B = 4\mathbf{i} + 3\mathbf{j}$ 與 $\mathbf{v}_C = -2\mathbf{i} + 4\mathbf{j} + 2\mathbf{k}$。試求系統相對點 O 的角動量 $\mathbf{H}_O$。

圖 P14.2

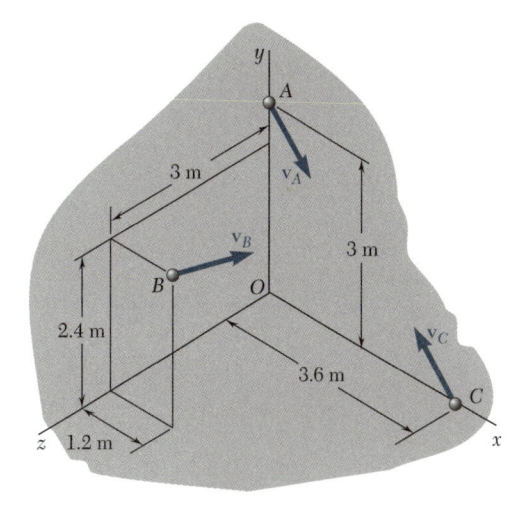

圖 P14.3

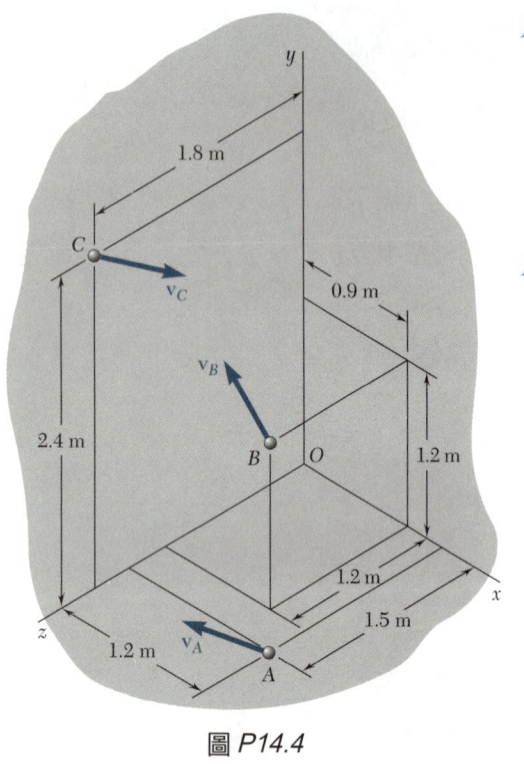

14.4 一系統包括 A、B 與 C 三個質點，質量分別為 $m_A = 3$ kg、$m_B = 4$ kg 與 $m_C = 5$ kg。三質點的速度分別為 $\mathbf{v}_A = -4\mathbf{i} + 4\mathbf{j} + 6\mathbf{k}$、$\mathbf{v}_B = -6\mathbf{i} + 8\mathbf{j} + 4\mathbf{k}$ 與 $\mathbf{v}_C = 2\mathbf{i} - 6\mathbf{j} - 4\mathbf{k}$。試求系統相對點 O 的角動量 $\mathbf{H}_O$。

14.5 一 2 kg 模型火箭垂直向上發射，當燃料燒盡時火箭到達高度 70 m，而速度為 30 m/s，令此時為 $t = 0$。當火箭到達最高點時，它爆破成兩片，質量分別為 $m_A = 0.7$ kg 與 $m_B = 1.3$ kg。A 部分在 $t = 6$ s 時，落在距離發射點西方 80 m 處。試求此時 B 部分的位置。

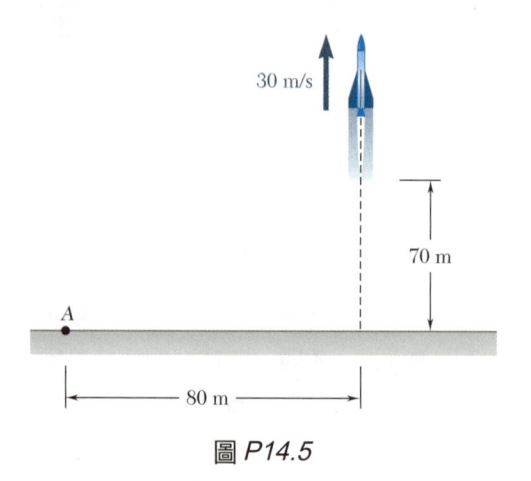

圖 P14.4

圖 P14.5

14.6 一射箭高手表演射中助手丟到空中的網球。已知網球質量 58 g，被射中時離地面高度 10 m，速度為 $(10 \text{ m/s})\mathbf{i} - (2 \text{ m/s})\mathbf{j}$。箭的質量 40 g，射中網球時速度 $(50 \text{ m/s})\mathbf{j} + (70 \text{ m/s})\mathbf{k}$，其中 $\mathbf{j}$ 代表向上的方向。以射中時的位置為原點 O，試求箭與網球落地的位置 P。

14.7 一 6 kg 砲彈，以速度 $\mathbf{v}_0 = (12 \text{ m/s})\mathbf{i} - (9 \text{ m/s})\mathbf{j} - (360 \text{ m/s})\mathbf{k}$ 飛行到 D 點時爆破成 A、B 與 C 三片，質量分別是 2 kg、1 kg 與 3 kg。破片撞到一垂直牆的位置如圖所示，假設重力造成的高度變化可忽略，試求爆炸後瞬間三破片的速率各為何。

圖 P14.7

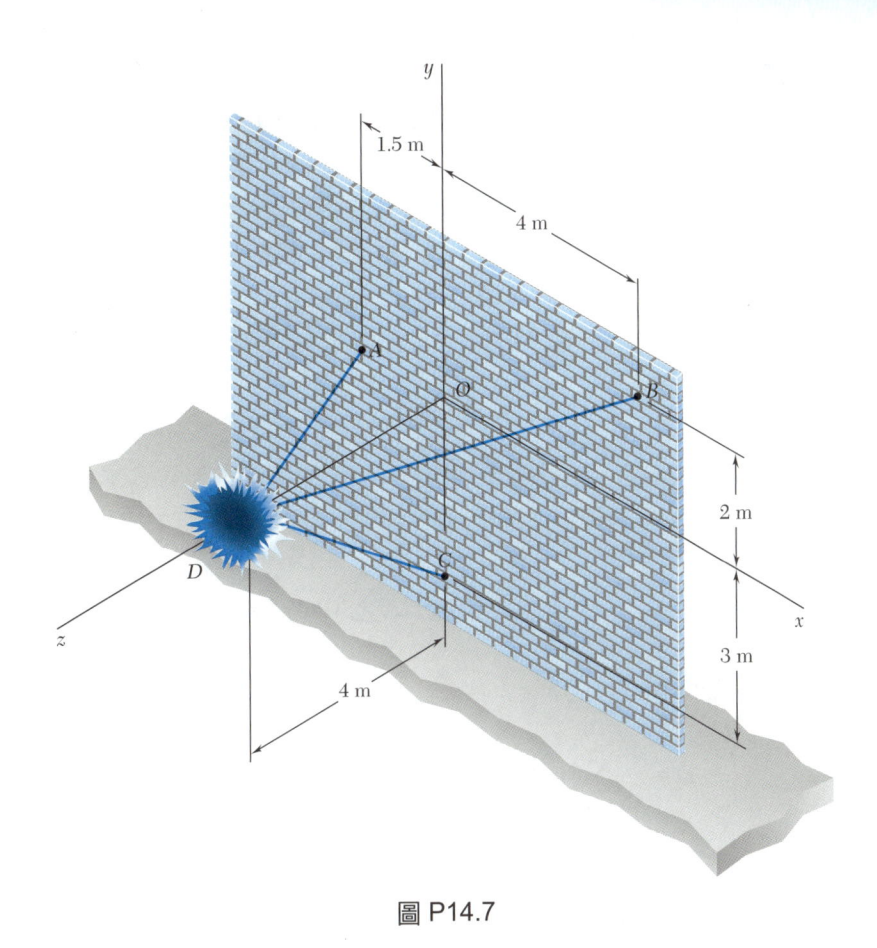

14.8 試推導 $\mathbf{H}_O$ 與 $\mathbf{H}_G$ 之間的關係式

$$\mathbf{H}_O = \bar{\mathbf{r}} \times m\bar{\mathbf{v}} + H_G$$

其中 $\mathbf{H}_O$ 與 $\mathbf{H}_G$ 分別定義於式 (14.7) 和式 (14.24)，G 為質點系統質心，$\bar{\mathbf{r}}$ 與 $\bar{\mathbf{v}}$ 分別為點 G 在牛頓參考座標 $Oxyz$ 中的位置向量與速度向量，而 m 則是質點系統的總質量。

14.7 質點系統的動能 (Kinetic Energy of a System of Particles)

一質點系統的動能 T 即是各質點動能的總和。參考第 13.3 節，可寫

$$T = \frac{1}{2} \sum_{i=1}^{n} m_i v_i^2 \tag{14.28}$$

▶ 使用形心參考座標

當系統包含許多質點時 (例如剛體的例子)，通常我們會將系統的動能分成兩部分來計算，一部分是質心 G 運動時的動能，另一部分則是系統內各質點相對於隨點 G 運動之座標的動能。

令 P_i 為系統內一質點，$\mathbf{v}_i$ 是它相對牛頓參考座標 $Oxyz$ 的速度，而 $\mathbf{v}'_i$ 則是相對移動座標 $Gx'y'z'$ 的速度、$Gx'y'z'$ 座標與 $Oxyz$ 座標是平移的關係 (圖 14.7)。由前節可知

$$\mathbf{v}_i = \bar{\mathbf{v}} + \mathbf{v}'_i \tag{14.22}$$

其中 $\bar{\mathbf{v}}$ 代表質心相對牛頓參考座標 $Oxyz$ 的速度。因為 v_i^2 會等於純量積 $\mathbf{v}_i \cdot \mathbf{v}_i$，我們將系統相對於牛頓參考座標的動能 T 寫為：

$$T = \frac{1}{2}\sum_{i=1}^{n} m_i v_i^2 = \frac{1}{2}\sum_{i=1}^{n}(m_i \mathbf{v}_i \cdot \mathbf{v}_i)$$

再將式 (14.22) 中的 $\mathbf{v}_i$ 代入

$$T = \frac{1}{2}\sum_{i=1}^{n}[m_i(\bar{\mathbf{v}} + \mathbf{v}'_i) \cdot (\bar{\mathbf{v}} + \mathbf{v}'_i)]$$
$$= \frac{1}{2}\left(\sum_{i=1}^{n} m_i\right)\bar{v}^2 + \bar{\mathbf{v}} \cdot \sum_{i=1}^{n} m_i \mathbf{v}'_i + \frac{1}{2}\sum_{i=1}^{n} m_i v'^2_i$$

第一個疊加項代表總質量 m 隨著質心運動的動能。回顧式 (14.13)，可注意到第二項即是 $m\bar{\mathbf{v}}'$，會等於零，因為 $\bar{\mathbf{v}}'$ 代表點 G 在 $Gx'y'z'$ 座標的速度，當然等於零。於是我們改寫方程式為

$$T = \tfrac{1}{2}m\bar{v}^2 + \frac{1}{2}\sum_{i=1}^{n} m_i v'^2_i \tag{14.29}$$

此方程式顯示，質點系統的動能 T 由兩部分組成，一部分是質心 G 的動能 (假想系統內總質量集中在點 G，隨著 G 一起運動)，另一部分則是系統相對於 $Gx'y'z'$ 座標的動能。

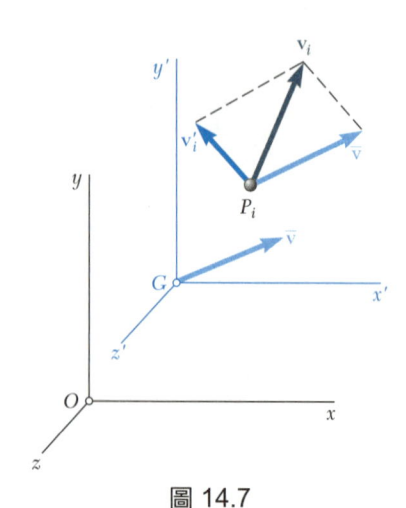

圖 14.7

14.8 功能原理與質點系統的能量守恆 (Work-Energy Principle. Conservation of Energy for a System of Particles)

功能原理能用在質點系統裡的每一質點 P_i 上。針對一質點 P_i 寫為

$$T_1 + U_{1 \to 2} = T_2 \tag{14.30}$$

其中 $U_{1 \to 2}$ 代表作用在 P_i 上的內力 $\mathbf{f}_{ij}$ 與外力 $\mathbf{F}_i$ 作的功。每個質點都能建立一個式 (14.30)，將這些方程式相加即得到系統的功能原理方程式。此時動能 T_1 與 T_2 是整個系統的動能，我們可以由式 (14.28) 或式 (14.29) 求得，而 $U_{1 \to 2}$ 代表所有作用力作的功。請注意：雖然內力 $\mathbf{f}_{ij}$ 與 $\mathbf{f}_{ji}$ 是數值相同、方向相反的內力，但是它們作的功不見得會互相抵消，因為它們所作用的質點 P_i 與 P_j 的位移不一定相同。因此，在計算 $U_{1 \to 2}$ 時，我們必須同時考慮內力 $\mathbf{f}_{ij}$ 與外力 $\mathbf{F}_i$ 所作的功。

如果作用在系統質點上的所有力量都是保守力時，式 (14.30) 可以用下式代替

$$T_1 + V_1 = T_2 + V_2 \tag{14.31}$$

其中 V 代表作用在系統各質點的內力與外力的位能。式 (14.31) 即是質點系統的能量守恆原理。

14.9 質點系統的衝量動量原理 (Principle of Impulse and Momentum for a System of Particles)

將式 (14.10) 和式 (14.11) 對 t 由 t_1 到 t_2 積分，得到

$$\sum \int_{t_1}^{t_2} \mathbf{F}\, dt = \mathbf{L}_2 - \mathbf{L}_1 \tag{14.32}$$

$$\sum \int_{t_1}^{t_2} \mathbf{M}_O\, dt = (\mathbf{H}_O)_2 - (\mathbf{H}_O)_1 \tag{14.33}$$

回顧第 13.10 節中有關力量之線衝量的定義，我們觀察到式 (14.32) 中的積分，即是外力作用在質點系統的線衝量。同時式 (14.33) 中的積分，即是外力對點 O 的角衝量。因此，式 (14.32) 表示外力作用

照片 14.2　將高爾夫球由沙坑擊出時，球桿的動量一部分轉移到球上，另一部分則轉移到被擊中的沙子。

在質點系統的線衝量和等於系統線動量的變化量。類似的道理，式 (14.33) 表示了外力對點 O 的角衝量和等於系統角動量的變化量。

為了能更清楚表示式 (14.32) 和式 (14.33) 的物理特性，將方程式改寫為

$$\mathbf{L}_1 + \sum \int_{t_1}^{t_2} \mathbf{F}\, dt = \mathbf{L}_2 \tag{14.34}$$

$$(\mathbf{H}_O)_1 + \sum \int_{t_1}^{t_2} \mathbf{M}_O\, dt = (\mathbf{H}_O)_2 \tag{14.35}$$

並以圖 14.8 來說明。其中圖 (a) 與圖 (c) 分別畫出質點系統在時間 t_1 與 t_2 時的線動量。而圖 (b) 中有一向量代表各外力之線衝量和，另有一力矩代表各外力對點 O 的角衝量和。為簡化起見，假設所有質點都是在圖形所在的平面運動，其實目前我們討論的也適用於三度空間的運動。回顧式 (14.6)，$\mathbf{L}$ 的定義是線動量 $m_i\mathbf{v}_i$ 的總和，而在圖 14.8 中，圖 (a) 與圖 (b) 的向量加總後等於圖 (c) 的向量總和。類似的情形，回顧式 (14.7) 中 $\mathbf{H}_O$ 的定義為線動量 $m_i\mathbf{v}_i$ 的力矩總和，因此可知式 (14.35) 表達了圖 (a) 與圖 (b) 的向量之力矩總和會等於圖 (c) 中向量之力矩總和。無論是式 (14.34) 或式 (14.35) 都在說明時間 t_1 時質點的動量，加上外力在時間 t_1 到時間 t_2 之間所作的衝量，等於時間 t_2 時質點的動量。這就是圖 14.8 中灰色加號與等號所要表達的意思。

假如沒有外力作用在質點系統中，式 (14.34) 和式 (14.35) 中的積分項等於零，因此方程式簡化為

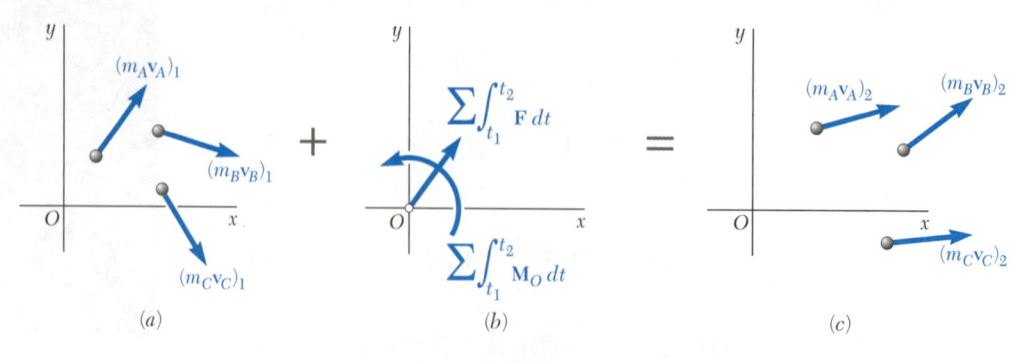

圖 14.8

$$L_1 = L_2: \quad (14.36)$$

$$(H_O)_1 = (H_O)_2 \quad (14.37)$$

如此驗證了第 14.6 節中的結論：如果沒有外力作用在質點系統中，則質點系統的線動量及對點 O 的角動量會守恆。初始的動量系統會等效於最終的動量系統，同時針對任何固定點，質點系統的角動量都是守恆的。

範例 14.3

在範例 14.1 中 200 kg 的太空船，已知 $t = 2.5$ s 時，A 部分的速度為 $\mathbf{v}_A = (270 \text{ m/s})\mathbf{i} - (120 \text{ m/s})\mathbf{j} + (160 \text{ m/s})\mathbf{k}$，$B$ 部分的速度為平行 xz 平面。試求 C 部分的速度。

解

既然沒有外力作用，則初始動量 $m\mathbf{v}_0$ 會等效於最終動量。建立初始動量等於最終動量的向量方程式，以及它們相對點 O 的力矩總和等效的關係式，寫為

$L_1 = L_2:$ $\quad m\mathbf{v}_0 = m_A \mathbf{v}_A + m_B \mathbf{v}_B + m_C \mathbf{v}_C \quad (1)$

$(H_O)_1 = (H_O)_2:$ $\quad 0 = \mathbf{r}_A \times m_A \mathbf{v}_A + \mathbf{r}_B \times m_B \mathbf{v}_B + \mathbf{r}_C \times m_C \mathbf{v}_C \quad (2)$

回顧範例 14.1 中 $\mathbf{v}_0 = (150 \text{ m/s})\mathbf{i}$，

$$m_A = 100 \text{ kg} \quad m_B = 60 \text{ kg} \quad m_C = 40 \text{ kg}$$
$$\mathbf{r}_A = (555 \text{ m})\mathbf{i} - (180 \text{ m})\mathbf{j} + (240 \text{ m})\mathbf{k}$$
$$\mathbf{r}_B = (255 \text{ m})\mathbf{i} - (120 \text{ m})\mathbf{k}$$
$$\mathbf{r}_C = (105 \text{ m})\mathbf{i} + (450 \text{ m})\mathbf{j} - (420 \text{ m})\mathbf{k}$$

再加上本題所給的條件，可以重寫式 (1) 和式 (2)：

$$200(150\mathbf{i}) = 100(270\mathbf{i} - 120\mathbf{j} + 160\mathbf{k}) + 60[(v_B)_x \mathbf{i} + (v_B)_z \mathbf{k}]$$
$$+ 40[(v_C)_x \mathbf{i} + (v_C)_y \mathbf{j} + (v_C)_z \mathbf{k}] \quad (1')$$

$$0 = 100 \begin{vmatrix} \mathbf{i} & \mathbf{j} & \mathbf{k} \\ 555 & -180 & 240 \\ 270 & -120 & 160 \end{vmatrix} + 60 \begin{vmatrix} \mathbf{i} & \mathbf{j} & \mathbf{k} \\ 255 & 0 & -120 \\ (v_B)_x & 0 & (v_B)_z \end{vmatrix}$$

$$+ 40 \begin{vmatrix} \mathbf{i} & \mathbf{j} & \mathbf{k} \\ 105 & 450 & -420 \\ (v_C)_x & (v_C)_y & (v_C)_z \end{vmatrix} \quad (2')$$

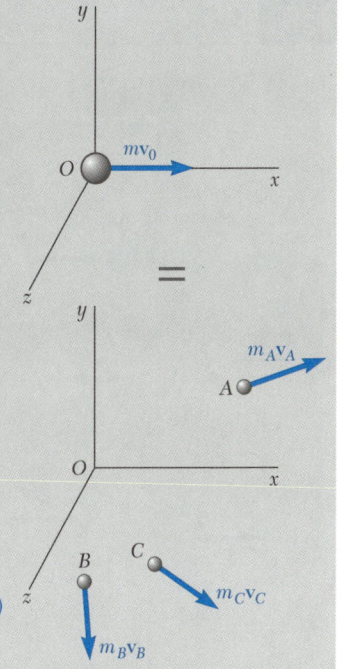

整理式 (1′) 中等號兩端 j 的係數，以及式 (2′) 中 $\mathbf{i}$ 與 $\mathbf{k}$ 的係數，簡化後得到三個純量方程式

$$(v_C)_y - 300 = 0$$
$$450(v_C)_z + 420(v_C)_y = 0$$
$$105(v_C)_y - 450(v_C)_x - 45\,000 = 0$$

由此解出

$$(v_C)_y = 300 \quad (v_C)_z = -280 \quad (v_C)_x = -30$$

所以 C 部分的速度為

$$\mathbf{v}_C = -(30 \text{ m/s})\mathbf{i} + (300 \text{ m/s})\mathbf{j} - (280 \text{ m/s})\mathbf{k} \blacktriangleleft$$

範例 14.4

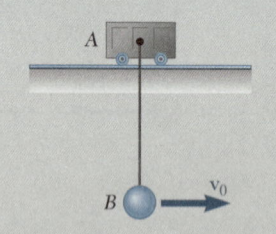

圖中質量 m_A 的搬運車 A 可在無摩擦的水平軌道自由滾動，搬運車懸吊著一條長度 l 的繩子，繩子的底端綁著一個質量 m_B 的球 B。搬運車原來是靜止不動的，這時如果球 B 被賦予一個初始速度 $\mathbf{v}_0$，試求 (a) 當球 B 晃到最高點時速度；(b) 球 B 在垂直方向最能上升的距離 h。(假設 $v_0^2 < 2gl$。)

解

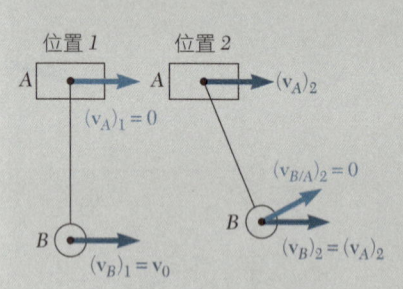

我們將衝量動量原理與能量守恆原理用在系統的初始位置 1，與 B 到達最高點的位置 2。

速度　位置 1。$(\mathbf{v}_A)_1 = 0 \quad (\mathbf{v}_B)_1 = \mathbf{v}_0$　(1)

位置 2。當球 B 到達最高點時，它相對於搬運車 A 的速度 $(\mathbf{V}_{B/A})_2$ 等於零。因此，在這個時間點它的絕對速度等於

$$(\mathbf{v}_B)_2 = (\mathbf{v}_A)_2 + (\mathbf{v}_{B/A})_2 = (\mathbf{v}_A)_2 \quad (2)$$

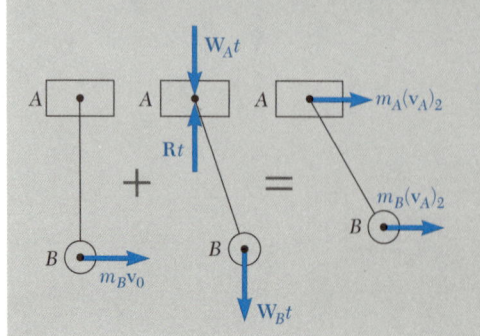

衝量動量原理。系統中的衝量包括有 $\mathbf{W}_A t$、$\mathbf{W}_B t$ 與 $\mathbf{R} t$，其中 $\mathbf{R}$ 是軌道對搬運車的反作用力，我們畫衝量動量示意圖，並且回顧式 (1) 和式 (2)，將衝量動量原理寫為

$$\Sigma m\mathbf{v}_1 + \Sigma \text{ Ext Imp}_{1 \to 2} = \Sigma m\mathbf{v}_2$$

$\xrightarrow{+}x$ 分量　　$m_B v_0 = (m_A + m_B)(v_A)_2$

此式表示系統的線動量在水平方向守恆。求解 $(v_A)_2$：

$$(v_A)_2 = \frac{m_B}{m_A + m_B}v_0 \qquad (\mathbf{v}_B)_2 = (\mathbf{v}_A)_2 = \frac{m_B}{m_A + m_B}v_0 \rightarrow \blacktriangleleft$$

能量守恆

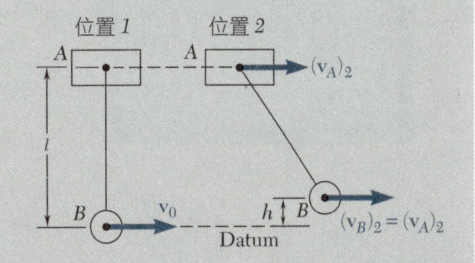

位置1。位能：$V_1 = m_A g l$

　　　　動能：$T_1 = \frac{1}{2}m_B v_0^2$

位置2。位能：$V_2 = m_A g l + m_B g h$

　　　　動能：$T_2 = \frac{1}{2}(m_A + m_B)(v_A)_2^2$

$T_1 + V_1 = T_2 + V_2$: $\quad \frac{1}{2}m_B v_0^2 + m_A g l = \frac{1}{2}(m_A + m_B)(v_A)_2^2 + m_A g l + m_B g h$

求解 h，我們得到

$$h = \frac{v_0^2}{2g} - \frac{m_A + m_B}{m_B}\frac{(v_A)_2^2}{2g}$$

或是，將前面得到的 $(v_A)_2$ 代入，

$$h = \frac{v_0^2}{2g} - \frac{m_B}{m_A + m_B}\frac{v_0^2}{2g} \qquad h = \frac{m_A}{m_A + m_B}\frac{v_0^2}{2g} \blacktriangleleft$$

備註：(1) 回顧 $v_0^2 < 2gl$，所以最後這個方程式中 $h < l$；也就是 B 永遠在 A 之下，正如我們的解答所假設的情形。
(2) 當 $m_A \gg m_B$，我們可簡化答案成 $(\mathbf{v}_B)_2 = (\mathbf{v}_A)_2 = 0$ 與 $h = v_0^2/2g$；B 就像是一個單擺，而 A 固定不動。當 $m_A \ll m_B$，可簡化答案成 $(\mathbf{v}_B)_2 = (\mathbf{v}_A)_2 = \mathbf{v}_0$ 與 $h = 0$；A 與 B 以相同的固定速度 $\mathbf{v}_0$ 運動。

範例 14.5

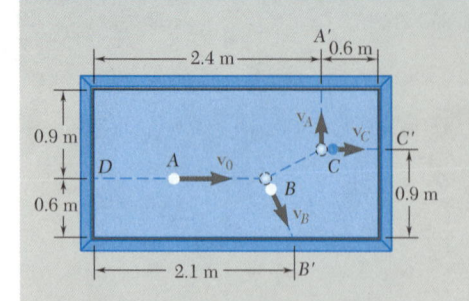

在一場撞球比賽中，球 A 以初速 $v_0 = 3$ m/s 平行檯軸的方向前進。球 A 先撞擊到球 B 然後再撞到球 C，原先球 B 與球 C 都是靜止的。已知球 A 與球 C 都是垂直撞向檯緣的點 A' 與點 C'，而球 B 則以斜向撞到檯緣的點 B'。假設球與檯面間為無摩擦，球與球間為完全彈性碰撞，試求三球撞到檯緣時的速度 $\mathbf{v}_A$、$\mathbf{v}_B$ 與 $\mathbf{v}_C$ 各為何。(備註：在本範例及後續的許多題目裡，我們都假設撞球為一質點，自由的在一水平面運動。實際上撞球前進時包含滾動與滑動兩種運動。)

解

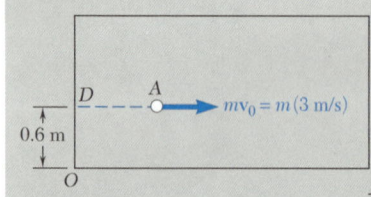

動量守恆。因為沒有外力作用，初始的動量 $m\mathbf{v}_0$ 會等於兩球碰撞後的總動量 (同時也會等於球撞到檯緣之前的總動量)。參考繪製的簡圖，寫為

$\xrightarrow{+} x$ 分量: $\qquad m(3 \text{ m/s}) = m(v_B)_x + mv_C \qquad (1)$

$+\uparrow y$ 分量: $\qquad 0 = mv_A - m(v_B)_y \qquad (2)$

$+\circlearrowleft$ 相對 O 的力矩: $\quad -(0.6 \text{ m})m(3 \text{ m/s}) = (2.4 \text{ m})mv_A$
$\qquad\qquad\qquad\qquad\qquad\qquad - (2.1 \text{ m})m(v_B)_y - (0.9 \text{ m})mv_C \qquad (3)$

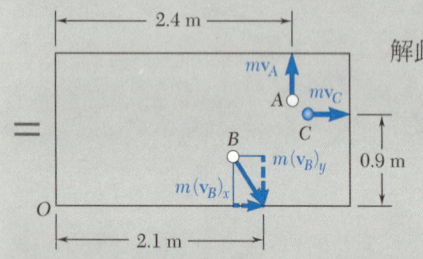

解此三個方程式，將 v_A、$(v_B)_x$ 與 $(v_B)_y$ 表為 v_C 的函數，

$$v_A = (v_B)_y = 3v_C - 6 \qquad (v_B)_x = 3 - v_C \qquad (4)$$

能量守恆。既然檯面為無摩擦，且碰撞為完全彈性，初始動能 $\frac{1}{2}mv_0^2$ 會等於系統後來的總動能：

$$\tfrac{1}{2}mv_0^2 = \tfrac{1}{2}m_A v_A^2 + \tfrac{1}{2}m_B v_B^2 + \tfrac{1}{2}m_C v_C^2$$
$$v_A^2 + (v_B)_x^2 + (v_B)_y^2 + v_C^2 = (3 \text{ m/s})^2 \qquad (5)$$

將式 (4) 裡的 v_A、$(v_B)_x$ 與 $(v_B)_y$ 代入式 (5)，得到，

$$2(3v_C - 6)^2 + (3 - v_C)^2 + v_C^2 = 9$$
$$20v_C^2 - 78v_C + 72 = 0$$

求解 v_C，得到 $v_C = 1.5$ m/s 或是 $v_C = 2.4$ m/s。但是只有 2.4 m/s 這個解代入式 (4) 時，才能使 v_A 得到正的數值，因此只能取 $v_C = 2.4$ m/s，而且

$$v_A = (v_B)_y = 3(2.4) - 6 = 1.2 \text{ m/s} \qquad (v_B)_x = 3 - 2.4 = 0.6 \text{ m/s}$$

$\mathbf{v}_A = 1.2 \text{ m/s} \uparrow \qquad \mathbf{v}_B = 1.342 \text{ m/s} \searrow 63.4° \qquad \mathbf{v}_C = 2.4 \text{ m/s} \rightarrow$ ◀

重點提示

在前面章節中定義了質點系統的線動量與角動量,而在本節中又定義質點系統的動能 T 為:

$$T = \frac{1}{2} \sum_{i=1}^{n} m_i v_i^2 \qquad (14.28)$$

前面章節裡用質點系統的線動量守恆原理,或是用質點系統質心的運動來解題。而在本課裡,你將求解下列型態的題目:

1. **計算碰撞時損失的動能。**利用式 (14.28) 計算碰撞前質點系統的動能 T_1,與碰撞後的動能 T_2,然後兩者相減即可得到碰撞損失的動能。要記得線動量與角動量是向量,而動能是純量。

2. **線動量守恆與能量守恆。**正如我們在前面章節所看到的,當作用在質點系統的外力總和等於零時,系統的線動量必定守恆。如果題目是二維運動時,初始線動量等於最終線動量的向量方程式可以分解成兩個純量方程式。系統的初始能量 (包括位能與動能) 等於最終的能量,這又提供了另一個方程式。使用這三個方程式,將可解得三個未知數 [範例 14.5]。如果外力的總和不為零,但是方向固定時,則與此方向垂直的線動量分量仍然是守恆的;這時可用的方程式只剩兩個 [範例 14.4]。

3. **線動量與角動量守恆。**當沒有外力作用在質點系統時,除了線動量守恆外,針對任意點的角動量也會守恆。在三維運動的題目中,這些守恆原理將帶給你最多六個方程式,也許不需用到全部就能解出你要的答案 [範例 14.3]。如果是二維運動的題目,將能建立三個方程式來求解三個未知數。

4. **線動量與角動量守恆而且能量也守恆。**在質點系統二維運動的題目中,如果沒有任何外力作用,你將從線動量守恆得到兩個方程式,從角動量守恆得到一個方程式,再從能量守恆得到第四個方程式,因此可以解得四個未知數。

習 題

14.9 試求在習題 14.1 中因為摩擦與碰撞所損失的能量。

14.10 有兩部質量分別為 m_A 與 m_B 的汽車 A 與 B 迎面相撞。假設該碰撞為完全塑性碰撞,而碰撞時每輛車吸收了它的動能損失,且動能是以相對於運動中的兩車系統質心來計算的。以 E_A 與

E_B 分別代表 A 車與 B 車所吸收的能量，(a) 證明 $E_A/E_B = m_B/m_A$，也就是說，每部車吸收的能量與車子的質量成反比；(b) 已知 $m_A = 1600$ kg 且 $m_B = 900$ kg，A 車與 B 車速度分別為 90 km/h 與 60 km/h，試求 E_A 與 E_B。

圖 P14.10

14.11 一 9 kg 滑塊 B，由靜止狀態開始從一個 15 kg 楔形物 A 的斜坡滑下，楔形物 A 是在一無摩擦的水平表面上。試求 (a) 當 B 滑下斜坡 0.6 m 時，B 相對於 A 的速度；(b) 楔形物 A 的速度。

圖 P14.11

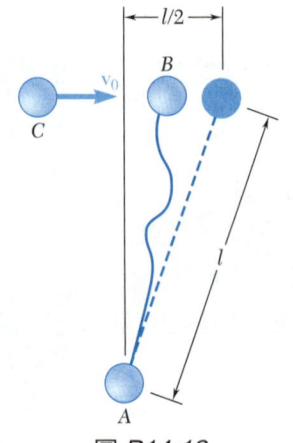

圖 P14.12

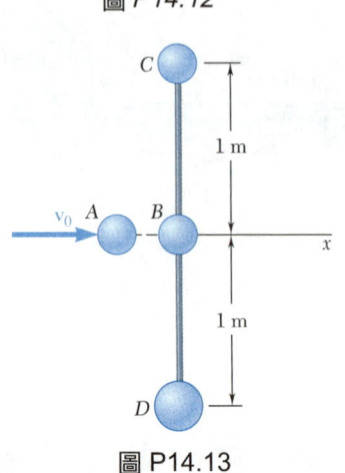

14.12 有三顆質量都是 m 的球，置於水平無摩擦的表面上。球 A 與球 B 間以無彈性長度 l 的繩子相連並拉直，兩球原先為靜止狀態。球 C 以速度 $\mathbf{v}_0$ 向右運動而正向撞擊球 B，撞擊後繩子變鬆。假設球 B 與球 C 間的碰撞為完全彈性碰撞，試求 (a) 當繩子又變緊後的瞬間三顆球的速度各為何；(b) 當繩子又變緊時，整個系統初始動能的損失比例。

14.13 有 A、B、C、D 四個小圓盤能在一無摩擦的水平表面上自由滑動。圓盤 B、C、D 是以輕質的連桿相接，原先是靜止不動的。圓盤 A 位於圓盤 B 的左邊，A 以初速 $\mathbf{v}_0 = (12 \text{ m/s})\mathbf{i}$ 向右運動而正向撞擊到 B。圓盤的質量為 $m_A = m_B = m_C = 7.5$ kg 及 $m_D = 15$ kg。已知在碰撞後瞬間圓盤速度為 $\mathbf{v}_A = \mathbf{v}_B = (2.5 \text{ m/s})\mathbf{i}$、$\mathbf{v}_C = v_C\mathbf{i}$ 與 $\mathbf{v}_D = v_D\mathbf{i}$，試求 (a) 速率 v_C 與 v_D；(b) 在碰撞過程中初始動能損失的比率。

圖 P14.13

14.14 如圖中，三個質量都是 m 的小圓球 A、B 與 C，各以長度 l 無彈性的繩子綁在一小環 D 上。圓球都能在水平表面上無摩擦的自由滑動，剛開始時各個圓球都以相對 D 的速度 v_0 轉動，而 D 是靜止的。突然 CD 間的繩子斷了，而剩餘兩條繩子又繃緊時，試求 (a) 環 D 的速率；(b) 球 A 與球 B 相對 D 的速率；(c) 球 A 與球 B 原始能量損失的比率。

14.15 有質量分別為 2 kg 和 1 kg 的圓盤 A 與 B，兩圓盤能在水平表面上無摩擦地自由滑動。兩圓盤以一條細繩相接，並繞著它們的質心點 G 轉動。在 $t = 0$ 時，點 G 位於 $\bar{x}_0 = 0$，$\bar{y}_0 = 1.89$ m，並以速度 $\bar{\mathbf{v}}_0$ 運動。瞬間繩子斷了，之後圓盤 A 的速度變成 $\mathbf{v}_A = (5 \text{ m/s})\mathbf{j}$ 垂直向上。此時 A 位於距 y 軸 $a = 2.56$ m 處，而 B 的速度變成 $\mathbf{v}_B = (7.2 \text{ m/s})\mathbf{i} - (4.6 \text{ m/s})\mathbf{j}$，沿著一條與 x 軸相交於 $b = 7.48$ m 的直線運動。試求 (a) 質心點 G 初始的速度 $\bar{\mathbf{v}}_0$；(b) 原先連接兩圓盤的繩子長度；(c) 原先圓盤繞點 G 轉動的轉速 rad/s。

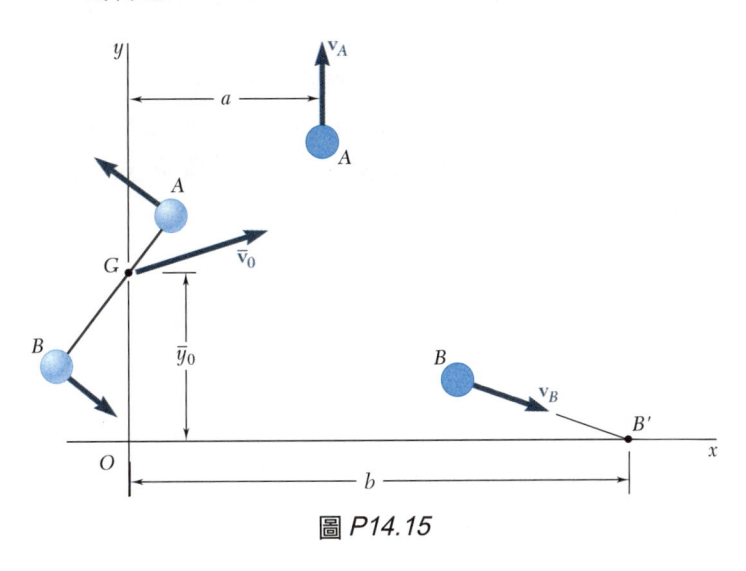

圖 P14.14

圖 P14.15

*14.10 變動的質點系統 (Variable Systems of Particles)

到目前為止，我們討論的質點系統都包含固定的質點。這些系統在運動時不會再加入其他質點，也不會損失原有的質點。可是在許

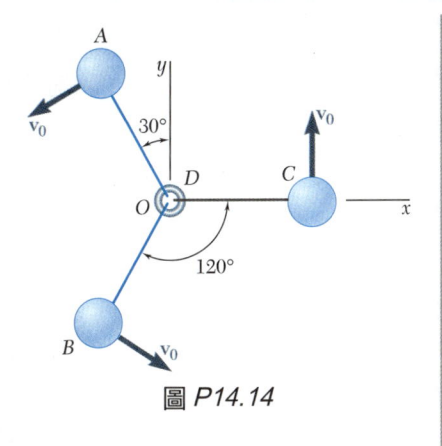

多的工程案例中，系統會持續加入質點或是減少質點，因此有必要考慮**變動的質點系統** (variable systems of particles)，如液壓渦輪機就是一例。在分析渦輪機產生的動力時，請注意：與旋轉葉片接觸的水流顯然是一個持續變化的系統，該系統持續有質點離開，同時也有質點持續加入。火箭也是變動系統的一個例子，火箭的推力是由內部燃料質點連續噴出所形成的。

前面章節中討論的動力原則都是根據固定的質點系統推導，這種系統不會增加也不會減少質點。現在針對變動的質點系統，我們必須找出不同的方法來進行解析。在第 14.11 和 14.12 節中，我們將討論兩種廣泛使用的類型：質點穩定流與量變系統。

*14.11　質點穩定流 (Steady Stream of Particles)

質點穩定流的例子，例如，被固定式葉片轉變方向的水流，流經管子或鼓風機的空氣流。為了解析這些與葉片、管子或鼓風機接觸的質點所產生的力量，將這些質點孤立起來，並以 S 來代表這個系統（圖 14.9）。我們觀察到此 S 是個變動的質點系統，因為它持續地有質點流入，也持續有相同數量的質點流出，因此，以前我們所建立的動力原則不能夠直接用在 S 上面。

然而，我們可以定義一個輔助的質點系統，該系統在短暫的時間 Δt 內，可視為固定的質點系統。如圖 14.10 所示，原先時間 t 時，S 內的動量為 $\Sigma m_i \mathbf{v}_i$，當時間變成 $t + \Delta t$ 時，因為有質量 Δm 流入，所以系統的動量增加了 $(\Delta m)\mathbf{v}_A$（圖 14.10a）。這期間如有外力作用，

圖 14.9

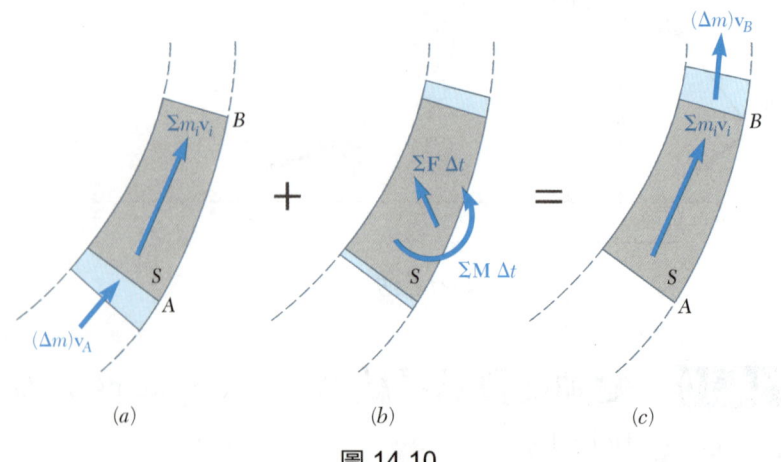

圖 14.10

則會有衝量與角衝量加進來 (圖 14.10b)。而圖 (c) 表示這期間會有相同質量 Δm 流出，所以系統的動量減少了 $(\Delta m)\mathbf{v}_B$。這三個圖的關係依據衝量動量原理：(a) 與 (b) 相加等於 (c)。

質點系統 S 的總動量 $\Sigma m_i\mathbf{v}_i$ 在圖的兩端都出現，因此在建立衝量動量原理的方程式時可互相抵消。所以於相同時間 Δt 內，進入系統的質點的動量 $(\Delta m)\mathbf{v}_A$ 加上外力作用在 S 的衝量，等於離開系統的質點的動量 $(\Delta m)\mathbf{v}_B$，寫為

$$(\Delta m)\mathbf{v}_A + \Sigma \mathbf{F}\, \Delta t = (\Delta m)\mathbf{v}_B \tag{14.38}$$

將相關的向量都對某一點求其力矩，即可得一類似的方程式 (參見範例 14.5)。將式 (14.38) 的每一項都除以 Δt，再讓 Δt 趨近於零，即得到極限關係

$$\Sigma \mathbf{F} = \frac{dm}{dt}(\mathbf{v}_B - \mathbf{v}_A) \tag{14.39}$$

其中 $\mathbf{v}_B - \mathbf{v}_A$ 代表向量 $\mathbf{v}_B$ 與向量 $\mathbf{v}_A$ 的差。

如果採用 SI 制，dm/dt 的單位為 kg/s，而速度的單位為 m/s，我們可以檢查式 (14.39) 中每一項都等於相同單位 (牛頓)；如果是採用美國慣用單位，dm/dt 的單位要用 slugs/s，而速度的單位為 ft/s。再次檢查該方程式，仍然發現每一項都等於相同單位 (磅)。[†]

我們剛才建立的原則可以用來解析許多工程上的問題。下面將討論一些常見的問題。

▶ 由葉片轉向的流體 (Fluid Strean Diverted by a Vane)

如果葉片是固定的，前面解析的方式直接可以用來求解葉片作用在流體的力 $\mathbf{F}$。請注意：流體轉向前後承受的壓力是固定的 (大氣壓力)，所以此時只有 $\mathbf{F}$ 是必須考慮的外力。流體作用在葉片上的力則是與 $\mathbf{F}$ 等值而方向相反。如果葉片是以等速運動，則流體不再是穩定流。然而，如果觀察者隨葉片運動，則流體看起來是穩定流。因此，我們選用與葉片同步運動的座標來進行分析。既然這個座標沒有加速度，所以式 (14.38) 仍然可以使用，只是 $\mathbf{v}_A$ 與 $\mathbf{v}_B$ 必須改用相對於葉片的相對速度 (參見範例 14.7)。

[†] 通常單位時間質量的流速 dm/dt 會以 ρQ 來表示，其中 ρ 是流體的密度 (單位體積的質量)，而 Q 是體積流速 (單位時間的體積)。如果採用 SI 制，ρ 的單位為 kg/m^3 (例如，水的密度 $\rho = 1000$ kg/m^3)，而 Q 的單位為 m^3/s；若是採用美國慣用單位，ρ 通常以比重 (單位體積的重量) γ 來計算，$\rho = \gamma/g$。因為 γ 單位為 lb/ft^3 (以水為例，$\gamma = 62.4$ lb/ft^3)，所以算得 ρ 的單位為 slugs/ft^3。體積流速 Q 的單位為 ft^3/s。

▶ 流經管子的流體 (Fluid Flowing Through a Pipe)

在管子彎角處或是直徑變化處，流體會受到多少力呢？我們選擇與此結構變化處接觸的質點為系統 S，當要分析作用在 S 的力量時，請注意：流體在不同部位承受的壓力可能是不同的。

▶ 噴射引擎 (Jet Engine)

在噴射引擎的例子裡，氣體以零速由前面進入引擎內，而以極快速度由後面離開引擎。引擎經由燃燒燃料來加速氣體質點。在排出的氣體中，燃料的質量只佔很小一部分，因此常是可忽略的。也就是進入引擎的氣體，與離開引擎的氣體質量是相同。對於噴射引擎的分析可簡化為氣流的分析。如果速度是以飛機為參考座標來計量，那麼這個氣流可視為穩定流。因此我們可假設氣流是以飛機的速度 **v** 進入引擎，而以速度 **u** 離開引擎，其中 **u** 是引擎排氣相對於飛機的速度 (圖 14.11)。既然飛機前後的壓力都是一樣的大氣壓力，只有引擎作用在氣流上的力量是需要考慮的。這個力與推力大小相等方向相反。[†]

▶ 風扇 (Fan)

我們以圖 14.12 中的質點系統 S 來討論。進入 S 的質點速度 $\mathbf{v}_A$ 假設等於零，而離開 S 的質點速度就是**滑流** (slipstream) 的速度 $\mathbf{v}_B$。體積流速 (rate of flow) 可以由速度 $\mathbf{v}_B$ 乘上滑流的截面積而得到。既然環繞 S 外圍的壓力都一樣是大氣壓力，唯一外力只有風扇作用在 S 的推力這一項。

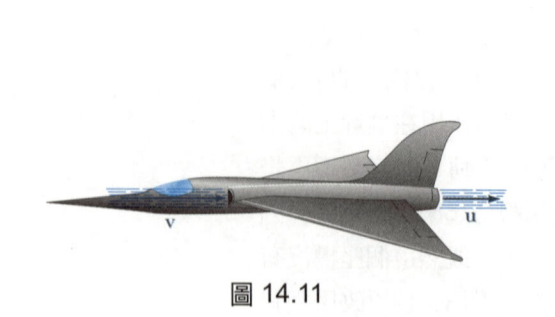

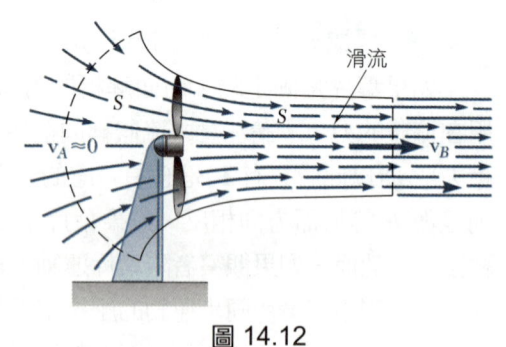

圖 14.11

圖 14.12

[†] 當飛機在加速飛行時，飛機不能作為一個牛頓參考座標。然而，使用一個絕對靜止的參考座標時，也可以得到相同的推力，此時將觀察到空氣是以零速進入引擎，而以速度 $u - v$ 離開引擎。

▶ 直昇機 (Helicapter)

　　直昇機藉由旋翼轉動來產生升力，此升力的計算與風扇產生推力的計算方法類似。空氣質點接近葉片時速度可假設為零，而體積流速等於滑流的速度 v_B 乘上滑流的截面積。

*14.12　量變系統 (Systems Gaining or Losing Mass)

　　接下來，我們要討論一種不同型態的質點變動系統，這種系統會逐漸吸入質點而增加質量，或是持續排出質點而減少質量。參考圖 14.13 中的系統 S，當時間 t 時，此系統的質量為 m，速度為 $\mathbf{v}$；而經過 Δt 時，質量增加 Δm，速度變為 $\mathbf{v} + \Delta \mathbf{v}$，而吸收進來之質點的速度為 $\mathbf{v}_a$。根據衝量動量原理，寫為

$$m\mathbf{v} + (\Delta m)\mathbf{v}_a + \Sigma \mathbf{F}\, \Delta t = (m + \Delta m)(\mathbf{v} + \Delta \mathbf{v}) \quad (14.40)$$

求解外力作用在 S 上的衝量 $\Sigma \mathbf{F}\, \Delta t$ 時 (忽略吸入質點的作用力)，寫為

$$\Sigma \mathbf{F}\, \Delta t = m\Delta \mathbf{v} + \Delta m(\mathbf{v} - \mathbf{v}_a) + (\Delta m)(\Delta \mathbf{v}) \quad (14.41)$$

以符號 $\mathbf{u}$ 代表吸入質點相對於 S 的速度，即 $\mathbf{u} = \mathbf{v}_a - \mathbf{v}$，因為 $v_a < v$，所以相對速度 $\mathbf{u}$ 會指向左邊 (參見圖 14.13)。式 (14.41) 裡的最後一項是個二次項，與其他項相較之下可以忽略，式 (14.41) 可簡化成

$$\Sigma \mathbf{F}\, \Delta t = m\, \Delta \mathbf{v} - (\Delta m)\mathbf{u}$$

將每一項都除以 Δt，並令 Δt 趨近零，則得到極限的關係式[†]

$$\Sigma \mathbf{F} = m\frac{d\mathbf{v}}{dt} - \frac{dm}{dt}\mathbf{u} \quad (14.42)$$

重新安排各項的位置，且知 $d\mathbf{v}/dt = \mathbf{a}$，其中 $\mathbf{a}$ 是系統 S 的加速度，可寫為

$$\Sigma \mathbf{F} + \frac{dm}{dt}\mathbf{u} = m\mathbf{a} \quad (14.43)$$

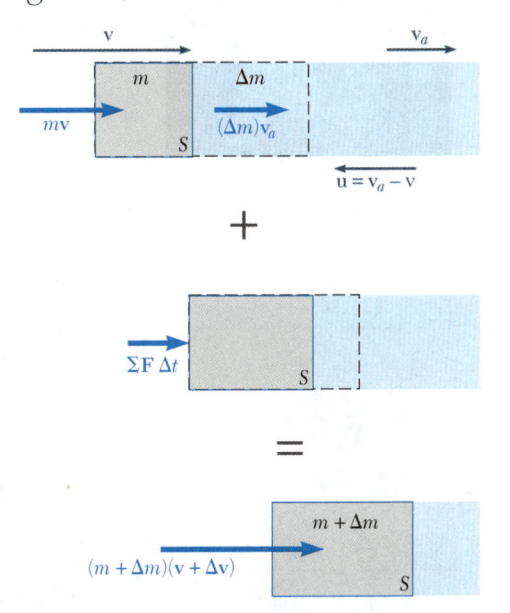

圖 14.13

[†] 當吸入之質點的絕對速度 $\mathbf{v}_a$ 等於零時，$\mathbf{u} = -\mathbf{v}$，式 (14.42) 變成 $\Sigma \mathbf{F} = \dfrac{d}{dt}(m\mathbf{v})$。
　　比較第 12.3 節中式 (12.3) 之前的式子，我們察覺牛頓第二定律是可以應用到增加質量的系統的，只要是吸入的質點原先速度為零。同樣地，也可用到排出質量的系統，只要是所排出之質點相對於參考座標速度為零。

此式說明吸入之質點對於 S 的作用，如同是一個推力 **P**：

$$\mathbf{P} = \frac{dm}{dt}\mathbf{u} \tag{14.44}$$

此推力會將 S 的運動減緩下來，因為質點的相對速度是朝向左邊的。如果採用 SI 制，dm/dt 的單位為 kg/s，相對速度 u 的單位為 m/s，對應的推力單位為牛頓。如果是採用美國慣用單位，dm/dt 的單位要用 slugs/s，而 u 的單位為 ft/s，對應的推力單位為磅。†

這裡求得的方程式也可用於系統流失質量的情形。在這種情形下，質量的改變率為負值，所排出之質點對 S 的作用就像是一朝向 $-\mathbf{u}$ 方向的推力，也就是說，產生的推力與質點排出的方向相反。火箭發射就是一個持續減少質量典型的例子 (參見範例 14.8)。

照片 14.3 當太空梭的火箭推進器點火後，所噴出的氣體提供了升空所需的推力。

範例 14.6

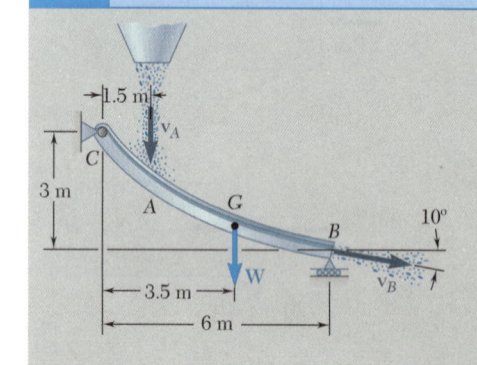

穀粒由一個料斗落下時，以流速 120 kg/s 掉在斜槽 CB 上。當穀粒撞擊斜槽的點 A 時速度為 10 m/s，而離開點 B 時速度為 7.5 m/s，且與水平面夾角 10°。已知斜槽與其上的穀粒總共重量 **W** 等於 3000 N，重心在點 G。試求滾支承 B 與鉸支承 C 的反作用力。

解

我們以斜槽與其上的穀粒為系統，將衝量動量原理應用在 Δt 時間內。斜槽是固定不動的，所以它沒有動量。請注意：斜槽上的穀粒在時間 t 與 $t + \Delta t$ 的總動量是一樣的，因此可被刪除。

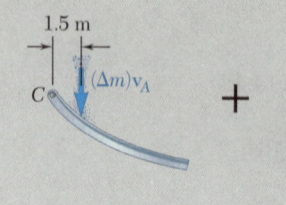

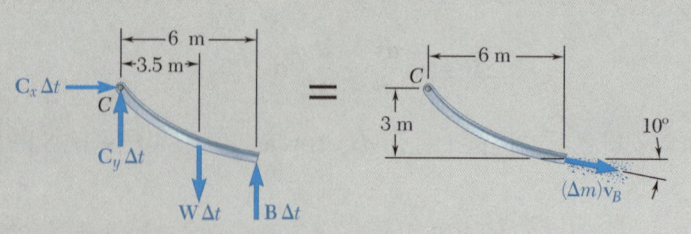

滾支承 B 的反作用力必為垂直向，而鉸支承 C 的反作用力則有水平 C_x 與垂直 C_y 兩分力。

---

† 參見第 215 頁的備註。

由衝量動量原理可知，動量 $(\Delta m)\mathbf{v}_A$ 加上衝量會等於動量 (Δm) $\mathbf{v}_B$，可寫為

$\xrightarrow{+} x$ 分量：　　　　　$C_x \Delta t = (\Delta m)v_B \cos 10°$　　　　　　(1)

$+\uparrow y$ 分量：　　　　　$-(\Delta m)v_A + C_y \Delta t - W \Delta t + B \Delta t$
$$= -(\Delta m)v_B \sin 10°　(2)$$

$+\circlearrowleft$ 相對 C 力矩：　　$-1.5(\Delta m)v_A - 3.5(W \Delta t) + 6(B \Delta t)$
$$= 3(\Delta m)v_B \cos 10° - 6(\Delta m)v_B \sin 10°　(3)$$

已知條件 $W = 3000$ N，$v_A = 10$ m/s，$v_B = 7.5$ m/s，$\Delta m/\Delta t = 120$ kg/s 代入方程式中，由式 (3) 可求得 B，及由式 (1) 可求得 C_x，

$$6B = 3.5(3000) + 1.5(120)(10) + 3(120)(7.5)(\cos 10° - 2\sin 10°)$$
$$B = 2340 \text{ N}　\quad\quad \mathbf{B} = 2340 \text{ N} \uparrow \blacktriangleleft$$
$$C_x = (120)(7.5) \cos 10° = 886 \text{ N}　\quad \mathbf{C}_x = 886 \text{ N} \rightarrow \blacktriangleleft$$

將 B 值代入式 (2) 即可求得 C_y，

$$C_y = 3000 - 2340 + (120)(10 - 7.5 \sin 10°) = 1704 \text{ N}$$
$$\mathbf{C}_y = 1704 \text{ N} \uparrow \blacktriangleleft$$

範例 14.7

一噴嘴所噴出之水流的截面積為 A，而速度為 $\mathbf{v}_A$。該水流流經單一葉片而改變方向，葉片則以固定速度 $\mathbf{V}$ 向右移動。假設水流在葉片上流動時速率是固定的，試求 (a) 葉片作用在水流之力 $\mathbf{F}$ 的分量；(b) 若要產生最大功率則速度 $\mathbf{V}$ 應為何？

解

a. **作用在水流之力的分量。** 我們選擇的參考座標是與葉片同步運動的，即以固定速度 $\mathbf{V}$ 運動。水質點撞擊葉片時相對速度為 $\mathbf{u}_A = \mathbf{v}_A - \mathbf{V}$，而離開葉片時相對速度為 $\mathbf{u}_B$。既然水質點沿著葉片運動時是固定速率，故相對速度 $\mathbf{u}_A$ 與 $\mathbf{u}_B$ 會有相同大小。以 ρ 代表水的密度，則在時間 Δt 內撞擊葉片的質點質量為 $\Delta m = A\rho\,(\mathbf{v}_A - V)\,\Delta t$；而同時會有相同的質量離開葉片。我們以與葉片接觸的質點及 Δt 時間內撞擊葉片的質點為系統，將衝量動量原理應用在系統上。

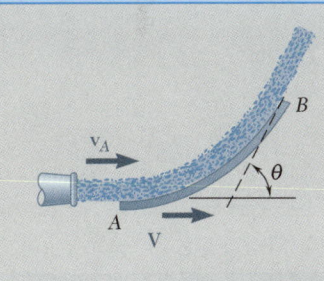

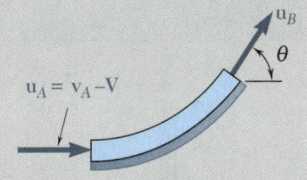

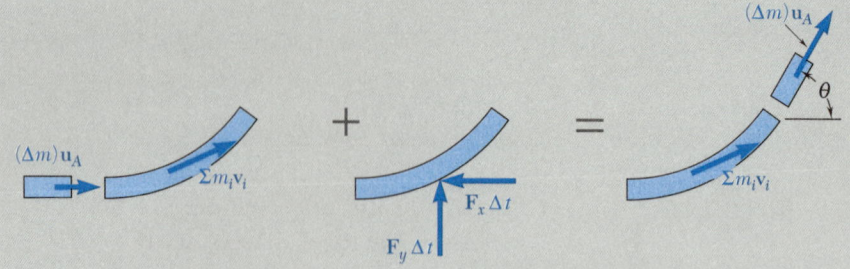

回顧 $\mathbf{u}_A$ 與 $\mathbf{u}_B$ 的大小是一樣的，令之為 u。忽略總動量 $\Sigma m_i \mathbf{v}_i$，因為兩邊都有，寫為

$\xrightarrow{+}x$ 分量： $(\Delta m)u - F_x \Delta t = (\Delta m)u \cos \theta$

$+\uparrow y$ 分量： $+F_y \Delta t = (\Delta m)u \sin \theta$

代入 $\Delta m = A\rho(v_A - V)\Delta t$ 與 $u = v_A - V$，得到

$$\mathbf{F}_x = A\rho(v_A - V)^2(1 - \cos \theta) \leftarrow \qquad \mathbf{F}_y = A\rho(v_A - V)^2 \sin \theta \uparrow$$ ◀

b. 最大功率的葉片速度。功率 (power) 等於葉片的速度 V，乘上水流作用在葉片之力量的分量 F_x。

$$功率 = F_x V = A\rho(v_A - V)^2(1 - \cos \theta)V$$

將此式對 V 微分，並令此微分等於零，得到

$$\frac{d(功率)}{dV} = A\rho(v_A^2 - 4v_A V + 3V^2)(1 - \cos \theta) = 0$$

$V = v_A \qquad V = \tfrac{1}{3}v_A \qquad\qquad 最大功率之 \mathbf{V} = \tfrac{1}{3}v_A \rightarrow$ ◀

備註：本結論僅適用於單一葉片的情況。當使用一系列葉片來改變水流時，結論會不一樣，例如 Pelton 渦輪機就是一個例子。

範例 14.8

一火箭包含燃料起始質量為 m_0，在 $t = 0$ 時垂直發射升空。已知燃料以固定速率 $q = dm/dt$ 消耗，且燃料噴出時相對火箭的速率為 u。如果空氣阻力可以忽略，請推導在時間 t 時火箭的速率。

解

在時間 t 時，火箭速度為 $\mathbf{v}$，且火箭及剩餘燃料質量為 $m = m_0$

$- qt$。在時間 Δt 內,噴出的燃料質量為 $\Delta m = q\,\Delta t$,相對火箭的速率為 u。以符號 $\mathbf{v}_e$ 代表噴出燃料的絕對速度,我們將衝量動量原理用到時間 t 與 $t + \Delta t$ 之間。

$(m_0 - qt)\mathbf{v}$ + $W\Delta t$ = $(m_0 - qt - q\Delta t)(\mathbf{v} + \Delta \mathbf{v})$

$[W\Delta t = g(m_0 - qt)\Delta t]$

$\Delta m v_e$

$[\Delta m v_e = q\Delta t(u - v)]$

寫為

$(m_0 - qt)v - g(m_0 - qt)\,\Delta t = (m_0 - qt - q\,\Delta t)(v + \Delta v) - q\,\Delta t(u - v)$

將此式除以 Δt,並令 Δt 趨近於零,得到

$$-g(m_0 - qt) = (m_0 - qt)\frac{dv}{dt} - qu$$

接著分離變數,兩邊積分,由 $t = 0$,$v = 0$ 積分到 $t = t$,$v = v$,

$$dv = \left(\frac{qu}{m_0 - qt} - g\right)dt \quad \int_0^v dv = \int_0^t \left(\frac{qu}{m_0 - qt} - g\right)dt$$

$$v = [-u\ln(m_0 - qt) - gt]_0^t \qquad v = u\ln\frac{m_0}{m_0 - qt} - gt \quad \blacktriangleleft$$

備註:當所有燃料都用完時 (t_f),火箭的質量 $m_s = m_0 - qt_f$,這其實就是外殼的質量,此時火箭到達最大速度 $v_m = u\ln(m_0/m_s) - gt_f$。假設燃料很快就噴完了,則 gt_f 這項數值很小,可忽略,於是我們得到 $v_m \approx u\ln(m_0/m_s)$。如果火箭要能脫離地球的引力場,火箭必須達到速度 11.18 km/s。假設 $u = 2200$ m/s 且 $v_m = 11.18$ km/s,我們得到 $m_0/m_s = 161$。也就是說,如果燃料噴出速率為 $u = 2200$ m/s,則要將 1 kg 的火箭殼送上太空時,需要消耗 161 kg 以上的燃料。

重點提示

本課主要是討論質點變動系統的運動，即該系統運動時可能會持續增加或減少質點。你可能會面臨下列兩類的題目 (1) 質點穩定流；(2) 量變系統。

1. **求解質點穩定流的題目時**。可將流體的一部分令為系統 S，時間 Δt 內於點 A 進入 S 之質點的動量，加上此時間內作用在 S 上之力量的衝量，會等於相同時間 Δt 內於點 B 離開 S 之質點的動量 (圖 14.10)。將此關係寫成向量方程式

$$(\Delta m)\mathbf{v}_A + \Sigma \mathbf{F}\, \Delta t = (\Delta m)\mathbf{v}_B \qquad (14.38)$$

同時你可以將向量系統對某一點作力矩，以得到另一個方程式 [範例 14.6]，其實很多題目用式 (14.38) 即可解題。或是將方程式除以 Δt 並令 Δt 趨近於零，可得到

$$\Sigma \mathbf{F} = \frac{dm}{dt}(\mathbf{v}_B - \mathbf{v}_A) \qquad (14.39)$$

其中 $\mathbf{v}_B - \mathbf{v}_A$ 是向量相減，流體的質量速率 dm/dt 可以表為 ρQ，ρ 為流體的密度 (單位體積的質量)，而 Q 為體積速率 (單位時間的體積)。當使用美國慣用單位時，ρ 常表為比率 γ/g，γ 為流體的比重，而 g 為重力加速度。

　　在第 14.11 節已經示範幾個典型的質點穩定流的題目。在本課習題中，你可能會被要求求解下列問題：

a. **流體轉向產生的推力**。式 (14.39) 可以用來解題，但是如果使用式 (14.38) 的方式求解能更清楚問題的本質。

b. **葉片或是輸送帶支承的反作用力**。先在左邊畫出時間 Δt 內質點衝擊葉片或輸送帶的圖，並標示動量 $(\Delta m)\mathbf{v}_A$，接著在中央畫此時間內力與支承的反作用力產生的衝量圖，然後在右邊畫同時間內離開葉片或輸送帶之質點的動量 $(\Delta m)\mathbf{v}_B$ [範例 14.6]。由衝量動量原理可知前兩圖相加即等於第三圖，於是我們可以建立 x 方向與 y 方向的等式，以及力矩的等式。用此三個方程式即可求得三個未知數。

c. **由噴射引擎、螺旋槳或風扇產生的推力**。在多數的案例裡，都只有一個未知數，該未知數可以由式 (14.38) 或式 (14.39) 求得。

2. **求解增加質量之系統的題目**。考慮一個系統 S，它在時間 t 時的質量為 m，以速度 $\mathbf{v}$ 運動，而在時間 Δt 內 S 吸入速度 $\mathbf{v}_a$ 質量 Δm 的質點 (圖 14.13)。你要表達出 S 及吸入質點的總動量，加上作用在 S 上之外力的衝量，等於時間 $t + \Delta t$ 時 S 的動量。請注意：此時 S 的質量及速度分別為 $m + \Delta m$ 及 $\mathbf{v} + \Delta \mathbf{v}$，得到

$$m\mathbf{v} + (\Delta m)\mathbf{v}_a + \Sigma \mathbf{F}\, \Delta t = (m + \Delta m)(\mathbf{v} + \Delta \mathbf{v}) \qquad (14.40)$$

如同在第 14.12 節所見,你可將吸入質點的相對速度表為 $\mathbf{u} = \mathbf{v}_a - \mathbf{v}$,得到作用在 S 的外力:

$$\Sigma \mathbf{F} = m\frac{d\mathbf{v}}{dt} - \frac{dm}{dt}\mathbf{u} \qquad (14.42)$$

更進一步可證明,吸入質點對於 S 的作用就等同於一推力

$$\mathbf{P} = \frac{dm}{dt}\mathbf{u} \qquad (14.44)$$

其作用方向與吸入質點之相對速度的方向相同。

　　這種系統增加質量的例子,像是碎石、砂落入輸送帶或軌道車的情形,亦或是集成一堆後拉起的鍊條運動等。

3. **求解減少質量之系統的題目。** 例如火箭及火箭引擎,你可以用式 (14.40) 到式 (14.44),只是在質量增量 Δm 及質量變化率 dm/dt 處要用負值。最後,式 (14.44) 所定義的推力將會與排出質點之相對速度的方向相反。

習　題

14.16 水流以速度 $\mathbf{v}_1$ 由一截面積 A_1 噴嘴噴出,然後衝擊到一片圓板,圓板後方則以一力 $\mathbf{P}$ 支撐使圓板靜止不動。已知圓板中央有一面積 A_2 之孔,由此孔噴出的水速度也是 $\mathbf{v}_1$。試求力 $\mathbf{P}$ 的大小。

14.17 圖中為一樹枝攪碎機,樹枝由 A 處以速率 5 kg/s 餵入攪碎機內,攪成碎屑後,於 C 處以速度 20 m/s 噴出。試求攪碎機在連結點 D 對卡車之作用力的水平分量。

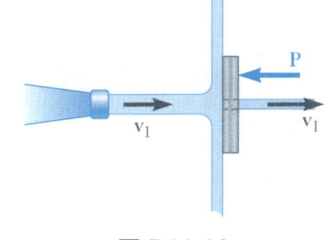

圖 P14.16

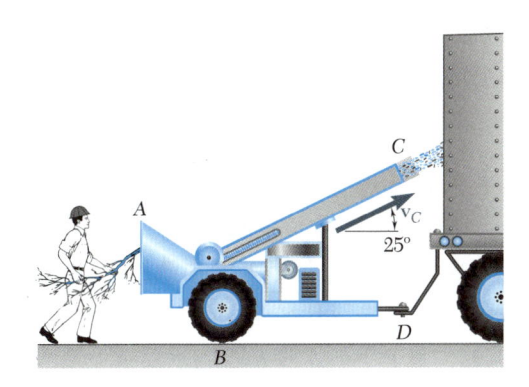

圖 P14.17

14.18 水由噴嘴噴出時流率為 1.3 m³/min。已知在點 A 與點 B 之水的速率都是 20 m/s，且彎槽的重量可忽略，試求支撐點 C 與 D 之反作用力的分量。

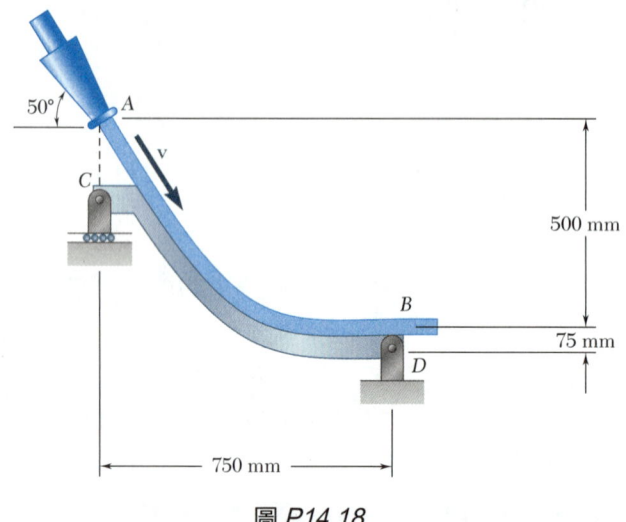

圖 P14.18

圖 P14.20

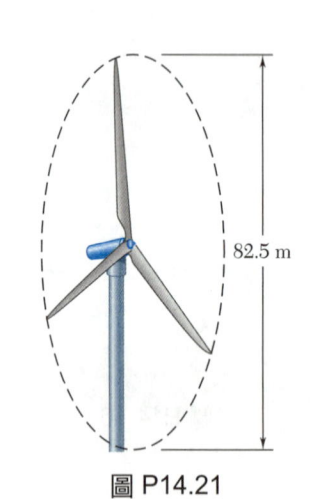

14.19 一噴射飛機以速度 900 km/h 飛行時，空氣摩擦所帶來的阻力為 35 kN。已知引擎排氣相對於飛機的速度為 600 m/s，試求此飛機於等高度以速度 900 km/h 飛行時，每秒必須有多少質量的空氣流經過引擎。

14.20 一立扇可使空氣形成最高速 6 m/s，且直徑 400 mm 之滑流，立扇的底座是一片 200 mm 直徑的圓板支撐。已知立扇整體重為 60 N，重心位置在圓板支撐中心點的正上方。如果希望使用時不至於傾倒，則風扇容許的操作高度 h 為何？假設空氣的密度 $\rho = 1.21$ kg/m³，且忽略空氣進入風扇前的速度。

14.21 一風力發電機之葉片轉動時直徑 82.5 m，當風速為 36 km/h 時能發出 1.5 MW 功率。試求在此風速下 (a) 每秒鐘進入 82.5 mm 圓圈之空氣的動能；(b) 此能源轉換系統的效率為何？假設空氣的密度 $\rho = 1.21$ kg/m³。

圖 P14.21

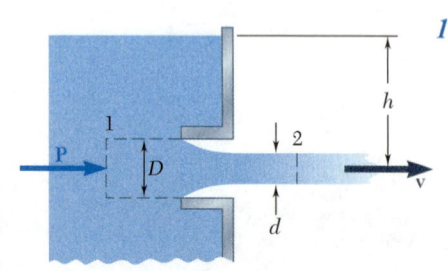

14.22 在水庫水平面下深度 h 之處有一個直徑 D 的圓形洩水口。已知洩水時，水流速度為 $v = \sqrt{2gh}$，假設進入洩水口之水流速 v_1 等於零，證明洩出之水流的直徑會是 $d = D/\sqrt{2}$。(提示：比較圖中截面 1 與截面 2 的水流，截面 1 處的力量 P 等於水深 h 處的水壓乘上洩水口截面積。)

圖 P14.22

14.23 有一條長度 l、質量 m 的鏈條，堆放在地板上。如果從其端點 A 以固定速率 v 將它提起，以 y 代表鍊條已經離開地板的長度，(a) 將施加在端點 A 的力量 **P** 表為 y 的函數；(b) 將地板的反作用力表為 y 的函數。

圖 P14.23

14.24 一玩具車以噴出水當作動力來前進。已知空車質量為 200 g，共可裝 1 kg 的水。若該車最高速率可達 2.5 m/s，試求水噴出時相對於車子的速度。

圖 P14.24

14.25 一太空船在一圓形軌道以速率 24×10^3 km/h 繞地球飛行。此時太空船釋放它前頭的太空艙，太空艙的質量含 400 kg 的燃料後，總共質量為 600 kg。當太空艙的引擎發動時，燃料消耗速率為 18 kg/s，而噴出的相對速度為 3000 m/s，試求 (a) 當引擎發動時太空艙的切線加速度；(b) 太空艙最高速度可達多少。

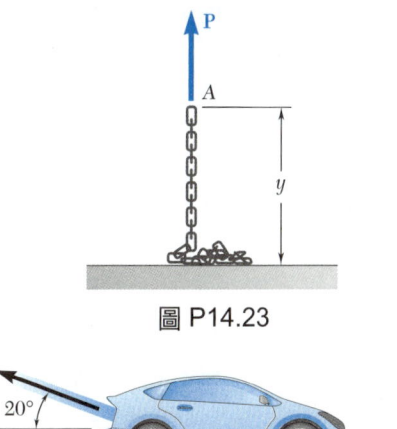

圖 P14.25

14.26 一太空梭以低圓形軌道繞地球飛行時釋放出一通信衛星，衛星重量為 50 kN（含燃料）。衛星漂離開太空梭到一安全距離後，發動引擎以增加 2500 m/s 速度，好作為進入同步軌道的第一步驟。已知燃料噴出的相對速度為 4000 m/s，試求此次軌道調整消耗的燃料重量。

14.27 在分析噴射飛機引擎的推動效率時，分配到排氣的動能算是浪費的。有效的功率等於可用來推動飛機的力量乘上飛機的速率。如果飛機的速率為 **v**，而排氣的相對速率為 u，證明該飛機的機械效率為 $\eta = 2v/(u + v)$。說明為何當 $u = v$ 時 $\eta = 1$。

圖 P14.26

複習與摘要

本章分析了質點系統的運動,也就是許多質點的運動一起考慮的情形。本章第一部分考慮的系統所含的質點是固定的,而第二部分之系統所含的質點則是變動的,系統運動時質點可能持續增加或是減少,亦或是同時增加與減少。

■ **等效力 (Effective forces)**

首先我們定義質點 P_i 的等效力為 $m_i \mathbf{a}_i$,其中 m_i 為質量,$\mathbf{a}_i$ 為質點相對於一原點位於 O 的牛頓參考座標的加速度 [第 14.2 節]。然後證明:由作用在質點的外力組成的系統會等效於由質點等效力形成的系統。也就是說,兩種系統有相同總和,對點 O 也有相同力矩總和:

$$\sum_{i=1}^{n} \mathbf{F}_i = \sum_{i=1}^{n} m_i \mathbf{a}_i \tag{14.4}$$

$$\sum_{i=1}^{n} (\mathbf{r}_i \times \mathbf{F}_i) = \sum_{i=1}^{n} (\mathbf{r}_i \times m_i \mathbf{a}_i) \tag{14.5}$$

■ **質點系統的線動量與角動量 (Linear and angular momentum of a system of particles)**

定義質點系統的線動量 $\mathbf{L}$ 與相對點 O 的角動量 $\mathbf{H}_O$ 為 [第 14.3 節]

$$\mathbf{L} = \sum_{i=1}^{n} m_i \mathbf{v}_i \qquad \mathbf{H}_O = \sum_{i=1}^{n} (\mathbf{r}_i \times m_i \mathbf{v}_i) \tag{14.6, 14.7}$$

我們證明了式 (14.4) 和式 (14.5) 可由下式代替

$$\Sigma \mathbf{F} = \dot{\mathbf{L}} \qquad \Sigma \mathbf{M}_O = \dot{\mathbf{H}}_O \tag{14.10, 14.11}$$

此兩式表示合力等於質點系統線動量的改變率,而相對點 O 的合力矩等於質點系統角動量的改變率。

■ **質點系統之質心的運動 (Motion of the mass center of a system of particles)**

在第 14.4 節中,我們定義了質點系統的質量中心為點 G,其位置向量 $\bar{\mathbf{r}}$ 滿足下列方程式

$$m\bar{\mathbf{r}} = \sum_{i=1}^{n} m_i \mathbf{r}_i \tag{14.12}$$

其中 m 代表質點系統之總質量 $\sum_{i=1}^{n} m_i$。將式 (14.12) 兩端各自對 t 微分兩次，我們會得到

$$\mathbf{L} = m\bar{\mathbf{v}} \qquad \dot{\mathbf{L}} = m\bar{\mathbf{a}} \qquad (14.14, 14.15)$$

其中 $\bar{\mathbf{v}}$ 與 $\bar{\mathbf{a}}$ 分別是質心 G 的速度與加速度。將式 (14.15) 中的 $\dot{\mathbf{L}}$ 代入式 (14.10) 中，得到

$$\Sigma \mathbf{F} = m\bar{\mathbf{a}} \qquad (14.16)$$

由此可得到結論：分析質點系統的質量中心運動時，如同所有的質點質量都集中在質心，而所有的外力也都集中在質心 [範例 14.1]。

■ **質點系統相對質心的角動量** (Angular momentum of a system of particles about its mass center)

在第 14.5 節中，我們分析質點系統的運動時，將形心座標 $Gx'y'z'$ 定在質心點 G 上，並令之隨著牛頓座標 $Oxyz$ 平移 (圖 14.14)。我們定義系統相對質心的角動量為各質點於座標 $Gx'y'z'$ 的動量 $m_i \mathbf{v}'_i$，相對點 G 的力矩之總和。請注意：這樣定義的角動量會相等於在絕對座標的動量 $m_i \mathbf{v}_i$ 相對點 G 的力矩之總和。因此可寫為

$$\mathbf{H}_G = \sum_{i=1}^{n} (\mathbf{r}'_i \times m_i \mathbf{v}_i) = \sum_{i=1}^{n} (\mathbf{r}'_i \times m_i \mathbf{v}'_i) \qquad (14.24)$$

並且可推導得到

$$\Sigma \mathbf{M}_G = \dot{\mathbf{H}}_G \qquad (14.23)$$

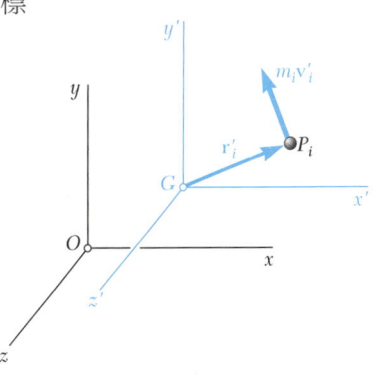

圖 14.14

這個式子說明外力對點 G 的力矩，等於質點系統相對點 G 之角動量的改變率。之後我們會看到，這個關係式是分析剛體運動的基礎。

■ **動量守恆** (Conservation of momentum)

當沒有外力作用在質點系統時 [第 14.6 節]，由式 (14.10) 和式 (14.11) 可知系統的線動量 $\mathbf{L}$ 及角動量 $\mathbf{H}_O$ 會守恆 [範例 14.2 和 14.3]。如果是中心力的問題，系統對力中心點 O 的角動量也會守恆。

■ **質點系統的動能** (Kinetic energy of a system of particles)

質點系統的動能 T 是每個質點動能的總和 [第 14.7 節]：

$$T = \frac{1}{2} \sum_{i=1}^{n} m_i v_i^2 \qquad (14.28)$$

使用圖 14.14 的形心座標 $Gx'y'z'$ 時，我們注意到：系統的動能也等於質心 G 的動能 $\frac{1}{2}m\bar{v}^2$，加上各質點於座標 $Gx'y'z'$ 的動能：

$$T = \tfrac{1}{2}m\bar{v}^2 + \frac{1}{2}\sum_{i=1}^{n} m_i v_i'^2 \tag{14.29}$$

■ 功能原理 (Principle of work and energy)

如同用在個別質點上一樣，**功能原理**也可以用在質點系統上 [第 14.8 節]。寫為

$$T_1 + U_{1\to 2} = T_2 \tag{14.30}$$

其中 $U_{1\to 2}$ 是所有外力及內力作用在質點系統上的功。

■ 能量守恆 (Conservation of energy)

如果所有作用在質點系統上的力都是**保守力**，我們可以求得系統的位能 V，並且寫

$$T_1 + V_1 = T_2 + V_2 \tag{14.31}$$

這就是質點系統的能量守恆原則。

■ 衝量動量原理 (Principle of impulse and momentum)

在第 14.9 節中看到質點系統的衝量動量原理可以用圖 14.15 來表示。圖中表示在時間 t_1 時各質點的動量總和，加上由 t_1 到 t_2 之間外力的衝量，就等於時間 t_2 時各質點的動量總和。

如果沒有外力作用在系統上，則圖 (a) 與圖 (c) 的動量必定相等，寫成

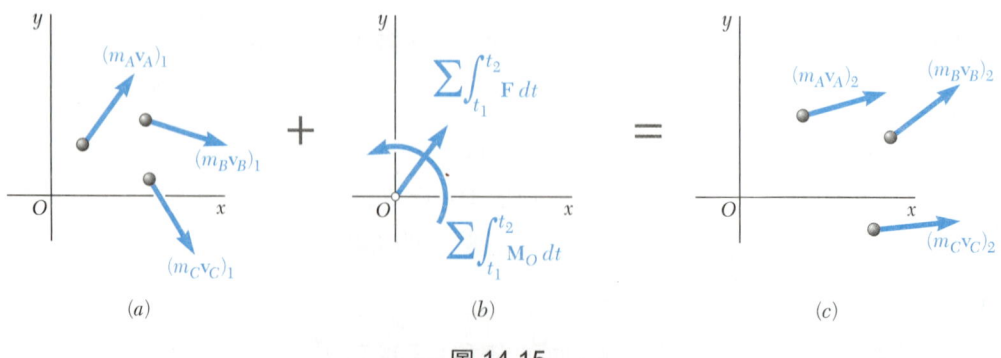

圖 14.15

$$\mathbf{L}_1 = \mathbf{L}_2 \qquad (\mathbf{H}_O)_1 = (\mathbf{H}_O)_2 \qquad (14.36, 14.37)$$

■ **使用守恆原則求解質點系統的題目** (Use of conservation principles in the solution of problems involving systems of particles)

在求解許多質點系統相關的題目時，可以同時使用衡量動量原理與能量守恆原則 [範例 14.4]，或是使用線動量、角動量，及系統能量守恆的方式來求解 [範例 14.5]。

■ **變動的質點系統與質點穩定流** (Variable systems of particles steady stream of particles)

本章第二部分討論變動的質點系統。首先我們討論質點穩定流，像是由固定葉片轉向的水流，或是流經噴射引擎的氣流 [第 14.11 節]。如圖 14.16 所示，在時間區間 Δt 內，如由截面 A 進入系統 S 的質量為 Δm，則由截面 B 離開系統 S 的質量也會是 Δm。由衡量動量原理可知：進入系統的動量 $(\Delta m)\mathbf{v}_A$，加上外力的衡量會等於離開系統的動量 $(\Delta m)\mathbf{v}_B$。將相關的向量分解成 x 與 y 分量，再對某個固定點求力矩，我們最多可得三個方程式，可用來求解所需的未知數 [範例 14.6 和 14.7]。同時，我們也可以求得作用在 S 上的外力總和 $\Sigma\mathbf{F}$，

$$\Sigma\mathbf{F} = \frac{dm}{dt}(\mathbf{v}_B - \mathbf{v}_A) \qquad (14.39)$$

其中 $\mathbf{v}_B - \mathbf{v}_A$ 代表向量 $\mathbf{v}_B$ 與向量 $\mathbf{v}_A$ 之差，而 dm/dt 則是質量流的流速 (參見第 215 頁的備註)。

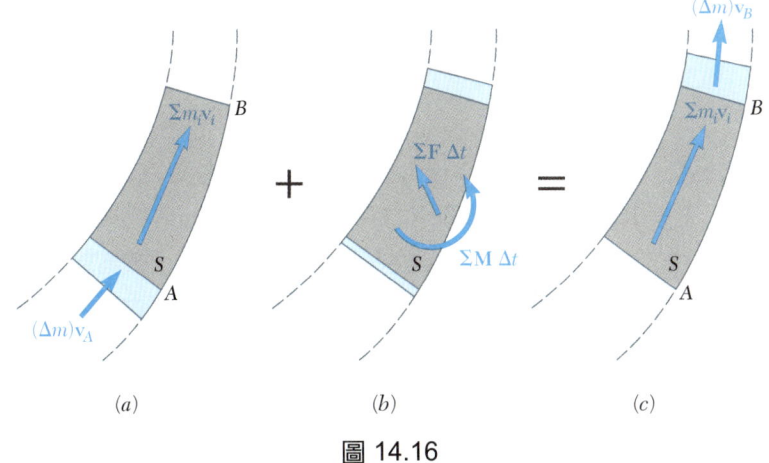

圖 14.16

■ 量變系統 (Systems gaining or losing mass)

第 14.12 節討論量變系統，這種系統會持續吸入質點而增加質量，或是持續排出質點而減少質量。像是一支火箭，分析時我們將衝量動量原理用在此系統，此時要小心地加入在時間區間 Δt 內增加或減少之質點的動量 [範例 14.8]。請注意：被系統吸入的質點對 S 的作用會相等於一推力

$$\mathbf{P} = \frac{dm}{dt}\mathbf{u} \tag{14.44}$$

其中 dm/dt 是吸入質點的流率，而 $\mathbf{u}$ 是質點相對 S 的速度。如果是 S 排出質點的情形，則 dm/dt 是負值，而推力 $\mathbf{P}$ 的方向與質點排出的方向相反。

複習題

14.28 一顆 30 g 子彈以速度 480 m/s 射入質量 5 kg 之滑塊 A。滑塊 A 與檯車 BC 之間的動摩擦係數為 0.50。已知該質量 4 kg 之檯車能在地面上自由滑動，試求 (a) 最終檯車與滑塊的速度；(b) 最終滑塊位於檯車的什麼位置？

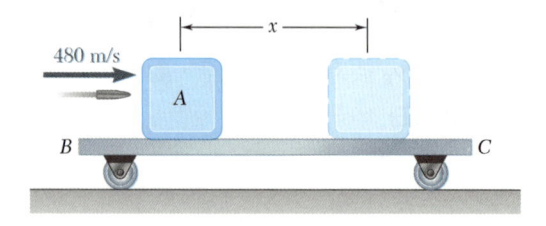

圖 P14.28

14.29 圖中為一質量 7.5 kg 之檯車 B，其左端有一彈性常數 $k = 15000$ N/m 之彈簧，該彈簧被壓縮 75 mm 之後，以繩子綁住，一 2.5 kg 的滑塊 A 放在彈簧前面，當繩子被剪斷時，彈簧會推動滑塊 A 並使檯車 B 動起來。假設摩擦阻力可忽略，試求當 A 剛離開 B 時，兩者的速度各為何？

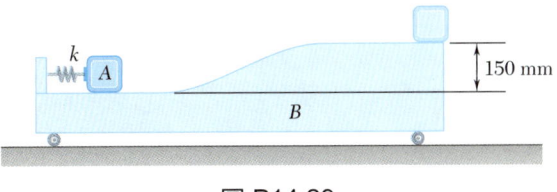

圖 P14.29

14.30 有一軌道車長度為 L，空車時質量為 m_0，在水平軌道上以速率 v_0 進入裝料區裝載砂石。裝料區裡有一固定料斗，以流率 $dm/dt = q$ 將砂石落在車上。試求 (a) 當該軌道車離開裝料區時的總質量；(b) 當該軌道車離開裝料區時的速率。

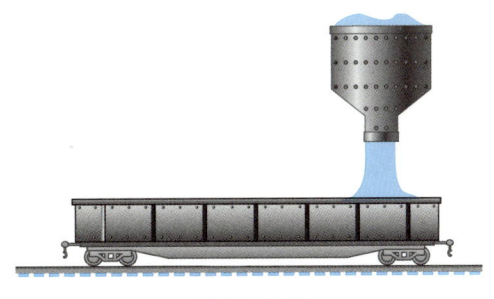

圖 P14.30

CHAPTER 15

剛體運動學

此巨大的曲柄屬於 Wartsila-Sulzer RTA96-C 渦輪增壓二行程柴油引擎。在本章中，你將學習到如何進行剛體平移、繞固定軸轉動，及一般平面運動的運動分析。

15.1 簡介 (Introduction)

在本章中，我們將考慮**剛體** (rigid bodies) 的運動學。探討組成剛體之各個質點的時間、位置、速度，及加速之間存在的關係。剛體運動的各種類型可分類如下：

1. 平移。假如物體內任一直線在運動期間維持相同的方向，此運動稱為平移。我們也觀察到，組成物體的所有質點在平移過程中皆沿著平行的路徑移動。如果這些路徑是直線 (圖 15.1)，此運動稱為**直線平移** (rectilinear translation)；如果這些路徑是曲線，此運動稱為**曲線平移** (curvilinear translation) (圖 15.2)。

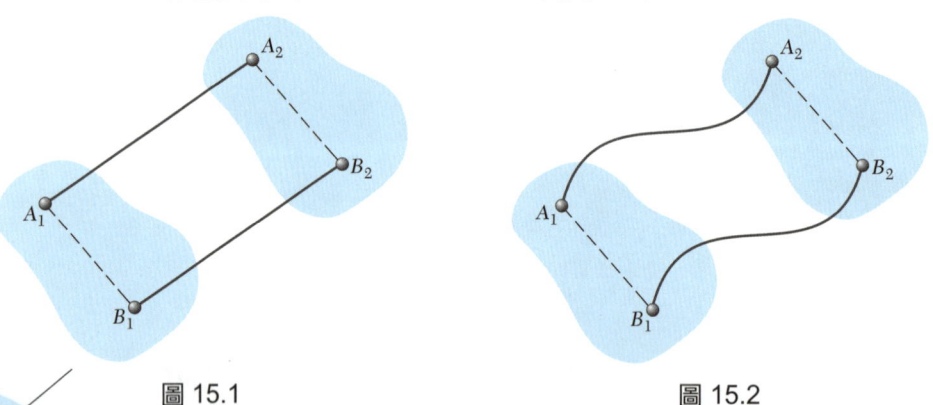

圖 15.1

圖 15.2

2. 繞一固定軸的轉動。在此運動中，組成剛體的質點在平行平面內沿位在同一固定軸上的圓心作圓周運動 (圖 15.3)。此軸稱為**旋轉軸** (axis of rotation)，如果旋轉軸的軸與剛體相交，則位在軸上之質點具有零速度及零加速度。

轉動不應與某些類型的曲線平移互相混淆。例如，圖 15.4a 所示之平板作曲線平移，其所有質點皆沿著平行的圓移動；而圖

圖 15.3

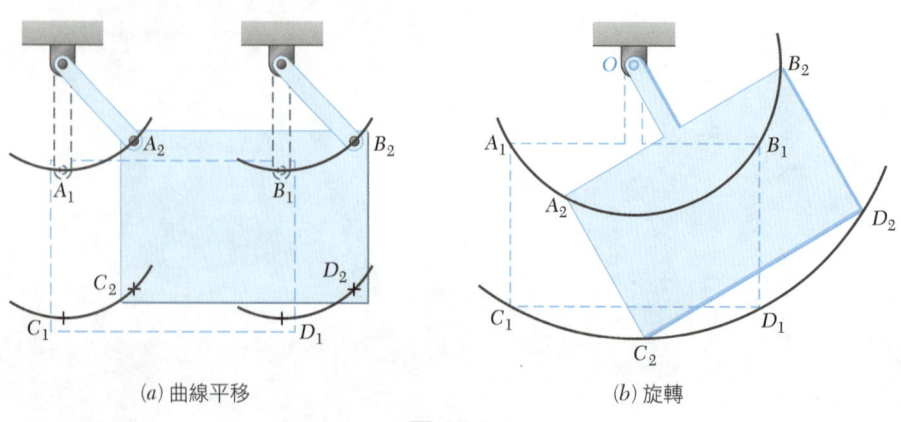

(a) 曲線平移

(b) 旋轉

圖 15.4

15.4b 所示之平板作轉動，其所有質點均沿著同心圓移動。在第一種情況中，平板上所畫的任何給定直線將保持同方向；而在第二種情況中，點 O 保持固定。

因每個質點都在給定的平面上移動，故物體繞一固定軸的轉動稱為是一種**平面運動** (plane motion)。

3. **一般平面運動**。除此之外，還有很多其他類型的平面運動，亦即物體所有質點皆沿著平行平面移動的運動。任何不是轉動或平移的平面運動都稱為一般平面運動。圖 15.5 顯示兩個一般平面運動的例子。

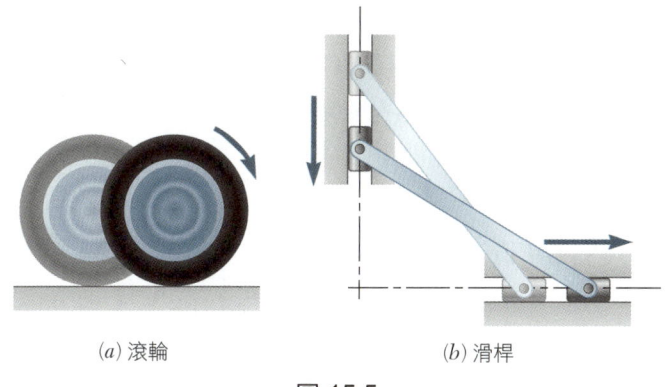

(a) 滾輪　　　　(b) 滑桿

圖 15.5

4. **繞一固定點的運動**。附在一固定點 O 之剛體的三維運動，例如，圖示物體之頂端附在一粗糙地板上的運動 (圖 15.6)，稱為繞一固定點的運動。

5. **一般運動**。沒有歸納在以上任何類型的剛體運動都稱為一般運動。

在第 15.2 節中簡短地討論了平移運動後，接著在第 15.3 節中考慮一剛體繞一固定軸的轉動。在此我們將定義一剛體繞一固定軸的**角速度** (angular velocity) 及**角加速度** (angular acceleration)，並學習以物體一給定點的位置向量、物體的角速度與角加速度，來表示該點的速度及加速度。

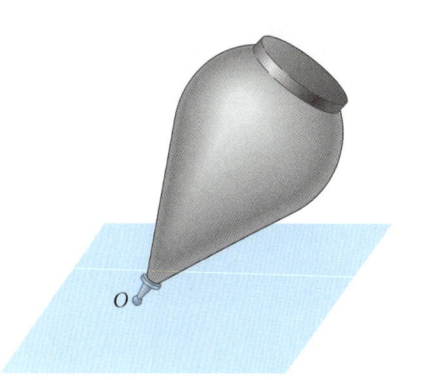

圖 15.6

後續幾節則專注於探討剛體的一般平面運動，以及其在如齒輪、連桿與銷接件的機構分析與應用。在此我們將平板的平面運動分解成一平移及一轉動 (第 15.5 和 15.6 節)，然後將平板一點 B 的速度表示為參考點 A 的速度與 B 相對於一隨 A 平移之參考座標 (亦即，隨 A 平移但沒有轉動) 的速度之和。同樣的方法隨後也用於第 15.8 節中，將點 B 的加速度以 A 的

加速度與 B 相對於隨 A 平移之座標系的加速度來表示。

在第 15.7 節中，根據**瞬時旋轉中心** (instantaneous center of rotation) 的概念，提出了另一種分析方法來求解平面運動的速度。此外，在第 15.9 節中，基於使用一給定點的座標參數表示式，還提出另一種分析方法。

在第 15.10 和 15.11 節中，我們將討論一質點相對於轉動參考座標系的運動及**科氏加速度** (Coriolis acceleration) 的概念，所得結果將應用於含有互相滑動零件之機構的平面運動分析。

本章的其餘部分將專注於分析剛體的三維運動，亦即，具有一固定點的剛體運動及剛體的一般運動。在第 15.12 和 15.13 節中，將使用固定參考座標系，或平移參考座標系進行這種分析；在第 15.14 和 15.15 節中，將考慮物體相對於轉動座標系及一般運動座標系的運動，而科氏加速度的概念也將再次被引用。

照片 15.1　此法國萊博德城堡撞擊機的複製品作曲線平移。

15.2　平移 (Translation)

考慮一在平移中的剛體（直線或曲線平移），令 A 與 B 為剛體的任意兩個質點（圖 15.7a）。分別以 $\mathbf{r}_A$ 與 $\mathbf{r}_B$ 表示 A 與 B 相對於固定參考座標系的位置向量，而以 $\mathbf{r}_{B/A}$ 表示連接 A 與 B 的向量，寫為

$$\mathbf{r}_B = \mathbf{r}_A + \mathbf{r}_{B/A} \tag{15.1}$$

將此關係式對 t 微分。請注意：依平移真正的定義，向量 $\mathbf{r}_{B/A}$ 必須保持一固定的方向；因 A 與 B 屬於同一剛體，故其大小也必為定值。因此，$\mathbf{r}_{B/A}$ 的導數為零，於是我們有

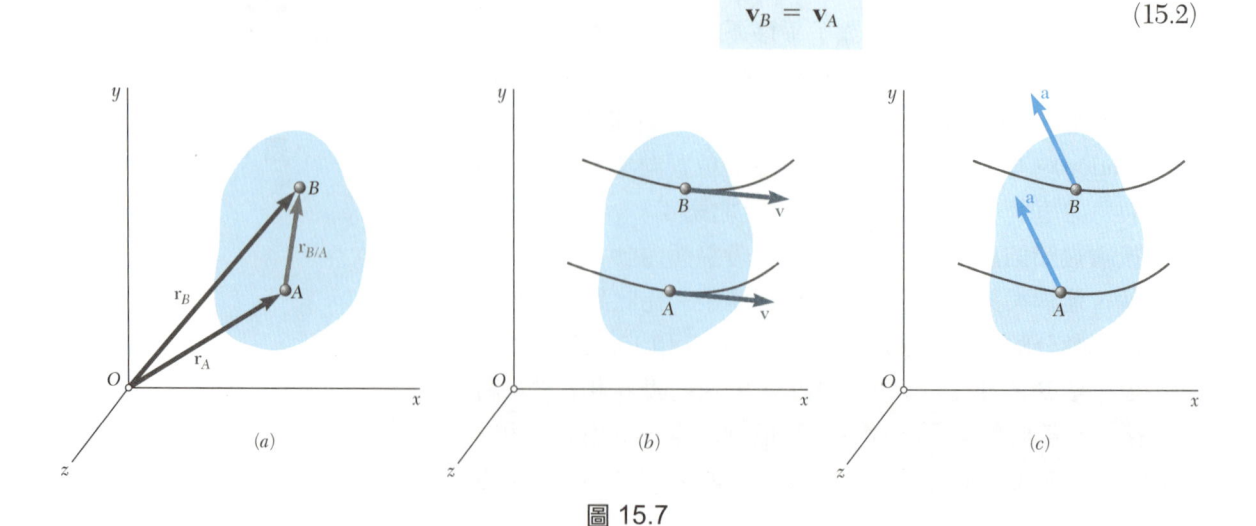

$$\mathbf{v}_B = \mathbf{v}_A \tag{15.2}$$

圖 15.7

再次微分，寫為

$$\mathbf{a}_B = \mathbf{a}_A \tag{15.3}$$

因此，當一剛體在平移時，此剛體的所有點在任何給定瞬間都具有相同的速度及相同的加速度（圖 15.7b 與 c）。在曲線平移的情況下，速度與加速度在每一瞬間改變方向及大小。而在直線平移的情況下，物體的所有質點皆沿平行的直線移動，且在整個運動期間，它們的速度與加速度都保持同方向。

15.3 繞一固定軸的轉動 (Rotation About a Fixed Axis)

考慮一繞固定軸 AA' 轉動的剛體。令 P 為物體的一點，而 $\mathbf{r}$ 為其對一固定參考座標系的位置向量。為了方便，假設此座標系以 AA' 的點 O 為中心，且 z 軸與 AA' 重合（圖 15.8）。令 B 為 P 在 AA' 的投影，因 P 必須與 B 保持固定的距離，故它將描出一個以 B 為中心，以 $r\sin\phi$ 為半徑的圓，其中 ϕ 代表 $\mathbf{r}$ 與 AA' 的夾角。

P 及整個物體的位置完全由線 BP 與 zx 平面的夾角 θ 所定義。角 θ 稱為此物體的**角座標** (angular coordinate)，當我們由 A' 觀看為順時針向時，θ 定義為正值。此角座標將用弳 (rad) 表示，或偶爾用度 (°) 或轉 (rev) 表示。其關係為

$$1 \text{ rev} = 2\pi \text{ rad} = 360°$$

由第 11.9 節得知，質點 P 的速度 $\mathbf{v} = d\mathbf{r}/dt$ 是一個向量，且與 P 之路徑相切，其大小為 $v = ds/dt$。我們觀察到，當物體旋轉 $\Delta\theta$ 時，P 所描出的弧長 Δs 為

$$\Delta s = (BP)\,\Delta\theta = (r\sin\phi)\,\Delta\theta$$

將兩邊各項除以 Δt，當 Δt 趨近零時，其極限為

$$v = \frac{ds}{dt} = r\dot\theta \sin\phi \tag{15.4}$$

其中 $\dot\theta$ 表示 θ 的時間導數。（請注意：角度 θ 取決於 P 在物體內的位置，但其改變率 $\dot\theta$ 本身則與 P 無關。）我們推論，P 的速度 $\mathbf{v}$ 為垂直於包含 AA' 與 $\mathbf{r}$ 之平面的一個向量，其大小由式 (15.4) 所定義。假如我們沿 AA' 畫一向量 $\boldsymbol{\omega} = \dot\theta\mathbf{k}$，而形成向量積 $\boldsymbol{\omega} \times \mathbf{r}$（圖 15.9），這

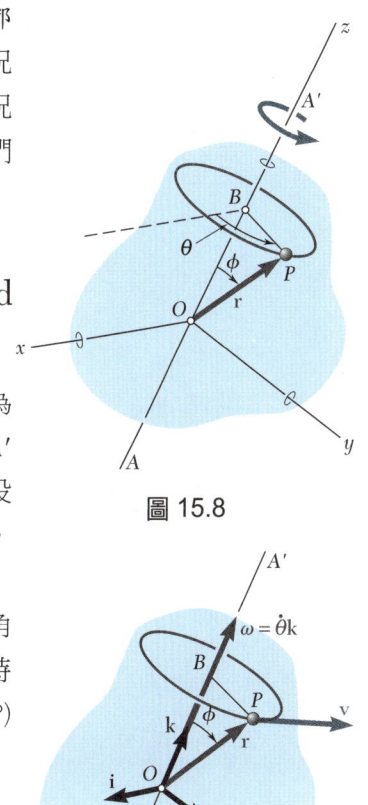

圖 15.8

圖 15.9

照片 15.2 對繞一固定軸旋轉之中心齒輪而言，該齒輪的角速度與角加速度為沿此垂直轉軸的向量。

正是我們想得到的結果。因此，寫出

$$\mathbf{v} = \frac{d\mathbf{r}}{dt} = \boldsymbol{\omega} \times \mathbf{r} \tag{15.5}$$

式中的向量

$$\boldsymbol{\omega} = \omega\mathbf{k} = \dot{\theta}\mathbf{k} \tag{15.6}$$

其指向為沿旋轉軸的方向，稱為此物體的**角速度**，大小等於角座標的改變率 $\dot{\theta}$；指向之正負可由物體的轉向藉由右手定則 (第 3.6 節) 求得。

現在我們將求解質點 P 的加速度 $\mathbf{a}$。對式 (15.5) 微分，並回顧向量積的微分法則 (第 11.10 節)，我們寫出

$$\begin{aligned}\mathbf{a} &= \frac{d\mathbf{v}}{dt} = \frac{d}{dt}(\boldsymbol{\omega} \times \mathbf{r}) \\ &= \frac{d\boldsymbol{\omega}}{dt} \times \mathbf{r} + \boldsymbol{\omega} \times \frac{d\mathbf{r}}{dt} \\ &= \frac{d\boldsymbol{\omega}}{dt} \times \mathbf{r} + \boldsymbol{\omega} \times \mathbf{v}\end{aligned} \tag{15.7}$$

式中的向量 $d\boldsymbol{\omega}/dt$ 以 $\boldsymbol{\alpha}$ 表示，稱為此物體的**角加速度** (angular acceleration)。$\mathbf{v}$ 也由式 (15.5) 代入，則我們有

$$\mathbf{a} = \boldsymbol{\alpha} \times \mathbf{r} + \boldsymbol{\omega} \times (\boldsymbol{\omega} \times \mathbf{r}) \tag{15.8}$$

對式 (15.6) 微分，並知 $\mathbf{k}$ 的大小與方向皆為定值，我們有

$$\boldsymbol{\alpha} = \alpha\mathbf{k} = \dot{\omega}\mathbf{k} = \ddot{\theta}\mathbf{k} \tag{15.9}$$

因此，物體繞一固定軸轉動的角加速度是一向量，其方向沿旋轉軸，大小等於角速度的改變率 $\dot{\omega}$。回到式 (15.8)，我們注意到 P 的加速度是兩個向量之和。第一個向量等於向量積 $\boldsymbol{\alpha} \times \mathbf{r}$；其與 P 所描出的圓相切，因此代表此加速度的切向分量。第二個向量等於**向量三重積** (vector triple product) $\boldsymbol{\omega} \times (\boldsymbol{\omega} \times \mathbf{r})$，由 $\boldsymbol{\omega}$ 與 $\boldsymbol{\omega} \times \mathbf{r}$ 的向量積而得；由於 $\boldsymbol{\omega} \times \mathbf{r}$ 與 P 所描出的圓相切，故向量三重積的方向指向圓心 B，代表此加速度的法向分量。

▶ 代表性平板的轉動

剛體繞一固定軸的轉動可由一代表性平板的運動所定義，此平板位在垂直於旋轉軸的參考平面內。我們選擇 xy 平面為參考平面，

並假設它與圖面重合,且 z 軸指向紙外(圖 15.10)。由式 (15.6) $\boldsymbol{\omega}$ = $\omega\mathbf{k}$,請注意:純量 ω 的正值對應於此代表性平板逆時針向的轉動,而負值則對應於順時針向的轉動。將 $\omega\mathbf{k}$ 代入式 (15.5) 中的 $\boldsymbol{\omega}$,則此平板之任意給定點 P 的速度可表示為

$$\mathbf{v} = \omega\mathbf{k} \times \mathbf{r} \tag{15.10}$$

因向量 $\mathbf{k}$ 與 $\mathbf{r}$ 互相垂直,故速度 $\mathbf{v}$ 的大小為

$$v = r\omega \tag{15.10'}$$

其方向可依平板的轉向,將 $\mathbf{r}$ 旋轉 90° 而得。

將 $\boldsymbol{\omega} = \omega\mathbf{k}$ 與 $\boldsymbol{\alpha} = \alpha\mathbf{k}$ 代入式 (15.8) 中,觀察到 $\mathbf{r}$ 以 $\mathbf{k}$ 叉乘兩次致使向量 $\mathbf{r}$ 轉了 180°,我們將點 P 的加速度表示為

$$\mathbf{a} = \alpha\mathbf{k} \times \mathbf{r} - \omega^2\mathbf{r} \tag{15.11}$$

將 $\mathbf{a}$ 分解為切向及法向分量(圖 15.11),寫為

$$\begin{aligned}\mathbf{a}_t &= \alpha\mathbf{k} \times \mathbf{r} & a_t &= r\alpha \\ \mathbf{a}_n &= -\omega^2\mathbf{r} & a_n &= r\omega^2\end{aligned} \tag{15.11'}$$

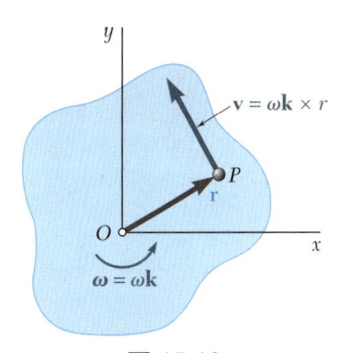

圖 15.10

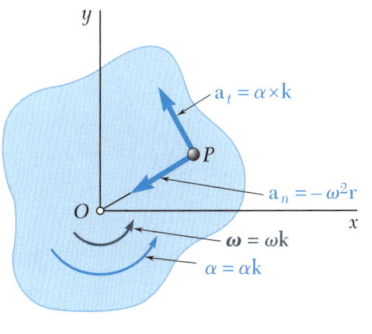

圖 15.11

若純量 α 為正值,切向分量 $\mathbf{a}_t$ 指向逆時針向;若 α 為負值,則指向順時針向。法向分量 $\mathbf{a}_n$ 總是指向 $\mathbf{r}$ 的反方向,亦即,指向 O。

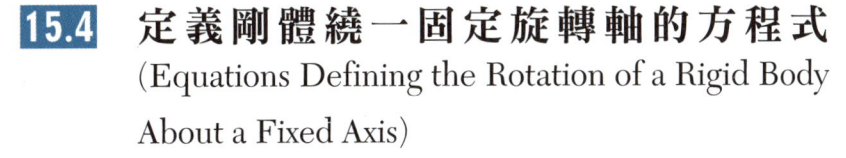

15.4 定義剛體繞一固定旋轉軸的方程式
(Equations Defining the Rotation of a Rigid Body About a Fixed Axis)

當一剛體的角座標 θ 可由一已知的 t 函數表示時,則稱此剛體繞一固定軸 AA' 轉動的運動為已知。然而,實際上剛體的轉動很少以 θ 與 t 的關係來定義。通常運動情況將由此物體所具有的加速度類別來認定。例如,α 可以給定為 t 的函數,為 θ 的函數,或為 ω 的函數。由關係式 (15.6) 和式 (15.9),我們有

$$\omega = \frac{d\theta}{dt} \tag{15.12}$$

$$\alpha = \frac{d\omega}{dt} = \frac{d^2\theta}{dt^2} \tag{15.13}$$

或,由式 (15.12) 解出 dt,再代入式 (15.13) 中,

$$\alpha = \omega \frac{d\omega}{d\theta} \tag{15.14}$$

由於這些方程式類似第十一章中質點的直線運動所得到的方程式,因此它們的積分可以依第 11.3 節中所簡述的步驟進行。

我們經常會遭遇到兩種特殊的轉動情況:

1. **等速轉動**。這種情況的特徵是角加速度事實上為零,因此角速度為定值,而角座標以下式表示

$$\theta = \theta_0 + \omega t \tag{15.15}$$

2. **等加速度轉動**。在這種情況下,角加速度為定值。以下關於角速度、角座標及時間的關係式可用類似於第 11.5 節中所描述的方式導出。此處所導出的公式,與質點等加速度直線運動所得的公式之間有相似性。

$$\begin{aligned} \omega &= \omega_0 + \alpha t \\ \theta &= \theta_0 + \omega_0 t + \tfrac{1}{2}\alpha t^2 \\ \omega^2 &= \omega_0^2 + 2\alpha(\theta - \theta_0) \end{aligned} \tag{15.16}$$

在此必須強調,式 (15.15) 僅能用於 $\alpha = 0$ 時,而式 (15.16) 僅能用於當 $\alpha = $ 定值的情況。在任何其他情況,則應使用一般公式:式 (15.12) 到式 (15.14)。

範例 15.1

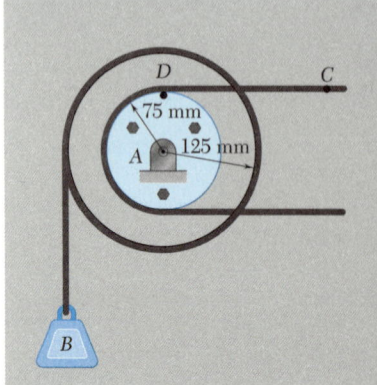

圖中之負載 B 由兩條不可延伸的纜繩之一連接到複合滑輪上。滑輪的運動由纜繩 C 所控制,C 有一等加速度 225 mm/s^2,初始速度 300 mm/s,兩者皆指向右方。試求 (a) 滑輪在 2 s 內所完成的轉數;(b) 負載 B 於 2 s 後的速度及位置變化;(c) 內滑輪輪緣之點 D 在 $t = 0$ 時的加速度。

解

a. **滑輪的運動**。因纜繩是不可延伸的,所以點 D 的速度等於點 C 的速度,且點 D 加速度的切向分量等於 C 的加速度。

$(\mathbf{v}_D)_0 = (\mathbf{v}_C)_0 = 300 \text{ mm/s} \rightarrow \qquad (\mathbf{a}_D)_t = \mathbf{a}_C = 225 \text{ mm/s}^2 \rightarrow$

請注意：點 D 到滑輪中心的距離為 75 mm，寫為

$$(v_D)_0 = r\omega_0 \qquad 300 \text{ mm/s} = (75 \text{ mm})\omega_0 \qquad \boldsymbol{\omega}_0 = 4 \text{ rad/s} \downarrow$$
$$(a_D)_t = r\alpha \qquad 225 \text{ mm/s}^2 = (75 \text{ mm})\alpha \qquad \boldsymbol{\alpha} = 3 \text{ rad/s}^2 \downarrow$$

利用等加速度運動的方程式，在 $t = 2$ s 時，得

$$\omega = \omega_0 + \alpha t = 4 \text{ rad/s} + (3 \text{ rad/s}^2)(2 \text{ s}) = 10 \text{ rad/s}$$
$$\boldsymbol{\omega} = 10 \text{ rad/s} \downarrow$$
$$\theta = \omega_0 t + \tfrac{1}{2}\alpha t^2 = (4 \text{ rad/s})(2 \text{ s}) + \tfrac{1}{2}(3 \text{ rad/s}^2)(2 \text{ s})^2 = 14 \text{ rad}$$
$$\theta = 14 \text{ rad} \downarrow$$

$$\text{轉數} = (14 \text{ rad})\left(\frac{1\text{rev}}{2\pi \text{ rad}}\right) = 2.23 \text{ rev} \blacktriangleleft$$

b. **負載 B 的運動**。利用以下線運動與角運動之間的關係，及 $r = 125$ mm，寫出

$$v_B = r\omega = (125 \text{ mm})(10 \text{ rad/s}) = 1250 \text{ mm/s} \qquad \mathbf{v}_B = 1.25 \text{ m/s} \uparrow \blacktriangleleft$$
$$\Delta y_B = r\theta = (125 \text{ mm})(14 \text{ rad}) = 1750 \text{ mm} \qquad \Delta y_B = 1.75 \text{ m upward} \blacktriangleleft$$

c. **點 D 在 $t = 0$ 時的加速度**。加速度的切向分量為

$$(\mathbf{a}_D)_t = \mathbf{a}_C = 225 \text{ mm/s}^2 \rightarrow$$

因在 $t = 0$ 時，$\omega_0 = 4$ rad/s，故加速度的法向分量為

$$(a_D)_n = r_D\omega_0^2 = (75 \text{ mm})(4 \text{ rad/s})^2 = 1200 \text{ mm/s}^2 \qquad (\mathbf{a}_D)_n = 1200 \text{ mm/s}^2 \downarrow$$

總加速度的大小與方向可由下式求得，寫為

$$\tan \phi = (1200 \text{ mm/s}^2)/(225 \text{ mm/s}^2) \qquad \phi = 79.4°$$
$$a_D \sin 79.4° = 1200 \text{ mm/s}^2 \qquad a_D = 1220 \text{ mm/s}^2$$
$$\mathbf{a}_D = 1.22 \text{ m/s}^2 \measuredangle 79.4° \blacktriangleleft$$

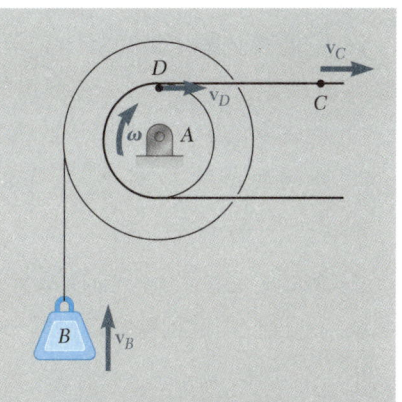

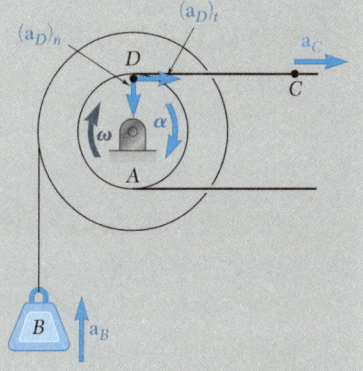

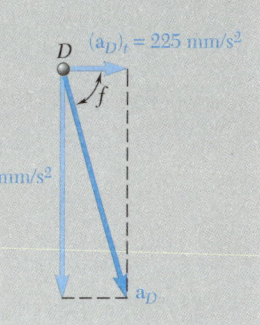

在本課中，我們考慮以剛體運動的兩種特殊類型：平移與繞一固定軸的轉動，開始研究剛體運動學。

1. **剛體平移**。在任何給定之瞬間，剛體的所有點在平移時具有相同的速度與相同的加速度 (圖 15.7)。

重點提示

2. **剛體繞一固定軸的轉動。** 繞一固定軸轉動之剛體，在任何給定瞬間的位置由**角座標** θ 所定義，通常以弳為量度的單位。選擇單位向量 **k** 沿此固定軸，以此方式，當我們由 **k** 的尖端觀看時，此物體的旋轉呈逆時針向，我們定義此物體的**角速度 ω** 和**角加速度 α** 為：

$$\boldsymbol{\omega} = \dot{\theta}\mathbf{k} \qquad \boldsymbol{\alpha} = \ddot{\theta}\mathbf{k} \qquad (15.6, 15.9)$$

解題時必須牢記，向量 **ω** 和 **α** 的方向均沿固定轉軸，其指向可藉由右手定則而得。

a. 繞一固定軸轉動之物體一點 P 的速度為

$$\mathbf{v} = \boldsymbol{\omega} \times \mathbf{r} \qquad (15.5)$$

式中 **ω** 是物體的角速度，**r** 是從旋轉軸上任一點到點 P 所畫出的位置向量（圖 15.9）。

b. 點 P 的加速度為

$$\mathbf{a} = \boldsymbol{\alpha} \times \mathbf{r} + \boldsymbol{\omega} \times (\boldsymbol{\omega} \times \mathbf{r}) \qquad (15.8)$$

由於向量積無交換性，當使用上述兩方程式時，一定要依所顯示的順序寫出向量。

3. **代表性平板的轉動。** 有很多問題，你可以將三維物體繞一固定軸的轉動分析簡化為一代表性平板的轉動研究，而該平板在垂直於固定軸的平面內。z 軸必須沿著旋轉軸且指向紙外。因此，代表性平板將在 xy 平面內繞座標系的原點 O 旋轉（圖 15.10）。

解答這類問題，你必須做到以下幾點：

a. 繪出代表性平板的圖形，顯示它的尺寸、角速度與角加速度，以及你擁有或尋求訊息之代表性平板各點的速度與加速度向量。

b. 寫出平板的轉動與平板各點的運動之關係式

$$v = r\omega \qquad (15.10')$$
$$a_t = r\alpha \qquad a_n = r\omega^2 \qquad (15.11')$$

請牢記，平板一點 P 的速度 **v** 與加速度分量 $\mathbf{a}_t$ 均與 P 所描出的圓形路徑相切。分別將位置向量 **r** 依 **ω** 和 **α** 的轉向旋轉 90° 即可找到 **v** 與 $\mathbf{a}_t$ 的方向。P 加速度的法向分量 $\mathbf{a}_n$ 總是指向旋轉軸。

4. **定義剛體轉動的方程式。** 你必定很高興地注意到，用來定義剛體繞一固定軸轉動的方程式 [式 (15.12) 到式 (15.16)]，與定義一質點之直線運動方程式 [式 (11.1) 到式 (11.8)] 之間有其類似性。你只要以 θ、ω 與 α 取代在第十一章之方程式中的 x、v 與 a，即可得到新的方程組。

習 題

15.1 圖示煞車鼓附在一未顯示於圖中之較大飛輪上。煞車鼓的運動由關係式 $\theta = 36t - 1.6t^2$ 所定義，其中 θ 以弳，而 t 以秒來表示。試求 (a) $t = 2$ s 時的角速度；(b) 煞車鼓停止前所完成的轉數。

15.2 圖示的小砂輪附到一額定轉速為 3600 rpm 電動馬達的旋轉軸上。當電源開啟時，此機器在 5 s 內就達到額定的轉速；當電源關閉時，機器在 70 s 內就停止運轉。假設此運動為等加速度運動，試求馬達所完成的轉數，當馬達 (a) 達到其額定速率時；(b) 停止運轉時。

15.3 一振盪圓盤的角加速度係由關係式 $\alpha = -k\theta$ 所定義。試求 (a) k 值，已知當 $\theta = 0$ 時，$\omega = 8$ rad/s，而當 $\omega = 0$ 時，$\theta = 4$ rad；(b) 當 $\theta = 3$ rad 時，此圓盤的角速度。

15.4 彎桿 $ABCDE$ 以等角速度 9 rad/s 繞著點 A 與 E 的連線旋轉。已知由 E 觀看時，此轉動為順時針向，試求隅角 C 的速度與加速度。

15.5 圖示組合件由貫穿並焊接於矩形平板 $DEFH$ 的直桿 ABC 與該平板所組成。此組合件以等角速度 9 rad/s 繞軸 AC 旋轉。已知當我們由 C 處觀看時，此轉動為逆時針向，試求隅角 F 的速度與加速度。

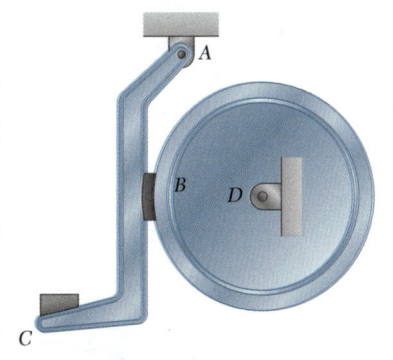

圖 P15.1

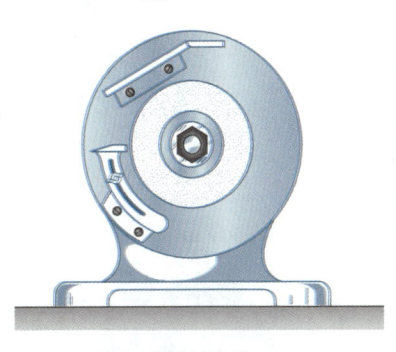

圖 P15.2

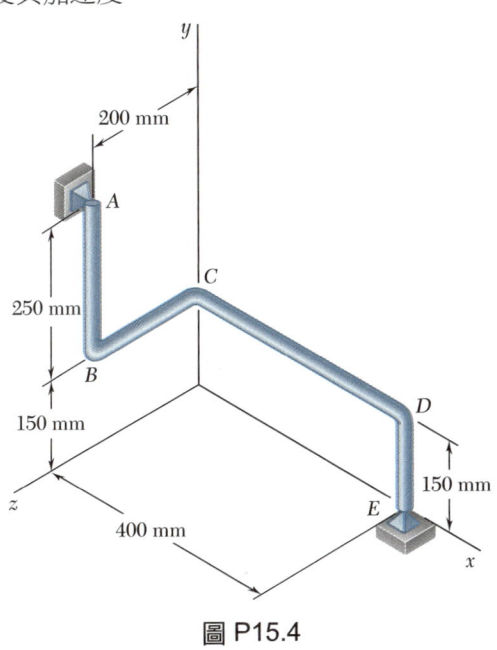

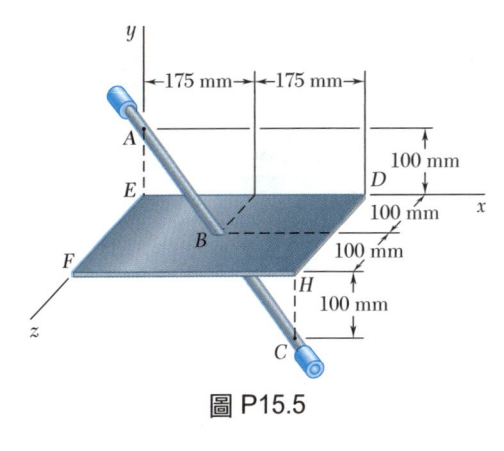

圖 P15.4

圖 P15.5

15.6 一輸送帶越過半徑 120 mm 的惰滑輪，運送一系列的機器小零件。在圖示的瞬間，點 A 的速度為 300 mm/s 向左，加速度為 180 mm/s² 向右。試求 (a) 惰滑輪的角速度與角加速度；(b) 在 B 處之機器零件的總加速度。

15.7 圖示減速系統的三條皮帶越過兩個滑輪，皮帶與滑輪之間沒有滑動。在圖示的瞬間，輸入帶上點 A 的速度為 0.6 m/s 向右，減速率為 1.8 m/s²。試求在此瞬間，(a) 輸出帶上點 C 的速度與加速度；(b) 輸出滑輪上點 B 的加速度。

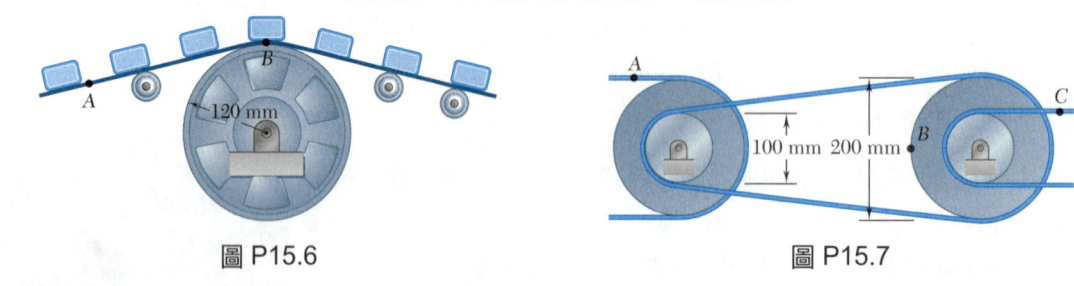

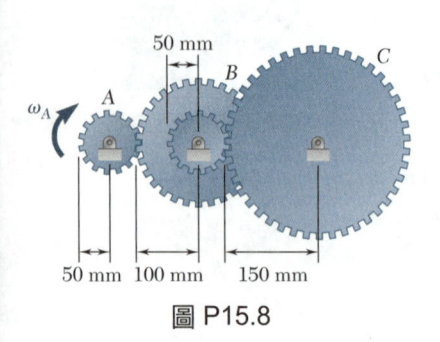

圖 P15.6

圖 P15.7

15.8 圖示減速系統包含三個齒輪 A、B 與 C。已知齒輪 A 以等角速度 ω_A = 600 rpm 沿順時針向旋轉。試求 (a) 齒輪 B 與 C 的角速度；(b) 在齒輪 B 與 C 上之接觸點的加速度。

15.9 圖示滑輪由不可伸展的細繩連接兩個負載。負載 A 有一等加速度 300 mm/s² 與一初始速度 240 mm/s，兩者皆朝上。試求 (a) 滑輪在 3 s 內所完成的轉數；(b) 負載 B 在 3 s 後的速度與位置；(c) 在 $t = 0$ 時，滑輪輪緣上點 D 的加速度。

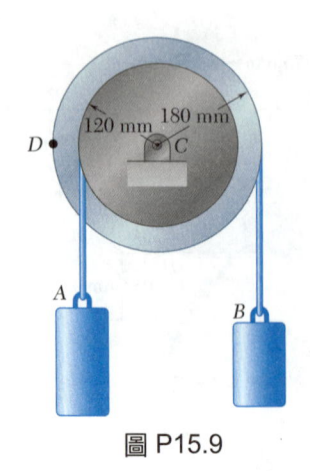

圖 P15.8

15.10 一負載由圖示的吊重系統舉升 6 m。假設齒輪 A 的初始狀態為靜止，在 5 s 內等加速至 120 rpm，然後維持一等轉速 120 rpm。試求 (a) 齒輪 A 在舉升負載期間所完成的轉數；(b) 舉升此負載所耗用的時間。

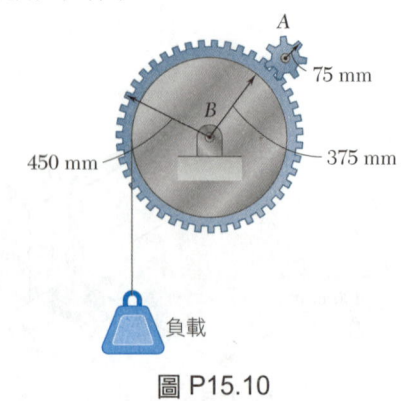

圖 P15.9

圖 P15.10

15.11 當圓盤 B 與自由轉動中的圓盤 A 接觸時，圓盤 A 靜止，而圓盤 B 以 450 rpm 自由地轉動。經過 6 s 的滑動後，圓盤 A 達到一順時針向 140 rpm 的最終角速度，在此期間每個圓盤皆以等角加速度轉動。試求每個圓盤在滑動期間的角加速度。

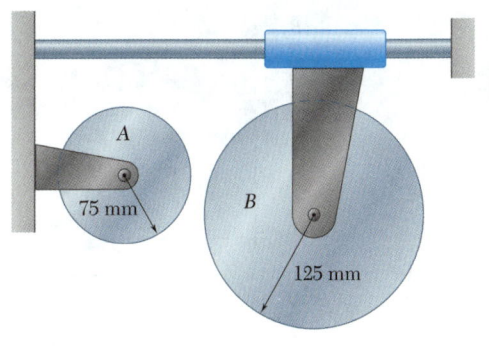

圖 P15.11

15.5 一般平面運動 (General Plane Motion)

如第 15.1 節所述，我們得知一般平面運動係指既非平移也非轉動的一種平面運動。然而，你將看到，*一般平面運動總是可以視為一平移與一轉動的和*。

例如，考慮一滾動於直線軌道上的輪子(圖 15.12)，經過一段時間，兩給定點 A 與 B 將分別由 A_1 移至 A_2，及由 B_1 移至 B_2。相同的結果可藉由平移將 A 與 B 帶到 A_2 與 B_1' (線段 AB 保持垂直)，而後藉由繞 A 的轉動將 B 帶到 B_2。雖然原來的滾動不同於接連發生之平移與轉動的組合，但藉由同時發生平移與轉動的組合則可正確地複製原來的運動。

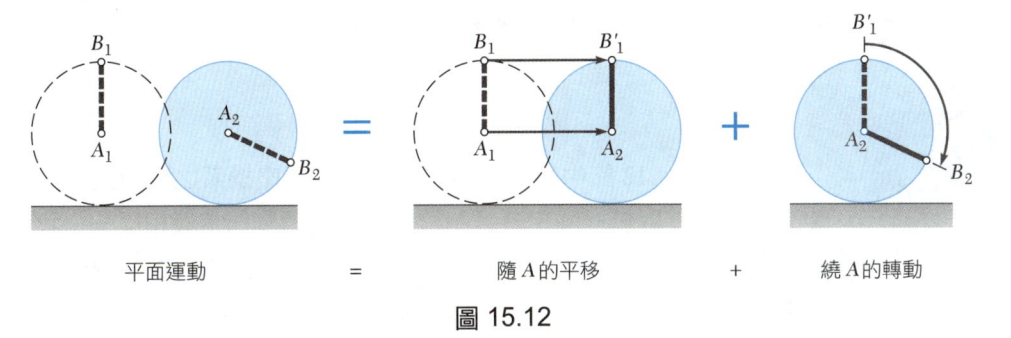

平面運動　　　=　　　隨 A 的平移　　　+　　　繞 A 的轉動

圖 15.12

另一個平面運動的例子表示於圖 15.13 中，圖中桿件的頂端分別沿著水平與垂直的軌道滑動。這種運動可由一水平方向的平移與一繞 A 的轉動 (圖 15.13a)，或由一垂直方向的平移與一繞 B 的轉動 (圖 15.13b) 來取代。

在平面運動的一般情況中，我們將考慮把代表性平板的兩質點 A 與 B，分別由 A_1 與 B_1 帶到 A_2 與 B_2 的小位移 (圖 15.14)。此位移可分解成兩部分：其一，將質點移到 A_2 與 B_1'，而線 AB 方向保持不變；另一，將 B 移到 B_2，而 A 保持固定。此運動的第一部分顯然是平移，而第二部分則是繞 A 的轉動。

平面運動　　　＝　　　隨 A 的平移　　　＋　　　繞 A 的轉動

(a)

平面運動　　　＝　　　隨 B 的平移　　　＋　　　繞 B 的轉動

(b)

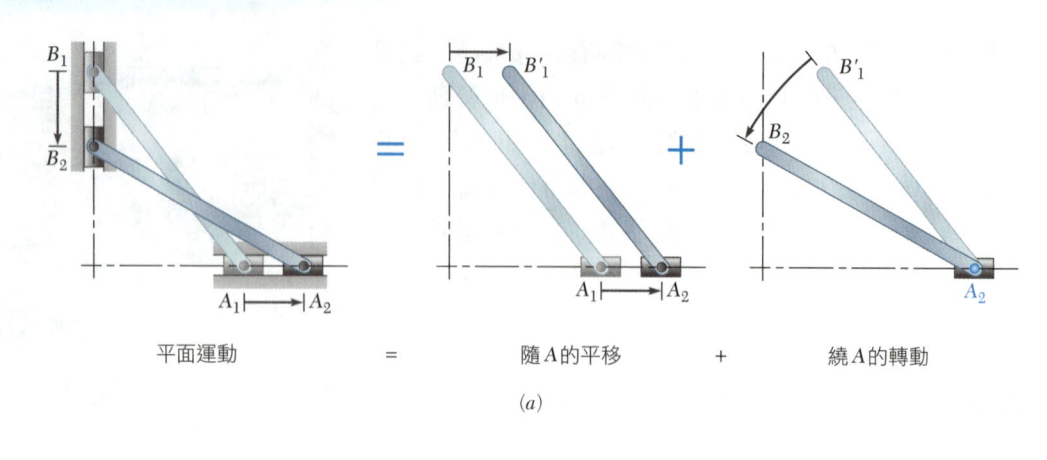

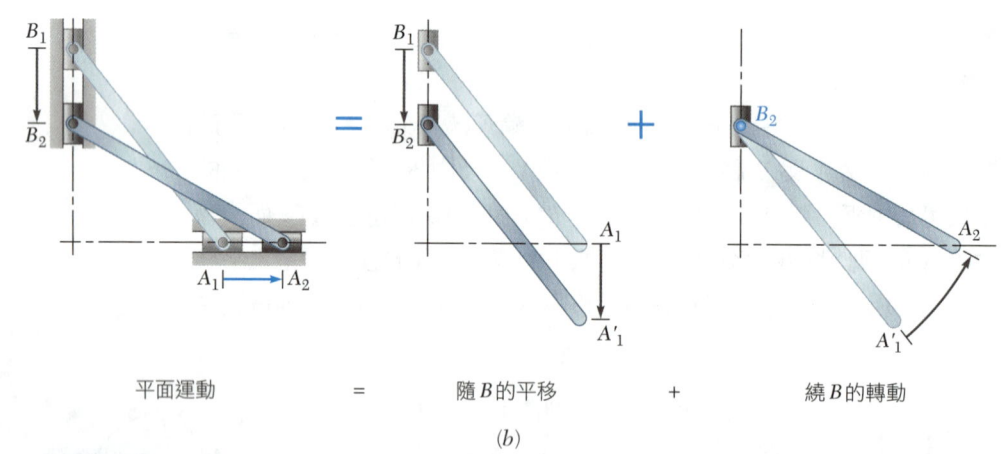

圖 15.13

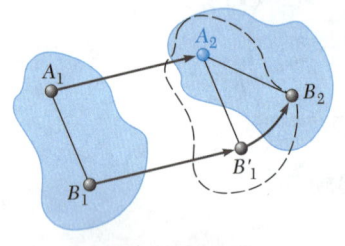

圖 15.14

回顧第 11.12 節中一質點對於一移動參考座標系之相對運動的定義——與其對於一固定參考座標系之絕對運動的定義相反——我們可將以上所得的結果重述如下：平面運動中之剛性平板的兩個給定質點 A 與 B，B 對於附在 A 且有固定方位之座標系的相對運動是一轉動。對於一隨 A 移動但沒有旋轉的觀察者而言，質點 B 將以 A 為圓心描繪出一個圓弧。

15.6 平面運動中之絕對與相對速度 (Absolute and Relative Velocity in Plane Motion)

我們在前節中看到，平板的任何平面運動都可由任意參考點 A 所定義的平移，及同時繞 A 的轉動來取代。此平板之質點 B 的速度 $\mathbf{v}_B$，可由第 11.12 節所導出之相對速度公式求得

照片 15.3　行星齒輪系用於具有最小空間和重量的高減速比。此小齒輪作一般平面運動。

$$\mathbf{v}_B = \mathbf{v}_A + \mathbf{v}_{B/A} \tag{15.17}$$

式中右邊項代表一向量和。速度 $\mathbf{v}_A$ 對應於此平板隨 A 的平移，而相對速度 $\mathbf{v}_{B/A}$ 則與此平板繞 A 的轉動有關，是對以 A 為中心且有固定方位之座標軸量測來的 (圖 15.15)。令 $\mathbf{v}_{B/A}$ 表示 B 相對於 A 的位置向量，$\omega\mathbf{k}$ 表示平板對固定軸的角速度，由式 (15.10) 和式 (15.10′) 得

$$\mathbf{v}_{B/A} = \omega\mathbf{k} \times \mathbf{r}_{B/A} \qquad v_{B/A} = r\omega \tag{15.18}$$

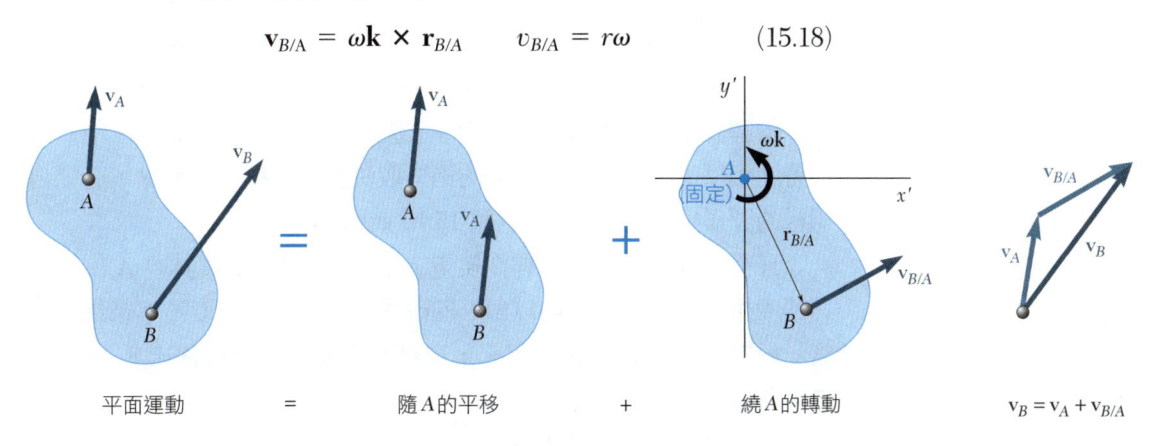

圖 15.15

式中 r 為 A 到 B 的距離。將式 (15.18) 中之 $\mathbf{v}_{B/A}$ 代入式 (15.17)，我們也可寫出

$$\mathbf{v}_B = \mathbf{v}_A + \omega\mathbf{k} \times \mathbf{r}_{B/A} \tag{15.17′}$$

再以圖 15.13 的桿件 AB 為例。假設已知 A 端的速度 $\mathbf{v}_A$，我們想用速度 $\mathbf{v}_A$、長度 l 與角度 θ，來找到 B 端的速度 $\mathbf{v}_B$ 及桿件的角速度 ω。選擇 A 為參考點，我們在此表示，此給定的運動相當於一隨 A 的平移加上一同時繞 A 的轉動 (圖 15.16)，因此點 B 的絕對速度必定等於以下的向量和

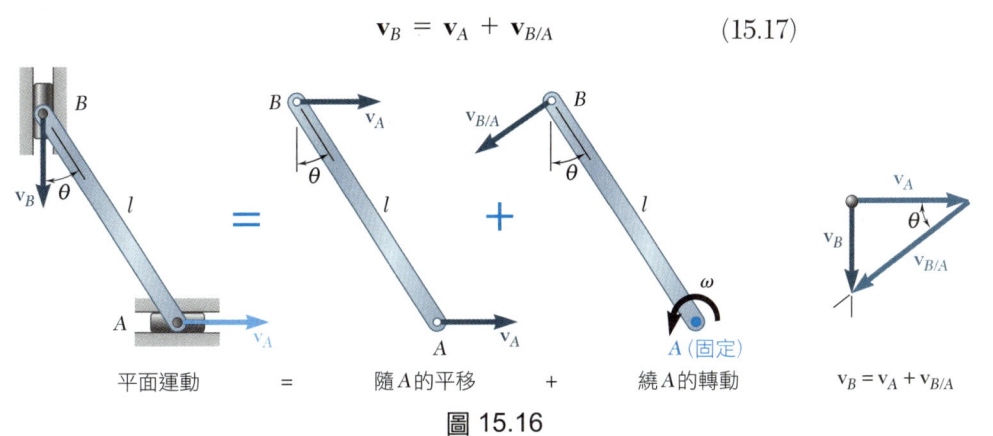

$$\mathbf{v}_B = \mathbf{v}_A + \mathbf{v}_{B/A} \tag{15.17}$$

圖 15.16

請注意：雖然 $\mathbf{v}_{B/A}$ 的方向已知，但其大小 $l\omega$ 則是未知。然而，此情形可利用 $\mathbf{v}_B$ 之方向是已知的事實給予補救，因此我們可以完成圖 15.16 的圖解。解出 v_B 與 ω 的大小，寫為

$$v_B = v_A \tan \theta \qquad \omega = \frac{v_{B/A}}{l} = \frac{v_A}{l \cos \theta} \tag{15.19}$$

以 B 為參考點也可以得到相同的結果。將給定的運動分解成一隨 B 的平移，及一同時繞 B 的轉動 (圖 15.17)，寫出方程式

$$\mathbf{v}_A = \mathbf{v}_B + \mathbf{v}_{A/B} \tag{15.20}$$

並以圖解表示於圖 15.17 中。我們注意到 $\mathbf{v}_{A/B}$ 和 $\mathbf{v}_{B/A}$ 有相同的大小 $l\omega$ 但方向相反。因此，相對速度的指向取決於所選擇的參考點，必須自適當的圖形中小心地確認之 (圖 15.16 或圖 15.17)。

最後，我們觀察到此桿件繞 B 旋轉的角速度 ω 與其繞 A 旋轉的角速度相同。兩種情況均以角 θ 的改變率來量測角速度。本結果是相當一般的，因此我們必須牢記，**剛體在平面運動中的角速度 ω 與參考點無關**。

大多數的機構不僅是由一個，而是由好幾個移動件所組成的。當機構的各個零件為銷接時，可考慮每一零件為一剛體來進行機構分析，請牢記：兩零件的接點必須具有相同的絕對速度。由於相互接觸的輪齒必定也有相同的絕對速度，故類似的分析可以應用於機構內含有齒輪的情況。然而，當機構內含有彼此滑動的零件時，則必須考慮接觸件之間的相對速度 (參見第 15.10 和 15.11 節)。

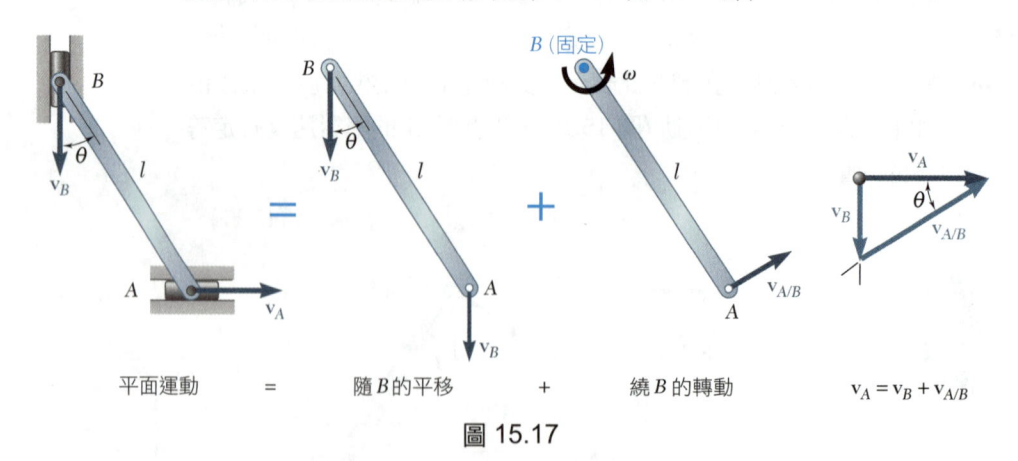

圖 15.17

範例 15.2

圖示雙齒輪滾動於固定的下齒條上；其中心 A 的速度為 1.2 m/s 向右。試求 (a) 齒輪的角速度；(b) 上齒條 R 及齒輪之點 D 的速度。

解

a. 齒輪的角速度。 因齒輪在下齒條上滾動，齒輪每轉一整圈，其中心移動的距離等於外圓的周長 $2\pi r_1$。請注意：1 rev = 2π rad，當 A 移到右側 $(x_A > 0)$ 時，齒輪順時針旋轉 $(\theta < 0)$，寫出

$$\frac{x_A}{2\pi r_1} = -\frac{\theta}{2\pi} \qquad x_A = -r_1\theta$$

對時間 t 微分，並代入已知值 $v_A = 1.2$ m/s 及 $r_1 = 150$ mm = 0.150 m，得

$$v_A = -r_1\omega \qquad 1.2 \text{ m/s} = -(0.150 \text{ m})\omega \qquad \omega = -8 \text{ rad/s}$$

$$\boldsymbol{\omega} = \omega\mathbf{k} = -(8 \text{ rad/s})\mathbf{k} \blacktriangleleft$$

式中 $\mathbf{k}$ 是指向紙外的一個單位向量。

b. 速度。 將滾動分解成兩個分量運動：一隨中心 A 的平移及一繞中心 A 的轉動。在平移過程中，齒輪所有點都以相同的速度 $\mathbf{v}_A$ 移動。在轉動過程中，齒輪每一點 P 繞 A 轉動，相對速度 $\mathbf{v}_{P/A} = \omega\mathbf{k} \times \mathbf{r}_{P/A}$，其中 $\mathbf{r}_{P/A}$ 為 P 相對於 A 的位置向量。

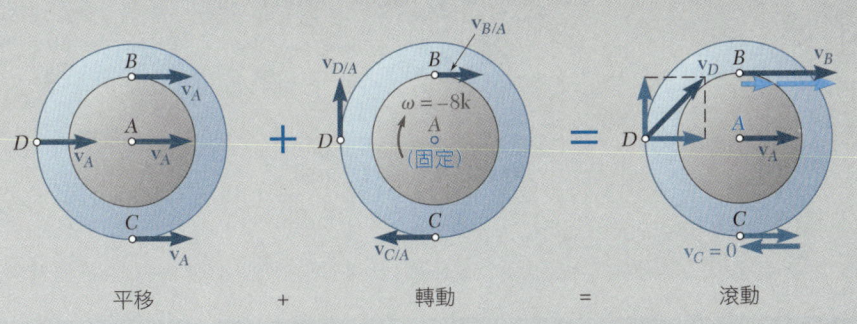

平移　　　　　+　　　　　轉動　　　　　=　　　　　滾動

上齒條的速度。 上齒條的速度等於點 B 的速度：寫為

$$\begin{aligned}
\mathbf{v}_R = \mathbf{v}_B &= \mathbf{v}_A + \mathbf{v}_{B/A} = \mathbf{v}_A + \omega\mathbf{k} \times \mathbf{r}_{B/A} \\
&= (1.2 \text{ m/s})\mathbf{i} - (8 \text{ rad/s})\mathbf{k} \times (0.100 \text{ m})\mathbf{j} \\
&= (1.2 \text{ m/s})\mathbf{i} + (0.8 \text{ m/s})\mathbf{i} = (2 \text{ m/s})\mathbf{i}
\end{aligned}$$

$$\mathbf{v}_R = 2 \text{ m/s} \rightarrow \blacktriangleleft$$

點 D 的速度

$$\begin{aligned}
\mathbf{v}_D &= \mathbf{v}_A + \mathbf{v}_{D/A} = \mathbf{v}_A + \omega\mathbf{k} \times \mathbf{r}_{D/A} \\
&= (1.2 \text{ m/s})\mathbf{i} - (8 \text{ rad/s})\mathbf{k} \times (-0.150 \text{ m})\mathbf{i} \\
&= (1.2 \text{ m/s})\mathbf{i} + (1.2 \text{ m/s})\mathbf{j}
\end{aligned}$$

$$\mathbf{v}_D = 1.697 \text{ m/s} \measuredangle 45° \blacktriangleleft$$

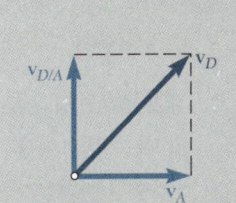

範例 15.3

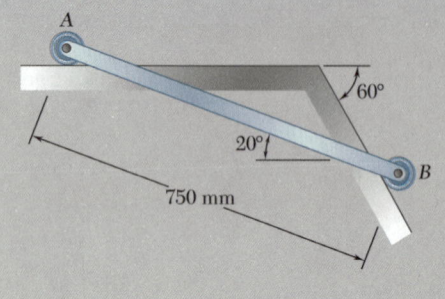

小輪附在桿件 AB 的兩端，並沿著圖示表面自由地滾動。已知輪 A 以等速度 1.5 m/s 往左移動，試求 (a) 桿件的角速度；(b) 桿件 B 端的速度。

解

零件 B 的運動。 點 A 的速度是水平的 (向左)，零件 B 沿著斜面往上移動 (與水平面成 60°)。將 AB 的反應分解成一隨 A 的平移及一繞 A 的轉動，我們得

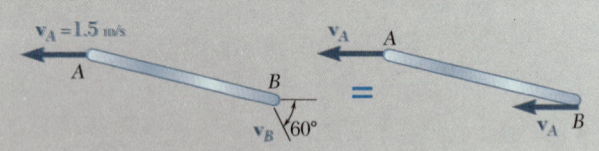

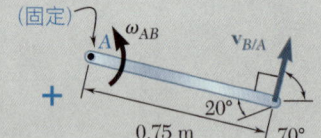

表示 $\mathbf{v}_B$、$\mathbf{v}_A$ 與 $\mathbf{v}_{B/A}$ 之間的關係

$$\mathbf{v}_B = \mathbf{v}_A + \mathbf{v}_{B/A}$$

$$[v_B \searrow 60°] = [1.5 \text{ m/s} \leftarrow] + [v_{B/A} \nearrow 70°]$$

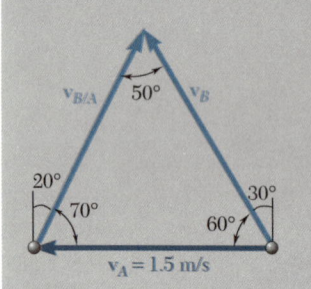

畫出對應此方程式的向量圖。

利用餘弦定律，得

$$\frac{v_B}{\sin 70°} = \frac{v_{B/A}}{\sin 60°} = \frac{1.5 \text{ m/s}}{\sin 50°}$$

$\mathbf{V}_B = 1.840$ m/s $\searrow$ 60° ◀
$\mathbf{V}_{B/A} = 1.696$ m/s $\nearrow$ 70°

$$v_{B/A} = (AB)\omega_{AB}$$
$$1.696 \text{ m/s} = (0.75 \text{ m})\omega_{AB}$$
$$\omega_{AB} = 2.261 \text{ rad/s} \qquad \boldsymbol{\omega}_{AB} = 2.26 \text{ rad/s} \; \curvearrowleft \quad ◀$$

重點提示

在本課中，你學會了分析物體在**一般平面運動**中的速度。一般平面運動總是可以視為你在前一課所學的兩種運動之和：即**一平移與一轉動**。

在求解平面運動中之物體的速度時，你必須採取以下的步驟。

1. **求解此物體之點速度時**，僅可能使此物體連結到一已知其運動狀況的其他物體上。此處之其他物體可以是一以給定角速度旋轉的臂或曲柄 [範例 15.3]。

2. 接下來，開始畫一「圖方程式」並用於題解中 (圖 15.15 與圖 15.16)。此「方程式」將包含以下的圖解。
   a. 平面運動圖：畫一物體圖，圖中包含物體所有的尺寸，顯示那些你已知或待尋找其速度的點。
   b. 平移圖：選擇一個參考點 A，其速度 $\mathbf{v}_A$ 的方向和/或大小為已知，再畫出第二個圖，圖中顯示平移中物體的所有點都具有相同的速度 $\mathbf{v}_A$。
   c. 轉動圖：考慮點 A 為一固定點，畫一圖，顯示此物體繞 A 旋轉。顯示此物體的角速度 $\boldsymbol{\omega} = \omega \mathbf{k}$，以及其他點對 A 的相對速度，例如 B 相對於 A 的速度 $\mathbf{v}_{B/A}$。
3. 寫出相對速度方程式

$$\mathbf{v}_B = \mathbf{v}_A + \mathbf{v}_{B/A}$$

雖然你可寫出對應此向量方程式的純量方程式，以解析方式求得解答，然而你將發現，利用向量三角形更為容易 (圖 15.16)。

4. 使用不同的參考點可以得到相同的答案。例如，若點 B 被選為參考點，則點 A 的速度表示為

$$\mathbf{v}_A = \mathbf{v}_B + \mathbf{v}_{A/B}$$

我們要注意的是，相對速度 $\mathbf{v}_{B/A}$ 與 $\mathbf{v}_{A/B}$ 大小相同但方向相反。因此，相對速度取決於所選擇的參考點，但角速度則無關於參考點的選擇。

習 題

15.12 桿件 AB 的運動由附在 A 與 B 之插銷所導引，兩插銷分別滑行於圖示的溝槽內。在圖示的瞬間，$\theta = 40°$，B 處的插銷以等速度 150 mm/s 向左上方移動。試求 (a) 此桿件的角速度；(b) 在 A 端之插銷的速度。

15.13 軸環 B 以等速度 1.5 m/s 往上移動，當 $\theta = 50°$ 時，試求 (a) 桿件 AB 的角速度；(b) 桿件 A 端的速度。

15.14 桿件 AB 在 C 處的小輪子上移動，而 A 端以等速度 500 mm/s 往右移動。在圖示的瞬間，試求 (a) 桿件的角速度；(b) 桿件 B 端的速度。

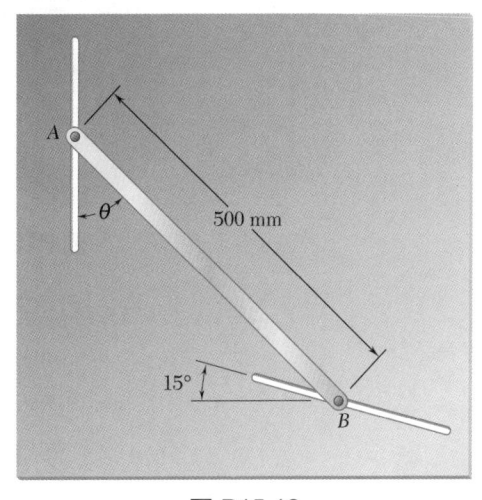

圖 P15.12

圖 P15.13　　　　　　　　　　　圖 P15.14

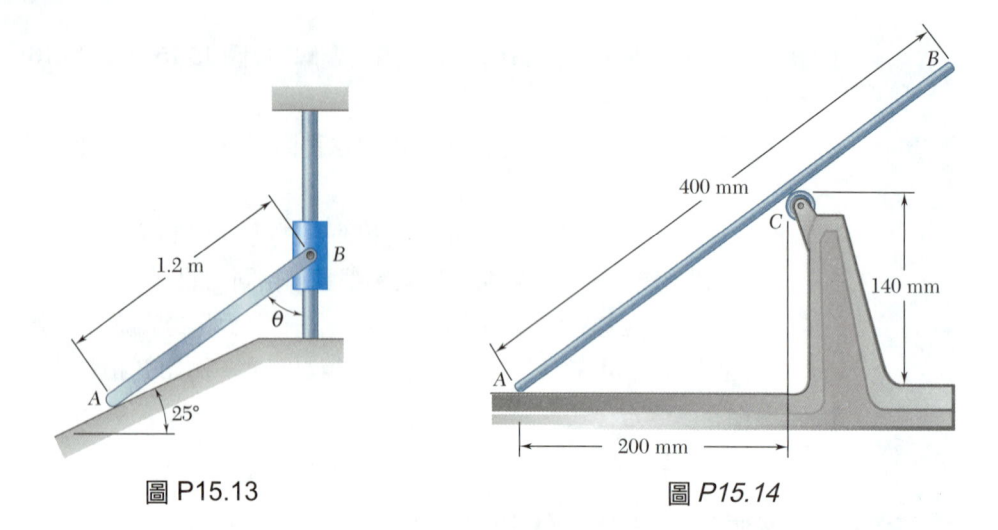

15.15 在圖示之行星齒輪系中,齒輪 A、B、C 與 D 的半徑為 a,外齒輪 E 的半徑為 $3a$。已知齒輪 A 的角速度為順時針向 ω_A,外齒輪 E 固定,試求 (a) 每個行星齒輪的角速度;(b) 連接行星齒輪之腳座的角速度。

15.16 搖臂 AB 以等角速度 20 rad/s 逆時針向旋轉。已知外齒輪 C 固定,試求 (a) 齒輪 B 的角速度;(b) 在輪齒 D 點的速度。

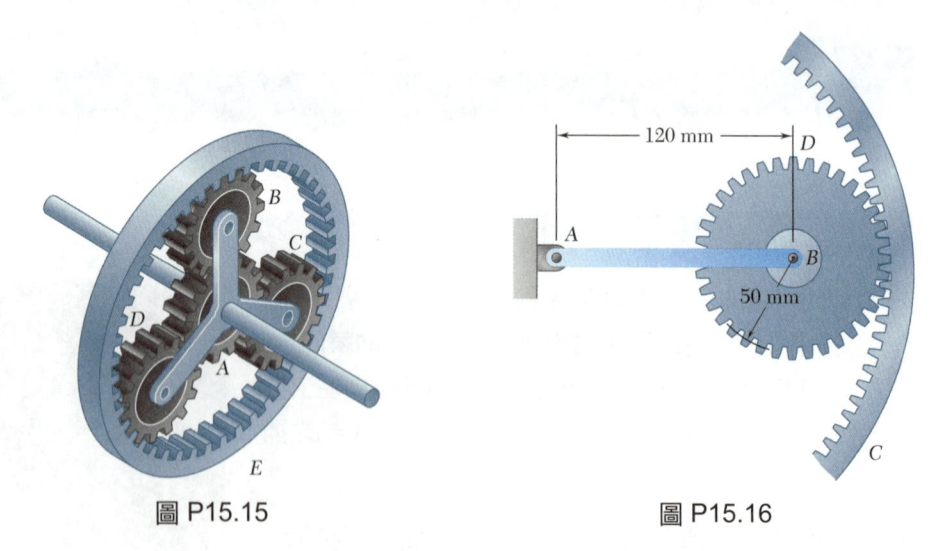

圖 P15.15　　　　　　　　　　　圖 P15.16

15.17 與 **15.18** 圖示搖臂 ACB 繞點 C 旋轉,角速度為逆時針向 40 rad/s。兩摩擦圓盤 A 與 B 的中心銷接於搖臂 ACB 上,如圖所示。已知圓盤在接觸表面上滾動,沒有滑動,試求 (a) 圓盤 A 的角速度;(b) 圓盤 B 的角速度。

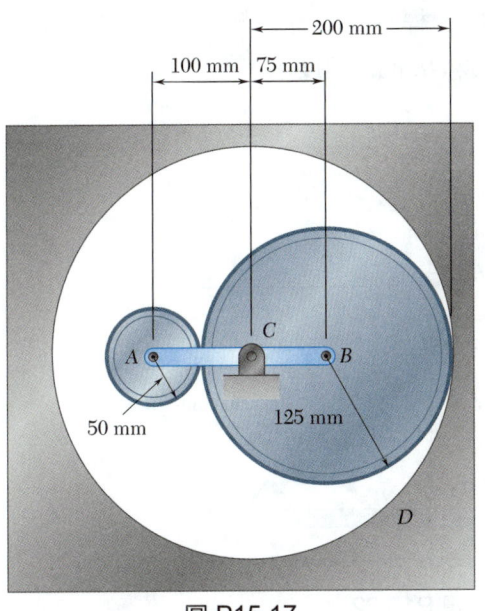

圖 P15.17

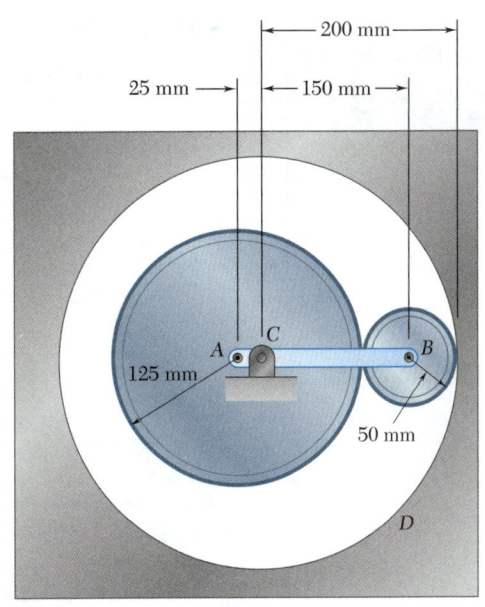

圖 P15.18

15.19 已知在圖示之瞬間，曲柄 AB 的角速度為順時針向 2.7 rad/s，試求 (a) 連桿 BD 的角速度；(b) 軸環 D 的速度；(c) 連桿 BD 中點的速度。

15.20 在圖示的引擎系統中，$l = 160$ mm，$b = 60$ mm。已知曲柄 AB 以等角速度 1000 rpm 瞬時針向旋轉。當 (a) $\theta = 0$；(b) $\theta = 90°$ 時，試求活塞 P 的速度及連桿的角速度。

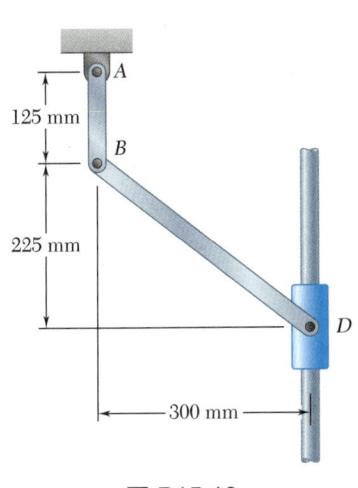

圖 P15.19

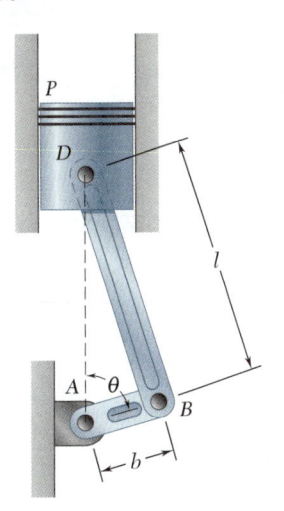

圖 P15.20

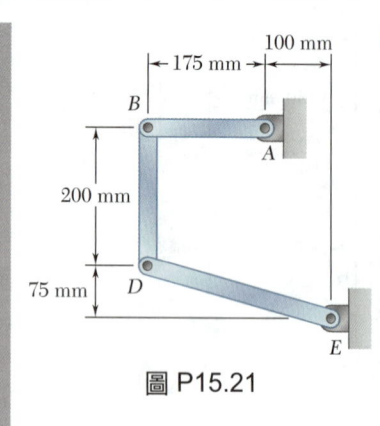

15.21 與 15.22 在圖示位置中，桿件 AB 有一順時針向的角速度 4 rad/s。試求桿件 BD 與 DE 的角速度。

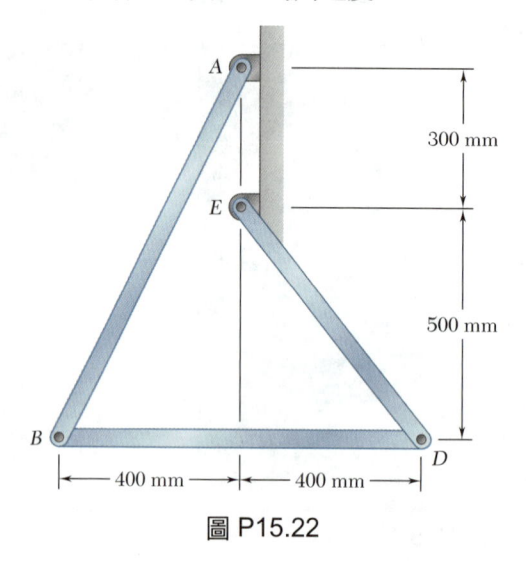

圖 P15.21

圖 P15.22

15.23 兩個半徑 150 mm 的輪子在水平面上滾動，沒有滑動。已知 AD 的距離為 125 mm，BE 的距離為 100 mm，而 D 有一向右 150 mm/s 的速度，試求點 E 的速度。

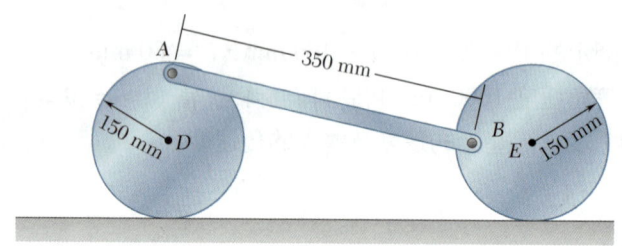

圖 P15.23

15.24 圖示半徑 80 mm 之輪子以 900 mm/s 的速度向左滾動。已知 AD 的距離為 50 mm，當 (a) $\beta = 0$；(b) $\beta = 90°$ 時，試求軸環的速度及桿件 AB 的角速度。

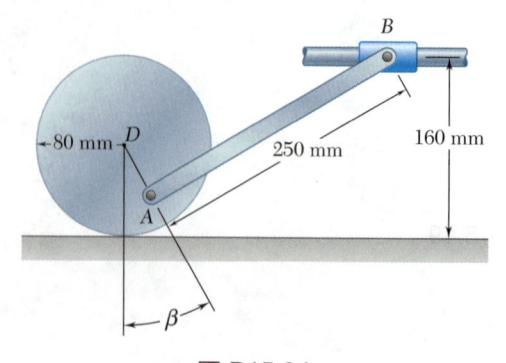

圖 P15.24

15.7 平面運動中的瞬時旋轉中心 (Instantaneous Center of Rotation in Plane Motion)

考慮一平板的一般平面運動。我們打算證明在任何給定之瞬間，平板各個質點的速度，就有如此平板正繞著垂直於平板平面的某一軸旋轉一樣，稱為**瞬時旋轉軸** (instantaneous axis of rotation)。此軸與平板的平面交於點 C，稱為此平板的**瞬時旋轉中心** (instantaneous center of rotation)。

照片 15.4　若汽車的輪胎滾動而無滑動，則輪胎的瞬時旋轉中心為此輪胎與路面之間的接觸點。

首先回顧前述，平板的平面運動總是可以由一任意參考點 A 之運動所定義的一平移及一繞 A 的轉動來取代。對速度而言，參考點的速度 $\mathbf{v}_A$ 是平移的特徵，平板的角速度 ω 是轉動的特徵 (無關乎 A 的選擇)。因此，點 A 的速度 $\mathbf{v}_A$ 及平板的角速度 ω 完全定義出此平板所有其他質點的速度 (圖 15.18a)。現在讓我們假設 $\mathbf{v}_A$ 與 ω 為已知且兩者皆不為零。(如果 $\mathbf{v}_A = 0$，點 A 本身即為瞬時旋轉中心。如果 $\omega = 0$，則所有的質點有相同的速度 $\mathbf{v}_A$。) 令平板以角速度 ω 繞 C 旋轉，點 C 位於垂直 $\mathbf{v}_A$ 之直線上，且與點 A 相距 $r = v_A/\omega$，如圖 15.18b 所示，即可求得這些速度。我們檢查，點 A 的速度將垂直於 AC，而其大小為 $r\omega = (v_A/\omega)\,\omega = v_A$。故平板所有其他質點的速度將與其原來所定的速度相同。因此，就我們所關注的速度而言，*在所考慮之瞬間此平板似乎繞著瞬時中心 C 旋轉*。

瞬時中心的位置也可用兩種其他的方式來定義。若已知此平板之兩質點 A 與 B 的速度方向且若兩者不相同，藉由畫出通過 A 之 $\mathbf{v}_A$ 的垂線及通過 B 之 $\mathbf{v}_B$ 的垂線，求出這兩線的交點，即可得到瞬時中心 C (圖 15.19a)。若兩質點 A 與 B 之速度 $\mathbf{v}_A$ 與 $\mathbf{v}_B$ 皆垂直於線 AB 且若已知其大小，則我們可由 AB 線及速度 $\mathbf{v}_A$ 與 $\mathbf{v}_B$ 矢端連線的交點

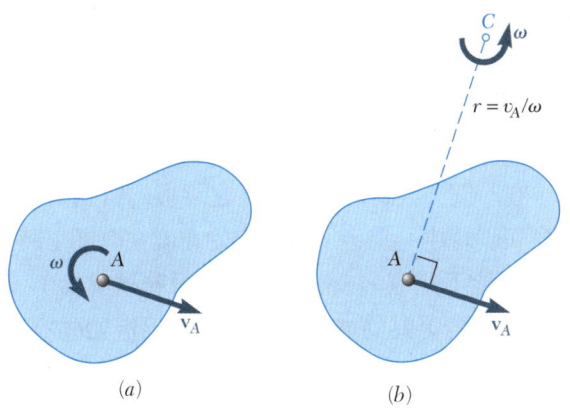

圖 15.18

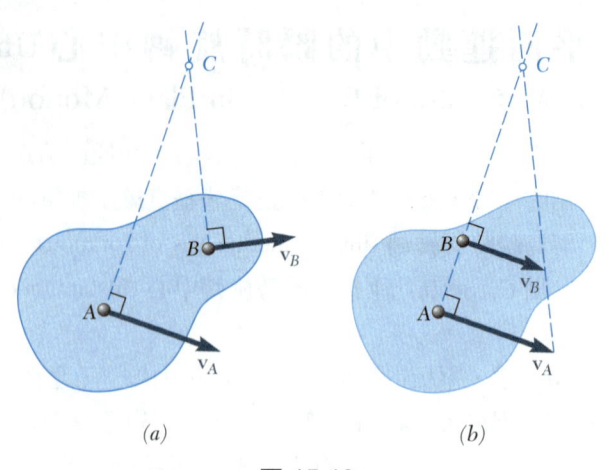

圖 15.19

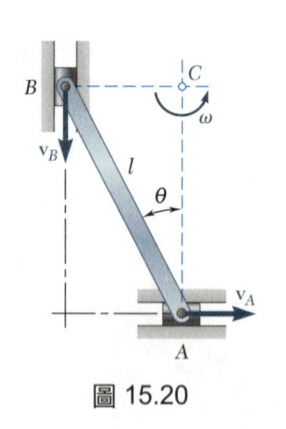

找到瞬時中心 (圖 15.19b)。請注意：在圖 15.19a 中若 $\mathbf{v}_A$ 與 $\mathbf{v}_B$ 平行，或在圖 15.19b 中若 $\mathbf{v}_A$ 與 $\mathbf{v}_B$ 大小相同，則瞬時中心將位在無窮遠處且 $\boldsymbol{\omega}$ 將為零，此平板的所有點將有相同的速度。

為了解瞬時旋轉中心的觀念如何運用，讓我們再次考慮第 15.6 節中的桿件。畫出通過 A 之 $\mathbf{v}_A$ 的垂線，及通過 B 之 $\mathbf{v}_B$ 的垂線 (圖 15.20)，而得到瞬時中心 C。在所考慮的瞬間，桿件所有質點的速度宛如同彷彿此桿件繞著 C 旋轉一樣。假如 A 的速度大小 v_A 為已知，即可求得此桿件角速度的大小 ω，寫為

$$\omega = \frac{v_A}{AC} = \frac{v_A}{l\cos\theta}$$

於是可求得 B 的速度大小，寫為

$$v_B = (BC)\omega = l\sin\theta \frac{v_A}{l\cos\theta} = v_A \tan\theta$$

應注意的是在計算中僅涉及**絕對速度**。

平板在平面運動中的瞬時中心可能位在平板上或在平板外。如位在平板上，則在一給定的瞬間 t 與瞬時中心重合之質點 C，在那瞬間的速度必定為零。然而請注意，瞬時旋轉中心僅於給定的瞬間才有效。因此，在時間 t 與瞬時中心重合之平板的質點 C，在時間 $t + \Delta t$ 時通常不會與瞬時中心重合。雖然它的速度在時間 t 時是零，在時間 $t + \Delta t$ 時將可能不是零。一般而言，這意味著質點 C 的加速度不為零，因此，平板各質點的加速度不能以此平板如同繞 C 旋轉一樣來求解。

圖 15.20

當平板的運動進行時，其瞬時中心在空間中移動。但剛剛指出，瞬時中心在平板上的位置不斷改變。於是瞬時中心在空間描出一條曲線，稱為**空間瞬心線** (space centrode)；也在此平板描出另一條曲線，稱為**物體瞬心線** (body centrode)（圖 15.21）。我們可以證明，在任一瞬間這兩條曲線相切於 C。而且當平板移動時，物體瞬心線似乎是在空間瞬心線上滾動。

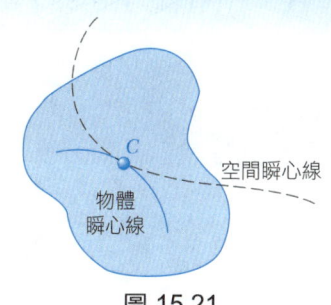

圖 15.21

範例 15.4

使用瞬時旋轉中心法解範例 15.2。

解

a. **齒輪的角速度。** 因齒輪在靜止的下齒條上滾動，故齒輪與齒條的接觸點 C 沒有速度，因此點 C 為瞬時旋轉中心。寫為

$$v_A = r_A \omega \qquad 1.2 \text{ m/s} = (0.150 \text{ m})\omega$$
$$\omega = 8 \text{ rad/s} \downarrow$$

b. **速度。** 就速度而言，齒輪的所有點似乎繞著瞬時中心旋轉。

上齒條的速度。 記得 $v_R = v_B$，寫為

$$v_R = v_B = r_B \omega \qquad v_R = (0.250 \text{ m})(8 \text{ rad/s}) = 2 \text{ m/s}$$
$$\mathbf{v}_R = 2 \text{ m/s} \rightarrow \blacktriangleleft$$

點 D 的速度。 因 $r_D = (0.150 \text{ m})\sqrt{2} = 0.2121 \text{ m}$，我們寫出

$$v_D = r_D \omega \qquad v_D = (0.2121 \text{ m})(8 \text{ rad/s}) = 1.697 \text{ m/s}$$
$$\mathbf{v}_D = 1.697 \text{ m/s} \measuredangle 45° \blacktriangleleft$$

範例 15.5

使用瞬時旋轉中心法解範例 15.3。

解

已知桿件 AB 的幾何形狀及 A 的速度 $= 1500$ mm/s 向左。對剛體 AB 而言，A 的速度方向與 B 的速度方向為已知。於是我們畫出這些方向的垂線，兩垂線的交點 C 即為瞬時中心。因 $\mathbf{V}_A$ 的大小也是已知，且剛體 AB 在此瞬間正繞 C 作圓周運動，故能找到 ω。

我們由給定的幾何形狀觀察到，$\angle ACB = 60°$，$\angle ABC = 20° + 30° = 50°$。因此 $\angle BAC = 70°$，對 $\triangle ABC$ 使用正弦定律，得

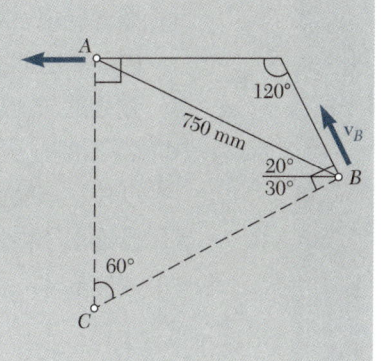

$$\frac{AC}{\sin 50°} = \frac{750}{\sin 60°} = \frac{BC}{\sin 70°}$$

$$AC = 663.4 \text{ mm}$$

$$BC = 813.8 \text{ mm}$$

$$V_A = AC(\omega_{AB}) \Rightarrow \omega_{AB} = \frac{V_A}{AC} = \frac{1500}{663.4 \text{ mm}} = 2.26 \text{ rad/s} \;\circlearrowleft$$

$$V_B = BC(\omega_{AB}) = (813.8 \text{ mm})(2.26 \text{ rad/s}) = 1840 \frac{\text{mm}}{\text{s}}$$

$$= 1.84 \text{ m/s } 60° \;\nearrow \;\blacktriangleleft$$

重點提示

在本課中，我們介紹了平面運動的瞬時旋轉中心。此為我們提供了求解平面運動問題中涉及物體各點之速度的另一種方法。

就如其名稱所建議的，當你求解物體各點在一給定瞬間的速度時，可假設瞬時旋轉中心為此物體在那瞬間繞其旋轉的一點。

A. 你必須採用以下的一個步驟來求解物體在平面運動中的瞬時旋轉中心。
  1. 假如物體點 A 的速度 $\mathbf{v}_A$ 與角速度 ω 皆為已知（圖 15.18）：
     a. 畫出此物體的簡圖：顯示點 A、其速度 $\mathbf{v}_A$，及物體的角速度 ω。
     b. 在 $\mathbf{v}_A$ 邊由 A 畫一條 $\mathbf{v}_A$ 的垂直線：此速度由視圖看來與 ω 具有相同的轉向。
     c. 瞬時中心 C 位於此線上：C 與點 A 的距離 $r = v_A/\omega$。
  2. 假如點 A 與 B 的速度均為已知且不相同（圖 15.19a）：
     a. 畫出此物體的簡圖：顯示點 A 與 B，以及它們的速度 $\mathbf{v}_A$ 與 $\mathbf{v}_B$。
     b. 分別由 A 與 B 畫出垂直於 $\mathbf{v}_A$ 與 $\mathbf{v}_B$ 的直線：瞬時中心 C 位於這兩條直線的交點。
     c. 假如此 A 與 B 中任一點的速度為已知：你就能解出物體的角速度。例如，已知 $\mathbf{v}_A$，你就可寫下 $\omega = v_A/AC$，其中 AC 是由點 A 到瞬時中心 C 的距離。
  3. 假如已知 A 與 B 兩點的速度，且兩者皆垂直於線 AB（圖 15.19b）。
     a. 畫出此物體的簡圖：顯示點 A 與 B，並依比例畫出它們的速度 $\mathbf{v}_A$ 與 $\mathbf{v}_B$。
     b. 畫一條通過點 A 與點 B 的直線；以及另一條通過速度 $\mathbf{v}_A$ 與 $\mathbf{v}_B$ 矢端的直線。瞬時中心 C 位於這兩條直線的交點。
     c. 物體的角速度：可利用 v_A 除以 AC，或 v_B 除以 BC 而得。
     d. 若速度 $\mathbf{v}_A$ 與 $\mathbf{v}_B$ 大小相同：則在 b 部分所畫的兩條直線不會相交，瞬時中心 C 位在無窮遠處。角速度 ω 為零，物體作平移。
B. 一旦你已確定了物體的瞬時中心及角速度，你就能夠以下列方法來求解此物體任一點 P 的速度 $\mathbf{v}_P$。

1. 畫出此物體的簡圖：顯示點 P、瞬時中心 C，及角速度 ω。
2. 從 P 到瞬時中心 C 畫一條直線：並量測或計算 P 到 C 的距離。
3. 速度 $\mathbf{v}_P$ 是垂直於線 PC 的一個向量：它與 ω 有相同的轉向，$\mathbf{v}_P$ 的大小 $v_P = (PC)_\omega$。

最後，請牢記：瞬時旋轉中心僅能用於求解速度，它並不能用於求解加速度。

習 題

15.25 與 15.26 圖示半徑 60 mm 的圓筒穩固地附在半徑 100 mm 的圓筒上。圓筒之一無滑動地滾動於圖示的表面上，有一條繩子纏繞著另一圓筒。已知繩子 E 端以 120 mm/s 的速度被拉向左方，試求 (a) 圓筒的角速度；(b) 圓筒中心的速度；(c) 繩子每秒纏繞或鬆開的長度。

15.27 圖示膠帶捲軸及其組裝架被往上拉起，速率 $v_A = 750$ mm/s，已知半徑 80 mm 捲軸的角速度為順時針向 15 rad/s。在圖示之瞬間，捲軸上膠帶的總厚度為 20 mm，試求 (a) 捲軸的瞬時旋轉中心；(b) 點 B 與 D 的速度。

15.28 雙齒輪滾動於固定的左齒條 R 上。已知右齒條以 0.6 m/s 等速移動，試求 (a) 齒輪的角速度；(b) 點 A 與 D 的速度。

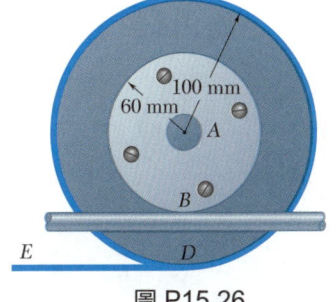

圖 P15.26

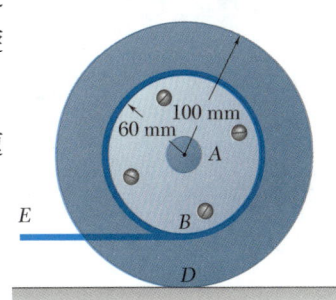

圖 P15.25

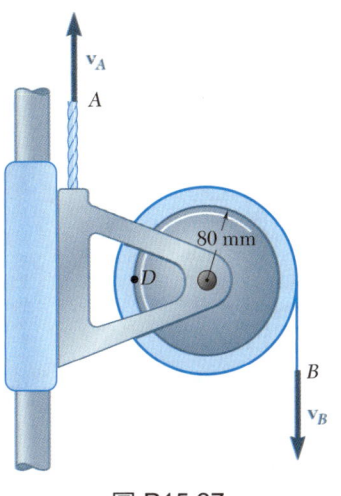

圖 P15.27

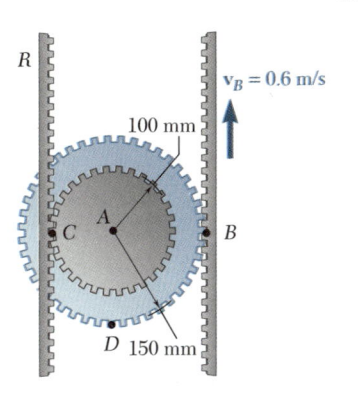

圖 P15.28

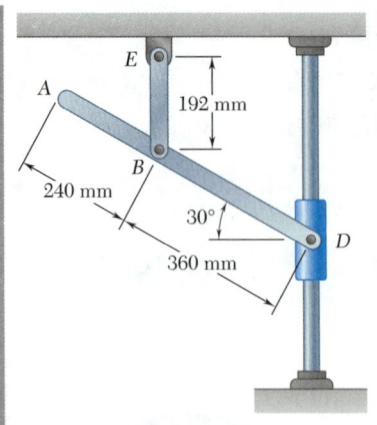

15.29 已知在圖示之瞬間，桿件 BE 的角速度為逆時針向 4 rad/s，試求 (a) 桿件 AD 的角速度；(b) 軸環 D 的速度；(c) 點 A 的速度。

15.30 圓盤由靜止中釋放，然後滾下斜坡。已知當 $\theta = 0°$ 時，點 A 的速度為 1.2 m/s，在那瞬間，試求 (a) 此桿件的角速度；(b) B 的速度。(圖中只顯示兩軌道的部分圖。)

15.31 兩根 500 mm 桿件在 D 處銷接，如圖所示。已知 B 以 360 mm/s 等速往左移動，在圖示之瞬間，試求 (a) 各桿件的角速度；(b) E 的速度。

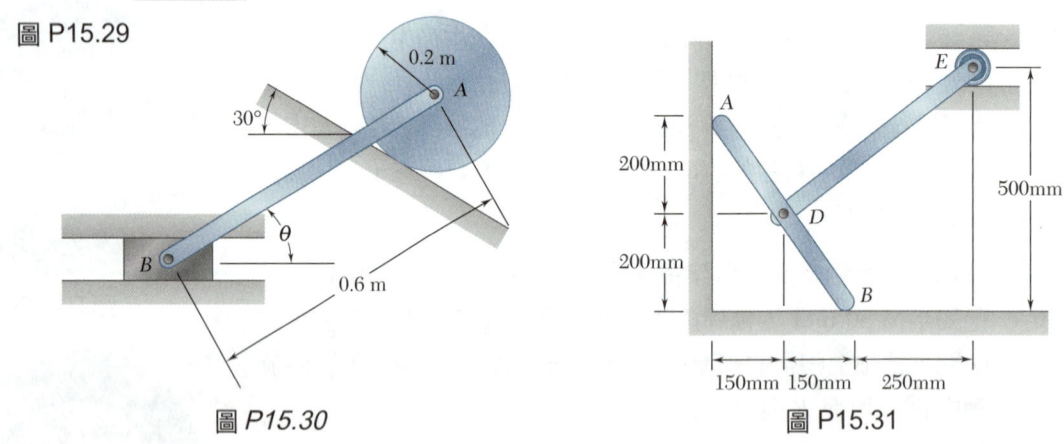

圖 P15.29

圖 P15.30

圖 P15.31

15.32 兩根桿件 AB 與 DE 如圖所示連接。已知點 D 以 1 m/s 的速度往左移動，試求 (a) 各桿件的角速度；(b) 點 A 的速度。

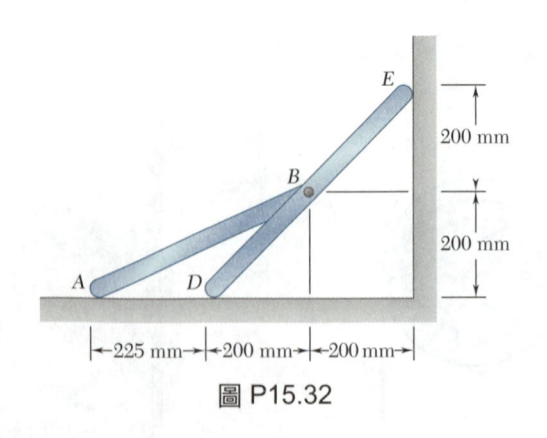

圖 P15.32

15.33 當範例 15.2 中之齒輪在固定的水平齒條上滾動時，試描繪此齒輪的空間瞬心線與物體瞬心線。

15.8 平面運動中的絕對與相對加速度 (Absolute and Relative Acceleration in Plane Motion)

如第 15.5 節中所述，任何的平面運動都可由任意參考點 A 之運動所定義的一平移及一同時繞 A 的轉動所取代。在第 15.6 節中曾用此性質來求解一移動平板之各點的速度。現在將用同一性質來求解平板各點的加速度。

照片 15.5 繞一固定軸旋轉的中心齒輪，銷接到三根一般平面運動中的桿件。

首先回想起平板一質點的絕對加速度 $\mathbf{a}_B$，可由第 11.12 節中所導出的相對加速度公式求得，

$$\mathbf{a}_B = \mathbf{a}_A + \mathbf{a}_{B/A} \tag{15.21}$$

式中，等號右側代表一向量和。加速度 $\mathbf{a}_A$ 對應於此平板隨 A 的平移，而相對加速度 $\mathbf{a}_{B/A}$ 則與此平板繞 A 的轉動有關，其值是對以 A 為中心且有固定方位之座標軸量測來的。回顧第 15.3 節所述，相對加速度可分解成兩個分量，一垂直於線 AB 的**切向分量** (tangential component) $(\mathbf{a}_{B/A})_t$，及一指向 A 的**法向分量** (normal component) $(\mathbf{a}_{B/A})_n$ (圖 15.22)。以 $\mathbf{r}_{B/A}$ 表示 B 相對於 A 的位置向量，及以 $\omega \mathbf{k}$ 與 $\alpha \mathbf{k}$ 分別表示此平板對方位固定之軸的角速度與角加速度。我們有

$$\begin{aligned}(\mathbf{a}_{B/A})_t &= \alpha \mathbf{k} \times \mathbf{r}_{B/A} & (a_{B/A})_t &= r\alpha \\ (\mathbf{a}_{B/A})_n &= -\omega^2 \mathbf{r}_{B/A} & (a_{B/A})_n &= r\omega^2\end{aligned} \tag{15.22}$$

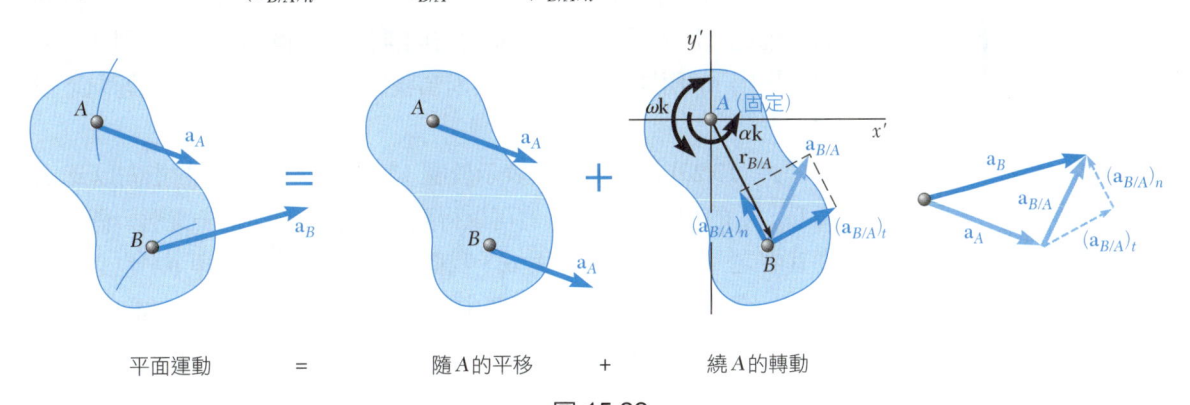

平面運動　　=　　隨 A 的平移　　+　　繞 A 的轉動

圖 15.22

式中 r 是由 A 到 B 的距離。將所得 $\mathbf{a}_{B/A}$ 的切向與法向分量表示式代入式 (15.21) 中，我們也可寫成

$$\mathbf{a}_B = \mathbf{a}_A + \alpha \mathbf{k} \times \mathbf{r}_{B/A} - \omega^2 \mathbf{r}_{B/A} \tag{15.21'}$$

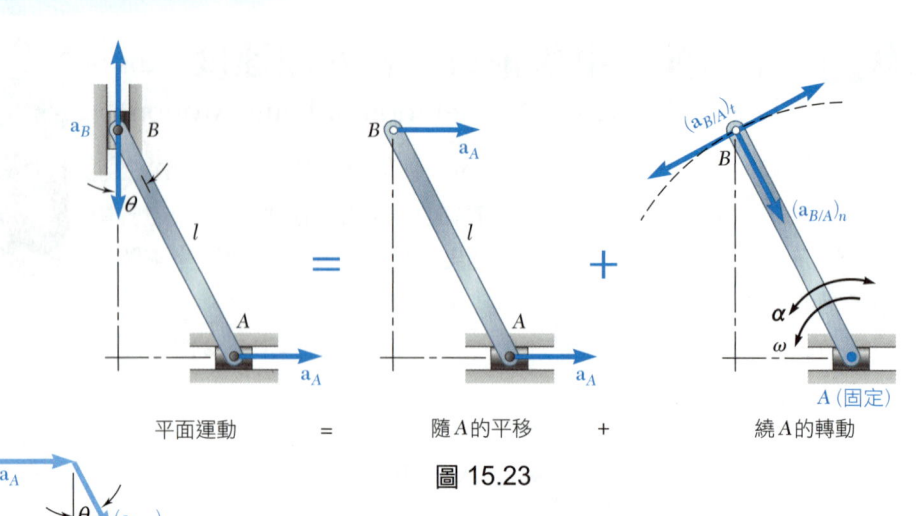

圖 15.23

舉例說明，讓我們再次考慮頂端分別沿著水平與垂直軌道滑動的桿件 AB（圖 15.23）。假設已知 A 的速度 $\mathbf{v}_A$ 與加速度 $\mathbf{a}_A$，我們打算求解 B 的加速度 $\mathbf{a}_B$，以及桿件的角加速度 $\boldsymbol{\alpha}$。選擇 A 為參考點，我們表示：所給定的運動相當於一隨 A 的平移與一繞 A 的轉動。B 的絕對加速度必須等於下列各項的和

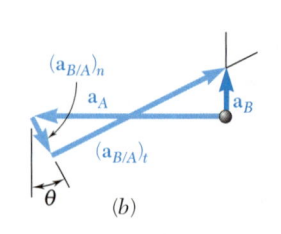

$$\begin{aligned}\mathbf{a}_B &= \mathbf{a}_A + \mathbf{a}_{B/A} \\ &= \mathbf{a}_A + (\mathbf{a}_{B/A})_n + (\mathbf{a}_{B/A})_t\end{aligned} \quad (15.23)$$

式中 $(\mathbf{a}_{B/A})_n$ 的大小為 $l\omega^2$ 且指向 A，而 $(\mathbf{a}_{B/A})_t$ 的大小為 $l\alpha$ 且垂直於 AB。請注意：目前我們還無法分辨切向分量 $(\mathbf{a}_{B/A})_t$ 是指向左或指向右，因此，將此分量兩種可能的方向都顯示於圖 15.23 中。同理，圖中也指出 $\mathbf{a}_B$ 兩種可能的方向，因為我們並不知道點 B 是加速向下或向上。

式 (15.23) 以幾何形式表示於圖 15.24 中。根據 $\mathbf{a}_A$ 的指向以及 a_A 與 $(a_{B/A})_n$ 的相對大小，我們可以得到四個不同的向量多邊形。假如要從其中之一圖來決定 a_B 與 $\boldsymbol{\alpha}$，我們不僅必須知道 a_A 與 θ，也必須知道 ω。因此桿件的角速度應藉由第 15.6 和 15.7 節中所敘述的方法之一個別求解。a_B 與 $\boldsymbol{\alpha}$ 之值則可藉由依續考慮圖 15.24 中所示向量的 x 與 y 分量求得。以多邊形 a 的情況為例，寫出

$$\xrightarrow{+}x \text{ 分量：} \quad 0 = a_A + l\omega^2 \sin\theta - l\alpha \cos\theta$$
$$+\uparrow y \text{ 分量：} -a_B = -l\omega^2 \cos\theta - l\alpha \sin\theta$$

而解出 a_B 與 $\boldsymbol{\alpha}$。這兩個未知量也可藉由在向量多邊形上的直接量測而得。在這種情況下，我們應該先小心地畫上已知的向量 $\mathbf{a}_A$ 與 $(\mathbf{a}_{B/A})_n$。

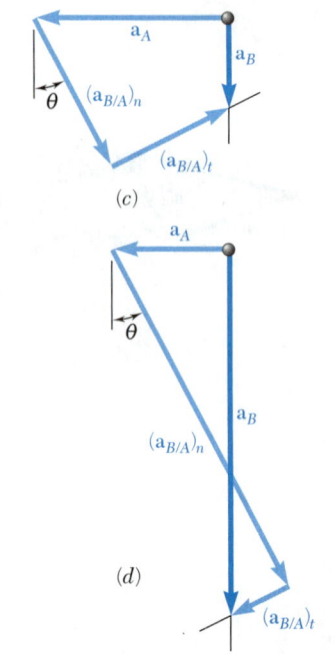

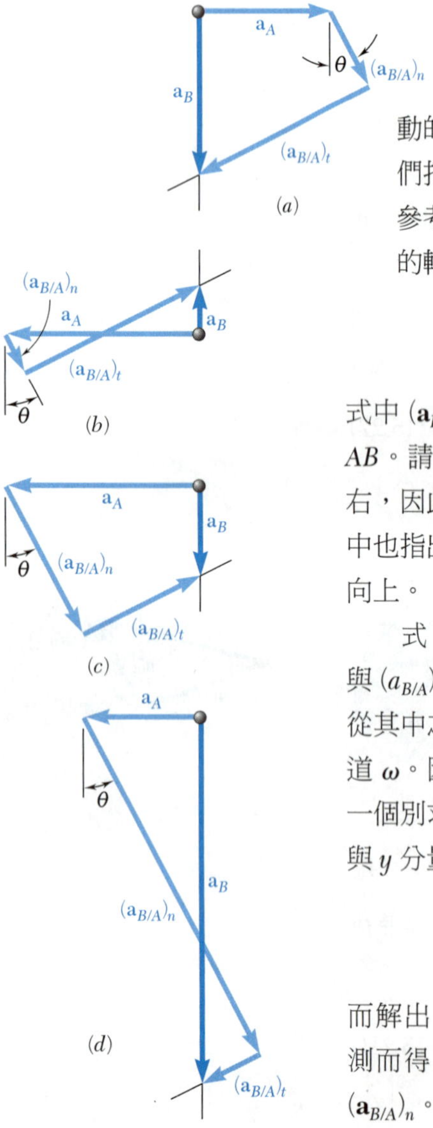

圖 15.24

顯然加速度的決定遠比速度的決定來得複雜。但在此處所考慮的例子中，桿件的 A 端與 B 端沿直軌道移動，故所畫出的圖形相當簡單。如果 A 與 B 沿曲線的軌道移動，我們必須將加速度 $\mathbf{a}_A$ 與 $\mathbf{a}_B$ 分解成切向與法向分量，則此問題的解答將包含六個不同的向量。

當一機構由幾個彼此銷接的移動零件所組成時，可藉由考慮各零件為一剛體來進行機構分析。須牢記，兩零件的連接點必具有相同的絕對加速度 (參見範例 15.7)。在嚙合齒輪的情況中，相接觸輪齒之加速度的切向分量相等，但法向分量則不相同。

*15.9 使用參數的平面運動分析 (Analysis of Plane Motion in Terms of a Parameter)

某些機構可藉由包含單一參數的簡單解析式來表示此機構所有重要點的座標 x 與 y。由於一給定點的速度與加速度分量可由微分該點的 x 與 y 座標求得，有時候此情況有利於我們直接求解機構中各點的絕對速度與絕對加速度。

讓我們再次考慮兩端分別沿水平與垂直軌道滑動的桿件 AB (圖 15.25)。此桿件頂端的座標 x_A 與 y_B 可由此桿件與垂直線的夾角 θ 表示：

$$x_A = l \sin \theta \qquad y_B = l \cos \theta \qquad (15.24)$$

將式 (15.24) 對 t 微分兩次，寫為

$$v_A = \dot{x}_A = l\dot{\theta} \cos \theta$$
$$a_A = \ddot{x}_A = -l\dot{\theta}^2 \sin \theta + l\ddot{\theta} \cos \theta$$
$$v_B = \dot{y}_B = -l\dot{\theta} \sin \theta$$
$$a_B = \ddot{y}_B = -l\dot{\theta}^2 \cos \theta - l\ddot{\theta} \sin \theta$$

由 $\dot{\theta} = \omega$ 與 $\ddot{\theta} = \alpha$，得

$$v_A = l\omega \cos \theta \qquad\qquad v_B = -l\omega \sin \theta \qquad (15.25)$$

$$a_A = -l\omega^2 \sin \theta + l\alpha \cos \theta \qquad a_B = -l\omega^2 \cos \theta - l\alpha \sin \theta \qquad (15.26)$$

我們注意到，正號的 v_A 或 a_A 顯示速度 $\mathbf{v}_A$ 或加速度 $\mathbf{a}_A$ 指向右方；正號的 v_B 或 a_B 顯示速度 $\mathbf{v}_B$ 或加速度 $\mathbf{a}_B$ 指向上方。當 v_A 與 θ 已知時，可利用式 (15.25) 求出 v_B 與 ω。將 ω 代入式 (15.26) 中，若 a_A 已知，我們就可求出 a_B 與 α。

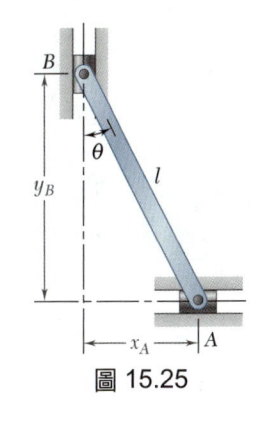

圖 15.25

範例 15.6

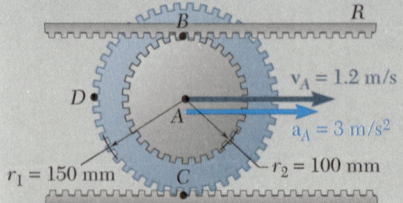

在範例 15.2 中，雙齒輪中心的速度為 1.2 m/s 向右，加速度為 3 m/s² 向右。如前所述，已知下齒條固定，試求 (a) 齒輪的角加速度；(b) 齒輪之點 B、C 與 D 的加速度。

解

a. 齒輪的角加速度。 在範例 15.2 中，我們發現 $x_A = -r_1\theta$、$v_A = -r_1\omega$。後者對時間微分，得 $a_A = -r_1\alpha$。

$$v_A = -r_1\omega \qquad 1.2 \text{ m/s} = -(0.150 \text{ m})\omega \qquad \omega = -8 \text{ rad/s}$$
$$a_A = -r_1\alpha \qquad 3 \text{ m/s}^2 = -(0.150 \text{ m})\alpha \qquad \alpha = -20 \text{ rad/s}^2$$

$$\boldsymbol{\alpha} = \alpha\mathbf{k} = -(20 \text{ rad/s}^2)\mathbf{k} \blacktriangleleft$$

b. 加速度。 將齒輪的滾動分解成一隨 A 的平移及一繞 A 的轉動。

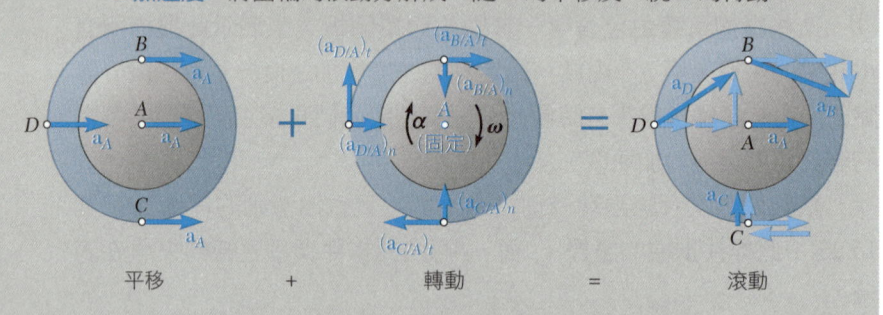

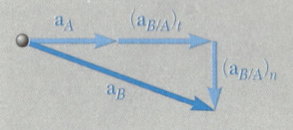

平移　　+　　轉動　　=　　滾動

點 B 的加速度。 將對應於平移及轉動的加速度作向量相加，得

$$\begin{aligned}\mathbf{a}_B &= \mathbf{a}_A + \mathbf{a}_{B/A} = \mathbf{a}_A + (\mathbf{a}_{B/A})_t + (\mathbf{a}_{B/A})_n \\ &= \mathbf{a}_A + \alpha\mathbf{k} \times \mathbf{r}_{B/A} - \omega^2 \mathbf{r}_{B/A} \\ &= (3 \text{ m/s}^2)\mathbf{i} - (20 \text{ rad/s}^2)\mathbf{k} \times (0.100 \text{ m})\mathbf{j} - (8 \text{ rad/s})^2(0.100 \text{ m})\mathbf{j} \\ &= (3 \text{ m/s}^2)\mathbf{i} + (2 \text{ m/s}^2)\mathbf{i} - (6.40 \text{ m/s}^2)\mathbf{j}\end{aligned}$$

$$\mathbf{a}_B = 8.12 \text{ m/s}^2 \searrow 52.0° \blacktriangleleft$$

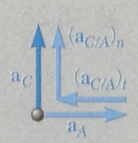

點 C 的加速度

$$\begin{aligned}\mathbf{a}_C &= \mathbf{a}_A + \mathbf{a}_{C/A} = \mathbf{a}_A + \alpha\mathbf{k} \times \mathbf{r}_{C/A} - \omega^2 \mathbf{r}_{C/A} \\ &= (3 \text{ m/s}^2)\mathbf{i} - (20 \text{ rad/s}^2)\mathbf{k} \times (-0.150 \text{ m})\mathbf{j} - (8 \text{ rad/s})^2(-0.150 \text{ m})\mathbf{j} \\ &= (3 \text{ m/s}^2)\mathbf{i} - (3 \text{ m/s}^2)\mathbf{i} + (9.60 \text{ m/s}^2)\mathbf{j}\end{aligned}$$

$$\mathbf{a}_C = 9.60 \text{ m/s}^2 \uparrow \blacktriangleleft$$

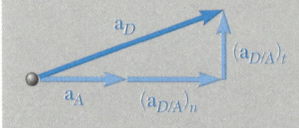

點 D 的加速度

$$\begin{aligned}\mathbf{a}_C &= \mathbf{a}_A + \mathbf{a}_{C/A} = \mathbf{a}_A + \alpha\mathbf{k} \times \mathbf{r}_{C/A} - \omega^2 \mathbf{r}_{C/A} \\ &= (3 \text{ m/s}^2)\mathbf{i} - (20 \text{ rad/s}^2)\mathbf{k} \times (-0.150 \text{ m})\mathbf{j} - (8 \text{ rad/s})^2(-0.150 \text{ m})\mathbf{j} \\ &= (3 \text{ m/s}^2)\mathbf{i} - (3 \text{ m/s}^2)\mathbf{i} + (9.60 \text{ m/s}^2)\mathbf{j}\end{aligned}$$

$$\mathbf{a}_C = 9.60 \text{ m/s}^2 \uparrow \blacktriangleleft$$

範例 15.7

此引擎系統的曲柄 AB 以 2000 rpm 的等角速度順時針向轉動。就圖示曲柄的位置，試求連桿 BD 的角速度與點 D 的加速度。

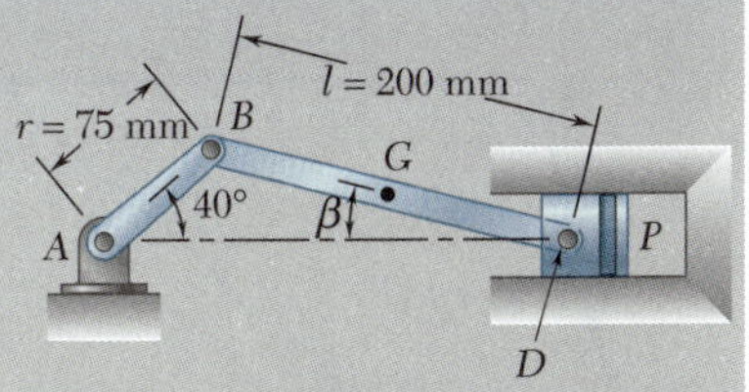

解

首先求解 ω_{BD}

曲柄 AB 的運動。 曲柄 AB 繞點 A 轉動。以 rad/s 表示 ω_{AB}，並寫出 $v_B = r\omega_{AB}$。

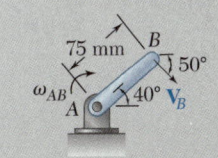

$$\omega_{AB} = \left(2000 \frac{\text{rev}}{\text{min}}\right)\left(\frac{1 \text{ min}}{60 \text{ s}}\right)\left(\frac{2\pi \text{ rad}}{1 \text{ rev}}\right) = 209.4 \text{ rad/s}$$

$$v_B = (AB)\omega_{AB} = (0.075 \text{ m})(209.4 \text{ rad/s}) = 15.71 \text{ m/s}$$

$$\mathbf{v}_B = 15.71 \text{ m/s} \searrow 50°$$

連桿 BD 的運動。 利用正弦定律，

$$\frac{\sin 40°}{200 \text{ mm}} = \frac{\sin \beta}{75 \text{ mm}} \quad \beta = 13.95°$$

將 BD 的運動分解為一隨 B 的平移及一繞 B 的轉動，

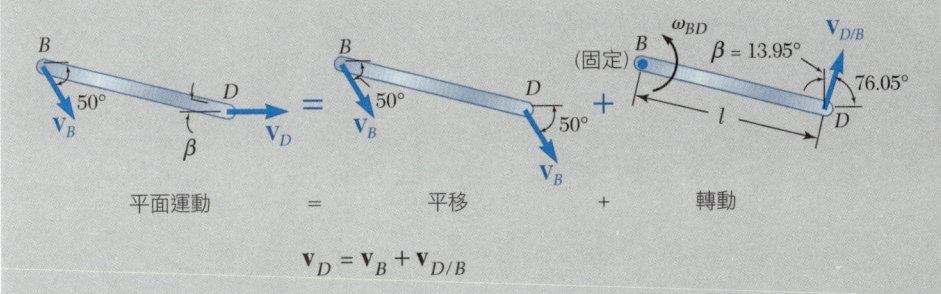

平面運動 = 平移 + 轉動

$$\mathbf{v}_D = \mathbf{v}_B + \mathbf{v}_{D/B}$$

畫出對應於此方程式的向量圖。

利用正弦定律，我們有

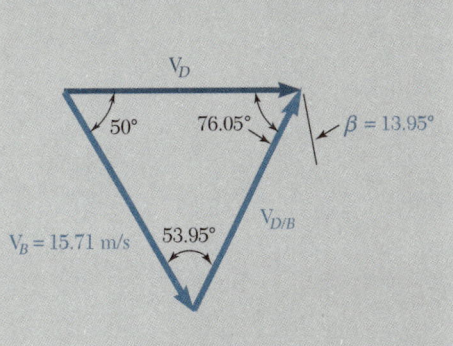

$$\frac{v_D}{\sin 53.95°} = \frac{v_{D/B}}{\sin 50°} = \frac{15.71 \text{ m/s}}{\sin 76.05°}$$

$$v_{D/B} = 12.40 \text{ m/s} \quad \mathbf{v}_{D/B} = 12.40 \text{ m/s} \measuredangle 76.05$$

由於 $v_{D/B} = l\omega_{BD}$，我們有

$$12.40 \text{ m/s} = (0.2 \text{ m})\omega_{BD}$$

$$\omega_{BD} = 62 \text{ rad/s} \circlearrowright$$

接著求解 BD 的角加速度及點 D 的加速度。

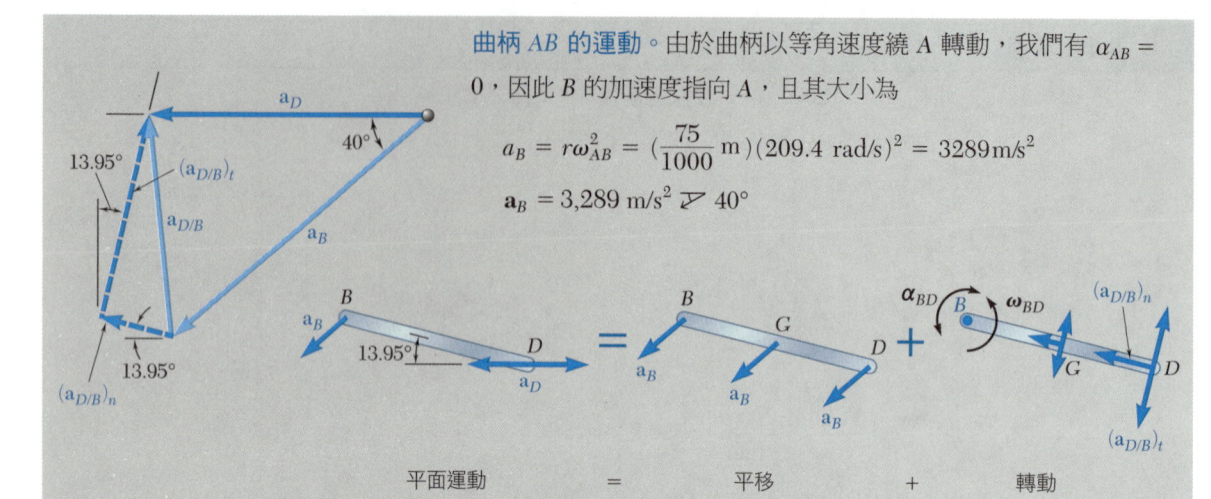

曲柄 AB 的運動。由於曲柄以等角速度繞 A 轉動，我們有 $\alpha_{AB} = 0$，因此 B 的加速度指向 A，且其大小為

$$a_B = r\omega_{AB}^2 = \left(\frac{75}{1000}\text{ m}\right)(209.4 \text{ rad/s})^2 = 3289 \text{ m/s}^2$$

$\mathbf{a}_B = 3{,}289 \text{ m/s}^2 \; \measuredangle \; 40°$

平面運動　　＝　　平移　　＋　　轉動

將 BD 的運動分解成一隨 B 的平移及一繞 B 的轉動。相對加速度 $\mathbf{a}_{D/B}$ 分解成法向與切向分量：

$$(a_{D/B})_n = (BD)\omega_{BD}^2 = \left(\frac{200}{1000}\text{ m}\right)(62.0 \text{ rad/s})^2 = 768.8 \text{ m/s}^2$$

$$(a_{D/B})_t = (BD)\alpha_{BD} = \left(\frac{200}{1000}\text{ m}\right)\alpha_{BD} = 0.2\,\alpha_{BD}$$

$(\mathbf{a}_{D/B})_n = 768.8 \text{ m/s}^2 \; \measuredangle \; 13.95°$

$(\mathbf{a}_{D/B})_t = 0.2\,\alpha_{BD} \; \measuredangle \; 76.05°$

雖然 $(\mathbf{a}_{D/B})_t$ 必須垂直於 BD，但其指向未知。

應注意的是，加速度 $\mathbf{a}_D$ 必須是水平的，寫為

$$\mathbf{a}_D = \mathbf{a}_B + \mathbf{a}_{D/B} = \mathbf{a}_B + (\mathbf{a}_{D/B})_n + (\mathbf{a}_{D/B})_t$$

$[a_D \leftrightarrow] = [3289 \measuredangle 40°] + [768.8 \measuredangle 13.95°] + [0.2\alpha_{BD} \measuredangle 76.05°]$

令等號兩邊的 x 與 y 分量相等，得到下列的純量方程式：

$\xrightarrow{+} x$ 分量：

$$-a_D = -3289 \cos 40° - 768.8 \cos 13.95° + 0.2\alpha_{BD} \sin 13.95°$$

$+\uparrow y$ 分量：

$$0 = -3289 \sin 40° + 768.8 \sin 13.95° + 0.2\alpha_{BD} \cos 13.95°$$

解此聯立方程式，得到 $\mathbf{a}_{B/D} = +9940 \text{ rad/s}^2$ 與 $a_D = +2790 \text{ m/s}^2$。正號表示顯示於向量多邊形上的方向是正確的；寫為

$\alpha_{BD} = 9940 \text{ rad/s}^2 \; \circlearrowleft$ ◀

$\mathbf{a}_D = 2790 \text{ m/s}^2 \leftarrow$ ◀

範例 15.8

連桿 ABDE 在垂直平面內移動。已知在圖示位置中，曲柄 AB 以 20 rad/s 的等角速度 ω_1 逆時針向旋轉，試求連桿 BD 與曲柄 DE 的角速度，以及角加速度。

解

本題可用範例 15.7 所使用的方法求解。然而，本範例將採用向量法。所選定的位置向量 $\mathbf{r}_B$、$\mathbf{r}_D$ 與 $\mathbf{r}_{D/B}$ 如簡圖所示。

速度。因連桿各元件的運動包含在此圖示的平面內，我們有

$$\boldsymbol{\omega}_{AB} = \omega_{AB}\mathbf{k} = (20 \text{ rad/s})\mathbf{k} \quad \boldsymbol{\omega}_{BD} = \omega_{BD}\mathbf{k} \quad \boldsymbol{\omega}_{DE} = \omega_{DE}\mathbf{k}$$

其中 $\mathbf{k}$ 是指向紙外的一個單位向量。現在我們寫出

$$\mathbf{v}_D = \mathbf{v}_B + \mathbf{v}_{D/B}$$
$$\omega_{DE}\mathbf{k} \times \mathbf{r}_D = \omega_{AB}\mathbf{k} \times \mathbf{r}_B + \omega_{BD}\mathbf{k} \times \mathbf{r}_{D/B}$$
$$\omega_{DE}\mathbf{k} \times (-340\mathbf{i} + 340\mathbf{j}) = 20\mathbf{k} \times (160\mathbf{i} + 280\mathbf{j}) + \omega_{BD}\mathbf{k} \times (240\mathbf{i} + 60\mathbf{j})$$

$\mathbf{r}_B = 160\mathbf{i} + 280\mathbf{j}$
$\mathbf{r}_D = -340\mathbf{i} + 340\mathbf{j}$
$\mathbf{r}_{D/B} = 240\mathbf{i} + 60\mathbf{j}$

每項除以 20，得

$$-17\omega_{DE}\mathbf{j} - 17\omega_{DE}\mathbf{i} = 160\mathbf{j} - 280\mathbf{i} + 12\omega_{BD}\mathbf{j} - 3\omega_{BD}\mathbf{i}$$

令式中單位向量 $\mathbf{i}$ 與 $\mathbf{j}$ 的係數相等，得到以下兩個純量方程式：

$$-17\omega_{DE} = -280 - 3\omega_{BD}$$
$$-17\omega_{DE} = +160 + 12\omega_{BD}$$

$$\boldsymbol{\omega}_{BD} = -(29.33 \text{ rad/s})\mathbf{k} \quad \boldsymbol{\omega}_{DE} = (11.29 \text{ rad/s})\mathbf{k} \blacktriangleleft$$

以 m 為長度的單位，則 $\mathbf{r}$ 表示為

$$\mathbf{r}_B = 0.16\mathbf{i} + 0.28\mathbf{j}$$
$$\mathbf{r}_D = -0.34\mathbf{i} + 0.34\mathbf{j}$$
$$\mathbf{r}_{D/B} = 0.24\mathbf{i} + 0.06\mathbf{j}$$

加速度。注意到曲柄 AB 在所考慮的瞬間有一等角速度，而寫出

$$\boldsymbol{\alpha}_{AB} = 0 \quad \boldsymbol{\alpha}_{BD} = \alpha_{BD}\mathbf{k} \quad \boldsymbol{\alpha}_{DE} = \alpha_{DE}\mathbf{k}$$
$$\mathbf{a}_D = \mathbf{a}_B + \mathbf{a}_{D/B} \quad (1)$$

式(1)中各項個別計算如下：

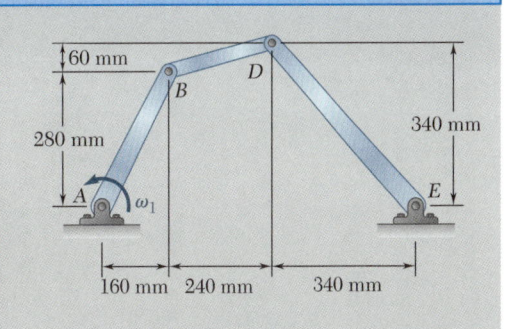

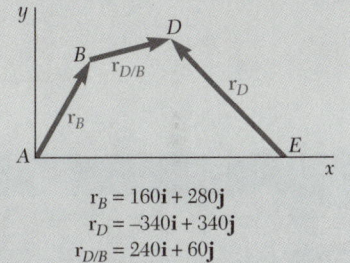

$$\begin{aligned}
\mathbf{a}_D &= \alpha_{DE}\mathbf{k} \times \mathbf{r}_D - \omega_{DE}^2 \mathbf{r}_D \\
&= \alpha_{DE}\mathbf{k} \times (-0.34\mathbf{i} + 0.34\mathbf{j}) - (11.29)^2(-0.34\mathbf{i} + 0.34\mathbf{j}) \\
&= -0.34\alpha_{DE}\mathbf{j} - 0.34\alpha_{DE}\mathbf{i} + 43.33\mathbf{i} - 43.33\mathbf{j} \\
\mathbf{a}_B &= \alpha_{AB}\mathbf{k} \times \mathbf{r}_B - \omega_{AB}^2 \mathbf{r}_B = 0 - (20)^2(16\mathbf{i} + 0.28\mathbf{j}) \\
&= -64\mathbf{i} - 112\mathbf{j} \\
\mathbf{a}_{D/B} &= \alpha_{BD}\mathbf{k} \times \mathbf{r}_{D/B} - \omega_{BD}^2 \mathbf{r}_{D/B} \\
&= \alpha_{BD}\mathbf{k} \times (0.24\mathbf{i} + 0.06\mathbf{j}) - (29.33)^2(0.24\mathbf{i} + 0.06\mathbf{j}) \\
&= 0.24\alpha_{BD}\mathbf{j} - 0.06\alpha_{BD}\mathbf{i} - 206.4\mathbf{i} - 51.61\mathbf{j}
\end{aligned}$$

代入式(1)並令 $\mathbf{i}$ 與 $\mathbf{j}$ 的係數相等，得

$$-0.34\alpha_{DE} + 0.06\alpha_{BD} = -313.7$$
$$-0.34\alpha_{DE} - 0.24\alpha_{BD} = -120.28$$
$$\boldsymbol{\alpha}_{BD} = -(645 \text{ rad/s}^2)\mathbf{k} \qquad \boldsymbol{\alpha}_{DE} = (809 \text{ rad/s}^2)\mathbf{k} \blacktriangleleft$$

重點提示

本課專注於求解平面運動中之剛體的加速度。如同前述，再次將剛體的平面運動考慮為兩運動之和，也就是一平移與一轉動。

求解平面運動中涉及加速度的問題應採用下列的步驟：

1. 求解剛體的角速度。可用下列任一方法找到 $\boldsymbol{\omega}$：
   a. 如第 15.6 節所述，將物體的運動考慮為一平移與一轉動之和，或
   b. 如第 15.7 節所述，使用物體的瞬時旋轉中心。然而，應牢記不能使用瞬時旋轉中心來求解加速度。
2. 開始繪製「圖方程式」，並用於你的解答中。這個「方程式」將包含以下幾個圖 (圖 15.22)。
   a. 平面運動圖。畫出物體的簡圖，包括所有的尺寸及角速度 $\boldsymbol{\omega}$。如果你知道的話，顯示角加速度 $\boldsymbol{\alpha}$ 的大小和指向。同時也顯示你知道或尋求其加速度的各個點，表明所有你對於這些加速度的了解。
   b. 平移圖。選定一參考點 A，而 $\mathbf{a}_A$ 的方向、大小或分量為已知。繪製第二圖，圖中顯示平移中之物體各點的加速度均與點 A 相同。
   c. 轉動圖。考慮點 A 為一固定的參考點，繪出第三圖，圖中顯示此物體繞著 A 旋轉。標示其他點相對加速度的法向與切向分量，例如點 B 相對於點 A 的加速度分量 $(\mathbf{a}_{B/A})_n$ 與 $(\mathbf{a}_{B/A})_t$。
3. 寫出相對加速度公式

$$\mathbf{a}_B = \mathbf{a}_A + \mathbf{a}_{B/A} \quad \text{或} \quad \mathbf{a}_B = \mathbf{a}_A + (\mathbf{a}_{B/A})_n + (\mathbf{a}_{B/A})_t$$

以範例來說明此向量方程式的三種不同用法：

a. 假如 α 為已知或可輕易求解，你可以用此方程式求解物體各點的加速度 [範例 15.6]。

b. 假如 α 不易求解，選擇一點 B，已知加速度 $\mathbf{a}_B$ 的方向、大小或分量，並繪製此方程式的向量圖。從同一點出發，對方程式中的每一項，依循著首—尾相連的方式，畫出所有的加速度分量。在適當的方向繪出兩個剩餘的向量而完成此向量圖，依此，兩向量和的末端結止於同一點。

兩剩餘向量的大小可用圖解或解析方式找出。通常解析解需要兩聯立方程式的解 [範例 15.7]。然而，藉由先考慮垂直於一未知向量之各向量的分量，你可以找到一個僅含單一未知量的方程式。

$(\mathbf{a}_{B/A})_t$ 將是由剛才所述方法求得的兩個向量之一，你可藉以計算 α。一旦找到了 α，就可以利用向量方程式來求解此物體任何其他點的加速度。

4. **使用參數的平面運動分析**使本節的內容完整無缺。此方法僅應用於，當物體所有重要點的座標 x 與 y 可用單一參數表示時 (第 15.9 節)。藉由將一給定點的座標 x 與 y 對 t 微分兩次，即可解出該點之絕對速度與絕對加速度的直角分量。

習 題

15.34 一支 900 mm 的桿件靜置於水平桌面。圖示的施力 **P** 產生如下的加速度：$\mathbf{a}_A = 3.6$ m/s² 向右，$\alpha = 6$ rad/s² 由上觀看為逆時針向。試求 (a) 點 G 的加速度；(b) 點 B 的加速度。

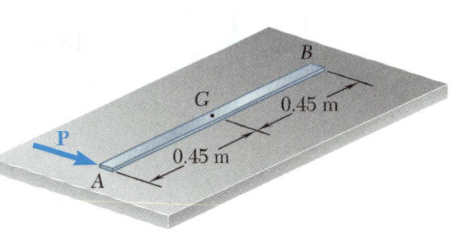

圖 P15.34

15.35 圖示半徑 500 mm 飛輪剛性地附在一沿平行軌道滾動之半徑 40 mm 的軸上。已知在圖示之瞬間，輪軸中心的速度為 30 mm/s、加速度為 10 mm/s²，兩者均指向左下方，試求 (a) 點 A 的加速度；(b) 點 B 的加速度。

15.36 一輪子滾動於固定的圓柱上，沒有滑動。已知在圖示之瞬間，輪子的角速度為順時針向 10 rad/s，角加速度為逆時針向 30 rad/s²，試求 (a) 點 A；(b) 點 B；(c) 點 C 的加速度。

15.37 半徑 200 mm 的圓盤滾動於圖示的表面上，無滑動。已知 BG 的距離為 160 mm，在圖示之瞬間，圓盤的角

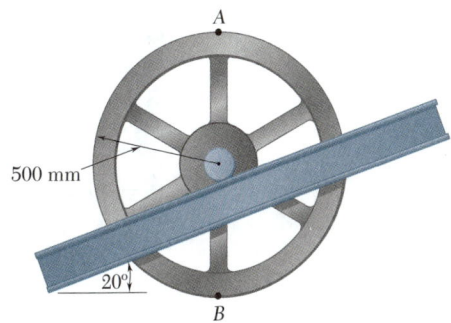

圖 P15.35

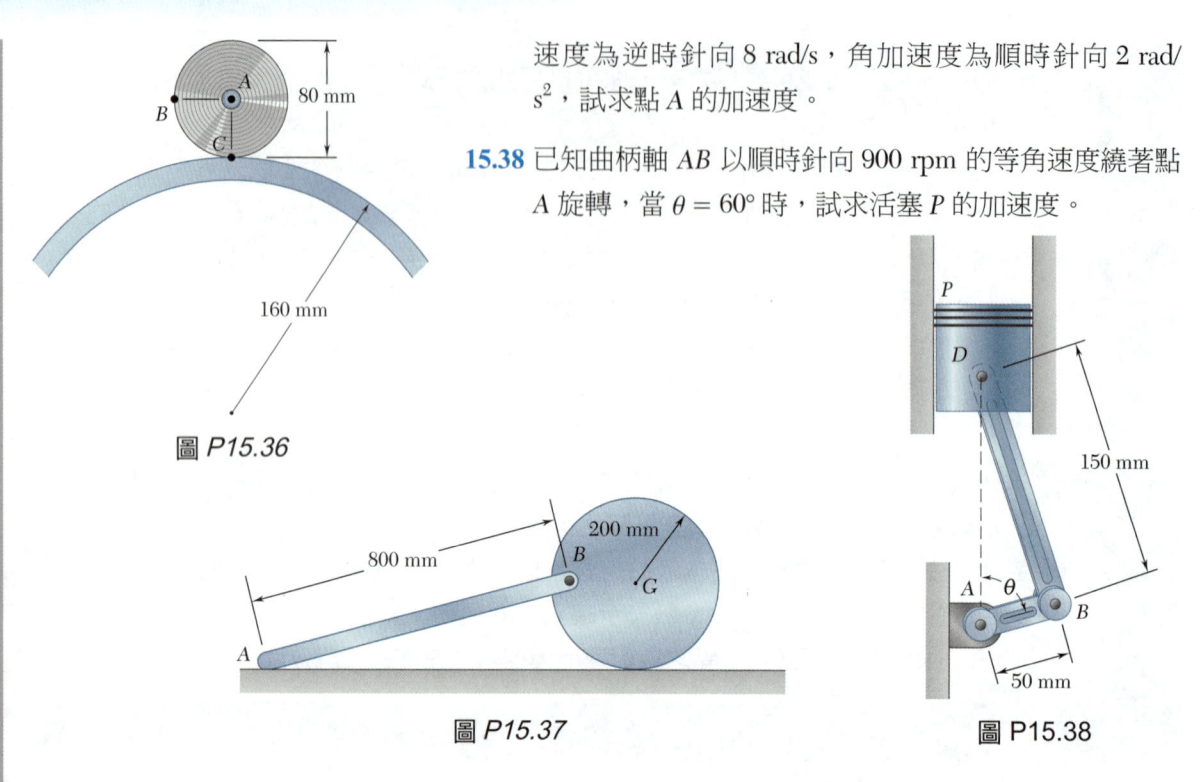

速度為逆時針向 8 rad/s，角加速度為順時針向 2 rad/s²，試求點 A 的加速度。

15.38 已知曲柄軸 AB 以順時針向 900 rpm 的等角速度繞著點 A 旋轉，當 $\theta = 60°$ 時，試求活塞 P 的加速度。

圖 P15.36

圖 P15.37

圖 P15.38

15.39 圖示圓盤以逆時針向 500 rpm 的等角速度旋轉。已知桿件 BD 的長度為 250 mm，當 (a) $\theta = 90°$；(b) $\theta = 180°$ 時，試求軸環 D 的加速度。

15.40 已知在圖示之瞬間，桿件 AB 有一順時針向 6 rad/s 的等角速度，試求點 D 的加速度。

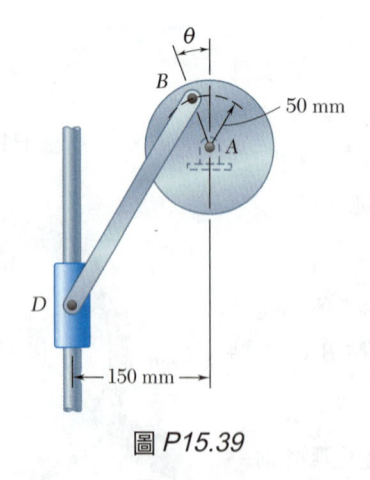

圖 P15.39

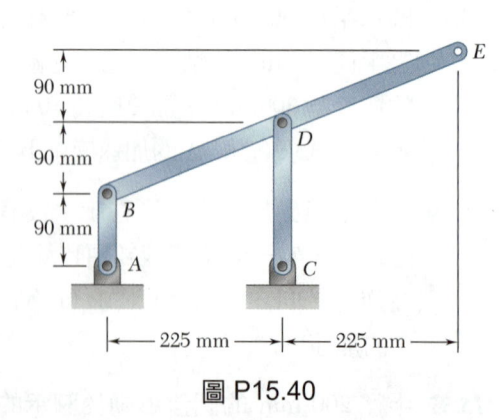

圖 P15.40

15.41 與 15.42 已知在圖示之瞬間，桿件 AB 有一順時針向 4 rad/s 的等角速度，試求 (a) 桿件 BD 的角加速度；(b) 桿件 DE 的角加速度。

15.43 圖示為油泵鑽井機，當曲柄轉動時，連桿 AB 使梁 BCE 產生振盪。已知 OA 的半徑為 0.6 m，有一順時針向 20 rpm 的等角速度，試求在圖示之瞬間，點 D 的速度與加速度。

圖 P15.41

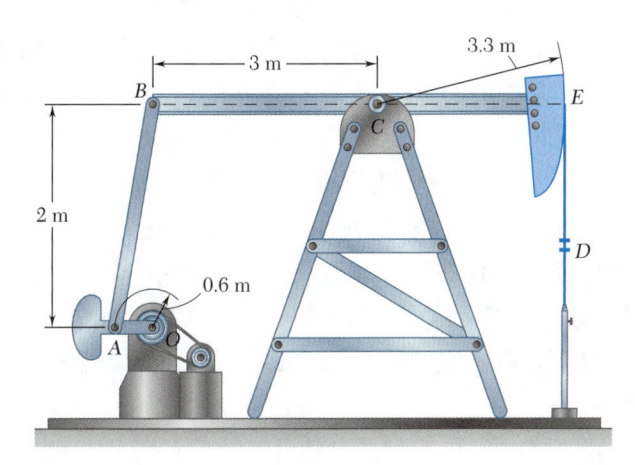

圖 P15.43

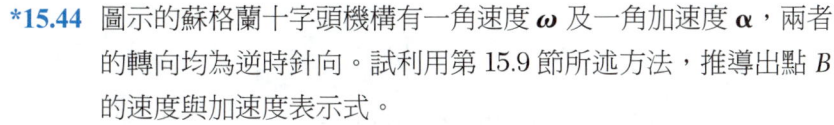

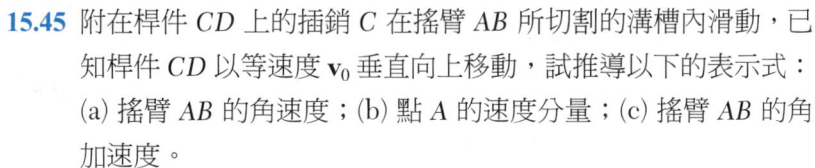

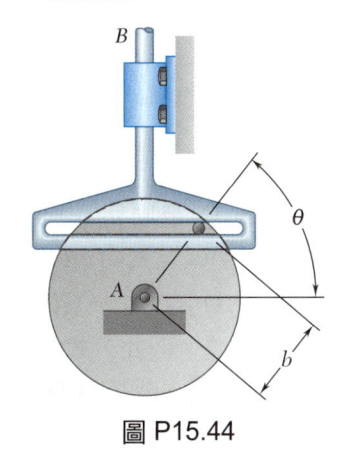

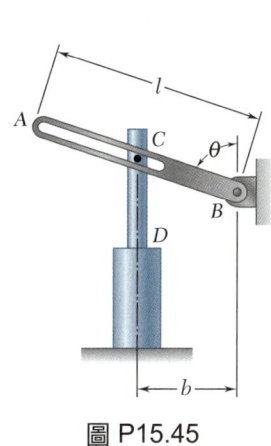

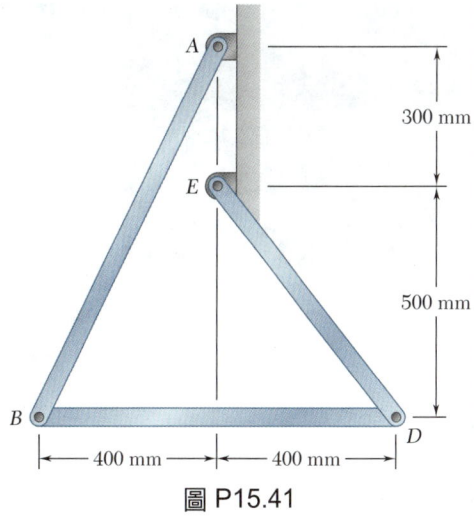

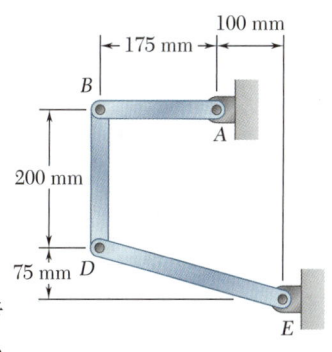

圖 P15.42

*__15.44__ 圖示的蘇格蘭十字頭機構有一角速度 $\boldsymbol{\omega}$ 及一角加速度 $\boldsymbol{\alpha}$，兩者的轉向均為逆時針向。試利用第 15.9 節所述方法，推導出點 B 的速度與加速度表示式。

15.45 附在桿件 CD 上的插銷 C 在搖臂 AB 所切割的溝槽內滑動，已知桿件 CD 以等速度 $\mathbf{v}_0$ 垂直向上移動，試推導以下的表示式：(a) 搖臂 AB 的角速度；(b) 點 A 的速度分量；(c) 搖臂 AB 的角加速度。

圖 P15.44

圖 P15.45

照片 15.6 日內瓦機構用於將旋轉運動轉換成間歇運動。

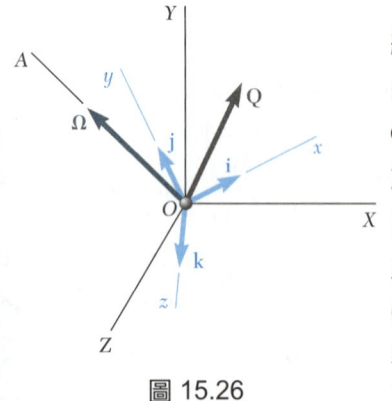

15.10 向量對轉動座標系的改變率 (Rate of Change of a Vector with Respect to a Rotating Frame)

我們在第 11.10 節中看到，一向量對於固定座標系與對於平移座標系的改變率是相同的。本節將考慮一向量 $\mathbf{Q}$ 對於固定座標系，與對於轉動參考座標系的改變率。當 $\mathbf{Q}$ 由其在另一座標系的分量所定義時，你將學著去決定 $\mathbf{Q}$ 對於一參考座標系的改變率。

考慮兩個以 O 為中心的參考座標系，一固定座標系 $OXYZ$ 與一繞固定軸轉動的座標系 $Oxyz$。令 $\mathbf{\Omega}$ 表示座標系 $Oxyz$ 在一給定瞬間的角速度 (圖 15.26)。現在考慮以附在點 O 的向量 $\mathbf{Q}$ 代表一向量函數 $\mathbf{Q}(t)$。當時間 t 改變時，$\mathbf{Q}$ 的方向與大小皆隨之改變。由於以 $OXYZ$ 為參考座標系的觀察者，與以 $Oxyz$ 的觀察者所看到 $\mathbf{Q}$ 的變化是不同的，我們應可預期 $\mathbf{Q}$ 的改變率取決於你所選用的參考座標系。因此我們將以 $(\dot{\mathbf{Q}})_{OXYZ}$ 表示 $\mathbf{Q}$ 對於固定座標系 $OXYZ$ 的改變率，而以 $(\dot{\mathbf{Q}})_{Oxyz}$ 表示 $\mathbf{Q}$ 對於轉動座標系 $Oxyz$ 的改變率。試著找出存於兩改變率之間的關係。

首先讓我們將向量 $\mathbf{Q}$ 分解成沿轉動座標系 x、y 與 z 軸的分量。以 $\mathbf{i}$、$\mathbf{j}$ 與 $\mathbf{k}$ 表示對應於各軸的單位向量，寫為

$$\mathbf{Q} = Q_x\mathbf{i} + Q_y\mathbf{j} + Q_z\mathbf{k} \tag{15.27}$$

將式 (15.27) 對 t 微分，並考慮單位向量 $\mathbf{i}$、$\mathbf{j}$、$\mathbf{k}$ 是固定的，於是得到 $\mathbf{Q}$ 對於轉動座標系 $Oxyz$ 的改變率：

$$(\dot{\mathbf{Q}})_{Oxyz} = \dot{Q}_x\mathbf{i} + \dot{Q}_y\mathbf{j} + \dot{Q}_z\mathbf{k} \tag{15.28}$$

為了獲得 $\mathbf{Q}$ 對於固定座標系 $OXYZ$ 的改變率，當我們對式 (15.27) 微分時，必須考慮單位向量 $\mathbf{i}$、$\mathbf{j}$、$\mathbf{k}$ 為變量，因此寫為

$$(\dot{\mathbf{Q}})_{OXYZ} = \dot{Q}_x\mathbf{i} + \dot{Q}_y\mathbf{j} + \dot{Q}_z\mathbf{k} + Q_x\frac{d\mathbf{i}}{dt} + Q_y\frac{d\mathbf{j}}{dt} + Q_z\frac{d\mathbf{k}}{dt} \tag{15.29}$$

回顧式 (15.28)，我們觀察到式 (15.29) 等號右側前三項和代表改變率 $(\dot{\mathbf{Q}})_{Oxyz}$，另一方面也注意到，如果向量 $\mathbf{Q}$ 被固定在座標系 $Oxyz$ 內，由於 $(\dot{\mathbf{Q}})_{Oxyz}$ 為零，則改變率 $(\dot{\mathbf{Q}})_{OXYZ}$ 將減為式 (15.29) 中的後三項。但在那種情況下，$(\dot{\mathbf{Q}})_{OXYZ}$ 將代表位於 $\mathbf{Q}$ 尖端之一質點的速度，且 $\mathbf{Q}$ 屬於一剛性地附於座標系 $Oxyz$ 的物體。因此，式 (15.29) 的後三項代表該質點的速度；由於在所考慮之瞬間座標系 $Oxyz$ 對於

圖 15.26

$OXYZ$ 有一角速度 $\boldsymbol{\Omega}$，由式 (15.5)，我們寫成

$$Q_x\frac{d\mathbf{i}}{dt} + Q_y\frac{d\mathbf{j}}{dt} + Q_z\frac{d\mathbf{k}}{dt} = \boldsymbol{\Omega} \times \mathbf{Q} \tag{15.30}$$

將式 (15.28) 和式 (15.30) 代入式 (15.29) 中，得到以下的基本關係

$$(\dot{\mathbf{Q}})_{OXYZ} = (\dot{\mathbf{Q}})_{Oxyz} + \boldsymbol{\Omega} \times \mathbf{Q} \tag{15.31}$$

總結而言，向量 $\mathbf{Q}$ 對於固定座標系 $OXYZ$ 的改變率由兩部分所組成：第一部分代表 $\mathbf{Q}$ 對於轉動座標系 $Oxyz$ 的改變率；第二部分，$\boldsymbol{\Omega} \times \mathbf{Q}$，是由座標系 $Oxyz$ 的旋轉所造成的。

當向量 $\mathbf{Q}$ 由其沿轉動座標系 $Oxyz$ 各軸的分量所定出時，關係式 (15.31) 的使用簡化了向量 $\mathbf{Q}$ 對於一固定座標系 $OXYZ$ 之改變率的求解，因為此關係式並不需要我們個別計算定義此轉動座標系方位之單位向量的導數。

15.11 相對於轉動座標系之質點的平面運動／科氏加速度 (Plane Motion of a Particle Relative to a Rotating Frame. Coriolis Acceleration)

考慮兩個參考座標系，兩者皆以 O 為中心且位在圖示的平面內 (圖 15.27)，即一固定座標系 OXY 與一轉動座標系 Oxy。令 P 為在圖示平面內移動的一個質點。P 在兩座標系中的位置向量 r 相同，但其改變率則取決於所選擇的參考座標系。

將質點 P 的絕對速度 $\mathbf{v}_P$ 定義為，從固定參考座標系 OXY 所觀察到的速度，等於 r 對該座標系的改變率 $(\dot{\mathbf{r}})_{OXY}$。然而，如果我們利用式 (15.31)，則可由轉動座標系所觀察到的改變率 $(\dot{\mathbf{r}})_{Oxy}$ 來表示 $\mathbf{v}_P$。令 $\boldsymbol{\Omega}$ 表示在所考慮之瞬間座標系 Oxy 相對於 OXY 的角速度，寫為

$$\mathbf{v}_P = (\dot{\mathbf{r}})_{OXY} = \boldsymbol{\Omega} \times \mathbf{r} + (\dot{\mathbf{r}})_{Oxy} \tag{15.32}$$

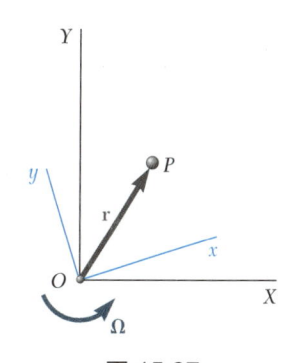

圖 15.27

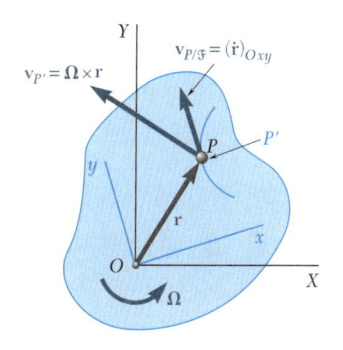

圖 15.28

但式中的 $(\dot{\mathbf{r}})_{Oxy}$ 定義此質點 P 相對於轉動座標系 Oxy 的速度。為求簡略，我們以 $\mathcal{F}$ 表示此轉動座標系，以 $\mathbf{v}_{P/\mathcal{F}}$ 代表 P 相對於此轉動座標系的速度 $(\dot{\mathbf{r}})_{Oxy}$。讓我們想像一剛性平板附到此轉動座標系。則 $v_{P/\mathcal{F}}$ 代表 P 沿其在該平板所描出之路徑的速度 (圖 15.28)，而式 (15.32) 中

的 $\mathbf{\Omega} \times \mathbf{r}$ 項,則代表此平板或轉動座標系在所考慮之瞬間與 P 重合之點 P' 的速度 $\mathbf{v}_{P'}$。故我們有

$$\mathbf{v}_P = \mathbf{v}_{P'} + \mathbf{v}_{P/\mathcal{F}} \tag{15.33}$$

其中 $\mathbf{v}_P$ = 質點 P 的絕對速度
$\mathbf{v}_{P'}$ = 移動座標系 $\mathcal{F}$ 與 P 重合之點 P' 的速度
$\mathbf{v}_{P/\mathcal{F}}$ = P 相對於移動座標系 $\mathcal{F}$ 的速度

質點 P 的絕對加速度 $\mathbf{a}_P$ 定義為 $\mathbf{v}_P$ 對固定座標系 OXY 的改變率。計算式 (15.32) 中各項對於 OXY 的改變率,我們寫為

$$\mathbf{a}_P = \dot{\mathbf{v}}_P = \dot{\mathbf{\Omega}} \times \mathbf{r} + \mathbf{\Omega} \times \dot{\mathbf{r}} + \frac{d}{dt}[(\dot{\mathbf{r}})_{Oxy}] \tag{15.34}$$

式中除非另有說明,否則所有的導數皆是對 OXY 所定義的。參照式 (15.31),我們注意到式 (15.34) 的最後一項可表示為

$$\frac{d}{dt}[(\dot{\mathbf{r}})_{Oxy}] = (\ddot{\mathbf{r}})_{Oxy} + \mathbf{\Omega} \times (\dot{\mathbf{r}})_{Oxy}$$

另一方面,式中代表速度 $\mathbf{v}_P$ 的 $\dot{\mathbf{r}}$ 則可由式 (15.32) 的右邊項來取代。完成這兩次取代後,式 (15.34) 改寫為

$$\mathbf{a}_P = \dot{\mathbf{\Omega}} \times \mathbf{r} + \mathbf{\Omega} \times (\mathbf{\Omega} \times \mathbf{r}) + 2\mathbf{\Omega} \times (\dot{\mathbf{r}})_{Oxy} + (\ddot{\mathbf{r}})_{Oxy} \tag{15.35}$$

參考第 15.3 節中所得之繞一固定軸轉動的剛體內一質點的加速度表示式 (15.8),我們注意到前兩項之和代表轉動座標系與 P 重合之點 P' 的加速度 $\mathbf{a}_{P'}$。另一方面,最後一項定義 P 相對於轉動座標系的加速度 $\mathbf{a}_{P/\mathcal{F}}$。如果沒有第三項,亦即該項不被計入,則加速度可寫成類似式 (15.33) 的關係式,同時 $\mathbf{a}_P$ 可表示為 $\mathbf{a}_{P'}$ 與 $\mathbf{a}_{P/\mathcal{F}}$ 之和。然而,顯然這種關係式是不正確的,我們必須計入此額外項。在法國數學家德科里奧利 (de Coriolis, 792~1843) 之後,此項就以 $\mathbf{a}_c$ 表示,稱為**輔助加速度** (complementary acceleration) 或**科氏加速度** (Coriolis acceleration)。寫為

$$\mathbf{a}_P = \mathbf{a}_{P'} + \mathbf{a}_{P/\mathcal{F}} + \mathbf{a}_c \tag{15.36}$$

其中 $\mathbf{a}_P$ = 質點 P 的絕對加速度
$\mathbf{a}_{P'}$ = 運動座標系 $\mathcal{F}$ 與 P 重合之點 P' 的加速度
$\mathbf{a}_{P/\mathcal{F}}$ = P 相對於移動座標系 $\mathcal{F}$ 的加速度

$$\mathbf{a}_c = 2\mathbf{\Omega} \times (\dot{\mathbf{r}})_{Oxy} = 2\mathbf{\Omega} \times \mathbf{v}_{P/\mathcal{F}}$$
$$= 輔助加速度或科氏加速度$$

請注意：由於點 P' 在繞原點 O 的圓內移動，其加速度 $\mathbf{a}_{P'}$ 通常有兩個分量：一分量 $(\mathbf{a}_{P'})_t$ 與圓相切，及一分量 $(\mathbf{a}_{P'})_n$ 指向 O。同樣地，加速度 $\mathbf{a}_{P/\mathcal{F}}$ 通常也有兩個分量：一分量 $(\mathbf{a}_{P/\mathcal{F}})_t$ 與 P 在轉動平板上所描出的路徑相切，及一分量 $(\mathbf{a}_{P/\mathcal{F}})_n$ 指向該路徑的曲率中心。我們更要注意，由於向量 $\mathbf{\Omega}$ 垂直於運動平面，故也垂直於 $\mathbf{v}_{P/\mathcal{F}}$，因此科氏加速度 $\mathbf{a}_c = 2\mathbf{\Omega} \times \mathbf{v}_{P/\mathcal{F}}$ 的大小等於 $2\Omega v_{P/\mathcal{F}}$，其方向則可依移動座標系的轉向，令 $\mathbf{v}_{P/\mathcal{F}}$ 旋轉 $90°$ 而得（圖 15.29）。當 $\mathbf{\Omega}$ 或 $\mathbf{v}_{P/\mathcal{F}}$ 為零時，科氏加速度減為零。

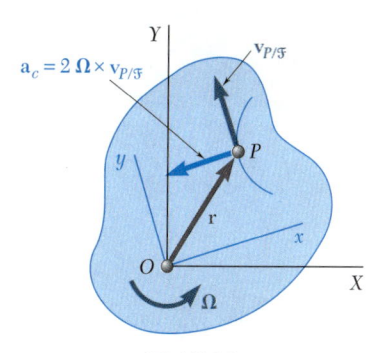

圖 15.29

以下的例子將有助於我們了解科氏加速度的物理意義。考慮一軸環 P 以等相對速率 u，沿著以等角速度 ω 繞 O 旋轉的桿件 OB 滑動（圖 15.30a）。依據式 (15.36)，P 的絕對加速度可由桿件內與 P 重合之點 A 的加速度 $\mathbf{a}_A$、P 對桿件的相對加速度 $\mathbf{a}_{P/OB}$，以及科氏加速度 $\mathbf{a}_c$ 三個向量相加而得。由於此桿件的角速度 ω 為定值，$\mathbf{a}_A$ 化減為其法向分量 $(\mathbf{a}_A)_n$，大小為 $r\omega^2$；而因 u 為定值，故相對加速度 $\mathbf{a}_{P/OB}$ 為零。依據以上的定義，科氏加速度是垂直於 OB 且大小為 $2\omega u$ 的向量，其指向如圖所示。因此，軸環 P 的加速可由圖 15.30a 所示的兩個向量組成。應注意的是，以上所得的結果可用關係式 (11.44) 給予驗證。

為了更進一步了解科氏加速度的重要性，讓我們考慮 P 在時間 t 與 $t + \Delta t$ 的絕對速度（圖 15.30b）。在時間 t 時，速度可分解成其分量 $\mathbf{u}$ 與 $\mathbf{v}_A$；在時間 $t + \Delta t$ 時，速度可分解成其分量 $\mathbf{u}'$ 與 $\mathbf{v}_{A'}$。自同一原點畫出這些分量（圖 15.30c），我們注意到，速度在 Δt 這段期間的改變，可用三個向量 $\overrightarrow{RR'}$、$\overrightarrow{TT''}$ 與 $\overrightarrow{T''T'}$ 之和來代表。向量 $\overrightarrow{TT''}$ 量度速度 $\mathbf{v}_A$ 在方向的改變，當 Δt 趨近於零時，商 $\overrightarrow{TT''}/\Delta t$ 代表加速度 $\mathbf{a}_A$。經我們查證，當 Δt 趨近於零時，$\overrightarrow{TT''}$ 的方向即為 $\mathbf{a}_A$ 的方向，而且

$$\lim_{\Delta t \to 0} \frac{TT''}{\Delta t} = \lim_{\Delta t \to 0} v_A \frac{\Delta \theta}{\Delta t} = r\omega\omega = r\omega^2 = a_A$$

向量 $\overrightarrow{RR'}$ 量測由於桿件轉動所造成之 $\mathbf{u}$ 在方向的改變；向量 $\overrightarrow{T''T'}$ 量測由於 P 在桿件上的運動所造成之 $\mathbf{v}_A$ 在大小的改變。向量 $\overrightarrow{RR'}$ 與 $\overrightarrow{T''T'}$ 是由 P 的相對運動與桿件的轉動所造成的組合效應，如果這兩種運動之一停止，它們將會消失。我們很容易證明，這兩個

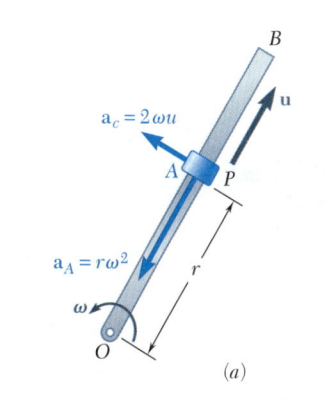

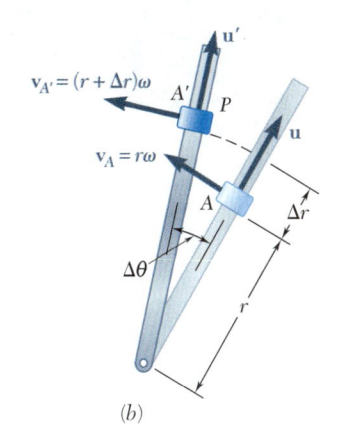

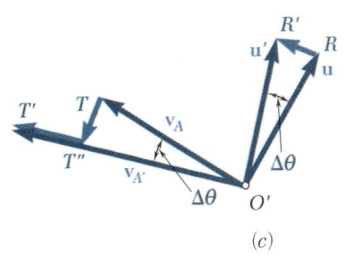

圖 15.30

向量的和定義了科氏加速度。當 Δt 趨近於零時，它們的方向即為 $\mathbf{a}_c$ 的方向。由於 $RR' = u\,\Delta\theta$，以及 $T''T' = v_{A'} - v_A = (r + \Delta r)\omega - r\omega$ $\omega\Delta r$，我們查證，a_c 等於

$$\lim_{\Delta t \to 0}\left(\frac{RR'}{\Delta t} + \frac{T''T'}{\Delta t}\right) = \lim_{\Delta t \to 0}\left(u\,\frac{\Delta\theta}{\Delta t} + \omega\,\frac{\Delta r}{\Delta t}\right) = u\omega + \omega u = 2\omega u$$

式 (15.33) 和式 (15.36) 可用於分析含有互相滑動零件之機構的運動。例如，它們能描述滑動銷與軸環之絕對及相對運動的關係 (參見範例 15.9 和 15.10)。科氏加速度的觀念在長程拋射體，以及運動微受地球轉動影響之其他物體的研究也相當有用。如同在第 12.2 節中所指出的，附到地球的軸系並未真正建立一牛頓參考座標系，這種軸系事實上應該考慮為轉動的。因此本節所導出的公式，將有助於研究物體對於附到地球之座標軸的運動。

範例 15.9

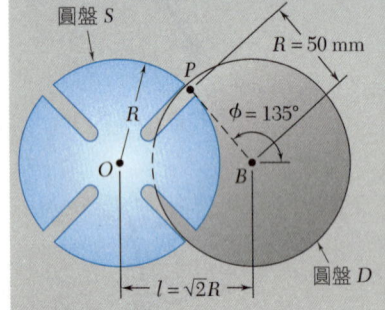

圖示之日內瓦間歇運動機構用於很多的計數儀器，以及需要間歇轉動的其他應用。圓盤 D 以 10 rad/s 的等角速度 $\boldsymbol{\omega}_D$ 逆時針向轉動。附在圓盤 D 之插銷 P，沿著圓盤 S 所切割的多個溝槽之一滑動。當插銷進或出各溝槽時，圓盤 S 的角速度為零。在四條溝槽的情況下，如果圓盤中心的距離 $l = \sqrt{2}\,R$，這種情形就會發生。

當 $\phi = 150°$ 時，試求 (a) 圓盤 S 的角速度；(b) 插銷 P 相對於圓盤 S 的速度。

解

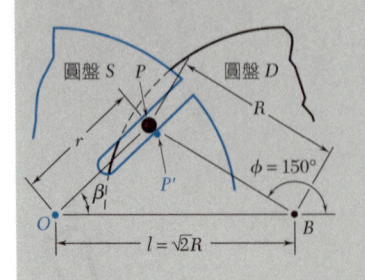

解出對應於位置 $\phi = 150°$ 之三角形 OPB。利用餘弦定理，我們有

$$r^2 = R^2 + l^2 - 2Rl\cos 30° = 0.551R^2 \qquad r = 0.742R = 37.1 \text{ mm}$$

由正弦定理，

$$\frac{\sin\beta}{R} = \frac{\sin 30°}{r} \qquad \sin\beta = \frac{\sin 30°}{0.742} \qquad \beta = 42.4°$$

因插銷 P 附在圓盤 D 上，且因圓盤 D 繞點 B 旋轉，故 P 之絕對速度的大小為

$$v_P = R\omega_D = (50 \text{ mm})(10 \text{ rad/s}) = 500 \text{ mm/s}$$
$$\mathbf{v}_P = 500 \text{ mm/s} \;⦨\; 60°$$

現在考慮插銷 P 沿圓盤 S 之溝槽的運動。令 P' 表示在所考慮之瞬間，圓盤 S 上與 P 重合的點，並選擇一轉動座標系 $\mathcal{S}$ 附到圓盤 S，寫為

$$\mathbf{v}_P = \mathbf{v}_{P'} + \mathbf{v}_{P/\mathcal{S}}$$

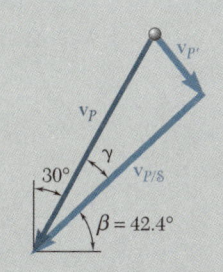

請注意：$\mathbf{v}_{P'}$ 垂直於半徑 OP 且 $\mathbf{v}_{P/\mathcal{S}}$ 指向沿溝槽的方向，畫出對應於以上方程式的速度三角形。由此三角形，我們計算出

$$\gamma = 90° - 42.4° - 30° = 17.6°$$
$$v_{P'} = v_P \sin \gamma = (500 \text{ mm/s}) \sin 17.6°$$
$$\mathbf{v}_{P'} = 151.2 \text{ mm/s} \nwarrow 42.4°$$
$$v_{P/\mathcal{S}} = v_P \cos \gamma = (500 \text{ mm/s}) \cos 17.6°$$
$$\mathbf{v}_{P/S} = \mathbf{v}_{P/\mathcal{S}} = 477 \text{ mm/s} \swarrow 42.4° \blacktriangleleft$$

因 $\mathbf{v}_{P'}$ 垂直於半徑 OP，寫出

$$v_{P'} = r\omega_\mathcal{S} \qquad 151.2 \text{ mm/s} = (37.1 \text{ mm})\omega_\mathcal{S}$$
$$\boldsymbol{\omega}_S = \boldsymbol{\omega}_\mathcal{S} = 4.08 \text{ rad/s} \downarrow \blacktriangleleft$$

範例 15.10

在範例 15.9 的日內瓦間歇運動機構中，圓盤 D 以 10 rad/s 之等角速度 $\boldsymbol{\omega}_D$ 逆時針向轉動。當 $\phi = 150°$ 時，試求圓盤 S 的角加速度。

解

參考範例 15.9，我們得到附於圓盤之座標系 $\mathcal{S}$ 的角速度，以及插銷 P 相對於 $\mathcal{S}$ 的速度：

$$\omega_\mathcal{S} = 4.08 \text{ rad/s} \downarrow$$
$$\beta = 42.4° \qquad \mathbf{v}_{P/\mathcal{S}} = 477 \text{ mm/s} \swarrow 42.4°$$

因插銷 P 相對於轉動座標系 $\mathcal{S}$ 移動，我們寫出

$$\mathbf{a}_P = \mathbf{a}_{P'} + \mathbf{a}_{P/\mathcal{S}} + \mathbf{a}_c \qquad (1)$$

分別檢視此向量方程式中的每一項。

絕對加速度 $\mathbf{a}_P$。因圓盤 D 以等角速度轉動，故絕對加速度 $\mathbf{a}_P$ 指向點 B。我們有

$$a_P = R\omega_D^2 = (500 \text{ mm})(10 \text{ rad/s})^2 = 5000 \text{ mm/s}^2$$
$$\mathbf{a}_P = 5000 \text{ mm/s}^2 \swarrow 30°$$

重合點 P' 的加速度 $\mathbf{a}_{P'}$。在所考慮之瞬間座標系 $\mathcal{S}$ 的點 P' 與 P 重

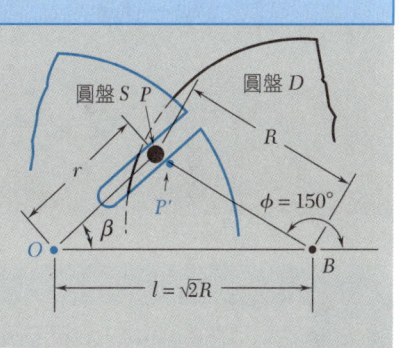

合，其加速度 $\mathbf{a}_{P'}$ 可分解成法向與切向分量。(我們由範例 15.9 得知 $r = 37.1$ mm)

$$(a_{P'})_n = r\omega_{\mathcal{S}}^2 = (37.1 \text{ mm})(4.08 \text{ rad/s})^2 = 618 \text{ mm/s}^2$$
$$(\mathbf{a}_{P'})_n = 618 \text{ mm/s}^2 \,\angle\, 42.4°$$
$$(a_{P'})_t = r\alpha_{\mathcal{S}} = 37.1\alpha_{\mathcal{S}} \qquad (\mathbf{a}_{P'})_t = 37.1\alpha_{\mathcal{S}} \,\angle\, 42.4°$$

相對加速度 $\mathbf{a}_{P/\mathcal{S}}$。因插銷 P 在圓盤所切割的直溝槽內移動，故相對加速度 $\mathbf{a}_{P/\mathcal{S}}$ 平行於此溝槽；亦即，其方向必是 $\angle\, 42.4°$。

科氏加速度 $\mathbf{a}_c$。將相對速度 $\mathbf{v}_{P/\mathcal{S}}$ 依 $\boldsymbol{\omega}_{\mathcal{S}}$ 之轉向旋轉 $90°$，即得科氏加速度的方向：$\angle\, 42.4°$，我們寫為

$$a_c = 2\omega_{\mathcal{S}} v_{P/\mathcal{S}} = 2(4.08 \text{ rad/s})(477 \text{ mm/s}) = 3890 \text{ mm/s}^2$$
$$\mathbf{a}_c = 3890 \text{ mm/s}^2 \,\angle\, 42.4°$$

重寫式 (1)，並代入以上所得的加速度：

$$\mathbf{a}_P = (\mathbf{a}_{P'})_n + (\mathbf{a}_{P'})_t + \mathbf{a}_{P/\mathcal{S}} + \mathbf{a}_c$$
$$[5000 \,\angle\, 30°] = [618 \,\angle\, 42.4°] + [37.1\alpha_{\mathcal{S}} \,\angle\, 42.4°]$$
$$+ [a_{P/\mathcal{S}} \,\angle\, 42.4°] + [3890 \,\angle\, 42.4°]$$

令垂直於溝槽方向的分量相等，即得

$$5000 \cos 17.6° = 37.1\alpha_{\mathcal{S}} - 3890$$
$$\boldsymbol{\alpha}_S = \boldsymbol{\alpha}_{\mathcal{S}} = 233 \text{ rad/s}^2 \downarrow \blacktriangleleft$$

重點提示

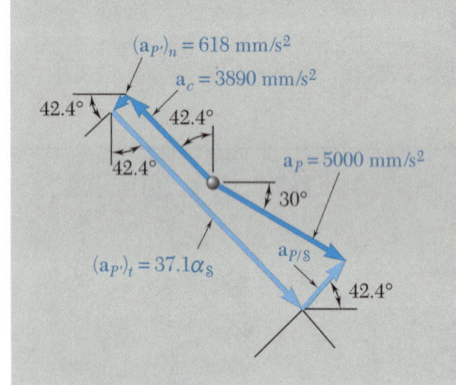

在本課中，我們研習一向量對於轉動座標系的改變率，再將此知識應用到質點相對於一轉動座標系的平面運動分析。

1. **向量對於固定座標系及轉動座標系的改變率。** 令 $(\dot{\mathbf{Q}})_{OXYZ}$ 表示向量 $\mathbf{Q}$ 對固定座標系 $OXYZ$ 的改變率，$(\dot{\mathbf{Q}})_{Oxyz}$ 表示向量 $\mathbf{Q}$ 對轉動座標系 $Oxyz$ 的改變率，我們得此基本關係

$$(\dot{\mathbf{Q}})_{OXYZ} = (\dot{\mathbf{Q}})_{Oxyz} + \boldsymbol{\Omega} \times \mathbf{Q} \qquad (15.31)$$

其中 $\boldsymbol{\Omega}$ 為轉動座標系的角速度。現將此基本關係應用於二維問題的解答。

2. **質點相對於一轉動座標系的平面運動。** 利用以上的基本關係，且指定 $\mathcal{F}$ 代表此轉動座標系，我們得到以下質點 P 的速度及加速度表示式：

$$\mathbf{v}_P = \mathbf{v}_{P'} + \mathbf{v}_{P/\mathcal{F}} \tag{15.33}$$

$$\mathbf{a}_P = \mathbf{a}_{P'} + \mathbf{a}_{P/\mathcal{F}} + \mathbf{a}_c \tag{15.36}$$

在這些方程式中：

a. 下標 P：係指質點 P 的絕對運動，亦即，對於固定參考座標系 OXY 的運動。
b. 下標 P'：係指轉動座標系 $\mathcal{F}$ 在所考慮之瞬間與 P 重合之質點 P' 的運動。
c. 下標 $P/\mathcal{F}$：係指質點 P 相對於轉動座標系 $\mathcal{F}$ 的運動。
d. $\mathbf{a}_c$ 項代表點 P 的科氏加速度。其大小為 $2\Omega v_{P/\mathcal{F}}$，而其方向是 $\mathbf{v}_{P/\mathcal{F}}$ 依座標系 $\mathcal{F}$ 的轉向將 $\mathbf{v}_{P/\mathcal{F}}$ 旋轉 90° 找到的。

請牢記，當分析中之機構有一零件相對於另一轉動中的零件移動時，必須將科氏加速度計入考慮。本課所討論的問題包括滑動於轉動桿件上的軸環，以及由在垂直平面內旋轉之起重機延伸的吊桿等。

當所求解的問題涉及轉動座標系時，你將發現，繪製分別代表式 (15.33) 和式 (15.36) 的向量圖，再利用這些圖求得一解析或一圖形解是很方便的。

習 題

15.46 圖示插銷 P 附在軸環上。插銷的運動由桿件 BD 所切割的溝槽，及在桿件 AE 上滑動的軸環所導引。已知在所考慮之瞬間，桿件以等角速度順時針向轉動，$\omega_{AE} = 8$ rad/s，$\omega_{BD} = 3$ rad/s，試求插銷 P 的速度。

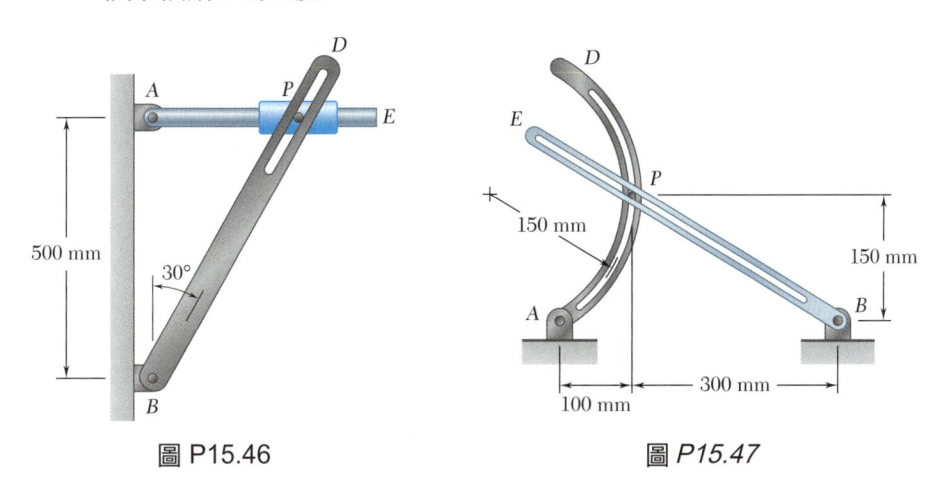

圖 P15.46

圖 P15.47

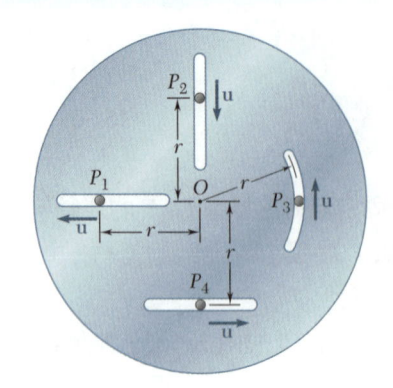

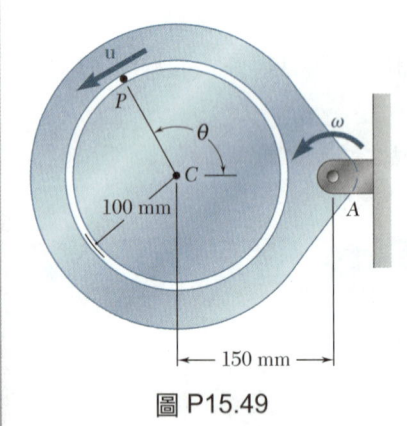

15.47 插銷 P 的運動由桿件 AD 與 BE 切割成的溝槽所導引。已知桿件 AD 有一順時針向 4 rad/s 的等角速度，桿件 BE 有一逆時針向 5 rad/s 的角速度，並以 2 rad/s² 減速，試求 P 在圖示位置的速度。

15.48 圖示四支插銷在由圓板所切割的四條個別溝槽內滑動。當此平板靜止時，每支插銷之速度指向如圖所示，且具有相同的大小 u。當平板以等角速度 ω 逆時針向繞 O 旋轉時，如果每支插銷相對於此平板維持相同的速度，試求每支插銷的加速度。

圖 P15.48

15.49 插銷 P 在平板所切割的圓形溝槽內以等相對速率滑動，u = 500 mm/s。假設在圖示之瞬間，平板的角速度為 6 rad/s，並以 20 rad/s² 加速，當 θ = 90° 時，試求插銷 P 的加速度。

15.50 在圖示之瞬間，吊桿 AB 的長度正以 0.2 m/s 減少中，此吊桿並以 0.08 rad/s 等速率下降。試求 (a) 點 B 的速度；(b) 點 B 的加速度。

15.51 人類的腿大致上能由兩支銷接的剛性桿件（股骨與脛骨）近似之。在圖示之瞬間，腳踝 A 的速度為零，脛骨 AK 有一逆時針向 1.5 rad/s 的角速度及逆時針向 1 rad/s² 的角加速度。試求股骨 KH 相對於 AK 的相對角速度與相對角加速度，使得 H 的速度與加速度在此瞬間都是直立的。

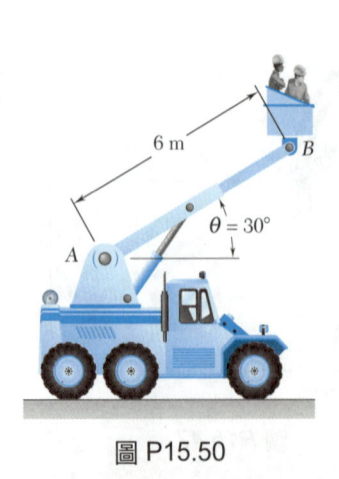

圖 P15.49

圖 P15.50

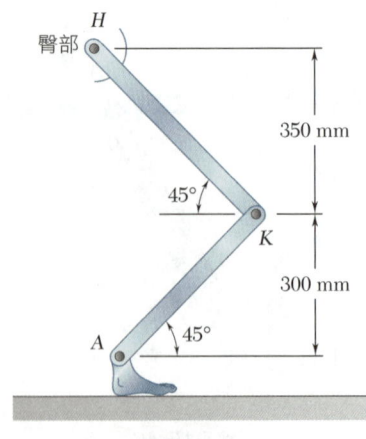

圖 P15.51

15.52 插銷 P 以等相對速率 u = 90 mm/s，在圖示平板所切割的圓形溝槽內滑動。已知在圖示之瞬間，該平板以等角速率 ω = 3 rad/s 順時針向繞 A 旋轉，試求此插銷的加速度，若其位在 (a) 點 A；(b) 點 B；(c) 點 C。

15.53 已知在圖示之瞬間，附在 A 處的桿件有一逆時針向角速度 5 rad/s 及一順時針向角加速度 2 rad/s^2。試求附在 B 處之桿件的角速度及角加速度。

15.54 在圖示之瞬間，桿件 BC 有一等角速度 3 rad/s 及一等角加速度 2 rad/s^2，兩者皆為逆時針向，試求平板的角加速度。

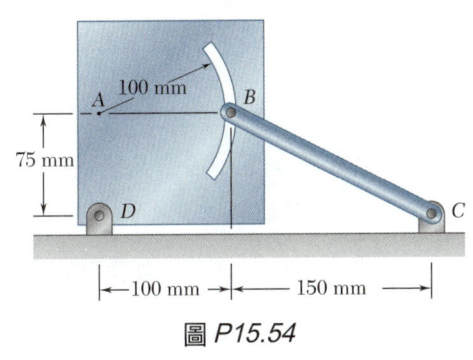

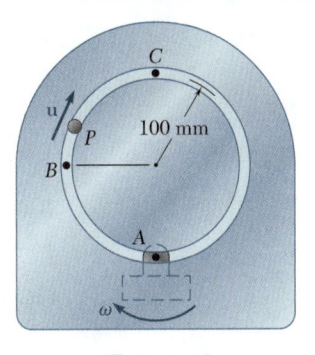

圖 P15.52

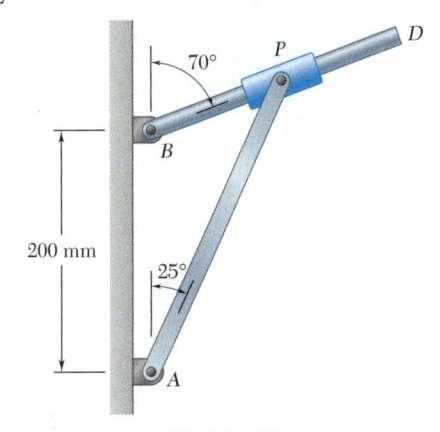

圖 P15.53

圖 P15.54

*15.12 繞一固定點的運動 (Motion About a Fixed Point)

我們在第 15.3 節中曾考慮過一受拘束剛體繞一固定軸轉動的運動。現在將探討更一般的剛體運動，此剛體具有一固定點 O。

首先，我們要證明：具一固定點 O 之剛體最一般的位移相當於此剛體繞通過 O 之一軸的旋轉。不考慮剛體本身，我們由此物體分離出一個以 O 為圓心的球來分析此球的運動。顯然，此球的運動可完全描述該給定剛體之運動特徵。因三個點就可定義一固體在空間中的位置，中心點 O 及球表面上兩點 A 與 B 將定義此球的位置，故也定義了此物體的位置。令 A$_1$ 與 B$_1$ 代表此球在某一瞬間的位置，A$_2$ 與 B$_2$ 代表球在下一瞬間的位置 (圖 15.31a)。因球是剛性的，故大圓的弧長 A$_1$B$_1$ 與 A$_2$B$_2$ 必然相同，除非有例外要求，否則 A$_1$、A$_2$、B$_1$ 與 B$_2$ 的位置是任意的。我們想證明點 A 與點 B 可藉由此球繞一軸的單次旋轉，將 A$_1$ 與 B$_1$ 分別帶到 A$_2$ 與 B$_2$。

為求方便，在不失一般性原則下，我們選擇使點 B 的起點與點 A

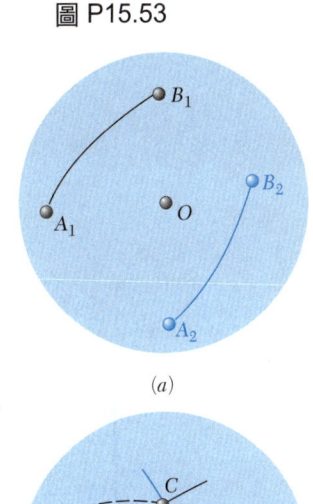

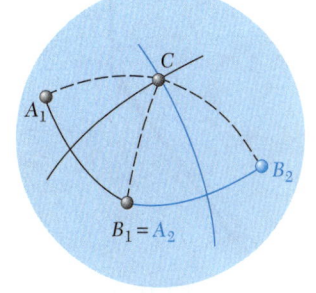

圖 15.31

的終點重合，故有 $B_1 = A_2$ (圖 15.31b)。分別畫出大圓周的弧 A_1A_2、A_2B_2，及它們的平分弧。令 C 為兩平分弧的交點；最後再畫上 A_1C、A_2C 與 B_2C 完成此一構圖。如上述所指出的，由於此球為一剛性體，故 $A_1B_1 = A_2B_2$。因 C 與 A_1、A_2、B_2 等距，故我們有 $A_1C = A_2C = B_2C$。因此，球面三角形 A_1CA_2 與 B_1CB_2 為全等三角形，角 A_1CA_2 等於角 B_1CB_2。令 θ 表示這些角的共同值，我們總結如下：藉由繞軸 OC 單次旋轉 θ 角，即可將此球由其初始位置帶到其最終位置。

於是具有一固定點 O 之剛體，在 Δt 這段期間的運動可視為繞某一軸旋轉了 $\Delta\theta$。我們沿該軸畫出一大小為 $\Delta\theta/\Delta t$ 的向量，並令 Δt 趨近零，達極限時即可找到此物體在所考慮之瞬間的**瞬時旋轉軸** (instantaneous axis of rotation) 及角速度 $\boldsymbol{\omega}$ (圖 15.32)。於是如第 15.3 節所述，物體之一質點 P 的速度可由 $\boldsymbol{\omega}$ 與此質點位置向量 $\mathbf{r}$ 的向量積來表示，寫為

$$\mathbf{v} = \frac{d\mathbf{r}}{dt} = \boldsymbol{\omega} \times \mathbf{r} \tag{15.37}$$

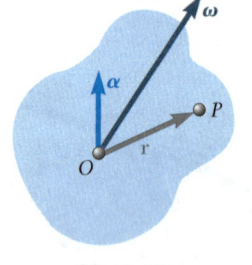

圖 15.32

將式 (15.37) 對 t 微分得到此質點的加速度。如第 15.3 節中所述，我們有

$$\mathbf{a} = \boldsymbol{\alpha} \times \mathbf{r} + \boldsymbol{\omega} \times (\boldsymbol{\omega} \times \mathbf{r}) \tag{15.38}$$

其中角加速度 $\boldsymbol{\alpha}$ 定義為角速度 $\boldsymbol{\omega}$ 的導數。

$$\boldsymbol{\alpha} = \frac{d\boldsymbol{\omega}}{dt} \tag{15.39}$$

在具有一固定點之剛體的運動中，角速度 $\boldsymbol{\omega}$ 與瞬時旋轉軸的方向皆隨時間改變，因此角加速度 $\boldsymbol{\alpha}$ 同時反映 $\boldsymbol{\omega}$ 在方向及在大小的改變。一般而言，其指向並非沿瞬時旋轉軸。雖然在所考慮之瞬間，剛體位於旋轉軸上之質點的速度為零，但加速度並不為零。而且物體各點的加速度也不能以此物體似乎永遠繞著瞬時旋轉軸來決定。

回顧位置向量為 $\mathbf{r}$ 之一質點的速度定義。我們注意到，在式 (15.39) 中所示的角加速度 $\boldsymbol{\alpha}$ 代表向量 $\boldsymbol{\omega}$ 尖端的速度。此性質在決定一剛體的角加速度時可能有用。例如，據此可得知向量 $\boldsymbol{\alpha}$ 與向量 $\boldsymbol{\omega}$ 之矢端在空間所描出的曲線相切。

請注意：向量 $\boldsymbol{\omega}$ 在物體的內部及在空間中移動，故產生兩個圓錐，分別稱為**物體錐** (body cone) 與**空間錐** (space cone) (圖 15.33)。我

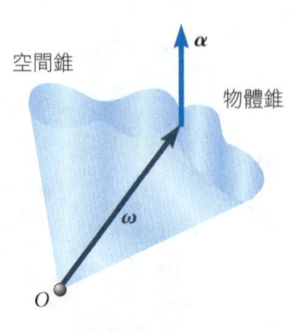

空間錐　物體錐

圖 15.33

們能證明在任何瞬間這兩個圓錐沿瞬時旋轉軸相切,而且當物體移動時,物體錐似乎在空間錐上滾動。

在總結具一固定點剛體的運動分析之前,我們必須證明,角速度確實是向量。如第 2.3 節所述,有些物理量,諸如剛體的**有限轉動** (finite rotations) 具有大小與方向,但不遵守加法的平行四邊形定律,這些量不能視為向量。而我們現在所示的角速度 [(以及**無限小的轉動** (infinitesimal rotations)] 則遵守加法的平行四邊形定律,故為真正的向量。

照片 15.7　當梯子繞其固定底座旋轉時,其角速度可由對應於兩個不同軸的同時旋轉相加而得。

考慮一具有一固定點 O 的剛體在給定之瞬間同時以角速度 $\boldsymbol{\omega}_1$ 與 $\boldsymbol{\omega}_2$ 繞 OA 與 OB 軸旋轉 (圖 15.34a)。我們知道此運動在所考慮之瞬間必相當於角速度 $\boldsymbol{\omega}$ 的單一旋轉。我們想要證明

$$\boldsymbol{\omega} = \boldsymbol{\omega}_1 + \boldsymbol{\omega}_2 \tag{15.40}$$

亦即,所產生的角速度可藉由平行四邊形定律由 $\boldsymbol{\omega}_1$ 與 $\boldsymbol{\omega}_2$ 相加而得 (圖 15.34b)。

考慮由位置向量 $\mathbf{r}$ 所定義之物體的一質點 P。分別用 $\mathbf{v}_1$、$\mathbf{v}_2$ 與 $\mathbf{v}$ 來表示此物體只繞 OA、只繞 OB,及同時繞兩軸時的速度,寫為

$$\mathbf{v}_1 = \boldsymbol{\omega}_1 \times \mathbf{r} \qquad \mathbf{v}_2 = \boldsymbol{\omega}_2 \times \mathbf{r} \qquad \mathbf{v} = \boldsymbol{\omega} \times \mathbf{r} \tag{15.41}$$

但這線速度的向量特徵非常明確 (因其代表位置向量的導數),故我們有

$$\mathbf{v} = \mathbf{v}_1 + \mathbf{v}_2$$

式中加號代表向量加法,將式 (15.41) 代入上式,寫為

$$\boldsymbol{\omega} \times \mathbf{r} = \boldsymbol{\omega}_1 \times \mathbf{r} + \boldsymbol{\omega}_2 \times \mathbf{r}$$
$$\boldsymbol{\omega} \times \mathbf{r} = (\boldsymbol{\omega}_1 + \boldsymbol{\omega}_2) \times \mathbf{r}$$

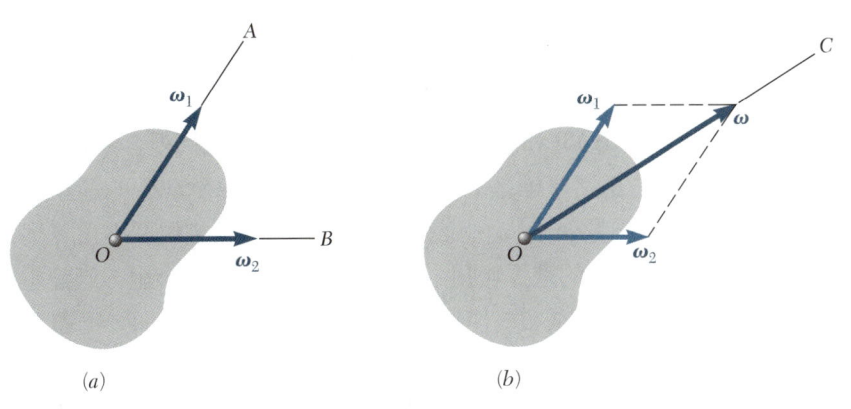

圖 15.34

式中加號仍代表向量加法，由於所得的關係對任意 **r** 都成立，故我們推斷：式 (15.40) 必定為真。

*15.13　一般運動 (General Motion)

現在我們將考慮一剛體在空間中最一般的運動。令 A 與 B 為此物體的兩個質點，回顧第 11.12 節所述，B 對於固定座標系 $OXYZ$ 的速度可表示為

$$\mathbf{v}_B = \mathbf{v}_A + \mathbf{v}_{B/A} \tag{15.42}$$

其中 $\mathbf{v}_{B/A}$ 為 B 相對於一附在 A 且具有固定方位之座標系 $AX'Y'Z'$ 的速度 (圖 15.35)。因 A 被固定在此座標系上，故此剛體相對於 $AX'Y'Z'$ 的運動，即為具有一固定點之物體的運動。因此，將式 (15.37) 中的 **r**，以 B 相對於 A 的位置向量 $\mathbf{r}_{B/A}$ 取代，即可得到相對速度 $\mathbf{v}_{B/A}$。將其代入式 (15.42) 中的 $\mathbf{v}_{B/A}$，寫成

$$\mathbf{v}_B = \mathbf{v}_A + \boldsymbol{\omega} \times \mathbf{r}_{B/A} \tag{15.43}$$

式中 $\boldsymbol{\omega}$ 為此物體在所考慮之瞬間的角速度。

同理，我們可以得到 B 的加速度，首先寫出

$$\mathbf{a}_B = \mathbf{a}_A + \mathbf{a}_{B/A}$$

並且回顧式 (15.38)，

$$\mathbf{a}_B = \mathbf{a}_A + \boldsymbol{\alpha} \times \mathbf{r}_{B/A} + \boldsymbol{\omega} \times (\boldsymbol{\omega} \times \mathbf{r}_{B/A}) \tag{15.44}$$

其中 $\boldsymbol{\alpha}$ 為此物體在所考慮之瞬間的角加速度。

式 (15.43) 和式 (15.44) 顯示，剛體在任一給定瞬間之最一般化的運動，相當於此物體的所有質點都具有與參考點 A 相同速度與加速度的一平移，以及假設質點 A 為固定的運動之和。

藉由解出式 (15.43) 和式 (15.44) 中的 $\mathbf{v}_A$ 與 $\mathbf{a}_A$，我們很容易證明，此物體對於附在 B 之座標系的運動如同其相對於 $AX'Y'Z'$ 的運動一樣，皆以相同的向量 $\boldsymbol{\omega}$ 與 $\boldsymbol{\alpha}$ 來表徵，因此剛體在給定瞬間之角速度與角加速度和參考點的選擇無關。另一方面，我們必須牢記，無論運動座標系是否附到 A 或 B，座標系的方位是固定的；亦即，剛體在運動期間，運動座標系與參考座標系 $OXYZ$ 保持平行。有很多問題，我們使用一兼具平移與轉動的移動座標系較為方便。此種移動座標系的運用將於第 15.14 和 15.15 節中討論。

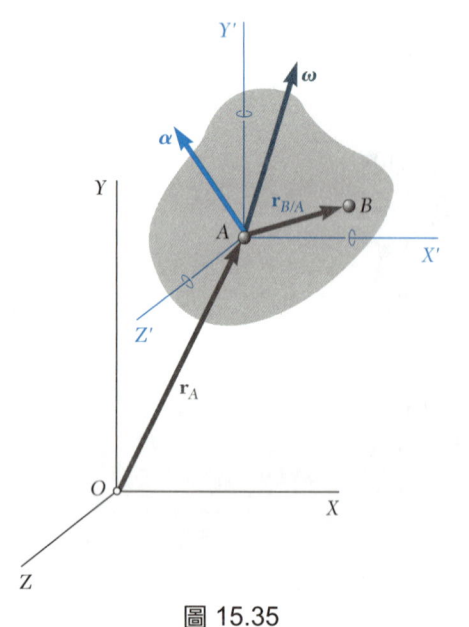

圖 15.35

範例 15.11

圖示起重機以 0.30 rad/s 之等角速度 ω_1 轉動。同時，吊桿也以 0.50 rad/s 之等角速度 ω_2 相對於駕駛室向上舉升。已知吊桿 OP 的長度 $l = 12$ m，試求 (a) 吊桿的角速度 ω；(b) 吊桿的角加速度 α；(c) 吊桿尖端的速度 $\mathbf{v}$；(d) 吊桿尖端的加速度 $\mathbf{a}$。

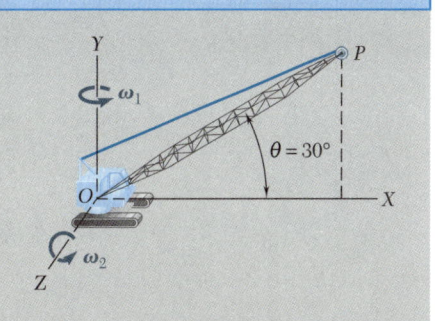

解

a. 吊桿的角速度。 將吊桿的角速度 ω_1 與吊桿相對於駕駛室的角速度 ω_2 相加，即得吊桿在所考慮之瞬間的角速度 ω：

$$\boldsymbol{\omega} = \boldsymbol{\omega}_1 + \boldsymbol{\omega}_2 \qquad \boldsymbol{\omega} = (0.30 \text{ rad/s})\mathbf{j} + (0.50 \text{ rad/s})\mathbf{k} \blacktriangleleft$$

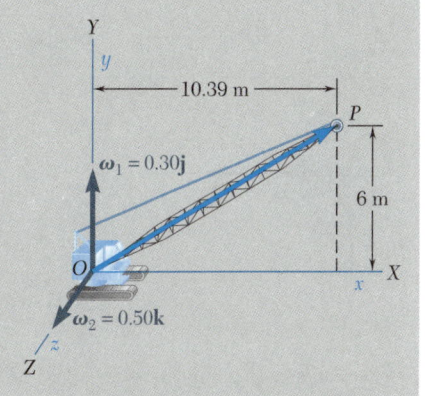

b. 吊桿的角加速度。 ω 對 t 微分，即得吊桿的角加速度 α。因向量 ω_1 之大小與方向皆為定值，故有

$$\boldsymbol{\alpha} = \dot{\boldsymbol{\omega}} = \dot{\boldsymbol{\omega}}_1 + \dot{\boldsymbol{\omega}}_2 = 0 + \dot{\boldsymbol{\omega}}_2$$

式中改變率 $\dot{\omega}_2$ 的計算是針對固定座標系 OXYZ 而來。然而，採用一附在駕駛室且隨其旋轉的座標系 Oxyz 更方便，因向量 ω_2 也隨駕駛室旋轉，故其對該座標系的改變率為零。使用式 (15.31)，且令式中之 $\mathbf{Q} = \boldsymbol{\omega}_2$ 及 $\boldsymbol{\Omega} = \boldsymbol{\omega}_1$，我們寫出

$$(\dot{\mathbf{Q}})_{OXYZ} = (\dot{\mathbf{Q}})_{Oxyz} + \boldsymbol{\Omega} \times \mathbf{Q}$$
$$(\dot{\boldsymbol{\omega}}_2)_{OXYZ} = (\dot{\boldsymbol{\omega}}_2)_{Oxyz} + \boldsymbol{\omega}_1 \times \boldsymbol{\omega}_2$$
$$\boldsymbol{\alpha} = (\dot{\boldsymbol{\omega}}_2)_{OXYZ} = 0 + (0.30 \text{ rad/s})\mathbf{j} \times (0.50 \text{ rad/s})\mathbf{k}$$

$$\boldsymbol{\alpha} = (0.15 \text{ rad/s}^2)\mathbf{i} \blacktriangleleft$$

c. 吊桿尖端的速度。 點 P 的位置向量為 $\mathbf{r} = (10.39 \text{ m})\mathbf{i} + (6 \text{ m})\mathbf{j}$，利用在 a 部分中所找到的 ω 表示式，寫為

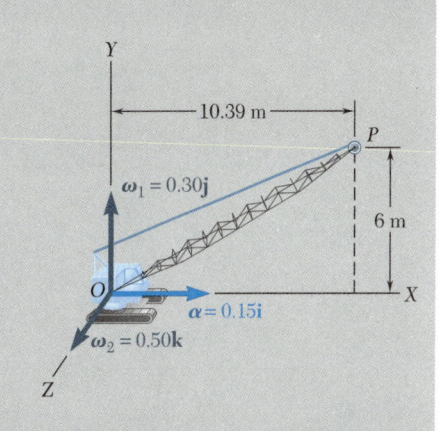

$$\mathbf{v} = \boldsymbol{\omega} \times \mathbf{r} = \begin{vmatrix} \mathbf{i} & \mathbf{j} & \mathbf{k} \\ 0 & 0.30 \text{ rad/s} & 0.50 \text{ rad/s} \\ 10.39 \text{ m} & 6 \text{ m} & 0 \end{vmatrix}$$

$$\mathbf{v} = -(3 \text{ m/s})\mathbf{i} + (5.20 \text{ m/s})\mathbf{j} - (3.12 \text{ m/s})\mathbf{k} \blacktriangleleft$$

d. 吊桿尖端的加速度。 利用式 (15.38)，且由 $\mathbf{v} = \boldsymbol{\omega} \times \mathbf{r}$，寫為

$$\mathbf{a} = \boldsymbol{\alpha} \times \mathbf{r} + \boldsymbol{\omega} \times (\boldsymbol{\omega} \times \mathbf{r}) = \boldsymbol{\alpha} \times \mathbf{r} + \boldsymbol{\omega} \times \mathbf{v}$$

$$\mathbf{a} = \begin{vmatrix} \mathbf{i} & \mathbf{j} & \mathbf{k} \\ 0.15 & 0 & 0 \\ 10.39 & 6 & 0 \end{vmatrix} + \begin{vmatrix} \mathbf{i} & \mathbf{j} & \mathbf{k} \\ 0 & 0.30 & 0.50 \\ -3 & 5.20 & -3.12 \end{vmatrix}$$

$$= 0.90\mathbf{k} - 0.94\mathbf{i} - 2.60\mathbf{i} - 1.50\mathbf{j} + 0.90\mathbf{k}$$

$$\mathbf{a} = -(3.54 \text{ m/s}^2)\mathbf{i} - (1.50 \text{ m/s}^2)\mathbf{j} + (1.80 \text{ m/s}^2)\mathbf{k} \blacktriangleleft$$

範例 15.12

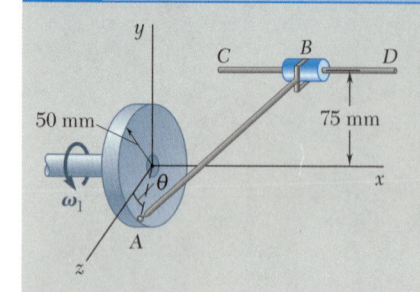

圖示長 175 mm 的桿件 AB 由一萬向接頭附到圓盤，且由一 U 形鉤附到軸環 B。此圓盤在 yz 平面內以等角速度 $\omega_1 = 12$ rad/s 轉動，而軸環則沿著水平桿件 CD 自由地滑動。對於 $\theta = 0$ 的位置，試求 (a) 此軸環的速度；(b) 此桿件的角速度。

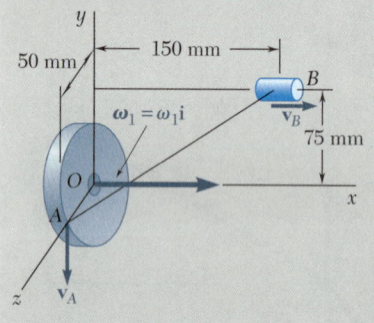

解

因 AB 的長度 = 175 mm，經由精算求得點 B 的座標為 (150 mm, 75 mm, 0)。

a. 軸環的速度。 因點 A 附到此圓盤，且因 B 在平行於 x 軸的方向移動，我們有

$$\mathbf{v}_A = \boldsymbol{\omega}_1 \times \mathbf{r}_A = 12\mathbf{i} \times 50\mathbf{k} = -600\mathbf{j} \qquad \mathbf{v}_B = v_B \mathbf{i}$$

令 $\boldsymbol{\omega}$ 代表此桿件的角速度，由式 (15.43)，得

$$v_B \mathbf{i} = -600\mathbf{j} + \begin{vmatrix} \mathbf{i} & \mathbf{j} & \mathbf{k} \\ \omega_x & \omega_y & \omega_z \\ 150 & 75 & -50 \end{vmatrix}$$

$$v_B \mathbf{i} = -600\mathbf{j} + (-50\omega_y - 75\omega_z)\mathbf{i} + (150\omega_z + 50\omega_x)\mathbf{j} + (75\omega_x - 150\omega_y)\mathbf{k}$$

令單位向量的係數相等，得

$$v_B = -50\omega_y - 75\omega_z \qquad (1)$$
$$600 = 50\omega_x + 150\omega_z \qquad (2)$$
$$0 = 75\omega_x - 150\omega_y \qquad (3)$$

顯然這三個方程式並不足以解出四個未知量 v_B、ω_x、ω_y 與 ω_z。反映此修正形式的一額外方程式將在 b 部分中求得。然而，由於 B 的速度並不取決於此修正形式，所以我們只要從式 (1)、式 (2)，及式 (3) 消去其他的未知量應該可以找到 v_B。

將式 (1)、式 (2)、式 (3) 分別乘以 6、3、-2，再相加起來，即得

$$6v_B + 1800 = 0 \qquad v_B = -300 \qquad \mathbf{v}_B = -(300 \text{ mm/s})\mathbf{i} \blacktriangleleft$$

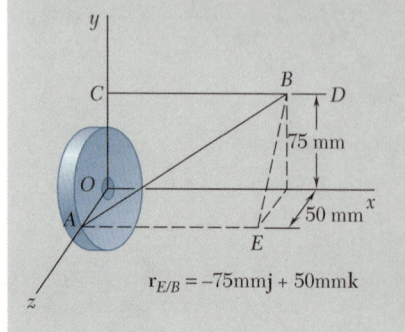

b. 桿件 AB 的角速度。 請注意：由於由 ω_x、ω_y 與 ω_z 之係數所形成的行列式值為零，所以不能藉由式 (1)、式 (2)，及式 (3) 解出角速度。因此，我們必須藉由考慮在 B 處之 U 形鉤所施加的拘束，

$\boldsymbol{\omega}_1 = 12\mathbf{i}$
$\mathbf{r}_A = 150 \text{ mm}\mathbf{k}$
$\mathbf{r}_B = 150 \text{ mm}\mathbf{i} + 75 \text{ mm}\mathbf{j}$
$\mathbf{r}_{B/A} = 150 \text{ mm}\mathbf{i} + 75 \text{ mm}\mathbf{j} - 50 \text{ mm}\mathbf{k}$

$\mathbf{r}_{E/B} = -75 \text{ mm}\mathbf{j} + 50 \text{ mm}\mathbf{k}$

而得到一個額外的方程式。

在 B 處的軸環－U 形鉤接頭容許 AB 繞桿件 CD 旋轉，同時也繞一垂直於包含 AB 與 CD 之平面的軸旋轉。此接頭能防止 AB 繞軸 EB 旋轉，軸 EB 垂直於 CD，且位於包含 AB 與 CD 的平面內。故 $\boldsymbol{\omega}$ 在 $\mathbf{r}_{E/B}$ 的投影必為零，寫為†

$$\boldsymbol{\omega} \cdot \mathbf{r}_{E/B} = 0 \quad (\omega_x\mathbf{i} + \omega_y\mathbf{j} + \omega_z\mathbf{k}) \cdot (-75\mathbf{j} + 50\mathbf{k}) = 0$$
$$-75\omega_y + 50\omega_z = 0 \qquad (4)$$

解聯立方程式 (1) 到式 (4)，得

$$v_B = -300 \quad \omega_x = 3.69 \quad \omega_y = 1.846 \quad \omega_z = 2.77$$
$$\boldsymbol{\omega} = (3.69 \text{ rad/s})\mathbf{i} + (1.846 \text{ rad/s})\mathbf{j} + (2.77 \text{ rad/s})\mathbf{k} \blacktriangleleft$$

†我們也注意到，EB 的方向就是向量三重積 $\mathbf{r}_{B/C} \times (\mathbf{r}_{B/C} \times \mathbf{r}_{B/A})$ 的方向，於是寫出 $\boldsymbol{\omega} \cdot [\mathbf{r}_{B/C} \times (\mathbf{r}_{B/C} \times \mathbf{r}_{B/A})] = 0$。假如桿件 CD 是歪斜的，則這個公式將特別有用。

重點提示

本課開始研究三維空間的剛體運動。首先研究剛體繞一固定點的運動，而後研究剛體的一般運動。

A. 繞一固定點的剛體運動。 你可以採取以下某些或所有的步驟來分析繞一固定點 O 旋轉之剛體一點 B 的運動。

1. 決定固定點 O 連接至點 B 的位置向量 $\mathbf{r}$。
2. 決定此物體對於固定參考座標系的角速度 $\boldsymbol{\omega}$。將兩個分量角速度 $\boldsymbol{\omega}_1$ 與 $\boldsymbol{\omega}_2$ 相加，即可得到角速度 $\boldsymbol{\omega}$ [範例 15.11]。
3. 使用下列方程式來計算 B 的速度

$$\mathbf{v} = \boldsymbol{\omega} \times \mathbf{r} \qquad (15.37)$$

此向量積如以行列式表示通常有助於你的計算。

4. 決定此物體的角加速度 $\boldsymbol{\alpha}$。角加速度 $\boldsymbol{\alpha}$ 代表向量 $\boldsymbol{\omega}$ 對於固定參考座標系 OXYZ 的改變率 $(\dot{\boldsymbol{\omega}})_{OXYZ}$，反映了角速度在大小的改變及在方向的改變。然而，當計算 $\boldsymbol{\alpha}$ 時，你可能會發現，首先計算 $\boldsymbol{\omega}$ 相對於你所選擇之轉動參考座標系的改變率 $(\dot{\boldsymbol{\omega}})_{Oxyz}$，再利用先前導出的式 (15.31) 來得到 $\boldsymbol{\alpha}$ 是相當方便的。寫為

$$\boldsymbol{\alpha} = (\dot{\boldsymbol{\omega}})_{OXYZ} = (\dot{\boldsymbol{\omega}})_{Oxyz} + \boldsymbol{\Omega} \times \boldsymbol{\omega}$$

式中 Ω 為轉動座標系 $Oxyz$ 的角速度 [範例 15.11]。

5. 用下列方程式來計算 B 的加速度

$$\mathbf{a} = \boldsymbol{\alpha} \times \mathbf{r} + \boldsymbol{\omega} \times (\boldsymbol{\omega} \times \mathbf{r}) \tag{15.38}$$

請注意：向量積 ($\boldsymbol{\omega} \times \mathbf{r}$) 代表點 B 的速度，且已在步驟 3 中計算而得。同時，式 (15.38) 中的第一個向量積若使用行列式表示，此計算將更為容易。但要記得如同剛體平面運動的情況一樣，瞬時旋轉軸不能用於求解加速度。

B. **剛體一般運動。** 剛體一般運動可視為一平移與一轉動的和。請牢記下列敘述：

a. 在運動的平移部分，此物體的所有點與被選為參考點之物體的點 A 有相同的速度 $\mathbf{v}_A$ 以及相同的加速度 $\mathbf{a}_A$。

b. 在運動的轉動部分，假設相同的參考點 A 為一固定點。

1. **求解剛體之一點 B 的速度。** 當你知道參考點 A 的速度 $\mathbf{v}_A$ 及此剛體的角速度 $\boldsymbol{\omega}$ 時，只需要將 $\mathbf{v}_A$ 加到 B 繞 A 旋轉的速度 $\mathbf{v}_{B/A} = \boldsymbol{\omega} \times \mathbf{r}_{B/A}$，即可求得：

$$\mathbf{v}_B = \mathbf{v}_A + \boldsymbol{\omega} \times \mathbf{r}_{B/A} \tag{15.43}$$

如前所述，上式之向量積如以行列式表示，通常有助於你的計算。

當 $\mathbf{v}_B$ 的方向已知時，即使 $\boldsymbol{\omega}$ 未知，我們也可以利用式 (15.43) 求出 $\mathbf{v}_B$ 的大小。當對應的三個純量方程式線性相依，且 $\boldsymbol{\omega}$ 的分量不確定時，藉由這三個方程式一適當的線性組合，可消去這些分量，並找到 $\mathbf{v}_A$ [範例 15.12，a 部分]。另外，你可指定一任意值到 $\boldsymbol{\omega}$ 的一個分量，而後解出這些方程式而得到 $\mathbf{v}_A$。然而，我們必須尋找一個額外的方程式來求解 $\boldsymbol{\omega}$ 分量的真值 [範例 15.12，b 部分]。

2. **求解剛體之一點 B 的加速度。** 當你知道參考點 A 的加速度 $\mathbf{a}_A$ 與剛體的角加速度 $\boldsymbol{\alpha}$ 時，只需要將 $\mathbf{a}_A$ 加到 B 繞 A 旋轉的加速度，如式 (15.38) 所示：

$$\mathbf{a}_B = \mathbf{a}_A + \boldsymbol{\alpha} \times \mathbf{r}_{B/A} + \boldsymbol{\omega} \times (\boldsymbol{\omega} \times \mathbf{r}_{B/A}) \tag{15.44}$$

請注意：向量積 ($\boldsymbol{\omega} \times \mathbf{r}_{B/A}$) 代表 B 相對於 A 的速度 $\mathbf{v}_{B/A}$，並可能已在計算 $\mathbf{v}_B$ 的部分過程中求得。我們也要提醒你，這些向量積如以行列式表示，將有助於其他兩向量積的計算。

當 $\mathbf{a}_B$ 的方向已知時，即使 $\boldsymbol{\omega}$ 與 $\boldsymbol{\alpha}$ 未知，我們也可以利用與式 (15.44) 相關的三個純量方程式求出 $\mathbf{v}_B$ 的大小。雖然 $\boldsymbol{\omega}$ 與 $\boldsymbol{\alpha}$ 的分量是不確定的，但你可指定任意值到 $\boldsymbol{\omega}$ 的一個分量及到 $\boldsymbol{\alpha}$ 的一個分量，再解此方程式而得到 $\mathbf{a}_B$。

習 題

15.55 在所考慮之瞬間，圖示的雷達天線以角速度 $\boldsymbol{\omega} = \omega_x\mathbf{i} + \omega_y\mathbf{j} + \omega_z\mathbf{k}$ 繞著座標原點旋轉。已知 $(v_A)_y = 300$ mm/s，$(v_B)_y = 180$ mm/s、$(v_B)_z = 360$ mm/s，試求 (a) 天線的角速度；(b) 點 A 的速度。

15.56 電動馬達的轉子以等速率 $\omega_1 = 1800$ rpm 轉動，當我們由正 y 軸觀看時，馬達以 6 rpm 的等角速度 ω_2 逆時針向繞 y 軸轉動，試求轉子的角加速度。

15.57 已知圖示渦輪的轉子以等速率 $\omega_1 = 9000$ rpm 旋轉，如果自 (a) 正 y 軸；(b) 正 z 軸觀看，渦輪的機殼有一順時針向 2.4 rad/s 的等角速度，試求渦輪轉子的角加速度。

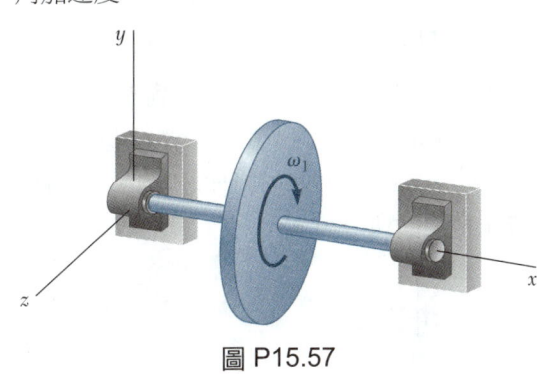

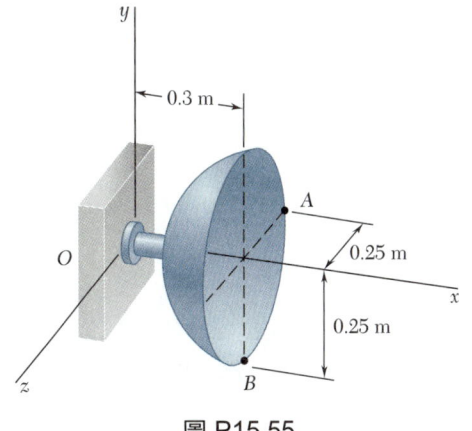

圖 P15.55

圖 P15.57

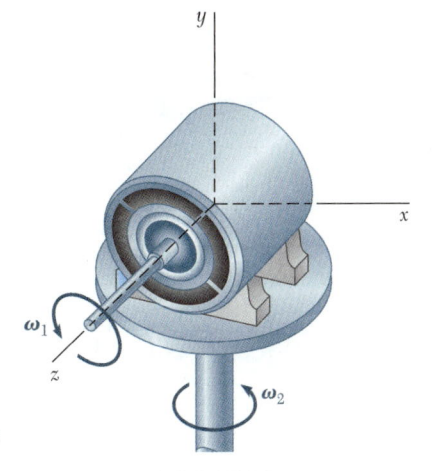

圖 P15.56

15.58 圖示 L 形臂 BCD，以等角速度 $\omega_1 = 5$ rad/s 繞 z 軸旋轉，已知半徑 150 mm 的圓盤以等角速度 $\omega_2 = 4$ rad/s 繞 BC 旋轉，試求 (a) 點 A 的速度；(b) 點 A 的加速度。

15.59 在圖示之瞬間，機器手臂 ABC 同時以等速率 $\omega_1 = 0.15$ rad/s 繞 y 軸，及以等速率 $\omega_2 = 0.25$ rad/s 繞 z 軸旋轉。已知臂 ABC 的長度為 1 m，試求 (a) 點 C 的速度；(b) 點 C 的加速度。

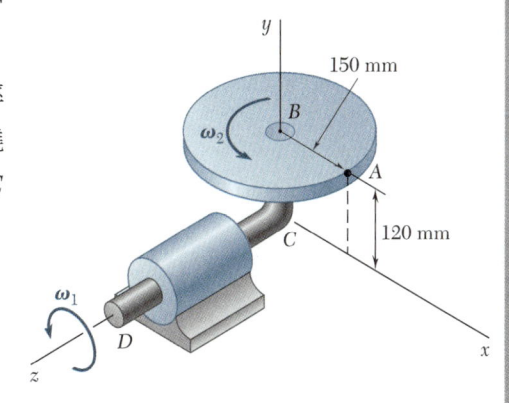

圖 P15.58

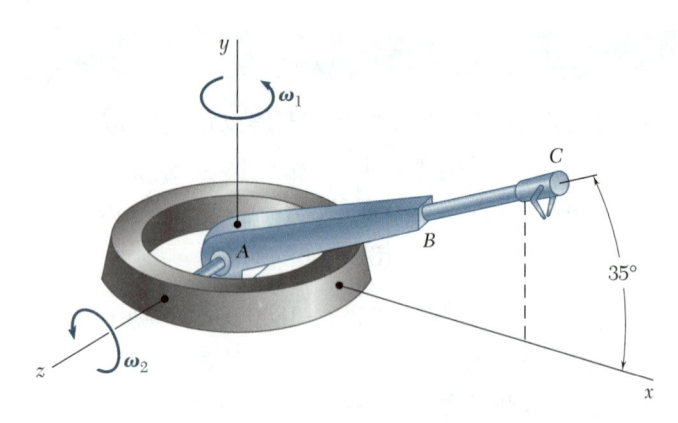

圖 P15.59

15.60 如圖所示，長度 275 m 的桿件 AB 以萬向接頭連接到沿兩桿件滑動的軸環 A 與 B。已知軸環 B 以等速率 180 mm/s 往 O 移動，當 c = 175 mm 時，試求軸環 A 的速度。

15.61 桿件 AB 以萬向接頭連接到軸環 A 及半徑 400 mm 的圓盤 C。已知圓盤 C 以等速率 ω_0 = 3 rad/s 在 zx 平面內逆時針向旋轉。試求軸環 A 在圖示位置的速度。

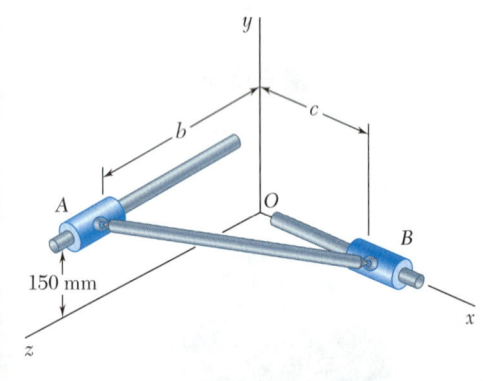

圖 P15.60

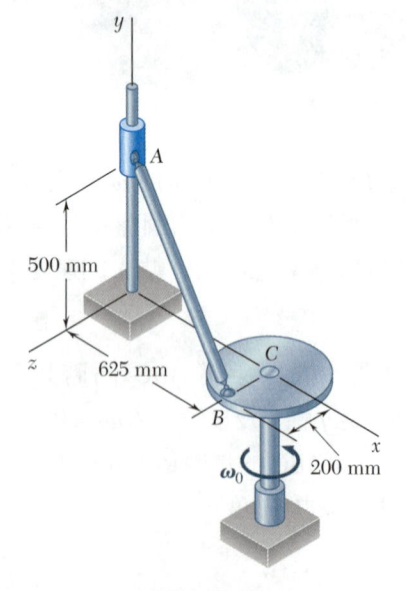

圖 P15.61

15.62 長度 580 mm 的桿件 AB 以萬向接頭連接到曲柄 BC 與軸環 A。長度 160 mm 的曲柄 BC 以等速率 $\omega_0 = 10$ rad/s 在水平的 xz 平面內轉動。在圖示之瞬間,當曲柄 BC 與 z 軸平行時,試求軸環 A 的速度。

15.63 兩軸 AC 與 EG 位於直立的 yz 平面內,並在 D 處以一萬向接頭相連接。軸 AC 以等角速度 ω_1 旋轉,如圖所示。當附到軸 AC 之十字件的臂垂直時,試求軸 EG 的角速度。

圖 P15.62

圖 P15.63

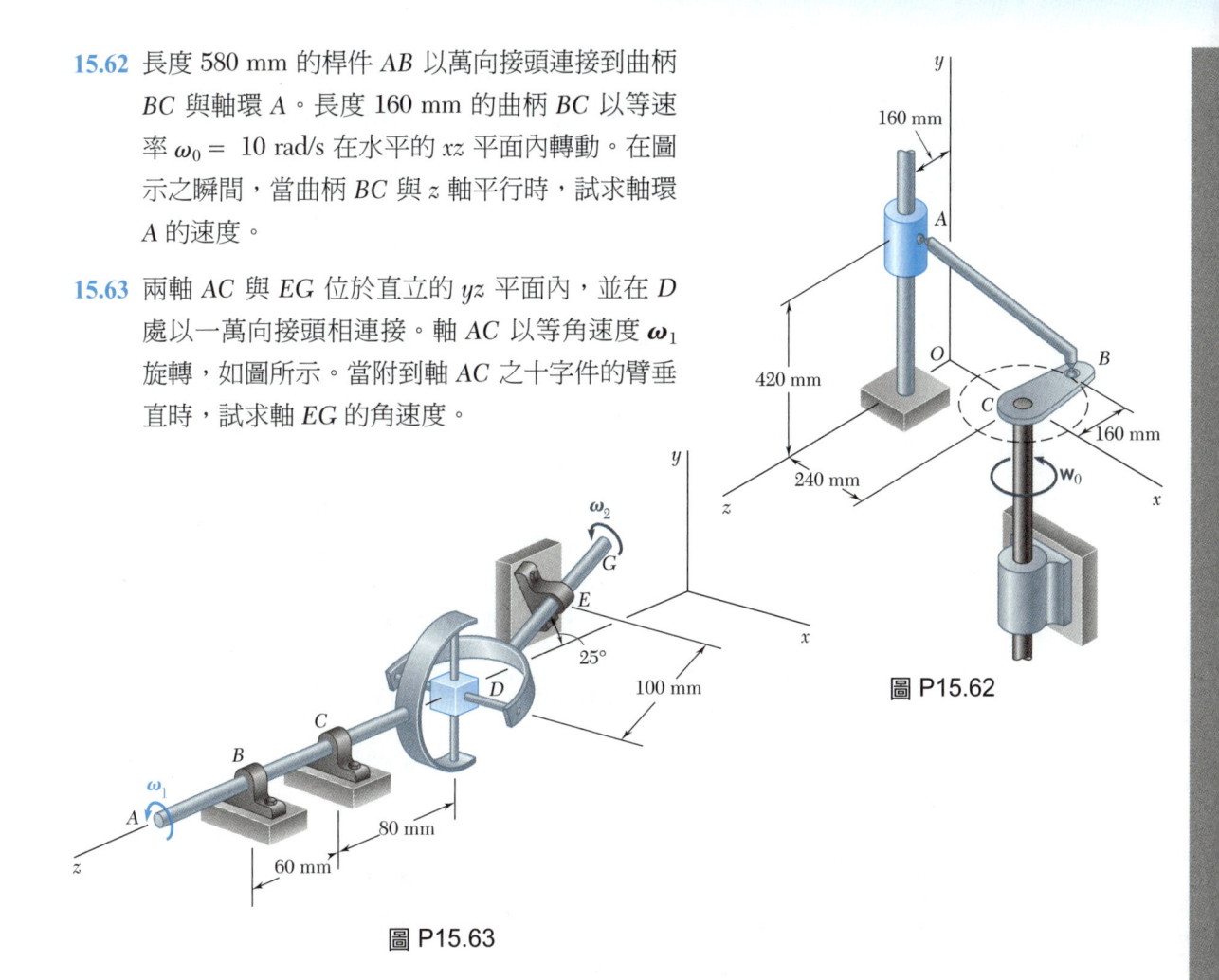

15.64 在習題 15.60 的機構中,試求軸環 A 的加速度。

15.65 在習題 15.61 的機構中,試求軸環 A 的加速度。

*15.14 質點相對於轉動座標系的三維運動／科氏加速度 (Three-Dimensional Motion of a Particle Relative to a Rotating Frame. Coriolis Acceleration)

我們在第 15.10 節中看到,給定一向量函數 $\mathbf{Q}(t)$ 及兩個中心在 O 的參考座標系——一固定座標系 OXYZ 與一轉動座標系 Oxyz ——$\mathbf{Q}$ 對於這兩個座標系的改變率滿足以下的關係

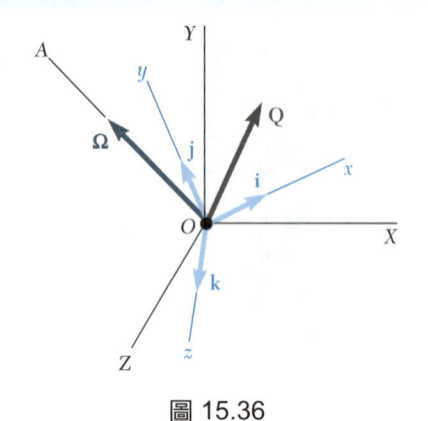

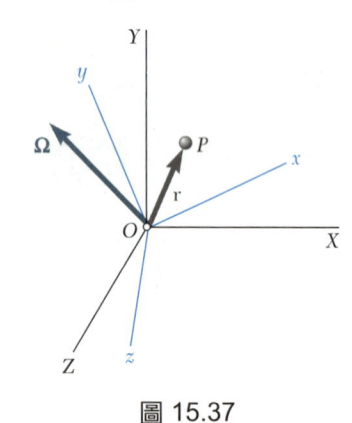

$$(\dot{\mathbf{Q}})_{OXYZ} = (\dot{\mathbf{Q}})_{Oxyz} + \mathbf{\Omega} \times \mathbf{Q} \tag{15.31}$$

當時,我們已假設座標系 $Oxyz$ 受拘束於繞一固定軸 OA 旋轉。然而,當座標系 $Oxyz$ 只被限制為有一固定點 O 時,在第 15.10 節中所導出的式子仍然是有效的。在更一般的假設下,軸 OA 代表座標系 $Oxyz$ 的瞬時旋轉軸(第 15.12 節),向量 $\mathbf{\Omega}$ 代表其在所考慮之瞬間的角速度(圖 15.36)。

現在讓我們考慮一質點 P 相對於受拘束,且具有一固定點 O 之轉動座標系 $Oxyz$ 的三維運動。令 $\mathbf{r}$ 為 P 在給定之瞬間的位置向量,$\mathbf{\Omega}$ 為座標系 $Oxyz$ 在同一瞬間對固定座標系 $OXYZ$ 的角速度(圖 15.37)。先前在第 15.11 節中,對質點二維運動的推導可輕易地擴及到三維運動的情況。P 的絕對速度 $\mathbf{v}_P$(亦即,P 對固定座標系 $OXYZ$ 的速度),可表示為

$$\mathbf{v}_P = \mathbf{\Omega} \times \mathbf{r} + (\dot{\mathbf{r}})_{Oxyz} \tag{15.45}$$

以 $\mathcal{F}$ 表示轉動座標系 $Oxyz$,我們將此關係寫成另一種形式

$$\mathbf{v}_P = \mathbf{v}_{P'} + \mathbf{v}_{P/\mathcal{F}} \tag{15.46}$$

其中 $\mathbf{v}_P$ = P 的絕對速度
$\mathbf{v}_{P'}$ = 移動座標系 $\mathcal{F}$ 與 P 重合之點 P' 的速度
$\mathbf{v}_{P/\mathcal{F}}$ = P 相對於移動座標系 $\mathcal{F}$ 的速度

P 的絕對加速度 $\mathbf{a}_P$ 可表示為

$$\mathbf{a}_P = \dot{\mathbf{\Omega}} \times \mathbf{r} + \mathbf{\Omega} \times (\mathbf{\Omega} \times \mathbf{r}) + 2\mathbf{\Omega} \times (\dot{\mathbf{r}})_{Oxyz} + (\ddot{\mathbf{r}})_{Oxyz} \tag{15.47}$$

另一種形式

$$\mathbf{a}_P = \mathbf{a}_{P'} + \mathbf{a}_{P/\mathcal{F}} + \mathbf{a}_c \tag{15.48}$$

其中 $\mathbf{a}_P$ = 質點 P 的絕對加速度
$\mathbf{a}_{P'}$ = 移動座標系 $\mathcal{F}$ 與 P 重合之點 P' 的加速度
$\mathbf{a}_{P/\mathcal{F}}$ = P 相對於移動座標系 $\mathcal{F}$ 的加速度
$\mathbf{a}_c$ = $2\mathbf{\Omega} \times (\dot{\mathbf{r}})_{Oxyz} = 2\mathbf{\Omega} \times \mathbf{v}_{P/\mathcal{F}}$
 = 輔助,或科氏加速度

請注意:雖然科氏加速度垂直於向量 $\mathbf{\Omega}$ 與 $\mathbf{v}_{P/\mathcal{F}}$,然而由於這兩個向量通常互不垂直,故不同於質點之平面運動的情況,$\mathbf{a}_c$ 的大小一般不

等於 $2\Omega\, v_{P/\mathcal{F}}$。我們進一步注意到，當 Ω 與 $\mathbf{v}_{P/\mathcal{F}}$ 平行，或當其中任一為零時，則科氏加速度減為零。

轉動座標系在剛體之三維運動的研究特別有用。如一剛體有一固定點 O，如同範例 15.11 之起重機的情形，我們能採用一既非固定亦非剛性地附到此剛體的座標系 $Oxyz$。令 Ω 代表座標系 $Oxyz$ 的角速度，然後將此物體的角速度 $\boldsymbol{\omega}$ 分解成分量 Ω 與 $\boldsymbol{\omega}_{B/\mathcal{F}}$，其中第二個分量代表此物體相對於座標系 $Oxyz$ 的角速度(參見範例 15.14)。相較於選擇具固定方位的座標軸，選用一適當的轉動座標系常導致此剛體的運動分析更簡單。這點在剛體的一般三維運動，亦即當考慮中之剛體沒有固定點的情況下特別真實(參見範例 15.15)。

*15.15　一般運動的參考座標系 (Frame of Reference in General Motion)

考慮一固定參考座標系 $OXYZ$，及一已知且以任意方式相對於 $OXYZ$ 移動的座標系 $Axyz$ (圖 15.38)。令 P 是在空間中移動的一個質點。以 $\mathbf{r}_P$ 定義 P 在任一瞬間於固定座標系的位置，以 $\mathbf{r}_{P/A}$ 定義 P 在移動座標系的位置。令 $\mathbf{r}_A$ 表示 A 在固定座標系的位置向量，則有

$$\mathbf{r}_P = \mathbf{r}_A + \mathbf{r}_{P/A} \tag{15.49}$$

質點 P 的絕對速度 $\mathbf{v}_P$ 可寫為

$$\mathbf{v}_P = \dot{\mathbf{r}}_P = \dot{\mathbf{r}}_A + \dot{\mathbf{r}}_{P/A} \tag{15.50}$$

式中的導數是對固定座標系 $OXYZ$ 所定義的。式 (15.50) 右側第一項代表移動軸原點 A 的速度 $\mathbf{v}_A$。另一方面，因向量對固定座標系及對平移座標系的改變率是相同的，故第二項可視為 P 相對於座標系 $AX'Y'Z'$ 的速度 $\mathbf{v}_{P/A}$，此座標系與 $OXYZ$ 有相同的方位，且與 $Axyz$ 有相同的原點。因此我們有

$$\mathbf{v}_P = \mathbf{v}_A + \mathbf{v}_{P/A} \tag{15.51}$$

但 P 相對於 $AX'Y'Z'$ 的速度 $\mathbf{v}_{P/A}$，可由式 (15.45)，並以 $\mathbf{r}_{P/A}$ 取代式中的 $\mathbf{r}$ 求得，寫為

$$\mathbf{v}_P = \mathbf{v}_A + \Omega \times \mathbf{r}_{P/A} + (\dot{\mathbf{r}}_{P/A})_{Axyz} \tag{15.52}$$

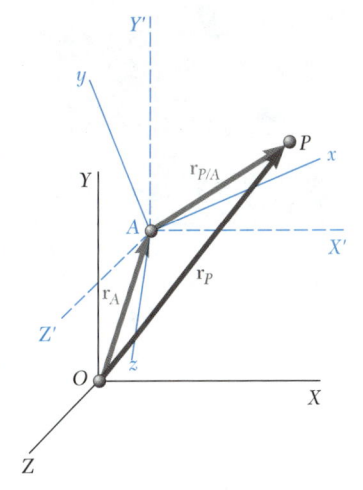

圖 15.38

其中 Ω 是座標系 $Axyz$ 在所考慮之瞬間的角速度。

對式 (15.51) 微分，即可求得此質點的絕對加速度 $\mathbf{a}_P$，寫為

$$\mathbf{a}_P = \dot{\mathbf{v}}_P = \dot{\mathbf{v}}_A + \dot{\mathbf{v}}_{P/A} \tag{15.53}$$

式中的導數是對座標系 $OXYZ$ 或 $AX'Y'Z'$ 所定義的，故式 (15.53) 右側第一項代表移動座標系原點 A 的加速度 $\mathbf{a}_A$，第二項代表 P 相對於座標系 $AX'Y'Z'$ 的加速度 $\mathbf{a}_{P/A}$，此加速度可由式 (15.47) 以 $\mathbf{r}_{P/A}$ 取代式中的 $\mathbf{r}$ 而得，寫為

$$\mathbf{a}_P = \mathbf{a}_A + \dot{\Omega} \times \mathbf{r}_{P/A} + \Omega \times (\Omega \times \mathbf{r}_{P/A}) + 2\Omega \times (\dot{\mathbf{r}}_{P/A})_{Axyz} + (\ddot{\mathbf{r}}_{P/A})_{Axyz} \tag{15.54}$$

當此質點相對於移動座標系的運動已知時，式 (15.52) 和式 (15.54) 可用來求解一給定質點對固定座標系的絕對速度與絕對加速度。若我們注意到，式 (15.52) 的前兩項之和代表在所考慮之瞬間，移動座標系中與 P 點重合之點 P' 的速度，而式 (15.54) 前三項之和代表同一點的加速度，則這些方程式將變得更有意義，而且容易記憶。因此，前一節的關係式 (15.46) 和式 (15.48) 在一般運動的參考座標系中仍然有效，寫為

照片 15.8 空氣粒子在颶風中的運動可考慮為相對於一附到地球且隨其旋轉之參考座標系的運動。

$$\mathbf{v}_P = \mathbf{v}_{P'} + \mathbf{v}_{P/\mathcal{F}} \tag{15.46}$$

$$\mathbf{a}_P = \mathbf{a}_{P'} + \mathbf{a}_{P/\mathcal{F}} + \mathbf{a}_c \tag{15.48}$$

式中所包含的各個向量已定義於第 15.14 節中。

請注意：如移動座標系 $\mathcal{F}$ (或 $Axyz$) 在平移，則此座標系與 P 重合之點 P' 的速度與加速度，分別等於此座標系原點 A 的速度與加速度。另一方面，由於此座標系保持一固定的方位，因此 $\mathbf{a}_c$ 為零，則關係式 (15.46) 和式 (15.48) 將分別簡化為第 11.12 節所導出的關係式 (11.33) 和式 (11.34)。

範例 15.13

圖示彎桿 OAB 繞垂直線 OB 旋轉，在所考慮之瞬間，角速度與角加速度分別為 20 rad/s 與 200 rad/s^2，由正 Y 軸觀看，兩者皆沿順時針向轉動。在所考慮之瞬間，軸環 D 沿此桿件移動，$OD = 200$ mm。軸環相對於桿件的速度與加速度分別為 1.25 m/s 與 15 m/s^2，兩者皆朝上。試求 (a) 軸環的速度；(b) 軸環的加速度。

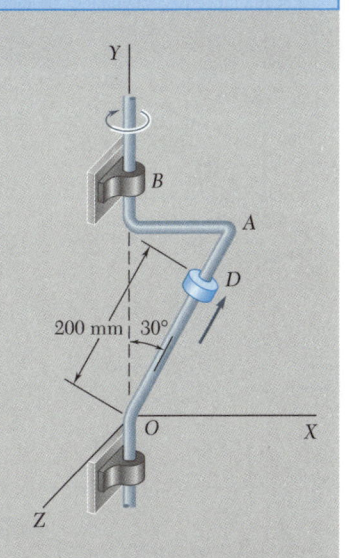

解

參考座標系。 座標系 $OXYZ$ 固定。我們將轉動座標系 $Oxyz$ 附在彎桿上，故其相對於 $OXYZ$ 的角速度與角加速度分別為 $\boldsymbol{\Omega} = (-20 \text{ rad/s})\mathbf{j}$ 與 $\dot{\boldsymbol{\Omega}} = (-200 \text{ rad/s}^2)\mathbf{j}$。$D$ 的位置向量為

$$\mathbf{r} = (200 \text{ mm})(\sin 30°\mathbf{i} + \cos 30°\mathbf{j}) = (100 \text{ mm})\mathbf{i} + (173.25 \text{ mm})\mathbf{j}$$

a. 速度 $\mathbf{v}_D$。 令 D' 表示桿件上與 D 重合的點，$\mathcal{F}$ 代表參考座標 $Oxyz$，由式 (15.46)，得

$$\mathbf{v}_D = \mathbf{v}_{D'} + \mathbf{v}_{D/\mathcal{F}} \tag{1}$$

式中

$$\mathbf{v}_{D'} = \boldsymbol{\Omega} \times \mathbf{r} = (-20 \text{ rad/s})\mathbf{j} \times [(100 \text{ mm})\mathbf{i} + (173.25 \text{ mm})\mathbf{j}] = (2000 \text{ mm/s})\mathbf{k}$$
$$\mathbf{v}_{D/\mathcal{F}} = (1250 \text{ mm/s})(\sin 30°\mathbf{i} + \cos 30°\mathbf{j}) = (625 \text{ mm/s})\mathbf{i} + (1083 \text{ mm/s})\mathbf{j}$$

將 $\mathbf{V}_{D'}$ 與 $\mathbf{V}_{D/\mathcal{F}}$ 所得值代入式 (1) 中，得

$$\mathbf{v}_D = (625 \text{ mm/s})\mathbf{i} + (1083 \text{ mm/s})\mathbf{j} + (2000 \text{ mm/s})\mathbf{k} \blacktriangleleft$$
$$= (0.625 \text{ m/s})\mathbf{i} + (1.083 \text{ m/s})\mathbf{j} + (2 \text{ m/s})\mathbf{k}$$

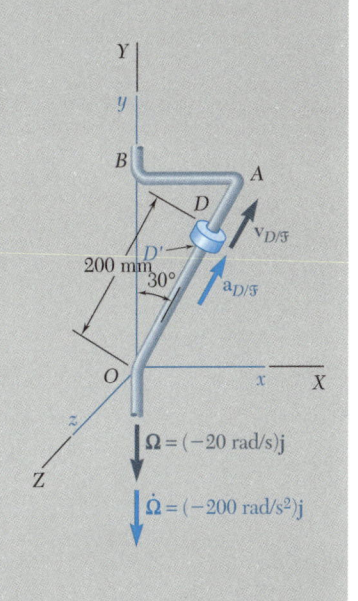

b. 加速度 $\mathbf{a}_D$。 由式 (15.48)，寫出

$$\mathbf{a}_D = \mathbf{a}_{D'} + \mathbf{a}_{D/\mathcal{F}} + \mathbf{a}_c \tag{2}$$

式中

$$\mathbf{a}_{D'} = \dot{\boldsymbol{\Omega}} \times \mathbf{r} + \boldsymbol{\Omega} \times (\boldsymbol{\Omega} \times \mathbf{r})$$
$$= (-200 \text{ rad/s}^2)\mathbf{j} \times [(100 \text{ mm})\mathbf{i} + (173.25 \text{ mm})\mathbf{j}] - (20 \text{ rad/s})\mathbf{j} \times (2000 \text{ mm/s})\mathbf{k}$$
$$= +(20{,}000 \text{ mm/s}^2)\mathbf{k} - (40{,}000 \text{ mm/s}^2)\mathbf{i}$$
$$\mathbf{a}_{D/\mathcal{F}} = (15{,}000 \text{ mm/s}^2)(\sin 30°\mathbf{i} + \cos 30°\mathbf{j}) = (7500 \text{ mm/s}^2)\mathbf{i} + (12{,}990 \text{ mm/s}^2)\mathbf{j}$$
$$\mathbf{a}_c = 2\boldsymbol{\Omega} \times \mathbf{v}_{D/\mathcal{F}}$$
$$= 2(-20 \text{ rad/s})\mathbf{j} \times [(625 \text{ mm/s})\mathbf{i} + (1083 \text{ mm/s})\mathbf{j}] = (25{,}000 \text{ mm/s}^2)\mathbf{k}$$

將 $\mathbf{a}_{D'}$、$\mathbf{a}_{D/\mathcal{F}}$ 與 $\mathbf{a}_c$ 所得值代入式 (2) 中，得

$$\mathbf{a}_D = -(32{,}5000 \text{ mm/s}^2)\mathbf{i} + (12{,}990 \text{ mm/s}^2)\mathbf{j} + (45{,}000 \text{ mm/s}^2)\mathbf{k} \blacktriangleleft$$
$$= -(32.5 \text{ m/s}^2)\mathbf{i} + (12.99 \text{ m/s}^2)\mathbf{j} + (45 \text{ m/s}^2)\mathbf{k}$$

範例 15.14

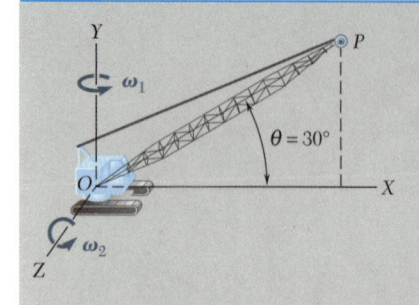

圖示起重機以 0.30 rad/s 的等角速度 ω_1 轉動。同時，吊桿相對於駕駛室，以 0.50 rad/s 的等角速度 ω_2 升起。已知吊桿 OP 的長度 $l = 12$ m，試求 (a) 吊桿尖端的速度；(b) 吊桿尖端的加速度。

解

參考座標系。 座標系 OXYZ 固定。我們將運動座標系 Oxyz 附在駕駛室上，故其相對於座標系 OXYZ 的角速度為 $\Omega = \omega_1 = (0.30 \text{ rad/s})\mathbf{j}$。吊桿相對於駕駛室及轉動座標系 Oxyz (或簡寫為 $\mathcal{F}$) 的角速度為 $\omega_{B/\mathcal{F}} = \omega_2 = (0.50 \text{ rad/s})\mathbf{k}$。

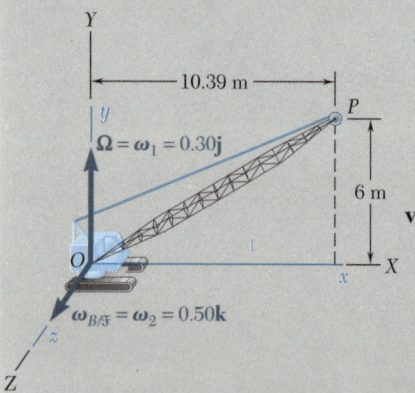

a. 速度 $\mathbf{v}_P$。 由式 (15.46)，得

$$\mathbf{v}_P = \mathbf{v}_{P'} + \mathbf{v}_{P/\mathcal{F}} \tag{1}$$

其中 $\mathbf{v}_{P'}$ 為轉動座標系中與 P 重合之點 P' 的速度：

$$\mathbf{v}_{P'} = \Omega \times \mathbf{r} = (0.30 \text{ rad/s})\mathbf{j} \times [(10.39 \text{ m})\mathbf{i} + (6 \text{ m})\mathbf{j}] = -(3.12 \text{ m/s})\mathbf{k}$$

而 $\mathbf{v}_{P/\mathcal{F}}$ 是 P 相對於轉動座標系 Oxyz 的速度。但吊桿相對於 Oxyz 的角速度為 $\omega_{B/\mathcal{F}} = (0.50 \text{ rad/s})\mathbf{k}$。故尖端 P 相對於 Oxyz 的速度為

$$\mathbf{v}_{P/\mathcal{F}} = \omega_{B/\mathcal{F}} \times \mathbf{r} = (0.50 \text{ rad/s})\mathbf{k} \times [(10.39 \text{ m})\mathbf{i} + (6 \text{ m})\mathbf{j}]$$
$$= -(3 \text{ m/s})\mathbf{i} + (5.20 \text{ m/s})\mathbf{j}$$

將 $\mathbf{v}_{P'}$ 與 $\mathbf{v}_{P/\mathcal{F}}$ 所得值代入式 (1) 中，得

$$\mathbf{v}_P = -(3 \text{ m/s})\mathbf{i} + (5.20 \text{ m/s})\mathbf{j} - (3.12 \text{ m/s})\mathbf{k} \blacktriangleleft$$

b. 加速度 $\mathbf{a}_P$。 由式 (15.48)，得

$$\mathbf{a}_P = \mathbf{a}_{P'} + \mathbf{a}_{P/\mathcal{F}} + \mathbf{a}_c \tag{2}$$

因 Ω 與 $\omega_{B/\mathcal{F}}$ 兩者皆為定值，故有

$$\mathbf{a}_{P'} = \Omega \times (\Omega \times \mathbf{r}) = (0.30 \text{ rad/s})\mathbf{j} \times (-3.12 \text{ m/s})\mathbf{k} = -(0.94 \text{ m/s}^2)\mathbf{i}$$
$$\mathbf{a}_{P/\mathcal{F}} = \omega_{B/\mathcal{F}} \times (\omega_{B/\mathcal{F}} \times \mathbf{r})$$
$$= (0.50 \text{ rad/s})\mathbf{k} \times [-(3 \text{ m/s})\mathbf{i} + (5.20 \text{ m/s})\mathbf{j}]$$
$$= -(1.50 \text{ m/s}^2)\mathbf{j} - (2.60 \text{ m/s}^2)\mathbf{i}$$
$$\mathbf{a}_c = 2\Omega \times \mathbf{v}_{P/\mathcal{F}}$$
$$= 2(0.30 \text{ rad/s})\mathbf{j} \times [-(3 \text{ m/s})\mathbf{i} + (5.20 \text{ m/s})\mathbf{j}] = (1.80 \text{ m/s}^2)\mathbf{k}$$

將 $\mathbf{a}_{P'}$、$\mathbf{a}_{P/\mathcal{F}}$ 與 $\mathbf{a}_c$ 代入式 (2)，得

$$\mathbf{a}_P = -(3.54 \text{ m/s}^2)\mathbf{i} - (1.50 \text{ m/s}^2)\mathbf{j} + (1.80 \text{ m/s}^2)\mathbf{k} \blacktriangleleft$$

範例 15.15

半徑 R 之圓盤 D 銷接到長度 L 之臂 OA 的 A 端，A 位於圓盤平面內。此臂以等速率 ω_1 繞通過 O 的垂直軸旋轉，而圓盤則以等速率 ω_2 繞 A 旋轉。試求 (a) 位於 A 正上方之點 P 的速度；(b) P 的加速度；(c) 此圓盤的角速度與角加速度。

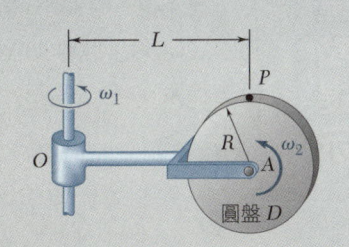

解

參考座標系。 座標系 $OXYZ$ 固定。我們將運動座標系 $Axyz$ 附在臂 OA 上，故其對座標系 $OXYZ$ 的角速度為 $\boldsymbol{\Omega} = \omega_1 \mathbf{j}$。圓盤 D 相對於轉動座標系 $Axyz$ (或簡寫為 $\mathcal{F}$) 的角速度 $\boldsymbol{\omega}_{D/\mathcal{F}} = \omega_2 \mathbf{k}$。$P$ 相對於 O 的位置向量為 $\mathbf{r} = L\mathbf{i} + R\mathbf{j}$，而相對於 A 的位置向量為 $\mathbf{r}_{P/A} = R\mathbf{j}$。

a. 速度 $\mathbf{v}_P$。 令 P' 為運動座標系與 P 重合的一，由式 (15.46)，得

$$\mathbf{v}_P = \mathbf{v}_{P'} + \mathbf{v}_{P/\mathcal{F}} \tag{1}$$

其中 $\mathbf{v}_{P'} = \boldsymbol{\Omega} \times \mathbf{r} = \omega_1 \mathbf{j} \times (L\mathbf{i} + R\mathbf{j}) = -\omega_1 L \mathbf{k}$

$\mathbf{v}_{P/\mathcal{F}} = \boldsymbol{\omega}_{D/\mathcal{F}} \times \mathbf{r}_{P/A} = \omega_2 \mathbf{k} \times R\mathbf{j} = -\omega_2 R \mathbf{i}$

將 $\mathbf{v}_{P'}$ 與 $\mathbf{v}_{P/\mathcal{F}}$ 所得值代入式 (1)，得 $\quad \mathbf{v}_P = -\omega_2 R \mathbf{i} - \omega_1 L \mathbf{k}$ ◀

b. 加速度 $\mathbf{a}_P$。 由式 (15.48)，得

$$\mathbf{a}_P = \mathbf{a}_{P'} + \mathbf{a}_{P/\mathcal{F}} + \mathbf{a}_c \tag{2}$$

$\boldsymbol{\Omega}$ 與 $\boldsymbol{\omega}_{D/\mathcal{F}}$ 皆為定值，我們有

$\mathbf{a}_{P'} = \boldsymbol{\Omega} \times (\boldsymbol{\Omega} \times \mathbf{r}) = \omega_1 \mathbf{j} \times (-\omega_1 L \mathbf{k}) = -\omega_1^2 L \mathbf{i}$
$\mathbf{a}_{P/\mathcal{F}} = \boldsymbol{\omega}_{D/\mathcal{F}} \times (\boldsymbol{\omega}_{D/\mathcal{F}} \times \mathbf{r}_{P/A}) = \omega_2 \mathbf{k} \times (-\omega_2 R \mathbf{i}) = -\omega_2^2 R \mathbf{j}$
$\mathbf{a}_c = 2\boldsymbol{\Omega} \times \mathbf{v}_{P/\mathcal{F}} = 2\omega_1 \mathbf{j} \times (-\omega_2 R \mathbf{i}) = 2\omega_1 \omega_2 R \mathbf{k}$

將所得值代入式 (2)，得

$$\mathbf{a}_P = -\omega_1^2 L \mathbf{i} - \omega_2^2 R \mathbf{j} + 2\omega_1 \omega_2 R \mathbf{k} \blacktriangleleft$$

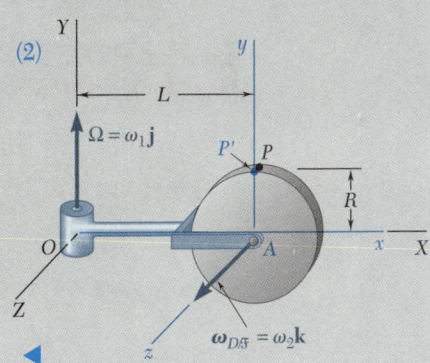

c. 圓盤的角速度與角加速度。

$$\boldsymbol{\omega} = \boldsymbol{\Omega} + \boldsymbol{\omega}_{D/\mathcal{F}} \qquad \boldsymbol{\omega} = \omega_1 \mathbf{j} + \omega_2 \mathbf{k} \blacktriangleleft$$

使用式 (15.31) 及 $\mathbf{Q} = \boldsymbol{\omega}$，得

$\boldsymbol{\alpha} = (\dot{\boldsymbol{\omega}})_{OXYZ} = (\dot{\boldsymbol{\omega}})_{Axyz} + \boldsymbol{\Omega} \times \boldsymbol{\omega}$
$\qquad = 0 + \omega_1 \mathbf{j} \times (\omega_1 \mathbf{j} + \omega_2 \mathbf{k})$

$$\boldsymbol{\alpha} = \omega_1 \omega_2 \mathbf{i} \blacktriangleleft$$

重點提示

在本課中，藉由學習使用一輔助參考座標系 $\mathcal{F}$ 分析剛體的三維運動來總結剛體運動學之研究。此輔助座標系可以是具有一固定原點 O 的轉動座標系，或是一般運動中的座標系。

A. 使用轉動參考座標系。 當你使用轉動座標系 $\mathcal{F}$ 求解問題時，應採取下列步驟。

1. 選擇你希望使用的轉動座標系 $\mathcal{F}$，並由固定點 O 畫出所對應的座標軸 x、y、z。
2. 決定座標系 $\mathcal{F}$ 對於固定座標系 $OXYZ$ 的角速度 $\mathbf{\Omega}$。多數情況下，你可以選擇一個座標系，並將其附在此系統的某個轉動件上，則 $\mathbf{\Omega}$ 將是該元件的角速度。
3. 指定 P' 為座標系 $\mathcal{F}$ 中的一點，該點在考慮的瞬間與你感興趣的點 P 重合。求解點 P' 的速度 $\mathbf{v}_{P'}$ 與加速度 $\mathbf{a}_{P'}$。因 P' 是 $\mathcal{F}$ 的一部分且其位置向量 $\mathbf{r}$ 與 P 相同，故有

$$\mathbf{v}_{P'} = \mathbf{\Omega} \times \mathbf{r} \quad 與 \quad \mathbf{a}_{P'} = \boldsymbol{\alpha} \times \mathbf{r} + \mathbf{\Omega} \times (\mathbf{\Omega} \times \mathbf{r})$$

式中 $\boldsymbol{\alpha}$ 是 $\mathcal{F}$ 的角加速度，然而，在你將遇到的許多問題中，$\mathcal{F}$ 之角速度的大小與方向皆為定值，即 $\boldsymbol{\alpha} = 0$。

4. 求解點 P 對 $\mathcal{F}$ 的速度與加速度。當你試圖求解 $\mathbf{v}_{P/\mathcal{F}}$ 與 $\mathbf{a}_{P/\mathcal{F}}$ 時，可以想像當座標系不旋轉時，P 在座標系 $\mathcal{F}$ 的運動情形。如 P 是剛體 $\mathcal{B}$ 的一點，$\mathcal{B}$ 相對於 $\mathcal{F}$ 的角速度為 $\boldsymbol{\omega}_\mathcal{B}$、角加速度為 $\boldsymbol{\alpha}_\mathcal{B}$ [範例 15.14]，你將找到

$$\mathbf{v}_{P/\mathcal{F}} = \boldsymbol{\omega}_\mathcal{B} \times \mathbf{r} \quad 與 \quad \mathbf{a}_{P/\mathcal{F}} = \boldsymbol{\alpha}_\mathcal{B} \times \mathbf{r} + \boldsymbol{\omega}_\mathcal{B} \times (\boldsymbol{\omega}_\mathcal{B} \times \mathbf{r})$$

在你將遇到的許多問題中，物體 $\mathcal{B}$ 相對於 $\mathcal{F}$ 之角速度的大小與方向皆為定值，即 $\boldsymbol{\alpha}_\mathcal{B} = 0$。

5. 求解科氏加速度。由前述步驟找到座標系 $\mathcal{F}$ 的角速度 $\mathbf{\Omega}$，以及 P 相對於該座標系的速度 $\mathbf{v}_{P/\mathcal{F}}$，寫為

$$\mathbf{a}_c = 2\mathbf{\Omega} \times \mathbf{v}_{P/\mathcal{F}}$$

6. P 對固定座標系 $OXYZ$ 的速度與加速度。可藉由將你已求出的表示式相加而得。

$$\mathbf{v}_P = \mathbf{v}_{P'} + \mathbf{v}_{P/\mathcal{F}} \tag{15.46}$$

$$\mathbf{a}_P = \mathbf{a}_{P'} + \mathbf{a}_{P/\mathcal{F}} + \mathbf{a}_c \tag{15.48}$$

B. 使用一般運動中的參考座標系。 此與前述 A 中所列出的步驟稍有不同。內容如下：

1. 選擇你希望使用的座標系 $\mathcal{F}$，以及該座標系的參考點 A。畫出定義該座標系的座標軸 x、y 與 z。將此座標系的運動考慮為一隨 A 的平移及一繞 A 的轉動之和。
2. 求解此座標系之點 A 的速度 $\mathbf{v}_A$ 及角速度 $\mathbf{\Omega}$。在大多數情況下，你可以選擇一個座標系，並將其附在此系統的某個元件上，則 $\mathbf{\Omega}$ 將是該元件的角速度。

3. 指定 P' 為座標系 $\mathcal{F}$ 中的一點，該點在考慮之瞬間與你感興趣的點 P 重合。並求解該點的速度 $\mathbf{v}_{P'}$ 與加速度 $\mathbf{a}_{P'}$。在某些情況中，這可以藉由想像 P 的運動來達成，假如我們阻止該點相對於 $\mathcal{F}$ 移動 [範例 15.15]。更一般的方法為回顧點 P' 的運動為一隨參考點 A 平移與一繞 A 轉動之和。因此，可分別將 $\mathbf{v}_A$ 與 $\mathbf{a}_A$ 加到段落 A_3 的表示式，進而得到 P' 的速度 $\mathbf{v}_{P'}$ 與加速度 $\mathbf{a}_{P'}$，式中的位置向量 $\mathbf{r}$ 則以由 A 畫至 P 的 $\mathbf{r}_{P/A}$ 來取代。

$$\mathbf{v}_{P'} = \mathbf{v}_A + \mathbf{\Omega} \times \mathbf{r}_{P/A} \qquad \mathbf{a}_{P'} = \mathbf{a}_A + \boldsymbol{\alpha} \times \mathbf{r}_{P/A} + \mathbf{\Omega} \times (\mathbf{\Omega} \times \mathbf{r}_{P/A})$$

步驟 4、5、6 與 A 部分相同，除了向量 $\mathbf{r}$ 應再次以 $\mathbf{r}_{P/A}$ 取代。因此，式 (15.46) 和式 (15.48) 仍可用來求解 P 相對於固定座標系 $OXYZ$ 的速度與加速度。

習 題

15.66 邊長 500 mm 的正方形平板，在 A 與 B 處銷接到 U 形鉤上。此平板以等角速率 $\omega_2 = 4$ rad/s 相對於 U 形鉤轉動，U 形鉤本身也以等速率 $\omega_1 = 3$ rad/s 繞 Y 軸轉動。就圖示位置，試求 (a) 點 C 的速度；(b) 點 C 的加速度。

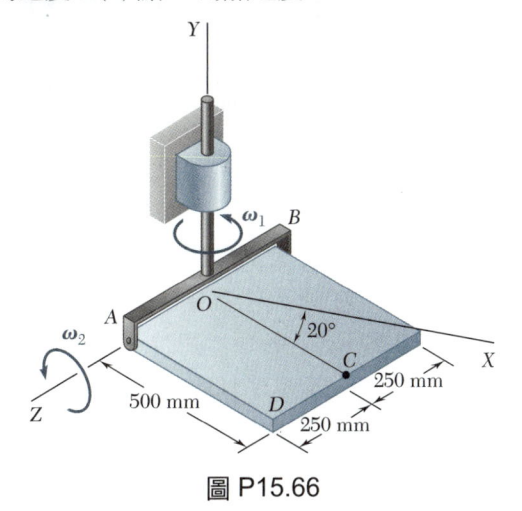

圖 P15.66

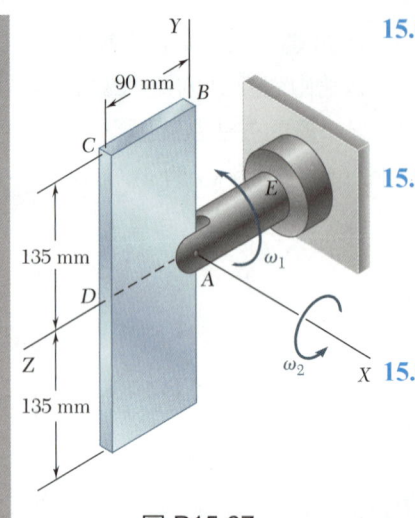

15.67 圖示矩形平板以等角速度相對於 AE 臂轉動，$\omega_2 = 12$ rad/s，而 AE 臂本身以等速率繞 Z 軸旋轉，$\omega_1 = 9$ rad/s。就圖示的位置，試求此平板拐角 C 的速度與加速度。

15.68 圖示圓盤以等速率 $\omega_1 = 10$ rad/s 繞其垂直的直徑旋轉。已知在圖示位置中圓盤位於 XY 平面內，且搭板 CD 的點 D 以等相對速率 $u = 1.5$ m/s 往上移動，試求 (a) 點 D 的速度；(b) 點 D 的加速度。

15.69 半徑 120 mm 的圓盤以等速率 $\omega_2 = 5$ rad/s 相對於臂 AB 旋轉，而臂 AB 自身也以等速率轉動，$\omega_1 = 3$ rad/s。就圖示位置，試求點 C 的速度與加速度。

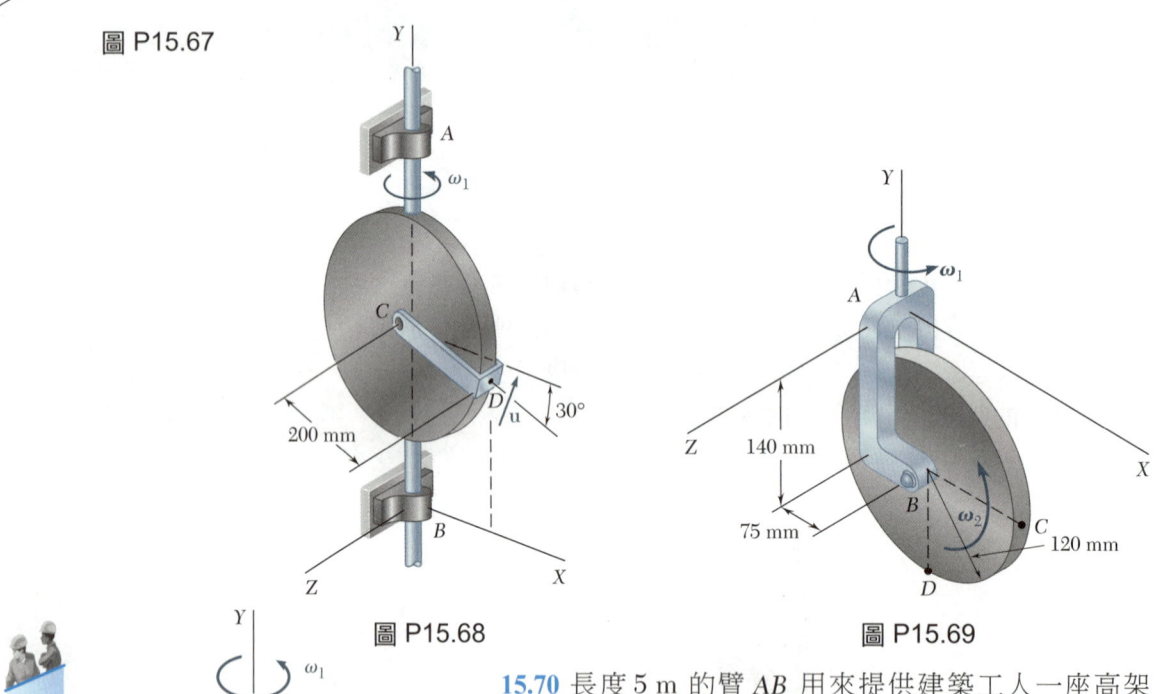

圖 P15.67

圖 P15.68

圖 P15.69

15.70 長度 5 m 的臂 AB 用來提供建築工人一座高架平台。在圖示位置中，臂 AB 正以等速率 $d\theta/dt = 0.25$ rad/s 舉升；同時，此機組也以等速率 $\omega_1 = 0.15$ rad/s 繞 Y 軸旋轉。已知 $\theta = 20°$，試求點 B 的速度與加速度。

15.71 圖示起重機以等速率旋轉，$\omega_1 = 0.25$ rad/s；同時伸縮吊桿以等速率下降，$\omega_2 = 0.40$ rad/s。已知在圖示之瞬間，吊桿長 6 m，並以等速率 $u = 0.5$ m/s 遞增，試求點 B 的速度與加速度。

圖 P15.70

15.72 半徑 180 mm 的圓盤以等速率 $\omega_2 = 12$ rad/s 相對於臂 CD 轉動，此臂本身也以等速率 $\omega_1 = 8$ rad/s 繞 Y 軸旋轉，試求圖示之瞬間，在此圓盤邊緣上之點 A 的速度與加速度。

15.73 圖中的機械手臂可控制筆尖 A 的位置。在圖示位置中，筆尖相對於伺服閥 BC 以等速率 $u = 180$ mm/s 移動。在同一時間，臂 CD 相對於組件 DEG 以等速率 $\omega_2 = 1.6$ rad/s 旋轉。已知整個機械手臂以等速率 $\omega_1 = 1.2$ rad/s 繞 X 軸旋轉，試求 (a) A 的速度；(b) A 的加速度。

圖 P15.71

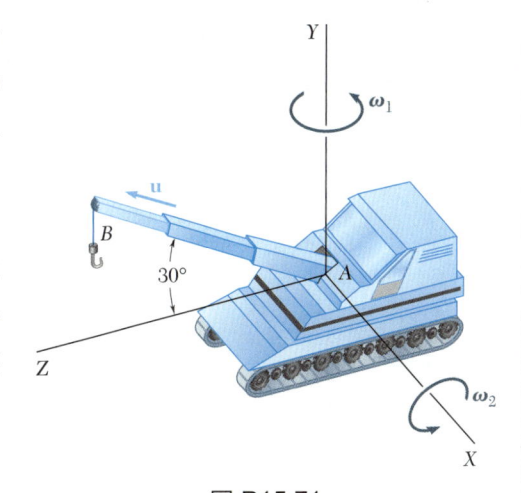

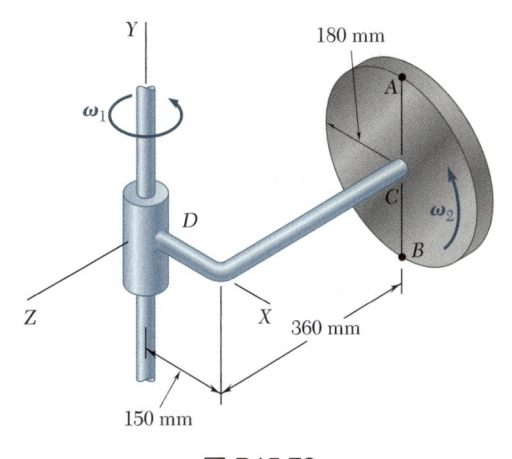

圖 P15.72

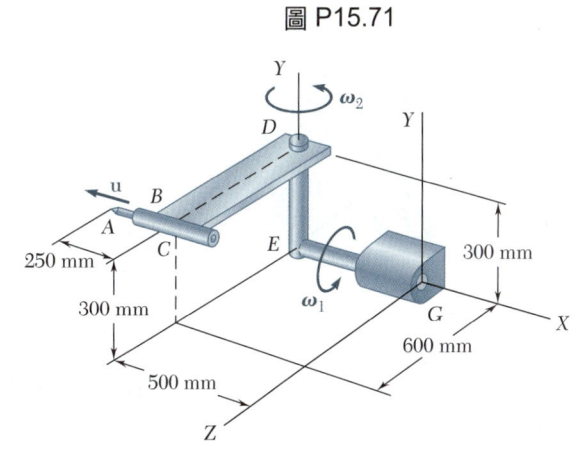

圖 *P15.73*

複習與摘要

本章專注於剛體運動學的研究。

■ 剛體平移 (Rigid body in translation)

首先考慮剛體的平移 [第 15.2 節]，我們在此一運動中觀察到，物體的所有點，在任何給定之瞬間均有相同的速度與相同的加速度。

■ 剛體繞一固定軸轉動 (Rigid body in rotation about a fixed axis)

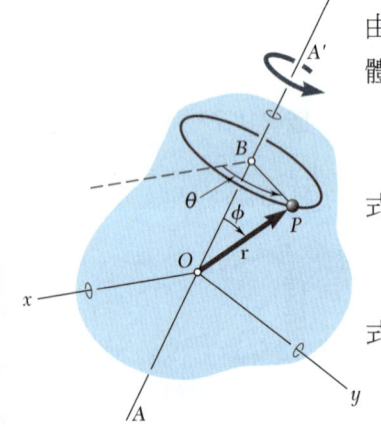

接著我們考慮剛體繞一固定軸的轉動 [第 15.3 節]，剛體的位置由線段 BP 與一固定平面的夾角 θ 所定義，其中 BP 是由旋轉軸到物體一點 P 所畫出的直線 (圖 15.39)。我們發現 P 的速度大小為

$$v = \frac{ds}{dt} = r\dot{\theta} \sin \phi \tag{15.4}$$

式中 $\dot{\theta}$ 為 θ 對時間的導數，故 P 的速度可表示為

$$\mathbf{v} = \frac{d\mathbf{r}}{dt} = \boldsymbol{\omega} \times \mathbf{r} \tag{15.5}$$

式中向量

$$\boldsymbol{\omega} = \omega\mathbf{k} = \dot{\theta}\mathbf{k} \tag{15.6}$$

其指向沿著固定旋轉軸，代表此物體的角速度。

用 $\boldsymbol{\alpha}$ 表示角速度的導數 $d\boldsymbol{\omega}/dt$，則 P 的加速度可表示為

$$\mathbf{a} = \boldsymbol{\alpha} \times \mathbf{r} + \boldsymbol{\omega} \times (\boldsymbol{\omega} \times \mathbf{r}) \tag{15.8}$$

對式 (15.6) 微分，並記得 $\mathbf{k}$ 的大小與方向皆為定值，故有

$$\boldsymbol{\alpha} = \alpha\mathbf{k} = \dot{\omega}\mathbf{k} = \ddot{\theta}\mathbf{k} \tag{15.9}$$

向量 $\boldsymbol{\alpha}$ 代表此物體的角加速度，且其指向沿著固定旋轉軸。

圖 15.39

■ 代表性平板的轉動 (Rotation of a representative slab)

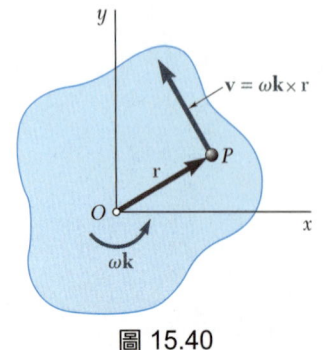

其次，我們考慮位在垂直於物體旋轉軸平面內之代表性平板的運動 (圖 15.40)。由於角速度垂直於平板，故平板之一點 P 的速度可表示為

$$\mathbf{v} = \omega\mathbf{k} \times \mathbf{r} \tag{15.10}$$

式中 $\mathbf{v}$ 包含於平板的平面內。

圖 15.40

■ 切向與法向分量 (Tangential and normal components)

將 $\boldsymbol{\omega} = \omega\mathbf{k}$ 與 $\boldsymbol{\alpha} = \alpha\mathbf{k}$ 代入式 (15.8)，我們發現 P 的加速度可以分

解為切向與法向分量(圖 15.41)，分別等於

$$\mathbf{a}_t = \alpha \mathbf{k} \times \mathbf{r} \qquad a_t = r\alpha$$
$$\mathbf{a}_n = -\omega^2 \mathbf{r} \qquad a_n = r\omega^2 \qquad (15.11')$$

■ **轉動平板的角速度與角加速度** (Angular velocity and angular acceleration of rotating slab)

回顧式 (15.6) 和式 (15.9)，我們得到平板的角速度與角加速度表示式 [第 15.4 節]，如下：

$$\omega = \frac{d\theta}{dt} \qquad (15.12)$$

$$\alpha = \frac{d\omega}{dt} = \frac{d^2\theta}{dt^2} \qquad (15.13)$$

或

$$\alpha = \omega \frac{d\omega}{d\theta} \qquad (15.14)$$

圖 15.41

這些表示式類似於第十一章中質點直線運動所得的式子。

我們經常遇到的兩種特殊轉動情況為：等速轉動與等加速度轉動。這兩種運動問題都可利用類似於第 11.4 和 11.5 節所使用的質點等速直線運動，與等加速度直線運動方程式求得解答，但其中的 x、v、a 分別以 θ、ω、α 來取代 [第 15.1 節]。

■ **平面運動的速度** (Velocities in plane motion)

我們可以將剛性平板最一般的平面運動考慮為：一平移與一轉動的和 [第 15.5 節]。例如，我們可以假設圖 15.42 中的平板隨 A 平移同時又繞 A 旋轉。根據 [第 15.6 節]，平板之任一點 B 的速度可表示為

平面運動　＝　隨 A 的平移　＋　繞 A 的轉動　　$\mathbf{v}_B = \mathbf{v}_A + \mathbf{v}_{B/A}$

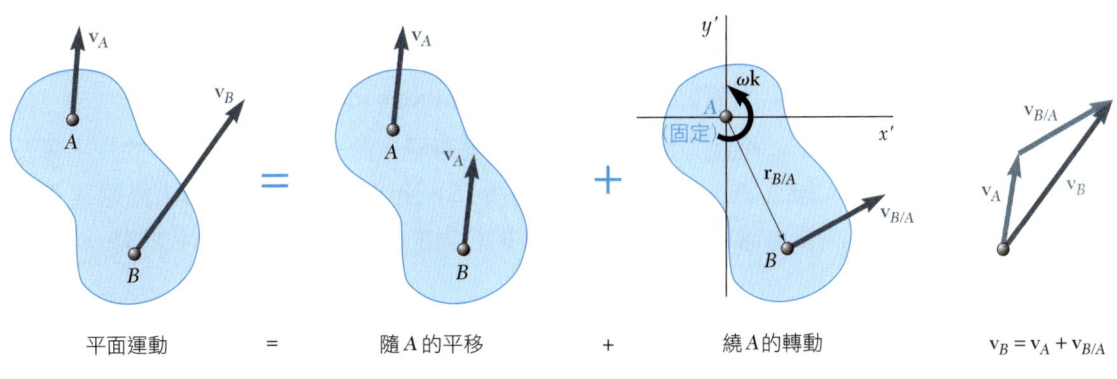

圖 15.42

303

$$\mathbf{v}_B = \mathbf{v}_A + \mathbf{v}_{B/A} \tag{15.17}$$

其中 $\mathbf{v}_A$ 為 A 的速度，$\mathbf{v}_{B/A}$ 為 B 對 A，或更精確地說，為 B 對隨 A 平移之座標軸 $x'y'$ 的相對速度。用 $\mathbf{r}_{B/A}$ 表示 B 相對於 A 的位置向量，我們發現：

$$\mathbf{v}_{B/A} = \omega\mathbf{k} \times \mathbf{r}_{B/A} \qquad v_{B/A} = r\omega \tag{15.18}$$

基本方程式 (15.17) 以向量圖的形式來表示點 A 與點 B 的絕對速度及 B 對 A 的相對速度之間的關係，並用以解決各種涉及機構運動的問題〔範例 15.2 和 15.3〕。

■ **瞬時旋轉中心** (Instantaneous center of rotation)

在第 15.7 節中，我們提出了另一種方法來解決平面運動中一剛性平板之點的速度問題，並用於範例 15.4 和 15.5 中。此方法是基於此平板瞬時旋轉中心 C 的決定（圖 15.43）。

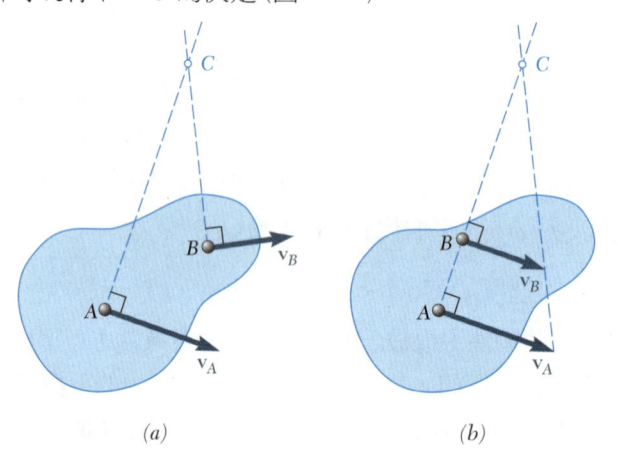

圖 15.43

■ **平面運動的加速度** (Accelerations in plane motion)

剛性平板的任何平面運動可視為此平板隨參考點 A 的一平移及繞 A 的一轉動之和，我們在 15.8 節中，應用此一事實來描述 A 與 B 兩點的加速度，及 B 對 A 的相對加速度之間的關係，我們有

$$\mathbf{a}_B = \mathbf{a}_A + \mathbf{a}_{B/A} \tag{15.21}$$

式中 $\mathbf{a}_{B/A}$ 包含大小為 $r\omega^2$ 且指向點 A 的法向分量 $(\mathbf{a}_{B/A})_n$，以及大小為 $r\alpha$ 且垂直於直線 AB 的切向分量 $(\mathbf{a}_{B/A})_t$（圖 15.44）。將此基本關係式

(15.21) 以向量圖或向量方程式表示，可用來求解各種機構之給定點的加速度 [範例 15.6 到 15.8]。請注意：在第 15.7 節中所考慮的瞬時旋轉中心 C 並不能用來求解加速度，因為點 C 的加速度通常不為零。

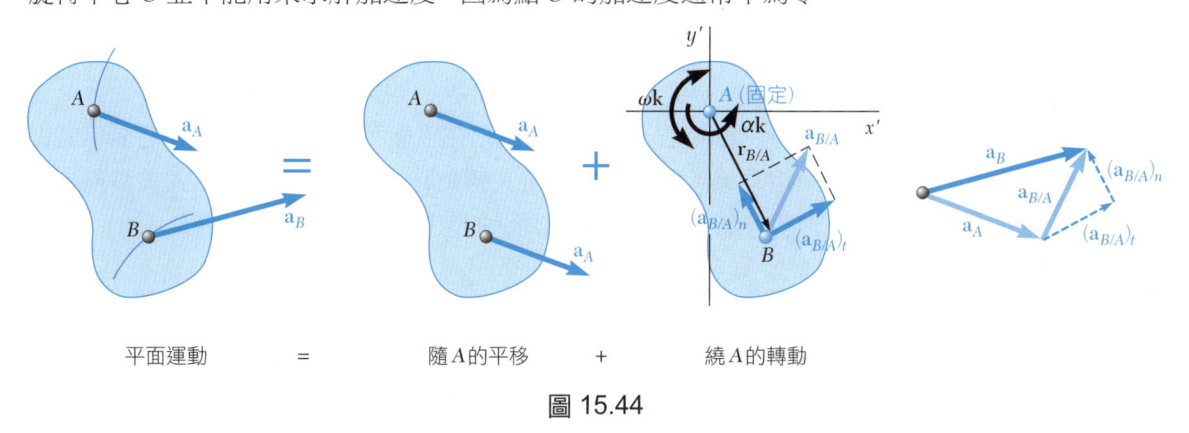

平面運動　　＝　　隨 A 的平移　　＋　　繞 A 的轉動

圖 15.44

■ **座標的參數表示** (Coordinates expressed in terms of a parameter)

在某些機構例子中，機構所有重要點的 x 與 y 座標可由包含單一參數的簡單解析式表示。此一給定點的絕對速度與絕對加速度分量，可藉由該點的 x 與 y 座標對時間 t 微分兩次求得 [第 15.9 節]。

■ **向量對轉動座標系的改變率** (Rate of change of a vector with respect to a rotating frame)

雖然一向量對固定參考座標系與對平移座標系的改變率是相同的，但對轉動座標系的改變率卻不相同。因此，為了研究一質點相對於轉動座標系的運動，我們必須先比較一般向量 **Q** 對於一固定座標系 $OXYZ$，及對於一以角速度 **Ω** 轉動之座標系 $Oxyz$ 的改變率 [第 15.10 節] (圖 15.45)。我們得到基本關係

$$(\dot{\mathbf{Q}})_{OXYZ} = (\dot{\mathbf{Q}})_{Oxyz} + \mathbf{\Omega} \times \mathbf{Q} \qquad (15.31)$$

總結而言，向量 **Q** 對於固定座標系的改變率是由兩部分所組成的：第一部分代表 **Q** 對轉動座標系 $Oxyz$ 的改變率；第二部分，**Ω** × **Q**，則是由座標系 $Oxyz$ 之轉動所產生的。

圖 15.45

■ **質點相對於轉動座標系之平面運動** (Plane motion of a particle relative to a rotating frame)

本章的下一部分 [第 15.11 節]，專注於探討一質點 P 相對於座標系 $\mathcal{F}$ 移動的二維運動分析，該座標系以角速度 **Ω** 繞固定軸轉動 (圖

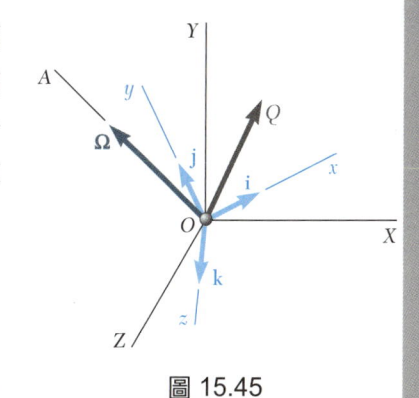

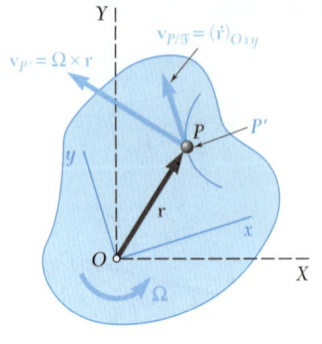

15.46)。點 P 的絕對速度可以表示為

$$\mathbf{v}_P = \mathbf{v}_{P'} + \mathbf{v}_{P/\mathcal{F}} \qquad (15.33)$$

其中 $\mathbf{v}_P$ = 點 P 的絕對速度

$\mathbf{v}_{P'}$ = 移動座標系 $\mathcal{F}$ 與 P 重合之點 P' 的速度

$\mathbf{v}_{P/\mathcal{F}}$ = P 相對於移動座標系 $\mathcal{F}$ 的速度

值得注意的是，如果座標系是在平移而非轉動，所得 $\mathbf{v}_P$ 之表示式仍然相同。然而當座標系是在轉動時，P 之加速度表示式被發現多包含了一額外項 $\mathbf{a}_c$，稱為輔助加速度或科氏加速度，寫為

$$\mathbf{a}_P = \mathbf{a}_{P'} + \mathbf{a}_{P/\mathcal{F}} + \mathbf{a}_c \qquad (15.36)$$

其中 $\mathbf{a}_P$ = 質點 P 的絕對加速度

$\mathbf{a}_{P'}$ = 移動座標系 $\mathcal{F}$ 與 P 重合之點 P' 的加速度

$\mathbf{a}_{P/\mathcal{F}}$ = P 相對於移動座標系 $\mathcal{F}$ 的加速度

$\mathbf{a}_c = 2\mathbf{\Omega} \times (\dot{\mathbf{r}})_{Oxy} = 2\mathbf{\Omega} \times \mathbf{v}_{P/\mathcal{F}}$

　　 = 輔助加速度或科氏加速度

在平面運動中 $\mathbf{\Omega}$ 與 $\mathbf{v}_{P/\mathcal{F}}$ 互相垂直，所以科氏加速度的大小為 $a_c = 2\Omega v_{P/\mathcal{F}}$，而其指向由向量 $\mathbf{v}_{P/\mathcal{F}}$ 依移動座標系的轉向旋轉 $90°$ 而得。式 (15.33) 和式 (15.36) 可用來分析含有互相滑動零件之機構的運動 [範例 15.9 和 15.10]。

■ 具有一固定點之剛體運動 (Motion of a rigid body with a fixed point)

本章最後一部分專注於三維空間之剛體運動學的研究。我們首先考慮具有一固定點之剛體的運動 [第 15.12 節]。在證明了具一固定點 O 之剛體最一般的位移相當於此物體繞一通過 O 之軸的轉動後，我們即可定義角速度 $\boldsymbol{\omega}$ 及物體在一給定瞬間的瞬時旋轉軸。物體一點 P 的速度 (圖 15.47) 可再次表示為

$$\mathbf{v} = \frac{d\mathbf{r}}{dt} = \boldsymbol{\omega} \times \mathbf{r} \qquad (15.37)$$

微分此表示式，寫為

$$\mathbf{a} = \boldsymbol{\alpha} \times \mathbf{r} + \boldsymbol{\omega} \times (\boldsymbol{\omega} \times \mathbf{r}) \qquad (15.38)$$

然而，因 $\boldsymbol{\omega}$ 的方向隨時改變，故一般而言，角加速度 $\boldsymbol{\alpha}$ 的指向並非沿瞬時旋轉軸 [範例 15.11]。

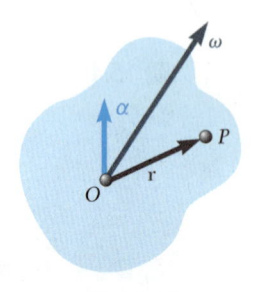

■ 空間中的一般運動 (General motion in space)

第 15.13 節顯示，空間中之剛體在任一瞬間最一般的運動等於一平移與一轉動之和。考慮此物體的兩質點 A 與 B，我們發現

$$\mathbf{v}_B = \mathbf{v}_A + \mathbf{v}_{B/A} \quad (15.42)$$

式中 $\mathbf{v}_{B/A}$ 為 B 相對於附在 A 上，且有固定方位之參考座標系 AX'Y'Z' 的速度 (圖 15.48)。令 $\mathbf{r}_{B/A}$ 表示 B 相對於 A 的位置向量。寫為

$$\mathbf{v}_B = \mathbf{v}_A + \boldsymbol{\omega} \times \mathbf{r}_{B/A} \quad (15.43)$$

式中 $\boldsymbol{\omega}$ 為物體在所考慮之瞬間的角速度 [範例 15.12]。同理可得 B 的加速度。我們首先寫出

$$\mathbf{a}_B = \mathbf{a}_A + \mathbf{a}_{B/A}$$

並回顧式 (15.38)，得

$$\mathbf{a}_B = \mathbf{a}_A + \boldsymbol{\alpha} \times \mathbf{r}_{B/A} + \boldsymbol{\omega} \times (\boldsymbol{\omega} \times \mathbf{r}_{B/A}) \quad (15.44)$$

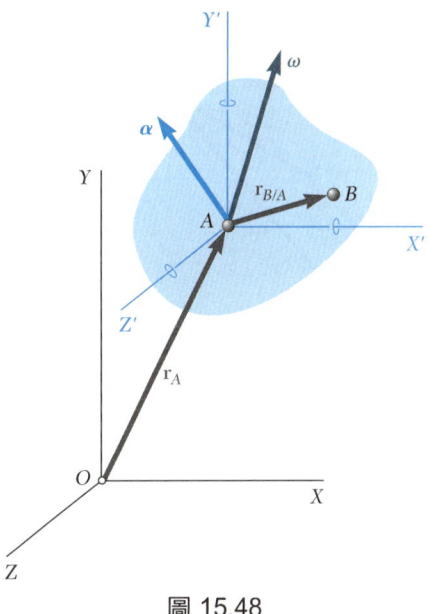

圖 15.48

■ 質點相對於轉動座標系的三維運動 (Three-dimensional motion of a particle relative to a rotating frame)

在本章的最後兩節中，我們考慮一質點 P 相對於一轉動座標系 Oxyz 的三維運動，其中 Oxyz 相對於固定座標系的角速度為 $\boldsymbol{\Omega}$ (圖 15.49)。在第 15.14 節中，我們將 P 的絕對速度 $\mathbf{v}_P$ 表示為

$$\mathbf{v}_P = \mathbf{v}_{P'} + \mathbf{v}_{P/\mathcal{F}} \quad (15.46)$$

其中　$\mathbf{v}_P$ = 點 P 的絕對速度

　　　$\mathbf{v}_{P'}$ = 移動座標系 $\mathcal{F}$ 與 P 重合之點 P' 的速度

　　　$\mathbf{v}_{P/\mathcal{F}}$ = P 相對於移動座標系 $\mathcal{F}$ 的速度

然後將 P 的絕對加速度 $\mathbf{a}_P$ 表示為

$$\mathbf{a}_P = \mathbf{a}_{P'} + \mathbf{a}_{P/\mathcal{F}} + \mathbf{a}_c \quad (15.48)$$

其中　$\mathbf{a}_P$ = 質點 P 的絕對加速度

　　　$\mathbf{a}_{P'}$ = 移動座標系 $\mathcal{F}$ 與 P 重合之點 P' 的加速度

　$\mathbf{a}_{P/\mathcal{F}}$ = P 相對於移動座標系 $\mathcal{F}$ 的加速度

　$\mathbf{a}_c = 2\boldsymbol{\Omega} \times (\dot{\mathbf{r}})_{Oxyz} = 2\boldsymbol{\Omega} \times \mathbf{v}_{P/\mathcal{F}}$
　　　= 輔助加速度或科氏加速度

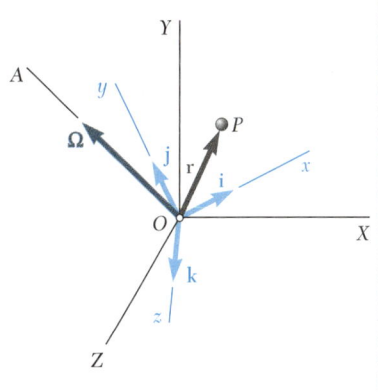

圖 15.49

請注意：科氏加速度的大小 a_c 不等於 $2\Omega v_{P/\mathcal{F}}$ [範例 15.13]，除非是在 Ω 與 $\mathbf{v}_{P/\mathcal{F}}$ 彼此垂直的特殊情況下。

■ **一般運動的參考座標系** (Frame of reference in general motion)

我們也觀察到 [第 15.15 節]，當座標系 $Axyz$ 相對於固定座標系 $OXYZ$ 的運動以已知但任意方式移動時，假如 A 的運動被包含在代表重合點 P' 的絕對速度 $\mathbf{v}_{P'}$ 與絕對加速度 $\mathbf{a}_{P'}$ 之內，式 (15.46) 和式 (15.48) 仍然有效 (圖 15.50)。

轉動參考座標系在剛體三維運動的研究中特別有用。的確，相較於選擇固定方位之座標軸，很多例子顯示，選用一個適當的轉動座標系將使此剛體的運動分析更為簡單 [範例 15.14 和 15.15]。

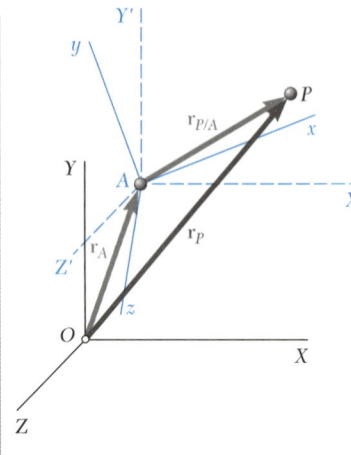

圖 15.50

複習題

15.74 圖示半徑 600 mm 圓形平板的角加速度由關係式 $\alpha = \alpha_0 e^{-t}$ 所定義。已知 $t = 0$ 時，此圓形平板靜止，而 $\alpha_0 = 10 \text{ rad/s}^2$，當 (a) $t = 0$；(b) $t = 0.5 \text{ s}$；(c) $t = \infty$ 時，試求點 B 總加速度的大小。

15.75 已知在圖示之瞬間，桿件 AB 的角速度為順時針向 10 rad/s，並以 2 rad/s^2 減速中，試求桿件 BD 與桿件 DE 的角加速度。

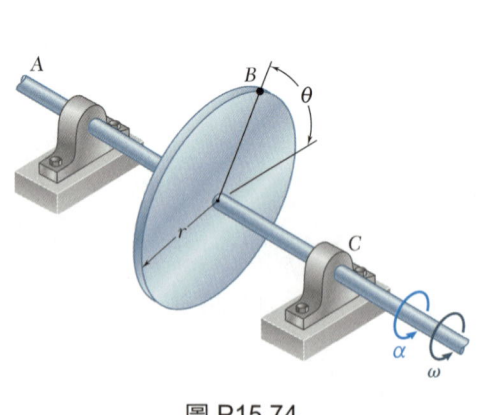

圖 P15.74

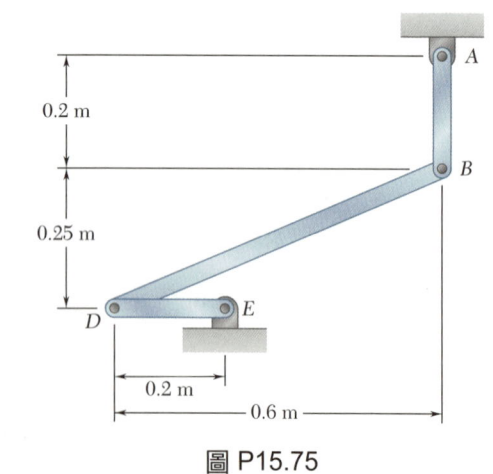

圖 P15.75

15.76 半徑 0.15 m 的圓盤以等速率 ω_2 相對於平板 BC 轉動，此平板本身以等速率 ω_1 繞 y 軸旋轉。已知 $\omega_1 = \omega_2 = 3$ rad/s，就圖示位置，試求 (a) 點 D；(b) 點 F 的速度與加速度。

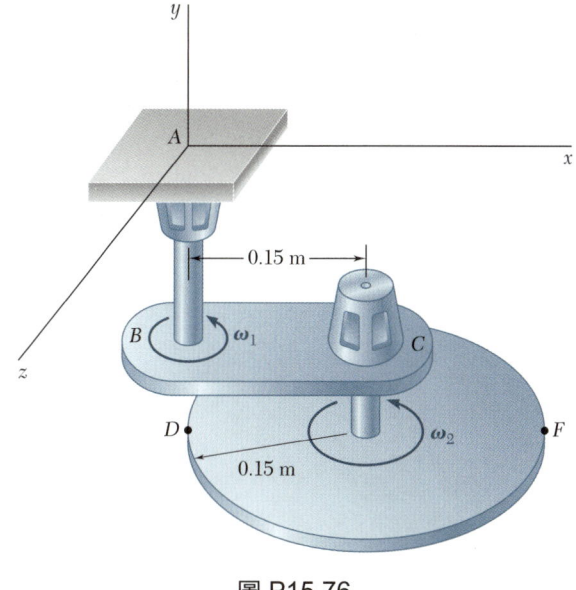

圖 P15.76

CHAPTER 16

剛體的平面運動：力與加速度

三葉片風力發電機，類似這張風力農場所示的圖片，是目前最常見的設計。在本書中，藉由考慮一剛體之質心的運動、相對於其質心的運動，以及作用在剛體的外力，你將學到如何分析剛體的運動。

16.1 簡介 (Introduction)

在本章及在第十七與十八章中你將研究剛體的**動力學**，亦即，研究作用在一剛體的力、形狀，及所產生的運動之間存在的關係。類似的關係你曾在第十二與十三章中研究過，當時將物體考慮為一質點，亦即其質量可集中於一點，而所有力都作用在該點上。現在則是將物體的形狀及作用點的正確位置都考慮在內。不僅關注物體的整體運動，同時也考慮到物體對其質心的運動。

我們的作法是考慮剛體係由許多質點所組成，並使用在第十四章中質點系統運動所得的結果。本章將特別使用第十四章中的兩個方程式：式 (14.16)，$\Sigma \mathbf{F} = m\bar{\mathbf{a}}$，表示外力之合力與質點系統質心 G 之加速度的關係，以及式 (14.23)，$\Sigma \mathbf{M}_G = \dot{\mathbf{H}}_G$，表示外力之合力矩與質點系統對 G 之角動量的關係。

除了第 16.2 節應用到剛體運動最一般的情況外，本章所導出的結果將僅限用在兩方面：(1) 限用於剛體的**平面運動** (plane motion)，亦即，物體的每個質點與一固定參考平面保持等距離；(2) 所考慮的剛體僅為平板與對稱於一參考平面的物體。非對稱三維物體之平面運動，以及更一般化地，剛體在三維空間中的運動將延至第十八章來討論。

在第 16.3 節中，我們定義剛體在平面運動中的角動量，並證明出角動量對質心的改變率 $\dot{\mathbf{H}}_G$ 等於形心質量慣性矩 $\bar{I}$ 與物體之角加速度 $\boldsymbol{\alpha}$ 的乘積 $\bar{I}\boldsymbol{\alpha}$。在第 16.4 節中所介紹的達朗伯特原理用來證明作用在剛體的外力等效於附在質心的一向量 $m\bar{\mathbf{a}}$ 與力矩為 $\bar{I}\boldsymbol{\alpha}$ 的一力偶。

在第 16.5 節中，我們僅使用平行四邊形定律及牛頓定律即導出傳遞性原理，故而允許此原理可由靜力學與動力學之研究所需公理的清單中 (第 1.2 節) 移除。

在第 16.6 節中所介紹的自由體圖方程式，將用於求解所有涉及剛體平面運動的問題。

在第 16.7 節中考慮了相連接剛體的平面運動後，你將準備來求解涉及剛體的平移、形心轉動，及未受拘束之運動的各種問題。在第 16.8 節及在本章的其餘部分中，將考慮涉及剛體的非形心轉動、滾動，及其他受到部分拘束之平面運動的問題解答。

16.2 剛體運動方程式 (Equations of Motion for a Rigid Body)

考慮一剛體受好幾個外力 $\mathbf{F}_1$、$\mathbf{F}_2$、$\mathbf{F}_3$、… 的作用 (圖 16.1)。我們可假設此物體是由大量之 n 個質量為 Δm_i ($i = 1$、2、…、n) 的質點所組成，並應用第十四章中對質點系統所得的結果 (圖 16.2)。首先考慮物體之質心 G 對牛頓參考座標系 $Oxyz$ 的運動，回顧式 (14.16)，寫為

$$\Sigma \mathbf{F} = m\bar{\mathbf{a}} \qquad (16.1)$$

式中 m 為物體的質量，$\bar{\mathbf{a}}$ 為質心 G 的加速度。現在轉到物體相對於形心參考座標系 $Gx'y'z'$ 的運動，回顧式 (14.23)，寫為

$$\Sigma \mathbf{M}_G = \dot{\mathbf{H}}_G \qquad (16.2)$$

式中 $\dot{\mathbf{H}}_G$ 代表 $\mathbf{H}_G$ 的改變率，而 $\mathbf{H}_G$ 為組成此剛體之質點系統繞 G 的角動量。以下將簡稱 $\mathbf{H}_G$ 為剛體繞其質心 G 的角動量。式 (16.1) 和式 (16.2) 合一表示：外力系統相當於由附在 G 的向量 $m\bar{\mathbf{a}}$ 與力矩為 $\dot{\mathbf{H}}_G$ 的力偶所組成的系統 (圖 16.3)。

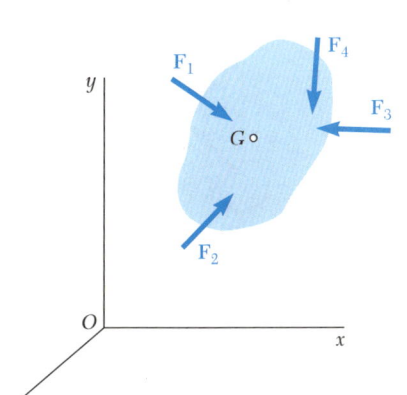

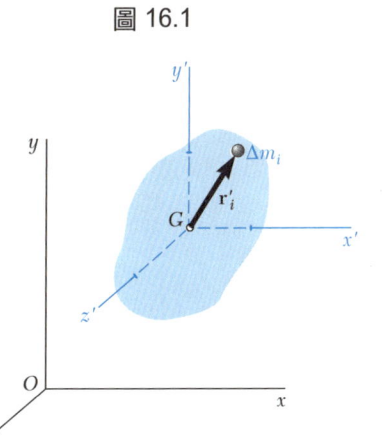

圖 16.1

圖 16.2

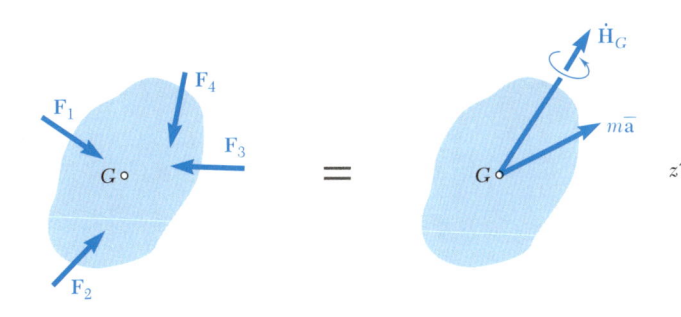

圖 16.3

式 (16.1) 和式 (16.2) 應用在剛體運動的最一般情況。然而，在本章其餘部分，我們的分析僅限於剛體的**平面運動**，亦即，每個質點在運動過程中與一固定參考平面保持一定的距離，且假設所考慮的剛體僅包括平板及對稱於參考平面的剛體。非對稱三維物體之平面運動，及剛體在三維空間之運動的進一步研究將延至第十八章。

照片 16.1　作用在此人及波浪板上的外力系統包括重量、在拖繩內的張力，及由水和空氣所施加的力。

16.3 剛體在平面運動中的角動量 (Angular Momentum of a Rigid Body in Plane Motion)

考慮一平面運動中的剛性平板。假設此平板是由大量之 n 個質量為 Δm_i 的質點 P_i 所組成，回顧第 14.5 節之式 (14.24)，我們注意到平板對其質心 G 的角動量 $\mathbf{H}_G$，可藉由計算此平板質點對任一座標系 Oxy 或 $Gx'y'$ 運動之動量對 G 的動量矩而得 (圖 16.4)。選擇後者，而寫出

$$\mathbf{H}_G = \sum_{i=1}^{n} (\mathbf{r}'_i \times \mathbf{v}'_i \, \Delta m_i) \tag{16.3}$$

式中 $\mathbf{r}'_i$ 與 $\mathbf{v}'_i \, \Delta m_i$ 分別表示質點 P_i 相對於形心參考座標系 $Gx'y'$ 的位置向量與線動量。但由於此質點屬於此平板，故我們有 $\mathbf{v}'_i = \boldsymbol{\omega} \times \mathbf{r}'_i$，其中 $\boldsymbol{\omega}$ 是平板在所考慮之瞬間的角速度，寫為

$$\mathbf{H}_G = \sum_{i=1}^{n} [\mathbf{r}'_i \times (\boldsymbol{\omega} \times \mathbf{r}'_i) \, \Delta m_i]$$

參考圖 16.4，我們很容易證明，所得表示式代表一與 $\boldsymbol{\omega}$ 同方向 (即垂直於此平板) 的向量，且大小等於 $\omega \Sigma r_i'^2 \Delta m_i$。回顧前述，$\Sigma r_i'^2 \Delta m_i$ 代表此平板對垂直此平板之形心軸的慣性矩 $\bar{I}$，總結而言，此平板對其質心的角動量 $\mathbf{H}_G$ 為

$$\mathbf{H}_G = \bar{I} \boldsymbol{\omega} \tag{16.4}$$

對式 (16.4) 的兩項微分，得

$$\dot{\mathbf{H}}_G = \bar{I} \dot{\boldsymbol{\omega}} = \bar{I} \boldsymbol{\alpha} \tag{16.5}$$

故此平板角動量的改變率代表一與 $\boldsymbol{\alpha}$ 同方向 (即垂直於平板) 的向量，且大小為 $\bar{I}\alpha$。

必須牢記，本節所得的結果是對平面運動中之剛性平板所導出的。你將在第十八章中看到：在對稱於參考平面之剛體的平面運動情況中，它們仍然是有效的。然而，並不適用於非對稱物體或三維運動的情況。

圖 16.4

照片 16.2 硬碟和硬碟計算機的拾取臂繞著形心旋轉。

16.4 剛體的平面運動 / 達朗伯特原理 (Plane Motion of a Rigid Body. D'Alembert's Principle)

考慮一質量為 m 的剛性平板在 $\mathbf{F}_1$、$\mathbf{F}_2$、$\mathbf{F}_3$、⋯ 等幾個包含在平板平面內之外力的作用下作移動 (圖 16.5)。將式 (16.5) 中的 $\dot{\mathbf{H}}_G$ 代入式 (16.2)，並以純量形式寫出基本方程式 (16.1) 和式 (16.2)，我們有

$$\Sigma F_x = m\bar{a}_x \qquad \Sigma F_y = m\bar{a}_y \qquad \Sigma M_G = \bar{I}\alpha \qquad (16.6)$$

式 (16.6) 顯示一旦決定出外力作用在此平板上的合力，及其對 G 的合力矩，就很容易求得此平板質心 G 的加速度及其角加速度 $\boldsymbol{\alpha}$。給定適當的起始條件，則質心在任一瞬間 t 的座標 $\bar{x}$ 與 $\bar{y}$，以及此平板的角座標 θ 都可藉由積分求得。故此平板的運動完全由作用在其上之外力對 G 的合力及合力矩所定義。

此性質為剛體運動的特徵，在第十八章中將被擴及至剛體三維運動的情況。的確，如同在第十四章中所看到的，非剛性連結之質點系統的運動，通常取決於作用在各質點的特定外力與內力。

由於剛體運動僅取決於作用在其上之外力的合力與合力矩，因此，它們相當的兩力系，亦即具有相同的合力與合力矩，也同樣是等效的，也就是它們對一給定剛體具有完全相同的效應。

特別考慮作用在一剛體上的外力系統 (圖 16.6a)，以及與組成此剛體之質點相關的有效力系統 (圖 16.6b)。我們在第 14.2 節中曾證實，用此方式所定義的兩個系統是相當的。但由於現在所考慮的質點形成一個剛體，因此依據以上的討論可知，這兩個系統也是等效的。故我們可以說，作用在一剛體上的外力等效於形成此剛體之各個質點上的有效力。此一陳述在法國數學家珍·樂朗·達朗伯特 (1717~1783) 之後稱為達朗伯特原理，儘管達朗伯特原先的說法在形式上稍有不同。

在圖 16.7 中藉由使用黑色等號來強調外力系統等效於此有效力系統的事實，並在圖 16.7 中利用本節前面所得的結果，以附在平板質心 G 的一向量 $m\bar{\mathbf{a}}$，及一力矩為 $\bar{I}\boldsymbol{\alpha}$ 的力偶來取代有效力。

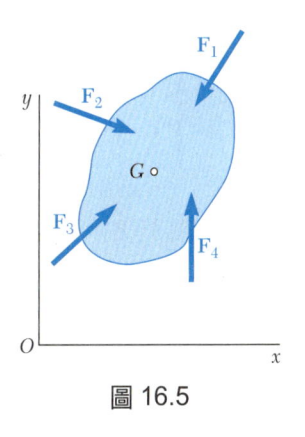

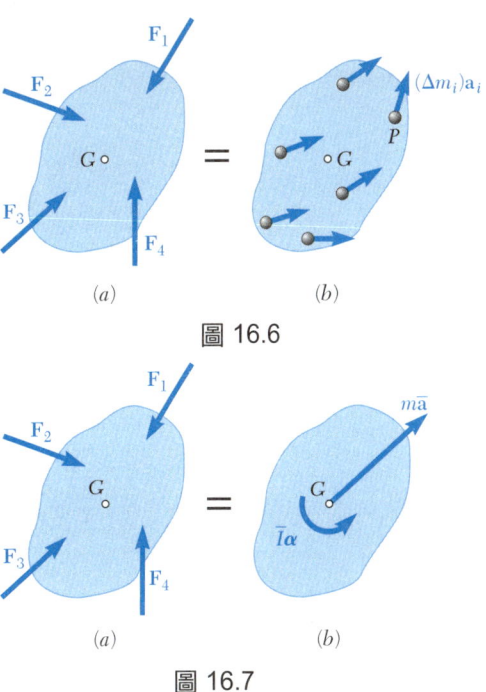

圖 16.5

圖 16.6

圖 16.7

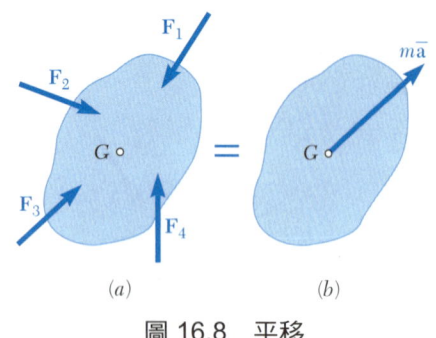

圖 16.8 平移

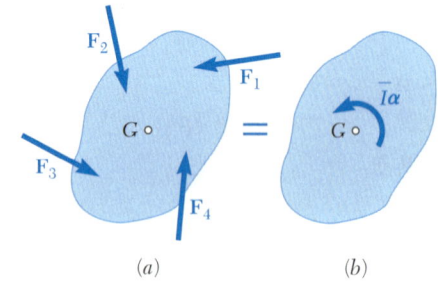

圖 16.9 繞形心轉動

▶ 平移

在剛體平移的情況中，角速度等於零，其有效力約化為附在 G 上的一向量 $m\bar{\mathbf{a}}$（圖 16.8）。故作用在平移中之剛體上之外力的合力通過此物體的質心，且等於 $m\bar{\mathbf{a}}$。

▶ 形心轉動

當一平板，或更一般化地，一對稱於參考平面的物體繞著一垂直此參考平面且通過其質心 G 的固定軸旋轉時，我們稱此物體繞**形心轉動** (centroidal rotation)。因加速度 $\bar{\mathbf{a}}$ 恆等於零，物體的有效力約化為一力偶 $\bar{I}\boldsymbol{\alpha}$（圖 16.9）。故作用在繞形心轉動之剛體的外力等效於一力矩為 $\bar{I}\boldsymbol{\alpha}$ 的力偶。

▶ 一般平面運動

將圖 16.7 與圖 16.8 及圖 16.9 作比較，我們觀察到，就運動力學的觀點，一對稱於參考平面的剛體之最一般平面運動可用一平移與一形心轉動的和來取代。我們應注意的是，此陳述較先前基於運動學觀點所作的類似陳述更加嚴格（第 15.5 節），因為我們現在需要將物體的質心選為參考點。

參考式 (16.6)，我們觀察到，前兩個方程式等同於一質量 m 的質點在給定力 $\mathbf{F}_1$、$\mathbf{F}_2$、$\mathbf{F}_3$、… 作用下的運動方程式。我們查證後發現，在平面運動中，剛體質心 G 的移動有如此物體整個質量集中在該點，且似乎所有的外力也都作用在該點上。記得此結果已在第 14.4 節質點系統的一般情況中獲得，但其質點無須作剛性連結。我們也注意到，如同在第 14.4 節中所做的，此外力系統通常不能約化為附在 G 上的單一向量 $m\bar{\mathbf{a}}$。因此，在剛體平面運動的一般情況中，作用在此物體之外力的合力並不通過此物體的質心。

最後，我們觀察到，承受相同作用力的剛體如果受約束而繞一通過 G 之固定軸轉動，則式 (16.6) 的最後一式仍然是有效的。因此，一剛體在平面運動中繞其質心的轉動就好像此點是固定的。

*16.5 剛體力學公理的評論 (A Remark on the Axioms of the Mechanics of Rigid Bodies)

作用在一剛體之兩個相當的外力系統也是等效的，亦即，在該剛體上有相同的效應，此一事實已在第 3.19 節中確立。但在該節中它是從傳遞性原理導出的，此為我們研究剛體靜力學時所使用的公理之一。必須注意的是，本章已經不使用此公理，此因牛頓第二與第三運動定律的使用，使得在剛體動力學的研究中用不到該公理。

事實上，傳遞性原理現今可由在力學研究中所用的其他公理導出。此原理未證明 (第 3.3 節) 敘述如下：若作用在剛體一給定點之力 **F** 被一同大小與同方向，但作用在不同點的一力 **F′** 所取代，若兩力有相同的作用線，則此剛體的平衡狀態或剛體的運動狀態維持不變。但因 **F** 與 **F′** 對任一給定點的力矩均相同，很明顯地，它們形成兩個相當的外力系統。因此，根據前節所確立的結果，我們現在可以證明 **F** 與 **F′** 在此剛體上有相同的效應 (圖 3.3)。

因此傳遞性原理可由剛體力學研究所需公理的清單中移除。這些公理簡化為向量相加的平行四邊形定律及牛頓運動定律。

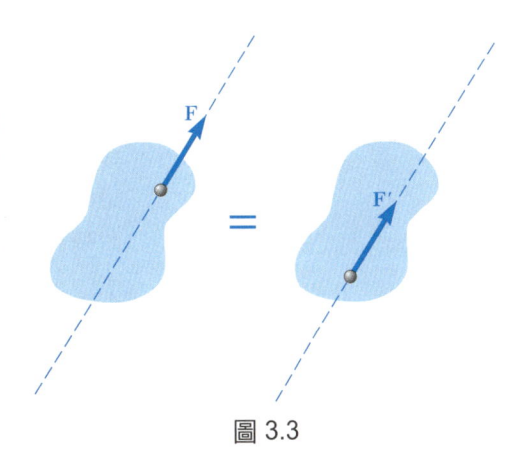

圖 3.3

16.6 涉及剛體運動問題的解答 (Solution of Problems Involving the Motion of a Rigid Body)

我們在第 16.4 節中看到，當一剛體作平面運動時，作用在此物體上的力 F_1、F_2、F_3 … 等物體質心的加速度 $\bar{a}$ 以及物體的角加速度 α 之間存在一基本的關係。此關係於圖 16.7 中，以**自由體圖方程式** (free-body diagram equation) 的形式表示，可用於求解作用在一剛體上之給定力系所產生的加速度 $\bar{a}$ 與角加速度 α，或反過來，也可用於求解使剛體產生一給定運動的力。

雖然式 (16.6) 的三個代數方程式可用來求解平面運動的問題，然而，靜力學的經驗則建議我們，藉由適當地選擇用以計算力矩的點為力矩中心，可以簡化許多涉及剛體問題的解答。因此最好能記得在圖 16.7 中以圖形來顯示存在於加速度與力之間的關係，並由此基本關係導出最適合所考慮問題之分力或力矩方程式的解答。

圖 16.10

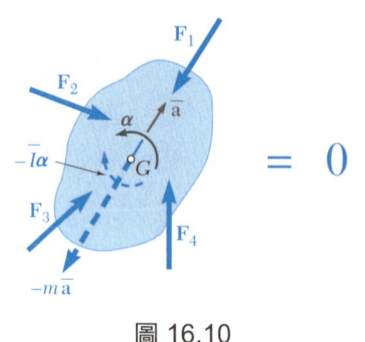

假如將一附在 G 上且與 $\bar{\mathbf{a}}$ 反方向的慣性向量 $-m\bar{\mathbf{a}}$，以及一力矩大小為 $\bar{I}\boldsymbol{\alpha}$ 且與 $\boldsymbol{\alpha}$ 之轉向相反的慣性力偶 $-\bar{I}\boldsymbol{\alpha}$ 加到外力上，則圖 16.7 所顯示的基本關係可用另一種形式呈現 (圖 16.10)。依此所得的系統等效於零，而稱此剛體為**動態平衡** (dynamic equilibrium)。

不論是如圖 16.7 中直接應用外力與有效力的等效原理，或是如圖 16.10 中引用動態平衡的觀念，利用自由體圖方程式以向量來顯示作用在剛體上的力與所造成的線及角加速度之間的關係，遠優於盲目地應用式 (16.6)。這些優點總結如下：

1. 圖形表示的使用，使我們更加了解力對物體運動的效應。
2. 此種方法能將動力學問題的解劃分了成兩部分：在第一部分中，此問題之運動與動力特徵分析導致了圖 16.7 或圖 16.10 的自由體圖；在第二部分中，用所得圖形藉由第三章的方法來分析所涉及的各個力及向量。
3. 對剛體的平面運動提供一種統一的分析方法，不論所涉及的運動是何種特殊類型。雖然所考慮的各個運動的運動學，隨著情況的改變或有所不同，但運動力學的解題方法始終相同。在每一種情況中，我們將畫圖來顯示外力、與 G 之運動相關的向量 $m\bar{\mathbf{a}}$，及與剛體繞 G 旋轉相關的力偶 $\bar{I}\boldsymbol{\alpha}$。
4. 將剛體的運動分解成一平移與一形心轉動，是此處所採用的基本觀念，可以有效地應用在整個力學的研究。在第十七章中，此觀念將再次被使用於功與能法，及衝量與動量法。
5. 你將在第十八章中看到，此方法可擴及到剛體一般三維運動的研究。物體的運動將再次被分解成一平移與一繞質心轉動，並使用自由體圖方程式來表示存在於外力及物體之線與角動量改變率之間的關係。

16.7 剛體系統 (Systems of Rigid Bodies)

前一節所描述的方法也可用於涉及幾個連接剛體的平面運動問題。我們可以針對系統各元件畫出類似於圖 16.7 或圖 16.10 的圖形，而解出由這些圖形所得之聯立運動方程式。

在某些情況中，例如範例 16.3，可對整個系統畫出單一圖。此圖必須包含所有的外力，以及與系統各元件相關的向量 $m\bar{\mathbf{a}}$ 與力偶 $\bar{I}\boldsymbol{\alpha}$。然而內力可略而不計，例如，相連接之纜繩的施力，因它們是以大小相等，但方向相反的力成對地發生，故相當於零。我們可解出藉由表

照片 16.3 此堆高機和移動負載可以作為在平面運動中的兩個連接的剛體之系統進行分析。

CHAPTER 16　剛體的平面運動：力與加速度　　319

示外力系統相當於有效力系統而得的方程式來求解其餘的未知量。

當採用單一圖時，只有三個運動方程式可使用，因此這第二種方法不能用於含有三個以上未知量的問題，此點我們無需詳加說明，因所涉及的討論將完全類似於第 6.11 節中對一剛體系統之平衡情況的討論。

範例 16.1

當圖示之卡車前進速度為 10 m/s 時，突然踩煞車，致使所有四個輪子停止轉動。我們觀察到卡車滑行 7 m 後停止。試求卡車滑行至靜止時，各車輪之正向反力與摩擦力的大小。卡車的重量為 W N。

解

運動學。選擇向右為正，使用等加速度方程式，寫出

$$\bar{v}_0 = +10 \text{ m/s} \qquad \bar{v}^2 = \bar{v}_0^2 + 2\bar{a}\bar{x} \qquad 0 = (10)^2 + 2\bar{a}(7)$$
$$\bar{a} = -7.14 \text{ m/s}^2 \qquad \bar{\mathbf{a}} = 7.14 \text{ m/s}^2 \leftarrow$$

負號指出，加速度的方向與圖示的方向相反。

運動方程式。外力包括卡車的重量 W 及作用在車輪的正向反力與摩擦力，(向量 $\mathbf{N}_A$ 與 $\mathbf{F}_A$ 代表作用在後輪之反力的和，而 $\mathbf{N}_B$ 與 $\mathbf{F}_B$ 代表作用在前輪之反力的和。) 因卡車在平移，有效力約化為附在 G 的向量 $m\bar{\mathbf{a}}$。藉由表示此外力系統等效於有效力系統，可得到三個運動方程式。

$$+\uparrow \Sigma F_y = \Sigma(F_y)_{\text{eff}}: \qquad N_A + N_B - W = 0$$

因 $F_A = \mu_k N_A$ 及 $F_B = \mu_k N_B$，其中 μ_k 為動摩擦係數，我們發現

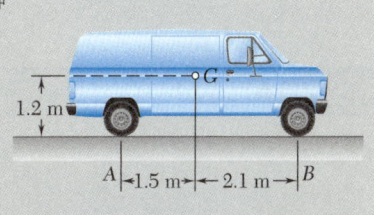

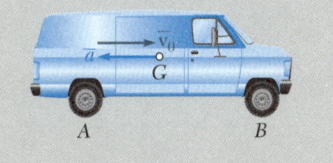

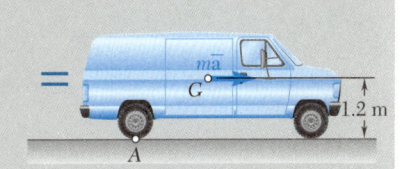

$$F_A + F_B = \mu_k(N_A + N_B) = \mu_k W$$

$$\xrightarrow{+} \Sigma F_x = \Sigma(F_x)_{\text{eff}}: \qquad -(F_A + F_B) = -m\bar{a}$$
$$-\mu_k mg = -m(-7.14)$$
$$\mu_k = \frac{7.14}{9.81} = 0.728$$

$$+\curvearrowleft \Sigma M_A = \Sigma(M_A)_{\text{eff}}: \qquad -W(1.5 \text{ m}) + N_B(3.6 \text{ m}) = -m\bar{a}(1.2 \text{ m})$$

$$-W(1.5 \text{ m}) + N_B(3.6 \text{ m}) = \frac{-W}{9.81 \text{m/s}^2}(-7.14 \text{ m/s}^2)(1.2 \text{ m})$$

$$N_B = 0.659 W$$
$$F_B = \mu_k N_B = (0.728)(0.659W) \qquad F_B = 0.48 W$$

$$+\uparrow \Sigma F_y = \Sigma(F_y)_{\text{eff}}: \quad N_A + N_B - W = 0$$
$$N_A + 0.659W - W = 0$$
$$N_A = 0.341W$$
$$F_A = \mu_k N_A = (0.728)(0.341W) \quad F_A = 0.248\,W$$

在各車輪的反力。以上的計算值代表兩個前輪或兩個後輪之反力的和，故各車輪反力的大小為

$$N_{\text{front}} = \tfrac{1}{2}N_B = 0.3295W \qquad N_{\text{rear}} = \tfrac{1}{2}N_A = 0.1705W \blacktriangleleft$$
$$F_{\text{front}} = \tfrac{1}{2}F_B = 0.24W \qquad F_{\text{rear}} = \tfrac{1}{2}F_A = 0.124W \blacktriangleleft$$

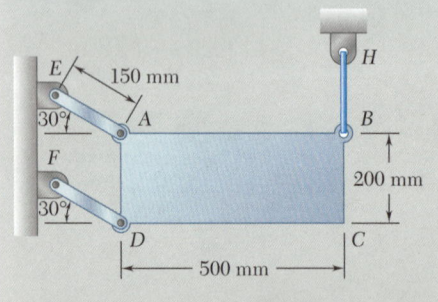

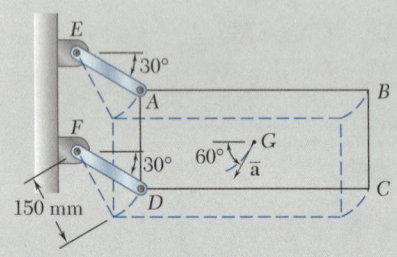

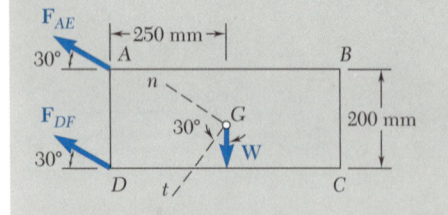

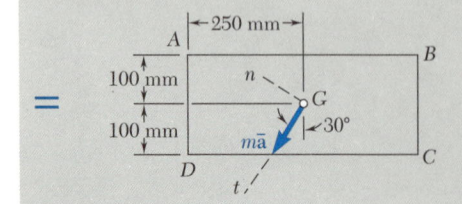

範例 16.2

質量 8 kg 的薄平板 ABCD，用鐵絲 BH 及兩根連桿 AE 與 DF 保持在圖示的位置，忽略連桿的質量，緊接在鐵絲 BH 被剪斷後，試求 (a) 平板的加速度；(b) 各連桿內的力。

解

運動的運動學。我們觀察到，BH 剛被剪斷後，角 A 與 D 分別沿著以 E 與 F 為圓心，且半徑為 150 mm 的平行圓移動。故該平板的運動為一曲線平移；形成此平板之質點沿著半徑 150 mm 的平行圓移動。

在鐵絲 BH 被剪斷之瞬間，平板的速度為零。故平板質心 G 的加速度 $\bar{\mathbf{a}}$ 將與 G 所描繪出的圓形路徑相切。

運動方程式。外力包含重量 **W** 及連桿的作用力 $\mathbf{F}_{AE}$ 與 $\mathbf{F}_{DF}$。由於此平板在平移，其有效力約化為一附在 G，且指向沿著 t 軸的向量 $m\bar{\mathbf{a}}$。畫一自由體圖方程式，顯示外力系統等效於有效力系統。

a. 平板的加速度

$$+\swarrow \Sigma F_t = \Sigma(F_t)_{\text{eff}}:$$
$$W \cos 30° = m\bar{a}$$
$$mg \cos 30° = m\bar{a}$$
$$\bar{a} = g \cos 30° = (9.81 \text{ m/s}^2) \cos 30° \qquad (1)$$
$$\bar{\mathbf{a}} = 8.50 \text{ m/s}^2 \;\measuredangle\; 60° \blacktriangleleft$$

b. 連桿 AE 與 DF 內的力。

$+\nwarrow \Sigma F_n = \Sigma(F_n)_{\text{eff}}:$ $\quad F_{AE} + F_{DF} - W \sin 30° = 0$ $\quad\quad$ (2)

$+\downarrow \Sigma M_G = \Sigma(M_G)_{\text{eff}}:$

$(F_{AE} \sin 30°)(250 \text{ mm}) - (F_{AE} \cos 30°)(100 \text{ mm})$
$\quad\quad\quad + (F_{DF} \sin 30°)(250 \text{ mm}) + (F_{DF} \cos 30°)(100 \text{ mm}) = 0$
$\quad\quad\quad\quad\quad 38.4 F_{AE} + 211.6 F_{DF} = 0$
$\quad\quad\quad\quad\quad\quad F_{DF} = -0.1815 F_{AE}$ $\quad\quad$ (3)

將式 (3) 的 F_{DF} 代入式 (2)，寫為

$\quad\quad F_{AE} - 0.1815 F_{AE} - W \sin 30° = 0$
$\quad\quad F_{AE} = 0.6109 W$
$\quad\quad F_{DF} = -0.1815(0.6109 W) = -0.1109 W$

注意到 $W = mg = (8 \text{ kg})(9.81 \text{ m/s}^2) = 78.48$ N，我們有

$\quad\quad F_{AE} = 0.6109(78.48 \text{ N}) \quad\quad F_{AE} = 47.9 \text{ N } T \blacktriangleleft$
$\quad\quad F_{DF} = -0.1109(78.48 \text{ N}) \quad\quad F_{DF} = 8.70 \text{ N } C \blacktriangleleft$

範例 16.3

一質量 6 kg 與迴轉半徑 200 mm 的滑輪連接圖示的兩個塊狀物。假設沒有軸摩擦，試求滑輪的角加速度及各塊狀物的加速度。

解

雖然可假設一任意的運動指向 (因無涉及摩擦力)，而後由答案的符號加以驗證，但我們更偏好先決定滑輪的真正轉向。首先求出當 2.5 kg 的塊狀物 A 作用在滑輪上時，塊狀物 B 欲維持此滑輪的平衡所需的重量。寫為

$+\uparrow \Sigma M_G = 0:\quad m_B g (150 \text{ mm}) - (2.5 \text{ kg}) g (250 \text{ mm}) = 0 \quad m_B = 4.167$ kg

因塊狀物 B 真正的重量為 5 kg 重，故此滑輪將逆時針向旋轉。

運動的運動學。假設 α 為逆時針向且注意到 $a_A = r_A \alpha$ 與 $a_B = r_B \alpha$，得

$\quad\quad \mathbf{a}_A = (0.25 \text{ m}) \alpha \uparrow \quad\quad \mathbf{a}_B = (0.15 \text{ m}) \alpha \downarrow$

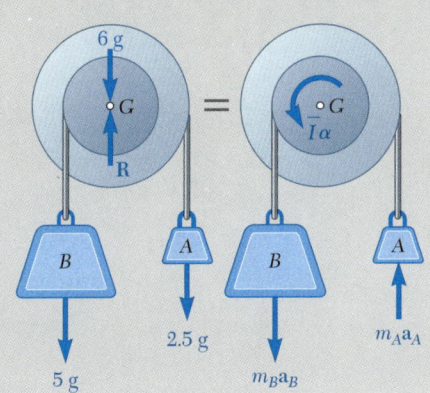

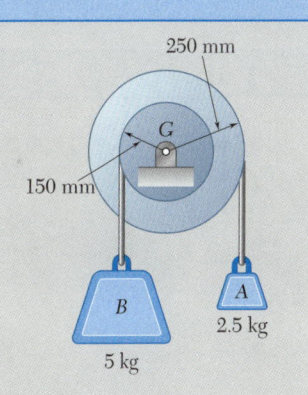

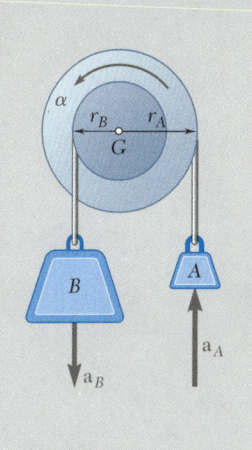

運動方程式。考慮含有滑輪與兩個塊狀物的單一系統。作用在此系統的外力包含滑輪與兩個塊狀物的重量及在 G 處的反力。(纜繩作用在滑輪與作用在塊狀物的力，對所考慮之系統而言是內力，兩者互相抵消。) 由於滑輪的運動是一形心轉動，而每一塊狀物的運動是平移，因此有效力約化為一力偶 $\bar{I}\alpha$，以及兩向量 $m\mathbf{a}_A$ 與 $m\mathbf{a}_B$。滑輪的形心慣性矩為

$$\bar{I} = m\bar{k}^2 = (6 \text{ kg})(0.2 \text{ m})^2 = 0.24 \text{ kg} \cdot \text{m}^2$$

由於外力系統相當於有效力系統，故有

$$+\curvearrowleft \Sigma M_G = \Sigma(M_G)_{\text{eff}}:$$
$$(5 \text{ kg})(9.81 \text{ m/s}^2)(0.15 \text{ m}) - (2.5 \text{ kg})(9.81 \text{ m/s}^2)(0.25 \text{m}) = +\bar{I}\alpha + m_B a_B (0.15 \text{ m}) + m_A a_A (0.25 \text{ m})$$
$$7.3575 - 6.1312 = 0.24\,\alpha + 5(0.15\,\alpha)(0.15) + 2.5(0.25\,\alpha)(0.25)$$
$$\alpha = +2.41 \text{ rad/s}^2 \qquad \boldsymbol{\alpha} = 2.41 \text{ rad/s}^2 \curvearrowleft \quad \blacktriangleleft$$
$$a_A = r_A\alpha = (0.25 \text{ m})(2.41 \text{ rad/s}^2) \qquad \mathbf{a}_A = 0.603 \text{ m/s}^2 \uparrow \quad \blacktriangleleft$$
$$a_B = r_B\alpha = (0.15 \text{ m})(2.41 \text{ rad/s}^2) \qquad \mathbf{a}_B = 0.362 \text{ m/s}^2 \downarrow \quad \blacktriangleleft$$

範例 16.4

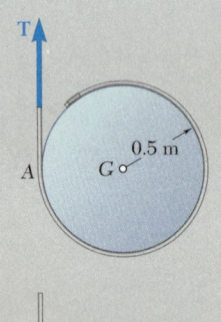

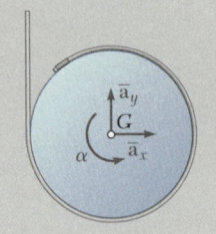

一細繩纏繞在一半徑 $r = 0.5$ m 與質量 $m = 15$ kg 的均勻圓盤上。如果此細繩以一大小為 180 N 的力 **T** 往上拉起，試求 (a) 圓盤中心的加速度；(b) 圓盤的角加速度；(c) 細繩的加速度。

解

運動方程式。我們假設中心加速度的分量 $\bar{a}_x$ 與 $\bar{a}_y$ 分別朝右與朝上，而圓盤的角加速度為逆時針向。作用在圓盤的外力包括重量 **W**，以及來自細繩的作用力 **T**。此外力系統等效於一附在 G 上且分量為 $m\bar{\mathbf{a}}_x$ 與 $m\bar{\mathbf{a}}_y$ 的向量，以及一力偶 $\bar{I}\alpha$ 所組成的有效力系統。寫為

$$\xrightarrow{+}\Sigma F_x = \Sigma(F_x)_{\text{eff}}: \qquad 0 = m\bar{a}_x \qquad \bar{\mathbf{a}}_x = 0 \quad \blacktriangleleft$$
$$+\uparrow\Sigma F_y = \Sigma(F_y)_{\text{eff}}: \qquad T - W = m\bar{a}_y$$
$$\bar{a}_y = \frac{T-W}{m}$$

由於 $T = 180$ N，$m = 15$ kg，$W = (15 \text{ kg})(9.81 \text{ m/s}^2) = 147.1$ N，我們有

$$\bar{a}_y = \frac{180 \text{ N} - 147.1 \text{ N}}{15 \text{ kg}} = +2.19 \text{ m/s}^2 \qquad \bar{\mathbf{a}}_y = 2.19 \text{ m/s}^2 \uparrow \quad \blacktriangleleft$$

$$+\uparrow\Sigma M_G = \Sigma(M_G)_{\text{eff}}: \qquad -Tr = \bar{I}\alpha$$
$$-Tr = (\tfrac{1}{2}mr^2)\alpha$$
$$\alpha = -\frac{2T}{mr} = -\frac{2(180\text{ N})}{(15\text{ kg})(0.5\text{ m})} = -48.0\text{ rad/s}^2$$
$$\boldsymbol{\alpha} = 48.0\text{ rad/s}^2\downarrow \blacktriangleleft$$

細繩的加速度。 因細繩的加速度等於圓盤點 A 之加速度的切向分量，故可寫為

$$\mathbf{a}_{\text{cord}} = (\mathbf{a}_A)_t = \bar{\mathbf{a}} + (\mathbf{a}_{A/G})_t$$
$$= [2.19\text{ m/s}^2\uparrow] + [(0.5\text{ m})(48\text{ rad/s}^2)\uparrow]$$
$$\mathbf{a}_{\text{cord}} = 26.2\text{ m/s}^2\uparrow \blacktriangleleft$$

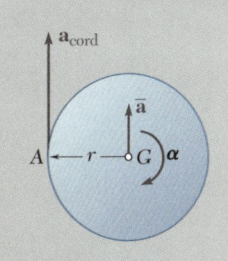

範例 16.5

圖示一質量 m 與半徑 r 之均勻球，以線速度 $\bar{\mathbf{v}}_0$ 及角速度 $\boldsymbol{\omega}_0$ 沿粗糙的水平表面拋出，以 μ_k 表示球與地板之間的動摩擦係數，試求 (a) $\boldsymbol{\omega}_0$ 所需的大小；(b) 使球靜止所需的時間 t_1；(c) 球靜止前所移動的距離。

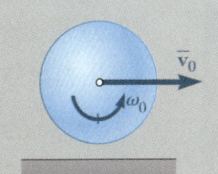

解

運動方程式。 選擇 $\bar{\mathbf{a}}$ 的正向朝左，$\boldsymbol{\alpha}$ 的正向為順時針向。作用在球上的外力，包含重量 $\mathbf{W}$、正向反力 $\mathbf{N}$，及摩擦力 $\mathbf{F}$。由於球與地面的接觸點往右滑動，故摩擦力向左。當球滑動時，摩擦力的大小為 $F = \mu_k N$。有效力由附在 G 上的向量 $m\bar{\mathbf{a}}$ 與力偶 $\bar{I}\boldsymbol{\alpha}$ 所組成。表示出外力系統等效於有效力系統，寫為

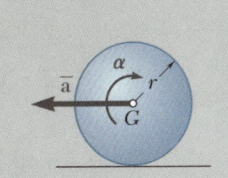

$$+\uparrow\Sigma F_y = \Sigma(F_y)_{\text{eff}}: \qquad N - W = 0$$
$$N = W = mg \qquad F = \mu_k N = \mu_k mg$$
$$\xleftarrow{+}\Sigma F_x = \Sigma(F_x)_{\text{eff}}: \qquad F = m\bar{a} \qquad \mu_k mg = m\bar{a} \qquad \bar{a} = \mu_k g$$
$$+\downarrow\Sigma M_G = \Sigma(M_G)_{\text{eff}}: \qquad Fr = \bar{I}\alpha$$

請注意：$\bar{I} = \tfrac{2}{5}mr^2$ 並將 F 所得值代入，寫為

$$(\mu_k mg)r = \tfrac{2}{5}mr^2\alpha \qquad \alpha = \frac{5}{2}\frac{\mu_k g}{r}$$

運動學：
$$\xrightarrow{+} \quad v = v_0 - \bar{a}t$$
$$v = v_0 - \mu_k g t$$

當 $t = t_1$ 時，$v = 0$：
$$0 = v_0 - \mu_k g t_1; \qquad t_1 = \frac{v_0}{\mu_k g} \qquad (1)$$

$$\overset{+}{\curvearrowright} \quad \omega = \omega_0 - \alpha t$$
$$\omega = \omega_0 - \left(\frac{5}{2}\frac{\mu_k g}{r}\right)t$$

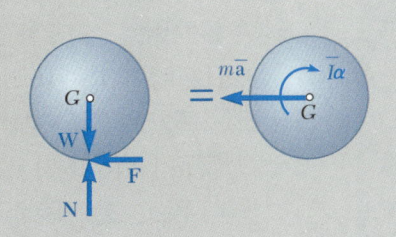

當 $t = t_1$ 時，$\omega = 0$：$t_1 \; 0 = \omega_0 - \dfrac{5}{2}\dfrac{\mu_k g}{r}t_1;$ $\qquad t_1 = \dfrac{2r}{5\mu_k g}\omega_0 \qquad (2)$ ◀

令式 (1) = 式 (2) $\qquad \dfrac{v_0}{\mu_k g} = \dfrac{2r}{5\mu_k g}\omega_0; \qquad \omega_0 = \dfrac{5}{2}\dfrac{v_0}{r}$ ◀

移動距離：
$$s_1 = v_0 t_1 - \dfrac{1}{2}\bar{a}t_1^2$$
$$s_1 = v_0\left(\dfrac{v_0}{\mu_k g}\right) - \dfrac{1}{2}(\mu_k g)\left(\dfrac{v_0}{\mu_k g}\right)^2; \qquad s_1 = \dfrac{v_0^2}{2\mu_k g}$$ ◀

重點提示

本章介紹剛體的平面運動，在第一課中我們考慮剛體在施加力的作用下自由移動。

1. **有效力**。首先回顧剛體是由許多質點所組成的。我們發現，組成此剛體之質點的有效力等效於一附在 G 上的向量 $m\mathbf{a}$，以及一力矩為 $\bar{I}\alpha$ 的力偶（圖 16.7）。請注意：此作用力等效於有效力，寫為

$$\Sigma F_x = m\bar{a}_x \qquad \Sigma F_y = m\bar{a}_y \qquad \Sigma M_G = \bar{I}\alpha \qquad (16.5)$$

其中 $\bar{a}_x$ 與 $\bar{a}_y$ 為此物體質心 G 之加速度的 x 與 y 分量，而 α 為物體的角加速度。重要的是要注意，當使用這些方程式時，施加力的力矩必須相對於此物體之質心來計算。然而，基於自由體圖方程式的使用，你學到一更有效的解題方法。

2. **自由體圖方程式**。解題的第一個步驟是畫出一自由體圖方程式。
   a. 自由體圖方程式由兩個向量的等效系統所組成。在第一幅圖中，必須顯示施加在此物體上的力，包括：作用力、在支承的反力，及物體的重量。在第二幅圖中，必須顯示代表有效力的向量 $m\bar{\mathbf{a}}$ 與力偶 $\bar{I}\boldsymbol{\alpha}$。
   b. 使用自由體圖方程式允許你加總在任一方向的分量，以及加總對任一點的力矩。當寫出解答一給定問題所需的三個運動方程式時，你可以選擇一或多個僅含有一個未知量的方程式。首先解出這些方程式，並將所得值代入剩餘方程式的未知量，而產出一個較簡單的解。

3. **剛體的平面運動**。你所要求解的問題將屬於以下類別之一。
   a. 平移的剛體。對平移的物體而言，角速度為零。有效力約化為作用在質心的向量 $m\bar{\mathbf{a}}$ [範例 16.1 和 16.2]。
   b. 形心轉動的剛體。對一形心轉動的物體而言，質心的加速度為零。有效力約化為力偶 $\bar{I}\boldsymbol{\alpha}$ [範例 16.3]。
   c. 一般平面運動的剛體。你可以將剛體的一般平面運動考慮為一平移與一形心轉動的和。有效力等效於向量 $m\bar{\mathbf{a}}$ 與力偶 $\bar{I}\boldsymbol{\alpha}$ [範例 16.4 和 16.5]。

4. **剛體系統的平面運動。**首先畫一包含此系統所有剛體的自由體圖方程式。將向量 $m\bar{\mathbf{a}}$ 與力偶 $\bar{I}\boldsymbol{\alpha}$ 附到每個剛體。然而，系統各物體彼此間的作用力可略而不計，因其以大小相等但方向相反的力成對發生。

   a. 若涉及的未知量不超過三個，你可使用此自由體圖方程式，並加總在任一方向的分量及加總對任一點的力矩，以求得方程式，並解出想要的未知量 [範例 16.3]。
   b. 若涉及的未知量超過三個，你必須分別畫出系統內每個剛體的自由體圖方程式。內力與外力都應包含在每一自由體圖方程式中，且應注意物體彼此間的作用力要以大小相等，但方向相反的向量來表示。

習 題

16.1 已知圖示汽車之輪胎與路面之間的靜摩擦係數為 0.80，假設 (a) 四輪驅動；(b) 後輪驅動；(c) 前輪驅動，試求此車在水平道路上的最大可能加速度。

16.2 一質量 4 kg 之均勻桿 *BC* 以 250 mm 的繩子 *AB* 連接到軸環 *A*。忽略軸環與繩子的質量，試求 (a) 繩子與桿件將位於一直線內的最小等加速度 $\mathbf{a}_A$；(b) 繩內對應的張力。

16.3 一輛 2000 kg 的卡車用來舉起一放置在 50 kg 托盤 *A* 上的 400 kg 巨石 *B*。已知此後輪傳動之卡車的加速度為 1 m/s²，試求 (a) 各個前輪的反力；(b) 巨石與拖盤之間的力。

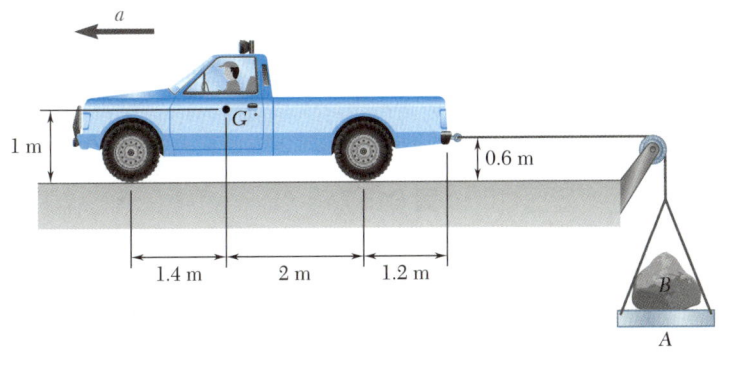

16.4 質量 20 kg 的櫃子安裝在腳輪上，並允許腳輪在地板上自由移動 ($\mu = 0$)。若施加一 100 N 之力，如圖所示，試求 (a) 櫃子的加速度；(b) 櫃子不傾倒之 h 值的範圍。

16.5 質量 40 kg 之花瓶有一直徑 200 mm 的底座，使用一台 100 kg 購物車來移送，如圖所示。此車在地面上自由移動 ($\mu = 0$)。已知花瓶與台車之間的靜摩擦係數為 $\mu_s = 0.4$。若花瓶無滑動或傾倒，試求可以施加的最大力 **F**。

圖 P16.4

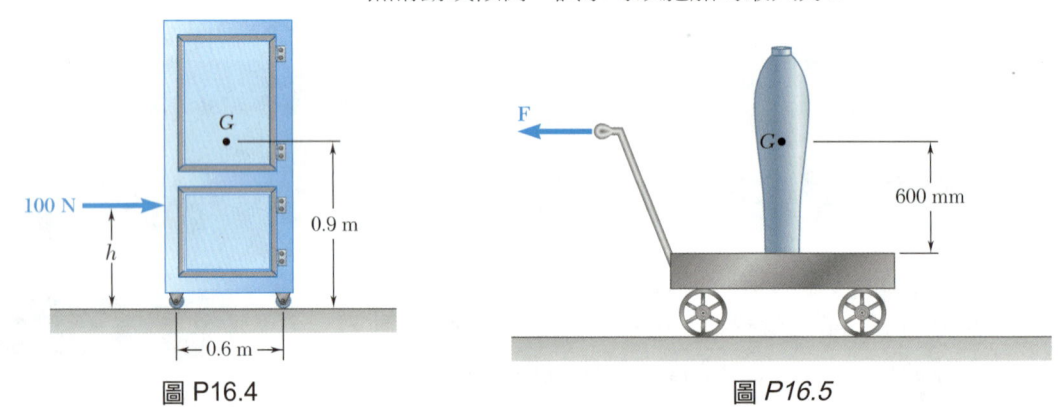

圖 P16.5

16.6 三根質量均為 3 kg 的桿件被焊接在一起，並以插銷連接到兩根連桿 BE 與 CF。忽略連桿的重量，試求緊接在此系統自靜止釋放後，每一根連桿內的力。

16.7 圖示 7.5 kg 桿件 BC 將以 A 為中心的圓盤連結至曲柄軸 CD。已知圓盤以等速率 180 rpm 旋轉，就圖示位置，試求插銷 B 與 C 施加在桿件 BC 之力的垂直分量。

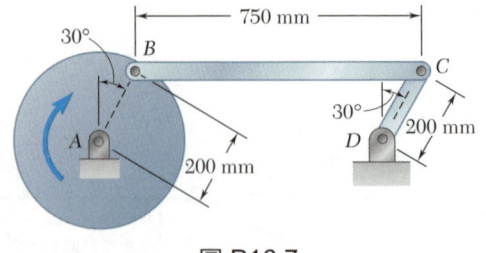

圖 P16.6

圖 P16.7

*16.8 繪製習題 16.7 中連桿 BC 的剪力圖及彎矩圖。

16.9 當負載與電源切斷時，電動馬達轉子的角速度為 3600 rpm，而後此質量 50 kg 與中心迴轉半徑 180 mm 的轉子滑轉至靜止。已知轉子的動摩擦產生一大小為 3.5 N·m 的力偶，試求此轉子在停止前所完成的轉數。

16.10 一 3000 kg 飛輪由 300 rpm 的角速度滑轉至停止耗時 10 min。已知飛輪的迴轉半徑為 900 mm，試求由於軸承內的動摩擦所產生之力偶的平均大小。

16.11 半徑 200 mm 的煞車鼓連結到圖中未示出的飛輪上。鼓與飛輪的總質量慣性矩為 20 kg·m^2，鼓與煞車塊之間的動摩擦係數為 0.35。已知當大小為 400 N 的力 **P** 作用到踏板 C 時，飛輪的角速度為逆時針向 360 rpm，試求飛輪停止前所完成的轉數。

16.12 半徑 100 mm 的煞車鼓連結到圖中未示出的飛輪上。此鼓與飛輪一起共有質量 300 kg 與迴轉半徑 600 mm。煞車皮帶與鼓之間的動摩擦係數為 0.30。已知當角速度為逆時針向 180 rpm 時，有一大小為 50 N 的力 **P** 施加在點 A，試求當 $a = 200$ mm 及 $b = 160$ mm 時，使飛輪停止轉動所需耗用的時間。

16.13 圖示飛輪半徑 500 mm、質量 120 kg，及迴轉半徑 375 mm。一 15 kg 的塊狀物 A 連接到一纏繞在飛輪的金屬線上，且此系統由靜止釋放。忽略摩擦效應，試求 (a) 塊狀物 A 的加速度；(b) 塊狀物 A 移動 1.5 m 後的速度。

16.14 圖示各滑輪的質量慣性矩均為 20 kg·m^2 且初始為靜止。外徑為 500 mm，內徑為 250 mm，試求 (a) 各滑輪的角加速度；(b) 各滑輪在繩上點 A 移動 3 m 後的角速度。

圖 P16.11

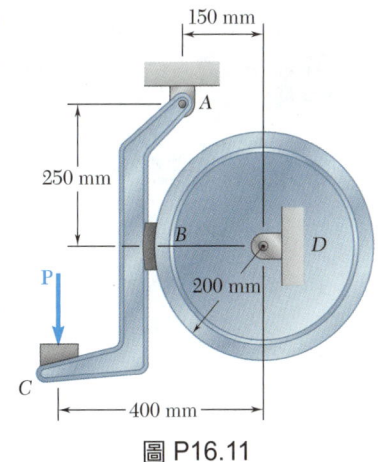

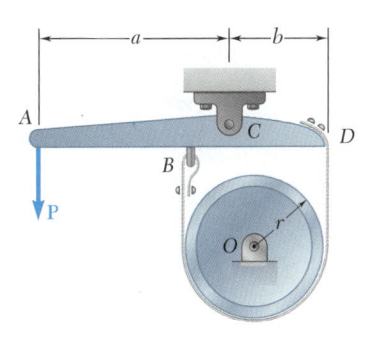

圖 P16.12

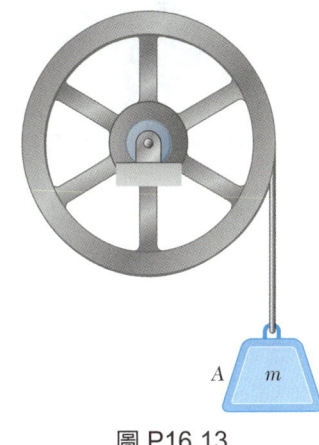

圖 P16.13

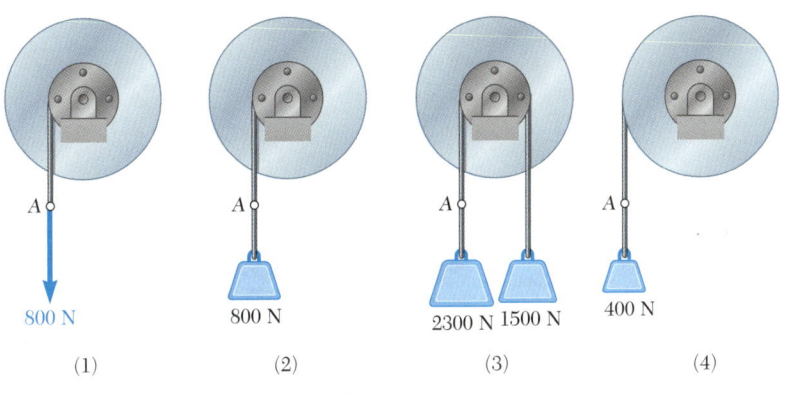

圖 P16.14

16.15 齒輪 A 與 B 各自有質量 9 kg 及迴轉半徑 200 mm；齒輪 C 具有質量 3 kg 與迴轉半徑 75 mm。若當大小 5 N-m 之力偶 **M** 作用在齒輪 C 上，試求 (a) 齒輪 A 的角加速度；(b) 齒輪 C 施加在齒輪 A 的切向力。

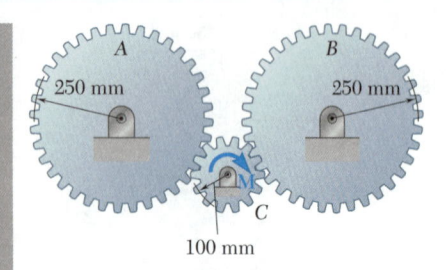

圖 P16.15

16.16 圖示可忽略質量的皮帶由圓柱 A 與 B 之間通過，且以一力 **P** 拉向右方。圓柱 A 與 B 的質量分別為 2.5 kg 與 10 kg。圓柱 A 之軸在垂直槽內自由滑動，皮帶與各圓柱間的摩擦係數為 $\mu_s = 0.50$ 及 $\mu_k = 0.40$。若 $P = 18$ N，試求 (a) 皮帶與任一圓柱之間是否發生滑動；(b) 各圓柱的角加速度。

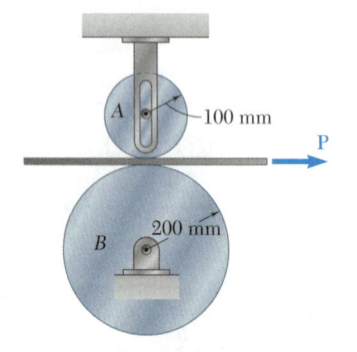

圖 P16.16

16.17 圓盤 A 有質量 $m_A = 4$ kg、半徑 $r_A = 300$ mm，及初始角速度 $\omega_0 = 300$ rpm 順時針向。圓盤 B 有質量 $m_B = 1.6$ kg、半徑 $r_B = 180$ mn，且當它與圓盤 A 接觸時為靜止狀態。已知圓盤間的動摩擦係數 $\mu_k = 0.35$，忽略軸承摩擦，試求 (a) 各圓盤的角加速度；(b) 支承 C 處的反力。

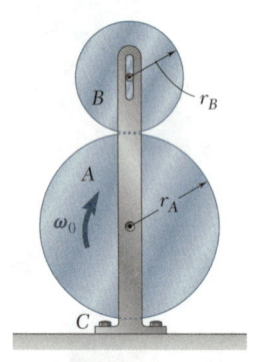

圖 P16.17

16.18 均勻細長桿 AB 靜置於無摩擦的水平表面上，且大小為 1 N 的力 **P** 於此桿件的垂直方向作用在 A 上。已知桿件重 9 N，試求 (a) 點 A 的加速度；(b) 點 B 的加速度。

16.19 圖示一大小為 3 N 的力 **P** 作用在一纏繞於質量 2.4 kg 薄圓環的膠帶上。已知此物體靜置於一無摩擦的水平表面上，試求 (a) 點 A 的加速度；(b) 點 B 的加速度。

圖 P16.18

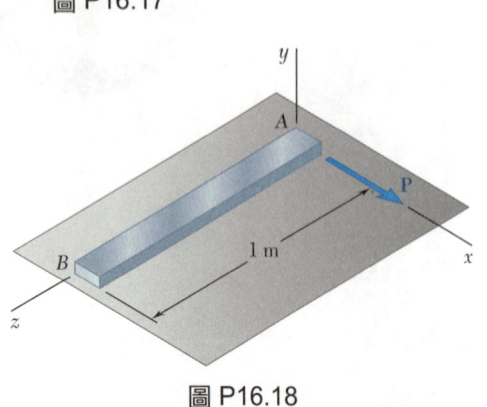

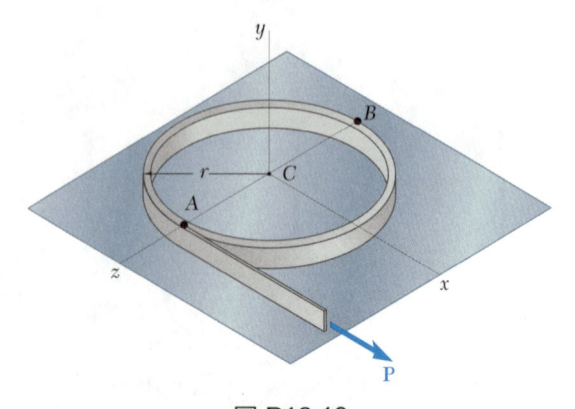

圖 P16.19

16.20 當大小為 4N 的力 **P** 作用在點 A 時，L 形的均勻細長桿 ABC 靜置於水平表面上。忽略桿件與水平表面之間的摩擦，且知此桿件的質量為 2 kg，試求 (a) 桿件的初始角加速度；(b) 點 B 的初始加速度。

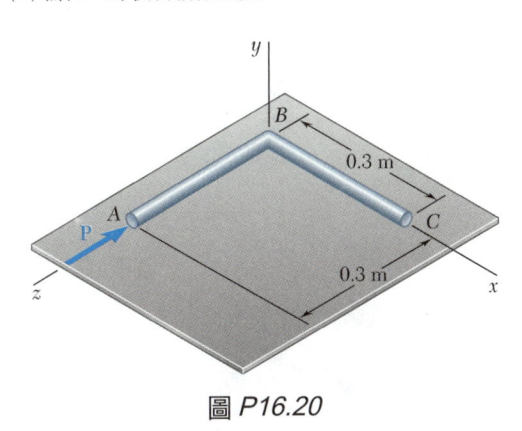

圖 P16.20

16.21 質量 3 kg 的鏈齒輪有一形心迴轉半徑 70 mm，且懸掛在一鍊條上，如圖所示。已知 $T_A = 14$ N 與 $T_B = 18$ N，試求此鏈條之點 A 與點 B 的加速度。

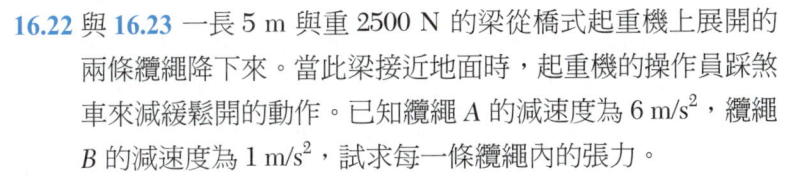

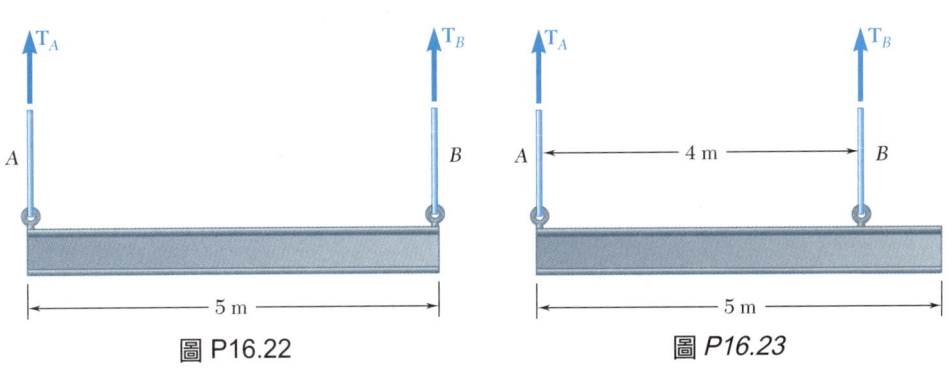

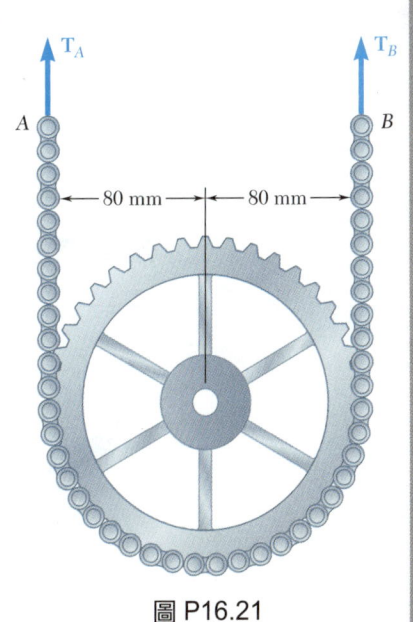

圖 P16.21

16.22 與 **16.23** 一長 5 m 與重 2500 N 的梁從橋式起重機上展開的兩條纜繩降下來。當此梁接近地面時，起重機的操作員踩煞車來減緩鬆開的動作。已知纜繩 A 的減速度為 6 m/s^2，纜繩 B 的減速度為 1 m/s^2，試求每一條纜繩內的張力。

圖 P16.22

圖 P16.23

16.24 至 16.26 質量 m 之均勻斷面梁 AB 由兩條彈簧懸掛著，如圖所示。若彈簧 2 斷裂，試求在那瞬間：(a) 此梁的角加速度；(b) 點 A 的加速度；(c) 點 B 的加速度。

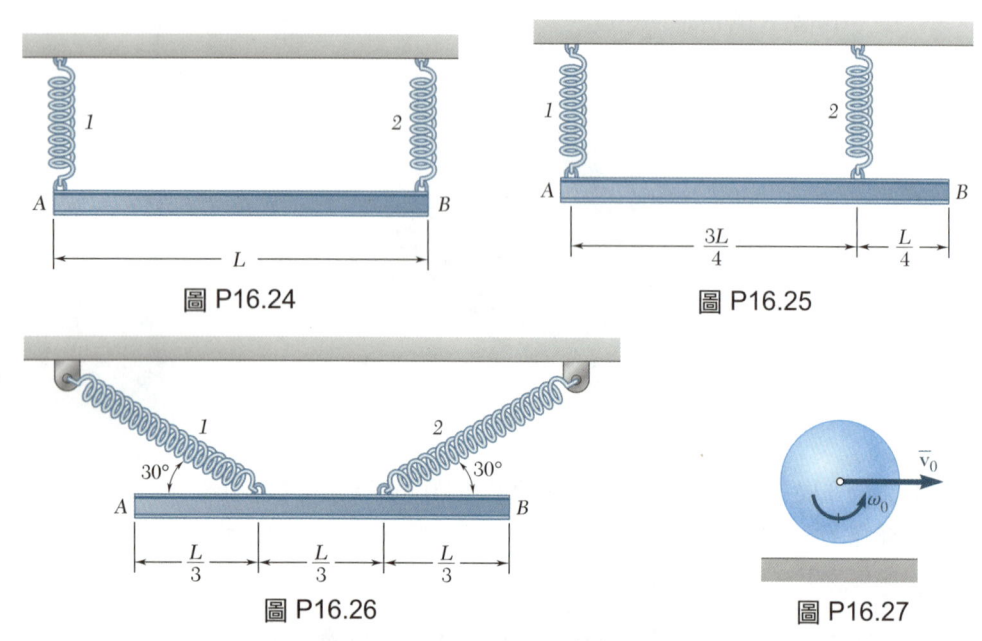

圖 P16.24

圖 P16.25

圖 P16.26

圖 P16.27

16.27 一質量 m 與半徑 r 的均勻球以線速度 $\bar{\mathbf{v}}_0$ 及零角速度沿粗糙的水平表面拋出。以 μ_k 表示此球與地板之間的動摩擦係數，試求 (a) 所需的 $\boldsymbol{\omega}_0$ 大小；(b) 使球停止所需的時間 t_1；(c) 此球停止前所移動的距離。

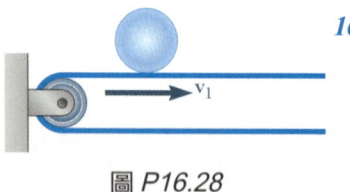

16.28 一半徑 r 與質量 m 的均勻球無初始速度，將其置於以等速度 $\mathbf{v}_1$ 往右移動的皮帶上。如以 μ_k 表示此球與輸送帶之間的動摩擦係數，試求 (a) 此球開始滾動而無滑動的時間 t_1；(b) 此球在時間 t_1 時的線速度與角速度。

圖 P16.28

16.8 受拘束的平面運動 (Constrained Plane Motion)

大多數的工程應用處理在給定約束下移動的剛體。例如，曲軸受限於必須繞一固定軸轉動、車輪必須滾動而無滑動，及連桿必須描出某種指定的動作。在所有這些例子中，所考慮物體之質心 G 的加速度 $\bar{\mathbf{a}}$ 的分量，與其角加速度 $\boldsymbol{\alpha}$ 之間存在明確的關係；所對應的運動稱為一**受拘束運動** (constrained motion)。

解答涉及受拘束平面運動的問題首先要作此問題的運動學分析。例如，考慮一長 l 與質量 m 的細長桿 AB，桿件的兩端連接到可忽略

質量的塊狀物，而此塊狀物沿著水平及垂直的無摩擦軌道滑動。此桿件被作用在點 A 之一力 **P** 拉動 (圖 16.11)。由第 15.8 節得知，桿件質心 G 在任一給定之瞬間的加速度，可由此桿件在該瞬間的位置、角速度，及角加速度來決定。例如，假設在給定瞬間之 θ、ω 與 α 值為已知，而欲求解力 **P** 的對應值，以及 A 與 B 處之反力。我們首先應以第 15.8 節的方法求出質心 G 的加速度分量 $\bar{a}_x$ 與 $\bar{a}_y$。接著，以所得 $\bar{a}_x$ 與 $\bar{a}_y$ 的表示式應用到達朗伯特原理 (圖 16.12)。而後藉由寫出適當的方程式並求其解，即可決定未知力 **P**、$\mathbf{N}_A$ 及 $\mathbf{N}_B$。

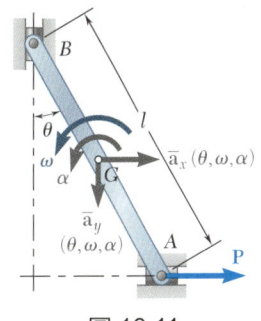

現在假設作用力 **P**、角度 θ，及桿件的角速度 ω 在一給定瞬間為已知，我們希望找出此桿件在該瞬間的角加速度 α、其質心 G 的加速度分量 $\bar{a}_x$ 與 $\bar{a}_y$，及在 A 與 B 處的反力。此問題初步運動學研究的目標是**以此桿件之角加速度 α 來表示 G 的加速度分量 $\bar{a}_x$ 與 $\bar{a}_y$**。這將由首先以角加速度 α 來表示一適當參考點 (例如 A) 的加速度來完成。接著 G 的加速度分量 $\bar{a}_x$ 與 $\bar{a}_y$ 可用 α 及圖 16.12 所帶來的表示式決定。然後我們可用 α、N_A，及 N_B 導出三個方程式，而解出這三個未知量 (範例 16.10)。請注意：動態平衡的方法也可用來求解我們已考慮的這兩種問題 (圖 16.13)。

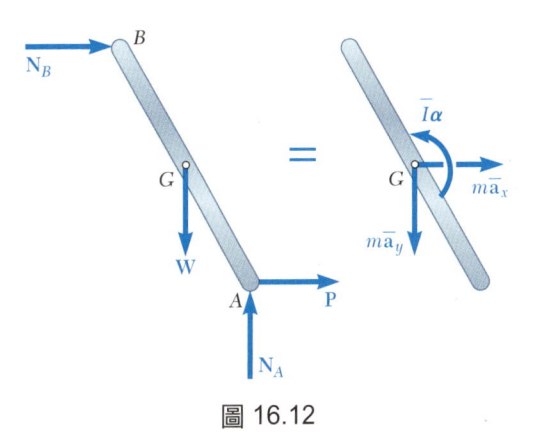

當一機構由好幾個移動零件所組成時，剛才所描述的方法可用在此機構的每個零件上。各未知量的解題步驟則類似於一連接剛體系統在平衡狀態所依循的步驟 (第 6.11 節)。

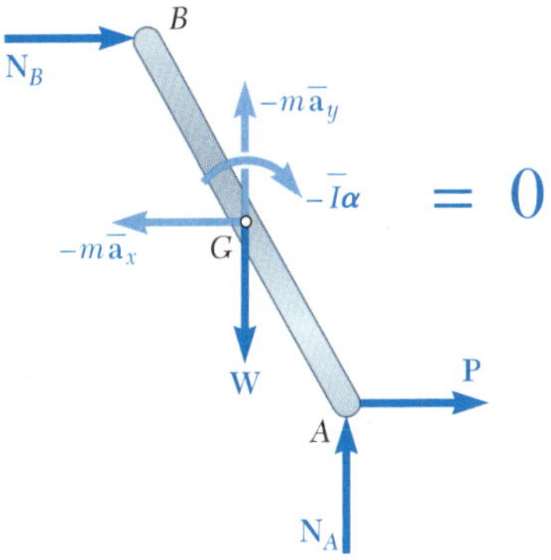

先前，我們分析過受拘束平面運動的兩種特殊情況：即物體角加速度受限為零的剛體平移，及物體質心之加速度 $\bar{\mathbf{a}}$ 受限為零的形心轉動。其他兩種受拘束平面運動的特殊情況特別值得關心：即一剛體的非形心轉動及一圓盤或輪子的滾動。這兩種情況都能以上述一般方法中的一種來分析。然而，鑑於其應用範圍，它們值得一些特別的評論。

▶ 非形心轉動

受拘束剛體繞一未通過其質心之固定軸旋轉的運動稱為**非形心轉動** (noncentroidal rotation)。此物體的質心 G 沿著中心在點 O 且半徑為 $\bar{r}$ 的圓移動，而點 O 為旋轉軸與參考平面的交點 (圖 16.14)。令 ω 與 α 分別表示線 OG 的角速度與角加速度，我們得到以下 G 之加速度切向和法向分量的表示式：

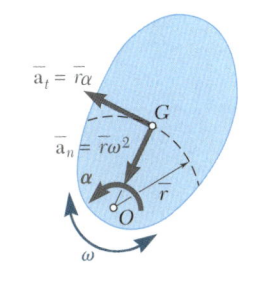

$$\bar{a}_t = \bar{r}\alpha \qquad \bar{a}_n = \bar{r}\omega^2 \qquad (16.7)$$

由於線 OG 屬於此物體，故其角速度 ω 與其角加速度 α 也代表此物體在其相對於 G 之運動中的角速度與角加速度。因此，式 (16.7) 定義了存在於質心 G 之運動與物體繞 G 之運動間的運動學關係。它們應該被用來消去由應用達朗伯特原理 (圖 16.15)，或動態平衡法 (圖 16.16) 所得方程式中的 $\bar{a}_t$ 與 $\bar{a}_n$。

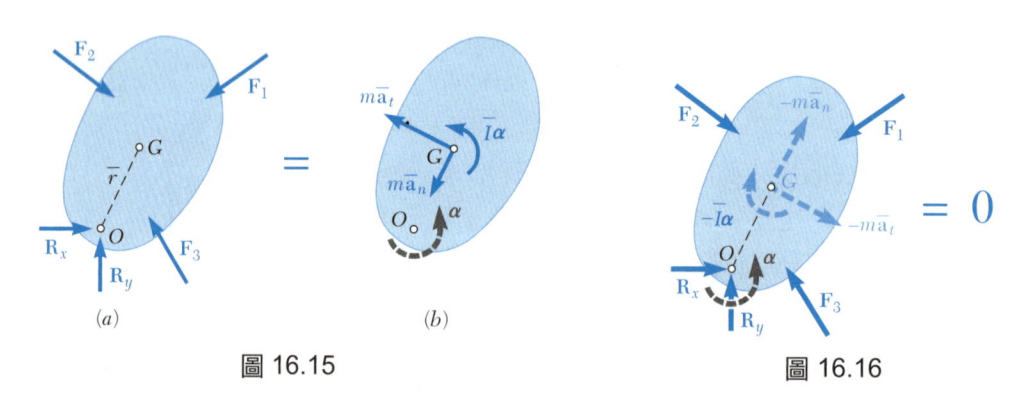

圖 16.15

圖 16.16

令分別在圖 16.15 的 a 部分與 b 部分中所示之力及向量對固定點 O 的力矩相等，得到一有趣的關係式，寫為

$$+\curvearrowleft \Sigma M_O = \bar{I}\alpha + (m\bar{r}\alpha)\bar{r} = (\bar{I} + m\bar{r}^2)\alpha$$

但依據平行軸定理，我們有 $\bar{I} + m\bar{r}^2 = I_O$，其中 I_O 表示剛體對此固定軸的慣性矩。我們因此寫成

$$\Sigma M_O = I_O\alpha \qquad (16.8)$$

雖然式 (16.8) 表示外力對固定點 O 的力矩和與乘積 $I_O\alpha$ 之間的重要關係，可是我們必須明瞭，此公式並不意味著外力系統等效於力矩 $I_O\alpha$ 之一力偶。只有當 O 與 G 重合時——亦即，**只有當轉動為形心轉動時**(第 16.4 節)，有效力系統及因而外力系統才能約化為只有一力偶。在更一般情況下，非形心轉動的外力系統不能約化為一力偶。

一特別具有意義之非形心轉動的特殊情況是——均勻轉動的情況，此種轉動的角速度 ω 為常向量。由於 α 為零，故圖 16.16 中的慣性力偶消失，且慣性向量約化為其法向分量。此分量 [也稱為**離心力** (centrifugal force)] 代表此剛體脫離其旋轉軸的傾向。

▶ 滾動運動

另一種重要的平面運動的例子為，圓盤或輪子在一平面上的運動。如果圓盤受限作滾動而無滑動，其質心 G 的加速度 $\bar{\mathbf{a}}$ 與其角加速度 $\boldsymbol{\alpha}$ 並非獨立。假設此圓盤是均衡的，以致其質心與其幾何中心重合，我們首先寫出 G 在圓盤旋轉 θ 這段時間所移動的距離 $\bar{x}$ 為 $\bar{x} = r\theta$，其中 r 為圓盤的半徑。對此關係式微分兩次，得

$$\bar{a} = r\alpha \tag{16.9}$$

回顧平面運動中的有效力系統約化為一向量 $m\bar{\mathbf{a}}$ 與一力偶 $\bar{I}\boldsymbol{\alpha}$，我們發現在一均衡圓盤滾動運動的特殊情況中，有效力約化為附在 G 上且大小為 $mr\alpha$ 的一向量與大小為 $\bar{I}\alpha$ 的一力偶。故我們可表示此外力等效於圖 16.17 所示的向量與力偶。

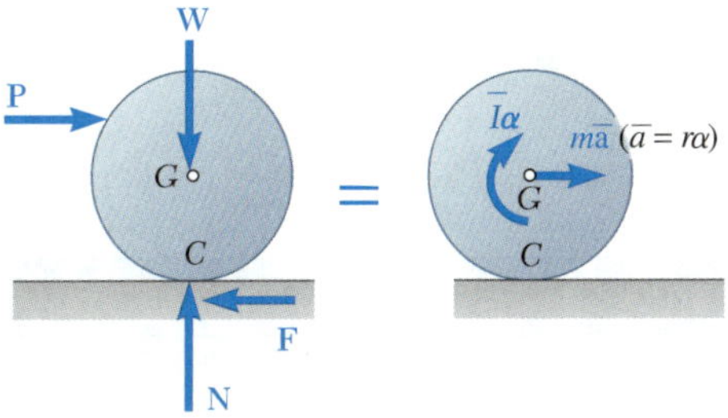

當圓盤滾動而無滑動時，圓盤與地面的接觸點與地面本身之間沒有相對運動。因此，就摩擦力 $\mathbf{F}$ 的計算而言，一滾動圓盤可與一靜置於表面的塊狀物比較。摩擦力的大小 F 可為任何值，只要該值不超過最大值 $F_m = \mu_s N$ 即可，式中 μ_s 是靜摩擦係數，N 是正向力的大小。因此在滾動圓盤的情形中，摩擦力的大小 F 須由解圖 16.17 所得方程式的解答來決定，而與 N 無關。

當滑動即將到來時，磨擦力達到其最大值 $F_m = \mu_s N$，而可從 N 得其值。

當圓盤同時轉動且滑動時，圓盤和地面的接觸點與地面本身之間有相對運動，摩擦力大小為 $F_k = \mu_k N$，式中 μ_k 是動摩擦係數。然而在此情況下，圓盤質心 G 的運動與圓盤對 G 的轉動無關，而且 $\bar{a}$ 不等於 $r\alpha$。

這三種不同的情況可總結如下：

滾動，無滑動： $\quad F \leq \mu_s N \quad \bar{a} = r\alpha$
滾動，即將滑動： $\quad F = \mu_s N \quad \bar{a} = r\alpha$
轉動且滑動： $\quad\quad F = \mu_k N \quad \bar{a}$ 與 α 無關

當不知一圓盤是否滑動時，應首先假設此圓盤滾動而無滑動。若發現 F 小於或等於 $\mu_s N$，則證明此假設是正確的。若發現 F 大於 $\mu_s N$，則此假設並不正確。應假設圓盤轉動且滑動，再重新開始求解此問題。

圖 16.17

當一圓盤不均衡，亦即，當其質心 G 與其幾何中心 O 不重合時，關係式 (16.9) 在 $\bar{a}$ 與 α 之間的關係不成立。然而，對滾動而無滑動的不均衡圓盤而言，幾何中心的加速度大小 a_O 與角加速度 α 之間仍保有一類似的關係。我們有

$$a_O = r\alpha \tag{16.10}$$

以圓盤的角加速度 α 與角速度 ω 來求解 $\bar{a}$，我們可以使用相對加速度公式

$$\begin{aligned}\bar{\mathbf{a}} = \bar{\mathbf{a}}_G &= \mathbf{a}_O + \mathbf{a}_{G/O} \\ &= \mathbf{a}_O + (\mathbf{a}_{G/O})_t + (\mathbf{a}_{G/O})_n \end{aligned} \tag{16.11}$$

式中三個分量加速度的方向如圖 16.18 所示，且其大小為 $a_O = r\alpha$、$(a_{G/O})_t = (OG)\alpha$，及 $(a_{G/O})_n = (OG)\omega^2$。

圖 16.18

範例 16.6

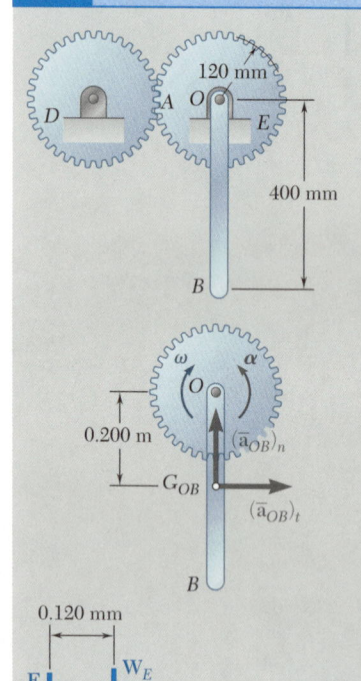

一機構的 AOB 部分由一 400 mm 之鋼桿 OB 焊接到一半徑 120 mm 的齒輪 E 所組成，該齒輪可繞著水平軸 O 旋轉。此機構由齒輪 D 所起動，且在圖示之瞬間有一順時針向角速度 8 rad/s，及逆時針向角加速度 40 rad/s²。已知桿件 OB 有 3 kg 的質量，齒輪 E 有 4 kg 的質量與 85 mm 的迴轉半徑，試求 (a) 齒輪 D 施加在齒輪 E 的切向力；(b) 在軸 O 處的反力分量。

解

在求解剛體 AOB 的有效力時，我們將個別考慮齒輪 E 與桿件 OB。因此，將首先求解桿件之質心 G_{OB} 的加速度分量：

$$(\bar{a}_{OB})_t = \bar{r}\alpha = (0.200 \text{ m})(40 \text{ rad/s}^2) = 8 \text{ m/s}^2$$
$$(\bar{a}_{OB})_n = \bar{r}\omega^2 = (0.200 \text{ m})(8 \text{ rad/s})^2 = 12.8 \text{ m/s}^2$$

運動方程式。 已畫出剛體 AOB 的兩個簡圖。第一圖顯示外力由：齒輪 E 的重量 $\mathbf{W}_E$、桿件 OB 的重量 $\mathbf{W}_{OB}$、齒輪 D 的施力 $\mathbf{F}$，及在 O 處之反力的分量 $\mathbf{R}_x$ 與 $\mathbf{R}_y$ 所組成。重量的大小分別為

$$W_E = m_E g = (4 \text{ kg})(9.81 \text{ m/s}^2) = 39.2 \text{ N}$$
$$W_{OB} = m_{OB} g = (3 \text{ kg})(9.81 \text{ m/s}^2) = 29.4 \text{ N}$$

第二圖顯示有效力由：一力偶 $\bar{I}_E \boldsymbol{\alpha}$（因齒輪 E 作形心轉動）及在 OB 之質心的一力偶與二向量分量所組成。由於加速度為已知，我們計算這些分量與力偶的大小如下：

$$\bar{I}_E\alpha = m_E\bar{k}_E^2\alpha = (4 \text{ kg})(0.085 \text{ m})^2(40 \text{ rad/s}^2) = 1.156 \text{ N} \cdot \text{m}$$
$$m_{OB}(\bar{a}_{OB})_t = (3 \text{ kg})(8 \text{ m/s}^2) = 24.0 \text{ N}$$
$$m_{OB}(\bar{a}_{OB})_n = (3 \text{ kg})(12.8 \text{ m/s}^2) = 38.4 \text{ N}$$
$$\bar{I}_{OB}\alpha = (\tfrac{1}{12}m_{OB}L^2)\alpha = \tfrac{1}{12}(3 \text{ kg})(0.400 \text{ m})^2(40 \text{ rad/s}^2) = 1.600 \text{ N} \cdot \text{m}$$

表示外力系統等效於有效力系統，而寫出以下的方程式：

$+\uparrow\Sigma M_O = \Sigma(M_O)_{\text{eff}}$:
$$F(0.120 \text{ m}) = \bar{I}_E\alpha + m_{OB}(\bar{a}_{OB})_t(0.200 \text{ m}) + \bar{I}_{OB}\alpha$$
$$F(0.120 \text{ m}) = 1.156 \text{ N} \cdot \text{m} + (24.0 \text{ N})(0.200 \text{ m}) + 1.600 \text{ N} \cdot \text{m}$$
$$F = 63.0 \text{ N} \qquad \mathbf{F} = 63.0 \text{ N} \downarrow \quad \blacktriangleleft$$

$\rightarrow\Sigma F_x = \Sigma(F_x)_{\text{eff}}$:
$$R_x = m_{OB}(\bar{a}_{OB})_t$$
$$R_x = 24.0 \text{ N} \qquad \mathbf{R}_x = 24.0 \text{ N} \rightarrow \quad \blacktriangleleft$$

$+\uparrow\Sigma F_y = \Sigma(F_y)_{\text{eff}}$:
$$R_y - F - W_E - W_{OB} = m_{OB}(\bar{a}_{OB})_n$$
$$R_y - 63.0 \text{ N} - 39.2 \text{ N} - 29.4 \text{ N} = 38.4 \text{ N}$$
$$R_y = 170.0 \text{ N} \qquad \mathbf{R}_y = 170.0 \text{ N} \uparrow \quad \blacktriangleleft$$

範例 16.7

一質量 30 kg 的 300×400 mm 矩形平板懸掛在兩插銷 A 與 B 上。若插銷 B 突然被移除，緊接在插銷 B 移除後，試求 (a) 平板的角加速度；(b) 在插銷 A 處的反力分量。

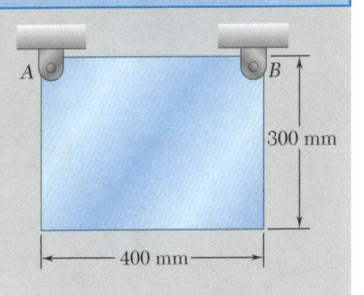

解

a. **角加速度**。我們觀察到，此平板繞著點 A 旋轉，其質心 G 以 A 為中心描出一個半徑 $\bar{r}$ 的圓。

由於此平板自靜止釋放 ($\omega = 0$)，點 G 加速度的法向分量為零。故質心 G 之加速度 $\bar{\mathbf{a}}$ 的大小為 $\bar{a} = \bar{r}\alpha$。我們畫出所示的圖來表示外力等效於有效力。

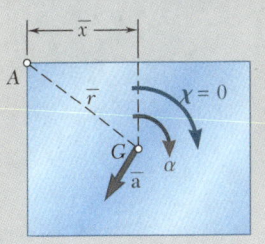

$+\downarrow\Sigma M_A = \Sigma(M_A)_{\text{eff}}$: $\qquad W\bar{x} = (m\bar{a})\bar{r} + \bar{I}\alpha$

因 $\bar{a} = \bar{r}\alpha$，我們有

$$W\bar{x} = m(\bar{r}\alpha)\bar{r} + \bar{I}\alpha \qquad \alpha = \frac{mg\bar{x}}{m\bar{r}^2 + \bar{I}} \qquad (1)$$

平板的形心慣性矩為

$$\bar{I} = \frac{m}{12}(a^2 + b^2) = \frac{(30 \text{ kg})[(0.4 \text{ m})^2 + (0.3 \text{ m})^2]}{12}$$
$$= 0.625 \text{ kg} \cdot \text{m}^2$$

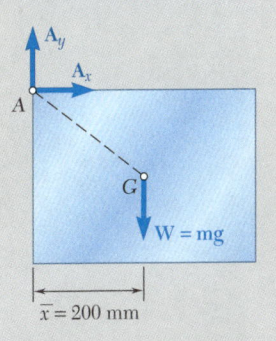

將 $\bar{I}$ 值連同 $W = mg = 294.3$ N、$\bar{r} = 0.25$ m、$\bar{x} = 0.2$ m 代入式 (1)，得

$$\alpha = +23.54 \text{ rad/s}^2 \qquad \boldsymbol{\alpha} = 23.5 \text{ rad/s}^2 \downarrow \quad \blacktriangleleft$$

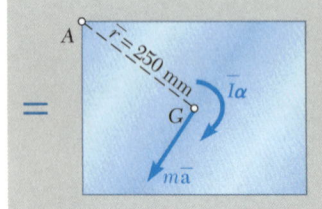

b. 在 A 處的反力。利用 α 的計算值來求解附在 G 上之向量 $m\bar{a}$ 的大小。

$$m\bar{a} = m\bar{r}\alpha = (30 \text{ kg})(0.25 \text{ m})(23.54 \text{ rad/s}^2) = 176.6 \text{ N}$$

將此結果顯示在圖上，我們寫出運動方程式：

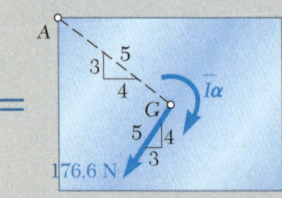

$\xrightarrow{+} \Sigma F_x = \Sigma(F_x)_{\text{eff}}:$ $A_x = -\frac{3}{5}(176.6)$
$\qquad\qquad\qquad\qquad\quad = -106 \text{ N}$ $\mathbf{A}_x = 106 \text{ N} \leftarrow$ ◀

$+\uparrow \Sigma F_y = \Sigma(F_y)_{\text{eff}}:$ $A_y - 294.3 \text{ N} = -\frac{4}{5}(176.6)$
$\qquad\qquad\qquad\qquad\quad A_y = +153.0 \text{ N}$ $\mathbf{A}_y = 153 \text{ N} \uparrow$ ◀

力偶 $\bar{I}\alpha$ 不包括在最後兩方程式中；不過仍應標示在圖上。

範例 16.8

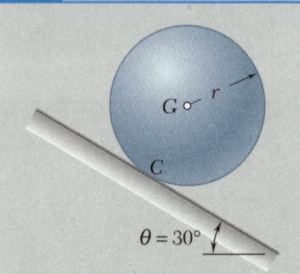

一半徑 r 與重量 W 的圓球以無初始速度自斜坡上釋放，滾動而無滑動。試求 (a) 兼容此滾動運動之靜摩擦係數的最小值；(b) 球之中心 G 在球滾動 3 m 後的速度；(c) 此球在一無摩擦的 30° 斜坡上向下移動 3 m 時，G 的速度。

解

a. 滾動運動的最小 μ_s。 外力 $\mathbf{W}$、$\mathbf{N}$ 與 $\mathbf{F}$ 形成的系統等效於向量 $m\bar{\mathbf{a}}$ 與力偶 $\bar{I}\boldsymbol{\alpha}$ 所代表的有效力系統。由於此球滾動而無滑動，我們有 $\bar{a} = r\alpha$

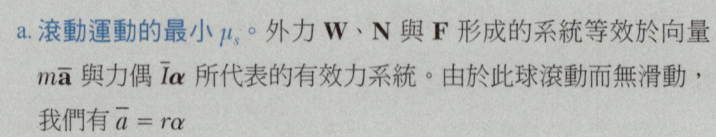

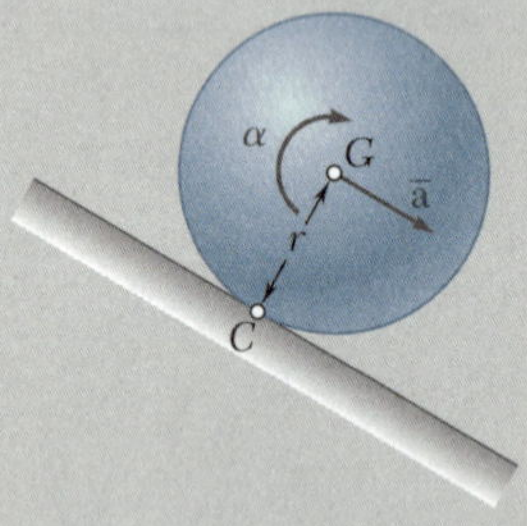

$+\downarrow \Sigma M_C = \Sigma(M_C)_{\text{eff}}:$ $(W \sin\theta)r = (m\bar{a})r + \bar{I}\alpha$
$\qquad\qquad\qquad\qquad\quad (W \sin\theta)r = (mr\alpha)r + \bar{I}\alpha$

注意到 $m = W/g$ 與 $\bar{I} = \frac{2}{5}mr^2$，我們寫出

$$(W \sin\theta)r = \left(\frac{W}{g}r\alpha\right)r + \frac{2}{5}\frac{W}{g}r^2\alpha \qquad \alpha = +\frac{5g \sin\theta}{7r}$$

$$\bar{a} = r\alpha = \frac{5g \sin\theta}{7} = \frac{5(9.81 \text{ m/s}^2) \sin 30°}{7} = 3.504 \text{ m/s}^2$$

$+\searrow \Sigma F_x = \Sigma(F_x)_{\text{eff}}:$ $W \sin\theta - F = m\bar{a}$
$\qquad\qquad\qquad\qquad W \sin\theta - F = \frac{W}{g}\frac{5g \sin\theta}{7}$
$\qquad\qquad F = +\frac{2}{7}W \sin\theta = \frac{2}{7}W \sin 30°$ $\mathbf{F} = 0.143W \searrow 30°$

$+\nearrow \Sigma F_y = \Sigma(F_y)_{\text{eff}}:$ $N - W \cos\theta = 0$
$\qquad\qquad\qquad N = W \cos\theta = 0.866W$ $\mathbf{N} = 0.866W \measuredangle 60°$

$$\mu_s = \frac{F}{N} = \frac{0.143W}{0.866W} \qquad \mu_s = 0.165 \;\;◀$$

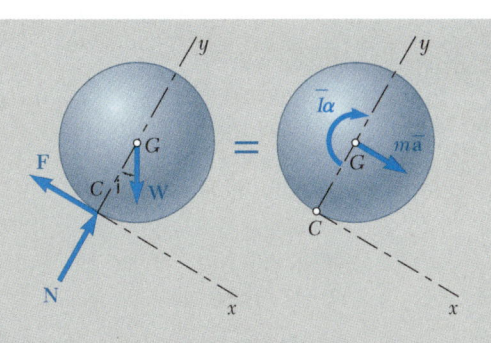

b. **滾動球的速度。** 我們有等加速度運動：

$$\bar{v}_0 = 0 \qquad \bar{a} = 3.504 \text{ m/s}^2 \qquad \bar{x} = 3 \text{ m} \qquad \bar{x}_0 = 0$$
$$\bar{v}^2 = \bar{v}_0^2 + 2\bar{a}(\bar{x} - \bar{x}_0) \qquad \bar{v}^2 = 0 + 2(3.504 \text{ m/s}^2)(3\text{m})$$
$$\bar{v} = 4.59 \text{ m/s} \qquad \mathbf{\bar{v}} = 4.59 \text{ m/s} \searrow 30° \blacktriangleleft$$

c. **滑動球的速度。** 假設現在沒有摩擦，我們有 $F = 0$，得

$$+\downarrow \Sigma M_G = \Sigma(M_G)_{\text{eff}}: \qquad 0 = \bar{I}\alpha \qquad \alpha = 0$$
$$+\searrow \Sigma F_x = \Sigma(F_x)_{\text{eff}}: \qquad W \sin 30° = m\bar{a} \qquad 0.50W = \frac{W}{g}\bar{a}$$
$$\bar{a} = +4.905 \text{ m/s}^2 \qquad \mathbf{\bar{a}} = 4.905 \text{ m/s}^2 \searrow 30°$$

將 $\bar{a} = 4.905 \text{ m/s}^2$ 代入等加速度運動的方程式，得

$$\bar{v}^2 = \bar{v}_0^2 + 2\bar{a}(\bar{x} - \bar{x}_0) \qquad \bar{v}^2 = 0 + 2(4.905 \text{ m/s}^2)(3 \text{ m})$$
$$\bar{v} = 5.42 \text{ m/s} \qquad \mathbf{\bar{v}} = 5.42 \text{ m/s} \searrow 30° \blacktriangleleft$$

範例 16.9

一繩子纏繞在一輪子的內鼓輪，且以大小為 200 N 的力沿水平方向拉動。此輪子有 50 kg 的質量及 70 mm 的迴轉半徑。已知 $\mu_s = 0.20$ 與 $\mu_k = 0.15$，試求 G 的加速度及輪子的角加速度。

解

a. **假設滾動而無滑動。** 在此情況下，我們有

$$\bar{a} = r\alpha = (0.100 \text{ m})\alpha$$

藉由比較所得的摩擦力與最大可用摩擦力，我們就可確定此假設是否合理。此輪的慣性矩為

$$\bar{I} = m\bar{k}^2 = (50 \text{ kg})(0.070 \text{ m})^2 = 0.245 \text{ kg} \cdot \text{m}^2$$

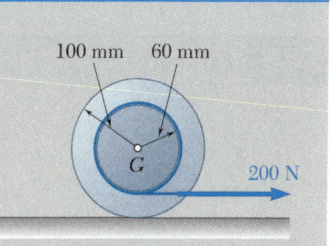

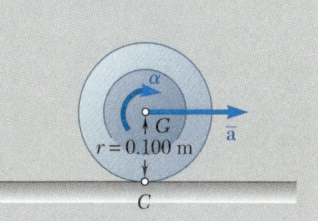

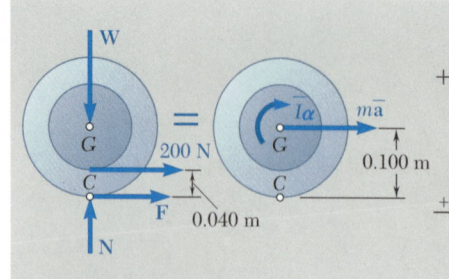

運動方程式

$+\downarrow \Sigma M_C = \Sigma (M_C)_{\text{eff}}$: $\quad (200 \text{ N})(0.040 \text{ m}) = m\bar{a}(0.100 \text{ m}) + \bar{I}\alpha$
$\qquad 8.00 \text{ N}\cdot\text{m} = (50 \text{ kg})(0.100 \text{ m})\alpha(0.100 \text{ m}) + (0.245 \text{ kg}\cdot\text{m}^2)\alpha$
$\qquad \alpha = +10.74 \text{ rad/s}^2$
$\qquad \bar{a} = r\alpha = (0.100 \text{ m})(10.74 \text{ rad/s}^2) = 1.074 \text{ m/s}^2$

$\xrightarrow{+} \Sigma F_x = \Sigma (F_x)_{\text{eff}}$: $\quad F + 200 \text{ N} = m\bar{a}$
$\qquad F + 200 \text{ N} = (50 \text{ kg})(1.074 \text{ m/s}^2)$
$\qquad F = -146.3 \text{ N} \qquad\qquad \mathbf{F} = 146.3 \text{ N} \leftarrow$

$+\uparrow \Sigma F_y = \Sigma (F_y)_{\text{eff}}$:
$\qquad N - W = 0 \quad N - W = mg = (50 \text{ kg})(9.81 \text{ m/s}^2) = 490.5 \text{ N}$
$\qquad\qquad\qquad\qquad\qquad\qquad\qquad\qquad \mathbf{N} = 490.5 \text{ N} \uparrow$

最大可用摩擦力

$$F_{\max} = \mu_s N = 0.20(490.5 \text{ N}) = 98.1 \text{ N}$$

由於 $F > F_{\max}$，故所假設的運動不可能。

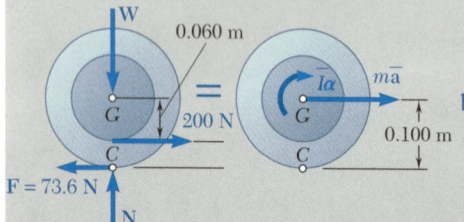

b. **轉動及滑動。** 因輪子必須同時轉動且滑動，我們畫一幅新圖，圖中 $\bar{a}$ 與 α 彼此獨立，而且

$$F = F_k = \mu_k N = 0.15(490.5 \text{ N}) = 73.6 \text{ N}$$

由 a 部分的計算，**F** 看來應指向左方。而寫出以下的方程式：

$\xrightarrow{+} \Sigma F_x = \Sigma (F_x)_{\text{eff}}$: $\quad 200 \text{ N} - 73.6 \text{ N} = (50 \text{ kg})\bar{a}$
$\qquad \bar{a} = +2.53 \text{ m/s}^2 \qquad \mathbf{\bar{a}} = 2.53 \text{ m/s}^2 \rightarrow \blacktriangleleft$

$+\downarrow \Sigma M_G = \Sigma (M_G)_{\text{eff}}$:
$\qquad (73.6 \text{ N})(0.100 \text{ m}) - (200 \text{ N})(0.060 \text{ m}) = (0.245 \text{ kg}\cdot\text{m}^2)\alpha$
$\qquad \alpha = -18.94 \text{ rad/s}^2 \qquad \boldsymbol{\alpha} = 18.94 \text{ rad/s}^2 \;\curvearrowleft \blacktriangleleft$

範例 16.10

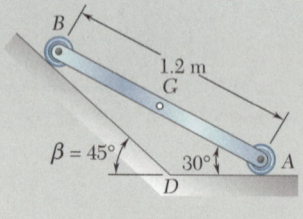

一重 25 kg 與長 1.2 m 之桿件的末端可在無摩擦的直線軌道上自由移動。若此桿件由圖示位置以無速度釋放，試求 (a) 桿件的角速度；(b) 在 A 與 B 處的反力。

解

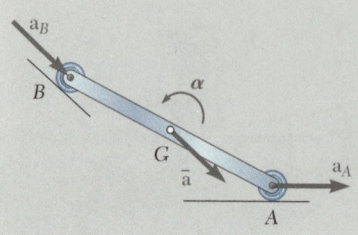

運動的運動學。 由於此運動受到拘束，G 的加速度必定與角加速度 $\boldsymbol{\alpha}$ 有關聯。要取得此一關係，我們首先利用 $\boldsymbol{\alpha}$ 來求解點 A 之加速度 $\mathbf{a_A}$ 的大小。由於此桿件以無速度釋放，其角速度 = 0，於是 $\mathbf{a_{B/A}}$ 的法向分量 = 0。假設 $\boldsymbol{\alpha}$ 為逆時針向且注意到 $a_{B/A} = 1.2\alpha$，寫為

$$\mathbf{a}_B = \mathbf{a}_A + \mathbf{a}_{B/A}$$
$$[a_B \searrow 45°] = [a_A \rightarrow] + [1.2\alpha \nearrow 60°]$$

CHAPTER 16　剛體的平面運動：力與加速度

注意到 $\phi = 75°$ 並使用正弦定律，得

$$a_A = 1.639\alpha \qquad a_B = 1.47\alpha$$

由下式可得 G 的加速度，寫為

$$\bar{\mathbf{a}} = \mathbf{a}_G = \mathbf{a}_A + \mathbf{a}_{G/A}$$
$$\bar{\mathbf{a}} = [1.639\alpha \rightarrow] + [0.6\alpha \nearrow 60°]$$

將 $\bar{\mathbf{a}}$ 分解成 x 與 y 分量，得

$$\bar{a}_x = 1.639\alpha - 0.6\alpha\cos 60° = 1.339\alpha \qquad \bar{\mathbf{a}}_x = 1.339\alpha \rightarrow$$
$$\bar{a}_y = -0.6\alpha\sin 60° = -0.520\alpha \qquad \bar{\mathbf{a}}_y = 0.520\alpha \downarrow$$

運動的運動力學。 畫一自由體圖方程式來表示外力系統等效於附在 G 且分量為 $m\bar{\mathbf{a}}_x$ 與 $m\bar{\mathbf{a}}_y$ 之向量，以及力偶 $\bar{I}\alpha$ 所代表的有效力系統。我們計算下列大小：

$$\bar{I} = \tfrac{1}{12}ml^2 = \tfrac{25}{12}\,\mathrm{kg}\,(1.2\,\mathrm{m})^2 = 3\,\mathrm{kg\cdot m^2} \qquad \bar{I}\alpha = 3\alpha$$
$$m\bar{a}_x = 25(1.339\alpha) = 33.5\alpha \qquad m\bar{a}_y = -25(0.520\alpha) = -13.0\alpha$$

運動方程式

$+\circlearrowleft \Sigma M_E = \Sigma(M_E)_{\mathrm{eff}}$:
$$(25)(9.81)(0.520) = (33.5\alpha)(1.34) + (13.0\alpha)(0.520) + 3\alpha$$
$$\alpha = +2.33\,\mathrm{rad/s^2} \qquad \boldsymbol{\alpha = 2.33\,\mathrm{rad/s^2}\,\circlearrowleft} \blacktriangleleft$$

$\xrightarrow{+}\Sigma F_x = \Sigma(F_x)_{\mathrm{eff}}$: 　$R_B \sin 45° = (33.5)(2.33) = 78.1$
$$R_B = 110.4\,\mathrm{N} \qquad \mathbf{R}_B = 110.4\,\mathrm{N} \measuredangle 45° \blacktriangleleft$$

$+\uparrow \Sigma F_y = \Sigma(F_y)_{\mathrm{eff}}$: 　$R_A + R_B \cos 45° - 245 = -(13.0)(2.33)$
$$R_A = -30.29 - 78.1 + 245 = 136.6\,\mathrm{N} \qquad \mathbf{R}_A = 136.6\,\mathrm{N}\uparrow \blacktriangleleft$$

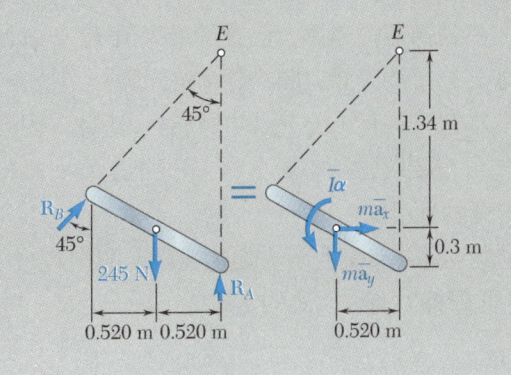

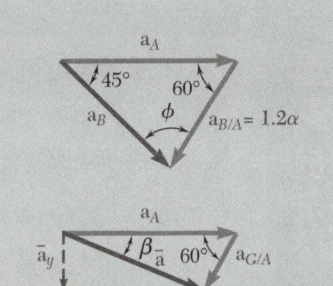

重點提示

本課考慮受拘束之剛體的平面運動，我們發現在工程問題中所涉及的拘束類別大不相同。例如，一剛體可受拘束而繞一固定軸轉動，或在一給定的表面上滾動，或者可銷接到軸環或其他的物體上。

1. 解答涉及剛體受拘束運動之問題，通常包含兩個步驟。首先，你將考慮此運動的運動學，然後求解此問題的運動力學部分。
2. 運動的運動學分析係藉由在第十五章中所學的方法來完成。由於受拘束，線和角加速度將有關聯。(它們不會像上一課那樣互不相同。)你應建立加速度之間的關係(角與線)，目標應是以**一未知的加速度**來表示所有的加速度。這是在本課中每一範例解答所採取的第一個步驟。
   a. 對於非形心轉動的物體，質心加速度的分量為 $\bar{a}_t = \bar{r}\alpha$ 及 $\bar{a}_n = \bar{r}\omega^2$，其中 ω 通常為已知 [範例 16.6 和 16.7]。
   b. 對於滾動的圓盤或輪子，質心的加速度為 $\bar{a} = r\alpha$ [範例 16.8]。
   c. 對於一般平面運動的物體，若 $\bar{a}$ 或 α 並非已知或隨手可得，最佳的作法是以 α 來表示 $\bar{a}$ [範例 16.10]。
3. 運動的運動力學分析如下進行：
   a. 先畫出一自由體圖方程式。本節所有的範例皆以此方式進行。在每一例子中，左手邊圖顯示外力，包括：作用力、反力，及物體的重量。右手邊圖顯示向量 $m\bar{a}$ 與力偶 $\bar{I}\alpha$。
   b. 接下來，利用在運動學分析中找到的加速度之間的關係來減少自由體圖方程式中未知量的數目。然後你將準備考慮可以藉由加總分量或力偶來寫出方程式。首先選擇只涉及一個未知量的方程式。解出該未知量後，將所得值代入其他方程式中，就可解出其餘的未知量。
4. 當所求解的問題包含滾動的圓盤或輪子時，請牢記如下：
   a. 若滑動即將發生，則作用在滾動物體的摩擦力已達其最大值 $F_m = \mu_s N$，其中 N 為作用在物體的正向力，而 μ_s 為接觸表面之間的靜摩擦係數。
   b. 若滑動未即將發生，則摩擦力 F 可具有小於 F_m 的任何值，因此，應視其為一獨立的未知量。在 F 確定後，一定要驗證其小於 F_m；如果不是，則此物體不作滾動，而是下一段所要描述的轉動且滑動。
   c. 若物體同時轉動且滑動，則此物體不滾動且質心之加速度 $\bar{a}$ 與物體的角加速度 α 無關：$\bar{a} \neq r\alpha$。另一方面，此摩擦力有一明確的定義值，$F = \mu_k N$，其中 μ_k 是接觸表面之間的動摩擦係數。
   d. 對一不均衡的滾動圓盤或輪子而言，質心 G 之加速度 $\bar{a}$ 與圓盤或輪子的角

CHAPTER 16 剛體的平面運動：力與加速度

加速度 α 之間的關係 $\bar{a} = r\alpha$ 不再成立。然而，幾何中心 O 的加速度 a_O 與圓盤或輪子角加速度 α 之間仍保有一類似的關係：$a_O = r\alpha$。此關係可用於以 α 與 ω 來表示 $\bar{a}$ (圖 16.18)。

5. **對於連接剛體的系統**，運動學分析的目標應是要藉由已知數據來求解所有的加速度，或以單一的未知數來表示它們。(對於有好幾個自由度的系統，你需使用與自由度的度數一樣多的未知數。)

你的動力學分析通常將藉由畫出整個系統，及包含一個或幾個剛體的自由體圖方程式來進行。在後者的情況中，應包括內力與外力，且應注意，將兩物體彼此之間的作用力以大小相等，而方向相反的向量來表示。

習 題

16.29 一長度 $L = 900$ m 與質量 $m = 4$ kg 的均勻細長桿由一鉸鍊懸掛在 C 處。一大小為 75 N 的水平力 **P** 作用在 B 端。已知 $\bar{r} = 225$ mm，試求 (a) 桿件的角加速度；(b) 在 C 處的反力分量。

16.30 均勻細長桿 AB 被焊接到輪轂 D，並且此系統以等角速度 ω 繞垂直軸 DE 旋轉。(a) 令 ω 表示此桿件每單位長度的質量，試以 w、l、z 及 ω 表示在此桿件內與 A 端之距離為 z 的張力；(b) 當 $w = 0.3$ kg/m、$l = 400$ mm、$z = 250$ mm 及 $\omega = 150$ rpm 時，試求此桿件內的張力。

16.31 與 **16.32** 一長度 L 與質量 m 之均勻桿受支撐如圖所示。若連接 B 端的纜繩突然斷裂，試求 (a) B 端的加速度；(b) 在插銷支承處的反力。

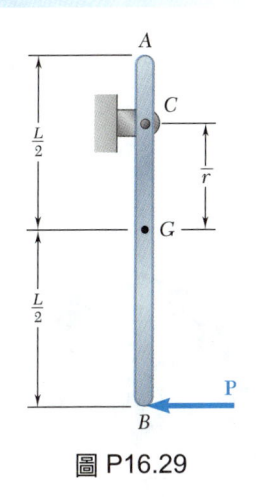

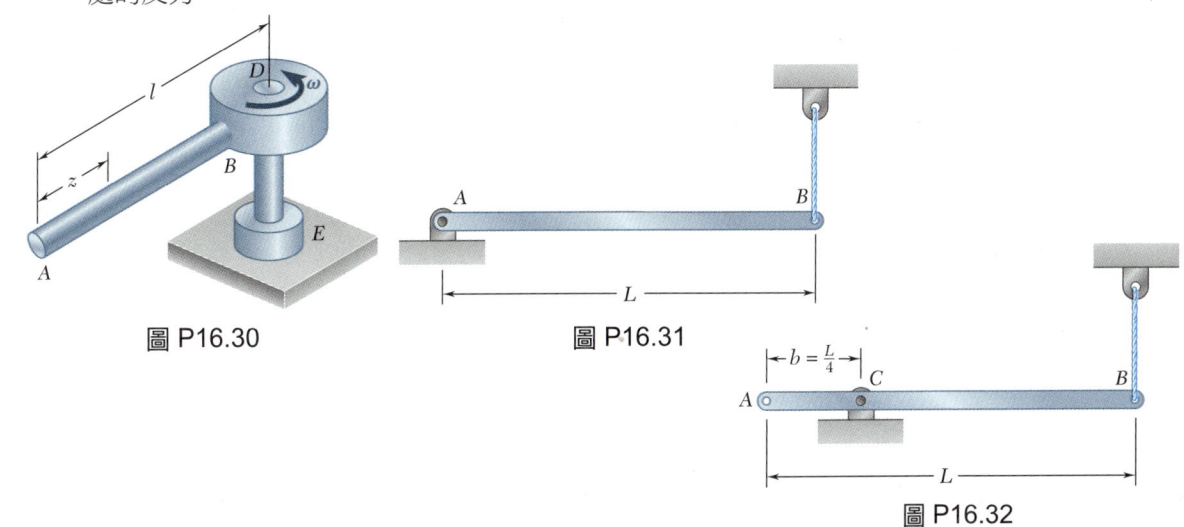

圖 P16.29

圖 P16.30

圖 P16.31

圖 P16.32

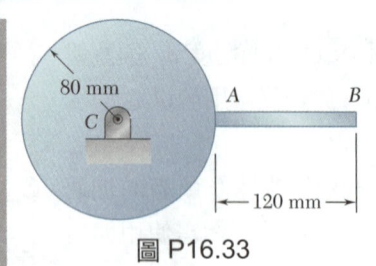

16.33 一 1.5 kg 的細長桿焊接到圖示的 5 kg 均勻圓盤。此組合件在垂直平面內繞 C 自由擺動。已知此組合件在圖示位置有一順時針向 10 rad/s 的角速度，試求 (a) 組合件的角加速度；(b) 在 C 處的反力分量。

16.34 質量 3.5 kg 的細長桿 AB 及 2 kg 的細長桿 BC，以一在 B 處的插銷，及以繩子 AC 相連接。在重力及作用在桿件 BC 之力偶 **M** 的組合效應下，此組合物可在垂直平面內轉動。已知此組合物在圖示位置的角速度為零，繩子 AC 的張力等於 25 N，試求 (a) 組合物的角加速度；(b) 力偶 **M** 的大小。

16.35 一半徑 r 與形心迴轉半徑 $\bar{k}$ 的輪子在斜坡上自靜止釋放且滾動而無滑動。試以 r、$\bar{k}$、β 及 g 推導此輪子中心之加速度表示式。

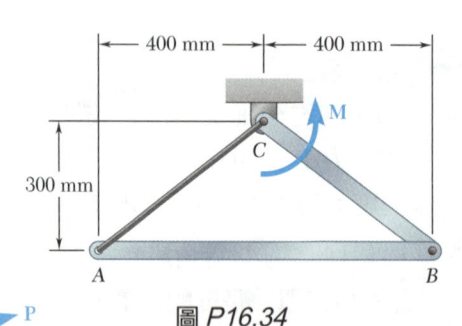

圖 P16.33

圖 P16.34

圖 P16.35

16.36 一半徑 $R = 0.5$ m 之 40 kg 飛輪剛性地附在一半徑 0.05 m 的軸上，該軸可沿平行軌道滾動。如圖所示一繩子附在飛輪上且以大小為 150 N 的力 **P** 拉動。已知形心迴轉半徑 $\bar{k} = 0.4$ m 及靜摩擦係數 $\mu_s = 0.4$，試求 (a) 飛輪的角加速度；(b) 重心在 5 s 後的速度。

16.37 至 16.40 一半徑 60 mm 的鼓輪附在一半徑 120 mm 的圓盤上。圓盤與鼓輪的總質量為 6 kg，組合迴轉半徑為 90 mm。繩子的連接方式如圖所示，且以大小為 20 N 的力 **P** 拉動。已知此圓盤滾動而無滑動，試求 (a) 圓盤的角加速度及 G 的加速度；(b) 與此運動相容之靜摩擦係數的最小值。

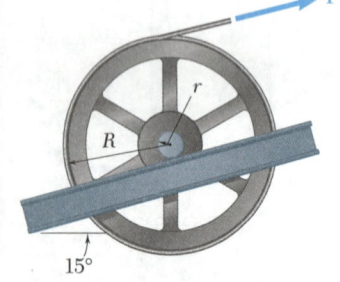

圖 P16.36

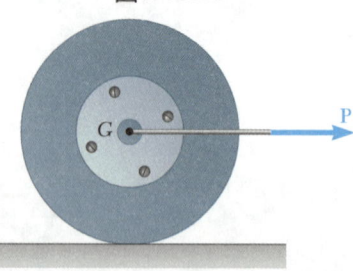

圖 P16.37

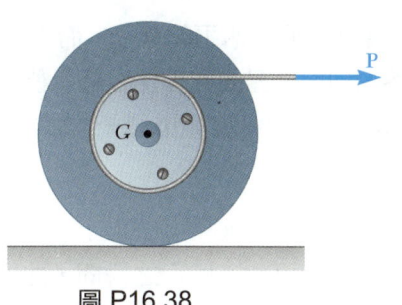

圖 P16.38

圖 P16.39

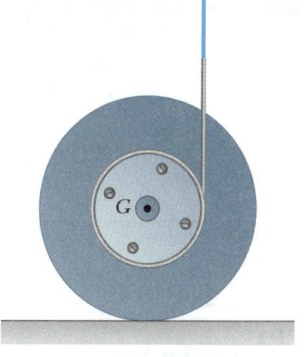

圖 P16.40

16.41 與 16.42 一質量 8 kg 與半徑 300 mm 之圓柱靜置於 3 kg 的台車上。當其受一大小為 20 N 之力 **P** 作用時，此系統處於靜止狀態。已知此圓柱在台車上滾動而無滑動，忽略台車輪子的質量，試求 (a) 台車的加速度；(b) 點 A 的加速度；(c) 在 0.5 s 後此圓柱相對於台車所滾動的距離。

16.43 一重量 W 與半徑 r 的半球在圖示位置由靜止釋放。試求 (a) 此半球開始滾動而無滑動時的最小 μ_s 值；(b) 點 B 所對應的加速度 [提示：注意到 $OG = \frac{3}{8}r$，並利用平行軸定理 $\bar{I} = \frac{2}{5}mr^2 - m(OG)^2$]。

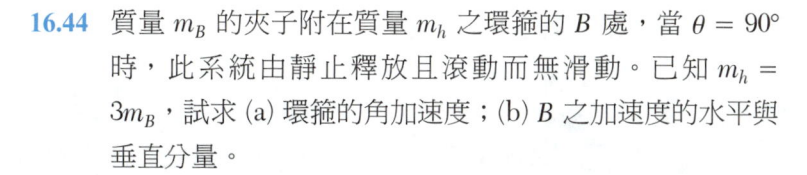

16.44 質量 m_B 的夾子附在質量 m_h 之環箍的 B 處，當 $\theta = 90°$ 時，此系統由靜止釋放且滾動而無滑動。已知 $m_h = 3m_B$，試求 (a) 環箍的角加速度；(b) B 之加速度的水平與垂直分量。

16.45 圖示 10 kg 均勻桿 AB 的末端附在一可忽略質量的軸環上，而軸環沿著固定桿無摩擦滑動。若桿件在 $\theta = 25°$ 時自靜止釋放，緊接在釋放後，試求 (a) 此桿件的角加速度；(b) 在 A 處的反力；(c) 在 B 處的反力。

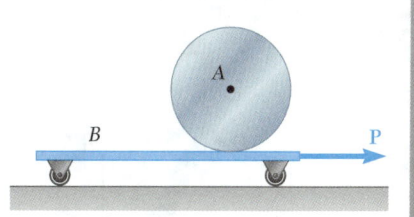

圖 P16.41

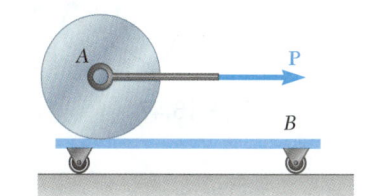

圖 P16.42

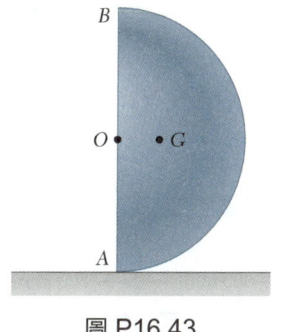

圖 P16.43

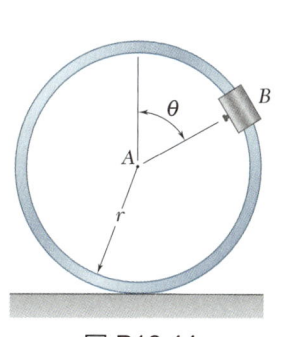

圖 P16.44

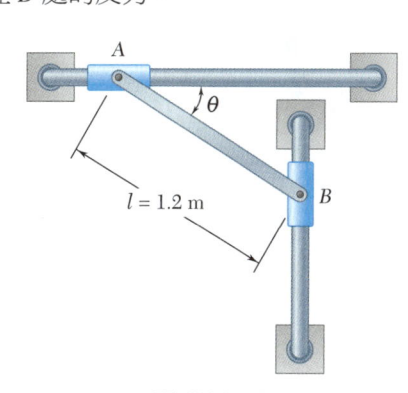

圖 P16.45

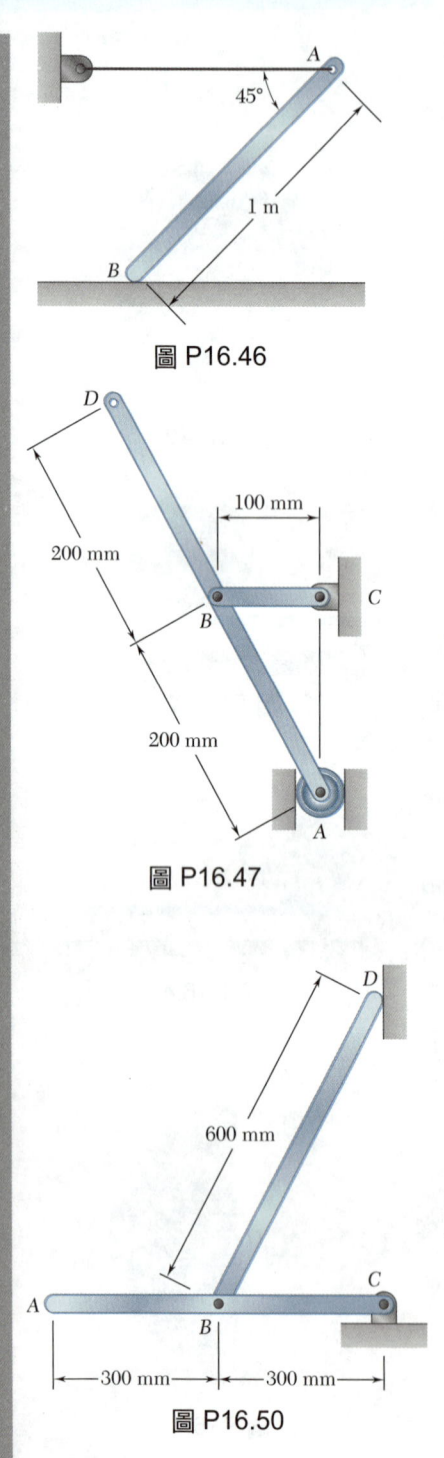

16.46 一均勻 10 kg 桿件的 A 端連接到一水平的繩子，而 B 端則接觸到一可忽略摩擦的地面。已知此桿件在圖示位置由靜止釋放，試求 (a) 繩子的角加速度；(b) 繩子的張力；(c) 在 B 處的反力。

16.47 圖示 4 kg 的均勻桿 ABD 附到曲柄 BC，並安裝上一可沿著垂直槽無摩擦滾動的小輪。已知在圖示之瞬間，曲柄 BC 以順時針向 6 rad/s 的角速度，及逆時針向 15 rad/s^2 的角加速度轉動，試求在 A 處的反力。

16.48 質量 5 kg 之 250 mm 均勻桿 BD，如圖所示，連接到圓盤 A 及一可忽略質量的軸環，此軸環可沿一垂直桿件自由滑動。已知圓盤 A 以等速率 500 rpm 逆時針向轉動，當 $\theta = 0$ 時，試求在 D 處的反力。

16.49 長度 L = 0.5 m 與質量 m = 3 kg 之均勻細長桿的運動是由插銷 A 與 B 所導引，兩插銷在垂直平板所切割之無摩擦的圓形與水平溝槽內滑動，如圖所示。已知在圖示瞬間，此桿件有一逆時針向 3 rad/s 的角速度且 $\theta = 30°$，試求在點 A 與點 B 的反力。

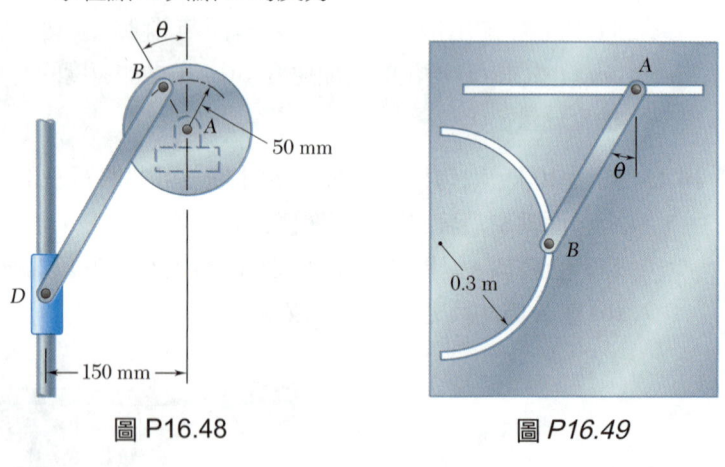

圖 P16.46

圖 P16.47

圖 P16.48

圖 P16.49

16.50 兩根 4 kg 的均勻桿件連結成圖示的連桿組。忽略摩擦效應，緊接在此連桿組於圖示位置自靜止釋放後，試求在 D 處的反力。

圖 P16.50

16.51 圖示引擎系統 $l = 250$ mm、$b = 100$ mm。連桿 BD 假設為一 1.2 kg 的均勻細長桿，並且附到 1.8 kg 的活塞 P。此系統在測試期間，曲柄 AB 以等角速度 600 rpm 順時針向旋轉，且活塞表面無任何施力。當 $\theta = 180°$ 時，試求在連桿 B 與 D 處的作用力。(忽略桿件重量的影響。)

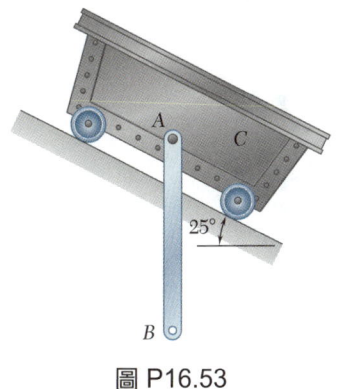

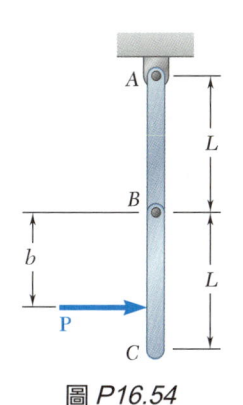

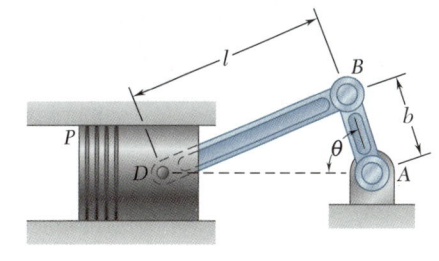

圖 P16.51

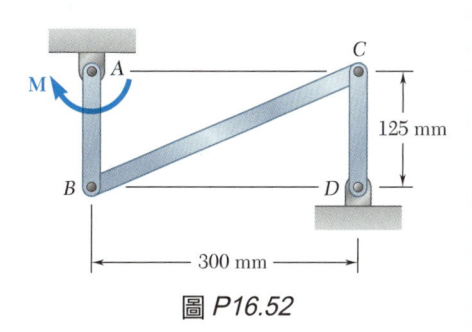

16.52 連桿組 ABCD 是由 3 kg 桿件 BC，連結到 1.5 kg 桿件 AB 與 CD 形成的。此連桿組的運動由施加到桿件 AB 的力偶 M 控制。已知在圖示之瞬間桿件 AB 有一順時針向的角速度 24 rad/s，而無角加速度，試求 (a) 力偶 M；(b) 在桿件 BC 上 B 處之作用力的分量。

圖 P16.52

16.53 一質量 15 kg 與長度 1 m 之均勻桿件 AB 附到 20 kg 的台車 C。忽略摩擦，緊接在此系統自靜止釋放後，試求 (a) 此台車的加速度；(b) 桿件 AB 的角加速度。

*16.54 桿件 AB 與 BC 各長 $L = 500$ mm 與各質量 $m = 3$ kg。一大小為 20 N 的水平力 P 作用到桿件 BC，如圖所示。已知 $b = L$ (P 作用在點 C)，試求各桿件的角加速度。

圖 P16.53

圖 P16.54

複習與摘要

在本章中，我們研究剛體的運動力學，亦即，研究作用在一剛體的力、物體的形狀與質量，以及所產生的運動之間存在的關係。除了前兩節應用到剛體運動的最一般情況外，我們的分析僅限制於剛性平板和對稱於參考平面之剛體的平面運動。對非對稱剛體的平面運動及三維空間中之剛體運動的研究，我們將在第十八章中考慮。

■ 剛體運動的基本方程式 (Fundamental equations of motion for a rigid body)

我們首先回顧 [第 16.2 節] 第十四章中對質點系統之運動所導出的兩個基本方程式，觀察到它們適用於剛體運動的最一般情況。第一個方程式定義此物體質心 G 的運動；我們有

$$\Sigma \mathbf{F} = m\mathbf{\bar{a}} \qquad (16.1)$$

其中 m 為物體的質量，而 $\mathbf{\bar{a}}$ 為 G 的加速度。第二個方程式與此物體相對於一形心參考座標系的運動有關；寫為

$$\Sigma \mathbf{M}_G = \mathbf{\dot{H}}_G \qquad (16.2)$$

式中 $\mathbf{\dot{H}}_G$ 為物體對其質心 G 之角動量 $\mathbf{H}_G$ 的改變率。式 (16.1) 和式 (16.2) 合在一起表示，外力系統等效於附在 G 的向量 $m\mathbf{\bar{a}}$ 與力矩為 $\mathbf{\dot{H}}_G$ 之力偶所組成的系統 (圖 16.19)。

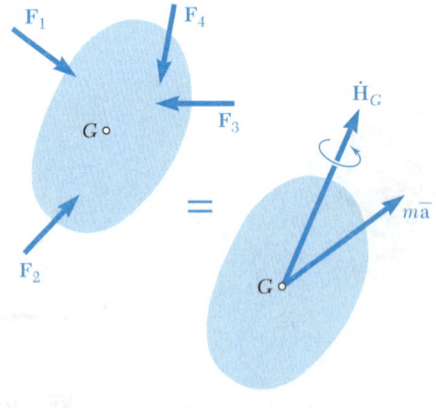

圖 16.19

■ 平面運動的角動量 (Angular momentum in plane motion)

限制我們的分析在這一點且本章其餘部分也將分析限制在剛性平板與對稱於參考平面之剛體的平面運動，我們證明出 [第 16.3 節]，

剛體的角動量可以表示為

$$\mathbf{H}_G = \bar{I}\boldsymbol{\omega} \tag{16.4}$$

其中 $\bar{I}$ 為物體繞一垂直於參考平面之形心軸的慣性矩，$\boldsymbol{\omega}$ 為物體的角速度。對式 (16.4) 的兩項微分，得

$$\dot{\mathbf{H}}_G = \bar{I}\dot{\boldsymbol{\omega}} = \bar{I}\boldsymbol{\alpha} \tag{16.5}$$

這顯示在此處所考慮的限制情況中，此剛體角動量的改變率可由一與 $\boldsymbol{\alpha}$ 同方向 (亦即，垂直於參考平面) 且大小為 $\bar{I}\boldsymbol{\alpha}$ 的向量來表示。

■ 剛體的平面運動方程式 (Equations for the plane motion of a rigid body)

從 [第 16.4 節] 可以看到，一剛性平板或對稱於參考平面之剛體的平面運動以三個純量方程式來定義

$$\Sigma F_x = m\bar{a}_x \qquad \Sigma F_y = m\bar{a}_y \qquad \Sigma M_G = \bar{I}\alpha \tag{16.6}$$

■ 達朗伯特原理 (D'Alembert's principle)

更進一步得出，作用在剛體上的外力，實際上等效於形成此物體之各質點的有效力。此陳述稱為達朗伯特原理，可用圖 16.20 所示之向量圖的形式來表示。其中有效力以附在 G 上的一向量 $m\bar{\mathbf{a}}$ 與一力偶 $\bar{I}\boldsymbol{\alpha}$ 來表示。在平板平移的特殊情況中，在此圖 (b) 部分中所示的有效力約化為單一向量 $m\bar{\mathbf{a}}$。而在平板形心轉動的特殊情況中，有效力約化為單一力偶 $\bar{I}\boldsymbol{\alpha}$。在任何其他平面運動的情況中，向量 $m\bar{\mathbf{a}}$ 與力偶 $\bar{I}\boldsymbol{\alpha}$ 都應包含在內。

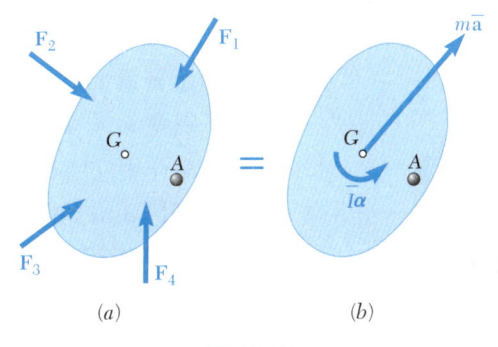

圖 16.20

■ 自由體圖方程式 (Free-body-diagram equation)

任何涉及一剛性平板之平面運動的問題，都可藉由畫出一類似圖 16.20 [第 16.6 節] 的自由體圖方程式而求得解答。然後由令所涉及的力與向量的 x 分量、y 分量，以及對任意點 A 的力矩相等可得出三個方程式 [範例 16.1、16.2、16.4 和 16.5]。另一種解法可藉由將附在 G 上且與 $\bar{\mathbf{a}}$ 反向的慣性向量 $-m\bar{\mathbf{a}}$，以及與 $\boldsymbol{\alpha}$ 反向的慣性偶 $-\bar{I}\boldsymbol{\alpha}$ 加到外力而得。以此方式所得的系統等效於零，而此平板稱為處於動態平衡。

■ 連接剛體 (Connected rigid bodies)

上述方法也可用於解答包含幾個連接剛體之平面運動 [第 16.7 節] 的問題。對此系統每一部分畫出自由體圖方程式，並聯立解出所得的方程式。然而，在某些情況下，可對整個系統畫出單一圖，圖中包含所有的外力，以及與系統各部分相關聯的向量 $m\bar{\mathbf{a}}$ 與力偶 $\bar{I}\boldsymbol{\alpha}$ [範例 16.3]。

■ 受拘束的平面運動 (Constrained plane motion)

在本章的第二部分中，我們關注在給定拘束下移動的剛體 [第 16.8 節]。雖然一剛性平板之受拘束平面運動的運動力學分析與以上所述相同，但它必須以運動學分析來補充，其目的是將平板質心 G 的加速度分量 $\bar{a}_x$ 與 $\bar{a}_y$ 以其角加速度 $\boldsymbol{\alpha}$ 來表示。以此種方式來解的問題包括：桿件與平板的非形心轉動 [範例 16.6 和 16.7]、球與輪子的滾動 [範例 16.8 和 16.9]，以及各型連桿組的平面運動 [範例 16.10]。

複習題

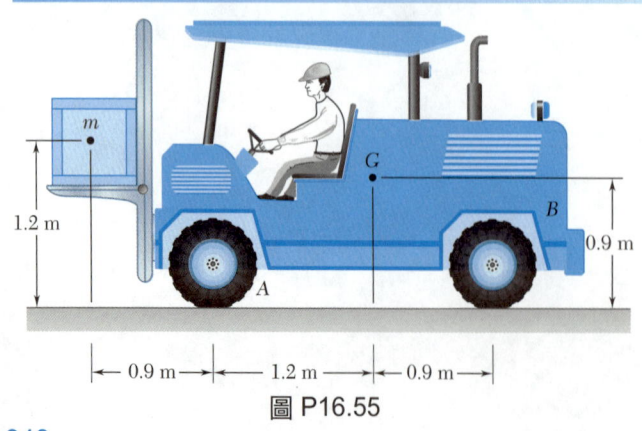

16.55 圖示質量 1125 kg 的堆高車用於舉升質量 $m = 1250$ kg 的條板箱。當煞車作用在所有四個輪子時，此卡車正以 3 m/s 的速度往左移動。已知此條板箱與堆高機之間的靜摩擦係數為 0.30，若箱子沒有滑動且卡車不往前傾斜，試求此堆高車停止前最小的移動距離。

圖 P16.55

16.56 當 $\beta = 70°$ 時，重量 W 的均勻桿 AB 由靜止釋放。假設 A 端與地面之間的摩擦力大到足以防止滑動，試求緊接在釋放後 (a) 桿件的角加速度；(b) 在 A 處的正向反力；(c) 在 A 處的摩擦力。

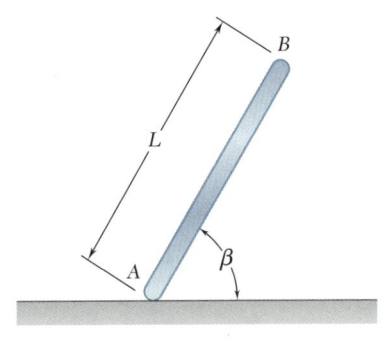

圖 P16.56

16.57 具一圓孔的圓柱在固定的曲面上滾動而無滑動，如圖所示。無孔圓柱的質量為 8 kg，而有孔圓柱體的質量為 7.5 kg。已知在圖示之瞬間，此圓盤有一順時針向 5 rad/s 的角速度，試求 (a) 此圓盤的角加速度；(b) 在此瞬間圓盤與地面之間的反力分量。

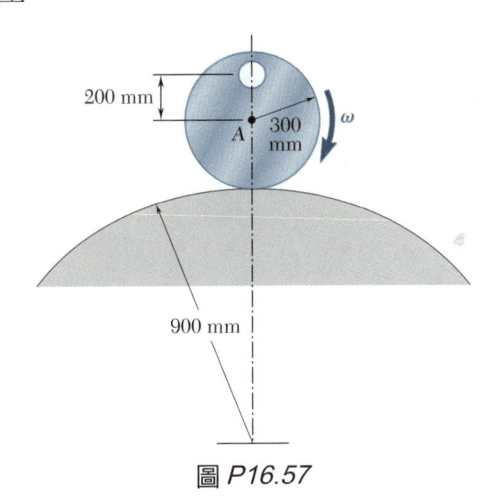

圖 P16.57

CHAPTER 17

剛體的平面運動：
能量與動量法

本章將另外介紹能量與動量兩種方法來幫助你學習剛體的運動。舉例來說，當體操選手從某一個靜止位置擺盪到另一位置時，藉著能量守恆原理與牛頓第二定律，我們即可求出施加在他手上之力的大小。

17.1 前言 (Introduction)

本章將使用功與能法，以及衝量與動量法，來分析剛體及剛體系統的平面運動。

首先介紹功與能法。在第 17.2 到 17.5 節中，先定義清楚一個力與一個力偶所產生的功，然後介紹一個在做平面運動的剛體之動能的表示法。接著，利用功與能原理去求解含有位移與速度的問題。在第 17.6 節中，則會使用能量守恆原理來解決不同的工程問題。

在本章的第二部分中，利用衝量與動量原理來求解包含速度與時間的問題 (第 17.8 和 17.9 節)，並介紹與討論角動量守恆的概念 (第 17.10 節)。

本章的最後一部分中 (第 17.11 和 17.12 節)，將討論到剛體的偏心碰撞問題。如同我們在第十三章用來分析質點碰撞的做法，兩相互碰撞物體間的回彈係數，以及衝量與動量原理會用來求解有關碰撞的問題。另一方面，這個解題的方法不僅可用來解決碰撞後仍可作自由運動的物體，對於碰撞後其運動會受到部分限制的物體也是適用的。

17.2 一個剛體的功與能原理 (Principle of Work and Energy for a Rigid Body)

本節將利用功能原理來分析剛體的平面運動。如同第十三章所提及的，功能原理這個方法特別適用於涉及速度與位移的問題。其主要優點為，所有力所作的功及所有質點的動能都為純量。

為了將功能原理運用在剛體運動的分析上，我們再次假設這個剛體是由 n 個質量為 Δm_i 的質點所組成。猶記第 14.8 節的式 (14.30)，

$$T_1 + U_{1 \to 2} = T_2 \tag{17.1}$$

其中，$T_1, T_2 =$ 分別為形成剛體的所有質點的初始與最終之總動能

$U_{1 \to 2} =$ 所有作用在物體不同質點上的力所作的功

總動能為

$$T = \frac{1}{2} \sum_{i=1}^{n} \Delta m_i v_i^2 \tag{17.2}$$

這個總動能 T 是由許多正的純量相加而得，所以其本身也是一個正的純量。稍後你將會看到，對於一個具不同運動形式的剛體，該如何求得其 T。

照片 17.1 摩擦力所作的功會令車輪的動能降低。

式 (17.1) 中的 $U_{1\rightarrow 2}$ 代表作用在物體不同質點上的所有力所作的功，除了外力，內力也應包含在內。然而，在剛體內將質點結合起來的所有內力所作的功之總和為零。假如考量一個剛體中的兩點 A 與 B，它們會各自對彼此施予一個大小相等、方向相反的力 $\mathbf{F}$ 與 $-\mathbf{F}$(圖 17.1)。一般而言，這兩個質點的位移量 $d\mathbf{r}$ 與 $d\mathbf{r}'$ 會不一樣，但是這兩個位移沿著 AB 線方向的分量則必然會相同，否則這兩點之間的距離將無法保持不變，那麼物體也就不為剛體了。因此，$\mathbf{F}$ 所作的功與 $-\mathbf{F}$ 所作的功必定大小相同、方向相反，兩者之和也一定為零。由此可見，作用在一個剛體之質點上的所有內力所作的功的總和也一定為零，故式 (17.1) 中的 $U_{1\rightarrow 2}$ 可以簡化為所有作用在該物體上之外力所作的功。

17.3 作用在一個剛體上之所有的力所作的功
(Work of Forces Acting on a Rigid Body)

從第 13.2 節中可知，當一個質點由 A_1 移到 A_2 時，令該質點產生位移之力 $\mathbf{F}$ 所作的功為

$$U_{1\rightarrow 2} = \int_{A_1}^{A_2} \mathbf{F} \cdot d\mathbf{r} \quad (17.3)$$

或

$$U_{1\rightarrow 2} = \int_{s_1}^{s_2} (F\cos\alpha)\, ds \quad (17.3')$$

其中，F 是該力的大小，α 是該力與作用點 A 移動方向之間的夾角，而 s 為積分的變數，代表點 A 所行經的距離。

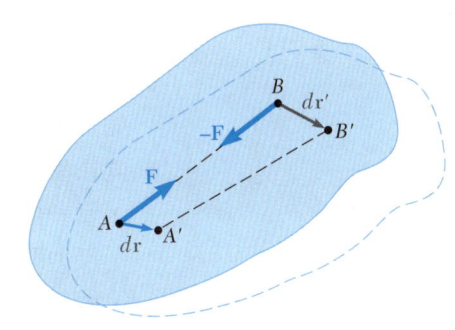

圖 17.1

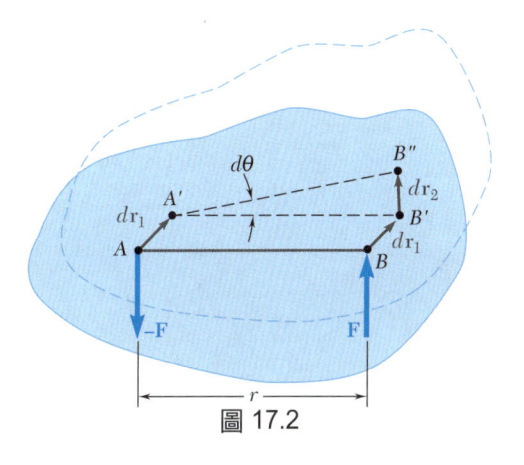

在計算作用在一個剛體上的外力所作的功時，對於一個力偶所作的功，毋須將構成這個力偶的兩個力所作的功分開計算。假設有一對構成力偶的兩個力($\mathbf{F}$ 與 $-\mathbf{F}$) 作用在一個剛體上 (圖 17.2)，剛體的些微位移會導致點 A 與點 B 分別移到點 A' 與點 B'' 的位置，這個剛體的微小位移可以分為兩部分：在第一部分中，點 A 與點 B 都移動了 $d\mathbf{r}_1$ 的位移，而在第二部分中，點 A' 固定在原處，點 B' 則以一個 $d\mathbf{r}_2$ 的位移移到點 B'' 的位

圖 17.2

置，這個 $d\mathbf{r}_2$ 位移的大小為 $ds_2 = r\,d\theta$。在這運動的第一部分中，$\mathbf{F}$ 所產生的功與 $-\mathbf{F}$ 所產生的功大小相等、方向相反，所以兩者的總和為零；在這運動的第二部分中，只有 $\mathbf{F}$ 作了功，其大小為 $dU = F\,ds_2 = Fr\,d\theta$。但是乘積 Fr 的大小等於力偶所形成的力矩的大小 M，因此，由力偶所構成的力矩 $\mathbf{M}$，對剛體所作的功為

$$dU = M\,d\theta \tag{17.4}$$

其中 $d\theta$ 代表物體所旋轉的一個極小角度，其單位為「弳度」(radians)。我們知道，功的單位應該是由力的單位乘以長度的單位而得。當剛體產生一段有限的運動時，力偶所作的功可將式 (17.4) 中的 θ 從初始的 θ_1 角度積分到最終的 θ_2 角度而得。這個功可以寫為

$$U_{1\to 2} = \int_{\theta_1}^{\theta_2} M\,d\theta \tag{17.5}$$

當力偶所形成的力矩 $\mathbf{M}$ 為一常數時，式 (17.5) 可以簡化為

$$U_{1\to 2} = M(\theta_2 - \theta_1) \tag{17.6}$$

第 13.2 節中曾經提到，有些動力學題目中的力是**不作功**的。例如，作用在固定點上的力是不作功的。若施力點的位移與作用力的方向為垂直的力，也是不作功的。以下列舉一些不作功的力：

- 當一個物體可以繞著一個沒有摩擦力的銷軸旋轉時，該銷軸上的反力即是不作功的力；
- 當一個物體沿著一個沒有磨擦力的表面運動時，該表面對於物體的反作用力即是不作功的力；
- 當一個物體的重心在做水平運動時，重力對該物體不作功。
- 當一個剛體在一個固定曲面上做純滾動（完全不滑動）時，在接觸點 C 的摩擦力 $\mathbf{F}$ 對該物體也不作功。這是因為接觸點 C 的速度 $\mathbf{v}_C$ 為零，當剛體作了一段極微小的位移時，摩擦力 $\mathbf{F}$ 所作的功為

$$dU = F\,ds_C = F(v_C\,dt) = 0$$

17.4 一個做平面運動之剛體的動能 (Kinetic Energy of a Rigid Body in Plane Motion)

假設有一個質量為 m 的剛體在做平面運動,由第 14.7 節中可知,如果剛體中的每一個質點 P_i 的絕對速度 $\mathbf{v}_i$ 可以用剛體質心 G 的速度 $\bar{\mathbf{v}}$,與該質點相對於 $Gx'y'$ 座標系的相對速度 $\mathbf{v}_i'$ 之和來表示,則這一群構成剛體的質點動能可以表示為:

$$T = \tfrac{1}{2}m\bar{v}^2 + \tfrac{1}{2}\sum_{i=1}^{n}\Delta m_i v_i'^2 \tag{17.7}$$

$Gx'y'$ 座標系是固定於剛體之上,其原點即為剛體的質心 G(圖 17.3)。但是 P_i 的相對速度 v_i' 為 $r_i'\omega$,其中 r_i' 為 P_i 到點 G 的距離,ω 為剛體在那一瞬間之角速度的大小。把 $v_i' = r_i'\omega$ 代入式 (17.7) 可得

$$T = \tfrac{1}{2}m\bar{v}^2 + \tfrac{1}{2}\left(\sum_{i=1}^{n}r_i'^2\,\Delta m_i\right)w^2 \tag{17.8}$$

又因為式 (17.8) 中括號內的總和就是剛體繞著點 G 的慣性矩 $\bar{I}$,所以式 (17.8) 可簡化為

$$\boxed{T = \tfrac{1}{2}m\bar{v}^2 + \tfrac{1}{2}\bar{I}\omega^2} \tag{17.9}$$

圖 17.3

當物體只做純平移運動時 ($\omega = 0$),根據式 (17.9) 其動能可簡化為 $\tfrac{1}{2}m\bar{v}^2$。而當物體只繞著其質心做純旋轉運動時 ($\bar{v} = 0$),其動能可簡化為 $\tfrac{1}{2}\bar{I}\omega^2$。因此可得到以下的結論,當一個剛體在做平面運動時,其動能可以分為兩部分:(1) 動能 $\tfrac{1}{2}m\bar{v}^2$ 是來自質心 G 的平移運動;(2) 動能 $\tfrac{1}{2}\bar{I}\omega^2$ 是由物體繞其自身的質心旋轉所得。

▶ 非繞質心的旋轉

式 (17.9) 可適用於任何的平面運動,因此也可以之求得繞著一固定點 O 旋轉 (角速度為 ω) 的剛體的動能 (圖 17.4)。在本例中,由於質點 P_i 的速度 v_i 等於 P_i 到固定軸的距離 r_i 乘以該物體在那一瞬間之角速度 ω 的乘積 ($v_i = r_i\omega$),將此關係代入式 (17.2) 可得

$$T = \frac{1}{2}\sum_{i=1}^{n}\Delta m_i(r_i\omega)^2 = \frac{1}{2}\left(\sum_{i=1}^{n}r_i^2\,\Delta m_i\right)\omega^2$$

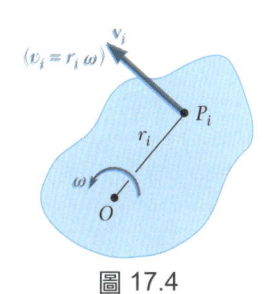

圖 17.4

括號中的總和就是該物體繞著點 O 的慣性矩 I_O。所以這時動能可改寫為

$$T = \tfrac{1}{2} I_O \omega^2 \tag{17.10}$$

我們應了解上述的結果並不僅適用於平板塊的運動，或是對稱於參考面之物體的運動。事實上，不論剛體的形狀為何，只要它是在做平面運動，上述公式即可適用。但應注意的是，式 (17.9) 可用在任何的平面運動，然而式 (17.10) 僅能用在繞固定軸旋轉的案例上，所以在解範例時，均將使用式 (17.9)。

17.5　剛體系統 (Systems of Rigid Bodies)

當一個問題涉及多個剛體時，功與能原理可用在每一個剛體上，將每一個剛體的動能相加，並算出所有相關力所作的功，即可為整個系統寫出下列包括功與能的公式：

$$T_1 + U_{1 \to 2} = T_2 \tag{17.11}$$

其中，T 代表構成這個系統中所有剛體的動能之總和，而 $U_{1 \to 2}$ 表示所有作用在各剛體上之力所作的功，這些力 (由整體系統的觀點來看) 包括內力與外力。

這個功能法在解一些以銷軸連結的構件、以不可伸長的繩索所連接的滑輪與重塊，或是嚙合的齒輪對之案例上都特別有用。在這些案例中，因為每一對內力都是大小相等、方向相反，其作用點上之極小位移也皆相等，所以所有內力所作的功均為零，因此 $U_{1 \to 2}$ 可以簡化為只包含所有外力對這個系統所作的功。

17.6　能量守恆 (Conservation of Energy)

我們在第 13.6 節中學到保守力 (例如重力或是彈簧力) 所作的功可以用位能差來表示。當一個或一群剛體在保守力的作用下移動，此時第 17.2 節中所述的功能原理可以修改為另一種形式。首先將式 (13.19′) 中的 $U_{1 \to 2}$ 代入式 (17.1) 後可得，

$$T_1 + V_1 = T_2 + V_2 \tag{17.12}$$

式 (17.12) 指出，當一個或一群剛體在保守力的作用下移動時，這個系統的動能與位能的總和是一個不變的常數。一個剛體在做平面運動時，其動能應包含平移動能 $\frac{1}{2}m\bar{v}^2$ 與旋轉動能 $\frac{1}{2}\bar{I}\omega^2$。

我們來看一個應用功能原理的範例，假設有一個長度為 l、質量為 m 的細桿 AB，其兩端與分別在水平及垂直軌道上滑行的兩個質量不計的滑塊相接。此細桿在初速為零時，由水平位置被釋放 (圖 17.5a)，當其旋轉了 θ 角度後，試問其角速度為何 (圖 17.5b)。

由於初速為零，故 $T_1 = 0$。將水平軌道的位能設定為零，即 $V_1 = 0$，當桿 AB 旋轉 θ 角度後，其質心 G 下降了 $\frac{1}{2}l\sin\theta$ 距離，故其位能為

$$V_2 = -\tfrac{1}{2}Wl\sin\theta = -\tfrac{1}{2}mgl\sin\theta$$

在此位置時，桿 AB 的瞬心在點 C，且 $CG = \frac{1}{2}l$，故 $\bar{v}_2 = \frac{1}{2}l\omega$，總動能 T_2 即為

$$T_2 = \tfrac{1}{2}m\bar{v}_2^2 + \tfrac{1}{2}\bar{I}\omega_2^2 = \tfrac{1}{2}m(\tfrac{1}{2}l\omega)^2 + \tfrac{1}{2}(\tfrac{1}{12}ml^2)\omega^2$$
$$= \frac{1}{2}\frac{ml^2}{3}\omega^2$$

將此代入能量守恆原理，可得

$$T_1 + V_1 = T_2 + V_2$$
$$0 = \frac{1}{2}\frac{ml^2}{3}\omega^2 - \tfrac{1}{2}mgl\sin\theta$$
$$\omega = \left(\frac{3g}{l}\sin\theta\right)^{1/2}$$

在第 13.4 節已清楚說明這個功能原理的優缺點。這裡要補充的是，若需要求出在固定軸、滾輪或滑塊上的反力時，則在使用功能原理時，必須輔以使用「達朗伯特原理」(亦即，動力學的虛功原理) 才行。舉例來說，若欲求出圖 17.5b 中細桿兩端 A、B 兩點的反力時，必須先畫出一個圖，顯示所有作用在細桿上的外力，相當於兩個等效向量 $m\bar{\mathbf{a}}$ 與力偶 $\bar{I}\boldsymbol{\alpha}$ 的作用。細桿的角速度 ω 必須先以功能法求出，然後即可以運動方程式求出各反力。欲求出細桿的運動及作用在其上的各力，必須併用功能法及外力與有效力的等效原理。

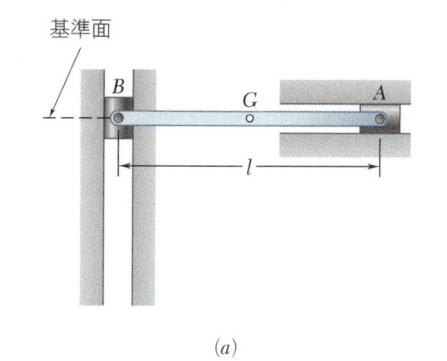

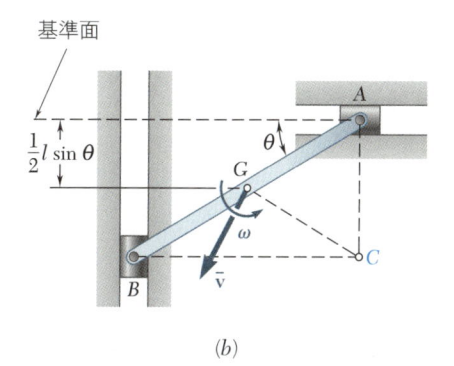

圖 17.5

17.7 功率 (Power)

在第 13.5 節中曾將**功率**定義為單位時間所作的功。若一個力 **F** 作用在一個速度為 **v** 的物體上時，其功率為

$$功率 = \frac{dU}{dt} = \mathbf{F} \cdot \mathbf{v} \qquad (13.13)$$

若一個平行於其旋轉軸的力矩 **M** 作用在一個角速度為 $\boldsymbol{\omega}$ 的物體上，則由式 (17.4) 可知其功率為

$$功率 = \frac{dU}{dt} = \frac{M d\theta}{dt} = M\omega \qquad (17.13)$$

衡量功率的單位，例如瓦特 (watt) 或馬力 (horsepower)，其定義均已在第 13.5 節中詳細列出。

範例 17.1

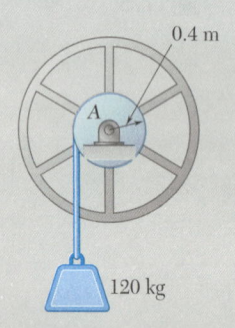

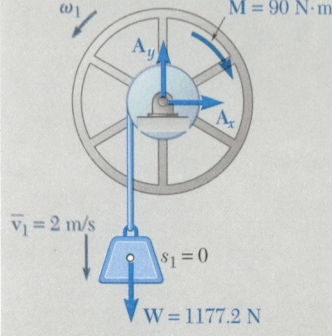

有一個 120 kg 的重塊，經由一條不可伸長的繩索懸吊在一個半徑為 0.4 m 的輪鼓下，該輪鼓與一飛輪係做剛性連結。輪鼓與飛輪的整體 (繞形心) 慣性矩為 $\bar{I} = 16 \text{ kg} \cdot \text{m}^2$。重塊之向下速度為 2 m/s。若在點 A 的軸承由於潤滑不良，其所產生的摩擦力對輪鼓會產生相當於 $\mathbf{M} = 90 \text{ N} \cdot m$ 的力矩。當重塊下降 1.25 m 時，試求其速度。

解

我們將飛輪與重塊視為一整個系統。因為繩索為不可伸長，故繩索中內力所作的功為零。這個系統的起始與最終位置，以及作用在這系統中的外力如圖所示。

動能

位置 1

重塊： $\bar{v}_1 = 2 \text{ m/s}$

飛輪： $w_1 = \dfrac{\bar{v}_1}{r} = \dfrac{2 \text{ m/s}}{0.4 \text{ m}} = 5 \text{ rad/s}$

$$\begin{aligned}
T_1 &= \tfrac{1}{2} m \bar{v}_1^2 + \tfrac{1}{2} \bar{I} \omega_1^2 \quad (\text{已知輪鼓的質心速度為零}) \\
&= \tfrac{1}{2}(120 \text{ kg})(2 \text{ m/s})^2 + \tfrac{1}{2}(16 \text{ kg} \cdot \text{m}^2)(5 \text{ rad/s})^2 \\
&= 440 \text{ J}
\end{aligned}$$

位置 2 由於 $\omega_2 = \overline{v}_2/0.4$,

$$T_2 = \tfrac{1}{2}m\overline{v}_2^2 + \tfrac{1}{2}\overline{I}\omega_2^2$$
$$= \frac{1}{2}(120)\,\overline{v}_2^2 + \frac{1}{2}(16)\left(\frac{\overline{v}_2}{0.4}\right)^2 = 110\,\overline{v}_2^2$$

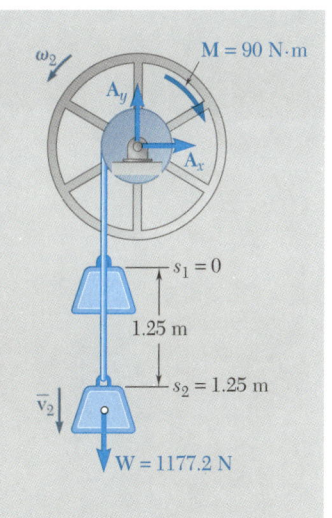

功。在重塊的運動期間,只有重塊的重量 **W** 與摩擦力矩 **M** 作了功。請注意:**W** 作的是正功,摩擦力矩 **M** 作的是負功,寫為

$$s_1 = 0 \qquad s_2 = 1.25 \text{ m}$$
$$\theta_1 = 0 \qquad \theta_2 = \frac{s_2}{r} = \frac{1.25 \text{ m}}{0.4 \text{ m}} = 3.125 \text{ rad}$$
$$U_{1\to 2} = W(s_2 - s_1) - M(\theta_2 - \theta_1)$$
$$= (120 \text{ kg})(9.81 \text{ m/s}^2)(1.25 \text{ m}) - (90 \text{ N}\cdot\text{m})(3.125 \text{ rad})$$
$$= 1190 \text{ J}$$

功能原理

$$T_1 + U_{1\to 2} = T_2$$
$$(440 \text{ J}) + (1190 \text{ J}) = 110\,\overline{v}_2^2$$
$$\overline{v}_2 = 3.85 \text{ m/s} \qquad \overline{\mathbf{v}}_2 = 3.85 \text{ m/s}\downarrow \quad \blacktriangleleft$$

範例 17.2

齒輪 A 的質量為 10 kg,迴轉半徑為 200 mm;齒輪 B 的質量為 3 kg,迴轉半徑為 80 mm。此系統最初為靜止的,若摩擦力可忽略不計,當一個大小為 6 N·m 的力偶 **M** 作用在齒輪 B 上時,試求 (a) 齒輪 B 在角速度到達 600 rpm 時,已經旋轉了幾圈?(b) 齒輪 B 作用在齒輪 A 上的切線力。

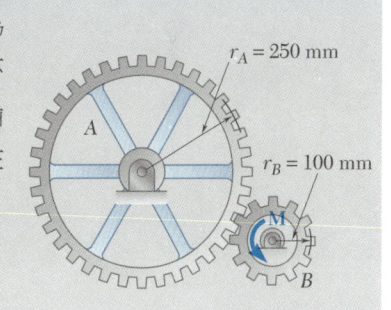

解

整個系統的運動。兩個齒輪的圓周線速度皆相同

$$r_A\omega_A = r_B\omega_B \qquad \omega_A = \omega_B\frac{r_B}{r_A} = \omega_B\frac{100 \text{ mm}}{250 \text{ mm}} = 0.40\omega_B$$

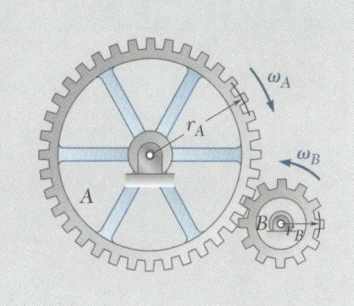

因為 $\omega_B = 600$ rpm,故

$$\omega_B = 62.8 \text{ rad/s} \qquad \omega_A = 0.40\omega_B = 25.1 \text{ rad/s}$$
$$\overline{I}_A = m_A\overline{k}_A^2 = (10 \text{ kg})(0.200 \text{ m})^2 = 0.400 \text{ kg}\cdot\text{m}^2$$
$$\overline{I}_B = m_B\overline{k}_B^2 = (3 \text{ kg})(0.080 \text{ m})^2 = 0.0192 \text{ kg}\cdot\text{m}^2$$

動能。因為系統在開始時為靜止,故 $T_1 = 0$。$\omega_B = 600$ rpm 時之兩齒

輪的動能總和為

$$T_2 = \tfrac{1}{2}\bar{I}_A \omega_A^2 + \tfrac{1}{2}\bar{I}_B \omega_B^2$$
$$= \tfrac{1}{2}(0.400 \text{ kg} \cdot \text{m}^2)(25.1 \text{ rad/s})^2 + \tfrac{1}{2}(0.0192 \text{ kg} \cdot \text{m}^2)(62.8 \text{ rad/s})^2$$
$$= 163.9 \text{ J}$$

功。 若齒輪 B 的角位移為 θ_B，則

$$U_{1 \to 2} = M\theta_B = (6 \text{ N} \cdot \text{m})(\theta_B \text{ rad}) = (6\theta_B) \text{ J}$$

功能原理

$$T_1 + U_{1 \to 2} = T_2$$
$$0 + (6\theta_B) \text{ J} = 163.9 \text{ J}$$
$$\theta_B = 27.32 \text{ rad} \qquad \theta_B = 4.35 \text{ rev} \blacktriangleleft$$

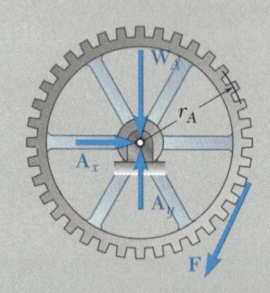

齒輪 A 的運動

動能。 因為齒輪 A 一開始時是靜止的，故其動能 $T_1 = 0$。當 $\omega_B = 600$ rpm 時，則齒輪 A 的動能即為

$$T_2 = \tfrac{1}{2}\bar{I}_A \omega_A^2 = \tfrac{1}{2}(0.400 \text{ kg} \cdot \text{m}^2)(25.1 \text{ rad/s})^2 = 126.0 \text{ J}$$

功。 作用在齒輪 A 上的力如圖所示。切線力 **F** 所作的功為其自身大小乘以接觸點所構成的弧長 $\theta_A r_A$ 之乘積。又因為 $\theta_A r_A = \theta_B r_B$，寫為

$$U_{1 \to 2} = F(\theta_B r_B) = F(27.3 \text{ rad})(0.100 \text{ m}) = F(2.73 \text{ m})$$

功能原理

$$T_1 + U_{1 \to 2} = T_2$$
$$0 + F(2.73 \text{ m}) = 126.0 \text{ J}$$
$$F = +46.2 \text{ N} \qquad \mathbf{F} = 46.2 \text{ N} \swarrow \blacktriangleleft$$

範例 17.3

有三個物體，分別是實心圓球、實心圓柱、環形圓箍，三者的質量與半徑都相等，並在一斜面上由靜止狀態向下滾動。當三者均下降 h 高度時，試求各物體的速度。

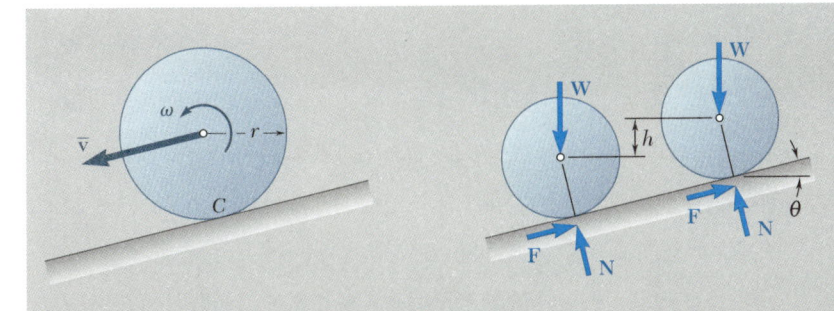

解

　　本題應先推導出三個物體均可共用的通式，然後即可求出各物體的速度。各物理量如下：質量為 m，形心的質量慣性矩為 $\bar{I}$，重量為 W，半徑為 r。

運動學。因為三者均為滾動，故各物體之瞬時旋轉中心都在點 C

$$\omega = \frac{\bar{v}}{r}$$

動能

$$T_1 = 0$$
$$T_2 = \tfrac{1}{2} m \bar{v}^2 + \tfrac{1}{2} \bar{I} \omega^2$$
$$= \tfrac{1}{2} m \bar{v}^2 + \tfrac{1}{2} \bar{I} \left(\frac{\bar{v}}{r}\right)^2 = \tfrac{1}{2} \left(m + \frac{\bar{I}}{r^2}\right) \bar{v}^2$$

功。各物體在做純滾動時，摩擦力 **F** 不作功，所以

$$U_{1 \to 2} = Wh$$

功能原理

$$T_1 + U_{1 \to 2} = T_2$$
$$0 + Wh = \tfrac{1}{2} \left(m + \frac{\bar{I}}{r^2}\right) \bar{v}^2 \qquad \bar{v}^2 = \frac{2Wh}{m + \bar{I}/r^2}$$

因為 $W = mg$，故以上結果可以改寫為

$$\bar{v}^2 = \frac{2gh}{1 + \bar{I}/mr^2}$$

各物體的速度。分別代入各物體的 $\bar{I}$，可得到以下結果：

實心圓球： $\qquad \bar{I} = \tfrac{2}{5} mr^2 \qquad\qquad \bar{v} = 0.845 \sqrt{2gh}$ ◀

實心圓柱： $\bar{I} = \frac{1}{2}mr^2$ $\quad\bar{v} = 0.816\sqrt{2gh}$ ◀

圓箍： $\bar{I} = mr^2$ $\quad\bar{v} = 0.707\sqrt{2gh}$ ◀

備註。假設有一個重塊，在無摩擦力的情況下滑相同距離，讓我們來比較其速度與以上三者的結果。因為重塊的角速度 $\omega = 0$，故其末速度為 $\bar{v} = \sqrt{2gh}$。

由比較結果可知，物體的末速與其質量和半徑均無關，但卻與一商數 $\bar{I}/mr^2 = \bar{k}^2/r^2$ 有直接關係。此一商數其實是旋轉動能 ($\frac{1}{2}\bar{I}\omega^2$) 與平移動能 ($\frac{1}{2}m\bar{v}^2$) 的一個比值。

$$\frac{\frac{1}{2}\bar{I}\omega^2}{\frac{1}{2}m\bar{v}^2} = \frac{\bar{I}\omega^2}{m(r^2\omega^2)} = \frac{\bar{I}}{mr^2} = \frac{m\bar{k}^2}{mr^2} = \frac{\bar{k}^2}{r^2}$$

若在 r 均相同的情況下，圓箍的迴轉半徑 $\bar{k}$ 為最大，故其末速為最小。至於滑動的重塊，由於其不旋轉，故其末速為最大。

範例 17.4

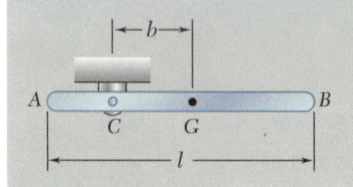

有一長度為 l 的細桿可繞著點 C 的樞軸旋轉，點 C 與其形心 G 的距離為 b，細桿 AB 在水平位置由靜止被釋放，當細桿通過垂直位置時，試求 (a) 可令其角速度為最大時之 b；(b) 此時之角速度與點 C 的反作用力。

解

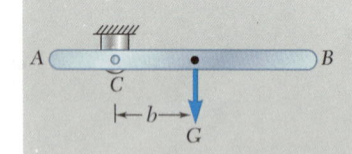

位置 1。因為細桿是從靜止狀態被釋放，假設其高度 $h = 0$

$$\bar{v} = 0, \quad \omega = 0 \quad T_1 = 0$$
$$h = 0 \quad V_1 = mgh = 0$$

位置 2。令細桿在位置 2 之角速度為 ω_2，又因為細桿是繞著點 C 旋轉，所以 $\bar{v}_2 = b\omega_2$。

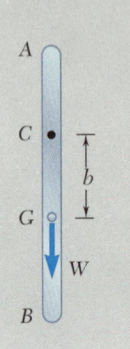

$$\bar{v}_2 = b\omega_2$$
$$\bar{I} = \frac{1}{12}ml^2$$
$$T_2 = \frac{1}{2}m\bar{v}_2^2 + \frac{1}{2}\bar{I}\omega_2^2$$
$$= \frac{1}{2}m\left(b^2 + \frac{1}{12}l^2\right)\omega_2^2$$

高度 h 為： $\quad h = -b \quad V_2 = -mgb$

由能量守恆原理

$$T_1 + V_1 = T_2 + V_2: \quad 0 + 0 = \frac{1}{2}m\left(b^2 + \frac{1}{12}l^2\right)\omega_2^2 - mgb$$

$$\omega_2^2 = \frac{2gb}{b^2 + \frac{1}{12}l^2} \quad (1)$$

(a) ω_2 最大時之 b 值為

$$\frac{d}{db}\left(\frac{b}{b^2 + \frac{1}{12}l^2}\right) = \frac{\left(b^2 + \frac{1}{12}l^2\right) - b(2b)}{\left(b^2 + \frac{1}{12}l^2\right)^2} = 0 \qquad b^2 = \frac{1}{12}l^2 \quad (2)$$

$$b = \frac{l}{\sqrt{12}} \quad \blacktriangleleft$$

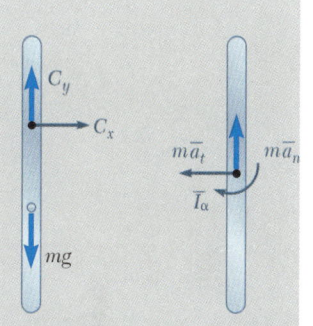

(b) 角速度。將式 (2) 中的 b 代入式 (1) 可得

$$\omega_2^2 = \frac{2g\frac{l}{\sqrt{12}}}{\frac{l^2}{12} + \frac{l^2}{12}} = \sqrt{12}\frac{g}{l} \qquad \omega_2 = 12^{1/4}\sqrt{\frac{g}{l}} \qquad \omega_2 = 1.861\sqrt{\frac{g}{l}} \quad \blacktriangleleft$$

點 C 的反作用力。因為細桿是繞著點 C 旋轉，所以 $\bar{a}_n = b\omega_2^2\uparrow$ 與 $\bar{a}_t = b\alpha\leftarrow$

$$\bar{a}_n = b\omega_2^2 = \frac{l}{\sqrt{12}}\sqrt{12}\frac{g}{l} = g$$

$+\uparrow \Sigma F_y = m\bar{a}_n: \quad C_y - mg = mg \quad C_y = 2mg$

$+\circlearrowleft \Sigma M_C = mb\bar{a}_t + \bar{I}\alpha: \quad 0 = mb^2\alpha + \bar{I}\alpha = (mb^2 + \bar{I})\alpha$

$\qquad\qquad\qquad\qquad\qquad \alpha = 0, \bar{a}_t = 0$

$\xrightarrow{+}\Sigma F_x = m\bar{a}_t: \quad C_x = -m\bar{a}_t = 0 \qquad\qquad C = 2mg\uparrow \quad \blacktriangleleft$

範例 17.5

兩根細桿長度均為 0.75 m，質量均為 6 kg。當 $\beta = 60°$ 時，由靜止釋放此系統，試求 (a) 當 $\beta = 20°$ 時，桿 AB 的角速度；(b) 同一時間，點 D 的速度。

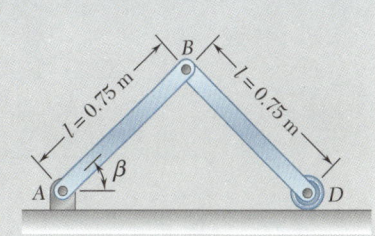

解

運動學 ($\beta = 20°$)。因為 $\mathbf{v}_B$ 與桿 AB 垂直，$\mathbf{v}_D$ 在水平方向，所以桿 BD 的旋轉瞬心在點 C。由圖上的幾何關係可知，

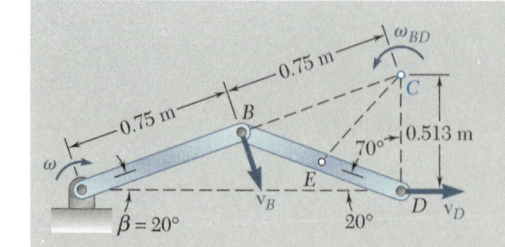

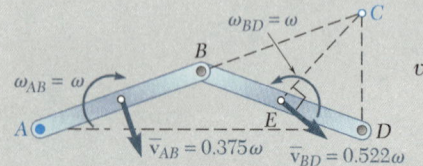

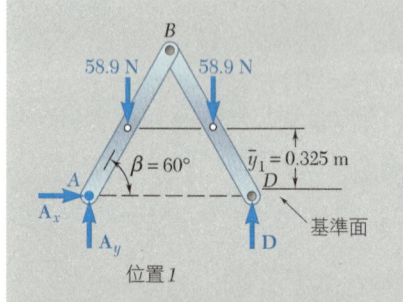

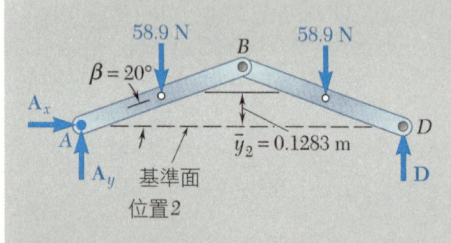

$BC = 0.75$ m $CD = 2(0.75 \text{ m}) \sin 20° = 0.513$ m

若 E 為桿 BD 的質心，EC 的長度可以在 $\triangle CDE$ 中以餘弦定理求出，$EC = 0.522$ m。若桿 AB 的角速度為 ω，則

$$\bar{v}_{AB} = (0.375 \text{ m})\omega \qquad \mathbf{v}_{AB} = 0.375\omega \searrow$$
$$v_B = (0.75 \text{ m})\omega \qquad \mathbf{v}_B = 0.75\omega \searrow$$

因為桿 BD 可視為繞著其瞬心 C 來旋轉，故

$$v_B = (BC)\omega_{BD} \qquad (0.75 \text{ m})\omega = (0.75 \text{ m})\omega_{BD} \qquad \boldsymbol{\omega}_{BD} = \omega \; \curvearrowleft$$
$$\bar{v}_{BD} = (EC)\omega_{BD} = (0.522 \text{ m})\omega \qquad \bar{\mathbf{v}}_{BD} = 0.522\omega \searrow$$

位置 1。位能。 若基準面 (datum) 如圖所示，而各桿的重量為

$$W = (6 \text{ kg})(9.81 \text{ m/s}^2) = 58.86 \text{ N}$$

則總位能 V_1 為

$$V_1 = 2W\bar{y}_1 = 2(58.86 \text{ N})(0.325 \text{ m}) = 38.26 \text{ J}$$

動能。 因為系統處於靜止狀態，故其動能為零。$T_1 = 0$

位置 2。位能。 $V_2 = 2W\bar{y}_2 = 2(58.86 \text{ N})(0.1283 \text{ m}) = 15.10$ J

動能

$$I_{AB} = \bar{I}_{BD} = \tfrac{1}{12}ml^2 = \tfrac{1}{12}(6 \text{ kg})(0.75 \text{ m})^2 = 0.281 \text{ kg} \cdot \text{m}^2$$
$$T_2 = \tfrac{1}{2}m\bar{v}_{AB}^2 + \tfrac{1}{2}\bar{I}_{AB}\omega_{AB}^2 + \tfrac{1}{2}m\bar{v}_{BD}^2 + \tfrac{1}{2}\bar{I}_{BD}\omega_{BD}^2$$
$$= \tfrac{1}{2}(6)(0.375\omega)^2 + \tfrac{1}{2}(0.281)\omega^2 + \tfrac{1}{2}(6)(0.522\omega)^2 + \tfrac{1}{2}(0.281)\omega^2$$
$$= 1.520\omega^2$$

能量守恆原理

$$T_1 + V_1 = T_2 + V_2$$
$$0 + 38.26 \text{ J} = 1.520\omega^2 + 15.10 \text{ J}$$
$$\omega = 3.90 \text{ rad/s} \qquad \boldsymbol{\omega}_{AB} = 3.90 \text{ rad/s} \; \curvearrowleft \; \blacktriangleleft$$

點 D 的速度

$$v_D = (CD)\omega = (0.513 \text{ m})(3.90 \text{ rad/s}) = 2.00 \text{ m/s}$$
$$\mathbf{v}_D = 2.00 \text{ m/s} \rightarrow \; \blacktriangleleft$$

CHAPTER 17　剛體的平面運動：能量與動量法

本課介紹如何以能量法來求得運動中的剛體在不同位置時的速度。如同在第十三章中所學到的，當問題中出現位移與速度時，便適合使用能量法來解題。

1. **功能法**，當應用在一個剛體上時，其公式為

$$T_1 + U_{1\to 2} = T_2 \qquad (17.1)$$

其中 T_1 與 T_2 分別為這個剛體之初始與最終的動能，而 $U_{1\to 2}$ 則為作用在這個剛體上之所有的外力所作的功。

   a. **力與力偶所作的功**。第十三章已定義一個力所作的功，此處再補充一個力偶所作的功為

$$U_{1\to 2} = \int_{A_1}^{A_2} \mathbf{F}\cdot d\mathbf{r} \qquad U_{1\to 2} = \int_{\theta_1}^{\theta_2} M\,d\theta \qquad (17.3,\ 17.5)$$

   若力偶所形成的力矩為一常數，則力偶所作的功為

$$U_{1\to 2} = M(\theta_2 - \theta_1) \qquad (17.6)$$

   其中 θ_1 與 θ_2 的單位為弳度 (radians) [範例 17.1 和 17.2]。

   b. **一個做平面運動之剛體的動能**。此剛體的運動可視為其質心做平移運動，再加上繞著質心的旋轉運動。故其總動能及為此兩種動能的總和。

$$T = \tfrac{1}{2}m\bar{v}^2 + \tfrac{1}{2}\bar{I}\omega^2 \qquad (17.9)$$

   其中 $\bar{v}$ 為質心的速度，而 ω 為該剛體的角速度 [範例 17.3 和 17.4]。

2. **對於一群剛體**。我們仍使用同樣的公式

$$T_1 + U_{1\to 2} = T_2 \qquad (17.1)$$

只是此時 T 為構成此系統之所有剛體的動能總和，而 $U_{1\to 2}$ 也是*所有作用在這群剛體上之外力*所作的功的總和。這些力包括內力與外力。然而，如果符合下列任何一個條件時，計算式是可以被簡化的。

   a. 經由銷接所連接的物件或是經由嚙合的齒輪所作用在彼此上的作用力都是成對出現，大小相等、方向相反。由於這些成對出現的力都作用在同一點上，所以其位移量皆相同。因此它們所作的功的總和為零，故在計算過程中可以忽略不計 [範例 17.2]。

   b. 若有一根不可伸長的繩索作用在兩個物體上。繩索兩端分別作用在兩物體上的力，其大小相等、方向相反，且在其各自的作用點上有相同的位移量，故其中一個力作了正功，另一力則作了負功。所以這兩個功的總和為零，也因此在計算過程中可以省略不計 [範例 17.1]。

c. **若有一根彈簧作用**在兩個物體上。雖然其兩端分別作用在兩物體上的力也是大小相等、方向相反，但是在其各自的作用點上的位移量卻不相同，因此這兩個功的總和並不為零，必須分別列入相關的計算式中。

3. 能量守恆原理的公式為

$$T_1 + V_1 = T_2 + V_2 \qquad (17.12)$$

其中 V 為系統的位能。如果一個剛體或是一個系統中的剛體都只受到保守力的作用時，即適用於此公式。常見的兩種保守力為彈簧力與重力 [範例 17.4 和 17.5]。

4. **本課最後一部分討論的是功率**，功率是單位時間內所作的功。若一物體受到一對力偶所作用的一個力矩 **M**，則該力矩對該物體所作的功率為

$$功率 = M\omega \qquad (17.13)$$

其中 ω 是該物體的角速度，單位為 rad/s。如同第十三章所述，功率的單位可以是瓦特 (watts) 或是馬力 (horsepower) (1 hp = 550 ft · lb/s)。

習題

觀念題

17.CQ1 一個質量為 m、半徑為 r 的圓形物體在一個曲面的頂端由靜止時釋放，向下做純滾動 (無打滑) 的運動，直到它在曲面的底端以水平的速度離開該曲面。請問下列何者的落地距離 x 將最遠？

a. 實心球
b. 實心圓柱
c. 呼拉圈
d. 三者所躍出之距離 x 均相同。

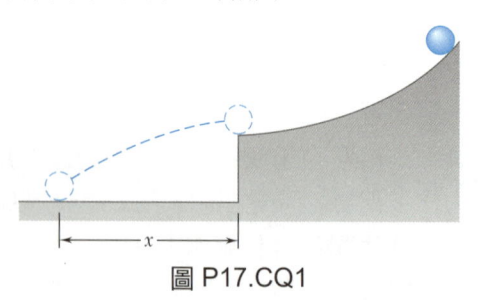

圖 P17.CQ1

17.CQ2 一個半徑為 r、質量為 m 的實心鋼球 A 由靜止釋放，該球會以不滑動的形式滾下如圖所示的斜面。在行經 d 的一段距離後，此球的速率達到 v。若半徑為 $2r$ 的另一實心鋼球在同樣的斜面由靜止釋放，則試問在滾動 d 的距離後，該球的速率為何？

a. $0.25v$
b. $0.5v$
c. v
d. $2v$
e. $4v$

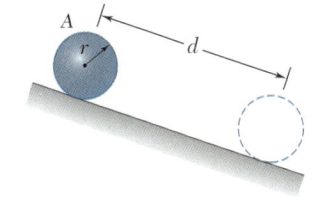

圖 P17.CQ2

17.CQ3 在案例 1 中，細桿 A 與一無質量的桿 BC 以剛性連接；在案例 2 中，細桿 A 與兩根無質量的繩子連接。桿 A 的粗細相對於 L 可以忽略不計。在這兩個案例中，桿 A 均由 $\theta = \theta_0$ 的角度由靜止狀態釋放。當 $\theta = 0°$ 時，哪一個案例中的質心速度會較大？

a. 案例 1
b. 案例 2
c. 兩者之速度均相同。

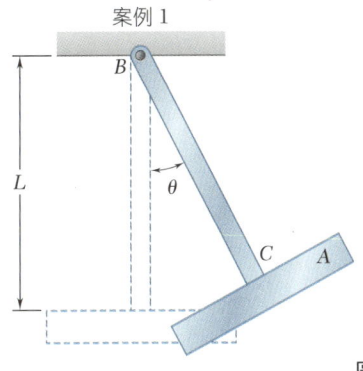

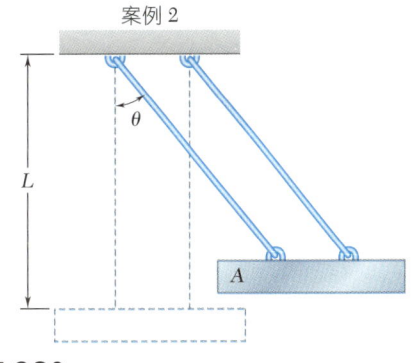

圖 P17.CQ3

課後習題

17.1 如圖所示，兩塊材質相同的圓盤均與一軸相接。圓盤 A 的質量為 15 kg、半徑 $r = 125$ mm。圓盤 B 的厚度為圓盤 A 的三倍。這系統原本為靜止，此時有一 20 N·m 的力矩 **M** 作用在圓盤 A 上，若此系統在轉了 4 圈後的角速度為 600 rpm，試求圓盤的半徑 nr。

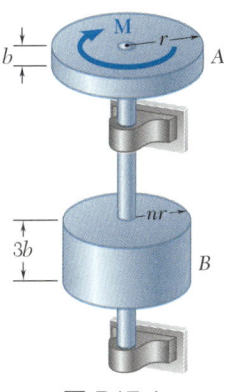

圖 P17.1

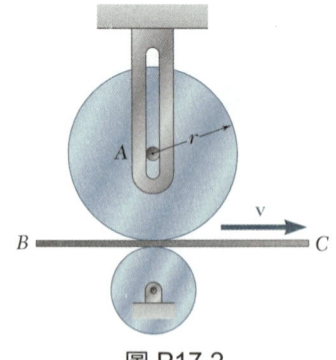

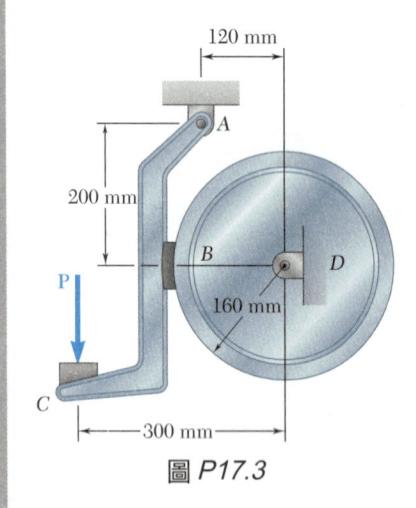

17.2 質量為 5 kg、半徑為 $r = 150$ mm 的圓盤 A 由靜止狀態置於一輸送帶 BC 上，該輸送帶以一等速 $v = 12$ m/s 向右移動。圓盤與輸送帶之間的動摩擦係數為 $\mu_k = 0.20$，試求當圓盤達到一等角速度時，圓盤轉了幾圈？

17.3 一個半徑為 160 mm 的煞車鼓連接於一個圖上未顯示的飛輪上。該飛輪與煞車鼓的總質量慣性矩為 20 kg·m^2，煞車鼓與煞車片之間的動摩擦係數為 0.35。飛輪的初始角速度為 360 rpm (逆時針)，若欲使此系統在 100 圈內煞停，則施於踏板 C 的垂直力 **P** 應為多大？

17.4 有一靜止的齒輪組中包含有四個厚度與材料均相同的齒輪，其中兩個齒輪的半徑為 r，另兩個齒輪的半徑為 nr，半徑為 r 的齒輪之質量慣性矩為 I_o。若有一力矩 **M**$_o$ 作用於軸 C 上，在軸 C 轉了一圈後，試求此時軸 A 的角速度。

17.5 一個 4 kg 的細長桿可以繞著樞紐 B 在垂直面上旋轉。一彈性係數 $k = 400$ N/m、自由長度為 150 mm 的彈簧連接於此細桿上 (如圖所示)。當此靜止桿由圖上所示之位置釋放後，試求桿子在旋轉 90° 時之角速度。

17.6 一個 30 kg 的渦輪轉盤之迴轉半徑為 175 mm，並以 60 rpm 的等速做順時針旋轉，此時有一個位於點 A、重量為 0.5 N 的小葉片鬆脫飛出。試求此渦輪盤在旋轉了 (a) 90° 與 (b) 270° 時之角速度。假設摩擦力可忽略不計。

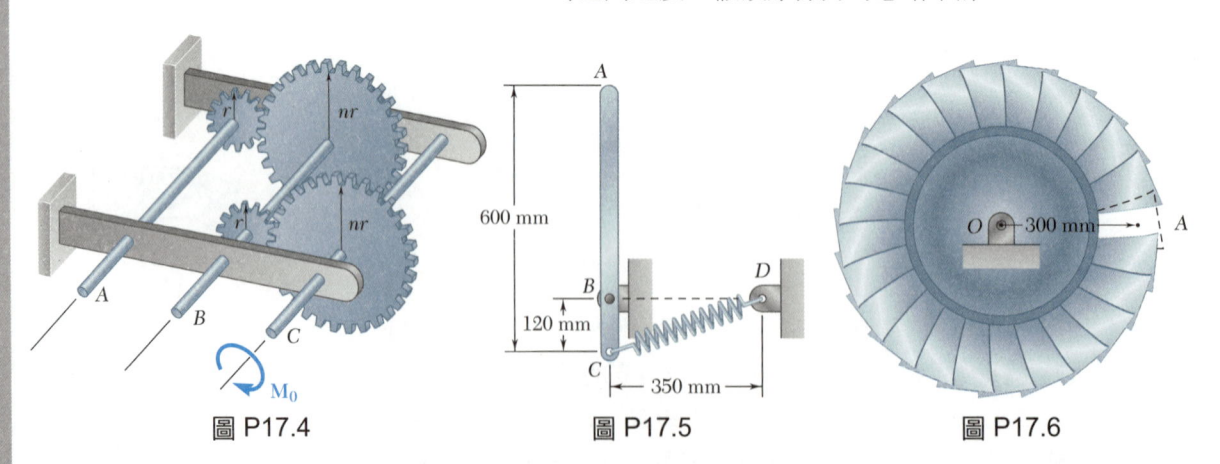

圖 P17.2

圖 P17.3

圖 P17.4

圖 P17.5

圖 P17.6

17.7 一 20 kg 之靜止均勻圓柱受到一個 90 N 之力 (如圖所示)。若此圓柱只作純滾動之運動，試求：(a) 柱心 G 移動 1.5 m 時之速度；(b) 摩擦力應為多少才不至於會發生滑動？

圖 P17.7

17.8 一質量為 m、半徑為 r、縱向剖面為半個圓環的管子，如圖所示。現讓其由靜止狀態釋放，若其僅作純滾動之運動，試求：(a) 當其翻滾了 90° 後之角速度；(b) 在同一瞬間，水平地面的反作用力為何？[提示：距離 $GO = 2\pi/r$，依照平行軸原理，質量慣性矩 $\bar{I} = mr^{-2} m(GO)^2$]

圖 P17.8

17.9 有一根 5 kg 的桿子 BC，其兩端分別銷接於兩個圓盤上，如圖所示。半徑為 150 mm 的大圓盤之質量為 6 kg，半徑為 75 mm 的小圓盤之質量為 1.5 kg。這個系統在如圖中所示的位置由靜止釋放，當大圓盤 A 旋轉 90° 之後，試求問桿子 BC 的角速度。

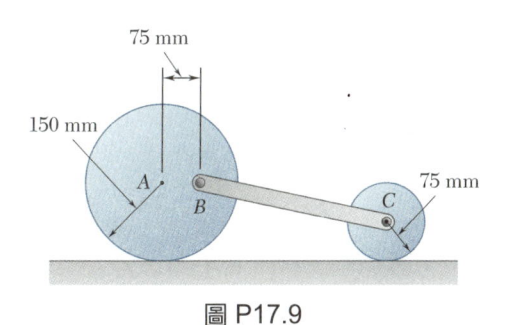

圖 P17.9

17.10 一個長 5 m、質量為 15 kg 的梯子以 θ = 20° 之角度斜靠在屋子的外牆上。假設該梯子的兩端可分別在垂直的牆面及水平的地面上自由滑動。今令該梯子從靜止狀態釋放，試求在 θ = 45° 時，該梯子的角速度及端點 A 的線速度。

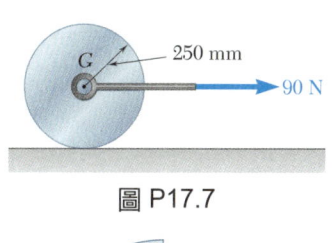

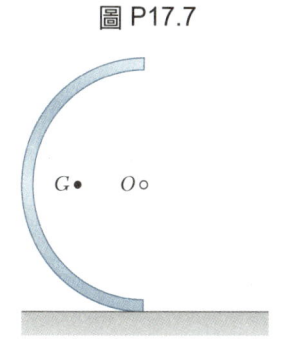

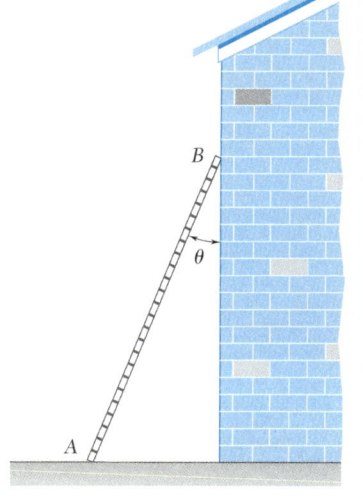

圖 P17.10

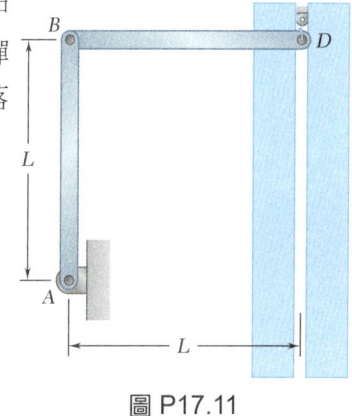

17.11 圖中之兩根桿子的長度皆為 L = 1 m、質量皆為 5 kg。點 D 與一彈性係數為 k = 20 N/m 的彈簧連接，且僅能在垂直的滑槽中移動。如圖所示時，桿 BD 處於水平位置，與點 D 相連接的彈簧尚未伸長，此時將此系統由靜止狀態釋放，試求在點 D 滑落到點 A 的正右方時，點 D 的速度。

圖 P17.11

17.12 一半徑為 80 mm 的齒輪，其質量為 5 kg、對質心的迴轉半徑為 60 mm。質量為 4 kg 的桿 AB 之一端與齒輪的中心連接、另一端的銷 B 則只能在垂直滑槽中自由滑動。當此系統在 $\theta = 60°$ 之角度由靜止釋放時，試求在 $\theta = 20°$ 時，齒輪的輪心速度。

17.13 如圖所示，有一個由軸－皮帶輪－皮帶所構成的系統，可將 2.4 kW 的動力由點 A 傳到點 D。若可施於軸 AB 與軸 CD 的最大允許扭矩分別為 25 N·m 與 80 N·m，試求軸 AB 所需的最低轉速。

圖 P17.12

圖 P17.13

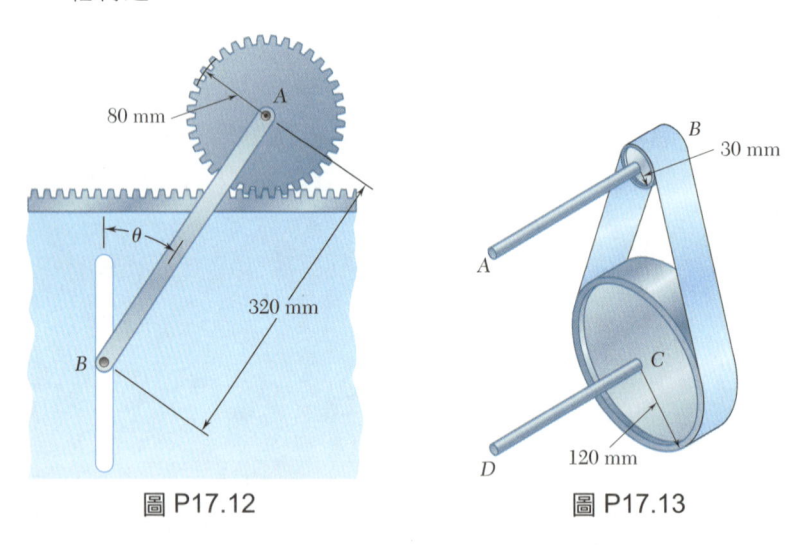

17.8 剛體在平面運動中的衝量與動量原理
(Principle of Impulse and Momentum for the Plane Motion of a Rigid Body)

　　接下來，我們將把衝量與動量原理應用在對於一群做平面運動之剛體的分析上。如同第十三章所述，這個衝量與動量法特別適用於解決包含時間與速度的問題上。尤其是遇到一些具有衝擊性的運動或是碰撞時，衝量與動量原理將是唯一實際可以解決的方法 (參見第 17.11 和 17.12 節)。

　　一個剛體可以假想為由一大群的質點 P_i 所構成，由第 14.9 節可知，一群質點在時間 t_1 的動量總和，加上從 t_1 到 t_2 時段所有外力所構成的衝量總和，會相當於這群質點在時間 t_2 的動量總和。由於與剛體相關的向量可視為滑動向量，由第 3.19 節可知，圖 17.6 中的系統向量不僅為合力相當 (equipollent)，同時亦為真正的等效 (equivalent)。這是因為等號左側的向量可以應用第 3.13 節中的基本運算方式，轉換成等號右側的向量。

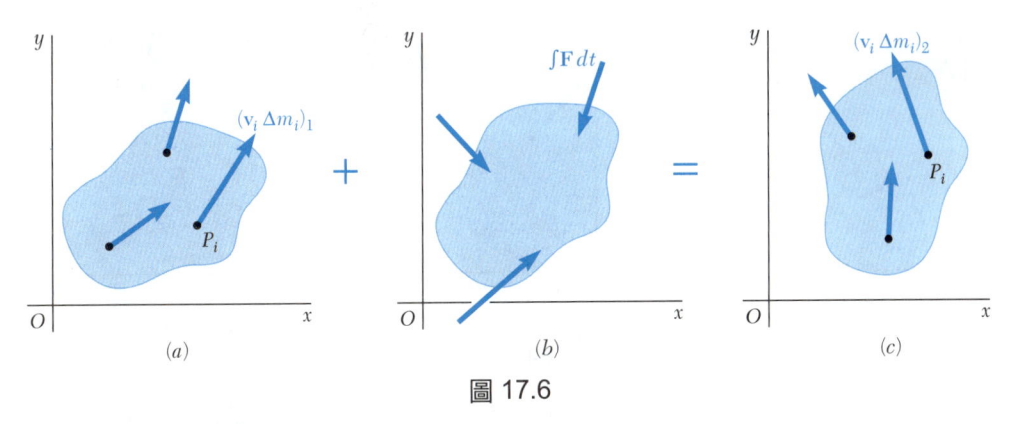

CHAPTER 17　剛體的平面運動：能量與動量法

圖 17.6

因此圖 17-6 之關係式可以寫為：

(系統之初始動量)$_1$ + (系統之所有外力形成的衝量)$_{1 \to 2}$ = (系統之最終動量)$_2$ 　　(17.14)

由於所有質點的線動量 $\mathbf{v}_i \Delta m_i$ 總和可以簡化為作用在質心點 G 的向量 $\mathbf{L}$

$$\mathbf{L} = \sum_{i=1}^{n} \mathbf{v}_i \Delta m_i$$

與這些線動量繞著點 G 所形成的力矩總和 $\mathbf{H}_G$

$$\mathbf{H}_G = \sum_{i=1}^{n} \mathbf{r}'_i \times \mathbf{v}_i \Delta m_i$$

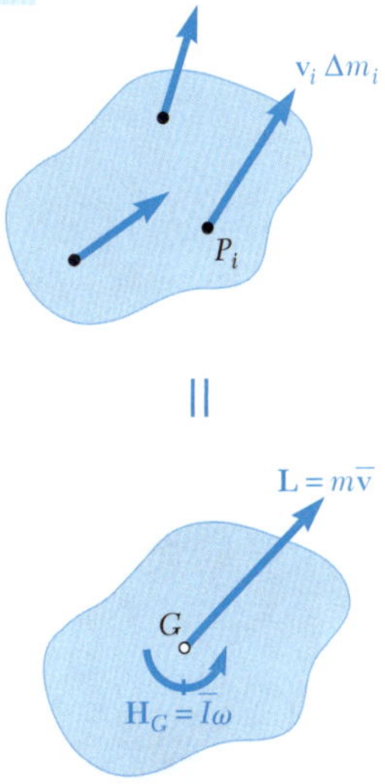

由第 14.3 節可知，$\mathbf{L}$ 與 $\mathbf{H}_G$ 分別定義為這群構成剛體的質點的線動量與繞著點 G 的角動量。如果僅針對做平面運動的剛體平板或是對稱於參考面的剛體，由式 (16.4) 得知 $\mathbf{H}_G = \bar{I}\boldsymbol{\omega}$，由式 (14.14) 得知 $\mathbf{L} = m\bar{\mathbf{v}}$。因此我們可以得到以下的結論：所有動量 $\mathbf{v}_i \Delta m_i$ 所構成的系統相當於作用在質心 G 上的線動量 $m\bar{\mathbf{v}}$，與角動量 $\bar{I}\boldsymbol{\omega}$ 的總和 (圖 17.7)。在剛體僅作平移的特例中 ($\boldsymbol{\omega} = 0$)，這個動量系統會簡化為 $m\bar{\mathbf{v}}$；而若剛體僅繞著質心作旋轉運動 ($\bar{\mathbf{v}} = 0$)，則這個動量系統會簡化為 $\bar{I}\boldsymbol{\omega}$，因此可以再度證實，對稱於參考面的剛體在做平面運動時，可以分解為其質心 G 做平移運動，以及剛體繞著該質心 G 做旋轉運動。

將圖 17.6 中 (a) 與 (c) 部分的動量系統，以與其等效的線動量與角動量來代替，即可得到圖 17.8 中的三個分圖。這個圖其實就是式 (17.14) 的自由體圖表示法。其所代表的狀況是在做平面運動的剛體平板或是對稱於參考面的剛體。

圖 17.7

照片 17.2　此一夏比衝擊試驗是用來求出一個受測材料在受衝擊時所吸收的能量。該複擺臂之最終與初始的位能差即為試件所吸收的能量。

圖 17.8

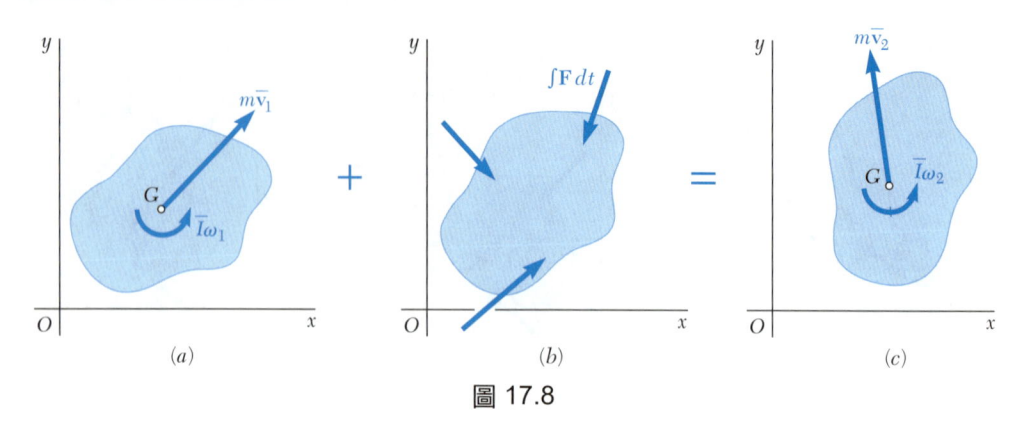

由圖 17.8 中可以導出三個運動方程式。其中兩個方程式為，將衝量與動量分別在 x 與 y 方向之**分量**關係列出所得。第三個方程式係將圖 17.8 中之所有向量繞著**任一點**的轉矩關係寫出即得。座標軸可以選擇固定在空間中或是隨質心移動，但其方向卻必須固定。不論是在哪一種狀況下，作為供力矩旋轉的該點，其相對於座標的位置在整個時段中應維持不變。

在導證這三個剛體的運動方程式時，須小心不要把線動量與角動量隨意相加。只要記得 $m\bar{v}_x$ 與 $m\bar{v}_y$ 分別為線動量 $m\bar{v}$ 的**分量**，而純量 $\bar{I}\omega$ 則為**角動量**（向量）$\bar{I}\omega$ 的大小，就不會混淆搞錯了。所以 $\bar{I}\omega$ 只能與線動量 $m\bar{v}$ 所形成的力矩相加，而不能直接與線動量 $m\bar{v}$ 本身或其分量相加。所有這些物理項都應該要用同一系統的單位來表示，亦即，公制者要用 $N \cdot m \cdot s$，英制者要使用 $lb \cdot ft \cdot s$。

▶ 繞非形心旋轉的運動

在這個特殊的平面運動中，物體的質心速度大小為 $\bar{v} = \bar{r}\omega$，其中 $\bar{r}$ 為質心到固定旋轉軸的距離，ω 則為物體在那瞬間的角速度；因此固定於質心 G 上的動量大小為 $m\bar{v} = m\bar{r}\omega$。將動量向量對於點 O 的力矩 $(m\bar{r}\omega)\bar{r}$，與物體本身對於質心 G 的角動量 $\bar{I}\omega$ 相加（圖 17.9），再利用慣性矩的平行軸原理，就可以得到這個物體繞著點 O 的角動量 $\mathbf{H}_O$ 的大小。（註：參見習題 17.6 的案例與說明。）

圖 17.9

$$\bar{I}\omega + (m\bar{r}\omega)\bar{r} = (\bar{I} + m\bar{r}^2)\omega = I_O\omega \qquad (17.15)$$

將動量與衝量對於 O 點的力矩代入式 (17.14) 中，可以得到下式

$$I_O\omega_1 + \sum \int_{t_1}^{t_2} M_O \, dt = I_O\omega_2 \qquad (17.16)$$

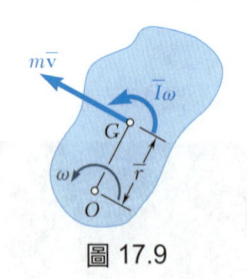

在一般情況下，一個剛體(相對於一參考平面)在做平面運動時，式 (17.16) 適用於物體繞著瞬時固定軸旋轉下的狀況。因此我們建議，所有平面運動都可以用本節稍早所教授的通例方法來求解。

17.9 一組剛體所形成的系統 (Systems of Rigid Bodies)

對於好幾個剛體所組成的運動，雖然可對每一剛體分別以衝量與動量原理來做分析。然而，若一個題目的未知數未超過三個 (包括未知反力所造成的衝量)，通常在應用衝量與動量原理時，把整個系統看成一體來分析，反而會更為方便。首先，要畫出整個系統的動量與衝量圖。對於系統中的各個可動元件，其動量圖應包括一個動量向量 (也就是線動量)、一個動量偶 (也就是角動量)。至於所有內力所造成的衝量，由於都是以大小相等、方向相反的成對向量出現，所以在系統的衝量圖中也應予以省略不計。將所有向量在 x 與 y 方向的分量，及在旋轉方向 (z 方向) 的轉矩分別代入三個獨立的運動方程式，我們可以得到在 t_1 時的動量與此系統中所有外力形成的衝量相加，會相當於這個系統在 t_2 時的動量。但千萬要注意，不得任意將線動量與角動量相加，必須仔細檢查並確保公式中各項單位都一致，即能避免發生這種錯誤。這樣的作法可參見範例 17.8、17.9 和 17.10。

17.10 角動量守恆 (Conservation of Angular Momentum)

若無任何外力作用在一個剛體 (或是一個系統的剛體) 上時，則外力所形成的衝量即為零，所以系統在時間 t_1 時的動量就會等於系統在時間 t_2 時的動量。將在時間 t_1 與 t_2 時，這些線動量在 x 方向的分量、在 y 方向的分量，與這些線動量所形成的轉矩分別列入運動方程式中，即可得到此系統的整體線動量在任何方向上都是守恆 (也就是說，都為不變的常數)，同時繞著任何一點旋轉的角動量亦為守恆。

在許多工程應用上，有時雖然線動量並不守恆，但是該系統繞著某一已知點 O 的**角動量 $\mathbf{H}_O$** 卻是守恆的。這時可用下式表示：

$$(\mathbf{H}_O)_1 = (\mathbf{H}_O)_2 \tag{17.17}$$

有兩種情況會產生這樣的結果：

1. 當所有外力的作用線都通過點 O 時；
2. 另一種更為一般性的狀況為，當所有外力對於點 O 所形成的角衝量的總和為零時。

有關涉及角動量守恆的問題，可以用第 17.8 和 17.9 節所述及的方法來求解。也就是說，必須先畫出動量圖與衝量圖，然後把各繞著點 O 的角動量代入式 (17.17) 中 (參見範例 17.8) 即可求解。另外，稍後由範例 17.9 中我們可以看到，若把線動量與線衝量原理的向量式分解為 x 與 y 方向的分量，即可求得另兩個未知的線動量，例如在一固定點的反力之分量所形成的線衝量即是。

範例 17.6

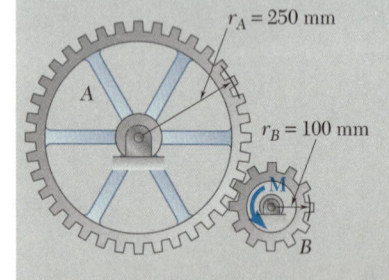

齒輪 A 的質量為 10 kg、迴轉半徑為 200 mm，齒輪 B 的質量為 3 kg、迴轉半徑為 80 mm (此題的狀況與範例 17.2 中完全相同)。此系統原本為靜止，後來有一個大小為 6 N·m 的力矩 **M** 突然作用在齒輪 B 上。若忽略摩擦力，試求 (a) 在齒輪 B 之轉速到達 600 rpm 時，所需要的時間；(b) 齒輪 B 作用在齒輪 A 上的切線作用力。

解

將衝量與動量原理分別應用在每一個齒輪上。由於所有的力與力矩均為常數，它們所形成的衝量即可由乘以一個未知的時間 t 而得。由範例 17.2 中可得知，兩齒輪對於其各自質心的慣性矩及最終的角速度為：

$$\bar{I}_A = 0.400 \text{ kg·m}^2 \qquad \bar{I}_B = 0.0192 \text{ kg·m}^2$$
$$(\omega_A)_2 = 25.1 \text{ rad/s} \qquad (\omega_B)_2 = 62.8 \text{ rad/s}$$

齒輪 A 的衝量與動量原理。下圖可以顯示初始動量、衝量，及最終動量的關係：

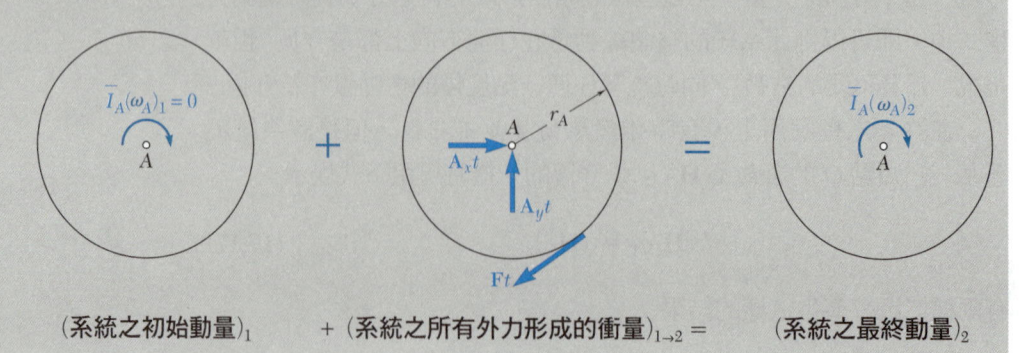

(系統之初始動量)$_1$ + (系統之所有外力形成的衝量)$_{1\to2}$ = (系統之最終動量)$_2$

$+\curvearrowleft$ 對於點 A 的轉矩： $\quad 0 - Ftr_A = -\bar{I}_A(\omega_A)_2$

$$Ft(0.250 \text{ m}) = (0.400 \text{ kg} \cdot \text{m}^2)(25.1 \text{ rad/s})$$
$$Ft = 40.2 \text{ N} \cdot \text{s}$$

齒輪 B 的衝量與動量原理

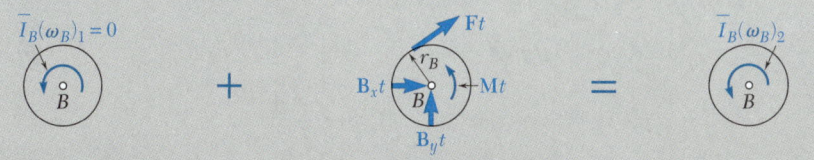

$\bar{I}_B(\omega_B)_1 = 0 \qquad + \qquad$ (外力衝量圖，含 Ft, $B_x t$, $B_y t$, Mt, r_B) $\qquad = \qquad \bar{I}_B(\omega_B)_2$

(系統之初始動量)$_1$ + (系統之所有外力形成的衝量)$_{1\to2}$ = (系統之最終動量)$_2$

$+\curvearrowleft$ 對於點 B 的轉矩： $\quad 0 + Mt - Ftr_B = \bar{I}_B(\omega_B)_2$
$+(6 \text{ N} \cdot \text{m})t - (40.2 \text{ N} \cdot \text{s})(0.100 \text{ m}) = (0.0192 \text{ kg} \cdot \text{m}^2)(62.8 \text{ rad/s})$

$$t = 0.871 \text{ s} \blacktriangleleft$$

因為 $Ft = 40.2 \text{ N} \cdot \text{s}$，故

$$F(0.871 \text{ s}) = 40.2 \text{ N} \cdot \text{s} \qquad F = +46.2 \text{ N}$$

所以，齒輪 B 施加在齒輪 A 的作用力為 $\quad \mathbf{F} = 46.2 \text{ N} \swarrow \blacktriangleleft$

範例 17.7

一個半徑為 r、質量為 m、速度為 $\bar{\mathbf{v}}_1$、不旋轉的均質實心球被拋擲到一個粗糙的水平面上。假設該球與水平面之間的動摩擦係數為 μ_k。試求 (a) 當該球開始做純滾動時所需的時間 t_2；(b) 在 t_2 時，球的線速度與角速度。

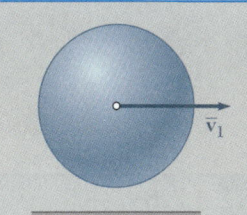

解

當該球相對於平面在做滑動時，作用在其上之力有：正向力 $\mathbf{N}$、摩擦力 $\mathbf{F}$，與重力 $\mathbf{W}$ ($W = mg$)。

衝量與動量原理。假設當該球與平面接觸時的時間為 $t_1 = 0$，當球在做純滾動 (而不再滑動時) 的時間為 $t_2 = t$，我們應用衝量與動量原理於 t_1 到 t_2 的時間區間。

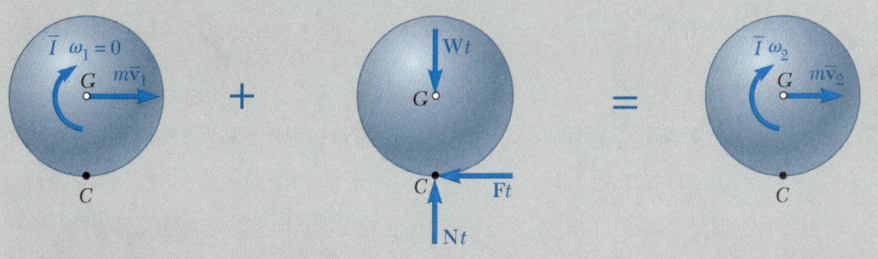

(系統之初始動量)$_1$ + (系統之所有外力形成的衝量)$_{1\to2}$ = (系統之最終動量)$_2$

$+\uparrow y$ 分量：$\qquad Nt - Wt = 0 \qquad (1)$

$\xrightarrow{+} x$ 分量：$\qquad m\bar{v}_1 - Ft = m\bar{v}_2 \qquad (2)$

$+\downarrow$ 繞著 G 的轉矩：$\qquad Ftr = \bar{I}\omega_2 \qquad (3)$

由計算式 (1) 可知，$N = W = mg$。在整個時段中，滑動皆發生在點 C，$F = \mu_k N = \mu_k mg$。將此 F 代入式 (2) 中，可得：

$$m\bar{v}_1 - \mu_k mgt = m\bar{v}_2 \qquad \bar{v}_2 = \bar{v}_1 - \mu_k gt \qquad (4)$$

再將 $F = \mu_k mg$ 與 $\bar{I} = \tfrac{2}{5}mr^2$ 代入式 (3)，

$$\mu_k mgtr = \tfrac{2}{5}mr^2\omega_2 \qquad \omega_2 = \frac{5}{2}\frac{\mu_k g}{r}t \qquad (5)$$

當接觸點的速度 $\mathbf{v}_C$ 為零時，該球才會開始做 (不滑動之) 純滾動。此時，點 C 會變成旋轉的瞬心，故 $\bar{v}_2 = r\omega_2$。將此關係式與式 (5) 中的 ω_2 代回式 (4) 中，可得：

$$\bar{v}_2 = r\omega_2 \qquad \bar{v}_1 - \mu_k gt = r\left(\frac{5}{2}\frac{\mu_k g}{r}t\right) \qquad t = \frac{2}{7}\frac{\bar{v}_1}{\mu_k g} \blacktriangleleft$$

再將求得的 t 代回式 (5) 中，可得：

$$\omega_2 = \frac{5}{2}\frac{\mu_k g}{r}\left(\frac{2}{7}\frac{\bar{v}_1}{\mu_k g}\right) \qquad \omega_2 = \frac{5}{7}\frac{\bar{v}_1}{r} \qquad \boldsymbol{\omega}_2 = \frac{5}{7}\frac{\bar{v}_1}{r}\downarrow \blacktriangleleft$$

$$\bar{v}_2 = r\omega_2 \qquad \bar{v}_2 = r\left(\frac{5}{7}\frac{v_1}{r}\right) \qquad \mathbf{v}_2 = \tfrac{5}{7}\bar{v}_1 \rightarrow \blacktriangleleft$$

範例 17.8

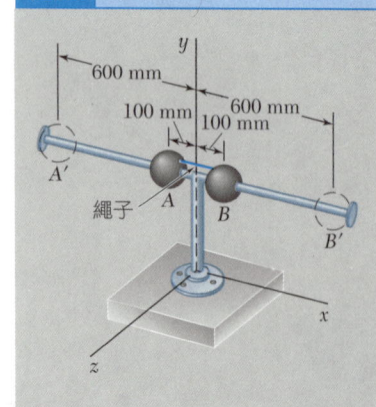

兩個半徑均為 100 mm、質量均為 1 kg 的實心球體，分別裝在一根水平桿 $A'B'$ 的 A 與 B 兩點上，該水平桿以 6 rad/s 的角速度繞著一鉛直軸旋轉。其繞著該鉛直軸旋轉的慣性矩為 $I_R = 0.4 \text{ kg} \cdot \text{m}^2$。兩實心球原本被一條繩子繫住在各自的位置上，今突然將該繩切斷，試求 (a) 當兩球分別甩到點 A' 與點 B' 時，水平桿的角速度；(b) 當兩球各自撞到水平桿兩端的擋板而在點 A' 與點 B' 的位置停止時，塑性衝擊所造成的能量損失。

解

a. 衝量與動量原理。 為了求出桿子的最終角速度，我們先將此系統中各部件的初始動量加上所有外力所形成的衝量，令其等於系統最終動量。該最終瞬間 (2) 是指兩球在撞到兩端之擋板前的一瞬間。

首先，注意到外力中的重力與旋轉軸的反力對 y 軸不會形成轉矩(也就是不會對 y 軸產生角衝量)。另外，V_A 與 V_B 在 r 方向上的分量也不會對於 y 軸上的角動量有任何影響。又，$\bar{v}_{A\theta} = \bar{v}_{B\theta} = \bar{r}\omega$。則在瞬間 (2) 時所有繞 y 軸的轉矩(也就是角動量)的等式可寫為：

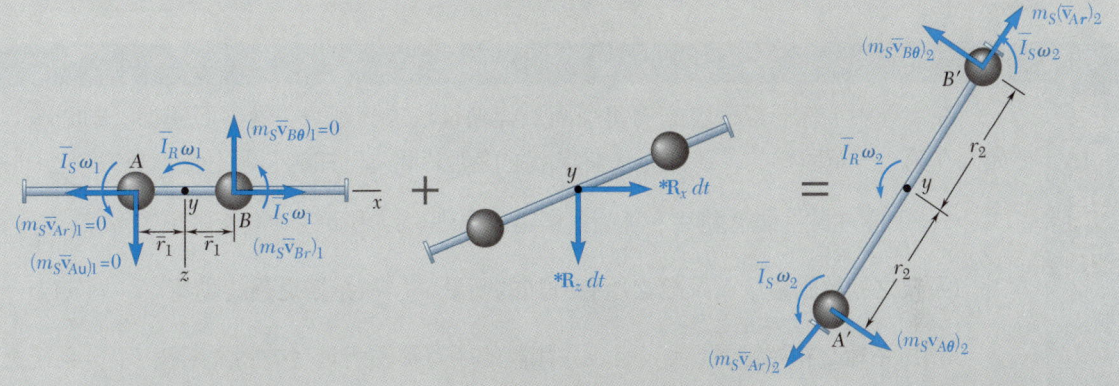

(系統之初始動量)$_1$ + (系統之所有外力形成的衝量)$_{1\to 2}$ = (系統之最終動量)$_2$

$$2(m_S\bar{r}_1\omega_1)\bar{r}_1 + 2\bar{I}_S\omega_1 + \bar{I}_R\omega_1 = 2(m_S\bar{r}_2\omega_2)\bar{r}_2 + 2\bar{I}_S\omega_2 + \bar{I}_R\omega_2$$
$$(2m_S\bar{r}_1^2 + 2\bar{I}_S + \bar{I}_R)\omega_1 = (2m_S\bar{r}_2^2 + 2\bar{I}_S + \bar{I}_R)\omega_2 \tag{1}$$

上式顯示系統繞著 y 軸的角動量是不變的。然後再計算：

$$\bar{I}_S = \tfrac{2}{5}m_Sa^2 = \tfrac{2}{5}(1 \text{ kg})(0.1 \text{ m})^2 = 0.004 \text{ kg}\cdot\text{m}^2$$
$$m_S\bar{r}_1^2 = (1 \text{ kg})(0.1 \text{ m})^2 = 0.01 \text{ kg}\cdot\text{m}^2 \quad m_S\bar{r}_2^2 = (1 \text{ kg})(0.6 \text{ m})^2 = 0.36 \text{ kg}\cdot\text{m}^2$$

把這些計算值，以及 $\bar{I}_R = 0.4$ 且 $\omega_1 = 6$ rad/s 代入式 (1)，可得

$0.428(6 \text{ rad/s}) = 1.128\omega_2$ $\quad\quad \omega_2 = 2.28 \text{ rad/s} \curvearrowright$ ◀

b. 能量之損失。 系統在任何一瞬間的動能為

$$T = 2(\tfrac{1}{2}m_S\bar{v}^2 + \tfrac{1}{2}\bar{I}_S\omega^2) + \tfrac{1}{2}\bar{I}_R\omega^2 \quad \bar{v}^2 = v_r^2 + v_\theta^2$$

故

若 $v_r = 0$，則 $T = \tfrac{1}{2}(2m_S\bar{r}^2 + 2\bar{I}_S + \bar{I}_R)\omega^2$

令 "1" 表示初始的位置，"2" 表示系統在兩球撞到擋板前的那一瞬間；"3" 表示系統在兩球撞到擋板後的那一瞬間。

在繩子被切斷後的那一瞬間 1，球的初始徑向速度為零，$(V_r)_1 = 0$。由於碰撞為純塑性碰撞，故碰撞後球的徑向速度也為零，$(V_r)_3 = 0$。又因為系統的位能不會改變，故塑性碰撞之能量損失為 $(T_2 - T_3)$。

由能量守恆可知，$T_1 = T_2$，所以碰撞後的能量損失即為 $(T_1 - T_3)$。透過下列計算可得：

$$T_1 = \tfrac{1}{2}(0.428)(6)^2 = 7.704 \text{ J} \qquad T_3 = \tfrac{1}{2}(1.128)(2.28)^2 = 2.932 \text{ J}$$

$$\text{能量之損失} = T_1 - T_3 = 7.704 - 2.932 = 4.77 \text{ J} \blacktriangleleft$$

注意：令 $T_1 = T_2$，即可求出球在位置 2 時的徑向速度。

重點提示

在本課中，你已經學會如何使用衝量與動量法求解剛體在做平面運動上的問題。如同在第十三章所學的，這種方法在求解速度與時間為已知的問題上特別有效。

1. 一個剛體在做平面運動時，其衝量與動量原理可以用下列的向量式來表示：

   $$(\text{系統之初始動量})_1 + (\text{系統之所有外加的衝量})_{1\to 2} = (\text{系統之最終動量})_2 \qquad (17.14)$$

   其中 (**系統之初始動量**) 代表組成該剛體的所有質點所具有的動量系統，而 (**系統之所有外加的衝量**) 代表在運動期間，所有外在衝量所形成的系統。

   a. 一個剛體之動量系統包括一個附著於剛體質心的線動量向量 $m\bar{\mathbf{v}}$ 和一個角動量 $\bar{I}\omega$（圖 17.7）。

   b. 應該先為這個剛體畫一個自由體圖的公式，將上述向量式以圖解的方式呈現。這個圖解公式應包含三個分圖，分別是：初始的動量、外力所形成的衝量，及最終的動量。整個圖解公式要表達的是，初始的動量系統加上所有外力形成的衝量系統會相當於最終的動量系統（圖 17.8）。

   c. 使用這個自由體圖公式時，可以將任何方向的分量加總，也可以將繞著任一點的所有轉矩加總。在相加某一點的所有轉矩時，記得要包含剛體本身的角動量 $\bar{I}\omega$，以及所有線動量之分量所形成的轉矩。在大部分的案例中，若慎加選擇，只需要求解一個只含一個未知數的方程式而已。這種情況散見於本章內的範例中。

2. 在具有好幾個剛體的系統中，可以把整個系統看成一個整體，然後應用衝量與動量原理於這個系統上。由於所有的內力都是以大小相等、方向相反的成對方式出現，在互相抵銷的情況下，它們毋須出現在算式中 [範例 17.8]。

3. 對於一個系統中的所有剛體而言，若所有外在衝量對於一已知軸所產生轉矩的總和為零時，則相對於該軸會形成動量守恆。你可以從自由體圖公式中清楚看出，系統相對於該軸的初始與最終角動量是相等的，故可知系統相對於該軸的角動量是守恆的。如此，即可將系統中各剛體的角動量與其線動量對於該軸的轉矩加總而得一個計算式，且該計算式中也只有一個未知數須解出 [範例 17.8]。

習 題

觀念題

17.CQ4 在案例 1 中細長桿 A 固鎖在無質量的桿 BC 上，而在案例 2 中細長桿 A 則是懸吊在兩條無質量的繩子上。細長桿 A 的垂直厚度相對於長度 L 很小而可忽略。若有顆子彈 D 以速度 v_0 射入細長桿 A 內並埋入其中，在討論撞擊後桿 A 之重心的速度時，兩個案例的結果有何不同？

a. 案例 1 較大。
b. 案例 2 較大。
c. 速度相同。

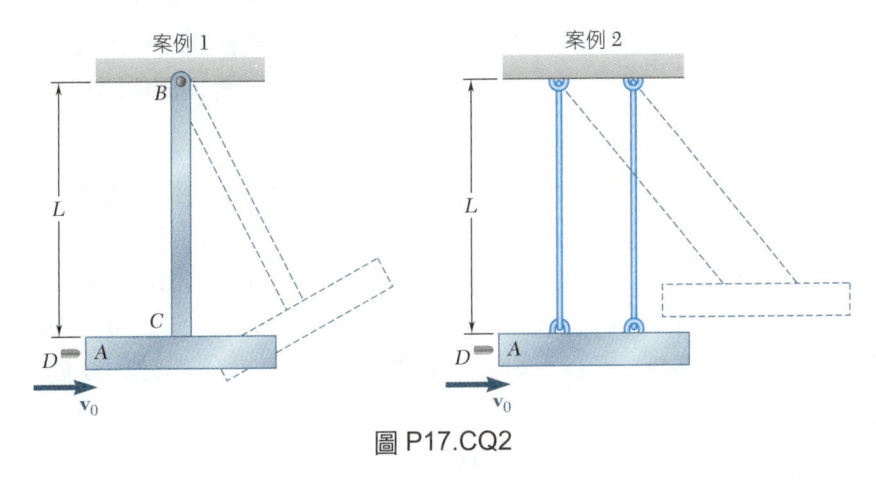

圖 P17.CQ2

衝量與動量練習題

17.F1 有一小起重機的飛輪質量為 350 kg，迴轉半徑為 600 mm。當飛輪轉速為順時鐘向 100 rpm 時電源突然被關閉。請畫出相關的衝量與動量圖，該圖須能用於求解系統靜止下來所需要的時間。

課後習題

17.14 有一電動馬達的轉子質量為 25 kg，經由觀察發現：轉子由角速度 3600 rpm 到完全停下來需時 4.2 分鐘。已知動摩擦可產生 1.2 N·m 的力偶，試求轉子質心的迴轉半徑。

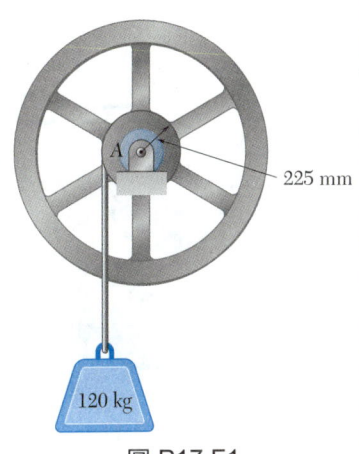

圖 P17.F1

17.15 有兩個相同厚度與相同材料的圓盤連結在一根軸上。其中質量 3 kg 的圓盤 A 的半徑為 $r_A = 100$ mm，而圓盤 B 的半徑為 $r_B = 125$ mm。如要在 3 s 內將系統的角速度由 200 rpm 增加到 800 rpm，則需有多大的力偶 **M** 作用在圓盤 A 上？

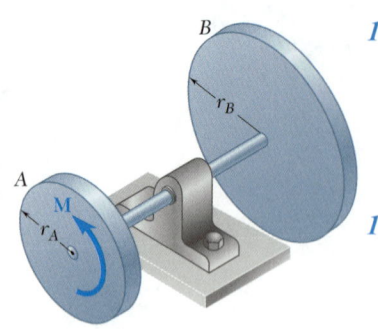

圖 P17.15

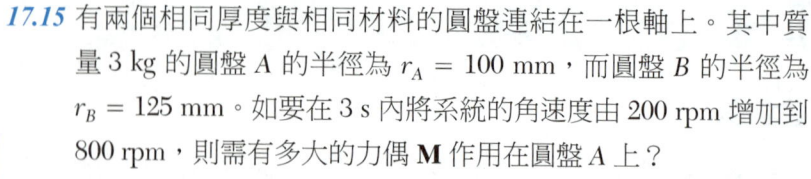

17.16 有兩個均質圓盤與兩個圓柱連結起來如圖所示，圓盤 A 的質量為 10 kg，而圓盤 B 的質量則為 6 kg。兩圓盤以螺栓固定在一起，而兩圓柱則以不同的繩子纏繞在各圓盤上。已知系統由靜止狀態被釋放，試求何時圓柱 C 的速度會達 0.5 m/s？

17.17 有一條帶子繞過兩個圓盤（如圖所示），圓盤 A 的質量為 0.6 kg，迴轉半徑為 20 mm，而圓盤 B 的質量為 1.75 kg，迴轉半徑為 30 mm。帶子下端的張力為固定值 $T_A = 4$ N。已知帶子原先為靜止狀態。試求 (a) 如果要讓帶子的速度在 0.24 s 後變成 $v = 3$ m/s，則張力 T_B 應為多大？(b) 此時帶子在兩圓盤間的張力為何？

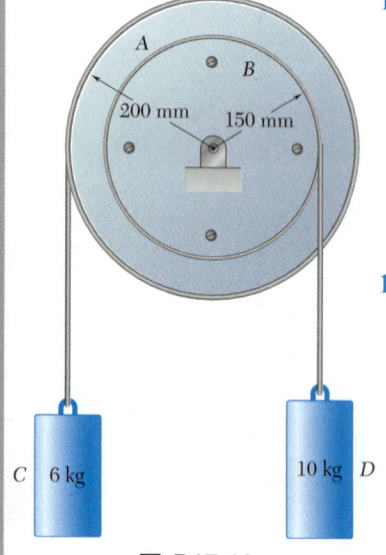

17.18 一個剛體平板在做平面運動時，請導證所有動量繞著點 A 的力矩總和為 $\mathbf{H}_A = I_A \boldsymbol{\omega}$，其中 $\boldsymbol{\omega}$ 為該剛性平板在那一瞬間的角速度，而 I_A 則為該剛板對於點 A 的質量慣性矩。請證明此公式僅適用於下列三種狀況：(a) A 為此剛性平板的質心；(b) A 為此物體旋轉的瞬心；(c) A 點的速度方向是在點 A 與質心 G 的連線上。

[註] 本題的用意是要說明 $\mathbf{H}_A = I_A \boldsymbol{\omega}$ 並非在任何情況下都適用。

17.19 有一剛性平板原先為靜止狀態，受到一個與之同平面的衝力 **F**。如定義撞擊中心 P 的位置為，由質心點 G 畫垂直線到 **F** 力的延長線上的交點。(a) 證明平板的瞬時旋轉中心 C 位於 GP 的連線上，且與點 P 在 G 的不同側，而其距離 GC 為 $GC = \bar{k}^2/GP$；(b) 證明如果撞擊中心換到點 C，則旋轉中心會在點 P 位置。

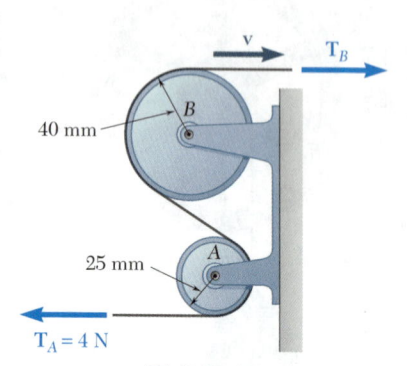

圖 P17.16

圖 P17.17

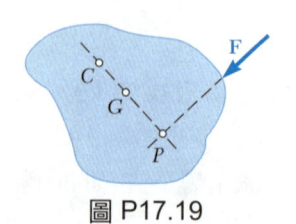

圖 P17.19

17.20 一質量 8 kg、半徑為 240 mm 的圓柱，原先靜置在一個 3 kg 台車上。現以 10 N 之力 **P** 作用在台車上 1.2 s，已知圓柱在台車上作純滾動，且台車的輪子質量可忽略。試求下列兩者之速度：(a) 台車；(b) 圓柱之中心點。

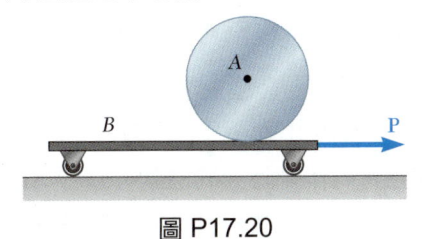

圖 P17.20

17.21 圖中為齒輪串的排列，齒輪 A、B 與 C 的輪心均以銷軸固定在長桿 ABC 上，長桿可繞點 B 旋轉，而中央的齒輪 B 為固定不能轉動。原先齒輪串為靜止不動，現要施加一個力偶 **M** 在長桿上。如果 2.5 s 後要使長桿具有順時針旋轉之轉速 240 rpm，則此力偶 **M** 的大小需為何？已知齒輪 A 與 C 的質量均為 1.25 kg、且可被視為半徑皆是 50 mm 的圓盤，而長桿 ABC 的質量為 2 kg。

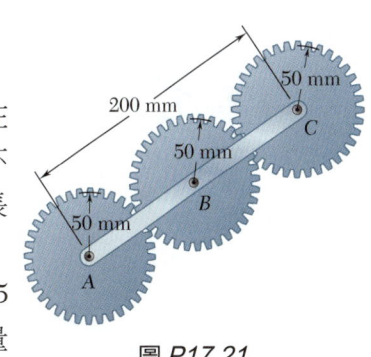

圖 P17.21

17.22 一質量 1.25 kg、半徑 100 mm 之圓盤被以短軸與軸承 B 與 D 方式連結到軛 BCD 的尾端。軛的質量為 0.75 kg，對 x 軸的迴轉半徑為 75 mm。剛開始整個系統的轉速為 120 rpm，圓盤維持在軛的平面內 ($\theta = 0$)。假設此時圓盤受到輕微干擾而相對於軛轉動，直到角度達 $\theta = 90°$ 時被 D 處的凸緣擋住，試求最後整個系統的角速度。

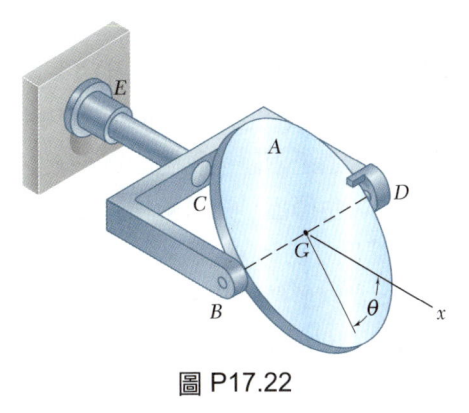

圖 P17.22

17.23 圖中直升機的尾端配備有一個垂直的螺旋槳，該尾端螺旋槳的用意是在防止主螺旋槳變換轉速時造成機身

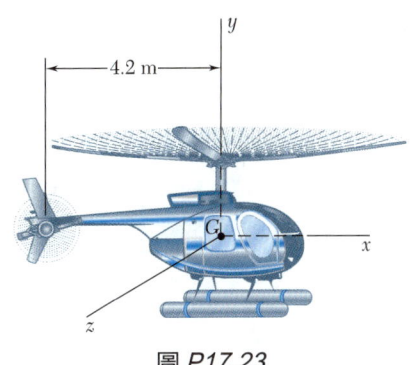

圖 P17.23

圖 P17.24

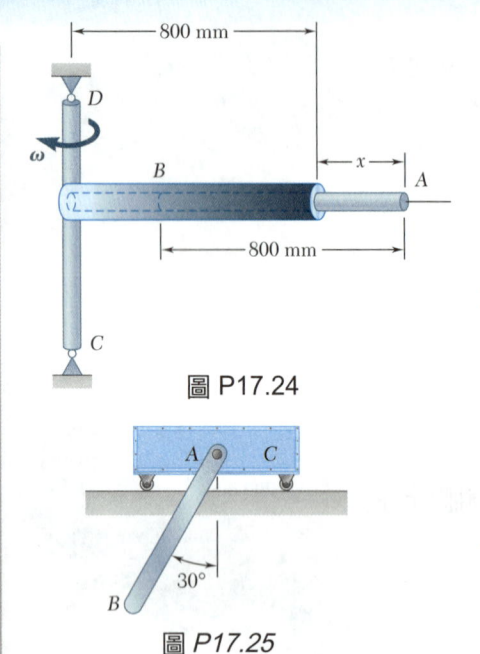

旋轉。假設尾端的螺旋槳不作用，而主螺旋槳的轉速由 180 rpm 變化到 240 rpm。試求最後機身的旋轉角速度。(主螺旋槳的轉速是相對於機身的速度，而機身的質心慣性矩為 1000 kg · m^2，主螺旋槳的四支葉片都可視為長度為 4.2 m、質量為 25 kg 的細長桿。)

17.24 圖中 6 kg 圓管連結在一直立桿 CD 上，以角速度 $\omega = 5$ rad/s 轉動。圓管內有一 4 kg 的桿 AB，桿 AB 可在圓管內作無阻力的滑動。當桿 AB 完全納入圓管內 ($x = 0$) 時，以相對於圓管無初始速度的方式釋放。試求當 $x = 400$ mm 時，桿 AB 相對圓管的速度。

17.25 圖中一均勻桿 AB 質量為 7 kg、長度為 1.2 m，被連結到一 11 kg 的台車 C 上。已知系統如圖面位置以靜止狀態被釋放，假設摩擦效應可忽略。試求 (a) 當桿 AB 轉到垂直位置時，點 B 的速度；(b) 此時台車 C 的速度。

圖 P17.25

17.11 　衝擊運動 (Impulsive Motion)

我們從第十三章可以得知，在求解一個具衝擊性運動之質點的問題上，使用衝量與動量法是唯一可行的方法。在這裡我們也體認到，使用衝量與動量法，對於具衝擊性運動之剛體的問題特別有效。由於在計算線衝量與角衝量時，其時間區間極為短暫，故可以合理認為，相關剛體在這個時段內的位置幾乎不變，如此即可簡化計算。

17.12 　偏心碰撞 (Eccentric Impact)

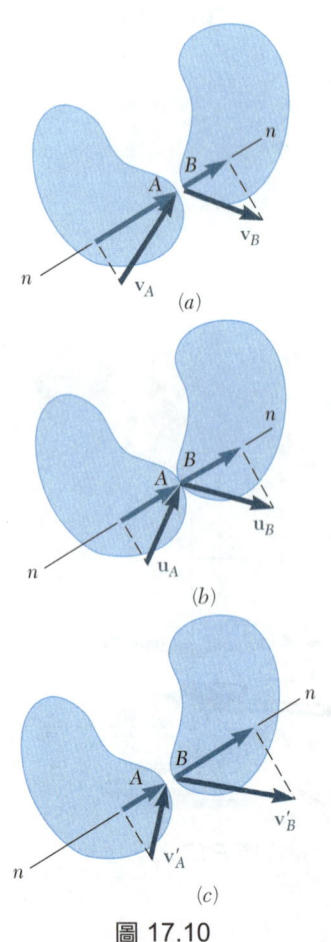

在第 13.3 與 13.4 節中，我們已經學到如何解決中心碰撞的問題。中心碰撞是指，碰撞線會通過兩碰撞物體的質心。本節將討論偏心碰撞的問題，若有兩物體發生碰撞，在這兩物體之上的兩個碰撞點分別為 A 與 B，這兩點的速度分別為 $\mathbf{v}_A$ 與 $\mathbf{v}_B$ (圖 17.10a)。發生碰撞時，這兩物體會產生變形，當變形階段結束時，A 與 B 在碰撞線 nn 上的速度分量 $\mathbf{u}_A$ 與 $\mathbf{u}_B$ (圖 17.10b) 會相同。接著，回彈現象會發生，到回彈階段結束時，A 與 B 的速度會分別為 $\mathbf{v}'_A$ 與 $\mathbf{v}'_B$ (圖 17.10c)。假設兩物體之間沒有摩擦力，則兩者之間的作用力會在碰撞線的方向上。我們把這作用力在碰撞期間的衝量稱為 $\int P \, dt$，在回彈期間的衝量稱為 $\int R \, dt$。又知回彈係數 e 的定義為

圖 17.10

$$e = \frac{\int R\, dt}{\int P\, dt} \qquad (17.18)$$

我們在此提出，在第 13.13 節中，兩質點在碰撞前後之相對速度的關係式，對於 A 與 B 兩點在碰撞線上的相對速度分量，該關係式仍然成立。所以，

$$(v'_B)_n - (v'_A)_n = e[(v_A)_n - (v_B)_n] \qquad (17.19)$$

照片 17.3　當旋轉的球棒與球接觸時，球棒即對球施以一個衝擊力，若欲得知球與球棒之最終速度，則必須要應用衝量與動量法來求解。

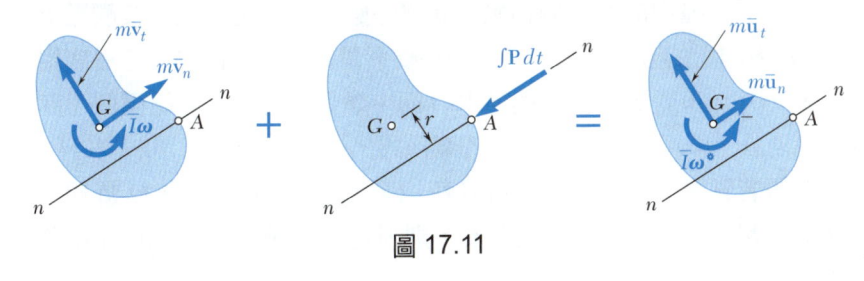

首先假設在圖 17.10 中之兩碰撞物體的運動並未受到任何拘束，所以在碰撞期間，唯一作用在兩物體上的衝力是分別作用在點 A 與點 B 上。現在若只考慮點 A 所在的物體，畫出它在變形期間的三個動量與衝量圖（圖 17.11）。假設質心在碰撞之初與之末的速度分別為 $\bar{\mathbf{v}}$ 與 $\bar{\mathbf{u}}$，物體在碰撞之初與碰撞之末的角速度分別為 $\boldsymbol{\omega}$ 與 $\boldsymbol{\omega}^*$。

圖 17.11

將在碰撞線 nn 方向上的線動量與線衝量分量相加可得：

$$m\bar{v}_n - \int P\, dt = m\bar{u}_n \qquad (17.20)$$

相對於點 G，碰撞前的角動量加上碰撞期間的角衝量會等於碰撞結束時的角動量，其關係式為：

$$\bar{I}\omega - r\int P\, dt = \bar{I}\omega^* \qquad (17.21)$$

其中 r 為 G 與碰撞線間的垂直距離。同理，若再考慮回彈期間的關係式，也可得到：

$$m\bar{u}_n - \int R\, dt = m\bar{v}'_n \qquad (17.22)$$

$$\bar{I}\omega^* - r\int R\, dt = \bar{I}\omega' \qquad (17.23)$$

其中 $\bar{\mathbf{v}}'$ 與 $\boldsymbol{\omega}'$ 分別為質心在碰撞後的速度與角速度。由式 (17.20) 和式 (17.22) 中求出兩個衝量，然後代入式 (17.18)；或者也可由式 (17.21) 和式 (17.23) 中求出同樣的兩個衝量，然後再代入式 (17.18)，即可得到兩個回彈係數的公式：

$$e = \frac{\bar{u}_n - \bar{v}'_n}{\bar{v}_n - \bar{u}_n} \qquad e = \frac{\omega^\circ - \omega'}{\omega - \omega^\circ} \qquad (17.24)$$

把式 (17.24) 的第二式的分子與分母各乘以 r，然後其分子與第一式中的分子相加，其分母與第一式中的分母相加，即可得到回彈係數的另一種表示法：

$$e = \frac{\bar{u}_n + r\omega^\circ - (\bar{v}'_n + r\omega')}{\bar{v}_n + r\omega - (\bar{u}_n + r\omega^\circ)} \qquad (17.25)$$

式 (17.25) 之分母內的 $\bar{v}_n + r\omega$ 其實就是接觸點 A 在 nn 方向上的速度分量 $(v_A)_n$，同理，$\bar{u}_n + r\omega^\circ$ 與 $\bar{v}'_n + r\omega'$ 分別為 $(u_A)_n$ 與 $(v'_A)_n$，故式 (17.25) 可以改寫為

$$e = \frac{(u_A)_n - (v'_A)_n}{(v_A)_n - (u_A)_n} \qquad (17.26)$$

接著分析碰撞中的第二個物體，回彈係數同樣的也可以用接觸點 B 在 nn 方向上的分量來表示。由於在變形量最大時，兩物體之速度相同，$(u_A)_n = (u_B)_n$，若使用與第 13.3 節中類似的方法，將這兩個速度分量消去，即可得到式 (17.19) 的關係式。

假若碰撞的兩者之一受到拘束、僅能繞著一個固定點 O 旋轉，例如在圖 17.12a 中之複擺的狀況，則固定點 O 會受到一個反作用角衝量 (圖 17.12b)。

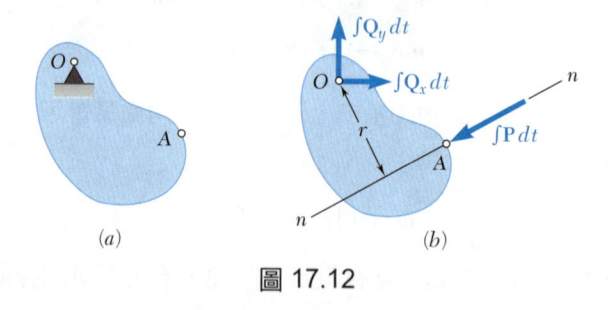

圖 17.12

在這種情況下，雖然式 (17.26) 和式 (17.19) 需稍作修改，但我們可以印證這兩個公式仍是正確的。將角衝量與角動量原理之式 (17.16) 應用於變形與回彈期間可得

$$I_O \omega - r\int P\, dt = I_O \omega^\circ \qquad (17.27)$$

$$I_O \omega^\circ - r\int R\, dt = I_O \omega' \qquad (17.28)$$

其中 r 為固定點 O 到碰撞線之垂直距離。將式 (17.27) 和式 (17.28) 中

的兩衝量代回式 (17.18) 之回彈係數 e 的公式中，並知 $r\omega$、$r\omega^*$、$r\omega'$ 分別代表點 A 為在不同瞬間於 nn 方向上的速度分量，可得

$$e = \frac{\omega^* - \omega'}{\omega - \omega^*} = \frac{r\omega^* - r\omega'}{r\omega - r\omega^*} = \frac{(u_A)_n - (v'_A)_n}{(v_A)_n - (u_A)_n}$$

由此可見式 (17.26) 仍然成立。故知即使當兩個碰撞物體中的其中一個是受限於必須繞一固定點 O 旋轉時，式 (17.19) 依然有效。

若欲求得兩物體在碰撞後的速度時，則應將式 (17.19) 與其他由衝量與動量所得之公式合併起來，即可聯立求出其解 (參見範例 17.10)。

範例 17.9

一顆 25 g 的子彈 B，以 450 m/s 的水平速度射入一個質量為 10 kg、靜止懸掛於鉸鏈 A 下方之方塊的側面。試求 (a) 當子彈埋入方塊後 (亦即，速度與方塊相同時) 之瞬間，方塊的角速度；(b) 若子彈花了 0.0006 s 才埋入方塊，則在點 A 的平均反作用衝力。

解

衝量與動量原理。 首先，把子彈和方塊看成在同一個系統內的兩個物體，然後即知子彈和方塊的初始動量，加上外力所作用的衝量會等於這個系統最終的動量。由於 $\Delta t = 0.0006$ s 之時間極短，因此所有的非衝擊力均可忽略不計，而只需考慮鉸鏈 A 之反作用力所形成的衝量 $\mathbf{A}_x \Delta t$ 與 $\mathbf{A}_y \Delta t$。

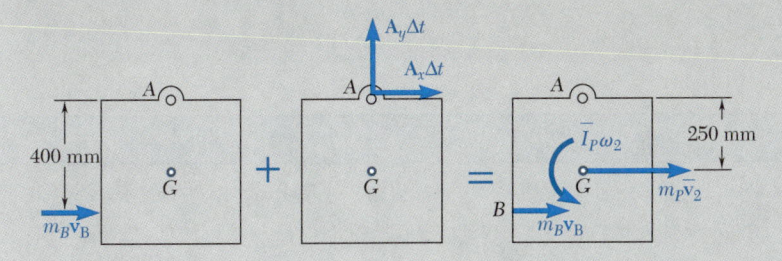

撞擊結束後，子彈埋入方塊。因為方塊接著以角速度 ω_2 旋轉，故子彈的速度為 $(AB)\omega_2$，並垂直於 AB，所以子彈的速度與方塊的質心速度相差不大，但是由於子彈的質量遠小於方塊的質量，所以也可忽略子彈在碰撞後的動量。但在碰撞前，由於子彈的速度遠大於方塊的質心速度，因此不可忽略子彈在碰撞前的動量。另外，假若子彈與方塊的質量相差不太大，則子彈在碰撞後的動量也不可以忽略。

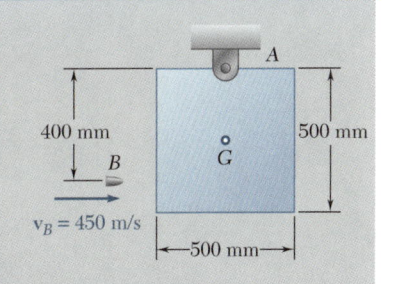

(系統之初始動量)$_1$ + (系統之所有外力形成的衝量)$_{1\to 2}$ = (系統之最終動量)$_2$

+↶系統相對於點 A 的角動量守恆：$m_B v_B (0.4 \text{ m}) + 0 = m_P \bar{v}_2 (0.25 \text{ m}) + \bar{I}_P \omega_2$ (1)

$\xrightarrow{+}$ x 分量： $m_B v_B + A_x \Delta t = m_P \bar{v}_2$ (2)

+↑ y 分量： $0 + A_y \Delta t = 0$ (3)

方塊相對於質心的質量慣性矩為

$$\bar{I}_P = \tfrac{1}{6} m_P b^2 = \frac{1}{6}(10 \text{ kg})(0.5 \text{ m})^2 = 0.417 \text{ kg} \cdot \text{m}^2$$

又，

$$\bar{v}_2 = (0.25 \text{ m})\omega_2$$

將 $\bar{I}_P$ 與 $\bar{v}_2$ 的值代入式 (1) 中，可得

$$(0.025)(450)(0.4) = (10)(0.25\omega_2)(0.25) + 0.417\omega$$

$$\omega_2 = 4.32 \text{ rad/s} \qquad\qquad \omega_2 = 4.32 \text{ rad/s} \blacktriangleleft$$

$$\bar{v}_2 = (0.25 \text{ m})\omega_2 = (0.25 \text{ m})(4.32 \text{ rad/s}) = 1.08 \text{ m/s}$$

將 $\bar{v}_2 = 1.08$ m/s 與 $\Delta t = 0.0006$ s 代入式 (2) 中，可得

$$(0.025)(450) + A_x(0.0006) = 10(1.08)$$

$$A_x = -750 \text{ N} \qquad\qquad \mathbf{A}_x = 750 \text{ N} \leftarrow \blacktriangleleft$$

最後，由式 (3) 中可知

$$A_y = 0 \qquad\qquad \mathbf{A}_y = 0 \blacktriangleleft$$

範例 17.10

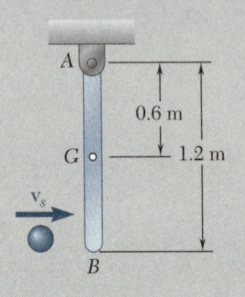

一個 2 kg 的球體以 5 m/s 的初速水平向右飛行，然後撞擊到一根 8 kg 的剛體桿子的最下端。該桿子在碰撞前是靜止懸掛於鉸鏈 A 的下方。已知桿子與圓球之間的回彈係數是 0.80，試求在碰撞結束瞬間，球體的速度及桿子的角速度。

解

衝量與動量原理。首先，我們把桿子和圓球看成在同一個系統內的兩個物體，然後即知桿子與圓球的初始動量，加上所有外力所作用的總

衝量，會等於這個系統最終的動量。本範例中，唯一作用在系統的衝力是在點 A 的反作用衝力。

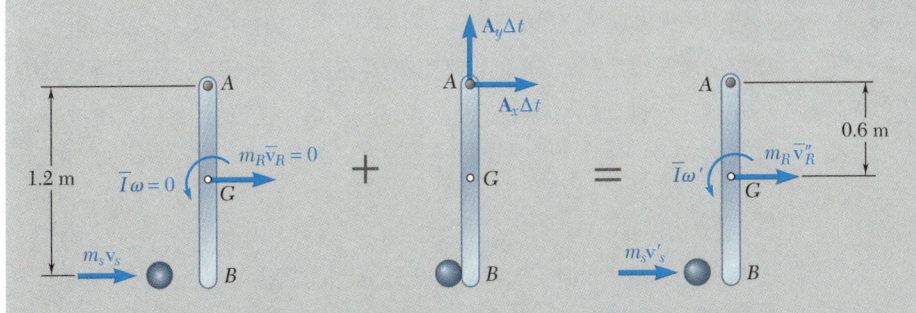

$$(\text{系統之初始動量})_1 + (\text{系統之所有外力形成的衝量})_{1\to 2} = (\text{系統之最終動量})_2$$

$+\uparrow\!\curvearrowleft$ 系統相對於點 A 的角動量守恆：

$$m_s v_s (1.2 \text{ m}) = m_s v_s' (1.2 \text{ m}) + m_R \bar{v}_R' (0.6 \text{ m}) + \bar{I}\omega' \tag{1}$$

由於桿子是繞著點 A 旋轉，故 $\bar{v}_R' = \bar{r}\omega' = (0.6 \text{ m})\omega'$。又因

$$\bar{I} = \tfrac{1}{12}mL^2 = \tfrac{1}{12}(8 \text{ kg})(1.2 \text{ m})^2 = 0.96 \text{ kg}\cdot\text{m}^2$$

將此 $\bar{I}$ 與 $\bar{v}_R'$ 的值代入式 (1) 中，可得

$$(2 \text{ kg})(5 \text{ m/s})(1.2 \text{ m}) = (2 \text{ kg})v_s'(1.2 \text{ m}) + (8 \text{ kg})(0.6 \text{ m})\omega'(0.6 \text{ m})$$
$$+ (0.96 \text{ kg}\cdot\text{m}^2)\omega'$$
$$12 = 2.4 v_s' + 3.84\omega' \tag{2}$$

相對速度。假設速度在向右之方向上為正，

$$v_B' - v_s' = e(v_s - v_B)$$

將 $v_s = 5$ m/s、$v_B = 0$ 和 $e = 0.80$ 代入，可得

$$v_B' - v_s' = 0.80(5 \text{ m/s}) \tag{3}$$

又因桿子繞著點 A 旋轉，故

$$v_B' = (1.2 \text{ m})\omega' \tag{4}$$

將式 (4) 代入式 (3)，再將式 (3) 和式 (2) 聯立求解，即可得到答案：

$$\omega' = 3.21 \text{ rad/s} \qquad \omega' = 3.21 \text{ rad/s} \;\curvearrowleft \;\blacktriangleleft$$
$$v_s' = -0.143 \text{ m/s} \qquad \mathbf{v}_s' = -0.143 \text{ m/s} \;\leftarrow \;\blacktriangleleft$$

範例 17.11

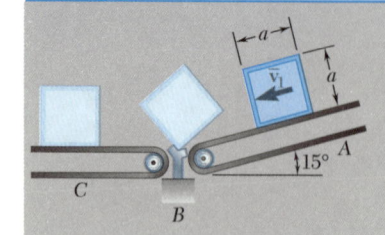

一個質量為 m、邊長為 a 的方形包裝箱，以等速 $\bar{\mathbf{v}}_1$ 沿著輸送帶 A 向下移動。在輸送帶的末端，該包裝箱的一角會撞擊到 B 處的剛性支撐架。假設在點 B 的撞擊為完全塑性碰撞，若欲使包裝箱可繞著點 B 旋轉而翻轉到輸送帶 C，則該包裝箱的最小速度 $\bar{\mathbf{v}}_1$ 為何？試推導其公式。

解

衝量與動量原理。由於包裝箱與支撐架之間的碰撞為完全塑性碰撞，故包裝箱在碰撞期間會繞著點 B 旋轉。在應用衝量與動量原理時，我們也了解，在點 B 的反作用力是對包裝箱施力的唯一外在衝力。

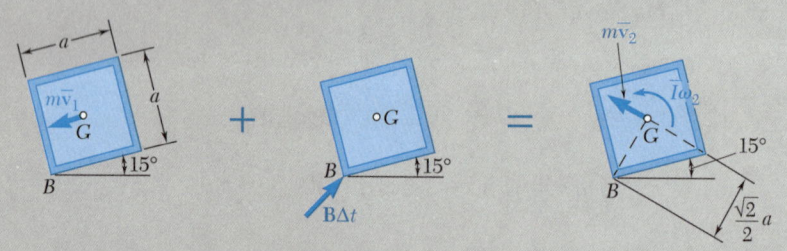

$$(系統之初始動量)_1 + (系統之所有外力形成的衝量)_{1 \to 2} = (系統之最終動量)_2$$

$+\curvearrowleft$ 系統相對於點 B 的角動量是不變的：

$$(m\bar{v}_1)(\tfrac{1}{2}a) + 0 = (m\bar{v}_2)(\tfrac{1}{2}\sqrt{2}a) + \bar{I}\omega_2 \qquad (1)$$

由於包裝箱會繞著點 B 旋轉，故 $\bar{v}_2 = (GB)\omega_2 = \tfrac{1}{2}\sqrt{2}a\omega_2$。將此 $\bar{v}_2$ 與 $\bar{I} = \tfrac{1}{6}ma^2$ 代入式 (1) 即可求得

$$(m\bar{v}_1)(\tfrac{1}{2}a) = m(\tfrac{1}{2}\sqrt{2}a\omega_2)(\tfrac{1}{2}\sqrt{2}a) + \tfrac{1}{6}ma^2\omega_2 \qquad \bar{v}_1 = \tfrac{4}{3}a\omega_2 \qquad (2)$$

能量守恆原理。能量守恆原理適用於位置 2 與位置 3 之間。

位置 2。在位置 2 時，位能 $V_2 = Wh_2$。又因 $\bar{v}_2 = \tfrac{1}{2}\sqrt{2}a\omega_2$，故動能 T_2 為

$$T_2 = \tfrac{1}{2}m\bar{v}_2^2 + \tfrac{1}{2}\bar{I}\omega_2^2 = \tfrac{1}{2}m(\tfrac{1}{2}\sqrt{2}a\omega_2)^2 + \tfrac{1}{2}(\tfrac{1}{6}ma^2)\omega_2^2 = \tfrac{1}{3}ma^2\omega_2^2$$

位置 3。由於包裝箱必須翻轉到輸送帶 C 上，故其翻轉必須超過位置 3，其中點 G 在點 B 的正上方。又因為題目是希望求得包裝箱到達此位置之最小的速度，故可設定 $\bar{v}_3 = \omega_3 = 0$。因此動能 $T_3 = 0$，且 $V_3 = Wh_3$。

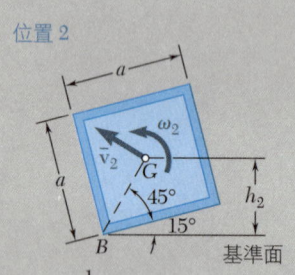

位置 2

$GB = \tfrac{1}{2}\sqrt{2}\,a = 0.707a$
$h_2 = GB \sin(45° + 15°)$
$\quad = 0.612a$

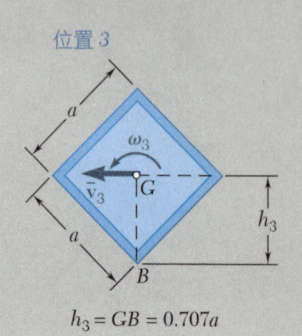

位置 3

$h_3 = GB = 0.707a$

能量守恆 $\qquad T_2 + V_2 = T_3 + V_3$
$$\tfrac{1}{3}ma^2\omega_2^2 + Wh_2 = 0 + Wh_3$$
$$\omega_2^2 = \frac{3W}{ma^2}(h_3 - h_2) = \frac{3g}{a^2}(h_3 - h_2) \qquad (3)$$

將計算所得之 h_2 與 h_3 的值代入式 (3),可得

$$\omega_2^2 = \frac{3g}{a^2}(0.707a - 0.612a) = \frac{3g}{a^2}(0.095a) \qquad \omega_2 = \sqrt{0.285g/a}$$
$$\bar{v}_1 = \tfrac{4}{3}a\omega_2 = \tfrac{4}{3}a\sqrt{0.285g/a} \qquad \bar{v}_1 = 0.712\sqrt{ga} \quad \blacktriangleleft$$

重點提示

本課主要講授衝擊運動及剛體的偏心碰撞。

1. **衝擊運動**。當一個剛體在極短的 Δt 時間內受到一個極大的 **F** 力時,就會發生衝擊運動,其所造成的衝量 **F** Δt 為一不為零的有限定數。這種作用力稱為**衝擊力**。凡有兩剛體發生碰撞時,這兩者之間就會產生衝擊力。對於產生衝量為零的力則稱為**非衝擊力**。如同在第十三章所學,下列各種作用力可被視為非衝擊力:物體的**重量、彈簧力**,及所有其他已知比衝擊力小許多的力。但是對於未知的反作用力,則不可將其視為非衝擊力。

2. **剛體的偏心碰撞**。當兩物體發生碰撞時,在碰撞前與碰撞後,點 A 與點 B 兩個接觸點在碰撞線方向上的速度分量會遵循下列公式:

$$(v'_B)_n - (v'_A)_n = e[(v_A)_n - (v_B)_n] \qquad (17.19)$$

其中等號之左側代表的是碰撞發生後瞬間之相對速度,等號之右側為回彈係數與碰撞發生前瞬間之相對速度的乘積。

這個公式與第十三章中質點發生碰撞時,兩撞擊點之速度分量在碰撞前後的關係式 (13.49),完全相同。

3. **求解碰撞問題**,你應使用衝量與動量法並採取下列的步驟:
   a. 先為這個剛體畫一個自由體圖方程式,碰撞發生前的動量總和與外力所作用的衝量會相當於碰撞完成時的動量總和。
   b. 自由體圖方程式將會顯示出碰撞前後的速度,與衝擊力以及反作用力之間的關係。在某些狀況時 [範例 17.9],以這種做法即可求得未知的速度與未知的反作用衝擊力。
   c. 假設在一個碰撞 ($e > 0$) 的題目中,若未知數的數目大於可列出的式子,這時就應該一併使用式 (17.19)。式 (17.19) 會顯示,該兩碰撞點之相對速度在碰撞前後的關係 [範例 17.10]。
   d. 在碰撞期間,你應該使用衝量與動量法來求解。但是,對於碰撞前與碰撞後的種種,則應善用以前所學到的其他方法 (例如功能法 [範例 17.11]) 來求出相關的未知物理量。

習題

衝量與動量練習題

17.F2 一質量為 m 之均勻細長桿 AB 靜止在一無摩擦水平面上，此時端點 A 處正要被鉤子 C 勾住。已知鉤子是以固定速度 $\mathbf{v}_0$ 向上拉起，請畫出衝量動量圖，該圖是用來求解作用在桿子端點 A 與 B 的衝量。假設鉤子的速度是不變的，而且碰撞為完全塑性碰撞。

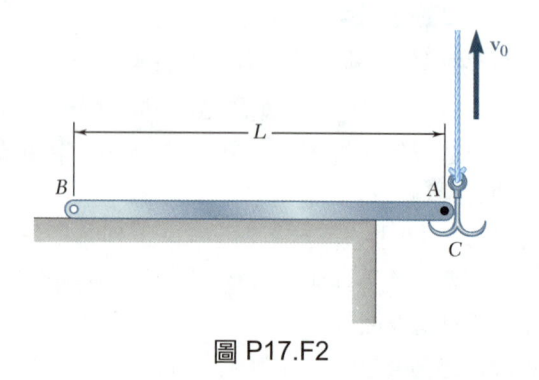

圖 P17.F2

課後習題

17.26 撞球時，希望擊出的球只有滾動而無滑動，已知球的半徑為 r，球的中心點為 G，球桿以水平方向撞擊球，試求球桿的擊球高度 h。

17.27 一個 8 kg 木板在點 A 被銷接支撐，原先處於靜止狀態。一個 2 kg 金屬球由點 B' 釋放，進而掉入一個半圓形杯 C' 內，已知該半圓形杯是釘在木板上。而位置與木板重心 G 點等高。假設碰撞為完全塑性，試求在撞擊後的瞬間，木板重心點 G 的速度。

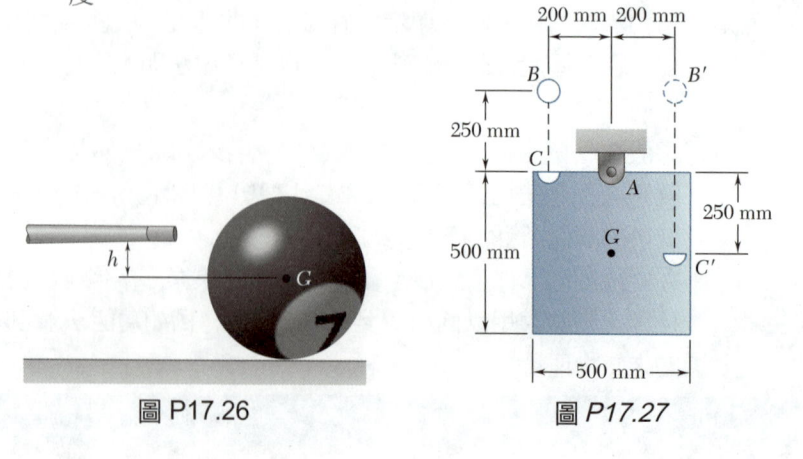

圖 P17.26

圖 P17.27

17.28 圖中均勻細長桿 AB 的質量為 2.5 kg、長度為 750 mm。桿 AB 落下時,下端 A 正好撞擊一個光滑轉角,此時桿的垂直速度 $\mathbf{v}_1$ 的大小為 2.4 m/s,且無角速度。假設碰撞為完全塑性,試求在撞擊後的瞬間,桿 AB 的角速度。

17.29 有一顆質量為 m 的子彈,以水平速度 $\mathbf{v}_0$,以 $h = \frac{1}{2}R$ 的高度射入一個木製圓盤。圓盤的半徑為 R,其質量 M 遠大於子彈的質量。原先圓盤是靜止在一水平面上,且圓盤與平面間的摩擦係數是有限的。(a) 試求當子彈射入後的瞬間,圓盤的線速度 $\bar{\mathbf{v}}_1$ 與角速度 ω_1;(b) 描述圓盤運動演進的情形,並求解當運動變成等速後的線速度。

17.30 細長桿的 AB 的長度為 L,與鉛直線的夾角為 β。當它撞擊到無摩擦的地面時,速度為 $\bar{\mathbf{v}}_1$ 且無角速度。假設碰撞為完全塑性,試推導出撞擊後瞬間桿 AB 的角速度。

17.31 一細長桿長度為 L、質量為 m,由圖中的靜止水平位置被釋放,經由觀察得知,當桿碰撞到垂直牆壁後回彈了 30°。(a) 試求桿上的突出鈕 K 與牆壁間的回彈係數;(b) 請證明即使突出鈕 K 的位置變動,回彈的情況仍會相同。

圖 P17.28

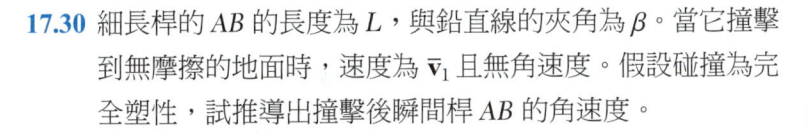

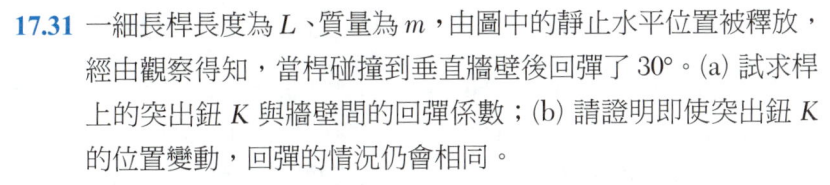

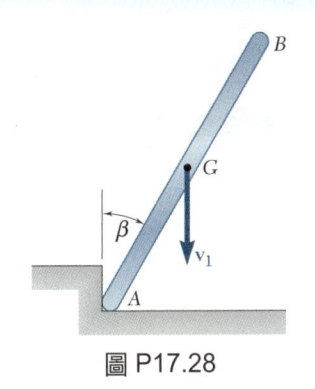

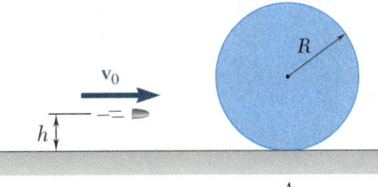

圖 P17.29

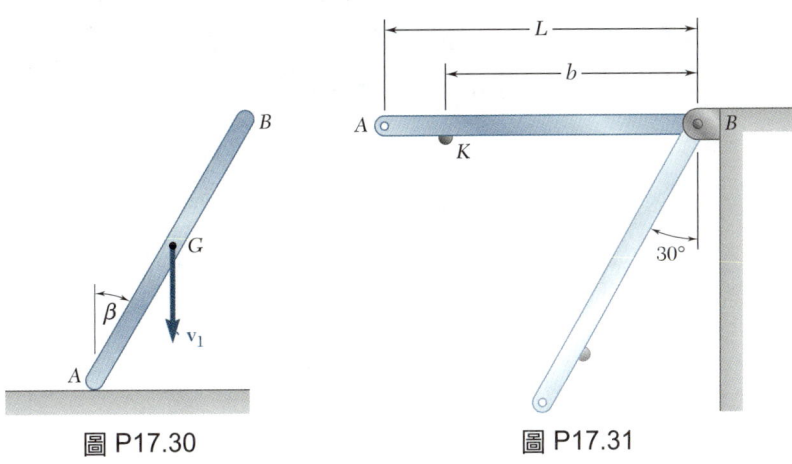

圖 P17.30

圖 P17.31

17.32 圖中 8 kg 之木條 AB,在端點 A 以滑套懸掛在水平桿之下方。滑套的質量可忽略不計且可在水平桿上滑動,滑套與水平桿間的摩擦可忽略。一質量為 30 g 之子彈水平射入木條的下端 B 點,若木條在被射擊後可旋轉 90°,試求子彈射入木條之速度。

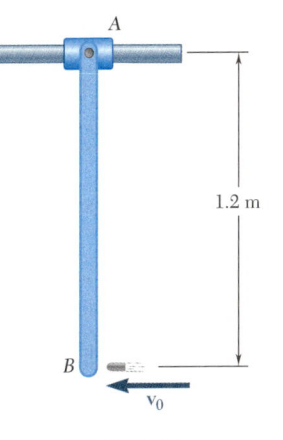

圖 P17.32

17.33 有兩根相同的細長桿，末端都是以銷軸固定且能自由擺動。桿 A 由水平位置之靜止狀態被釋放，當它盪到鉛直位置時，其上的突出鈕 K 會撞擊到原先靜止的桿 B。如果 $h = \frac{1}{2}l$ 且 $e = \frac{1}{2}$，試求 (a) 撞擊後桿 B 能旋轉的最大角度；(b) 桿 A 的回彈角度。

17.34 元件 ABC 的質量為 2.4 kg，以銷軸固定在點 B。有一個 800 g 的球 D，以垂直速度 $\mathbf{v}_1 = 3$ m/s 撞擊到元件的端點 A。已知元件長度 $L = 750$ mm，球與元件間的回彈係數為 0.5。試求碰撞後瞬間 (a) 元件 ABC 的角速度；(b) 球的速度。

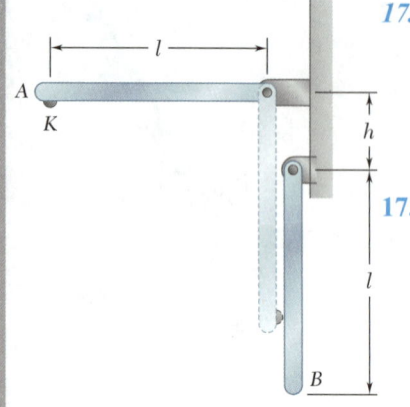

圖 P17.33

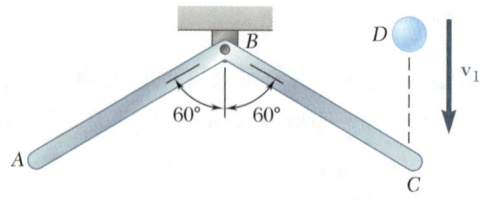

圖 P17.34

17.35 質量為 m 之球 A，以速度 $\bar{\mathbf{v}}_1$ 在一水平面上做純滾動（滾動而無滑動），接著它撞擊到與其相同之靜止的球 B。球與平面間的動摩擦係數以符號 μ_k 表示，球與球間的摩擦可忽略，假設為完全彈性碰撞。試求 (a) 碰撞完成後之瞬間各個球的線速度與角速度；(b) 各球在開始作純滾動時的速度。

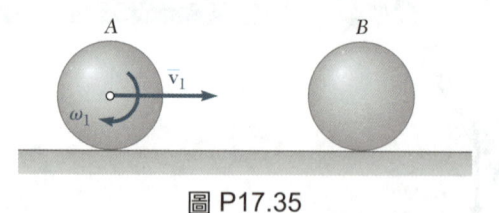

圖 P17.35

複習與摘要

本章再度討論了功能法及衝量與動量法。在本章的第一部分中，我們學習了功能法及其對剛體與剛體系統在運動分析上的應用。

■ **剛體的功能原理 (Principle of work and energy for a rigid body)**

在第 17.2 節中，我們首先以下列公式來表示一個剛體之功能原理：

$$T_1 + U_{1 \to 2} = T_2 \qquad (17.1)$$

其中，T_1、T_2 分別代表該剛體的初始與最終的動能

$U_{1 \to 2}$ 則代表作用在該剛體上之所有**外力**所作的功

■ **一個力或一個力偶所作的功 (Work of a force or a couple)**

在第 17.3 節中，我們回想起在第十三章中是以下列公式來表示一個作用在點 A 之力 **F** 所作的功：

$$U_{1 \to 2} = \int_{s_1}^{s_2} (F \cos \alpha) ds \qquad (17.3')$$

其中，F 是該力的大小，α 是該力與點 A 移動方向之間的夾角，而 s 則為積分的變數，代表點 A 在其運動路徑中所行經的距離。我們同時也推導出一個力偶所形成的力矩 **M**，當一個力矩施加於一個剛體上並令其旋轉一個 θ 的角度之後，其所作的功為：

$$U_{1 \to 2} = \int_{\theta_1}^{\theta_2} M d\theta \qquad (17.5)$$

■ **平面運動之動能 (Kinetic energy in plane motion)**

我們接著推導出一個作平面運動之剛體的動能 [第 17.4 節]

$$T = \tfrac{1}{2} m \bar{v}^2 + \tfrac{1}{2} \bar{I} \omega^2 \qquad (17.9)$$

其中，$\bar{v}$ 為該剛體的質心 G 的速度，ω 為其角速度，$\bar{I}$ 為該剛體繞著一根垂直於參考平面並穿過點 G 之軸的慣性矩 (圖 17.13) [範例 17.3]。故一個作平面運動的剛體，其動能可以分為兩部分：(1) $\tfrac{1}{2} m \bar{v}^2$ 是物體質心 G 做平移運動的動能；(2) $\tfrac{1}{2} \bar{I} \omega^2$ 是物體繞其自身質心 G 轉動的動能。

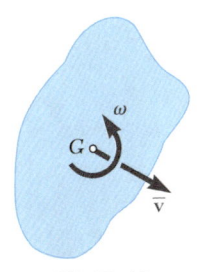

圖 17.13

■ **轉動動能 (Kinetic energy in rotation)**

若一剛體繞著通過點 O 的固定軸旋轉，其角速度為 ω，則其轉動動能為：

$$T = \tfrac{1}{2}I_O\omega^2 \tag{17.10}$$

其中 I_O 為剛體繞著該固定軸的質量慣性矩。應注意的是，這個公式並不僅限用於平面板塊或是對稱於參考平面之物體的旋轉上，而是對任何形狀的物體，或是對在任何位置的旋轉軸，皆為適用。

■ **剛體系統 (Systems of rigid bodies)**

在第 17.5 節中，只要是作用在不同物體上之所有的力（內力與外力都包括在內）在計算 $U_{1 \to 2}$ 時都會被用到，則式 (17.1) 即可適用於多個剛體所組成之剛體系統的運動中。不過，若是系統中包含有互相銷接的元件時、或是有以不可伸長的繩子相連接的滑輪與重物時、或是有互相嚙合的齒輪時，則因為各內力兩端之作用點會移動相同的距離，故這些內力所作的功會互相抵消 [範例 17.1 和 17.2]。

■ **能量守恆 (Conservation of energy)**

當一個剛體或是一剛體系統，在僅受到保守力的作用下運動時，這時功能原理即可用下式表示：

$$T_1 + V_1 = T_2 + V_2 \tag{17.12}$$

此式即為眾人熟知的**能量守恆原理** [第 17.6 節]。這個原理可以用於求解具有保守力（例如重力與彈簧力）的問題 [範例 17.4 和 17.5]。但是若欲求得反作用力時，則能量守恆原理必須輔以達朗伯特原理 (d'Alembert's principle)，才得以解出答案 [範例 17.4]。

■ **功率 (Power)**

在第 17.7 節中，我們將功率的觀念延伸應用到一個受到力偶作用的旋轉物體上，其公式可寫成：

$$\text{功率} = \frac{dU}{dt} = \frac{M d\theta}{dt} = M\omega \tag{17.13}$$

其中 M 是力偶的大小，而 ω 則是該物體的角速度。

本章的中段部分係討論衝量與動量法，以及如何將其應用於求解各種不同形式的問題，這些問題中的物體，有的是作平面運動的剛性平板，有的是對稱於參考平面的剛體。

■ 剛體的衝量與動量原理 (Principle of impulse and momentum for a rigid body)

我們首先回想，在第 14.9 節中，曾將衝量與動量原理應用於一個質點系統上，然後藉以推導出適用於一個剛體上的衝量與動量原理 [第 17.8 節]。

(系統之初始動量)$_1$ + (系統之所有外力形成的衝量)$_{1\to 2}$

= (系統之最終動量)$_2$ (17.14)

接下來我們可以看到，對於一個剛性平板或是對稱於參考平面的剛體，構成這個剛體的所有質點的動量等效於一個附著於這剛體質心上的向量 $m\bar{\mathbf{v}}$ 及一個力偶 $\bar{I}\boldsymbol{\omega}$（圖 17.14）。向量 $m\bar{\mathbf{v}}$ 與該剛體在質心 G 的平移有關，其物理意義係代表該物體的線動量，而轉矩 $\bar{I}\boldsymbol{\omega}$ 則代表該物體繞著通過質心 G 之軸的角動量。

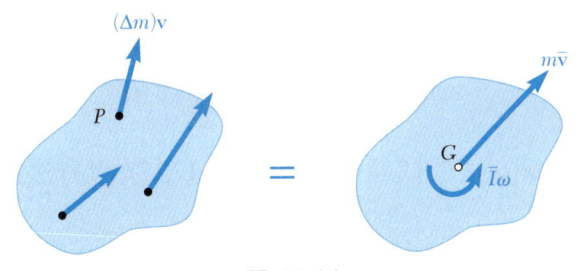

圖 17.14

式 (17.14) 可以用圖 17.15 之圖示法來表示，這三個分圖分別為該剛體之初始動量系統、所有外力加於該剛體上的衝量，及剛體之最終動量系統。如圖 17.15 所示，將圖中所有的向量之 x 分量、y 分量，及對於任一給定點（在 z 方向上）的轉矩，分別列出和其計算式，即可得到三個可解出未知變數的運動方程式 [範例 17.6 和 17.7]。

圖 17.15

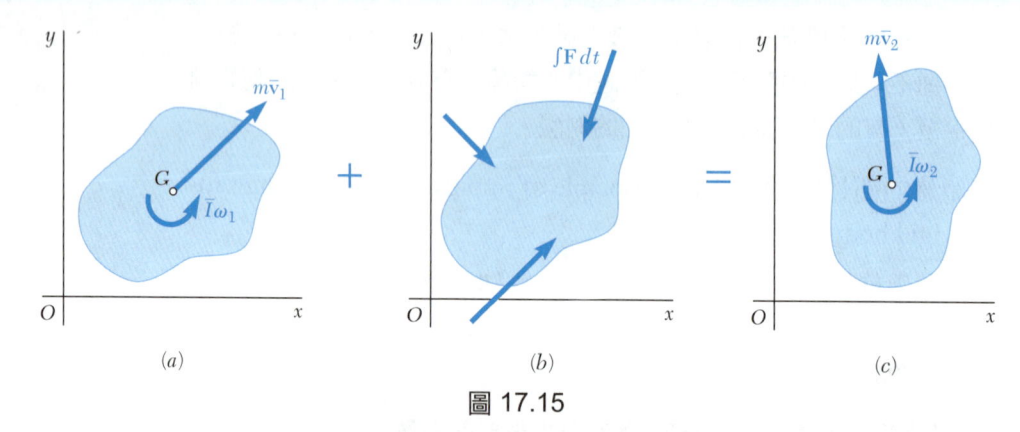

若問題中有幾個剛體互相連接 [第 17.9 節]，則每一個剛體均應分別處理 [範例 17.6]。又，若未知變數不超過三個，即可將衝量與動量原理應用於整個系統上 (亦即，不考慮所有之內力的影響)，這時只需考慮外力所產生的衝量即可 [範例 17.8]。

■ **角動量守恆 (Conservation of angular momentum)**

當作用在一個剛體系統上之所有外力的作用線都通過一個已知點 O 時 (亦即，對於該點的角衝量為零)，這個系統的角動量即為守恆 (亦即，角動量為一常數)[第 17.10 節]。

$$(\mathbf{H}_O)_1 = (\mathbf{H}_O)_2 \qquad (17.17)$$

若為角動量守恆的問題，則應以式 (17.17) 的方法來解題 [範例 17.8]。

■ **衝擊運動 (Impulsive motion)**

本章的最後一部分是講授剛體的衝擊運動及偏心衝擊。在第 17.11 節中，我們學到衝量與動量法是求解有關衝擊運動類型之題目唯一可行的方法，同時在這類問題中，有關衝量的計算也是極為簡單的 [範例 17.9]。

■ **偏心衝擊 (Eccentric impact)**

在第 17.12 節中，我們學到兩個剛體的偏心衝擊的定義為，相撞擊之兩者的質心並不位於碰撞線上。在這種情況下，相似於第十三章中所推導出的兩個質點做中心衝擊時之關係式依然存在，只是在計算恢復係數 e 的時候，應改採實際發生碰撞處之點 A 與點 B 的速度。其關係式如下所示：

$$(v'_B)_n - (v'_A)_n = e[(v_A)_n - (v_B)_n] \qquad (17.19)$$

其中，$(v_A)_n$ 與 $(v_B)_n$ 為碰撞前點 A 與點 B 在沿著衝擊線上之速度分量，而 $(v'_A)_n$ 與 $(v'_B)_n$ 則為這兩者在碰撞後之速度分量 (圖 17.16)。

式 (17.19) 不僅適用於發生碰撞的兩者在碰撞後能夠自由運動的情形，也適用於那種在碰撞後，兩者的運動會受到部分限制的案例。式 (17.19) 也必須與一個或數個經由衝量與動量原理而得的公式聯立以求解 [範例 17.10]。我們另外還提出一個案例，是必須要結合衝量與動量法以及功能法兩種方法，才可以求得答案 [範例 17.11]。

(a)

(b)

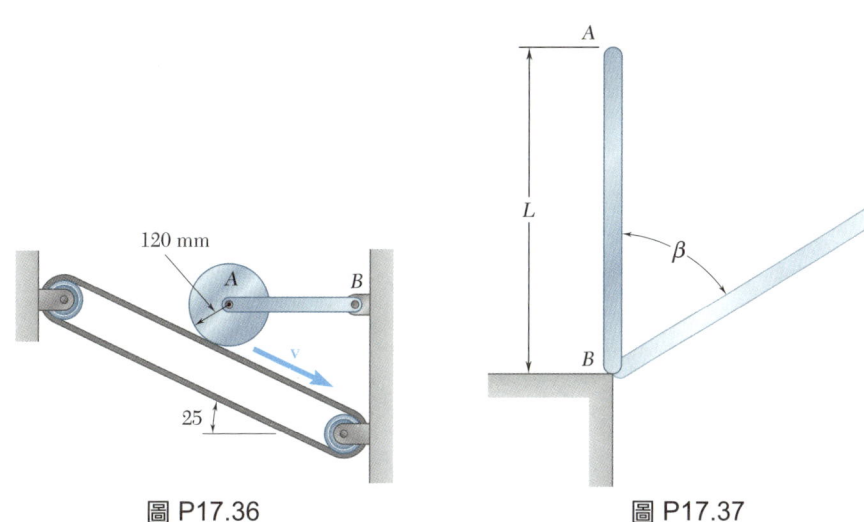

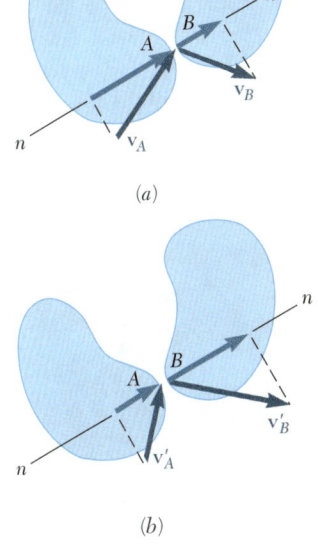

圖 17.16

複習題

17.36 均質等厚的圓盤 A 起初為靜止，現令其接觸一 $v = 25$ m/s 作等速運動之皮帶。已知圓盤與皮帶間的動摩擦係數為 0.15，試求 (a) 圓盤轉幾圈後才會開始作等角速度運動？(b) 需時多久圓盤才會開始作等角速度運動？

17.37 一均勻細長桿 AB 起初立於桌角，現在給它一個輕微順時鐘旋轉的運動。假設桌角很銳利且稍微嵌入細長桿內，因此點 B 處的靜摩擦係數可視為極大。試求 (a) 若細長桿旋轉了角度 β 時會與桌角分離，則此角度 β 為何？(b) 此時端點 A 的速度為何？

圖 P17.36

圖 P17.37

17.38 圓盤 A 與 B 以相同材料製成且有相同厚度,它們都能自由地繞著鉛直軸轉動。圓盤 B 原本為靜止不動,現使圓盤 B 掉落到角速度為 500 rpm 之圓盤 A 上。已知圓盤 A 的質量為 8 kg。試求 (a) 兩圓盤的最終角速度;(b) 系統之動能的改變量。

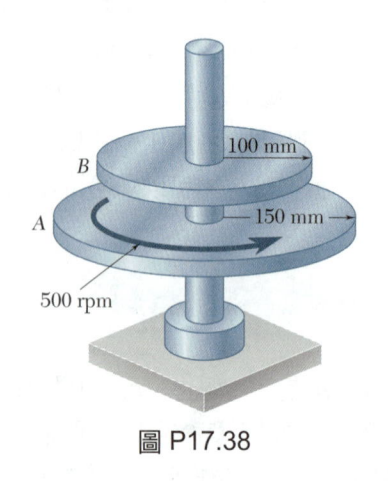

圖 P17.38

CHAPTER 18

剛體之三維動力學

雖然前幾章所學的一般原理也可用於解決剛體之三維運動,然而在求解三維運動時,除了需要一些新的分析方法之外,其過程會比求解二維運動時更為複雜。其中一個例子即為如何求得作用於太空梭之機械手臂上的所有力。

*18.1　簡介 (Introduction)

在第十六與十七章中，我們學習了剛體及剛體系統的平面運動。雖然在第十六與十七章的後半段 (動量法)，我們所學習的僅限於平板剛體，以及對稱於一參考面的剛體，然而在這兩章中所學到的許多結果，其實對於在三度空間中做運動的剛體仍然是適用的。舉例而言，下列的兩個基本方程式

$$\Sigma \mathbf{F} = m\bar{\mathbf{a}} \tag{18.1}$$

$$\Sigma \mathbf{M}_G = \dot{\mathbf{H}}_G \tag{18.2}$$

原本僅用於分析剛體的平面運動，但是卻仍適用於大部分的一般剛體運動。如同在第 16.2 節中所示，這兩個公式所顯示的意義為，一個由一群外力所組成的系統，與一個附著於質心 G 的 $m\bar{\mathbf{a}}$ 向量與力偶 $\dot{\mathbf{H}}_G$ 所組成的系統，兩者的力系統是相當的 (圖 18.1)。在求解平板剛體及對稱於參考面之剛體的平面運動上，雖然角動量 $\mathbf{H}_G$ 可藉由 $\mathbf{H}_G = \bar{I}\boldsymbol{\omega}$ 的關係式來求得，然而這個很重要的公式在處理不具對稱性之剛體或是三維運動上將不再有效。因此，在本章的第一部分 (第 18.2 節) 中，我們將為一個在作三維運動之剛體，推導出其角動量 $\mathbf{H}_G$ 的通式。

同樣地，雖然第 17.7 節中所討論到的衝量－動量法的主要特性 (亦即，作用在一剛體上的所有動量可以簡化為一作用在該剛體質心 G 上的線動量 $m\bar{\mathbf{v}}$ 與一角動量 $\mathbf{H}_G$) 仍然有效，但是因為關係式 $\mathbf{H}_G = \bar{I}\boldsymbol{\omega}$ 已不再適用，故角動量 $\mathbf{H}_G$ 必須被在第 18.2 節中所推導出來的通式先取代，然後才能在剛體的三維運動中沿用該衝量－動量法 (第 18.3 節)。

我們同時應該知道，在第 17.2 節中所討論的功－能原理，與第 17.6 節所提到的能量守恆原理，在剛體的三維運動中將仍然有效。只不過在第 17.4 節中，剛體做平面運動的動能公式，必須被在第 18.4 節中特別為剛體的三維運動所推導出來的新公式取代。

在本章的第二部分，首先你將會學到如何求得一個立體剛體之角動量對時間的改變率 $\dot{\mathbf{H}}_G$，在這過程中你會使用到慣性矩與慣性積為常數的一個旋轉座標系統 (第 18.5 節)。然後式 (18.1) 和式 (18.2) 將以自由體圖方程式的形式呈現，該方程式即可用以解決剛體之三維運動中的各式各樣的問題 (第 18.6 到 18.8 節)。

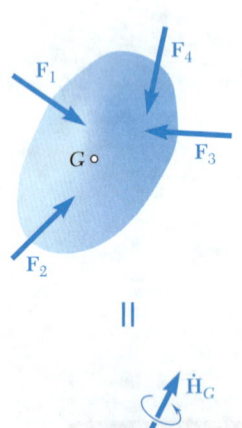

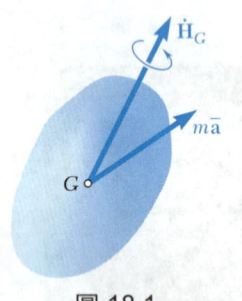

圖 18.1

在本章的最後一部分 (第 18.9 到 18.11 節)，將會討論陀螺的運動，或以更廣義的方式來說，是一個軸對稱的剛體在其對稱軸上有一固定點之運動。在第 18.10 節中，一個陀螺的穩態進動 (steady precession) 的特例將被討論。在第 18.11 節中，我們將分析一個軸對稱的物體，除了自身重力之外，在未受到其他外力情況下的運動情形。

*18.2 剛體於三維運動的角動量 (Angular Momentum of a Rigid Body in Three Dimensions)

在這一節中，我們將看到一個作三維運動之物體，繞其質心的角動量 $\mathbf{H}_G$ 將如何由其角速度 $\boldsymbol{\omega}$ 所推導出來。

根據式 (14.24)，一個繞其質心 G 之物體的角動量可如下式所示：

$$\mathbf{H}_G = \sum_{i=1}^{n} (\mathbf{r}'_i \times \mathbf{v}'_i \, \Delta m_i) \tag{18.3}$$

其中，$\mathbf{r}'_i$ 為質量是 Δm_i 之質點 P_i 的位置向量，$\mathbf{v}'_i$ 為質點 P_i 的速度向量，這兩個向量皆是相對於固定在質心 G 上的座標軸 $Gxyz$ (圖 18.2)。但是因為 $\mathbf{v}'_i = \boldsymbol{\omega} \times \mathbf{r}'_i$，其中 $\boldsymbol{\omega}$ 是在那一瞬間的角速度，代入式 (18.3) 可得

$$\mathbf{H}_G = \sum_{i=1}^{n} [\mathbf{r}'_i \times (\boldsymbol{\omega} \times \mathbf{r}'_i) \, \Delta m_i]$$

將各向量的直角座標分量代入，即可得角動量之 x 分量為

$$\begin{aligned} H_x &= \sum_{i=1}^{n} [y_i(\boldsymbol{\omega} \times \mathbf{r}'_i)_z - z_i(\boldsymbol{\omega} \times \mathbf{r}'_i)_y] \, \Delta m_i \\ &= \sum_{i=1}^{n} [y_i(\omega_x y_i - \omega_y x_i) - z_i(\omega_z x_i - \omega_x z_i)] \, \Delta m_i \\ &= \omega_x \sum_i (y_i^2 + z_i^2) \, \Delta m_i - \omega_y \sum_i x_i y_i \, \Delta m_i - \omega_z \sum_i z_i x_i \, \Delta m_i \end{aligned}$$

圖 18.2

將此式中加總項以積分置換，並以相同的方式處理 H_y 與 H_z，即可得：

$$\begin{aligned} H_x &= \omega_x \int (y^2 + z^2) \, dm - \omega_y \int xy \, dm - \omega_z \int zx \, dm \\ H_y &= -\omega_x \int xy \, dm + \omega_y \int (z^2 + x^2) \, dm - \omega_z \int yz \, dm \\ H_z &= -\omega_x \int zx \, dm - \omega_y \int yz \, dm + \omega_z \int (x^2 + y^2) \, dm \end{aligned} \tag{18.4}$$

式 (18.4) 中，各個含有平方和的積分項，分別代表通過質心、對 x、y 及 z 軸的**形心質量慣性矩** (centroidal mass moments of inertia) (參見

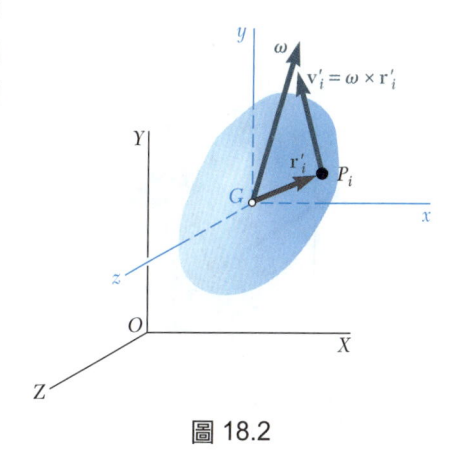

第 9.11 節)；可用以下符號代表：

$$\bar{I}_x = \int(y^2 + z^2)\, dm \qquad \bar{I}_y = \int(z^2 + x^2)\, dm$$
$$\bar{I}_z = \int(x^2 + y^2)\, dm \tag{18.5}$$

同理，各個含有座標之乘積的積分項，分別代表通過該物體質心的**形心質量慣性積** (centroidal mass products of inertia)(參見第 9.16 節)；可用以下符號代表：

$$\bar{I}_{xy} = \int xy\, dm \qquad \bar{I}_{yz} = \int yz\, dm \qquad \bar{I}_{zx} = \int zx\, dm \tag{18.6}$$

將式 (18.5) 和式 (18.6) 代入式 (18.4)，即可得該物體在質心 G 之角動量的各分量：

$$\begin{aligned}H_x &= +\bar{I}_x\, \omega_x - \bar{I}_{xy}\omega_y - \bar{I}_{xz}\omega_z \\ H_y &= -\bar{I}_{yx}\omega_x + \bar{I}_y\, \omega_y - \bar{I}_{yz}\omega_z \\ H_z &= -\bar{I}_{zx}\omega_x - \bar{I}_{zy}\omega_y + \bar{I}_z\, \omega_z\end{aligned} \tag{18.7}$$

式 (18.7) 的關係式顯示由向量 $\boldsymbol{\omega}$ 推導出向量 $\mathbf{H}_G$ (圖 18.3) 的運算，是被慣性矩與慣性積所組成的矩陣所控制

$$\begin{pmatrix} \bar{I}_x & -\bar{I}_{xy} & -\bar{I}_{xz} \\ -\bar{I}_{yx} & \bar{I}_y & -\bar{I}_{yz} \\ -\bar{I}_{zx} & -\bar{I}_{zy} & \bar{I}_z \end{pmatrix} \tag{18.8}$$

圖 18.3

矩陣 (18.8) 定義了該物體在質心 G 的**慣性張量** (inertia tensor)。若使用不同的座標軸，則這個由慣性矩與慣性積所組成的新矩陣也將不同。但是，由向量 $\boldsymbol{\omega}$ 轉換而成的向量 $\mathbf{H}_G$ 仍會相同。很顯然地，對於一個已知的角速度 $\boldsymbol{\omega}$，角動量 $\mathbf{H}_G$ 是不會因為所選用的座標軸不同而有所改變。如同在第 9.17 和 9.18 節中所示，我們一定可以找到一個可令所有的慣性積都為零的座標系統，這樣的座標系統 $Gx'y'z'$ 即稱為**主要慣性座標系統** (principal axes of inertia)。這時，式 (18.8) 的矩陣式可簡化成一個對角矩陣

$$\begin{pmatrix} \bar{I}_{x'} & 0 & 0 \\ 0 & \bar{I}_{y'} & 0 \\ 0 & 0 & \bar{I}_{z'} \end{pmatrix} \tag{18.9}$$

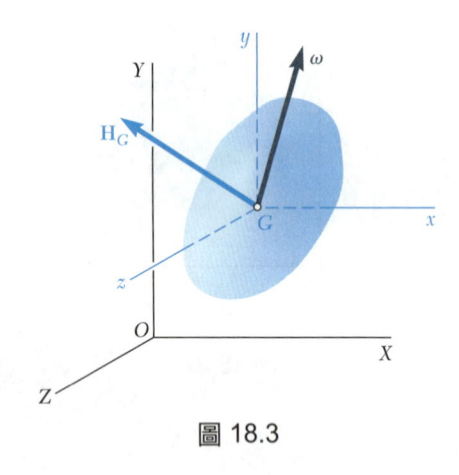

在此矩陣中，$\bar{I}_{x'}$、$\bar{I}_{y'}$、$\bar{I}_{z'}$ 分別代表該物體在**形心上的主慣性矩** (principal centroidal moments of inertia)，因此式 (18.7) 可簡化為

$$H_{x'} = \bar{I}_{x'}\omega_{x'} \qquad H_{y'} = \bar{I}_{y'}\omega_{y'} \qquad H_{z'} = \bar{I}_{z'}\omega_{z'} \qquad (18.10)$$

如果三個形心的主慣性矩分量 $\bar{I}_{x'}$、$\bar{I}_{y'}$、$\bar{I}_{z'}$ 均相同，則通過點 G 之角動量的各分量 $H_{x'}$、$H_{y'}$、$H_{z'}$ 就會與角速度的各分量 $\omega_{x'}$、$\omega_{y'}$、$\omega_{z'}$ 有等比例的關係，也就是說，$\mathbf{H}_G$ 與 $\boldsymbol{\omega}$ 為共線 (亦即，有同一指向)。一般而言，因為主慣性矩的各分量不會相同，所以向量 $\mathbf{H}_G$ 與 $\boldsymbol{\omega}$ 會有不同的指向，除非 $\boldsymbol{\omega}$ 的三個分量中有兩個剛好為零 (亦即，$\boldsymbol{\omega}$ 的指向與其中一個座標軸相同)。所以，只有當 $\boldsymbol{\omega}$ 的指向與其中一個**主慣性軸** (principal axis of inertia) 相同時，一個剛體的角動量 $\mathbf{H}_G$ 才會與其角速度 $\boldsymbol{\omega}$ 有相同的指向。†

當一個對稱於參考平面的剛體在作平面運動時，就剛好滿足這個條件，因此在第 16.3 和 17.8 節中，我們可以將這樣一個剛體的角動量 $\mathbf{H}_G$ 以 $\mathbf{H}_G = \bar{I}\boldsymbol{\omega}$ 來表示。然而，我們也應牢記，這個關係式既不可以應用於非對稱的剛體上，當然也不可以應用於剛體的三維運動。除了 $\boldsymbol{\omega}$ 的指向恰好與某一個主慣性軸相同，否則通常一個剛體的角動量與角速度會有不同的指向，欲由已知的 $\boldsymbol{\omega}$ 來求得 $\mathbf{H}_G$，就非得使用關係式 (18.7) 或式 (18.10) 不可。

照片 18.1　在設計一個汽車裝配線上的機器手臂焊接機時，必須同時熟知三維運動學與三維動力學。

▶ **將一個剛體的所有動量簡化為一個在形心 G 點的線動量向量與一個力偶**

我們在第 17.8 節中，曾將一個剛體上不同點的動量所形成的一個系統，簡化為一個在其質心 G 點上的線動量向量 $\mathbf{L}$，與在 G 點的角動量 $\mathbf{H}_G$ (圖 18.4)。我們在此也已具備足夠的條件可以求出一個剛體在做一般三維運動時的向量 $\mathbf{L}$ 與角動量 $\mathbf{H}_G$。在三維運動時之剛體的線動量 $\mathbf{L}$ 會與在作平面運動中的 $\mathbf{L}$ 一樣，有 $\mathbf{L} = m\bar{\mathbf{v}}$ 的關係，其中 m 為剛體的質量，而 $\bar{\mathbf{v}}$ 為質心 G 的速度。但是，角動量 $\mathbf{H}_G$ 不可再以角速度 $\boldsymbol{\omega}$ 乘以純量 $\bar{I}$ 來表示，而是應該以本節前段中所推導出來的式 (18.7) 或式 (18.10) 的關係來表示。

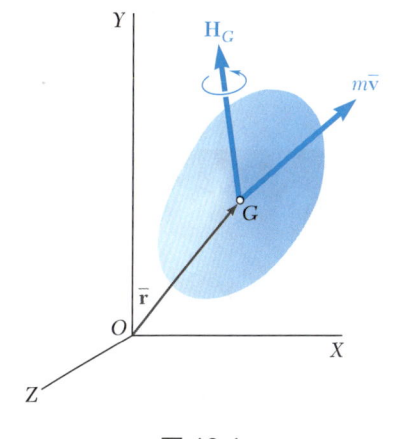

圖 18.4

---

† 在 $\bar{I}_{x'} = \bar{I}_{y'} = \bar{I}_{z'}$ 的特殊案例中，任何一條通過點 G 的直線都可以視為一個主慣性軸，故在這種形況下的向量 $\mathbf{H}_G$ 與 $\boldsymbol{\omega}$ 也將永遠為共線。

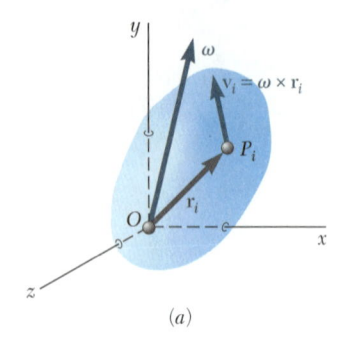

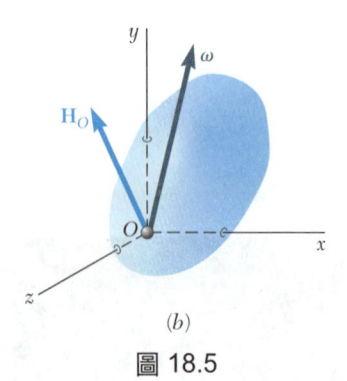

我們也知道，一旦線動量 $m\bar{\mathbf{v}}$ 與角動量 $\mathbf{H}_G$ 已算出，對於任何一點 O 的角動量 $\mathbf{H}_O$，就可以用下式求得：

$$\mathbf{H}_O = \bar{\mathbf{r}} \times m\bar{\mathbf{v}} + \mathbf{H}_G \tag{18.11}$$

▶ 一個僅能繞著固定點旋轉之剛體的角動量

有一種特例是，一個剛體在三度空間中只能繞著一個固定點 O 旋轉 (圖 18.5a)。此時若是能求得這個剛體對於固定點 O 的角動量 $\mathbf{H}_O$ 可能較為方便。雖然 $\mathbf{H}_O$ 可以經由先算出 $\mathbf{H}_G$，再以式 (18.11) 來求得，但是通常由角速度 $\boldsymbol{\omega}$ 與相對於 (原點在點 O) 座標系統 $Oxyz$ 的慣性矩和慣性積來直接算出，反而較為有利。猶記得角動量的定義式 (14.7) 為

$$\mathbf{H}_O = \sum_{i=1}^{n} (\mathbf{r}_i \times \mathbf{v}_i \, \Delta m_i) \tag{18.12}$$

其中，$\mathbf{r}_i$ 與 $\mathbf{v}_i$ 分別代表質點 P_i 相對於固定座標系 $Oxyz$ 的位置向量與速度。將 $\mathbf{v}_i = \boldsymbol{\omega} \times \mathbf{r}_i$ 代入，並以本節前述的同樣方式來加以運算，可以求得角動量 $\mathbf{H}_O$ (圖 18.5b) 的各分量為：

$$\begin{aligned} H_x &= +I_x \omega_x - I_{xy}\omega_y - I_{xz}\omega_z \\ H_y &= -I_{yx}\omega_x + I_y \omega_y - I_{yz}\omega_z \\ H_z &= -I_{zx}\omega_x - I_{zy}\omega_y + I_z \omega_z \end{aligned} \tag{18.13}$$

其中，慣性矩 I_x、I_y、I_z 與慣性積 I_{xy}、I_{yz}、I_{zx} 為相對於原點在固定點 O 的座標系統 $Oxyz$ 所計算而得的。

圖 18.5

*18.3 應用衝量與動量原理於剛體的三維運動 (Application of the Principle of Impulse and Momentum to the Three-Dimensional Motion of a Rigid Body)

在將式 (18.2) 應用於求解一個剛體在作三維運動的問題上，我們還必須先算出角動量 $\mathbf{H}_G$ 對時間的微分，但是這個推導過程要延後到第 18.5 節中再討論。然而，在前一節中所得到的結果，卻已可立即應用於衝量與動量法的解題上。

照片 18.2　在保齡球的衝力作用下，球瓶會同時獲得線動量與角動量。

圖 18.6

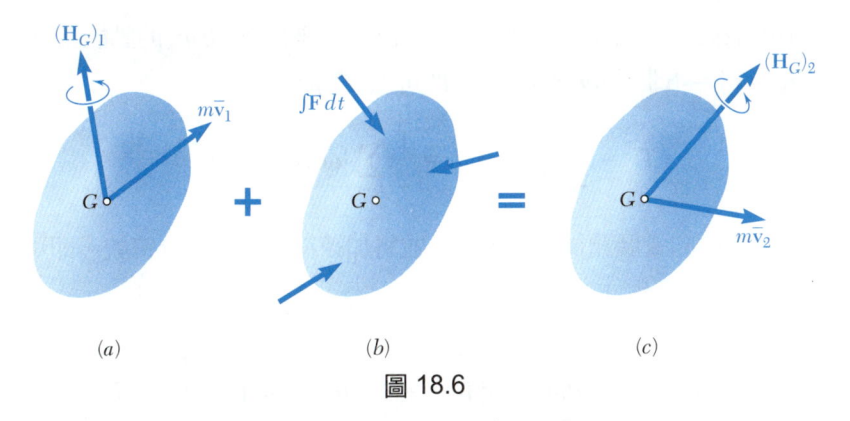

由前述已知，剛體上一群質點的動量所形成的一個系統，可以簡化為此剛體質心的一個線動量向量 $m\bar{\mathbf{v}}$ 與角動量 $\mathbf{H}_G$，這個關係可以經由圖 18.6 的圖示法來表示：

(系統的動量)$_1$ + **(系統的外加衝量)**$_{1 \to 2}$ = **(系統的動量)**$_2$ (17.14)

在解題時，我們可利用這個圖解的關係式來寫出適當的各分量與轉矩方程式，只是要記得角動量 $\mathbf{H}_G$ 之各分量與角速度 $\boldsymbol{\omega}$ 之各分量的關係必須使用式 (18.7) 的結果。

若欲解一個物體繞著一個固定點做旋轉運動的問題時，寫出所有的動量與衝量對點 O 的轉矩平衡式會是一個比較好的方法，因為如此一來，可以使點 O 的反作用力所產生的衝量不列入計算式中。至於該物體的角動量 $\mathbf{H}_O$ 則可以直接由式 (18.13) 求出；或是先求出線動量 $m\bar{\mathbf{v}}$ 與角動量 $\mathbf{H}_G$，然後利用式 (18.11) 求出 $\mathbf{H}_O$。

*18.4 剛體於三維運動的動能 (Kinetic Energy of a Rigid Body in Three Dimensions)

當一質量為 m 的剛體在作三維運動，由第 14.6 節得知，剛體上的每一質點 P_i 的絕對速度，若可以用剛體之質心 G 的速度 $\bar{\mathbf{v}}$，加上該質點相對於一個方向固定、原點在 G 點的座標系 $Gxyz$ (圖 18.7) 的相對速度 $\mathbf{v}'_i$ 來表示，則該剛體的所有質點的動能可以表示為

$$T = \tfrac{1}{2} m \bar{v}^2 + \tfrac{1}{2} \sum_{i=1}^{n} \Delta m_i v_i'^2 \qquad (18.14)$$

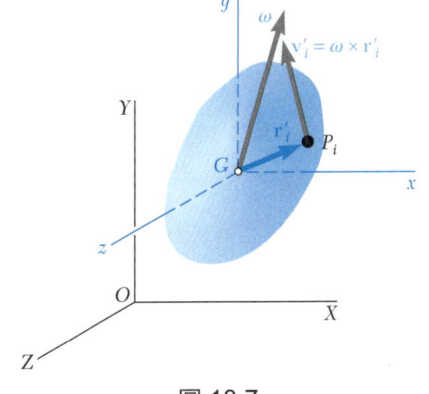

圖 18.7

其中,最後一項代表這個剛體相對於該形心座標系 $Gxyz$ 的動能 T',又因為 $v'_i = |\mathbf{v}'_i| = |\boldsymbol{\omega} \times \mathbf{r}'_i|$,故 T' 可以改寫成:

$$T' = \frac{1}{2}\sum_{i=1}^{n} \Delta m_i v_i'^2 = \frac{1}{2}\sum_{i=1}^{n} |\boldsymbol{\omega} \times \mathbf{r}'_i|^2 \Delta m_i$$

將上式中的向量展開後取其平方,並將加總符號改為積分符號,即可得

$$\begin{aligned}T' &= \tfrac{1}{2}\int[(\omega_x y - \omega_y x)^2 + (\omega_y z - \omega_z y)^2 + (\omega_z x - \omega_x z)^2]dm \\ &= \tfrac{1}{2}[\omega_x^2 \int(y^2+z^2)dm + \omega_y^2 \int(z^2+x^2)dm + \omega_z^2 \int(x^2+y^2)dm \\ &\quad - 2\omega_x\omega_y \int xy\,dm - 2\omega_y\omega_z \int yz\,dm - 2\omega_z\omega_x \int zx\,dm]\end{aligned}$$

將形心的質量慣性矩與形心的質量慣性積的定義式 (18.5) 和式 (18.6) 代入後,上式可簡化為

$$T' = \tfrac{1}{2}(\bar{I}_x\omega_x^2 + \bar{I}_y\omega_y^2 + \bar{I}_z\omega_z^2 - 2\bar{I}_{xy}\omega_x\omega_y - 2\bar{I}_{yz}\omega_y\omega_z - 2\bar{I}_{zx}\omega_z\omega_x) \quad (18.15)$$

將式 (18.15) 的 T' 代回式 (18.14) 即得

$$T = \tfrac{1}{2}m\bar{v}^2 + \tfrac{1}{2}(\bar{I}_x\omega_x^2 + \bar{I}_y\omega_y^2 + \bar{I}_z\omega_z^2 - 2\bar{I}_{xy}\omega_x\omega_y - 2\bar{I}_{yz}\omega_y\omega_z - 2\bar{I}_{zx}\omega_z\omega_x) \quad (18.16)$$

若我們所選取的座標系統的各座標軸在某一瞬間恰好與該剛體的各主慣性軸 x'、y'、z' 重合 (此時質量慣性積皆為零),則上式更可以進一步簡化為

$$T = \tfrac{1}{2}m\bar{v}^2 + \tfrac{1}{2}(\bar{I}_{x'}\omega_{x'}^2 + \bar{I}_{y'}\omega_{y'}^2 + \bar{I}_{z'}\omega_{z'}^2) \quad (18.17)$$

其中,$\bar{\mathbf{v}}$ = 質心的速度

$\boldsymbol{\omega}$ = 角速度

m = 剛體的質量

$\bar{I}_{x'}$、$\bar{I}_{y'}$、$\bar{I}_{z'}$ = 通過形心的主慣性矩

有了這個結果,我們即可將第 17.2 節中的功與能原理,及第 17.6 節中的能量守恆應用於剛體的三維運動上。

▶ 具有一個固定點之剛體的動能

有一種特例是,一個剛體在三度空間中僅繞著一個固定點作旋

轉運動，這時該剛體的動能就可以用其相對於原點固定在點 O 上之座標軸的慣性矩與慣性積來表示 (圖 18.8)。根據一群質點之動能的基本定義，將 $v_i = |\mathbf{v}_i| = |\boldsymbol{\omega} \times \mathbf{r}_i|$ 代入可得

$$T = \frac{1}{2}\sum_{i=1}^{n}\Delta m_i v_i^2 = \frac{1}{2}\sum_{i=1}^{n}|\boldsymbol{\omega} \times \mathbf{r}_i|^2\,\Delta m_i \tag{18.18}$$

用與推導式 (18.15) 同樣的運算方式可得

$$T = \tfrac{1}{2}(I_x\omega_x^2 + I_y\omega_y^2 + I_z\omega_z^2 - 2I_{xy}\omega_x\omega_y - 2I_{yz}\omega_y\omega_z - 2I_{zx}\omega_z\omega_x) \tag{18.19}$$

事實上，這一公式僅是將式 (18.16) 中相對於形心 G 的慣性矩與慣性積改為相對於固定點 O 而已。

若是將點 O 的各主軸 x'、y'、z' 選作為原點在點 O 之座標軸的話，則此動能公式更可以進一步簡化為

$$T = \tfrac{1}{2}(I_{x'}\omega_{x'}^2 + I_{y'}\omega_{y'}^2 + I_{z'}\omega_{z'}^2) \tag{18.20}$$

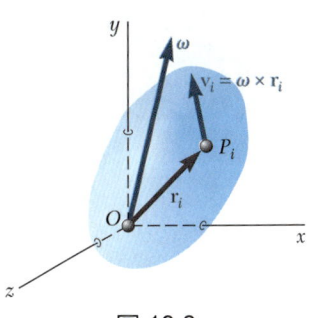

圖 18.8

範例 18.1

有一塊質量為 m 的長方板懸吊於 A 與 B 兩繩之下，該板在點 D 受到一垂直於板面的衝擊力。若以 $\mathbf{F}\,\Delta t$ 來表示在點 D 的衝量，試求在碰撞結束後的瞬間 (a) 質心 G 的速度；(b) 該長方板的角速度。

解

假設 A 與 B 兩繩始終維持緊繃的狀態，故 $\bar{\mathbf{v}}$ 的分量 $\bar{v}_y$ 與角速度 $\boldsymbol{\omega}$ 的分量 ω_z 在碰撞後均為零。我們可得

$$\bar{\mathbf{v}} = \bar{v}_x\mathbf{i} + \bar{v}_z\mathbf{k} \qquad \boldsymbol{\omega} = \omega_x\mathbf{i} + \omega_y\mathbf{j}$$

又因為座標軸 x、y、z 均為主慣性軸，故

$$\mathbf{H}_G = \bar{I}_x\omega_x\mathbf{i} + \bar{I}_y\omega_y\mathbf{j} \qquad \mathbf{H}_G = \tfrac{1}{12}mb^2\omega_x\mathbf{i} + \tfrac{1}{12}ma^2\omega_y\mathbf{j} \tag{1}$$

衝量與動量原理。因為系統的初始動量為零，所以系統的外加衝量必定等效於系統的最終動量。

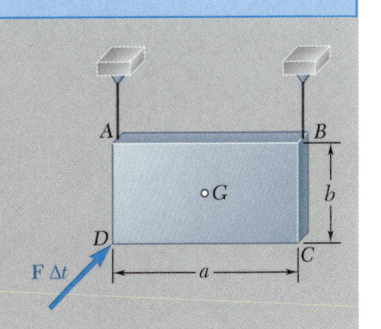

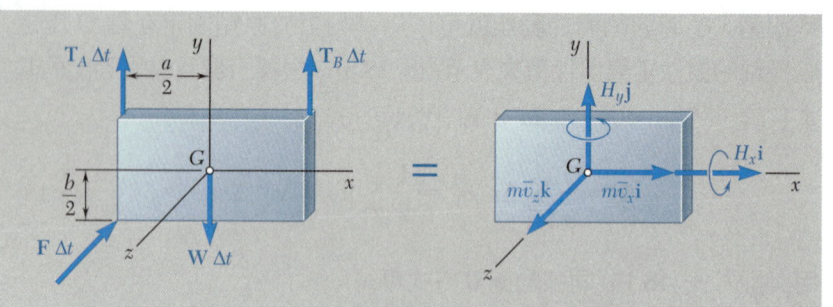

a. 速度與質心。寫出線衝量與線動量在 x 與 z 方向的平衡式：

x 分量： $\quad 0 = m\bar{v}_x \quad\quad \bar{v}_x = 0$

z 分量： $\quad -F\,\Delta t = m\bar{v}_z \quad\quad \bar{v}_z = -F\,\Delta t/m$

$$\bar{\mathbf{v}} = \bar{v}_x\mathbf{i} + \bar{v}_z\mathbf{k} \quad\quad \bar{\mathbf{v}} = -(F\,\Delta t/m)\mathbf{k} \blacktriangleleft$$

b. 角速度。寫出衝量與動量繞著 x 與 y 軸的轉矩 (亦即，相對於兩軸的角衝量與角動量)：

相對於 x 軸： $\quad\quad \tfrac{1}{2}bF\,\Delta t = H_x$

相對於 y 軸： $\quad\quad -\tfrac{1}{2}aF\,\Delta t = H_y$

$$\mathbf{H}_G = H_x\mathbf{i} + H_y\mathbf{j} \quad\quad \mathbf{H}_G = \tfrac{1}{2}bF\,\Delta t\mathbf{i} - \tfrac{1}{2}aF\,\Delta t\mathbf{j} \quad (2)$$

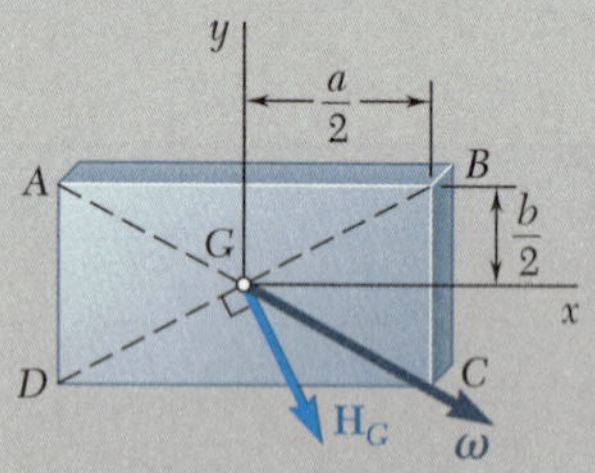

比較式 (1) 和式 (2) 中的 $\mathbf{H}_G$，即可求得：

$$\omega_x = 6F\,\Delta t/mb \quad\quad \omega_y = -6F\,\Delta t/ma$$
$$\boldsymbol{\omega} = \omega_x\mathbf{i} + \omega_y\mathbf{j} \quad\quad \boldsymbol{\omega} = (6F\,\Delta t/mab)(a\mathbf{i} - b\mathbf{j}) \blacktriangleleft$$

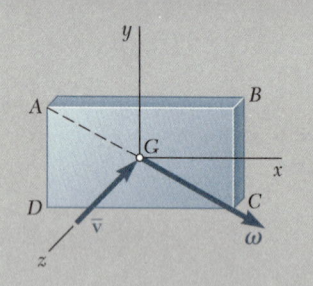

請注意：角速度 $\boldsymbol{\omega}$ 的指向是沿著對角線 AC 的方向。

備註：若寫出線衝量與線動量在 y 方向的平衡式，以及角衝量與角動量相對於 z 軸的平衡式，由這兩個額外的計算式可以得到 $T_A = T_B = \tfrac{1}{2}W$。如此可證明該兩繩始終處於緊繃的狀態，故我們一開始解題時所設定的假設條件是正確的。

範例 18.2

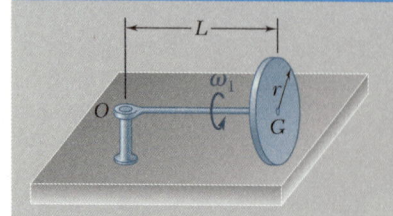

有一質量為 m、半徑為 r 的圓盤安裝在一個長度為 L、質量可忽略不計的軸 OG 之一端。該軸可繞其另一端的固定點 O 旋轉，且這圓盤僅能在一水平面上滾動。若此圓盤以 ω_1 的逆時針轉速繞著軸 OG 旋轉，試求 (a) 該圓盤的角速度；(b) 該圓盤對於點 O 的角動量；(c) 圓盤之動能；(d) 圓盤在點 G 的線動量與角動量。

解

a. 角速度。 當該圓盤繞著軸 OG 旋轉時，它同時也與軸 OG 一起以 ω_2 的轉速繞著 y 軸旋轉，因此圓盤的總角速度為

$$\boldsymbol{\omega} = \omega_1 \mathbf{i} - \omega_2 \mathbf{j} \tag{1}$$

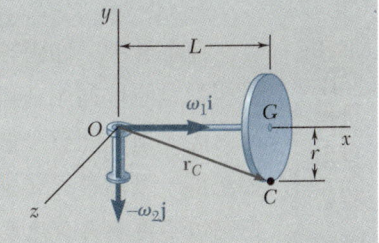

由點 C 的速度為零的向量式中，可求得 ω_2 之轉速：

$$\mathbf{v}_C = \boldsymbol{\omega} \times \mathbf{r}_C = 0$$
$$(\omega_1 \mathbf{i} - \omega_2 \mathbf{j}) \times (L\mathbf{i} - r\mathbf{j}) = 0$$
$$(L\omega_2 - r\omega_1)\mathbf{k} = 0 \qquad \omega_2 = r\omega_1/L$$

將 ω_2 代入式 (1)，可得圓盤的角速度為： $\quad \boldsymbol{\omega} = \omega_1 \mathbf{i} - (r\omega_1/L)\mathbf{j} \quad \blacktriangleleft$

b. 圓盤對於點 O 的角動量。 假設軸 OG 為該圓盤的一部分，可以想像圓盤有一固定點在點 O。因為座標軸 x、y 與 z 軸是圓盤的主慣性軸，所以

$$H_x = I_x \omega_x = (\tfrac{1}{2}mr^2)\omega_1$$
$$H_y = I_y \omega_y = (mL^2 + \tfrac{1}{4}mr^2)(-r\omega_1/L)$$
$$H_z = I_z \omega_z = (mL^2 + \tfrac{1}{4}mr^2)0 = 0$$
$$\mathbf{H}_O = \tfrac{1}{2}mr^2\omega_1 \mathbf{i} - m(L^2 + \tfrac{1}{4}r^2)(r\omega_1/L)\mathbf{j} \quad \blacktriangleleft$$

c. 圓盤的動能。 將上述的各慣性矩與 $\boldsymbol{\omega}$ 的分量代入式 (18.20)，可得動能 T：

$$T = \tfrac{1}{2}(I_x \omega_x^2 + I_y \omega_y^2 + I_z \omega_z^2) = \tfrac{1}{2}[\tfrac{1}{2}mr^2\omega_1^2 + m(L^2 + \tfrac{1}{4}r^2)(-r\omega_1/L)^2]$$
$$T = \tfrac{1}{8}mr^2\left(6 + \frac{r^2}{L^2}\right)\omega_1^2 \quad \blacktriangleleft$$

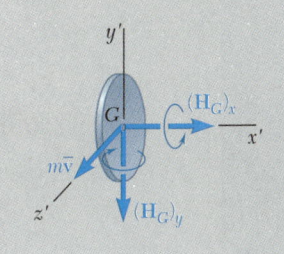

d. 圓盤在點 G 的線動量與角動量分別為

線動量向量 $m\bar{\mathbf{v}}$ 為

$$m\bar{\mathbf{v}} = mr\omega_1 \mathbf{k} \quad \blacktriangleleft$$

角動量 $\mathbf{H}_G$ 為

$$\mathbf{H}_G = \bar{I}_{x'}\omega_x \mathbf{i} + \bar{I}_{y'}\omega_y \mathbf{j} + \bar{I}_{z'}\omega_z \mathbf{k} = \tfrac{1}{2}mr^2\omega_1 \mathbf{i} + \tfrac{1}{4}mr^2(-r\omega_1/L)\mathbf{j}$$
$$\mathbf{H}_G = \tfrac{1}{2}mr^2\omega_1\left(\mathbf{i} - \frac{r}{2L}\mathbf{j}\right) \quad \blacktriangleleft$$

重點提示

在本課中,你已經學到了如何去計算剛體在三維運動中的角動量,以及如何將衝量與動量原理運用在剛體的三維運動中。你也同時學到如何計算剛體在作三維運動時的動能。這裡面有一個很重要的概念是,除非是在一些極為特殊的情況下,否則千萬要記得,剛體在三維運動中的角動量不能再以 $\bar{I}\boldsymbol{\omega}$ 來表示了!也就是說,其角動量的方向也不再會與角速度 $\boldsymbol{\omega}$ 的方向相同(圖 18.3)。

1. **計算一個剛體對其質心 G 的角動量 $\mathbf{H}_G$。** 首先你必須先決定剛體的角速度 $\boldsymbol{\omega}$,這個角速度必須是相對於一個原點在點 G 的固定座標系統。由於你只會被問到要如何求得該剛體在某一特定瞬間的角動量,所以你可以選取任何一個對於計算最為方便的座標系統。

   a. 若物體在點 G 的主慣性軸為已知,則請使用這些軸作為座標軸 x'、y' 和 z',這樣的做法,會使得這個物體的相關慣性積都變為零。計算出角速度在各座標軸上的分量 $\omega_{x'}$、$\omega_{y'}$、$\omega_{z'}$,及各主慣性矩 $\bar{I}_{x'}$、$\bar{I}_{y'}$、$\bar{I}_{z'}$,則角動量 $\mathbf{H}_G$ 的各分量即為

   $$H_{x'} = \bar{I}_{x'}\omega_{x'} \qquad H_{y'} = \bar{I}_{y'}\omega_{y'} \qquad H_{z'} = \bar{I}_{z'}\omega_{z'} \tag{18.10}$$

   b. 若物體在點 G 的主慣性軸為未知,則必須使用式 (18.7) 來求出角動量 $\mathbf{H}_G$ 的各個分量。但是在使用式 (18.7) 之前,你必須先算出此物體相對於你所選定之座標系統的慣性矩與慣性積。

   $$\begin{aligned} H_x &= +\bar{I}_x\,\omega_x - \bar{I}_{xy}\omega_y - \bar{I}_{xz}\omega_z \\ H_y &= -\bar{I}_{yx}\omega_x + \bar{I}_y\,\omega_y - \bar{I}_{yz}\omega_z \\ H_z &= -\bar{I}_{zx}\omega_x - \bar{I}_{zy}\omega_y + \bar{I}_z\,\omega_z \end{aligned} \tag{18.7}$$

   c. $\mathbf{H}_G$ 的大小與方向餘弦可由下列類似在靜力學 [第 2.12 節] 中的公式算出:

   $$H_G = \sqrt{H_x^2 + H_y^2 + H_z^2}$$

   $$\cos\theta_x = \frac{H_x}{H_G} \qquad \cos\theta_y = \frac{H_y}{H_G} \qquad \cos\theta_z = \frac{H_z}{H_G}$$

   如此即可求得向量 $\mathbf{H}_G$ 的大小與方向。

   d. 一旦 $\mathbf{H}_G$ 求出以後,由圖 18.4 可看出,物體對於任一給定之點 O 的角動量即為

   $$\mathbf{H}_O = \bar{\mathbf{r}} \times m\bar{\mathbf{v}} + \mathbf{H}_G \tag{18.11}$$

其中 $\bar{\mathbf{r}}$ 是點 G 相對於點 O 的位置向量，$m\bar{\mathbf{v}}$ 是物體的線動量。

2. 計算一個具有一固定點 O 之剛體的角動量 $\mathbf{H}_O$。使用與第一段中相同的步驟即可導出角動量 $\mathbf{H}_O$，唯一不同的是，這時應該將座標系統的原點設定在固定點 O 之上。

   a. 若物體在點 O 的主慣性軸為已知，則須先計算出角速度 $\boldsymbol{\omega}$ 在這些軸上的分量 [範例 18.2]，然後角動量 $\mathbf{H}_O$ 的各分量可由與式 (18.10) 類似的式子求得；亦即，式 (18.10) 中的各質心慣性矩要被置換成對點 O 之各主慣性軸的慣性矩。

   $$H_{x'} = I_{x'}\omega_{x'} \qquad H_{y'} = I_{y'}\omega_{y'} \qquad H_{z'} = I_{z'}\omega_{z'}$$

   b. 若物體在點 O 的主慣性軸為未知，這時你必須先算出此物體相對於你所選取的座標系統的慣性積與慣性矩，然後再用式 (18.13) 來求得角動量 $\mathbf{H}_O$ 的各分量。

   $$\begin{aligned} H_x &= +I_x\omega_x - I_{xy}\omega_y - I_{xz}\omega_z \\ H_y &= -I_{yx}\omega_x + I_y\omega_y - I_{yz}\omega_z \\ H_z &= -I_{zx}\omega_x - I_{zy}\omega_y + I_z\omega_z \end{aligned} \qquad (18.13)$$

3. **應用衝量與動量原理。** 於求解剛體之三維運動的問題時，我們會用到與第十七章在處理平面運動時一樣的向量公式：

   (系統的初始動量)$_1$ + **(系統的外加衝量)**$_{1\to 2}$ = **(系統的最終動量)**$_2$ (17.14)

   其中，系統的初始動量與其最終動量都是以一個線動量向量 $m\bar{\mathbf{v}}$ 與角動量力偶 $\mathbf{H}_G$ 來表示。只不過這時的「向量－與－力偶系統」應該要用如圖 18.6 中所示之三維運動來表示，而 $\mathbf{H}_G$ 則應使用第一段中所導出的公式來算出。

   a. 若待求解問題中之作用在剛體上的衝量為已知，則首先須畫出一個符合式 (17.14) 的自由體圖公式。將線動量向量式的各分量式寫出，即可求得物體之最終的線動量 $m\bar{\mathbf{v}}$，如此即可求得質心的最終速度 $\bar{\mathbf{v}}$。同樣地，將相對於質心 G 點的轉矩向量方程式寫出，即可求得物體之最終的角動量 $\mathbf{H}_G$，再將這些已求得的 $\mathbf{H}_G$ 的各分量代入式 (18.10) 或式 (18.7) 中，即可求出此物體之角速度 $\boldsymbol{\omega}$ 的各分量 [範例 18.1]。

   b. 若待求解問題中之剛體上的外加衝量為未知，則首先仍須畫出一個符合式 (17.14) 的自由體圖公式，然後寫出一些不包括未知衝量的方程式，這些方程式可以藉由寫出對衝擊點或是對衝擊線之轉矩的等式而得。

4. 在計算一個具有一固定點 O 之剛體的動能時。先將角速度 $\boldsymbol{\omega}$ 在我們自選的座標軸上的各分量算出，然後計算這物體相對於這些軸的慣性矩與慣性積。如同在求角動量時一樣，若我們能輕易找出主慣性軸 x'、y' 和 z'，當然就要採用這些軸作為座標系統，如此相關的慣性積才都會為零 [範例 18.2]，而動能的公式也就因此能簡化為

$$T = \tfrac{1}{2}(I_{x'}\omega_{x'}^2 + I_{y'}\omega_{y'}^2 + I_{z'}\omega_{x'}^2) \tag{18.20}$$

若你非得使用非主慣性軸作為座標軸的話，物體的動能就應使用式(18.19)來求得。

5. 在計算一個在作一般運動之剛體的動能時，可以將其運動想像成，其質心 G 在做平移運動，加上該剛體繞其質心 G 作旋轉運動的組合，而與平移運動相對應的動能則為 $\tfrac{1}{2}m\bar{v}^2$。若可使用質心的主慣性軸，則相對應於繞質心 G 旋轉的動能就可以用類似式 (18.20) 的方式來表示。故此剛體的總動能為

$$T = \tfrac{1}{2}m\bar{v}^2 + \tfrac{1}{2}(\bar{I}_{x'}\omega_{x'}^2 + \bar{I}_{y}\omega_{y'}^2 + \bar{I}_{z'}\omega_{z'}^2) \tag{18.17}$$

但是如果你非得使用非主慣性軸所構成的座標系統來計算繞著點 G 旋轉的動能時，這時的總動能就必須要使用式 (18.16) 來求得。

$$T = \tfrac{1}{2}m\bar{v}^2 + \tfrac{1}{2}(\bar{I}_x\omega_x^2 + \bar{I}_y\omega_y^2 + \bar{I}_z\omega_z^2 - 2\bar{I}_{xy}\omega_x\omega_y \\ - 2\bar{I}_{yz}\omega_y\omega_z - 2\bar{I}_{zx}\omega_z\omega_x) \tag{18.16}$$

習題

18.1 一塊質量為 m、半徑為 r 的均質薄圓盤，繞著一軸以等轉速 ω_1 旋轉，該軸又被另一個轉速為 ω_2 之鉛直桿的叉型端所支撐。試求該圓盤對其質心 G 的角動量。

18.2 一塊質量為 m、邊長為 a 的均質薄方板，以 $45°$ 的角度與一鉛直軸焊接在一起。若該轉軸之角速度為 ω，試求該方形板對於點 A 的角動量。

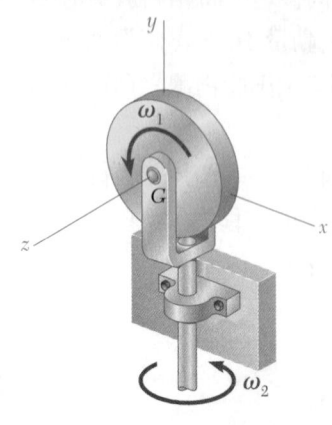

圖 P18.1

圖 P18.2

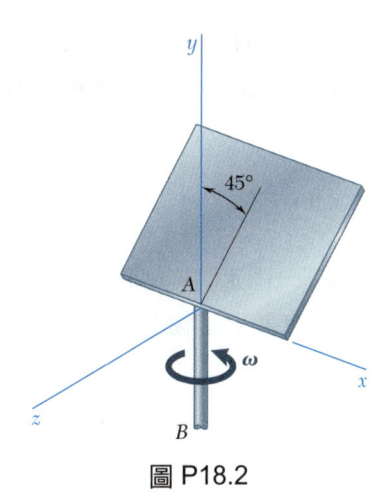

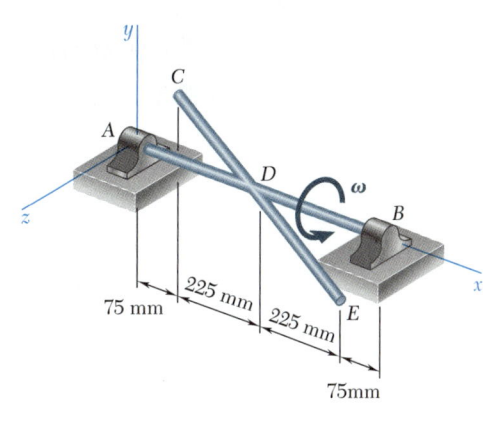

圖 P18.3

18.3 有兩根粗細均勻的桿子 AB 與 CE，每一根的質量各為 1.5 kg、長度各為 600 mm，兩桿在中間與對方焊接在一起。若這兩桿之組合的角速度 ω = 12 rad/s 為一常數，試求這組合在點 D 的角動量 $\mathbf{H}_D$ 的大小與方向。

18.4 一個質量為 m、半徑為 r 的均質圓板，裝在一根鉛直的軸 AB 上，圓板質心 G 的法線與軸之夾角為 β = 25°。若軸的角速度 ω 為一常數，試求軸 AB 與圓板在點 G 的角動量 $\mathbf{H}_G$ 之間的夾角 θ。

18.5 如圖所示之拋射物，其相對於對稱軸 Gx 的迴轉半徑為 100 mm，相對於橫向軸 Gy 的迴轉半徑為 250 mm。其角速度 ω 可以分解為兩個分量：一個分量沿著 Gx，可以量到此拋射物的自轉率；另一個分量沿著 GD，可以量到此拋射物的進動率。已知 θ = 6°，以及此物對其質心 G 的角動量 $\mathbf{H}_G$ = (500 g · m²/s) $\mathbf{i}$ − (10 g · m²/s) $\mathbf{j}$，試求 (a) 其自轉率；(b) 其進動率。

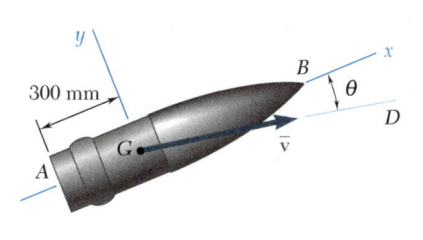

圖 P18.4

圖 P18.5

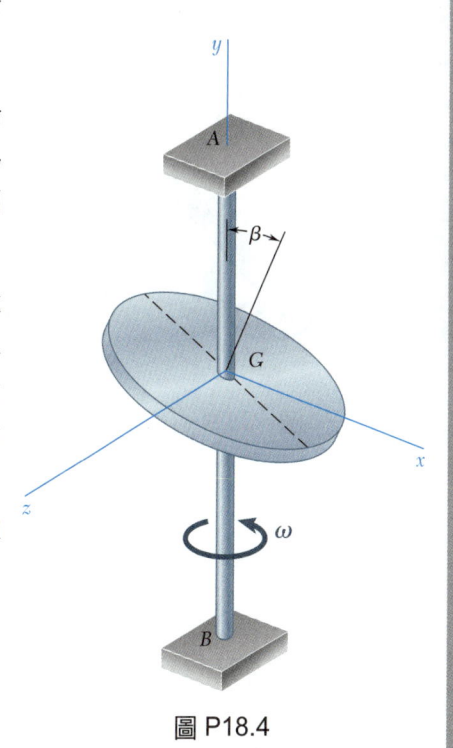

18.6 (a) 試導證一個剛體對於點 B 的角動量 $\mathbf{H}_B$，可以由其對於點 A 的角動量 $\mathbf{H}_A$，加上由點 B 到點 A 的向量 $\mathbf{r}_{A/B}$ 與此物體的線動量 $m\bar{\mathbf{v}}$ 的外積：

$$\mathbf{H}_B = \mathbf{H}_A + \mathbf{r}_{A/B} \times m\bar{\mathbf{v}}$$

(b) 請進一步導證，當一個剛體繞著一固定軸旋轉時，若且唯若此固定軸通過質心 G，則其對於在該固定軸上的任意兩點 A 與 B 的角動量均會相等（$\mathbf{H}_A = \mathbf{H}_B$）。

18.7 一質量為 5 kg、截面均勻的桿子被彎製成如圖所示的軸。已知該軸之角速度 $\omega = 12$ rad/s 為一常數，試求 (a) 此軸對於質心 G 角動量 $\mathbf{H}_G$；(b) $\mathbf{H}_G$ 與軸線 AB 的夾角。

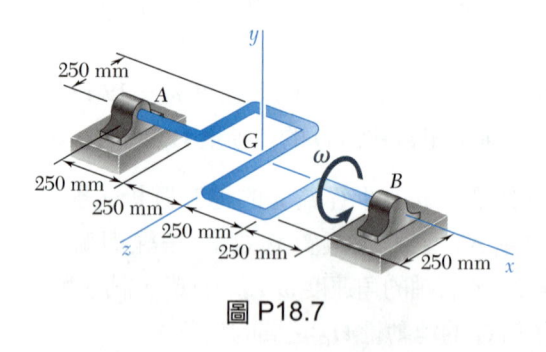

圖 P18.7

18.8 試求習題 18.7 中，該軸對於下列兩點的角動量：(a) 點 A；(b) 點 B。

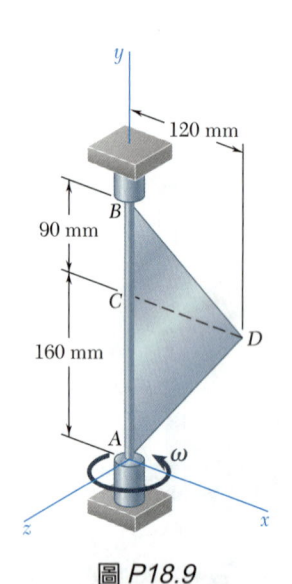

18.9 圖中所示，質量為 7.5 kg 的三角板與一鉛直軸焊在一起。已知該軸之角速度 $\omega = 12$ rad/s 為一常數，試求該軸對於下列兩點的角動量：(a) 點 C；(b) 點 A。[提示：在解 (b) 小題時，先求出 $\bar{\mathbf{v}}$，然後再應用習題 18.6 中 (a) 小題所得的結果。]

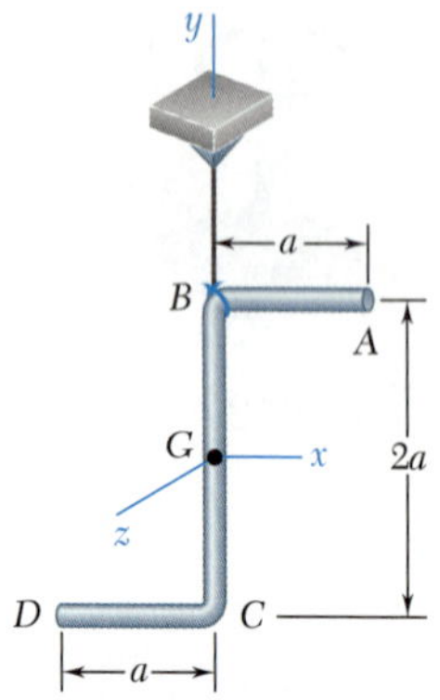

圖 P18.9

18.10 一質量為 m、粗細均勻的桿子被彎成如圖所示的形狀，然後在點 B 被一繩線所懸吊。此彎管在點 D 受到一個與其自身所在之平面垂直的衝擊力（亦即，衝擊力是在負 z 的方向）。若此力的衝量為 $\mathbf{F}\,\Delta t$，在衝擊後的瞬間，試求 (a) 此桿質心的速度；(b) 此桿的角速度。

圖 P18.10

18.11 三根細桿焊接在一起，形成如圖上的組合件，每根細桿的質量為 m、長度為 $2a$。若此構件在點 A 受到一垂直向下的衝擊力，該力之衝量為 $\mathbf{F}\,\Delta t$，在衝擊後之瞬間，試求 (a) 質心 G 的速度；(b) 此桿的角速度。

18.12 1500 kg 之太空探測器 (space probe) 的三個迴轉半徑分別為 $k_x = 0.4$ m、$k_y = 0.45$ m、$k_z = 0.375$ m，圖上所示的座標軸即為其質心的主慣性軸。此探測器本來沒有角速度，直到一個質量為 150 g，相對於此探測器之速度為 $\mathbf{v}_0 = (720$ m/s$)\,\mathbf{i} - (900$ m/s$)\,\mathbf{j} + (960$ m/s$)\,\mathbf{k}$ 的小隕石，打到其太陽面板上的點 A。已知該小隕石打穿太陽面板後由另一面穿出，其速度方向不變，但是速率降低了 20%，試求此探測器的最終角速度。

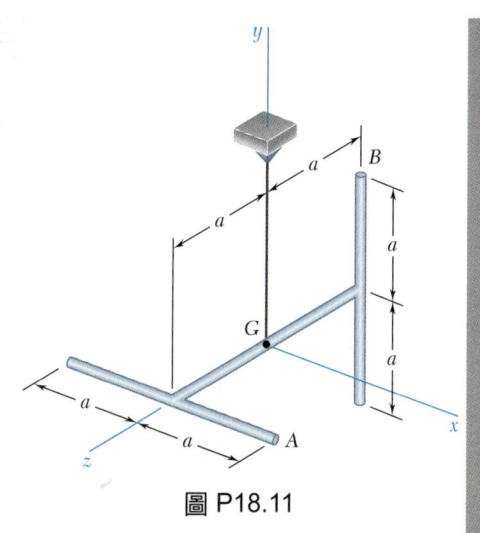

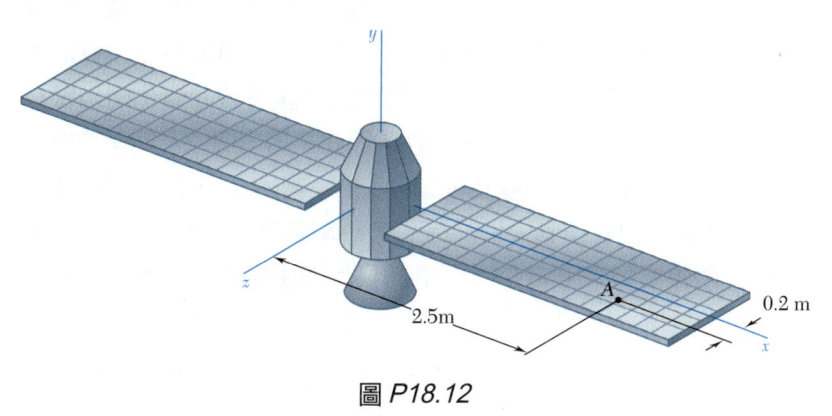

圖 P18.11

圖 P18.12

18.13 試求習題 18.2 中之均質方板的動能。

18.14 試求習題 18.9 中之三角板的動能。

18.15 試求習題 18.12 中之太空探測器在被小隕石撞擊後，繞其質心運動之動能。

*18.5 剛體於三維空間的運動 (Motion of a Rigid Body in Three Dimensions)

由第 18.2 節中可知，動力學的兩個基本公式

$$\Sigma \mathbf{F} = m\bar{\mathbf{a}} \tag{18.1}$$

$$\Sigma \mathbf{M}_G = \dot{\mathbf{H}}_G \tag{18.2}$$

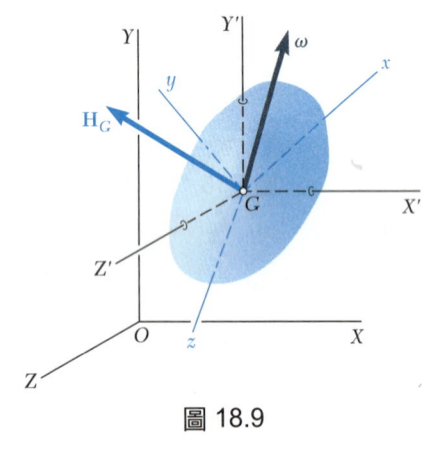

在許多的剛體運動之情況都是有效的。只是若欲將式 (18.2) 應用在剛體的三維運動時，就必須先將角動量 $\mathbf{H}_G$ 的基本公式 (18.7) 微分以求出 $\dot{\mathbf{H}}_G$。所以本節的主要任務是，找出一個簡便有效的方法來求得角動量微分後的各分量。

由於 $\mathbf{H}_G$ 代表剛體在相對於原點在形心上的固定座標系統 $GX'Y'Z'$ 上之運動的角動量 (圖 18.9)，而 $\dot{\mathbf{H}}_G$ 則為相對於該固定座標系統之 $\mathbf{H}_G$ 對時間的改變率，所以在列出式 (18.7) 時，我們會很自然地使用 $\boldsymbol{\omega}$ 與 $\mathbf{H}_G$ 在 X'、Y'、Z' 各軸上的分量。但是由於物體在做旋轉時，其慣性矩與慣性積也會隨著時間而改變，所以必須把它們轉換成隨著時間變化的函數來求出其值，因而大幅增加了其複雜性。因此，另一個較為簡便的方法是，採用一個固定於該剛體上的旋轉座標系統 $Gxyz$，這樣即可讓慣性矩與慣性積的值在運動中仍維持不變。這樣的作法是被允許的，因為先前我們曾學到，由 $\boldsymbol{\omega}$ 到 $\mathbf{H}_G$ 的轉換是與所採用的座標系統無關的。只是角速度 $\boldsymbol{\omega}$ 首先仍應是由固定座標系統 $GX'Y'Z'$ 來定義的，然後才可再分解成旋轉座標系統 $Gxyz$ 上之各分量。套用式 (18.7)，所求得的角動量 $\mathbf{H}_G$ 的分量也將是在旋轉座標系統上的分量。但要注意的是，向量 $\mathbf{H}_G$ 實際上所代表的意義是，該物體對點 G 的角動量，其運動是相對於固定座標系統 $GX'Y'Z'$ 的。

將角動量式 (18.7) 對時間 t 微分，可得到相對於該旋轉座標系統 $Gxyz$ 之向量 $\mathbf{H}_G$ 對時間的改變率：

$$(\dot{\mathbf{H}}_G)_{Gxyz} = \dot{H}_x \mathbf{i} + \dot{H}_y \mathbf{j} + \dot{H}_z \mathbf{k} \tag{18.21}$$

其中，$\mathbf{i}$、$\mathbf{j}$、$\mathbf{k}$ 是各旋轉座標軸的單位向量。又由第 15.10 節中得知，向量 $\mathbf{H}_G$ 在固定座標系統 $GX'Y'Z'$ 中對時間的改變率為 $\dot{\mathbf{H}}_G$，但 $\dot{\mathbf{H}}_G$ 又等於 $(\dot{\mathbf{H}}_G)_{Gxyz}$ 加上向量 $\boldsymbol{\Omega} \times \mathbf{H}_G$，其中 $\boldsymbol{\Omega}$ 為旋轉座標系統 $Gxyz$ 的角速度。

圖 18.9

$$\dot{\mathbf{H}}_G = (\dot{\mathbf{H}}_G)_{Gxyz} + \mathbf{\Omega} \times \mathbf{H}_G \tag{18.22}$$

其中， $\mathbf{H}_G =$ 剛體相對於固定座標系統 $GX'Y'Z'$ 的角動量
$(\dot{\mathbf{H}}_G)_{Gxyz} = \mathbf{H}_G$ 在旋轉座標系統 $Gxyz$ 中對時間的改變率，其值可由式 (18.7) 和式 (18.21) 求得
$\mathbf{\Omega} =$ 為旋轉座標系統 $Gxyz$ 的角速度

將式 (18.22) 中的 $\dot{\mathbf{H}}_G$ 代入式 (18.2)，可得

$$\Sigma \mathbf{M}_G = (\dot{\mathbf{H}}_G)_{Gxyz} + \mathbf{\Omega} \times \mathbf{H}_G \tag{18.23}$$

如果一個旋轉座標系統是固定在剛體上，那麼其角速度 $\mathbf{\Omega}$ 實際上就是剛體的角速度 $\boldsymbol{\omega}$。但是很多時候，使用另一種不固定在剛體上、其旋轉為獨立的座標系統作為參考座標系統時，反而會更有利於解題。舉例來說，若是題目中的剛體為軸對稱，例如在範例 18.5 中或是在第 18.9 節中，就有可能選擇一個慣性矩與慣性積仍為常數的參考座標系統，但其卻旋轉得較該剛體為慢 (事實上，在第 18.9 節中，該參考座標系統完全不旋轉)。這麼一來，即可以用較簡單的方式來表示角速度 $\boldsymbol{\omega}$ 或角動量 $\mathbf{H}_G$。當然，在這種情況下，旋轉座標系的角速度 $\mathbf{\Omega}$ 會不同於剛體的角速度 $\boldsymbol{\omega}$。

*18.6 尤拉運動方程式──將達朗伯特原理延伸到剛體的三維運動 (Euler's Equations of Motion. Extension of D'Alembert's Principle to the Motion of a Rigid Body in Three Dimensions)

若選取剛體的主慣性軸作為 x、y、z 座標軸，則可用式 (18.10) 的簡式來求得角動量 $\mathbf{H}_G$ 的各分量。將各下標中的角分符號 (即各字母右上角的一撇) 略去，可得：

$$\mathbf{H}_G = \bar{I}_x \omega_x \mathbf{i} + \bar{I}_y \omega_y \mathbf{j} + \bar{I}_z \omega_z \mathbf{k} \tag{18.24}$$

其中，$\bar{I}_x$、$\bar{I}_y$、$\bar{I}_z$ 為剛體對於形心的主慣性矩。將式 (18.24) 中的 $\mathbf{H}_G$ 代入式 (18.23)，並令 $\mathbf{\Omega} = \boldsymbol{\omega}$，可得下列三個純量式：

$$\Sigma M_x = \bar{I}_x \dot{\omega}_x - (\bar{I}_y - \bar{I}_z)\omega_y \omega_z$$
$$\Sigma M_y = \bar{I}_y \dot{\omega}_y - (\bar{I}_z - \bar{I}_x)\omega_z \omega_x \qquad (18.25)$$
$$\Sigma M_z = \bar{I}_z \dot{\omega}_z - (\bar{I}_x - \bar{I}_y)\omega_x \omega_y$$

這些公式稱為**尤拉運動方程式** (Euler's equations of motion)，是用來紀念瑞士數學家尤拉 (Leonhard Euler, 1707~1783)。尤拉運動方程式可用來分析剛體繞其質心的旋轉運動。但是在以下各章節中，我們仍偏好優先使用式 (18.23)，而非式 (18.25)，這是因為前者不僅為一通式，且其精簡的向量表示法也更容易記得住。

式 (18.1) 的向量公式也可寫成三個純量公式

$$\Sigma F_x = m\bar{a}_x \qquad \Sigma F_y = m\bar{a}_y \qquad \Sigma F_z = m\bar{a}_z \qquad (18.26)$$

這三個方程式加上三個尤拉方程式，可以組成一個具有六個運動方程式的聯立系統。給予適當的初始條件，即可由這些微分方程式中求得一組唯一解。

如此可見，在剛體的三維運動中，所有外力所形成的合力及合力矩會決定該剛體的運動情況。這個結果可被視為是與第 16.4 節中所述及之一個剛性平板在做平面運動時的結果相類似，只是更為一般化而已。故在此可以明確地說，對於剛體而言，不論是平面運動或是三維運動，若兩個力的系統是相當 (equipollent) 的，那麼這兩個系統也就必然等效 (equivalent) 的。也就是說，這兩個合力與合力矩相同的系統對於一個特定的剛體所產生的效應將會是完全一樣的。但是千萬要注意，對於一群質點，即使兩個力的系統是相當的，所產生的效應卻未必會相同。

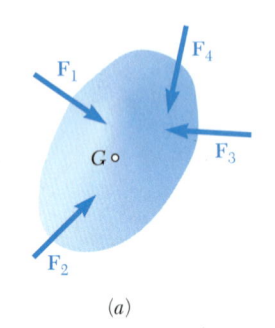

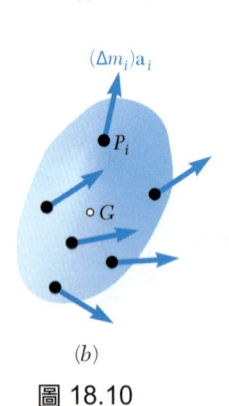

現在讓我們特別來觀察兩個系統，一個是作用在一個剛體上的數個外力所形成的系統 (圖 18.10a)，另一個是組成剛體的質點上的有效力 (effective forces) 所形成的系統 (圖 18.10b)，我們可以說這兩個系統 (在第 14.2 節中被認為是相當的) 也是等效的。這是將達朗伯特原理的應用延伸到剛體之三維運動上。若把圖 18.10b 中的所有有效力用一個等效的力與力矩系統來取代，我們可以得證，這個作用在做三維運動之剛體上的外力系統，與一個附在該剛體質心上的 $m\bar{\mathbf{a}}$ 向量，以及一個力矩 $\dot{\mathbf{H}}_G$ 所構成的系統 (圖 18.11) 會是等效的，其中 $\dot{\mathbf{H}}_G$ 可由式 (18.7) 和式 (18.22) 求得。應注意的是，圖 18.10 與圖 18.11 中的向量系統之等效

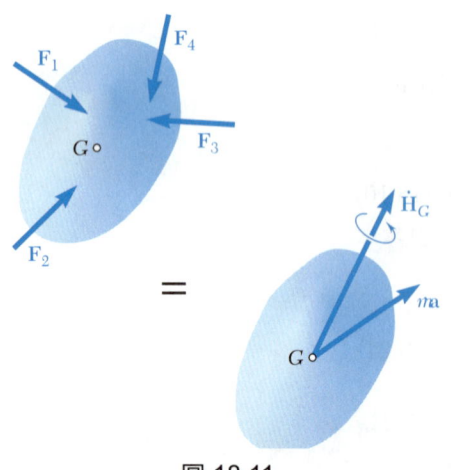

圖 18.10

圖 18.11

性是以黑色的等號來表示。凡是涉及剛體之三維運動的問題，均可以用圖 18.11 中所表示的自由體圖方程式解出，只是要確實寫出這些外力與有效力之各分量的純量方程式 (參見範例 18.3)。

*18.7 剛體繞一固定點旋轉之運動 (Motion of a Rigid Body About a Fixed Point)

當一個剛體受限於僅能繞一個固定點 O 旋轉時，就必須寫出一個包括所有外力與有效力對於點 O 之轉矩的方程式，唯有如此才可以將點 O 之未知的反作用力排除在外。雖然這樣的運動方程式可以根據圖 18.11 寫出，但是直接考慮該剛體對點 O 之角動量 $\mathbf{H}_O$ 對時間的改變率 (圖 18.12)，或許反而會更為方便。在此重新列出式 (14.11)，可得

$$\Sigma \mathbf{M}_O = \dot{\mathbf{H}}_O \qquad (18.27)$$

其中，$\dot{\mathbf{H}}_O$ 為 $\mathbf{H}_O$ 於固定座標系統 $OXYZ$ 中對時間的改變率。用第 18.5 節中相同的推導方式，即可找出固定座標系統中之 $\dot{\mathbf{H}}_O$ 與在旋轉座標系統中之 $(\dot{\mathbf{H}}_O)_{Oxyz}$ 的關係，然後代入式 (18.27) 可得

$$\Sigma \mathbf{M}_O = (\dot{\mathbf{H}}_O)_{Oxyz} + \mathbf{\Omega} \times \mathbf{H}_O \qquad (18.28)$$

圖 18.12

其中，　$\Sigma \mathbf{M}_O$ = 作用於剛體上所有的力對於點 O 的力矩總和
　　　　$\mathbf{H}_O$ = 剛體相對於固定座標系統 $OXYZ$ 的角動量
　　$(\dot{\mathbf{H}}_O)_{Oxyz}$ = $\mathbf{H}_O$ 在旋轉座標系統 $Oxyz$ 中對時間的改變率，其值可由式 (18.13) 求得
　　　　$\mathbf{\Omega}$ = 為旋轉座標系統 $Oxyz$ 的角速度

如果該旋轉座標系統是附著於剛體上，其角速度 $\mathbf{\Omega}$ 就會與剛體的角速度 $\boldsymbol{\omega}$ 相同。然而，如同在第 18.5 節最後一段所言，在許多應用上，使用一個不固定在剛體上，且其旋轉為獨立的座標系統作為參考座標系統，有時反而會更有利於解題。

照片 18.3　這個無線望遠鏡即為一個僅能繞一固定點旋轉之結構體的一個實例。

*18.8 剛體繞一固定軸之旋轉 (Rotation of a Rigid Body About a Fixed Axis)

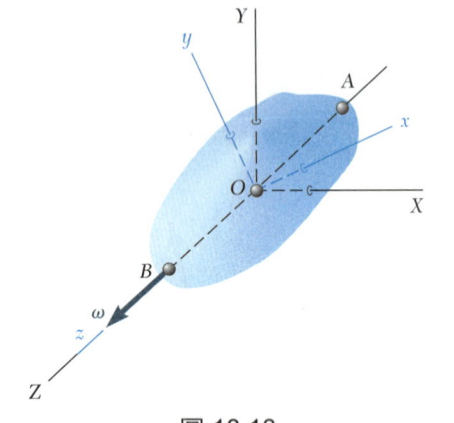

在這一節中，我們將用上一節所推導出的式 (18.28) 來分析一個只能繞著一固定軸 AB 旋轉之剛體的運動 (圖 18.13)。首先，我們知道此時該物體相對於固定座標系統 OXYZ 的角速度，可以用相對這個旋轉軸的角速度 $\boldsymbol{\omega}$ 來表示。若將旋轉座標系統 Oxyz 固定於此剛體上，其 z 軸與 AB 軸重合，可得 $\boldsymbol{\omega} = \omega\mathbf{k}$。將 $\omega_x = 0$、$\omega_y = 0$、$\omega_z = \omega$ 代入關係式 (18.13) 中，此物體繞著點 O 的角動量 $\mathbf{H}_O$，在旋轉座標系統中的各分量即為

$$H_x = -I_{xz}\omega \qquad H_y = -I_{yz}\omega \qquad H_z = I_z\omega$$

又因為座標系統 Oxyz 是固定於此剛體上的，所以 $\boldsymbol{\Omega} = \boldsymbol{\omega}$，式 (18.28) 可寫為

$$\begin{aligned}\Sigma\mathbf{M}_O &= (\dot{\mathbf{H}}_O)_{Oxyz} + \boldsymbol{\omega} \times \mathbf{H}_O \\ &= (-I_{xz}\mathbf{i} - I_{yz}\mathbf{j} + I_z\mathbf{k})\dot{\omega} + \omega\mathbf{k} \times (-I_{xz}\mathbf{i} - I_{yz}\mathbf{j} + I_z\mathbf{k})\omega \\ &= (-I_{xz}\mathbf{i} - I_{yz}\mathbf{j} + I_z\mathbf{k})\alpha + (-I_{xz}\mathbf{j} + I_{yz}\mathbf{i})\omega^2\end{aligned}$$

其結果可以用三個純量式來表示：

$$\begin{aligned}\Sigma M_x &= -I_{xz}\alpha + I_{yz}\omega^2 \\ \Sigma M_y &= -I_{yz}\alpha - I_{xz}\omega^2 \\ \Sigma M_z &= I_z\alpha\end{aligned} \qquad (18.29)$$

如果作用在物體上的所有作用力皆為已知，那麼就可以由式 (18.29) 中的最後一式求得角加速度 α。然後，利用積分求得角速度 ω，再把求得的 α 與 ω 代回式 (18.29) 中的前兩式。這些方程式再加上式 (18.26) 中的三個公式 (即為求物體質心運動的公式)，即可求出軸承 A 與 B 上的反作用力。

有時候我們可能會選用與圖 18.13 中不同的座標軸來分析剛體繞著一個固定軸的旋轉運動。事實上在很多情況下，選用剛體的主慣性軸反而對解題更為有利，所以在解題之初，最好能先回溯到式 (18.28)，並搭配選取一個最適合該問題的座標系統，這樣解題才可能更得心應手。

圖 18.13

假如一個旋轉物體是對稱於 xy 平面，那麼其慣性積 I_{xz} 與 I_{yz} 就會為零，式 (18.29) 即可簡化為

$$\Sigma M_x = 0 \qquad \Sigma M_y = 0 \qquad \Sigma M_z = I_z \alpha \qquad (18.30)$$

此時這個公式會與第十六章所得的結果相同。但是反過來說，如果慣性積 I_{xz} 與 I_{yz} 不為零，縱使此物體的角速度為一常數 ($\alpha = 0$)，其所有外力繞著 x 與 y 軸的力矩總和也將不會為零。在這種情況下，式 (18.29) 會變成：

$$\Sigma M_x = I_{yz}\omega^2 \qquad \Sigma M_y = -I_{xz}\omega^2 \qquad \Sigma M_z = 0 \qquad (18.31)$$

上一段的討論，剛好可以帶領我們進入對**旋轉軸之動平衡**的探討。來看看圖 18.14a 中有關曲柄軸的一個例子，該曲柄軸對稱於其質心 G。當曲柄軸靜止時，因為質心 G 就在點 A 的正上方，故其不會對兩支撐點施加任何側向力。在這種情況下，就是一般所謂的**靜平衡** (statically balanced) 狀況。點 A 的反作用力稱為**靜態反作用力** (static reaction)，其方向是鉛直向上大小與曲柄軸的重量相同。假設此軸以等角速度 $\boldsymbol{\omega}$ 旋轉，將參考座標軸固定於曲柄軸上，其原點與質心點 G 重合，其 z 軸與 AB 重疊，且 y 軸位於曲柄軸的對稱平面 yz 平面上 (圖 18.14b)，此時 I_{xz} 為零，I_{yz} 為正值。根據式 (18.31) 可知，所有的外轉矩中實際上會有一項為 $I_{yz}\omega^2 \mathbf{i}$。由圖 18.14b 中可知，這個轉矩是由點 B 的反作用力與點 A 反作用力的水平分量 $\mathbf{A}_y$ 所造成的，故

$$\mathbf{A}_y = \frac{I_{yz}\omega^2}{l}\mathbf{j} \qquad \mathbf{B} = -\frac{I_{yz}\omega^2}{l}\mathbf{j} \qquad (18.32)$$

因為在軸承上的反作用力與角速度的平方 ω^2 成正比，所以在高速旋轉時，曲柄軸會有一種想從軸承中掙脫出來的趨勢。又因為軸承的**動態反作用力** (dynamic reactions) $\mathbf{A}_y$ 與 $\mathbf{B}$ 始終位於會隨著曲柄軸一起旋轉的 yz 平面內，所以這一對會旋轉的力偶會導致支撐的結構產生振動。這種由於動不平衡所導致的振動效應事實上是可以避免的，具體的作法就是將曲柄軸上的質量做適當的分配，或是另外加上一些配重使得 I_{yz} 為零，這樣就可以使得動態反作用力 $\mathbf{A}_y$ 與 $\mathbf{B}$ 消失，而使得在軸承上的反作用力剩下方向為固定的靜態反作用力 $\mathbf{A}_z$。這時，曲柄軸才可以說是終於同時達到了動平衡與靜平衡的最佳狀態。

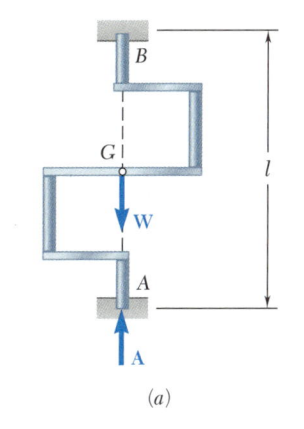

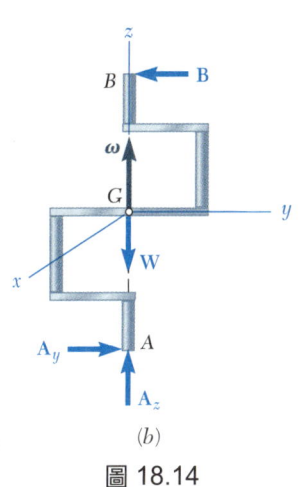

圖 18.14

範例 18.3

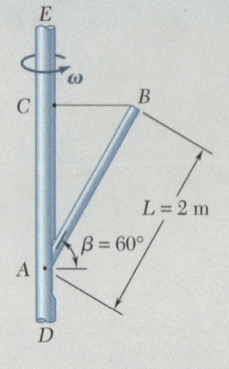

一細桿 AB，長度 $L = 2$ m、質量 $m = 20$ kg，在 A 端與一鉛直的軸 DE 銷接相連，軸 DE 以一等角速度 $\omega = 15$ rad/s 旋轉。此細桿的 B 端是由一根水平的繩線 BC 與軸 DE 相接來保持其如圖所示的位置。試求繩線 BC 中的張力及點 A 的反作用力。

解

我們知道所有的有效力最終可以化簡為在點 G 的一個向量 $m\bar{\mathbf{a}}$ 與力偶 $\dot{\mathbf{H}}_G$。因為當細桿在做等速 ω 旋轉時，其質心 G 的軌跡為一半徑 $\bar{r} = \frac{1}{2}L\cos\beta$ 的水平圓，所以

$$\bar{\mathbf{a}} = \mathbf{a}_n = -\bar{r}\omega^2 \mathbf{I} = -(\tfrac{1}{2}L\cos\beta)\omega^2\mathbf{I} = -(112.5 \text{ m/s}^2)\mathbf{I}$$

$$m\bar{\mathbf{a}} = 20(-112.5\,\mathbf{I}) = -(2250\text{ N})\mathbf{I}$$

求解 $\dot{\mathbf{H}}_G$。首先，我們必須求出角動量 $\mathbf{H}_G$，若採用形心的主慣性軸 x、y、z，則可寫出

$$\bar{I}_x = \tfrac{1}{12}mL^2 \qquad \bar{I}_y = 0 \qquad \bar{I}_z = \tfrac{1}{12}mL^2$$
$$\omega_x = -\omega\cos\beta \qquad \omega_y = \omega\sin\beta \qquad \omega_z = 0$$
$$\mathbf{H}_G = \bar{I}_x\omega_x\mathbf{i} + \bar{I}_y\omega_y\mathbf{j} + \bar{I}_z\omega_z\mathbf{k}$$
$$\mathbf{H}_G = -\tfrac{1}{12}mL^2\omega\cos\beta\,\mathbf{i}$$

相對於固定座標系統之 $\mathbf{H}_G$ 對時間的改變率 $\dot{\mathbf{H}}_G$，可由式 (18.22) 求得。由於 $\mathbf{H}_G$ 在旋轉座標系統 $Gxyz$ 中對時間的改變率 $(\dot{\mathbf{H}}_G)_{Gxyz}$ 為零，且旋轉座標系統的角速度 $\boldsymbol{\Omega}$ 就是細桿的角速度 $\boldsymbol{\omega}$，故

$$\dot{\mathbf{H}}_G = (\dot{\mathbf{H}}_G)_{Gxyz} + \boldsymbol{\omega} \times \mathbf{H}_G$$
$$\dot{\mathbf{H}}_G = 0 + (-\omega\cos\beta\,\mathbf{i} + \omega\sin\beta\,\mathbf{j}) \times (-\tfrac{1}{12}mL^2\omega\cos\beta\,\mathbf{i})$$
$$\dot{\mathbf{H}}_G = \tfrac{1}{12}mL^2\omega^2\sin\beta\cos\beta\,\mathbf{k} = (649.5\text{ N·m})\mathbf{k}$$

運動方程式。因為外力系統與有效力系統是等效的，故可以下式表示

$\Sigma \mathbf{M}_A = \Sigma(\mathbf{M}_A)_{\text{eff}}$:
$$1.732\mathbf{J} \times (-T\mathbf{I}) + 1\mathbf{I} \times (-196.2\mathbf{J}) = 0.866\mathbf{J} \times (-2250\mathbf{I}) + 649.5\mathbf{K}$$
$$(1.732T - 196.2)\mathbf{K} = (1948.5 + 649)\mathbf{K} \qquad T = 1613 \text{ N} \blacktriangleleft$$

$\Sigma \mathbf{F} = \Sigma \mathbf{F}_{\text{eff}}$: $\quad A_X\mathbf{I} + A_Y\mathbf{J} + A_Z\mathbf{K} - 1613\mathbf{I} - 196.2\mathbf{J} = -2250\mathbf{I}$
$$\mathbf{A} = -(697\text{ N})\mathbf{I} + (196.2\text{ N})\mathbf{J} \blacktriangleleft$$

備註：雖然張力 T 的值可以由 $\mathbf{H}_A$ 與式 (18.28) 求得，但是此處的解法還可以解出點 A 的反作用力。更重要的是，它明確地指出有效力必須要用向量 $m\bar{\mathbf{a}}$ 與力偶 $\dot{\mathbf{H}}_G$ 來表示。

範例 18.4

有 A 與 B 兩根桿子，長度均為 100 mm、質量均為 300 g，兩桿如圖所示，分別焊接在軸 CD 上，該軸由 C 與 D 兩端的軸承來支撐。若有一大小為 6 N·m 的力矩施加在此軸上，當此軸的角速度到達 1200 rpm 時，試求此時軸承 C 與 D 之動態反作用力 (假設此軸本身的慣性矩可以忽略不計)。

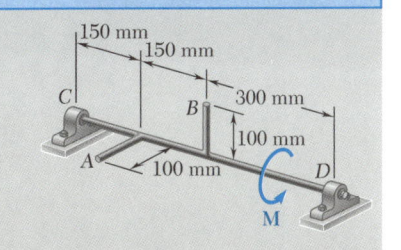

解

相對於點 O 的角動量。 我們先將參考座標軸 $Oxyz$ 固定在軸 CD 上，並且清楚地了解這個座標軸並非是整個物體的主慣性軸。由於物體是繞著 x 軸旋轉，故 $\omega_x = \omega$ 且 $\omega_y = \omega_z = 0$，將其代入式 (18.13) 可得

$$H_x = I_x\omega \qquad H_y = -I_{xy}\omega \qquad H_z = -I_{xz}\omega$$
$$\mathbf{H}_O = (I_x\mathbf{i} - I_{xy}\mathbf{j} - I_{xz}\mathbf{k})\omega$$

外力對於點 O 的力矩。 由於參考座標軸以 $\boldsymbol{\omega}$ 的角速度旋轉，式 (18.28) 可寫成

$$\begin{aligned}\Sigma\mathbf{M}_O &= (\dot{\mathbf{H}}_O)_{Oxyz} + \boldsymbol{\omega}\times\mathbf{H}_O \\ &= (I_x\mathbf{i} - I_{xy}\mathbf{j} - I_{xz}\mathbf{k})\alpha + \omega\mathbf{i}\times(I_x\mathbf{i} - I_{xy}\mathbf{j} - I_{xz}\mathbf{k})\omega \\ &= I_x\alpha\mathbf{i} - (I_{xy}\alpha - I_{xz}\omega^2)\mathbf{j} - (I_{xz}\alpha + I_{xy}\omega^2)\mathbf{k} \end{aligned} \qquad (1)$$

點 D 的動態反作用力。 所有的外力包括軸與桿的重量、外力矩 $\mathbf{M}$、軸承 C 與 D 的靜態與動態反作用力。不過，由於重量與靜反作用力會因平衡而抵消，所以剩餘的外力會只剩下外力矩 $\mathbf{M}$，以及軸承 C 與 D 的動態反作用力 (如圖所示)。取相對於點 O 的力矩和，可得

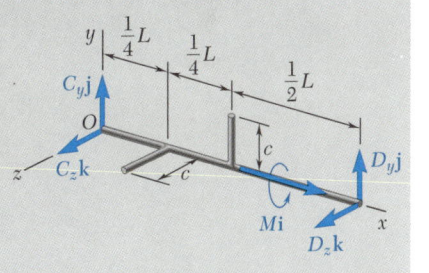

$$\Sigma\mathbf{M}_O = L\mathbf{i}\times(D_y\mathbf{j} + D_z\mathbf{k}) + M\mathbf{i} = M\mathbf{i} - D_zL\mathbf{j} + D_yL\mathbf{k} \qquad (2)$$

令式 (1) 和式 (2) 中之單位向量 $\mathbf{i}$ 的係數相等，可得

$$M = I_x\alpha \qquad M = 2(\tfrac{1}{3}mc^2)\alpha \qquad \alpha = 3M/2mc^2$$

令式 (1) 和式 (2) 中之單位向量 $\mathbf{k}$ 與 $\mathbf{j}$ 的係數相等，可得

$$D_y = -(I_{xz}\alpha + I_{xy}\omega^2)/L \qquad D_z = (I_{xy}\alpha - I_{xz}\omega^2)/L \qquad (3)$$

應用平行軸原理，且因每一桿對於其本身之形心軸的慣性積為零

$$I_{xy} = \Sigma m\bar{x}\bar{y} = m(\tfrac{1}{2}L)(\tfrac{1}{2}c) = \tfrac{1}{4}mLc$$
$$I_{xz} = \Sigma m\bar{x}\bar{z} = m(\tfrac{1}{4}L)(\tfrac{1}{2}c) = \tfrac{1}{8}mLc$$

將上述求得之 I_{xy}、I_{xz} 與 α 之值代入式(3)：

$$D_y = -\tfrac{3}{16}(M/c) - \tfrac{1}{4}mc\omega^2 \qquad D_z = \tfrac{3}{8}(M/c) - \tfrac{1}{8}mc\omega^2$$

將 $\omega = 1200$ rpm $= 125.7$ rad/s、$c = 0.100$ m、$M = 6$ N·m 與 $m = 0.300$ kg 代入可得

$$D_y = -129.8 \text{ N} \qquad D_z = -36.8 \text{ N} \blacktriangleleft$$

點 C 的動態反作用力。若將參考座標軸的原點固定在點 D 上，即可求得類似式(3) 的方程式，同理可得

$$C_y = -152.2 \text{ N} \qquad C_z = -155.2 \text{ N} \blacktriangleleft$$

範例 18.5

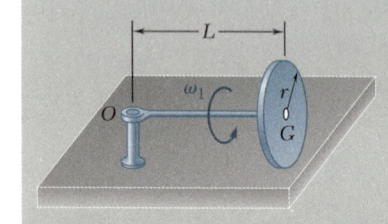

一質量為 m、半徑為 r 的圓盤，安裝在一個長度為 L、質量可不計的軸 OG 之一端。該軸可繞其另一端的固定點 O 旋轉，且這圓盤僅能在一水平地板上滾動。若此圓盤以逆時針的等轉速 ω_1 繞著軸 OG 旋轉，試求 (a) 地板對圓盤的作用力 (假設為鉛直方向)；(b) 點 O 的反作用力。

解

所有的有效力都可以化簡為在點 G 的一個向量 $m\bar{\mathbf{a}}$ 與力偶 $\dot{\mathbf{H}}_G$。在與本題相同的範例 18.2 中，軸 OG 以 $\omega_2 = r\omega_1/L$ 的轉速繞著 y 軸旋轉

$$m\bar{\mathbf{a}} = -mL\omega_2^2\mathbf{i} = -mL(r\omega_1/L)^2\mathbf{i} = -(mr^2\omega_1^2/L)\mathbf{i} \tag{1}$$

求解 $\dot{\mathbf{H}}_G$。由範例 18.2 可知，圓盤對點 G 的角動量 $\mathbf{H}_G$ 為

$$\mathbf{H}_G = \tfrac{1}{2}mr^2\omega_1\left(\mathbf{i} - \frac{r}{2L}\mathbf{j}\right)$$

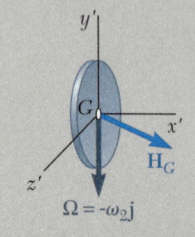

$\mathbf{H}_G$ 可以分解為在旋轉軸 x'、y'、z' 上的分量，其中 x' 是沿著 OG 的方向，y' 則是在鉛直方向。相對於固定座標系統之 $\dot{\mathbf{H}}_G$ 的值可以由式 (18.22) 求得，但是，相對於旋轉座標系統之 $(\dot{\mathbf{H}}_G)_{Gx'y'z'}$ 則為零，而旋轉座標系統的角速度 $\mathbf{\Omega}$ 為

$$\mathbf{\Omega} = -\omega_2 \mathbf{j} = -\frac{r\omega_1}{L}\mathbf{j}$$

故

$$\dot{\mathbf{H}}_G = (\dot{\mathbf{H}}_G)_{Gx'y'z'} + \mathbf{\Omega} \times \mathbf{H}_G$$
$$= 0 - \frac{r\omega_1}{L}\mathbf{j} \times \tfrac{1}{2}mr^2\omega_1\left(\mathbf{i} - \frac{r}{2L}\mathbf{j}\right)$$
$$= \tfrac{1}{2}mr^2(r/L)\omega_1^2 \mathbf{k} \qquad (2)$$

運動方程式。因為外力系統與有效力系統是等效的，故可以下式表示

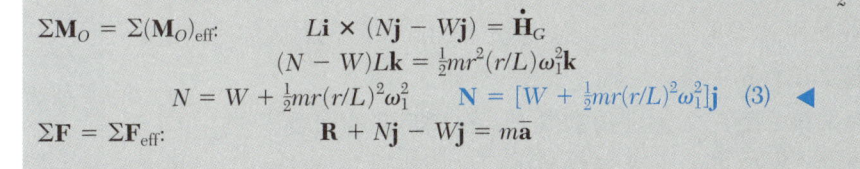

$\Sigma \mathbf{M}_O = \Sigma(\mathbf{M}_O)_{\text{eff}}$: $\quad L\mathbf{i} \times (N\mathbf{j} - W\mathbf{j}) = \dot{\mathbf{H}}_G$
$\qquad\qquad\qquad (N-W)L\mathbf{k} = \tfrac{1}{2}mr^2(r/L)\omega_1^2\mathbf{k}$
$\qquad\qquad\qquad N = W + \tfrac{1}{2}mr(r/L)^2\omega_1^2 \qquad \mathbf{N} = [W + \tfrac{1}{2}mr(r/L)^2\omega_1^2]\mathbf{j} \quad (3) \blacktriangleleft$

$\Sigma \mathbf{F} = \Sigma \mathbf{F}_{\text{eff}}$: $\quad \mathbf{R} + N\mathbf{j} - W\mathbf{j} = m\bar{\mathbf{a}}$

將式 (3) 中的 N 與式 (1) 中的 $m\bar{\mathbf{a}}$ 代入，即可求得 $\mathbf{R}$ 為

$$\mathbf{R} = -(mr^2\omega_1^2/L)\mathbf{i} - \tfrac{1}{2}mr(r/L)^2\omega_1^2\mathbf{j}$$
$$\mathbf{R} = -\frac{mr^2\omega_1^2}{L}\left(\mathbf{i} + \frac{r}{2L}\mathbf{j}\right) \blacktriangleleft$$

重點提示

　　在本課中，你需要求解剛體作三維運動的一些問題。基本上，你要用到的方法會與第十六章在處理剛體的平面運動時所用到的方法相同。首先你得先畫出一個自由體圖方程式，顯示出一個外力系統與一個有效力所構成的系統是等效的，然後你需要將等號兩側之力與力矩的各分量總和以等式分別寫出。上述系統的有效力系統會以向量 $m\bar{\mathbf{a}}$ 與力偶向量 $\dot{\mathbf{H}}_G$ 來表示，下列的第一段與第二段將會解釋該如何求出 $\dot{\mathbf{H}}_G$。

　　在求解剛體作三維運動的問題時，你應採取下列各項步驟：

1. **求出一個物體對其質心 G 的角動量 $\mathbf{H}_G$**。這個角動量 $\mathbf{H}_G$ 是由相對於固定座標系統 $GX'Y'Z'$ 中的角速度 $\boldsymbol{\omega}$ 所求出的，這樣的運算，你在前一課中已經學到。然而，

因為物體的姿態與指向會隨著時間而改變,所以有必要得用一個輔助座標系統 $Gx'y'z'$ (圖 18.9) 來計算 ω 的分量,以及此物體的慣性矩與慣性積。這個座標系統可以是以剛性的方式附著於該物體上,此時這個座標系統的角速度即為 ω [範例 18.3 和 18.4];或者這個座標系統也可以有其自身的的角速度 Ω [範例 18.5]。

由前一課可知:

a. 若該物體在質心 G 的主慣性軸為已知,則請使用這些主慣性軸作為座標軸 x'、y' 和 z',因為這樣會使得這個物體之相關慣性積都成為零。(請注意:若該物體為軸對稱,那麼這些座標軸就不再需要以剛性的方式附著於該物體上。)將角速度 ω 分解而得其在各座標軸上的分量 $\omega_{x'}$、$\omega_{y'}$ 和 $\omega_{z'}$,並計算各主要慣性矩 $\bar{I}_{x'}$、$\bar{I}_{y'}$ 和 $\bar{I}_{z'}$,於是角動量 $\mathbf{H}_G$ 的各個分量即為

$$H_{x'} = \bar{I}_{x'}\omega_{x'} \qquad H_{y'} = \bar{I}_{y'}\omega_{y'} \qquad H_{z'} = \bar{I}_{z'}\omega_{z'} \qquad (18.10)$$

b. 若物體在質心 G 的主慣性軸為未知,則仍必須使用式 (18.7) 來求出角動量 $\mathbf{H}_G$ 的各個分量。但在使用式 (18.7) 之前,你必須先算出此物體相對於你所選定之座標系統的慣性矩與慣性積。

2. 計算相對於固定座標系統 $GX'Y'Z'$ 上之角動量 $\mathbf{H}_G$ 對於時間的改變率 $\dot{\mathbf{H}}_G$。請注意:此固定座標系統 $GX'Y'Z'$ 的指向是不變的,而你用來計算向量 ω 之分量的 $Gx'y'z'$ 座標系統則是一個旋轉座標系統。由式 (15.31) 可推知,$\mathbf{H}_G$ 對於時間的改變率可寫為:

$$\dot{\mathbf{H}}_G = (\dot{\mathbf{H}}_G)_{Gx'y'z'} + \Omega \times \mathbf{H}_G \qquad (18.22)$$

式 (18.22) 等號右側的第一項 $(\dot{\mathbf{H}}_G)_{Gx'y'z'}$ 為 $\mathbf{H}_G$ 在旋轉座標系統 $Gx'y'z'$ 中對於時間的改變率。若 ω ($\mathbf{H}_G$ 亦同) 的大小與方向從這個旋轉座標系統看起來是常數的話,這一項即為零。換言之,若 $\dot{\omega}_{x'}$、$\dot{\omega}_{y'}$ 與 $\dot{\omega}_{z'}$ 三個對時間的改變率中有任一個不為零,則 $(\dot{\mathbf{H}}_G)_{Gx'y'z'}$ 就不會為零,而其分量也可由式 (18.10) 對時間微分而求出。最後,要提醒你,若這個旋轉座標系統是以剛性附著於物體上,則其角速度 Ω 實際上就是剛體的角速度 ω。

3. 畫出此剛體的自由體圖方程式,顯示所有作用在這個物體上的外力所構成的系統,會與作用在質心 G 上的向量 $m\bar{\mathbf{a}}$ 及一個力偶向量 $\dot{\mathbf{H}}_G$ 所構成的系統完全等效 (圖 18.11)。將力在各方向上的分量等式與對任一點的力矩分量等式寫出,即可得到六個獨立的純量運動方程式 [範例 18.3 和 18.5]。

4. 當求解一個剛體繞一固定點旋轉之運動的問題時,使用下列由第 18.7 節中所推導出的公式可能會較為方便,這是因為在支撐點 O 的反作用力都會消失。

$$\Sigma \mathbf{M}_O = (\dot{\mathbf{H}}_O)_{Oxyz} + \mathbf{\Omega} \times \mathbf{H}_O \tag{18.28}$$

其中，右側第一項為 $\mathbf{H}_O$ 在旋轉座標系統 $Oxyz$ 中對時間的改變率，而 $\mathbf{\Omega}$ 則為旋轉座標系統 $Oxyz$ 的角速度。

5. 將固定點 O 在求一旋轉軸之軸承的反作用力時，可用式 (18.28) 並依循以下各步驟：
   a. 設定在支撐轉軸之任一軸承上，將旋轉座標系統固定於此軸上，並令其中一座標軸與該旋轉軸同向。例如，若令 x 軸與旋轉軸對齊，則 $\mathbf{\Omega} = \boldsymbol{\omega} = \omega\mathbf{i}$ [範例 18.4]。
   b. 由於所選擇的座標系統通常並非是由在點 O 的主慣性軸所組成，所以你必須先算出這個旋轉軸對於各座標軸的慣性積與慣性矩，然後再使用式 (18.13) 來求出 $\mathbf{H}_O$。若又令 x 座標軸與旋轉軸對齊，$\omega_x = \omega_y = \omega_z = 0$，則式 (18.13) 可化簡為

   $$H_x = I_x\omega \qquad H_y = -I_{yx}\omega \qquad H_z = -I_{zx}\omega \tag{18.13$'$}$$

   由此式可以看出 $\mathbf{H}_O$ 將不會與旋轉軸同向。
   c. 欲求 $\dot{\mathbf{H}}_O$，將前述所得代入式 (18.28)，並令 $\mathbf{\Omega} = \boldsymbol{\omega} = \omega\mathbf{i}$。若旋轉軸的角速度為常數，則等號右側的第一項為零。但是，若該旋轉軸有一角加速度 $\boldsymbol{\alpha} = \alpha\mathbf{i}$，則第一項就不會為零，其內容可藉由將式 (18.13$'$) 對時間 t 微分而求得。所得的結果會與式 (18.13$'$) 很類似，只不過是將 ω 換成 α 而已。
   d. 因為點 O 與其中一個軸承重合，式 (18.28) 所代表的三個純量式，可用以求解另一個軸承之動態反作用力的各分量。
      i 若旋轉軸的質心 G 是位於兩軸承的連線上，則有效力 $m\bar{\mathbf{a}}$ 即為零。畫出旋轉軸的自由體圖方程式後，你會發現，第一個軸承 (即點 O 所在的軸承) 之動態反作用力的各分量，必定會與你才剛求出之相對各分量，有大小相等、方向相反的關係。
      ii 若旋轉軸的質心 G 不在兩軸承的連線上，你可將固定點 O 放在第二個軸承上，並重複前述的程序，來求出原先第一個軸承上的反作用力 [範例 18.4]；要不然，你也可以從自由體圖方程式中，另找出旋轉軸的額外運動方程式，但這種作法，一定要先求出作用在質心 G 的有效力 $m\bar{\mathbf{a}}$。
   e. 大部分的問題中，都會要求你去解出軸承的「動態反作用力」，這些力其實就是軸承施加在旋轉軸上的「額外作用力」。而在求解動態反作用力時，靜態的作用力 (例如旋轉軸本身的重量) 是可以忽略不計的。

習 題

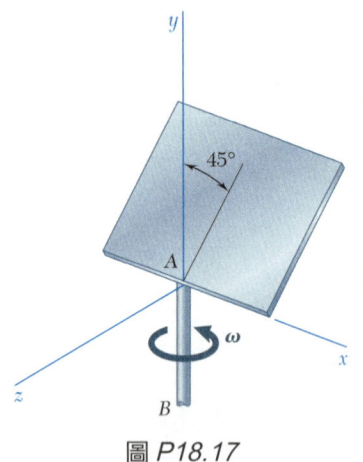

18.16 同習題 18.2，已知該方形板之角速度 ω 為常數，試求其角動量 $\mathbf{H}_A$ 對時間之改變率 $\dot{\mathbf{H}}_A$。

18.17 一塊質量為 m、邊長為 a 的均質方形薄板，以 45° 的角度與一鉛直軸焊接在一起。已知該轉軸之角速度為 $\boldsymbol{\omega} = \omega\mathbf{j}$、角加速度為 $\boldsymbol{\alpha} = \alpha\mathbf{j}$，試求該方形板之角動量 $\mathbf{H}_A$ 對時間之改變率 $\dot{\mathbf{H}}_A$。

18.18 圖示的組合包括好幾塊厚度均勻的鋁薄板 (總重為 1.25 kg)，焊接在一根很輕的轉軸上，轉軸的兩端由軸承支撐。已知該組合以 $\omega = 240$ rpm 之等轉速旋轉，試求軸承 A 與 B 上之反作用力。

圖 P18.17

圖 P18.18

18.19 把一 18 kg 的車輪裝在平衡機上，並令其以 15 rev/s 的轉速旋轉後，技工發現若欲將此車輪完成靜態與動態的平衡，他必須加上兩小塊的矯正質量，一塊 170 g 的質量應加在點 B，另一塊 56 g 的質量應加在點 D。令旋轉座標系統 (z 軸依右手定則而定) 固定在此輪上，在矯正質量被裝上之前，試求 (a) 質心到旋轉軸的距離，及慣性積 I_{xy} 與 I_{zx}；(b) 在點 C 的一個力與力偶的等效系統，此等效系統會與車輪上之所有的力作用在平衡機上產生相同的效應。

18.20 圖上的金屬薄板元件厚度均勻、質量為 600 g。薄板係連接在一質量很輕的轉軸上，該軸由相距為 150 mm 之 A 與 B 的兩軸承所支撐。此一組合在受到一個 $\mathbf{M}_0$ 的力矩施加之前是靜

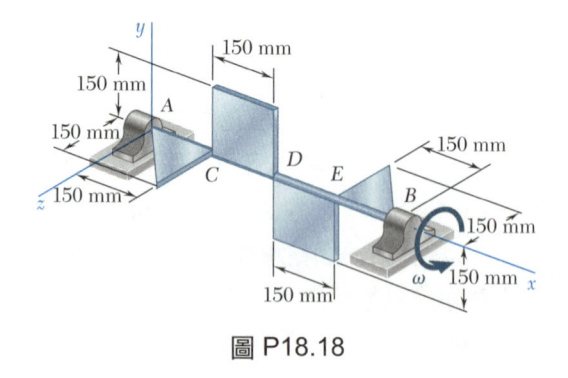

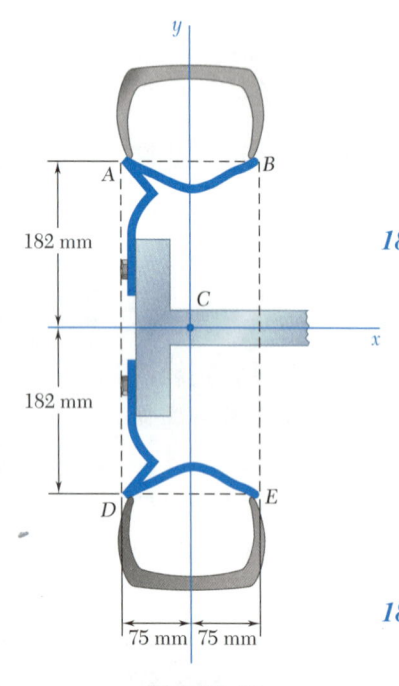

圖 P18.19

止的。受到 $\mathbf{M}_0$ 的力矩之後，此組合的角加速度變成 $\boldsymbol{\alpha} = (12 \text{ rad/s}^2)\mathbf{k}$，試求 (a) 力矩 $\mathbf{M}_0$；(b) 在力矩作用後，A 與 B 的動態反作用力。

18.21 一搖擺式風扇的葉片與其驅動馬達之轉子的總質量為 300 g，該組合之迴轉半徑為 75 mm，並由相距 125 mm 的 A 與 B 兩軸承所支撐，轉速為 $\omega_1 = 1800$ rpm。當馬達外殼之角速度為 $\boldsymbol{\omega}_2 = (0.6 \text{ rad/s})\mathbf{j}$，試求 A 與 B 的動態反作用力。

圖 P18.20

圖 P18.21

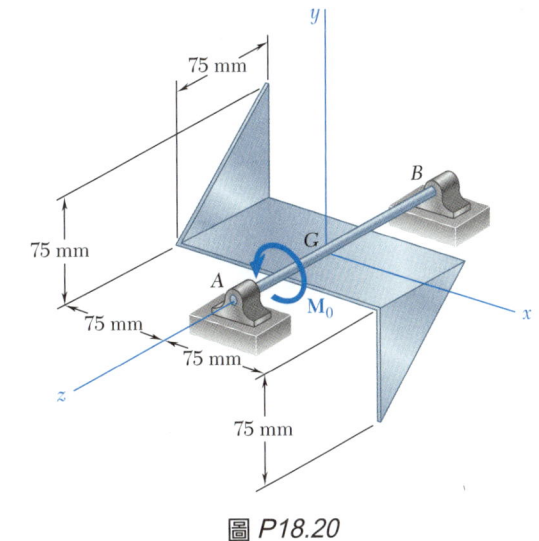

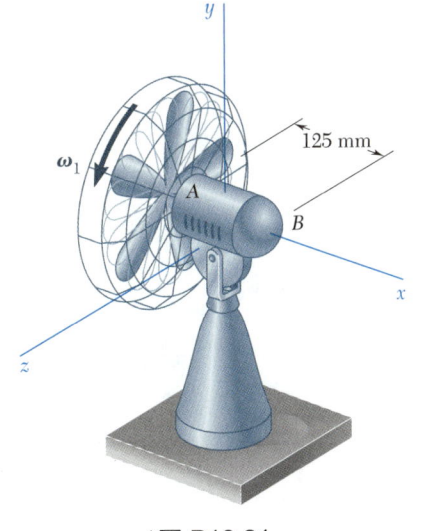

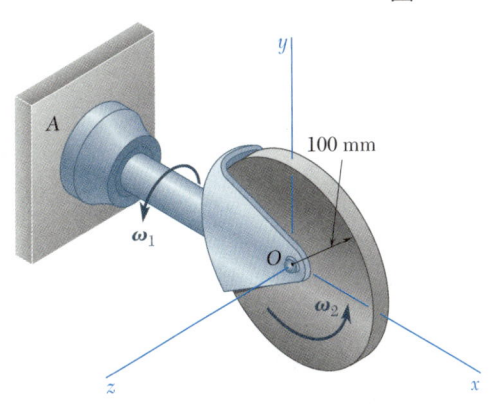

圖 P18.22

18.22 一質量為 2.5 kg 的均勻薄圓板以等轉速 $\omega_2 = 6$ rad/s 自轉，其支撐座連在一個在水平方向以 $\omega_1 = 3$ rad/s 之等角速度旋轉的轉軸上。試求支點 A 處的動態反作用力矩。

18.23 一均勻半圓板之半徑為 120 mm，在 A 與 B 的兩端與一 U 形掛鋏銷接，該鋏又以等角速度 ω 繞著一鉛直軸旋轉。試求 (a) 當 $\omega = 15$ rad/s 時，半圓板與水平之 x 軸的夾角 β；(b) 能讓半圓板保持鉛直狀態 ($\beta = 90°$) 的最大角速度 ω。

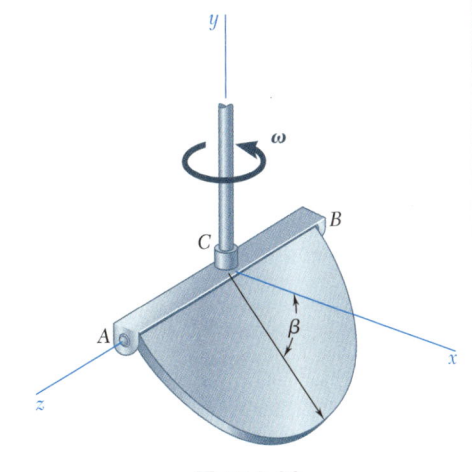

圖 P18.23

18.24 一個 950 g 的齒輪 A 被限定只能在一固定不動的齒輪 B 上做滾動，但其可繞軸 AD 自由旋轉。長 400 mm、質量可忽略不計的軸 AD 與垂直軸 DE 銷接相連，垂直軸 DE 以等角速度 ω_1 旋轉。假設齒輪 A 可被視為一半徑為 80 mm 的薄圓盤，若齒輪 A 不可與齒輪 B 失去接觸，試求角速度 ω_1 的最大值。

18.25 兩個質量均為 5 kg、半徑為 100 mm 的圓盤，皆繞著一質量可忽略不計的軸 AB 以 ω_1 = 1500 rpm 的轉速做同向旋轉，該軸 AB 又以 ω_2 = 45 rpm 的轉速繞著一鉛直軸旋轉。(a) 試求 C 與 D 處的動態反作用力；(b) 若令圓盤 B 的旋轉反向，試求 C 與 D 處的動態反作用力。

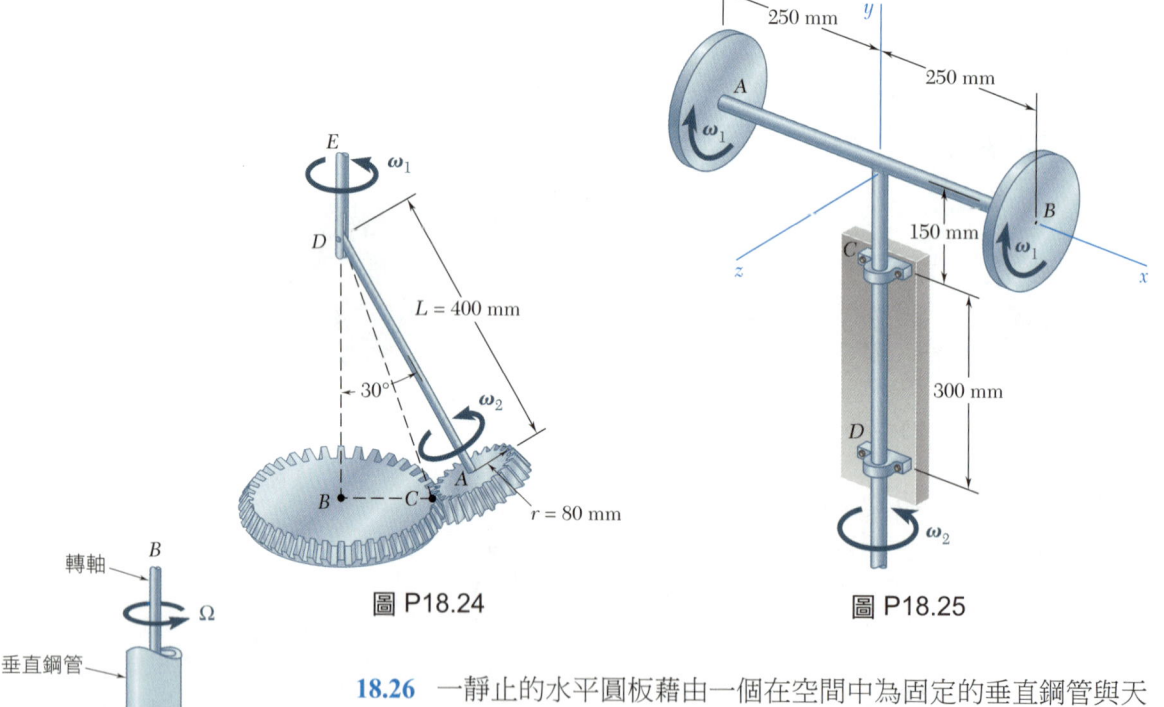

圖 P18.24

圖 P18.25

18.26 一靜止的水平圓板藉由一個在空間中為固定的垂直鋼管與天花板連接。一個半徑為 a、質量為 m 的輪子裝在一根很輕的轉軸 AC 之一端，軸 AC 又以 U 形鋏在點 A 處與轉軸 AB 相連接，軸 AB 則可在固定的垂直鋼管之內部旋轉。令軸 AB 以等轉速 Ω 旋轉，如此可以使該輪子在水平圓板的底部平面上做滾動。試求可讓輪子與圓板仍然保持接觸之 Ω 的最小值，此問題應針對以下兩種情況來求解 (a) 假設輪子的質量都集中在輪緣；(b) 假設此輪相當於一個半徑為 a 之薄圓盤。

圖 P18.26

18.27 假設在習題 18.26 中之輪子的質量為 4 kg、半徑 a = 100 mm、迴轉半徑為 75 mm、R = 500 mm，當 Ω = 25 rad/s 時，試求圓板施於輪子上的力。

18.28 一個 3 kg、半徑為 60 mm 的圓盤以 ω_1 = 60 rad/s 的轉速做等速旋轉。此圓盤的圓心由 AB 桿端的前叉所支撐，桿 AB 是焊接在鉛直軸 CBD 上。這個系統起初是靜止的，將一個 $\mathbf{M}_0$ = (0.40 N．m)$\mathbf{j}$ 的力矩作用在軸 CBD 上 2 秒後，再將其移除。在此力矩被移除後，試求 C 與 D 處的動態反作用力。

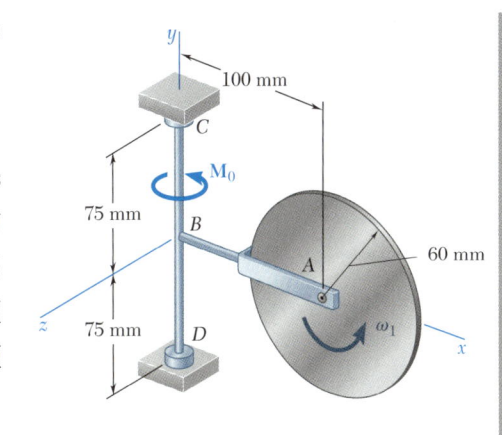

圖 P18.28

*18.9 陀螺儀的運動與尤拉角 (Motion of a Gyroscope. Eulerian Angles)

基本上**陀螺儀** (gyroscope) 就是由一個可以繞其幾何對稱軸自由旋轉的轉子所構成。當其被安裝在一個卡登懸吊系統 (Cardan's suspension) 上時，它可以指向任何一個方向，只是其質心在空間中的位置是固定的。若欲在某一瞬間定義一個陀螺儀的位置，讓我們先選定一個固定座標系統 $OXYZ$，令其原點在該陀螺儀的質心，而 Z 軸則與外平衡環架 (outer gimbal) 之軸承 A 與 A' 的連線重合。首先我們要定義陀螺儀的一個參考位置，令其內外兩平衡環架與一已知的直徑 DD'，同處在固定的 YZ 平面上 (圖 18.15a)。然後，這個陀螺儀就可以由這個參考位置，經由下列步驟變換到任何一個位置 (圖 18.15b)：(1) 將外平衡環架繞著 AA' 軸旋轉一個角度 ϕ；(2) 將內平衡環架繞著 BB' 軸旋轉一個角度 θ；(3) 將轉子繞著 CC' 軸旋轉一個角度 ψ。ϕ、θ 與 ψ。這三個角度稱為**尤拉角** (Eulerian angles)，這三個角度即可完全定義一個陀螺儀在任一給定瞬間的位置。它們對時間的微分，$\dot{\phi}$、$\dot{\theta}$、$\dot{\psi}$ 分別稱為這個陀螺儀在這個瞬間的**進動率** (rate of precession)、**章動率** (rate of nutation)，及**自轉率** (rate of spin)。

為了計算陀螺儀的角速度和角動量，我們將採用一個固定在內環架上的旋轉座標系統 $Oxyz$，其中 y 軸沿著 BB' 方向，z 軸沿著自轉軸的 CC' 方向 (圖 18.16)，這兩個軸皆為陀螺儀的主慣性軸。這兩軸雖然會隨著進動與章動而動，但是它們不會隨著轉子的自轉而旋轉，所以使用它們會比使用固定在陀螺儀 (轉子) 上，而隨其旋轉的座標軸較為方便。因此陀螺儀相對於固定座標系統

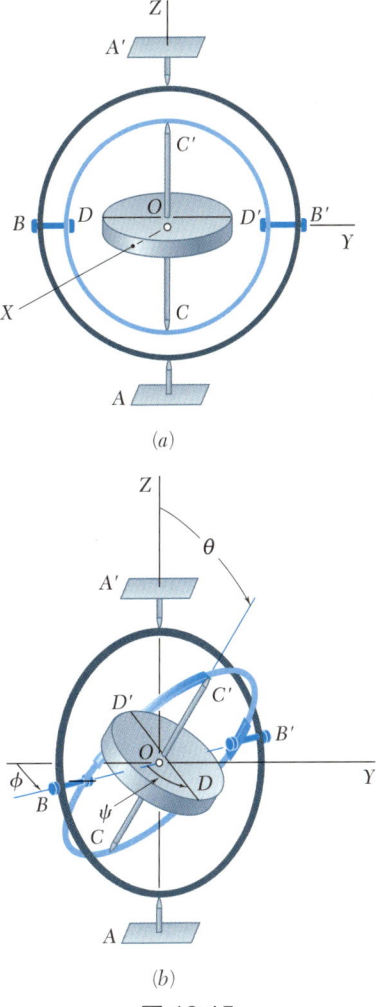

圖 18.15

$OXYZ$ 的角速度 $\boldsymbol{\omega}$，可以用陀螺儀之進動、章動與自轉的三個部分角速度之和來表示。以 $\mathbf{i}$、$\mathbf{j}$ 與 $\mathbf{k}$ 代表旋轉座標軸的單位向量，$\mathbf{K}$ 是在空間中為固定之 Z 軸的單位向量，可得下式

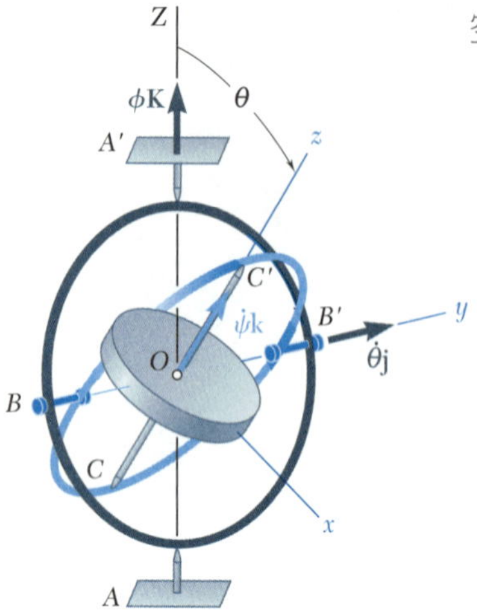

$$\boldsymbol{\omega} = \dot{\phi}\mathbf{K} + \dot{\theta}\mathbf{j} + \dot{\psi}\mathbf{k} \tag{18.33}$$

因為在式 (18.33) 中之 $\boldsymbol{\omega}$ 的向量分量並非正交 (圖 18.16)，故單位向量 $\mathbf{K}$ 須被分解為沿著 x 軸與 z 軸的分量；亦即

$$\mathbf{K} = -\sin\theta\,\mathbf{i} + \cos\theta\,\mathbf{k} \tag{18.34}$$

把式 (18.34) 代入式 (18.33) 可得

$$\boldsymbol{\omega} = -\dot{\phi}\sin\theta\,\mathbf{i} + \dot{\theta}\mathbf{j} + (\dot{\psi} + \dot{\phi}\cos\theta)\mathbf{k} \tag{18.35}$$

因為所有的座標軸皆為主慣性軸，角動量 $\mathbf{H}_O$ 可由 $\boldsymbol{\omega}$ 的分量分別乘以轉子對於 x、y 與 z 軸的慣性矩而得。以 I 表示轉子對其自轉軸 (z 軸) 的慣性矩，I' 為穿過點 O 之橫向軸 (即 x 軸與 y 軸) 的慣性矩，並假設內外環架的質量可以忽略不計，則可得下式

$$\mathbf{H}_O = -I'\dot{\phi}\sin\theta\,\mathbf{i} + I'\dot{\theta}\mathbf{j} + I(\dot{\psi} + \dot{\phi}\cos\theta)\mathbf{k} \tag{18.36}$$

記得旋轉座標軸是固定在內環架上的，所以不會隨轉子自轉，故其角速度為

$$\boldsymbol{\Omega} = \dot{\phi}\mathbf{K} + \dot{\theta}\mathbf{j} \tag{18.37}$$

將式 (18.34) 中的 $\mathbf{K}$ 代入，座標軸的角速度成為

$$\boldsymbol{\Omega} = -\dot{\phi}\sin\theta\,\mathbf{i} + \dot{\theta}\mathbf{j} + \dot{\phi}\cos\theta\,\mathbf{k} \tag{18.38}$$

將式 (18.36) 中的 $\mathbf{H}_O$ 與式 (18.38) 中的 $\boldsymbol{\Omega}$ 代入下列方程式

$$\Sigma\mathbf{M}_O = (\dot{\mathbf{H}}_O)_{Oxyz} + \boldsymbol{\Omega} \times \mathbf{H}_O \tag{18.28}$$

則可得到下列三個微分方程式

$$\begin{aligned}\Sigma M_x &= -I'(\ddot{\phi}\sin\theta + 2\dot{\theta}\dot{\phi}\cos\theta) + I\dot{\theta}(\dot{\psi} + \dot{\phi}\cos\theta) \\ \Sigma M_y &= I'(\ddot{\theta} - \dot{\phi}^2\sin\theta\cos\theta) + I\dot{\phi}\sin\theta(\dot{\psi} + \dot{\phi}\cos\theta) \\ \Sigma M_z &= I\frac{d}{dt}(\dot{\psi} + \dot{\phi}\cos\theta)\end{aligned} \tag{18.39}$$

圖 18.16

若陀螺儀的內外環架的質量可忽略不計，式 (18.39) 即為該陀螺儀在受到一組外力 (含外力矩) 時的運動方程式。這組公式也可用來定義一個軸對稱物體固定在其對稱軸上之某一點的運動方程式，或是一個軸對稱物體繞著其質心運動的方程式。雖然陀螺儀上的內外環架有助於看出尤拉角的所在，但是這些角度也可以用來定義任何一個剛體相對於一個固定於其上一點之座標軸的位置，不論這剛體實際上是如何被支撐住的。

由於式 (18.39) 的非線性特性，一般而言，是不可能將尤拉角 ϕ、θ 與 ψ 以時間的解析函數來表示的，所以可能要用到數值方法來求解。然而，我們在下兩節中可以看到，仍有幾個有趣的特例，是可以很容易分析而解出的。

照片 18.4　一個陀螺儀可以用來量測指向，並可在空間中令其自身維持在一個固定的絕對指向。

*18.10　陀螺儀的穩定進動 (Steady Precession of a Gyroscope)

現在讓我們來探討陀螺儀運動的一個特例，在這個特例中，角 θ、進動率 $\dot{\phi}$ 與轉子的自轉率 $\dot{\psi}$ 均為常數，這種運動狀態稱為陀螺儀的**穩定進動** (steady precession)。以下我們將求出那些能夠讓陀螺儀維持這樣一個運動狀態的所有力 (與力矩)。

對於這個穩定進動的特例，我們將不使用式 (18.39) 之通式，而是藉由求得陀螺儀之角動量對時間的改變率，來求出對於點 O 所需施加的總力矩。由於 θ、$\dot{\phi}$ 與 $\dot{\psi}$ 均為常數，故陀螺儀的角速度 $\boldsymbol{\omega}$、角動量 $\mathbf{H}_O$，及旋轉座標系統的角速度 $\boldsymbol{\Omega}$ (圖 18.17)，可分別由式 (18.35)、式 (18.36) 與式 (18.38) 簡化為

$$\boldsymbol{\omega} = -\dot{\phi} \sin\theta \, \mathbf{i} + \omega_z \mathbf{k} \tag{18.40}$$

$$\mathbf{H}_O = -I'\dot{\phi} \sin\theta \, \mathbf{i} + I\omega_z \mathbf{k} \tag{18.41}$$

$$\boldsymbol{\Omega} = -\dot{\phi} \sin\theta \, \mathbf{i} + \dot{\phi} \cos\theta \, \mathbf{k} \tag{18.42}$$

其中，$\omega_z = \dot{\psi} + \dot{\phi} \cos\theta =$ 陀螺儀的總角速度在自轉軸 (即 z 軸) 上的直角分量。

圖 18.17

因為 θ、$\dot{\phi}$ 與 $\dot{\psi}$ 均為常數，所以向量 $\mathbf{H}_O$ 相對於旋轉座標系統之大小與方向也均為常數，故其在旋轉座標系統中對時間的變化率 $(\dot{\mathbf{H}}_O)_{Oxyz}$ 為零，如此式 (18.28) 即可簡化為

$$\Sigma \mathbf{M}_O = \boldsymbol{\Omega} \times \mathbf{H}_O \tag{18.43}$$

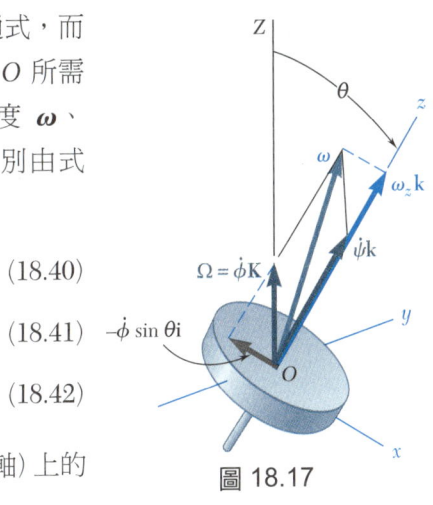

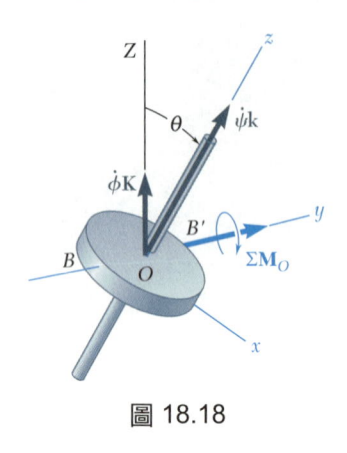

將式 (18.41) 和式 (18.42) 代入式 (18.43) 可得

$$\Sigma \mathbf{M}_O = (I\omega_z - I'\dot{\phi} \cos \theta)\dot{\phi} \sin \theta \, \mathbf{j} \qquad (18.44)$$

由於陀螺儀的質心在空間中是固定的，所以由式 (18.1) 可知，$\Sigma \mathbf{F} = 0$；必須施加在陀螺儀上，以維持其穩定進動之力 (與力矩)，就會簡化為一個力矩，其大小即為式 (18.44) 之等號右側的值。應注意的是，這個須外加之力矩的軸 (y 軸)，必須同時垂直於陀螺儀的進動軸 Z 與自轉軸 z (圖 18.18)。

有一種特殊狀況是，當進動軸與自轉軸互相垂直時，$\theta = 90°$，則式 (18.44) 可簡化為

$$\Sigma \mathbf{M}_O = I\dot{\psi}\dot{\phi}\,\mathbf{j} \qquad (18.45)$$

圖 18.18

因此，若對一個與陀螺儀的自轉軸垂直的軸施以一個力偶 $\mathbf{M}_O$，陀螺儀就會在一個與上述自轉軸與力偶軸均垂直的方向產生穩定進動。這三個相互垂直的向量 (自轉、力偶，及進動) 的關係可以由右手定則來定義 (圖 18.19)。

由於要改變陀螺儀這些軸的指向必須施加極大的力矩才能達成，所以陀螺儀即可被應用於穩定魚雷或船隻上。快速自轉的子彈與砲彈會始終維持在其軌跡的切線方向，也是由於這個陀螺儀效應所致。一輛自行車在高速行駛時較易保持平衡，也是因為有快速旋轉的車輪能對車身產生穩定的作用。然而，陀螺儀效應並非總是受歡迎的，例如，在設計支撐旋轉軸的軸承時，就要考慮到其受力時的進動。另一個例子是，飛機的螺旋槳所產生的陀螺儀效應會影響到其飛行方向，所以在設計時必須考慮到這項因素，而加以適當的補償修正。

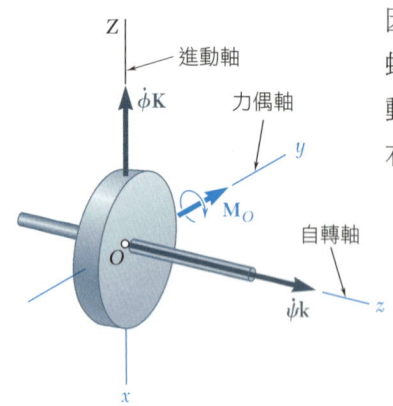

圖 18.19

*18.11 軸對稱剛體在不受力時之運動 (Motion of an Axisymmetrical Body Under No Force)

假設有一個軸對稱的物體，除了本身的重量之外，不受到任何其他的外力，在這一節中，我們將分析這個物體繞著其質心的運動。像這樣運動的例子有：不計空氣阻力的拋物體，以及其推進火箭中之燃料已耗盡的人造衛星或是太空船。

既然外力對質心 G 的力矩總和為零（因為重力通過質心），所以式 (18.2) 可寫成 $\dot{\mathbf{H}}_G = 0$，也就是說，對質心 G 的角動量 $\mathbf{H}_G$ 是一個常數。所以 $\mathbf{H}_G$ 在空間中的指向是固定的，因此可被用來定義為進動軸（即圖 18.20 中的 Z 軸）。若選擇一個旋轉座標系統 $Gxyz$，其 z 軸係沿著物體的對稱軸，其 x 軸則是位於 Z 與 z 軸所構成的平面中，而 y 軸則是指向遠離你的方向（圖 18.20），則角動量的分量分別為

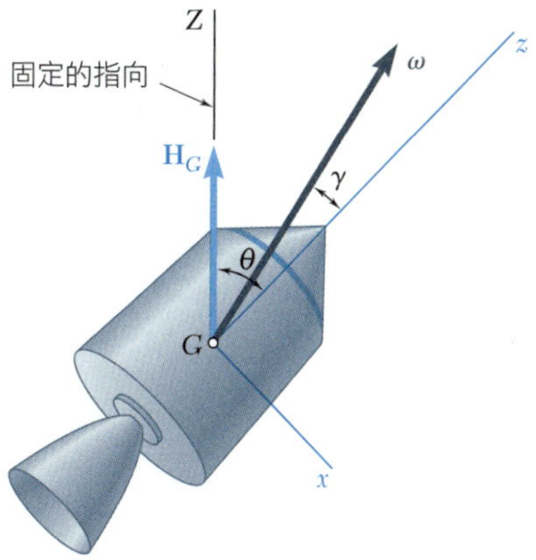

$$H_x = -H_G \sin\theta \qquad H_y = 0 \qquad H_z = H_G \cos\theta \quad (18.46)$$

其中，θ 為 Z 與 z 軸之間的夾角，而 H_G 代表對於質心 G 的角動量，其大小為一常數。由於 x、y、z 為物體的主慣性軸，所以

$$H_x = I'\omega_x \qquad H_y = I'\omega_y \qquad H_z = I\omega_z \quad (18.47)$$

其中 I 代表物體對其自身對稱軸的慣性矩，I' 代表對於穿過質心 G 之橫向軸（即 y 與 z 軸）的慣性矩。由式 (18.46) 和式 (18.47) 可得

$$\omega_x = -\frac{H_G \sin\theta}{I'} \qquad \omega_y = 0 \qquad \omega_z = \frac{H_G \cos\theta}{I} \quad (18.48)$$

式 (18.48) 中的第二項顯示，角速度 $\boldsymbol{\omega}$ 在 y 軸之方向上沒有分量，也就是說，在垂直於 Zz 平面的方向上沒有分量。因此 Z 與 z 軸之間的夾角 θ 為一常數，*此物體是對於 Z 軸做穩定進動之運動*。

觀察圖 18.21 可知，$-\omega_x/\omega_z = \tan\gamma$，將式 (18.48) 中的第一項除以第三項，即可得到角度 γ（為向量 $\boldsymbol{\omega}$ 與物體對稱軸之夾角）與 θ（為向量 $\mathbf{H}_G$ 與物體對稱軸之夾角）的關係式：

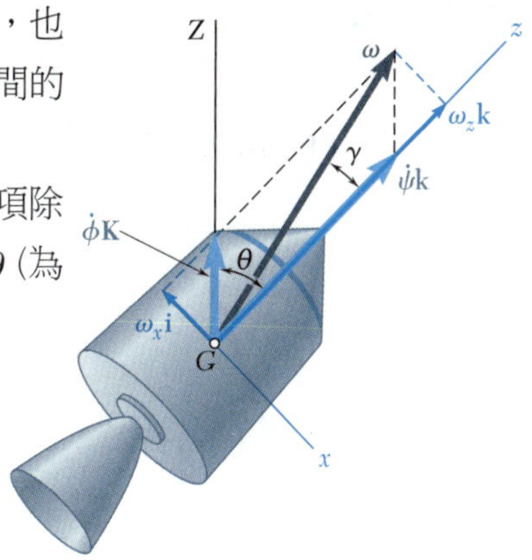

$$\tan\gamma = \frac{I}{I'}\tan\theta \quad (18.49)$$

圖 18.20

圖 18.21

不受外力之軸對稱物體在以下兩種特殊情況下是不會產生進動的：(1) 如果該物體僅繞著其自身的對稱軸做自轉的話，則 $\omega_x = 0$。由式 (18.47) 可知 $H_x = 0$，故向量 $\boldsymbol{\omega}$ 與向量 $\mathbf{H}_G$ 有同樣的方向，且該物體會一直維持著對其自身的對稱軸做自轉（圖 18.22a）；(2) 如果該物體僅繞著其中之一橫向軸旋轉，則 $\omega_z = 0$，由式 (18.47) 可知 $H_z = 0$。於是向量 $\boldsymbol{\omega}$ 與向量 $\mathbf{H}_G$ 再度具有同樣的方向，亦即，該物體會繼續保持著對該橫向軸做旋轉（圖 18.22b）。

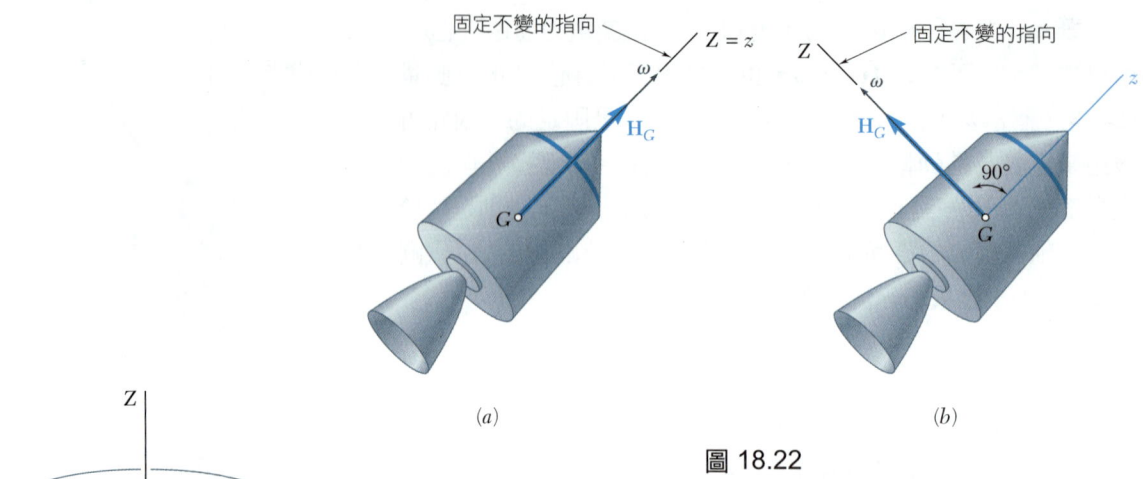

圖 18.22

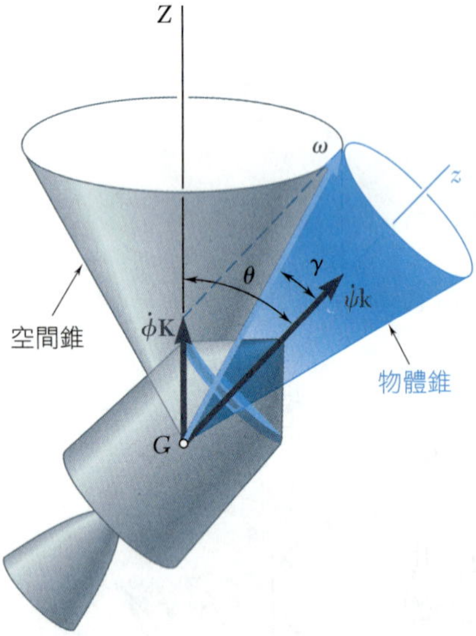

我們現在來考慮圖 18.21 中的通例，猶記得在第 15.12 節中，一個繞著一個固定點 (或是其本身的質心) 運動之物體的運動可以由一個物體錐在空間錐上滾動的運動來表示。以穩定進動的運動情況來看，這兩個錐都會是圓錐，這是因為 γ 角 (為向量 $\boldsymbol{\omega}$ 與物體之對稱軸 z 的夾角) 與 $(\theta - \gamma)$ 角 (為向量 $\boldsymbol{\omega}$ 與進動軸 Z 之夾角) 均為常數之緣故。但是對於以下的兩個情況仍應有所區別：

1. $I < I'$：在這種案例中的物體通常是較狹長型的，如在圖 18.23 中的太空船。由式 (18.49) 可知，若 $I < I'$，則 $\gamma < \theta$；向量 $\boldsymbol{\omega}$ 是位於角 $\angle ZGz$ 的內部；空間錐與物體錐是外切的；從 z 軸之正的方向看過去，自轉與進動都是延著逆時針的方向。這時的進動稱為**直接** (direct) 進動。

2. $I > I'$：在這種案例中的物體通常是較平坦型的，如在圖 18.24 中的人造衛星。由式 (18.49) 可知，若 $I > I'$，則 $\gamma > \theta$；向量 $\boldsymbol{\omega}$ 必定是位於角 $\angle ZGz$ 的外部；向量 $\dot{\psi}\mathbf{k}$ 的指向是與 z 軸相反的；空間錐是位於物體錐的內部；進動與自轉的方向相反。這種進動稱為**退化** (retrograde) 進動。

圖 18.23

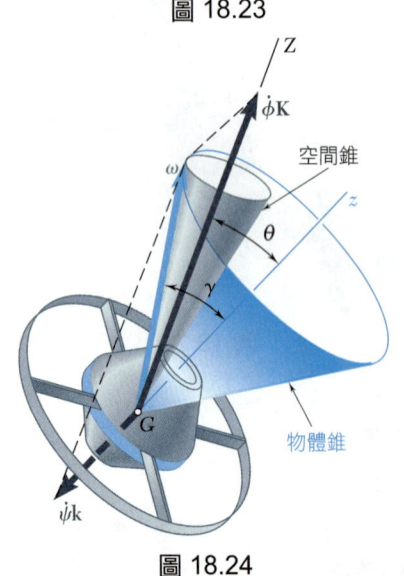

圖 18.24

範例 18.6

已知一質量為 m 的人造衛星在動態上相當於由兩塊質量相等的薄圓板所組成。這兩圓板的半徑為 $a = 800$ mm，並由一長度為 $2a$ 的細桿做剛性連接。一開始，這個人造衛星繞其對稱軸 z 以 $\omega_0 = 60$ rpm 的轉速自由旋轉。隨後，有一質量為 $m_0 = m/1000$ 的隕石，以相對於人造衛星的速度 $\mathbf{v}_0 = 2000$ m/s 擊中該人造衛星，並在點 C 處埋入其中。試求 (a) 碰撞後瞬間之人造衛星的角速度；(b) 隨後運動之進動軸；(c) 隨後運動之進動率及自轉率。

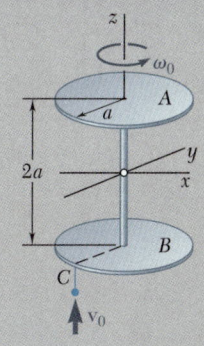

解

慣性矩。 圖上所選取的座標軸均為這人造衛星的主慣性軸，分別可寫成

$$I = I_z = \tfrac{1}{2}ma^2 \qquad I' = I_x = I_y = 2[\tfrac{1}{4}(\tfrac{1}{2}m)a^2 + (\tfrac{1}{2}m)a^2] = \tfrac{5}{4}ma^2$$

衝量與動量原理。 首先我們將人造衛星與隕石看成一個單一的系統。由於沒有任何外力作用在這個系統上，衝擊前與後之總角動量是相當 (equipollent) 的。碰撞前對於質心 G 的轉矩可以寫成

$$-a\mathbf{j} \times m_0 v_0 \mathbf{k} + I\omega_0 \mathbf{k} = \mathbf{H}_G$$
$$\mathbf{H}_G = -m_0 v_0 a \mathbf{i} + I\omega_0 \mathbf{k} \tag{1}$$

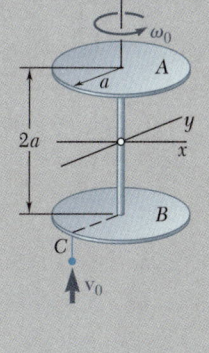

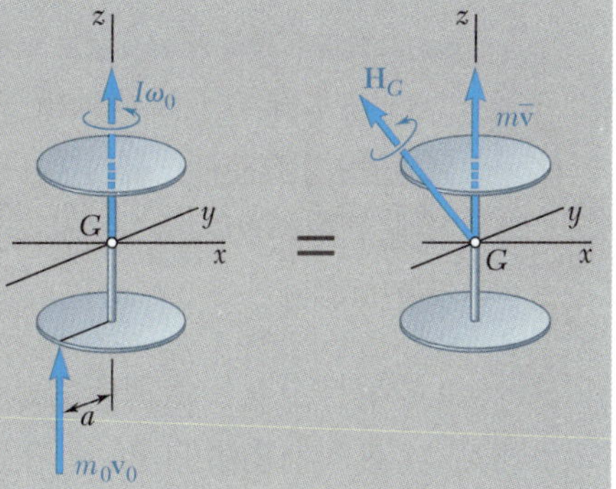

碰撞後的角速度。 將上述求得之 $\mathbf{H}_G$ 的分量與慣性矩代入下式

$$H_x = I_x \omega_x \qquad H_y = I_y \omega_y \qquad H_z = I_z \omega_z$$

可得

$$-m_0 v_0 a = I' \omega_x = \tfrac{5}{4}ma^2 \omega_x \qquad 0 = I'\omega_y \qquad I\omega_0 = I\omega_z$$
$$\omega_x = -\frac{4}{5}\frac{m_0 v_0}{ma} \qquad \omega_y = 0 \qquad \omega_z = \omega_0 \tag{2}$$

對人造衛星而言，$\omega_0 = 60$ rpm $= 6.283$ rad/s、$m_0/m = 1/1000$、$a = 0.800$ m、$v_0 = 2000$ m/s，代入式 (2) 可得

$$\omega_x = -2 \text{ rad/s} \qquad \omega_y = 0 \qquad \omega_z = 6.283 \text{ rad/s}$$
$$\omega = \sqrt{\omega_x^2 + \omega_z^2} = 6.594 \text{ rad/s} \qquad \tan \gamma = \frac{-\omega_x}{\omega_z} = +0.3183$$

$$\omega = 63.0 \text{ rpm} \qquad \gamma = 17.7° \blacktriangleleft$$

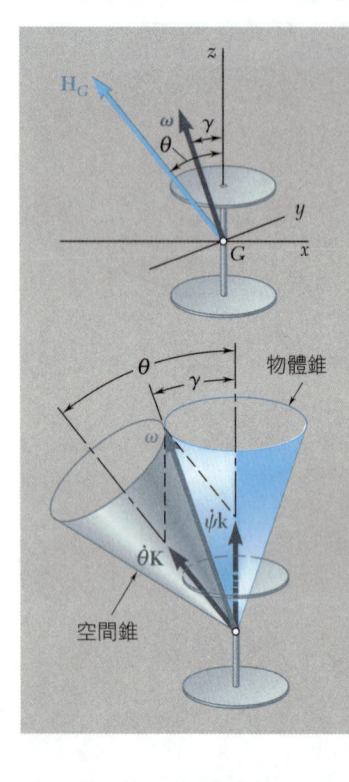

進動軸。由於在自由旋轉時，此人造衛星的角動量 $\mathbf{H}_G$ 的方向在空間中是固定的，所以當其做進動時，也會繞著這個方向運動，故進動軸與 z 軸之間的夾角 θ 為

$$\tan\theta = \frac{-H_x}{H_z} = \frac{m_0 v_0 a}{I\omega_0} = \frac{2m_0 v_0}{ma\omega_0} = 0.796 \qquad \theta = 38.5° \blacktriangleleft$$

進動率與自轉率。我們先畫出人造衛星自由運動之空間錐與物體錐，應用三角形的正弦定理，即可由下式求得進動率 $\dot{\phi}$ 與自轉率 $\dot{\psi}$：

$$\frac{\omega}{\sin\theta} = \frac{\dot{\phi}}{\sin\gamma} = \frac{\dot{\psi}}{\sin(\theta-\gamma)}$$

$$\dot{\phi} = 30.8 \text{ rpm} \qquad \dot{\psi} = 35.9 \text{ rpm} \blacktriangleleft$$

重點提示

在本課中，我們分析了陀螺儀與其他具有一固定點的之軸對稱物體的運動。欲定義這些物體在任一給定瞬間的位置，我們採用了三個尤拉角 ϕ、θ 與 ψ（圖 18.15），並將它們對時間的微分分別定義為**進動率**、**章動率**，及**自轉率**（圖 18.16）。你將會遇到下列三類問題。

1. **穩定進動**。這裡所討論的是關於一個陀螺儀，或是固定點位於其自身對稱軸上之軸對稱物體的運動。在這種運動狀態中，物體的 θ 角、進動率 $\dot{\phi}$ 與轉子的自轉率 $\dot{\psi}$ 始終都為常數。

    a. **使用旋轉座標系統** $Oxyz$（如圖 18.17 所示），此座標系統會隨著物體作進動，但卻不隨著物體作自轉，則物體的角速度為 $\boldsymbol{\omega}$、物體的角動量為 $\mathbf{H}_O$，及與座標系統 $Oxyz$ 的角速度為 $\boldsymbol{\Omega}$，這三者可用下列三式來表示：

    $$\boldsymbol{\omega} = -\dot{\phi}\sin\theta\,\mathbf{i} + \omega_z\mathbf{k} \qquad (18.40)$$

    $$\mathbf{H}_O = -I'\dot{\phi}\sin\theta\,\mathbf{i} + I\omega_z\mathbf{k} \qquad (18.41)$$

    $$\boldsymbol{\Omega} = -\dot{\phi}\sin\theta\,\mathbf{i} + \dot{\phi}\cos\theta\,\mathbf{k} \qquad (18.42)$$

其中， I = 物體對其自身對稱軸的慣性矩

I' = 物體對於通過點 O 之橫向軸的慣性矩

$\omega_z = \dot{\psi} + \dot{\theta}\cos\theta = \omega$ 在自轉軸 (即 z 軸) 上的直角 (rectangular) 分量

b. 所有作用在這物體上的力對於點 O 的總力矩等於此物體之角動量對時間的改變率，如式 (18.28) 所示。

$$\Sigma \mathbf{M}_O = (\dot{\mathbf{H}}_O)_{Oxyz} + \mathbf{\Omega} \times \mathbf{H}_O \tag{18.28}$$

但是因為 θ、$\dot{\phi}$ 與 $\dot{\psi}$ 均為常數，故由式 (18.41) 可知，當從 $Oxyz$ 座標系統來看時，$\mathbf{H}_O$ 的大小與方向都會是一個常數，故其在旋轉座標系統中對時間的變化率 $(\dot{\mathbf{H}}_O)_{Oxyz}$ 也為零。如此式 (18.28) 即可簡化為

$$\Sigma \mathbf{M}_O = \mathbf{\Omega} \times \mathbf{H}_O \tag{18.43}$$

其中，$\mathbf{\Omega}$ 與 $\mathbf{H}_O$ 分別是由式 (18.42) 和式 (18.41) 所定義。這個公式顯示，所有作用在這物體上之力所造成的總力矩同時垂直於進動軸 Z 與自轉軸 z (圖 18.18)。

c. 我們應注意，上述方法的應用，不僅適用於陀螺儀 (質心 G 即固定點 O) 上，也適用於任何一個其固定點位於自身對稱軸上之軸對稱物體。所以這個方法可以用來分析一個在粗糙地板上做穩定進動的陀螺。

d. 當一個軸對稱的物體雖不具有固定點，但是相對於其質心 G 在作穩定進動時，你應該要畫出一個**自由體圖方程式**來顯示所有作用在這個物體上的外力系統 (包含重力)，是等效於一個作用在質心 G 的向量 $m\bar{\mathbf{a}}$ 與力偶向量 $\dot{\mathbf{H}}_G$ 所組成的系統。你可將式 (18.40) 到式 (18.42) 中的 $\mathbf{H}_O$ 換成 $\mathbf{H}_G$，並將式 (18.22) 寫成

$$\dot{\mathbf{H}}_G = \mathbf{\Omega} \times \mathbf{H}_G$$

然後即可將自由體圖方程式寫成六個獨立的純量方程式。

2. **一個軸對稱物體在不受力 (除了其自身的重量) 時之運動。** 由於 $\Sigma \mathbf{M}_G = 0$，所以 $\dot{\mathbf{H}}_G = 0$；故知角動量 $\mathbf{H}_G$ 的大小與方向均為常數 (第 18.11 節)。此物體在作穩定進動時，其進動軸 GZ 與 $\mathbf{H}_G$ 同向 (圖 18.20)。使用旋轉座標系統 $Gxyz$，以 γ 代表 $\boldsymbol{\omega}$ 與自轉軸 Gz 之夾角 (圖 18.21)，以 θ 代表進動軸與自轉軸之夾角，則 γ 與 θ 的關係如下：

$$\tan\gamma = \frac{I}{I'}\tan\theta \tag{18.49}$$

若 $I < I'$ (圖 18.23)，這種進動稱為**直接進動**；若 $I > I'$ (圖 18.24)，這種進動稱為**退化進動**。

   a. 在軸對稱物體不受力之運動的許多問題中，若已知**角速度** $\boldsymbol{\omega}$ 的大小和其與對稱軸 Gz 所形成的夾角 γ (圖 18.21)，題目常會要求你求出進動軸、進動率與自轉率。藉由式 (18.49)，你可求出進動軸 GZ 與自轉軸 Gz 之夾角 θ，並將角速度 $\boldsymbol{\omega}$ 分解成兩個斜向的分量，$\dot{\theta}\mathbf{K}$ 與 $\dot{\psi}\mathbf{k}$。再使用正弦定理，即可求出進動率 $\dot{\phi}$ 與自轉率 $\dot{\psi}$。

   b. 在其他問題中，物體會受到一個已知的衝量，而你首先須求出**角動量** $\mathbf{H}_G$。使用式 (18.10) 即可算出角速度 $\boldsymbol{\omega}$ 的各直角分量、其大小 ω，及其與對稱軸 Gz 所形成的夾角 γ。然後即可求出進動軸、進動率與自轉率 [範例 18.6]。

3. 一個在其對稱軸上具有一固定點的軸對稱物體，僅受到自身之重力作用的一般運動。在這種運動中，角度 θ 是可以改變的。在任何一瞬間，你都應該要考慮到進動率 $\dot{\phi}$、章動率 $\dot{\theta}$，及自轉率 $\dot{\psi}$，因為這三者都將不會是常數。一個陀螺的運動，就是這種運動的一個最佳實例。你要用到的旋轉座標系統 $Oxyz$ 仍將是圖 18.18 中的那個座標系統，只是此時它是以 $\dot{\theta}$ 的速率繞著 y 軸旋轉。已簡化的式 (18.40)、

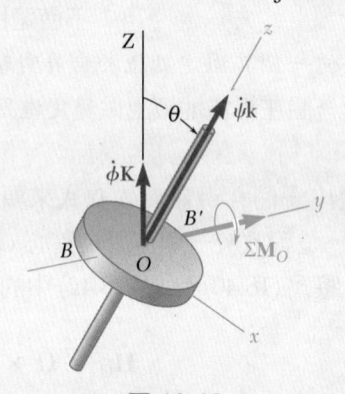

圖 18.18

式 (18.41) 和式 (18.42) 因此應被第 18.9 節中的三個原始通式 (18.35)、式 (18.36) 和式 (18.38) 所取代：

$$\boldsymbol{\omega} = -\dot{\phi}\sin\theta\,\mathbf{i} + \dot{\theta}\mathbf{j} + (\dot{\psi} + \dot{\phi}\cos\theta)\,\mathbf{k} \qquad (18.40')$$

$$\mathbf{H}_O = -I'\dot{\phi}\sin\theta\,\mathbf{i} + I'\dot{\theta}\mathbf{j} + I(\dot{\psi} + \dot{\phi}\cos\theta)\,\mathbf{k} \qquad (18.41')$$

$$\boldsymbol{\Omega} = -\dot{\phi}\sin\theta\,\mathbf{i} + \dot{\theta}\mathbf{j} + \dot{\phi}\cos\theta\,\mathbf{k} \qquad (18.42')$$

由於若將這些方程式代入式 (18.28) 會產出幾個非線性的微分方程式 (18.39)，所以若可行的話，應盡量併用下列幾個守恆原理。

a. **能量守恆**。若 c 代表固定點 O 與質心 G 的距離，E 代表總能量，你可寫出

$$T + V = E: \quad \tfrac{1}{2}(I'\omega_x^2 + I'\omega_y^2 + I\omega_z^2) + mgc\cos\theta = E$$

並將式 (18.40′) 之 $\boldsymbol{\omega}$ 中的各分量代入。請注意：取決於 G 相對於 O 的位置，c 可為正值或是負值。若 G 與 O 為同一點，$c = 0$，這時即為動能守恆。

b. **繞著進動軸的角動量為守恆**。由於支撐點 O 是在 Z 軸上，又因為物體的重量與 Z 軸都在鉛直方向，故導致 $\Sigma M_Z = 0$，因此 H_Z 為常數。這個關係可以寫成純量乘積 $\mathbf{K} \cdot \mathbf{H}_O$ 為一常數，而 $\mathbf{K}$ 是在 Z 軸上的單位向量。

c. **繞著自轉軸的角動量為守恆**。由於支撐點 O 與質心 G 均在 z 軸上，故導致 $\Sigma M_z = 0$，因此 H_z 為常數。這個關係可以把式 (18.41′) 之單位向量 $\mathbf{k}$ 的係數寫成為一個常數。請注意：當物體受限於不得繞其對稱軸自轉時，這一個角動量守恆原理即不再適用，只是在這種情況下，變數僅有 θ 與 ϕ 兩個而已。

習 題

18.29 一個半徑為 100 mm 的實心鋁球，焊接在一根質量可忽略不計、長 200 mm 之細桿 AB 的一端，桿 AB 之另一端點 A 為一個球面接頭。已知該鋁球繞著鉛直軸以 60 rpm 的轉速在如圖所示的方向做進動，桿 AB 與鉛直軸的夾角 $\beta = 30°$，試求該球對桿 AB 的轉速。

18.30 一個半徑為 $c = 100$ mm 的實心球繫於繩子 AB 的一端。這球以 $\dot{\phi} = 6$ rad/s 的轉速繞著鉛直軸 AD 做進動，已知 $\beta = 40°$，在下列各情況下，試求下列情況下直徑 BC 與鉛直線所形成的夾角 θ：(a) 該球沒有自轉；(b) 該球繞著其直徑 BC，以 $\dot{\psi} = 50$ rad/s 的轉速做自轉；(c) 該球繞著其直徑 BC，以 $\dot{\psi} = -50$ rad/s 的轉速做自轉。

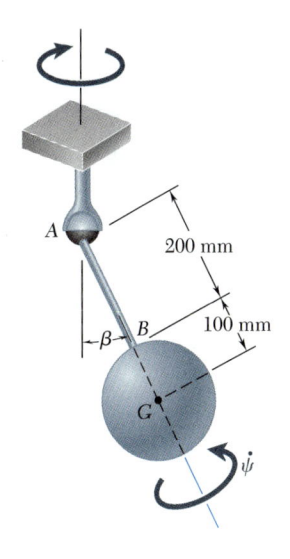

圖 P18.29

18.31 有一張高速攝影的照片顯示，某拋射物有一大小為 600 m/s 之水平速度 $\bar{v}$，此速度向量與其對稱軸形成一個 $\beta = 3°$ 的夾角。該拋射物的自轉速率 $\dot{\psi} = 6000$ rpm，而空氣阻力相當於在點 C_P 產生一個大小為 120 N 的阻力，點 C_P 與質心點 G 的距離為 $c = 150$ mm，(a) 已知該拋射物的質量為 20 kg，其相對於對稱軸的迴轉半徑為 50 mm，試求其穩定進動率的大約值；(b) 若又知該拋射物相對於通過點 G 的橫向軸之迴轉半徑為 200 mm，試求其兩個可能進動率的確切值。

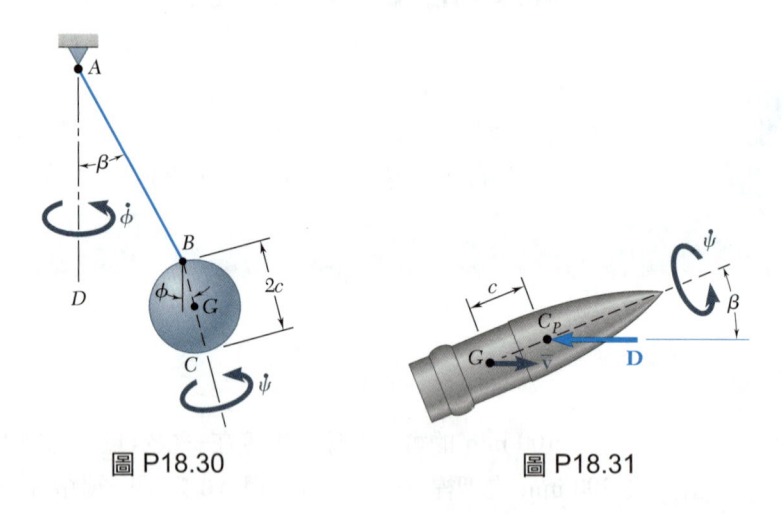

圖 P18.30   圖 P18.31

18.32 將一個硬幣拋向空中，可觀察到硬幣繞著一個垂直於硬幣的軸 GC，以 600 rpm 的轉速旋轉，並對鉛直線 GD 做進動。已知 GC 與 GD 的夾角為 15°，試求 (a) 硬幣之角速度 ω 與 GD 的夾角；(b) 硬幣對 GD 的進動率。

18.33 一被踢出的足球之角速度 ω 的方向為水平方向，該球的對稱軸如圖所示。已知角速度的大小為 200 rpm，且對稱軸向與橫向的慣性矩之比值為 $I/I' = \frac{1}{3}$，試求 (a) 進動軸 OA 的方向；(b) 進動率與自轉率。

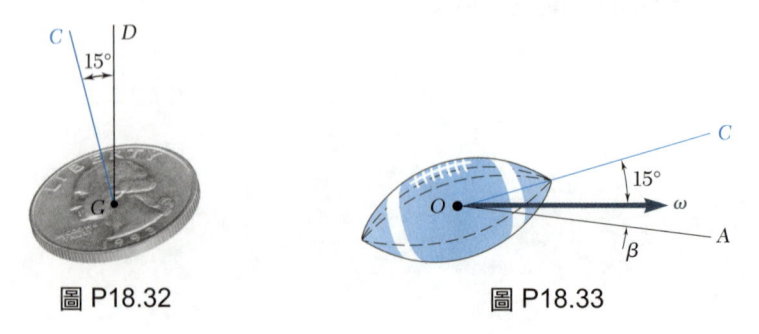

圖 P18.32   圖 P18.33

18.34 有一質量為 m、邊長為 c 與 $2c$ 的均質矩形板，在點 A 與點 B，被一質量可忽略不計的軸之一端的 U 形掛鐵所銷接，該軸的另一端係由軸承 C 所支撐。此一矩形板可繞 AB 軸線自由旋轉，而該軸又可繞著其自身的水平軸線自由旋轉。已知初始時，$\theta_0 = 40°$、$\dot{\theta}_0 = 0$、$\dot{\phi}_0 = 10$ rad/s，試求隨後運動中的 (a) θ 的範圍；(b) $\dot{\phi}$ 的最小值；(c) $\dot{\theta}$ 的最大值。

18.35 一半徑為 180 mm 的均質圓板焊接在一長度為 360 mm、質量可忽略不計的細桿 AG 上。細桿 AG 與圓板可繞水平軸線 AC 自由旋轉，轉軸 AB 可繞一鉛直軸線自由旋轉。一開始時，細桿 AG 是水平的 $(\theta_0 = 90°)$，其對 AC 軸之角速度為零。轉軸 AB 在後續運動中的角速度最大值 $\dot{\phi}_m$ 為其初速度 $\dot{\phi}_0$ 的兩倍，試求 (a) θ 的最小值；(b) 轉軸 AB 的初始角速度 $\dot{\phi}_0$。

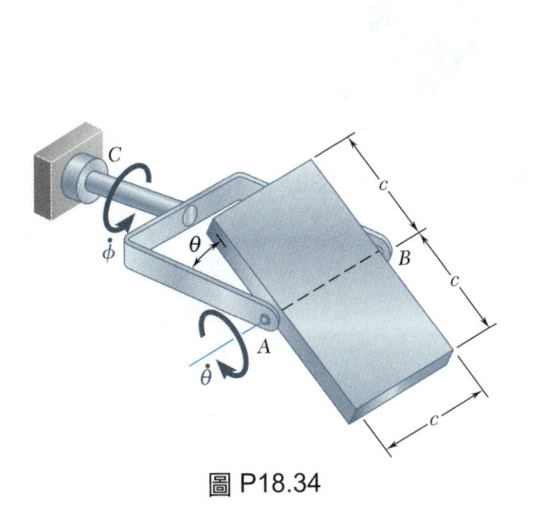

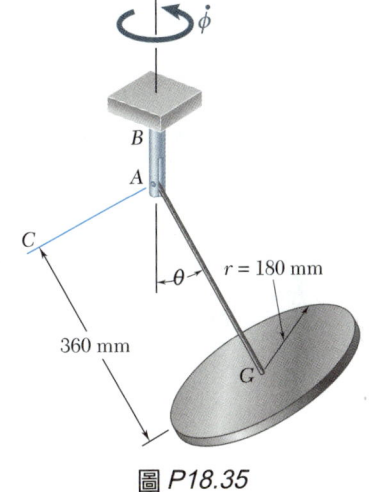

圖 P18.34

圖 P18.35

18.36 質量可忽略不計的環架 $ABA'B'$ 可繞著鉛直軸線 AA' 自由旋轉，半徑為 a、質量為 m 的均勻圓盤可繞著其直徑 BB' 自由旋轉，BB' 也恰為環架的水平直徑。(a) 應用能量守恆原理，及 $\Sigma M_{AA'} = 0$，由於圓盤之角動量在固定軸線 AA' 上的分量必為常數，請寫出可定義圓盤運動的二階微分方程式；(b) 已知初始條件為 $\theta_0 \neq 0$、$\dot{\phi}_0 \neq 0$ 與 $\dot{\theta}_0 = 0$，請將章動率 $\dot{\theta}$ 以 θ 的函數來表示；(c) 請導證在後續運動中，角度 θ 將永遠不會大於 θ_0。

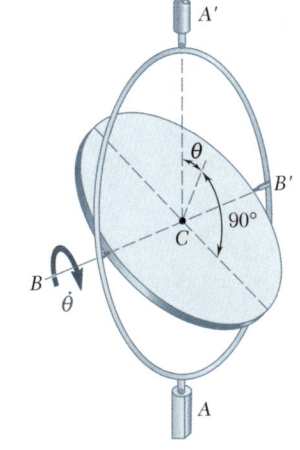

圖 P18.36

18.37 一個半徑為 a、質量為 m 的實心球焊接在一根質量可忽略不計的細桿 AB 之一端，桿 AB 之另一端點 A 為一個球面接頭。該球在 $\beta = 0$ 的位置被釋放時，其進動率為 $\dot{\phi}_0 = \sqrt{17g/11a}$，但並無自轉與章動。試求在後續的運動中，$\beta$ 的最大值。

18.38 同 18.37 題，該球在 $\beta = 0$ 的位置被釋放時，其進動率 $\dot{\phi} = \dot{\phi}_0$，但既無自轉，也無章動。已知在後續的運動中，$\beta$ 的最大值為 30°，試求 (a) 該球在初始時的進動率 $\dot{\phi}_0$；(b) 當 $\beta = 30°$ 時的進動率與自轉率。

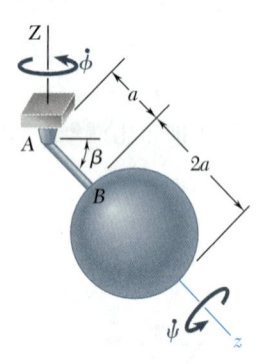

圖 P18.37 與 P18.38

複習與摘要

本章主要是在探討剛體作三維運動之動力分析。

■ 剛體之基本運動方程式 (Fundamental equations of motion for a rigid body)

我們首先了解到 [第 18.1 節] 在第十四章中為一個質點系統所推導出的兩個基本運動方程式

$$\Sigma \mathbf{F} = m\bar{\mathbf{a}} \tag{18.1}$$

$$\Sigma \mathbf{M}_G = \dot{\mathbf{H}}_G \tag{18.2}$$

如同它們在第十六章中為剛體之平面運動所做的分析一樣，已經為本章的分析奠定了很好的基礎。只不過，此處對角動量 $\mathbf{H}_G$ 與其導數 $\dot{\mathbf{H}}_G$ 的計算會變得較為複雜。

■ 剛體於三維運動的角動量 (Angular momentum of a rigid body in three dimensions)

在第 18.2 節中，一個剛體之角動量 $\mathbf{H}_G$ 在直角座標中的分量可以用角速度 $\boldsymbol{\omega}$ 的分量與其質心的慣性矩和慣性積來表示：

$$\begin{aligned} H_x &= +\bar{I}_x \omega_x - \bar{I}_{xy}\omega_y - \bar{I}_{xz}\omega_z \\ H_y &= -\bar{I}_{yx}\omega_x + \bar{I}_y \omega_y - \bar{I}_{yz}\omega_z \\ H_z &= -\bar{I}_{zx}\omega_x - \bar{I}_{zy}\omega_y + \bar{I}_z \omega_z \end{aligned} \tag{18.7}$$

若進一步使用**主慣性軸**作為座標系統 $Gx'y'z'$ 的座標軸，則上述的關係式可以簡化為：

$$H_{x'} = \bar{I}_{x'}\omega_{x'} \qquad H_{y'} = \bar{I}_{y'}\omega_{y'} \qquad H_{z'} = \bar{I}_{z'}\omega_{z'} \tag{18.10}$$

由上式可知，一般而言，**角動量 $\mathbf{H}_G$ 與角速度 $\boldsymbol{\omega}$ 的指向並不會相同**（圖 18.25）。但是，只有當 $\boldsymbol{\omega}$ 的指向與其中的一個主慣性軸相同時，這兩者才會有相同的指向。

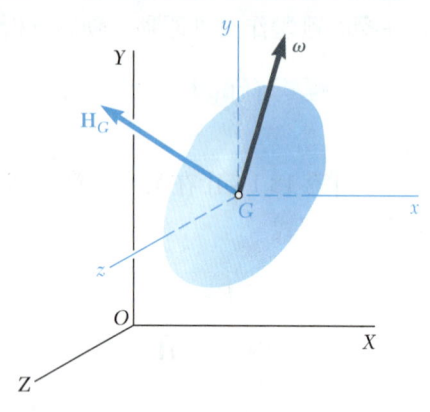

圖 18.25

■ **相對於一已知點的角動量** (Angular momentum about a given point)

我們還記得組成一個剛體之一群質點的動量系統可以簡化為一個在點 G 的向量 $m\bar{\mathbf{v}}$ 與力偶 $\mathbf{H}_G$ (圖 18.26)，同時也知，一旦求得剛體的線動量 $m\bar{\mathbf{v}}$ 與角動量 $\mathbf{H}_G$ 之後，該剛體相對於一已知點 O 的角動量即可用下式求出：

$$\mathbf{H}_O = \bar{\mathbf{r}} \times m\bar{\mathbf{v}} + \mathbf{H}_G \tag{18.11}$$

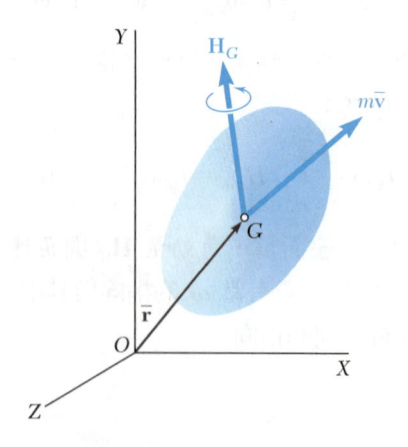

圖 18.26

■ 具有一固定點的剛體 (Rigid body with a fixed point)

在一個特殊情況中，當一個剛體被限定於只能繞著一個固定點 O 來旋轉，其相對於點 O 的角動量 $\mathbf{H}_O$ 的分量可以由其角速度的分量以及穿過點 O 之各軸的慣性矩與慣性積直接算出。這些分量可寫成

$$\begin{aligned} H_x &= +I_x\,\omega_x - I_{xy}\omega_y - I_{xz}\omega_z \\ H_y &= -I_{yx}\omega_x + I_y\,\omega_y - I_{yz}\omega_z \\ H_z &= -I_{zx}\omega_x - I_{zy}\omega_y + I_z\,\omega_z \end{aligned} \qquad (18.13)$$

■ 衝量與動量原理 (Principle of impulse and momentum)

一個剛體在作三維運動時之衝量與動量原理的公式 [第 18.3 節]，與第十七章中剛體在作平面運動的公式是完全一樣的。

$$(\text{系統的動量})_1 + (\text{系統的外加衝量})_{1 \to 2} = (\text{系統的動量})_2 \qquad (17.4)$$

只是，此時的初始與最終的動量系統應該要用圖 18.26 中的方式來表示，而角動量 $\mathbf{H}_G$ 則應使用式 (18.7) 或式 (18.10) 來計算 [範例 18.1 和 18.2]。

■ 剛體於三維運動的動能 (Kinetic energy of a rigid body in three dimensions)

一個在作三維運動之剛體的動能可以分為兩部分 [第 18.4 節]，一個是與質心 G 的平移運動有關，另一個則是與其繞著點 G 旋轉的運動有關。當使用通過形心的主慣性軸 x'、y' 與 z' 時，動能可寫成

$$T = \tfrac{1}{2}m\bar{v}^2 + \tfrac{1}{2}(\bar{I}_{x'}\omega_{x'}^2 + \bar{I}_{y'}\omega_{y'}^2 + \bar{I}_{z'}\omega_{z'}^2) \qquad (18.17)$$

其中， $\bar{\mathbf{v}}$ = 質心的速度
$\boldsymbol{\omega}$ = 角速度
m = 剛體的質量
$\bar{I}_{x'}$、$\bar{I}_{y'}$、$\bar{I}_{z'}$ = 通過形心的主慣性矩

我們同時也注意到，當一個剛體僅可繞著一個固定點 O 旋轉時，其動能可以用下式表示

$$T = \tfrac{1}{2}(I_{x'}\omega_{x'}^2 + I_{y'}\omega_{y'}^2 + I_{z'}\omega_{z'}^2) \qquad (18.20)$$

其中，x'、y' 與 z' 軸為剛體在點 O 的主慣性軸。在第 18.4 節中所得到的這些結果，即可將功能原理與能量守恆原理延伸到剛體的三維運動上。

■ **使用一個旋轉座標系統來寫出剛體之三維運動方程式** (Using a rotating frame to write the equations of motion of a rigid body in space)

本章的第二部分主要是將下列的兩個基本公式

$$\Sigma \mathbf{F} = m\bar{\mathbf{a}} \tag{18.1}$$

$$\Sigma \mathbf{M}_G = \dot{\mathbf{H}}_G \tag{18.2}$$

應用於作三維運動的剛體上。我們首先回想在第 18.5 節中，$\mathbf{H}_G$ 代表一物體相對於原點在其質心之固定座標系統 $GX'Y'Z'$ 中的角動量 (圖 18.27)

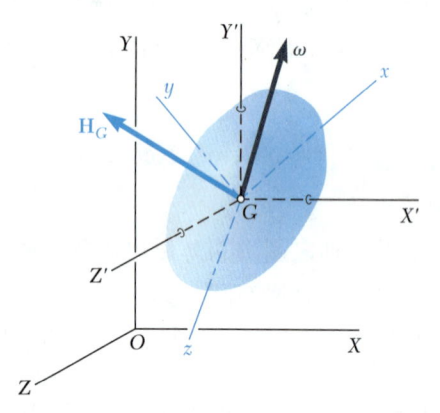

圖 18.27

而式 (18.2) 中的 $\dot{\mathbf{H}}_G$ 則代表 $\mathbf{H}_G$ 相對於該座標系統對時間的改變率。我們注意到，當物體在旋轉時，其相對於 $GX'Y'Z'$ 座標系統之慣性矩與慣性積也隨時都在改變。由於用式 (18.7) 或式 (18.10) 來計算 $\mathbf{H}_G$ 時會用到 $\boldsymbol{\omega}$ 之分量以及慣性矩與慣性積，所以使用一個旋轉座標系統 $Gxyz$ 來計算這些值反而會更加方便。然而，在式 (18.2) 中的 $\dot{\mathbf{H}}_G$ 代表的意義是，在固定座標系統 $GX'Y'Z'$ 中 $\mathbf{H}_G$ 對時間的改變率，所以我們必須使用第 15.10 節中的方法來計算其值。根據式 (15.31)，我們可推知

$$\dot{\mathbf{H}}_G = (\dot{\mathbf{H}}_G)_{Gxyz} + \mathbf{\Omega} \times \mathbf{H}_G \qquad (18.22)$$

其中， $\mathbf{H}_G$ = 剛體相對於固定座標系統 $GX'Y'Z'$ 的角動量
$(\dot{\mathbf{H}}_G)_{Gxyz}$ = $\mathbf{H}_G$ 在旋轉座標系統 $Gxyz$ 中對時間的改變率，其值可由式 (18.7) 和式 (18.21) 求得
$\mathbf{\Omega}$ = 為旋轉座標系統 $Gxyz$ 的角速度

將式 (18.22) 中的 $(\dot{\mathbf{H}}_G)$ 代入式 (18.2)，可得

$$\Sigma \mathbf{M}_G = (\dot{\mathbf{H}}_G)_{Gxyz} + \mathbf{\Omega} \times \mathbf{H}_G \qquad (18.23)$$

若這個旋轉座標系統實際上是以剛性的方式附著於物體上，則其角速度 $\mathbf{\Omega}$ 也就是該物體的角速度 $\boldsymbol{\omega}$。但是也有在許多情況下，使用另一種不固定在剛體上、以獨立的方式旋轉的座標系統來作為參考座標系統，反而會較有利於解題 [範例 18.5]。

■ 尤拉運動方程式與達朗伯特原理 (Euler's equations of motion. D'Alembert's principle)

在式 (18.23) 中，令 $\mathbf{\Omega} = \boldsymbol{\omega}$，採用主慣性軸作為座標軸，將這個向量方程式改寫成純量的形式，即可得尤拉運動方程式 [第 18.6 節]。當討論到這三個旋轉運動之純量方程式與式 (18.1) 所改寫的三個平移運動之純量方程式的解答時，即可將達朗伯特原理延伸到剛體的三維運動上，並得到如下的結論：作用在剛體上的外力系統，與該剛體之有效力所形成的系統，兩者不僅是相當的，而且是完全等效的。這個有效力系統是由向量 $m\bar{\mathbf{a}}$ 與力偶 $\dot{\mathbf{H}}_G$ 所構成 (圖 18.28)。

■ 自由體圖方程式 (Free-body-diagram equation)

凡是有關剛體作三維運動的問題，均可透過圖 18.28 中所表示的自由體圖方程式，來將這些外力與有效力之各分量或力矩的關係，寫成適當的純量方程式 [範例 18.3 和 18.5]。

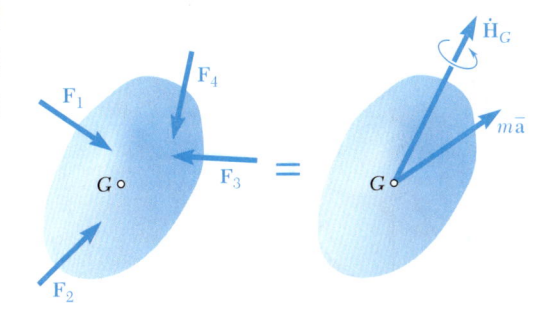

圖 18.28

■ 具有一固定點的剛體 (Rigid body with a fixed point)

在一個剛體受限於僅能繞一個固定點 O 旋轉的情況中，可使用另一種解題的方法，這種解法必須要用到所有的力所形成的力矩以及相對於點 O 之角動量 $\mathbf{H}_O$ 對時間的改變率。這個方法的關係式如下 [第 18.7 節]：

$$\Sigma \mathbf{M}_O = (\dot{\mathbf{H}}_O)_{Oxyz} + \mathbf{\Omega} \times \mathbf{H}_O \qquad (18.28)$$

其中，　$\Sigma \mathbf{M}_O$ = 作用於剛體上之所有的力對於點 O 的總力矩
　　　　$\mathbf{H}_O$ = 剛體相對於固定座標系統 $OXYZ$ 的角動量
　　$(\dot{\mathbf{H}}_O)_{Oxyz}$ = $\mathbf{H}_O$ 在旋轉座標系統 $Oxyz$ 中對時間的改變率，可由式 (18.13) 求得
　　　　$\mathbf{\Omega}$ = 旋轉座標系統 $Oxyz$ 的角速度

這種方法也適用於求解有關剛體繞著一固定軸旋轉之運動的某些特定問題 [第 18.8 節]，舉例來說，一個動不平衡的旋轉軸 [範例 18.4]。

■ 陀螺儀的運動 (Motion of a gyroscope)

在本章的最後一部分中，討論了陀螺儀與其他軸對稱物體的運動。我們採用了三個尤拉角 ϕ、θ 與 ψ 來定義一個陀螺儀的位置 (圖 18.29)，這三個變數對於時間的導數 (或微分)，$\dot{\phi}$、$\dot{\theta}$ 與 $\dot{\psi}$，分別代表進動率、章動率及自轉率 [第 18.9 節]。將角速度 $\boldsymbol{\omega}$ 以這些導數來表示，可得

$$\boldsymbol{\omega} = -\dot{\phi}\sin\theta\,\mathbf{i} + \dot{\theta}\mathbf{j} + (\dot{\psi} + \dot{\phi}\cos\theta)\mathbf{k} \qquad (18.35)$$

其中，這些單位向量即為固定於陀螺儀內環架上之旋轉座標系統 $Oxyz$ 之座標軸的單位向量 (圖 18.30)，並以角速度 $\mathbf{\Omega}$ 來旋轉。

$$\mathbf{\Omega} = -\dot{\phi}\sin\theta\,\mathbf{i} + \dot{\theta}\mathbf{j} + \dot{\phi}\cos\theta\,\mathbf{k} \qquad (18.38)$$

以 I 表示陀螺儀對其自轉軸 (z 軸) 的慣性矩，I' 為通過點 O 之橫向軸 (也就是 x 軸或 y 軸) 的慣性矩，可得下式

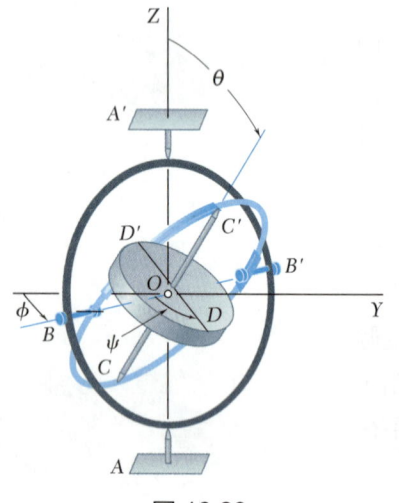

圖 18.29

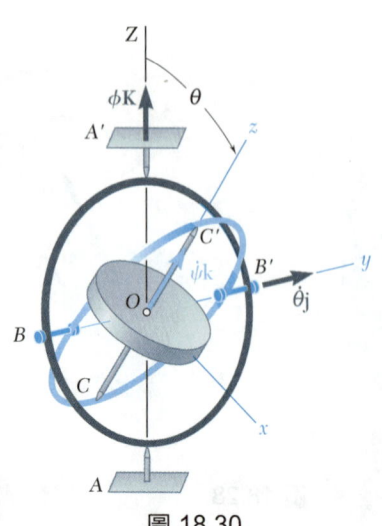

圖 18.30

$$\mathbf{H}_O = -I'\dot{\phi}\sin\theta\,\mathbf{i} + I'\dot{\theta}\mathbf{j} + I(\dot{\psi} + \dot{\phi}\cos\theta)\mathbf{k} \qquad (18.36)$$

將式 (18.36) 中的 $\mathbf{H}_O$ 與式 (18.38) 中的 $\mathbf{\Omega}$ 代入式 (18.28) 中，即可得到定義陀螺儀運動的三個微分方程式。

■ 穩定進動 (Steady precession)

在陀螺儀作穩定進動的這個特例中 [第 18.10 節]，角度 θ、進動率 $\dot{\phi}$ 與陀螺儀的自轉率 $\dot{\psi}$ 均為常數。根據第 18.10 節的推導可知，這種運動狀態唯有在所有外力對於點 O 的總力矩滿足式 (18.44) 時，才會存在。

$$\Sigma\mathbf{M}_O = (I\omega_z - I'\dot{\phi}\cos\theta)\dot{\phi}\sin\theta\,\mathbf{j} \qquad (18.44)$$

也就是說，此時所有的外力可以簡化為一個力矩，其大小必須等於式 (18.44) 等號右側的值，其力矩的旋轉軸必須與進動軸及自轉軸皆垂直 (圖 18.31)。

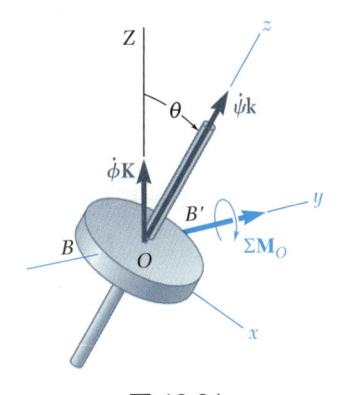

圖 18.31

本章最後以討論一個軸對稱物體，在不受外力時作自轉與進動之運動，作為結尾 [第 18.11 節，範例 18.6]。

複習題

18.39 三個各為 12.5 kg 的圓盤裝配在一個以 720 rpm 轉速旋轉的軸上。圓盤 B 與 C 的質心均在旋轉軸心線上，但是圓盤 A 之質心對於轉軸之軸心線卻有一個 6 mm 的偏心量。若欲使用數個 1 kg 的平衡修正塊，來對此系統做動平衡校正，請說明其數量與各須對應在圓盤 B、C 上的位置。

圖 P18.39

18.40 一塊 48 kg 的廣告牌，長為 $2a = 2.4$ m、寬為 $2b = 1.6$ m，在一水平軸上以 ω_1 的等轉速旋轉，其旋轉是由一在點 A，固定在框架 ACB 上的一小型電動馬達所驅動。而框架本身是以 ω_2 的等轉速繞著一鉛直軸 CD 旋轉，其旋轉是由在 C 處的電動馬達所驅動。已知該廣告牌與 ACB 框架旋轉一圈的時間各為 6 s 與 12 s，試求支撐基底在點 D 處對 CD 柱的動態反作用力（必須以 θ 的函數來表示）。

圖 18.40

18.41 一個質量為 2500 kg、高為 2.4 m 的人造衛星，其底座為八邊形，每邊長 1.2 m。如圖所示的座標軸其實就是人造衛星的形心主慣性軸，相對於各軸的迴轉半徑分別為 $k_x = k_z = 0.90$ m，$k_y = 0.98$ m。這個人造衛星有一個 500 N 的主推進器 E，以及四個 20 N 的副推進器 A、B、C、D。該人造衛星以 36 rev/h 的轉速繞著其本身的對稱軸 Gy 做自轉。當副推進器 A 與 B 啟動 2 s 之期間，對稱軸 Gy 在空間中仍維持一固定的方向。試求 (a) 人造衛星的進動軸方向；(b) 進動率；(c) 自轉的轉速。

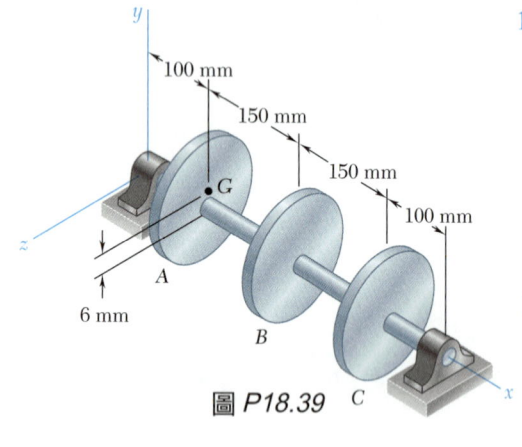

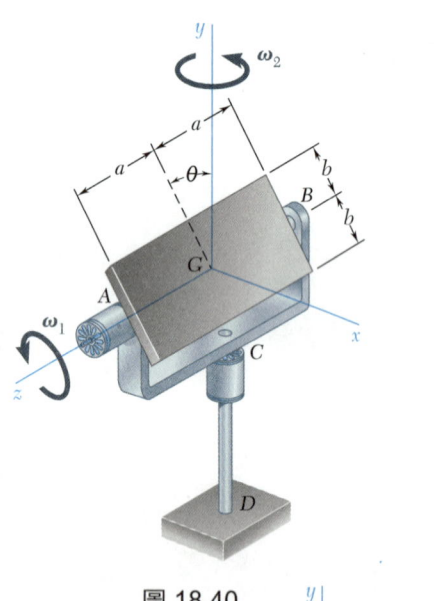

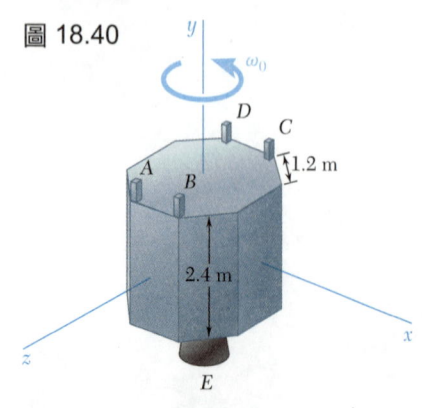

圖 18.41

CHAPTER 19

機械振動

台北 101 內部的風阻尼器藉由減少風與振動對建築物的影響來協助抵擋颱風及地震。機械系統可能經受自由振動或承受強迫振動。過程中當有能量消散時振動受到衰減，否則無衰減情形。本章介紹了振動分析中的許多基本觀念。

19.1 簡介 (Introduction)

機械振動 (mechanical vibration) 係指一質點或物體對其平衡位置振盪的運動。因振動常伴隨著應力增加及能量損失，所以大多數來自機器或結構的振動是不受歡迎的。必須藉由適當的設計，盡可能消除或減少振動。由於目前的趨勢朝向更高速的機器及更輕量的結構，所以振動分析近幾年來變得日益重要。我們有理由預期，此一趨勢將會持續下去，且未來對振動分析將有更大的需求。

振動分析是一個非常廣泛的主題，已有專論的教科書。因此我們目前的研究僅侷限於較簡單的振動類型，也就是具單一自由度的物體或系統的振動。

機械振動通常在系統偏離其穩定平衡位置時所造成的。此系統在恢復力 (例如，一質量附到彈簧情況中的彈力，或單擺情況中的重力) 的作用下試圖回到這個位置。但此系統通常在到達其初始位置時，還獲得一定的速度使其超出該位置。由於這種過程可無限次地重複，故此系統不斷地通過其平衡位置來回移動。此系統完成一整個運動循環所需的時間稱為振動**週期**。每單位時間的循環次數稱為**頻率**，而系統距其平衡位置的最大位移稱為**振幅**。

當運動只由恢復力來維持時，此振動稱為**自由振動** (free vibration) (第 19.2 到 19.6 節)。當有一週期力施加在此系統時，所造成的運動稱為**強迫振動** (forced vibration) (第 19.7 節)。當摩擦效應可忽略不計時，此振動稱為**無阻尼振動**。然而，所有的振動實際上都受某些程度的阻尼作用。若一自由振動僅有少許的阻尼，其振幅會慢慢遞減，直到一段時間後，運動停止。但若阻尼大到足以防止任何真正的振動，則此運動會緩慢地回到其原先的位置 (第 19.8 節)。只要產生振動的週期力持續作用著，就可維持有阻尼強迫振動。然而，振幅會受阻尼力的大小所影響 (第 19.9 節)。

無阻尼振動 (Vibrations without Damping)

19.2 質點的自由振動與簡諧運動 (Free Vibrations of Particles. Simple Harmonic Motion)

考慮一質量為 m 的物體附到一常數 k 的彈簧上 (圖 19.1a)。由於目前我們只關注其質心的運動，故將此物體視為一質點。當此質點處於靜平衡狀態時，作用在質點上的力為重量 **W** 及彈簧所施加的力 **T**。

其大小為 $T = k\delta_{st}$，其中 δ_{st} 表示彈簧的伸長量。故我們有

$$W = k\delta_{st}$$

假設現在此質點自其平衡位置移位了一距離 x_m，而後以零初始速度釋放。若所選擇的 x_m 小於 δ_{st}，此質點將通過其平衡位置來回移動；一振幅為 x_m 的振動就此生成。請注意：亦可賦予在平衡位置 $x = 0$ 之質點某一初始速度。或更一般地，賦予在任意給定位置 $x = x_0$ 之質點一給定的初始速度 $\mathbf{v}_0$ 來產生此種振動。

為了分析這種振動，讓我們考慮在某任意時間 t 在位置 P 的一質點 (圖 19.1b)。令 x 表示由平衡點 O 量起的位移 OP (向下為正)，作用在此質點的力為其重量 $\mathbf{W}$，及彈簧在此位置的施力 $\mathbf{T}$，$\mathbf{T}$ 的大小為 $T = k(\delta_{st} + x)$。回顧 $W = k\delta_{st}$，我們發現此二力 (向下為正) 之合力 $\mathbf{F}$ 的大小為：

$$F = W - k(\delta_{st} + x) = -kx \quad (19.1)$$

故作用在此質點的合力與自平衡位置量起的位移 OP 成正比。回顧符號約定，我們注意到 $\mathbf{F}$ 總是指向平衡位置 O。將 F 代入基本方程式 $F = ma$，且記得 a 是 x 對 t 的二階導數 $\ddot{x}$，我們寫出

$$m\ddot{x} + kx = 0 \quad (19.2)$$

務必注意：加速度 $\ddot{x}$ 與位移 x 須使用相同的符號約定，也就是向下為正。

由式 (19.2) 所定義的運動稱為**簡諧運動** (simple harmonic motion)。它的特徵是加速度與位移成正比但方向相反。我們可以證明，每一個函數 $x_1 = \sin(\sqrt{k/m}\, t)$ 與 $x_2 = \cos(\sqrt{k/m}\, t)$ 都滿足式 (19.2)。

因此，這些函數構成微分方程式 (19.2) 的兩個特解。將每個特解各乘以一任意常數後再相加，而得式 (19.2) 的通解。故此通解表示為

$$x = C_1 x_1 + C_2 x_2 = C_1 \sin\left(\sqrt{\frac{k}{m}}\, t\right) + C_2 \cos\left(\sqrt{\frac{k}{m}}\, t\right) \quad (19.3)$$

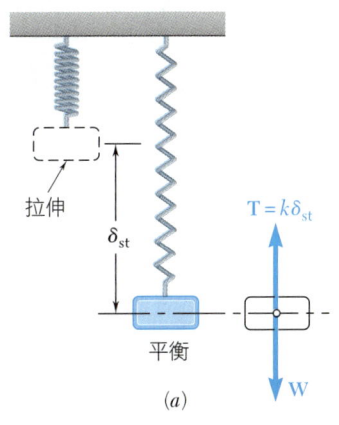

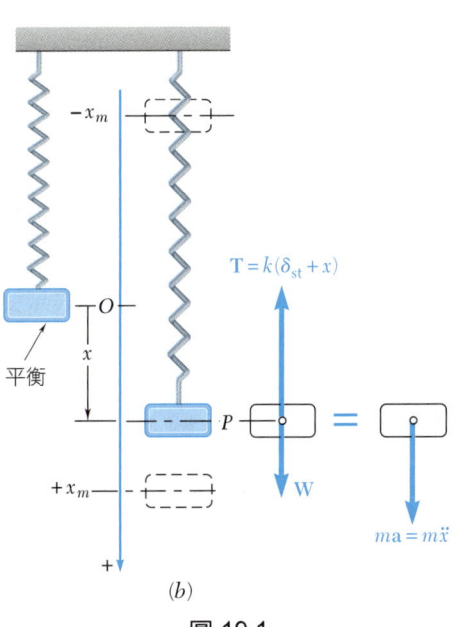

圖 19.1

請注意：x 是時間 t 的週期函數，因此代表此質點 P 的一振動。在所得的表示式中，時間 t 的係數稱為此振動的**自然圓頻率** (natural circular frequency)，表示為 ω_n。則有

$$\text{自然圓頻率} = \omega_n = \sqrt{\frac{k}{m}} \tag{19.4}$$

將 $\sqrt{k/m}$ 代入式 (19.3) 中，寫為

$$x = C_1 \sin \omega_n t + C_2 \cos \omega_n t \tag{19.5}$$

此為下列微分方程式的通解

$$\ddot{x} + \omega_n^2 x = 0 \tag{19.6}$$

將式 (19.2) 的兩項皆以 m 除之，且令 $k/m = \omega_n^2$，即可求得上式。將式 (19.5) 的兩項對時間 t 微分兩次，即得下列速度與加速度在時間 t 的表示式：

$$v = \dot{x} = C_1 \omega_n \cos \omega_n t - C_2 \omega_n \sin \omega_n t \tag{19.7}$$

$$a = \ddot{x} = -C_1 \omega_n^2 \sin \omega_n t - C_2 \omega_n^2 \cos \omega_n t \tag{19.8}$$

式中常數 C_1 與 C_2 之值取決於此運動的*初始條件*。例如，若質點偏離其平衡位置，且在 $t = 0$ 時以零初始速度釋放，$C_1 = 0$；若質點在 $t = 0$ 時，以某初始速度由 O 出發，則有 $C_2 = 0$。一般來說，將 $t = 0$ 及位移與速度的初始值 x_0 與 v_0 代入式 (19.5) 和式 (19.7) 中，我們發現 $C_1 = v_0/\omega_n$ 與 $C_2 = x_0$。

若我們觀察到式 (19.5) 表示位移的 $x = OP$ 是大小分別為 C_1 與 C_2 的兩向量 $\mathbf{C}_1$ 與 $\mathbf{C}_2$ 之 x 分量的和，其指向如圖 19.2a 中所示，則所得質點的位移、速度，及加速度表示式可寫成更簡潔的形式。當時間 t 變動時，兩個向量都沿順時針向旋轉；我們也注意到它們的合向量 $\overrightarrow{OQ}$ 的大小等於最大位移 x_m。因此 P 沿 x 軸的簡諧運動可由點 Q 的運動在 x 軸的投影而得，其中 Q 以一等角度 ω_n 描出一半徑 x_m 的輔助圓 (此解釋何以 ω_n 的名稱為自然圓頻率)。令 ϕ 表示由向量 $\overrightarrow{OQ}$ 與 $\mathbf{C}_1$ 所形成的夾角，寫為

$$OP = OQ \sin(\omega_n t + \phi) \tag{19.9}$$

由此導出 P 之位移、速度，及加速度的新表示式：

$$x = x_m \sin(\omega_n t + \phi) \tag{19.10}$$

$$v = \dot{x} = x_m \omega_n \cos(\omega_n t + \phi) \tag{19.11}$$

$$a = \ddot{x} = -x_m \omega_n^2 \sin(\omega_n t + \phi) \tag{19.12}$$

位移－時間曲線以一正弦曲線來表示（圖 19.2b）；位移的最大值 x_m 稱為此振動的振幅，定義 Q 在此圓上之初始位置的角 ϕ 稱為**相位角**（phase angle）。由圖 19.2 我們注意到，當角 $\omega_n t$ 增加到 2π rad 時可描出一全循環。此時對應的 t 值以 τ_n 表示，稱為此自由振動的週期，以秒來量度。我們有

$$週期 = \tau_n = \frac{2\pi}{\omega_n} \tag{19.13}$$

每單位時間所描出的循環數用 f_n 表示，稱為此振動的**自然頻率**（natural frequency）。寫為

$$自然頻率 = f_n = \frac{1}{\tau_n} = \frac{\omega_n}{2\pi} \tag{19.14}$$

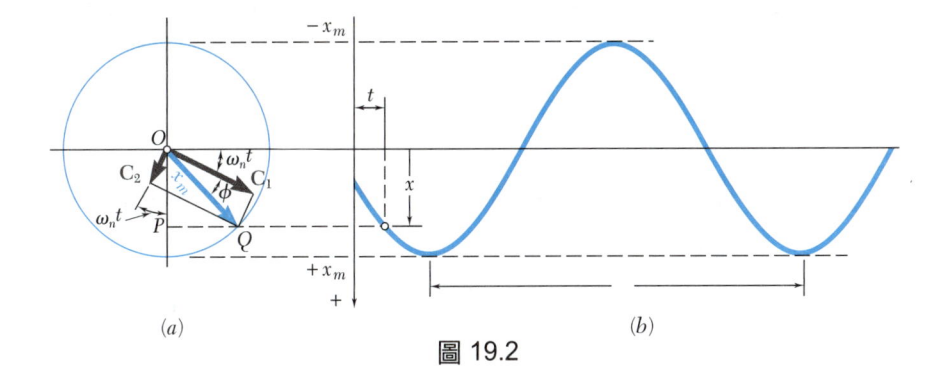

圖 19.2

頻率的單位為每秒一循環，對應到一秒週期的頻率。故頻率的基本單位為 1/s 或 s^{-1}。其在 SI 單位制稱為**赫茲** (Hz)。由式 (19.14) 得知，s^{-1} 或 1 Hz 的頻率對應到 2π rad/s 的圓頻率。在涉及角速度以每分鐘的轉數來表示的問題中，我們有 1 rpm = $\frac{1}{60}$ s^{-1} = $\frac{1}{60}$ Hz，或 1 rpm = $(2\pi/60)$ rad/s。

記得在式 (19.4) 中，ω_n 是由彈簧的常數 k 與質點的質量 m 所定義，我們觀察到週期與頻率並無相關於振動的初始條件及振幅。而要注意的是，τ_n 與 f_n 取決於質量而非重量，故與 g 值無關。

速度－時間曲線以及加速度－時間曲線，如同位移－時間曲線一樣，可用同週期的正弦曲線來表示，但有不同的相位角。由式 (19.11) 和式 (19.12) 我們注意到，速度與加速度之大小的最大值為

$$v_m = x_m \omega_n \qquad a_m = x_m \omega_n^2 \tag{19.15}$$

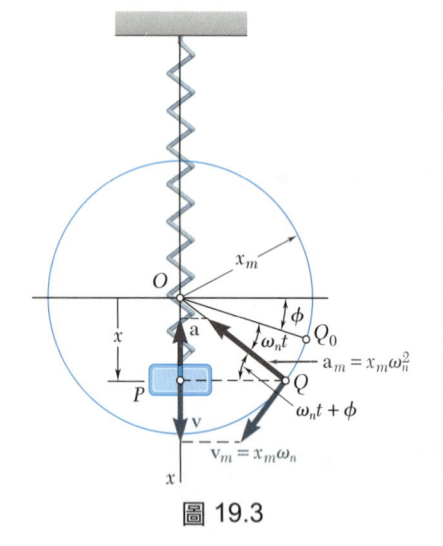

由於點 Q 以等角速度 ω_n 描出一半徑 x_m 的輔助圓，故其速度與加速度分別等於式 (19.15) 中的表示式。回顧式 (19.11) 和式 (19.12)，我們發現，P 在任一瞬間的速度與加速度可分別由代表 Q 在同一瞬間，且大小為 $v_m = x_m \omega_n$ 及 $a_m = x_m \omega_n^2$ 的速度與加速度向量在 x 軸上的投影求得 (圖 19.3)。

所得結果並不局限於解答一質量附到一彈簧的問題。只要作用在質點的合力 **F** 與位移 x 成正比且指向 O，此結果也可用於分析質點的直線運動。於是基本運動方程式 $F = ma$ 可寫成式 (19.6) 的形式，此為簡諧運動的特徵。觀察得知式中 x 的係數必定等於 ω_n^2，我們可輕易求解此運動的自然圓頻率 ω_n。將 ω_n 所得值代入式 (19.13) 和式 (19.14)，即可得到此運動的週期 τ_n 及自然頻率 f_n。

圖 19.3

19.3 單擺（近似解）[Simple Pendulum (Approximate Solution)]

大多數在工程應用中所遇到的振動，大都可以用簡諧運動來代表。其他許多不同類型的振動，只要振幅維持很小，我們也能以簡諧運動近似之。例如，考慮一由質量為 m 之擺錘附到長度 l 之繩子所組成，且可在垂直平面內擺動的**單擺** (simple pendulum) (圖 19.4a)。在一給定的時間 t，繩子與垂直線形成一角度 θ。作用在擺錘上的

力為重量 **W** 與繩子的施力 **T** (圖 19.4b)。將向量 $m\mathbf{a}$ 分解成切向與法向分量,以 $m\mathbf{a}_t$ 朝右,亦即,對應於 θ 值增加的方向,且觀察到 $a_t = l\alpha = l\ddot{\theta}$,我們寫出

$$\Sigma F_t = ma_t: \qquad -W\sin\theta = ml\ddot{\theta}$$

注意到 $W = mg$ 且全式除以 ml,得

$$\ddot{\theta} + \frac{g}{l}\sin\theta = 0 \qquad (19.16)$$

對於小振幅的擺動,我們能以 θ 取代 $\sin\theta$,以弳表示,寫為

$$\ddot{\theta} + \frac{g}{l}\theta = 0 \qquad (19.17)$$

與式 (19.6) 比較,顯示此微分方程式 (19.17) 為簡諧運動的方程式,自然頻率 ω_n 等於 $(g/l)^{1/2}$。因此,式 (19.17) 的通解可表示為

$$\theta = \theta_m \sin(\omega_n t + \phi)$$

式中 θ_m 為擺動的振幅,ϕ 為相位角。將 ω_n 所得值代入式 (19.13),即得一長度為 l 之單擺的小擺動週期,表示如下:

$$\tau_n = \frac{2\pi}{\omega_n} = 2\pi\sqrt{\frac{l}{g}} \qquad (19.18)$$

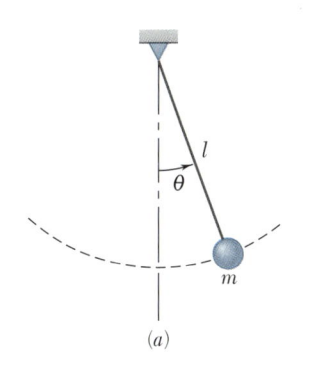

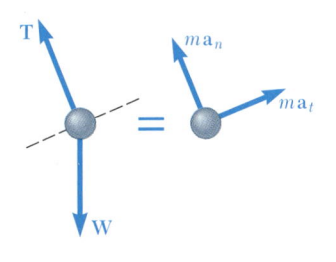

圖 19.4

19.4 單擺 (正確解) [Simple Pendulum (Exact Solution)]

式 (19.18) 只是一個近似值。若要得到單擺擺動週期的正確表示,我們必須回到式 (19.16)。將式中兩項同乘以 $2\dot{\theta}$,並由對應最大撓度的初始位置積分起,亦即,$\theta = \theta_m$ 及 $\dot{\theta} = 0$,寫為

$$\left(\frac{d\theta}{dt}\right)^2 = \frac{2g}{l}(\cos\theta - \cos\theta_m)$$

以 $1 - 2\sin^2(\theta/2)$ 取代 $\cos\theta$,而 $\cos\theta_m$ 也以類似的表示式作取代,解出 dt,且由 $t = 0$、$\theta = 0$ 到 $t = \tau_n/4$、$\theta = \theta_m$ 積分四分之一週期,我們有

$$\tau_n = 2\sqrt{\frac{l}{g}}\int_0^{\theta_m}\frac{d\theta}{\sqrt{\sin^2(\theta_m/2) - \sin^2(\theta/2)}}$$

在右項的積分稱為**橢圓形積分** (elliptic integral)；此積分無法以一般的代數或三角函數表示。然而，令

$$\sin(\theta/2) = \sin(\theta_m/2) \sin\phi$$

我們可寫為

$$\tau_n = 4\sqrt{\frac{l}{g}} \int_0^{\pi/2} \frac{d\phi}{\sqrt{1 - \sin^2(\theta_m/2)\sin^2\phi}} \tag{19.19}$$

式中所得的積分可利用數值積分法來計算，通常以 K 表示。我們也可以在**橢圓形積分表**內找到各 $\theta_m/2$ 所對應的積分值。為了將剛才所得與前節的結果作比較，我們將式 (19.19) 寫成如下的形式

$$\tau_n = \frac{2K}{\pi}\left(2\pi\sqrt{\frac{l}{g}}\right) \tag{19.20}$$

式 (19.20) 顯示，單擺週期的實際值可由式 (19.18) 所給定的近似值乘以一修正因子 $2K/\pi$ 而得。表 19.1 顯示對應各振幅值 θ_m 的修正因子。我們注意到對一般的工程計算而言，只要振幅不超過 10°，修正因子可以忽略不計。

表 19.1 單擺週期的修正因子

θ_m	0°	10°	20°	30°	60°	90°	120°	150°	180°
K	1.571	1.574	1.583	1.598	1.686	1.854	2.157	2.768	∞
$2K/\pi$	1.000	1.002	1.008	1.017	1.073	1.180	1.373	1.762	∞

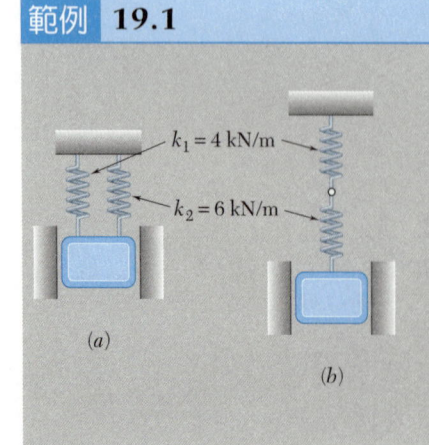

範例 19.1

一 50 kg 塊狀物在圖示的垂直軌道之間移動，此塊狀物自其平衡位置向下拉 40 mm 後釋放。對於各彈簧配置，試求振動週期、塊狀物的最大速度，及塊狀物的最大加速度。

解

a. **彈簧並聯**。首先，藉由找出造成一給定撓度 δ 所需力 **P** 的大小，來求解等效於此兩彈簧之單一彈簧的常數 k。由於對一撓度 δ，彈簧施力的大小分別為 $k_1\delta$ 與 $k_2\delta$，我們有

$k_1 = 4$ kN/m
$k_2 = 6$ kN/m

(a)

(b)

$$P = k_1\delta + k_2\delta = (k_1 + k_2)\delta$$

則單一等效彈簧的常數 k 為

$$k = \frac{P}{\delta} = k_1 + k_2 = 4 \text{ kN/m} + 6 \text{ kN/m} = 10 \text{ kN/m} = 10^4 \text{ N/m}$$

振動週期：由於 $m = 50$ kg，故由式 (19.4) 得

$$\omega_n^2 = \frac{k}{m} = \frac{10^4 \text{ N/m}}{50 \text{ kg}} \qquad \omega_n = 14.14 \text{ rad/s}$$

$$\tau_n = 2\pi/\omega_n \qquad \tau_n = 0.444 \text{ s} \blacktriangleleft$$

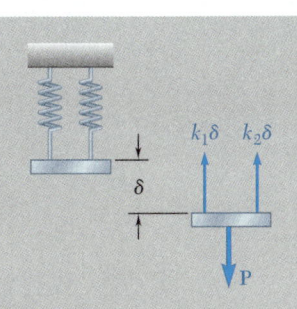

最大速度：

$$v_m = x_m\omega_n = (0.040 \text{ m})(14.14 \text{ rad/s})$$
$$v_m = 0.566 \text{ m/s} \qquad \mathbf{v}_m = 0.566 \text{ m/s} \updownarrow \blacktriangleleft$$

最大加速度：

$$a_m = x_m\omega_n^2 = (0.040 \text{ m})(14.14 \text{ rad/s})^2$$
$$a_m = 8.00 \text{ m/s}^2 \qquad \mathbf{a}_m = 8.00 \text{ m/s}^2 \updownarrow \blacktriangleleft$$

b. **彈簧串聯**。首先，藉由找出在一給定靜負載 **P** 作用下之彈簧的總伸長量 δ，來求解等效於此兩彈簧之單一彈簧的常數 k。為了便於計算，靜負載的大小採用 $P = 12$ kN。

$$\delta = \delta_1 + \delta_2 = \frac{P}{k_1} + \frac{P}{k_2} = \frac{12 \text{ kN}}{4 \text{ kN/m}} + \frac{12 \text{ kN}}{6 \text{ kN/m}} = 5 \text{ m}$$

$$k = \frac{P}{\delta} = \frac{12 \text{ kN}}{5 \text{ m}} = 2.4 \text{ kN/m} = 2400 \text{ N/m}$$

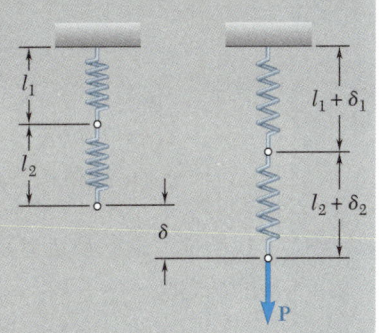

振動週期：

$$\omega_n^2 = \frac{k}{m} = \frac{2400 \text{ N/m}}{50 \text{ kg}} \qquad \omega_n = 6.93 \text{ rad/s}$$

$$\tau_n = \frac{2\pi}{\omega_n} \qquad \tau_n = 0.907 \text{ s} \blacktriangleleft$$

最大速度：

$$v_m = x_m\omega_n = (0.040 \text{ m})(6.93 \text{ rad/s})$$
$$v_m = 0.277 \text{ m/s} \qquad \mathbf{v}_m = 0.277 \text{ m/s} \updownarrow \blacktriangleleft$$

最大加速度：

$$a_m = x_m\omega_n^2 = (0.040 \text{ m})(6.93 \text{ rad/s})^2$$
$$a_m = 1.920 \text{ m/s}^2 \qquad \mathbf{a}_m = 1.920 \text{ m/s}^2 \updownarrow \blacktriangleleft$$

重點提示

本章討論機械振動，亦即，討論質點或物體對一平衡位置振盪的運動。

在本課中，我們看到質點的**自由振動**發生於當此質點所受的作用力與其位移成正比，且反方向時，例如，由彈簧所施加的力 (圖 19.1)。所得的運動稱為**簡諧運動**，由以下的微分方程式表示其特徵

$$m\ddot{x} + kx = 0 \qquad (19.2)$$

其中，x 為質點的位移、$\ddot{x}$ 為其加速度、m 為其質量、k 為彈簧常數。此微分方程式的解為

$$x = x_m \sin(\omega_n t + \phi) \qquad (19.10)$$

其中，x_m = 振幅
$\omega_n = \sqrt{k/m}$ = 自然圓頻率 (rad/s)
ϕ = 相位角 (rad)

我們也定義振動週期為此質點完成一個循環所需的時間 $\tau_n = 2\pi/\omega_n$，自然頻率為每秒的循環數，$f_n = 1/\tau_n = \omega_n/2\pi$，以 Hz 或 s^{-1} 表示。對式 (19.10) 微分兩次，得出該質點在任何時間的速度與加速度。我們發現速度與加速度的最大值為

$$v_m = x_m\omega_n \qquad a_m = x_m\omega_n^2 \qquad (19.15)$$

你可以根據下列的步驟來求解式 (19.10) 中的參數。

1. 當此質點與其平衡位置的距離為 x 時，畫一自由體圖來顯示作用在此質點的力。這些力的合力將與 x 成正比，而其方向則與 x 的正向相反 [式 (19.1)]。
2. 令在步驟 1 中所找到的合力等於 $m\ddot{x}$ 而寫下微分運動方程式。請注意：一旦選定了 x 的正向，則加速度 $\ddot{x}$ 須使用相同的符號約定。在移項之後，你將得到一如式 (19.2) 形式的方程式。

3. 藉由將此方程式中 x 的係數除以 $\ddot{x}$ 的係數，並取所得結果之平方根來計算自然頻率 ω_n。務必確定 ω_n 是以 rad/s 表示。
4. 藉由將 ω_n 的所得值及 x 與 $\dot{x}$ 的初始值代入式 (19.10)，以及式 (19.10) 對 t 微分而得的方程式中，來求解振幅 x_m 與相位角 ϕ。

   式 (19.10) 及其對 t 微分兩次而得的兩個方程式，可用來尋找此質點在任何時間的位移、速度及加速度。式 (19.15) 得出最大的速度 v_m 及最大的加速度 a_m。
5. 你還看到，對於一單擺的小擺動，此擺繩與垂直線形成的角度 θ 滿足以下微分方程式

$$\ddot{\theta} + \frac{g}{l}\theta = 0 \tag{19.17}$$

其中，l 為繩長，θ 以弳表示 [第 19.3 節]。此方程式再度定義一簡諧運動，其解答的形式如同式 (19.10)，

$$\theta = \theta_m \sin(\omega_n t + \phi)$$

其中，自然頻率 $\omega_n = \sqrt{g/l}$ 以 rad/s 表示。本表示式中各常數的計算以類似上面所述的方式進行。務必記住，擺錘的速度與路徑相切，其大小為 $v = l\dot{\theta}$，而擺錘的加速度有一切向分量 $\mathbf{a}_t$，大小為 $a_t = l\ddot{\theta}$，以及一法向分量 $\mathbf{a}_n$，方向指向路徑的中心，大小為 $a_n = l\dot{\theta}^2$。

習 題

19.1 一質點作簡諧運動，振幅為 3 mm 及頻率為 20 Hz，試求此質點的最大速度與最大加速度。

19.2 一質點作簡諧運動。已知振幅為 300 mm 及最大加速度為 5 m/s^2，試求此質點的最大速度及其運動的頻率。

19.3 質量 15 kg 之塊狀物由圖示的彈簧所支撐。若此質量塊自其平衡位置垂直向下移動，而後釋放，試求 (a) 所造成之運動的週期與頻率；(b) 此質量塊的最大速度與加速度；若其運動的振幅為 50 mm。

圖 P19.3

19.4 圖示 2 kg 塊狀物由一常數 $k = 400$ N/m 的彈簧所支承，彈簧可拉伸或壓縮。當此塊狀物受一鐵鎚由下敲擊，而有一往上 2.5 m/s 的速度時，此塊狀物位於其平衡位置。試求 (a) 此塊狀

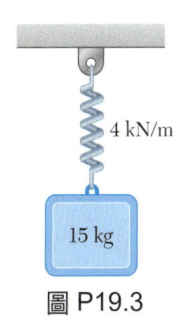

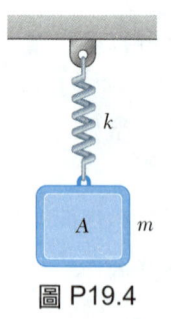

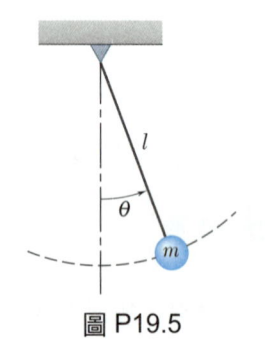

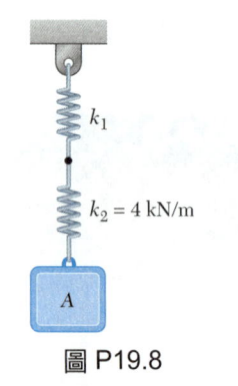

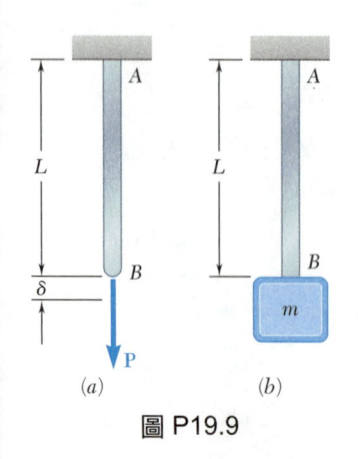

物上移 100 mm 所需耗用的時間；(b) 此塊狀物對應的速度與加速度。

19.5 當 $\theta = +5°$ 時，長度 $l = 800$ mm 之單擺的擺錘自靜止狀態釋放。假設擺錘的運動為簡諧運動，試求釋放後 1.6 s (a) 角度 θ；(b) 擺錘的速度與加速度之大小。

19.6 與 **19.7** 質量 35 kg 的塊狀物，由圖示的彈簧結構所支承，此塊狀物由其平衡位置垂直向下移動，而後釋放。已知所造成之運動的振幅為 45 mm，試求 (a) 此運動的週期與頻率；(b) 此塊狀物的最大速度與最大加速度。

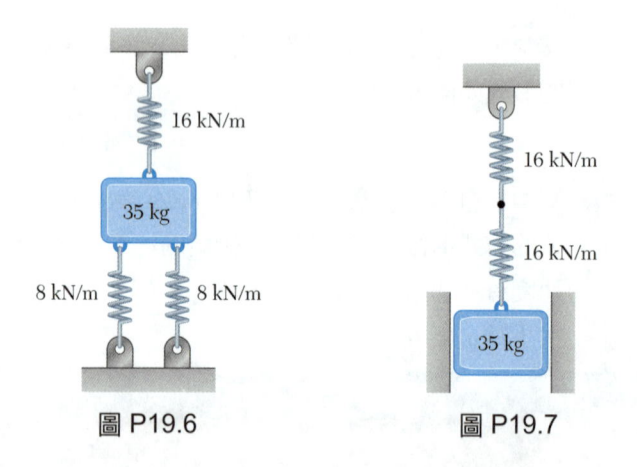

圖 P19.4

圖 P19.5

圖 P19.6

圖 P19.7

19.8 圖示系統被觀測到的振動週期為 0.2 s。在常數 $k_2 = 4$ kN/m 的彈簧被移去，且塊狀物 A 被連接到常數 k_1 的彈簧後，所觀測到的週期為 0.12 s，試求 (a) 遺留下之彈簧的常數 k_1；(b) 塊狀物 A 的質量。

圖 P19.8

19.9 由材料力學得知，當一靜負載 **P** 作用在 A 端固定之均勻金屬桿件的 B 端時，桿件長度將有一增量 $\delta = PL/AE$，其中 L 為未變形之桿件的長度，A 為桿件的斷面積，E 為金屬的彈性模數。已知 $L = 450$ mm、$E = 200$ GPa、桿件的直徑為 8 mm，忽略桿件的質量，試求 (a) 此桿件的等效彈簧常數；(b) 質量 $m = 8$ kg 之塊狀物附到同一桿件之 B 端時的垂直振動頻率。

圖 P19.9

19.5 剛體的自由振動 (Free Vibrations of Rigid Bodies)

具有一自由度的剛體或剛體系統的振動分析與一質點的振動分析類似。我們可以選擇一個適當的變數，如距離 x 或角度 θ 來定義此物體或物體系統的位置，並寫出此變數與其對時間 t 之二階導數的關係方程式。若所得的方程式與式 (19.6) 具有相同的形式，亦即，若我們有

$$\ddot{x} + \omega_n^2 x = 0 \quad \text{或} \quad \ddot{\theta} + \omega_n^2 \theta = 0 \qquad (19.21)$$

則所考慮的振動為一簡諧運動。此振動的週期與自然頻率然後可藉由識別 ω_n，並將該值代入式 (19.13) 和式 (19.14) 而得。

一般而言，取得式 (19.21) 之任一式的一簡單方式，為藉由對任一變數值畫出此物體的自由體圖方程式，並寫出適當的運動方程式，以表示外力系統等效於有效力系統。回顧前述，我們的目標應是要決定 x 或 θ 的係數，而不是要決定變數本身或導數 $\ddot{x}$ 或 $\ddot{\theta}$。設定此係數等於 ω_n^2，即可求得自然圓頻率 ω_n，從而可決定 τ_n 與 f_n。

我們先前所提出的方法可用來分析真正由簡諧運動所代表的振動，或是由簡諧運動近似的小振幅振動。例如，讓我們來求解一邊長 $2b$ 之方形平板的小擺動週期，此平板一邊的中點 O 被吊掛著 (圖 19.5a)。我們考慮以線段 OG 與垂線的夾角 θ 來定義此平板的任意位置，並畫一自由體圖方程式來表示此平板的重量 $\mathbf{W}$，及在 O 處的反力 $\mathbf{R}_x$ 與 $\mathbf{R}_y$ 等效於向量 $m\mathbf{a}_t$、$m\mathbf{a}_n$ 及力偶 $\bar{I}\boldsymbol{\alpha}$ (圖 19.5b)。由於此平板的角速度、角加速度分別等於 $\dot{\theta}$ 與 $\ddot{\theta}$，故此兩向量的大小分別為 $mb\ddot{\theta}$ 與 $mb\dot{\theta}^2$，而力偶則為 $\bar{I}\ddot{\theta}$。以前在應用此方法時 (第十六章)，我們盡可能嘗試假設此加速度一正確的指向。然而，在此我們必須假設 $\dot{\theta}$ 與 $\ddot{\theta}$ 有相同的指向，以便得到一如式 (19.21) 形式的方程式。即使這個假設顯然並不務實，角加速度 $\ddot{\theta}$ 的正指向仍被假設為逆時針向。寫出對 O 之力矩的等式，

$$+\circlearrowleft \qquad -W(b \sin \theta) = (mb\ddot{\theta})b + \bar{I}\ddot{\theta}$$

注意到 $\bar{I} = \frac{1}{12}m[(2b)^2 + (2b)^2] = \frac{2}{3}mb^2$ 及 $W = mg$，我們得

$$\ddot{\theta} + \frac{3}{5}\frac{g}{b} \sin \theta = 0 \qquad (19.22)$$

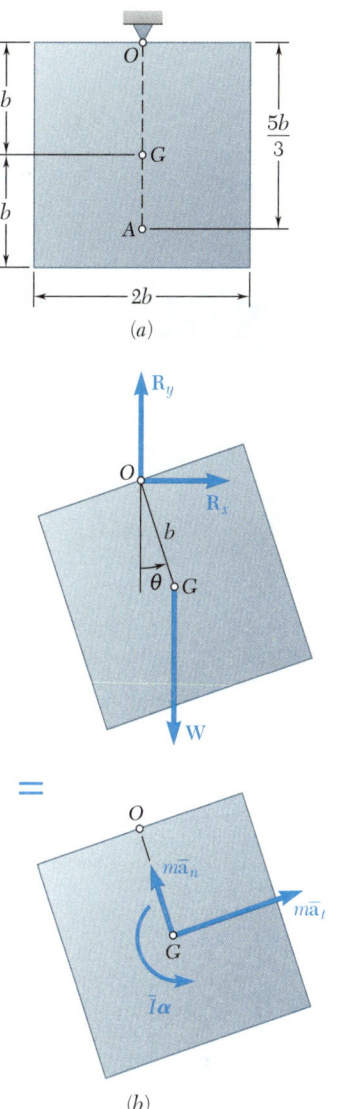

圖 19.5

對於小振幅的擺動，我們可用 θ 取代 $\sin\theta$，以弳表示，寫為

$$\ddot{\theta} + \frac{3}{5}\frac{g}{b}\theta = 0 \tag{19.23}$$

與式 (19.21) 比較後顯示，所得的方程式為一簡諧運動方程式，擺動的圓頻率 ω_n 等於 $(3g/5b)^{1/2}$。代入式 (19.13) 中，我們發現擺動週期為

$$\tau_n = \frac{2\pi}{\omega_n} = 2\pi\sqrt{\frac{5b}{3g}} \tag{19.24}$$

所得的結果只適用於小振幅擺動。藉由比較式 (19.16) 與式 (19.22)，我們能更精確地描述此平板的運動。請注意：如果我們選擇 l 等於 $5b/3$，則這兩個方程式完全相同。這意味著此平板的擺動等同於長度 $l = 5b/3$ 之單擺的擺動，故第 19.4 節的結果可用來校正式 (19.24) 所給的週期值。此平板的點 A 位於線 OC 上，A 到 O 的距離為 $l = 5b/3$，定義為對應於 O 的擺動中心（圖 19.5a）。

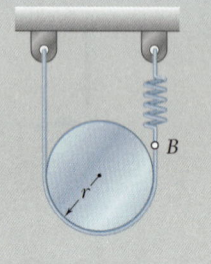

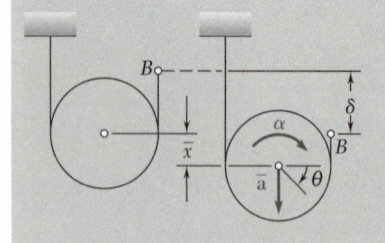

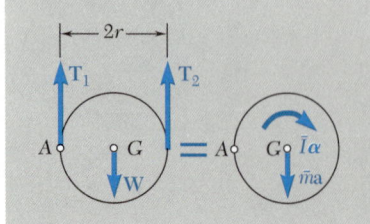

範例 19.2

一重量 W 及半徑 r 的圓柱體懸掛於環形繩上，如圖所示。繩的一端直接附到一剛性支承，而另一端則附到一彈簧常數為 k 的彈簧。試求此圓柱體振動的週期與自然頻率。

解

運動的運動學。 我們以角位移 θ 表示此圓柱體的線位移及加速度。選擇順時針向為正，並自其平衡位置起量測位移，寫為

$$\bar{x} = r\theta \qquad \delta = 2\bar{x} = 2r\theta$$
$$\boldsymbol{\alpha} = \ddot{\theta}\downarrow \qquad \bar{a} = r\alpha = r\ddot{\theta} \qquad \bar{\mathbf{a}} = r\ddot{\theta}\downarrow \tag{1}$$

運動方程式。 作用在圓柱體上的外力系統包括：重量 W 及繩子的施力 $\mathbf{T}_1$ 與 $\mathbf{T}_2$。我們將此系統表示成等效於由附在 G 上的向量 $m\bar{\mathbf{a}}$ 與力偶 $\bar{I}\boldsymbol{\alpha}$ 所代表的有效力系統。

$$+\downarrow\Sigma M_A = \Sigma(M_A)_{\text{eff}}: \qquad Wr - T_2(2r) = m\bar{a}r + \bar{I}\alpha \tag{2}$$

當圓柱體位在其平衡位置時，繩子的張力為 $T_0 = \frac{1}{2}W$。我們注意到對於角位移 θ 而言，$\mathbf{T}_2$ 的大小為

$$T_2 = T_0 + k\delta = \tfrac{1}{2}W + k\delta = \tfrac{1}{2}W + k(2r\theta) \tag{3}$$

將式 (1) 和式 (3) 代入式 (2)，並記得 $\bar{I} = \tfrac{1}{2}mr^2$，得

$$Wr - (\tfrac{1}{2}W + 2kr\theta)(2r) = m(r\ddot{\theta})r + \tfrac{1}{2}mr^2\ddot{\theta}$$

$$\ddot{\theta} + \frac{8}{3}\frac{k}{m}\theta = 0$$

視此運動為簡諧運動，則有

$$\omega_n^2 = \frac{8}{3}\frac{k}{m} \qquad \omega_n = \sqrt{\frac{8}{3}\frac{k}{m}}$$

$$\tau_n = \frac{2\pi}{\omega_n} \qquad \tau_n = 2\pi\sqrt{\frac{3}{8}\frac{m}{k}} \blacktriangleleft$$

$$f_n = \frac{\omega_n}{2\pi} \qquad f_n = \frac{1}{2\pi}\sqrt{\frac{8}{3}\frac{k}{m}} \blacktriangleleft$$

範例 19.3

如圖所示，一質量 10 kg 及半徑 200 mm 的圓盤懸掛於金屬線上。旋轉此圓盤 (故扭轉此金屬線)，然後放開，觀測到扭轉振動的週期為 1.13 s。然後將一齒輪懸掛在相同的金屬線上，觀測到此齒輪扭轉振動的週期為 1.93 s。假設金屬線所施加的力偶矩與扭轉角度成正比，試求 (a) 金屬線的扭轉彈簧常數；(b) 齒輪的形心慣性矩；(c) 若旋轉 90° 後放開，齒輪所達到的最大角速度。

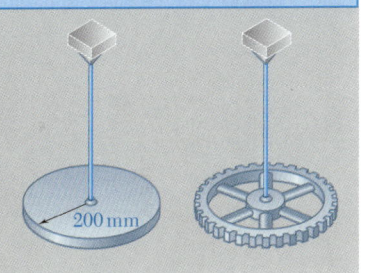

解

a. 圓盤的振動。 以 θ 表示圓盤的角位移。金屬線所施加之力偶的大小為 $M = K\theta$，式中 K 為金屬線的扭轉彈簧常數。由於此力偶必等效於代表圓盤之有效力的力偶 $\bar{I}\alpha$，我們寫為

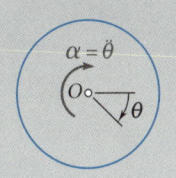

$$+\!\!\curvearrowleft \Sigma M_O = \Sigma(M_O)_{\text{eff}}: \qquad +K\theta = -\bar{I}\ddot{\theta}$$

$$\ddot{\theta} + \frac{K}{\bar{I}}\theta = 0$$

視此運動為簡諧運動，則有

$$\omega_n^2 = \frac{K}{\bar{I}} \qquad \tau_n = \frac{2\pi}{\omega_n} \qquad \tau_n = 2\pi\sqrt{\frac{\bar{I}}{K}} \tag{1}$$

對於圓盤，我們有

$$\tau_n = 1.13 \text{ s} \qquad \bar{I} = \tfrac{1}{2}mr^2 = \frac{1}{2}(10 \text{ kg})(0.2 \text{ m})^2 = 0.2 \text{ kg} \cdot \text{m}^2$$

代入式(1)，得

$$1.13 = 2\pi\sqrt{\frac{0.2}{K}} \qquad K = 6.18 \text{ N} \cdot \text{m/rad} \blacktriangleleft$$

b. **齒輪的振動**。由於齒輪的振動週期為 1.93 s 且 $K = 6.183$ N·m/rad，故式(1)得出

$$1.93 = 2\pi\sqrt{\frac{\bar{I}}{6.183}} \qquad \bar{I}_{\text{gear}} = 0.583 \text{ kg} \cdot \text{m}^2 \blacktriangleleft$$

c. **齒輪的最大角速度**。由於此運動為簡諧運動，故我們有

$$\theta = \theta_m \sin \omega_n t \qquad \omega = \theta_m \omega_n \cos \omega_n t \qquad \omega_m = \theta_m \omega_n$$

記得 $\theta_m = 90° = 1.571$ rad 及 $\tau = 1.93$ s，得

$$\omega_m = \theta_m \omega_n = \theta_m\left(\frac{2\pi}{\tau}\right) = (1.571 \text{ rad})\left(\frac{2\pi}{1.93 \text{ s}}\right)$$

$$\omega_m = 5.11 \text{ rad/s} \blacktriangleleft$$

重點提示

在本課中，你會看到若運用牛頓第二定律而得的微分方程式有如下的形式，則由一座標 x 或 θ 定義其位置的剛體或剛體系統將作簡諧運動

$$\ddot{x} + \omega_n^2 x = 0 \qquad \text{或} \qquad \ddot{\theta} + \omega_n^2 \theta = 0 \qquad (19.21)$$

你的目標應是要決定 ω_n，從而可得到週期 τ_n 與頻率 f_n。考慮初始條件，即可寫出此形式的方程式

$$x = x_m \sin(\omega_n t + \phi) \qquad (19.10)$$

式中若涉及到轉動，則應以 θ 取代 x。為了解答上述的問題，在本課中，你將按照下列的步驟：

1. 選擇一個座標並由物體的平衡位置起量測其位移。你將發現本節中的許多問題涉及一物體繞一固定軸的旋轉，而由其平衡位置起量測此物體旋轉的角度是最便於我們所使用的座標。在涉及物體一般平面運動的問題中，座標 x (也可能是座標 y) 用來定義物體質心 G 的位置，而座標 θ 用來量測其繞 G 的旋轉，找出運動學的關係式，將容許你以 θ 來表示 x (及 y) [範例 19.2]。

2. 畫出一自由體圖方程式來表示外力系統等效於由向量 $m\bar{\mathbf{a}}$ 與力偶 $\bar{I}\boldsymbol{\alpha}$ 所組成的有效力系統，其中 $\bar{a} = \ddot{x}$ 及 $\alpha = \ddot{\theta}$。務必確保所畫的每一作用力或力偶的方向與所假設的位移一致，而 $\bar{\mathbf{a}}$ 與 $\boldsymbol{\alpha}$ 的指向，則分別為座標 x 與 θ 增加的方向。

3. 令外力與有效力在 x、y 方向的分量，以及其對一給定點的力矩和相等，並據此寫出微分運動方程式。利用步驟 1 所得的運動關係式，得到一僅包含座標 θ 的方程式。若 $\sin\theta$ 與 $\cos\theta$ 出現在這些方程式中，且 θ 為一小角，則以 θ 取代 $\sin\theta$，以 1 取代 $\cos\theta$。消去任何未知的反力，你將得到一個如式 (19.21) 形式的方程式。請注意：在涉及物體繞一固定軸旋轉的問題中，藉由令外力與有效力對此固定軸的力矩相等，可立即得到這樣的方程式。

4. 比較所得方程式與式 (19.21) 中的一式，即可識別 ω_n^2，而找到自然圓頻率 ω_n。請記得，本分析的目的並非要解出所得的微分方程式，而是要識別 ω_n^2。

5. 將 ω_n 的所得值與座標及其一階導數的初始值代入式 (19.10)，及由式 (19.10) 對 t 微分所得的方程式中，即可解出振幅及相位角 ϕ。由式 (19.10) 和式 (19.10) 對 t 微分兩次所得的兩個方程式，並使用步驟 1 所找到的運動關係式，將可求解物體上任一點在任何給定時間的位置、速度及加速度。

6. 在涉及扭轉振動的問題中，扭轉彈簧常數 K 是以 N·m/rad 或 lb·ft/rad 表示。K 與以弳表示之扭轉角 θ 的乘積得出恢復力偶矩，該偶矩應等於有效力或力偶對旋轉軸的力矩和 [範例 19.3]。

習 題

19.10 質量 6 kg 的均勻桿件附到一常數 $k = 700$ N/m 的彈簧。若桿件 B 端壓縮 10 mm 後放開，試求 (a) 振動週期；(b) B 端的最大速度。

19.11 一質量 8 kg 均勻桿件 AB 銷接在 A 處的固定支承上，並以插銷 B 與 C 附到一半徑 400 mm 的 12 kg 圓盤。附在 D 處的彈簧保持此桿件靜

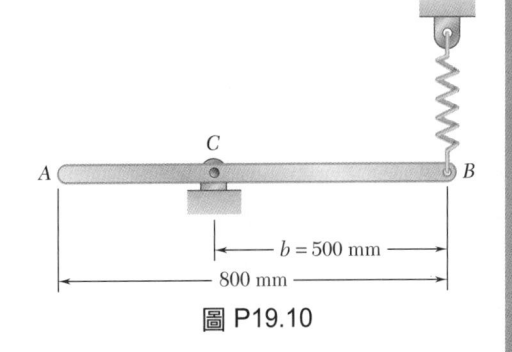

圖 P19.10

止於圖示位置中。若點 B 下移 25 mm 後釋放，試求 (a) 振動週期；(b) 點 B 的最大速度。

19.12 兩個小重物 w 附在一半徑 r 及重量 W 之均勻圓盤邊緣的 A 與 B 上。當 $\beta = 0$ 時，小擺動的週期以 τ_o 表示，試求小擺動週期為 $2\tau_o$ 時的角度 β。

19.13 一半徑 $r = 250$ mm 的均勻圓盤，在 A 處附到一可忽略質量之 650 mm 桿件 AB，此桿件可於垂直平面內繞 B 自由轉動。試求小擺動的週期 (a) 若此圓盤繞在 A 處的軸承自由轉動；(b) 如果若此桿件在 A 處鉚接到此圓盤上。

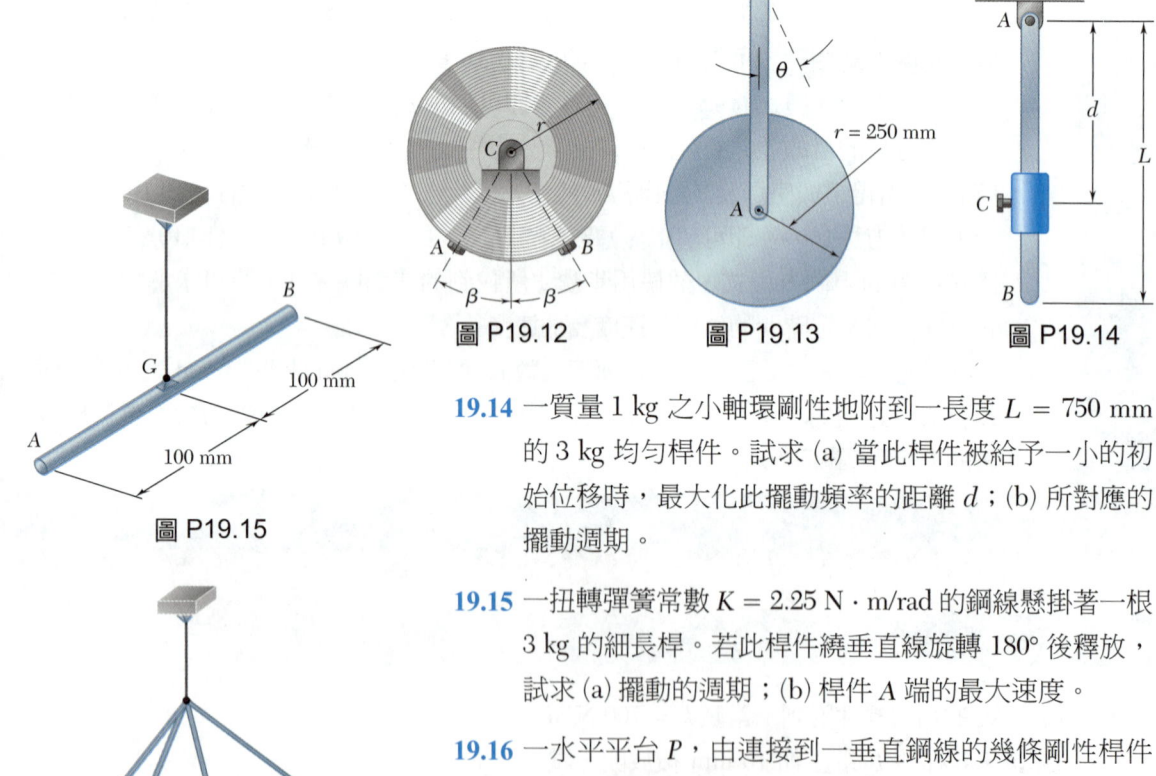

圖 P19.11

圖 P19.12

圖 P19.13

圖 P19.14

19.14 一質量 1 kg 之小軸環剛性地附到一長度 $L = 750$ mm 的 3 kg 均勻桿件。試求 (a) 當此桿件被給予一小的初始位移時，最大化此擺動頻率的距離 d；(b) 所對應的擺動週期。

19.15 一扭轉彈簧常數 $K = 2.25$ N·m/rad 的鋼線懸掛著一根 3 kg 的細長桿。若此桿件繞垂直線旋轉 180° 後釋放，試求 (a) 擺動的週期；(b) 桿件 A 端的最大速度。

圖 P19.15

19.16 一水平平台 P，由連接到一垂直鋼線的幾條剛性桿件保持在如圖示的位置上。當平台上空無一物時，發現平台的振動週期為 2.2 s。當一未知其慣性矩的物件 A 放置在平台上時，振動週期為 3.8 s，該物件的質心位於平板中心的正上方。已知此鋼線的扭轉常數 $K = 27$ N·m/rad，試求物件 A 的形心慣性矩。

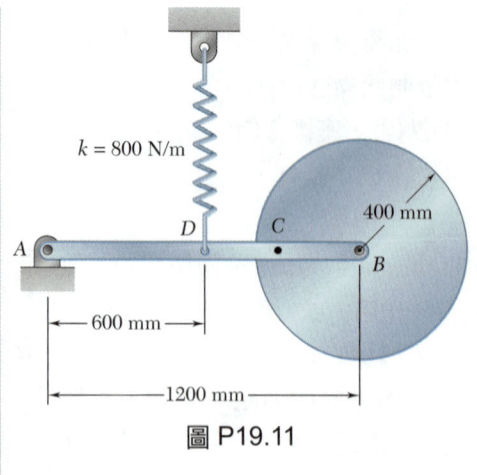

圖 P19.16

19.17 圖示 120 g 陀螺轉子由一金屬線所懸掛，觀察到角擺動的週期為 6.00 s。已知當一直徑 30 mm 的鋼球以同樣的方式懸掛時，所得到的週期為 3.80 s，試求此轉子的形心迴轉半徑。(鋼的密度等於 7800 kg/m³。)

圖 P19.17

19.6 能量守恆原理的應用 (Application of the Principle of Conservation of Energy)

我們在第 19.2 節中看到，當質量為 m 之質點作簡諧運動時，作用在質點之合力 **F** 的大小與由平衡位置量起的位移成正比，其方向指向 O；我們寫為 $F = -kx$。參照第 13.6 節所述，我們注意到 **F** 是一保守力，所對應的位能為 $V = \frac{1}{2}kx^2$，式中假設 V 在平衡位置 $x = 0$ 處等於 0。由於此質點的速度等於 $\dot{x}$，其動能為 $T = \frac{1}{2}m\dot{x}^2$，故我們可由下式來表示此質點的總能量守恆，寫為

$$T + V = 常數 \qquad \tfrac{1}{2}m\dot{x}^2 + \tfrac{1}{2}kx^2 = 常數$$

上式兩邊各項除以 $m/2$，且由第 19.2 節得知 $k/m = \omega_n^2$，其中 ω_n 為振動的圓頻率，我們有

$$\dot{x}^2 + \omega_n^2 x^2 = 常數 \qquad (19.25)$$

式 (19.25) 具有簡諧運動的特徵，因其可由式 (19.6) 兩邊各項同乘以 $2\dot{x}$，再積分而得。

一旦系統的運動已證實為簡諧運動，或近似於簡諧運動時，能量守恆原理提供了一方便法門來求解單自由度剛體或剛體系統之振動週期。選取一合適的變數，如距離 x 或角度 θ，我們考慮此系統的兩個特定位置：

1. 系統的位移最大；我們有 $T_1 = 0$，而 V_1 可用振幅 x_m 或 θ_m 表示 (選擇在平衡位置的 $V = 0$)。
2. 系統通過其平衡位置；我們有 $V_2 = 0$，而 T_2 可用最大速度 $\dot{x}_m$ 或最大角速度 $\dot{\theta}_m$ 表示。

接著表示此系統的總能量守恆，並寫出 $T_1 + V_1 = T_2 + V_2$。回顧式 (19.15)，簡諧運動的最大速度等於振幅與自然頻率的乘積，我們發現此所得的方程式可解出 ω_n。

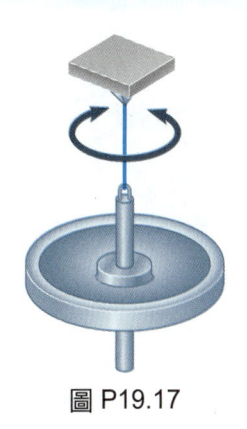

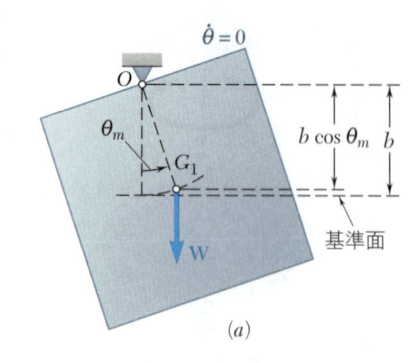

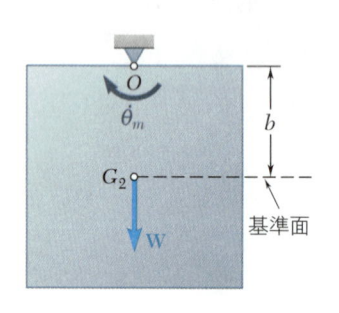

例如，讓我們再次考慮第 19.5 節中的方形平板。在最大位移的位置 (圖 19.16a)，我們有

$$T_1 = 0 \qquad V_1 = W(b - b\cos\theta_m) = Wb(1 - \cos\theta_m)$$

或對於小振幅的擺動，由於 $1 - \cos\theta_m = 2\sin^2(\theta_m/2) \approx 2(\theta_m/2)^2 = \theta_m^2/2$，有

$$T_1 = 0 \qquad V_1 = \tfrac{1}{2}Wb\theta_m^2 \tag{19.26}$$

當平板通過其平衡位置時 (圖 19.6b)，其速度為最大，則我們有

$$T_2 = \tfrac{1}{2}m\bar{v}_m^2 + \tfrac{1}{2}\bar{I}\omega_m^2 = \tfrac{1}{2}mb^2\dot{\theta}_m^2 + \tfrac{1}{2}\bar{I}\dot{\theta}_m^2 \qquad V_2 = 0$$

或由第 19.5 節得知 $\bar{I} = \tfrac{2}{3}mb^2$，得

$$T_2 = \tfrac{1}{2}(\tfrac{5}{3}mb^2)\dot{\theta}_m^2 \qquad V_2 = 0 \tag{19.27}$$

將式 (19.26) 和式 (19.27) 代入 $T_1 + V_1 = T_2 + V_2$，且注意到最大速度 $\dot{\theta}_m$ 等於乘積 $\theta_m\omega_n$，寫為

$$\tfrac{1}{2}Wb\theta_m^2 = \tfrac{1}{2}(\tfrac{5}{3}mb^2)\theta_m^2\omega_n^2 \tag{19.28}$$

而得出 $\omega_n^2 = 3g/5b$ 及

$$\tau_n = \frac{2\pi}{\omega_n} = 2\pi\sqrt{\frac{5b}{3g}} \tag{19.29}$$

與前面所得的結果相同。

範例 19.4

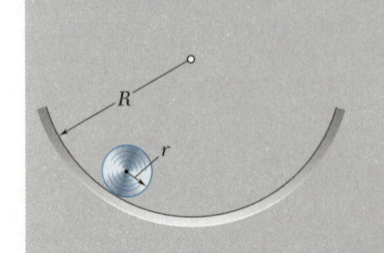

一半徑 r 之圓柱體滾動於半徑為 R 之曲面的內部，沒有滑動，試求圓柱體小擺動的週期。

解

我們以 θ 表示線 OG 與垂直線的夾角。因為圓柱體滾動而無滑動，在 $\theta = \theta_m$ 的位置 1 與 $\theta = 0$ 的位置 2 之間，我們可以應用能量守恆原理。

位置 1

動能。 因圓柱體的速度為 0，故 $T_1 = 0$。

位能。 選擇一個基準如圖所示，用 W 表示圓柱體的重量，我們有

$$V_1 = Wh = W(R-r)(1-\cos\theta)$$

請注意：對小擺動而言，$(1-\cos\theta) = 2\sin^2(\theta/2) \approx \theta^2/2$，我們有

$$V_1 = W(R-r)\frac{\theta_m^2}{2}$$

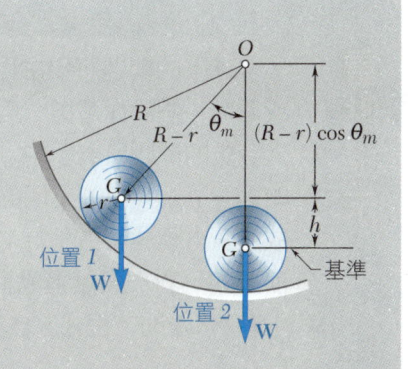

位置 2

以 $\dot{\theta}_m$ 表示當圓柱體通過位置 2 時，線 OG 的角速度，並觀察到點 C 為圓柱體的瞬心，寫出

$$\bar{v}_m = (R-r)\dot{\theta}_m \qquad \omega_m = \frac{\bar{v}_m}{r} = \frac{R-r}{r}\dot{\theta}_m$$

動能

$$\begin{aligned}T_2 &= \tfrac{1}{2}m\bar{v}_m^2 + \tfrac{1}{2}\bar{I}\omega_m^2 \\ &= \tfrac{1}{2}m(R-r)^2\dot{\theta}_m^2 + \tfrac{1}{2}(\tfrac{1}{2}mr^2)\left(\frac{R-r}{r}\right)^2\dot{\theta}_m^2 \\ &= \tfrac{3}{4}m(R-r)^2\dot{\theta}_m^2\end{aligned}$$

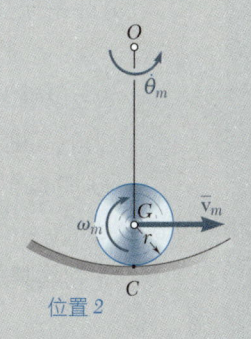

位能

$$V_2 = 0$$

能量守恆

$$T_1 + V_1 = T_2 + V_2$$

$$0 + W(R-r)\frac{\theta_m^2}{2} = \tfrac{3}{4}m(R-r)^2\dot{\theta}_m^2 + 0$$

由於 $\dot{\theta}_m = \omega_n\theta_m$ 及 $W = mg$，故寫為

$$mg(R-r)\frac{\theta_m^2}{2} = \tfrac{3}{4}m(R-r)^2(\omega_n\theta_m)^2 \qquad \omega_n^2 = \frac{2}{3}\frac{g}{R-r}$$

$$\tau_n = \frac{2\pi}{\omega_n} \qquad \tau_n = 2\pi\sqrt{\tfrac{3}{2}\frac{R-r}{g}} \quad \blacktriangleleft$$

重點提示

以下的問題將要求你用**能量守恆原理**來求解作簡諧運動之質點或剛體的自然頻率或週期。假設你選擇一角度 θ 來定義系統的位置 (在平衡位置，$\theta = 0$)，如同在本課中大多數的問題所表示的：系統在最大位移的位置 1 ($\theta_1 = \theta_m, \dot{\theta}_1 = 0$) 與最大速度的位置 2 ($\dot{\theta}_2 = \dot{\theta}_m, \theta_2 = 0$) 之間的總能量守恆，即 $T_1 + V_1 = T_2 + V_2$。因 T_1 與 V_2 兩者皆為 0，故能量方程式將白化為 $V_1 = T_2$，式中 V_1 與 T_2 分別以 θ_m 與 $\dot{\theta}_m$ 的二次齊次式表示。由前可知，對一簡諧運動而言，$\dot{\theta}_m = \theta_m \omega_n$，將此乘積代入能量方程式，經簡化後可得一求解 ω_n^2 的方程式。自然圓頻率 ω_n 一經決定，即可求得此振動的週期 τ_n 及自然頻率 f_n。

你應採取的步驟如下：

1. 計算此系統在其最大位移之位置的位能 V_1。畫出此系統在其最大位移之位置的草圖。圖中以最大位移 x_m 或 θ_m 表示所有涉及之力 (內力與外力) 的位能。

    a. 與一物體重量相關的位能為 $V_g = Wy$，式中 y 為此物體重心 G 在其平衡位置上方的高度。若你所求解的問題涉及到剛體繞一通過點 O 之水平軸的擺動，其中 O 與 G 的距離為 b (圖 19.6)，則以線 OG 與垂直線的夾角 θ 來表示 y：$y = b(1 - \cos\theta)$。但是，當 θ 值很小時，可用 $y = \frac{1}{2}b\theta^2$ 來取代 [範例 19.4]。因此，當 θ 到達其最大值 θ_m 且為小振幅的擺動時，V_g 可表示為

    $$V_g = \tfrac{1}{2} W b \theta_m^2$$

    請注意：若 G 位在其平衡位置 O 的上方 (而不是如我們所假設的在 O 的下方)，則垂直位移將是負的，近似為 $y = -\frac{1}{2}b\theta^2$，這將導致一負值的 V_g。在無其他外力的情況下，這個平衡位置是不穩定的，此系統將不再擺動 (例如，參見習題 19.24)。

    b. 與彈簧所施加之彈性力相關的位能為 $V_e = \frac{1}{2}kx^2$，其中 k 為彈簧常數，x 為撓度。在涉及一物體繞一軸旋轉的問題中，通常 $x = a\theta$，其中 a 為由旋轉軸到彈簧與物體之連接點的距離，而 θ 為旋轉的角度。因此，當 x 到達其最大值 x_m，以及 θ 到達其最大值 θ_m 時，V_e 可以表示為

    $$V_e = \tfrac{1}{2}kx_m^2 = \tfrac{1}{2}ka^2\theta_m^2$$

    c. 系統在其最大位移之位置的位能 V_1，藉由已計算出的各個位能相加而得。這個位能等於一常數與 θ_m^2 的乘積。

2. 計算此系統在其最大速度位置之動能 T_2。請注意：此位置也是系統的平衡位置。

    a. 如果系統只包含一個剛體，則此系統的動能 T_2 將等於與此物體之質心 G 相關的動能，及與此物體繞 G 旋轉相關的動能之和。因此，寫為

$$T_2 = \tfrac{1}{2}m\bar{v}_m^2 + \tfrac{1}{2}\bar{I}\omega_m^2$$

若此物體的位置已由一角度 θ 所定義,當物體通過其平衡位置時,以 θ 的改變率 $\dot{\theta}_m$ 來表示 $\bar{v}_m$ 與 ω_m。故此物體的動能將被表示為一常數與 $\dot{\theta}_m^2$ 的乘積。請注意:如圖 19.6 所示平板的情形那樣,若以 θ 來度量此物體繞其質心的轉動,則 $\omega_m = \dot{\theta}_m$。然而,在其他情況下,則應利用運動的運動學來推導 ω_m 與 $\dot{\theta}_m$ 之間的關係 [範例 19.4]。

b. 若此系統包含幾個剛體,則使用相同的座標 θ 對各剛體重複以上的計算,並加總所得的結果。

3. 系統的位能 V_1 等於其動能 T_2,

$$V_1 = T_2$$

且回顧式 (19.15) 中的第一式,並以振幅 θ_m 與圓頻率 ω_n 的乘積取代右項中的 $\dot{\theta}_m$。由於這兩項現在都含有因子 θ_m^2,故可消去此因子,而所得的方程式可以解出圓頻率 ω_n。

習 題

19.18 圖示 1.8 kg 的軸環 A 附到一彈簧常數 800 N/m 的彈簧,此軸環可在一水平桿上無摩擦滑動。若此軸環由其平衡位置向左移動 70 mm 後釋放,試求在運動發生之期間,此軸環的最大速度與最大加速度。

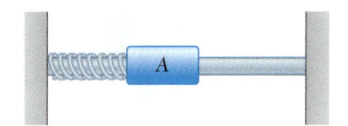

圖 P19.18

19.19 一質量 40 kg 之飛輪的內緣置於一刀刃上,其小擺動的週期為 1.26 s,試求此飛輪的形心慣性矩。

19.20 一連桿由在 A 處的一把刀刃所支撐,觀察到其小擺動的週期為 1.03 s。已知距離 r_a 為 150 mm,試求此連桿的形心迴轉半徑。

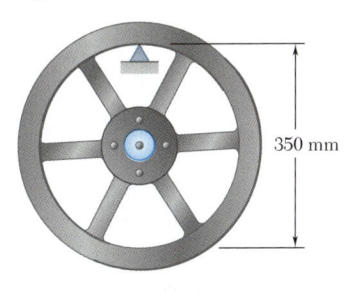

圖 P19.19

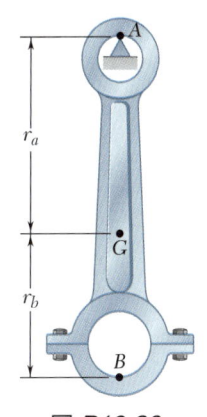

圖 P19.20

19.21 一 7.5 kg 均勻圓柱體可在斜坡上滾動而無滑動，並連接到一彈簧 AB，如圖所示。如果圓柱體沿斜坡下移 10 mm 後釋放，試求 (a) 振動週期；(b) 圓柱體中心的最大速度。

19.22 一根 800 g 的桿件 AB 以螺栓固定到 1.2 kg 的圓盤，一常數 $k = 12$ N/m 的彈簧附到圓盤的中心 A 及牆壁的 C 處。已知圓盤滾動，沒有滑動，試求此系統小擺動的週期。

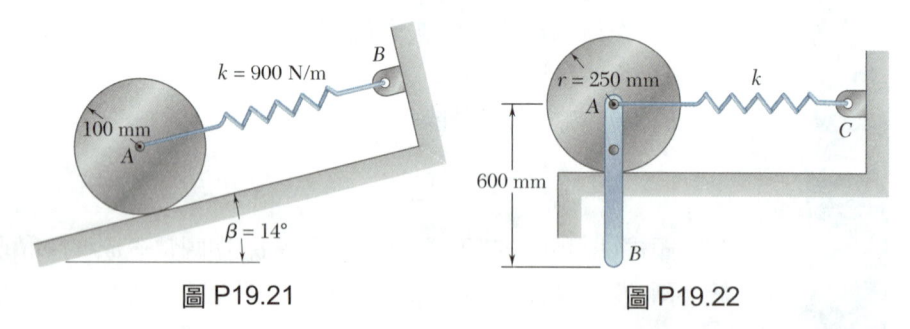

圖 P19.21

圖 P19.22

19.23 質量 400 g 的球體 A 與 300 g 的球體 C 被附到一 600 g 桿件 AC 的末端，桿件 AC 可在垂直平面內繞位在 B 處的軸旋轉。求此桿件小擺動的週期。

19.24 一長度 l 及質量 m 之剛性桿件 ABC 構成的倒立單擺，由在 C 處的插銷與托架所支承。一常數 k 的彈簧附到此桿件 B 處，且當桿件在所示的垂直位置時，彈簧沒有變形。試求 (a) 小擺動的頻率；(b) 擺動將發生之 a 的最小值。

19.25 均勻桿件 AB 的運動，由繩 BC 及在 A 處小輪所導引。當桿件的 B 端被賦予一小的水平位移，而後釋放時，試求此擺動的自然頻率。

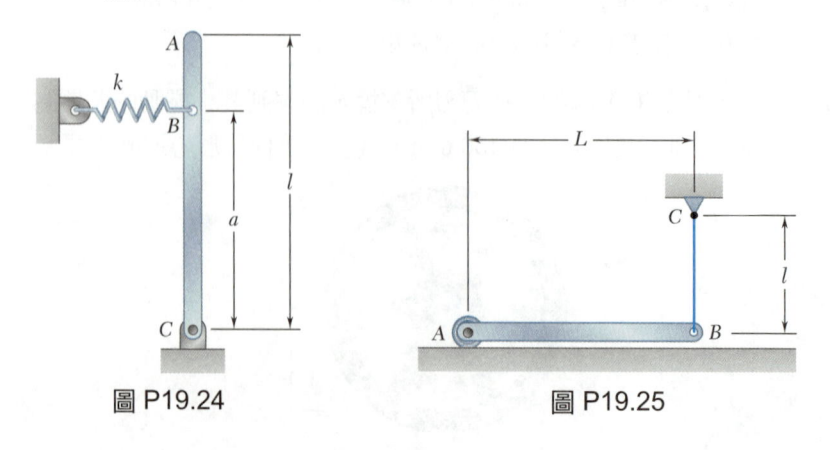

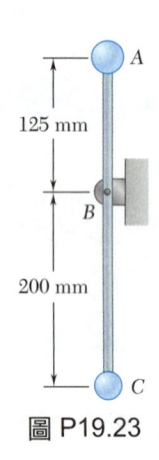

圖 P19.23

圖 P19.24

圖 P19.25

19.26 一質量 0.6 kg 均勻臂 ABC 由在 B 處之插銷所支承，且附到一在 A 處的彈簧。此均勻臂 C 處連接一 1.4 kg 的質量 M，而 M 附到一彈簧上。已知各彈簧均能夠承受拉伸或壓縮，當給定此重物一小的垂直位移，而後釋放時，試求此系統小擺動的頻率。

圖 P19.26

19.7 強迫振動 (Forced Vibrations)

就工程應用的觀點來看，最重要的振動為一系統的**強迫振動**。這些振動發生於當此系統承受一週期力時，或當其彈性地連接到一作交替運動的支承時。

首先，考慮一質量為 m 的物體懸掛於一彈簧，並承受一週期力 $\mathbf{P}$ 的情形，週期力的大小為 $P = P_m \sin \omega_f t$，其中 ω_f 為 $\mathbf{P}$ 的圓頻率，稱為此運動的**強制圓頻率**(圖 19.7)。此力可以是實際作用在物體的外力，或是由於物體的某些不平衡部分旋轉所產生的離心力(參見範例 19.5)。用 x 表示此物體自其平衡位置量起的位移，而寫出運動方程式，

$$+\downarrow \Sigma F = ma: \quad P_m \sin \omega_f t + W - k(\delta_{st} + x) = m\ddot{x}$$

記得 $W = k\delta_{st}$，則我們有

$$m\ddot{x} + kx = P_m \sin \omega_f t \tag{19.30}$$

接著考慮一質量 m 的物體懸掛於一附在運動支承之彈簧的情形，彈簧的位移 δ 等於 $\delta_m \sin \omega_f t$ (圖 19.8)。物體的位移 x 由對應於 $\omega_f t = 0$ 的靜平衡位置量起，我們發現，此彈簧在時間 t 的總伸長量為 $\delta_{st} + x - \delta_m \sin \omega_f t$。因此運動方程式為

$$+\downarrow \Sigma F = ma: \quad W - k(\delta_{st} + x - \delta_m \sin \omega_f t) = m\ddot{x}$$

記得 $W = k\delta_{st}$，我們有

$$m\ddot{x} + kx = k\delta_m \sin \omega_f t \tag{19.31}$$

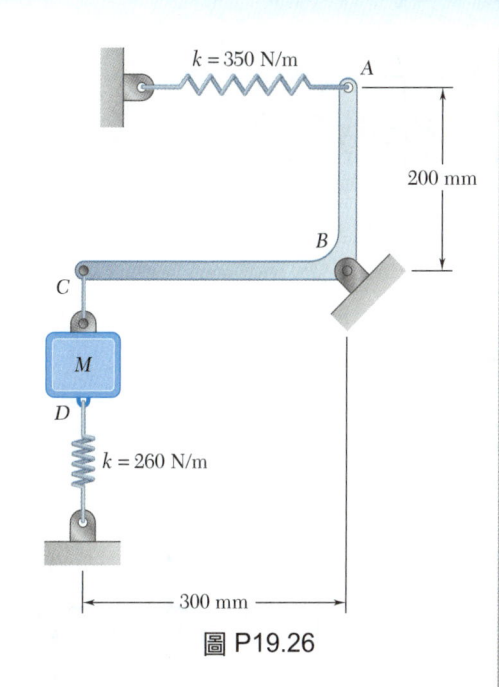

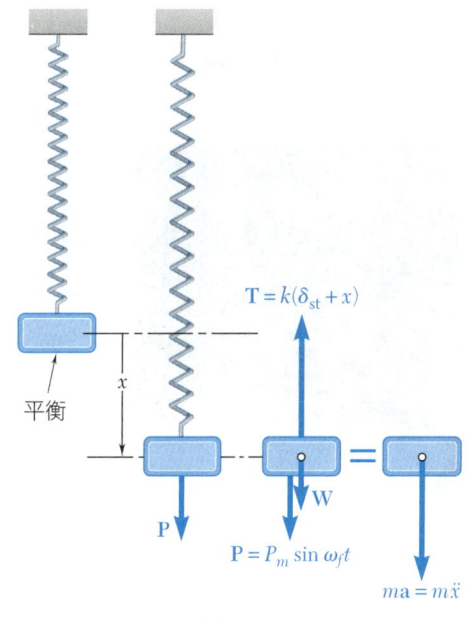

圖 19.7

請注意：式 (19.30) 和式 (19.31) 的形式相同，若令 $P_m = k\delta_m$，則第一個方程式的解也將滿足第二個方程式。

諸如右邊項不為 0 的微分方程式 (19.30) 或式 (19.31)，稱為非齊次方程式。其通解可藉由將此給定方程式的一個特解加所對應之齊次方程式 (右邊項等於 0) 的通解而得。式 (19.30) 或式 (19.31) 的特解可試用下列形式的解答求得：

$$x_{\text{part}} = x_m \sin \omega_f t \tag{19.32}$$

將 x_{part} 代入式 (19.30) 中的 x，我們得

$$-m\omega_f^2 x_m \sin \omega_f t + k x_m \sin \omega_f t = P_m \sin \omega_f t$$

上式可用於求解振幅，

$$x_m = \frac{P_m}{k - m\omega_f^2}$$

由式 (19.4) 得知 $k/m = \omega_n^2$，式中 ω_n 為此系統的自然圓頻率，寫為

$$x_m = \frac{P_m/k}{1 - (\omega_f/\omega_n)^2} \tag{19.33}$$

將式 (19.32) 代入式 (19.31)，以類似的方法求得

$$x_m = \frac{\delta_m}{1 - (\omega_f/\omega_n)^2} \tag{19.33'}$$

式 (19.2) 為對應於式 (19.30) 或式 (19.31) 的齊次方程式，該式定義此物體的自由振動。其通解稱為**餘函數** (complementary function)，得自於第 19.2 節：

$$x_{\text{comp}} = C_1 \sin \omega_n t + C_2 \cos \omega_n t \tag{19.34}$$

將特解式 (19.32) 加到餘函數式 (19.34) 中，即得式 (19.30) 和式 (19.31) 的通解：

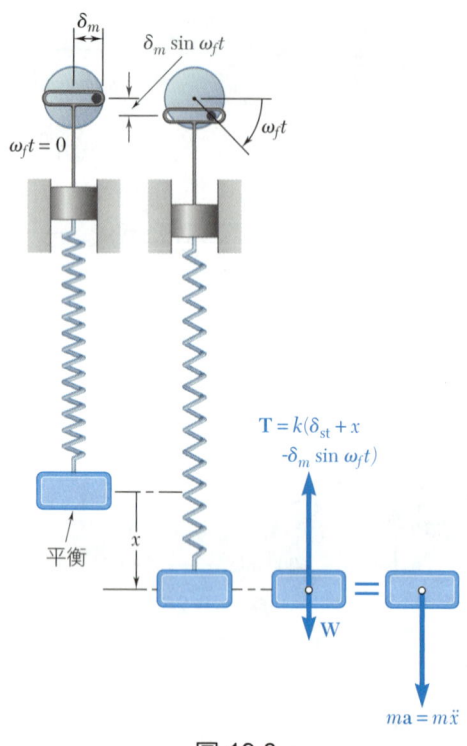

圖 19.8

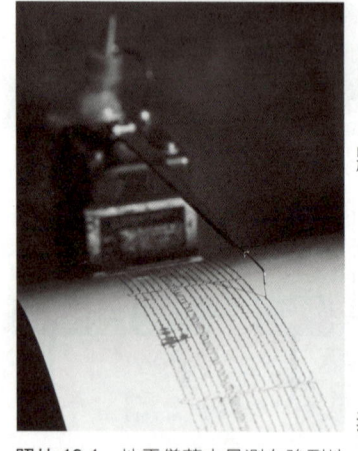

照片 19.1 地震儀藉由量測在強烈地震的情況下，將一質量保持在殼體中心所需的電能數量來進行操作。

$$x = C_1 \sin \omega_n t + C_2 \cos \omega_n t + x_m \sin \omega_f t \qquad (19.35)$$

我們注意到所得的振動是由兩個重疊振動組成的。式 (19.35) 中的前兩項代表系統的自由振動。此振動的頻率為系統的**自然頻率**，取決於彈簧常數 k 及物體的質量 m，而常數 C_1 與 C_2 則可由初始條件來決定。由於在實際應用上，此振動會迅速受摩擦力衰減至停止，故自由振動也稱為暫態振動 (第 19.9 節)。

式 (19.35) 的最末項代表由外加力或外加支承運動所產生與維持的穩態振動。其頻率為**強制頻率** (forced frequency)，係受此種力或運動強制產生的，其振幅則由式 (19.33) 或式 (19.33′) 所定義，取決於**頻率比** (frequency ratio) ω_f/ω_n。穩態振動之振幅 x_m 與由力 P_m 所造成之靜撓度 P_m/k 的比值，或與支承運動之振幅的比值稱為**放大因子** (magnification factor)。由式 (19.33) 和式 (19.33′) 得

$$\text{放大因子} = \frac{x_m}{P_m/k} = \frac{x_m}{\delta_m} = \frac{1}{1-(\omega_f/\omega_n)^2} \qquad (19.36)$$

放大因子對頻率比 ω_f/ω_n 的圖形已繪製於圖 19.9 中。我們注意到，當 $\omega_f = \omega_n$ 時，強迫振動的振幅變為無限大。此時的外加力或外加支承運動稱為與此給定系統**共振**。事實上，由於阻尼力的緣故，此振幅仍然是有限的 (第 19.9 節)。儘管如此，這種狀況也應避免，所選擇的強制頻率不應太接近此系統的自然頻率。我們也應注意，對於 $\omega_f < \omega_n$，在式 (19.35) 中 $\sin \omega_f t$ 的係數是正的；而對於 $\omega_f > \omega_n$，此係數則是負的。在第一種情況中，強迫振動與外加力或外加運動支承同相，而第二種情況中，則為 180° 異相。

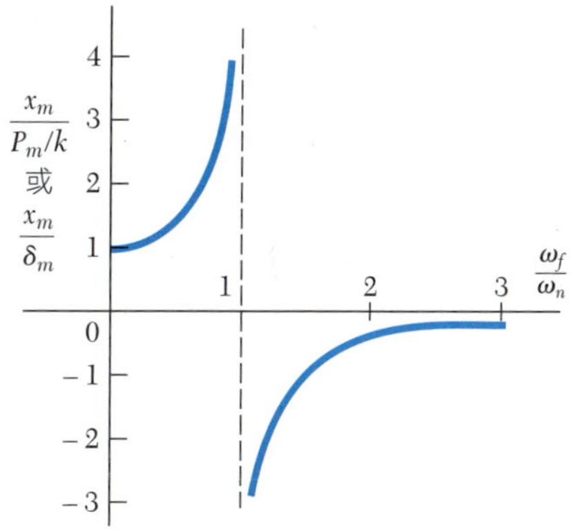

最後我們觀察到，穩態振動的速度與加速度，可由式 (19.35) 的最後一項對 t 微分兩次而得。其最大值的表示式類似於第 19.2 節中式 (19.15) 所給的，除了這些表示式現在涉及到強迫振動的振幅與圓頻率：

圖 19.9

$$v_m = x_m \omega_f \qquad a_m = x_m \omega_f^2 \qquad (19.37)$$

範例 19.5

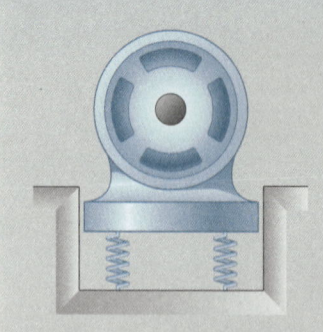

一質量 200 kg 的馬達由四根彈簧所支承，每一根彈簧的彈簧常數皆為 150 kN/m。此轉子的不平衡相當於一個 30 g 質量位於距旋轉軸 150 mm 處。已知馬達受拘束只能垂直移動，試求 (a) 即將發生共振時的轉速，以 rpm 表示；(b) 馬達轉速為 1200 rpm 時的振幅。

解

a. **共振轉速**。共振轉速等於此馬達自由振動的自然圓頻率 ω_n (以 rpm 表示)。馬達的質量及支承彈簧的等效常數為

$$m = 200 \text{ kg}$$
$$k = 4(150 \text{ kN/m}) = 600{,}000 \text{ N/m}$$
$$\omega_n = \sqrt{\frac{k}{m}} = \sqrt{\frac{600{,}000}{200}} = 54.8 \text{ rad/s} = 523 \text{ rpm}$$

共振轉速 = 523 rpm ◀

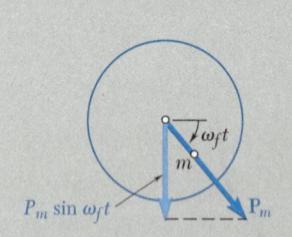

b. **在 1200 rpm 時的振幅**。馬達的角速度為

$$\omega = 1200 \text{ rpm} = 125.7 \text{ rad/s}$$
$$m = 0.03 \text{ kg}$$

由於轉子不平衡所產生之離心力的大小為

$$P_m = ma_n = mr\omega^2 = (0.03 \text{ kg})(0.15 \text{ m})(125.7 \text{ rad/s})^2 = 71.1 \text{ N}$$

由定負載 P_m 所產生的靜撓度為

$$\frac{P_m}{k} = \frac{71.1 \text{ N}}{600{,}000 \text{ N/m}} \times 1000 \text{ mm} = 0.1185 \text{ mm}$$

此運動的強制圓頻率即為馬達的角速度，

$$\omega_f = \omega = 125.7 \text{ rad/s}$$

將 P_m/k、ω_f 及 ω_n 值代入式 (19.33)，得

$$x_m = \frac{P_m/k}{1 - (\omega_f/\omega_n)^2} = \frac{0.1185 \text{ mm}}{1 - (125.7/54.8)^2} = -0.0278 \text{ mm}$$

$x_m = 0.0278$ mm (異相) ◀

備註：由於 $\omega_f > \omega_n$，此振動與轉子不平衡所產生之離心力有 180° 的相位差。例如，當不平衡質量位於轉軸的正下方時，馬達的位置位於平衡位置上方 $x_m = 0.0278$ mm 處。

重點提示

本課專注於機械系統的**強迫振動**分析。這些振動發生於當系統承受一週期力 **P** (圖 19.7) 時，或當其彈性地連接到一交互運動的支承時 (圖 19.8)。在第一種情況中，此系統的運動由下列微分方程式所定義

$$m\ddot{x} + kx = P_m \sin \omega_f t \tag{19.30}$$

其中右邊項代表力 **P** 在給定瞬間的大小。在第二種情況中，這種運動由下列微分方程式所定義

$$m\ddot{x} + kx = k\delta_m \sin \omega_f t \tag{19.31}$$

其中右邊項為彈簧常數 k 與支承在給定瞬間之位移的乘積。我們將只關注由這些方程式之特解所定義的系統穩態運動，解的形式為

$$x_{\text{part}} = x_m \sin \omega_f t \tag{19.32}$$

1. **若強迫振動係由振幅為 P_m 與圓頻率為 ω_f 的一週期力 P 所造成**，則此振動的振幅為

$$x_m = \frac{P_m/k}{1 - (\omega_f/\omega_n)^2} \tag{19.33}$$

其中 ω_n 為系統的自然圓頻率，$\omega_n = \sqrt{k/m}$，k 為彈簧常數。請注意：此振動的圓頻率為 ω_f，而振幅 x_m 與初始條件無關。對於 $\omega_f = \omega_n$，式 (19.33) 中的分母為 0，故 x_m 無限大 (圖 19.9)；此外加力 **P** 稱為與此系統**共振**。此外，對於 $\omega_f < \omega_n$，x_m 為正，此振動與 **P** **同相**；而對於 $\omega_f > \omega_n$，x_m 為負，此振動與 **P** **異相**。

 a. 下列問題，可能要求你求解式 (19.33) 中的一個參數，而其他參數為已知。當求解這些問題時，建議將圖 19.9 放在你的面前。例如，若你被要求尋找有一給定振幅之強迫振動的頻率，但不知此振動是否與外加力同相或異相時，你應由圖 19.9 注意到，有兩種頻率將滿足此要求，其一對應到正的 x_m 值，此振動與外加力同相；另一對應到負的 x_m 值，振動與外加力異相。

b. 一旦你已由式 (19.33) 得到一系統元件運動的振幅 x_m，就可利用式 (19.37) 求解該元件之速度與加速度的最大值：

$$v_m = x_m \omega_f \qquad a_m = x_m \omega_f^2 \qquad (19.37)$$

c. 當外加力 P 起因於馬達轉子的不平衡時，其最大值為 $P_m = mr\omega_f^2$，其中 m 為轉子的質量、r 為質心與旋轉軸的距離，及 ω_f 等於轉子的角速度 ω，以 rad/s 表示 [範例 19.5]。

2. 若強迫振動是由一振幅 δ_m 與圓頻率 ω_f 之支承的簡諧振動所引起，則此振動的振幅為

$$x_m = \frac{\delta_m}{1 - (\omega_f/\omega_n)^2} \qquad (19.33')$$

式中，ω_n 為此系統的自然圓頻率，$\omega_n = \sqrt{k/m}$。再次注意，此振動的圓頻率為 ω_f，且振幅 x_m 與初始條件無關。

a. 務必仔細閱讀我們於段落 1、1a 及 1b 的看法，因為它們同時也適用於由支承運動所引起的振動。

b. 如果受指定的是支承的最大加速度 a_m，而不是其最大位移 δ_m，請記住，由於此支承的運動為簡諧運動，你可利用關係式 $a_m = \delta_m \omega_f^2$ 求解 δ_m；而後再將所得值代入式 (19.33')。

習 題

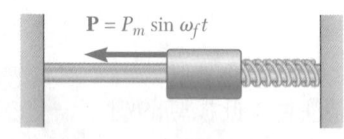

圖 P19.27

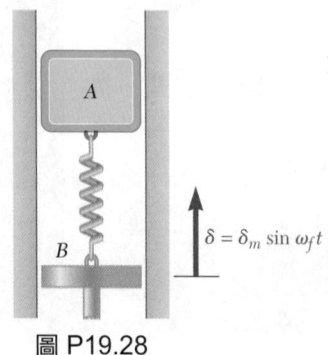

19.27 一質量 5 kg 的罐子滑行於無摩擦之水平桿件，且附到一常數 k 的彈簧。一大小為 $P = P_m \sin \omega_f t$ 的週期力作用在此罐子上，其中 $P_m = 10$ N 及 $\omega_f = 5$ rad/s。已知軸環的運動振幅為 150 mm，試求彈簧常數 k 的值，若此運動 (a) 與作用力同相；(b) 與作用力異相。

19.28 一質量 8 kg 塊狀物 A 滑行於垂直的無摩擦溝槽內，並以一常數 $k = 1.6$ kN/m 的彈簧連接到一運動支承 B。已知支承位移為 $\delta = \delta_m \sin \omega_f t$，其中 $\delta_m = 150$ mm，若彈簧作用在此塊狀物上之變動力的振幅小於 120 N，試求 ω_f 值的範圍。

圖 P19.28

19.29 桿件 AB 剛性地附到一部以等速率運轉之馬達的支架上。當一質量為 m 的軸環放置在彈簧上時，觀察到此軸環以 15 mm 的振幅振動。當兩個質量均為 m 的軸環放置在彈簧上時，觀察到的振幅為 18 mm。當三個質量均為 m 的軸環放置在彈簧上時，預期其振動振幅為何？（可得到兩個答案。）

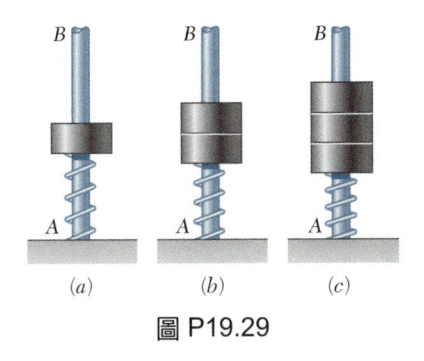

圖 P19.29

19.30 長 l = 600 mm 單擺的 1.2 kg 擺錘懸掛在 1.4 kg 的軸環 C 上。軸環受迫按照關係式 $x_C = \delta_m \sin \omega_f t$ 水平移動，振幅 δ_m = 10 mm 及頻率 f_f = 0.5 Hz。試求 (a) 擺錘運動的振幅；(b) 必須施加多少力到軸環 C 來維持此運動。

19.31 一質量 8 kg 塊狀物 A 滑行於垂直的無摩擦溝槽內，並且由一常數 k = 120 N/m 的彈簧 AB 連接到一運動支承 B。已知此支承的加速度為 $a = a_m \sin \omega_f t$，其中 a_m = 1.5 m/s^2 及 ω_f = 5 rad/s，試求 (a) 塊狀物 A 的最大位移；(b) 彈簧施加在此塊狀物上之變動力的振幅。

19.32 當一彈簧所支承之馬達的轉速由 300 rpm 緩慢增加到 500 rpm 時，觀察到由於轉子不平衡所造成之振動的振幅，由 1.5 mm 連續增加到 6 mm。試求共振將發生時的轉速。

19.33 一質量 180 kg 的馬達以螺栓固定到一輕量的水平梁。其轉子的不平衡相當於一 28 g 的質量位於距旋轉軸 150 mm 處，由於馬達重量所造成之梁靜撓度為 12 mm。藉由在馬達的基座添加一塊平板，可減少不平衡所造成的振幅。如馬達轉速高於 300 rpm 時，振動的振幅小於 60 μm，試求此平板所需的質量。

19.34 一反向旋轉偏心質量勵磁機含有兩個旋轉的 100 g 質量，兩者以同速率但反方向描出半徑為 r 的圓。此勵磁機被放置在一機器元件上來產生此元件的穩態振動，此系統的總質量

圖 P19.30

圖 P19.31

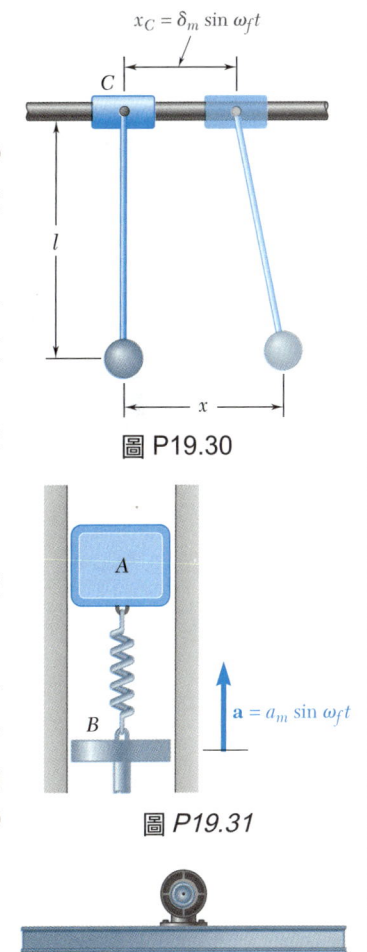

圖 P19.33

為 300 kg，各彈簧的常數為 $k = 600$ kN/m，勵磁機的轉速為 1200 rpm。已知作用在基座之總變動力的振幅為 160 N，試求半徑 r。

19.35 一用於量測振動振幅的振動計，主要由一含有自然頻率已知為 120 Hz 之質量-彈簧系統的盒子所組成。此盒子剛性地附在一依照方程式 $y = \delta_m \sin \omega_f t$ 移動的表面上。如果此質量相對於盒子的運動振幅 z_m 被用為振動面振幅 δ_m 的一種量度，試求 (a) 當振動頻率為 600 Hz 時的百分誤差；(b) 當誤差為 0 時的頻率。

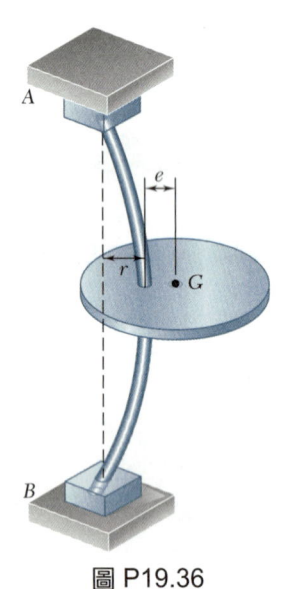

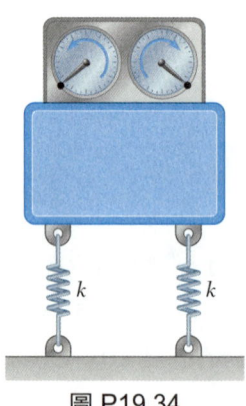

圖 P19.34

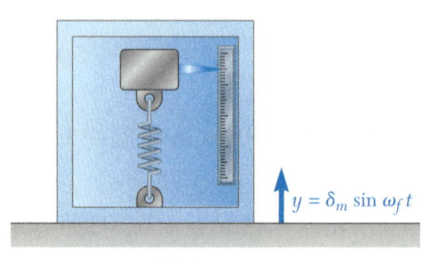

圖 P19.35

圖 P19.36

19.36 一質量 30 kg 圓盤附到一垂直軸 AB 的中點，軸 AB 以等角速度 ω_f 旋轉，偏心矩 $e = 0.15$ mm。已知此圓盤水平運動的彈簧常數 k 為 650 kN/m，試求 (a) 共振發生時的角速度 ω_f；(b) 當 $\omega_f = 1200$ rpm 時，此軸的撓度 r。

阻尼振動　　(Damped Vibrations)

*19.8　阻尼自由振動 (Damped Free Vibrations)

在本章第一部分中所考慮的振動系統假設是無阻尼的，但事實上，所有的振動都會受摩擦力衰減到一定的程度。這些力可能導因於二剛體之間的**乾摩擦** (dry friction) 或**庫倫摩擦** (Coulomb friction)，或導因於剛體在一流體內移動時的**流體摩擦** (fluid friction)，或因一看似彈性體的分子之間的**內摩擦** (internal friction) 所引起。

一特別值得關注之阻尼形式為由中速與低速率流體摩擦所引起的**黏滯阻尼** (viscous damping)。黏滯阻尼的特徵為摩擦力正比於運動體的速度，但方向相反。例如，再次考慮一質量為 m 的物體懸掛於

常數 k 的彈簧上，假設此物體附到一緩衝筒的柱塞中 (圖 19.10)。柱塞周圍的流體施於柱塞之摩擦力大小等於 $c\dot{x}$，其中常數 c 以 N·s/m 或 lb·s/ft 表示，稱為**黏滯阻尼係數**，取決於流體的物理性質以及緩衝筒的結構。其運動方程式為

$$+\downarrow \Sigma F = ma: \qquad W - k(\delta_{st} + x) - c\dot{x} = m\ddot{x}$$

記得 $W = k\delta_{st}$，故寫為

$$m\ddot{x} + c\dot{x} + kx = 0 \qquad (19.38)$$

圖 19.10

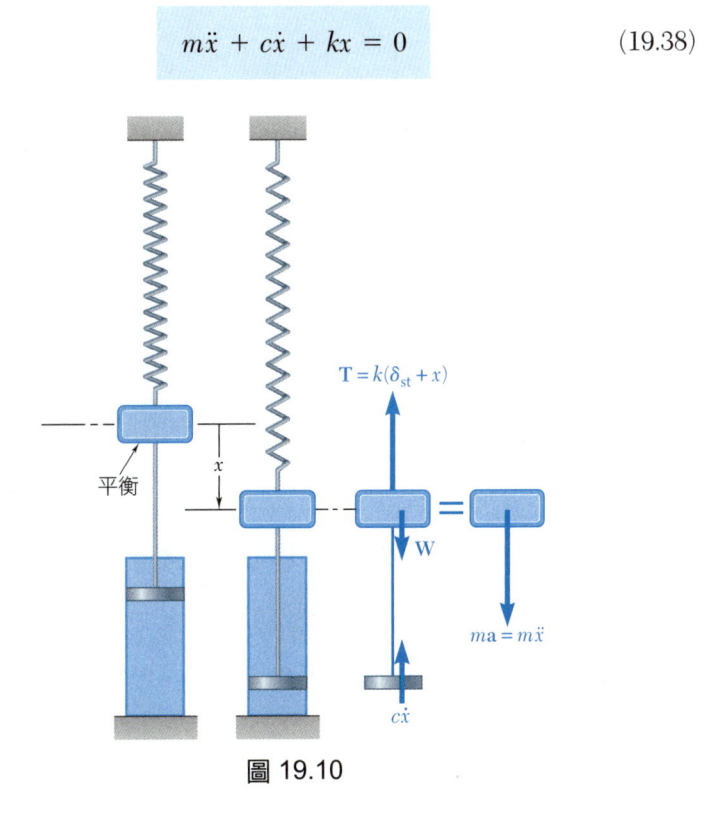

將 $x = e^{\lambda t}$ 代入式 (19.38) 且全式除以 $e^{\lambda t}$，得到**特徵方程式** (characteristic equation)

$$m\lambda^2 + c\lambda + k = 0 \qquad (19.39)$$

其根為

$$\lambda = -\frac{c}{2m} \pm \sqrt{\left(\frac{c}{2m}\right)^2 - \frac{k}{m}} \qquad (19.40)$$

定義臨界阻尼係數 c_c 為使式 (19.40) 中之根式等於 0 的 c 值，寫為

$$\left(\frac{c_c}{2m}\right)^2 - \frac{k}{m} = 0 \qquad c_c = 2m\sqrt{\frac{k}{m}} = 2m\omega_n \qquad (19.41)$$

其中 ω_n 為此系統在無阻尼情況下的自然圓頻率。我們依據係數 c 的值，可以區分三種不同的阻尼情況。

1. **重阻尼**：$c > c_c$。特徵方程式 (19.39) 的根 λ_1 與 λ_2 為不等實數，微分方程式 (19.38) 的通解為

$$x = C_1 e^{\lambda_1 t} + C_2 e^{\lambda_2 t} \qquad (19.42)$$

此解對應於一非振動性的運動。因 λ_1 與 λ_2 兩者皆為負值，當 t 增至無窮大時，x 趨近於 0。然而，實際上此系統在一段有限的時間後會回復到其平衡位置。

2. **臨界阻尼**：$c = c_c$。特徵方程式有一個重根 $\lambda = -c_c/2m = -\omega_n$，而式 (19.38) 的通解為

$$x = (C_1 + C_2 t)e^{-\omega_n t} \qquad (19.43)$$

所得的運動再次是非振動性的。由於臨界阻尼系統可在最短的時間內，重新回到其平衡位置而無振盪，故在工程應用上特別受到關注。

3. **輕阻尼**：$c < c_c$。式 (19.39) 的根為共軛複數，而式 (19.38) 通解的形式為

$$x = e^{-(c/2m)t}(C_1 \sin \omega_d t + C_2 \cos \omega_d t) \qquad (19.44)$$

其中 ω_d 由下列關係式所定義

$$\omega_d^2 = \frac{k}{m} - \left(\frac{c}{2m}\right)^2$$

將 $k/m = \omega_n^2$ 代入上式，並回顧式 (19.41)，得

$$\omega_d = \omega_n\sqrt{1 - \left(\frac{c}{c_c}\right)^2} \qquad (19.45)$$

其中常數 c/c_c 稱為**阻尼因子** (damping factor)。即使此種運動本身實際上不重複，常數 ω_d 通稱為是阻尼振動的**圓頻率** (circular frequency)。使用類似於在第 19.2 節中的代入方式，我們可用此形式寫出式 (19.38) 的通解

$$x = x_0 e^{-(c/2m)t} \sin(\omega_d t + \phi) \qquad (19.46)$$

由式 (19.46) 所定義的運動為振幅逐漸衰減的振動 (圖 19.11)，在圖 19.11 中，式 (19.46) 所定義的曲線觸及其中一條極限曲線，圖中兩個相繼點之間的時間段 $\tau_d = 2\pi/\omega_d$，通稱為阻尼振動的週期。回顧式 (19.45)，觀察得知 $\omega_d < \omega_n$，故 τ_d 大於所對應之無阻尼系統的振動週期 τ_n。

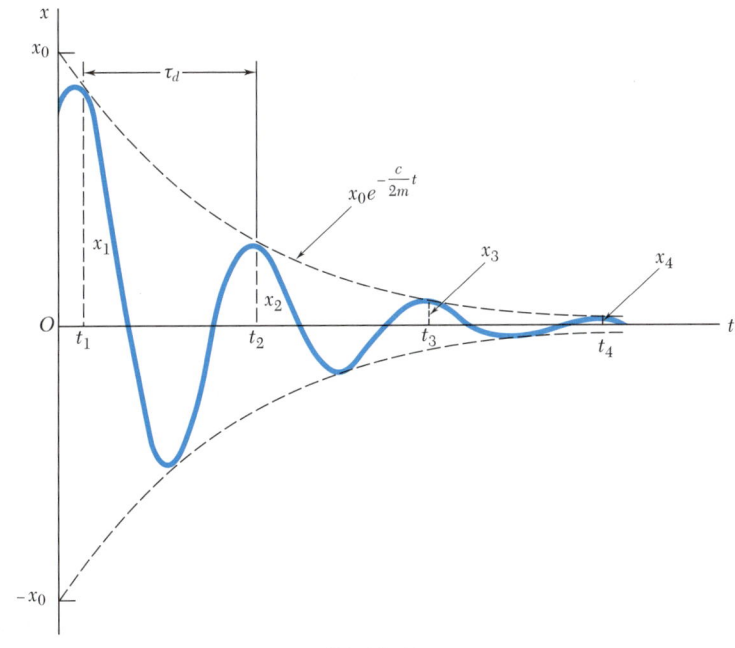

圖 19.11

*19.9 阻尼強迫振動 (Damped Forced Vibrations)

如果前一節所考慮的系統承受一大小為 $P = P_m \sin \omega_f t$ 的週期力，則此運動方程式變為

$$m\ddot{x} + c\dot{x} + kx = P_m \sin \omega_f t \qquad (19.47)$$

式 (19.47) 的通解可由式 (19.47) 的特解與餘函數或齊次方程式 (19.38) 的通解相加而得。而由式 (19.42)、式 (19.43) 或式 (19.44) 所給的餘函數，則取決於阻尼的形式。它代表一種暫態運動，終究會逐漸衰減而消失。

照片 19.2 所示的汽車懸吊主要由彈簧與避震器所組成，這將使汽車行駛於不平坦的道路上時，車體經受阻尼強迫振動。

在本節中我們的興趣集中在由式 (19.47) 的特解為代表的穩態運動，其形式為

$$x_{\text{part}} = x_m \sin(\omega_f t - \varphi) \tag{19.48}$$

將 x_{part} 代入式 (19.47) 中的 x，得

$$-m\omega_f^2 x_m \sin(\omega_f t - \varphi) + c\omega_f x_m \cos(\omega_f t - \varphi) + kx_m \sin(\omega_f t - \varphi) = P_m \sin \omega_f t$$

令 $\omega_f t - \varphi$ 依次等於 0 及等於 $\pi/2$，寫為

$$c\omega_f x_m = P_m \sin \varphi \tag{19.49}$$
$$(k - m\omega_f^2) x_m = P_m \cos \varphi \tag{19.50}$$

將式 (19.49) 和式 (19.50) 等號兩邊項平方再相加，得

$$[(k - m\omega_f^2)^2 + (c\omega_f)^2] x_m^2 = P_m^2 \tag{19.51}$$

由式 (19.51) 解出 x_m，並令式 (19.49) 和式 (19.50) 等號兩邊項相除，分別得到

$$x_m = \frac{P_m}{\sqrt{(k - m\omega_f^2)^2 + (c\omega_f)^2}} \qquad \tan \varphi = \frac{c\omega_f}{k - m\omega_f^2} \tag{19.52}$$

由式 (19.4) 得知 $k/m = \omega_n^2$，其中 ω_n 為無阻尼自由振動的圓頻率，而由式 (19.41) 有 $2m\omega_n = c_c$，其中 c_c 為系統的臨界阻尼係數，寫為

$$\frac{x_m}{P_m/k} = \frac{x_m}{\delta_m} = \frac{1}{\sqrt{[1 - (\omega_f/\omega_n)^2]^2 + [2(c/c_c)(\omega_f/\omega_n)]^2}} \tag{19.53}$$

$$\tan \varphi = \frac{2(c/c_c)(\omega_f/\omega_n)}{1 - (\omega_f/\omega_n)^2} \tag{19.54}$$

照片 19.3 這輛車在圖示的車輛動態測試中歷經阻尼強迫振動。

式 (19.53) 以頻率比 ω_f/ω_n 及阻尼比 c/c_c 來表示放大因子。該式可用來求解由大小為 $P = P_m \sin \omega_f t$ 之一外加力，或由一外加支承運動

$\delta = \delta_m \sin \omega_f t$ 所產生之穩態振動的振幅。式 (19.54) 則以相同的參數定義外加力或外加支承運動與阻尼系統所產生的穩態振動之間的**相位差** (phase difference) φ。對於不同值的阻尼因子，放大因子對頻率比的圖形已繪於圖 19.12 中，我們觀察到藉由選取一大的阻尼係數 c，或使自然頻率遠離強制頻率，強迫振動的振幅可保持很小。

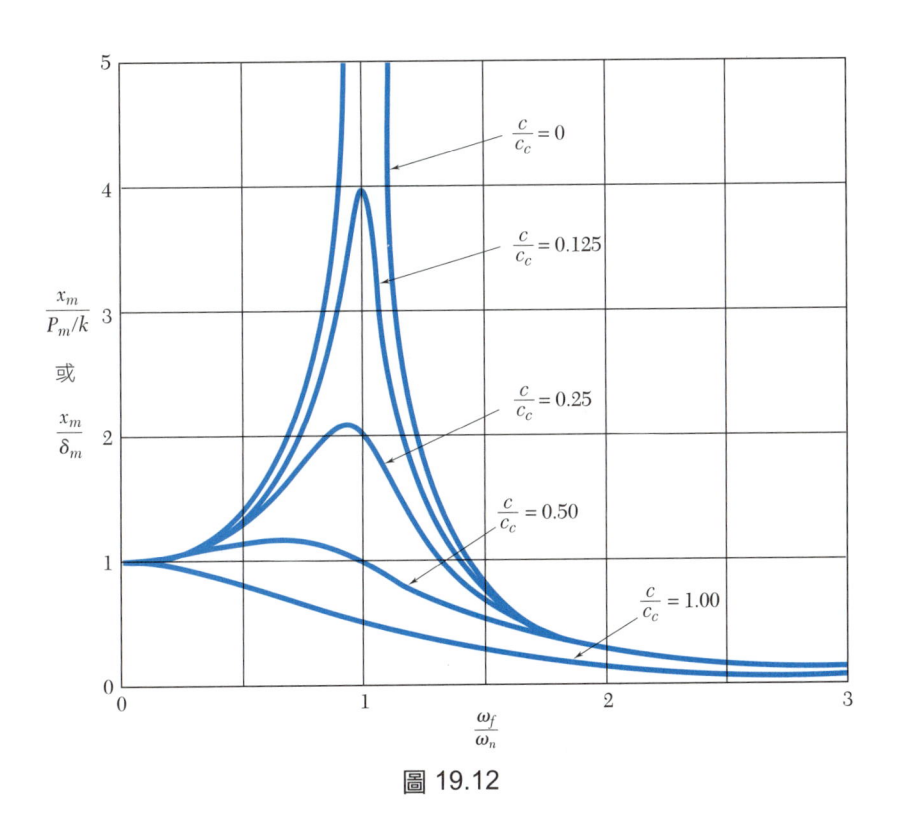

圖 19.12

*19.10 電類比 (Electrical Analogues)

表示振盪電路特徵的微分方程式與前一節所得的形式相同，其分析類似於機械系統的分析，因此，對一給定的振動系統所得結果可輕易擴及到相當的電路。反之，對一電路所得的任何結果也可適用於所對應的機械系統。

圖 19.13 的電路包含一電感為 L 的電感器，一電阻為 R 的電阻器，與一電容為 C 的電容器。這些元件串聯到一交流電壓 $E = E_m \sin \omega_f t$ 的電源上 (圖 19.13)。回顧基本電路理論，若 i 表示電路的電流，q 表示電容器的電量，則 $L(di/dt)$ 為通過電感器的電位降、Ri 為通過

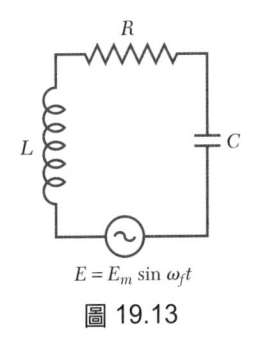

圖 19.13

電阻器的電位降,及 q/C 為通過電容器的電位降。令施加之電壓與電路迴路之電位降的代數和為 0,表示為

$$E_m \sin \omega_f t - L\frac{di}{dt} - Ri - \frac{q}{C} = 0 \tag{19.55}$$

重新安排各項,並記得在任意瞬間,電流 i 等於 q 的改變率 $\dot{q}$,則上式可寫為

$$L\ddot{q} + R\dot{q} + \frac{1}{C}q = E_m \sin \omega_f t \tag{19.56}$$

我們驗證出定義圖 19.13 之電路振盪的方程式 (19.56) 與表徵圖 19.10 之機械系統的阻尼強迫振動的方程式 (19.47) 具有相同的形式。藉由比較這兩個方程式,我們可以構建一機械與電的類比表示表。

表 19.2 可用於將前一節之各種機械系統所得的結果,擴及到其電類比。例如,在圖 19.13 的電路中,電流的振幅 i_m 可由注意其對應到在類比機械系統中的速度最大值 v_m 而得。回顧式 (19.37) 的第一式,$v_m = x_m \omega_f$,將式 (19.52) 中的 x_m 代入,並以所對應的電表示替換機械系統的常數,即得

$$i_m = \frac{\omega_f E_m}{\sqrt{\left(\frac{1}{C} - L\omega_f^2\right)^2 + (R\omega_f)^2}}$$

$$i_m = \frac{E_m}{\sqrt{R^2 + \left(L\omega_f - \frac{1}{C\omega_f}\right)^2}} \tag{19.57}$$

表 19.2　機械系統與其電類比的特徵

機械系統	電路
m 質量	L 電感
c 黏滯阻尼係數	R 電阻
k 彈簧常數	$1/C$ 電容倒數
x 位移	q 電量
v 速度	i 電流
P 作用力	E 施加的電壓

所得表示式中的根式稱為電路的阻抗。

機械系統與電路之間的類比對暫態振盪與穩態振盪都成立。例如，在圖 19.14 中的電路振盪類比於圖 19.10 中之系統的阻尼自由振動。至於所關注的初始條件，我們注意到當電容器上的電量為 $q = q_0$ 時，閉上開關 S 相當於機械系統的質量自位置 $x = x_0$ 以無初始速度釋放。我們也觀察到，如果在圖 19.14 中的電路引進一恆定電壓 E 的電池，閉上開關 S 相當於突然施加一恆定大小 P 的力到圖 19.10 中之機械系統的質量。

圖 19.14

若以上討論唯一的結果，僅止於使學習力學的學生不用學習電路元件理論就能分析電路的話，則此討論的價值是有疑問的。我們反而希望本次的討論能鼓勵學生，將日後在電路理論課程中學到的數學技巧應用到機械振動問題的求解上。然而，電類比觀念主要的價值在於其可應用**實驗方法**來決定一給定機械系統的特性。事實上，架設一個電路比架設一個機械系統模型更為容易，我們可藉由改變各元件的電感、電阻或電容來修正其特性，故使用電類比特別方便。

為了決定一給定機械系統的電類比，我們將注意力聚焦在此系統中各個移動的質量，並觀察直接作用於此質量的彈簧、阻尼器或外力。即可構建一相當的電氣迴路來匹配每一如此定義的機械單元，以該方式得出的各個迴路合起來，即可形成我們所要的電路。例如，考慮圖 19.15 中的機械系統。我們觀察到質量 m_1 受到兩個彈簧常數為 k_1 與 k_2 之彈簧，及兩個阻尼係數為 c_1 與 c_2 之阻尼器的作用。因此，此電路應含有由一個電感為 L_1 的感應器、兩個電容為 C_1 與 C_2 的電容器，以及兩個電阻為 R_1 與 R_2 電阻器所組成的迴路，其中 L_1 與 m_1 成正比，C_1 與 C_2 分別和 k_1 與 k_2 成反比，R_1 與 R_2 分別和 c_1 與 c_2 成正比。由於彈簧 k_2 與緩衝筒 c_2，以及力 $P = P_m \sin \omega_f t$ 作用在質量 m_2 上，所以此電路也應包括含有電容器 C_2、電阻器 R_2、新的電感器 L_2，以及電源 $E = E_m \sin \omega_f t$ 的迴路（圖 19.16）。

圖 19.15

為了要核對圖 19.15 中的機械系統與圖 19.16 中的電路是否真正滿足相同的微分方程式，我們將首先導出 m_1 與 m_2 的運動方程式。分別以 x_1 與 x_2 表示 m_1 與 m_2 自其平衡位置量起的位移，我們觀察到彈簧 k_1 的伸長量（自其平衡位置量起）等於 x_1，而彈簧 k_2 的伸長量等於 m_2 對 m_1 的相對位移 $x_2 - x_1$。因此 m_1 與 m_2 的運動方程式為

圖 19.16

$$m_1\ddot{x}_1 + c_1\dot{x}_1 + c_2(\dot{x}_1 - \dot{x}_2) + k_1 x_1 + k_2(x_1 - x_2) = 0 \quad (19.58)$$

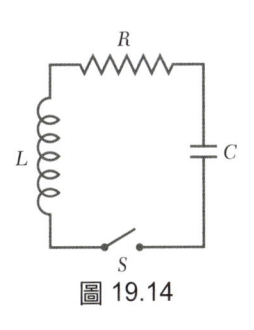

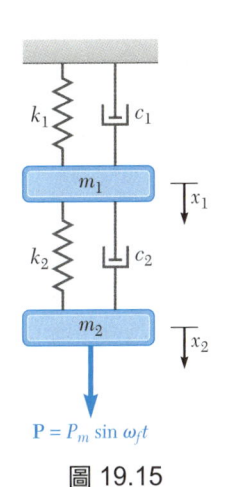

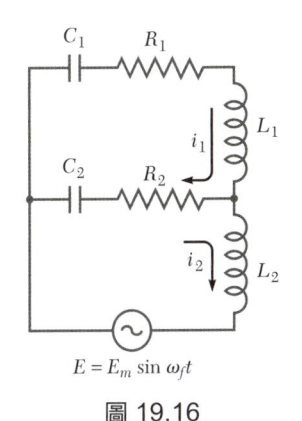

$$m_2\ddot{x}_2 + c_2(\dot{x}_2 - \dot{x}_1) + k_2(x_2 - x_1) = P_m \sin \omega_f t \tag{19.59}$$

現在考慮圖 19.16 中的電路；我們分別以 i_1 與 i_2 表示第一與第二迴路中的電流，以 q_1 與 q_2 表示積分 $\int i_1\, dt$ 與 $\int i_2\, dt$。請注意：在電容器 C_1 上的電量為 q_1，而在 C_2 上的電量為 $q_1 - q_2$，我們表示每一迴路電位差的和為 0，而得到下面的方程式

$$L_1\ddot{q}_1 + R_1\dot{q}_1 + R_2(\dot{q}_1 - \dot{q}_2) + \frac{q_1}{C_1} + \frac{q_1 - q_2}{C_2} = 0 \tag{19.60}$$

$$L_2\ddot{q}_2 + R_2(\dot{q}_2 - \dot{q}_1) + \frac{q_2 - q_1}{C_2} = E_m \sin \omega_f t \tag{19.61}$$

當使用表 19.2 中所示進行置換時，我們很容易核對出式 (19.60) 和式 (19.61) 分別約化為式 (19.58) 和式 (19.59)。

重點提示

在本課中，藉由計入流體摩擦引起之黏滯阻尼的影響，開發出一更實際的振動系統模型。在圖 19.10 中的黏滯阻尼以一在緩衝筒內移動的柱塞施加在移動體上的力來表示。此力的大小等於 $c\dot{x}$，式中常數 c 以 N·s/m 或 lb·s/ft 表示，稱為黏滯阻尼係數。切記 x、$\dot{x}$ 與 $\ddot{x}$ 必須使用相同的符號約定。

1. **阻尼自由振動**。定義此運動的微分方程式為

$$m\ddot{x} + c\dot{x} + kx = 0 \tag{19.38}$$

使用以下的公式來計算臨界阻尼係數 c_c，以求得此方程式的解

$$c_c = 2m\sqrt{k/m} = 2m\omega_n \tag{19.41}$$

其中 ω_n 為無阻尼系統的自然頻率。

  a. 若 $c > c_c$（重阻尼），式 (19.38) 的解為

$$x = C_1 e^{\lambda_1 t} + C_2 e^{\lambda_2 t} \tag{19.42}$$

其中，

$$\lambda_{1,2} = -\frac{c}{2m} \pm \sqrt{\left(\frac{c}{2m}\right)^2 - \frac{k}{m}} \tag{19.40}$$

而式中常數 C_1 與 C_2 可由初始條件 $x(0)$ 與 $\dot{x}(0)$ 來決定。此解答對應於一非振動性的運動。

b. 若 $c = c_c$(臨界阻尼)，式 (19.38) 的解為

$$x = (C_1 + C_2 t)e^{-\omega_n t} \tag{19.43}$$

此式也對應於一非振動性的運動。

c. 若 $c = c_c$(輕阻尼)，則式 (19.38) 的解為

$$x = x_0 e^{-(c/2m)t} \sin(\omega_d t + \phi) \tag{19.46}$$

其中，

$$\omega_d = \omega_n \sqrt{1 - \left(\frac{c}{c_c}\right)^2} \tag{19.45}$$

而式中的 x_0 與 ϕ 可由初始條件 $x(0)$ 與 $\dot{x}(0)$ 來決定。此解答對應於振幅遞減且週期 $\tau_d = 2\pi/\omega_d$ 的振盪（圖 19.11）。

2. **阻尼強迫振動**。此運動發生於當黏滯阻尼系統承受一大小為 $P = P_m \sin \omega_f t$ 的週期力 **P**，或當其彈性地連接到一交互運動 $\delta = \delta_m \sin \omega_f t$ 之支承時。在第一種情況中，此運動由下列微分方程式所定義

$$m\ddot{x} + c\dot{x} + kx = P_m \sin \omega_f t \tag{19.47}$$

而在第二種情況中，則由以 $k\delta_m$ 置換 P_m 而得的類似微分方程式所定義。我們將只關注此系統的穩態運動，該運動由這些方程式的特解所定義，形式為

$$x_{\text{part}} = x_m \sin(\omega_f t - \varphi) \tag{19.48}$$

其中，

$$\frac{x_m}{P_m/k} = \frac{x_m}{\delta_m} = \frac{1}{\sqrt{[1 - (\omega_f/\omega_n)^2]^2 + [2(c/c_c)(\omega_f/\omega_n)]^2}} \tag{19.53}$$

及

$$\tan \varphi = \frac{2(c/c_c)(\omega_f/\omega_n)}{1 - (\omega_f/\omega_n)^2} \tag{19.54}$$

式 (19.53) 中給定的表示式稱為**放大因子**，且對阻尼因子 c/c_c 的各種值，放大因子對頻率比 ω_f/ω_n 的圖形已繪於圖 19.12 中。下列問題，可能會要求你解出式 (19.53) 和式 (19.54) 中的一個參數，而其他的參數為已知。

習題

19.37 在輕阻尼的情況下，可以假設圖 19.11 所示的位移 x_1、x_2、x_3 等於最大位移。試證任意兩相鄰的最大位移 x_n 與 x_{n+1} 之比值為一常數，且此比值的自然對數稱為對數減量，為

$$\ln \frac{x_n}{x_{n+1}} = \frac{2\pi(c/c_c)}{\sqrt{1-(c/c_c)^2}}$$

19.38 當質量 15,000 kg 之裝載軌道車輛與一彈簧及緩衝筒系統耦合時，車輛正以等速度 $\mathbf{v}_0$ 滾動 (圖 1)。圖 2 顯示裝載軌道車輛耦合後所錄下的位移－時間曲線。試求 (a) 阻尼係數；(b) 彈簧常數。(提示：利用習題 19.37 給定之對數減量的定義。)

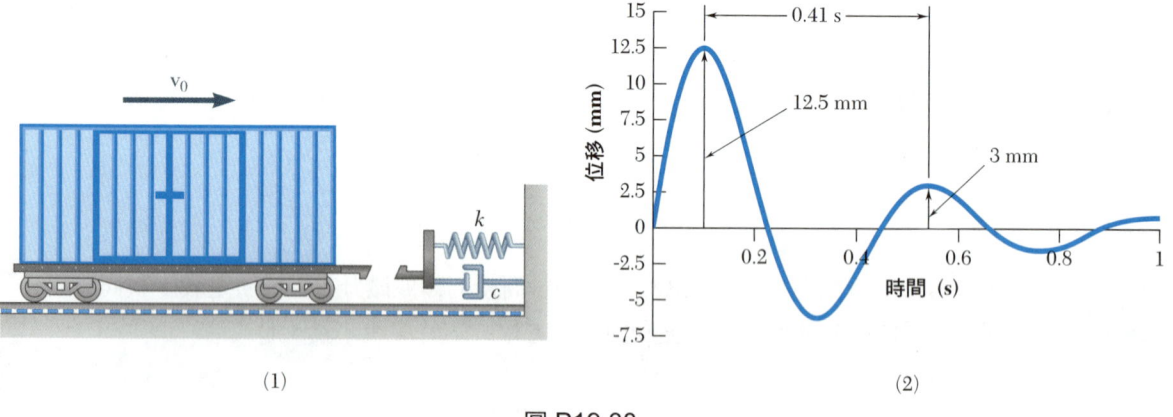

圖 P19.38

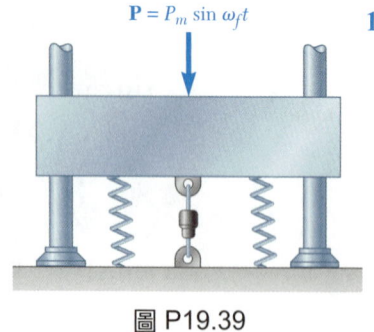

19.39 一質量 100 kg 的平台，由兩根彈簧常數均為 $k = 50$ kN/m 之彈簧所支承，此平台承受一最大值等於 625 N 的週期力。已知阻尼係數等於 1600 N·s/m，試求 (a) 假如無阻尼，此平台的自然頻率，以 rpm 表示；(b) 假如有阻尼，對應於放大因子最大值之週期力的頻率，以 rpm 表示；(c) 此平台實際運動對於在 (a) 與 (b) 部分中所找到的每一頻率的振幅。

圖 P19.39

19.40 一質量 m 的均勻桿件，由在 A 處的插銷及在 B 處的一彈簧常數為 k 之彈簧所支承，且在 D 處連接到一阻尼係數為 c 的緩衝筒。對於小擺動，以 m、k 及 c 表示，試求 (a) 微分運動方程式；(b) 臨界阻尼係數 c_c。

19.41 質量 15 kg 的馬達由四根彈簧所支承，每一彈簧常數為 40 kN/m。此馬達的不平衡相當於一 20 g 的質量位於距旋轉軸 125 mm 處。已知此馬達受拘束作垂直移動，且阻尼因子 c/c_c 等於 0.4，試求馬達穩態振動振幅小於 0.2 mm 時的頻率範圍。

19.42 一洗衣機的簡化模型如圖所示。機器內的一束溼衣服形成一質量為 10 kg 的質量 m_b，並造成不平衡的轉動。轉動質量 20 kg（包括 m_b），洗衣盤半徑 $e = 0.25$ m。已知洗衣機有一等效彈簧，彈簧常數 $k = 1000$ N/m，阻尼係數 $\zeta = c/c_c = 0.05$，在旋轉循環期間圓筒以 250 rpm 轉動，試求傳遞到洗衣機周邊之力的大小及運動的振幅。

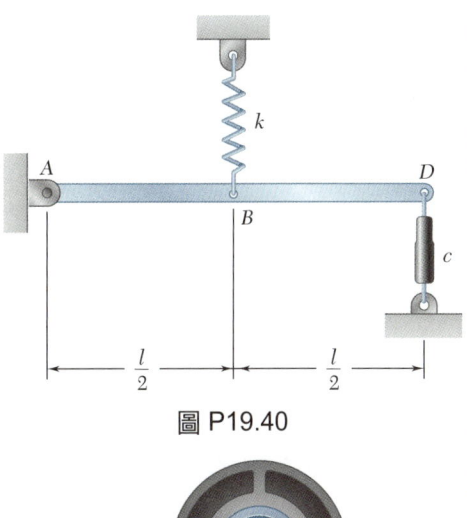

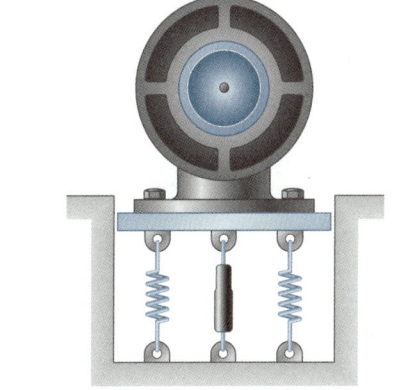

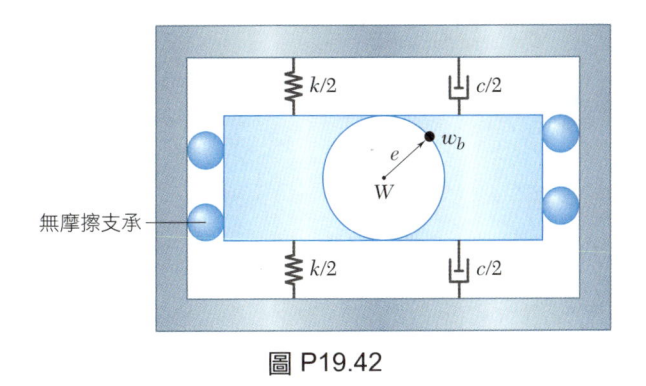

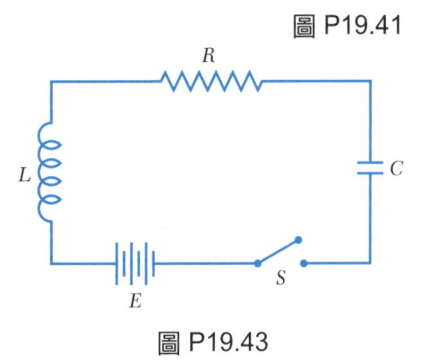

圖 P19.40

圖 P19.41

圖 P19.42

圖 P19.43

19.43 試以 L、C 及 E 表示，當開關 S 閉合時，在所示電路中將發生振盪之電阻 R 值的範圍。

19.44 試繪製圖示機械系統的電類比。（提示：畫出對應於自由體 m 與 A 的迴圈。）

19.45 試寫出微分方程式來定義 (a) 質量 m 與點 A 的位移；(b) 在電類比迴路之電容器上的電量。

$\mathbf{P} = P_m \sin \omega_f t$

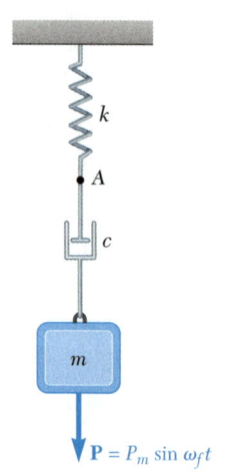

圖 P19.44 與 P19.45

複習與摘要

本章專注於機械振動的研究,亦即,專注於分析質點及剛體對其平衡位置振盪的運動。在本章的第一部分 [第 19.2 到 19.7 節],我們考慮無阻尼振動,而第二部分則專注於阻尼振動 [第 19.8 到 19.10 節]。

■ 質點的自由振動 (Free vibrations of a particle)

在第 19.2 節中,我們考慮一質點的自由振動,亦即,質點 P 承受一正比於質點位移之恢復力所作的運動,例如來自彈簧的施力。若質點 P 的位移 x 自其平衡位置 O 量起 (圖 19.17),作用在 P 之合力 $\mathbf{F}$ (包含其重量) 的大小為 kx 且指向 O。應用牛頓第二定律 $F = ma$,且回顧 $a = \ddot{x}$,我們寫出微分方程式

$$m\ddot{x} + kx = 0 \tag{19.2}$$

或令 $\omega_n^2 = k/m$,寫為

$$\ddot{x} + \omega_n^2 x = 0 \tag{19.6}$$

由此方程式所定義的運動稱為簡諧運動。

式 (19.6) 的解代表此質點 P 的位移,表示為

$$x = x_m \sin(\omega_n t + \phi) \tag{19.10}$$

圖 19.17

其中,x_m = 振動的振幅
$\omega_n = \sqrt{k/m}$ = 自然圓頻率
ϕ = 相位角

振動週期 (亦即,一個全循環所需的時間) 及其自然頻率 (即每秒的循環數) 表示為

$$週期 = \tau_n = \frac{2\pi}{\omega_n} \tag{19.13}$$

$$自然頻率 = f_n = \frac{1}{\tau_n} = \frac{\omega_n}{2\pi} \tag{19.14}$$

此質點之速度與加速度由對式 (19.10) 微分而得,其最大值為

$$v_m = x_m \omega_n \qquad a_m = x_m \omega_n^2 \tag{19.15}$$

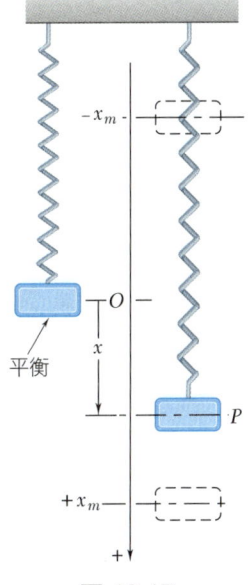

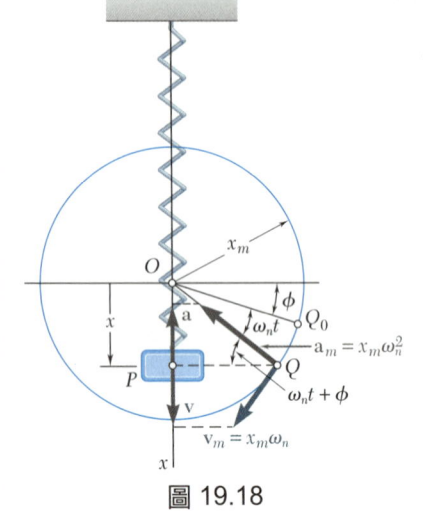

由於以上所有的參數皆直接取決於自然頻率 ω_n，即也取決於 k/m 的比值，故在任何給定問題中去計算常數 k 值是必要的。這可由求解恢復力與此質點所對應的位移之間的關係來完成 [範例 19.1]。

其也顯示出質點 P 之振盪運動可由一點 Q 的運動在 x 軸上的投影來表示，此點以等角速度 ω_n 描出一半徑 x_m 的輔助圓 (圖 19.18)。於是 P 之速度與加速度的瞬間值，可由分別代表 Q 之速度與加速度的向量 $\mathbf{v}_m$ 與 $\mathbf{a}_m$ 在 x 軸上的投影求得。

圖 19.18

■ 單擺 (Simple pendulum)

雖然單擺運動並非真正的簡諧運動，令 $\omega_n^2 = g/l$，則以上所給的公式可用來計算單擺的小擺動週期與自然頻率 [第 19.3 節]。而單擺的大振幅擺動在第 19.4 節中討論。

■ 剛體的自由振動 (Free vibrations of a rigid body)

剛體的自由振動可藉由選擇一適當的變數，如距離 x 或角度 θ 來定義物體的位置，畫出自由體圖方程式來表示外力等效於有效力，並寫出一與所選變數相關的方程式及其二階導數進行分析 [第 19.5 節]。若所得方程式的形式為

$$\ddot{x} + \omega_n^2 x = 0 \quad 或 \quad \ddot{\theta} + \omega_n^2 \theta = 0 \tag{19.21}$$

則所考慮的振動為一簡諧運動，其振動週期與自然頻率可由辨認 ω_n 且將其值代入式 (19.13) 和式 (19.14) 中而得 [範例 19.2 與 19.3]。

■ 使用能量守恆原理 (Using the principle of conservation of energy)

能量守恆原理可被用為求解質點或剛體之簡諧運動週期與自然頻率的替代方法 [第 19.6 節]。再次選擇一適當的變數，如 θ，來定義系統的位置向量，我們表示此系統在最大位移的位置 ($\theta_1 = \theta_m$) 與最大速度的位置 ($\dot{\theta}_2 = \dot{\theta}_m$) 之間的總能量是守恆的，即 $T_1 + V_1 = T_2 + V_2$。若考慮中的運動為簡諧運動，則所得方程式的兩邊項，分別由 θ_m 與 $\dot{\theta}_m$ 的二次齊次式所組成。將 $\dot{\theta}_m = \theta_m \omega_n$ 代入此方程式中，我們可分解出 θ_m^2 而解出圓頻率 [範例 19.4]。

■ 強迫振動 (Forced vibrations)

在第 19.7 節中，我們考慮一機械系統的強迫振動。這些振動發生於當此系統承受一週期力 (圖 19.19) 的作用，或當其彈性地連接至一交互運動的支承時 (圖 19.20)。以 ω_f 表示強制圓頻率，我們發現在第一種情況中，此系統的運動由以下的微分方程式所定義：

$$m\ddot{x} + kx = P_m \sin \omega_f t \tag{19.30}$$

而第二種情況中，則以此微分方程式來定義：

$$m\ddot{x} + kx = k\delta_m \sin \omega_f t \tag{19.31}$$

這些方程式的通解係由如下形式的特解加上對應之齊次方程式的通解而得。

$$x_{\text{part}} = x_m \sin \omega_f t \tag{19.32}$$

特解式 (19.32) 代表此系統的穩態振動，而齊次方程式的解則代表暫態自由振動，通常可忽略不計。

將穩態振動的振幅 x_m 除以在週期力情況中的 P_m/k，或在振盪支承情況中的 δ_m，則所得的商數定義為此振動的**放大因子**，且發現

$$\text{放大因子} = \frac{x_m}{P_m/k} = \frac{x_m}{\delta_m} = \frac{1}{1 - (\omega_f/\omega_n)^2} \tag{19.36}$$

依據式 (19.36)，當 $\omega_f = \omega_n$ 時，亦即，當強制振動頻率等於系統的自然頻率時，強迫振動的振幅 x_m 變為無限大。此時，外加力或外加支承運動稱為與此系統**共振** [範例 19.5]。事實上，由於阻尼力的緣故，此振動的振幅仍保持有限大。

■ 阻尼自由振動 (Damped free vibrations)

在本章的最後一部分中，我們考慮一機械系統的阻尼振動。首先分析黏滯阻尼系統的阻尼自由振動 (第 19.8 節)。我們發現這種系統的運動係以此方程式所定義

$$m\ddot{x} + c\dot{x} + kx = 0 \tag{19.38}$$

其中 c 為一常數，稱為黏滯阻尼係數。定義**臨界阻尼係數** c_c 為

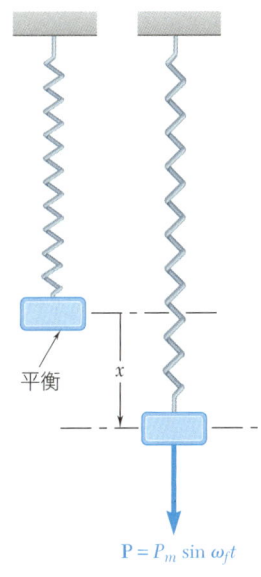

圖 19.19

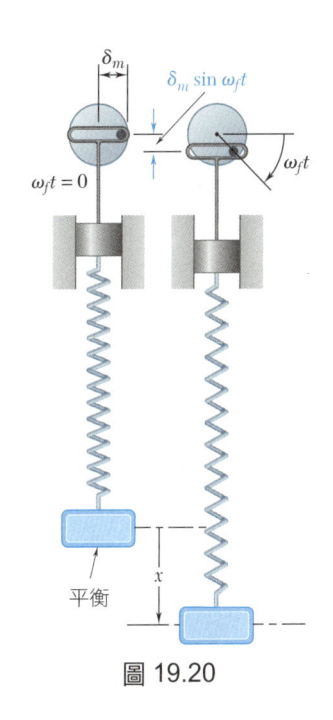

圖 19.20

$$c_c = 2m\sqrt{\frac{k}{m}} = 2m\omega_n \qquad (19.41)$$

其中，ω_n 為無阻尼系統的自然圓頻率，我們區分出阻尼的三種不同情況，即 (1) 當 $c > c_c$ 時為重阻尼；(2) 當 $c = c_c$ 時為臨界阻尼；(3) 當 $c < c_c$ 時為輕阻尼。在前兩種情況中，當系統受到擾動時傾向於恢復到其平衡位置，而無任何振盪。在第三種情況中，此運動為振幅遞減的振動。

■ 阻尼強迫振動 (Damped forced vibrations)

在第 19.9 節中，我們考慮一機械系統的阻尼強迫振動。這種運動發生於，當系統承受一大小為 $P = P_m \sin \omega_f t$ 的週期力 **P** 時，或當其彈性地連接到一作交互運動 $\delta = \delta_m \sin \omega_f t$ 的支承時。在第一種情況中，此系統的運動由下列微分方程式定義：

$$m\ddot{x} + c\dot{x} + kx = P_m \sin \omega_f t \qquad (19.47)$$

在第二種情況中，則由以 $k\delta_m$ 置換式 (19.47) 中的 P_m 而得的類似方程式定義之。

系統的穩態振動是以式 (19.47) 的特解為代表，形式為

$$x_{\text{part}} = x_m \sin (\omega_f t - \varphi) \qquad (19.48)$$

將穩態振動之振幅 x_m 在週期力的情況中除以 P_m/k，或是在振盪支承的情況中除以 δ_m，而得下列放大因子的表示式：

$$\frac{x_m}{P_m/k} = \frac{x_m}{\delta_m} = \frac{1}{\sqrt{[1-(\omega_f/\omega_n)^2]^2 + [2(c/c_c)(\omega_f/\omega_n)]^2}} \qquad (19.53)$$

其中，$\omega_n = \sqrt{k/m} =$ 無阻尼系統的自然圓頻率
$\quad c_c = 2m\omega_n$ 臨界阻尼係數
$\quad c/c_c =$ 阻尼因子

我們也發現外加力或外加支承運動與引起之阻尼系統的穩態振動之間的相位差 ϕ 中，是以下列關係式來定義：

$$\tan \varphi = \frac{2(c/c_c)(\omega_f/\omega_n)}{1 - (\omega_f/\omega_n)^2} \qquad (19.54)$$

■ 電類比 (Electrical analogues)

本章以電類比之討論作為結尾 [第 19.10 節]，其間顯示，機械系統的振動與電路的振盪係由相同的微分方程式所定義。因此機械系統之電類比可用來研究或預測這些系統的行為。

複習題

19.46 圖示系統被觀測到的振動週期為 0.6 s。在圓柱體 B 被移除後，觀測到的週期為 0.5 s，試求 (a) 圓柱體 A 的質量；(b) 彈簧常數。

19.47 圖示的塊狀物自其平衡位置壓縮 30 mm 後釋放。已知在 10 循環後，此塊狀物的最大位移為 12.5 mm，試求 (a) 阻尼因子 c/c_c；(b) 黏滯阻尼係數之值（提示：參見習題 19.37）。

19.48 用來量測振幅的振動計，主要由含有一細長桿件的盒子所組成，此桿件的前端附加一質量 m；已知此質量－桿件系統的自然頻率為 5 Hz。當此盒子剛性地連結到一以 600 rpm 轉動之馬達的外殼時，觀察到此質量以 1.5 mm 的振幅相對於此盒子振動。試求此馬達垂直運動的振幅。

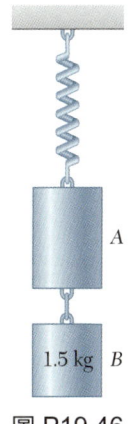

圖 P19.46

圖 P19.47

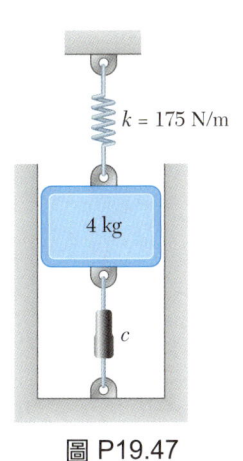

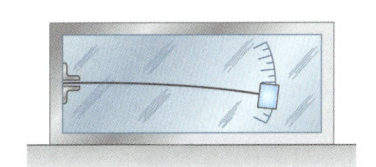

圖 P19.48

圖片來源

CHAPTER 11
章首: © NASA/Getty Images RF; 照片 11.1: U.S. Department of Energy; 照片 11.2: © Digital Vision/Getty RF; 照片 11.3: © Brand X Pictures/Jupiter Images RF; 照片 11.4: © Digital Vision/Getty RF; 照片 11.5, 照片 11.6: © Royalty-Free/Corbis.

CHAPTER 12
章首: Shutterstock.com; 照片 12.1: © Royalty-Free/Corbis; 照片 12.2: © Brand X Pictures/PunchStock RF; 照片 12.3: © Royalty-Free/Corbis; 照片 12.4: © Russell Illig/Getty RF; 照片 12.5: © Royalty-Free/Corbis.

CHAPTER 13
章首: Shutterstock.com; 照片 13.1, 照片 13.2: © Scandia National Laboratories/Getty RF; 照片 13.3: © Tom McCarthy/Photolibrary.

CHAPTER 14
章首: © XCOR; 照片 14.1: NASA; 照片 14.2: © Royalty- Free/Corbis; 照片 14.3: © Brand X Pictures/PunchStock RF.

CHAPTER 15
章首: Courtesy A.P. Moller-Maersk; (插圖): Courtesy of Wärtsilä Corporation; 照片 15.1: © Chris Hellier/Corbis; 照片 15.2: © Royalty-Free/Corbis; 照片 15.3: © AGE Fotostock/Photolibrary; 照片 15.4: © George Tiedemann/NewSport/Corbis; 照片 15.5: © Royalty- Free/Corbis; 照片 15.6: Purdue University/Physics/PRIME Lab; 照片 15.7: © Northrop Grumman/Index Stock Imagery/Jupiter Images/Photolibrary; 照片 15.8: © Royalty-Free/Corbis.

CHAPTER 16
章首: 照片 16.1: © Getty RF; 照片 16.2: Courtesy of Samsung Semiconductor, Inc.; 照片 16.3: © Tony Arruza/Corbis.

CHAPTER 17
章首: © AP Photo/Matt Dunham; 照片 17.1: © Richard McDowell/Alamy RF; 照片 17.2: Phillip Cornwell; 照片 17.3: © Chuck Savage/Corbis.

CHAPTER 18
章首：© Royalty-Free/Corbis; 照片 18.1: © age fotostock/SuperStock; 照片 18.2: © Matthias Kulka/Corbis; 照片 18.3: © Roger Ressmeyer/Corbis; 照片 18.4: © Lawrence Manning/Corbis RF.

CHAPTER 19
章首: Shutterstock; 照片 19.1: © Tony Freeman/Index Stock/Photolibrary; 照片 19.2: © The McGraw-Hill Companies, Inc., photo by Sabina Dowell; 照片 19.3: Courtesy of MTS Systems Corporation.

习题答案

CHAPTER 11

11.1 $x = 11.00$ m, $v = -8.00$ m/s, $a = -8.00$ m/s^2.

11.2 $t = 1.000$ s, $x_1 = 15.00$ m, $a_1 = -6.00$ m/s^2; $t = 2.00$ s, $x_2 = 14.00$ m, $a_2 = 6.00$ m/s^2.

11.3 (a) $x_1 = 102.9$ mm, $v_1 = -35.6$ mm/s, $a_1 = -11.40$ mm/s^2.
(b) $v_{max} = -36.1$ mm/s, $a_{max} = 72.1$ mm/s^2.

11.4 (a) $x_0 = 0$ mm, $v_0 = 960$ mm/s $\rightarrow$, $a_0 = 9220$ mm/s^2 $\leftarrow$.
(b) $x_{0.3} = 14.16$ mm $\leftarrow$, $v_{0.3} = 87.9$ mm/s $\rightarrow$, $a_{0.3} = 3110$ mm/s^2 or 3.11 m/s^2 $\rightarrow$.

11.5 $t = 0.667$ s, $x_{2/3} = 0.259$m, $v_{2/3} = -8.56$ m/s.

11.6 (a) $t = 2.00$ s, $t = 4.00$ s, (b) $x_3 = 10.00$ m, $m = 22.0$ m.

11.7 (a) $t = 1.000$ s and $t = 4.00$ s. (b) $x_{2.5} = +1.500$ m, Total distance $= 24.5$ m.

11.8 (a) $t = 6.00$ s, (b) $v_{10} = 144.0$ m/s, $a_0 = 48.0$ m/s^2, $m = 472$ m.

11.9 (a) $v_0 = 24.5$ m/s^2. (b) $t_f = 8.17$ s.

11.10 $v_7 = -825$ mm/s, $x_7 = 50.0$ mm, 2190 mm.

11.11 $v = -453$ mm/s, $x = 131.0$ mm.

11.12 (a) $v = 1.962$ m/s. (b) $x = 0.591$ m.

11.13 (a) $x = 1.25$ m, (b) $t = 0.866$ s.

11.14 (a) $x = 3.33$ m. (b) $t = 2.22$ s. (c) $t = 1.667$ s.

11.15 (a) $x = 10.55$ km. (b) $a_0 = -2 \times 10^{-4}$ m/s^2.
(c) $t = 49.9$ min.

11.16 (a) $x_{3T} = 2.36\, v_0 T$, $a_{3T} = \dfrac{\pi v_0}{T}$. (b) $v_{ave} = 0.363\, v_0$.

11.17 (a) $\mathbf{v}_0 = 9.62$ m/s$\uparrow$. (b) $\mathbf{v} = 29.6$. m/s$\downarrow$.

11.18 (a) $a = -0.417$ m/s^2. (b) $v = 18.00$ km/h.

11.19 (a) $a = 1.500$ m/s^2. (b) $t_1 - t_0 = 10.00$ s.

11.20 (a) $v_1 = 76.8$ m/s. (b) $y_{max} = 328$ m.

11.21 (a) $d = 2.40$ m. (b) $t_D = 2.06$ s.

11.22 (a) $a = 2.40$ m/s^2. (b) $v_{max} = 12.96$ m/s. (c) $t_2 = 10.41$ s.

11.23 (a) $a_A = -2.10$ m/s^2, $a_B = 2.06$ m/s^2.
(b) Runner B should start to run 2.59 s before A reaches the exchange zone.

11.24 (a) $a_A = 1.563$ m/s^2. (b) $a_B = 3.13$ m/s^2.

11.25 (a) $t = 1.330$ s. (b) 4.68 m below the man.

11.26 (a) $\mathbf{a}_E = 0.800$ m/s$^2\uparrow$, $\mathbf{a}_C = 1.600$ m/s$^2\downarrow$.
(b) $(\mathbf{v}_E)_5 = 4.00$ m/s$\uparrow$.

11.27 (a) $\mathbf{a}_A = 13.33$ mm/s$^2 \leftarrow$, $\mathbf{a}_B = 20.0$ mm/s$^2 \leftarrow$.
(b) $\mathbf{a}_D = 13.33$ mm/s$^2 \rightarrow$. (c) $\mathbf{v}_B = 70.0$ mm/s$\rightarrow$.
$\mathbf{x}_B - (\mathbf{x}_B)_0 = 440$ mm$\rightarrow$.

11.28 (a) $t = 1.000$ s. (b) $\Delta_{yC} = 75.0$ mm.$\downarrow$.

11.29 (a) $\mathbf{v}_C = 120.$ mm/s$\downarrow$. (b) $\mathbf{y}_D - (\mathbf{y}_D)_0 = 125.0$ mm$\uparrow$.

11.30 $d = 1812$ m

11.31 $t_{total} = 10.50$ s.

11.32 (a) $t_1 = 5$ min (b) $v_2 = 6$ km/h (c) $a_{final} = -0.0444$ m/s^2

11.33 (a) $t_1 = 0.6$ s. (b) $v_{1.4} = 0.20$ m/s, $x_{1.4} = 2.84$ m.

11.34 $t_F = 9.20$ s.

11.35 $v_{0.2} = 2.13$ m/s, $v_{0.3} = 2.73$ m/s, $v_{0.4} = 2.93$ m/s; $x_{0.3} = 0.1137$ m, $x_{0.2} = -0.1327$ m.

11.36 (a) $v_0 = 1.914$ m/s. (b) $x = 0.840$ m.

11.37 (a) $a = 4070$ mm/s^2. (b) $a = 2860$ mm/s^2.

11.38 (a) $t_1 = 2.40$ s (b) $x = 9.60$ m

11.39 (a) $v = 6.28$ m/s ⦨ $37.2°$. (b) $x = 7.49$ m.

11.40 (a) $\mathbf{r} = 20$ mm$\uparrow$, $\mathbf{v} = 43.4$ mm/s ⦨ $46.3°$, $\mathbf{a} = 743$ mm/s^2 ⦩ $85.4°$
(b) $\mathbf{r} = 18.10$ mm ⦨ $6.01°$, $\mathbf{v} = 5.65$ mm/s ⦩ $31.08°$, $\mathbf{a} = 70.3$ mm/s^2 ⦩ $86.9°$

11.41 $d = 353$ m.

11.42 $0 \leq d \leq 0.5173$ m.

11.43 $v_0 = 6.93$ m/s.

11.44 0.678 m/s $< v_0 < 1.211$ m/s.

11.45 (a) $\alpha_{max} = 14.66°$. (b) $t_{enter} = 0.1161$ s.

11.46 $\mathbf{v}_{A/B} = 5.05$ m/s ⦨ $55.8°$.

11.47 (a) $\mathbf{v}_{B/A} = 405$ km/h ⦩ $11.53°$ (b) $\mathbf{v}_A = 379$ km/h ⦨ $76.17°$.
(c) $\Delta \mathbf{r}_{C/B} = 100$ km ⦨ $40°$

11.48 (a) $d = 0.979$ m. (b) $\mathbf{v}_{B/D}$ 12.55 m/s ⦨ $86.5°$.

11.49 $v_R = 5.96$ m/s ⦨ $82.8°$, $v_R = 5.96$ m/s ⦨ $82.8°$

11.50 $\rho = 500$ m.

11.51 $a = 0.690$ m/s^2.

11.52 (a) $\mathbf{v}_{B/A} = 189.5$ km/h ⦨ $54.0°$.
(b) $\mathbf{a}_{B/A} = 21.8$ m/s^2 ⦨ $5.3°$.

11.53 (a) $\rho_A = 281$ m. (b) $\rho_B = 209$ m.

11.54 $\mathbf{v}_B = 18.17$ m/s ⦨ $4.04°$ and $\mathbf{v}_B = 18.17$ m/s ⦨ $4.04°$.

11.55 $r = 149.8$ Gm.

11.56 $v_{circ.} = 153.3 \times 10^3$ km/h.

11.57 (a) $\mathbf{v}_A = -(25$ mm/s$)\mathbf{e}_r - (250$ mm/s$)\mathbf{e}_\theta$
(b) $\mathbf{a}_B = -(490$ mm/s$^2)\mathbf{e}_r + (100$ mm/s$^2)\mathbf{e}_\theta$
(c) $\mathbf{a}_{B/OA} = (10$ m/s$^2)\mathbf{e}_r$.

11.58 (a) $\mathbf{v} = bk\mathbf{e}_\theta$, $\mathbf{a} = -\dfrac{1}{2}bk^2\mathbf{e}_r$.
(b) $\mathbf{v} = 2bk\mathbf{e}_r + 2bk\mathbf{e}_\theta$, $\mathbf{a} = 2bk^2\mathbf{e}_r + 4bk^2\mathbf{e}_\theta$.

11.59 $\dot{r} = 120$ m/s, $\dot{\theta} = -0.0900$ rad/s, $\ddot{r} = 34.8$ m/s^2, $\ddot{\theta} = -0.0156$ rad/s^2

11.60 $v = \dfrac{b}{\theta^2}\sqrt{1+\theta^2}\,\dot\theta$

11.61 $a = \dfrac{b\omega^2}{\theta^3}\sqrt{4+\theta^4}$

11.62 $v = 2\pi\sqrt{A^2 + n^2B^2\cos^2 2\pi nt}$,
$a = 4\pi^2\sqrt{A^2 + n^4B^2\sin^2 2\pi nt}$

11.63 (a) $v = \sqrt{A^2+B^2}$. (b) $v = 2\pi A$,
(a) $a = \sqrt{(1+16\pi^2)A^2 + B^2}$. (b) $a = 4\pi^2 A$.

11.64 (a) $\mathbf{v}_{B/A} = 111.4$ km/h ∡ 10.50°. (b) $r_{B/A} = 2.96$ km.

11.65 (a) $\alpha = 22.4°$, $\mathbf{a}_B = 0.964$ m/s² ∡ 22.4°.
(b) $\mathbf{v}_B = 1.929$ m/s² ∡ 22.4°.

11.66 (a) $\mathbf{v} = (-31.5\text{ m/s})\mathbf{e}_r + (10.5\text{ m/s})\mathbf{e}_\theta$,
$v = 33.2$ m/s ∡ 6.57°.
(b) $\mathbf{a} = (-3.74\text{ m/s}^2)\mathbf{e}_r + (4.59\text{ m/s}^2)\mathbf{e}_\theta$,
$a = 5.92$ m/s² ∡ 25.9°
(c) $d = 125.5$ m

CHAPTER 12

12.1 (a) $W = 3.24$ N. (b) $m = 2.00$ kg.
12.2 (a) $v_0 = 6.67$ m/s. (b) $\mu_k = 0.0755$.
12.3 (a) $v = 110.5$ km/h. (b) $v = 85.6$ km/h. (c) $v = 69.9$ km/h.
12.4 (a) $x_f - x_0 = 40.1$ m. (b) $x_f - x_0 = 47.0$ m.
12.5 (a) $\mathbf{a}_A = 2.49$ m/s²→, $\mathbf{a}_B = 0.831$ m/s²↓.
(b) $T = 74.8$ N
12.6 (a) $F = 6816$ N. (b) $F_{AB} = 5060$ N.
12.7 $\mu_s > 0.300$
12.8 $x = 0.347\dfrac{m_0 v_0^2}{F_0}$.
12.9 (a) $T = 33.6$ N. (b) $\mathbf{a}_A = 4.76$ m/s²→,
$\mathbf{a}_B = 3.08$ m/s²↓, $\mathbf{a}_C = 1.401$ m/s²←.
12.10 (a) $\mathbf{v}_{D/A} = 8.33$ m/s↓. (b) $\mathbf{v}_{C/D} = 7.41$ m/s↑
12.11 (a) $\mathbf{a}_A = 2.80$ m/s²←. (b) $\mathbf{a}_{B/A} = 8.32$ m/s² ∡ 25°.
12.12 (a) $\theta = 49.9°$. (b) $T_{AB} = 6.85$ N.
12.13 $v = 3.47$ m/s.
12.14 1.121 m/s $< v_D <$ 1.663 m/s
12.15 (a) $\rho = 201$ m. (b) $N = 612$ N↑.
12.16 $24.1° < \theta < 155.9°$.
12.17 (a) $\theta = 43.5°$. (b) $\mu = 0.408$. (c) $v = 121.8$ km/h
12.18 $\mu_s = 0.236$.
12.19 $\mu_s = 0.400$.
12.20 $\delta = \dfrac{eV\ell L}{mdv_0^2}$.
12.21 (a) $F_r = -10.73$ N, $F_\theta = 0.754$ N.
(b) $F_r = -4.44$ N, $F_\theta = 1.118$ N.
12.22 (a) $T = 126.6$ N. (b) $\mathbf{a}_A = 5.48$ m/s²→. (c) $\mathbf{a}_B = 4.75$ m/s²↑.
12.23 (a) $T = 142.7$ N. (b) $\mathbf{a}_A = 6.18$ m/s²→. (c) $\mathbf{a}_B = 4.10$ m/s²↓.
12.24 $v = \dfrac{v_0}{\cos^2\theta}$.
12.25 (a) $h = 35{,}800$ km. (b) $v = 3.07$ km/s.

12.26 (a) $R = 60{,}000$ km. (b) $M = 5.62\times 10^{24}$ kg.
12.27 (a) $(v_B)_{TR} = 1551$ m/s. (b) $\Delta v_B = -15.8$ m/s.
12.28 (a) $(a_A)_r = 0$, $(a_A)_\theta = 0$. (b) $(a_{\text{collar/rod}})_A = 38.4$ m/s².
(c) $(v_B)_\theta = 0.800$ m/s.
12.30 $\varepsilon = 2.33$.
12.31 $\varepsilon = 1.147$.
12.32 (a) $v_0 = 8.00\times 10^3$ m/s. (b) $\Delta v_B = 127$ m/s.
12.33 $r_{\max} = 5.31\times 10^9$ km.
12.34 $\tau = 4.95$ h.
12.35 ∡$AOB = 130.3°$.
12.36 $\left(\dfrac{\tau_1}{\tau_2}\right)^2 = \left(\dfrac{a_1}{a_2}\right)^3$.
12.37 (a) $\mathbf{v}_A = 1.091$ m/s→. (b) $\mathbf{v}_B = 0.545$ m/s←.
12.38 (a) $\mathbf{a}_{B/A} = 0.363$ m/s² ←. (b) $T_{CD} = 1145$ N.
12.39 $\tau = (24\pi/G\rho)^{1/2}$

CHAPTER 13

13.1 $T = 10.11$ GJ.
13.2 $v = 4.05$ m/s.
13.3 (a) $v_2 = 112.2$ km/h. (b) $v_2 = 91.6$ km/h.
13.4 (a) $v_2 = 15.54$ m/s. (b) $h = 27.3$ m. (c) $v_4 = 23.1$ m/s.
13.5 $\mathbf{v}_0 = 4.61$ m/s ∡ 15°.
13.6 (a) $F_t = 7.41$ kN. (b) $F_c = 5.56$ kN (tension)
13.7 (a) $x = 40.576$ m. (b) $F_{AB} = 95.1$ kN (tension);
$F_{BC} = 42.3$ kN (tension).
13.8 (a) $\mathbf{v}_B = 2.34$ m/s ←. (b) $d = 235$ mm.
13.9 (a) $\mathbf{v}_B = 1.510$ m/s ←. (b) $F = 96.0$ N.
13.10 $v_A = 1.190$ m/s.
13.11 (a) $\mathbf{x}_m = 18.75$ mm ↓. (b) $\mathbf{v}_m = 0.217$ m/s ↕.
13.12 $v = 0.759\sqrt{\dfrac{paA}{m}}$
13.13 (a) $P = 0.0314\%$. (b) $P = 25.3\%$.
13.14 (a) $v_0 = \sqrt{3g\ell}$. (b) $v_0 = \sqrt{2g\ell}$.
13.15 (a) $T = 1.5\,mg$. (b) $T = 2.5\,mg$.
13.16 (a) $\theta = -28.5°$. (b) $x = 1.261$ m.
13.17 (a) $(P_P)_A = 2.75$ kW. (b) $(P_E)_A = 3.35$ kW.
13.18 (a) $P_W = 25.4$ W. (b) $P_B = 148.2$ W.
13.19 Power $= (132.5$ kW/s$)t$, Power $= 375$ kW.
13.20 (a) $\delta = v_0\sqrt{m(k_1+k_2)/k_1k_2}$. (b) $\delta = v_0\sqrt{\dfrac{m}{k_1+k_2}}$.
13.21 $\mathbf{v}_2 = 3.19$ m/s ↔.
13.22 (a) $\mathbf{v}_B = 2.48$ m/s ←. (b) $\mathbf{v}_C = 1.732$ m/s ↑.
13.23 (a) $\theta = 43.2°$. (b) $\mathbf{v}_A = 2.43$ m/s ↓.
13.24 $x = 0.269$ m.
13.25 $\mathbf{v}_B = 4.18$ m/s ←, $\mathbf{N} = 63.2$ N ↑.
13.26 (a) $v_C = 3.836$ m/s > 3.5 m/s. (b) $v_0 = 7.83$ m/s.
13.27 $\dfrac{\partial F_x}{\partial y} = \dfrac{\partial F_y}{\partial x}$, $\dfrac{\partial F_y}{\partial z} = \dfrac{\partial F_z}{\partial y}$, $\dfrac{\partial F_z}{\partial x} = \dfrac{\partial F_x}{\partial z}$.

13.28 (a) $P_x = -\dfrac{\partial V}{\partial x} = -\dfrac{\partial[-(x^2+y^2+z^2)^{1/2}]}{\partial x} = x(x^2+y^2+z^2)^{-1/2}$

$P_y = -\dfrac{\partial V}{\partial y} = -\dfrac{\partial[-(x^2+y^2+z^2)^{1/2}]}{\partial y} = y(x^2+y^2+z^2)^{-1/2}$

$P_z = -\dfrac{\partial V}{\partial z} = -\dfrac{\partial[-(x^2+y^2+z^2)^{1/2}]}{\partial z} = z(x^2+y^2+z^2)^{-1/2}$

(b) $U_{OABD} = a\sqrt{3}$, $\Delta V_{OD} = -a\sqrt{3}$.

13.29 (a) $v_A = 9.56$ km/s. (b) $v_B = 2.39$ km/s.

13.30 $v_B = 6.48$ km/s.

13.31 (a) $r_m = 0.720$ m. (b) $v_2 = 0.834$ m.

13.32 $r_{max} = 66{,}700$ km.

13.33 (a) $\Delta v_A = 8{,}880$ m/s. (b) $v_B = 6860$ m/s.

13.34 (a) $v_B = 7.35$ km/s. (b) $\phi_B = 45.0°$.

13.35 (a) $v_A = 2450$ m/s. (b) $v_B = 2960$ m/s.

13.36 (b) $v_{esc}\sqrt{\dfrac{\alpha}{1+\alpha}} < v_0 < v_{esc}\sqrt{\dfrac{1+\alpha}{2+\alpha}}$,

13.37 $t = 4$ min 19 s.

13.38 $F_n = 83.3$ N.

13.39 $t = 5.51$ s.

13.40 $t = 2.53$ s.

13.41 (a) $t_{1-2} = 14.42$ s. (b) $F_C = 3470$N (tension).

13.42 (a) $t_{1-2} = 19.60$ s (b) $Q = 10.20$ kN (compression).

13.43 (a) $F_{ave} = 18.18$ kN. (b) $F_m = 36.4$ kN.

13.44 (a) $v_2 = 70.5$ m/s. (b) $t_3 = 7.99$ s.

13.45 $F_{AV} = 350$ N.

13.46 (a) $v_2 = 20.0$ m/s. (b) $R_{ave} = 40.0$ kN.

13.47 (a) A was going faster. (b) $v_A = 115.2$ km/h.

13.48 $F_{AV} = 65.0$ kN.

13.49 (a) $v'_{plate} = 1.694$ m/s ↓.
(b) Energy lost $= (1.3272 - 1.1653)$J $= 0.1619$J

13.50 (a) $\mathbf{v}_A = 0.594$ m/s ←, $\mathbf{v}_B = 1.156$ m/s →.
(b) $T_1 - T_2 = 2.99$ J.

13.51 $m_B = 4.47$ kg.

13.52 $\mathbf{v}'_C = 0.150$ m/s ←, $\mathbf{v}'_A = 1.013$ m/s ←, $\mathbf{v}''_B = 0.338$ m/s ←.

13.53 $\mathbf{v}_C = 0.294$ m/s ←.

13.54 $\mathbf{v}'_A = 1.322$ m/s ⤢ 70.9°, $\mathbf{v}'_B = 3.85$ m/s ⤢ 27.0°.

13.55 $d = 15.94$ m.

13.56 (a) $h = 0.294$ m. (b) $x = 54.4$ mm.

13.57 (a) $h = 0.0240$ m. (b) $k = 817$ N/m.

13.58 (a) $h = 401$ mm. (b) $F\Delta t = 4.10$ N · s.

13.59 (a) $\theta = 62.7°$. (b) $T_{lost} = 0.1400 v_0^2$.

13.60 $N = 877$ N.

13.61 (a) $\mathbf{N}_A = 13.31$ N →. (b) $\mathbf{N}_B = 4.49$ N↓.
(c) $\mathbf{N}_C = 13.31$ N ←.

13.62 (a) $v'_A = v'_B = v'_C = 1.368$ m/s. (b) $d = 0.668$ m.
(c) $x = 1.049$ m.

CHAPTER 14

14.1 (a) $\mathbf{v}' = 4.46$ m/s ←. (b) $\mathbf{v}'' = 0.409$ m/s ←.

14.2 (a) $\mathbf{v}_2 = 0.875$ m/s ←. (b) $\mathbf{v}'_2 = -0.0714$ m/s ←.

14.3 $\mathbf{H}_O = -(4.80$ kg · m²/s$)\mathbf{j} + (9.60$ kg · m²/s$)\mathbf{k}$.

14.4 $\mathbf{H}_O = -(31.2$ kg · m²/s$)\mathbf{i} - (64.8$ kg · m²/s$)\mathbf{j}$
$+ (48.0$ kg · m²/s$)\mathbf{k}$.

14.5 43.1 m (east), 113.0 m (up).

14.6 $\mathbf{r}_p = (26.0$ m$)\mathbf{i} + (125.4$ m$)\mathbf{k}$.

14.7 $v_A = 646$ m/s, $v_B = 789$ m/s, $v_C = 176$ m/s.

14.9 $F_f d = 2.97$ J, Loss $= 24.3$ J, Loss $= 3007$ J.

14.10 (a) $\dfrac{E_A}{E_B} = \dfrac{m_B}{m_A}$. (b) $E_A = 180.0$ kJ, $E_B = 320$ kJ.

14.11 (a) $\mathbf{v}_{B/A} = 2.86$ m/s ⤡ 30°. (b) $\mathbf{v}_A = 0.929$ m/s ←.

14.12 (a) $\mathbf{v}_C = 0$, $\mathbf{v}_A = 0.250 v_0$ ⤢ 60°, $\mathbf{v}_B = 0.901 v_0$ ⤡ 13.9°.
(b) Fraction of kinetic energy lost $= \dfrac{1}{8}$.

14.13 (a) $v_C = 3.50$ m/s, $v_D = 1.750$ m/s.
(b) $\dfrac{(T_1 - T_2)}{T_1} = 0.786$.

14.14 (a) $v_D = 0.500 v_0$. (b) $u = 0.750 v_0$. (c) $\dfrac{T_1 - T_2}{T_1} = 0.1875$.

14.15 (a) $\bar{\mathbf{v}}_0 = (2.4$ m/s$)\mathbf{i} + (1.8$ m/s$)\mathbf{j}$.
(b) Length of cord $= 600$ mm.
(c) Original rate of spin $= 20.0$ rad/s.

14.16 $P = \rho(A_1 - A_2)v_1^2$.

14.17 $\mathbf{F}_x = 90.6$ N ←.

14.18 $\mathbf{C} = 161.7$ N ↑, $\mathbf{D}_x = 154.8$ N →, $\mathbf{D}_y = 170.2$ N ↑.

14.19 $\dfrac{dm}{dt} = 100$ kg/s.

14.20 $h = 1.096$ m.

14.21 (a) $\dfrac{dT}{dt} = 3.234$ MW. (b) $\eta = 0.464$.

14.22 $d = \dfrac{D}{\sqrt{2}}$.

14.23 (a) $P = \dfrac{m}{l}(v^2 + gy)$. (b) $\mathbf{R} = mg\left(1 - \dfrac{y}{l}\right)$ ↑.

14.24 $U = 1.485$ m/s.

14.25 (a) $(a_t)_0 = 90.0$ m/s². (b) $v_1 = 35.9 \times 10^3$ km/h.

14.26 $w_{fuel} = 23200$ N.

14.27 $\eta = \dfrac{2v}{(u+v)}$.

14.28 (a) $v_f = 1.595$ m/s. (b) $x = 0.370$ m.

14.29 $\mathbf{v}_A = 4.81$ m/s →, $\mathbf{v}_B = 1.602$ m/s ←.

14.30 (a) $m_0 + qt_L = m_0 e^{qL/m_0 v_0}$. (b) $v_L = v_0 e^{-qL/m_0 v_0}$.

CHAPTER 15

15.1 (a) $\omega = 29.6$ rad/s. (b) $\theta = 32.2$ rev.

15.2 (a) $\theta = 150$ rev. (b) $\theta = 2100$ rev.

15.3 (a) $k = 4.00$ s⁻². (b) $\omega = 5.29$ rad/s.

15.4 $\mathbf{v}_C = -(0.45$ m/s$)\mathbf{i} - (1.2$ m/s$)\mathbf{j} + (1.5$ m/s$)\mathbf{k}$,
$\mathbf{a}_C = (12.60$ m/s²$)\mathbf{i} + (7.65$ m/s²$)\mathbf{j} + (9.90$ m/s²$)\mathbf{k}$.

15.5 $\mathbf{v}_F = -(0.4 \text{ m/s})\mathbf{i} - (1.4 \text{ m/s})\mathbf{j} - (0.7 \text{ m/s})\mathbf{k}$,
$\mathbf{a}_F = (8.4 \text{ m/s}^2)\mathbf{i} + (3.3 \text{ m/s}^2)\mathbf{j} - (11.4 \text{ m/s}^2)\mathbf{k}$.

15.6 (a) $\omega = 2.50$ rad/s, $\alpha = 1.500$ rad/s^2 ↻.
(b) $\mathbf{a}_B = 771$ mm/s^2 ⦪ 76.5°.

15.7 (a) $\mathbf{v}_C = 0.15$ m/s →, $\mathbf{a}_C$ 0.45 m/s^2 ←.
(b) $\mathbf{a}_B = 1.273$ m/s^2 ⦪ 45°.

15.8 (a) $\omega_B = 300$ rpm ↻, $\omega_C = 100$ rpm ↻.
(b) $\mathbf{a}_B = 49.3$ m/s^2 ←, $\mathbf{a}_C = 16.45$ m/s^2 →.

15.9 (a) $\theta = 2.75$ rev.
(b) $\mathbf{v}_B = 1.710$ m/s ↓, $\Delta y_B = 3.11$ m ↓.
(c) $\mathbf{a}_D = 849$ mm/s^2 ⦪ 32.0°.

15.10 (a) $\theta_A = 15.28$ rev. (b) $t_f = 10.14$ s.

15.11 $\alpha_A = 5.41$ rad/s^2 ↻, $\alpha_B = 1.466$ rad/s^2 ↻.

15.12 (b) $\mathbf{v}_A = 160.4$ mm/s ↑. (a) $\omega_{AB} = 0.378$ rad/s ↻.

15.13 (a) $\omega_{AB} = 1.173$ rad/s ↻. (b) $\mathbf{v}_A = 0.998$ m/s ⦪ 25°.

15.14 (a) $\omega_{ABC} = 1.175$ rad/s ↻. (b) $\mathbf{v}_B = 0.449$ m/s ⦪ 59.1°.

15.15 (a) $\omega_B = \omega_C = \omega_D = \frac{1}{2}\omega_A$ ↻. (b) $\omega_S = \frac{1}{4}\omega_A$ ↻.

15.16 (a) $\omega_B = 48$ rad/s ↻. (b) $\mathbf{v}_D = 3.39$ m/s ⦪ 45°.

15.17 (a) $\omega_A = 200$ rad/s ↻. (b) $\omega_B = 24.0$ rad/s ↻.

15.18 (a) $\omega_A = 104.0$ rad/s ↻. (b) $\omega_B = 120.0$ rad/s ↻.

15.19 (a) $\omega_{BD} = 1.500$ rad/s ↻. (b) $\mathbf{v}_D = 450$ mm/s ↑.
(c) $\mathbf{v}_M = -(168.8 \text{ mm/s})\mathbf{i} + (225 \text{ mm/s})\mathbf{j}$
$= 281$ mm/s ⦪ 53.1°.

15.20 (a) $\mathbf{v}_P = 0$, $\omega_{BD} = 39.3$ rad/s ↻.
(b) $\omega_{BD} = 0$, $\mathbf{v}_P = 6.28$ m/s ↓.

15.21 $\omega_{DE} = 2.55$ rad/s ↻, $\omega_{BD} = 0.955$ rad/s ↻.

15.22 $\omega_{DE} = 6.4$ rad/s ↻, $\omega_{BD} = 5.2$ rad/s ↻.

15.23 $\mathbf{v}_E = 369$ mm/s $\mathbf{i} = 369$ mm/s →.

15.24 (a) $\mathbf{v}_B = 338$ mm/s ←, $\omega_{AB} = 0$.
(b) $\mathbf{v}_B = 710$ mm/s ←, $\omega_{AB} = 2.37$ rad/s ↻.

15.25 (a) $\omega = 3.00$ rad/s ↻. (b) $\mathbf{v}_A = 300$ mm/s ←.
(c) Cord wound per second = 180.0 mm.

15.26 (a) $\omega = 3.00$ rad/s ↻. (b) $\mathbf{v}_A = 180$ mm/s →.
(c) Cord unwound per second = 300 mm.

15.27 (a) The instantaneous center lies 50 mm to the right of the axle.
(b) $\mathbf{v}_B = 750$ mm/s ↓, $\mathbf{v}_D = 1.950$ m/s ↑.

15.28 (a) $\omega = 2.40$ rad/s ↻.
(b) $\mathbf{v}_A = 240$ mm/s = 0.24 m/s ↑,
$\mathbf{v}_D = 0.433$ m/s ⦪ 33.7°.

15.29 (a) $\omega_{AD} = 4.27$ rad/s ↻. (b) $\mathbf{v}_D = 1.330$ m/s ↓.
(c) $\mathbf{v}_A = 1.557$ m/s ⦪ 34.7°.

15.30 $\omega_{AB} = 1.000$ rad/s ↻. (b) $\mathbf{v}_B = 1.039$ m/s →.

15.31 $\omega_{AB} = 0.9$ rad/s ↻. (a) $\omega_{DE} = 0.338$ rad/s ↻.
(b) $\mathbf{v}_E = 78.8$ mm/s ←.

15.32 (a) $\omega_{DE} = 2.5$ rad/s ↻, $\omega_{AB} = 1.177$ rad/s ↻.
(b) $\mathbf{v}_A = 735$ mm/s ←.

15.33 space centrode: lower rack.
body centrode: circumference of gear.

15.34 (a) $\mathbf{a}_G = 0.9$ m/s^2 →. (b) $\mathbf{a}_B = 1.8$ m/s^2 ←.

15.35 (a) $\mathbf{a}_A = 315$ mm/s^2 ⦪ 64.7°.
(b) $\mathbf{a}_B = 301$ mm/s^2 ⦪ 67.4°.

15.36 (a) $\mathbf{a}_A = 1.442$ m/s^2 ⦪ 33.7°.
(b) $\mathbf{a}_B = 3.44$ m/s^2 ⦪ 35.5°.
(c) $\mathbf{a}_C = 3.20$ m/s^2 ↑.

15.37 $\omega_{AB} = -1.6525$ rad/s, $\mathbf{a}_A = (12.98 \text{ m/s}^2)\mathbf{i}$
$= 12.98$ m/s^2 →.

15.38 $\mathbf{a}_P = 148.3$ m/s^2 ↓.

15.39 $\mathbf{a}_D = 59.8$ m/s^2 ↑, $\mathbf{a}_D = 190.6$ m/s^2 ↑.

15.40 $\mathbf{a}_D = 1.745$ m/s^2 ⦪ 68.2°.

15.41 (a) $\alpha_{BD} = 10.75$ rad/s^2 ↻. (b) $\alpha_{DE} = 2.30$ rad/s^2 ↻.

15.42 (a) $\alpha_{BD} = 4.18$ rad/s^2 ↻. (b) $\alpha_{DE} = 2.43$ rad/s^2 ↻.

15.43 $\mathbf{v}_D = 1.382$ m/s ↓. $\mathbf{a}_D = 0.695$ m/s^2 ↓.

15.44 $v_B = b\omega \cos\theta$, $a_B = b\alpha \cos\theta - b\omega^2 \sin\theta$.

15.45 (a) $\omega = \dfrac{v_0}{b}\sin^2\theta$ ↻.
(b) $\mathbf{v}_E = \dfrac{v_0 l}{b}\sin^2\theta\cos\theta \rightarrow + \dfrac{v_0 l}{b}\sin^3\theta$ ↑.
(a) $\alpha = \dfrac{2v_0^2}{b^2}\sin^3\theta\cos\theta$ ↻.

15.46 $\mathbf{v}_P = 2.40$ m/s ⦪ 73.9°.

15.47 $\mathbf{v}_P = 2.26$ m/s ⦪ 74.6°.

15.48 $\mathbf{a}_1 = r\omega^2 \mathbf{i} - 2\omega u \mathbf{j}$, $\mathbf{a}_2 = 2\omega u \mathbf{i} - r\omega^2 \mathbf{j}$,
$\mathbf{a}_3 = -\left(r\omega^2 + \dfrac{u^2}{r} + 2\omega u\right)\mathbf{i}$,
$\mathbf{a}_4 = (r\omega^2 + 2\omega u)\mathbf{j}$.

15.49 $\mathbf{a}_P = 15.47$ m/s^2 ⦪ 77.3°.

15.50 (a) $\mathbf{v}_B = 0.520$ m/s ⦪ 82.6°.
(b) $\mathbf{a}_B = 50.0$ mm/s^2 ⦪ 9.8°.

15.51 $\omega = -(2.79 \text{ rad/s})\mathbf{k} = 2.79$ rad/s ↻,
$\alpha = -(2.13 \text{ rad/s}^2)\mathbf{k} = 2.13$ rad/s^2 ↻.

15.52 (a) $\mathbf{a}_A = 0.621$ m/s^2 ↑. (b) $\mathbf{a}_B = 1.767$ m/s^2 ⦪ 30.6°.
(c) $\mathbf{a}_C = 2.42$ m/s^2 ↓.

15.53 $\omega_{BP} = 7.86$ rad/s ↻, $\alpha_{BP} = 81.1$ rad/s^2 ↻.

15.54 $\alpha_P = 43.0$ rad/s^2 ↻.

15.55 (a) $\omega = (0.480 \text{ rad/s})\mathbf{i} - (1.600 \text{ rad/s})\mathbf{j} + (0.600 \text{ m/s})\mathbf{k}$.
(b) $\mathbf{v}_A = (400 \text{ mm/s})\mathbf{i} + (300 \text{ mm/s})\mathbf{j} + (480 \text{ mm/s})\mathbf{k}$.

15.56 $\alpha = (118.4 \text{ rad/s}^2)\mathbf{i}$.

15.57 (a) $\alpha = -(2260 \text{ rad/s}^2)\mathbf{k}$. (b) $\alpha = (2260 \text{ rad/s}^2)\mathbf{j}$.

15.58 (a) $\mathbf{v}_A = -(0.600 \text{ m/s})\mathbf{i} + (0.750 \text{ m/s})\mathbf{j} - (0.600 \text{ m/s})\mathbf{k}$.
(b) $\mathbf{a}_A = -(6.15 \text{ m/s}^2)\mathbf{i} - (3.00 \text{ m/s}^2)\mathbf{j}$.

15.59 (a) $\alpha = (0.0375 \text{ rad/s}^2)\mathbf{i}$.
(b) $\mathbf{v}_C = -(0.1434 \text{ m/s})\mathbf{i} + (0.204 \text{ m/s})\mathbf{j} - (0.1229 \text{ m/s})\mathbf{k}$.
(c) $\mathbf{a}_C = -(0.0696 \text{ m/s}^2)\mathbf{i} - (0.0359 \text{ m/s}^2)\mathbf{j} + (0.0430 \text{ m/s}^2)\mathbf{k}$.

15.60 $\mathbf{v}_A = (210 \text{ mm/s})\mathbf{k}$.

15.61 $\mathbf{v}_A = -(750 \text{ mm/s})\mathbf{j}$.

15.62 $\mathbf{v}_A = (0.914 \text{ m/s})\mathbf{j}$.

15.63 $\omega_{EG} = \dfrac{\omega_2}{\cos 25°}(-\sin 25° \mathbf{j} + \cos 25° \mathbf{k})$.

15.64 $\mathbf{a}_B = -(510 \text{ mm/s}^2)\mathbf{k}$.

15.65 $\mathbf{a}_A = -(1125 \text{ mm/s}^2)\mathbf{j}$.

15.66 (a) $\mathbf{v}_C = (684 \text{ mm/s})\mathbf{i} + (1879 \text{ mm/s})\mathbf{j} - (1410 \text{ mm/s})\mathbf{k}$.
(b) $\mathbf{a}_C = -(11.75 \text{ mm/s}^2)\mathbf{i} + (2.74 \text{ mm/s}^2)\mathbf{j} - (4.10 \text{ mm/s}^2)\mathbf{k}$.

15.67 $\mathbf{v}_C = -(1.215 \text{ m/s})\mathbf{i} - (1.080 \text{ m/s})\mathbf{j} + (1.620 \text{ m/s})\mathbf{k}$.
$\mathbf{a}_C = (19.44 \text{ m/s}^2)\mathbf{i} - (30.4 \text{ m/s}^2)\mathbf{j} - (12.96 \text{ m/s}^2)\mathbf{k}$.

15.68 (a) $\mathbf{v}_D = (0.750 \text{ m/s})\mathbf{i} + (1.299 \text{ m/s})\mathbf{j} - (1.732 \text{ m/s})\mathbf{k}$.
(b) $\mathbf{a}_D = (27.1 \text{ m/s}^2)\mathbf{i} + (5.63 \text{ m/s}^2)\mathbf{j} - (15.00 \text{ m/s}^2)\mathbf{k}$.

15.69 $\mathbf{v}_C = (0.600 \text{ m/s})\mathbf{j} - (0.585 \text{ m/s})\mathbf{k}$.
$\mathbf{a}_C = -(4.76 \text{ m/s}^2)\mathbf{i}$.

15.70 $\mathbf{v}_B = -(0.428 \text{ m/s})\mathbf{i} + (1.175 \text{ m/s})\mathbf{j} + (0.585 \text{ m/s})\mathbf{k}$.
$\mathbf{a}_B = (0.381 \text{ m/s}^2)\mathbf{i} + (0.1069 \text{ m/s}^2)\mathbf{j} - (0.1283 \text{ m/s}^2)\mathbf{k}$.

15.71 $\mathbf{v}_B = (1.299 \text{ m/s})\mathbf{i} - (1.828 \text{ m/s})\mathbf{j} + (1.633 \text{ m/s})\mathbf{k}$,
$\mathbf{a}_B = (0.817 \text{ m/s}^2)\mathbf{i} - (0.826 \text{ m/s}^2)\mathbf{j} - (0.956 \text{ m/s}^2)\mathbf{k}$.
$\mathbf{v}_B = (1.299 \text{ m/s})\mathbf{i} - (1.828 \text{ m/s})\mathbf{j} + (1.633 \text{ m/s})\mathbf{k}$,
$\mathbf{a}_B = (0.817 \text{ m/s}^2)\mathbf{i} - (0.826 \text{ m/s}^2)\mathbf{j} - (0.956 \text{ m/s}^2)\mathbf{k}$.

15.72 $\mathbf{v}_A = -(5.04 \text{ m/s})\mathbf{i} - (1.200 \text{ m/s})\mathbf{k}$.
$\mathbf{a}_A = -(9.60 \text{ m/s}^2)\mathbf{i} - (25.9 \text{ m/s}^2)\mathbf{j} + (57.6 \text{ m/s}^2)\mathbf{k}$.

15.73 Method 1:
(a) $\mathbf{v}_A = (0.78 \text{ m/s})\mathbf{i} - (0.72 \text{ m/s})\mathbf{j} + (0.76 \text{ m/s})\mathbf{k}$.
(b) $\mathbf{a}_A = (0.64 \text{ m/s}^2)\mathbf{i} - (1.392 \text{ m/s}^2)\mathbf{j} - (1.824 \text{ m/s}^2)\mathbf{k}$.
Method 2:
(a) $\mathbf{v}_A = (0.78 \text{ m/s})\mathbf{i} - (0.72 \text{ m/s})\mathbf{j} + (0.76 \text{ m/s})\mathbf{k}$.
(b) $\mathbf{a}_A = (0.64 \text{ m/s}^2)\mathbf{i} - (1.392 \text{ m/s}^2)\mathbf{j} - (1.824 \text{ m/s}^2)\mathbf{k}$.

15.74 (a) $\mathbf{a}_B = 6.00 \text{ m/s}^2$. (b) $\mathbf{a}_B = 9.98 \text{ m/s}^2$.
(c) $\mathbf{a}_B = 60.0 \text{ m/s}^2$.

15.75 $\alpha_{BD} = 306 \text{ rad/s}^2)$, $\alpha_{DE} = 737 \text{ rad/s}^2)$.

15.76 (a) $\mathbf{v}_D = (0.45 \text{ m/s})\mathbf{k}$, $\mathbf{a}_D = (4.05 \text{ m/s}^2)\mathbf{i}$.
(b) $\mathbf{v}_F = -(1.35 \text{ m/s})\mathbf{k}$, $\mathbf{a}_F = -(6.75 \text{ m/s}^2)\mathbf{i}$.

CHAPTER 16

16.1 (a) $\bar{\mathbf{a}} = 7.85 \text{ m/s}^2$. (b) $\bar{\mathbf{a}} = 3.74 \text{ m/s}^2$.
(c) $\bar{\mathbf{a}} = 4.06 \text{ m/s}^2 \rightarrow$.

16.2 (a) $\mathbf{a}_A = \bar{\mathbf{a}} = 4.09 \text{ m/s}^2 \rightarrow$. (b) $T = 42.5$ N.

16.3 (a) 5270 N↑. (b) 4120 N (compression).

16.4 (a) $\bar{\mathbf{a}} = 5.00 \text{ m/s}^2 \rightarrow$. (b) $0.311 \text{ m} \le h \le 1.489 \text{ m}$.

16.5 $F = 229$ N.

16.6 $F_{CF} = +14.90$ N compression, $F_{BE} = +52.7$ N compression.

16.7 $\mathbf{C}_y = -194.0$ N↓, $\mathbf{B}_y = 194.0$ N↓.

16.8 $\mathbf{C}_y = -194.0$ N↓, $\mathbf{a}_y = 61.544 \text{ m/s}^2$;
$|M|_{\max} = 36.4$ N · m, $V_B = -194.0$ N.

16.9 $\theta = 5230$ rev.

16.10 $M = 127.2$ N · m.

16.11 $\theta = 75.1$ rev.

16.12 $t = 74.5$ s.

16.13 (a) $\mathbf{a}_A = 1.784 \text{ m/s}^2 \downarrow$. (b) $v_A = 2.31$ m/s.

16.14 (1): (a) $\alpha = 10 \text{ rad/s}^2)$. (b) $\omega = 15.49 \text{ rad/s})$.
(2): (a) $\alpha = 7.97 \text{ rad/s}^2)$. (b) $\omega = 13.83 \text{ rad/s})$.
(3): (a) $\alpha = 4.52 \text{ rad/s}^2)$. (b) $\omega = 10.42 \text{ rad/s})$.
(4): (a) $\alpha = 6.62 \text{ rad/s}^2)$. (b) $\omega = 12.61 \text{ rad/s})$.

16.15 (a) $\alpha_A = 15.14 \text{ rad/s}^2)$. (b) $\mathbf{F}_A = 21.8$ N↗.

16.16 (a) Slipping occurs between disk B and the belt.
$\alpha_B = 9.81 \text{ rad/s}^2)$.
There is no slipping between A and the belt.
$\alpha_A = 65.5 \text{ rad/s}^2)$.

16.17 (a) $\alpha_B = 38.2 \text{ rad/s}^2)$, $\mathbf{R}_B = 5.4936$ N←;
$\alpha_A = 9.16 \text{ rad/s}^2)$.
(b) $\mathbf{C} = 54.9$ N↑, $\mathbf{M}_C = 2.64$ N · m).

16.18 (a) $\mathbf{a}_A = 4.36 \text{ m/s}^2 \rightarrow$. (b) $\mathbf{a}_B = 2.18 \text{ m/s}^2 \leftarrow$.

16.19 (a) $\mathbf{a}_A = 2.50 \text{ m/s}^2 \rightarrow$. (b) $\mathbf{a}_B = 0$.

16.20 (a) $\alpha = -(8 \text{ rad/s}^2)\mathbf{j}$. (b) $\mathbf{a}_B = (0.6 \text{ m/s}^2)\mathbf{i} + (2.6 \text{ m/s}^2)\mathbf{k}$.

16.21 $\mathbf{a}_A = 0.885 \text{ m/s}^2 \downarrow$, $\mathbf{a}_B = 2.60 \text{ m/s}^2 \uparrow$.

16.22 $T_A = 1802$ N, $T_B = 1590$ N.

16.23 $T_A = 1378$ N, $T_B = 1855$ N.

16.24 (a) $\alpha = \dfrac{3g}{L})$. (b) $\mathbf{a}_A = g\uparrow$. (c) $\mathbf{a}_B = 2g\downarrow$.

16.25 (a) $\mathbf{a}_G = \dfrac{2g}{3}\downarrow$, $\alpha = \dfrac{2g}{L})$. (b) $\mathbf{a}_A = \dfrac{g}{3}\uparrow$. (c) $\mathbf{a}_B = \dfrac{5g}{3}\downarrow$.

16.26 (a) $\alpha = \dfrac{g}{L})$. (b) $\mathbf{a}_A = 0.866g \leftarrow$.
(c) $\mathbf{a}_B = 1.323g \searrow 49.1°$.

16.27 $t_1 = \dfrac{2}{7}\dfrac{\bar{v}_0}{\mu_k g}, \omega_1 = \dfrac{5}{7}\dfrac{\bar{v}_0}{r})$, $\mathbf{v}_1 = \dfrac{5}{7}\bar{v}_0 \rightarrow$.

16.28 (a) $t_1 = \dfrac{2}{7}\dfrac{v_1}{\mu_k g}$. (b) $\bar{\mathbf{v}} = \dfrac{2}{7}v_1 \rightarrow$, $\omega = \dfrac{5}{7}\dfrac{v_1}{r})$.

16.29 (a) $\alpha = 107.1 \text{ rad/s}^2)$. (b) $\mathbf{C}_y = 39.2$ N↑, $\mathbf{C}_x = 21.4$ N←.

16.30 (a) $T = w\left(lz - \dfrac{z^2}{2}\right)\omega^2$. (b) $T = 5.09$ N.

16.31 (a) $\mathbf{a}_B = \dfrac{3}{2}g \downarrow$. (b) $\mathbf{A} = \dfrac{1}{4}mg \uparrow$.

16.32 (a) $\mathbf{a}_B = \dfrac{9}{7}g \downarrow$. (b) $\mathbf{C} = \dfrac{4}{7}mg \uparrow$.

16.33 (a) $\alpha = 43.6 \text{ rad/s}^2)$. (b) $\mathbf{C}_x = 21.0$ N ←, $\mathbf{C}_y = 54.6$ N↑.

16.34 (a) $\alpha = 9.29 \text{ rad/s}^2)$. (b) $\mathbf{M} = 10.13$ N · m).

16.35 $\bar{a} = \dfrac{r^2}{r^2 + \bar{k}^2} g \sin \beta$.

16.36 (a) $\alpha = 11.91 \text{ rad/s}^2)$. (b) $\bar{\mathbf{v}} = 2.98 \text{ m/s} \measuredangle 15°$.

16.37 (a) $\alpha = 17.78 \text{ rad/s}^2)$, $\bar{\mathbf{a}} = 2.13 \text{ m/s}^2 \rightarrow$.
(b) $(\mu_s)_{\min} = 0.122$.

16.38 (a) $\alpha = 26.7 \text{ rad/s}^2)$, $\bar{\mathbf{a}} = 3.20 \text{ m/s}^2 \rightarrow$.
(b) $(\mu_s)_{\min} = 0.0136$.

16.39 (a) $\alpha = 8.89 \text{ rad/s}^2)$, $\bar{\mathbf{a}} = 1.067 \text{ m/s}^2 \rightarrow$.
(b) $(\mu_s)_{\min} = 0.231$.

16.40 (a) $\alpha = 8.89 \text{ rad/s}^2)$, $\bar{\mathbf{a}} = 1.067 \text{ m/s}^2 \leftarrow$.
(b) $(\mu_s)_{\min} = 0.165$.

16.41 (a) $\mathbf{a}_B = 3.53 \text{ m/s}^2 \rightarrow$. (b) $\mathbf{a}_A = 1.176 \text{ m/s}^2 \rightarrow$.
(c) $\mathbf{x}_{B/A} = 0.294 \text{ m} \rightarrow$.

16.42 (a) $\mathbf{a}_B = 2.06 \text{ m/s}^2 \rightarrow$. (b) $\mathbf{a}_A = 1.176 \text{ m/s}^2 \rightarrow$.
(c) $\mathbf{x}_{A/B} = 0.1103 \text{ m} \rightarrow$.

16.43 (a) $\mu_{\min} = 0.298$. (b) $\mathbf{a}_B = 0.536g \rightarrow$.

16.44 (a) $\alpha = \dfrac{1}{8}\dfrac{g}{r})$. (b) $(\mathbf{a}_B)_x = \dfrac{1}{8}g\rightarrow, (\mathbf{a}_B)_y = \dfrac{1}{8}g \downarrow$.

16.45 (a) $\alpha = 11.11 \text{ rad/s}^2)$. (b) $\mathbf{A} = 37.7$ N ↑.
(c) $\mathbf{B} = 28.2 \text{ N} \rightarrow$.

16.46 (a) α = 10.405 rad/s^2 ⤹. (b) T = 36.8 N.
(c) N = 61.3 N↑.
16.47 $\mathbf{A}$ = 6.40 N ←.
16.48 $\mathbf{D}$ = 171.7 N →.
16.49 $\mathbf{A}$ = 31.6 N ↑, $\mathbf{B}$ = 15.89 N ←.
16.50 $\mathbf{D}$ = 1.618 N ←.
16.51 $\mathbf{B}$ = 805 N ←, $\mathbf{D}$ = 426 N →.
16.52 $\mathbf{B}_x$ = 120 N →, $\mathbf{B}_y$ = 88.2 N↑, M = 15 N · m ⤹.
16.53 (a) $\mathbf{a}_C$ = 5.63 m/s^2 ⤹ 25°. (b) α = 7.66 rad/s^2 ⤹.
16.54 α_{AB} = 11.43 rad/s^2 ⤹, α_{BC} = 57.1 rad/s^2 ⤹.
16.55 x = 5.12 m, μ_{req} = 0.09 < 0.30.
The create does not slide.
16.56 (a) α = 0.513 $\dfrac{g}{L}$ ⤹. (b) $\mathbf{N}_A$ = 0.912 mg↑.
(c) $\mathbf{F}_A$ = 0.241 mg →.
16.57 (a) α = 0. (b) $\mathbf{C}_x$ = 0, $\mathbf{C}$ = 62.0 N↑.

CHAPTER 17

17.1 r_B = 98.8 mm.
17.2 θ = 19.47 rev.
17.3 $\mathbf{P}$ = 417 N ↓.
17.4 $\omega_A = \dfrac{2n}{n^2+1}\sqrt{\dfrac{\pi M_0}{\bar{I}_0}}$.
17.5 ω_2 = 11.13 rad/s ⤹.
17.6 (a) $\Delta\omega$ = −0.250 rpm. (b) $\Delta\omega$ = 0.249 rpm.
17.7 (a) $\mathbf{v}_G$ = 3.00 m/s →. (b) $\mathbf{F}_f$ = 30.0 N ←.
17.8 (a) ω_2 = 1.324 $\sqrt{\dfrac{g}{r}}$ ⤹, (b) $\mathbf{A}$ = 2.12 mg↑.
17.9 $\mathbf{v}_{AB}$ = 292 mm/s →.
17.10 ω = 1.170 rad/s ⤹, $\mathbf{v}_A$ = 5.07 m/s ←.
17.11 $\mathbf{v}_D$ = 2.69 m/s ↓.
17.12 $\mathbf{v}_A$ = 0.770 m/s ←.
17.13 min ω_{AB} = 1146 rpm.
17.14 $\bar{k}$ = 179.1 mm.
17.15 M = 1.081 N · m.
17.16 t = 2.07 s.
17.17 (a) T_B = 21.1 N. (b) T_{AB} = 8.80 N.
17.19 (a) $GC = \dfrac{\bar{k}^2}{GP}$, (b) $d_C = d_P$ or $GC' = GP$.
17.20 (a) $\mathbf{v}_B$ = 2.12 m/s →. (b) $\mathbf{v}_A$ = 0.706 m/s →.
17.21 M = 0.444 N · m ⤹.
17.22 ω_2 = 84.2 rpm.
17.23 Ω_2 = −22.2 rpm.
17.24 v_r = 2.51 m/s.
17.25 (a) $\mathbf{v}_C$ = 0.503 m/s ←. (b) $\mathbf{v}_B$ = 2.08 m/s →.
17.26 $h = \dfrac{2}{5}r$.
17.27 $\bar{\mathbf{v}}_2$ = 302 mm/s ←.
17.28 ω = 2.40 rad/s ⤹.
17.29 (a) $\bar{\mathbf{v}}_1 = \dfrac{mv_0}{M}$ →, $\omega_1 = \dfrac{mv_0}{MR}$ ⤹. (b) $\bar{\mathbf{v}}_2 = \dfrac{mv_0}{3M}$ →.

17.30 $\omega = \dfrac{6\sin\beta}{1+3\sin^2\beta}\dfrac{v_1}{L}$.
17.31 e = 0.366.
17.32 v_0 = 528 m/s.
17.33 θ_B = 50.2°. (b) θ_A = 16.26°.
17.34 (a) ω' = 3.00 rad/s ⤹. (b) v'_D = 0.938 m/s ↑.
17.35 (a) $\mathbf{v}_A$ = 0, $\omega_A = \dfrac{v_1}{r}$ ⤹, $\mathbf{v}_B = v_1$ →, ω_B = 0.
(b) $\mathbf{v}'_A = \dfrac{2}{7}v_1$ →, $\mathbf{v}'_B = \dfrac{5}{7}v_1$ →.
17.36 (a) θ = 118.7 rev. (b) t = 7.16 s.
17.37 (a) β = 53.1°. (b) $\mathbf{v}_A$ = 1.095 $\sqrt{gL}$ ⤹ 53.1°.
17.38 (a) ω_2 = 418 rpm. (b) ΔT = −20.4 J.

CHAPTER 18

18.1 $\mathbf{H}_G = \dfrac{1}{4}mr^2\omega_2\mathbf{j} + \dfrac{1}{2}mr^2\omega_1\mathbf{k}$.
18.2 $\mathbf{H}_A = \dfrac{ma^2\omega}{12}(3\mathbf{j}+2\mathbf{k})$.
18.3 $\mathbf{H}_D$ = 0.357 kg · m^2/s, θ_x = 48.6°, θ_y = 41.4°, θ_z = 90°.
18.4 θ = 11.88°.
18.5 (a) ω_s = 0.485 rad/s. (b) ω_P = 0.01531 rad/s.
18.7 (a) $\mathbf{H}_G$ = (1.563 kg · m^2/s)$\mathbf{i}$ − (0.938 kg · m^2/s)$\mathbf{k}$. (b) 31.0.
18.8 (a) $\mathbf{H}_A$ = (1.563 kg · m^2/s)$\mathbf{i}$ − (0.938 kg · m^2/s)$\mathbf{k}$.
(b) $\mathbf{H}_B$ = (1.563 kg · m^2/s)$\mathbf{i}$ − (0.938 kg · m^2/s)$\mathbf{k}$.
18.9 (a) $\mathbf{H}_C$ = (0.063 kg · m^2/s)$\mathbf{i}$ + (0.216 kg · m^2/s)$\mathbf{j}$.
(b) $\mathbf{H}_A$ = −(0.513 kg · m^2/s)$\mathbf{i}$ + (0.216 kg · m^2/s)$\mathbf{j}$.
18.10 (a) $\bar{\mathbf{v}} = \dfrac{F\Delta t}{m}\mathbf{k}$. (b) $\omega = \dfrac{12}{7}\dfrac{F\Delta t}{ma}(-\mathbf{i}-5\mathbf{j})$.
18.11 (a) $\bar{\mathbf{v}}$ = 0. (b) $\omega = (3F\Delta t/8ma)(\mathbf{i}-4\mathbf{k})$.
18.12 ω = (0.0225 rad/s)$\mathbf{i}$ − (0.223 rad/s)$\mathbf{j}$ − (0.320 rad/s)$\mathbf{k}$.
18.13 $T = \dfrac{1}{8}ma^2\omega^2$.
18.14 T = 1.296 J.
18.15 T = 18.40 N · m.
18.16 $\dot{\mathbf{H}}_A = \dfrac{1}{6}ma^2\omega^2\mathbf{i}$.
18.17 $\dot{\mathbf{H}}_A = \dfrac{ma^2}{12}(2\omega^2\mathbf{i}+3\alpha\mathbf{j}+2\alpha\mathbf{k})$.
18.18 $\mathbf{A}$ = −(4.93 N)$\mathbf{j}$ − (4.11 N)$\mathbf{k}$, $\mathbf{B}$ = (4.93 N)$\mathbf{j}$ + (4.11 N)$\mathbf{k}$.
18.19 (a) $\bar{y}$ = −1.153 mm, $\bar{z}$ = 0; I_{xy} = −3.08 × 10^{-3}kg · m^2, I_{zx} = 0.
(b) $\mathbf{F}$ = −(184.3 N)$\mathbf{j}$, $\mathbf{M}_C$ = −(27.4 N · m)$\mathbf{k}$.
18.20 (a) M_0 = 24.8 × 10^{-3} N · m.
(b) $\mathbf{A}$ = (7.50 × 10^{-3}N)$\mathbf{i}$ + (15.00 × 10^{-3}N)$\mathbf{j}$,
$\mathbf{B}$ = −(7.50 × 10^{-3}N)$\mathbf{i}$ − (15.00 × 10^{-3}N)$\mathbf{j}$
18.21 $\mathbf{A}$ = (1.527 N)$\mathbf{j}$, $\mathbf{B}$ = −(1.527 N)$\mathbf{j}$.
18.22 $\mathbf{M}$ = −(0.225 N · m)$\mathbf{j}$.
18.23 (a) β = 38.1°. (b) ω = 11.78 rad/s.

18.24 $\omega_2 = 5.45$ rad/s.
18.25 (a) $\mathbf{C} = -(123.4 \text{ N})\mathbf{i}$; $\mathbf{D} = (123.4 \text{ N})\mathbf{i}$. (b) $\mathbf{C} = \mathbf{D} = 0$.
18.26 (a) $\Omega = \sqrt{g/a}$. (b) $\Omega = \sqrt{2g/a}$.
18.27 $\mathbf{D} = 101.4$ N↓.
18.28 $\mathbf{C} = -(89.8 \text{ N})\mathbf{i} + (52.8 \text{ N})\mathbf{k}$,
 $\mathbf{D} = -(89.8 \text{ N})\mathbf{i} - (52.8 \text{ lb})\mathbf{k}$.
18.29 $\dot{\psi} = 50.9$ rpm.
18.30 (a) $\theta = 40.0°$. (b) $\theta = 3.63°$. (c) $\theta = -75.1°$.
18.31 (a) $\dot{\varphi} \approx 5.47$ rpm. (b) $\dot{\varphi} = 5.55$ rpm, 395 rpm.
18.32 (a) $\beta = 13.19°$. (b) $|\dot{\varphi}| = 1242$ rpm (retrograde).
18.33 (a) $\beta = 23.8°$.
 (b) precession: $\dot{\varphi} = 82.6$ rpm; spin: $\dot{\psi} = 128.8$ rpm.
18.34 (a) $40° < \theta < 140°$. (b) $\dot{\phi}_{\min} = 5.31$ rad/s.
 (c) $\dot{\phi}_{\max} = 5.58$ rad/s.
18.35 (a) $\theta_m = 41.2°$. (b) $\dot{\varphi}_0 = 6.21$ rad/s.
18.36 (a) $(1 + \cos^2\theta)\dot{\phi}^2 + \dot{\theta}^2 =$ constant,
 $\dot{\phi}(1 + \cos^2\theta) =$ constant.
 (b) $\dot{\theta} = \dot{\phi}_0 \sqrt{\dfrac{(1 + \cos^2\theta_0)(\cos^2\theta - \cos^2\theta_0)}{1 + \cos^2\theta}}$.
 (c) $\theta \le \theta_0$.
18.37 $\beta_{\max} = 27.5°$
18.38 (a) $\dot{\phi}_0 = \sqrt{\dfrac{15}{11}\dfrac{g}{a}}$. (b) $\dot{\phi} = 2\sqrt{\dfrac{20}{33}\dfrac{g}{a}}$, $\dot{\psi} = \sqrt{\dfrac{20}{33}\dfrac{g}{a}}$.
18.39 On B: 150 mm below shaft. On C: 75 mm above shaft.
18.40 $\mathbf{R} = 0$; $\mathbf{M}_D = (11.23 \text{ N}\cdot\text{m})\cos^2\theta\mathbf{i} +$
 $(11.23 \text{ N}\cdot\text{m})\sin\theta\cos\theta\mathbf{j} - (2.81 \text{ N}\cdot\text{m})\sin\theta\cos\theta\mathbf{k}$.
18.41 (a) $\theta_x = 52.5°$, $\theta_y = 37.5°$, $\theta_z = 90°$.
 (b) $\dot{\varphi} = 53.8$ rev/h. (c) $\dot{\psi} = 6.68$ rev/h.

CHAPTER 19

19.1 $v_m = 0.377$ m/s, $a_m = 47.3$ m/s^2.
19.2 f_n 0.650 Hz, $v_m = 1.225$ m/s.
19.3 (a) $\tau_n = 0.222$ s, $f_n = \dfrac{1}{\tau_n} = \dfrac{1}{0.22214} = 4.50$ Hz.
 (b) $v_m = 1.414$ m/s, $a_m = 40.0$ m/s^2.
19.4 (a) $t = 0.046$ s. (b) $\mathbf{v} = 2.06$ m/s ↑, $\mathbf{a} = 20.0$ m/s^2↓.
19.5 (a) $\theta = 0.06786$ rad $= 3.89°$.
 (b) $v = l\dot{\theta} = (0.800 \text{ m})(0.19223 \text{ rad/s})$
 $= 0.1538$ m/s, $a = 0.666$ m/s^2.
19.6 (a) $\tau_n = \dfrac{2\pi}{\omega} = \dfrac{2\pi}{30.23} = 0.208$ s, $f_n = \dfrac{1}{\tau} = 4.81$ Hz.
 (b) $v_{\max} = 1.361$ m/s, $a_{\max} = 41.1$ m/s^2.
19.7 (a) $\tau_n = \dfrac{2\pi}{\sqrt{\dfrac{k}{m}}} = \dfrac{2\pi}{\sqrt{\dfrac{8 \times 10^3}{35}}} = 0.416$ s,
 $f_n = \dfrac{1}{\tau_n} = \dfrac{1}{0.416} = 2.41$ Hz.
 (b) $v_{\max} = 0.680$ m/s, $a_{\max} = 10.29$ m/s^2.

19.8 (a) $k_1 = 7.11$ kN/m. (b) $W_A = 25.4$ N.
19.9 (a) $k_e = 22.3$ MN/m. (b) $f_n = 266$ Hz.
19.10 (a) $\tau = 0.293$ s. (b) $v_m = 0.215$ m/s.
19.11 (a) $\tau_n = 1.740$ s. (b) $(v_B)_{\max} = 90.3$ mm/s.
19.12 $\beta = 75.5°$.
19.13 (a) $\tau_n = 1.617$ s. (b) $\tau_n = 1.676$ s.
19.14 (a) $d = 227$ mm. (b) $\tau_n = 1.352$ s.
19.15 (a) $\tau_n = 0.419$ s. (b) $(v_A)_m = 4.71$ m/s.
19.16 $\bar{I}_A = 6.57$ kg $\cdot$ m^2.
19.17 $\bar{k} = 14.36$ mm.
19.18 $\dot{x}_m = 1.476$ m/s, $\ddot{x}_m = 31.1$ m/s^2.
19.19 $\bar{I} = 1.537$ kg $\cdot$ m^2.
19.20 $\bar{k} = 130.6$ mm.
19.21 (a) $\tau_n = \dfrac{2\pi}{\omega_n} = \dfrac{2\pi}{\sqrt{\dfrac{2}{3}\dfrac{(900 \text{ N/m})}{(7.5 \text{ kg})}}} = \dfrac{2\pi}{\sqrt{80}} = 0.702$ s.
19.22 $\tau_n = 1.327$ s.
19.23 $\tau_n = 1.737$ s.
19.24 (a) $f = 2\pi\sqrt{(6ka^2 - 3mgl)/2ml^2}$. (b) $a_{\min} = \sqrt{\dfrac{mgl}{2k}}$.
19.25 $f = 0.1125\sqrt{\dfrac{g}{l}}$.
19.26 $f = 2.59$ Hz.
19.27 (a) $k = 191.7$ N/m. (b) $k = 58.3$ N/m.
19.28 $\omega_f < 8.16$ rad/s.
19.29 $(x_m)_3 = 22.5$ mm, $(x_m)_3 = -5.63$ mm.
19.30 (a) $x_m = 25.2$ mm. (b) $F = -0.437 \sin \pi t$ (N).
19.31 (a) $x_m = 90.0$ mm. (b) $F_m = 18.00$ N.
19.32 $\omega_n = 783$ rpm.
19.33 $\Delta M = 39.1$ kg.
19.34 $r = 149.3$ mm.
19.35 (a) Error = 4.17%. (b) $f_n = 84.9$ Hz.
19.36 (a) $\omega_n = \omega_f = 1406$ rpm. (b) $r = 0.403$ mm.
19.37 $\ln\dfrac{x_n}{x_{n+1}} = \dfrac{2\pi\left(\dfrac{c}{c_c}\right)}{\sqrt{1 - \left(\dfrac{c}{c_c}\right)^2}}$ Q.E.D.
19.38 (a) $c = 104.4$ kN $\cdot$ s/m. (b) $k = 3.70 \times 10^6$ N/m.
19.39 (a) $f = 302$ rpm. (b) $f = 282$ rpm.
 (c) $x_m = 12.03$ mm, $x_m = 12.77$ mm.
19.40 (a) $\ddot{\theta} + \left(\dfrac{3c}{m}\right)\dot{\theta} + \left(\dfrac{3k}{4m}\right)\theta = 0$.
 (b) $c_c = \sqrt{\dfrac{km}{3}}$.
19.41 $f_f > 30.8$ Hz and $f_f < 15.85$ Hz.
19.42 (a) $x_m = 134.8$ mm. (b) $F_m = 143.7$ N.

19.43 $R < 2\sqrt{\dfrac{L}{C}}$.

19.46 (a) $c\dfrac{d}{dt}(x_A - x_m) + kx_A$
$= 0, \; m\dfrac{d^2 x_m}{dt^2} + c\dfrac{d}{dt}(x_m - x_A) = P_m \sin \omega_f t.$

(b) $R\dfrac{d}{dt}(q_A - q_m) + \left(\dfrac{1}{C}\right) q_n$
$= 0, \; L\dfrac{d^2 q_m}{dt^2} + R\dfrac{d}{dt}(q_m - q_A) = E_m \sin \omega_f t.$

19.47 (a) $m_1 \dfrac{d^2 x_1}{dt^2} + c_1 \dfrac{dx_1}{dt} + k_1 x_1 + k_2(x_1 - x_2)$
$= 0, \; m_2 \dfrac{d^2 x_2}{dt^2} + c_2 \dfrac{dx_2}{dt} + k_2(x_2 - x_1) = 0.$

(b) $L_1 \dfrac{d^2 q_1}{dt^2} + R_1 \dfrac{dq_1}{dt} + \dfrac{q_1}{C_1} + \dfrac{(q_1 - q_2)}{C_2}$
$= 0, \; L_2 \dfrac{d^2 q_2}{dt^2} + R_2 \dfrac{dq_2}{dt} + \dfrac{q_2 - q_1}{C_2} = 0.$

19.48 (a) $W_A = 33.4$ N. (b) $k = 538$ N/m.

19.49 (a) $\dfrac{c}{c_c} = 0.01393$. (b) $c = 0.737$ N · s/m.

19.50 $x_m = 1.125$ mm.

索引

一劃
一般平面運動　general plane motion　245
一般運動　general motion　284

二劃
力所作的功　work of a force　118
力矩面積法　moment-area method　27

四劃
中心力　central force　70, 92
中心衝擊　central impact　118, 165
內摩擦　internal friction　484
切向分量　tangential component　50, 261
尤拉角　Eulerian angles　431
尤拉運動方程式　Euler's equations of motion　418
牛頓參考座標　Newtonian frame of reference　72
牛頓第二運動定律　Newton's second law of motion　71
牛頓萬有引力定律　Newton's law of gravitation　94

五劃
主法線　principal normal　51
主要慣性座標系統　principal axes of inertia　402
主慣性軸　principal axis of inertia　403
功　work　118
功能法　method of work and energy　118
功能原理　principle of work and energy　122
功率　power　125, 358

平均加速度　average acceleration　4
平均速度　average velocity　3, 33
平面運動　plane motion　235, 312
平移　translation　236
平移運動　translation　37
正合微分　exact differential　141
正向中心衝擊　direct central impact　165
正向衝擊　direct impact　165

六劃
向量三重積　vector triple product　238
向量函數　vector function　33
向量積　vector product　36, 192
多質點運動　motion of several particles　17
曲率中心點　center of curvature　50
曲線平移　curvilinear translation　234
曲線運動　curvilinear motion　33
有限轉動　finite rotations　283
次法線　binormal　51
自由振動　free vibration　454
自由落體運動　freely falling body　17
自由體圖方程式　free-body diagram equation　317
自然圓頻率　natural circular frequency　456
自然頻率　natural frequency　457
自轉率　rate of spin　431
行星運動定律　laws of planetary motion　105
行星運動的克普勒定律　Kepler's laws of planetary motion　105

七　劃

位能　potential energy　138
位能函數　potential function　140
位移　displacement　118
位置向量　position vector　33
位置座標　position coordinate　3
完全塑性衝擊　perfectly plastic impact　167
完全彈性衝擊　perfectly elastic impact　167
形心上的主慣性矩　principal centroidal moments of inertia　403
形心參考座標　centroidal frame of reference　196
形心質量慣性矩　centroidal mass moments of inertia　401
形心質量慣性積　centroidal mass products of inertia　402
形心轉動　centroidal rotation　316
角加速度　angular acceleration　235, 238
角座標　angular coordinate　237
角動量　angular momentum　70, 90
角動量守恆　conservation of angular momentum　373
角速度　angular velocity　235
初始條件　initial condition　7

八　劃

受拘束的平面運動　constrained plane motion　330
受拘束運動　constrained motion　330
定積分　definite integral　7
拋物線　parabolic　39, 102
拋射體運動　motion of a projectile　38
法向分量　normal component　50, 261
物體瞬心線　body centrode　257
直線平移　rectilinear translation　234
空間瞬心線　space centrode　257

近地點　perigee　103
阻尼因子　damping factor　486
阻尼自由振動　damped free vibrations　484
阻尼振動　damped vibrations　484
阻尼強迫振動　damped forced vibrations　487
陀螺儀　gyroscope　431
非形心轉動　noncentroidal rotation　331
非保守力　nonconservative forces　142
非衝擊力　nonimpulsive forces　156

九　劃

保守力　conservative forces　140
保守力位能　potential energy　118
恢復係數　coefficient of restitution　166
恢復過程　period of restitution　165
流體摩擦　fluid friction　484
相位角　phase angle　457
相依　dependent　18
相當　equipollent　192
相對加速度　relative acceleration　18
相對速度　relative velocity　18
科氏加速度　Coriolis acceleration　236, 274
重力　force of gravity　73
面積速度　areal velocity　94

十　劃

剛體　rigid bodies　234
剛體系統　systems of rigid bodies　318, 356
剛體的平面運動　plane motion of a rigid body　315
剛體的自由振動　free vibrations of rigid bodies　465
剛體動力學　dynamics of rigid bodies　2
庫倫摩擦　Coulomb friction　484

徑向與橫向分量　radial and transverse components　52
特徵方程式　characteristic equation　485
純量積　scalar product　36, 119
能量守恆　conservation of energy　141, 356
逃脫速度　escape velocity　103

十一　劃

乾摩擦　dry friction　484
偏心　eccentric　165
偏心值　eccentricity　102
偏心碰撞　eccentric impact　382
動力學　dynamics　2
動量　momentum　72
動態反作用力　dynamic reactions　421
動態平衡　dynamic equilibrium　77, 318
密切面　osculating plane　51
強制頻率　forced frequency　479
強迫振動　forced vibration　454, 477
斜向中心衝擊　oblique central impact　168
斜向衝擊　oblique impact　168
旋轉軸　axis of rotation　234
章動率　rate of nutation　431
速矢端線圖　hodograph　35
速率　speed　4, 33

十二　劃

單擺　simple pendulum　458
減速度　deceleration　5
斯勒格　slugs　75
無限小的轉動　infinitesimal rotations　283
焦點　focus　101
等加速度直線運動　uniformly accelerated rectilinear motion　16
等加速度運動　uniformly accelerated motion　7
等效力　effective force　190
等速度直線運動　uniform rectilinear motion　15
等速度運動　uniform motion　7
絕對運動　absolute motion　40
軸向　axial direction　53
週期　periodic time　104
進動率　rate of precession　431

十三　劃

圓形軌道　circular orbit　103
圓錐曲線　conic section　101
圓頻率　circular frequency　486
微分　derivative　33
滑流　slipstream　216
萬有引力定律　law of universal gravitation　94
萬有引力常數　constant of gravitation　94
運動力學　kinetics　2
運動方程式　equations of motion　76
運動曲線　motion curve　6
運動學　kinematics　2
達朗伯特原理　D'Alembert's principle　315

十四　劃

慣性力　inertia force　78
慣性向量　inertia vector　77
慣性張量　inertia tensor　402
輔助加速度　complementary acceleration　274
遠地點　apogee　103

十五　劃

彈力　elastic force　139
彈簧常數　spring constant　121

熱能　thermal energy　142
線性的　linear　19
線動量　linear momentum　70, 72
線動量守恆原則　conservation of linear momentum　73
線衝量　linear impulse　154
衝量動量法　method of impulse and momentum　118
衝量與動量原理　principle of impulse and momentum　118, 153
衝擊　impact　165
衝擊力　impulsive force　156
衝擊運動　impulsive motion　118, 156
衝擊線　line of impact　165
質量中心/質心　mass center　194
質點　particle　2
質點系統　systems of particles　190
質點系統的線動量　linear momentum of a system of particles　193
質點的自由振動　free vibrations of particles　454
質點的動能　kinetic energy　118
質點直線運動　rectilinear motion　3
質點動力學　dynamics of particles　2
質點穩定流　steady stream of particles　214
餘函數　complementary function　478

十六　劃

機械振動　mechanical vibration　454
橢圓　ellipse　102
橢圓形積分　elliptic integral　460
靜力學　statics　2
靜平衡　statically balanced　421
靜態反作用力　static reaction　421
頻率比　frequency ratio　479

十七　劃以上

瞬時加速度　instantaneous acceleration　4, 34
瞬時旋轉中心　instantaneous center of rotation　236, 255
瞬時旋轉軸　instantaneous axis of rotation　255, 282
瞬時速度　instantaneous velocity　4
總合力　resultant force　71
總機械能　total mechanical energy　141
簡諧運動　simple harmonic motion　455
雙曲線　hyperbola　102
離心力　centrifugal force　78, 332
穩定流　steady stream　190
穩定進動　steady precession　433
變形過程　period of deformation　165
變動的質點系統　variable systems of particles　214

常見幾何形狀之面積與曲線的形心

形狀	圖	$\bar{x}$	$\bar{y}$	面積
三角形面積			$\dfrac{h}{3}$	$\dfrac{bh}{2}$
四分之一圓面積		$\dfrac{4r}{3\pi}$	$\dfrac{4r}{3\pi}$	$\dfrac{\pi r^2}{4}$
半圓面積		0	$\dfrac{4r}{3\pi}$	$\dfrac{\pi r^2}{2}$
半拋物線面積		$\dfrac{3a}{8}$	$\dfrac{3h}{5}$	$\dfrac{2ah}{3}$
拋物線面積		0	$\dfrac{3h}{5}$	$\dfrac{4ah}{3}$
拋物線拱肩		$\dfrac{3a}{4}$	$\dfrac{3h}{10}$	$\dfrac{ah}{3}$
扇形		$\dfrac{2r\sin\alpha}{3\alpha}$	0	αr^2
四分之一圓弧		$\dfrac{2r}{\pi}$	$\dfrac{2r}{\pi}$	$\dfrac{\pi r}{2}$
半圓弧		0	$\dfrac{2r}{\pi}$	πr
圓弧		$\dfrac{r\sin\alpha}{\alpha}$	0	$2\alpha r$

常見幾何形狀的慣性矩

矩形
$\bar{I}_{x'} = \frac{1}{12}bh^3$
$\bar{I}_{y'} = \frac{1}{12}b^3h$
$I_x = \frac{1}{3}bh^3$
$I_y = \frac{1}{3}b^3h$
$J_C = \frac{1}{12}bh(b^2 + h^2)$

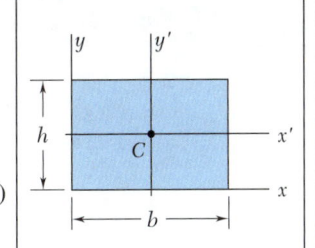

三角形
$\bar{I}_{x'} = \frac{1}{36}bh^3$
$I_x = \frac{1}{12}bh^3$

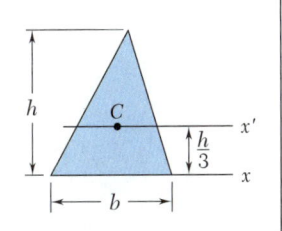

圓
$\bar{I}_x = \bar{I}_y = \frac{1}{4}\pi r^4$
$J_O = \frac{1}{2}\pi r^4$

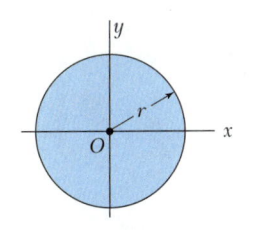

半圓
$I_x = I_y = \frac{1}{8}\pi r^4$
$J_O = \frac{1}{4}\pi r^4$

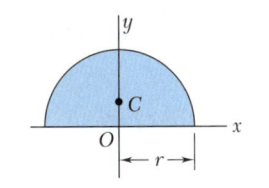

四分之一圓
$I_x = I_y = \frac{1}{16}\pi r^4$
$J_O = \frac{1}{8}\pi r^4$

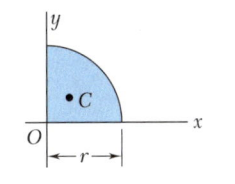

橢圓
$\bar{I}_x = \frac{1}{4}\pi ab^3$
$\bar{I}_y = \frac{1}{4}\pi a^3 b$
$J_O = \frac{1}{4}\pi ab(a^2 + b^2)$

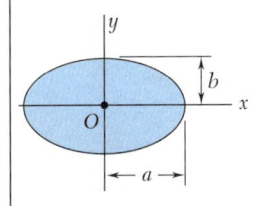

常見幾何形狀的質量慣性矩

細桿
$I_y = I_z = \frac{1}{12}mL^2$

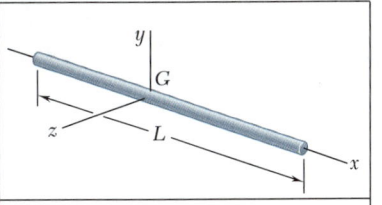

矩形薄板
$I_x = \frac{1}{12}m(b^2 + c^2)$
$I_y = \frac{1}{12}mc^2$
$I_z = \frac{1}{12}mb^2$

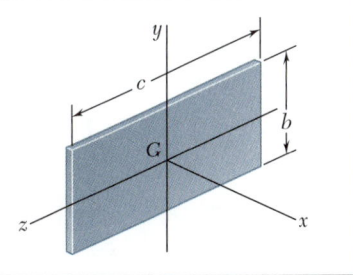

矩形稜柱
$I_x = \frac{1}{12}m(b^2 + c^2)$
$I_y = \frac{1}{12}m(c^2 + a^2)$
$I_z = \frac{1}{12}m(a^2 + b^2)$

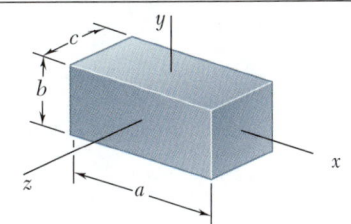

薄圓板
$I_x = \frac{1}{2}mr^2$
$I_y = I_z = \frac{1}{4}mr^2$

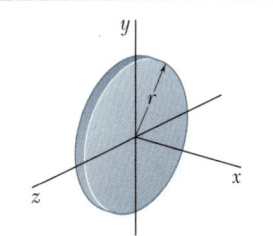

圓柱
$I_x = \frac{1}{2}ma^2$
$I_y = I_z = \frac{1}{12}m(3a^2 + L^2)$

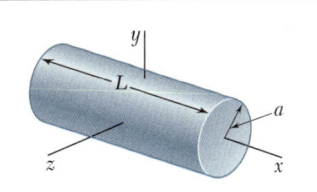

圓錐
$I_x = \frac{3}{10}ma^2$
$I_y = I_z = \frac{3}{5}m(\frac{1}{4}a^2 + h^2)$

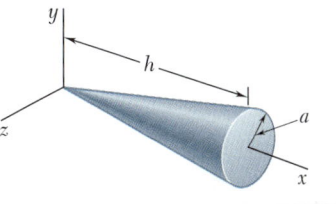

球
$I_x = I_y = I_z = \frac{2}{5}ma^2$

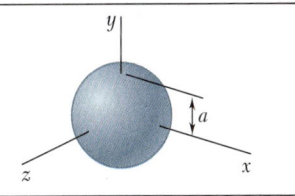